Transmath 1re S

PROGRAMME **2001**

W0272384

André Antibi
Raymond Barra
Jean Morin

avec **Jean-Michel Barros**
Patrick Bénizeau
Jacques Bouquet
Jacques Burgaud
David Nivaud

et la participation de
Jean Dhombres

LIBRAIRIE - PAPETERIE
DU
METRO
1, Place de la Croix-Rousse - 69004 LYON
Tél. 04 78 28 76 40 - Fax 04 72 00 95 04
S.A. au Capital de 38 112,25 €
SIRET 330 925 835 00010 - APE 524 R
N° TVA FR 743 309 25835

NATHAN

Programme de mathématiques 1re S

d'après le
BO hors série n° 7,
31 août 2000

Géométrie

Sections planes
Sections planes d'un cube, d'un tétraèdre.
Repérage
Repérage polaire dans le plan et trigonométrie ; mesures des angles orientés, mesure principale, relation de Chasles, lignes trigonométriques des angles associés.
Repérage cartésien dans l'espace.
Distance entre deux points en repère orthonormal.
Géométrie vectorielle
Calcul vectoriel dans l'espace.
Barycentre de quelques points pondérés dans le plan et l'espace. Associativité du barycentre.

Produit scalaire dans le plan ; définition, propriétés.
Applications du produit scalaire : projeté orthogonal d'un vecteur sur un axe ; calculs de longueurs.
Transformations
Translations et homothéties dans le plan et l'espace : définitions ; image d'un couple de points ; effet sur l'alignement, le barycentre, les angles orientés, les longueurs, les aires et les volumes ; image d'une figure (segment, droite, cercle).
Lieux géométriques dans le plan.

Analyse

Généralités sur les fonctions
Opérations sur les fonctions : $u + v$, λu, uv, $\frac{u}{v}$, $u \circ v$.
Définition d'une fonction polynôme et de son degré.
Sens de variation et représentation graphique d'une fonction de la forme $u + \lambda$, λu, la fonction u étant connue.
Sens de variation de $u \circ v$, u et v étant monotones.
Résolution de l'équation du second degré.
Étude du signe d'un trinôme.
Dérivation
Approche cinématique ou graphique du concept de nombre dérivé d'une fonction en un point.
Nombre dérivé d'une fonction en un point : définition comme limite de $\frac{f(a+h)-f(a)}{h}$ quand h tend vers 0.
Fonction dérivée.
Tangente à la courbe représentative d'une fonction f dérivable ; approximation affine associée de la fonction.

Dérivée des fonctions usuelles : $x \mapsto x^n$, $x \mapsto \sqrt{x}$, $x \mapsto \cos x$, $x \mapsto \sin x$.
Dérivée d'une somme, d'un produit, d'un quotient et de $x \mapsto f(ax + b)$.
Lien entre signe de la dérivée et variations.
Comportement asymptotique de certaines fonctions
Asymptotes verticales, horizontales ou obliques.
Suites
Modes de générations d'une suite numérique.
Suite croissante, suite décroissante.
Suites arithmétiques et suites géométriques.
Notion intuitive de limite infinie perçue à partir d'exemples.
Définition de la convergence d'une suite, utilisation de cette définition.
Limite d'une suite géométrique.

Probabilités et statistique

Statistique
Variance et écart-type.
Diagramme en boîte ; intervalle interquartile.
Influence sur l'écart-type et l'intervalle interquartile d'une transformation affine des données.
Probabilités
Définition d'une loi de probabilité sur un ensemble fini.
Espérance, variance, écart-type d'une loi de probabilité.

Probabilité d'un événement, de la réunion et de l'intersection d'événements. Cas de l'équiprobabilité.
Variable aléatoire, loi d'une variable aléatoire, espérance, variance, écart-type.
Modélisation d'expériences aléatoires de référence (lancers d'un ou plusieurs dés ou pièces discernables ou non, tirage au hasard dans une urne, choix de chiffres au hasard, etc.).

DANGER
LE PHOTOCOPILLAGE TUE LE LIVRE

*"Le photocopillage, c'est l'usage abusif et collectif de la photocopie sans autorisation des auteurs et des éditeurs.
Largement répandu dans les établissements d'enseignement, le photocopillage menace l'avenir du livre, car il met en danger son équilibre économique. Il prive les auteurs d'une juste rémunération.
En dehors de l'usage privé du copiste, toute reproduction totale ou partielle de cet ouvrage est interdite".*

© Nathan/VUEF 2001
9, rue Méchain – 75014 – Paris.
ISBN 209-172413-0

Avant-propos

Les objectifs

Traiter le programme (avec pour intentions de structurer les connaissances et de les relier entre elles) et poursuivre l'apprentissage du travail mathématique (raisonnement, méthodes, stratégies de recherche, utilisation judicieuse de l'outil informatique, ...)

Les moyens

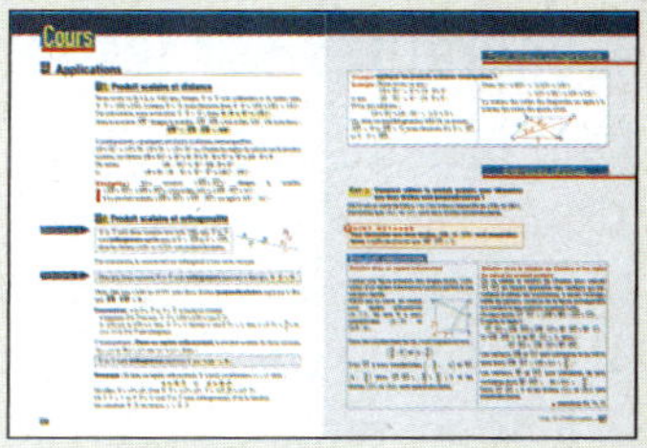

- Un Cours concis, mais clair et structuré, présenté en double page :
à gauche, un seul thème est traité, avec des exemples et **toutes les démonstrations non explicitement exclues par le programme**,
à droite des explications complémentaires, des éclairages, des exercices résolus et commentés, qui portent sur des savoir-faire indispensables, avec des renvois aux exercices du même type, parmi les plus simples.
- Des parties Vocabulaire de la logique en début et Types de problèmes et raisonnements à la fin du livre, qui présentent les différents types de problèmes rencontrés.
- Le cours est précédé d'une partie « Pour prendre un bon départ » contenant des rappels, des activités d'approche, parfois des explications qui facilitent la compréhension du cours.
- Des pages « Des idées, des réflexes », pour dégager les idées fortes, des images mentales, du sens, pour décrire des méthodes ponctuelles.

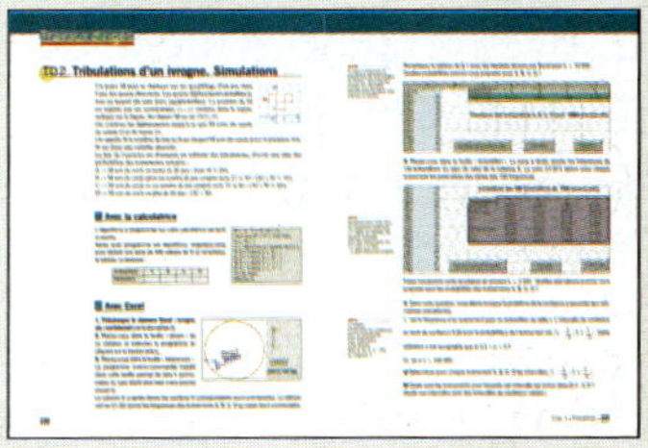

- Des « Travaux dirigés » : c'est en particulier lors de ces travaux que les élèves pourront utiliser les **logiciels de géométrie** et s'initier à l'usage de grapheurs, de **tableurs**...
Signalons à ce propos que des fichiers prêts à l'utilisation reprenant des activités informatiques du manuel se trouvent sur le site Internet de Nathan.
Pour la partie statistique et probabilités, des classeurs Excel, contenant des Macro Excel ainsi que leur mode d'emploi, sont disponibles.
- Des exercices et problèmes très nombreux et variés :
Maîtriser le cours ; des applications immédiates des résultats du cours ;
Pour apprendre à chercher ; le but de ces exercices est de montrer, en situation, comment on peut faire venir des idées pour résoudre un problème. Les questions sont précédées de commentaires qui expliquent comment atteindre l'objectif voulu ;
Pour progresser ; des exercices énoncés sous forme classique, moins immédiats que ceux de la première partie, avec notamment une rubrique « *Vrai ou Faux ?* » pour aiguiser le sens critique et un QCM « *Pour un bilan* », pour lequel plusieurs réponses peuvent être exactes.
Des Problèmes de synthèse, demandant plus de technique et de réflexion.

> Les exercices sont classés par difficulté relative à l'intérieur des rubriques thématiques :
> Pas d'étoile pour les plus faciles ;
> ★ pour les intermédiaires ;
> ★★ pour les plus difficiles.
> La rubrique « *Pour chercher plus* » propose des exercices hors évaluation, beaucoup plus difficiles (notés ★★★) parce que posés « sans intermédiaires ».

Nous souhaitons que ce livre, conçu pour les élèves de 1re S, soit aussi pour nos collègues un instrument de travail sûr et efficace. Nous accueillerons avec plaisir toutes les remarques et suggestions qu'ils voudront bien nous faire parvenir.

Les auteurs

Sommaire

Le vocabulaire de la logique

Ces pages sont conçues pour qu'on puisse s'y reporter tout au long de l'année, en cas de besoin.
Les exemples traités ne font appel qu'à des notions des programmes antérieurs.
Vous trouverez page 414 la partie Types de problèmes et raisonnements.

1 L'implication

NOTE
Voir « *Démontrer une implication* », page 414.

1 Exemple

Examinons l'énoncé suivant :
« Si ABC est un triangle isocèle en A, alors les angles $\widehat{CBA}$ et $\widehat{BCA}$ sont égaux. »
Il affirme ceci : s'il est vrai que ABC est isocèle en A, alors il est vrai que les angles $\widehat{B}$ et $\widehat{C}$ sont égaux.
Autrement dit lorsque la **proposition** (P) : « ABC est un triangle isocèle » est vraie, alors la **proposition** (Q) : « Les angles $\widehat{CBA}$ et $\widehat{BCA}$ sont égaux » est vraie aussi.
On dit que **(P)** **implique** **(Q)**.

2 Cas général

NOTE
À notre niveau, une proposition est une phrase.
La définition des logiciens est plus complexe.
Une proposition est vraie ou bien fausse.

1. Plus généralement, nous dirons que la proposition (P) implique la proposition (Q), pour signifier que lorsque (P) est vraie, alors (Q) est vraie, ou encore que (Q) est une conséquence de (P).

2. Notation
Pour signifier que « (P) implique (Q) », les logiciens écrivent (P) $\Rightarrow$ (Q).
L'implication peut se traduire par diverses formulations.
- **Si** (P) **alors** (Q)
- (P) **donc** (Q).

NOTE
Dans un théorème énoncé sous la forme : Si (P) ... alors (Q), on dit que (P) est l'hypothèse et (Q) la conclusion.

Exemples : Si « $x = 2$ », **alors** « $x^2 = 4$ ».
■ « $\overrightarrow{AB} = \overrightarrow{DC}$ » **donc** « ABCD est un parallélogramme ».

- Lorsque (P) implique (Q), on dit aussi :

– que (P) est une **condition suffisante** pour (Q), ce qui sous-entend : il **suffit** que (P) soit vraie pour que (Q) le soit. Ainsi, il suffit que $\overrightarrow{AB} = \overrightarrow{DC}$ pour que ABCD soit un parallélogramme.
– que (Q) est une **condition nécessaire** pour (P), ce qui sous-entend : il **faut** que (Q) soit vraie pour que (P) le soit. Ainsi, il est nécessaire, ou il faut, que ABCD soit un parallélogramme pour que $\overrightarrow{AB} = \overrightarrow{DC}$.

3 Des implications cachées

Parfois l'implication est implicite dans un énoncé de théorème et ne se remarque pas par l'utilisation du « Si..., alors... ». Ainsi, on énonce parfois : « Deux réels a et b qui ont même valeur absolue sont égaux ou opposés », plutôt que « **Si** deux réels a et b ont même valeur absolue, **alors** ils sont égaux ou opposés ».

4 Implications réciproques

1. Explications sur un exemple

Supposons qu'une proposition (P) implique une proposition (Q), par exemple, si « l'entier n est divisible par 6 », alors « l'entier n est divisible par 3 ». Nous pouvons toujours nous poser le problème de savoir si la réciproque est vraie, c'est-à-dire de savoir si (Q) implique (P).
Dans cet exemple, la réciproque s'énonce ainsi : « Si un entier n est divisible par 3, alors il est divisible par 6 ». Il est facile de voir que cette réciproque est fausse car, par exemple, 15 est divisible par 3 et non divisible par 6.
L'implication « **(Q) implique (P)** » est appelée **implication réciproque** de l'implication « **(P) implique (Q)** ».
Comme nous venons de le voir, la réciproque peut être fausse.

2. Autre exemple

La proposition (P) : « ABC est un triangle tel que $BC^2 = AB^2 + AC^2$ », implique la proposition (Q) : « Le triangle ABC est rectangle en A ». L'implication réciproque s'énonce : « si un triangle ABC est rectangle en A, alors $BC^2 = AB^2 + AC^2$ ».
Dans ce cas, l'implication réciproque est vraie : (Q) implique (P).

2 L'équivalence

NOTE
Voir « *Démontrer une équivalence* », page 415.

1 Explications. Exemple

On dit que deux propositions (P) et (Q) sont équivalentes lorsque (P) implique (Q), **et** (Q) implique (P).

Exemple : La proposition « a et b sont des réels positifs tels que $a \leqslant b$ » est équivalente à la proposition « a et b sont des réels positifs tels que $a^2 \leqslant b^2$ ».

Notation : $(P) \Leftrightarrow (Q)$.

L'équivalence peut se formuler de plusieurs façons :

- (P) **équivaut à** (Q)
- (P) **si et seulement si** (Q).

Exemple : a et b étant des réels positifs, « $a^2 \leqslant b^2$ » équivaut à « $a \leqslant b$ ». Ou, a et b étant des réels positifs, $a^2 \leqslant b^2$ si et seulement si $a \leqslant b$.

- On dit aussi que (Q) [resp. (P)] est une **condition nécessaire et suffisante** pour (P) [resp. (Q)].

Ainsi, chercher une condition nécessaire et suffisante pour qu'une proposition (P) soit vraie, c'est chercher une proposition (Q) équivalente à (P).

Exemple : ABC est un triangle. Une condition nécessaire et suffisante pour que « ABC soit équilatéral » est « $\widehat{B} = \widehat{C} = 60°$ ».

Commentaires sur l'emploi de $\Rightarrow$ et de $\Leftrightarrow$

1. $\Rightarrow$ et $\Leftrightarrow$ ne sont pas des abréviations sténographiques mais des signes mathématiques (plus précisément de la branche des mathématiques qui étudie la logique). En aucun cas, ils ne doivent être mélangés aux mots d'un texte rédigé en langage usuel. Ainsi, n'écrivez pas dans une rédaction, « ABC est isocèle en A $\Rightarrow$ AB = AC ». Remplacez $\Rightarrow$ par « donc », (ce qui est aussi vite écrit).

2. Surtout ne pas croire que $\Rightarrow$ remplace le mot « alors ». On rencontre très souvent (chez les débutants qui veulent utiliser ce signe) la faute comme, par exemple, « Si ABC est isocèle en A $\Rightarrow$ AB = AC » ce qui n'a aucun sens. Le rédacteur a voulu dire « Puisque ABC est isocèle, alors AB = AC », et le lecteur lit « Si ABC est isocèle en A implique AB = AC ».

3. Beaucoup d'erreurs proviennent aussi de ce que l'on emploie $\Leftrightarrow$ lorsqu'il faudrait seulement $\Rightarrow$, et inversement. Lorsqu'on emploie $\Leftrightarrow$, il faut être sûr que l'implication est vraie **dans les deux sens**, ce qui demande toujours réflexion. Par exemple « $x > 2 \Leftrightarrow x^2 > 4$ » est faux car « $x > 2 \Rightarrow x^2 > 4$ » est vrai **mais** « $x^2 > 4 \Rightarrow x > 2$ » est faux (car « $x^2 > 4 \Rightarrow x > 2$ ou $x < -2$).

4. En conclusion, avant d'utiliser les « flèches », comprenez bien le sens des mots « implication » (qui se traduit par « donc », ou par « si… alors ») et « équivalence » (qui se traduit par « équivaut à »), c'est là l'essentiel.

3 « Et », « Ou »

1. Le sens en mathématique de la conjonction « et » est le sens du langage usuel. Ainsi, « L'entier n est un nombre pair et un multiple de 3 », signifie que n possède les deux qualités *à la fois* : il est pair, il est multiple de 3.

2. En revanche, il n'en est pas de même pour « ou ». Dans le langage usuel, « ou » est exclusif. Dire qu'une porte doit être ouverte ou fermée signifie qu'elle doit être l'une ou l'autre, mais pas les deux à la fois. En mathématique, le « ou » est non exclusif, il accepte *les deux cas à la fois*.

Exemple : « L'entier n est un nombre pair *ou* un multiple de 3 » signifie que n est soit pair sans être multiple de 3, soit multiple de 3 sans être pair, soit « les deux à la fois », c'est-à-dire pair **et** multiple de 3.

3. Il faut donc être vigilant dans l'emploi du « et », du « ou ». Vous devez comprendre les fautes commises lorsqu'on écrit, a et b étant deux réels :

- $ab = 0$ équivaut à $a = 0$ et $b = 0$ (il faut dire $a = 0$ **ou** $b = 0$, c'est-à-dire $a = 0$, $b \neq 0$, ou bien $a \neq 0$, $b = 0$, ou bien $a = 0$, $b = 0$) ;
- $a^2 + b^2 = 0$ équivaut à $a = 0$ ou $b = 0$ (il faut dire $a = 0$ **et** $b = 0$, les deux à la fois).

4 Les quantificateurs

1. Premier exemple

Vous avez déjà rencontré des propositions qui contiennent l'expression « quel que soit » ou « pour tout ». Par exemple, « Quel que soit le réel x de l'intervalle $[0\,;\,1]$, $x^2 \leqslant x$ ». On dit que l'expression « **quel que soit** » ou « **pour tout** » est un **quantificateur**, dit **universel**. Il signifie que *tout* élément x d'un ensemble précisé, ici $[0\,;\,1]$, possède une propriété notée $P(x)$ (ici $P(x)$ est $x^2 \leqslant x$). (Dans cet exemple, nous savons que la proposition énoncée est vraie).

NOTE
Le quantificateur « pour tout » se note $\forall$. On écrit $\forall x \in [0\,;\,1]$, $x^2 \leqslant x$.

2. Deuxième exemple

D'autres propositions contiennent l'expression « il existe ». Ainsi si x est un réel quelconque donné, « Il existe un nombre entier n tel que $n \leqslant x < n+1$. »

On dit que l'expression « **il existe au moins** » est un **quantificateur existentiel**.

Il signifie qu'au moins un élément d'un ensemble précisé, ici $\mathbb{R}$, possède une propriété bien précisée elle aussi.

(Dans cet exemple la proposition énoncée est vraie, car lorsqu'on gradue la droite réelle par les nombres entiers, un nombre x est toujours entre deux entiers consécutifs. Le nombre n tel que $n \leqslant x < n+1$ est la partie entière de x.)

NOTE

Le quantificateur « il existe au moins » se note $\exists$.

5 Négation d'une proposition

1 Explications. Exemples

À partir d'une proposition (P), on peut écrire une autre proposition que l'on note [non (P)] et qui est la négation de (P).

Exemples : La négation de la proposition « le tableau de la classe est noir » est « le tableau de la classe n'est pas noir ». La négation de la proposition « le triangle ABC est isocèle » est « le triangle ABC n'est pas isocèle ».

2 Cas des propositions « P_1 et P_2 »

1. Examinons la proposition (P) « l'entier n est un multiple de 3 et de 5 ». Nier (P), c'est dire que l'entier n ne possède pas l'ensemble des propriétés que (P) lui attribue, c'est donc dire que n n'est pas un multiple de 3, **ou** que n n'est pas un multiple de 5.

Remarquez que (P) est la conjonction de deux propositions, P_1 « n est un entier multiple de 3 » **et** (P_2) « n est un entier multiple de 5 ».

Alors, on voit que [**non (P_1 et P_2)**] est [(**non P_1**) **ou** (**non P_2**)].

2. Autre exemple : La négation de la proposition (P) « le triangle ABC est rectangle isocèle » est la proposition « le triangle ABC est **non** rectangle **ou non** isocèle ». Le « ou » signifie ici que trois cas sont possibles pour ABC (et trois seulement) : il est rectangle mais non isocèle, ou bien il est isocèle mais non rectangle, ou bien il est non isocèle et non rectangle.

NOTE

Dans cette proposition le « **et** » n'est pas écrit, mais il est implicitement présent.

3 Cas des propositions « P_1 ou P_2 »

Examinons la proposition (P) : « La carte tirée d'un jeu de cartes est un pique ou une figure ». Nier (P), c'est dire que la carte ne possède pas l'ensemble des propriétés que (P) lui attribue : à savoir que la carte est soit un pique, soit une figure, soit les deux à la fois. Donc nier (P) c'est dire que « la carte tirée n'est pas un pique » **et** que « la carte tirée n'est pas une figure ».

Remarquez que (P) est la réunion de deux propositions, (P_1) « La carte tirée est un pique », (P_2) « La carte tirée est une figure ».

On voit que [**non (P_1 ou P_2)**] est **[(non P_1) et (non P_2)].**

4 Négation d'une proposition universelle. Contre-exemple

1. Exemple

Examinons la proposition : « Tous les élèves de cette classe ont la moyenne en mathématiques. » La négation est : « Il existe au moins un élève de la classe qui n'a pas la moyenne en mathématiques ».

2. Dans le cas général, une proposition universelle (P) s'énonce « **Pour tout** élément x de l'ensemble (E), x possède une propriété $P(x)$ bien précisée ». Alors (non P) est « **Il existe au moins** un élément x de E qui ne possède pas cette propriété ».

3. Contre-exemple

Il en résulte que pour prouver qu'une proposition universelle (P) n'est pas vraie, il suffit d'exhiber un **seul** élément x tel que $P(x)$ n'est pas vraie. On dit alors qu'on a démontré que (P) est fausse en fournissant un **contre-exemple**.

Exemple : Prouvez que la fonction f définie sur $\mathbb{R}$ par $f(x) = x^2 + x$ n'est pas paire.

Dire que f est paire c'est dire que « pour tout réel x, $f(x) = f(-x)$ ». Pour prouver la non parité, il suffit donc de trouver **un nombre** x tel que $f(x) \neq f(-x)$.
On peut choisir $x = 1$, car $f(1) = 2$ et $f(-1) = 0$.

5 Négation d'une proposition existentielle

1. Exemple

La négation de la proposition (P) : « Il existe un entier n tel que l'écriture décimale de n^2 se termine par 3 » est « Un tel entier n'existe pas ». Ce qui signifie qu'aucun entier n ne possède cette propriété, plus précisément : « Pour tout entier n, l'écriture décimale de n^2 ne se termine pas par 3. »

2. Dans le cas général, une proposition existentielle (P) s'énonce « **Il existe au moins** un élément x de l'ensemble E qui possède une propriété bien précisée ». Alors, (non P) est « **Pour tout élément** x de E, x ne possède pas cette propriété ».

6 Contraposée d'une implication

Supposons que la proposition (P) implique la proposition (Q). Alors la proposition **(non Q) implique** la proposition **(non P)**.
En effet, si (non Q) implique (P), puisque (P) implique (Q), on obtient (non Q) implique (Q), ce qui est contradictoire.
On dit que [(non Q) implique (non P)] est la **contraposée de** [(P) implique (Q)].

Exemple : La proposition (P) « ABC est un triangle rectangle en A » implique la proposition (Q) « ABC est un triangle tel que $BC^2 = AB^2 + AC^2$ ».
Donc, par contraposée, « ABC est un triangle tel que $BC^2 \neq AB^2 + AC^2$ » implique « ABC est un triangle qui n'est pas rectangle en A ».

chapitre 1

Généralités sur les fonctions

Approche historique

Un problème

À partir des fonctions usuelles x^2, $\frac{1}{x}$, *…, dont on connaît bien les propriétés (sens de variation, parité, etc.), peut-on en déduire facilement les propriétés et graphes d'autres fonctions ?*
Par exemple, une fois que l'on a représenté la fonction $f(x) = x^2 + 1$, *comment en déduire l'allure de la fonction* $g(x) = \frac{1}{1 + x^2}$ *?*

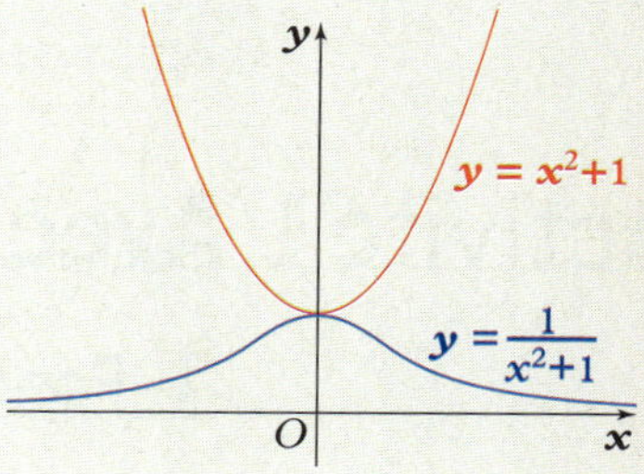

Des éléments de réflexion

Pour répondre, on exploite le fait que $g(x) = h(f(x))$ avec $h(\mathrm{X}) = \frac{1}{\mathrm{X}}$.
La fonction g est la fonction composée de h et de f, et la composition est étudiée dans ce chapitre. Parce que la fonction f est paire, g est paire.
Sur $[0 ; +\infty[$, la fonction f est strictement croissante et la fonction h est strictement décroissante, donc g est strictement décroissante sur $[0 ; +\infty[$.
C'est le mathématicien, logicien, philosophe et juriste Georg Wilhelm Leibniz (Leipzig, 1646 - Hanovre, 1716) qui, dans les années 1690, introduisit le mot fonction (en latin *functio*). Il séparait ainsi la fonction de la courbe, dans la mesure où une même courbe peut-être représentée par une autre fonction si l'on change de variable.
Le changement de variable correspond à la notion de composition des fonctions.

En 1748, dans le premier livre consacré aux fonctions, Leonhard Euler (Bâle, 1707 - Saint-Pétersbourg, 1783) commence par expliquer les changements de variables.
Si l'on fait le changement de variable

$\mathrm{X} = g(x) = \frac{1 - x^2}{1 + x^2}$, la fonction $f(\mathrm{X}) = \sqrt{1 - \mathrm{X}^2}$

s'exprime sans radical, $f(g(x)) = \frac{2|x|}{1 + x^2}$.
Euler apprend à trouver de telles compositions simplificatrices de fonctions.

Leonhard Euler
(Bâle, 1707 - Saint-Pétersbourg, 1783)

Pour prendre un bon départ

Vous avez vu en classe de Seconde un certain nombre de fonctions de référence et appris quelques-unes de leurs propriétés.
Dans la pratique, certaines fonctions apparaissent naturellement comme somme ou produit de fonctions de référence. Par exemple, $x \mapsto x^2 + \sqrt{x}$ *est la somme de* $x \mapsto x^2$ *et de* $x \mapsto \sqrt{x}$ *;* $x \mapsto x\sqrt{x}$ *est le produit de* $x \mapsto x$ *et de* $x \mapsto \sqrt{x}$.
Souvent, ces sommes ou produits de fonctions « héritent » des propriétés de celles-ci.
C'est le cas par exemple de la fonction $x \mapsto x^2 + \sqrt{x}$*, croissante sur* $\mathrm{I} = [0 ; +\infty[$*, et qui est la somme de deux fonctions croissantes sur* I.
L'objet de ce chapitre est de définir des opérations sur les fonctions et d'étudier le sens de variation de certaines fonctions obtenues.

Activité 1 Avec une calculatrice ou un grapheur

1 Fonctions $x \mapsto u(x) + \lambda$ (λ réel donné)

u et v sont les fonctions définies par $u(x) = x^3 - 2x - 1$ et $v(x) = u(x) + 2$.

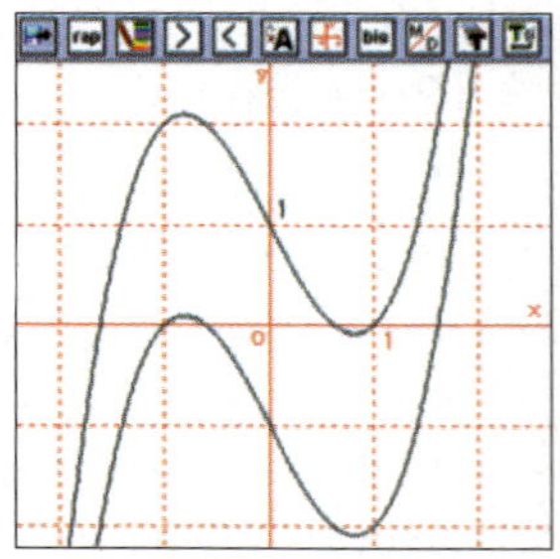

1. Sur la figure, avec GéoplanW, on a tracé leurs courbes représentatives $\mathscr{C}_u$ et $\mathscr{C}_v$. Laquelle est $\mathscr{C}_u$? Laquelle est $\mathscr{C}_v$?

2. Il semble que l'on peut faire « glisser » $\mathscr{C}_u$ pour l'amener sur $\mathscr{C}_v$. Voyons si c'est vrai.

a) Si A et A′ sont les points de $\mathscr{C}_u$ et $\mathscr{C}_v$ d'abscisse 0, précisez les ordonnées de A et de A′.

b) Quelles sont les coordonnées de $\overrightarrow{AA'}$?

c) Si M et M′ sont des points de $\mathscr{C}_u$ et $\mathscr{C}_v$ ayant la même abscisse x, donnez les coordonnées de $\overrightarrow{MM'}$.

Conclusion : $\mathscr{C}_v$ **est l'image de** $\mathscr{C}_u$ **par la translation de vecteur** $\vec{v}(0 ; 2)$.

3. a) Que pouvez-vous conjecturer concernant les sens de variation de u et de v ?

b) Démontrez que si x_1 et x_2 sont deux réels, $v(x_2) - v(x_1) = u(x_2) - u(x_1)$.
Justifiez alors la conjecture précédente.

4. a) À l'aide de votre calculatrice graphique ou d'un grapheur, tracez les courbes $\mathscr{C}_f$ et $\mathscr{C}_g$ représentatives des fonctions f et g définies sur $\mathbb{R}$ par $f(x) = \dfrac{x+1}{x^2+1}$ et $g(x) = \dfrac{-3x^2+x-2}{x^2+1}$.

b) Pourquoi $\mathscr{C}_f$ est-elle l'image de $\mathscr{C}_g$ par la translation de vecteur $\vec{v}(0 ; 3)$?

c) Que pouvez-vous dire du sens de variation de f et de g ?

2 Fonctions $x \mapsto \lambda u(x)$ (λ réel donné non nul)

f_λ est la fonction définie par $f_\lambda(x) = \lambda x^2$, λ réel non nul.

1. À l'aide de la calculatrice ou d'un grapheur, tracez les courbes de f_1, f_2, f_{-1}, f_{-3}.

2. Comparez le sens de variation de ces fonctions.

3. Faites le tableau de variations de f_λ en distinguant les cas $\lambda > 0$ et $\lambda < 0$.

Activité 2 La composée de deux fonctions

1 Étude d'un exemple

Sur la figure, le repère est orthonormal ; l'unité de longueur est le kilomètre. Le point $P(0\,;-2)$ représente un phare, qui est donc situé à 2 km de O.
Un bateau B se déplace sur un « rail » représenté par l'axe des abscisses. u est la fonction qui donne l'abscisse x de B en fonction du temps t, exprimé en heures. $x = u(t) = 20t$ (à l'instant $t = 0$, B est en O).
Le but est d'exprimer la distance $y = PB$ entre le bateau et le phare en fonction de t.

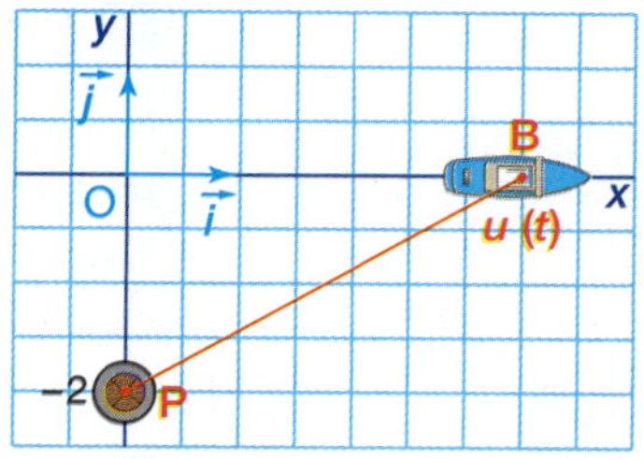

1. On voit bien que l'on va pouvoir calculer y en fonction de x.
Notons f la fonction $x \mapsto y$. Vérifiez que $f(x) = \sqrt{4 + x^2}$.

2. Or x est fonction de t et y est fonction de x. La situation peut être représentée par le diagramme suivant :

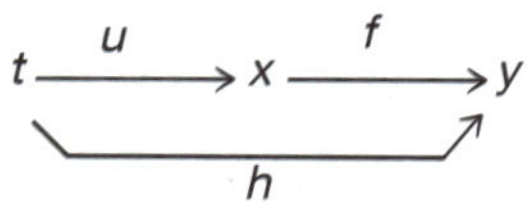

On voit que l'on passe de t à y par une fonction h. Puisque $x = u(t)$ et $y = f(x)$ alors $y = f(u(t))$. Ainsi h est la fonction $t \mapsto f(u(t))$ donc $h(t) = f(u(t))$.

3. Vérifiez que $h(t) = \sqrt{4 + 400t^2}$.

> **Conclusion** : On dit h est la **composée de u « suivie » de f.**
> Cette fonction est notée $f \circ u$. On écrit $h = f \circ u$ avec $h(t) = f(u(t))$.

2 Autres exemples

1. f et g sont les fonctions définies par $f(x) = x^2 + 1$ et $g(x) = \frac{1}{x}$ $(x \neq 0)$. On note h la fonction f « suivie » de g, c'est-à-dire $g \circ f$, avec $h(x) = g(f(x))$, k la fonction g « suivie » de f, c'est-à-dire $f \circ g$, avec $k(x) = f(g(x))$.
Calculez $h(x)$ et $k(x)$. Vous indiquerez à chaque fois pour quelles valeurs de x le calcul est possible.

2. Avec des phrases
f et g sont les fonctions définies par les phrases suivantes :
« $f(x)$ est la racine carrée de la somme de x et de 1 » et « $g(x)$ est la somme de la racine carrée de x et de 1 ».
a) Écrivez explicitement $f(x)$ et $g(x)$ et donnez leurs domaines de définition.
b) Exprimez f et g comme fonctions composées de deux fonctions que vous préciserez.

Cours

1 Rappels sur les fonctions

D'une manière générale, nous noterons D_f l'ensemble de définition d'une fonction f et $\mathscr{C}_f$ sa courbe dans un repère choisi.

1 1 Fonction. Ensemble de définition

Si f est une fonction et D_f son ensemble de définition, à chaque réel x de D_f la fonction associe **un réel et un seul**, noté $\boldsymbol{f(x)}$. On dit que $f(x)$ est l'**image** de x par f.
Parfois une fonction est donnée sans que soit précisé son ensemble de définition. Dans ce cas, cet ensemble est constitué de tous les réels x tels que $f(x)$ soit calculable.

1 2 Courbe représentative d'une fonction

f est une fonction définie sur un ensemble D.

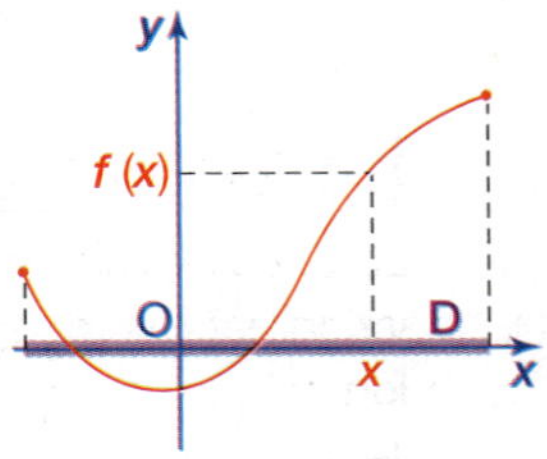

• La **courbe représentative** de f dans un repère est l'ensemble des points $M(x\,;f(x))$ avec x élément de D. Donc, dire « $M(x\,;y)$ appartient à la courbe représentative de f » équivaut à dire « x appartient à D **et** $\boldsymbol{y = f(x)}$ ».
• On dit que $y = f(x)$ est une **équation de cette courbe** dans le repère considéré.
L'équation d'une courbe permet de savoir si un point M donné appartient ou non à cette courbe.

1 3 Sens de variation

NOTE
La figure 1 représente une fonction strictement croissante,
et la figure 2 une fonction strictement décroissante.

• Dire que la fonction f est **strictement croissante** sur un intervalle I signifie que pour tous réels u et v de I,

$$\boldsymbol{u < v} \text{ implique } \boldsymbol{f(u) < f(v)}.$$

On définit de manière analogue une fonction **strictement décroissante** par :

$$\boldsymbol{u < v} \text{ implique } \boldsymbol{f(u) > f(v)}.$$

fig. 1

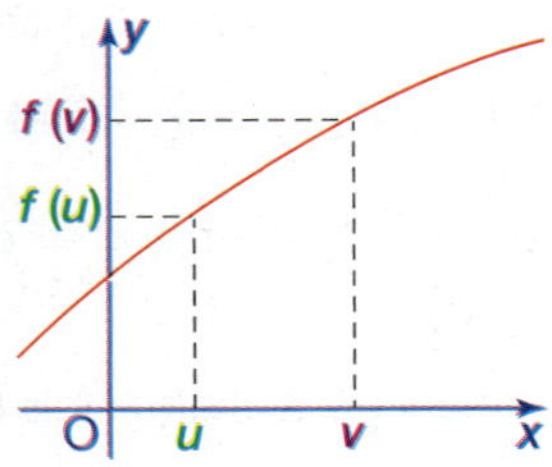

fig. 2

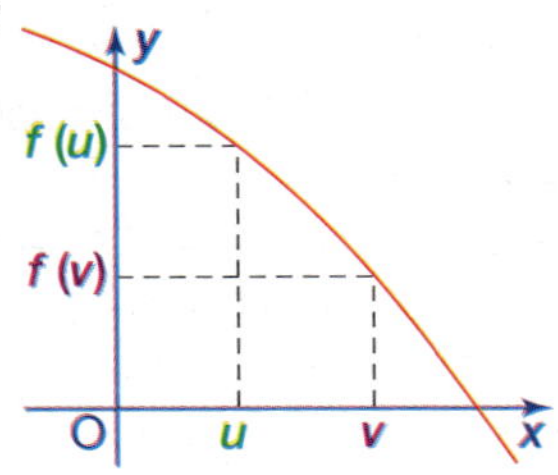

• La définition d'une fonction croissante (resp. décroissante) s'obtient en remplaçant les inégalités strictes $f(u) < f(v)$ (resp. $f(u) > f(v)$) par les inégalités larges $f(u) \leqslant f(v)$ (resp. $f(u) \geqslant f(v)$).
• Une fonction qui est constamment croissante, ou bien constamment décroissante, sur un intervalle est dite **monotone** sur cet intervalle.

Remarque : Une fonction peut être ni croissante ni décroissante sur un intervalle (*voir l'exercice résolu* 1 *ci-contre*).

Exercices résolus

Exo 1 **Comment utiliser la représentation graphique d'une fonction ?**

f est une fonction définie sur $[-3 ; 4]$. Sa courbe représentative $\mathscr{C}_f$ est donnée par le graphique ci-contre obtenu avec GéoplanW.

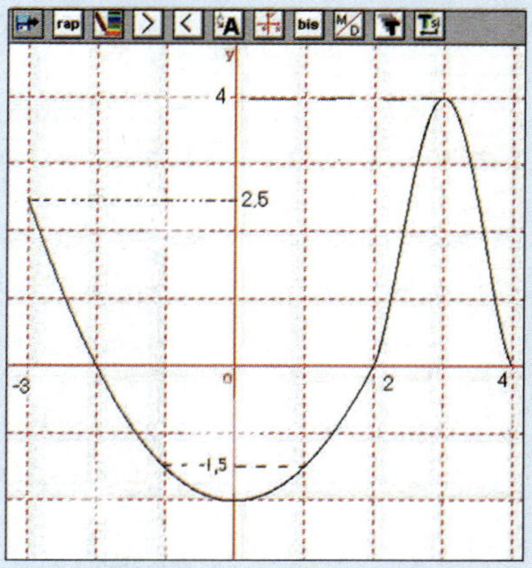

1. Utilisez la représentation graphique pour répondre aux questions suivantes.

a) Donnez le tableau de variations de f sur l'intervalle $[-3 ; 4]$.

b) Quelles sont les solutions de l'équation $f(x) = 0$?

c) Quelles sont les solutions de l'inéquation $f(x) \geqslant 0$?

2. Combien l'équation $f(x) = 3$ a-t-elle de solutions ?

3. m est un réel donné non précisé.
Discutez selon les valeurs du réel m le nombre de solutions de l'équation $f(x) = m$.

Solution commentée

1. a) Lorsque la courbe « descend » sur un intervalle, la fonction est décroissante. Quand elle « monte », la fonction est croissante.
D'où le tableau :

x	-3		0		3		4
f	$2,5$	↘	-2	↗	4	↘	0

b) Trouver les solutions de l'équation $f(x) = 0$ revient à trouver les points de $\mathscr{C}_f$ qui ont pour ordonnée 0.
On considère alors la droite $y = 0$, qui coupe $\mathscr{C}_f$ en trois points. Leurs abscisses sont les solutions cherchées.
L'ensemble des solutions est $\mathscr{S} = \{-2 ; 2 ; 4\}$.

c) Trouver les solutions de l'inéquation $f(x) \geqslant 0$ revient à trouver les points de $\mathscr{C}_f$ qui ont une ordonnée positive ou nulle, c'est-à-dire qui sont situés sur ou au-dessus de l'axe des abscisses.
C'est le cas pour x dans $[-3 ; -2]$ ou bien pour x dans $[2 ; 4]$. Donc l'ensemble des solutions est la réunion de ces deux intervalles, notée :

$$\mathscr{S} = [-3 ; -2] \cup [2 ; 4].$$

2. Résoudre $f(x) = 3$ revient à chercher les points de $\mathscr{C}_f$ ayant pour ordonnée 3.

On trace donc la droite d'équation $y = 3$. Il y a deux points d'intersection avec la courbe $\mathscr{C}_f$, donc il y a deux solutions.

3. En appliquant le même raisonnement que précédemment, on regarde en combien de points la droite d d'équation $y = m$ coupe la courbe $\mathscr{C}_f$.
Lorsque m varie, la droite d reste parallèle à l'axe des abscisses.
Il suffit donc de déplacer cette droite, parallèlement à l'axe des abscisses, et de noter le nombre de points d'intersection avec $\mathscr{C}_f$. Ainsi :
si $m < -2$, pas de solution ;
si $m = -2$, 1 solution (qui est 0) ;
si $-2 < m < 0$, 2 solutions ;
si $0 \leqslant m \leqslant 2,5$, 3 solutions ;
si $2,5 < m < 4$, 2 solutions ;
si $m = 4$, 1 solution (qui est 3) ;
si $m > 4$, pas de solution.

Commentaire : On a étudié ici un exemple de fonction non croissante et non décroissante sur un intervalle I. Le contraire de « f est croissante sur I » n'est donc pas « f est décroissante sur I », mais « **f n'est pas croissante** sur I ».

▶ **exercices 32, 42, 46**

Cours

2 Panorama des fonctions de référence

Voici, présentés sous forme de tableau, des rappels concernant les fonctions de référence vues en classe de Seconde.

fonction	sens de variation	courbe
$f : x \mapsto x^2$	• f est strictement décroissante sur $]-\infty\,;0]$ et strictement croissante sur $[0\,;+\infty[$: – Si $\mathbf{0 \leqslant u < v}$, alors $\mathbf{u^2 < v^2}$. Deux nombres positifs sont rangés dans le même ordre que leurs carrés. – Si $\mathbf{u < v \leqslant 0}$, alors $\mathbf{u^2 > v^2}$. • La courbe représentative est une **parabole** de sommet O.	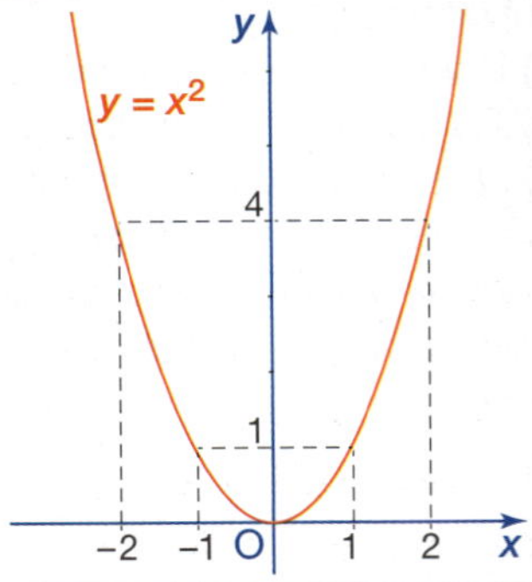
$f : x \mapsto \dfrac{1}{x}$	• f est strictement décroissante sur $]-\infty\,;0[$ et sur $]0\,;+\infty[$: – Si $\mathbf{0 < u < v}$, alors $\mathbf{\dfrac{1}{u} > \dfrac{1}{v}}$. – Si $\mathbf{u < v < 0}$, alors $\mathbf{\dfrac{1}{u} > \dfrac{1}{v}}$. • La courbe représentative est une **hyperbole**.	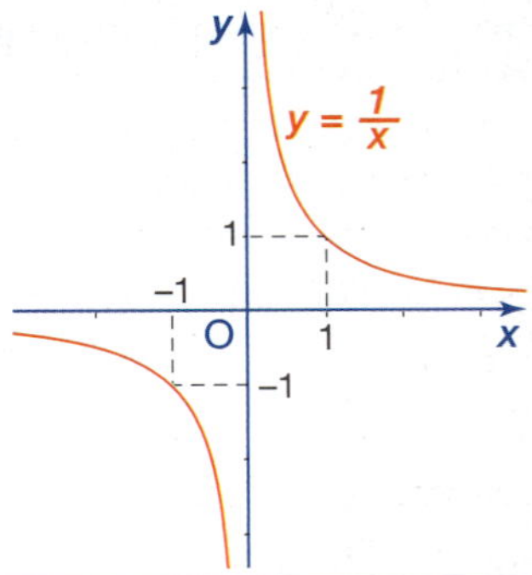
$f : x \mapsto \sqrt{x}$	f est strictement croissante sur $[0\,;+\infty[$: Si $\mathbf{0 \leqslant u < v}$ alors $\mathbf{\sqrt{u} < \sqrt{v}}$.	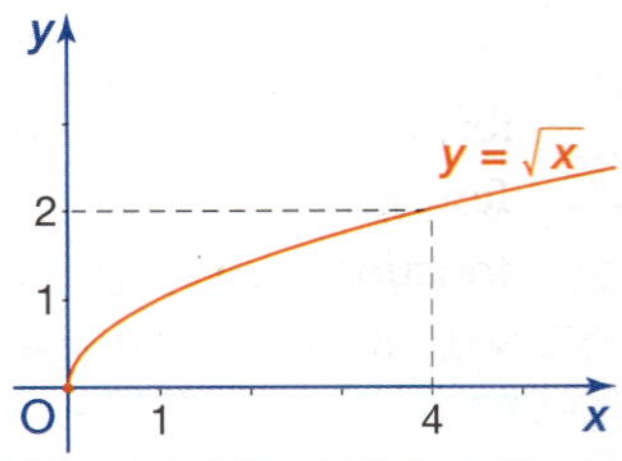
$f : x \mapsto \lvert x \rvert$	f est strictement décroissante sur $]-\infty\,;0]$ et strictement croissante sur $[0\,;+\infty[$.	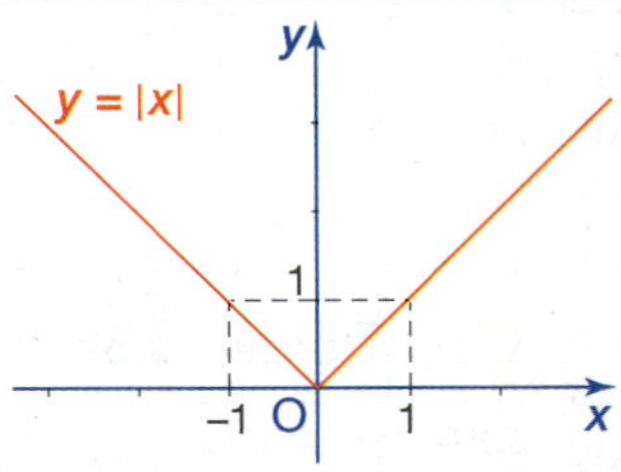
$x \mapsto \cos x$ et $x \mapsto \sin x$	• Elles sont périodiques de période 2π, ce qui signifie que pour tout x réel, $\mathbf{\cos(x + 2\pi) = \cos x}$ et $\mathbf{\sin(x + 2\pi) = \sin x}$ • Les courbes représentatives sont des sinusoïdes.	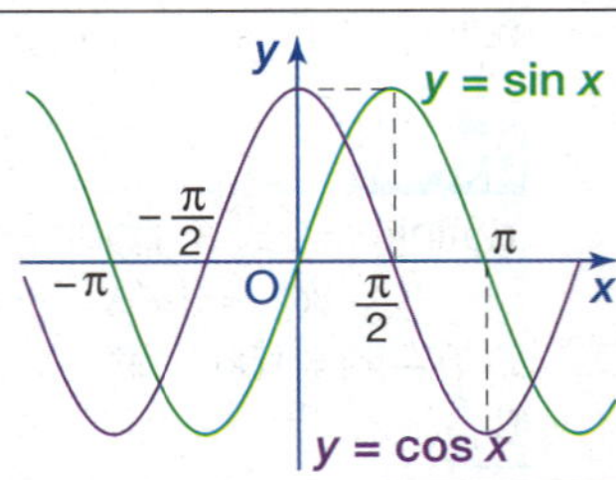

Pour mieux comprendre

COMMENT reconnaître si une fonction est paire ou impaire ?

• Dans un repère orthogonal, l'axe des ordonnées est axe de symétrie de la parabole $\mathcal{P}$ d'équation $y = x^2$.

En effet, quel que soit le réel x, les points M et M′ de $\mathcal{P}$, d'abscisses x et $-x$, ont la même ordonnée x^2. Ils sont donc symétriques par rapport à l'axe des ordonnées. On dit que la fonction $f : x \mapsto x^2$ est une **fonction paire**.

• L'origine est centre de symétrie de l'hyperbole $\mathcal{H}$ d'équation $y = \frac{1}{x}$.

En effet, quel que soit le réel x non nul, les points M et M′ de $\mathcal{H}$, d'abscisses x et $-x$, ont des ordonnées opposées. Ils sont donc symétriques par rapport à l'origine O. On dit que la fonction $f : x \mapsto \frac{1}{x}$ est une **fonction impaire.**

D'une manière plus générale :

• f est **paire** signifie que :
si $x \in D_f$, alors $-x \in D_f$ et $f(-x) = f(x)$

Si f est paire, alors sa courbe représentative est symétrique par rapport à l'axe des ordonnées dans un repère orthogonal.

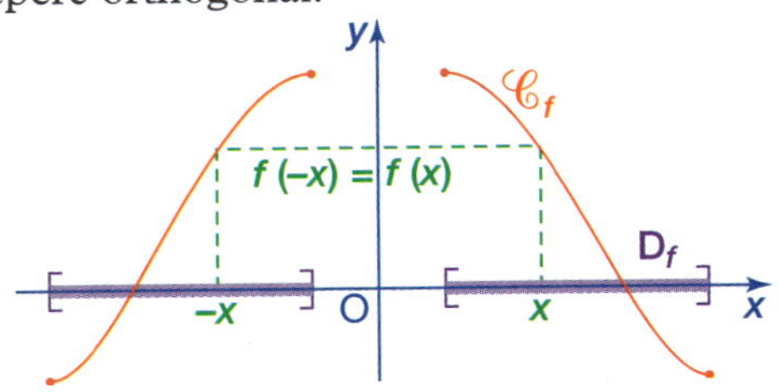

• f est **impaire** signifie que :
si $x \in D_f$, alors $-x \in D_f$ et $f(-x) = -f(x)$

Si f est impaire alors sa courbe représentative est symétrique par rapport à O.

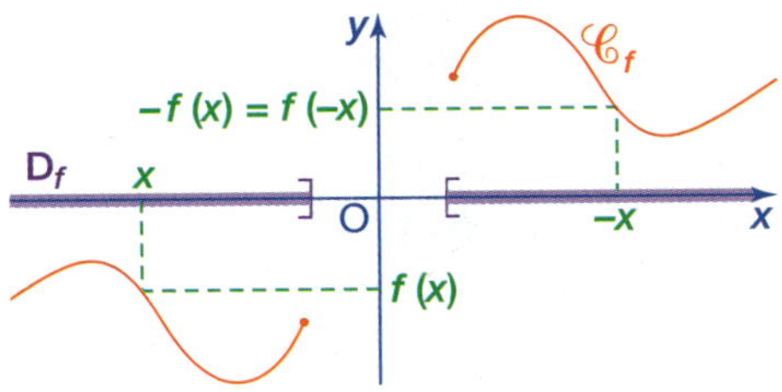

Remarque : Lorsque le domaine de définition est $\mathbb{R}$, la condition « si $x \in D_f$, alors $-x \in D_f$ » (appelée « condition de symétrie de D_f ») est automatiquement remplie.

Exemples : • La fonction cosinus est paire (car pour tout x, $\cos(-x) = \cos x$) et la fonction sinus est impaire (car pour tout x, $\sin(-x) = -\sin x$).

• La fonction $x \mapsto |x|$ est définie sur $\mathbb{R}$ et $|-x| = |x|$; $x \mapsto |x|$ est paire.

• La fonction $x \mapsto \sqrt{x}$ n'est ni paire, ni impaire, car son domaine de définition D est $[0 ; +\infty[$.
Si $x > 0$, alors $-x < 0$ n'appartient pas à D. La condition de symétrie de D n'est pas remplie.

Exercices résolus

Exo 2 Étudier la parité d'une fonction

f et g sont des fonctions définies sur $\mathbb{R}$ par $f(x) = x^2 + x$ et $g(x) = x\sqrt{x^2+1}$.
Étudiez leur parité.

Solution commentée

f est définie sur $\mathbb{R}$ et pour tout x de $\mathbb{R}$:

$$f(-x) = (-x)^2 + (-x) = x^2 - x$$

Donc $f(-x) \neq f(x)$ et $f(-x) \neq -f(x)$, sauf pour $x = 0$, donc f n'est ni paire, ni impaire.

g est définie sur $\mathbb{R}$ et pour tout x de $\mathbb{R}$:

$$g(-x) = -x\sqrt{(-x)^2+1} = -x\sqrt{x^2+1} = -g(x)$$

La fonction g est donc impaire.

▶ **exercices 34, 35**

Cours

3 Opérations sur les fonctions

3 1 Opérations algébriques sur les fonctions

Avant de définir les opérations algébriques sur les fonctions, définissons l'égalité entre deux fonctions.

Par définition, dire que deux fonctions f et g sont **égales**, ce que l'on note alors $f = g$, signifie qu'elles ont même ensemble de définition D et que pour tout x de D,

$$\boldsymbol{f(x) = g(x)}$$

f et g sont deux fonctions. Lorsque x appartient à la fois à D_f et à D_g, x a une image $f(x)$ et une image $g(x)$. Les opérations algébriques que l'on peut faire avec $f(x)$ et $g(x)$ (somme, produit, ...) induisent naturellement des opérations sur les fonctions.

NOTE
$D_f \cap D_g$ est l'ensemble de tous les réels x qui sont à la fois dans D_f et D_g.

opération	notation	définition	définie pour :
somme	$f+g$	$x \mapsto f(x)+g(x)$	$x \in D_f \cap D_g$
différence	$f-g$	$x \mapsto f(x)-g(x)$	$x \in D_f \cap D_g$
produit	fg	$x \mapsto f(x)g(x)$	$x \in D_f \cap D_g$
quotient	$\frac{f}{g}$	$x \mapsto \frac{f(x)}{g(x)}$	$x \in D_f \cap D_g$ et $\boldsymbol{g(x) \neq 0}$.

NOTE
Le TD2, p. 24, est consacré aux fonctions polynômes.

Application.
a est un réel non nul et n un entier naturel. La fonction $x \mapsto ax^n$, définie sur $\mathbb{R}$, est appelée **monôme de coefficient a et de degré n.**
On dit aussi que ax^n est un monôme.
Par définition, un **polynôme** est une somme de monômes.

Exemple : $7x^4 - 5x^3 + 3x - 1$ est un polynôme de degré 4 dont les coefficients sont $7, -5, 0, 3, -1$ (le zéro vient de $0 \times x^2$).

3 2 Composition de fonctions

Définition 1

Étant donné deux fonctions f et g, la fonction $\boldsymbol{g \circ f}$ (lire « g rond f ») est la fonction définie par $\boldsymbol{(g \circ f)(x) = g(f(x))}$.

NOTE
Dans l'écriture $g \circ f$, f est en seconde position, mais dans le calcul de $(g \circ f)(x)$, f opère en premier.
En effet, pour calculer $g(f(x))$, on calcule d'abord $f(x)$ **puis** $g(f(x))$.
Pour cette raison, on dit souvent que « $g \circ f$ est la composée de f suivie de g ».

Exemple : f est la fonction définie sur $\mathbb{R}$ par $f(x) = x - 2$, et g la fonction « racine carrée ». Dans $g(x)$, on remplace x par $f(x)$. Alors $g(f(x)) = \sqrt{f(x)} = \sqrt{x-2}$.
Donc $g \circ f$ est la fonction $x \mapsto \sqrt{x-2}$, définie sur $[2\,;+\infty[$.

Remarque : L'écriture $(g \circ f)(x) = g(f(x))$ n'a de sens que lorsque x appartient à D_f et $f(x)$ appartient à D_g. **L'ensemble de définition de $g \circ f$** est donc constitué de tous les nombres x tels que **x soit dans D_f et $f(x)$ soit dans D_g**.

De manière analogue, la fonction $\boldsymbol{f \circ g}$ est la fonction définie par $\boldsymbol{(f \circ g)(x) = f(g(x))}$. En général, $f \circ g \neq g \circ f$. Ainsi, f et g étant les fonctions de l'exemple ci-dessus, $(f \circ g)(x) = g(x) - 2 = \sqrt{x} - 2$.

Pour mieux comprendre

Comment comprendre le sens des notations dans les opérations algébriques ?

La notation $(f+g)(x)$ désigne le nombre $f(x)+g(x)$, la notation $(fg)(x)$ désigne $f(x)\times g(x)$ et $\left(\frac{f}{g}\right)(x)$ désigne $\frac{f(x)}{g(x)}$.

Exemples : • u est la fonction définie sur $[0\,;+\infty[$ par $u(x) = x+\sqrt{x}$. On peut écrire $u = f+g$ avec $f(x) = x$ et $g(x) = \sqrt{x}$.

• v est la fonction définie sur $[0\,;+\infty[$ par $v(x) = x\sqrt{x}$. On peut écrire $v = fg$ avec $f(x) = x$ et $g(x) = \sqrt{x}$.

Comment comprendre la notation $g(f(x))$?

Lorsque g est une fonction, la notation $g(x)$ désigne l'image du nombre x par g. Pour calculer l'image d'un nombre, on remplace x par ce nombre dans $g(x)$.

Ainsi, si g est la fonction $x \mapsto 3x+1$, alors l'image du nombre $4u$, par exemple, est :

$$g(4u) = 3\times 4u+1 = 12u+1.$$

La notation $g(f(x))$ désigne de même l'image du nombre $f(x)$ par g. Pour l'obtenir, on remplace donc x par $f(x)$, $g(f(x)) = 3\times f(x)+1$. (Il faut évidemment que $f(x)$ soit dans D_g).

Exercices résolus

Exo 3 Calculer des fonctions composées

f et g sont les fonctions définies par $f(x) = x^2+1$ et $g(x) = \frac{1}{x}$.

1. Calculez $(g\circ f)(x)$ et précisez pour quels nombres x ce calcul est valable, c'est-à-dire précisez l'ensemble de définition de $g\circ f$.

2. Faites de même avec $f\circ g$.

POINT MÉTHODE

Pour calculer $h(x)$ lorsque $h = g\circ f$, on remplace x par $f(x)$ dans l'expression de $g(x)$. Il faut s'assurer que $f(x)$ est bien dans D_g.

Solution commentée

1. • $f(x) = x^2+1$ donc le calcul de $f(x)$ est possible quel que soit x, donc $D_f = \mathbb{R}$.

$g(x) = \frac{1}{x}$, le calcul de $g(x)$ est possible lorsque $x \neq 0$, donc $D_g = \mathbb{R}-\{0\}$.

$$x \mapsto f(x) \mapsto g(f(x)).$$

Pour calculer $g(f(x))$ il faut (et il suffit) que $f(x)$ ne soit pas nul. Or $f(x)$ ne l'est jamais, donc l'ensemble de définition de $g\circ f$ est $\mathbb{R}$.

• **Calcul de $g(f(x))$.**

On remplace x par $f(x)$ dans l'expression de $g(x)$:

$$g(f(x)) = \frac{1}{f(x)} = \frac{1}{x^2+1}.$$

2. Pour $f\circ g$, on commence par g, donc il faut se placer sur $D_g = \mathbb{R}-\{0\}$. Ensuite comme $D_f = \mathbb{R}$, on peut continuer sans condition supplémentaire. Donc $f\circ g$ est définie sur $\mathbb{R}-\{0\}$.

$$x \mapsto g(x) \mapsto f(g(x)).$$

$$f(g(x)) = f\left(\frac{1}{x}\right) = \left(\frac{1}{x}\right)^2+1 = \frac{1}{x^2}+1.$$

Remarque : On voit que $\boldsymbol{g\circ f \neq f\circ g}$.

▶ **exercices 19 à 23**

4 Sens de variation

4 1 Sens de variation d'une somme de fonctions

Théorème 1

La somme de deux fonctions strictement croissantes sur un intervalle I est une fonction strictement croissante sur I.
La somme de deux fonctions strictement décroissantes sur un intervalle I est une fonction strictement décroissante sur I.

Démonstration : Prenons a et b dans I tels que $a < b$.
Si f et g sont deux fonctions strictement croissantes sur I, alors $f(a) < f(b)$ et $g(a) < g(b)$.
En additionnant membre à membre, on obtient $f(a) + g(a) < f(b) + g(b)$, ce qui prouve que $f + g$ est strictement croissante.
Une démonstration analogue s'applique dans le cas où f et g sont toutes les deux strictement décroissantes.

4 2 Sens de variation de λu

u est une fonction définie sur un intervalle I et λ est un réel. λu est la fonction $x \mapsto \lambda u(x)$. Par exemple, si $u(x) = x^2 + 3$, la fonction $5u$ est $x \mapsto 5(x^2 + 3)$. Ainsi $(5u)(x) = 5x^2 + 15$.

Théorème 2

Si $\lambda > 0$, u et λu ont **même sens** de variation sur I.
Si $\lambda < 0$, u et λu varient **en sens contraires** sur I.

Démonstration : Faisons la démonstration dans le cas $\lambda < 0$ et u croissante sur I. Prenons a et b dans I tels que $a < b$. Puisque u est croissante, $u(a) < u(b)$ et, en multipliant par λ, on obtient $\lambda u(a) > \lambda u(b)$, ce qui montre que λu est décroissante.

4 3 Sens de variation d'une composée de fonctions

Théorème 3

f et g sont deux fonctions strictement monotones, I est un intervalle inclus dans D_f, J un intervalle inclus dans D_g tel que pour tout x dans I, $f(x)$ soit dans J.
1. Lorsque f et g ont **même sens** de variation, alors $g \circ f$ est **strictement croissante** sur I.
2. Lorsque f et g ont des **sens de variation différents,** alors $g \circ f$ est **strictement décroissante** sur I.

NOTE
Ce théorème permet d'établir le sens de variation d'une fonction composée $g \circ f$.
Il est surtout intéressant lorsque les fonctions f et g sont monotones sur tout leur ensemble de définition.
Au chapitre 4, nous aurons un outil plus puissant pour établir de tels résultats.

Démonstration : 1. f et g ont même sens de variation. Considérons deux réels a et b de I tels que $a < b$.
Supposons f et g strictement croissantes (f sur I, g sur J).
Puisque f est strictement croissante sur I, $a < b$ implique $f(a) < f(b)$, d'où l'on déduit, puisque g est strictement croissante sur J, que $g(f(a)) < g(f(b))$. Ainsi, $g \circ f$ est strictement croissante sur I.
Lorsque f et g sont strictement décroissantes (f sur I, g sur J), on procède de la même manière :

$$a < b \text{ implique } f(a) > f(b) \text{ et } g(f(a)) < g(f(b)).$$

2. Lorsque f et g ont des sens de variation différents (c'est-à-dire que l'une est croissante et l'autre décroissante), on démontre de manière analogue que $g \circ f$ est décroissante sur I.
Par exemple, si f est strictement croissante sur I et g strictement décroissante sur J, alors :

$$a < b \text{ implique } f(a) < f(b) \text{ et } g(f(a)) > g(f(b)).$$

Pour mieux comprendre

PEUT-ON déduire le sens de variation de $f-g$ ou de fg de ceux de f et g ?

NON, en général.

- **Contre-exemple pour $f-g$**

f_1 et g_1 sont définies sur $[0\ ;+\infty[$ par $f_1(x) = x$ et $g_1(x) = x^2$. f_1 et g_1 sont strictement croissantes sur $[0\ ;+\infty[$. Si vous faites afficher sur une calculatrice graphique la représentation graphique de $f_1 - g_1$, vous pouvez prévoir que $f_1 - g_1$ n'est ni croissante, ni décroissante sur $[0\ ;+\infty[$.

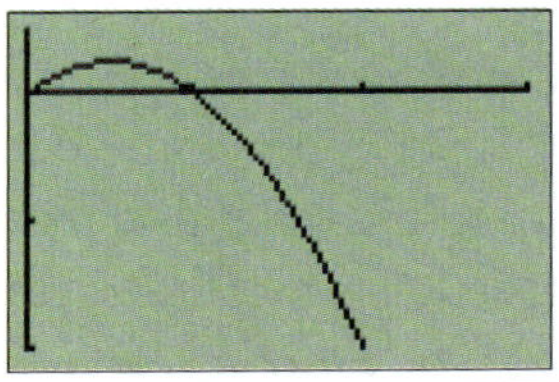

- **Contre-exemple pour fg**

f_2 et g_2 sont définies sur $]0\ ;+\infty[$ par $f_2(x) = x^2$ et $g_2(x) = -\dfrac{1}{x}$. f_2 et g_2 sont strictement croissantes sur $]0\ ;+\infty[$; leur produit $f_2 g_2 : x \mapsto -x$ est strictement décroissant sur $]0\ ;+\infty[$.

Mais, avec f_1 et g_1 qui sont strictement croissantes, $f_1 g_1 : x \mapsto x^3$ est cette fois strictement croissante sur $[0\ ;+\infty[$.

Néanmoins, si on ajoute des hypothèses supplémentaires sur les signes de f et g, on peut obtenir des résultats généraux (▶ **exercice 68**).

COMMENT utiliser le théorème 2 ?

Considérons la fonction $x \mapsto ax^2$, $a \neq 0$.

- Lorsque $\boldsymbol{a > 0}$, la fonction $x \mapsto ax^2$ a même sens de variation que la fonction $x \mapsto x^2$.

Elle est donc représentée par une parabole « tournée vers le haut ».

- Lorsque $\boldsymbol{a < 0}$, la fonction $x \mapsto ax^2$ varie en sens contraire de $x \mapsto x^2$.

Elle est donc représentée par une parabole « tournée vers le bas ».

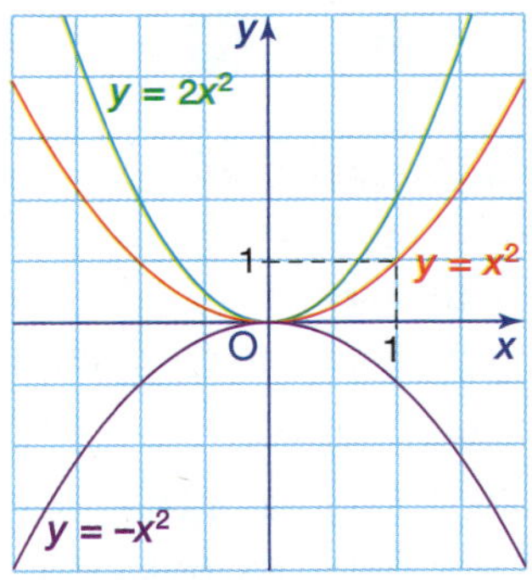

Exercices résolus

Exo 4 **Comment utiliser le théorème 3 ?**

h est la fonction définie par $h(x) = \sqrt{1-x}$.

Précisez son ensemble de définition et démontrez qu'elle est strictement décroissante sur cet ensemble.

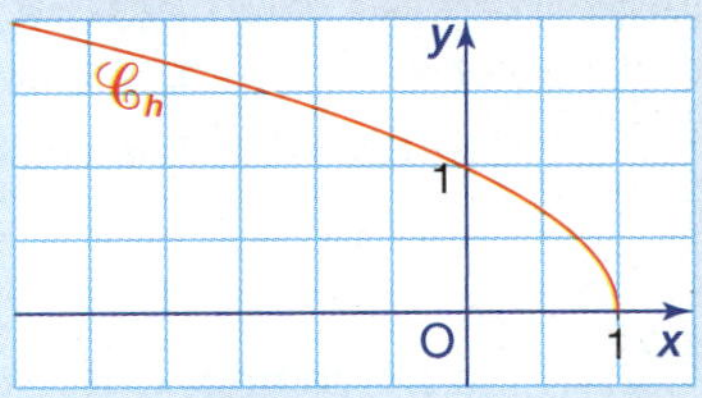

Solution commentée

Notons f et g les fonctions définies par $f(x) = 1-x$ et $g(x) = \sqrt{x}$, alors $h = g \circ f$.

La fonction f est définie sur $\mathbb{R}$, et il faut que $f(x) = 1-x$ soit positif pour appliquer g. Il faut donc que $1-x \geqslant 0$, donc h est définie sur $]-\infty\ ; 1]$.

La fonction f est strictement décroissante sur $]-\infty\ ; 1]$ et $f(x)$ est dans $[0\ ;+\infty[$; g est strictement croissante sur $[0\ ;+\infty[$.

Donc d'après le théorème 3, h est strictement décroissante sur $]-\infty\ ; 1]$.

▶ **exercices 28 et 29**

Des idées, des réflexes

Des idées à retenir

Opérations sur les fonctions

■ Les définitions des fonctions $f+g$, fg, λf, $\frac{f}{g}$ sont naturelles.
Ainsi $f+g$ est la fonction $x \mapsto f(x)+g(x)$ et $(f+g)(x) = f(x)+g(x)$.

■ L'ensemble de définition de $f+g$, ou de fg, ou de $\frac{f}{g}$ n'est pas, en général, le même que celui de f ou que celui de g.

■ **Composer des fonctions** revient à dire : si y est fonction de x $(x \overset{f}{\mapsto} y)$, et si z est fonction de y $(y \overset{g}{\mapsto} z)$, alors z est fonction de x, et c'est cette fonction qui est notée $g \circ f$.

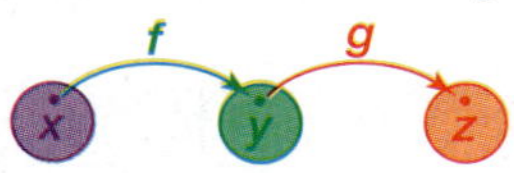

$z = (g \circ f)(x)$
$= g(f(x))$.

Sens de variation

■ Si f et g sont strictement croissantes (resp. décroissantes), alors $f+g$ est strictement croissante (resp. décroissante).

■ λ est réel.
- λf et f ont même sens de variation si $\lambda > 0$,
- λf et f varient en sens contraires si $\lambda < 0$.

■ En écrivant f comme une fonction composée, $f = g \circ h$, on peut connaître le sens de variation de f lorsqu'on connaît celui de g et de h (▶ **exercice résolu 4, page 21**).

Exemple : $f : x \mapsto (3x+1)^3$ est croissante sur $\mathbb{R}$.
En effet, $h : x \mapsto 3x+1$ et $g : x \mapsto x^3$ sont croissantes sur $\mathbb{R}$, et $f = g \circ h$.

Polynômes

■ Un polynôme, c'est « $a_n x^n + \ldots + a_1 x + a_0$ », mais il peut aussi « se cacher » sous d'autres formes.

Exemple : $\frac{5}{4}(x-2)^2 - (3x+1)(x^2+1)$ est un polynôme. En effet, en développant, on obtient $-3x^3 + \frac{x^2}{4} - 8x + 4$.

Des réflexes à avoir

■ **Pour calculer $h(x)$ lorsque $h = g \circ f$,** remplacez d'abord x par $f(x)$ dans l'expression de la fonction g.

Exemple : $f(x) = 2x+1$, $g(x) = \sqrt{x^2+1}$.
On pose $h = g \circ f$.
Alors, pour calculer $g(f(x))$, on écrit d'abord que $g(f(x)) = \sqrt{(f(x))^2+1}$, puis dans cette expression, on remplace $f(x)$ par $2x+1$.
On obtient $g(f(x)) = \sqrt{4x^2+4x+2}$.

■ **Pour décomposer une fonction f,** c'est-à-dire pour l'écrire comme une composée de deux fonctions (ou de plusieurs) pensez à dégager un ordre de priorité dans les étapes du calcul de $f(x)$ (▶ ***Pour apprendre à chercher*, exercice 30**).

Exemple : $f(x) = \cos(3x+1)$.
Pour calculer $\cos(3x+1)$ à partir d'une valeur x, on calcule **d'abord** $3x+1$, **puis** le cosinus de $3x+1$.
D'où $f = g \circ h$, avec $h(x) = 3x+1$, $g(x) = \cos x$.
On peut vérifier que $g(h(x))$ est bien égal à $f(x)$.

■ Pensez que, **pour que deux polynômes soient égaux,** il suffit qu'ils aient même degré et mêmes coefficients (▶ **TD 2, page 24**).

Exemple :
$P(x) = x^2 - 3x + 1$ et $Q(x) = ax^3 + bx^2 + cx + d$.
Si $P = Q$, alors $a = 0$, $b = 1$, $c = -3$ et $d = 1$.

Des erreurs à éviter

■ Ne pas écrire $\frac{f(x)}{g(x)}$ sans préciser que ce quotient n'existe que pour les nombres x tels que $\boldsymbol{g(x) \neq 0}$.

■ Le plus souvent $g \circ f$ n'est pas égale à $f \circ g$.

Exemple : $f(x) = 3x+1$ et $g(x) = x^2$.
Alors $(g \circ f)(x) = 9x^2 + 6x + 1$
et $(f \circ g)(x) = 3x^2 + 1$, $(g \circ f)(x) \neq (f \circ g)(x)$.

■ En général, on ne peut déduire le sens de variation de $f - g$ ou de fg à partir de ceux de f et g.

Travaux dirigés

TD 1 D'une courbe à l'autre

Le but de ce TD est de montrer comment on obtient, à partir de la courbe $\mathscr{C}_f$ de f, dans un repère choisi, les courbes représentatives, dans le même repère, des fonctions $x \mapsto -f(x)$, $x \mapsto |f(x)|$, $x \mapsto f(-x)$.

1 Fonction $x \mapsto -f(x)$

La courbe $\mathscr{C}_f$ représente une fonction f définie sur $[-2\,;3]$. On note g la fonction définie par $g(x) = -f(x)$.

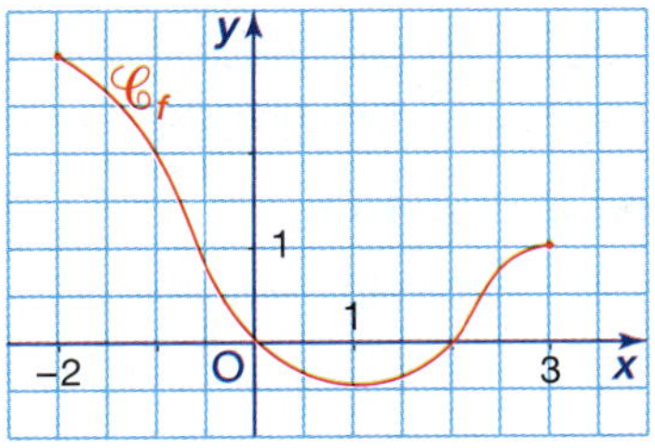

1. Indiquez un moyen de placer sur le graphique un point $(x\,;g(x))$ de $\mathscr{C}_g$.

2. Quelle est la transformation géométrique qui permet de passer de $\mathscr{C}_f$ à $\mathscr{C}_g$? Reproduisez $\mathscr{C}_f$ dans un repère puis tracez $\mathscr{C}_g$.

2 Fonction $x \mapsto |f(x)|$

La courbe $\mathscr{C}_f$ représente une fonction f définie sur $[-5\,;2]$. On note g la fonction définie par $g(x) = |f(x)|$.

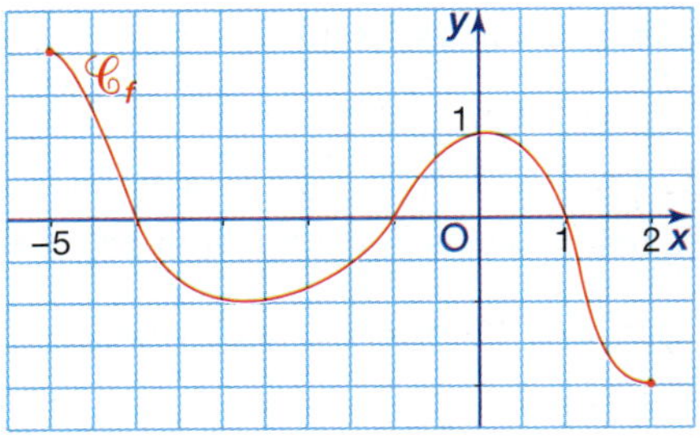

1. Indiquez un moyen de placer sur le graphique un point $(x\,;g(x))$ de $\mathscr{C}_g$ lorsque :

a) $x \in [-5\,;-4]$;

b) $x \in [-4\,;-1]$;

c) $x \in [-1\,;1]$;

d) $x \in [1\,;2]$.

2. Reproduisez $\mathscr{C}_f$ dans un repère, puis tracez $\mathscr{C}_g$.

3 Fonction $x \mapsto f(-x)$

La courbe $\mathscr{C}_f$ représente une fonction f définie sur $[-3 ; 3]$. On note g la fonction définie par $g(x) = f(-x)$.

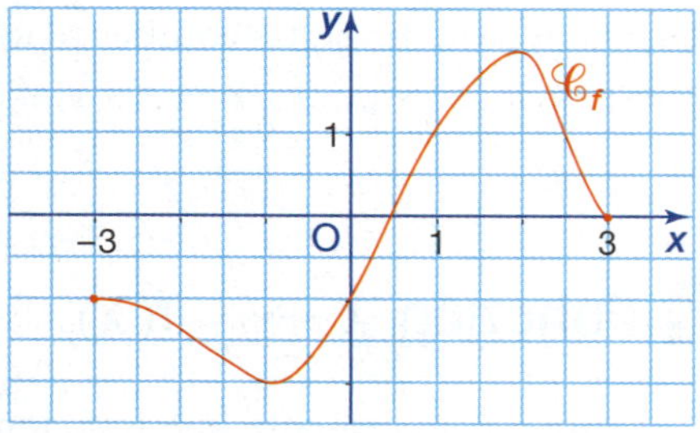

1. Indiquez un moyen de placer sur le graphique un point $(x ; g(x))$ de $\mathscr{C}_g$.

2. Quelle est la transformation géométrique qui permet de passer de $\mathscr{C}_f$ à $\mathscr{C}_g$?
Reproduisez $\mathscr{C}_f$ dans un repère puis, tracez $\mathscr{C}_g$.

3. Une application

Tracez la courbe représentative de la fonction $x \mapsto \sqrt{-x}$.

TD 2 Polynômes

1 Écriture d'un polynôme

1. Polynôme réduit

Par définition, un polynôme est une somme de monômes. Quand un polynôme contient plusieurs monômes de même degré, on les regroupe en effectuant leur addition. On dit que l'on **réduit** le polynôme.
Habituellement, on ordonne les différents monômes en les rangeant dans l'ordre des puissances décroissantes.

Exemple :

$P(x) = 2x + 2 + 3x^2 - 4x + x^3 + 7x^2 - 5$ n'est pas réduit car il comporte deux monômes de degré 2, deux monômes de degré 1 et deux monômes constants (2 et -5).

- Réduisez et ordonnez ce polynôme.

2. Écriture générale d'un polynôme réduit et ordonné de degré 2

Un polynôme du second degré est une fonction de la forme $x \mapsto ax^2 + bx + c$ où a, b, c sont des réels tels que $a \neq 0$. On dit que c'est un **trinôme du second degré**. Par abus de langage, on dit également « le trinôme $ax^2 + bx + c$ ».

Exemples : $3x^2 - 4x + 5$; $-5x^2 + 1$; $3x^2 + x$ sont des trinômes du second degré.

- Écrivez la forme générale d'un polynôme de degré 3, d'un polynôme de degré 4.

2 Sommes et produits de polynômes

Les fonctions polynômes sont des fonctions particulières. Donc l'addition et le produit de deux polynômes se définissent comme dans le cas général.

1. Prouvez que si P et Q sont deux fonctions polynômes, alors $P + Q$ est une fonction polynôme de degré inférieur ou égal au degré de P, ainsi qu'au degré de Q.

2. Prouvez que le produit de deux fonctions polynômes P et Q est une fonction polynôme de degré égal à la somme des degrés de P et de Q.

Remarque : Le quotient de deux fonctions polynômes n'est pas, en général, une fonction polynôme. On dit que c'est une **fonction rationnelle**.

3 Égalité de deux polynômes

Comme dans le cas des fonctions, dire que $P = Q$ signifie que :

pour tout réel x, $P(x) = Q(x)$.

1. Cas de deux polynômes de même degré

Posons $P(x) = ax + b$ et $Q(x) = a'x + b'$ et prouvons que $P = Q$ équivaut à $a = a'$ et $b = b'$. Il est clair que si $a = a'$ et $b = b'$, alors $P = Q$.

Réciproquement, supposons que $P = Q$.

a) En calculant $P(0)$ et $Q(0)$, déduisez que $b = b'$.

b) En calculant $P(1)$ et $Q(1)$, déduisez que $a = a'$.

Ainsi, deux fonctions polynômes de degré 1 ($a \neq 0$ et $a' \neq 0$ car le degré est 1) sont égales lorsque leurs coefficients sont égaux et seulement dans ce cas.

c) Démontrez le même résultat pour deux fonctions polynômes de degré 2.

2. Exemple de deux polynômes de degrés différents

On considère $P(x) = ax + b$ et $Q(x) = a'x^2 + b'$, avec $a \neq 0$ et $a' \neq 0$.

On va démontrer qu'ils ne sont pas égaux. Supposons-les égaux, donc $P(0) = Q(0)$, $P(1) = Q(1)$ et $P(-1) = Q(-1)$.

a) Écrivez ces égalités avec a, a', b, b'.

b) Prouvez qu'on aboutit à une contradiction. Donc P et Q ne sont pas égaux.

Plus généralement, nous admettrons le résultat suivant :
Deux fonctions polynômes sont égales signifie qu'elles ont le même degré et que leurs monômes respectifs de même degré ont le même coefficient.

Exemple :

$P(x) = 5x^3 + 2x^2 + 7x - 1$ et $Q(x) = ax^3 + bx^2 + cx + d$.
Si $P = Q$ alors $a = 5$, $b = 2$, $c = 1$, $d = -1$.

3. Application

Trouvez un polynôme du second degré $Q(x)$ tel que pour tout réel x,
$x^3 + 2x^2 - 6x + 3 = (x - 1)Q(x)$.

Conseil : Écrivez $Q(x)$ sous sa forme générale, développez et réduisez le produit $(x - 1)Q(x)$.

TD3 Changements de repère

Le but de ce TD est de démontrer qu'une courbe représentative $\mathscr{C}$ admet un axe ou un centre de symétrie en utilisant un changement de repère et les notions de parité.

1 Changement de repère

Le plan est muni d'un repère orthogonal $(O ; \vec{\imath}, \vec{\jmath})$ et $\mathscr{C}$ est la courbe d'équation $y = f(x)$ dans ce repère.

Quelle est son équation dans un nouveau repère $(A ; \vec{\imath}, \vec{\jmath})$?

Le point A a pour coordonnées $(a ; b)$ dans $(O ; \vec{\imath}, \vec{\jmath})$, alors $\overrightarrow{OA} = a\vec{\imath} + b\vec{\jmath}$. Un point M du plan a des coordonnées dans les deux repères.

Notons $(x ; y)$ les coordonnées de M dans $(O ; \vec{\imath}, \vec{\jmath})$ et $(X ; Y)$ ses coordonnées dans $(A ; \vec{\imath}, \vec{\jmath})$. Vectoriellement, cela signifie que $\overrightarrow{OM} = x\vec{\imath} + y\vec{\jmath}$ et $\overrightarrow{AM} = X\vec{\imath} + Y\vec{\jmath}$. La relation de Chasles $\overrightarrow{OM} = \overrightarrow{OA} + \overrightarrow{AM}$ permet de déduire, en passant aux coordonnées :

$$\begin{cases} x = X + a \\ y = Y + b \end{cases}$$

(formules de changement de repère)

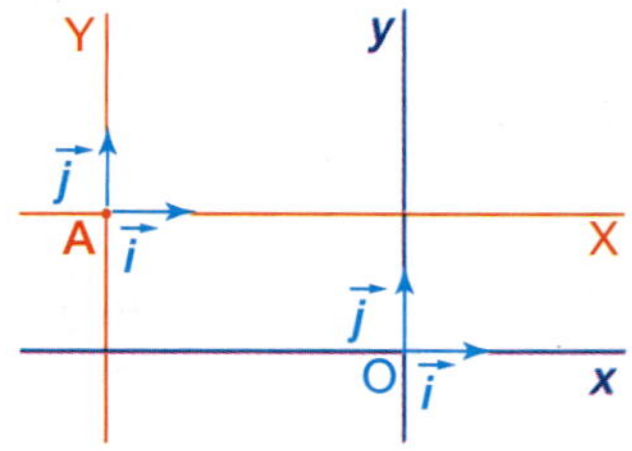

Ce changement de repère conduit à une équation de la courbe $\mathscr{C}$ dans le nouveau repère $(A ; \vec{\imath}, \vec{\jmath})$. Notons $Y = g(X)$ cette équation.

- **Si g est paire,** alors l'axe $(A ; \vec{\jmath})$ est **axe de symétrie de** $\mathscr{C}$;
- **Si g est impaire,** alors A est **centre de symétrie de** $\mathscr{C}$.

2 Exemple d'utilisation

À l'aide d'un grapheur, on obtient la courbe $\mathscr{H}$ représentative de $x \mapsto \dfrac{x+1}{x+2}$ dans un repère $(O ; \vec{\imath}, \vec{\jmath})$.

Il semble que le point $A(-2 ; 1)$ soit centre de symétrie de $\mathscr{H}$.

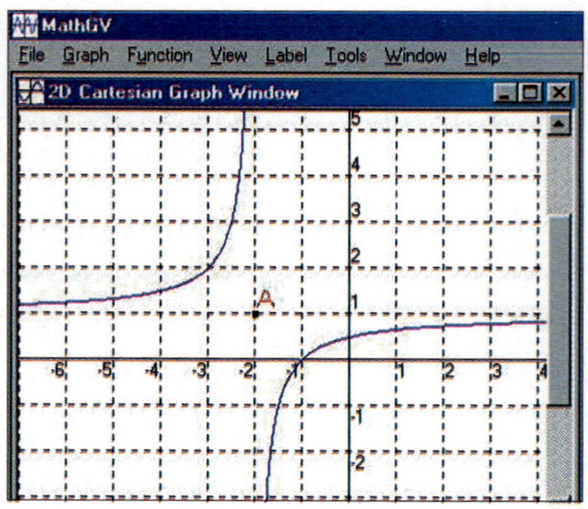

1. En prenant $(A ; \vec{\imath}, \vec{\jmath})$ comme nouveau repère, vérifiez que $x = -2 + X$ et $y = 1 + Y$ sont les formules de changement de repère.

2. a) Remplacez x et y par leurs valeurs en fonction de X et Y dans l'équation de la courbe $\mathscr{H}$ dans le repère $(O ; \vec{\imath}, \vec{\jmath})$ et déduisez-en l'équation $Y = g(X)$ de la courbe $\mathscr{H}$ dans le nouveau repère $(A ; \vec{\imath}, \vec{\jmath})$.

b) Vérifiez que g est impaire, puis concluez.

TD 4 Axe de symétrie. Centre de symétrie

Au TD3, on a vu que l'on peut utiliser des changements de repère pour prouver qu'une courbe $\mathscr{C}$ admet un axe ou un centre de symétrie. Dans ce TD, nous allons étudier une autre méthode, qui utilise la définition des éléments de symétrie.

1 Axe de symétrie

Dans un repère orthogonal $(O ; \vec{i}, \vec{j})$, $\mathscr{C}$ est la courbe d'équation $y = f(x)$ et d est la droite d'équation $x = a$.
Dire que la droite d est un **axe de symétrie de la courbe** $\mathscr{C}$ signifie que le symétrique par rapport à d de tout point M de $\mathscr{C}$ est aussi un point de $\mathscr{C}$.

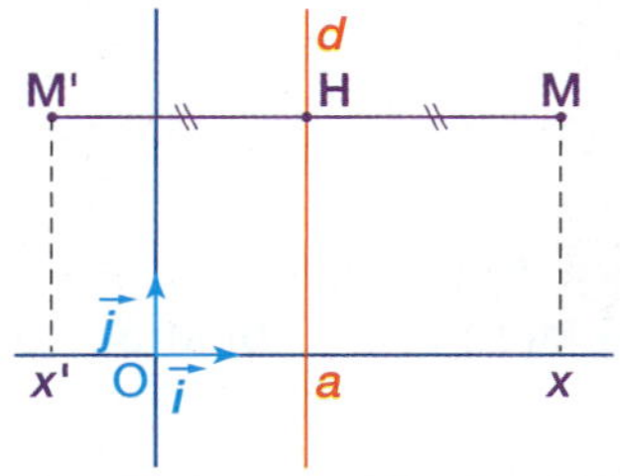

1. $M(x ; y)$ est un point quelconque du plan et $M'(x' ; y')$ est son symétrique par rapport à la droite d.
Calculez x' et y' en fonction de x et y.

Aide : Pour cela, vous pouvez utiliser $\overrightarrow{MM'} = 2\overrightarrow{MH}$.

2. Prouvez le résultat suivant :
Dire que la droite d d'équation $x = a$ est un axe de symétrie de $\mathscr{C}$ équivaut à dire que :
pour tout $x = a + h$ de D_f, $a - h$ est dans D_f et $\boldsymbol{f(a+h) = f(a-h)}$.

Remarque : Lorsqu'on a calculé $f(a+h)$, l'expression de $f(a-h)$ s'obtient facilement : il suffit de remplacer h par $-h$ dans l'expression de $f(a+h)$.

3. Application
f est la fonction $x \mapsto -3x^2 + 5x - 1$. Démontrez que la droite d'équation $x = \frac{5}{6}$ est un axe de symétrie de la courbe représentative de f.

2 Centre de symétrie

Dans un repère $(O ; \vec{i}, \vec{j})$, $\mathscr{C}$ est la courbe d'équation $y = f(x)$ et A est le point de coordonnées $(a ; b)$.
Dire que A est un **centre de symétrie de la courbe** $\mathscr{C}$ signifie que le symétrique par rapport à A de tout point de $\mathscr{C}$ est aussi un point de $\mathscr{C}$.

1. $M(x ; y)$ est un point quelconque du plan et $M'(x' ; y')$ est son symétrique par rapport à $A(a ; b)$. Prouvez que si $x = a + h$, alors $x' = a - h$ et $y + y' = 2b$.

Aide : Faites une figure.

2. Prouvez le résultat suivant :
Dire que le point $A(a ; b)$ est un centre de symétrie de $\mathscr{C}$ équivaut à dire que pour tout $x = a + h$ de D_f, $a - h$ est dans D_f et $\boldsymbol{\frac{f(a+h)+f(a-h)}{2} = b}$.

Remarque : Lorsqu'on a calculé $f(a+h)$, l'expression de $f(a-h)$ s'obtient facilement. Il suffit de remplacer h par $-h$ dans $f(a+h)$.

3. Application
f est la fonction $x \mapsto \frac{2x-1}{x+1}$.
Démontrez que le point $A(-1 ; 2)$ est centre de symétrie pour la courbe $\mathscr{C}_f$.

maîtriser le cours

Pour résoudre les exercices de cette partie, il suffit d'appliquer directement un résultat du cours. L'objectif est double : mieux comprendre le cours et reconnaître dans des situations simples les conditions d'application d'un théorème.

1. et 2. Rappels sur les fonctions

Pour les exercices 1 à 3, dites si le point M donné par ses coordonnées est sur la courbe de la fonction f.

1 $f(x) = x^2 + 2x - 5$.
a) M(1 ; 0) ; **b)** M(2 ; 3) ; **c)** M(– 1; – 6).

2 $f(x) = \dfrac{x+2}{x-3}$.
a) M(1 ; 1) ; **b)** M(2 ; – 4) ; **c)** M(0 ; – 1).

3 $f(x) = |2x - 3|$.
a) M(1 ; 1) ; **b)** M(3 ; – 3) ; **c)** M(– 1 ; 6).

Pour les exercices 4 et 5, le point M appartient à la courbe de f. Calculez la coordonnée manquante.

4 $f(x) = x^3 - 4x + 1$.
a) M(1 ; ...) ; **b)** M(0 ; ...) ; **c)** M(– 2 ; ...).

5 $f(x) = 2x - 1$.
a) M(2 ; ...) ; **b)** M(... ; 1) ; **c)** M(... ; – 1).

Pour les exercices 6 à 8, trouvez l'ensemble de définition des fonctions données.

6 **a)** $f(x) = \dfrac{3}{x^2}$;

b) $g(x) = \dfrac{x+1}{x(x-1)}$;

c) $h(x) = \dfrac{2x-1}{x^2+1}$.

7 **a)** $f(x) = \dfrac{x+5}{x^2+x}$;

b) $g(x) = \dfrac{x+1}{x^2-4}$;

c) $h(x) = \dfrac{x-1}{3+x^2}$.

8 **a)** $f(x) = \sqrt{x+2}$;

b) $g(x) = \sqrt{3-x}$;

c) $h(x) = \dfrac{1}{\sqrt{x}}$.

3. Opérations sur les fonctions

9 Les fonctions f et g sont définies par $f(x) = x^2 + 2x - 3$ et $g(x) = x^2 - 1$.
Précisez les ensembles de définition de f, g, $f+g$ et fg, puis calculez explicitement $(f+g)(x)$ et $(fg)(x)$.

10 Les fonctions f et g sont définies par :

$$f(x) = \frac{1}{x} + x - 1 \text{ et } g(x) = 2x + 3 - \frac{1}{x}.$$

1. Quel est l'ensemble de définition de $f+g$?
2. Calculez $(f+g)(x)$.

11 Les fonctions f et g sont définies par :

$$f(x) = \frac{3x+9}{x+1} \text{ et } g(x) = 2 + \frac{4}{x+1}.$$

1. Précisez les ensembles de définition de f et g.
2. Quel est l'ensemble de définition de $2f - 3g$? Calculez explicitement $(2f - 3g)(x)$.

Pour les exercices 12 et 13, indiquez dans chaque cas si la fonction donnée est une fonction polynôme. Vous pouvez vous reporter au TD 2, p. 24.

12 **a)** $f(x) = x^2 + \dfrac{x}{2} + 3$; **b)** $g(x) = \dfrac{x^2-1}{4}$;

c) $h(x) = x^3 + 2x^2 - \dfrac{1}{x} + 2$; **d)** $k(x) = 5x^2 + x\sqrt{2} - 1$.

13 **a)** $f(x) = x(x+3)$; **b)** $g(x) = \dfrac{2x^2+1}{4} + \dfrac{1}{x+1}$;

c) $h(x) = \dfrac{1}{3}(x-1)(x+3)$; **d)** $k(x) = x^2 + 2\sqrt{x} - 1$.

14 Dans chaque cas, développez, réduisez et ordonnez selon les puissances décroissantes le polynôme donné.
a) $A(x) = (3x+1)^2 - 2(3x-1)$.
b) $B(x) = (x+1)(-4x^2+2) - (-1-2x)^2$.
c) $C(x) = (x^2+\sqrt{5})(x^2-\sqrt{5}) + 5$.
d) $D(x) = (x+2)(x^2-2x+4)$.

15 Dans chaque cas, développez, réduisez et ordonnez selon les puissances décroissantes le polynôme donné.
a) $A(x) = (2x-1)^2 - (-4x+1)(1+x)$.
b) $B(x) = (2x-1)(4x^2+2) + 4(1-x)^2$.
c) $C(x) = (x+\sqrt{3})(x-\sqrt{12}) + \sqrt{3}(x+2\sqrt{3})$.
d) $D(x) = (x-3)(x^2+3x+9)$.

16 Dans chaque cas, développez, réduisez et ordonnez suivant les puissances décroissantes le polynôme donné.

a) $A(x) = \left(\frac{1}{2}x^2 + 3x - 1\right)(-4x^3 + 6x - 10)$.

b) $B(x) = (x-1)(x^4 + x^3 + x^2 + x + 1)$.

c) $C(x) = (x+1)(x^5 - x^4 + x^3 - x^2 + x - 1)$.

17 Choisir la bonne écriture

1. Développez puis factorisez les polynômes suivants :
$P(x) = 9 - (1-x)^2$; $Q(x) = 3x^2 - 27(x-1)^2$;
$R(x) = (3x-1)^2 - 4 + x(3x+1)$.

2. Parmi les trois formes de $P(x)$ (celle du texte, la forme développée et la forme factorisée), indiquez, dans chaque cas, quelle est celle qui est la mieux adaptée pour répondre à la question posée.

a) Calcul de $P(0)$. **b)** Calcul de $P(1)$.

c) Recherche des antécédents de 8.

d) Résolution de $P(x) = 0$.

e) Résolution de $P(x) = -x^2$.

18 **1.** Développez :
$(x-1)(x^2+x+1)$ et $(x+1)(x^2-x+1)$.

2. Déduisez-en que $x^6 - 1$ est le produit de trois polynômes de degré 2.

Pour les exercices 19 à 23, calculez $(g \circ f)(x)$ et $(f \circ g)(x)$ après avoir précisé les ensembles de définition de f, g, $f \circ g$ et $g \circ f$.

Aide : Voir l'exercice résolu 3, p. 19.

19 $f(x) = 2x$; $g(x) = 3x$.

20 $f(x) = 3x - 1$; $g(x) = 2x + 1$

21 $f(x) = x^2$; $g(x) = 2x - 1$.

22 $f(x) = 2x + 3$; $g(x) = \frac{1}{x}$.

23 $f(x) = \frac{1}{x+1}$; $g(x) = 3x$.

4. Sens de variation

24 I est l'intervalle $[0\ ;\ +\infty[$. f et g sont définies sur I par $f(x) = x^2$ et $g(x) = x$.
Pourquoi la fonction $f + g$ est-elle strictement croissante sur I ?

25 Pourquoi la fonction $x \mapsto x^2 + |x|$ est-elle décroissante sur $]-\infty\ ;\ 0]$?

26 Pourquoi la fonction $x \mapsto x - \frac{1}{x}$ définie sur $I =]0\ ;\ +\infty[$ est-elle croissante sur I ?

27 Dans un repère orthonormal $(O\ ;\ \vec{i}, \vec{j})$ on a tracé la courbe représentative de la fonction f définie sur $\mathbb{R}$ par $f(x) = x^2 - 2x$. Reproduisez cette courbe et déduisez-en les courbes représentatives des fonctions g, h, k suivantes, définies sur $\mathbb{R}$ par :

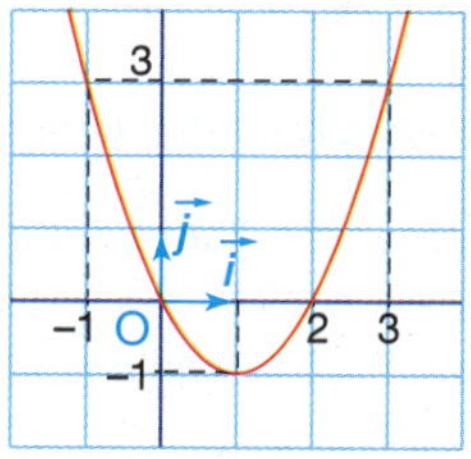

a) $g(x) = -f(x)$; **b)** $h(x) = |f(x)|$; **c)** $k(x) = f(|x|)$.

Aide : voir le TD 1, p. 23.

28 Sur la figure ci-dessous, on a tracé les courbes représentant les fonctions f et g définies sur $[0\ ;\ +\infty[$ par $f(x) = x^2 - 1$, $g(x) = \sqrt{x}$.
On note $h(x) = (f \circ g)(x)$ et $k(x) = (g \circ f)(x)$.

1. Attribuez sa courbe à chacune des fonctions.

2. Justifiez que les fonctions h et k sont croissantes sur leurs intervalles de définition.

Aide : Voir l'exercice résolu 4, p. 21.

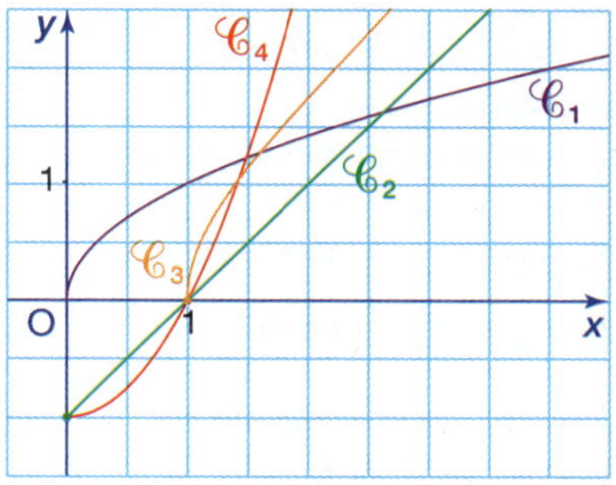

29 Sur la figure ci-dessous, on a tracé les courbes représentatives des fonctions f, g et h définies par $f(x) = x^2 + 1$; $g(x) = \frac{1}{x}$ $(x \neq 0)$ et $h = g \circ f$.

1. Pourquoi h est-elle définie pour tout x de $\mathbb{R}$?

2. Attribuez sa courbe à chacune des fonctions.

3. a) Pourquoi h est-elle décroissante sur $[0\ ;\ +\infty[$?

b) Pourquoi h est-elle croissante sur $]-\infty\ ;\ 0]$?

Aide : voir l'exercice résolu 4, p. 21.

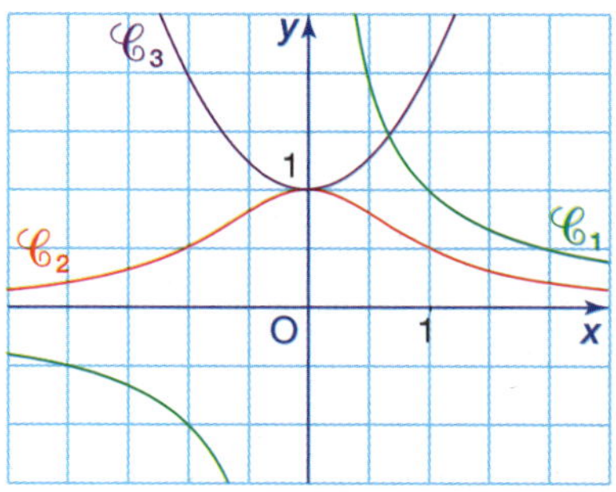

Exercices
pour apprendre à chercher

Les exercices de cette partie, de difficulté moyenne pour la plupart, ne sont pas des exercices résolus. Le questionnement veut montrer comment on peut organiser une recherche et suivre un raisonnement.

30 Décomposer une fonction

f est la fonction définie sur $\mathbb{R} - \left\{\frac{1}{2}\right\}$ par $f(x) = \frac{1}{2x-1}$.

Objectif : écrire f comme composée de deux fonctions g et h ($f = g \circ h$), puis faire de même pour la fonction f définie sur $\mathbb{R}$ par $f(x) = (x^2+1)^2$.

1. Il s'agit de trouver **deux** fonctions g et h telles que pour tout x de D_f, $f(x) = g(h(x))$.
Pour cela, on décompose le calcul de $f(x)$ (à partir de x) en distinguant un ordre de priorité dans les étapes de ce calcul en se ramenant à **deux** grandes étapes.
Le calcul de $\frac{1}{2x-1}$ peut se faire, **dans l'ordre**, en deux étapes : d'abord celui de $X = 2x-1$, puis celui de $\frac{1}{X}$.
Pour trouver les fonctions g et h telles que $f = g \circ h$, il faut savoir que c'est la fonction h « qui opère en premier ».

a) Recopiez en les complétant les phrases suivantes :
- Calculer $X = 2x-1$, c'est chercher l'image de x par la fonction ... : $x \mapsto$ ... .
- Calculer l'inverse de X, c'est chercher son image par ... : $X \mapsto$ ... .

b) Écrivez alors f sous la forme voulue et vérifiez que le calcul de $g(h(x))$ conduit bien à $\frac{1}{2x-1}$.

2. Opérez comme dans la question **1.** avec la fonction f définie sur $\mathbb{R}$ par $f(x) = (x^2+1)^2$.

3. Rédigez une solution.

31 Autre écriture d'une fraction rationnelle

f est la fonction rationnelle définie sur $\mathbb{R} - \{2\}$ par $f(x) = \frac{x^2-x}{x-2}$. $\mathscr{C}_f$ est sa courbe représentative dans le repère $(O ; \vec{i}, \vec{j})$.

Objectif : trouver trois réels a, b, c tels que pour tout x de $\mathbb{R} - \{2\}$, $f(x) = ax + b + \frac{c}{x-2}$, puis étudier la position de $\mathscr{C}_f$ par rapport à la droite d'équation $y = ax + b$.

1. La forme à obtenir pour $f(x)$ est assez différente de celle qui est donnée par la définition de f. En effet, $f(x)$ est donnée sous forme d'un quotient, ce qui n'est pas le cas pour $ax + b + \frac{c}{x-2}$. On peut alors penser transformer l'expression $ax + b + \frac{c}{x-2}$ en réduisant au même dénominateur afin d'obtenir un quotient.

a) Effectuez cette opération, puis réduisez le polynôme obtenu au numérateur.

b) Vérifiez que l'objectif revient à trouver trois réels a, b, c tels que pour tout $x \neq 2$,

$$\frac{x^2-x}{x-2} = \frac{ax^2 + (b-2a)x + c - 2b}{x-2}.$$

2. Les expressions des dénominateurs sont les mêmes. Pour obtenir l'égalité souhaitée, il suffit donc que, pour tout $x \neq 2$, $x^2 - x = ax^2 + (b-2a)x + c - 2b$.
Or si les coefficients de deux polynômes sont égaux entre eux, ces polynômes sont égaux.

a) Écrivez le système qui traduit l'égalité de ces coefficients.

b) Déterminez alors a, b, c.

3. Pour savoir si $\mathscr{C}_f$ est au-dessus de la droite d'équation $y = ax + b$, il faut comparer $f(x)$ et $ax + b$. Pour comparer deux nombres, vous savez que le mieux est souvent d'étudier le signe de leur différence. Notons $h(x)$ la différence $h(x) = f(x) - (ax + b)$.
Vous disposez de deux formes de $f(x)$: celle donnée dans l'énoncé et celle obtenue en **2.**

a) Choisissez la forme la plus adaptée et calculez la différence $h(x)$.

b) Étudiez le signe de $h(x)$, puis concluez.

4. Rédigez une solution.

pour progresser

Rappels sur les fonctions

32 Résolution graphique

f est une fonction définie sur $\left[-2 \,;\, \frac{7}{2}\right]$.

Sa courbe représentative $\mathscr{C}_f$ est donnée par le graphique suivant réalisé avec GéoplanW.

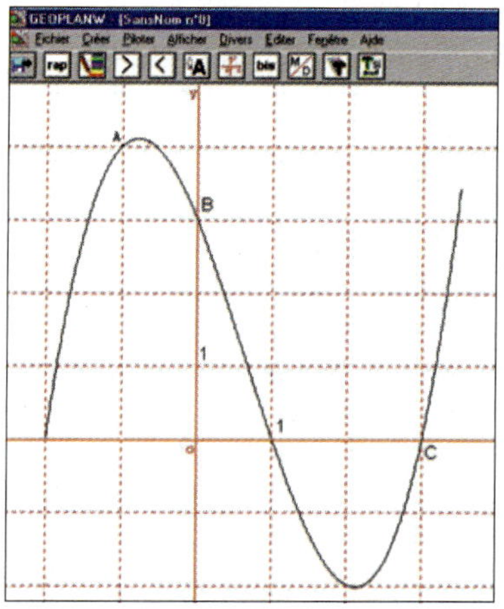

1. Utilisez le graphique pour répondre aux questions suivantes.
   a) Quelles sont les images respectives de :
   $-2 \,;\, -1 \,;\, 2$?
   b) Quelles sont les solutions de l'équation :
   $f(x) = 0$?
   c) Quelles sont les solutions de l'inéquation :
   $f(x) \geqslant 0$?
2. On appelle antécédent d'un nombre b, tout réel a de l'ensemble de définition tel que $f(a) = b$.
   a) Quels sont les antécédents de 0 ?
   b) Combien le nombre 3 a-t-il d'antécédents ? Donnez leur valeur exacte ou, à défaut, une valeur approchée.
   c) Procédez de même avec les antécédents de 4.
3. On note A, B, C les points de $\mathscr{C}_f$ d'abscisses respectives -1, 0 et 3.
   a) Démontrez que A, B, C sont alignés.
   b) Déterminez l'équation réduite de la droite (AC).
   c) Déduisez de ce qui précède la résolution graphique de l'inéquation $f(x) \geqslant 3 - x$.

33

Dans chacun des cas suivants, dites si les fonctions f et g sont égales.

a) $f(x) = \sqrt{(x-3)^2}$ et $g(x) = x - 3$.
b) $f(x) = \sqrt{(x-3)^2}$ et $g(x) = |x - 3|$.
c) $f(x) = \dfrac{x^2 + 6x + 9}{(x+1)(x-1)}$ et $g(x) = \dfrac{(x+3)^2}{x^2 - 1}$.
d) $f(x) = \dfrac{x^2 - 4}{x + 2}$ et $g(x) = x - 2$.

Parité – Symétries

34

1. f est une fonction paire et k un réel fixé.
   Les fonctions kf et $x \mapsto f(x) + k$ sont-elles paires ?
2. Même question avec f impaire.

35

f est une fonction définie sur $\mathbb{R}$, p et i sont deux fonctions définies par :

$$p(x) = \frac{1}{2}[f(x) + f(-x)] \text{ et } i(x) = \frac{1}{2}[f(x) - f(-x)].$$

1. Démontrez que p est une fonction paire et i une fonction impaire.
2. Déduisez-en que toute fonction f définie sur $\mathbb{R}$ est la somme d'une fonction paire et d'une fonction impaire.
3. **Application.**
   Déterminez les fonctions p et i dans chacun des cas suivants.
   a) $f(x) = 2x^3 - x^2 + x - 4$. **b)** $f(x) = \dfrac{2x - 1}{x^2 + 1}$.

36 Changement de repère

La courbe $\mathscr{C}$ ci-dessous a pour équation $y = x^2 - 2x - 1$ dans le repère orthonormal $(O \,;\, \vec{\imath}, \vec{\jmath})$.

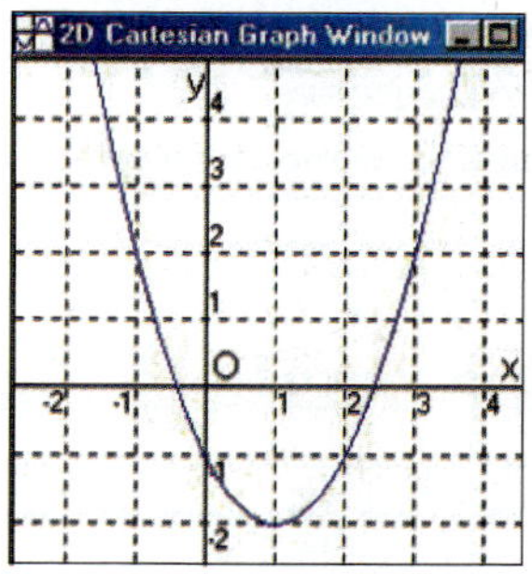

1. Le graphique permet de conjecturer un axe de symétrie parallèle à l'axe des ordonnées.
   Quelle est son équation ?
2. Choisissez un point A sur cette droite comme origine d'un nouveau repère $(A \,;\, \vec{\imath}, \vec{\jmath})$ et écrivez les formules de changement de repère.
3. Utilisez ces formules pour établir la nouvelle équation $Y = g(X)$ de $\mathscr{C}$ dans le repère $(A \,;\, \vec{\imath}, \vec{\jmath})$ et justifiez que la droite conjecturée au **1.** est bien un axe de symétrie pour $\mathscr{C}$.

37 Changement de repère

La courbe $\mathscr{C}$ ci-contre obtenue avec GéoplanW, a pour équation $y = \dfrac{2x - 1}{x + 1}$ dans le plan muni d'un repère orthonormal $(O \,;\, \vec{\imath}, \vec{\jmath})$.

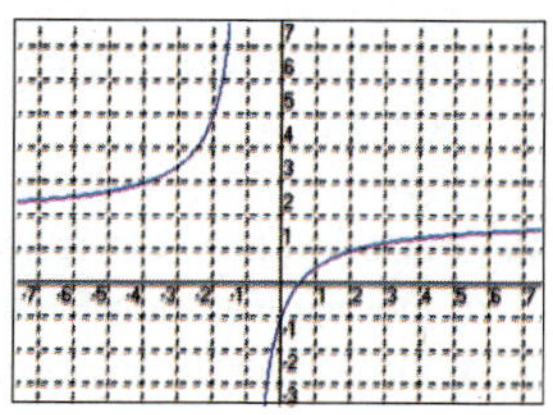

1. Le graphique permet de conjecturer un centre de symétrie A. Quelles sont ses coordonnées ?
2. À l'aide d'un changement de repère, établissez que ce point A est bien centre de symétrie de $\mathscr{C}$.

Aide : Vous pouvez vous reporter au TD 3, p. 26.

38 Avec la calculatrice graphique

Paramétrez la fenêtre graphique de votre calculatrice comme indiqué ci-contre, puis faites afficher la courbe $\mathscr{C}$ d'équation $y = x + \dfrac{2}{x-1}$.

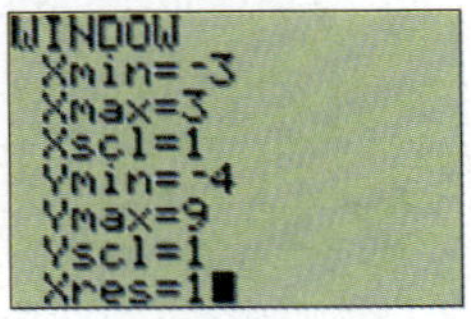

Conjecturez un centre de symétrie pour $\mathscr{C}$, puis démontrez cette conjecture en utilisant la méthode décrite au TD 4, p. 27.

39 Avec la calculatrice graphique

Paramétrez la fenêtre graphique de votre calculatrice comme indiqué ci-contre, puis faites afficher la courbe $\mathscr{C}$ d'équation $y = \sqrt{x^2+2x+2}$. Conjecturez un axe de symétrie pour $\mathscr{C}$, puis démontrez cette conjecture.

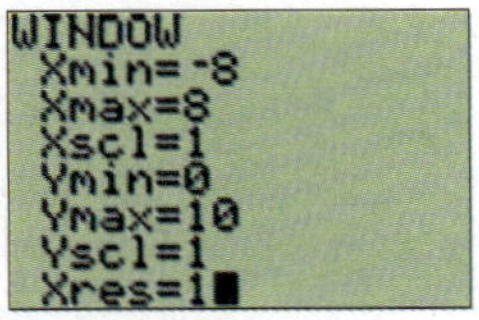

Aide : Vous pouvez vous reporter aux TD 3 et 4, p. 26 et 27.

D'une courbe à l'autre

40 On appelle f la fonction qui est représentée par le demi-cercle de centre A(2 ; 0) dessiné sur le graphique ci-contre.

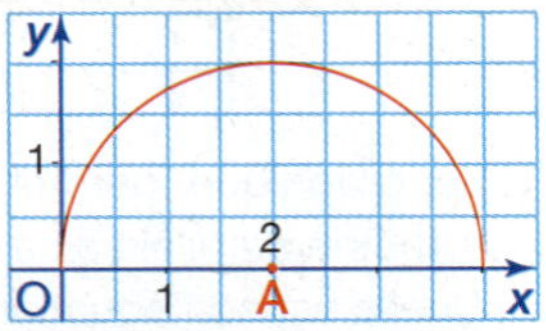

Construisez les courbes des fonctions g, h, k définies par $g(x) = -f(x)$; $h(x) = 2f(x)$; $k(x) = f(x) + 2$.

★ **41** La figure ci-contre est la courbe représentative $\mathscr{C}_f$ de la fonction f définie sur $\mathbb{R}$ par $f(x) = x^3 - 3x^2 + 1$.

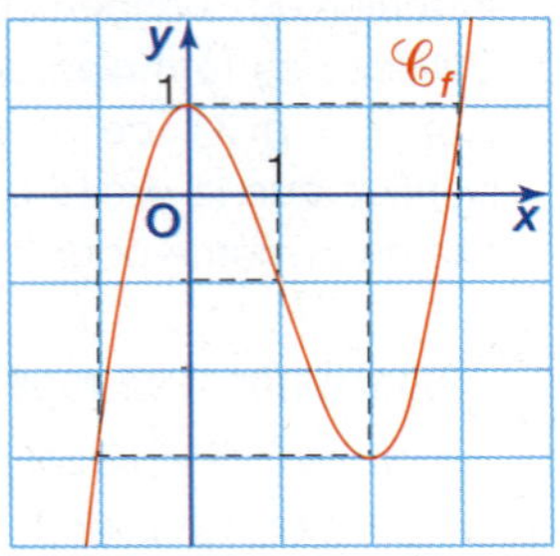

1. Reproduisez la courbe $\mathscr{C}_f$ et déduisez-en les courbes des fonctions g, h, k suivantes, définies sur $\mathbb{R}$ par :
   a) $g(x) = -f(x)$; b) $h(x) = |f(x)|$; c) $k(x) = f(-x)$.
2. On définit sur $\mathbb{R}$ la fonction F par $F(x) = f(|x|)$.
   a) Démontrez que F est une fonction paire.
   b) Déduisez de $\mathscr{C}_f$ la courbe représentative de F.

★ **42** f est une fonction définie sur $[-6 ; +3]$ dont la courbe représentative est donnée ci-dessous.

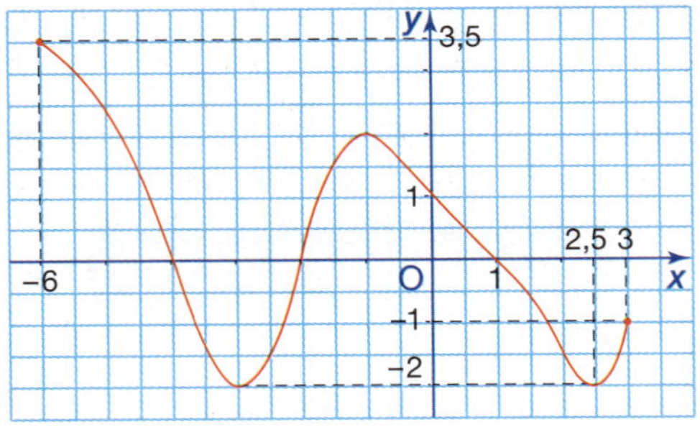

1. Dressez le tableau de variations de f.
2. g est la fonction définie par $g(x) = |f(x)|$.
   a) Représentez graphiquement la fonction g.
   b) Utilisez le graphique pour donner le nombre de solutions de l'équation $g(x) = 1$.
   c) m est un réel quelconque.
   Discutez, selon les valeurs de m, le nombre de solutions de l'équation $g(x) = m$.

Polynômes

43 Calculez $(x^2+px+q)^2$ puis vérifiez que $x^4+6x^3+7x^2-6x+1$ est le carré d'un trinôme du second degré.

★ **44** Démontrez que $x(x+1)(x+2)(x+3)+1$ est le carré d'un trinôme du second degré.

★ **45** Trouvez un réel a tel que $x^4+2ax^3-4ax+4$ est le carré d'un trinôme du second degré.

Vrai ou faux ?

Pour chacune des affirmations suivantes, dites si elle est vraie ou fausse. Justifiez chaque fois votre réponse.

46 La courbe $\mathscr{C}$ ci-contre est la courbe d'équation $y = f(x)$. Alors l'équation $|f(x)| = \dfrac{1}{2}$ a quatre solutions dans l'intervalle $[-2 ; 2]$.

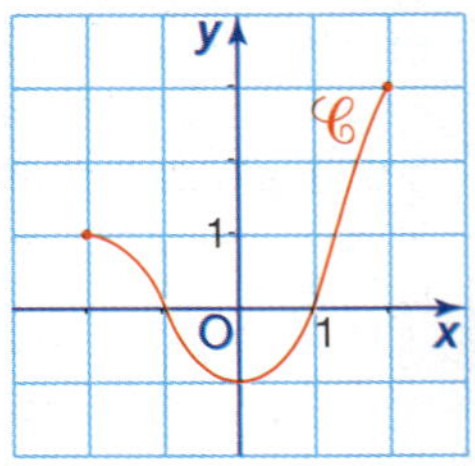

47 Si une fonction est décroissante sur un intervalle, alors $f(x)$ diminue lorsque x diminue.

48 Si deux polynômes sont de même degré, alors leur somme est de même degré.

Composition de fonctions

Les exercices 49 à 51 sont suggérés par le programme.

49 Excel et les fonctions composées

Un utilisateur d'Excel veut calculer des images de réels par une fonction composée $h = g \circ f$ à l'aide d'Excel (voir ci-dessous).

Il a prévu de mettre la valeur de x dans la cellule A2 et de lire le résultat dans la cellule C2.

	A	B	C
1	x		h(x)
2		=A2^2+2	=2/B2

1. Si on tape 3 dans A2, qu'obtient-on dans C2 ?
2. Quelles sont les deux fonctions f et g que le programmeur a utilisées ?
   Donnez l'expression de $h(x)$.

50 Pour bien comprendre avec Excel

L'écran ci-dessous indique le calcul de la valeur d'une fonction f. Le résultat est affiché dans la cellule B1.

	A	B
1	f(x)	=RACINE(A4)
2		
3		
4	=A2^2+1	

1. Dans quelle cellule le programmeur a-t-il prévu de saisir la valeur de x ?
2. a) Quelles sont les deux fonctions h et g que le programmeur a utilisées pour construire son tableau ?
   b) Écrivez f à l'aide de ces deux fonctions.
   c) Donnez les expressions de $h(x)$, $g(x)$ et $f(x)$.

51 Avec Excel, suivre la piste...

L'écran ci-dessus indique le calcul de la valeur de $f(x)$. Le résultat du calcul s'affiche dans la cellule B2.

	A	B	C	D
1				
2	f(x)	=RACINE(D2)		=C3^2+4
3			=D1-3	

1. Dans quelle cellule le programmeur a-t-il prévu de saisir la valeur de x ?
2. a) Quelles sont les trois fonctions g, h, k que le programmeur a utilisées pour construire son tableau ?
   b) Écrivez f à l'aide de ces trois fonctions.
   c) Donnez l'expression de $f(x)$.

52 f et g sont les fonctions définies par $f(x) = \frac{x+3}{x+1}$ et $g(x) = \frac{x}{x+2}$. On pose $h = g \circ f$.

1. Trouvez l'ensemble de définition de h et calculez explicitement $h(x)$.
2. La fonction k est définie par $k(x) = \frac{x+3}{3x+5}$.
   Les fonctions h et k sont-elles égales ?

53 f et g sont les fonctions définies sur $\mathbb{R}$ par $f(x) = 2x^2 - 1$ et $g(x) = 4x^3 - 3x$.
Démontrez que $f \circ g = g \circ f$.

54 Pour chacune des fonctions f, calculez $(f \circ f)(x)$.

1. $f(x) = 2x - 3$. **2.** $f(x) = x^2 - 3x + 1$. **3.** $f(x) = \frac{1}{x+1}$.

55 On donne les fonctions f_1 et f_2 définies sur $\mathbb{R}$ par $f_1(x) = x^2 + 1$ et $f_2(x) = 2x - 1$, la fonction f_3 définie sur $\mathbb{R} - \{0\}$ par $f_3(x) = \frac{1}{x}$ et la fonction f_4 définie sur $[0\ ;+\infty[$ par $f_4(x) = \sqrt{x}$.
Décomposez les fonctions suivantes à l'aide des fonctions f_1, f_2, f_3, f_4.

a) $f : x \mapsto 2\sqrt{x} - 1$. b) $g : x \mapsto \sqrt{x^2+1}$.

c) $h : x \mapsto \frac{1}{2x-1}$. d) $k : x \mapsto \frac{2}{x} - 1$.

★ **56 Opérations sur les fonctions affines**

f et g sont deux fonctions affines, $f(x) = ax + b$ et $g(x) = cx + d$, définies sur $\mathbb{R}$.

1. Démontrez que la somme $f + g$ est toujours une fonction affine.
2. Démontrez que la composée de deux fonctions affines est toujours une fonction affine.
3. Le produit fg est-il une fonction affine ?

★ **57 Fonction identité et fonctions affines**

f est une fonction affine $x \mapsto ax + b$ définie sur $\mathbb{R}$. La fonction id : $x \mapsto x$ est appelée fonction identité.

1. Démontrez que $f \circ f = \text{id}$ équivaut à $f = \text{id}$ ou bien $a = -1$.
2. Donnez trois fonctions affines différentes vérifiant $f \circ f = \text{id}$.

★ **58** Dans un repère orthonormal $(O\ ; \vec{i}, \vec{j})$, on note d_1 et d_2 les représentations graphiques des fonctions affines $f_1 : x \mapsto a_1x + b_1$ et $f_2 : x \mapsto a_2x + b_2$ avec a_1 et a_2 non nuls et différents de 1.
Δ est la droite d'équation $y = x$.

La droite Δ coupe d_1 en A_1 et d_2 en A_2, B_2 et C_2 sont les points de d_2 ayant respectivement même abscisse et même ordonnée que A_1. Les points B_1 et C_1 sont les points de d_1 ayant respectivement même abscisse et même ordonnée que A_2.
Démontrez que (B_1C_2) et (B_2C_1) sont les représentations graphiques respectives de $f_1 \circ f_2$ et $f_2 \circ f_1$.

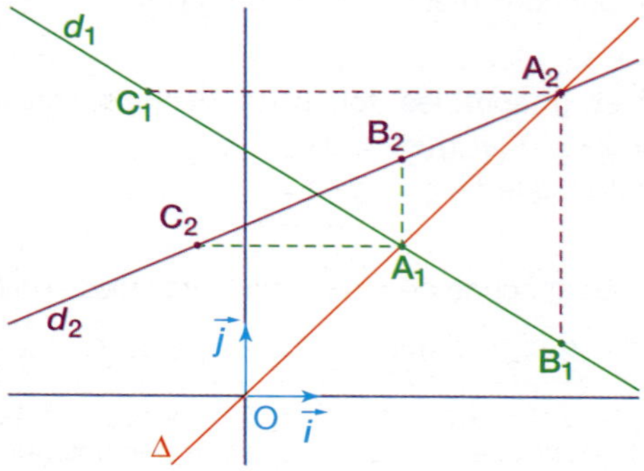

Sens de variation

★ 59 Se méfier des apparences

Les fonctions f, g, h sont définies par :
$f(x) = \sqrt{x+3}$; $g(x) = \sqrt{4x+12}$; $h(x) = 2|x+3|$.

1. Observez sur votre calculatrice les courbes des deux fonctions fg et h.
Que pouvez-vous dire sur ces deux courbes ?

2. a) Précisez l'ensemble de définition de chacune de ces trois fonctions, puis celui de la fonction fg.
Calculez $(fg)(x)$.
b) Les fonctions fg et h sont-elles égales ?

★ 60 Les fonctions f, g, h sont définies par :
$f(x) = 2x - \dfrac{1}{2x}$; $g(x) = 1 + \dfrac{1}{2x}$; $h(x) = 2x - 1$.

1. a) Écrivez f comme somme de deux fonctions u et v que vous préciserez.
b) Quel est le sens de variation des deux fonctions u et v sur chacun des intervalles $]-\infty\,;0[$ et $]0\,;+\infty[$? Déduisez-en le sens de variation de f sur chacun de ces intervalles.

2. a) Calculez et simplifiez $\dfrac{f(x)}{g(x)}$.
b) Les fonctions h et $\dfrac{f}{g}$ sont-elles égales ?
c) Quelle est exactement la courbe représentative de $\dfrac{f}{g}$?

★ 61 On considère les deux fonctions f et g définies sur l'intervalle $I =]0\,;+\infty[$ par $f(x) = \dfrac{x}{2} + \dfrac{1}{2x}$ et $g(x) = \dfrac{x^2-1}{2x}$.

1. En écrivant g comme différence de deux fonctions simples, donnez le sens de variation de g sur I.

2. On note $s = f+g$ et $d = f-g$.
a) Donnez le sens de variation de s, puis de d, sur I.
b) Représentez graphiquement, dans un même repère, les deux fonctions s et d.

3. En remarquant que $f = \dfrac{1}{2}(s+d)$, construisez point par point, le plus précisément possible, la courbe représentative de la fonction f.

★ 62 Interprétation graphique de $f - g$

Les courbes $\mathscr{C}_f$ et $\mathscr{C}_g$ représentent respectivement deux fonctions f et g définies sur l'intervalle $[a\,;b]$.
En utilisant ce graphique, trouvez le sens de variation de la fonction $f-g$.

Note : On peut répondre à cette question sans tracer la courbe représentative de $f-g$.

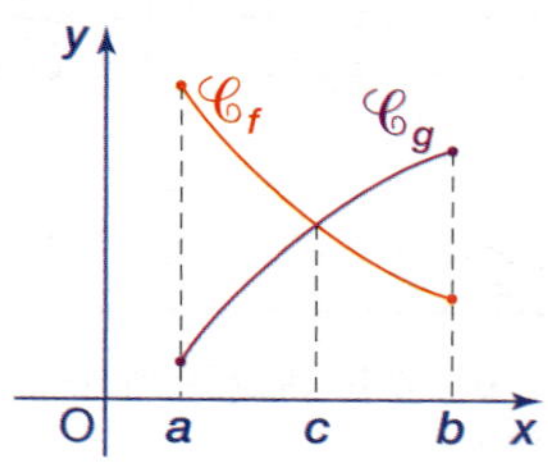

★ 63 Le tableau de variations suivant est celui d'une fonction f définie sur $[-4\,;4]$.

x	-4		-1		2		4
f	3	↘	0	↗	2	↘	-1

1. Dressez le tableau de variations des cinq fonctions définies par :
$g(x) = 2f(x)$; $h(x) = -f(x)$;
$i(x) = f(x)+3$; $j(x) = |f(x)|$; $k(x) = f(|x|)$.

2. a) Tracez une courbe susceptible de représenter f sur $[-4\,;4]$.
b) Dans le même repère, dessinez les courbes représentatives correspondantes des fonctions g, h, i.
c) Dans un autre repère, tracez trois courbes susceptibles de représenter f, j, k.

64 En écrivant f comme la composée de deux fonctions usuelles, déduisez les variations de f sur l'intervalle I donné.

1. $f(x) = \sqrt{2x+1}$; $\qquad$ $I = \left[-\frac{1}{2} ; +\infty\right[$.

2. $f(x) = \frac{1}{x+1}$; $\qquad$ $I =]-1 ; +\infty[$.

3. $f(x) = \frac{1}{x^2+1}$; $\qquad$ $I =]-\infty ; 0[$.

Aide : Voir l'exercice 30, *Pour apprendre à chercher.*

★ **65** f est la fonction définie par $f(x) = \frac{1}{\sin x + 2}$.

1. Démontrez que pour tout réel x, $1 \leqslant \sin x + 2 \leqslant 3$ et déduisez-en que f est définie sur $\mathbb{R}$.
2. On note u la fonction sinus.
   a) Définissez la fonction g telle que $f = g \circ u$.
   b) Rappelez la période de u.
   Déduisez-en que f est périodique et donnez une période de f.
   c) u est impaire, f l'est-elle ?
   Justifiez votre réponse.
3. En utilisant le fait que pour tout x, $-1 \leqslant \sin x \leqslant 1$, démontrez que l'on peut trouver deux réels m et M tels que pour tout x,
$$m \leqslant f(x) \leqslant M.$$
4. Rappelez les variations de u sur $[0 ; 2\pi]$.
   En utilisant les résultats sur le sens de variation des fonctions composées, déduisez-en le sens de variation de f sur $[0 ; 2\pi]$.

★ **66 Conjecturer puis démontrer**

f est la fonction définie sur $]-2 ; +\infty[$ par :
$$f(x) = \frac{2x-1}{x+2}.$$

1. **a)** Faites afficher la courbe de f sur votre calculatrice graphique.
   b) Conjecturez la valeur d'un réel A tel que pour tout $x > -2$, $f(x) < A$; conjecturez les variations de f.
2. **a)** Trouvez deux réels a et b tels que pour tout x de $]-2 ; +\infty[$, $f(x) = a + \frac{b}{x+2}$.
   b) Déduisez-en le sens de variation de f sur l'intervalle $]-2 ; +\infty[$.
   c) Démontrez que pour tout x appartenant à l'intervalle $]-2 ; +\infty[$, $f(x) < 2$.
3. Utilisez votre calculatrice graphique pour conjecturer l'ensemble décrit par $f(x)$ quand x décrit tout l'intervalle $]-2 ; +\infty[$.

★ **67** f est la fonction définie sur $I =]-1 ; +\infty[$ par :
$$f(x) = \frac{(x-1)(x^2+3x+3)}{(x+1)^2}.$$

1. Trouvez trois réels a, b, c tels que pour tout réel x de I,
$$f(x) = ax + \frac{b}{x+1} + \frac{c}{(x+1)^2}.$$
2. Déduisez-en que f est une fonction strictement croissante sur I.
3. **a)** Vérifiez que pour tout réel x,
$$x^2 + 3x + 3 = (x+1)^2 + x + 2$$
   et déduisez-en que pour tout x de I,
$$\frac{x^2+3x+3}{(x+1)^2} > 1.$$
   Expliquez pourquoi on peut en déduire que pour tout réel x tel que $x > 1$, $f(x) > x - 1$.
   b) Démontrez que pour tout x de I, $f(x) < x$.
   c) Interprétez graphiquement les deux inégalités obtenues et hachurez sur un graphique la région du plan dans laquelle doit se situer la courbe de f.
4. À l'aide de la courbe obtenue sur votre calculatrice ou un grapheur, conjecturez l'ensemble décrit par les images $f(x)$ lorsque x décrit tout l'intervalle I.

Aide : Voir l'exercice 31, *Pour apprendre à chercher.*

★ **68 Produit de deux fonctions monotones**

1. f et g sont deux fonctions positives, croissantes sur un intervalle I.
   Prouvez que la fonction $p = fg$ est croissante sur I.
2. f et g sont deux fonctions positives, décroissantes sur un intervalle I.
   Prouvez que la fonction $p = fg$ est décroissante sur I.

Commentaire : La connaissance de ces résultats n'est pas indispensable. Cependant, cela permet parfois de trouver facilement le sens de variation d'une fonction produit.

3. **Applications**
   Trouvez le sens de variation de chacune des fonctions suivantes sur l'intervalle I donné.
   a) $x \mapsto x\sqrt{x+3}$; $\qquad$ $I = [1 ; +\infty[$.
   b) $x \mapsto \frac{\cos x}{x+1}$; $\qquad$ $I = \left[0 ; \frac{\pi}{2}\right]$.

★ **69 Sens de variation $\frac{1}{f}$**

f est une fonction définie sur un intervalle I et garde un signe constant sur I ($f(x) > 0$ pour tout x dans I ou bien $f(x) < 0$ pour tout x dans I).
On suppose f monotone sur I (f est croissante, ou bien f est décroissante).

1. En examinant tous les cas possibles, trouvez le sens de variation de la fonction $\frac{1}{f}$ sur I.

2. **Applications**
Trouvez le sens de variation de chacune des fonctions g suivantes sur l'intervalle I donné.

a) $g(x) = \frac{1}{x^2+1}$; $\quad I = [0 ; +\infty[$.

b) $g(x) = \frac{1}{\sqrt{x}}$; $\quad I =]0 ; +\infty]$.

c) $g(x) = \frac{1}{\cos x}$; $\quad I = \left[0 ; \frac{\pi}{4}\right]$.

Divers

★ 70 Lorsque $f + g$ est constante

On suppose que f et g sont deux fonctions définies sur un même intervalle I, telles que pour tout x de I, $f(x) + g(x) = c$, c étant un nombre fixe.

1. Démontrez que les courbes $\mathscr{C}_f$ et $\mathscr{C}_g$ sont symétriques par rapport à la droite d'équation $y = \frac{c}{2}$.

2. **Application**
Un mobile se déplace sur un axe, d'un point A jusqu'à un point B.
On note $d(t)$ la distance parcourue par ce mobile à la date t, après son départ, et $r(t)$ la distance qui lui reste à parcourir avant d'arriver en B.

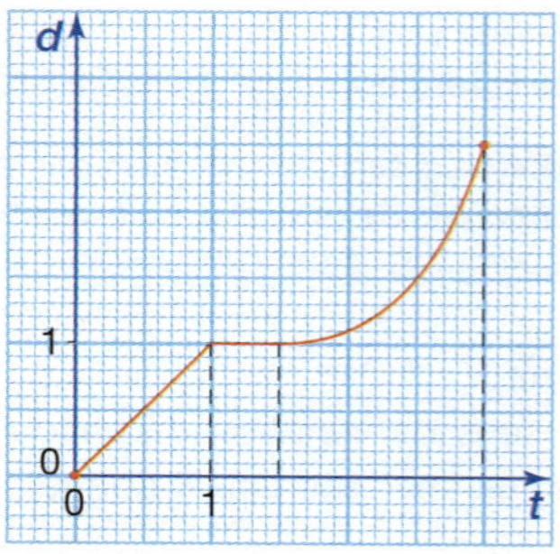

La courbe ci-dessus représente la fonction d. Tracez la courbe représentant la fonction r.

★★ 71 Point fixe

On dit qu'un nombre x est un **point fixe** (ou point invariant) pour une fonction f lorsque $f(x) = x$.
f est une fonction affine $x \mapsto ax + b$.

1. Comment faut-il choisir a et b pour que :
   a) il n'y ait pas de point invariant ?
   b) il y ait un seul point invariant ?
   c) il y ait une infinité de points invariants ?

2. **a)** Comment peut-on trouver graphiquement les points invariants d'une fonction ?
   b) Retrouvez graphiquement les résultats de la question **1.**

★★ 72

Il s'agit de déterminer toutes les fonctions f satisfaisant la condition :
f une fonction définie sur $[0 ; 1]$ et à valeurs dans $[0 ; 1]$ telle que pour tous réels x et y de $[0 ; 1]$,

$$|f(x) - f(y)| \geqslant |x - y|.$$

1. Vérifiez que les fonctions u et v définies sur $[0 ; 1]$ par $u(x) = x$ et $v(x) = 1 - x$ remplissent cette condition.

2. Dans toute la suite, f désigne une fonction satisfaisant la condition. Prouvez qu'alors nécessairement :

$$\begin{cases} f(0) = 0 \\ f(1) = 1 \end{cases} \quad \text{ou} \quad \begin{cases} f(0) = 1 \\ f(1) = 0 \end{cases}$$

3. On suppose que $f(0) = 0$ (donc $f(1) = 1$).
   a) Démontrez que pour tout x de $[0 ; 1]$, $f(x) \geqslant x$.
   b) Exploitez l'inégalité $|f(x) - 1| \geqslant |x - 1|$ pour établir que pour tout x de $[0 ; 1]$, $f(x) = x$.

4. Examinez le cas $f(0) = 1$. On pourra par exemple s'intéresser à la fonction $g(x) = 1 - f(x)$.

5. Déduisez de cette étude que les seules fonctions qui vérifient la condition énoncée sont les fonctions u et v.

★★ 73 Partie entière et partie décimale

Pour tout réel x, il existe un unique entier relatif n tel que $n \leqslant x < n + 1$. Cet entier n est appelé « **partie entière de x** » et est noté $E(x)$. Par exemple, $2 \leqslant 2{,}8 < 3$, donc $E(2{,}8) = 2$. Ainsi $E(x) = n$ signifie que $x \in [n ; n + 1[$, ou encore que $n \leqslant x < n + 1$.

A. Étude de la fonction E

1. Placez sur un axe les nombres suivants, et déduisez-en leur partie entière : $1{,}75$; $-3{,}4$; $\frac{3}{2}$; $\frac{17}{4}$; $\sqrt{2}$; 5.

2. Quels sont les nombres x tels que :
   a) $E(x) = 3$? **b)** $E(x) = -2$? **c)** $E(x) = 0$?

3. Tracez la courbe représentative de E lorsque x est dans l'intervalle $[-3 ; 4]$.

4. Quels sont les nombres x tels que :
   a) $E(2x) = 3$? **b)** $E\left(\frac{1}{5}x\right) = -1$?
   c) $E(3x - 2) = 4$? **d)** $E\left(\frac{1}{x}\right) = 1 (x \neq 0)$?

5. **a)** x est un réel tel que $E(x) = 4$.
   Démontrez qu'alors $E(x + 3) = 7$.
   b) Démontrez que, plus généralement, si x est un réel quelconque et p un entier relatif quelconque, alors $E(x + p) = E(x) + p$.

B. Avec la partie entière

h est la fonction définie sur $]0\,;+\infty[$ par $h(x) = \dfrac{1}{x}$.

f désigne la fonction $\mathrm{E} \circ h$.

1. Quel est l'ensemble de définition de f ?

2. Calculez $f(1)$, $f(3{,}2)$, puis $f(x)$ lorsque $x > 1$.

3. Calculez $f\left(\dfrac{1}{2}\right)$, $f(0{,}75)$, puis $f(x)$ pour $x \in \left]\dfrac{1}{2}\,;1\right[$.

4. p est un entier naturel non nul.

Calculez $f(x)$ pour $x \in \left]\dfrac{1}{p+1}\,;\dfrac{1}{p}\right]$.

5. Tracez la représentation graphique de f lorsque x est dans $\left[\dfrac{1}{4}\,;+\infty\right[$.

C. La partie décimale

d est la fonction définie sur $\mathbb{R}$ par $d(x) = x - \mathrm{E}(x)$.

1. Calculez les images par d des réels :

$$5{,}2\,;\quad \frac{3}{2}\,;\quad 8\,;\quad -6{,}3.$$

2. Donnez au moins cinq réels différents, et pas tous de même signe, qui vérifient $d(x) = 0{,}3$.

3. Démontrez que pour tout réel x, $0 \leqslant d(x) < 1$.

4. Démontrez que d est périodique.

Aide : Utilisez les résultats de C.2 et A.5.

5. Tracez la représentation graphique de d lorsque x est dans $[0\,;1[$ et déduisez-en alors la courbe représentative de d sur $\mathbb{R}$.

Pour un bilan

Pour chacun des exercices suivants, plusieurs des affirmations proposées peuvent être exactes. Dites lesquelles.

Q1 La figure ci-dessous est la courbe $\mathscr{C}_f$ représentative d'une fonction f définie sur $[-2\,;2]$.

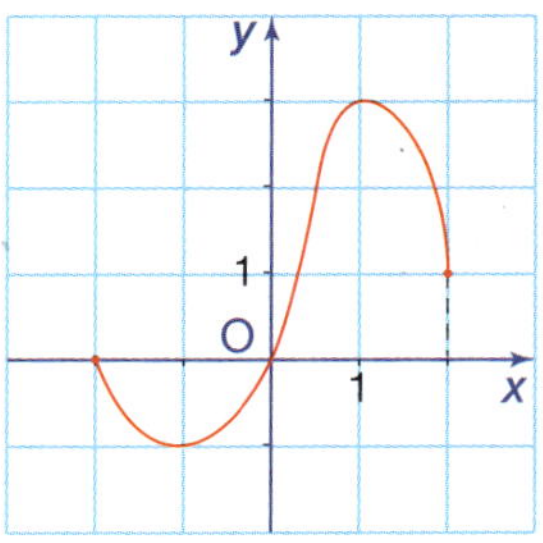

a) $|f(x)| = \dfrac{1}{2}$ a trois solutions.

b) La courbe de $g : x \mapsto 2f(x)$ est au-dessus de $\mathscr{C}_f$.

c) $h : \begin{cases} \text{si } x < 0, & x \mapsto f(-x) \\ \text{si } x \geqslant 0, & x \mapsto f(x) \end{cases}$ est une fonction paire.

d) La courbe de $k : \begin{cases} \text{si } x < 0, & x \mapsto -f(x) \\ \text{si } x \geqslant 0, & x \mapsto f(-x) \end{cases}$ admet un centre de symétrie.

Q2 f est impaire et définie sur $\mathbb{R}$.

a) $f(0) = 0$.

b) $f \circ f$ est paire.

c) $-f$ est paire.

d) $\dfrac{1}{f}$ est impaire.

Q3 $\mathscr{C}_f$ admet pour axe de symétrie la droite d'équation $x = a$ et f est définie sur $\mathbb{R}$.

a) f est paire.

b) $f(2a - x) = f(x)$.

c) $\mathscr{C}_f$ n'admet pas d'autres axes de symétrie.

Q4 f est définie sur $]-1\,;+\infty[$ par $f(x) = \dfrac{x^2}{x+1}$.

a) $f(x) \geqslant 0$ pour tout $x > -1$.

b) $\mathscr{C}_f$ est au-dessus de la parabole d'équation $y = x^2$.

c) $f(x) = 1$ a deux solutions.

d) $f(x) - x > 0$ pour tout $x > -1$.

problèmes de synthèse

★ **74** **Thèmes : Parabole. Distance. Composition**

f est la fonction définie sur $[0\ ;+\infty[$ par $f(x) = \sqrt{x}$ et g est la fonction définie sur $\mathbb{R}$ par $g(x) = 2 - x^2$. On a représenté, sur la figure ci-dessous, les courbes $\mathscr{C}_f$ et $\mathscr{C}_g$ et la droite d d'équation $y = x$.

M est un point de $\mathscr{C}_g$ d'abscisse x et H est le point de la droite d ayant la même ordonnée que M. Lorsque la construction est possible, on note K le point de $\mathscr{C}_f$ ayant la même abscisse que H. MHKP est un rectangle.

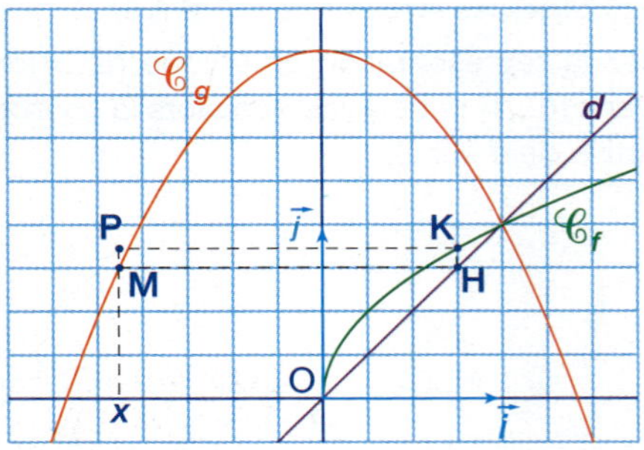

1. Démontrez que K n'existe que lorsque x est dans l'intervalle $\mathrm{I} = [-\sqrt{2}\ ;\sqrt{2}]$. Dans la suite, on suppose que x est dans $[-\sqrt{2}\ ;\sqrt{2}]$.
2. Quelle partie de $\mathscr{C}_g$ M décrit-il lorsque x décrit I ?
3. **a)** Calculez, en fonction de x, les coordonnées des points H, K, P.
   b) Calculez OP^2 et déduisez-en que l'ensemble des points P est un demi-cercle de centre O dont vous préciserez le rayon.
4. On note k la fonction, définie sur I, qui à x associe l'ordonnée de P. Démontrez que $k = f \circ g$.

★ **75** **Thèmes : Sens de variation. Composition. Symétrie axiale**

1. f est la fonction définie sur $\mathbb{R}^+$ par $f(x) = x^2 + 2x$.
   a) Quel est le sens de variation de f sur $\mathbb{R}^+$?
   b) Démontrez que pour tout $x \geqslant 0$, $f(x) \geqslant 0$.
2. g est la fonction définie sur $\mathbb{R}^+$ par $g(x) = -1 + \sqrt{1+x}$.
   a) Quel est le sens de variation de g sur $\mathbb{R}^+$?
   b) Démontrez que pour tout $x \geqslant 0$, $g(x) \geqslant 0$;
3. Sur quel intervalle peut-on définir la fonction $g \circ f$? Calculez alors $(g \circ f)(x)$.
4. Sur quel intervalle peut-on définir la fonction $f \circ g$? Calculez alors $(f \circ g)(x)$.
5. Tracez, dans un même **repère orthonormal**, la courbe $\mathscr{C}_f$ représentant f, la courbe $\mathscr{C}_g$ représentant g, et la droite Δ d'équation $y = x$.
   b) Prouvez que, dans un repère orthonormal, $\mathscr{C}_f$ et $\mathscr{C}_g$ sont symétriques par rapport à la droite Δ.

Commentaire : On dit que les fonctions f et g sont réciproques.

★ **76** **Thèmes : Polynômes. Nombres premiers**

Rappel de Seconde : Un entier naturel est dit **premier** lorsqu'il n'a pas de diviseurs autres que 1 et lui-même. Donc un entier naturel m est **non premier** lorsqu'on peut l'écrire $m = a \times b$, a et b étant des entiers tels que $a \neq 1$. Le but de l'exercice est de prouver que, pour tout entier naturel $n \geqslant 5$, le nombre $n^4 - 20n^2 + 4$ n'est pas un nombre premier. (Pour $0 < n < 5$, $n^4 - 20n^2 + 4 < 0$, donc la question ne se pose pas.) Pour établir le résultat annoncé, l'idée est d'introduire le polynôme P défini par $\mathrm{P}(x) = x^4 - 20x^2 + 4$ et de démontrer que c'est le produit de deux polynômes à coefficients entiers.

1. En remarquant que $\mathrm{P}(x) = (x^4 - 4x^2 + 4) - 16x^2$, déduisez-en que $\mathrm{P}(x) = \mathrm{Q}(x) \times \mathrm{R}(x)$, où $\mathrm{Q}(x)$ et $\mathrm{R}(x)$ sont deux polynômes de degré 2.
2. **a)** Démontrez que $\mathrm{Q}(x) = (x+a)^2 - b$ et $\mathrm{R}(x) = (x+c)^2 - d$ où a, b, c, d, sont des nombres entiers que vous déterminerez.
   Aide : Voir *Pour apprendre à chercher*, exercice 31.
   b) Déduisez-en que les équations $\mathrm{Q}(x) = 1$ et $\mathrm{R}(x) = 1$ n'ont pas de solutions entières.
3. Concluez alors que $n^4 - 20n^2 + 4$ n'est pas un nombre premier si $n \geqslant 5$.

Pour chercher plus

★★★ **77** f et g sont deux fonctions affines différentes de la fonction identité $x \mapsto x$.

Démontrez que $f \circ g = g \circ f$ si et seulement si elles ont toutes les deux le même ensemble de points fixes (*voir l'exercice* 71).

★★★ **78** **La fonction d'Ackermann**

La fonction d'Ackermann associe à deux entiers positifs m et n un entier $f(m, n)$.

Nous admettrons que les trois propriétés suivantes permettent d'obtenir l'image de n'importe quel couple d'entiers positifs :

$$f(0, n) = n + 1\ ;\quad f(m, 0) = f(m-1, 1)\ ;$$
$$f(m+1, n+1) = f(m, f(m+1, n)).$$

Calculez $f(2, 2)$.

Note : Wilhelm Ackermann (1896-1962) a été un élève de David Hilbert. Ses travaux portent sur la logique mathématique. La fonction d'Ackermann se programme de manière très simple dans n'importe quel langage évolué.
La troisième propriété utilisée pour définir cette fonction :
$$f(m+1, n+1) = f(m, f(m+1, n))$$
donne l'impression d'un cercle vicieux, car la fonction f « s'utilise elle-même ».
On dit que la fonction f est définie de façon récursive.

chapitre 2

Équations et inéquations du second degré

Approche historique

Un problème

Le problème suivant fut proposé par le mathématicien Alexis Clairaut (Paris, 1713 - Paris, 1765) : *Deux lumières, dont l'une est quatre fois plus intense que l'autre, étant séparées par un intervalle de trois pieds, comment déterminer sur la droite qui les joint le point qu'elles éclairent également ?*

Des éléments de réflexion

En 1795, Laplace (Beaumont-en-Auge, 1749 - Paris, 1827) explique, alors qu'il reprend le problème dans le but de former des instituteurs, que la force de la lumière décroît en raison inverse du carré de la distance et que l'on aboutit à un problème du second degré.

« Si l'on nomme x la distance de la plus faible lumière à ce point, cette distance étant supposée dirigée vers la plus forte lumière, $3 - x$ sera la distance de la plus forte lumière au même point ; en sorte que $\frac{1}{x^2}$ sera la force de la plus petite lumière, à la distance x, et $\frac{4}{(3-x)^2}$ sera la force de la plus grande, à la distance $3 - x$; ainsi, ces forces devant être égales par la condition du problème, on a $\frac{1}{x^2} = \frac{4}{(3-x)^2}$. Ce qui donne, après les réductions convenables, $x^2 + 2x = 3$, d'où l'on tire $x = -1 \pm 2$. »

Alexis Clairaut
(Paris, 1713 – Paris 1765)

Pierre Simon Laplace
(Beaumont-en-Auge, 1749 - Paris, 1827)

Laplace explique la raison du nombre de racines trouvées, qui correspond au degré même du problème exprimé (ici 2).
Les deux valeurs sont $x = 1$, et $x = -3$.
La première apprend que le point placé à un pied de distance de la plus faible est également éclairé par les deux lumières.
« La seconde valeur est négative ; elle montre, ce que l'on pouvait ignorer d'abord, qu'il existe un second point également éclairé par les lumières et placé à trois pieds de distance de la plus faible », dans la direction opposée à la lumière plus forte.

Cours

1 Résolution de l'équation du second degré

1 1 Définition, vocabulaire

Une **équation du second degré**, à une inconnue x, est une équation qui peut s'écrire sous la forme $ax^2 + bx + c = 0$, où a, b, c sont trois réels donnés, $a \neq 0$.

Résoudre l'équation $ax^2 + bx + c = 0$, c'est trouver tous les nombres u tels que $au^2 + bu + c = 0$. Un tel nombre u est dit solution ou encore **racine** de l'équation.

1 2 Résolution de l'équation du second degré

Posons $f(x) = ax^2 + bx + c = 0$, $a \neq 0$.

1re étape : Écriture de $f(x)$ sous forme canonique

Puisque $a \neq 0$, $f(x) = a\left(x^2 + \frac{b}{a}x + \frac{c}{a}\right)$; or $x^2 + \frac{b}{a}x = \left(x + \frac{b}{2a}\right)^2 - \frac{b^2}{4a^2}$ car $x^2 + \frac{b}{a}x$ est le début du développement de $\left(x + \frac{b}{2a}\right)^2$. Donc :

$$f(x) = a\left[\left(x + \frac{b}{2a}\right)^2 - \frac{b^2}{4a^2} + \frac{c}{a}\right] = a\left[\left(x + \frac{b}{2a}\right)^2 - \frac{b^2}{4a^2} + \frac{4ac}{4a^2}\right] = \boldsymbol{a\left[\left(x + \frac{b}{2a}\right)^2 - \frac{b^2 - 4ac}{4a^2}\right]}$$

NOTE
L'écriture en bleu de $f(x)$ est appelé **forme canonique** du trinôme.

2e étape : Résolution de l'équation $f(x) = 0$

On pose $\Delta = b^2 - 4ac$, ainsi $f(x) = a\left[\left(x + \frac{b}{2a}\right)^2 - \frac{\Delta}{4a^2}\right]$.

- Si $\boldsymbol{\Delta < 0}$, alors $\frac{\Delta}{4a^2} < 0$. Le nombre entre crochets est strictement positif donc l'équation $f(x) = 0$ n'a pas de solution.
- Si $\boldsymbol{\Delta = 0}$, alors $f(x) = a\left(x + \frac{b}{2a}\right)^2$. Puisque $a \neq 0$, l'équation $f(x) = 0$ a une solution et une seule, $x = -\frac{b}{2a}$.
- Si $\boldsymbol{\Delta > 0}$, alors $\Delta = (\sqrt{\Delta})^2$ et :

$$f(x) = a\left[\left(x + \frac{b}{2a}\right)^2 - \frac{(\sqrt{\Delta})^2}{4a^2}\right] = a\left(x + \frac{b}{2a} + \frac{\sqrt{\Delta}}{2a}\right)\left(x + \frac{b}{2a} - \frac{\sqrt{\Delta}}{2a}\right).$$

Si l'on pose $x_1 = \frac{-b - \sqrt{\Delta}}{2a}$ et $x_2 = \frac{-b + \sqrt{\Delta}}{2a}$, alors $f(x) = a(x - x_1)(x - x_2)$.
Donc puisque $a \neq 0$, l'équation $f(x) = 0$ a deux solutions distinctes x_1 et x_2.

Définition 1

Le nombre $\boldsymbol{b^2 - 4ac}$ est appelé **discriminant** de l'équation du second degré $ax^2 + bx + c = 0$ ou du trinôme $ax^2 + bx + c$. On le note Δ (lire « delta »).

Théorème 1

Lorsque $\boldsymbol{\Delta < 0}$, l'équation n'a pas de racine.

Lorsque $\boldsymbol{\Delta = 0}$, l'équation a une racine, $-\boldsymbol{\frac{b}{2a}}$ (dite « racine double »).

Lorsque $\boldsymbol{\Delta > 0}$, l'équation a deux racines :

$$\boldsymbol{x_1 = \frac{-b - \sqrt{\Delta}}{2a}} \text{ et } \boldsymbol{x_2 = \frac{-b + \sqrt{\Delta}}{2a}}.$$

Pour mieux comprendre

COMMENT trouver la forme canonique du trinôme $ax^2 + bx + c$?

Prenons par exemple $f(x) = 2x^2 + 12x - 7$.

- On commence par mettre a en facteur.

Donc ici, $f(x) = 2\left(x^2 + 6x - \frac{7}{2}\right)$.

- On utilise le fait que $x^2 + \frac{b}{a}x = x^2 + 2 \times \frac{b}{2a}x$, est le début du développement de $\left(x + \frac{b}{2a}\right)^2$.

Ici, $x^2 + 6x = (x+3)^2 - 9$.

- Dans l'expression de $f(x)$, on remplace $x^2 + 6x$ par $(x+3)^2 - 9$:

$$f(x) = 2\left((x+3)^2 - 9 - \frac{7}{2}\right) = 2\left((x+3)^2 - \frac{25}{2}\right).$$

QUEL LIEN y a-t-il entre les racines et les coefficients d'un trinôme ?

Lorsque l'équation $ax^2 + bx + c = 0$, $a \neq 0$, a deux racines x_1 et x_2, alors :

$$\boldsymbol{x_1 + x_2 = -\frac{b}{a}} \quad \text{et} \quad \boldsymbol{x_1 x_2 = \frac{c}{a}}.$$

En effet, la première égalité est immédiate et :

$$x_1x_2 = \frac{-b-\sqrt{\Delta}}{2a} \times \frac{-b+\sqrt{\Delta}}{2a} = \frac{b^2 - \Delta}{4a^2} = \frac{4ac}{4a^2} = \frac{c}{a}.$$

Remarque : Lorsque $\Delta = 0$, l'application des formules donnant x_1 et x_2 aboutit à $x_1 = x_2 = -\frac{b}{2a}$.
C'est pourquoi on dit souvent qu'il y a deux racines confondues ou encore une racine double.
Vous pouvez vérifier que les formules précédentes donnant la somme et le produit des deux racines restent valables, même si ces racines sont confondues.

COMMENT résoudre des équations du second degré ?

- En général, mais pas toujours (voir l'exemple suivant), on calcule le discriminant Δ et on utilise les formules. On appelle $\mathcal{S}$ l'ensemble des solutions.

$x^2 - 3x + 4 = 0$	$3x^2 - \frac{7}{2}x + \frac{49}{48} = 0$	$3x^2 - x - 4 = 0$
$a = 1$, $b = -3$, $c = 4$.	$a = 3$, $b = -\frac{7}{2}$, $c = \frac{49}{48}$.	$a = 3$, $b = -1$, $c = -4$.
$\Delta = (-3)^2 - 4 \times 1 \times 4 = -7$.	$\Delta = \left(-\frac{7}{2}\right)^2 - 4 \times 3 \times \frac{49}{48} = 0$.	$\Delta = (-1)^2 - 4 \times 3 \times (-4) = 49$.
$\Delta < 0$, pas de solution.	$\Delta = 0$, une solution : $-\frac{b}{2a} = \frac{7}{12}$.	$\Delta > 0$, deux solutions : $x_1 = \frac{-b-\sqrt{\Delta}}{2a} = -1$; $x_2 = \frac{-b+\sqrt{\Delta}}{2a} = \frac{4}{3}$
$\mathcal{S} = \varnothing$	$\mathcal{S} = \left\{\frac{7}{12}\right\}$	$\mathcal{S} = \left\{-1 ; \frac{4}{3}\right\}$

- Il n'est pas toujours utile de calculer Δ.

Ainsi $4x^2 - 5 = 0$ s'écrit $(2x - \sqrt{5})(2x + \sqrt{5})$ donc $\mathcal{S} = \left\{-\frac{\sqrt{5}}{2} ; \frac{\sqrt{5}}{2}\right\}$.

De même $7x^2 + 3x = 0$ s'écrit $x(7x+3) = 0$ donc $\mathcal{S} = \left\{-\frac{3}{7} ; 0\right\}$.

- Si a et c sont de signes contraires, $-4ac > 0$ et donc $\Delta > 0$.

On peut alors affirmer sans calculs que l'équation a deux racines distinctes.

Cours

2 Factorisation et signe du trinôme

2.1 Factorisation du trinôme

Nous avons vu, au cours de la démonstration du théorème 1 page 40, que lorsque Δ est strictement positif, $f(x) = a(x - x_1)(x - x_2)$.

Théorème 2

NOTE
Lorsque $f(x) = 0$ a deux racines x_1 et x_2, on dit que le trinôme se factorise en un produit de deux polynômes du premier degré.

> **Factorisation du trinôme f défini par $f(x) = ax^2 + bx + c$, $a \neq 0$**
> Lorsque l'équation $f(x) = 0$ a deux racines x_1 et x_2 (c'est-à-dire dans le cas où $\Delta > 0$), alors pour tout x, $\boldsymbol{f(x) = a(x - x_1)(x - x_2)}$.

Remarque : Dans le cas $\Delta = 0$, $f(x) = a\left(x + \frac{b}{2a}\right)^2$ qui est également une forme factorisée de $f(x)$. Enfin, si $\Delta < 0$, la factorisation n'est pas possible.

2.2 Signe du trinôme

Théorème 3

NOTE
Par définition, un trinôme du 2nd degré s'écrit $f(x) = ax^2 + bx + c$, $a \neq 0$. La condition $a \neq 0$ fait partie de la définition et ne sera plus rappelée.

> - Lorsque $\boldsymbol{\Delta < 0}$, $f(x)$ est toujours du signe de a.
> - Lorsque $\boldsymbol{\Delta = 0}$, $f(x)$ est du signe de a (sauf lorsque $x = -\frac{b}{2a}$, auquel cas $f(x) = 0$).
> - Lorsque $\boldsymbol{\Delta > 0}$, $f(x)$ est du signe de a, **sauf** lorsque x est entre les racines auquel cas $f(x)$ et a sont de signes contraires.

Démonstration :

Reprenons la forme canonique $f(x) = a\left[\left(x + \frac{b}{2a}\right)^2 - \frac{\Delta}{4a^2}\right]$.

- **Cas $\Delta < 0$** : le nombre entre crochets est strictement positif, donc $f(x)$ est du signe de a pour tout x.
- **Cas $\Delta = 0$** : $f(x)$ est du signe de a pour tout $x \neq -\frac{b}{2a}$.
- **Cas $\Delta > 0$** : $f(x) = a(x - x_1)(x - x_2)$ est un produit de trois facteurs, l'un a est constant, les deux autres sont des binômes du premier degré dont il est facile d'étudier le signe selon x.

En notant x_1 la plus petite des racines, on obtient le tableau suivant :

x	$-\infty$		x_1		x_2		$+\infty$
a		signe de a		signe de a		signe de a	
$x - x_1$		$-$	0	$+$		$+$	
$x - x_2$		$-$		$-$	0	$+$	
$(x - x_1)(x - x_2)$		$+$	0	$-$	0	$+$	
$f(x)$		signe de a		signe de $-a$		signe de a	

Application.

Pour résoudre une inéquation du second degré, on détermine le signe du trinôme associé (*voir* Pour mieux comprendre, *ci-contre*).

COMMENT relier ces résultats et les représentations graphiques des fonctions trinômes ?

Nous disposons du théorème suivant démontré au TD 1, p. 45.

Théorème : La courbe représentative de la fonction trinôme du second degré f : $x \mapsto ax^2 + bx + c$ est une parabole. Cette parabole est « tournée vers le haut » lorsque $a > 0$ et « tournée vers le bas » lorsque $a < 0$.

Ainsi, le signe de a nous renseigne sur l'allure de la courbe. Le signe de Δ renseigne sur le nombre de points d'intersection de la courbe avec l'axe des abscisses. En effet :

- si $\Delta < 0$, $f(x)$ ne s'annule pas donc la courbe ne coupe pas l'axe des abscisses,
- si $\Delta = 0$, la courbe et l'axe des abscisses n'ont qu'un point commun,
- si $\Delta > 0$, $f(x)$ s'annule pour deux valeurs, donc la courbe coupe l'axe des abscisses en deux points.

Le tableau suivant illustre les six cas possibles.

	$\Delta > 0$	$\Delta = 0$	$\Delta < 0$
factorisation de $f(x)$	$a(x - x_1)(x - x_2)$	$a(x - x_1)^2$	pas de factorisation
équation $f(x) = 0$	2 solutions x_1 et x_2	une solution x_0	pas de solution
signe de $f(x)$ $f(x_1) = f(x_2) = 0$ $f(x_0) = 0$	Signe de a … x_1 … x_2 … Signe de a Signe de $-a$ (entre x_1 et x_2)	Signe de a … x_0 … Signe de a	Signe de a
courbes pour $a > 0$	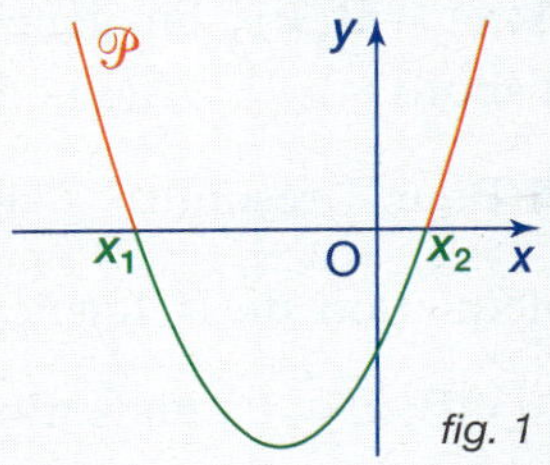 fig. 1	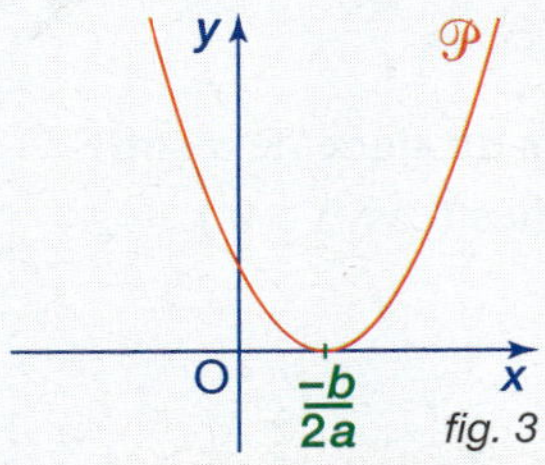 fig. 3	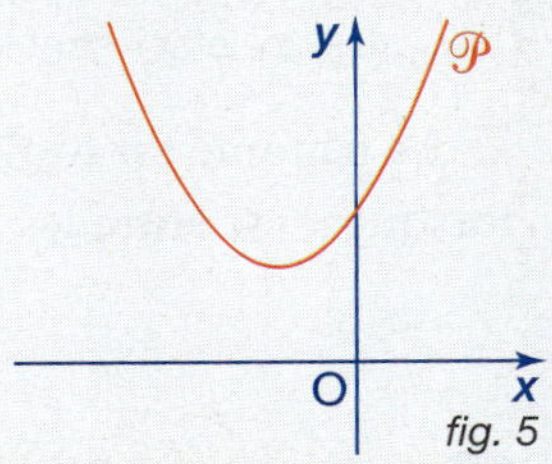 fig. 5
courbes pour $a < 0$	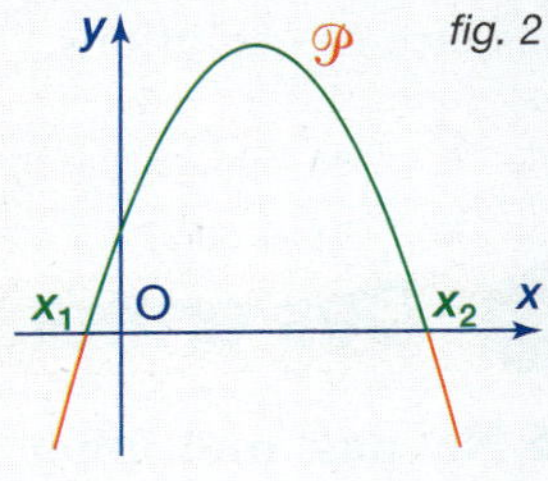 fig. 2	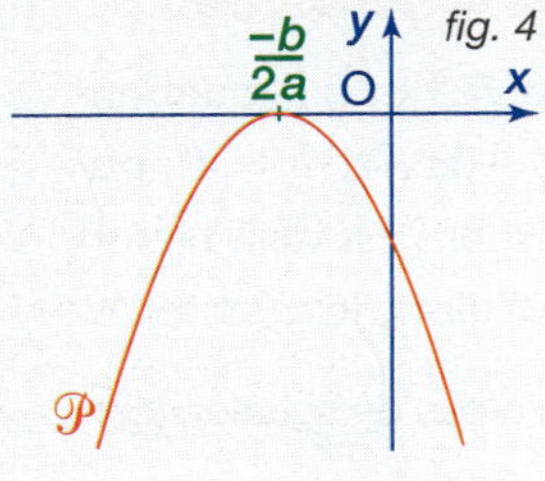 fig. 4	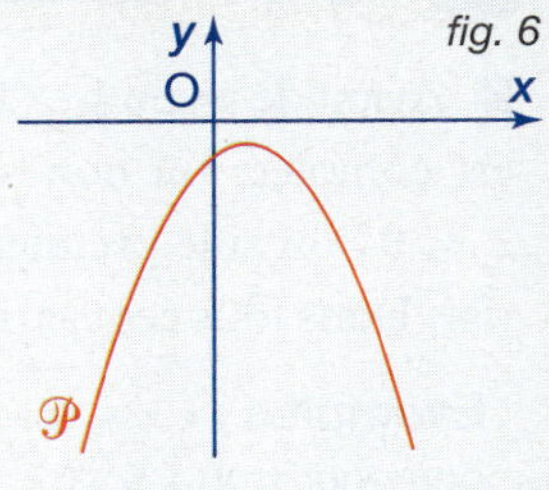 fig. 6

Exemples :

- **Résolution de l'inéquation $x^2 + 3x + 3 > 0$**

Le calcul de Δ conduit à $\Delta = -3$. Puisque $\Delta < 0$, le trinôme n'a pas de racine. $a = 1$, $a > 0$, donc $x^2 + 3x + 3 > 0$ pour tout x réel et $\mathcal{S} = \mathbb{R}$ (*fig.* 5).

- **Résolution de l'inéquation $-x^2 + 3x - 2 \geqslant 0$**

$\Delta = 1$, l'équation $-x^2 + 3x - 2 = 0$ a deux racines $x_1 = 1$ et $x_2 = 2$. $a = -1$ $(a < 0)$ donc l'ensemble des solutions est l'intervalle fermé $[1 ; 2]$ (*fig.* 2).

Des idées, des réflexes

On note (**E**) l'équation $ax^2 + bx + c = 0$ et f le trinôme $x \mapsto ax^2 + bx + c$.

Des idées à retenir

■ **Un nombre important,** $\Delta = b^2 - 4ac$, car le nombre de solutions, ou de racines, de (E) dépend de son signe.

■ Lorsque a et c sont de signes contraires, il y a toujours deux solutions.

■ La somme des racines est $-\frac{b}{a}$, le produit $\frac{c}{a}$.

■ La courbe représentant f est une parabole $\mathcal{P}$. Il est facile d'en « donner l'allure » à partir du signe de a et du signe de Δ (▶ ***Pour mieux comprendre*, page 43**).

Exemple : $f(x) = -x^2 + 3x - 2$. $a = -1$; $a < 0$ donc $\mathcal{P}$ est tournée vers le bas. $\Delta = 1$; $\Delta > 0$, donc $\mathcal{P}$ coupe l'axe des abscisses en deux points $(x_1 ; 0)$, $(x_2 ; 0)$, x_1 et x_2 sont les racines.

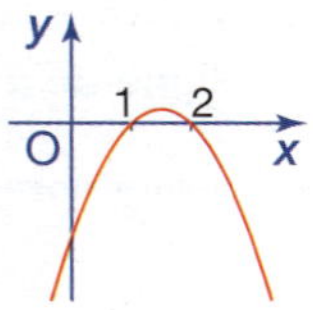

■ Le trinôme est **toujours** du signe de a **sauf** lorsque x est entre les racines (cas $\Delta > 0$).

Des réflexes à avoir

■ Avant de résoudre (E), regardez si l'équation est complète ou non, c'est-à-dire si $b = 0$ ou $c = 0$, ou si le premier membre est déjà factorisé. Dans tous ces cas, inutile alors de calculer Δ.

Exemples : • $x^2 + 5 = 0$ n'a pas de solution (car pour tout x, $x^2 + 5 > 0$).
• $(x-3)(x+2)$ a pour solutions $x_1 = 3$, $x_2 = -2$.
• $x^2 - 9 = 0$ a pour solutions $x_1 = 3$, $x_2 = -3$
• $x^2 - 5x = 0$ a pour solutions $x_1 = 0$, $x_2 = 5$ (écrire $x^2 - 5x = x(x-5)$).

■ Si vous connaissez *a priori* une racine, pensez que l'autre s'obtient facilement en utilisant :

$$S = x_1 + x_2 = -\frac{b}{a} \text{ ou } P = x_1 x_2 = \frac{c}{a}.$$

■ Pensez que des contrôles de calcul sont possibles et parfois faciles.

Exemple : Si vous trouvez 2 et 3 pour solutions de (E), vous pouvez vérifier que $f(2) = 0$ et $f(3) = 0$.

■ Pour résoudre une inéquation de type $ax^2 + bx + c \geqslant 0$, étudiez le signe du trinôme f. Pensez que la représentation graphique de f permet de trouver facilement ce signe.

Exemple : Inéquation $-x^2 + 3x - 2 \geqslant 0$.
Trinôme : $f(x) = -x^2 + 3x - 2$.
$a = -1$; $\Delta = 9 - 8 = 1$, $\Delta > 0$. La parabole représentant f est tournée vers le bas, et coupe l'axe des abscisses aux points $(1 ; 0)$, $(2 ; 0)$. Alors les solutions de l'inéquation sont les nombres de l'intervalle $[1 ; 2]$ (▶ *figure en colonne de gauche*).

■ Pour résoudre une inéquation de la forme $\mathbf{A}(x) \geqslant \mathbf{B}(x)$, en général pensez à l'écrire d'abord : $A(x) - B(x) \geqslant 0$.

■ Pour résoudre algébriquement une inéquation de la forme $\frac{\mathbf{A}(x)}{\mathbf{B}(x)} \geqslant 0$, résolvez $A(x)B(x) \geqslant 0$, mais n'oubliez pas alors que les nombres x tels que $B(x) = 0$ ne peuvent pas être des solutions.

Des erreurs à éviter

■ **Ne pas multiplier ou diviser** chaque membre d'une équation ou d'une inéquation d'inconnue x, par une expression qui dépend de x, **sans discussion préalable sur sa nullité ou sur son signe**.

Exemple : Résoudre $x^2 - x = x$ n'est pas résoudre $x - 1 = 1$ (obtenue en divisant par x). La première a pour solutions $x = 0$, $x = 2$, la seconde $x = 2$.

TD 1 Trinômes du second degré et paraboles

1 Un résultat fondamental

Le but de ce paragraphe est de montrer que la courbe représentative d'un trinôme du second degré est une parabole.

L'équation de $\mathscr{C}$ dans le repère $(O ; \vec{\imath}, \vec{\jmath})$ est $y = f(x)$. En écrivant $f(x)$ sous la forme canonique, on obtient $y = a\left[\left(x + \frac{b}{2a}\right)^2 - \frac{\Delta}{4a^2}\right]$, ou encore $y + \frac{\Delta}{4a} = a\left(x + \frac{b}{2a}\right)^2$, qui est de la forme $Y = aX^2$.

Notons A le point de coordonnées $\left(-\frac{b}{2a} ; -\frac{\Delta}{4a}\right)$ dans le repère $(O ; \vec{\imath}, \vec{\jmath})$ et cherchons l'équation de $\mathscr{C}$ dans le repère $(A ; \vec{\imath}, \vec{\jmath})$ (*on pourra se reporter au* TD 3, *chap.* 1, *sur les changements de repère*). Pour établir les formules de changement de repère, on note $(x ; y)$ les coordonnées d'un point quelconque M dans $(O ; \vec{\imath}, \vec{\jmath})$, et $(X ; Y)$ ses coordonnées dans $(A ; \vec{\imath}, \vec{\jmath})$. On sait que cela signifie que :

$$\overrightarrow{OM} = x\vec{\imath} + y\vec{\jmath} \quad \text{et} \quad \overrightarrow{AM} = X\vec{\imath} + Y\vec{\jmath}.$$

1. Traduisez à l'aide des coordonnées l'égalité vectorielle $\overrightarrow{OM} = \overrightarrow{OA} + \overrightarrow{AM}$. Vous obtenez x et y en fonction de X et Y.

2. Vérifiez qu'en utilisant les formules de changement de repère, établies au 1., dans l'équation $y + \frac{\Delta}{4a} = a\left(x + \frac{b}{2a}\right)^2$, vous obtenez l'équation $Y = aX^2$ dans $(A ; \vec{\imath}, \vec{\jmath})$.

Conclusion : La courbe $\mathscr{C}$ est une parabole puisque son équation est $Y = aX^2$ dans $(A ; \vec{\imath}, \vec{\jmath})$. Elle est donc tournée vers le haut lorsque $a > 0$, et vers le bas lorsque $a < 0$ (*voir le chap.* 1, § 5.2). La droite d'équation $x = -\frac{b}{2a}$ est un axe de symétrie pour la parabole d'équation $y = ax^2 + bx + c$.
Lorsque $a > 0$, la fonction $f : x \mapsto ax^2 + bx + c$ a un minimum pour $x = -\frac{b}{2a}$.
Lorsque $a < 0$, la fonction $f : x \mapsto ax^2 + bx + c$ a un maximum pour $x = -\frac{b}{2a}$.

2 Application

Soit $f : x \mapsto 2x^2 + 3x - 5$ et $\mathscr{C}$ sa courbe représentative dans le repère $(O ; \vec{\imath}, \vec{\jmath})$.

1. Mettez $f(x)$ sous forme canonique.

2. Écrivez l'équation de $\mathscr{C}$ sous la forme $y + \ldots = a(x + \ldots)^2$.
Déduisez-en les coordonnées de la nouvelle origine A.

3. Établissez les formules de changement de repère et utilisez-les pour obtenir l'équation de $\mathscr{C}$ dans le repère $(A ; \vec{\imath}, \vec{\jmath})$.

TD 2 On ne sait jamais...

Supposez que vous soyez chercheur d'or et que le propriétaire d'un terrain aurifère vous vende une parcelle de ce terrain à choisir par vous. Cette parcelle doit être rectangulaire et son périmètre a une valeur fixée, disons $2p$. Assurément, vous comprendrez aussitôt que votre intérêt est de répondre à la question :
« Parmi tous les rectangles dont le périmètre est $2p$, y en a-t-il un dont l'aire est la plus grande possible, et quelles sont les dimensions de ce rectangle ? »

1. Appelons x une des dimensions du rectangle. Vérifiez que l'aire est $S(x) = -x^2 + px$.

2. Mettez $S(x)$ sous forme canonique. Déduisez-en pour quelle valeur de x, $S(x)$ est maximal. Donnez les dimensions du rectangle correspondant.

TD 3 La pyramide de Khéops

NOTE
Hérodote, historien grec, 484 - 420 av. J.-C.
Il a entrepris de grands voyages en Asie et en Afrique où il remonta le Nil jusqu'à l'île Éléphantine.

Cette pyramide est l'une des Sept Merveilles du monde. C'est une pyramide régulière à base carrée. Elle fut construite vers l'an -2600 de notre ère.
L'historien grec Hérodote écrit :
« Les prêtres égyptiens m'ont enseigné que les proportions établies pour la Grande Pyramide entre le côté de la base et la hauteur étaient telles que le carré construit sur la hauteur égalait exactement la surface de chacune des faces triangulaires ».

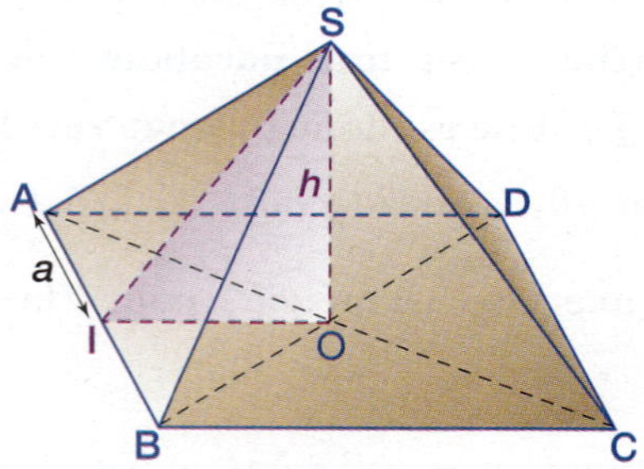

Autrement dit, avec les notations de la figure, l'aire du triangle isocèle SAB est égale à celle du carré de côté [OS].
Notons I le milieu de [AB] et posons $AI = a$, $OS = h$.

1. Calculez OI, puis SI, puis l'aire du triangle SAB.

2. Supposons vraie l'affirmation d'Hérodote.

a) Écrivez alors la relation entre a et h que l'on déduit de cette affirmation.

b) Posons $p = \dfrac{IS}{IO}$. Démontrez que cette relation peut s'écrire $p^2 = p + 1$.

3. Hérodote a-t-il dit vrai ?
Pour répondre, sachez que les spécialistes, tenant compte de l'érosion, estiment, qu'à l'origine, les valeurs de a et de h étaient respectivement 114,4 m et 145,6 m.

TD 4 Équations irrationnelles

$\mathscr{C}$ est le quart de cercle de centre O et de rayon 2 représenté sur la figure ci-contre. M est le point de $\mathscr{C}$ d'abscisse x et P sa projection orthogonale sur l'axe des abscisses.
ℓ est un nombre réel donné.
L'objet de l'étude qui va suivre est de chercher s'il existe M tel que $OP + 2PM = \ell$.

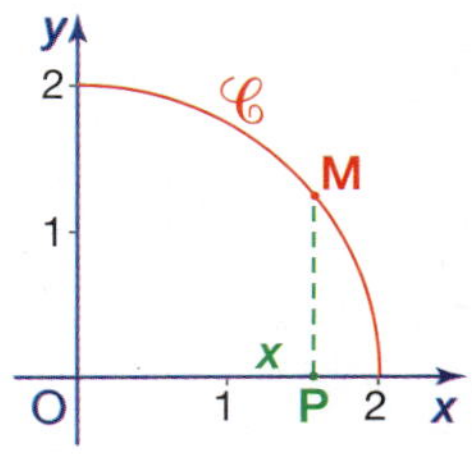

Le problème sera étudié d'abord par le calcul pour $\ell = 4$ (*partie* 1), puis au moyen d'une interprétation graphique pour le cas général (*partie* 2).

1 Par le calcul

1. On note $M(x\ ;\ y)$ les coordonnées de M. Vérifiez que $x^2 + y^2 = 4$, $y \geqslant 0$ et $0 \leqslant x \leqslant 2$.

2. Déduisez-en que le problème revient à résoudre dans $[0\ ;\ 2]$ l'équation :

$$x + 2\sqrt{4 - x^2} = \ell \qquad \text{(E)}.$$

Cette équation est dite **irrationnelle** en raison de la présence d'un radical que l'on ne peut pas simplifier.

3. Cas particulier $\ell = 4$

L'équation correspondante est alors $x + 2\sqrt{4 - x^2} = 4$.
Pour la résoudre, on « isole le radical » en écrivant $2\sqrt{4 - x^2} = 4 - x$ (E1).
Nous allons maintenant utiliser le résultat suivant :
pour deux réels a et b, dire que $\sqrt{a} = b$ équivaut à dire que $b \geqslant 0$ et $a = b^2$.

a) Démontrons cette équivalence.
- Pourquoi l'égalité $\sqrt{a} = b$ implique-t-elle $b \geqslant 0$ et $a = b^2$?
- Pourquoi, réciproquement, les conditions $b \geqslant 0$ et $a = b^2$ impliquent-elles $\sqrt{a} = b$?

b) Résoudre l'équation $2\sqrt{4 - x^2} = 4 - x$ revient donc à trouver les réels x tels que :

$$\begin{cases} 4 - x \geqslant 0 \\ 4 - x^2 = \left(\dfrac{4 - x}{2}\right)^2 \end{cases}$$

Trouvez alors les solutions de (E1), puis répondez à la question posée pour M.

4. Cas général

On cherche maintenant s'il existe un point M tel que $OP + 2PM = \ell$, ℓ donné, $\ell > 0$.

a) Démontrez que le problème revient à savoir s'il existe un réel x de $[0\ ;\ 2]$, tel que $x \leqslant \ell$ et $5x^2 - 2\ell x + \ell^2 - 16 = 0$.

b) Prouvez que lorsque $\ell > 2\sqrt{5}$, il n'y a pas de solution.

Pour connaître le nombre de solutions de l'équation $5x^2 - 2\ell x + \ell^2 - 16 = 0$ telles que $x \leqslant \ell$, nous allons utiliser une résolution graphique.

2 Étude graphique

L'équation (E) équivaut à $\sqrt{4-x^2} = \dfrac{\ell - x}{2}$. Pour résoudre graphiquement cette équation, il faut s'intéresser aux deux courbes d'équations $y = \sqrt{4-x^2}$ et $y = \dfrac{\ell - x}{2}$. Les solutions seront les abscisses des points d'intersection de ces deux courbes (dans l'intervalle $[0\,;2]$). On a vu que la première courbe est le quart de cercle $\mathscr{C}$. La deuxième est la droite d_ℓ dont l'équation réduite est $y = \dfrac{\ell - x}{2}$. À chaque valeur de ℓ correspond une droite d_ℓ différente.

1. Démontrez que toutes les droites d_ℓ sont parallèles.

2. La droite d_ℓ coupe l'axe des ordonnées en un point $B\left(0\,;\dfrac{\ell}{2}\right)$.
Placez sur la figure le point A $(0\,;\sqrt{5})$, intersection de (Oy) et $d_{2\sqrt{5}}$.
Précisez le nombre de points d'intersection de $\mathscr{C}$ et d_ℓ lorsque B décrit $[OA]$.

3. On a tracé la courbe $\mathscr{C}$ et les droites $d_{2\sqrt{5}}$, d_4 et d_2.
À partir des indications portées sur la figure ci-contre, discutez, selon les valeurs de ℓ, le nombre de solutions de l'équation (E).

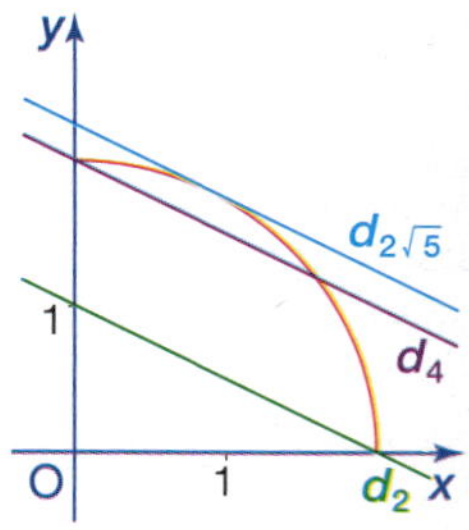

TD 5 Équations et inéquations bicarrées

Envisageons le problème suivant : Existe-t-il un réel tel que la somme de son carré et de l'inverse de son carré soit égale à 6 ?
Ce problème revient à résoudre dans $\mathbb{R}-\{0\}$ l'équation $x^2 + \dfrac{1}{x^2} = 6$. Dans $\mathbb{R}-\{0\}$, cette équation est équivalente à $x^4 - 6x^2 + 1 = 0$ (E).
L'équation du quatrième degré $x^4 - 6x^2 + 1 = 0$ est dite **équation bicarrée,** car elle ne contient que des termes en x^4, en x^2 et un terme constant.

1 Résolution de l'équation (E)

POINT MÉTHODE

Pour résoudre une équation bicarrée, on introduit une inconnue auxiliaire $t = x^2$.

1. Prouvez que si x_0 est solution de (E), alors le nombre $t_0 = x_0^2$ est solution de l'équation :

$$t^2 - 6t + 1 = 0 \quad (E').$$

2. Réciproquement, démontrez que si t_0 est une solution **positive** de (E'), alors les nombres $x_1 = \sqrt{t_0}$ et $x_2 = -\sqrt{t_0}$ sont solutions de (E).

3. Trouvez alors les solutions de (E).

2 Résolution d'équations et d'inéquations bicarrées

Résolvez chacune des équations et inéquations bicarrées suivantes :

a) $x^4 - x^2 - 12 = 0$; **b)** $2x^4 - \dfrac{3}{2}x^2 + 1 = 0$; **c)** $x^4 + 2x^2 + 1 = 0$;
d) $x^4 - x^2 - 1 \geqslant 0$; **e)** $x^4 - 5x^2 + 6 \geqslant 0$.

Exercices

maîtriser le cours

Pour résoudre les exercices de cette partie, il suffit d'appliquer directement un résultat du cours. L'objectif est double : mieux comprendre le cours et reconnaître dans des situations simples les conditions d'application d'un théorème.

1. Résolution de l'équation du second degré

1 Dans chaque cas, écrivez le trinôme sous forme canonique.

a) $x^2 - 4x + 1$. **b)** $x^2 + x - 6$.
c) $-x^2 + 2x + 4$. **d)** $x^2 + 6x$.
e) $-3x^2 + x + 4$. **f)** $x^2 + 1$.

2 Dans chaque cas, écrivez le trinôme sous forme canonique.

a) $x^2 + 6x - 8$. **b)** $x^2 - 5x + 3$.
c) $2x^2 + 6x + 4$. **d)** $-x^2 + x + 3$.
e) $3x^2 + 12x + 12$. **f)** $-x^2 + 7x - 10$.

3 Sans utiliser le discriminant, résolvez les équations suivantes.

a) $x^2 - 5x = 0$. **b)** $x^2 - 9 = 0$.
c) $2x^2 + 5x = 0$. **d)** $x^2 + 4 = 0$.
e) $(3x - 1)(x + 1) = 0$. **f)** $x^2 - 3 = 0$.
g) $-x^2 = 4$. **h)** $x^2 + 10x + 25 = 0$.
i) $(x + 1)^2 - 16 = 0$. **j)** $9 - (3x - 1)^2 = 0$.
k) $x^2 - 26x + 169 = 0$. **l)** $x^3 - 4x = 0$.

Pour les exercices 4 à 13, résolvez l'équation donnée.

4 $x^2 - x - 6 = 0$. **5** $x^2 + 2x - 3 = 0$.

6 $x^2 - x + 2 = 0$. **7** $-x^2 + 2x - 1 = 0$.

8 $u^2 + 5u - 6 = 0$. **9** $1 - t - 2t^2 = 0$.

10 $x^2 + x - 1 = 0$. **11** $x^2 - 4x + 2 = 0$.

12 $2x^2 + 12x + 18 = 0$. **13** $3x^2 - 12x + 12 = 0$.

14 Résolvez les équations suivantes

a) $x^2 - 3\sqrt{2}x + 4 = 0$. **b)** $-3x^2 + 7x + 1 = 0$.
c) $x^2 - (2 + \sqrt{3})x + 1 + \sqrt{3} = 0$.
d) $x^2 + 1{,}1x + 0{,}1 = 0$.

15 Résolvez les équations suivantes.

a) $-m^2 + m - 20 = 0$.
b) $t - 1 + 3t^2 = 0$.

16 Vérifiez que 2 est solution de l'équation $x^2 - 5x + 6 = 0$.
Quelle est la somme des racines ?
Quel est le produit ?
Déduisez-en l'autre solution.

17 Vérifiez que -1 est solution de l'équation $x^2 + 3x + 2 = 0$.
Quelle est la somme des racines ?
Quel est le produit ?
Déduisez-en l'autre solution.

18 **1.** Comment choisir le réel m pour que l'équation :
$$2x^2 + x - m = 0$$
admette $x = -1$ pour racine ?
2. Déduisez-en alors l'autre racine.

19 Pour quelle valeur de m l'équation :
$$x^2 - 4x + m - 1 = 0$$
admet-t-elle une racine double ?
Calculez cette racine.

20 Comme l'indique la figure ci-dessous, on a tracé dans un repère orthonormal $(O\,;\vec{i},\vec{j})$ la parabole $\mathcal{P}$ d'équation $y = x^2$ et la droite d d'équation $y = x + 2$.
Calculez les coordonnées des points d'intersection des courbes $\mathcal{C}$ et d.

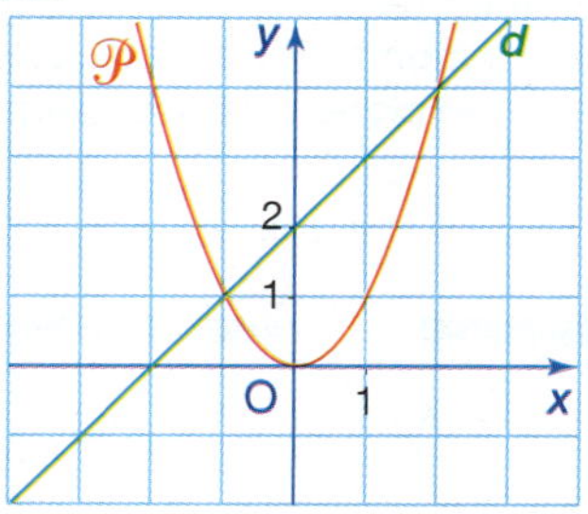

2. Factorisation et signe du trinôme

21 Écrivez les trinômes suivants sous la forme d'un produit de facteurs du premier degré.

a) $f(x) = x^2 - 7x + 10$. **b)** $f(x) = 2x^2 - 5x + 2$.

c) $f(x) = -3x^2 + 4x + 4$. **d)** $f(x) = -\frac{1}{2}x^2 - \frac{1}{2}x + 1$.

22 Dans chacun des cas suivants, déterminez **un** trinôme du second degré admettant :

1. les réels 2 et -5 comme racines ;

2. le réel 3 comme racine double.

23 Étudiez suivant les valeurs de x, le signe des trinômes suivants.

a) $f(x) = x^2 + x - 2$. **b)** $f(x) = -x^2 + 2x - 3$.

c) $f(x) = x^2 - 4x + 4$. **d)** $f(x) = -x^2 + 6x - 5$.

Pour les exercices 24 à 33, résolvez l'inéquation proposée.

24 $x^2 - 3x + 2 > 0$.

25 $x^2 + 4 \geqslant 0$.

26 $m^2 + m - 20 \leqslant 0$.

27 $x^2 - x + 1 < 0$.

28 $3x^2 + 18x + 27 > 0$.

29 $-x^2 - 9 \geqslant 0$.

30 $x(x - 2) < 0$.

31 $x^2 + 7x + 12 \geqslant 0$.

32 $2x^2 + x - 4 < 0$.

33 $2x^2 - 24x + 72 < 0$.

Pour les exercices 34 à 39, le graphique donne la courbe d'une fonction trinôme. Indiquez le signe du discriminant Δ et le signe du coefficient a de x^2.

34

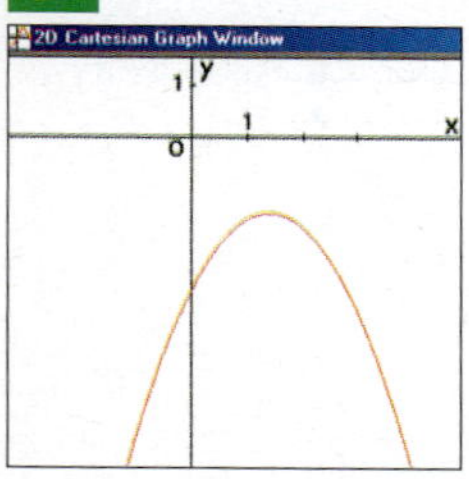

35

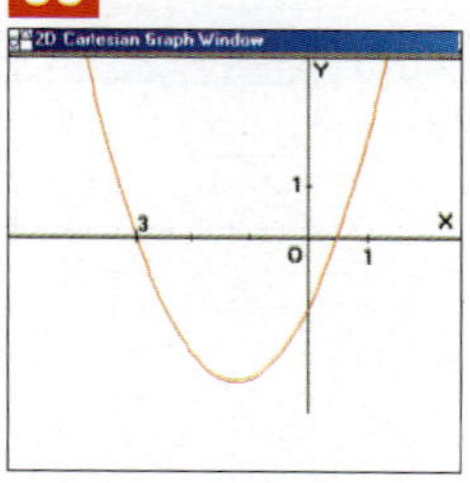

36

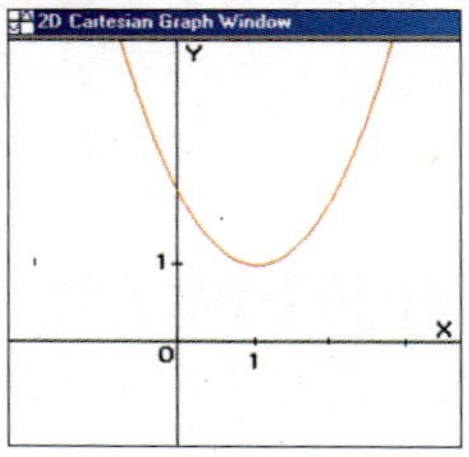

37

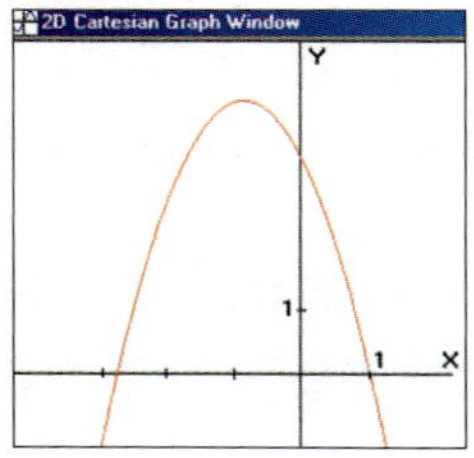

38

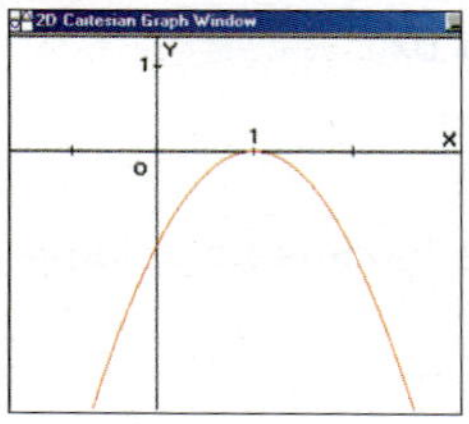

39

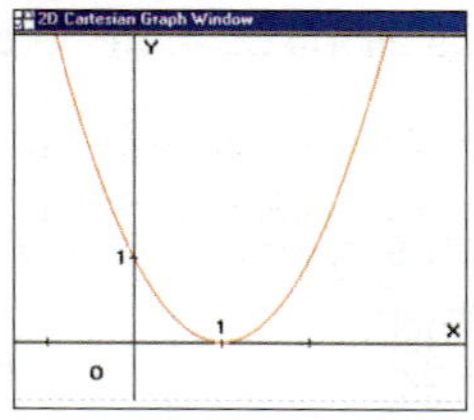

Pour les exercices 40 à 42, chacun des graphiques représente une fonction trinôme f. Dans chaque cas, donnez l'ensemble des solutions de l'inéquation proposée.

40 **a)** $f(x) > 0$.

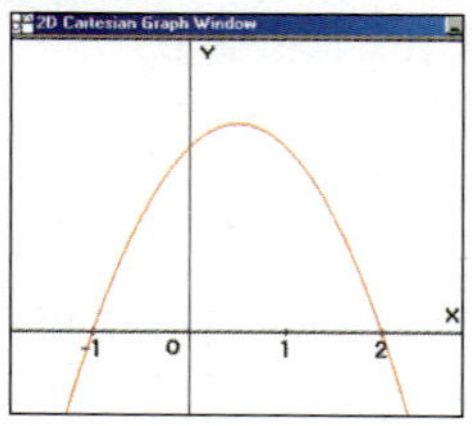

b) $f(x) \leqslant 0$.

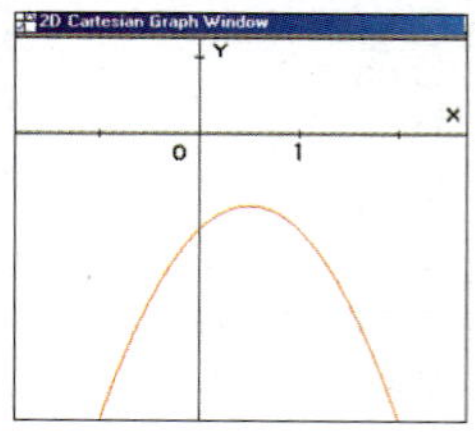

41 **a)** $f(x) > 0$.

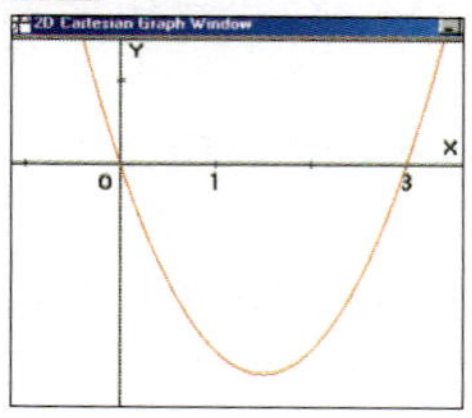

b) $f(x) \geqslant 0$.

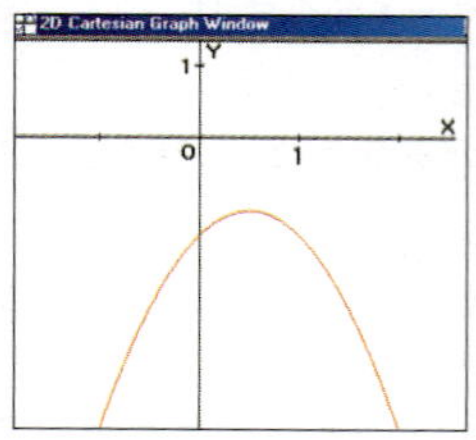

42 **a)** $f(x) > 0$.

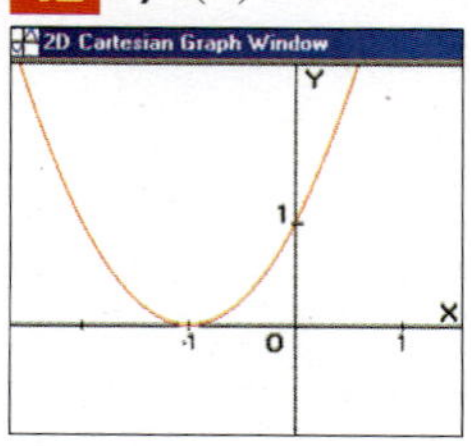

b) $f(x) \leqslant 0$.

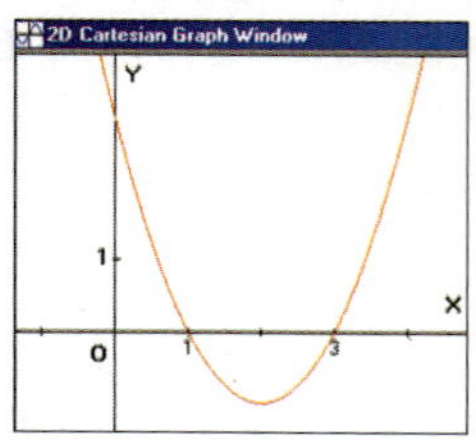

pour apprendre à chercher

Les exercices de cette partie, de difficulté moyenne pour la plupart, ne sont pas des exercices résolus. Le questionnement veut montrer comment on peut organiser une recherche et suivre un raisonnement.

43 Résoudre une inéquation $\dfrac{ax+b}{cx+d} \geqslant \dfrac{a'x+b'}{c'x+d'}$

Objectif : résoudre $\dfrac{-2x}{x+1} \geqslant \dfrac{4x+3}{x-2}$ (E).

1. Avant de résoudre une (in)équation, il est bon de préciser les réels x qui, *a priori*, ne peuvent pas être solutions.

Pourquoi $x = -1$ ou $x = 2$ ne peuvent-ils être solutions de (E) ?
Nous allons donc résoudre (E) dans $\mathbb{R} - \{-1\ ;\ 2\}$.

2. Pour résoudre une inéquation de la forme $A(x) \geqslant B(x)$, on a avantage, le plus souvent, à l'écrire sous la forme $A(x) - B(x) \geqslant 0$ (*voir le commentaire ci-dessous*).
En général, il n'est pas facile de connaître le signe d'une différence.
C'est pourquoi on réduit au même dénominateur.

Démontrez que, dans $\mathbb{R} - \{-1\ ;\ 2\}$, l'inéquation (E) équivaut à $\dfrac{-6x^2-3x-3}{(x+1)(x-2)} \geqslant 0$.

3. Posons $C(x) = \dfrac{-6x^2-3x-3}{(x+1)(x-2)}$. Le signe de C est connu dès que les signes du numérateur et du dénominateur sont connus.
Le dénominateur étant écrit comme un produit, son signe est déterminé par ceux de $(x+1)$ et $(x-2)$. (Il serait maladroit de développer $(x+1)(x-2)$).

a) Étudiez le signe du numérateur et du dénominateur de $C(x)$.
b) Pour conclure sur le signe de C, une méthode efficace consiste à faire un tableau de signes du numérateur et du dénominateur.
Faites ce tableau.
c) Donnez l'ensemble des solutions de (E).

4. **Rédigez une solution.**

Commentaire : Écrire $A(x) \geqslant B(x)$ sous la forme $C(x) \geqslant 0$ permet d'éviter certaines fautes. Par exemple, pour résoudre $\dfrac{x-1}{x+2} \leqslant x$, il est faux de dire que cette inéquation équivaut à $x-1 \leqslant x(x+2)$. L'équivalence n'est vraie que lorsque $x+2>0$; lorsque $x+2<0$, il faut changer le sens de l'inégalité. En revanche, le raisonnement suivant est exact : $\dfrac{x-1}{x+2} \leqslant x$ équivaut à $\dfrac{x-1}{x+2} - x \leqslant 0$ équivaut à $\dfrac{(x-1)-x(x+2)}{x+2} \leqslant 0$.

44 Mise en équation d'un problème d'existence

Une ficelle, longue de 89 cm, est fixée à ses extrémités par deux clous A et B distants de 65 cm.
Objectif : déterminer s'il est possible de tendre la ficelle de façon que le triangle ACB soit rectangle en C. Même question avec une ficelle de 91 cm.

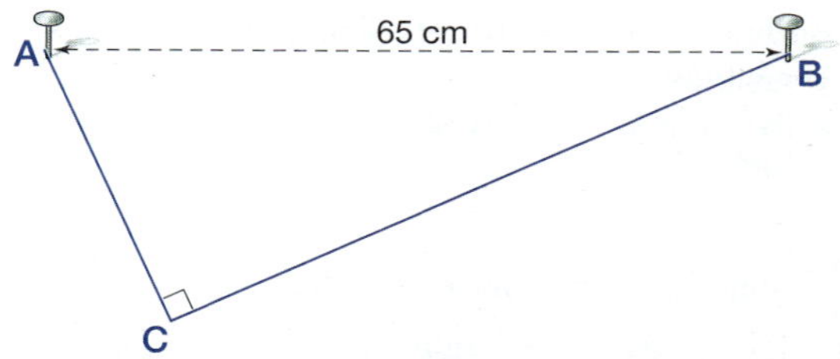

1. À l'aide de la figure, on voit que la question est de savoir si on peut construire un triangle rectangle ABC répondant à certaines conditions.
Le triangle que l'on cherche possède un côté connu AB et deux côtés inconnus AC et BC. Mais ABC est rectangle donc il n'y a en fait qu'une seule inconnue, AC ou BC.

On appelle x la longueur de AC.
Exprimez en fonction de x la longueur de BC.

2. Il reste désormais à traduire sous la forme d'une équation le fait que ABC est rectangle en C et à savoir si cette équation a des solutions ou non.

a) Écrivez cette équation puis résolvez-la.
b) Les deux solutions sont-elles acceptables ?
c) Reprenez les étapes précédentes pour une ficelle longue de 91 cm.

3. **Rédigez une solution.**

45 Mise en équation d'un problème d'existence

On donne deux nombres positifs m et p.
Objectif : déterminer s'il existe des rectangles de périmètre $2m$ et d'aire p.

1. Choisissons les inconnues du problème. Un rectangle est déterminé par ses deux dimensions x et y. Une fois trouvés x et y, on précisera lequel est le plus grand.

Vérifiez que le problème posé revient à savoir si le système suivant a des solutions ou non :

$$\begin{cases} y = m - x & [1] \\ x^2 - mx + p = 0 & [2] \\ x > 0\ ,\ y > 0 \end{cases}$$

2. Ce système de deux inconnues x et y n'est pas linéaire. Comment le résoudre ?
L'équation [2] ne contient que l'inconnue x. Si nous la résolvons, l'équation [1] donnera ensuite les valeurs de y.

a) À quelle condition l'équation [2] a-t-elle au moins une solution ? À quelle condition n'en a-t-elle pas ?
b) Dans le cas où l'équation [2] a deux solutions distinctes, prouvez qu'elles sont toutes deux positives.

3. Rédigez une solution en distinguant les trois cas possibles.
Aide : Voir la partie *Types de problèmes et raisonnements*, § 6, p. 421.

46 Condition nécessaire et suffisante

On donne les deux équations $ax^2 + bx + c = 0$ et $a'x^2 + b'x + c' = 0$.
Objectif : déterminer à quelles conditions elles ont les mêmes racines distinctes.

1. Lorsqu'on cherche des conditions pour qu'une affirmation (A) soit vraie, la méthode est la suivante. On suppose que (A) est vraie, et on regarde ce que l'on peut en déduire. Supposons donc que les deux trinômes ont les mêmes racines distinctes x_1 et x_2. Puisque les valeurs des solutions d'une équation du second degré dépendent des coefficients, il existe vraisemblablement un lien entre a, b, c et a', b', c'. Plutôt que d'écrire les expressions des racines (compliquées), on va utiliser la somme et le produit de x_1 et x_2 (voir *Pour mieux comprendre*, p. 41).

a) Prouvez que $\frac{b}{a} = \frac{b'}{a'}$ et $\frac{c}{a} = \frac{c'}{a'}$.
b) Déduisez-en que les coefficients sont proportionnels, c'est-à-dire qu'il existe un réel k non nul tel que $a' = ka$, $b' = kb$, $c' = kc$ [1].
On vient ainsi de prouver que **si** les deux trinômes ont les mêmes racines, **alors nécessairement** leurs coefficients sont proportionnels. On dit que c'est une **condition nécessaire**.

2. Mais cette condition est-elle suffisante ? Autrement dit, si les coefficients sont proportionnels, les deux trinômes ont-ils les mêmes racines ? *A priori*, rien ne l'assure encore.
Supposons que les coefficients soient proportionnels et que $ax^2 + bx + c = 0$ a deux racines distinctes x_1 et x_2.

En tenant compte de [1], prouvez que $a'x^2 + b'x + c'$ a aussi deux racines qui sont x_1 et x_2.

3. Rédigez une solution.

47 Lieu géométrique

Dans un repère $(O ; \vec{i}, \vec{j})$, on note $\mathscr{P}$ la parabole d'équation $y = x^2$ et A le point de coordonnées $(0 ; 1)$.
Une droite d de coefficient directeur m passe par A et coupe $\mathscr{P}$ en M et N.

Objectif : trouver le lieu du milieu I de [MN].

1. Il est toujours bon de faire une figure.

Faites-la.

2. Lorsque d pivote autour de A, on conjecture que M et N existent toujours. Prouvons-le.
Pour trouver les points d'intersections des deux courbes $\mathscr{C}_f$ et $\mathscr{C}_g$ d'équations $y = f(x)$ et $y = g(x)$, on raisonne en général ainsi :
Dire que M de coordonnées $(u ; v)$ appartient à l'intersection de $\mathscr{C}_f$ et $\mathscr{C}_g$ équivaut à dire que $v = f(u)$ et $v = g(u)$.
Donc u est solution de l'équation $f(x) = g(x)$, dite **équation aux abscisses.**

Démontrez que l'équation aux abscisses est $x^2 - mx - 1 = 0$ [1].
Pourquoi cette équation a-t-elle toujours deux racines distinctes x_1 et x_2 ?

3. Si on note, par exemple, x_1 l'abscisse de M et x_2 celle de N, on sait trouver, en fonction de x_1 et x_2 les coordonnées $(x_I ; y_I)$ du point I milieu de [MN]. Il est alors inutile de calculer x_1 et x_2.

a) Vérifiez que $x_I = \frac{x_1 + x_2}{2}$ et $y_I = \frac{m}{2}(x_1 + x_2) + 1$.
b) Déduisez-en, en fonction de m, les coordonnées du point I.

4. Pour trouver le lieu $\mathscr{L}$ de I, on essaie d'abord de trouver une relation entre x_I et y_I (voir la partie *Types de problèmes et raisonnements*, § 5, p. 420).

a) Prouvez que I appartient à la parabole $\mathscr{C}$ d'équation $y = 2x^2 + 1$.
b) Réciproquement, il reste désormais à répondre à la question suivante : « Le point I décrit-il toute la courbe $\mathscr{C}$? »
Lorsque m décrit $\mathbb{R}$, prouvez que x_I décrit $\mathbb{R}$ et déduisez-en que I décrit toute la courbe $\mathscr{C}$.

5. Rédigez une solution.

pour progresser

Résolution d'équations

Pour les exercices 48 à 53, résolvez l'équation donnée.

48 $3x^2 - 4\sqrt{7}x - 12 = 0$.

49 $\sqrt{2}t^2 - 3t + \sqrt{2} = 0$.

50 $2x - x^2 - 2 = 0$.

51 $(2x-1)^2 + 3 = 0$.

52 $x^3 - 8x^2 + 12x = 0$.

53 $(2 - t - t^2)^2 = 4$.

54 Déterminez les réels m et n pour que les équations :

$x^2 - mx + m - n = 0$ et $3x^2 - (m+6)x + 1 - n = 0$

admettent les mêmes solutions.

Aide : Voir l'exercice 46, *Pour apprendre à chercher.*

Somme et produit

Pour les exercices 55 et 56, trouvez une racine évidente de l'équation proposée et déduisez-en l'autre sans calculer le discriminant.

55 **a)** $x^2 - 7x + 6 = 0$. **b)** $-3x^2 + 2x + 5 = 0$.
c) $x^2 + 3x - 10 = 0$. **d)** $x^2 - x\sqrt{2} - 4 = 0$.

56 **a)** $x^2 + x - 6 = 0$. **b)** $x^2 + 5x + 4 = 0$.
c) $2x^2 + x\sqrt{5} - 15 = 0$. **d)** $x^2 - 8x + 15 = 0$.

Résolution d'inéquations Signe du trinôme

Pour les exercices 57 à 60, indiquez selon les valeurs de x le signe du trinôme donné.

57 $f(x) = x^2 - x - 6$.

58 $f(x) = 3 - 2x + x^2$.

59 $f(x) = -x^2 + x\sqrt{2} - 1$.

60 $f(x) = -2x^2 + x + 1$.

Pour les exercices 61 à 66, résolvez l'inéquation donnée.

61 $x^2 + 4x - 12 < 0$.

62 $x^2 - 5x + 7 > 0$.

63 $-2x^2 + 12x - 18 \geqslant 0$.

64 $3x(1-x) < 0$.

65 $29x \geqslant x^2 - 96$.

66 $(2x-3)(x+5) \leqslant 0$.

★ **67** Déterminez le réel m pour que le trinôme $f(x) = -x^2 + 2x - m$ soit négatif pour tout x.

Aide : Voir *Types de problèmes et raisonnements*, p. 414.

★ **68** m est un réel donné et f la fonction trinôme définie par $f(x) = x^2 - (m+1)x + 4$.

1. Pour quelle(s) valeur(s) de m l'équation $f(x) = 0$ a-t-elle une seule racine ? Calculez alors cette racine.
2. Pour quelle(s) valeur(s) de m, l'équation $f(x) = 0$ n'a-t-elle aucune solution ?

Aide : Voir *Types de problèmes et raisonnements*, p. 414.

Vrai ou faux ?

Pour chacune des affirmations suivantes, dites si elle est vraie ou fausse. Justifiez chaque fois votre réponse.

69 f est une fonction trinôme.
a) Si pour tout x réel, $f(x) < 0$, alors $\Delta < 0$.
b) Si pour tout x réel, $f(x) > 0$, alors $\Delta > 0$.

70 Si a et c sont de signes contraires, l'équation $ax^2 + bx + c = 0$ a nécessairement deux racines distinctes.

71 Si on triple les coefficients d'un trinôme, ses racines triplent.

72 Si deux polynômes du second degré P et Q sont tels que $P(x_1) = Q(x_1) = 0$ et $P(x_2) = Q(x_2) = 0$ alors ils sont égaux.

Équations ou inéquations se ramenant au second degré

Pour les exercices 73 à 80, résolvez l'équation.

73 $x(x+1) + x^2 - 1 = 0$.

74 $x(2x+1) + 1 = 4x^2$.

75 $3x^2 - 12 + (x-2)(x+3) = 0$.

76 $4(x+3)^2 - (x-5)^2 = 0$.

★ **77** $\dfrac{x^2 + 2x - 1}{x+1} = 2x - 1$.

★ **78** $\dfrac{3x}{x+2} - \dfrac{x+1}{x-2} = -\dfrac{11}{5}$.

★ **79** $\dfrac{1}{x+2} - \dfrac{2}{2x-5} = \dfrac{9}{4}$.

★ **80** $\dfrac{3x^2 + 10x + 8}{x+2} = 2x + 5$.

Pour les exercices 81 à 84, résolvez l'inéquation proposée.

Aide : Voir l'exercice 43, *Pour apprendre à chercher.*

81 $\dfrac{2x^2+5x+3}{x^2+x-2} > 0$.

82 $(2x-1)^2 > (x+1)^2$.

83 $(x+3)(x-1) < 2x+6$.

84 $\dfrac{x+3}{1-x} \geqslant -5$.

Pour les exercices 85 à 90, résolvez l'équation proposée. Pour la méthode, vous pouvez vous reporter au TD 5, p. 48.

85 $4x^4-5x^2+1 = 0$.

86 $2x^4-x^2+1 = 0$.

87 $x^4-8x^2-9 = 0$.

88 $4x^2-35-\dfrac{9}{x^2} = 0$.

89 $-2x^4+12x^2-16 = 0$.

90 $x^4+5x^2+4 = 0$.

Pour les exercices 91 à 94, résolvez l'équation donnée. Une méthode vous est proposée dans l'exercice 91, elle peut être utilisée pour les trois autres exercices.

91 (E) $(x^2-x)^2 = 14(x^2-x)-24$.

Méthode : On se ramène à une équation du second degré en posant $X = x^2-x$ et en substituant dans (E).

1. Résolvez l'équation (E_1) ainsi obtenue.
2. Pour chaque solution α de (E_1), résolvez l'équation $x^2-x = \alpha$.
   Les solutions de ces équations sont les solutions de l'équation (E).

Justification : En effet, notons $f(x)$ le premier membre de (E), $g(X)$ celui de (E_1) et $u(x) = x^2-x$. Alors $f(x) = g(u(x))$ pour tout réel x (vérifiez-le). Résoudre $f(x) = 0$ revient à résoudre $g(u(x)) = 0$. Or dans la question 1, on a trouvé tous les nombres α tels que $g(\alpha) = 0$ et dans 2., toutes les valeurs de x telles que $u(x) = \alpha$.
Remarquez que, lorsque dans une équation « on pose X... », on utilise une fonction composée $f = g \circ u$.

★ **92** $x-3\sqrt{x}-4 = 0$.

★ **93** $\left(\dfrac{x}{2+x}\right)^2-\dfrac{5x}{4+2x}+1 = 0$.

★★ **94** $(x^2+x+1)^2-4x^2-4x-1 = 0$.

★ **95** **La profondeur d'un puits**

La distance x parcourue par un caillou en chute libre à partir de la date $t = 0$, où on le lâche sans vitesse initiale, est donnée par la formule $x = 4{,}9\,t^2$ (x en mètres et t en secondes). Les réponses seront données avec deux décimales après la virgule.

1. a) Quelle est la distance parcourue si le temps de chute est 2 s ? 4 s ?
   b) En combien de temps un caillou atteint-il le fond d'un puits de 20 mètres de profondeur ?
   c) Au bout de combien de temps, à partir de l'instant du départ, l'observateur qui laisse tomber le caillou entend-il le bruit de l'impact du caillou au fond du puits ? (Vitesse du son : 340 m.s^{-1}).
2. On désire connaître la profondeur d'un puits très profond. À cet effet, on chronomètre le temps qui s'écoule entre le départ d'un caillou qu'on laisse tomber et l'instant où l'opérateur entend le bruit de l'impact. On trouve $t = 3{,}10$ s.
   Quelle est la profondeur du puits ?

Aide : Posez $X = \sqrt{x}$ dans l'équation à résoudre.

Équations et inéquations irrationnelles

Pour les exercices 96 à 99, résolvez l'inéquation irrationnelle proposée.

Aide : Vous pouvez utiliser le résultat suivant : pour tous réels a et b, $\sqrt{a} = b$ équivaut à $b \geqslant 0$ et $a = b^2$.
Vous pouvez aussi vous reporter au TD 4, p. 47.

★ **96** $\sqrt{x-4} = x+1$.

★ **97** $\sqrt{4-x} = x-2$.

★ **98** $\sqrt{x^2-12} = 2x-6$.

★ **99** $\sqrt{2x-6} = x-3$.

★ **100** 1. Démontrez que $\sqrt{a} = \sqrt{b}$ équivaut à $b \geqslant 0$ et $a = b$.
2. Résolvez l'équation $\sqrt{x+12} = \sqrt{x^2+2x-8}$.

★ **101** Résolvez l'équation $\sqrt{3x+3} = \sqrt{x^2+x-8}$.

Aide : Vous pouvez vous reporter à l'exercice précédent.

Mise en équation

Aide : Voir les exercices 44 et 45, *Pour apprendre à chercher.*

102 n joueurs participent à un jeu. La règle prévoit que le joueur gagnant reçoit n euros de la part de chacun des autres joueurs. Au cours d'une partie, le gagnant a reçu 20 euros. Combien y a-t-il de joueurs ?

103 Trouvez deux entiers consécutifs dont le produit est égal à 4 970.

★ **104** S et P sont deux nombres réels donnés. Trouvez deux nombres x et y tels que la somme soit égale à S et leur produit égal à P. Discutez.

★ **105** Dans chacun des cas suivants, trouvez, s'ils existent, deux nombres x et y tels que $x + y = S$ et $xy = P$.

a) $S = 18$; $P = 65$. **b)** $S = -1$; $P = -42$.
c) $S = 4$; $P = 5$.

★ **106** On considère un demi-cercle de diamètre $AB = 5$. M est un point du segment $[AB]$. On construit les demi-cercles de diamètre $[AM]$ et $[MB]$ comme l'indique la figure ci-dessous. On pose $AM = x$.

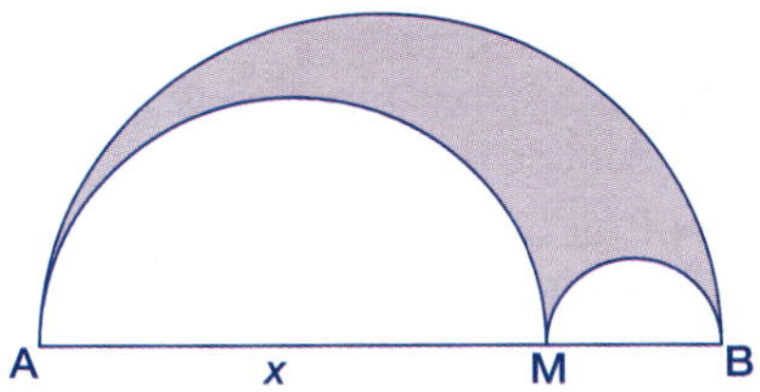

1. Calculez en fonction de x l'aire $\mathscr{A}$ du domaine violet.
2. Existe-t-il une position de M telle que $\mathscr{A}$ soit égale aux $\frac{8}{25}$ de l'aire du demi-disque de diamètre $[AB]$?
3. Existe-t-il une position de M telle que l'aire $\mathscr{A}$ est la moitié de l'aire du demi-disque de diamètre $[AB]$?

★★ **107** Trouvez tous les triplets d'entiers consécutifs dont le produit est égal à la somme.

★★ **108 Lieu géométrique**

Dans un repère $(O ; \vec{i}, \vec{j})$ on note $\mathscr{H}$ l'hyperbole d'équation $y = \frac{1}{x}$ et d_m la droite d'équation $y = 2x + m$.
À chaque réel m correspond une droite d_m.

1. Démontrez que toutes les droites d_m sont parallèles.
2. **a)** Construisez $\mathscr{H}$ et les droites d_0, d_1, d_{-2}.
   b) Démontrez que pour tout réel m, la droite d_m coupe $\mathscr{H}$ en deux points distincts M et N.
3. On note I le milieu de $[MN]$
   a) Calculez les coordonnées de I en fonction de m.
   b) Déduisez-en que le lieu de I est une droite dont vous donnerez l'équation réduite.

Aide : Voir l'exercice 47, *Pour apprendre à chercher.*

★★ **109 Lieu géométrique**

Dans un repère $(O ; \vec{i}, \vec{j})$, on note $\mathscr{P}$ la parabole d'équation $y = x^2$ et d_m la droite d'équation $y = 2x + m$.
À chaque réel m correspond une droite d_m.

1. Démontrez que toutes les droites d_m sont parallèles.
2. **a)** Construisez $\mathscr{P}$ et les droites d_0, d_2, d_{-1} et d_{-2}.
   b) Démontrez que : « Dire que d_m coupe $\mathscr{P}$ en deux points M et N distincts ou non, équivaut à dire que $m \geqslant -1$. »
3. Lorsque d_m coupe $\mathscr{P}$ en deux points M et N, distincts ou non, on note I le milieu de $[MN]$.
   a) Calculez en fonction de m les coordonnées de I.
   b) Déduisez-en que le lieu de I est une demi-droite que vous préciserez.

Aide : Voir l'exercice 47, *Pour apprendre à chercher.*

Pour un bilan

Pour chacun des exercices suivants, plusieurs des affirmations proposées peuvent être exactes. Dites lesquelles.

Q1 À tout réel m, on associe la fonction :

$$f_m : x \mapsto x^2 - 6x + m - 1.$$

a) Si $m < 1$, l'équation $f_m(x) = 0$ a deux racines de signes contraires.
b) Si $m \geqslant 10$, alors pour tout x réel, $f_m(x) > 0$.
c) Si m appartient à l'intervalle $]1 ; 10[$, l'équation $f_m(x) = 0$ a deux racines positives.
d) Si 3 est une racine de $f_m(x) = 0$, alors c'est une racine double.

Q2 On note (E) l'équation $ax^2 + bx - a = 0$ $(a \neq 0)$.
a) (E) a deux racines distinctes.
b) Si x_0 est l'une des racines, $-\frac{1}{x_0}$ est l'autre racine.
c) L'équation n'admet jamais deux racines entières.

Q3 f est la fonction $x \mapsto -x^2 + ax + 1$.
a) $f(x)$ est négatif pour tout x réel.
b) L'équation $f(x) = 0$ a deux racines distinctes de signes contraires.
c) Si x_0 est la racine positive, alors $f(x) \leqslant 0$ pour tout x de l'intervalle $\left[-\frac{1}{x_0} ; x_0\right]$.

problèmes de synthèse

★ **110 Construction géométrique de solutions**
Thèmes : Second degré. Cercles

On se propose de résoudre par une construction géométrique toute équation du second degré.

Soit $ax^2 + bx + c = 0$ (E). Dans un repère $(O\,;\vec{\imath},\vec{\jmath})$ orthonormal, on place les points I, A, B, C définis par :

$$\overrightarrow{OI} = \vec{\imath}\ ;\ \overrightarrow{IA} = a\vec{\imath}\ ;\ \overrightarrow{AB} = b\vec{\jmath}\ ;\ \overrightarrow{BC} = -c\vec{\imath}.$$

À tout point P de coordonnées $(0\,;\alpha)$, on associe le point N de la droite (BC) construit de la façon suivante. La droite (PI) coupe (AB) en un point M. La perpendiculaire en M à (PM) coupe (BC) en N.

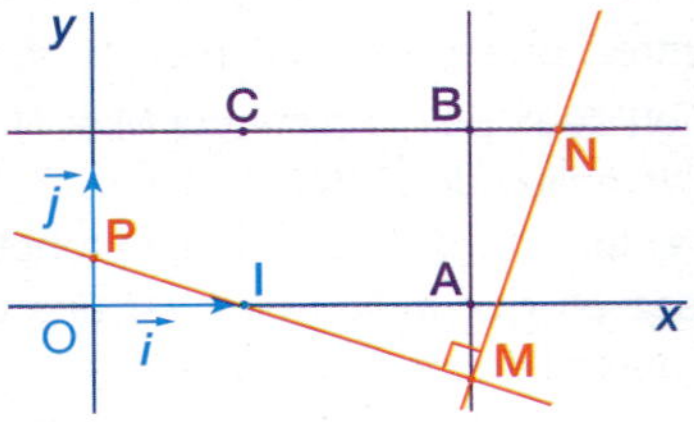

1. Calculez les coordonnées de M puis celles de N.
2. Démontrez que N et C sont confondus équivaut à $a\alpha^2 + b\alpha + c = 0$.
3. D'après la question précédente, les solutions de (E) sont les ordonnées des points P pour lesquels la construction précédente donne N = C.
En supposant que P (et donc M) existe, justifiez que M appartient au cercle de diamètre [IC]. Décrivez comment vous construisez le ou les points P qui conviennent.
4. Appliquez cette méthode pour résoudre les équations suivantes.
a) $2x^2 - x - 6 = 0$. **b)** $4x^2 - 3x + 3 = 0$.
c) $8x^2 - 2x - 3 = 0$.
5. Retrouvez géométriquement la condition d'existence des racines d'une équation du second degré.

★★ **111 Lorsque des équations deviennent des points**
Thèmes : Second degré. Paraboles

On suppose que l'équation (E) $x^2 - sx + p = 0$, d'inconnue x, a deux racines distinctes ou confondues x_1 et x_2. On pose $s = x_1 + x_2$ et $p = x_1x_2$.

$(O\,;\vec{\imath},\vec{\jmath})$ est un repère orthonormal. On associe à toute équation (E), le point M de coordonnées $(s\,;p)$ dans $(O\,;\vec{\imath},\vec{\jmath})$.

1. Déterminez et représentez graphiquement l'ensemble des points $M(s\,;p)$ pour lesquels l'équation (E) :
a) a une seule solution ;
b) n'a pas de solution.
2. À quels points $M(s\,;p)$ du plan correspondent les équations (E) :
a) qui ont deux solutions opposées ?
b) qui ont deux solutions inverses l'une de l'autre ?

★★ **112 Thèmes : Polynômes. Second degré. Hyperbole**

f est la fonction définie par $f(x) = \dfrac{1}{x}$ et $\mathscr{H}$ est sa courbe représentative dans un repère orthonormal $(O\,;\vec{\imath},\vec{\jmath})$. M est un point de $\mathscr{H}$ d'abscisse x et I est un point quelconque de coordonnées $(\alpha\,;\beta)$.

1. Tracez $\mathscr{H}$ et démontrez que :
$$x^2\mathrm{IM}^2 = x^4 - 2\alpha x^3 + (\alpha^2 + \beta^2)x^2 - 2\beta x + 1.$$
2. On note p le polynôme de degré 4 défini par $p(x) = x^2\mathrm{IM}^2$ lorsque $x \neq 0$ et $p(0) = 1$. On se propose, dans cette question, de déterminer les points I particuliers, s'il en existe, pour lesquels $p(x)$ est le carré d'un polynôme du deuxième degré de la forme $x^2 - \alpha x + h$, où h est un réel quelconque.
a) Démontrez qu'il existe deux points I, et deux seulement, pour lesquels $p(x) = (x^2 - \alpha x + h)^2$. Notez F et F′ ces deux points (F d'abscisse positive).
b. Placez ces points.
3. On pose $\mathrm{FM} = r$ et $\mathrm{F'M} = r'$.
a) Démontrez que $|x|\mathrm{FM} = x^2 - \sqrt{2}x + 1$.
b) Déduisez-en que si x est strictement positif, alors $r = x + y - \sqrt{2}$.
Quelle est alors l'expression de r' ?
c) Que deviennent les expressions de r et r' lorsque x est strictement négatif ?
4. Déduisez de la question précédente que $|\mathrm{MF} - \mathrm{MF'}|$ est indépendant de la position de M sur la courbe $\mathscr{H}$.

Commentaire : En géométrie, on appelle hyperbole de foyers F et F′, la courbe constituée des points M du plan tels que $|\mathrm{MF} - \mathrm{MF'}|$ soit constante (égale à un nombre donné strictement positif). Vous venez de prouver que $\mathscr{H}$ est une hyperbole, et ainsi de justifier le nom d'hyperbole donné à $\mathscr{H}$ dès la classe de seconde.

Pour chercher plus

★★★ **113** Les demi-cercles $\mathscr{C}_1$ et $\mathscr{C}_2$ ont pour rayons respectifs 2 et 1. J est le centre de $\mathscr{C}_2$ et O le centre de $\mathscr{C}_1$. H est un point du segment [AO]. La perpendiculaire à (AB) passant par H coupe $\mathscr{C}_1$ en N et $\mathscr{C}_2$ en M.

Où placer M de sorte que MN = 1 ?

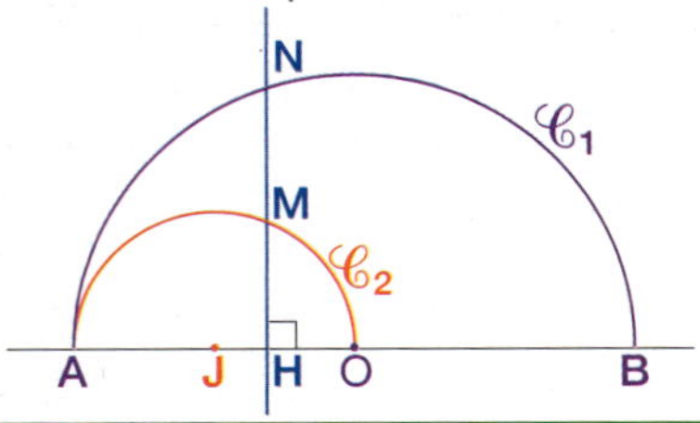

chapitre 3

Dérivation

Approche historique

Un problème

Aujourd'hui, on lit directement sur le tableau de bord la vitesse en km/h d'une voiture. On n'est donc pas étonné que cette vitesse ne soit pas constante, mais varie dans le temps. On comprend aussi que la définition commune de la vitesse, comme quotient de la distance parcourue par le temps mis pour le parcourir, ne suffise pas à définir la vitesse affichée par le tableau de bord.
Comment obtenir mathématiquement cette vitesse instantanée?

Des éléments de réflexion

Galilée
(Pise, 1564 - Pise, 1642)

Dès le début du XVIIe siècle, l'étude physique de la chute des corps pesants, entreprise par Galilée (Pise, 1564 - Pise, 1642) a donné le premier exemple d'une vitesse, certes variable, mais dont on pouvait dire la forme de la variation.
C'est comme fonction que la vitesse fut d'abord appréhendée, avant d'être elle-même définie mathématiquement, à la fin du XVIIe siècle, comme dérivée de la fonction $d(t)$ (distance parcourue jusqu'au temps t par le corps en chute libre).

Provenant de dessins mathématiques plus anciens du XIVe siècle, une figure géométrique utilisée par Galilée, fait comprendre en quoi a consisté la vérification de la loi de la chute des corps.
Cette loi signale la naissance de la physique moderne.
Sur la figure, l'aire a du triangle ABB′ donne $d(1)$;
l'aire du trapèze BCC′B′, $d(2) - d(1) = 3a$, etc.
On lit successivement à gauche les nombres entiers impairs.
On voit que $d(t+1) - d(t) = (2t+1)a$, ce que l'on retrouve par le calcul avec $d(t) = at^2$.
Galilée en induit que lorsqu'un corps tombe en chute libre, sans vitesse initiale, la distance parcourue $d(t)$ est $d(t) = at^2$, et que sa vitesse instantanée est $v(t) = \frac{1}{2}at$.

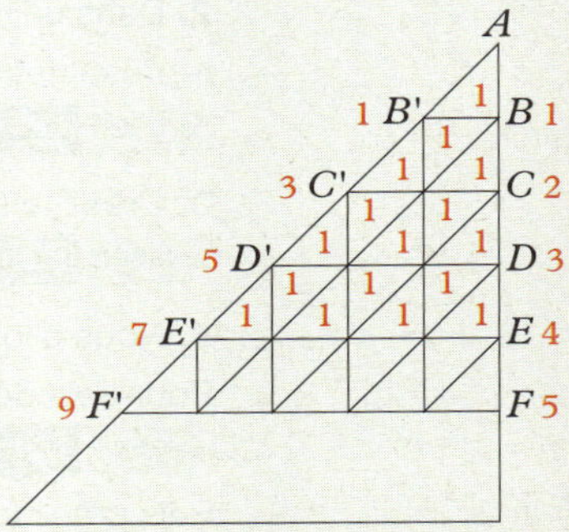

Pour prendre un bon départ

Activité 1 Notion de vitesse instantanée

Une bille est lâchée d'un point O situé à 25 m du sol. La distance parcourue par la bille à la date t est $d(t) = 5t^2$ (t en secondes, $d(t)$ en mètres).

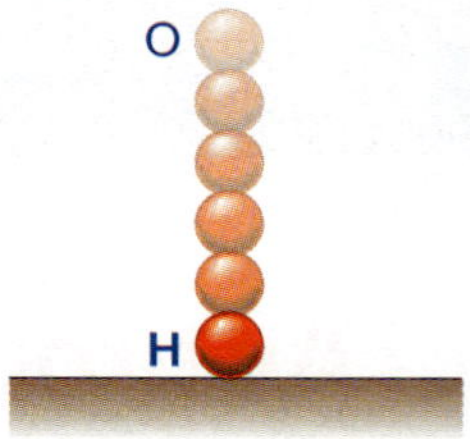

On conçoit que cette bille en mouvement possède à l'instant $t = 2$ une vitesse instantanée. Nous la notons $v(2)$. Comment peut-on la calculer ? Intuitivement, on peut penser que l'on aura une bonne idée de $v(2)$ à partir des vitesses moyennes entre les dates 2 et $2 + h$ lorsque h est très proche de zéro.

1. Vérifiez que la vitesse moyenne entre les dates 2 et $2 + h$ est $20 + 5h$. Calculez les valeurs correspondant à $h = -0{,}1$; $h = -0{,}05$; $h = 0{,}05$; $h = 0{,}01$; $h = 0{,}000\,1$.

Aide : La vitesse moyenne entre les dates t et $t + h$ est $\frac{d(t+h) - d(t)}{h}$, $(h \neq 0)$.

2. Chacune des vitesses moyennes obtenues est une approximation de $v(2)$ mais aucune n'est réellement $v(2)$. Puisque l'approximation est d'autant meilleure que h est petit, la seule façon de définir $v(2)$ est de dire que $v(2)$ est la limite de $\frac{d(2+h) - d(2)}{h}$ lorsque h tend vers 0, c'est-à-dire lorsque h prend des valeurs de plus en plus voisines de 0.

- Puisque ce rapport est égal à $20 + 5h$, quelle sera cette limite lorsque h tend vers 0 ?
- Complétez $v(2) = \ldots$

Conclusion : Pour définir une vitesse instantanée, nous avons étudié la limite en zéro d'une fonction du type $h \mapsto \frac{d(a+h) - d(a)}{h}$ (avec $a = 2$).

Activité 2 Notion de tangente à une courbe

Nous allons voir comment on peut définir une tangente à la parabole $\mathcal{P}$ d'équation $y = x^2$ en l'un de ses points.

1 Observation à l'aide du logiciel GéoplanW

1. Créez la fonction $f : x \mapsto x^2$ à l'aide du menu déroulant suivant :

Créer | Numérique ▶ | Fonction numérique

2. Dans un repère orthogonal du plan (accessible avec la touche ) faites tracer la courbe représentative de f sur l'intervalle [– 3 ; + 3] à l'aide de :

Créer | Ligne ▶ | Courbe ▶ | Graphe d'une fonction prédéfinie

3. Créez le point A(1 ; $f(1)$) à l'aide de :

Créer | Point ▶ | Point repéré ▶ | dans le plan

4. Nous allons maintenant créer un point « mobile » sur la courbe.

Pour cela définissez le réel c dans l'intervalle [– 3 ; + 3] à l'aide de :

Créer | Numérique ▶ | Variable réelle libre dans un intervalle

Puis créez (comme dans le **3.**) le point M(c ; $f(c)$).

5. Créez la sécante (AM) à l'aide de :

Créer | Ligne ▶ | Droite(s) ▶ | Définie par 2 points

NOTE

Suivant les versions du logiciel, les modalités de pilotage de *c* peuvent être différentes.

6. Faites « bouger » le point M à l'aide des touches ↑ et ↓ qui contrôlent les variations de *c.* (On peut changer le pas avec les touches + et –.)
Observez alors le comportement des sécantes (AM) lorsque M est proche de A.

2 Synthèse

La figure est éloquente : lorsque M « tend vers A », les sécantes (AM) semblent se rapprocher d'une droite fixe Δ, qui paraît répondre à l'idée que l'on a d'une tangente. On conçoit que Δ est la position limite des sécantes et que Δ passe par A.

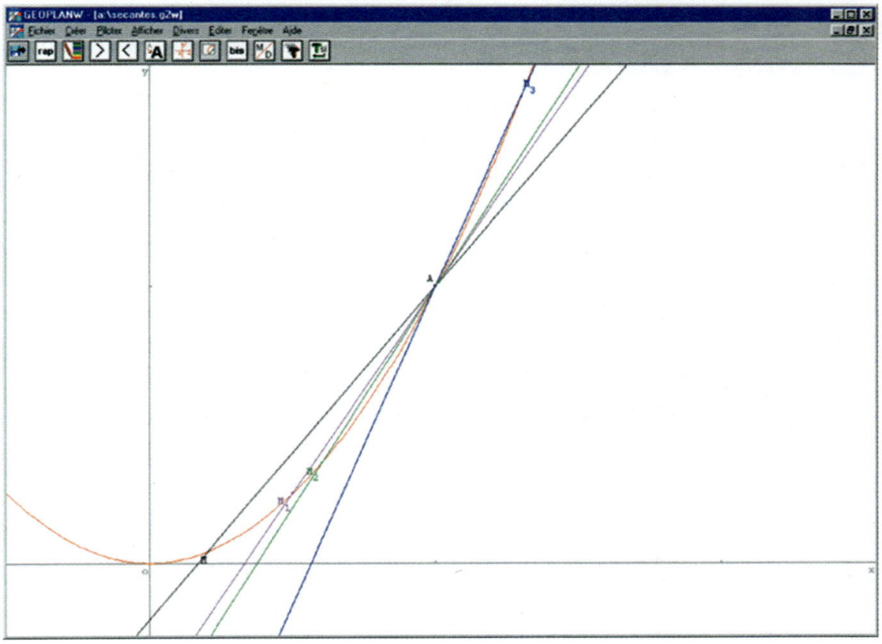

Pour connaître Δ, il suffit alors de calculer son coefficient directeur. Pour cela, on dit qu'il est la limite des coefficients directeurs des sécantes (AM) lorsque M tend vers A. Notons $1 + h$ $(h \neq 0)$ l'abscisse d'un point M distinct de A et $t(h)$ le coefficient directeur de la sécante (AM).

NOTE

Le coefficient directeur de (AB) est égal à $\dfrac{y_B - y_A}{x_B - x_A}$.

1. Vérifiez que $t(h) = h + 2$.
Lorsque M tend vers A, h tend vers 0. Quel est donc le coefficient directeur de Δ ?
Par définition, Δ est appelée la **tangente à $\mathcal{P}$ en A.**

2. Construisez cette tangente à l'aide de :

Créer | Ligne ▶ | Droite(s) ▶ | Point et coefficient directeur

Par zooms successifs, observez que cette tangente et la courbe sont « presque confondues » autour de A.

Conclusion : **Pour définir une tangente à une courbe, nous avons étudié la limite en zéro d'une fonction du type** $h \mapsto \dfrac{f(a+h) - f(a)}{h}$ **(avec** $a = 2$**).**

Cours

1 Nombre dérivé

1 1 Limite réelle d'une fonction en zéro

1. Un exemple

La fonction $g : x \mapsto \dfrac{2(1+x)^2 - 2}{x}$ est définie sur $\mathbb{R} - \{0\}$; $g(0)$ n'existe pas mais $g(x)$ est calculable pour toutes les valeurs de x très voisines de zéro.

On se pose alors la question suivante :

« Que deviennent les nombres $g(x)$ lorsque x prend des valeurs voisines de zéro, par exemple celles de l'intervalle $]-0,1 ; 0,1[$ (zéro exclu) ? »

Répondre à cette question, c'est **étudier la limite en zéro** de g. Ici, pour tout x différent de zéro, $g(x) = \dfrac{2 + 4x + 2x^2 - 2}{x} = 4 + 2x$. Donc, lorsque x prend des valeurs de plus en plus voisines de zéro, les nombres $4 + 2x$ s'accumulent autour de 4.

Plus précisément, ils finissent par se trouver dans tout intervalle $\mathrm{I} =]4 - \alpha ; 4 + \alpha[$, **aussi petit que soit α** $(\alpha > 0)$. Ainsi, si on choisit $\alpha = 0,001$, tous les nombres $4 + 2x$ sont dans I lorsque $-0,0005 < x < 0,0005$.

On dit alors que **4 est la limite de g en zéro** et on écrit $\lim\limits_{x \to 0} g(x) = 4$.

2. Cas général

NOTE

Lorsque la variable est u, on écrit $\lim\limits_{u \to 0} f(u) = \ell$. Lorsque h est la variable et t la fonction, on écrit $\lim\limits_{h \to 0} t(h) = \ell$.

f est une fonction telle que zéro est dans son ensemble de définition D_f ou bien est une borne de D_f.

Intuitivement, dire que la fonction **f a pour limite le nombre ℓ en zéro**, signifie que lorsque x prend des valeurs de plus en plus voisines de zéro, les nombres $f(x)$ correspondants viennent **s'accumuler** autour de ℓ. C'est-à-dire qu'ils finissent par se situer entre $\ell - \alpha$ et $\ell + \alpha$, aussi petit que soit α, $\alpha > 0$.

On écrit alors $\lim\limits_{x \to 0} f(x) = \ell$.

1 2 Fonction dérivable en un point. Nombre dérivé

Nous nous intéressons au problème suivant. Une fonction f est donnée, ainsi qu'un nombre a de son domaine D_f de définition. À tout h non nul, tel que $(a + h)$ est dans D_f, on peut associer le nombre $t(h) = \dfrac{f(a+h) - f(a)}{h}$.

La fonction $h \mapsto t(h)$ a-t-elle une limite en zéro ?

(Nous avons vu dans *Pour prendre un bon départ* la nécessité de répondre à une telle question pour résoudre des problèmes de vitesse ou de tangente.)

Si la réponse est oui, on dit que **f est dérivable en a**.

Définition 1

f est une fonction et a un point de son ensemble de définition. Dire que la fonction **f est dérivable au point a** signifie que la fonction $h \mapsto \dfrac{f(a+h) - f(a)}{h}$ admet une limite réelle ℓ en zéro.

Cette limite ℓ est appelée le **nombre dérivé** de f au point a. On le note $f'(a)$.

NOTE

Désormais, toute fonction considérée est définie sur un intervalle ou une réunion d'intervalles deux à deux disjoints.

Pour mieux comprendre

Quels sont les RÉSULTATS À SAVOIR sur la limite en zéro ?

Des résultats tels que $\lim_{x \to 0} (-4x + 7) = 7$ ou $\lim_{x \to 0} \sqrt{2x+5} = \sqrt{5}$ sont « intuitivement » évidents.

En fait, ces résultats se justifient par **les théorèmes suivants, que nous admettrons** :

1. $\lim_{x \to 0} \sqrt{x} = 0$; $\lim_{x \to 0} x^2 = 0$; $\lim_{x \to 0} x^n = 0$ ($n \in \mathbb{N}^*$).

Si P est une fonction polynôme, $\lim_{x \to 0} \mathrm{P}(x) = \mathrm{P}(0)$ et si F est une fonction rationnelle **définie en 0**, $\lim_{x \to 0} \mathrm{F}(x) = \mathrm{F}(0)$.

2. Si P est une fonction polynôme et F une fonction rationnelle, définies et positives au voisinage de 0, alors $\lim_{x \to 0} \sqrt{\mathrm{P}(x)} = \sqrt{\mathrm{P}(0)}$ et $\lim_{x \to 0} \sqrt{\mathrm{F}(x)} = \sqrt{\mathrm{F}(0)}$.

3. Si $\lim_{x \to 0} f(x) = \ell$ et $\lim_{x \to 0} g(x) = \ell'$, alors :

$\lim_{x \to 0} (f+g)(x) = \ell + \ell'$ et $\lim_{x \to 0} (fg)(x) = \ell\ell'$.

COMMENT comprendre le vocabulaire et les notations ?

- Le nombre $\dfrac{f(a+h)-f(a)}{h}$ est appelé **taux de variation** de f entre a et $a+h$. En général, on le note $t(h)$. Il est défini lorsque h est non nul et tel que $(a+h)$ soit dans l'ensemble de définition de f. Lorsque nous écrirons un taux de variation, il sera **implicite** que ces deux conditions sont remplies.

- Le nombre dérivé ℓ de f au point a est noté $f'(a)$. Ainsi lorsque f est dérivable au point a :

$$f'(a) = \lim_{h \to 0} \frac{f(a+h)-f(a)}{h}.$$

Exercices résolus

Exo 1 Démontrer qu'une fonction est dérivable en un point *a*

f est la fonction $x \mapsto x^2$.

Démontrez que f est dérivable au point a, a réel, et calculez $f'(a)$.

POINT MÉTHODE

Pour savoir si une fonction *f* est dérivable ou non en un point a en utilisant la définition 1, on forme le taux de variation de f entre a et $a+h$ et on étudie $\lim_{h \to 0} t(h)$.

Solution commentée

a est un réel, le taux de variation de f entre a et $a+h$ est $t(h) = \dfrac{f(a+h)-f(a)}{h}$.

Comme $f(x) = x^2$, $t(h) = \dfrac{(a+h)^2 - a^2}{h} = \dfrac{2ah + h^2}{h}$, d'où après simplification par h, $t(h) = 2a + h$.

Alors $\lim_{h \to 0} t(h) = 2a$.

f est donc dérivable au point a et $f'(a) = 2a$.

Commentaire : Ceci étant vrai quel que soit le réel a, f est dérivable en tout point a de $\mathbb{R}$ et $f'(a) = 2a$.

On en déduit, par exemple, que f est dérivable au point -1 et que $f'(-1) = 2 \times (-1) = -2$.

▶ **exercices 1 à 8**

2 Des applications de la dérivation en un point

2.1 Tangente à une courbe

Définition 2

$\mathscr{C}$ est la courbe représentative d'une fonction f dérivable en un point a.
La **tangente à $\mathscr{C}$ au point A$(a\ ;f(a))$** est la droite qui passe par A et dont le coefficient directeur est $f'(a)$.

NOTE
Voir l'activité 2, p. 58.

Interprétation géométrique

Notons M le point de $\mathscr{C}$ d'abscisse $a+h$, $h \neq 0$.

Alors le taux de variation $\dfrac{f(a+h)-f(a)}{h}$ est le coefficient directeur de la sécante (AM).

Comme $\lim\limits_{h \to 0} \dfrac{f(a+h)-f(a)}{h} = f'(a)$, la droite T, qui passe par A et de coefficient directeur $f'(a)$, se conçoit comme « la position limite » des sécantes (AM) lorsque M se rapproche de A, en restant sur la courbe.

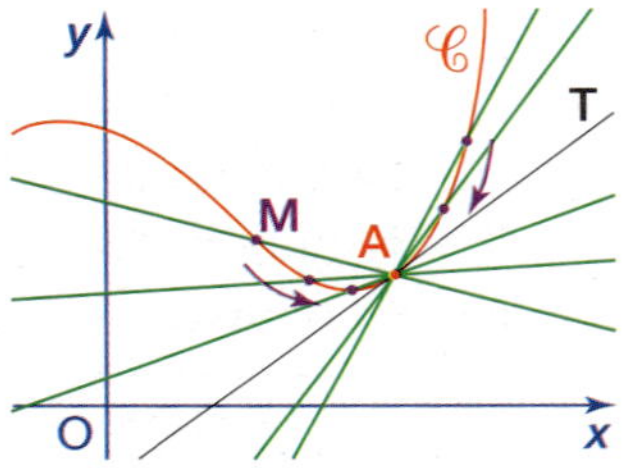

Une **équation de la tangente** à $\mathscr{C}$ au point A$(a\ ;f(a))$ est :

$$y = f'(a)(x-a)+f(a)$$

En effet, la tangente est une droite dont le coefficient directeur est $f'(a)$. Elle a donc une équation réduite $y = f'(a)x+p$. Elle passe par A$(a\ ;f(a))$ ce qui conduit à $p = f(a)-f'(a)a$, d'où le résultat.

2.2 Approximation affine locale

$\mathscr{C}$ est la courbe représentative d'une fonction f dérivable en un point a et T la tangente à $\mathscr{C}$ au point A$(a\ ;f(a))$.
Comme la tangente T « semble » proche de $\mathscr{C}$ autour du point A, on pense à **remplacer $\mathscr{C}$ par T autour de A.**
Autrement dit, on remplace localement la fonction f par la fonction affine représentée par T, c'est-à-dire qu'on remplace le réel $f(a+h)$ par le réel $f(a)+f'(a)h$ pour h voisin de zéro.

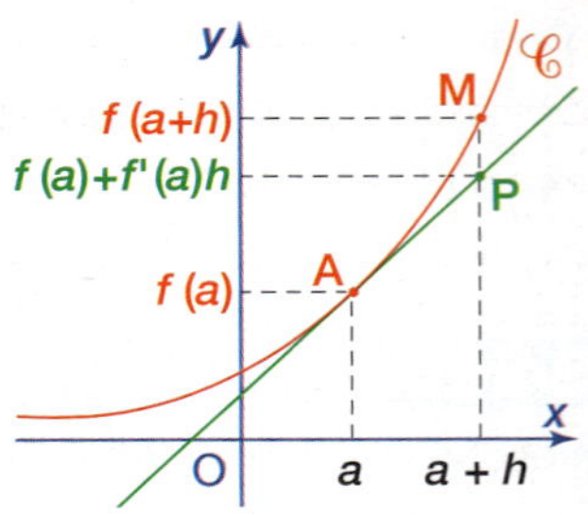

Une autre droite passant par A fournirait une autre approximation affine de $f(a+h)$, mais on admettra que celle fournie par la tangente est la **meilleure des approximations affines**.
On dit alors que $\boldsymbol{f(a)+f'(a)h}$ **est l'approximation affine locale de** $\boldsymbol{f(a+h)}$.

Remarque : La distance MP mesure la valeur absolue de l'erreur commise.

Pour mieux comprendre

POURQUOI utiliser des approximations affines ?

PARCE QU'elles permettent des calculs simplifiés.

Par exemple, vous verrez dans l'exercice 94 que $1+\frac{h}{2}$ est l'approximation affine locale de $\sqrt{1+h}$.

Il est plus facile de calculer $1+\frac{h}{2}$ que $\sqrt{1+h}$. Mais ceci n'a d'intérêt que si l'on connaît l'erreur commise. Dans cet exemple, on sait qu'elle est inférieure à $\frac{h^2}{8}$.

● Plus généralement, les mathématiciens ont réussi à approximer localement les fonctions usuelles par des polynômes $P(x) = a_n x^n + \ldots + a_1 x + a_0$ tout en sachant majorer l'erreur commise.

Pourquoi des polynômes ? Parce que le calcul de $P(x)$, à partir de x, ne nécessite que des multiplications et des additions. Par exemple, $x - \frac{x^3}{6} + \frac{x^5}{120}$ est une approximation locale en 0 de $\sin x$ par un polynôme de degré 5. Les calculatrices utilisent ce type d'approximations pour faire des calculs.

COMMENT la dérivation intervient-elle dans les autres sciences ?

● Le **taux de variation** de f entre a et $a+h$, $\frac{f(a+h)-f(a)}{h}$, a une signification concrète : il permet de mesurer une variation moyenne d'une grandeur.

Par exemple, si un mobile ponctuel se déplace sur un axe et si $d(t)$ exprime la distance parcourue à la date t, le nombre $\frac{d(t_0+h)-d(t_0)}{h}$ est sa vitesse moyenne entre les dates t_0 et t_0+h.

On peut aussi définir le débit moyen d'un écoulement, le coût moyen…

● La **notion** de **nombre dérivé** permet de définir des « mesures instantanées » (*voir l'activité* 1, *page* 58).

Par exemple, la vitesse instantanée du mobile à la date t_0 est $\lim\limits_{h \to 0} \frac{d(t_0+h)-d(t_0)}{h}$, c'est-à-dire le nombre dérivé en t_0 de la fonction $d : t \mapsto d(t)$.

On peut aussi définir le débit instantané d'un écoulement, le coût marginal…

Exercices résolus

Exo 2 Équation et tracé d'une tangente

Déterminez une équation de la tangente au point d'abscisse -1 de la courbe représentant la fonction $f : x \mapsto x^2$, puis tracez-la.

Solution commentée

Nous avons vu à l'exercice résolu 1 que f est dérivable en -1 et $f'(-1) = -2$. Ainsi la courbe $\mathscr{C}$ admet une tangente T au point d'abscisse -1 dont une équation est, d'après le cours, $y = f'(-1)(x-(-1)) + f(-1)$, c'est-à-dire $y = -2x - 1$.

Pour la tracer, on connaît le point de contact $A(-1\ ;\ 1)$. Il suffit de trouver un autre point de T. Or le vecteur $\vec{u}(1\ ;-2)$ est un vecteur directeur de T donc le point B tel que $\overrightarrow{AB}(1\ ;-2)$ est sur T. La tangente est la droite (AB).

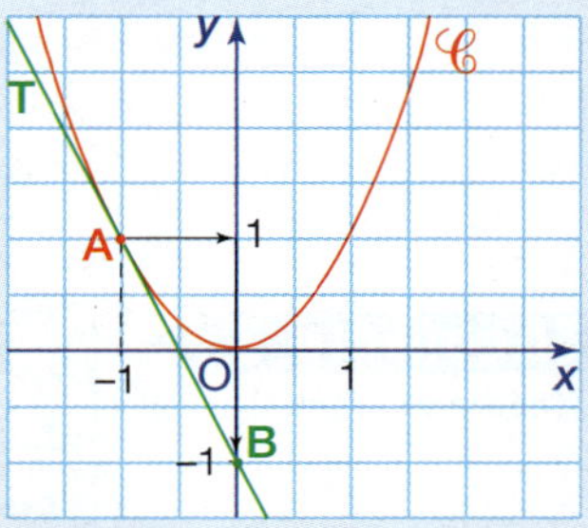

▶ exercices 12 à 19

3 Fonctions dérivées des fonctions usuelles

3.1 Fonction dérivée

Définition 3

f est une fonction dont l'ensemble de définition est D_f et D désigne un intervalle ou une réunion d'intervalles inclus dans D_f.
On dit que f est **dérivable sur D** si elle est dérivable en tout point de D.
Alors la fonction qui à tout x de D associe $f'(x)$, le nombre dérivé de f en x, est appelée la **fonction dérivée de f** sur D. On la note f'.

NOTE
On dit aussi que f' est la dérivée de f au lieu de fonction dérivée de f.

Exemple : Dans l'exercice résolu 1, nous avons montré que la fonction $f : x \mapsto x^2$ est dérivable en tout point a de $\mathbb{R}$ et $f'(a) = 2a$. Donc f est dérivable sur $\mathbb{R}$ et sa fonction dérivée est la fonction définie sur $\mathbb{R}$ par $f' : x \mapsto 2x$.

3.2 Fonctions dérivées de quelques fonctions usuelles

Théorème 1

Toute **fonction affine** $f : x \mapsto mx + p$ est **dérivable sur** $\mathbb{R}$ et sa fonction dérivée est : $\boldsymbol{f' : x \mapsto m}$.

Démonstration : Pour tout $h \neq 0$, $t(h) = \dfrac{m(a+h)+p-ma-p}{h} = m$.
t est donc la fonction constante $h \mapsto m$ et $\lim\limits_{h \to 0} t(h) = m$. D'où le résultat.

Conséquences : • La dérivée de $f : x \mapsto x$ sur $\mathbb{R}$ est la fonction f' définie sur $\mathbb{R}$ par $f'(x) = 1$ (cas $p = 0$ et $m = 1$).
• La dérivée de la fonction constante $f : x \mapsto p$ est la fonction f' définie sur $\mathbb{R}$ par $f'(x) = 0$ (cas $m = 0$).

Théorème 2

La fonction $x \mapsto \sqrt{x}$ est dérivable sur l'**intervalle ouvert** $]0\,;+\infty[$ et sa fonction dérivée est la fonction $\boldsymbol{f' : x \mapsto \dfrac{1}{2\sqrt{x}}}$.

NOTE
Remarquez bien que $x \mapsto \sqrt{x}$ n'est pas dérivable en zéro.
Cet exemple montre qu'une fonction f n'est pas nécessairement dérivable en tout point de D_f.

Démonstration : Quel que soit $a > 0$, $t(h) = \dfrac{f(a+h)-f(a)}{h} = \dfrac{\sqrt{a+h}-\sqrt{a}}{h}$.
En multipliant numérateur et dénominateur par $\sqrt{a+h}+\sqrt{a}$, on obtient :

$$t(h) = \frac{(\sqrt{a+h}-\sqrt{a})(\sqrt{a+h}+\sqrt{a})}{h(\sqrt{a+h}+\sqrt{a})} = \frac{1}{\sqrt{a+h}+\sqrt{a}}.$$

D'après les résultats sur les limites et les opérations sur les fonctions, $\lim\limits_{h \to 0}(\sqrt{a+h}+\sqrt{a}) = 2\sqrt{a}$ et $\lim\limits_{h \to 0} t(h) = \dfrac{1}{2\sqrt{a}}$. Ainsi f est dérivable en a et $f'(a) = \dfrac{1}{2\sqrt{a}}$ d'où le résultat.

Théorème 3
(théorème admis)

1. La **fonction sinus est dérivable sur** $\mathbb{R}$ et pour tout x de $\mathbb{R}$, $\boldsymbol{\sin'(x) = \cos x}$.
2. La **fonction cosinus est dérivable sur** $\mathbb{R}$ et pour tout x de $\mathbb{R}$, $\boldsymbol{\cos'(x) = -\sin x}$.

Pour mieux comprendre

COMMENT utiliser la fonction f' ?

La connaissance de f' permet le calcul rapide du nombre dérivé en un point particulier, et ainsi d'éviter d'avoir à calculer $\lim\limits_{h \to 0} t(h)$.

Exemple :

La fonction $f: x \mapsto \sqrt{x}$ est dérivable sur $I =]0\ ;+\infty[$ et pour tout x de I, $f'(x) = \dfrac{1}{2\sqrt{x}}$.

Donc f est dérivable en 1 et son nombre dérivé en 1 est $f'(1) = \dfrac{1}{2\sqrt{1}} = \dfrac{1}{2}$.

POURQUOI la fonction $x \mapsto |x|$ n'est-elle pas dérivable en 0 ?

PARCE QUE si on forme le taux de variation de f entre 0 et $0+h$, on obtient $t(h) = \dfrac{|h|}{h}$.

Donc $t(h) = 1$ lorsque $h > 0$ et $t(h) = -1$ lorsque $h < 0$.

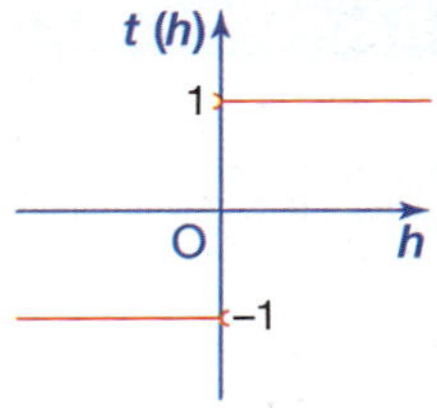

La fonction $h \mapsto t(h)$ ne peut donc pas avoir de limite en zéro, car, par exemple, lorsque h décrit l'intervalle $]-0{,}1\ ;0{,}1[$ sauf zéro, les nombres $t(h)$ ne deviennent pas proches d'**un seul** nombre ℓ.

POURQUOI la fonction $x \mapsto \sqrt{x}$ n'est-elle pas dérivable en 0 ?

PARCE QUE le taux de variation de cette fonction n'a pas de limite en 0.

En effet, le taux de variation de cette fonction entre 0 et $0+h$ est $t(h) = \dfrac{\sqrt{h}}{h} = \dfrac{1}{\sqrt{h}}$ (il est défini pour $h > 0$). Lorsque h devient de plus en plus voisin de zéro, les nombres $\sqrt{h}$ sont de plus en plus voisins de zéro (car $\lim\limits_{h \to 0} \sqrt{h} = 0$) et strictement positifs ; et lorsqu'on divise 1 par des nombres positifs de plus en plus voisins de zéro, on obtient des nombres qui deviennent de plus en plus grands vers l'infini.

Ils ne peuvent donc pas s'accumuler autour d'un réel fixe et $h \mapsto t(h)$ n'a pas de limite réelle en zéro.

POURQUOI la courbe $x \mapsto \sqrt{x}$ a-t-elle malgré tout une tangente en O origine du repère ?

Nous venons de voir que la fonction $f: x \mapsto \sqrt{x}$ n'est pas dérivable en zéro et que $\dfrac{f(0+h)-f(0)}{h}$ devient **infiniment grand** lorsque h se rapproche de zéro.

Or, pour tout $h > 0$, $\dfrac{f(0+h)-f(0)}{h}$ est le coefficient directeur de la sécante (OM), où M est le point d'abscisse h de la courbe représentant f.

Ainsi lorsque M se rapproche de O, les coefficients directeurs des droites (OM) deviennent infiniment grands. On conçoit alors que la position limite de ces sécantes est l'axe des ordonnées.

On dit, **même si f n'est pas dérivable en zéro,** que l'axe des ordonnées est la tangente à la courbe au point O ou que la courbe a **une tangente verticale au point O.**

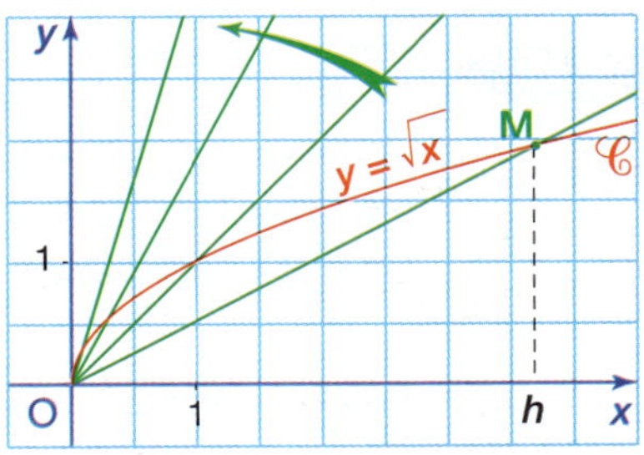

Cours

4 Opérations sur les fonctions dérivables

4.1 Dérivée d'une somme

Théorème 4

NOTE
D est un intervalle ou une réunion d'intervalles.

u et v sont deux fonctions dérivables sur D. Alors $u + v$ est dérivable sur D et :

$$(u+v)' = u' + v'$$

Démonstration : $t(h) = \dfrac{(u+v)(a+h)-(u+v)(a)}{h} = \dfrac{u(a+h)+v(a+h)-u(a)-v(a)}{h}$

donc $t(h) = \dfrac{u(a+h)-u(a)}{h} + \dfrac{v(a+h)-v(a)}{h}$.

Posons $t_1(h) = \dfrac{u(a+h)-u(a)}{h}$ et $t_2(h) = \dfrac{v(a+h)-v(a)}{h}$.

u et v sont dérivables sur D, donc en tout point a de D, $\lim\limits_{h\to 0} t_1(h) = u'(a)$ et $\lim\limits_{h\to 0} t_2(h) = v'(a)$

d'où $\lim\limits_{h\to 0} t(h) = u'(a) + v'(a)$. Donc $(u+v)'(a) = u'(a) + v'(a)$.

Ceci étant vrai pour tout a de D, $(u+v)' = u' + v'$.

4.2 Dérivée d'un produit

Théorème 5

u et v sont deux fonctions dérivables sur D. Alors uv est dérivable sur D et :

$$(uv)' = u'v + uv'$$

En particulier, si λ est un réel : $(\lambda v)' = \lambda v'$

NOTE
L'astuce de la démonstration est de transformer la dernière expression de la première ligne en la deuxième ligne, de façon à faire apparaître $t_1(h)$ et $t_2(h)$ pour utiliser les hypothèses. Nous vous laissons le soin de vérifier l'égalité.

Démonstration : • $t(h) = \dfrac{(uv)(a+h)-(uv)(a)}{h} = \dfrac{u(a+h)v(a+h)-u(a)v(a)}{h}$

$= \dfrac{u(a+h)-u(a)}{h}v(a+h) + \dfrac{v(a+h)-v(a)}{h}u(a)$

D'où, avec les notations de la démonstration qui précède, $t(h) = t_1(h)v(a+h) + u(a)t_2(h)$.

Or $v(a+h) = v(a) + ht_2(h)$ donc, puisque v est dérivable en a, $\lim\limits_{h\to 0} v(a+h) = v(a)$.

Donc, puisque u et v sont dérivables sur D, $\lim\limits_{h\to 0} t(h) = u'(a)v(a) + u(a)v'(a)$.

Ceci étant vrai pour tout a de D, $(uv)' = u'v + uv'$.

• Si $u : x \mapsto \lambda$ (λ réel) alors $u' : x \mapsto 0$, d'où le résultat $(\lambda v)' = \lambda v'$.

Théorème 6

1. Pour tout entier naturel $n \geqslant 1$, la fonction $x \mapsto x^n$ est dérivable sur $\mathbb{R}$ et sa fonction dérivée est $x \mapsto nx^{n-1}$.

2. Toute fonction polynôme P : $x \mapsto a_nx^n + a_{n-1}x^{n-1} + \ldots + a_1x + a_0$ est dérivable sur $\mathbb{R}$ et sa fonction dérivée est P' : $x \mapsto na_nx^{n-1} + (n-1)a_{n-1}x^{n-2} + \ldots + a_1$.

NOTE
La dérivée de $x \mapsto x$ est $x \mapsto 1$ et celle de $x \mapsto x^2$ est $x \mapsto 2x$.

Démonstration : 1. Notons f_n la fonction $x \mapsto x^n$. Nous savons que le résultat est vrai pour $n = 1$ et $n = 2$. Pour dériver f_3, nous écrivons $f_3 = f_1 \times f_2$, alors en vertu du théorème 5, f_3 est dérivable sur $\mathbb{R}$ et pour tout x, $f'_3(x) = (1 \times x^2) + (x \times 2x) = 3x^2$.

On peut continuer ainsi de proche en proche, car lorsque nous aurons démontré que pour l'entier p, $f_p'(x) = px^{p-1}$, nous en déduirons que $f'_{p+1}(x) = (p+1)x^p$ car $f_{p+1} = f_1 \times f_p$.

2. Cette assertion est une conséquence de l'assertion 1 et des théorèmes 4 et 5.

Pour mieux comprendre

Pourquoi justifier, dans la démonstration du théorème 5, que $\lim\limits_{h \to 0} v(a+h) = v(a)$?

Parce que même si cela peut paraître évident, cela n'est pas vrai pour toutes les fonctions.
En particulier cela n'est pas vrai pour les fonctions v dont la courbe représentative présente un « saut » en un point, comme la fonction v représentée ci-contre (saut au point 1).

La fonction $h \mapsto v(1+h)$ n'a pas de limite lorsque h tend vers zéro car $v(1+h) = 1$ si $h > 0$ et $v(1+h) = -1$ si $h < 0$.

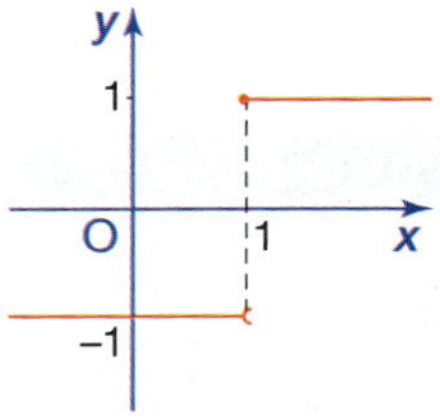

Exercices résolus

Exo 3 Dérivée d'une somme

f est la fonction $x \mapsto x + \sqrt{x}$ définie sur $[0\ ;+\infty[$. Calculez $f'(x)$.

Solution commentée

f est la somme des fonctions $u : x \mapsto x$ et $v : x \mapsto \sqrt{x}$.
Or ces deux fonctions sont dérivables sur $I =]0\ ;+\infty[$.
De plus, pour tout x de I, $u'(x) = 1$ et $v'(x) = \dfrac{1}{2\sqrt{x}}$.

Donc, d'après le théorème 4, f est dérivable sur I et pour tout x de I, $f'(x) = 1 + \dfrac{1}{2\sqrt{x}}$.

▶ **exercices 30 à 40**

Exo 4 Dérivée d'une fonction polynôme

f est définie sur $\mathbb{R}$ par $f(x) = 5x^3 - 3x^2 + 10x + 3$. Déterminez f'.

Solution commentée

f est une fonction polynôme (de degré 3) donc f est dérivable sur $\mathbb{R}$ d'après le théorème 6.
La formule proposée dans ce théorème pour calculer $f'(x)$ peut se mettre en place en utilisant la disposition suivante.

$$f(x) = 5\ x^3 - 3\ x^2 + 10\ x + 3$$
$$f'(x) = 5 \times 3x^2 - 3 \times 2x + 10 \times 1 + 0$$

Ainsi la dérivée de f est la fonction f' définie sur $\mathbb{R}$ par $f'(x) = 15x^2 - 6x + 10$.

▶ **exercices 30 à 40**

Exo 5 Dérivée d'un produit

Démontrez que la fonction $f : x \mapsto (3x^2+1)\sqrt{x}$ est dérivable sur $]0\ ;+\infty[$ et calculez $f'(x)$.

Solution commentée

f est le produit des deux fonctions $u : x \mapsto 3x^2 + 1$ et $v : x \mapsto \sqrt{x}$. Or u est dérivable sur $\mathbb{R}$, donc sur l'intervalle $]0\ ;+\infty[$, et $u' : x \mapsto 6x$ (théorème 6).
v est également dérivable sur l'intervalle $]0\ ;+\infty[$ et $v' : x \mapsto \dfrac{1}{2\sqrt{x}}$ (§ 3, p. 64).

Donc, d'après le théorème 5, f est aussi dérivable sur $]0\ ;+\infty[$ et pour tout x de $]0\ ;+\infty[$,

$$f'(x) = 6x \times \sqrt{x} + (3x^2+1) \times \frac{1}{2\sqrt{x}}.$$

▶ **exercices 30 à 40**

4 Opérations sur les fonctions dérivables *(suite)*

4.3 Dérivée de l'inverse d'une fonction

Théorème 7

v est une fonction dérivable sur D, et pour tout réel a de D, $v(a) \neq 0$.

Alors la fonction $\frac{1}{v}$ est dérivable sur D et $\left(\frac{1}{v}\right)' = -\frac{v'}{v^2}$.

NOTE
Voir la démonstration du théorème 5.

Démonstration : a est un point de D. v est dérivable sur D, donc $\lim_{h \to 0} v(a+h) = v(a)$.

Ainsi, les nombres $v(a+h)$ sont de plus en plus voisins de $v(a)$ lorsque h est de plus en plus voisin de zéro. Puisque $v(a) \neq 0$, les nombres $v(a+h)$ sont aussi non nuls pour des valeurs de h très voisines de zéro. Ainsi le taux de variation de v entre a et $a+h$ est bien défini pour ces valeurs de h et :

$$t(h) = \frac{1}{h}\left[\frac{1}{v(a+h)} - \frac{1}{v(a)}\right] = \frac{1}{h}\left[\frac{v(a) - v(a+h)}{v(a+h)v(a)}\right] = -\frac{1}{v(a+h)v(a)}\left[\frac{v(a+h) - v(a)}{h}\right].$$

D'où $\lim_{h \to 0} t(h) = -\frac{1}{v(a) \times v(a)} \times v'(a) = -\frac{v'(a)}{(v(a))^2}$. D'où le résultat, ceci étant vrai pour tout a de D.

Théorème 8

Pour tout entier naturel $n \geqslant 1$, la fonction $x \mapsto \frac{1}{x^n}$ est dérivable sur $\mathbb{R} - \{0\}$ et sa fonction dérivée est $x \mapsto -\frac{n}{x^{n+1}}$.

NOTE
$-\frac{n}{x^{n+1}} = (-n)x^{-n-1}$
$= n'x^{n'-1}$
avec $n' = -n$.
On peut donc dire que la dérivée de $x \mapsto x^n$, $n \in \mathbb{Z} - \{0\}$, est toujours $x \mapsto nx^{n-1}$. Mais cela est valable seulement pour $x \neq 0$ si $n < 0$.

Démonstration : Quel que soit l'entier naturel $n \geqslant 1$, $f = \frac{1}{v}$ où $v : x \mapsto x^n$.

Or v est dérivable sur $\mathbb{R}$ (théorème 6) donc sur $\mathbb{R} - \{0\}$ et pour tout $x \neq 0$, on a $v(x) \neq 0$.
Alors, d'après le théorème 7, f est dérivable sur $\mathbb{R} - \{0\}$ et pour tout $x \neq 0$:

$$f'(x) = -\frac{v'(x)}{v^2(x)} = -\frac{nx^{n-1}}{x^{2n}} = -\frac{n}{x^{n+1}}.$$

Et ceci est vrai pour tout entier naturel $n \geqslant 1$, d'où le résultat.

4.4 Dérivée d'un quotient

Théorème 9

u et v sont des fonctions dérivables sur D, et pour tout réel a de D, $v(a) \neq 0$.
Alors la fonction $\frac{u}{v}$ est dérivable sur D et $\left(\frac{u}{v}\right)' = \frac{u'v - uv'}{v^2}$.

En effet, $\frac{u}{v}$ s'écrit $u \times \frac{1}{v}$. En appliquant les théorèmes 5 et 7, on obtient le résultat.

4.5 Dérivée de $x \mapsto u(ax+b)$

Théorème 10
(théorème admis)

u est une fonction dérivable sur D, a et b sont deux réels. J est l'ensemble des x tels que $ax+b$ soit dans D.
Alors la fonction $f : x \mapsto u(ax+b)$ est **dérivable sur J**, et pour pour tout réel x de J, $f'(x) = au'(ax+b)$.

Remarque : f est la composée de $x \mapsto ax+b$ suivie de u.

Pour mieux comprendre

COMMENT utiliser le théorème 10 ?

Ce théorème permet de prouver en particulier que :

- la fonction $x \mapsto \sqrt{ax+b}$ est dérivable sur $J = \left]-\frac{b}{a}\,;+\infty\right[$ si $a > 0$ ou $J = \left]-\infty\,;-\frac{b}{a}\right[$ si $a < 0$ et pour tout x de J : $f'(x) = \dfrac{a}{2\sqrt{ax+b}}$;
- la fonction $f : x \mapsto \cos(ax+b)$ est dérivable sur $\mathbb{R}$ et pour tout x de $\mathbb{R}$:
$$f'(x) = -a\sin(ax+b)\ ;$$
- la fonction $f : x \mapsto \sin(ax+b)$ est dérivable sur $\mathbb{R}$ et pour tout x de $\mathbb{R}$:
$$f'(x) = a\cos(ax+b).$$

Exercices résolus

Exo 6 Dérivée d'un quotient

Démontrez que la fonction $f : x \mapsto \dfrac{2x-1}{-3x+1}$ est dérivable sur son ensemble de définition.

Solution commentée

$f = \dfrac{u}{v}$ où u et v sont les fonctions $u : x \mapsto 2x-1$ et $v : x \mapsto -3x+1$. Or $v(x) = 0$ équivaut à $x = \dfrac{1}{3}$, donc f est définie sur $D_f = \mathbb{R} - \left\{\dfrac{1}{3}\right\}$.

u et v sont dérivables sur $\mathbb{R}$ (fonctions polynômes) donc sur D_f.

Comme $v(x) \neq 0$ sur D_f, d'après le théorème 9, f est aussi dérivable sur D_f et pour x de D_f :

$$f'(x) = \frac{2\times(-3x+1)-(2x-1)\times(-3)}{(-3x+1)^2}$$
$$= \frac{-1}{(-3x+1)^2}.$$

Remarque : Avec le même raisonnement, on montre que toute fonction rationnelle est dérivable sur son ensemble de définition.

▶ **exercices 43 à 54**

Exo 7

Démontrez que la fonction $f : x \mapsto \sqrt{-2x+4}$ est dérivable en 1.

Calculez $f'(1)$.

Solution commentée

On remarque que $f(x) = u(-2x+4)$, où $u : x \mapsto \sqrt{x}$ est dérivable sur $D =]0\,;+\infty[$, de fonction dérivée $u' : x \mapsto \dfrac{1}{2\sqrt{x}}$.

D'après le théorème 10, la fonction f est dérivable sur J, ensemble des réels x tels que $-2x+4 > 0$, c'est-à-dire sur $J =]-\infty\,;2[$.

De plus, d'après ce théorème, pour tout x de J :

$$f'(x) = -2u'(-2x+4) = -2\times\frac{1}{2\sqrt{-2x+4}}.$$

Ainsi $f'(x) = \dfrac{-1}{\sqrt{-2x+4}}$ pour tout x de J. Donc f est dérivable en 1 et $f'(1) = -\dfrac{1}{\sqrt{-2\times1+4}} = -\dfrac{1}{\sqrt{2}}$.

▶ **exercices 58 à 64**

5 Tableau récapitulatif

fonction	dérivée	commentaire
$x \mapsto mx + p$	$x \mapsto m$	
$x \mapsto x^n$	$x \mapsto nx^{n-1}$	$n \geqslant 1$, $n \in \mathbb{N}$
$x \mapsto \frac{1}{x^n}$	$x \mapsto -\frac{n}{x^{n+1}}$	$n \geqslant 1$, $n \in \mathbb{N}$, $x \in \mathbb{R} - \{0\}$
$x \mapsto \sqrt{x}$	$x \mapsto \frac{1}{2\sqrt{x}}$	$x \in]0\,;+\infty[$
$x \mapsto \sin x$	$x \mapsto \cos x$	$x \in \mathbb{R}$
$x \mapsto \cos x$	$x \mapsto -\sin x$	$x \in \mathbb{R}$
$u + v$	$u' + v'$	Faites attention aux **conditions d'application** de ces formules. Voir les énoncés des théorèmes 4, 5, 7, 9 et 10.
uv	$u'v + uv'$	
λu (λ est une constante)	$\lambda u'$	
$\frac{1}{v}$	$-\frac{v'}{v^2}$	
$\frac{u}{v}$	$\frac{u'v - uv'}{v^2}$	
$x \mapsto u(ax + b)$	$x \mapsto au'(ax + b)$	

Exemples :

- $f : x \mapsto \cos(3x - 4)$.
  $f(x) = u(ax + b)$ avec $u : x \mapsto \cos x$ et $a = 3$ donc $f'(x) = -3\sin(3x - 4)$.
- $f : x \mapsto \sin(-5x + 2)$.
  $f(x) = u(ax + b)$ avec $u : x \mapsto \sin x$ et $a = -5$ donc :
  $$f'(x) = -5\cos(-5x + 2).$$
- $f : x \mapsto \frac{x^2}{x + 1}$. $f(x) = \frac{u(x)}{v(x)}$ avec $u : x \mapsto x^2$ et $v : x \mapsto x + 1$. f est dérivable sur $\mathbb{R} - \{-1\}$ et $u'(x) = 2x$, $v'(x) = 1$ donc $f'(x) = \frac{2x(x + 1) - x^2}{(x + 1)^2} = \frac{x^2 + 2x}{(x + 1)^2}$.

Des idées, des réflexes

Des idées à retenir

■ Chercher un nombre dérivé, c'est chercher une limite en zéro, $f'(a) = \lim\limits_{h \to 0} \dfrac{f(a+h) - f(a)}{h}$.

Mais heureusement, la **fonction dérivée** permet d'éviter cette recherche : si on connaît cette fonction, on connaît alors $f'(a)$ pour tout réel a en lequel f est dérivable.

Exemple : Pour calculer le nombre dérivé de la fonction $f : x \mapsto x^2 + 1$ en 1, on écrit que sa fonction dérivée f' est la fonction $x \mapsto 2x$, et on calcule $f'(1)$ $(f'(1) = 2)$.

■ Si f est dérivable en a, alors il y a une tangente en $A(a ; f(a))$ à $\mathscr{C}_f$.
Le coefficient directeur de cette tangente est $f'(a)$; elle est donc oblique ou horizontale, mais pas verticale. Mais il peut y avoir une tangente verticale à $\mathscr{C}_f$ au point $A(a ; f(a))$ sans pour autant que f soit dérivable en a.

Exemple :
La fonction racine carrée, lorsque $a = 0$.

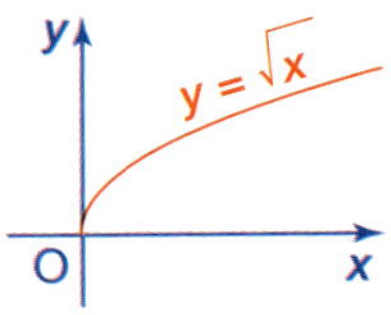

■ Ajouter une constante à une fonction ne change pas sa dérivée.

Exemple : Les fonctions $x \mapsto x^2$ et $x \mapsto x^2 + 5$ ont la même dérivée.

■ Multiplier une fonction par une constante λ multiplie sa dérivée par λ.
(La dérivée de f est f', donc la dérivée de λf est $\lambda f'$.)

■ Pour calculer la dérivée f' d'une fonction f, il est intéressant de voir f comme une somme, un produit ou un quotient de fonctions. On calcule alors f' en utilisant les théorèmes (*voir le tableau récapitulatif p.* 70).

Des réflexes à avoir

■ **Pour calculer f' en utilisant des théorèmes sur les opérations algébriques,** n'hésitez pas, pour éviter des erreurs, à écrire clairement les fonctions « intermédiaires » que vous utilisez.

Exemple : f est définie sur $[0 ; +\infty[$ par $f(x) = \dfrac{\sqrt{x}}{x+1}$. On peut écrire $f(x) = \dfrac{u(x)}{v(x)}$, avec $u(x) = \sqrt{x}$, $v(x) = x + 1$. La fonction u est dérivable sur l'intervalle ouvert $I =]0 ; +\infty[$, v est dérivable sur I et ne s'annule pas sur I.
En outre, $u'(x) = \dfrac{1}{2\sqrt{x}}$ et $v'(x) = 1$.
D'où, pour tout x de I :

$$f'(x) = \frac{u'(x)v(x) - u(x)v'(x)}{(v(x))^2} = \frac{\frac{1}{2\sqrt{x}}(x+1) - \sqrt{x}}{(x+1)^2}$$
$$= \frac{-x+1}{2\sqrt{x}\,(x+1)^2}$$

■ **Pour trouver une équation de la tangente à $\mathscr{C}_f$ au point A d'abscisse a,** pensez d'abord que son coefficient directeur est $f'(a)$, donc que son équation réduite est de la forme $y = f'(a)x + b$. Pensez ensuite qu'elle passe par A, ce qui permet de trouver b.

Exemple : La courbe $\mathscr{C}$ a pour équation $y = x^3 + 1$. A est le point de $\mathscr{C}$ d'abscisse 2. La fonction $f : x \mapsto x^3 + 1$ est dérivable en 2, et $f'(2) = 3 \times (2)^2 = 12$. Donc, il y a une tangente à $\mathscr{C}$ au point d'abscisse 2, et son équation est de la forme $y = 12x + b$. Cette tangente passe par le point de coordonnées $(2 ; f(2))$. Or $f(2) = 9$, donc $9 = 12 \times 2 + b$, $b = -15$ et $y = 12x - 15$.

Des erreurs à éviter

■ La dérivée de la fonction $x \mapsto f(ax + b)$ est $x \mapsto af'(ax + b)$. Ne pas oublier le « a ».

■ Ne pas croire qu'une fonction est toujours dérivable là où elle est définie.

Exemple :
$x \mapsto \sqrt{x}$ est définie en 0, non dérivable en 0.

TD 1 Constructions géométriques de tangentes

1 Méthode de Torricelli pour la parabole $y = x^2$

On note $\mathcal{P}$ la parabole d'équation $y = x^2$ dans un repère orthogonal $(O ; \vec{i}, \vec{j})$. A est un point quelconque de $\mathcal{P}$ d'abscisse a $(a \neq 0)$.
Pour construire la tangente en A à $\mathcal{P}$, Evangelista Torricelli (physicien et mathématicien italien, 1608-1647) est à l'origine du procédé suivant :
– on construit le projeté orthogonal H de A sur l'axe des ordonnées,
– on construit le symétrique I de H par rapport à O,
– alors la droite (IA) est la tangente à $\mathcal{P}$ au point A.

• Justifiez que ce procédé géométrique est exact.

Note : Un prolongement de la méthode de Torricelli est proposée dans l'exercice 91, p. 83.

2 Parabole d'équation $y = ax^2 + bx + c$

f est la fonction définie sur $\mathbb{R}$ par $f(x) = ax^2 + bx + c$, $a \neq 0$. $\mathcal{C}$ est sa courbe représentative dans un repère orthogonal $(O ; \vec{i}, \vec{j})$. A et B sont deux points quelconques de la courbe $\mathcal{C}$ d'abscisses respectives α et β $(\alpha \neq \beta)$.

1. Démontrez qu'il existe une unique tangente à $\mathcal{C}$, parallèle à (AB), et que l'abscisse du point de contact est la moyenne arithmétique des abscisses de A et B.

2. Déduisez-en une construction géométrique de la tangente en un point de $\mathcal{C}$.

3. Mettez en œuvre cette construction, pour la courbe d'équation $y = -x^2 + 3$ aux points d'abscisses -1 ; 1 et 2.

3 Hyperbole d'équation $y = \dfrac{1}{x}$

On note $\mathcal{H}$ l'hyperbole d'équation $y = \dfrac{1}{x}$ dans un repère orthogonal $(O ; \vec{i}, \vec{j})$. M est un point de $\mathcal{H}$ d'abscisse a $(a \neq 0)$.

1. Trouvez une équation de la tangente à $\mathcal{H}$ au point M.

2. Déterminez les coordonnées des points d'intersection de cette tangente avec les axes du repère. On note A et B ces deux points.

3. Démontrez que M est le milieu de [AB].

4. Illustrez les questions précédentes par une figure.

5. Déduisez-en une construction géométrique de la tangente à $\mathcal{H}$ en un point.

6. Mettez en œuvre cette construction pour les points d'abscisses $-\dfrac{3}{2}$; 1 et 3.

TD 2 Résolution numérique de $y' = g(x)$

NOTE
Ce TD est suggéré par le programme.

L'objectif de ce TD est de proposer une méthode pour construire une « solution approchée » du problème suivant : Déterminer une fonction dérivable f sur $[1 ; 5]$ telle que $f(1) = \frac{2}{3}$ et pour tout réel x de $[1 ; 5]$, $f'(x) = \sqrt{x}$.

Aucune des fonctions usuelles (polynôme, fonction rationnelle, cosinus, sinus...) ne fournit de solution exacte. Afin de déterminer une solution approchée, on partage l'intervalle $[1 ; 5]$ en 40 intervalles de même longueur 0,1 et on note $t_0 = 1, t_1, t_2, \ldots, t_{40} = 5$ les points de la subdivision rangés dans l'ordre croissant.
On va chercher à calculer des valeurs approchées $y_0, y_1, y_2, \ldots, y_{40}$ des nombres $f(t_0), f(t_1), f(t_2), \ldots, f(t_{40})$.

Par définition de f, $f(t_0) = \frac{2}{3}$, on choisit donc $y_0 = \frac{2}{3}$.

1. a) Calcul de y_1

Justifiez que l'approximation affine locale de $f(t_0 + h)$ est $\frac{2}{3} + h\sqrt{t_0}$.

Expliquez alors pourquoi on peut choisir $y_1 = \frac{2}{3} + 0{,}1\sqrt{t_0}$.

b) Calcul de y_2

En utilisant l'approximation affine locale de $f(t_1 + h)$, expliquez pourquoi on peut choisir :

$$y_2 = y_1 + 0{,}1\sqrt{t_1}.$$

2. En réitérant le processus mis en place ci-dessus, on arrive de proche en proche à choisir $y_{k+1} = y_k + 0{,}1\sqrt{t_k}$ pour k entier entre 0 et 39. Cet algorithme de calcul permet d'obtenir les valeurs de y_k à l'aide d'un tableur.

approximation

	A	B
1	1	0,666666666666667
2	=A1+0,1	=B1+0,1*RACINE(A1)
3	=A2+0,1	=B2+0,1*RACINE(A2)
4	=A3+0,1	=B3+0,1*RACINE(A3)
5	=A4+0,1	=B4+0,1*RACINE(A4)

t_0 (cellule A1) ; y_0 (cellule B1).

On recopie cette formule 40 fois (cellule A2).

formule correspondant au calcul de y_1 que l'on recopie 40 fois (cellule B2).

On obtient alors une courbe d'une solution approchée du problème à l'aide de l'assistant graphique.

3. Comparaison avec la solution exacte

a) Vérifiez que la fonction f définie sur $[1 ; 5]$ par $f(x) = \frac{2}{3}x\sqrt{x}$ répond au problème.

b) Complétez alors votre feuille de calcul en créant une autre colonne qui contient les différences $f(t_k) - y_k$. Constatez les erreurs commises.

Note : Vous pouvez recommencer en choisissant un pas inférieur à 0,1 pour examiner le comportement de la solution approchée par rapport à la solution exacte.

TD 3 Positions relatives d'une courbe et de ses tangentes

POINT MÉTHODE

Dans le cas général, déterminer les positions relatives de deux courbes $\mathcal{C}_1$ et $\mathcal{C}_2$ d'équations $y = f_1(x)$ et $y = f_2(x)$, c'est préciser les plus grands intervalles sur lesquels $\mathcal{C}_1$ est au-dessus de $\mathcal{C}_2$. Or un point $M_1(x\ ;\ y_1)$ de $\mathcal{C}_1$ est au-dessus du point $M_2(x\ ;\ y_2)$ de $\mathcal{C}_2$ lorsque $y_1 \geqslant y_2$.

Donc il s'agit de trouver l'ensemble des réels x tels que $f_1(x) \geqslant f_2(x)$.

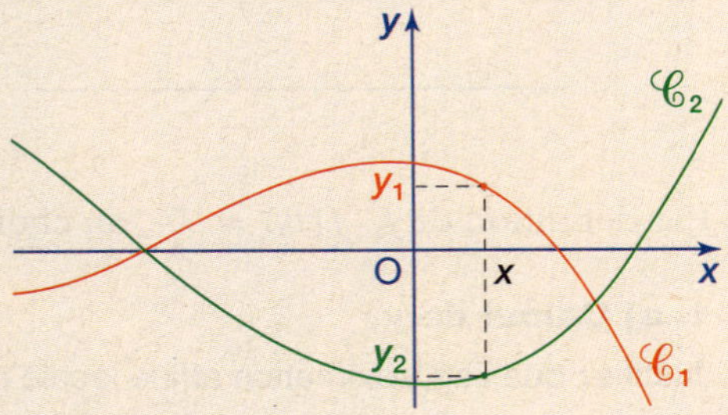

1 Parabole et tangentes

$\mathcal{P}$ est la parabole d'équation $y = x^2$. M est un point de $\mathcal{P}$ d'abscisse a.

1. Déterminez une équation de la tangente T_a à $\mathcal{P}$ au point M.

2. Démontrez qu'étudier la position de $\mathcal{P}$ par rapport à T_a, revient à résoudre l'inéquation $x^2 - 2ax + a^2 \leqslant 0$ d'inconnue x.

3. Démontrez alors que la parabole $\mathcal{P}$ est au-dessus de toutes ses tangentes.

2 Courbe d'équation $y = x^3$

$\mathcal{C}$ est la courbe d'équation $y = x^3$. M est un point de $\mathcal{C}$ d'abscisse a.

1. Déterminez une équation de la tangente T_a à $\mathcal{C}$ au point M.

2. Démontrez alors, qu'étudier la position de $\mathcal{C}$ par rapport à T_a, revient à résoudre l'inéquation $x^3 - 3a^2x + 2a^3 \leqslant 0$ [1] d'inconnue x.

3. a) Vérifiez que pour tout réel x, $x^3 - 3a^2x + 2a^3 = (x - a)(x^2 + ax - 2a^2)$.

b) Déduisez-en, suivant la valeur du réel a, la résolution de l'inéquation [1].

c) Déterminez alors les positions relatives de $\mathcal{C}$ et T_a suivant les valeurs de a.

4. On appelle **point d'inflexion** de $\mathcal{C}$, un point de $\mathcal{C}$ en lequel la tangente traverse la courbe. Déterminez le point d'inflexion de $\mathcal{C}$.

TD 4 Tangente au cercle

Le but de ce TD est de montrer que, dans le cas d'un cercle, on peut définir une tangente en chaque point au sens de la dérivation et que cette tangente n'est autre que la tangente au sens de la géométrie.

1. $(O ; \vec{i}, \vec{j})$ est un repère orthonormal du plan et $\mathscr{C}$ est le cercle de centre O et de rayon 1. P et Q ont pour coordonnées respectives $(-1 ; 0)$ et $(1 ; 0)$.

a) Dire qu'un point $M(x ; y)$ appartient à $\mathscr{C}$ équivaut à dire que $x^2 + y^2 = 1$. Pourquoi ?

b) On appelle $\mathscr{C}_1$ le demi-cercle supérieur privé de P.

Prouvez que $\mathscr{C}_1$ est la courbe représentative de la fonction $f : x \mapsto \sqrt{1 - x^2}$.

Justifiez que pour tout x de $]-1 ; 1]$, $f(x) = \sqrt{1-x}\sqrt{1+x}$ [1].

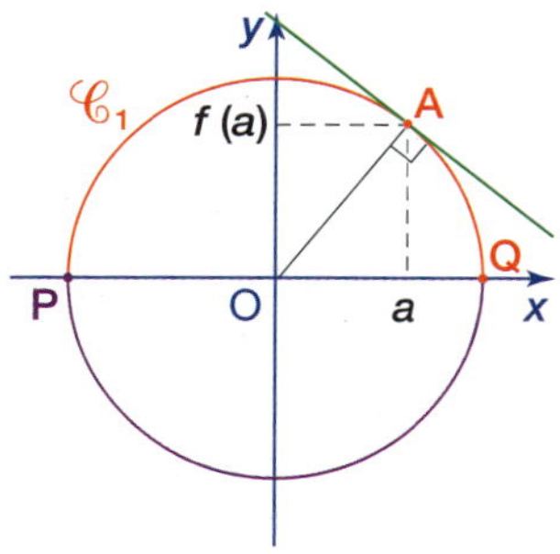

2. a est un réel de l'intervalle $]-1 ; 1[$.

a) Démontrez, en utilisant l'expression [1] de $f(x)$, que f est dérivable sur l'intervalle ouvert $]-1 ; 1[$ puis calculez $f'(x)$.

b) Notons T_a la tangente à $\mathscr{C}_1$, au point A d'abscisse a, au sens de la dérivation.

Prouvez que T_a est perpendiculaire à (OA). Concluez.

NOTE
Utilisez le résultat : les droites $y = mx + p$ et $y = m'x + p'$ sont perpendiculaires équivaut à $mm' = -1$.

3. Il nous reste maintenant à étudier la dérivabilité au point Q d'abscisse 1. Pour cela on revient à la définition.

a) En utilisant l'expression [1] de $f(x)$, vérifiez que le taux de variation $t(h)$ de f entre $1 + h$ et 1 $(h < 0)$ peut s'écrire $t(h) = \dfrac{-1}{\sqrt{-h}} \times \sqrt{2+h}$.

b) Démontrez alors, par analogie avec ce qui a été fait pour la fonction racine carrée (voir *Pour mieux comprendre*, p. 65), que $\mathscr{C}_1$ a une tangente verticale au point Q et que là aussi, c'est la tangente au sens de la géométrie.

4. Achevez la démonstration en utilisant la fonction g définie sur l'intervalle $[-1 ; 1[$ par $g(x) = -\sqrt{1-x^2}$.

Exercices

maîtriser le cours

Pour résoudre les exercices de cette partie, il suffit d'appliquer directement un résultat du cours. L'objectif est double : mieux comprendre le cours et reconnaître dans des situations simples les conditions d'application d'un théorème.

1. Nombre dérivé

Pour les exercices 1 à 8, utilisez la définition 1 pour prouver l'existence et calculer la valeur du nombre dérivé au point *a* de la fonction *f* indiquée.

Aide : Voir l'exercice résolu 1, p. 61.

1 $f(x) = -2x + 3$; $a = 3$. **2** $f(x) = \frac{1}{x}$; $a = -1$.

3 $f(x) = x^2 - 5x + 3$; $a = 2$.

4 $f(x) = 2x + p$ (p réel) ; $a = 2$.

5 $f(x) = \frac{1}{1-x}$; $a = 0$.

6 $f(x) = 2x^3 - 6x$; a réel.

7 $f(x) = x^3 + 1$; a réel. **8** $f(x) = \frac{2}{x}$; $a \neq 0$.

2. Des applications de la dérivation en un point

9 La courbe représentative d'une fonction g est donnée ci-dessous. En chacun des points indiqués, la courbe admet une tangente qui est tracée.
Lisez, en vous servant du quadrillage, les nombres dérivés $g'(-4)$; $g'(2)$ et $g'(6)$.

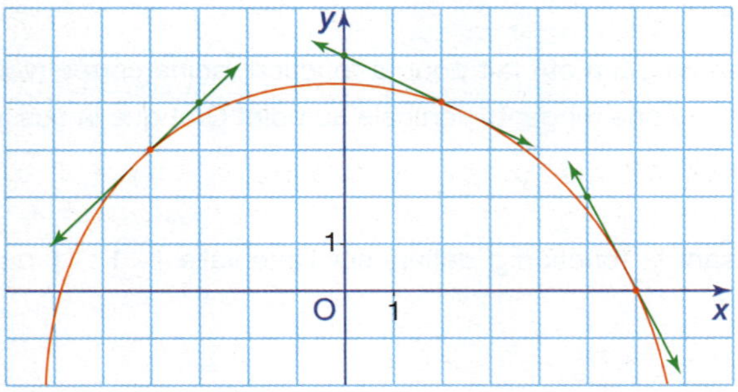

10 La courbe représentative d'une fonction f est donnée ci-après. En chacun des points indiqués, la courbe admet une tangente qui est tracée.

En vous servant du quadrillage, complétez les égalités suivantes :

$f(0) = \ldots$; $f(-2) = \ldots$; $f(1) = \ldots$;
$f'(0) = \ldots$; $f'(-2) = 0$; $f'(1) = \ldots$

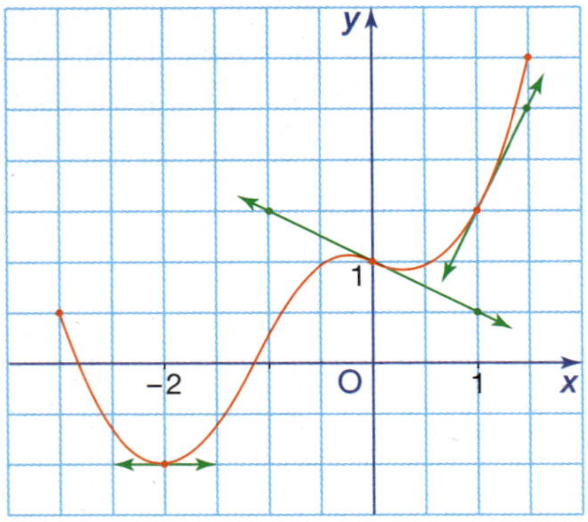

11 La courbe représentative d'une fonction f est donnée ci-dessous. En chacun des points indiqués, la courbe admet une tangente qui est tracée.

1. En vous servant du quadrillage, donnez une équation de chacune de ces tangentes.

2. En déduire l'approximation affine locale de $f(-3+h)$ et de $f(2+h)$.

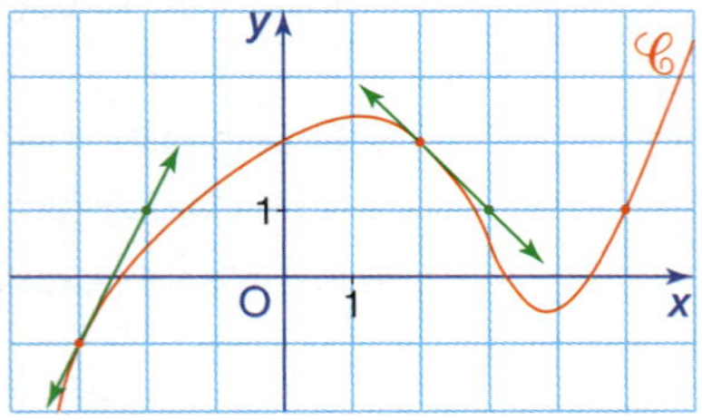

Pour les exercices 12 à 18, déterminez une équation de la tangente à la courbe représentant la fonction *f* donnée au point d'abscisse *a* indiqué.

12 $f(x) = -x + 4$; $a = 1$. **13** $f(x) = \frac{1}{x}$; $a = 4$.

14 $f(x) = 2x + p$ (p réel) ; $a = 3$.

15 $f(x) = \frac{1}{x} + 1$; $a = -1$. **16** $f(x) = x^3 + 4x$; $a = 2$.

17 $f(x) = \frac{1}{x-3}$; $a = -2$. **18** $f(x) = x^2 + x$; a réel.

19 **1.** Représentez la courbe $\mathscr{C}$ d'équation $y = x^2 - 4$ dans un repère.
2. a est un réel. Prouvez que la fonction $f : x \mapsto x^2 - 4$ est dérivable en a et calculez $f'(a)$.
3. Tracez les tangentes à $\mathscr{C}$ aux points d'abscisses :
$$-1\ ;\ 0\ ;\ \frac{1}{2} \text{ et } 2.$$
Aide : Voir l'exercice résolu 2, p. 63.

20 **1.** Représentez la courbe $\mathscr{C}$ d'équation $y = -x^2 + 3$ dans un repère.
2. a est un réel. Démontrez que la fonction définie par $f(x) = -x^2 + 3$ est dérivable en a et calculez $f'(a)$.
3. Déterminez une équation de la tangente à la courbe $\mathscr{C}$ aux points d'abscisses -1 ; 0 et 2.
Tracez ces tangentes.

21 $\mathscr{C}$ est la courbe représentative d'une fonction f dérivable sur intervalle I. a est un réel de I.
La tangente au point A d'abscisse a est parallèle à la droite d'équation $y = -3x + 4$.
Calculez $f'(a)$.

22 f est la fonction $x \mapsto x^3$.
1. Donnez l'approximation affine locale de $(2 + h)^3$.
2. Déduisez-en (sans donner l'erreur commise) des approximations des nombres suivants.
a) $(2{,}001)^3$. **b)** $(1{,}997)^3$. **c)** $(-1{,}999)^3$.

23 f est la fonction $x \mapsto x^2$. a est un réel.
1. Donnez l'approximation affine locale de $f(a + h)$.
2. Déterminez, en fonction de h, l'erreur commise lorsque l'on remplace $f(a + h)$ par cette approximation affine.
3. Comment choisir h pour que la précision de cette approximation soit égale à 10^{-6} ?

3. Fonctions dérivées des fonctions usuelles

24 Dans chacun des cas suivants, démontrez que la fonction f est dérivable sur l'ensemble D indiqué et déterminez sa fonction dérivée.
1. $f : x \mapsto -5x + 4$; $D = \mathbb{R}$.
2. $f : x \mapsto x^2 + 3$; $D = \mathbb{R}$.
3. $f : x \mapsto 2x^2 - x + 2$; $D = \mathbb{R}$.
4. $f : x \mapsto \frac{2}{x}$; $D = \mathbb{R} - \{0\}$.

25 Une fonction g dérivable sur $\mathbb{R}$ a pour fonction dérivée $g' : x \mapsto -x^2 + 4x + 8$.
Existe-t-il des points de la courbe représentant g en lesquels la tangente à la courbe est horizontale (c'est-à-dire de coefficient directeur nul) ?

26 **1.** Donnez une équation de la tangente à la courbe d'équation $y = \sin x$ au point d'abscisse 0.
2. Déduisez-en l'approximation affine locale de $\sin h$.
3. À l'aide du **2.**, donnez une approximation de $\sin(0{,}01)$ et comparez avec la valeur de $\sin(0{,}01)$ fournie par votre calculatrice en mode radian.

27 f est la fonction définie sur l'intervalle $[0\ ;\ +\infty[$ par $f(x) = \sqrt{x}$.
Déterminez une équation de la tangente à la courbe représentant f au point d'abscisse a, $a > 0$.

28 On note $\mathscr{C}_f$ la courbe représentative de la fonction f définie sur $[0\ ;\ +\infty[$ par $f(x) = \sqrt{x}$.
1. En quel point $\mathscr{C}_f$ admet-elle une tangente de coefficient directeur $\frac{1}{4}$?
2. Comment justifier que $2 + \frac{h}{4}$ est l'approximation affine locale de $f(4 + h)$?

29 On définit sur $[0\ ;\ \pi]$ les fonctions f_1 et f_2 par :
$$f_1(x) = \sin x \text{ et } f_2(x) = \cos x.$$
Démontrez que leurs courbes représentatives $\mathscr{C}_1$ et $\mathscr{C}_2$ admettent au point d'abscisse $\frac{3\pi}{4}$ des tangentes parallèles.

4. Opérations sur les fonctions dérivables

Pour les exercices 30 à 40, calculez $f'(x)$, $f'(t)$ ou $f'(u)$ en précisant pour quelles valeurs de x, t ou u votre calcul est valable.

Aide : Voir les exercices résolus 3, 4, 5, p. 67.

30 **a)** $f(x) = -5x^3 + 4x^2 - 9x - 5$.
b) $f(x) = -\frac{1}{2}x^4 + 3x^3 - 4x^2 + \sqrt{3}x + 1$.

31 $f(x) = (\sqrt{3} - 1)x^2 + 3x - \pi$.

Pour les exercices 32 à 40, calculez $f'(x)$, $f'(t)$ ou $f'(u)$ en précisant pour quelles valeurs de x, t ou u votre calcul est valable.

Aide : Voir les exercices résolus 3, 4, 5, p. 67.

32 $f(x) = -\sqrt{x} + \dfrac{x^2}{2}$.

33 $f(t) = \dfrac{4t^5}{5}$.

34 $f(x) = \dfrac{x^3 + 12x - 1}{4}$.

35 $f(u) = (2u+3)(5u+1)$.

36 $f(x) = (7x-2)^2$.

37 $f(x) = (\sqrt{x}+1)^2$.

38 $f(x) = x + \sin x$.

39 $f(t) = t\sin t$.

40 $f(x) = -2\cos x + x^2$.

41 f est la fonction définie sur $\mathbb{R}$ par $f(x) = 3x^3 - 7x^2 + 8x - 5$ et $\mathscr{C}$ est sa courbe représentative.

1. Démontrez que $\mathscr{C}$ admet une tangente en chacun de ses points.
2. $\mathscr{C}$ admet-elle des tangentes horizontales (c'est-à-dire de coefficient directeur nul) ?

42 f, g, h sont les fonctions définies sur $\mathbb{R}$ par :

$f(x) = \cos x$; $g(x) = \sin x$ et $h(x) = \cos x + \sin x$,

représentées graphiquement par $\mathscr{C}_f$, $\mathscr{C}_g$ et $\mathscr{C}_h$.

1. Déterminez pour $\mathscr{C}_f$, puis pour $\mathscr{C}_g$, une équation de la tangente au point d'abscisse $\dfrac{\pi}{3}$.
2. Déterminez une équation de la tangente à $\mathscr{C}_h$ au point d'abscisse $\dfrac{\pi}{3}$.

Pour les exercices 43 à 54, calculez $f'(x)$ et précisez pour quelles valeurs du réel x votre calcul est valable.

Aide : Voir l'exercice résolu 6, p. 69.

43 $f(x) = -\dfrac{4}{x^3}$.

44 $f(x) = \dfrac{2}{3x-5}$.

45 $f(x) = \dfrac{1-2x}{x-2}$.

46 $f(x) = \dfrac{4x+7}{x^2}$.

47 $f(x) = \dfrac{2-x^2}{2+x^2}$.

48 $f(x) = \dfrac{1}{\sqrt{x}}$.

49 $f(x) = \dfrac{2}{5x} - \dfrac{3x}{4}$.

50 $f(x) = \dfrac{1}{(2x-1)^2}$.

51 $f(x) = \dfrac{x^2-4x+8}{2x-5}$.

52 $f(x) = 4x - 1 + \dfrac{1}{4-x}$.

53 $f(x) = \dfrac{1}{x^2}\sin x$.

54 $f(x) = \dfrac{1}{\cos x}$.

55 f et g sont les fonctions définies sur $\mathbb{R} - \{-1\}$ par :

$$f(x) = \frac{3x-2}{x+1} \text{ et } g(x) = \frac{-5}{x+1}.$$

1. Prouvez que f et g sont dérivables sur $\mathbb{R} - \{-1\}$ et déterminez f' et g'.
   Que remarquez-vous ?
2. Calculez $f(x) - g(x)$.
   Justifiez alors la remarque de la question **1.**

56 f est la fonction définie sur $\mathbb{R}$ par $f(x) = \dfrac{3x}{x^2+1}$.

1. Démontrez que f est dérivable sur $\mathbb{R}$ et calculez $f'(x)$.
2. Déterminez l'équation de la tangente à $\mathscr{C}$ au point d'abscisse a, où a est un réel quelconque.

57 f est la fonction définie sur l'intervalle $I = \left]-\dfrac{\pi}{2} ; \dfrac{\pi}{2}\right[$ par $f(x) = \tan x = \dfrac{\sin x}{\cos x}$.

Prouvez que pour tout x de I, $f'(x) = 1 + [f(x)]^2$.

Pour les exercices 58 à 64, calculez $f'(x)$ ou $f'(t)$ et précisez pour quels réels x ou t votre calcul est valable. (*Voir le théorème* 10, *p.* 68)

58 $f(x) = \sqrt{x-4}$.

59 $f(t) = t + \sqrt{2t}$.

60 $f(t) = \cos\left(2t + \dfrac{\pi}{3}\right)$.

61 $f(x) = \dfrac{1}{\sqrt{2x-3}}$.

62 $f(x) = (-2x+3)^4$.

63 $f(x) = \sin 3x$.

64 $f(x) = \left(\dfrac{5x-4}{2}\right)^3$.

pour apprendre à chercher

Les exercices de cette partie, de difficulté moyenne pour la plupart, ne sont pas des exercices résolus. Le questionnement veut montrer comment on peut organiser une recherche et suivre un raisonnement.

65 Problème d'existence : Déterminer une fonction polynôme

f est une fonction polynôme du second degré, $\mathscr{C}$ sa courbe représentative dans un repère orthonormal $(O ; \vec{\imath}, \vec{\jmath})$.

Le point A de coordonnées $(1 ; 6)$ est un point de $\mathscr{C}$, la tangente T à $\mathscr{C}$ au point d'abscisse 2 est parallèle à la droite d'équation $y = 10x - 5$ et $f(2) = 13$.

Objectif : déterminer, si elle existe, la fonction *f*.

1. Un polynôme est entièrement déterminé par la donnée de ses coefficients. On pense donc à écrire $f(x) = ax^2 + bx + c$, avec a, b, c réels $(a \neq 0)$.
Savoir si f existe revient à savoir si on peut trouver trois nombres a, b, c qui répondent aux exigences de l'énoncé (voir *Types de problèmes et raisonnements*, § 3, p. 416).

a) Justifiez les affirmations suivantes :
- $\mathscr{C}$ passe par $A(1 ; 6)$ équivaut à $f(1) = 6$.
- T est parallèle à la droite $y = 10x - 5$ équivaut à $f'(2) = 10$.

b) Prouvez que le problème posé est équivalent à :
Existe-t-il des nombres a, b, c, $a \neq 0$, tels que :

$$\begin{cases} 4a + b = 10 \\ a + b + c = 6 \\ 4a + 2b + c = 13 \end{cases} \quad ?$$

2. Vous n'avez pas l'habitude de résoudre un tel système… Mais la première équation ne contient que deux des trois inconnues. Elle permet alors, par exemple, d'exprimer b en fonction de a.

a) Vérifiez alors que le système est équivalent à :

$$\begin{cases} b = 10 - 4a \\ -3a + c = -4 \\ -4a + c = -7 \end{cases}$$

b) Calculez alors a et c, puis déduisez-en b.

c) Concluez.

3. Rédigez une solution.

66 Existence et calcul d'une dérivée

f est la fonction définie sur $[0 ; +\infty[$ par

$$f(x) = 2\sqrt{x+1} + \frac{1}{x+3}.$$

Objectif : calculer $f'(x)$ et préciser les valeurs de x pour lesquelles votre calcul est valable.

1. Voyons d'abord sous quelle forme se présente la fonction à dériver.
f apparaît comme somme de deux fonctions u et v avec $u(x) = 2\sqrt{x+1}$ et $v(x) = \dfrac{1}{x+3}$ définies sur $[0 ; +\infty[$.

Si u et v sont dérivables sur $[0 ; +\infty[$, pourquoi le théorème 4 vous permet-il de calculer $f'(x)$?

2. Il s'agit donc d'étudier la dérivabilité de u et v. Cette étude n'est pas immédiate. Il faut donc essayer d'utiliser les théorèmes sur la dérivation.

a) Prouvez que :
- u est dérivable sur $I =]-1 ; +\infty[$;
- pour tout x dans I, $u'(x) = \dfrac{1}{\sqrt{x+1}}$.

b) Prouvez que :
- v est dérivable sur $]-\infty ; -3[\cup]-3 ; +\infty[$;
- pour tout x différent de -3, $v'(x) = \dfrac{-1}{(x+3)^2}$.

c) Terminez le calcul de $f'(x)$.

3. Rédigez une solution.

67 Tangentes à une courbe passant par un point

Dans un repère $(O ; \vec{\imath}, \vec{\jmath})$, $\mathscr{C}$ est la courbe représentative de la fonction $f : x \mapsto \dfrac{x^2}{2} - 2x + 3$ et A le point de coordonnées $(1 ; -1)$.

Objectif : déterminer, si elles existent, les tangentes à $\mathscr{C}$ passant par A.

1. L'utilisation d'un graphique peut permettre de mieux saisir la situation.

a) À l'aide de votre calculatrice, commencez par tracer $\mathscr{C}$ puis placez A.

b) Le point A est-il sur $\mathscr{C}$? Conjecturez le nombre de tangentes à $\mathscr{C}$ passant par A.

2. Il s'agit en fait de trouver le (ou les) point(s) N de $\mathscr{C}$ en lesquels la tangente à $\mathscr{C}$ passe par A. Pour connaître un point de $\mathscr{C}$, il suffit de connaître son abscisse. On choisit donc comme inconnue l'**abscisse** n de N.

a) Trouvez (en fonction de n) une équation de la tangente T_n en N à $\mathscr{C}$.

b) Démontrez que :
« T_n passe par A » équivaut à « $n^2 - 2n - 4 = 0$ ».

Aide : Vous pouvez vous reporter à la partie *Types de problèmes et raisonnements*, § 2, p. 415.

c) Résolvez cette équation. Combien trouvez-vous de tangentes T_n ? Concluez en plaçant les points trouvés sur $\mathscr{C}$ et en traçant les tangentes.

3. **Rédigez une solution.**

68 Problème d'existence : Tangentes communes à deux courbes

Dans un repère $(O ; \vec{i}, \vec{j})$, $\mathscr{C}_f$ et $\mathscr{C}_g$ sont les courbes représentatives des fonctions $f : x \mapsto x^2$ et $g : x \mapsto \frac{1}{x}$.

Objectif : trouver les tangentes communes à ces deux courbes.

1. Il paraît d'abord indispensable de bien comprendre ce qu'est une tangente commune à deux courbes.
C'est une droite à la fois tangente en A à $\mathscr{C}_f$ et en B à $\mathscr{C}_g$. *A priori*, les points A et B sont distincts.

a) Construisez $\mathscr{C}_f$ et $\mathscr{C}_g$ dans le repère $(O ; \vec{i}, \vec{j})$.
b) Essayez de construire une tangente commune. Semble-t-il y en avoir une seule ? plusieurs ?

2. Puisque l'on sait écrire l'équation d'une tangente à une courbe en un point d'abscisse donnée, l'idée est d'écrire :
– une équation d'une tangente Δ_a à $\mathscr{C}_f$ en un point d'abscisse a quelconque,
– une équation d'une tangente Δ_b à $\mathscr{C}_g$ en un point d'abscisse b quelconque $(b \neq 0)$,
– puis de voir s'il est possible de choisir a et b de façon que Δ_a et Δ_b soient confondues.

a) Trouvez une équation de la tangente Δ_a à $\mathscr{C}_f$ au point d'abscisse a.
b) Trouvez une équation de la tangente Δ_b à $\mathscr{C}_g$ au point d'abscisse b $(b \neq 0)$.
c) Déduisez-en que Δ_a et Δ_b sont confondues équivaut à « Il existe deux nombres a et b tels que :

$$2a = -\frac{1}{b^2} \text{ et } -a^2 = \frac{2}{b} \quad [1]. »$$

Aide : Dire que deux droites d'équations réduites $y = mx + p$ et $y = m'x + p'$ sont confondues équivaut à dire que $m = m'$ et $p = p'$.

d) Déduisez-en les valeurs de a et b et concluez.

3. **Rédigez une solution.**

69 Recherche d'ensemble : Tangentes perpendiculaires à une parabole

Dans un repère orthonormal $(O ; \vec{i}, \vec{j})$, on note $\mathscr{P}$ la parabole d'équation $y = x^2$.

Objectif : déterminer l'ensemble des points M d'où l'on peut mener à $\mathscr{P}$ deux tangentes perpendiculaires.

1. Il s'agit d'un problème de recherche d'ensemble (voir la partie *Types de problèmes et raisonnements*, § 3, page 416). Notons $\mathscr{E}$ cet ensemble. L'appartenance de M à $\mathscr{E}$ se traduit ainsi : « Par M on peut mener deux tangentes perpendiculaires à $\mathscr{P}$ ».
On suppose que M_0 de coordonnées $(x_0 ; y_0)$ est un point de $\mathscr{E}$ et de cette hypothèse on essaie de déduire des conditions sur x_0 et y_0. Par hypothèse, il passe deux tangentes à $\mathscr{P}$ par M_0, notées T et T′.

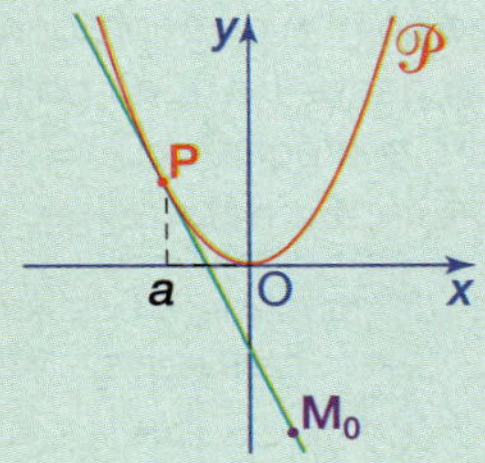

Notons P et P′ leurs points de contact avec $\mathscr{P}$, d'abscisses a et c.

a) Prouvez que T a pour équation $y = 2ax - a^2$.
b) Prouvez que l'appartenance de M_0 à T se traduit par :

$$a^2 - 2x_0a + y_0 = 0 \quad [1].$$

Il est clair que, de même, $y = 2cx - c^2$ est une équation de T′ et que l'appartenance de M_0 à T′ se traduit par :

$$c^2 - 2x_0c + y_0 = 0 \quad [2]$$

2. Il reste à traduire l'orthogonalité de T et T′. Vous savez que si deux droites d et d' ont pour équations $y = mx + p$ et $y = m'x + p'$, alors « d perpendiculaire à d' » équivaut à « $mm' = -1$ » (*voir chapitre* 13 *page* 360).

a) Prouvez que $4ac = -1$ [3].
b) Déduisez alors de [1], [2] et [3] que $y_0 = -\frac{1}{4}$ et donc que M_0 appartient à la droite fixe d d'équation $y = -\frac{1}{4}$.

3. Nous venons de prouver que si M est un point de $\mathscr{E}$, alors M est un point de d, donc $\mathscr{E}$ est inclus dans d. Il reste à répondre à la question suivante : Si M est un point de d, peut-on mener de M deux tangentes à $\mathscr{P}$ perpendiculaires ?

Prouvez que la réponse à cette question est oui. Concluez.

Aide : Pour cela, partez de l'hypothèse : M est un point de d donc ses coordonnées sont $\left(x_0 ; -\frac{1}{4}\right)$.

4. **Rédigez une solution.**

70 Lieu géométrique

Dans un repère orthonormal $(O ; \vec{i}, \vec{j})$, on note $\mathscr{C}$ la courbe représentative de la fonction $f : x \mapsto \frac{1}{4}x^2$ et F de coordonnées $(0 ; 1)$. Une droite d de coefficient directeur m passe par F et coupe $\mathscr{C}$ en M_1 et M_2. Les tangentes à $\mathscr{C}$ en M_1 et M_2 se coupent en I.

Objectif : trouver le lieu géométrique $\mathcal{E}$ de I lorsque *d* pivote autour de F.

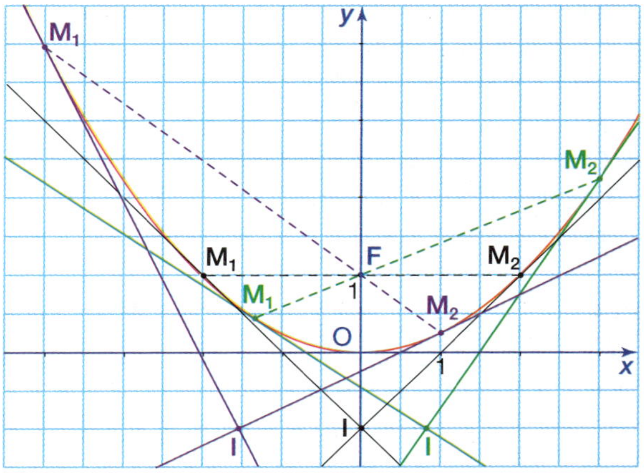

1. Après avoir tracé $\mathscr{C}$ et quelques droites d quelconques passant par F, il semble que la droite d coupe toujours $\mathscr{C}$ en deux points distincts M_1 et M_2.

De plus, il semble que les points I soient alignés, c'est-à-dire qu'ils soient sur une droite fixe.

Les coordonnées de I dépendent des abscisses de M_1 et M_2, que nous noterons x_1 et x_2. Pour trouver x_1 et x_2, il faut trouver d'abord une équation de d.

a) Vérifiez que d a pour équation $y = mx + 1$.

b) Vérifiez que x_1 et x_2 (s'ils existent) sont solutions de l'équation $x^2 - 4mx - 4 = 0$.

Prouvez que cette équation a toujours deux solutions **distinctes** x_1 et x_2 pour tout réel m.

2. Pour trouver le lieu $\mathcal{E}$ de I, la piste analytique s'impose (voir la partie *Types de problèmes et raisonnements,* § 5, p. 420).

Il faut donc trouver, en fonction de x_1 et x_2, les coordonnées de I. Pour cela on est amené à chercher les coordonnées du point d'intersection (s'il existe) de deux droites : les tangentes en M_1 et M_2 à $\mathscr{C}$.

a) Trouvez, en fonction de x_1, une équation de la tangente en M_1 à $\mathscr{C}$ et, en fonction de x_2, une équation de la tangente en M_2 à $\mathscr{C}$.

b) Pourquoi ces droites sont-elles sécantes ?

c) Déduisez-en que I a pour coordonnées :

$$\left(\frac{x_1 + x_2}{2} ; \frac{x_1 x_2}{4}\right).$$

d) Trouvez alors les coordonnées de I en fonction de m et déduisez-en que I est un point de la droite d d'équation $y = -1$.

3. On vient de prouver que si I est un point de $\mathcal{E}$, alors I est un point de d, donc $\mathcal{E}$ est inclus dans d. Il reste à répondre à la question suivante :

Si I est un point de d, est-il un point de $\mathcal{E}$?

Prouvez que la réponse est oui et concluez.

4. Rédigez une solution.

Exercices

pour progresser

Détermination de tangentes

Pour les exercices 71 à 78, déterminez une équation de la tangente à la courbe $\mathscr{C}$ représentant *f*, au point *a* indiqué.

71 $f(x) = \frac{2}{3}x^2$; $a = 1$.

72 $f(x) = -x^2 + 2x - 8$; $a = -2$.

73 $f(x) = \frac{x+3}{1-2x}$; $a = -1$.

74 $f(x) = \frac{1}{3x}$; $a = \sqrt{2}$.

75 $f(x) = x + \cos x$; $a = \frac{\pi}{2}$.

76 $f(x) = \sqrt{x - 1{,}6}$; $a = 10$.

77 $f(x) = x^2 + 1 - \frac{1}{x^2+1}$; $a = 0$.

78 $f(x) = |x|$; $a = 2$.

79 À l'aide d'une calculatrice, on a obtenu une partie de la courbe représentative de la fonction f définie sur $\mathbb{R}$ par $f(x) = \frac{x^4}{4} + x^3 + \frac{x^2}{2} + 8$.

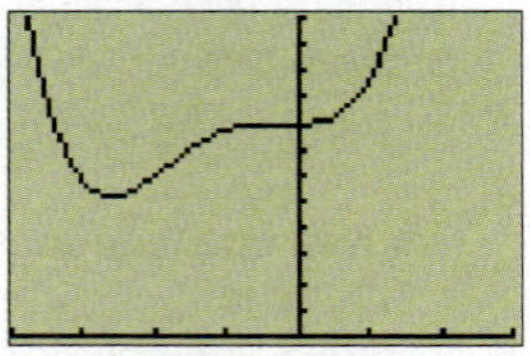

1. En combien de points la courbe semble-t-elle avoir une tangente parallèle à l'axe des abscisses ?

2. Trouvez la valeur exacte des abscisses de ces points par le calcul.

80 **1.** La courbe $\mathscr{C}$ représentative de la fonction f définie par $f(x) = x^3 - 3x^2 + 3x + 4$ admet une tangente en chacun de ses points. Pourquoi ?

2. a) Résolvez l'équation $f'(x) = 0$.

b) Interprétez géométriquement le résultat.

3. Déterminez les abscisses des points de $\mathscr{C}$ en lesquels la tangente à $\mathscr{C}$ a un coefficient directeur égal à 3.

4. Existe-t-il des points de $\mathscr{C}$ en lesquels la tangente à $\mathscr{C}$ est parallèle à la droite d'équation $y = cx + d$ (où c et d sont deux réels) ? Discutez en fonction de c.

Aide : Voir la partie *Types de problèmes et raisonnements*, § 3, p. 416.

81 $\mathscr{C}$ est la courbe d'équation $y = 4x^2 + 5x + 8$.

1. Déterminez l'équation de la tangente T au point d'abscisse 2.

2. Étudiez la position de $\mathscr{C}$ par rapport à T.

Aide : Voir le TD3, p. 74.

82 On considère la courbe $\mathscr{C}$ d'équation $y = x^2 - x + 1$ et la courbe $\mathscr{C}'$ d'équation $y = \frac{1}{1+x}$.

1. Démontrez que ces deux courbes se coupent en un point A dont vous préciserez les coordonnées.

2. Démontrez que les courbes $\mathscr{C}$ et $\mathscr{C}'$ admettent en ce point A une tangente commune.

Aide : Voir l'exercice 68, *Pour apprendre à chercher*.

3. Étudiez la position de chacune de ces courbes par rapport à cette tangente.

Aide : Voir le TD3, p. 74.

83 À l'aide d'un grapheur, on a obtenu la courbe représentant la fonction $f : x \mapsto -x^4 + 2x^2 + x$ et la tangente T à cette courbe au point A(− 1 ; 0).
Cette tangente T semble être tangente à la courbe en un second point B. Prouvez-le.

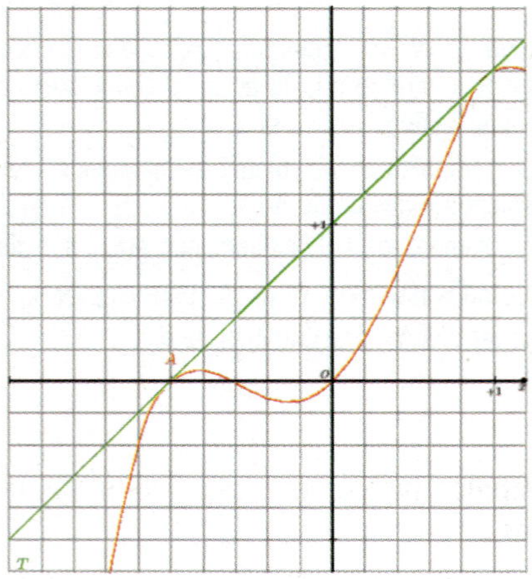

84 **Conjecturer avec la calculatrice**

Les fonctions f et g sont telles que $f(x) = \frac{3x}{x+2}$ et $g(x) = \frac{1}{2}x^2 + \frac{3}{2}x$. On note $\mathscr{C}_f$ et $\mathscr{C}_g$ leurs courbes représentatives respectives.

1. À l'aide d'une calculatrice, tracez $\mathscr{C}_f$ et $\mathscr{C}_g$ pour x dans]− 2 ; 2].

2. a) Le point O semble commun à $\mathscr{C}_f$ et $\mathscr{C}_g$. Vérifiez-le.

b) Que pouvez-vous conjecturer à propos des tangentes à $\mathscr{C}_f$ et $\mathscr{C}_g$ en O ?
Prouvez cette conjecture.

85 Le graphique ci-dessous représente une partie de la courbe représentative d'une fonction f dérivable sur l'ensemble $\mathbb{R}$.

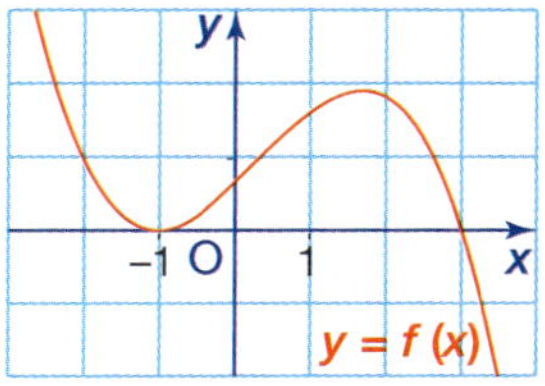

D'après ce graphique, quelle conjecture pouvez-vous émettre quant à l'existence et l'éventuelle valeur du nombre $\lim\limits_{h \to 0} \dfrac{f(-1+h)}{h}$?

86 f est la fonction définie sur $\mathbb{R} - \{-1\}$ par $f(x) = \dfrac{2x}{1+x}$ et $\mathscr{C}_f$ est sa courbe représentative.

1. Déterminez les points de $\mathscr{C}_f$ en lesquels la tangente à $\mathscr{C}_f$ est parallèle à la droite d'équation $y = 4x$.
2. Existe-t-il des tangentes à $\mathscr{C}_f$ passant par $O(0 ; 0)$?

Aide : Voir l'exercice 67, *Pour apprendre à chercher.*

87 La droite d'équation $y = 7x + 9$ peut-elle être une tangente à la courbe d'équation $y = x^3 + 4x + 11$? Si oui, en quel(s) point(s) ?

88 Déterminez les tangentes issues du point A de coordonnées $(1 ; 2)$ à la courbe représentant la fonction $f : x \mapsto \dfrac{2}{3}x^2 + 3x - 1$.

Aide : Voir l'exercice 67, *Pour apprendre à chercher.*

89 **Paraboles tangentes à une droite donnée en un point donné**

Dans un repère choisi, on note d la droite d'équation $y = x + 2$ et A le point d'abscisse 0 de cette droite.
On se propose de déterminer toutes les paraboles $\mathscr{P}$ d'équations $y = ax^2 + bx + c$, $a \neq 0$, qui sont tangentes à d en A.

1. Démontrez que chacune de ces paraboles a une équation de la forme $y = ax^2 + x + 2$, a réel non nul.
2. **a)** x_0 et y_0 sont les coordonnées du sommet d'une parabole $\mathscr{P}$.
Trouvez une relation entre x_0 et y_0 qui ne contient pas a.
b) Démontrez que les sommets des paraboles $\mathscr{P}$ sont sur une courbe fixe dont vous donnerez une équation.

90 On considère, dans un repère, l'hyperbole $\mathscr{H}$ d'équation $y = \dfrac{1}{x}$ et les trois points $A(1 ; -1)$, $B(1 ; 2)$ et $C(2 ; 0)$.

1. Tracez $\mathscr{H}$ et placez les points A, B, C.
Combien semble-t-il y avoir de tangentes à $\mathscr{H}$ passant par A ? par B ? par C ?
2. $M(x ; y)$ est un point du plan.
Pour $a \neq 0$, P désigne le point de $\mathscr{H}$ d'abscisse a ; Δ est la tangente à $\mathscr{H}$ au point P. Dire « M appartient à Δ » équivaut à dire « $a^2y - 2a + x = 0$ ».
Pourquoi ?
3. Trouvez alors pour chacun des points A, B, C, le nombre de tangentes à $\mathscr{H}$ qui passent par ce point. Tracez ces tangentes.
4. **Prolongement.** Quels sont les points du plan par lesquels on peut mener deux tangentes à $\mathscr{H}$?

Aide : Voir l'exercice 69, *Pour apprendre à chercher.*

91 **Construction géométrique de tangentes selon Torricelli**

Soit n un entier naturel $n \geqslant 2$, et f la fonction définie par $f(x) = x^n$ pour tout x réel. On appelle $\mathscr{C}$ sa courbe représentative et A un point de $\mathscr{C}$ d'abscisse a.
On considère le procédé suivant inspiré de la méthode de Torricelli :

- construire le projeté H de A sur l'axe des ordonnées ;
- placer le point I tel que $\overrightarrow{HI} = n\overrightarrow{HO}$;
- alors, la droite (IA) est la tangente à $\mathscr{C}$ au point A.

1. Déterminez les coordonnés des points H et I.
2. Déterminez une équation de la tangente à $\mathscr{C}$ en A.
3. Vérifiez que ce procédé géométrique est exact.
4. Mettez en œuvre ce procédé pour construire les tangentes à la courbe d'équation $y = x^3$ aux points d'abscisses -1, $\dfrac{3}{2}$ et 2.
5. Démontrez que ce procédé est aussi valable pour la construction d'une tangente à la courbe d'équation $y = x^n$ (n entier relatif strictement négatif) en un point d'abscisse non nulle.

Approximations affines

92 f est la fonction définie sur $\mathbb{R}$ par $f(x) = x^2$.

1. Donnez l'approximation affine locale de $f(1+h)$.
2. Démontrez que si $|h| \leqslant 10^{-p}$ $(p \in \mathbb{N})$, alors :
$$0 \leqslant [f(1+h) - (1+2h)] \leqslant 10^{-2p}.$$
3. Déduisez-en, sans calcul, un encadrement de $(0{,}999\,6)^2$, d'amplitude 10^{-6}.

93 ★ f est la fonction définie sur $\mathbb{R}$ par $f(x) = x^3$.

1. Donnez l'approximation affine locale de $f(1+h)$.

2. Démontrez que si $|h| \leqslant 10^{-1}$, alors :

$$0 \leqslant [f(1+h) - (1+3h)] \leqslant 4 \times 10^{-2}.$$

Déduisez-en une valeur approchée de $(1{,}01)^3$ en donnant la précision.

3. Dans quel intervalle suffit-il de situer h pour que $1+3h$ soit une approximation de $(1+h)^3$ à 10^{-6} près par défaut ?

4. Que pensez-vous de la validité de l'affirmation suivante : « Augmenter un prix de 2 % trois fois de suite, c'est presque l'augmenter de 6 % » ?

94 ★★ **La calculatrice ne « dit pas tout »**

f est la fonction définie sur $[0\,;+\infty[$ par $f(x) = \sqrt{x}$.

1. Donnez l'approximation affine locale de $f(1+h)$.

2. Démontrez que pour tout $h \geqslant 0$:

$$f(1+h) - \left(1 + \frac{1}{2}h\right) = \frac{-h^2}{4\left[\sqrt{1+h} + 1 + \frac{h}{2}\right]}$$

3. Déduisez-en que pour tout $h \geqslant 0$:

$$\left|f(1+h) - \left(1 + \frac{1}{2}h\right)\right| \leqslant \frac{h^2}{8}$$

4. Donnez alors des valeurs approchées des nombres suivants et un majorant de l'erreur commise :

a) $\sqrt{1{,}002}$; **b)** $\sqrt{4{,}004}$;

c) $\sqrt{9+x}$, pour x tel que $0 \leqslant x \leqslant 10^{-2}$.

5. Donnez un intervalle I tel que si h est dans I, alors la calculatrice ne fait pas la différence entre $\sqrt{1+h}$ et $1 + \frac{1}{2}h$.

Déterminations de fonctions

95 Déterminez les réels a et b de sorte que la courbe représentative de la fonction f définie sur $\mathbb{R}^*$ par $f(x) = ax + b - \frac{6}{x}$ passe par le point A de coordonnées (2 ; 0) et admette en ce point la droite d'équation $x - y - 2 = 0$ pour tangente.

Aide : Voir l'exercice 65, *Pour apprendre à chercher.*

96 Déterminez m pour que la courbe d'équation $y = (m-1)x^2 + (3m+2)x + 4$ admette au point d'abscisse -1 une tangente de coefficient directeur 6.

Aide : Voir l'exercice 65, *Pour apprendre à chercher.*

97 Existe-t-il une fonction polynôme de degré 3 dont la courbe représentative passe par les points de coordonnées (0 ; 0) et (1 ; 1), et admette en ces deux points des tangentes parallèles à l'axe des abscisses ?

Aide : Voir l'exercice 65, *Pour apprendre à chercher.*

98 Trouvez l'ensemble des réels m pour lesquels la courbe représentative dans un repère orthonormal de la fonction f définie par $f(x) = \frac{mx-2}{(m+2)x+3}$ admet au point d'abscisse -1 une tangente perpendiculaire à la droite d'équation $y = \frac{3}{2}x + 5$.

Aide : Voir *Types de problèmes et raisonnements*, § 3.

99 ★ **Point de vue**

Sur la figure ci-contre, « l'arc » de parabole ABC représente une colline, le sol est symbolisé par l'axe des abscisses. Un observateur est placé en E de coordonnées $\left(-2\,;\frac{11}{4}\right)$ dans le repère choisi.

Le but de l'exercice est de déterminer les points de la colline et ceux du sol (au-delà de la colline) qui ne sont pas visibles du point d'observation E.

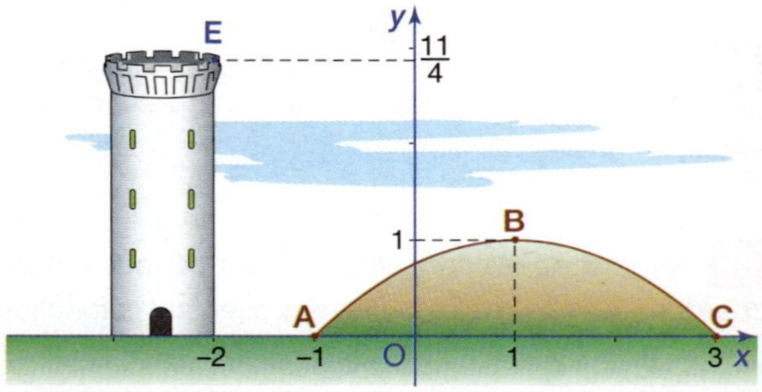

1. On note f la fonction définie sur $[-1\,;3]$ par $f(x) = ax^2 + bx + c$. Déterminez a, b, c pour que « l'arc ABC » soit la représentation graphique de f.

2. a) Reproduisez la figure ci-dessus et indiquez sur la figure les points de la colline et ceux du sol qui ne sont pas visibles de E.

b) Faites les calculs nécessaires pour trouver les abscisses de ces points.

100 ★ **Art gothique et arcs hyperboliques**

Le profil d'une voûte gothique est une courbe constituée par deux arcs d'hyperboles parfaitement symétriques comme l'indique la figure ci-après ; AB = 16 m, OH = 6 m.

Au point C, la hauteur est de 6 m et la tangente à la voûte a un coefficient directeur égal à 2.

Dans le repère orthonormal $(O\,;\vec{\imath},\vec{\jmath})$, l'équation du demi-profil gauche est $y = \frac{ax+b}{x+c}$.

1. Trouvez les nombres a, b et c tels que les conditions précédentes soient satisfaites.
2. Quelle est la hauteur totale de cette voûte ?
3. À partir de quelle hauteur, la largeur est-elle inférieure à 6 m ?

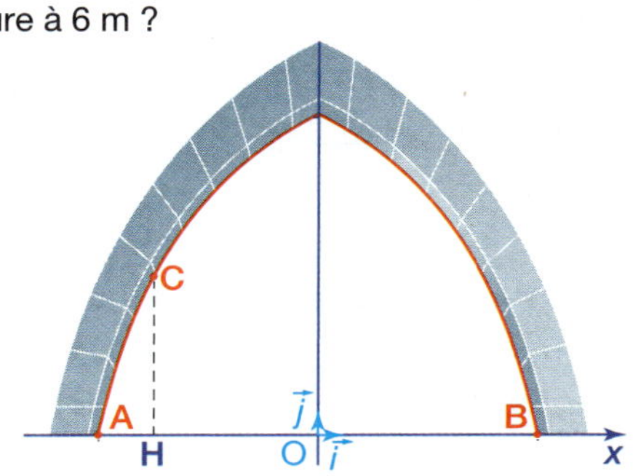

Calculs de dérivées

Pour les exercices 101 à 109, calculez $f'(x)$ en précisant l'ensemble D des réels x pour lesquels le calcul est valable. Puis déterminez le signe de $f'(x)$ suivant les valeurs de x.

101 $f(x) = x + 1 - \dfrac{2x}{x+3}$.

102 $f(x) = \left(\dfrac{x-3}{x-2}\right)^2$.

103 $f(x) = x^4 + x^2 + 1$.

104 $f(x) = 2x^4 - 3x^3 + \dfrac{1}{2}x^2 + 3$.

105 $f(x) = x + \dfrac{2}{x} - 1$.

106 $f(x) = \dfrac{x^2 + x - 1}{x^2 + x + 1}$.

107 $f(x) = \dfrac{x^2 + 2x + 6}{x - 1}$.

108 $f(x) = \dfrac{2x^2 - x}{(x+1)^2}$.

109 $f(x) = \dfrac{x^2 + 3x + 2}{x^2 - 5x + 6}$.

Pour les exercices 110 à 115, calculez $f'(x)$ en précisant l'ensemble D des réels x pour lesquels le calcul est valable.

★ **110** $f(x) = x^2 + 1 - \dfrac{2x}{x+3}$.

★ **111** $f(x) = \sqrt{x-1}\sqrt{3-x}$.

★ **112** $f(x) = x\sqrt{x}$.

★ **113** $f(x) = (\sqrt{x} + 1)^3$.

★ **114** $f(x) = \dfrac{1}{\sqrt{x}}$.

★ **115** $f(x) = \dfrac{x-1}{x+3}\sqrt{x}$.

Vrai ou faux ?

Pour chacune des affirmations suivantes, dites si elle est vraie ou fausse. Justifiez chaque fois votre réponse.

116 La dérivée d'une fonction polynôme de degré n est une fonction polynôme de degré $(n - 1)$.

117 f est une fonction telle que $f(2) = 1$. Alors $f'(2) = 0$.

118 Deux fonctions dérivables sur $\mathbb{R}$ qui ont même fonction dérivée sont égales.

119 Si une fonction f dérivable sur $\mathbb{R}$ a pour période 2π, alors f' a pour période 2π.

120 Si f est une fonction impaire dérivable sur $\mathbb{R}$, alors f' est une fonction paire.

121 La dérivée de la fonction $x \mapsto \dfrac{x^2 - 3x + 2}{x - 1}$ est la fonction $x \mapsto 1$.

Divers

★ **122 Conjecturer avec la calculatrice**

$\mathscr{C}$ est la courbe représentative de la fonction f définie par $f(x) = x\sqrt{x}$ sur $[0\,;+\infty[$.

1. Prouvez que f est dérivable sur $]0\,;+\infty[$.
Que pouvez-vous en déduire pour $\mathscr{C}$?

2. a) Tracez $\mathscr{C}$ sur l'écran d'une calculatrice pour x dans $[0\,;1]$.

b) Quelle conjecture pouvez-vous émettre au point d'abscisse 0 de cette courbe ?

c) Démontrez cette conjecture.

3. Le théorème 5 du cours prouve que « f et g dérivables en a » est une condition suffisante pour que « fg soit dérivable en a ».
Est-ce une condition nécessaire ?

Aide : Vous pouvez vous reporter au *Vocabulaire de la logique*, p. 7.

123 Vitesse de variation

1. L'aire S d'un disque est une fonction croissante de son rayon r, $S = f(r)$. On appelle vitesse de variation de l'aire par rapport au rayon la dérivée de cette fonction f.
Vérifiez que pour tout r, cette vitesse de variation est égale au périmètre du disque.

2. a) Le volume d'une sphère est une fonction croissante de son rayon R, $V = g(R)$. On appelle vitesse de variation du volume par rapport au rayon la dérivée de cette fonction g.
Vérifiez que pour tout R, cette vitesse est égale à l'aire de la sphère.

b) On gonfle un ballon sphérique. Après t minutes, son rayon R, exprimé en cm, est égal à $3t\sqrt{t}$ $(0 \leqslant t \leqslant 100)$.
Quelle est la vitesse de variation de son volume par rapport au rayon au bout de 25 minutes ?

Quelques propriétés des tangentes à la parabole

★ **124** f est une fonction polynôme du second degré telle que $f(x) = ax^2 + bx + c$ $(a \neq 0)$. On note $\mathscr{C}$ sa courbe représentative dans un repère choisi et A et B deux points de $\mathscr{C}$ d'abscisses respectives α et β telles que $\alpha \neq \beta$.

1. a) Démontrez que la tangente en A à $\mathscr{C}$ a pour équation $y = (2a\alpha + b)x + c - a\alpha^2$.

b) Trouvez de même une équation de la tangente au point B à $\mathscr{C}$.

2. Démontrez que ces tangentes se coupent en un point d'abscisse $\dfrac{\alpha+\beta}{2}$.

3. a) Vérifiez que $f(\beta) - f(\alpha) = (\beta - \alpha)f'\left(\dfrac{\alpha+\beta}{2}\right)$.

b) Déduisez-en que la tangente à $\mathscr{C}$ au point d'abscisse $\dfrac{\alpha+\beta}{2}$ est parallèle à la droite (AB).

★ **125** Dans un repère orthonormal, $\mathscr{P}$ est la parabole d'équation $y = x^2$. d est la droite d'équation $y = -\dfrac{1}{4}$ et F le point de coordonnées $\left(0\,;\dfrac{1}{4}\right)$.

1. Déterminez une équation de la tangente T à $\mathscr{P}$ au point M d'abscisse t.

2. H est la projection orthogonale de M sur d. Démontrez que T est la médiatrice du segment [HF].

★ **126** Dans un repère orthonormal, $\mathscr{C}$ est la courbe représentative de la fonction $f : x \mapsto x^2 - 3x + 2$, d est la droite d'équation $y = -\dfrac{1}{2}$ et F le point de coordonnées $\left(\dfrac{3}{2}\,;0\right)$.

1. À l'aide d'une calculatrice ou d'un grapheur, construisez la courbe $\mathscr{C}$ dans un repère, tracez d, puis placez F.

2. M_0 est un point de $\mathscr{C}$ d'abscisse x_0, différente de $\dfrac{3}{2}$, H_0 est le projeté orthogonal de M_0 sur d et A_0 le milieu de $[FH_0]$.

a) Calculez, en fonction de x_0, les coordonnées de H_0 et A_0.

b) Calculez, en fonction de x_0, le coefficient directeur de la droite (A_0M_0).

c) Déduisez-en que la droite (A_0M_0) est la tangente au point M_0 à $\mathscr{C}$.

3. À l'aide des résultats précédents, justifiez l'affirmation suivante :
« Le projeté orthogonal de F sur la tangente en un point quelconque de la courbe $\mathscr{C}$ est un point de la droite d'équation $y = -\dfrac{1}{4}$. »

★ **127 Une parfaite symétrie**

Dans un repère orthonormal, $\mathscr{C}$ est la courbe représentative de la fonction $f : x \mapsto x^2$. Γ est la courbe représentative de la fonction $g : x \mapsto \sqrt{x}$. M est le point de $\mathscr{C}$ d'abscisse a ; $a > 0$. N est le point de Γ d'abscisse a^2.

1. Prouvez que les tangentes en M à $\mathscr{C}$ et en N à Γ sont symétriques par rapport à la droite $y = x$.

2. Que se passe-t-il au point d'abscisse 0 ?

★★ **128** **Miroirs paraboliques**

Dans un repère orthonormal, $\mathcal{P}$ est la parabole d'équation $y = x^2$, a est un réel et d_a la droite d'équation $x = a$. La droite d_a coupe $\mathcal{P}$ en un seul point M_a et Δ_a est la symétrique de d_a par la réflexion d'axe la tangente en M_a à $\mathcal{P}$.

Démontrez que toutes les droites Δ_a passent par un point fixe F (appelé foyer de $\mathcal{P}$).

Commentaire : La fabrication de miroirs paraboliques repose sur cette propriété : les rayons solaires frappent le miroir parabolique et se réfléchissent en passant tous par le foyer ; l'énergie solaire est alors concentrée en ce point.

★★ **129** Dans un repère orthonormal, $\mathcal{P}$ est la parabole d'équation $y = x^2$ et F le point de coordonnées $\left(0 ; \frac{1}{4}\right)$. M est un point de l'axe des abscisses d'abscisse non nulle et d une droite passant par M.

Prouvez que « d est tangente à $\mathcal{P}$ en un point d'abscisse non nulle » équivaut à « la droite d est perpendiculaire à (FM) ».

★★ **130** Dans un repère orthonormal, $\mathcal{P}$ est la parabole d'équation $y = x^2$. M est un point de $\mathcal{P}$ d'abscisse non nulle. T est la tangente à $\mathcal{P}$ en M, la droite Δ est perpendiculaire à T au point M. Le point I est l'intersection de Δ et de l'axe des ordonnées, K est le projeté orthogonal de M sur cet axe.

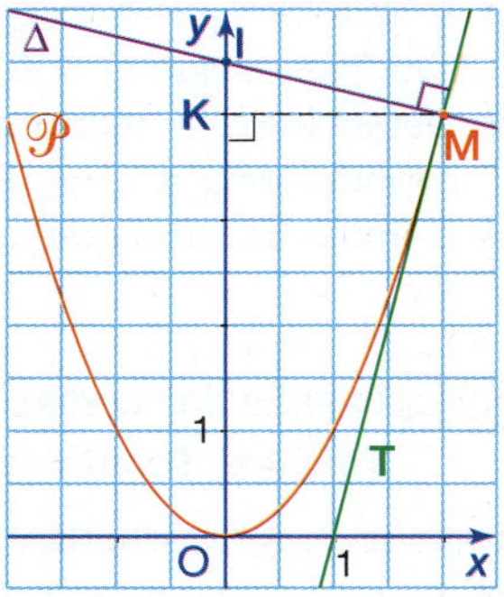

Démontrez que la longueur IK est constante lorsque le point M décrit $\mathcal{P}$.

Pour un bilan

Pour chacun des exercices suivants, plusieurs des affirmations proposées peuvent être exactes. Dites lesquelles.

Q1 $\mathcal{H}$ et $\mathcal{P}$ sont les courbes représentatives dans un repère orthonormal de $f : x \mapsto \frac{\sqrt{2}}{x}$ et $g : x \mapsto \frac{1}{2}x^2$.

a) Le point A d'abscisse $\sqrt{2}$ est le seul point commun aux courbes $\mathcal{H}$ et $\mathcal{P}$.

b) Les tangentes en A à $\mathcal{H}$ et $\mathcal{P}$ sont perpendiculaires.

c) La fonction h définie par $h(x) = f(x)$ si $x > \sqrt{2}$ et $h(x) = g(x)$ si $x \leqslant \sqrt{2}$ est dérivable pour $x = \sqrt{2}$.

Q2 $\mathcal{C}_f$ et $\mathcal{C}_g$ sont les courbes représentatives des fonctions $f : x \mapsto 1 - x^2$ et $g : x \mapsto |f(x)|$.

a) g n'est pas dérivable en -1 et 1.

b) $f' = g'$ pour tout x de l'intervalle $]-1 ; 1[$.

c) Pour $x > 1$, les tangentes à $\mathcal{C}_f$ et $\mathcal{C}_g$ au point M d'abscisse x sont symétriques par rapport à l'axe des abscisses.

Q3 g est la fonction définie sur $\mathbb{R}$ par $g(x) = (x-1)^2$ si $x \geqslant 0$ et $g(x) = (x+1)^2$ si $x < 0$.

a) g est une fonction paire.

b) g n'est pas dérivable en 0.

c) $g'(x) + g'(-x) = 0$ pour tout x non nul.

Q4 f est une fonction dérivable sur $\mathbb{R}$ telle que l'approximation affine locale de $f(2+h)$ est $3 + 4h$.

a) $\mathcal{C}_f$ admet, au point M d'abscisse 2, une tangente d'équation $y = 4x - 5$.

b) La fonction $x \mapsto \frac{5}{4}x^2 - x$ répond aux hypothèses du problème.

c) Pour la fonction $x \mapsto \frac{5}{4}x^2 - x$, la valeur absolue de l'erreur commise sur l'approximation locale de $f(2+h)$ est $\frac{5}{4}h^2$.

problèmes de synthèse

131 **Thèmes : Polynômes. Dérivation**

Vous avez admis dans le chapitre 1, que « deux polynômes sont égaux » équivaut à « ils ont même degré et mêmes coefficients ». Cela revient à dire qu'un polynôme est nul si et seulement si tous ses coefficients sont nuls. Voici une démonstration dans le cas $n = 5$.

On pose $f : x \mapsto a_5x^5 + a_4x^4 + a_3x^3 + a_2x^2 + a_1x + a_0$ où $a_5, a_4, a_3, a_2, a_1, a_0$ sont des réels.

Pour tout x, $f(x) = 0$.

1. Déduisez des hypothèses que $a_0 = 0$.

2. Déterminez la fonction $g = f'$ et déduisez des hypothèses que $a_1 = 0$.

3. Déterminez la fonction $h = g'$ et déduisez des hypothèses que $a_2 = 0$.

4. Démontrez aussi que $a_3 = 0$, $a_4 = 0$ et $a_5 = 0$.

132 **Famille de courbes**
Thèmes : Droites orthogonales. Tangentes

Dans un repère orthonormal $(O ; \vec{\imath}, \vec{\jmath})$, les courbes $\mathscr{C}_1$ et $\mathscr{C}_2$ représentent deux fonctions dérivables.

On dit que les courbes $\mathscr{C}_1$ et $\mathscr{C}_2$ sont :

• *tangentes en* A si elles passent par A et si elles admettent en ce point la même tangente,

• *orthogonales en* A si elles passent par A et si elles admettent en ce point des tangentes perpendiculaires.

1. Prouvez que les courbes représentant les fonctions $f : x \mapsto 4x^2 - 6x$ et $g : x \mapsto 6x^2 - 10x + 2$ sont tangentes en un point.

2. Prouvez que les courbes représentant les fonctions $f : x \mapsto x^2 - 3x + \frac{5}{4}$ et $g : x \mapsto \frac{9x + 15}{4x + 12}$ sont orthogonales en un point de l'axe des ordonnées.

3. Prouvez que les courbes $\mathscr{C}_m$ d'équations $y = mx^2 - (2m + 3)x + m - 5$, où $m \in \mathbb{R}$, sont tangentes en un point.

★ **133** **Thèmes : Paraboles. Tangentes.**
Équations du second degré

$(O ; \vec{\imath}, \vec{\jmath})$ est un repère orthonormal. À tout point M de coordonnées $(x ; y)$, on associe l'équation du second degré d'inconnue t, $t^2 - xt + y = 0$ (E).

1. a) Démontrez que « $x^2 - 4y > 0$ » équivaut à « l'équation (E) a deux racines distinctes ».

b) Tracez dans le repère $(O ; \vec{\imath}, \vec{\jmath})$, la parabole $\mathscr{P}$ d'équation $y = \frac{x^2}{4}$, puis représentez graphiquement l'ensemble des points $M(x ; y)$ pour lesquels (E) a deux racines distinctes, puis ceux pour lesquels (E) a une racine double, enfin ceux pour lesquels (E) n'a pas de racine.

2. T est un point de $\mathscr{P}$ d'abscisse m. Prouvez que la tangente à $\mathscr{P}$ en T a pour équation $y = \frac{m}{2}x - \frac{m^2}{4}$.

3. Question intermédiaire.

On se propose de trouver à quelle condition nécessaire et suffisante, une droite d d'équation $y = ax + b$, avec $a \neq 0$, est tangente à $\mathscr{P}$.

a) Prouvez que si d est tangente à $\mathscr{P}$ au point $A\left(x_0 ; \frac{x_0^2}{4}\right)$, alors $x_0 = 2a$ et $b = -a^2$.

b) Réciproquement, prouvez que la droite d d'équation $y = ax - a^2$, $a \neq 0$, est tangente à $\mathscr{P}$ au point de coordonnées $(2a ; a^2)$.

En conclusion, dire que la droite d d'équation $y = ax + b$, $a \neq 0$, est tangente à $\mathscr{P}$, équivaut à dire que $b = -a^2$. Et dans ce cas, le point de contact a pour coordonnées $(2a ; a^2)$.

4. On considère les équations :

(E_1) $t^2 - 5t + 6 = 0$ et (E_2) $t^2 + t - 6 = 0$.

a) Vérifiez que (E_1) et (E_2) ont une racine commune.

b) Placez sur la figure les points M_1 et M_2 associés à (E_1) et (E_2), et démontrez que la droite (M_1M_2) est tangente à $\mathscr{P}$.

5. D'une manière plus générale, on considère les équations :

(E_1) $t^2 - x_1t + y_1 = 0$ et (E_2) $t^2 - x_2t + y_2 = 0$,

et on suppose que ces équations ont une racine commune α. On note toujours M_1 et M_2 les points associés à ces équations. On suppose $M_1 \neq M_2$.

a) Exprimez y_1 en fonction de α et x_1, et y_2 en fonction de α et x_2.

b) Déduisez-en que (M_1M_2) a pour équation $y = \alpha x - \alpha^2$ et qu'elle est tangente à la parabole $\mathscr{P}$. Précisez les coordonnées du point de contact.

6. Réciproquement, on suppose que les points distincts $M_1(x_1 ; y_1)$ et $M_2(x_2 ; y_2)$ sont tels que la droite (M_1M_2) est tangente à $\mathscr{P}$.

Les équations (E_1) et (E_2) ont-elles au moins une racine commune ?

7. Est-il possible que (E_1) et (E_2) aient deux racines communes lorsque $x_1 \neq x_2$ ou $y_1 \neq y_2$?

Pour chercher plus

★★ **134** Étudiez la dérivabilité de la fonction f définie par $f(x) = |x^2 - 1|$.

★★ **135** Étudiez la dérivabilité au point 2 de la fonction f définie par $f(x) = \sqrt{x^2 - 2x}$.

chapitre 4

Applications de la dérivation

Approche historique

Un problème

En 1696, dans le premier livre publié sur les nouvelles méthodes de calcul, intitulé *Analyse des infiniment petits, pour servir à l'intelligence des lignes courbes*, le marquis de l'Hôpital (Paris, 1661 - Paris, 1704) expose le problème suivant : *Entre tous les parallélépipèdes rectangles de même volume donné* a^3, *quel est celui qui a la moindre superficie?*

Des éléments de réflexion

De l'Hôpital a suivi quatre années plus tôt des cours privés donnés à Paris par le Bâlois Jean Bernoulli (Bâle 1667 - Bâle 1748), qui avait compris et développé les idées que Leibniz exprimait de façon beaucoup trop succincte en 1682 dans un journal savant, les *Acta Eruditorum* paraissant à Leipzig.
La dérivée d'une fonction n'est pas utilisée, mais le calcul revient à en exprimer la nullité afin de trouver un extremum.
Les inconnues sont les trois côtés du parallélépipède. Pour n'utiliser d'abord qu'une variable, l'auteur suppose connue la longueur d'un côté, notée b.

Ainsi, les trois côtés sont x, b, et $\dfrac{a^3}{bx}$.

L'aire du parallélépipède est $2\left(bx + \dfrac{a^3}{x} + \dfrac{a^3}{b}\right)$. Il s'agit de trouver les valeurs de x, $x > 0$, pour lesquelles la dérivée de cette fonction est nulle.

On trouve une seule valeur, $x = \sqrt{\dfrac{a^3}{b}}$

et pour cette valeur de x, $x = \dfrac{a^3}{bx} = \sqrt{\dfrac{a^3}{b}}$,

et les deux côtés autres que b sont alors égaux.
Maintenant, par un raisonnement et un calcul analogues, parmi les parallélépipèdes

rectangles de dimensions $\sqrt{\dfrac{a^3}{b}}$, $\sqrt{\dfrac{a^3}{b}}$, b,

celui de surface minimale est obtenu pour $b = a$.
De sorte que, pour le problème de minimum posé initialement, la solution est le cube de côté a.

Jean Bernoulli
(Bâle, 1667 - Bâle, 1748)

Pour prendre un bon départ

Le but de ces activités est de découvrir, de façon intuitive, le lien entre sens de variation d'une fonction dérivable et le signe de sa fonction dérivée.

Activité 1 Mission impossible

1. Essayez de tracer une courbe $\mathscr{C}$ qui « monte sans palier », et dont au moins une tangente a un coefficient directeur négatif.

2. À votre avis, peut-on trouver une fonction f qui soit strictement croissante et dérivable sur un intervalle I, et telle qu'en un point a de I, $f'(a) < 0$?

3. Essayez de tracer une courbe $\mathscr{C}$ qui « descend sans palier », et dont au moins une tangente a un coefficient directeur positif.

4. À votre avis, peut-on trouver une fonction f qui soit strictement décroissante et dérivable sur un intervalle I, et telle qu'en un point a de I, $f'(a) > 0$?

Activité 2 Fonction monotone et dérivable sur un intervalle

Considérons une fonction f, dérivable et croissante sur un intervalle I. a est un point de I, distinct des extrémités.

1. h est un réel tel que $a + h$ soit dans I.
En distinguant les cas $h < 0$ ou $h > 0$, comparez $f(a + h)$ et $f(a)$.

2. a) Déduisez-en que le taux de variation, $t(h)$, de f entre a et $a + h$ est positif ou nul.
Or, f étant dérivable sur I, $f'(a) = \lim\limits_{h \to 0} t(h)$. Démontrons alors que $f'(a) \geqslant 0$.
b) Puisque $f'(a) = \lim\limits_{h \to 0} t(h)$, pour des valeurs de h proches de zéro, $t(h)$ est très voisin de $f'(a)$.
Donc si $f'(a) < 0$, alors il existe forcément des valeurs de h très proches de zéro pour lesquelles $t(h) < 0$. Et ceci contredit le **2a)**. Ainsi $f'(a)$ est positif ou nul.

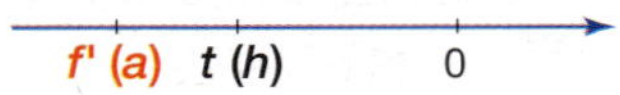

3. Donnez alors le signe de f' sur I.

4. Considérons, maintenant, une fonction f dérivable et décroissante sur I.
De façon analogue, donnez le signe de f' sur I.

Conclusion : Une fonction dérivable et monotone sur un intervalle I a une fonction dérivée sur I de signe constant.

Activité 3 Problème de la réciproque

Dans la pratique, on veut surtout savoir sur quel intervalle une fonction donnée est croissante ou décroissante. C'est donc la réciproque de la propriété précédente qui nous intéresse. Autrement dit, si f est une fonction dérivable sur un intervalle I telle que f' est de signe constant sur I, f est-elle monotone sur I ?

1 Exemple 1

1. Rappelez le sens de variation de chacune des fonctions f suivantes et dressez le tableau de variations correspondant.

a) $f : x \mapsto 2x + 1$; **b)** $f : x \mapsto -x + 2$; **c)** $f : x \mapsto x^2$;

d) $f : x \mapsto -x^2$; **e)** $f : x \mapsto x^3$.

2. Calculez la dérivée f' de chacune de ces fonctions f et étudiez le signe de $f'(x)$.

3. Vérifiez que, dans chaque cas, f est croissante lorsque f' est positive, et que f est décroissante lorsque f' est négative.

2 Exemple 2

Lors du chapitre 3, vous avez appris qu'une tangente à une courbe en un point est très proche de cette courbe autour de ce point. Ainsi construire les tangentes à une courbe en des points très rapprochés permet d'avoir une idée de l'allure de la courbe.

On considère la fonction $f : x \mapsto x^2 - 4x + 4$.

1. Prouvez que f est dérivable sur $\mathbb{R}$ et calculez $f'(x)$.

2. Vérifiez que f' est négative sur $]-\infty\ ;\ 2[$ et positive en dehors de cet intervalle.

3. Vérifiez que l'équation de la tangente à la courbe $\mathscr{C}$ représentant f au point d'abscisse a (pour tout a réel) est $y = (2a-4)x - a^2 + 4$.

4. a) À l'aide de la calculatrice, représentez alors les tangentes à $\mathscr{C}$ en tous les points d'abscisses -1 à 4 avec un pas de 0,2. (Des programmes sont écrits dans le tableau ci-dessous.)

b) Observez ce « faisceau » de tangentes : Quel semble être le lien entre le signe de f' et les variations de f sur $[-1\ ;\ 4]$?

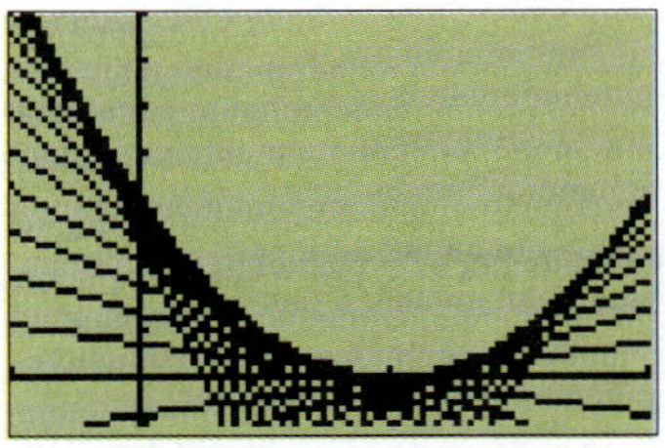

famille TI	famille Casio
: ClrDraw : FnOff : For (A, – 1, 4, 0.2) : DrawF (2A – 4)X– A² + 4 : End Après l'exécution du programme, sélectionnez « FnOn » dans le menu Y-VARS.	Saisissez (2A-4) × X – A^2 + 4 dans le registre Y_1 du menu « Graph ». Puis exécutez le programme suivant : For – 1 → A To 4 Step 0.2 DrawGraph Next

Conclusion : On constate sur ces exemples que lorsque f est une fonction dérivable sur un intervalle I :

- si $f' > 0$ sur I, alors f est **strictement croissante** sur I ;
- si $f' < 0$ sur I, alors f est **strictement décroissante** sur I.

Cours

1 Dérivée et sens de variation. Extremums

1 1 Sens de variation d'une fonction

Le théorème suivant, que nous admettrons, précise le lien entre le sens de variation d'une fonction dérivable et le signe de sa dérivée.

Théorème 1

NOTE
Dire que f' est strictement positive (resp. négative) sur I signifie que pour tout x de I, $f'(x) > 0$ (resp. $f'(x) < 0$).

f est une fonction dérivable sur un intervalle I, de fonction dérivée f'.
- Si f' est **strictement positive sur I**, sauf peut-être en quelques points où elle s'annule, alors f est **strictement croissante sur I**.
- Si f' est **strictement négative sur I**, sauf peut-être en quelques points où elle s'annule, alors f est **strictement décroissante sur I**.
- Si f' est **nulle sur I**, alors f est **constante sur I**.

Exemple : $f : x \mapsto x^3$ est dérivable sur $\mathbb{R}$ et, pour tout réel x, $f'(x) = 3x^2$.
Donc f' est strictement positive sur $\mathbb{R}$, sauf en 0 où elle s'annule. Ainsi f est strictement croissante sur $\mathbb{R}$.

1 2 Extremum local. Majorant, minorant

1. En classe de Seconde, on a défini le maximum d'une fonction f sur un intervalle I : dire que $f(a)$ est le **maximum** de f sur I signifie que pour tout x de I, $\boldsymbol{f(x) \leqslant f(a)}$.

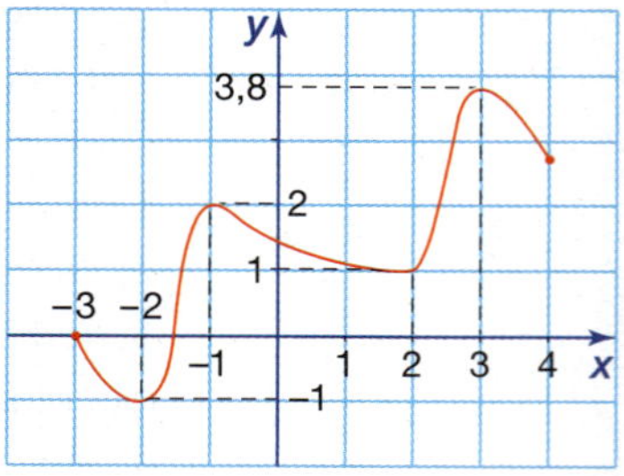

Par exemple, la fonction f représentée ci-contre a pour maximum 3,8 sur l'intervalle I = [− 3 ; 4] (car pour tout x de I, $f(x) \leqslant 3{,}8$) et ce maximum est atteint lorsque $x = 3$ (car $f(3) = 3{,}8$).

Mais pour tout x de l'intervalle I′ =]− 2 ; 0[, par exemple, $f(x) \leqslant 2$. Autrement dit, 2 est le maximum de f sur I′. On dit alors que 2 est un **maximum local** de f en − 1.

Définition 1

f est une fonction définie sur un intervalle I et c un point de I distinct des extrémités.
Dire que $M' = f(c)$ est un **maximum local** de f en c signifie que pour tout x d'un intervalle I′ ouvert, contenant c et inclus dans I, $\boldsymbol{f(x) \leqslant f(c)}$.

NOTE
Extremum à une extrémité de I :
Si I = $[a ; b]$, dire que $f(a)$ est un maximum local (par exemple) de f en a, signifie que $f(a)$ est le maximum de f sur un intervalle $[a ; \alpha[$ avec $\alpha \leqslant b$.

De façon analogue, on définit un minimum local de f :
Dire que $m' = f(c)$ est un **minimum local** de f en c signifie que pour tout x d'un intervalle I′ ouvert, contenant c et inclus dans I, $\boldsymbol{f(c) \leqslant f(x)}$.
Ainsi, pour l'exemple précédent, $-1 = f(-2)$ est le minimum de f sur [− 3 ; 4] et $1 = f(2)$ est un minimum local de f en 2.
On appelle **extremum local**, soit un maximum local, soit un minimum local.

2. f est une fonction, D une partie de son ensemble de définition.
On appelle **majorant** (resp. **minorant**) de f sur D un nombre M (resp. m) tel que pour tout x de D, $\boldsymbol{f(x) \leqslant M}$ (resp. $\boldsymbol{m \leqslant f(x)}$). Le maximum de f sur D (s'il existe) est un majorant, c'est en outre le plus petit des majorants. Le minimum de f sur D (s'il existe) est un minorant, c'est en outre le plus grand des minorants.

Pour mieux comprendre

POURQUOI, dans le théorème 1, l'hypothèse « I est un intervalle » est-elle essentielle ?

Considérons la fonction $f : x \mapsto \dfrac{1}{x}$ définie et dérivable sur D, réunion des intervalles disjoints $]-\infty\ ;0[$ et $]0\ ;+\infty[$. Sa fonction dérivée sur D est $f' : x \mapsto -\dfrac{1}{x^2}$, qui est strictement négative sur D.

Mais, f n'est pas strictement décroissante sur D, puisque l'on a, par exemple, $f(-1) < f(1)$. f est strictement décroissante **séparément** sur chacun des intervalles $]-\infty\ ;0[$ et $]0\ ;+\infty[$.

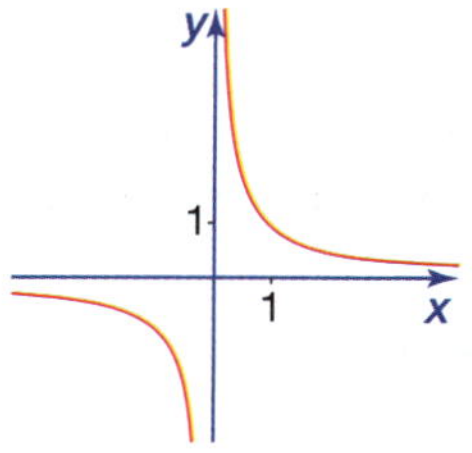

COMMENT relier dérivée et extremum local ?

f est une fonction dérivable sur un intervalle I et c un point de I distinct des extrémités. **Si $f(c)$ est un extremum local, alors $f'(c) = 0$.** (Nous admettrons ce théorème).

La courbe admet donc une **tangente horizontale** au point $(c\ ;f(c))$.

En revanche, si $f'(d) = 0$, $f(d)$ n'est pas nécessairement un extremum local. Ainsi si $f(x) = x^3$ (*voir figure ci-contre*), $f'(0) = 0$, mais $f(0) = 0$ n'est pas un extremum local.

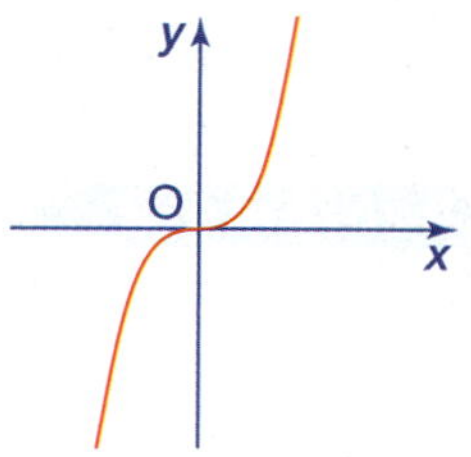

Exercices résolus

Exo 1 Étudier le sens de variation d'une fonction et rechercher ses extremums

Étudiez le sens de variation de la fonction $f : x \mapsto x^3 + 3x^2 - 9x - 5$, puis précisez, s'il y a lieu, ses extremums locaux.

POINT MÉTHODE

Pour étudier le sens de variation et rechercher les extremums locaux d'une fonction f dérivable, on dresse le tableau de variations de f à l'aide du signe de sa dérivée.

Solution commentée

• f est une fonction polynôme donc f est dérivable sur $\mathbb{R}$. Et pour tout réel x, $f'(x) = 3(x^2 + 2x - 3)$.
Ce trinôme du second degré a pour discriminant $\Delta = 16$ et pour racines -3 et 1. On peut donc trouver son signe (*voir chapitre* 2, *p.* 42) qui est consigné dans le tableau ci-dessous.

x	$-\infty$		-3		1		$+\infty$
f'		+	0	−	0	+	

Alors d'après le théorème 1 :

• $f'(x) > 0$ sur $]-\infty\ ;-3[$ et $f(-3) = 0$ donc f est strictement croissante sur $]-\infty\ ;-3]$;

• $f'(x) < 0$ sur $]-3\ ;1[$ donc f est strictement décroissante sur $[-3\ ;1]$;

• $f'(x) > 0$ sur $]1\ ;+\infty[$ et $f(1) = 0$ donc f est strictement croissante sur $[1\ ;+\infty[$.

On rassemble ces résultats dans un tableau :

x	$-\infty$		-3		1		$+\infty$
f'		+	0	−	0	+	
f		↗	$f(-3)$	↘	$f(1)$	↗	

Le tableau précédent montre que :

• $22 = f(-3)$ est un maximum local de f en -3 ;

• $-10 = f(1)$ est un minimum local de f en 1.

Remarque : En pratique, on dresse directement le 2e tableau. Après avoir mis, sur la première ligne, le signe de f', on complète aussitôt la deuxième ligne en y faisant figurer les variations de f à l'aide de flèches.

▶ **exercices 1 à 33**

2 Équations $f(x) = 0$

2.1 Encadrement d'une solution

En général, dans les résolutions d'équations $f(x) = 0$, d'inconnue x, où f est une fonction, on ne sait pas calculer les valeurs exactes des solutions. C'est le cas, par exemple, pour l'équation $\cos x = x$.
Aussi est-on amené à rechercher des **valeurs approchées** de ces solutions en les localisant, c'est-à-dire en trouvant des intervalles qui contiennent une solution et une seule. Le théorème suivant, que nous admettrons, précise cette possibilité.

Théorème 2

f est une fonction dérivable et strictement monotone sur un intervalle $[a ; b]$.
Si $f(a)$ et $f(b)$ sont de signes contraires, alors l'équation $f(x) = 0$ admet **une solution et une seule dans l'intervalle $[a ; b]$**.

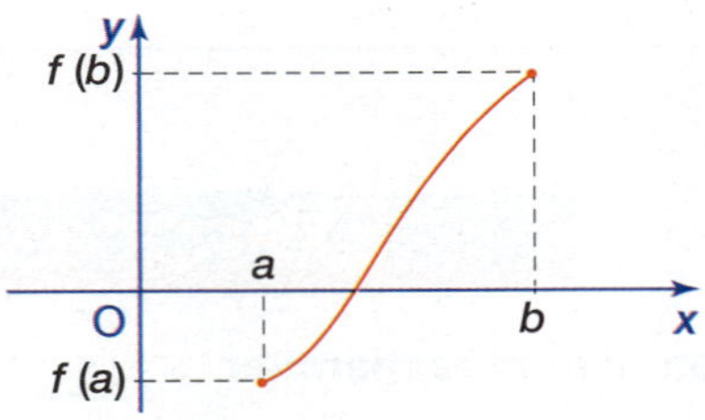

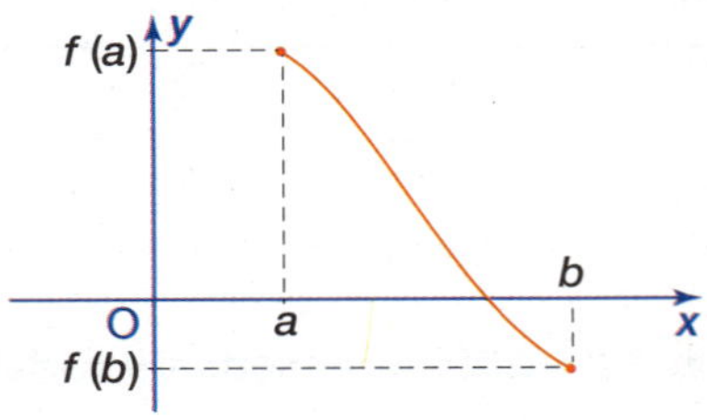

2.2 Sur l'importance des hypothèses du théorème 2

Il peut vous paraître évident que si $f(a)$ et $f(b)$ sont de signes contraires, alors l'équation $f(x) = 0$ a une solution dans l'intervalle $[a ; b]$. Mais cela n'est pas vrai pour toutes les fonctions. Par exemple, f est la fonction définie sur $\mathbb{R}$ par :

$$f(x) = \begin{cases} x + 1 \text{ si } x \geqslant 0 \\ x - 1 \text{ si } x < 0 \end{cases}$$

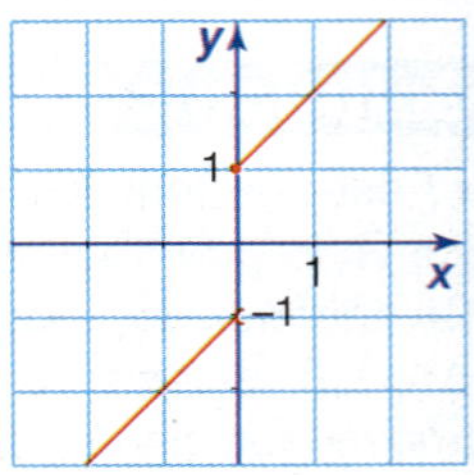

Alors $f(-1)$ et $f(1)$ sont de signes contraires mais l'axe des abscisses ne rencontre pas la courbe, donc l'équation $f(x) = 0$ n'a pas de solution. On conçoit bien que cela est possible parce qu'il y a un « trou » dans la courbe ou encore que la courbe « n'est pas d'un seul morceau ».

L'hypothèse « f dérivable sur $[a ; b]$ » assure que la courbe restreinte à l'intervalle $[a ; b]$ n'a pas de trous. Ainsi $f(a)$ et $f(b)$ étant de signes contraires, la courbe coupe l'axe des abscisses entre a et b. **L'existence de la solution est donc assurée.**
L'unicité de la solution est, elle, due à la stricte monotonie de f sur $[a ; b]$.
En effet, de façon générale, si α et β sont deux nombres distincts de l'intervalle $[a ; b]$ alors, puisque f est strictement monotone sur $[a ; b]$, $f(\alpha) < f(\beta)$ ou bien $f(\alpha) > f(\beta)$, et donc $f(\alpha) \neq f(\beta)$. Ainsi il ne peut y avoir plus d'une solution à l'équation $f(x) = 0$.

Exercices résolus

Exo 2 **Appliquer le théorème 2 pour localiser et approximer une solution d'une équation $f(x) = 0$**

1. Démontrez que l'équation $x^3 - 3x + 1 = 0$ admet, dans l'intervalle $[-1\ ;+1]$, une solution et une seule.

2. On note x_0 cette solution.
Donnez un encadrement d'amplitude 10^{-1} de x_0.

POINT MÉTHODE

Pour démontrer qu'une équation $f(x) = 0$ a, dans un intervalle $[a\ ;b]$, une solution et une seule, on peut, lorsque f est dérivable sur $[a\ ;b]$, démontrer :

- que f' est de signe constant sur $[a\ ;b]$, sauf peut-être en quelques points;
- et que $f(a)$ et $f(b)$ sont de signes contraires.

Solution commentée

1. L'équation proposée est du type $f(x) = 0$, avec $f(x) = x^3 - 3x + 1$. La fonction f est une fonction polynôme donc f est dérivable sur $\mathbb{R}$, et pour tout réel x, $f'(x) = 3x^2 - 3$.
Étudions le signe de ce trinôme : ici le calcul de son discriminant n'est pas nécessaire puisque pour tout réel x,

$$3x^2 - 3 = 3(x^2 - 1) = 3(x - 1)(x + 1).$$

D'où le tableau de variations :

x	$-\infty$		-1		1		$+\infty$
f'		+	0	−	0	+	
f		↗	3	↘	−1	↗	

f est strictement décroissante sur $[-1\ ;+1]$. De plus, $f(-1)$ et $f(1)$ sont de signes contraires donc, d'après le théorème 2, l'équation $f(x) = 0$ admet une solution et une seule dans l'intervalle $[-1\ ;+1]$.

2. Cherchons maintenant un encadrement d'amplitude 10^{-1} de cette solution x_0.
On sait que $-1 \leqslant x_0 \leqslant 1$.

On fait afficher par la calculatrice les valeurs de f sur $[-1\ ;+1]$ avec un pas de 10^{-1}.

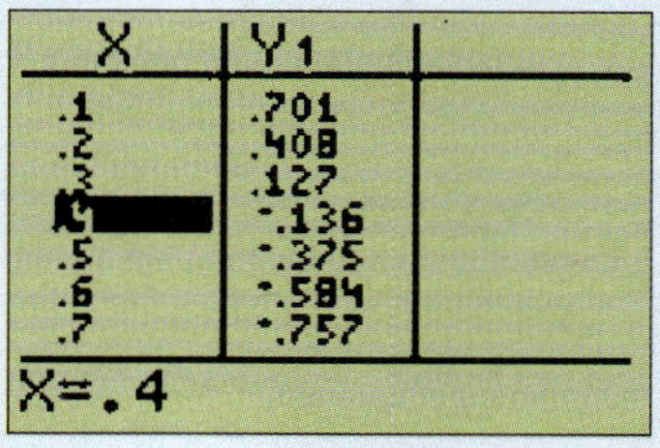

Alors, le tableau de variations et ces résultats permettent d'affirmer, par application du théorème 2, que :

$$0{,}3 < x_0 < 0{,}4.$$

Commentaire : Pour trouver un encadrement d'amplitude 10^{-2} de x_0, on peut opérer comme ci-dessus en partant cette fois de $0{,}3 < x_0 < 0{,}4$. Et, en réitérant, on peut trouver des encadrements d'amplitude 10^{-3}, etc. Mais le procédé est long. On connaît des méthodes plus rapides pour obtenir des encadrements d'une solution localisée qui seront abordées plus tard.

▶ **exercices 34 à 38, 69 à 73**

Des idées, des réflexes

Des idées à retenir

Variations. Extremums locaux

■ Le **signe de la dérivée** donne le **sens de variation de** f :

- si $f' > 0$ sur un intervalle I, alors f est strictement croissante sur I (vrai encore si f' s'annule seulement en quelques points) ;
- si $f' < 0$ sur I, alors f est strictement décroissante sur I ;
- si $f' = 0$ sur I, alors f est constante sur I.
- Dans ce théorème, **on ne peut pas remplacer « intervalle I » par « réunion d'intervalles »**.

■ En pratique, la détermination des extremums locaux se fait par lecture du tableau de variations.
Ici $f(x_0)$ et $f(x_1)$ sont des extremums locaux de la fonction f :

x		x_0		x_1	
f	↘	$f(x_0)$	↗	$f(x_1)$	↘

Équations $f(x) = 0$ avec f dérivable

■ Pour l'existence et l'unicité d'une solution d'une équation $f(x) = 0$ dans un intervalle $[a\,;b]$, on peut mémoriser les schémas suivants :

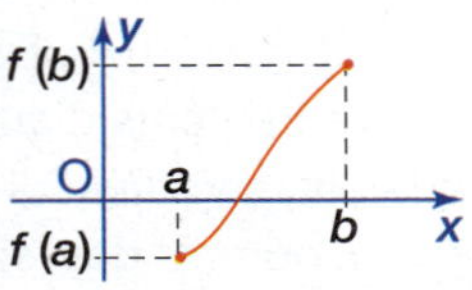

f strictement croissante

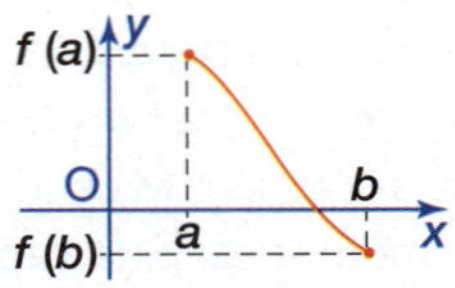

f strictement décroissante

On y voit, en effet, que l'unicité de la solution est due à la stricte monotonie de la fonction f et l'existence est due au fait que l'axe des abscisses coupe la courbe (ce dont on est sûr lorsque f est dérivable).

Des réflexes à avoir

■ **Pour étudier le sens de variation en utilisant la dérivée**, pensez que c'est le signe de f' qui est déterminant. Or, le signe d'un produit est, en général, plus facile à trouver que celui d'une somme. Donc, ne développez pas systématiquement l'expression de $f'(x)$.

Exemple : Si $f'(x) = x^2(x+1)$, ne développez pas $x^2(x+1)$, le signe de $f'(x)$ est celui de $x+1$.

■ En particulier, avec les formules :
$f'(x) = \dfrac{-v'(x)}{(v(x))^2}$ et $f'(x) = \dfrac{u'(x)v(x) - u(x)v'(x)}{(v(x))^2}$,
pensez que le signe de $f'(x)$ est **celui du numérateur** (en effet $(v(x))^2$ est toujours positif).

■ N'oubliez pas que l'expression de $f'(x)$ peut être compliquée, mais que néanmoins, le signe de $f'(x)$ peut « sauter aux yeux ».

Exemple : $f : x \mapsto 3x^4 + x + \sqrt{x}$ est dérivable sur $]0\,;+\infty[$, et $f'(x) = 12x^3 + 1 + \dfrac{1}{2\sqrt{x}}$ pour tout $x > 0$. Puisque $x > 0$, tous les termes de la somme sont strictement positifs, donc aussi $f'(x)$.

■ **Pour savoir si une équation $f(x) = 0$ a une solution et une seule dans l'intervalle $[a\,;b]$**, pensez, lorsque f est dérivable, à vérifier que f' est de signe constant, et que $f(a)$ et $f(b)$ sont de signes contraires.

Exemple : L'équation $f(x) = x^3 + x - 5 = 0$ a une solution et une seule dans $[1\,;2]$, car $f'(x) = 3x^2 + 1$ est strictement positif pour tout x, et $f(1) = -3$, $f(2) = 5$.

Des erreurs à éviter

■ **Lorsque D n'est pas un intervalle**, ne dites pas : « f' est de signe constant sur D, donc f est strictement monotone sur D ». Ce n'est pas vrai en général.

Exemple : $f : x \mapsto \dfrac{1}{x}$.
f' est strictement négative sur $\mathbb{R} - \{0\}$ mais f n'est pas décroissante sur $\mathbb{R} - \{0\}$.

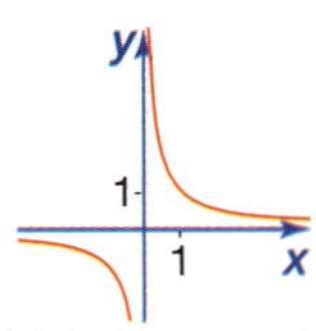

TD 1 Aire maximale

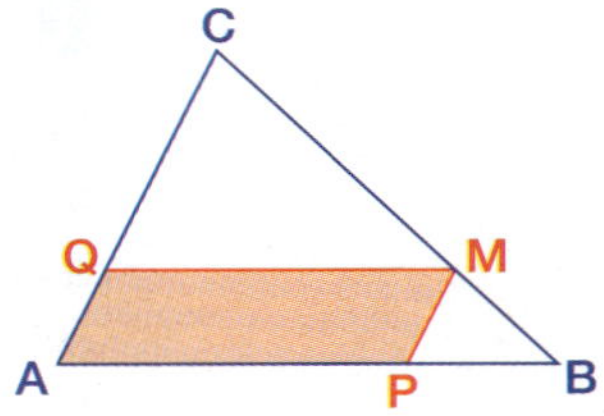

Euclide a posé, et résolu, le problème suivant : CAB est un triangle quelconque, M un point de [BC] à partir duquel on construit le parallélogramme MQAP.
Comment choisir M de sorte que l'aire de ce parallélogramme soit maximale ?

1. Par la géométrie

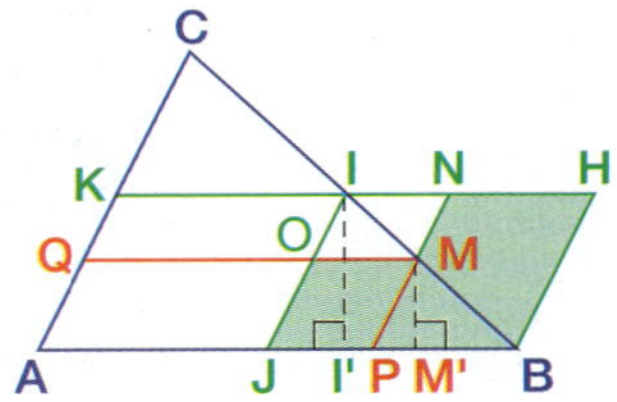

Voici la solution proposée par Euclide.
I étant le milieu de [BC], on construit les parallélogrammes IKAJ, IJBH, et les points N et O. I′ et M′ sont les projetés orthogonaux de I et M sur (AB).

a) Démontrez que $\frac{BP}{BJ} = \frac{MM'}{II'}$ et prouvez que l'aire de MQAP est égale à l'aire du polygone JBHNMO, en vert sur la figure (c'est-à-dire à l'aire de OMPJ ajoutée à l'aire de PBHN). Euclide appelle « gnomon » ce polygone.

b) Prouvez que l'aire du gnomon est inférieure à l'aire de AJIK.
La figure est faite lorsque M est un point de [IB] ; Euclide fait une démonstration analogue lorsque M est un point de [IC]. Concluez.

2. Par l'analyse

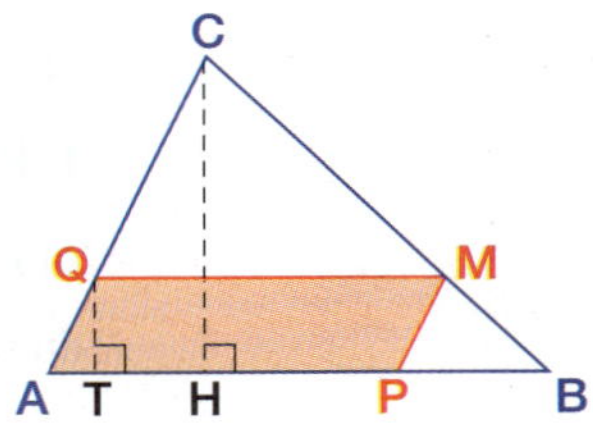

Puisque l'aire S de MQAP est égale à $AP \times QT$, on pose $AP = t$, $QT = x$. *A priori*, il y a deux variables. Afin d'exprimer S en fonction d'une seule variable, on cherche une relation entre t et x.

a) En utilisant le théorème de Thalès, ou une homothétie, démontrez que $\frac{t}{AB} = \frac{CH - x}{CH}$.

Aide : Pour simplifier l'écriture, posez $AB = c$, $CH = h$.

b) Déduisez-en que $S = \frac{c}{h}(hx - x^2)$, trouvez le maximum de S et concluez.

Conclusion : On constate sur cet exercice que, même dans une situation géométrique, l'Analyse a permis de conclure efficacement. Cependant il ne faut pas croire que c'est systématiquement le cas.

TD 2 Volume minimal. Volume maximal

1 Cylindre inscrit dans un cône

La hauteur d'un cône de révolution mesure 24 cm, et le rayon de la base, 8 cm. On veut inscrire dans ce cône, un cylindre de révolution dont le volume soit le plus grand possible.

Quelles doivent être les dimensions d'un tel cylindre, c'est-à-dire sa hauteur et son rayon de base ?

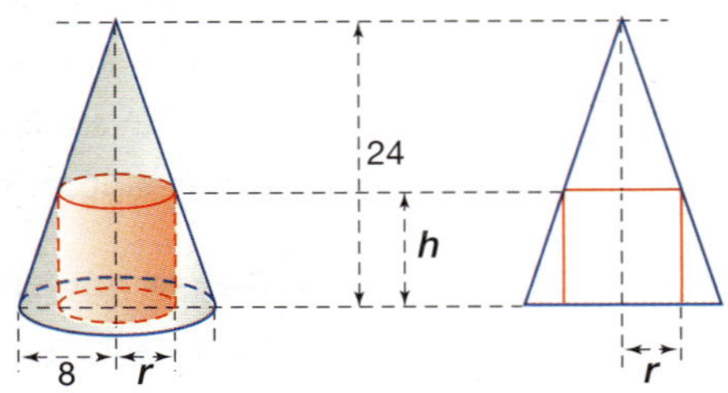

Pour répondre, notons r le rayon de base et h la hauteur d'un cylindre inscrit dans le cône (r et h exprimés en cm). Afin d'exprimer son volume V en fonction d'une seule variable, on cherche une relation entre r et h.

1. Démontrez que $h = 3(8 - r)$, puis exprimez V en fonction de r.

2. Étudiez le sens de variation de cette fonction V et répondez à la question posée.

2 Cône circonscrit à une sphère

S est une sphère de centre O de rayon r. On souhaite inscrire cette sphère dans un cône de révolution dont le volume v est le plus petit possible.

Quelles doivent être les dimensions de ce cône ?

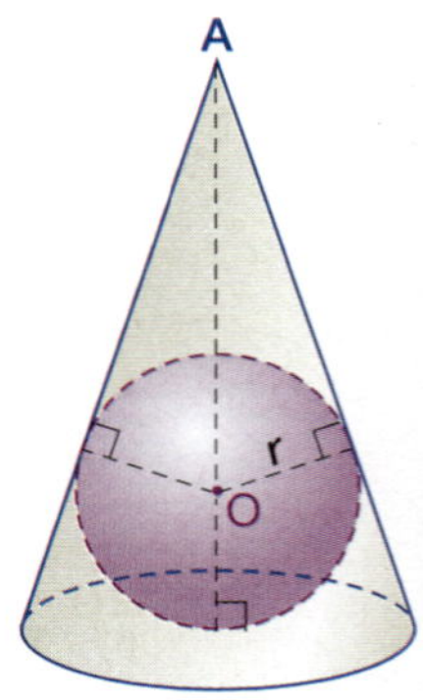

1. Pour répondre, on pose AO $= x$. Vérifiez que $v = \frac{1}{3}\pi r^2 \frac{(x+r)^2}{x-r}$.

Aide : On rappelle que $v = \frac{1}{3}\pi R^2 h$, où R désigne le rayon de la base du cône de révolution et h sa hauteur.

2. Démontrez que le cône de volume minimal est obtenu lorsque $x = 3r$.

Quelle est alors la hauteur de ce cône ? le rayon de sa base ?

TD 3 La plus courte échelle

Une palissade de 2,7 mètres de hauteur est parallèle à un mur, dont elle est séparée de 0,1 m.

Quelle est la longueur minimale d'une échelle qui s'appuie sur le mur et passe par-dessus la palissade ?

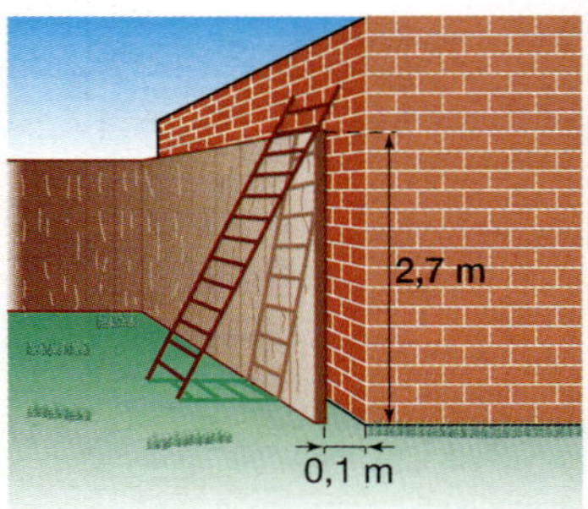

1 Mathématisation

Donnons un modèle mathématique de la situation. Nous obtenons la figure ci-contre.

Il est important de noter que O est fixe, et que la droite d, qui représente l'échelle, peut pivoter autour de O. Le problème est de savoir pour quelle position de d la distance AB est minimale.

Nous pouvons caractériser la position de d de deux façons au moins : par le point B, ou par l'angle θ qu'elle forme avec le sol.

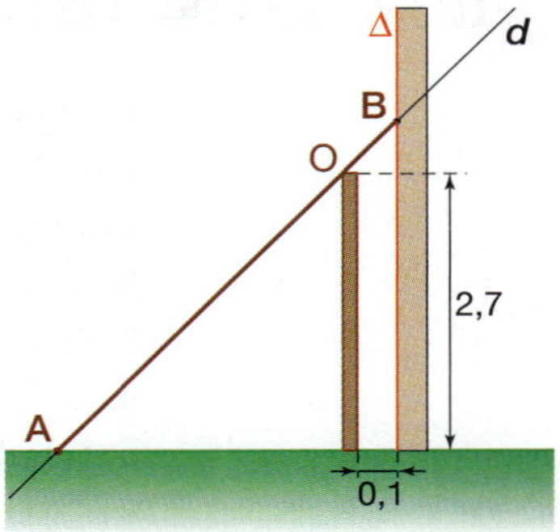

La première façon peut conduire à une solution analytique, la deuxième à une solution par la trigonométrie.

2 Solution analytique

Choisissons un repère orthonormal dans lequel l'équation réduite de d sera la plus simple possible, c'est-à-dire un repère d'origine O.

Choisissons aussi une variable en fonction de laquelle nous exprimerons AB.

Nous allons prendre le coefficient directeur de d, que nous noterons m. Remarquez que les choix faits impliquent $m > 0$.

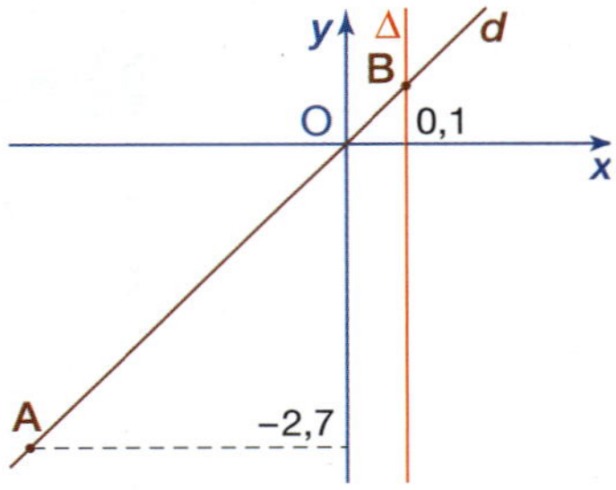

1. Écrivez des équations de d et de Δ, et déduisez-en les coordonnées des points A et B en fonction de m.

2. Exprimez AB en fonction de m. Posez $AB = f(m)$.

3. Recherche du minimum de f

NOTE
On peut retenir ce théorème utile dans des problèmes d'optimisation.

Nous allons utiliser le **théorème T** suivant :

f est une fonction positive sur un intervalle I. Si $f^2(a)$ est le minimum de f^2 sur I, alors $f(a)$ est le minimum de f sur I (ce théorème reste vrai avec « maximum »).

a) Vérifiez que la dérivée de la fonction f^2, c'est-à-dire de la fonction $f^2 : m \mapsto AB^2$, est définie par $(f^2)'(m) = \dfrac{0{,}2(0{,}1m + 2{,}7)}{m^3}(m^3 - 27)$.

b) Déterminez le signe de cette dérivée sur $]0 ; +\infty[$, puis dressez le tableau de variations de la fonction f^2. Déduisez-en, à l'aide du théorème T, le minimum de f, c'est-à-dire la longueur minimale de l'échelle.

c) Démontrez le théorème T.

Aide : Utilisez la définition d'un maximum. Comment exploiter l'hypothèse « f positive sur I » ?

TD 4 Une rampe en pente douce

On veut installer une rampe métallique en pente douce permettant à des chariots de franchir une marche.

La figure ci-contre représente une vue en coupe de la rampe. La hauteur OH de la marche est 50 cm et la distance OB = 1 m. La rampe doit satisfaire aux deux conditions suivantes :

- (C1) Elle est tangente au sol en B ;
- (C2) Elle est tangente au sommet de la marche en H.

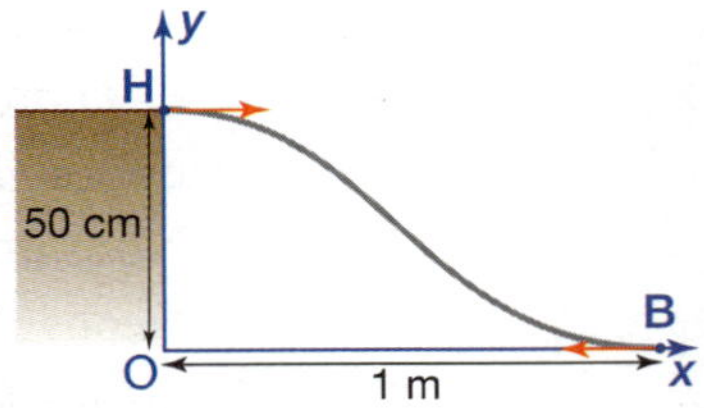

Le but de ce TD est de trouver des fonctions dont les courbes représentatives ont l'allure de la rampe et satisfont aux conditions C1 et C2.

Dans un repère orthonormal $(O ; \vec{i}, \vec{j})$ (d'unité graphique 10 cm), les points B et H ont respectivement pour coordonnées $(1 ; 0)$ et $\left(0 ; \frac{1}{2}\right)$.

1 Raccordement avec deux arcs de parabole

1. a) Pourquoi une parabole ne convient-elle pas ?

b) On va chercher, si elle existe, une courbe formée de deux arcs de parabole $\mathcal{P}_1$ et $\mathcal{P}_2$ qui se raccordent en $I\left(\frac{1}{2} ; \frac{1}{4}\right)$. C'est-à-dire deux arcs qui se coupent en I et admettent en ce point une tangente commune.

Trouvez une équation de $\mathcal{P}_1$ et une équation de $\mathcal{P}_2$.

2. On décide alors de choisir la fonction h définie sur $[0 ; 1]$ par :

$$h(x) = \begin{cases} -x^2 + \frac{1}{2} & \text{si } x \in \left[0 ; \frac{1}{2}\right] \\ (x-1)^2 & \text{si } x \in \left]\frac{1}{2} ; 1\right] \end{cases}$$

a) On note $\mathcal{C}$ la courbe représentative de h. La courbe $\mathcal{C}$ satisfait-elle à C1 et C2 ?

b) Tracez $\mathcal{C}$ dans le repère $(O ; \vec{i}, \vec{j})$ en plaçant, au préalable, la tangente au point d'abscisse $x = \frac{1}{2}$.

c) Vérifiez que pour tout x de $[0 ; 1]$, $|h'(x)| \leqslant 1$.

2 Un polynôme de degré 3

On cherche à améliorer le profil de la rampe en choisissant cette fois la courbe représentative Γ d'une fonction g définie sur $[0 ; 1]$ par $g(x) = ax^3 + bx^2 + cx + d$.

1. Déterminez a, b, c, d pour que la courbe Γ vérifie les conditions C1 et C2.

2. a) Étudiez les variations de la fonction g.

b) Démontrez que pour tout x de $[0 ; 1]$, $|g'(x)| \leqslant \frac{3}{4}$.

Aide : Cherchez le maximum de g' définie sur $[0 ; 1]$.

3. Construisez Γ dans le même repère que $\mathcal{C}$. Que remarquez-vous ?

TD 5 Triangle de périmètre donné et d'aire maximale

Le but de ce TD est de prouver, en utilisant la formule de Héron, que parmi les triangles de périmètre donné P, ceux d'aire maximale sont équilatéraux.

ABC est un triangle de demi-périmètre p, donc $2p = \mathrm{P}$. On note $a = \mathrm{BC}$; $b = \mathrm{AC}$; $c = \mathrm{AB}$. La formule de Héron, établie au chapitre 13, p. 367, donne :

$$\mathrm{S} = \sqrt{p(p-a)(p-b)(p-c)}$$

où S est l'aire de ABC.

L'idée est d'étudier les variations de S afin de déterminer pour quelles valeurs de a, b et c l'aire de ABC est maximale.

Une façon de faire est d'exprimer S comme fonction d'une variable puis d'étudier les variations de cette fonction. Or S semble s'exprimer, *a priori*, en fonction des trois variables a, b et c.

Mais nous savons que p est fixé et que $a + b + c = 2p$. On peut donc se ramener à deux variables, par exemple a et b.

1. Vérifiez que $\mathrm{S} = \sqrt{p(p-a)(p-b)(a+b-p)}$.

Une technique consiste alors, pour se ramener à l'étude d'une fonction d'une variable, à fixer l'une de ces deux variables ; par exemple b.

2. b est fixé. Soit f la fonction $a \mapsto p(p-a)(p-b)(a+b-p)$ définie sur $[0\ ;\ 2p]$.

a) Prouvez que la fonction dérivée f' de f est définie par :

pour tout a de $[0\ ;\ 2p]$,

$$f'(a) = p(p-b)(2p-2a-b).$$

b) Déterminez le signe de cette dérivée puis dressez le tableau de variations de f.

c) Déduisez-en que S est maximale lorsque $a = c$, (on peut s'aider éventuellement du théorème T du TD3, p. 99). Donc, parmi les triangles ABC de périmètre P et tels que AC a une **longueur fixée *b***, ceux dont l'aire est maximale sont ceux qui sont isocèles en B.

3. Il s'agit maintenant, parmi ces triangles ABC de périmètre P, isocèles en B avec $\mathrm{AC} = b$ où b appartient à $[0\ ;\ 2p]$, de trouver ceux d'aire maximale.

On conserve les mêmes notations.

a) Vérifiez que l'aire d'un tel triangle est $\mathrm{S} = \sqrt{p\dfrac{b^2}{4}(p-b)}$.

b) En vous inspirant du **2.**, prouvez que S est maximale lorsque $b = \dfrac{2p}{3}$.

c) Vérifiez alors que le triangle est équilatéral.

4. Concluez.

TD 6 Programmation de la calculatrice : localiser une solution de $f(x) = 0$

Plaçons-nous dans les conditions d'applications du théorème 2. On dispose d'une fonction f dérivable et strictement monotone sur $[a ; b]$ telle que $f(a)$ et $f(b)$ sont de signes contraires. Ainsi l'équation $f(x) = 0$ admet une unique solution α dans $[a ; b]$.

1 Algorithme et programmation

Dans l'exercice résolu 2, nous avons vu comment obtenir à partir de la table de la calculatrice un encadrement de la solution α d'amplitude donnée. L'inconvénient de cette méthode est qu'il faut extraire de cette table les deux réels qui encadrent α.

Nous nous proposons de construire un programme sur la calculatrice afin qu'elle affiche uniquement ces deux réels.

Notons h l'amplitude voulue. L'idée, exprimée en français, est la suivante. On part de $x = a$. On avance de h tant que le signe de $f(x)$ ne change pas (au début $f(x)\,f(a) > 0$, donc on avance tant que $f(x)\,f(a) > 0$). On sort de cette boucle quand $f(x)$ change de signe. Le réel x atteint est alors juste après α et on peut affirmer que $x - h < \alpha \leqslant x$.

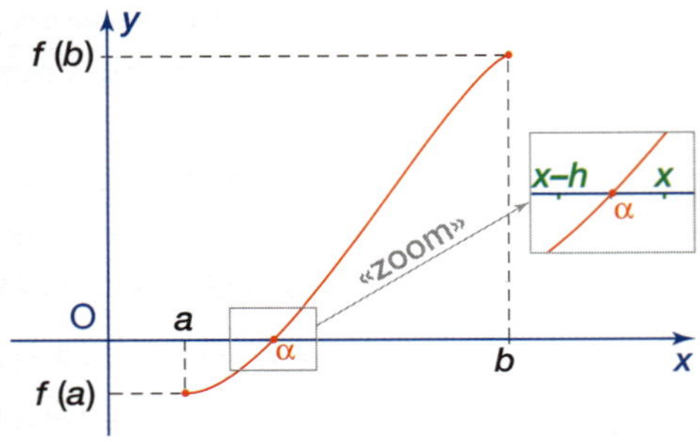

commentaires	algorithme	famille Casio	famille TI
On donne			
le début de l'intervalle	Lire a	"A" : ? → A	: Disp "A" : Input A
le pas	Lire h	"PAS" : ? → H	: Disp "PAS" : Input H
La variable x est initialisée avec a.	$x \leftarrow a$	A → X : Y1 → C	: A → X
Tant que le signe de $f(x)$ ne change pas on avance de h	Tant que $f(x)f(a) > 0$ $x \leftarrow x + h$	While C*Y1 > 0 X + H → X	: While Y1(A)*Y1(X) > 0 : X + H → X
Fin de la boucle	fin du tant que	Wend	: End
On affiche le résultat.	Afficher $x - h < \alpha \leqslant x$	X – H ◢ "<SOL⩽" : X + H	: Disp X – H , "<SOL⩽", X

NOTE

Évidemment, on remplace $f(x)$ et $f(a)$ par les expressions adaptées à la fonction étudiée, que l'on rentre dans le registre Y1 .

Remarque : Si on choisit h trop petit et que α est « loin » de a, le calcul peut être long. Il est avantageux de partir avec une valeur de départ a assez proche de α. On peut donc commencer avec un pas assez grand (1 ou 0,1) pour encadrer α puis recommencer avec un pas plus petit et un nouveau a obtenu avec l'encadrement précédent.

2 Applications

1. a) Prouvez que l'équation $x^3 - 2x^2 + 4x - 1 = 0$ admet une unique solution x_0 dans $[0 ; 1]$.

b) Trouvez un encadrement d'amplitude 10^{-1} de x_0.

2. a) Prouvez que l'équation $x^5 + 4x^3 + 2x - 3 = 0$ admet une unique solution x_0 dans $[0 ; 1]$.

b) Trouvez un encadrement d'amplitude 10^{-1} de x_0, puis d'amplitude 10^{-2}, puis d'amplitude 10^{-3}, de x_0.

Exercices

maîtriser le cours

Pour résoudre les exercices de cette partie, il suffit d'appliquer directement un résultat du cours. L'objectif est double : mieux comprendre le cours et reconnaître dans des situations simples les conditions d'application d'un théorème.

1. Dérivée et sens de variations Extremums

Pour les exercices 1 à 11, étudiez les variations de la fonction f définie sur $\mathbb{R}$.

Aide : Voir l'exercice résolu 1, p. 93.

1 $f(x) = x^2 - 4x + 1$.

2 $f(x) = -\frac{1}{2}x^2 + 3x + 2$.

3 $f(x) = x^2\sqrt{3} - 5x + 1$.

4 $f(x) = -x^3 + 3x^2 + 9x - 4$.

5 $f(x) = 2x^3 + 3x - 5$.

6 $f(x) = x^3 - \frac{3}{4}x - \frac{1}{4}$.

7 $f(x) = (x - 1)(x + 2)(3x - 1)$.

8 $f(x) = -x^3 + 3x^2 - 4$.

9 $f(x) = -x^4 - 4x^2 + 5$.

10 $f(x) = 2x^4 - 3x^3 + \frac{x^2}{2} + 3$.

11 $f(x) = 2x^4 - 27x + 7$.

Pour les exercices 12 à 27, déterminez l'ensemble de définition de la fonction f puis étudiez ses variations.

Aide : Voir l'exercice résolu 1, p. 93.

12 $f(x) = \frac{2x - 3}{2x + 4}$.

13 $f(x) = \frac{-4}{x - 3}$.

14 $f(x) = \frac{2x + 3}{x}$.

15 $f(x) = \frac{x}{x - 2}$.

16 $f(x) = \frac{2x}{x^2 - 9}$.

17 $f(x) = x - 3 + \frac{2}{x}$.

18 $f(x) = 2x + 1 - \frac{2}{x - 3}$.

19 $f(x) = \frac{-3x}{1 + x^2}$.

20 $f(x) = \frac{x^2 + 2x + 4}{x^2}$.

21 $f(x) = 1 - x - \frac{1}{x - 1}$.

22 $f(x) = \frac{2x^2 - 4x + 4}{x^2 - 2x + 6}$.

23 $f(x) = \frac{2x^2 + 12x}{x^2 + 4}$.

24 $f(x) = \frac{-x^2 + 2x + 11}{x^2 - 2x - 3}$.

25 $f(x) = \frac{2x^2 + 8x + 2}{x^2 + 2x + 1}$.

26 $f(x) = \frac{2x^2 + x - 3}{3x - 3}$.

27 $f(x) = \frac{-2x^2 + 3x + 2}{2x - 1}$.

28 Dans chacun des cas suivants, étudiez les variations de la fonction définie sur l'intervalle I.

1. $f(x) = \sqrt{3x + 4}$ sur $I = \left[-\frac{4}{3} ; +\infty\right[$.

2. $f(x) = 4\sqrt{-3x + 5}$ sur $I = \left]-\infty ; \frac{5}{3}\right]$.

3. $f(x) = x\sqrt{x + 3}$ sur $I = [-3 ; +\infty[$.

4. $f(x) = \frac{1}{\sqrt{2x - 3}}$ sur $I = \left]\frac{3}{2} ; +\infty\right[$.

29 La figure ci-contre est la représentation graphique $\mathscr{C}$ d'une fonction f dérivable sur $]0 ; +\infty[$.
Parmi les trois courbes ci-dessous, quelle est celle qui est susceptible de représenter la fonction dérivée f' de f ?

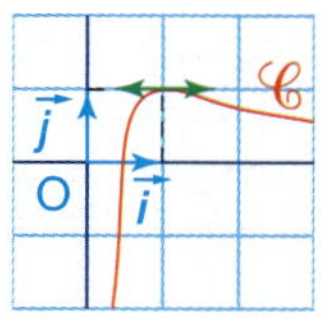

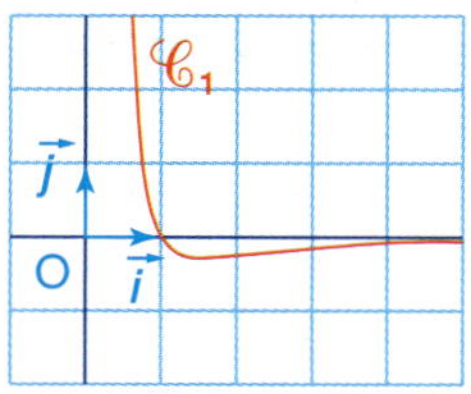

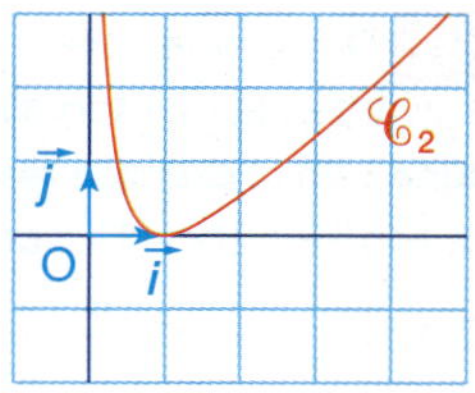

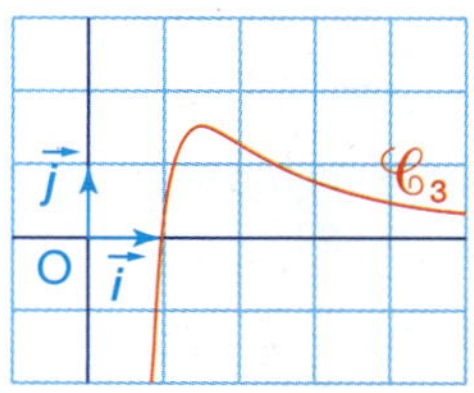

30 Les courbes suivantes représentent quatre fonctions (courbes ①, ②, ③, ④) et leur fonctions dérivées (courbes ⓐ, ⓑ, ⓒ, ⓓ) dans un ordre arbitraire.
Observez attentivement ces courbes et associez à chaque fonction sa fonction dérivée.

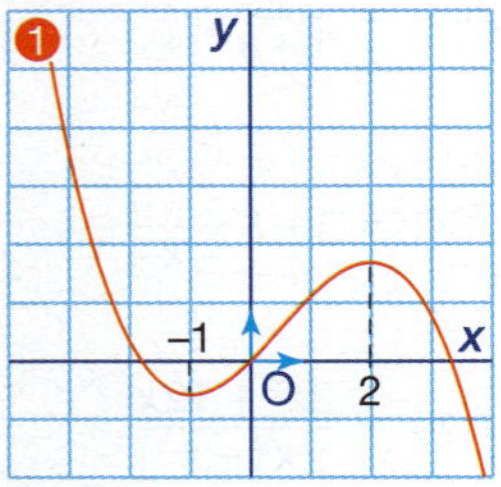

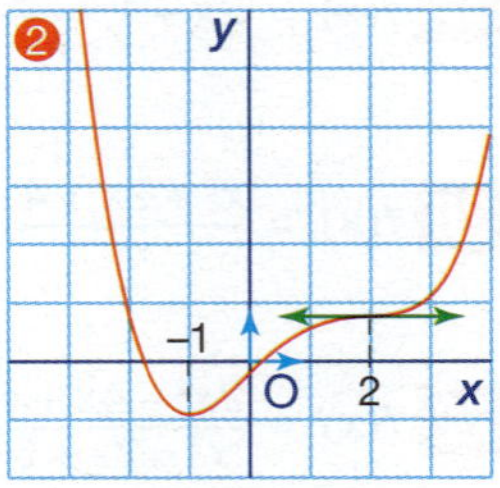

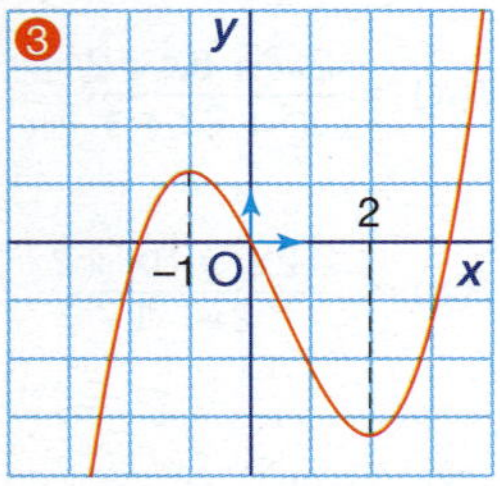

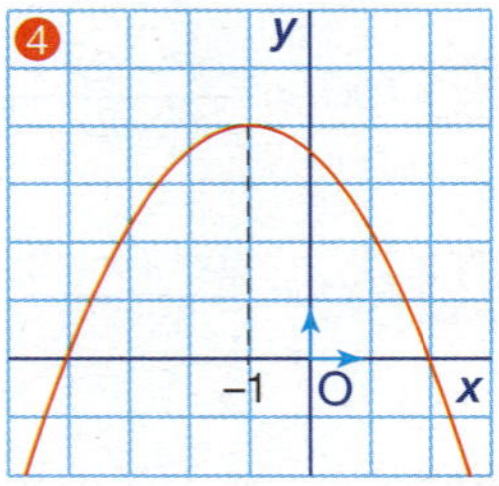

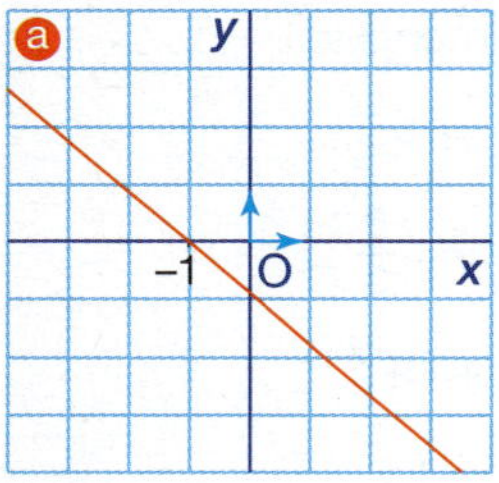

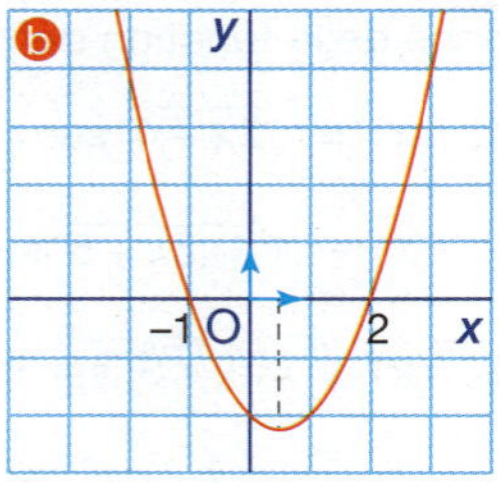

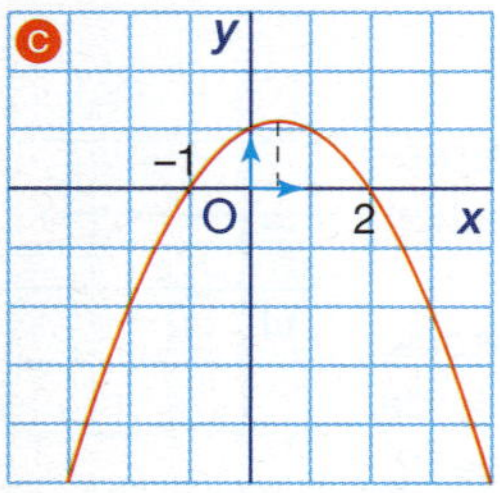

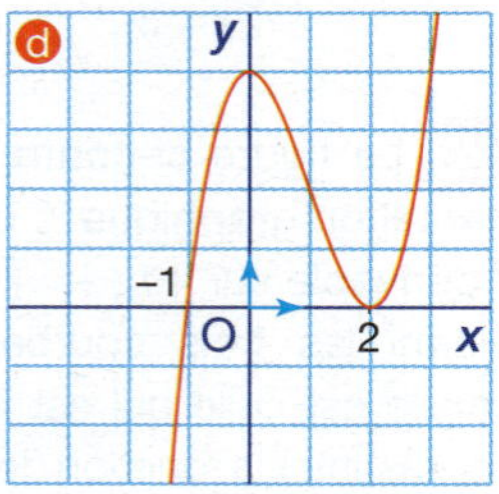

31 Déterminez les extremums locaux des fonctions suivantes sur l'intervalle donné.

Aide : Voir l'exercice résolu 2, p. 95.

1. $f : x \mapsto x^2(x-1)$ sur $[0\ ;\ +\infty[$.

2. $f : x \mapsto x - 5 + \dfrac{4}{x}$ sur $]0\ ;\ +\infty[$.

3. $f : x \mapsto 4x^3 - 2x^2 - 5x - 4$ sur $\mathbb{R}$.

4. $f : x \mapsto \dfrac{x}{x^2+3x+1}$ sur $[0\ ;\ 3]$.

Note : La question 4 est corrigée en fin de manuel.

5. $f : x \mapsto x\sqrt{x}$ sur $[0\ ;\ 3]$.

6. $f : x \mapsto \dfrac{4}{x-1} + x$ sur $[-2\ ;\ 0]$.

32 **1.** Vérifiez que pour tout réel x,
$$2x^3 + x^2 + x - 1 = (2x-1)(x^2+x+1).$$
2. Étudiez les variations de la fonction f définie par :
$$f(x) = \frac{1}{2}x^4 + \frac{1}{3}x^3 + \frac{1}{2}x^2 - x + 1.$$
3. Précisez, s'il y a lieu, les extremums locaux de f.

33 **1.** Vérifiez que pour tout réel x,
$$4x^3 - 28x - 24 = (x+1)(4x^2 - 4x - 24).$$
2. Étudiez les variations de la fonction f définie par :
$$f(x) = x^4 - 14x^2 - 24x + 10.$$
3. Précisez, s'il y a lieu, les extremums locaux de f.

2. Équation $f(x) = 0$

Pour les exercices 34 à 38, vous pouvez vous reporter à l'exercice résolu 2, p. 95.

34 f est la fonction définie par :
$$f(x) = x^3 - 3x^2 + 4x - 1.$$
Démontrez que l'équation $f(x) = 0$ admet dans $[0\ ;\ 1]$ une unique solution.

35 f est la fonction définie par :
$$f(x) = \frac{1}{4}x^4 - 2x^2 - 1.$$
Démontrez que l'équation $f(x) = 0$ admet dans $[2\ ;\ 3]$ une unique solution.

36 f est la fonction définie par :
$$f(x) = \frac{2}{3}x\sqrt{x} - 2x + 1.$$
Démontrez que l'équation $f(x) = 0$ admet une unique solution dans $[0\ ;\ 1]$ et une unique solution dans $[7\ ;\ 8]$.

37 **1.** Démontrez que l'équation $x^3 - x^2 - 5x + 1 = 0$ admet une unique solution dans l'intervalle $[-2\ ;\ 0]$.
2. Trouvez un encadrement d'amplitude 10^{-1} de cette solution.

38 **1.** Démontrez que l'équation $x^4 + 4x^3 - 8x^2 + 2 = 0$ admet une unique solution dans l'intervalle $[0\ ;\ 1]$.
2. Donnez un encadrement d'amplitude 10^{-2} de cette solution.

pour apprendre à chercher

Les exercices de cette partie, de difficulté moyenne pour la plupart, ne sont pas des exercices résolus. Le questionnement veut montrer comment on peut organiser une recherche et suivre un raisonnement.

39 Comparaison de fonctions

Les fonctions f et g sont définies sur $\mathbb{R}$ respectivement par $f(x) = x^4 - 3x + 1$ et $g(x) = 2x^3 - 3x - 1$.

Objectif : comparer ces fonctions.

1. Comparer deux fonctions signifie : préciser l'ensemble des réels x tels que $f(x) \leqslant g(x)$ et celui des réels x tels que $f(x) \geqslant g(x)$.
Le plus facile, en général, pour comparer deux fonctions est de former la différence $d(x) = f(x) - g(x)$, puis d'étudier le signe de cette différence. Ce qui revient à résoudre l'inéquation $d(x) > 0$.

Trouvez et simplifiez $d(x) = f(x) - g(x)$.

2. Le signe de $d(x)$ n'est pas évident. On pense alors à étudier, par dérivation, les variations de la fonction $d : x \mapsto d(x)$ en espérant être capable, avec le tableau de variations, de comparer $d(x)$ avec zéro.

a) Vérifiez que d est dérivable sur $\mathbb{R}$ et calculez, pour tout x de $\mathbb{R}$, $d'(x)$.
b) Étudiez le signe de d' puis dressez le tableau de variations de d.
c) Ce tableau fait apparaître un minimum qui est positif.
Expliquez alors pourquoi $d(x) > 0$ pour tout x de $\mathbb{R}$.
Concluez.

3. Rédigez une solution.

Commentaire : Ici il a été facile de conclure car d a un minimum positif. Cela aurait été aussi le cas si d avait eu un maximum négatif.
Hormis ces deux cas, établir le signe de $d(x)$ à partir du tableau de variations de d est plus difficile : il faut faire apparaître les antécédents de zéro par d, c'est-à-dire être capable de résoudre l'équation $d(x) = 0$, ce que l'on ne sait pas toujours faire.
Par exemple, pour déduire le signe de $d(x)$ du tableau ci-après, il faut connaître x_1 et x_2 tels que $d(x_1) = 0$ et $d(x_2) = 0$, et porter ces renseignements sur le tableau. Alors $d(x) < 0$ équivaut à $x \in \,]x_1 \, ; x_2[$.

x		x_1				x_2	
d	↘	0	↘	-3	↗	0	↗

40 Démontrer une inégalité

Objectif : démontrer que quels que soient les réels a et b strictement positifs, $\sqrt{a+b}\left(\frac{1}{\sqrt{a}} + \frac{1}{\sqrt{b}}\right) \geqslant 2\sqrt{2}$.

1. Puisque les nombres sont positifs, on pense simplifier l'écriture du premier membre de l'inégalité, en comparant les carrés dans l'espoir de « faire disparaître » les radicaux.

Faites-le. Pourquoi les résultats sont-ils décevants ?

2. Le problème semble difficile car les hypothèses ne sont pas nombreuses : seulement « $a > 0$, $b > 0$ ».
Mais lorsqu'il s'agit de prouver une inégalité entre nombres appartenant à un même intervalle, on sait qu'une méthode efficace consiste à introduire une fonction et à montrer que l'inégalité est une conséquence d'une propriété de cette fonction. Mais quelle fonction introduire, puisque, *a priori*, il y a deux « variables », a et b ?
En général, on tourne cette difficulté de la manière suivante : on fixe l'un des nombres, par exemple a, et on fait varier l'autre, b. Ceci conduit à considérer la fonction :

$$f : x \mapsto \sqrt{a+x}\left(\frac{1}{\sqrt{a}} + \frac{1}{\sqrt{x}}\right).$$

a) Justifiez la dérivabilité de f sur $]0 \, ; +\infty[$ et calculez $f'(x)$.
b) Vérifiez que $f'(x) \geqslant 0$ équivaut à :

$$\frac{1}{2\sqrt{a+x}}\left(\frac{1}{\sqrt{a}} + \frac{1}{\sqrt{x}}\right) \geqslant \frac{\sqrt{a+x}}{2x\sqrt{x}},$$

puis à : $$\frac{1}{\sqrt{a}} + \frac{1}{\sqrt{x}} \geqslant \frac{a}{x\sqrt{x}} + \frac{1}{\sqrt{x}},$$

et finalement à : $x\sqrt{x} \geqslant a\sqrt{a}$.
c) Vérifiez que la fonction $g : x \mapsto x\sqrt{x}$ est strictement croissante sur $]0 \, ; +\infty[$.
Déduisez-en que $x\sqrt{x} > a\sqrt{a}$ équivaut à $x > a$, et que $x\sqrt{x} = a\sqrt{a}$ équivaut à $x = a$.
d) Concluez que la fonction f a un minimum lorsque $x = a$, et que ce minimum est $2\sqrt{2}$.
e) Donc pour tout $x > 0$, $f(x) \geqslant 2\sqrt{2}$, c'est-à-dire :

$$\sqrt{a+x}\left(\frac{1}{\sqrt{a}} + \frac{1}{\sqrt{x}}\right) \geqslant 2\sqrt{2}.$$

Comme cette inégalité est vraie quels que soient a et x strictement positifs, on peut dire que :

$$\sqrt{a+b}\left(\frac{1}{\sqrt{a}} + \frac{1}{\sqrt{b}}\right) \geqslant 2\sqrt{2}$$

quels que soient $a > 0$ et $b > 0$.

3. Rédigez une solution.

Commentaire : La démonstration prouve que l'inégalité est toujours stricte lorsque $a \neq b$.

41 Optimisation d'un volume

On rappelle que la longueur de la génératrice d'un cône de révolution est la distance du sommet du cône à un point quelconque du cercle de base.

Objectif : trouver les cônes de révolution dont la longueur de la génératrice est 30 cm et qui sont de volume maximal.

1. Comme dans tout problème de ce genre, une figure peut permettre d'illustrer la situation et donc de guider les calculs.
Un cône est caractérisé par deux grandeurs qui sont la hauteur de ce cône et son rayon de base : notons-les h et r.

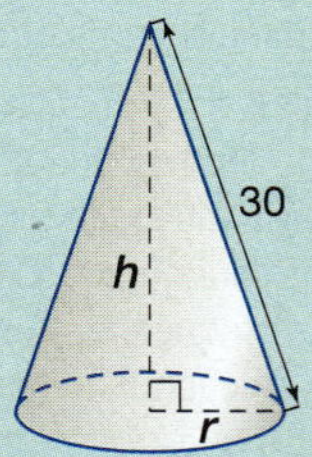

2. On sait que le volume V du cône est donné par $\frac{1}{3}\pi r^2 h$. Pour chercher le maximum de V, nous pouvons étudier les variations de V par dérivation.
Mais V dépend de deux variables h et r, il faudrait exprimer V en fonction d'une seule : d'où l'idée de rechercher une relation entre r et h.

a) Justifiez que $r^2 + h^2 = 900$ [1].
b) Vérifiez que :
- si on exprime h en fonction de r à partir de [1], alors l'expression de V en fonction de r comporte une racine,
- alors que si on exprime r en fonction de h à partir [1], on obtient pour V un polynôme en h (ce qui est plus simple à dériver).

c) Vérifiez que le volume V, en fonction de h, est :

$$V(h) = \frac{\pi}{3}(900\,h - h^3) \text{ avec } h \in [0\,;30].$$

d) Calculez alors $V'(h)$ et résolvez $V'(h) > 0$.
Déduisez-en les variations de V et la valeur de son maximum.
Concluez.

3. Rédigez une solution.

Prolongement : Refaites l'exercice en supposant que la génératrice est fixée et a pour longueur a cm $(a \geqslant 0)$.

42 Minimiser une distance

Dans un repère orthonormal $(O\,;\vec{\imath},\vec{\jmath})$, $\mathscr{P}$ est la parabole d'équation $y = 1 - x^2$, A le point $(0\,;\,-2)$.

Objectif : déterminer les points M de $\mathscr{P}$ les plus proches de A.

1. Pour commencer, il faut interpréter l'expression « les plus proches » : ici, il s'agit de trouver les points M de $\mathscr{P}$ pour lesquels la distance AM est minimale.
Le repère est orthonormal, donc la connaissance des coordonnées de deux points suffit à calculer la distance entre les deux.
M est un point de $\mathscr{P}$ donc il est entièrement déterminé par son abscisse, appelons-la x.

a) Quelle est l'ordonnée de M en fonction de x ?
b) Vérifiez que $AM = \sqrt{x^4 - 5x^2 + 9}$.

2. Puisque l'on a réussi à exprimer AM en fonction de x, on pense à chercher le minimum de AM en étudiant ses variations par dérivation.
Appelons f la fonction qui à x associe la longueur AM.
D'après le **1. b)**, $f(x) = \sqrt{x^4 - 5x^2 + 9}$.
Mais on ne sait pas encore dériver $x \mapsto \sqrt{p(x)}$ lorsque $p(x)$ est un polynône de degré strictement supérieur à 1, alors que l'on sait dériver $x \mapsto p(x)$. Cependant AM est une longueur : on pressent qu'elle est minimale en même temps que son carré AM^2.
Posons donc $p(x) = x^4 - 5x^2 + 9$ et remarquons que $p(x) \geqslant 0$.

a) Trouvez le minimum de p sur $\mathbb{R}$ et les réels en lesquels il est atteint.
b) Supposons que p a un minimum $p(a)$ en a sur $\mathbb{R}$. Prouvez que pour tout x de $\mathbb{R}$, $\sqrt{p(a)} \leqslant \sqrt{p(x)}$.
c) Déduisez de **a)** et **b)** le minimum de f sur $\mathbb{R}$ et les réels en lesquels il est atteint.
d) Combien y a-t-il de points qui répondent au problème ? Concluez.

3. Rédigez une solution.

Commentaires : Le point A est sur l'axe de symétrie de la parabole, ce qui explique que les points solutions sont symétriques par rapport à cet axe (l'axe des ordonnées). Le cercle de centre A passant par les points solutions est inscrit dans la parabole. En ces points, qui sont les seuls points de contact entre ce cercle et la parabole, le rayon est perpendiculaire à la tangente à la parabole : on dit que ce cercle est tangent à la parabole $\mathscr{P}$.

43 Optimisation d'une aire

Objectif : démontrer que, parmi les losanges de périmètre P donné, le carré est celui dont l'aire est maximale.

1. On a pratiquement aucune hypothèse. On sait seulement que l'on cherche un losange et que son périmètre est P. Faisons donc une figure afin d'en tirer des conséquences.

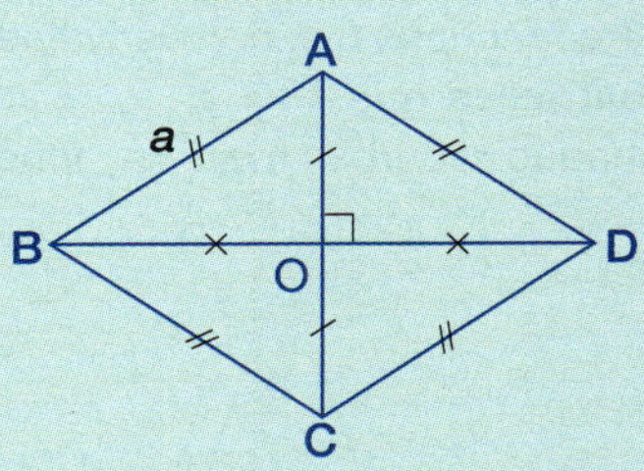

Tous ces losanges ont pour côté $a = \frac{P}{4}$. Notons S l'aire du losange ABCD. On sait que $S = \frac{AC \times BD}{2}$. Il est donc naturel de poser $x = AC$ et $y = BD$.
Pour chercher le maximum de S, on peut étudier ses variations. Mais S dépend de deux variables. D'où l'idée de chercher une relation entre x et y.
Observons la figure. On voit que le triangle OAB, par exemple, est rectangle en O. Puisque AB est connu, on peut en déduire une relation entre x et y.

a) Vérifiez que $x^2 + y^2 = 4a^2$.
b) Déduisez-en S en fonction de a et x.

2. Puisqu'on a exprimé S en fonction de x, on pense à étudier les variations de $x \mapsto S(x)$. Malheureusement on ne sait pas dériver cette fonction.
Cependant, comme $S > 0$, on pressent que S est maximale en même temps que son carré S^2.

a) Vérifiez que l'on est ramené à étudier la fonction f définie sur $[0\ ;\ 2a]$ par $f(x) = \frac{x^2}{4}(4a^2 - x^2)$.
b) Étudiez cette fonction et déduisez-en la valeur de son maximum et pour quelle(s) valeur(s) il est atteint.
c) Déduisez-en, en justifiant, le maximum de S.

3. Rédigez une solution.

Commentaire : Si vous ne vous rappelez pas de la formule $S = \frac{AC \times BD}{2}$, vous pouvez la retrouver en considérant que S est la somme des aires des quatre triangles isométriques OAB, OAD, OBC, ODC.

44 Variations d'une fonction trigonométrique

f est la fonction définie sur $[0\ ;\ \pi]$ par :

$$f(x) = \cos\left(x + \frac{\pi}{4}\right).$$

Objectif : étudier les variations de f.

1. Une façon d'étudier les variations d'une fonction dérivable est de calculer sa fonction dérivée, puis de déterminer les intervalles sur lesquels cette dérivée est de signe constant (*voir l'exercice résolu* 1, *p.* 93).

Justifiez que la fonction f est dérivable sur $[0\ ;\ \pi]$ et vérifiez que pour tout x de $[0\ ;\ \pi]$:

$$f'(x) = -\sin\left(x + \frac{\pi}{4}\right).$$

2. Il s'agit d'étudier le signe de $\sin\left(x + \frac{\pi}{4}\right)$ (celui de f' est le signe opposé). Se pose donc la question : « De manière générale, comment connaître le signe d'un sinus ? »
La courbe de la fonction sinus renseigne efficacement.

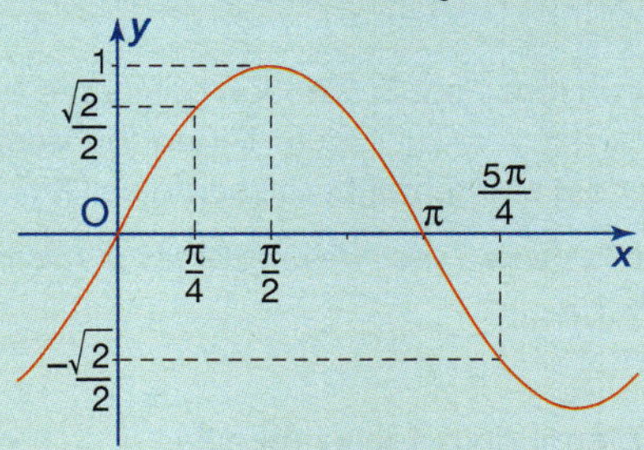

Mais une autre question se pose : « Si $X = x + \frac{\pi}{4}$ et x appartient à $[0\ ;\ \pi]$, à quel intervalle X appartient-il ? »

a) Vérifiez que X est dans l'intervalle $\left[\frac{\pi}{4}\ ;\ \frac{5\pi}{4}\right]$.
b) Trouvez alors les solutions de $\sin X > 0$, $\sin X = 0$, $\sin X < 0$. Déduisez-en celles de $\sin\left(x + \frac{\pi}{4}\right) > 0$, $\sin\left(x + \frac{\pi}{4}\right) = 0$, $\sin\left(x + \frac{\pi}{4}\right) < 0$.
c) Donnez les variations de f.

3. Rédigez une solution.

Commentaire : Une autre solution est possible par la composition des fonctions.
Notons h la fonction définie sur $[0\ ;\ \pi]$ par $h(x) = x + \frac{\pi}{4}$. Ainsi h est une fonction croissante sur $[0\ ;\ \pi]$ et $h(x)$ décrit l'intervalle $\left[\frac{\pi}{4}\ ;\ \frac{5\pi}{4}\right]$. On note g la fonction définie sur $\left[\frac{\pi}{4}\ ;\ \frac{5\pi}{4}\right]$ par $g(x) = \cos x$. La fonction g est décroissante sur $\left[\frac{\pi}{4}\ ;\ \pi\right]$ et croissante sur $\left[\pi\ ;\ \frac{5\pi}{4}\right]$.
Or $f(x) = g(h(x)) = (g \circ h)(x)$, donc f est décroissante sur $\left[0\ ;\ \frac{3\pi}{4}\right]$ et croissante sur $\left[\frac{3\pi}{4}\ ;\ \pi\right]$.

Exercices
pour progresser

Variations de fonctions

45 f est la fonction définie sur $\mathbb{R}$ par :

$$f(x) = \frac{x^3}{3} - \frac{x^2}{2} - 2x.$$

1. Étudiez les variations de f.
2. Déduisez-en les variations de $g : x \mapsto |f(x)|$.

46 f est la fonction définie sur $]-\infty\,;3]$ par :

$$f(x) = \sqrt{-x+3}.$$

1. Étudiez les variations de f.
2. Déduisez-en les variations de $g : x \mapsto f(|x|)$.

47 a est un réel. f est la fonction polynôme définie par $f(x) = ax^3 + x^2 + x + 1$. Existe-t-il un (ou des) réel(s) a tel(s) que f est strictement décroissante sur $\mathbb{R}$?

Note : Voir la partie *Types de problèmes et raisonnements* § 6, p. 421.

48 a est un réel. f est la fonction polynôme définie par $f(x) = x^3 + ax^2 + x + 1$. Existe-t-il un (ou des) réel(s) a tel(s) que f est strictement croissante sur $\mathbb{R}$?

Note : Voir la partie *Types de problèmes et raisonnements* § 6, p. 421.

49 a et b sont deux réels non nuls.
Étudiez les variations de la fonction f définie par $f(x) = \dfrac{ax+b}{x+2}$ suivant les valeurs de a et b.

50 On considère une fonction f dont on ne connaît que quelques propriétés :
- f est définie sur l'ensemble $$D = [-2\,;-1[\,\cup\,]-1\,;+\infty[\,;$$
- f est dérivable sur D ;
- sur D, sa dérivée f' s'annule en -2 et en 0 ;
- le signe de sa dérivée est donné par le tableau suivant :

x	-2		-1		0		$+\infty$
$f'(x)$	0	$-$	‖	$-$	0	$+$	

1. a) Donnez les variations de f.
b) Si $-1 < a < b < 0$, comparez $f(a)$ et $f(b)$.
c) Si $-1 < a < b < 2$, peut-on comparer les nombres $f(a)$ et $f(b)$?
d) Si $a = -2$ et $b = 0$, peut-on comparer les nombres $f(a)$ et $f(b)$?

2. On sait de plus que f peut s'écrire sous la forme $x \mapsto \dfrac{x^2+mx+n}{x+p}$ où m, n et p sont des réels, p étant non nul.
Trouvez une fonction f satisfaisant aux propriétés précédentes.

51 $\mathscr{C}_1$, $\mathscr{C}_2$, $\mathscr{C}_3$ et $\mathscr{C}_4$ sont les courbes représentatives de quatre fonctions f, g, h, u dérivables sur $\mathbb{R}$. Ces fonctions sont telles que $f' = g$, $g' = h$ et $h' = u$. Associez chaque courbe avec la fonction qu'elle représente.

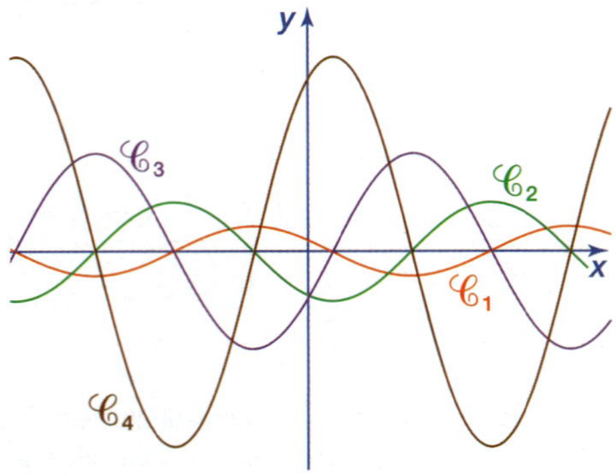

★ **52** b est un réel.
f est la fonction rationnelle définie par :

$$f(x) = \frac{x^2+bx+1}{x^2+x+1}.$$

1. Déterminez l'ensemble de définition de f.
2. Étudiez, selon les valeurs du réel b, les variations de la fonction f.

★ **53** m est un réel. f est la fonction rationnelle définie par $f(x) = \dfrac{x^2+mx-2}{x-m}$.

1. Déterminez l'ensemble de définition de f.
2. Étudiez, suivant les valeurs du réel m, les variations de la fonction f.

Pour les exercices 54 et 55, vous pouvez vous reporter à l'exercice 40, *Pour apprendre à chercher*.

★ **54** Sans les calculer, comparez A et B :

$$A = \frac{(1{,}119)^2 + 1{,}119 + 1}{(1{,}119)^2 + 1} \text{ et } B = \frac{(1{,}118)^2 + 1{,}118 + 1}{(1{,}118)^2 + 1}.$$

★ **55** Comparez les deux nombres A et B :

$$A = 0{,}000\,01 + \frac{1}{1{,}000\,01} \text{ et } B = 0{,}000\,02 + \frac{1}{1{,}000\,02}.$$

Pour les exercices 56 à 60, étudiez les variations de la fonction f sur l'intervalle I indiqué.
Vous pouvez vous reporter à l'exercice 44, *Pour apprendre à chercher*.

★ **56** $f(x) = \cos 2x$; $I = [0 ; \pi]$.

★ **57** $f(x) = \dfrac{1}{2\cos x + 1}$; $I = \left]\dfrac{2\pi}{3} ; \dfrac{4\pi}{3}\right[$.

★ **58** $f(x) = \dfrac{x}{2} + \cos x$; $I = [0 ; 2\pi]$.

★ **59** $f(x) = \sin\left(-2x + \dfrac{\pi}{3}\right)$; $I = \left[-\dfrac{\pi}{12} ; \dfrac{5\pi}{12}\right]$.

★ **60** $f(x) = \cos x + \dfrac{1}{2}\cos 2x$; $I = [0 ; \pi]$.

Extremums. Encadrements

61 À l'aide d'une calculatrice graphique, on a obtenu la courbe représentant la fonction $f : x \mapsto \dfrac{x^2 + 2x + 3}{4x^2 + 1}$.
Elle semble admettre un maximum en zéro.
Est-ce bien le cas ?

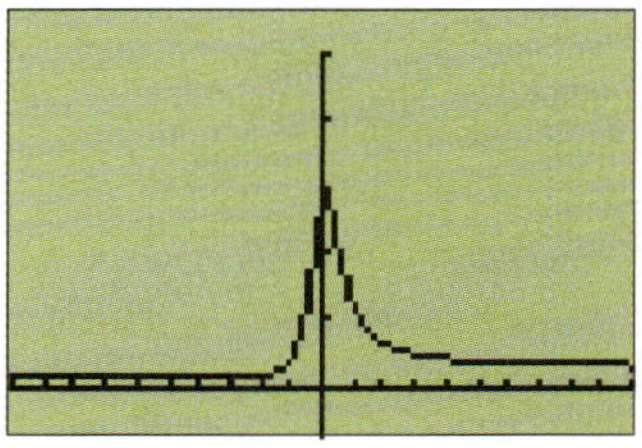

62 Dans chacun des cas suivants :
a) Étudiez les variations de la fonction f sur l'intervalle I donné ;
b) Trouvez deux réels constants m et M tels que pour tout x de I, $m \leqslant f(x) \leqslant M$ et $[m ; M]$ est l'intervalle le plus petit possible.

1. $f : x \mapsto -x^3 - 2x^2 + 4x + 3$; $I = [-3 ; 1]$.

2. $f : x \mapsto 2x^3 - 9x^2 + 12x + 1$; $I = [0 ; 6]$.

Note : La question 2 est corrigée en fin de manuel.

3. $f : x \mapsto \dfrac{9}{x} + x - 1$; $I = [1 ; 4]$.

4. $f : x \mapsto \dfrac{-x^2 + 3x - 1}{x + 1}$; $I = [1 ; 8]$.

5. $f : x \mapsto \dfrac{5x}{x^2 + 1}$; $I = [-2 ; 1]$.

6. $f : x \mapsto \dfrac{2x - 1}{x + 1}$; $I = [0 ; 2]$.

7. $f : x \mapsto \sqrt{1 - 2x}$; $I = [-4 ; 0]$.

63 **1.** Étudiez les variations de la fonction f :

$$x \mapsto -2x^2 + 4x - 3.$$

2. Déduisez-en le minimum sur $[-2 ; +2]$ de la fonction g définie par $g(x) = \dfrac{1}{-2x^2 + 4x - 3}$.

64 x est un réel de l'intervalle $[-0{,}2 ; 0{,}5]$.
Donnez un encadrement (le plus fin possible) de :

$$1 - x - \frac{1}{1 + x}.$$

Note : On dit que l'encadrement $A \leqslant f(x) \leqslant B$ est plus fin que l'encadrement $C \leqslant f(x) \leqslant D$ si $C \leqslant A$ et $B \leqslant D$.

★ **65** x est un réel de l'intervalle $\left[-\dfrac{5}{2} ; 2\right]$.
Donnez un encadrement (le plus fin possible) de :

$$\left|-\frac{1}{4}x^4 + 2x^2 - 3\right|.$$

★ **66** f est la fonction définie sur $\mathbb{R}$ par $f(x) = \dfrac{2}{1 + x^2}$.
Démontrez que pour tout x dans l'intervalle $[0 ; 2]$, $f(f(x))$ appartient à $\left[\dfrac{2}{5} ; \dfrac{50}{29}\right]$.

★ **67** f est la fonction définie sur $\mathbb{R}$ par :

$$f(x) = -x^3 + 2x^2 + 4.$$

1. Démontrez que si x appartient à $\left[-1 ; \dfrac{4}{3}\right]$, alors $f(x)$ est dans l'intervalle $[4 ; 7]$.

2. La réciproque est-elle vraie ?

★ **68** f est la fonction définie sur $\mathbb{R}$ par :

$$f(x) = 8x^4 - 8x^2 + 1.$$

Démontrez que :

$$-1 \leqslant f(x) \leqslant 1 \text{ équivaut à } -1 \leqslant x \leqslant 1.$$

Aide : Voir la partie *Types de problèmes et raisonnements*, § 2, p. 415.

Équations $f(x) = 0$

Pour ces exercices, vous pouvez vous reporter à l'exercice résolu 2, p. 95 ou au TD6, p. 102.

69 Démontrez que l'équation :

$$-3x^3 - \frac{9}{2}x^2 + 18x + 3 = 0$$

admet trois solutions distinctes x_0, x_1, x_2 telles que :

$$-4 < x_0 < -2 < x_1 < 1 < x_2 < 2.$$

70 **1.** Étudiez les variations de la fonction f définie par :

$$f(x) = 2x^3 - 3x^2 - 1.$$

2. Calculez $f(1)$ et $f(2)$. Déduisez-en que :

a) l'équation $f(x) = 0$ admet dans $]1 ; 2[$ une unique solution ;

b) l'équation $f(x) = 0$ n'admet pas de solution dans $]-\infty ; 1]$ et dans $[2 ; +\infty[$.

3. Étudiez alors les variations de la fonction g définie sur $]-1 ; +\infty[$ par $g(x) = \dfrac{1-x}{1+x^3}$.

71 Démontrez que l'équation $\dfrac{x^3}{1+x} = 1$ admet dans l'intervalle $[1 ; 2]$ une unique solution.

★ **72** **1.** Démontrez que l'équation $\cos x = x$ admet dans l'intervalle $\left[-\dfrac{\pi}{3} ; \dfrac{\pi}{3}\right]$ une unique solution.

2. Donnez un encadrement d'amplitude 10^{-2} de cette solution.

★ **73** **1.** Étudiez les variations de la fonction f définie sur $\mathbb{R}$ par $f(x) = 6x^3 - 3x^2 + \dfrac{1}{2}x + 24$.

2. Démontrez que l'équation $f(x) = 0$ admet dans l'intervalle $]-2 ; -1[$ une unique solution α.

3. Démontrez alors que α est l'unique solution dans $\mathbb{R}$ de l'équation $f(x) = 0$.

4. Déduisez-en les variations de la fonction g :

$$x \mapsto \frac{3}{2}x^4 - x^3 + \frac{1}{4}x^2 + 24x - 10.$$

Comparaisons de fonctions

Pour ces exercices, vous pouvez vous reporter à l'exercice 39, *Pour apprendre à chercher*.

74 Dans chacun des cas suivants, comparez les fonctions f et g.

1. $f(x) = (x+1)^3$ et $g(x) = x - 5$.

Aide : Calculez $f(-3)$ et $g(-3)$.

2. $f(x) = x^4$ et $g(x) = 2x^3 - 2x^2 - 10$.

3. $f(x) = \dfrac{1}{1+x}$ et $g(x) = 1 - x$.

4. $f(x) = x^3 - 3x$ et $g(x) = x - \dfrac{4}{x}$.

75 f est la fonction définie sur $[-1 ; +\infty[$ par :

$$f(x) = \sqrt{1+x}.$$

Étudiez les positions relatives de la courbe représentant f et de sa tangente au point d'abscisse 0.

★ **76** f est la fonction définie sur $\mathbb{R}$ par $f(x) = -x^3 + \dfrac{3}{2}x^2$ et $\mathscr{C}_f$ sa courbe représentative.

d est la droite d'équation $y = x - \dfrac{3}{2}$.

1. Calculez les coordonnées des points d'intersection de $\mathscr{C}_f$ avec l'axe des abscisses.

2. Déduisez-en que $\mathscr{C}_f$ et d ont (au moins) un point commun.

3. Étudiez les positions relatives de $\mathscr{C}_f$ et d.

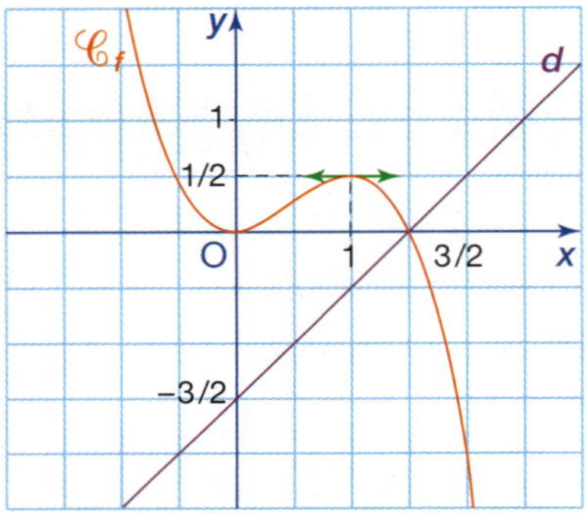

★ **77** x est un réel positif ou nul.

1. Établissez **successivement**, à l'aide d'études des variations de fonctions bien choisies, les inégalités suivantes.

a) $\sin x \leqslant x$; **b)** $1 - \dfrac{x^2}{2} \leqslant \cos x$;

c) $x - \dfrac{x^3}{6} \leqslant \sin x$; **d)** $\cos x \leqslant 1 - \dfrac{x^2}{2} + \dfrac{x^4}{24}$.

2. Déduisez de ce qui précède, pour x réel positif ou nul, un encadrement :

a) de $\sin x$ par deux polynômes ;

b) de $\cos x$ par deux polynômes.

3. Donnez alors un minorant et un majorant de cos 0,5 puis de sin 0,5.

★★ **78** **1.** a est un réel donné de l'intervalle $[0 ; \pi]$.

f est la fonction définie sur $[0 ; \pi]$ par :

$$f(x) = \sin x - (\cos a)x + a\cos a - \sin a.$$

a) Étudiez les variations de f.

b) Déduisez en le signe de f.

2. Étudiez la position de la partie de la courbe représentant la fonction sinus sur l'intervalle $[0 ; \pi]$ par rapport à l'une quelconque de ses tangentes.

Vrai ou faux ?

Pour chacune des affirmations suivantes, dites si elle est vraie ou fausse. Justifiez chaque fois votre réponse.

★ **79** La fonction $f : x \mapsto \frac{x^2}{x-1}$ est strictement monotone sur $\mathbb{R} - \{1\}$.

★ **80** La fonction $f : x \mapsto x^3 - 6x^2 + 2$ a deux extremums locaux.

★ **81** Les fonctions $x \mapsto x - 2 + \frac{1}{x}$ et $x \mapsto \sqrt{x - 2 + \frac{1}{x}}$ atteignent leur minimum sur $]0\,;+\infty[$ au même point.

★ **82** L'équation $4x^4 - 3x^3 - 1 = 0$ admet une unique solution dans $[0\,;4]$.

★ **83** 3,53 est la valeur approchée à 10^{-2} près par défaut de l'unique solution dans $]3\,;4[$ de l'équation $x^3 - 8x - 16 = 0$.

★ **84** Si $x \in \left]0\,;\frac{\pi}{2}\right]$, alors $0{,}9\sin x < \sin(0{,}9x)$.

Démontrer des inégalités

Pour ces exercices, vous pouvez vous reporter à l'exercice 40, *Pour apprendre à chercher.*

85 a, b, c sont trois nombres réels positifs tels que $a \leqslant b + c$.

1. Démontrez que $\frac{a}{1+a} \leqslant \frac{b+c}{1+b+c}$.

2. Vérifiez que $\frac{b}{1+b+c} \leqslant \frac{b}{1+b}$ et $\frac{c}{1+b+c} \leqslant \frac{c}{1+c}$, et déduisez-en que $\frac{a}{1+a} \leqslant \frac{b}{1+b} + \frac{c}{1+c}$.

Note : Une autre solution.
Pour démontrer, sans utiliser la dérivation, que $\frac{a}{1+a} \leqslant \frac{b}{1+b} + \frac{c}{1+c}$, on peut procéder par équivalences, en commençant par dire que cette inégalité est équivalente à $a(1+b)(1+c) \leqslant (1+a)[b(1+c) + c(1+b)]$. Vous pouvez continuer.

★ **86** a, b et c sont trois réels strictements positifs.

Démontrez que $\frac{a}{c} + \frac{a}{b} + \frac{b}{c} + \frac{c}{b} + \frac{b}{a} + \frac{c}{a} \geqslant 6$.

★ **87** **Inégalité de Bernouilli**

1. n est un entier naturel non nul.
Démontrez que pour tout réel x positif ou nul,
$$(1+x)^n \geqslant 1 + nx.$$

2. Déduisez-en que pour tout entier naturel n non nul, et pour tout réel x positif ou nul, $(1+x)^n \geqslant 1 + nx$.

Commentaire : Cette inégalité peut servir à démontrer qu'une suite géométrique de raison q, $q > 1$, a pour limite plus l'infini.

Optimisation

Pour ces exercices, vous pouvez vous reporter aux exercices 41 à 43, *Pour apprendre à chercher.*

88 ABCD est un carré ; AB = 1. $\mathscr{C}$ est le cercle de centre D et de rayon 1. T est un point de l'arc de cercle $\overset{\frown}{AC}$, distinct de A et de C. La tangente au cercle $\mathscr{C}$ en T coupe le segment [AB] en M et le segment [BC] en N.

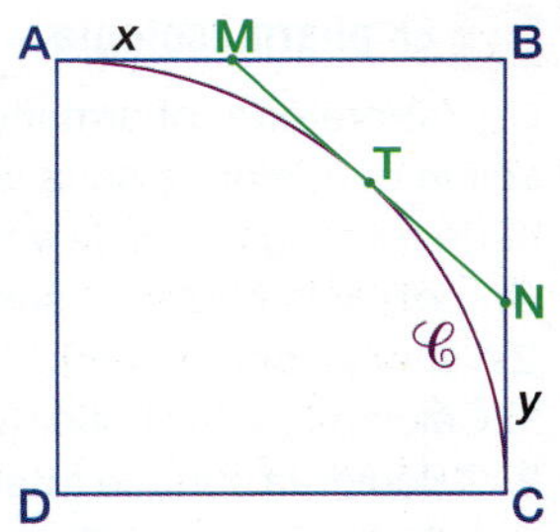

On se propose de résoudre le problème suivant :
Pour quelles positions de T la distance MN est-elle minimale ?
Pour cela, on essaie d'exprimer MN en fonction d'une variable x, par exemple en posant AM = x. Mais le calcul de MN en fonction de x seul paraît impossible *a priori*. On introduit alors une autre variable y (on pose CN = y), en espérant que les calculs permettront d'exprimer y en fonction de x.

1. Démontrez que $MN^2 = x^2 + y^2 - 2x - 2y + 2$.

2. Prouvez que $MN = x + y$ et que $MN^2 = (x+y)^2$.

3. Déduisez-en que $y = \frac{1-x}{1+x}$, puis que $MN = \frac{x^2+1}{x+1}$.

4. a) Dressez le tableau de variations de la fonction f :
$$x \mapsto \frac{x^2+1}{x+1},\ x \in [0\,;1].$$
b) Déduisez-en que la distance MN est minimale lorsque $x = \sqrt{2} - 1$.

5. Calculez y lorsque $x = \sqrt{2} - 1$
Déduisez-en la position de T pour laquelle la distance MN est minimale.

★ **89** h est un réel strictement positif. Dans la portion du plan, muni d'un repère orthonormal, déterminée par l'arc de parabole d'équation $y = x^2$ et la droite d'équation $y = h$, on veut inscrire, comme sur la figure ci-contre, un rectangle dont l'aire soit la plus grande possible.

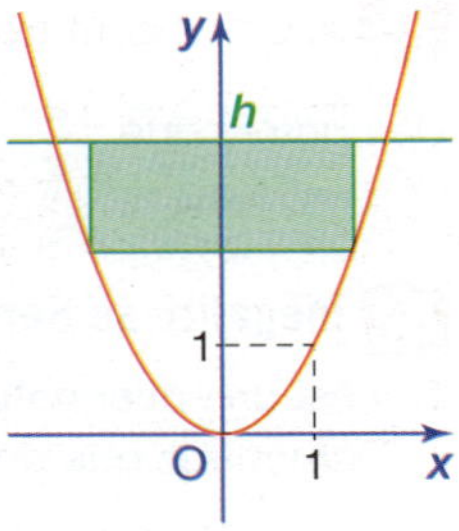

Prouvez qu'un tel rectangle existe ; donnez ses dimensions en fonction de h.

★ **90** Dans un repère orthonormal $(O ; \vec{i}, \vec{j})$, $\mathcal{P}$ est la parabole d'équation $y = 9 - x^2$. A et B sont les points de coordonnées respectives $(-3 ; 0)$ et $(3 ; 0)$. x est un réel de l'intervalle $[0 ; 3]$, M et N sont les points de $\mathcal{P}$ d'abscisses respectives x et $-x$.

1. Faites une figure.

2. Calculez l'aire $S(x)$ du trapèze ABMN, et déterminez la valeur de x pour laquelle cette aire est maximale.

★ **91 En pharmacologie**

Un laboratoire pharmaceutique fabrique un produit solide conditionné sous la forme d'un petit parallélépipède rectangle dont le volume est 576 mm³.

On note y la hauteur ; ses autres dimensions sont x et $2x$ (x et y sont en mm).

1. Calculez y en fonction de x.

2. Calculez la surface totale $S(x)$, en mm², de ce parallélépipède rectangle en fonction de x.

3. x est nécessairement compris entre 3 et 12 mm. Étudiez le sens de variation de S sur l'intervalle $[3 ; 12]$ et déduisez-en la valeur de x pour laquelle $S(x)$ est minimale.

Commentaire : La vitesse avec laquelle un comprimé soluble, de volume donné, se dissout, augmente avec sa surface. Ceci explique pourquoi les fabricants de médicaments se posent parfois des problèmes de recherche d'extremums.

★ **92 Cylindre inscrit dans une sphère**

Dans une sphère de rayon R, on inscrit un cylindre de hauteur h. Les deux bases du cylindre sont des cercles de la sphère de rayon r.

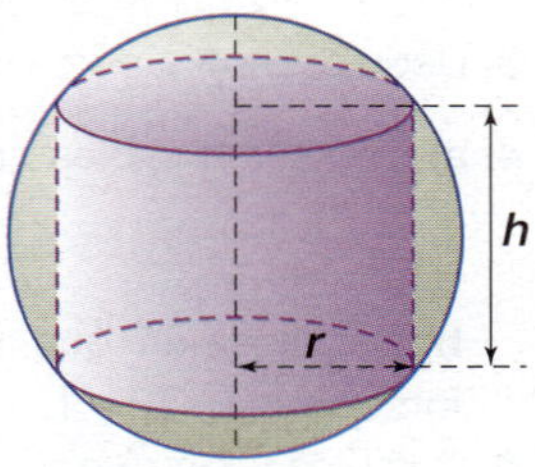

1. Exprimez r en fonction de R et h.

2. a) Calculez le volume du cylindre en fonction de h.

b) Pour quelle valeur de h le volume est-il maximal ?

★★ **93** Dans un repère orthonormal, B est le point de coordonnées $(0 ; 1)$ et $\mathcal{C}$ le demi-cercle de centre B passant par O l'origine du repère disposé comme l'indique la figure ci-contre.

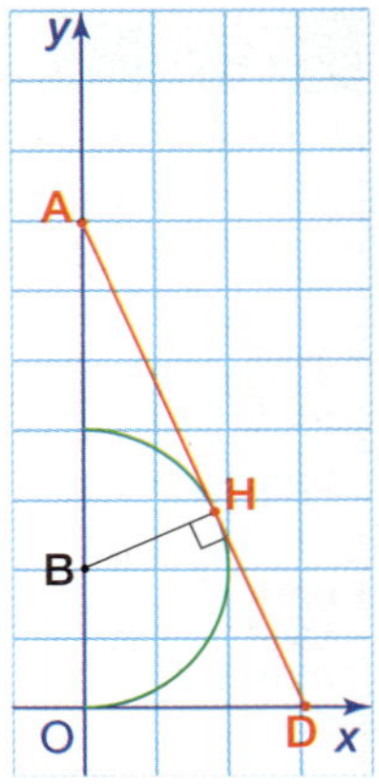

On note A le point de coordonnées $(0 ; h)$ avec $h > 2$. On trace par A la tangente en H à $\mathcal{C}$, elle coupe l'axe des abscisses en D. On note x l'abscisse de D.

En pivotant autour de (OA) le triangle AOD engendre un cône de révolution de sommet A.

Le but de cet exercice est de trouver les valeurs de h, s'il en existe, pour lesquelles le volume de ce cône est minimal.

1. Justifiez que $x \in]1 ; +\infty[$.

2. a) Calculez AD en fonction de x et de h.

b) Démontrez que les triangles ABH et AOD sont semblables.

c) Déduisez-en que $h = \dfrac{2x^2}{x^2 - 1}$.

3. On note $\mathcal{V}(x)$ le volume du cône.

a) Démontrez que $\mathcal{V}(x) = \dfrac{2\pi}{3} \times \dfrac{x^4}{x^2 - 1}$.

b) Étudiez les variations de la fonction f définie sur $]1 ; +\infty[$ par $f(x) = \dfrac{x^4}{x^2 - 1}$ et résolvez le problème posé.

Pour les exercices 94 à 98, vous pouvez vous reporter à l'exercice 41, *Pour apprendre à chercher.*

94 Un stade olympique a la forme d'un rectangle avec deux demi-cercles aux extrémités. La longueur de la piste intérieure est imposée et mesure 400 m.

Quelles dimensions doit-on donner au stade pour que la surface rectangulaire hachurée soit maximale ?

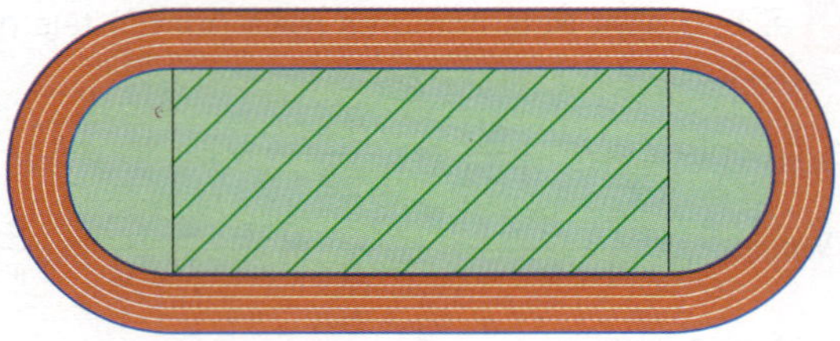

95 ABC est un triangle rectangle en A tel que $AB = 3$, $AC = 4$. M est un point de $[BC]$.

P et Q sont les projetés orthogonaux de M respectivement sur $[AB]$ et $[AC]$. Comment placer M pour que l'aire du quadrilatère APMQ soit maximale ?

Aide : Voir le TD 1, p. 97.

★ **96** **Le problème de l'éditeur**

Un éditeur doit produire un livre avec les contraintes suivantes : sur chaque page le texte imprimé doit être contenu dans un rectangle de 300 cm², les marges doivent mesurer 1,5 cm sur les bords horizontaux et 2 cm sur les bords verticaux.
Quelles doivent être les dimensions d'une page pour que la consommation de papier soit minimale ?

★ **97** **Losanges et carrés**

Démontrez que parmi les losanges d'aire S donnée, le carré est celui dont le périmètre est minimal.

★ **98** La somme des périmètres d'un triangle équilatéral et d'un carré est donnée. Quel rapport doit-il exister entre le côté du triangle et le côté du carré pour que la somme des aires soit minimale ?

★ **99** **Cône de volume maximal**

Dans un disque en carton de rayon 10 cm, on découpe un secteur AOB tel que $\widehat{AOB} = \alpha$ (α en radians).
Avec ce secteur, on fabrique un cône de révolution.

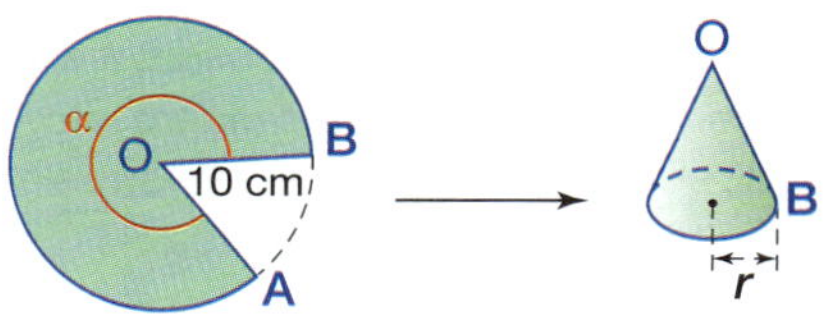

1. a) Démontrez que le rayon r du cercle de base du cône est égal à $\frac{5\alpha}{\pi}$.

b) Déduisez-en la hauteur du cône en fonction de α.

2. Démontrez que le volume V du cône est égal à :

$$\frac{125}{3\pi^2}\alpha^2\sqrt{4\pi^2-\alpha^2}.$$

3. Pour quelle valeur de α le volume est-il maximal ?

Aide : Voir les exercices 41 et 43, *Pour apprendre à chercher*. Étudiez la fonction $\alpha \mapsto V^2(\alpha)$.

★ **100** Dans une sphère de centre O et de rayon R, on inscrit un cône de révolution de hauteur h.

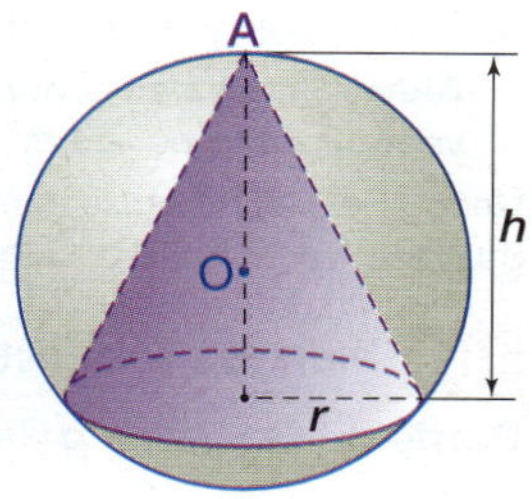

1. Démontrez que le rayon r de la base du cône est égal à $\sqrt{h(2R-h)}$.

2. a) Calculez le volume du cône en fonction de h.

b) Pour quelle valeur de h le volume est-il maximal ?

Aide : Voir l'exercice 41, *Pour apprendre à chercher*.

★ **101** Dans un repère orthonormal, $\mathscr{P}$ est la parabole d'équation $y = 1 - x^2$. $M(x_0\,;\,y_0)$ est un point de $\mathscr{P}$ tel que $x_0 > 0$ et $y_0 > 0$.
La tangente en M à $\mathscr{P}$ coupe l'axe des abscisses en A et l'axe des ordonnées en B.
Pour quelle position de M l'aire du triangle OAB est-elle minimale ?

Pour un bilan

Pour chacun des exercices suivants, plusieurs des affirmations proposées peuvent être exactes. Dites lesquelles.

Q1 On considère la fonction $f : x \mapsto \frac{2x+3}{x-4}$.

a) f est strictement décroissante sur $\mathbb{R} - \{4\}$.
b) f est strictement croissante sur $\mathbb{R} - \{4\}$.
c) f n'est pas monotone sur $\mathbb{R} - \{4\}$.

Q2 f et g sont deux fonctions dérivables sur $[0\,;\,1]$ telles que $f(0) = g(0)$ et $f'(x) \leqslant g'(x)$ pour tout x de l'intervalle $[0\,;\,1]$.

a) Pour tout x de $[0\,;\,1]$, $f(x) \leqslant g(x)$.
b) Pour tout x de $[0\,;\,1]$, $f(x) \geqslant g(x)$.
c) Nécessairement, $f(1) < g(1)$.

Q3 f et g sont deux fonctions dérivables sur un intervalle I telles que pour tout x de I, $f'(x) = g'(x)$.

a) Pour tout x de I, $f(x) = g(x)$.
b) $f - g$ est une fonction constante sur I et la constante est $f(a) - g(a)$ pour a dans I.
c) La courbe $\mathscr{C}_g$ est l'image de $\mathscr{C}_f$ par une translation.
d) Si, dans l'énoncé, on remplace l'intervalle I par une réunion d'intervalles, cela ne change rien au problème.

Q4 f est une fonction strictement croissante sur un intervalle I.

a) f n'a pas d'extremum sur I.
b) f n'a pas de majorant sur I.
c) f a un minimum sur I.

problèmes de synthèse

102 Thèmes : Distance d'un point à une droite. Produit scalaire

Dans un repère orthonormal, on considère la droite d, d'équation $-2x + y + 1 = 0$ et A, le point de coordonnées $(a\ ;\ b)$, n'appartient pas à d.

1. $M(x\ ;\ y)$ est un point quelconque de d. Exprimez la longueur AM en fonction de x.

2. Démontrez que AM admet un minimum et donnez les coordonnées du point M_0 correspondant.

Aide : Vous pouvez vous reporter à l'exercice 42, *Pour apprendre à chercher.*

3. Démontrez que M_0 est le projeté orthogonal de A sur d.

Aide : Pensez au produit scalaire $\overrightarrow{AM_0} \cdot \vec{u}$, où $\vec{u}$ est un vecteur directeur de d.

Note : Par définition, le minimum AM_0 est appelé « distance du point A à la droite d » (*voir le TD* 3, *chapitre* 13).

103 Thèmes : Distance. Produit scalaire

Partie I. On note g la fonction définie sur $\mathbb{R}$ par $g(x) = 2x^3 + x - 2$.

1. Étudiez les variations de g et dressez son tableau de variations.

2. a) Calculez $g(0)$ et $g(1)$.

b) Déduisez-en que l'équation $g(x) = 0$ admet dans l'intervalle $[0\ ;\ 1]$ une unique solution α.

c) À l'aide de la calculatrice, donnez une valeur approchée de α à 10^{-1} près.

Partie II. Dans un repère orthonormal $(O\ ;\ \vec{i}, \vec{j})$, on note $\mathcal{P}$ la parabole d'équation $y = x^2$ et A le point de coordonnées $(2\ ;\ 0)$. M est un point quelconque de $\mathcal{P}$ d'abscisse x. Le but de cette partie est de prouver que la distance AM est minimale lorsque la droite (AM) est perpendiculaire à la tangente en M à $\mathcal{P}$ et seulement dans ce cas.

1. Démontrez que $AM^2 = x^4 + x^2 - 4x + 4$.

2. On note f la fonction définie sur $\mathbb{R}$ par :

$$f(x) = x^4 + x^2 - 4x + 4.$$

a) Vérifiez que $f'(x) = 2g(x)$ et dressez le tableau de variations de f.

b) Déduisez-en que « AM est minimal » équivaut à « $x = \alpha$ » avec $2\alpha^3 + \alpha - 2 = 0$.

3. On note M_0 le point de coordonnées $(\alpha\ ;\ \alpha^2)$.

a) Vérifiez que la tangente en M_0 à $\mathcal{P}$ a pour équation $y = 2\alpha x - \alpha^2$.

b) Donnez un vecteur directeur $\vec{u}$ de cette tangente.

c) Calculez $\vec{u} \cdot \overrightarrow{AM_0}$. Concluez.

104 Thèmes : Étude d'une fonction. Calcul de distances. Trigonométrie.

ABC est un triangle tel que $AB = 3$, $AC = 5$, $\widehat{BAC} = 120°$. La demi-droite d, d'origine A, bissectrice de $\widehat{BAC}$, coupe $[BC]$ en A′. On note M un point quelconque de d et on pose $AM = x$ $(x \geqslant 0)$.

1. a) Démontrez que :

$$MB^2 = x^2 - 3x + 9 \quad \text{et} \quad MC^2 = x^2 - 5x + 25.$$

b) Vérifiez que $BC = 7$.

Aide : Pensez au théorème d'Al Kashi.

2. On note f la fonction définie sur $[0\ ;\ +\infty[$ par :

$$f(x) = \frac{x^2 - 3x + 9}{x^2 - 5x + 25}.$$

a) Étudiez les variations de f et dressez son tableau de variations.

b) Résolvez l'inéquation $f(x) \geqslant 1$ et déduisez-en que la médiatrice de $[BC]$ coupe d en un point M_0 que vous préciserez.

3. a) Démontrez que le rapport $\dfrac{MB}{MC}$ est minimal en un point M_1 de d que vous préciserez.

b) Vérifiez que $M_1B = \sqrt{7}$ et $M_1C = \sqrt{21}$.

c) Démontrez que $\cos \widehat{CBM_1} = \cos \widehat{ABM_1} = \dfrac{5}{2\sqrt{7}}$.

Déduisez-en que M_1 est le centre du cercle inscrit dans le triangle ABC.

4. a) Démontrez que le rapport $\dfrac{MB}{MC}$ est maximal en un point M_2 de d que vous préciserez.

b) Vérifiez que $M_2B = 3\sqrt{21}$ et $M_2C = 5\sqrt{7}$.

c) Démontrez que les triangles M_1BM_2 et M_1CM_2 sont rectangles et déduisez-en que :

- M_0 est le centre du cercle circonscrit à M_1BM_2C,
- M_2 est le centre du cercle tangent aux droites (AB), (BC), (CA). (Ce cercle est appelé cercle exinscrit au triangle ABC dans l'angle $\widehat{BAC}$.)

Pour chercher plus

★★★ 105 Économies de fabrication

Prouvez que la fabrication d'une tente conique, de capacité donnée, exige une dépense minimale de tissu lorsque la hauteur de la tente est $\sqrt{2}$ fois plus grande que le rayon du cercle de base.

Note : Le cercle de base n'est pas tendu de tissu.

★★★ 106 Quand il n'y a pas d'extremum

En coupant un fil d'épaisseur négligeable, on souhaite former un cercle avec l'un des morceaux et un triangle équilatéral avec l'autre. Le fil a une longueur ℓ connue.

On désigne par $\mathcal{A}$ l'aire totale de ces deux figures.

1. Est-il possible de couper le fil en un point de sorte que $\mathcal{A}$ soit minimale ?

2. Démontrez qu'il est impossible de trouver un point de coupe qui donne une aire $\mathcal{A}$ maximale.

Comportements asymptotiques Études de fonctions

Approche historique

Un problème

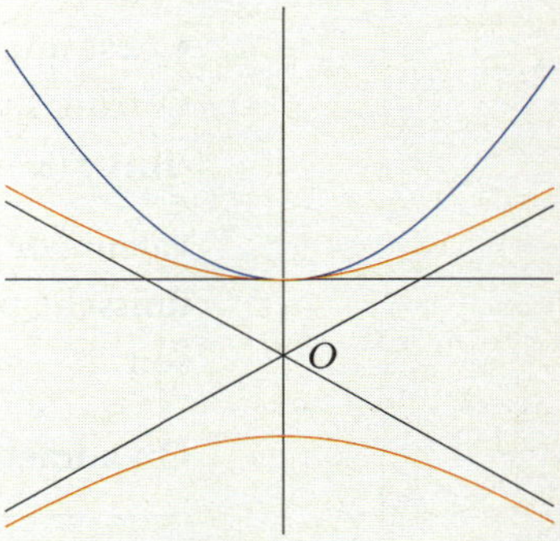

La figure ci-contre reprend un dessin de Johannes Kepler (Weil dans le Wurtemberg, 1571 - Ratisbonne, 1630).
Dans un ouvrage consacré à l'optique, en 1604, il dessine sur une même feuille de papier les trois coniques, l'ellipse, la parabole et l'hyperbole pour les comparer.
Sur cette figure, d'où nous avons éliminé l'ellipse, lorsqu'on s'éloigne du point O, *les hyperboles (en rouge) « se rapprochent » des droites obliques, et la parabole (en bleu) n'a pas le même comportement. Comment interpréter mathématiquement cette différence ?*

Des éléments de réflexion

Auparavant, et depuis la magistrale présentation d'Apollonius (Perge, vers 262 avant J.-C. - 180 avant J.-C.), les différentes coniques étaient obtenues en faisant varier un plan coupant un cône à base circulaire. On les voyait donc séparément.

Le dessin de Kepler, repris tout au long du XVIIe siècle par différents auteurs pour différents usages, comme Marin Mersenne (Oizé, 1588 - Paris, 1648) dans un traité sur la musique, a l'avantage de faire voir les différents comportements à l'infini de ces deux courbes.

Johannes Kepler
(Weil, 1571 - Ratisbonne, 1630)

Les branches de l'hyperbole vont vers l'infini en devenant de plus en plus proches de deux droites (on dit que ce sont des *asymptotes* de l'hyperbole), tandis que la parabole a ses branches qui vont vers l'infini, mais sans se rapprocher de droites fixes.
Ce chapitre apprend à exprimer cette différence dans le langage des fonctions, et la codification en fut faite dans le Traité d'Euler de 1748, *Introductio in Analysin infinitorum.*

Cours

1 Limite d'une fonction en plus l'infini

f est une fonction définie au moins sur un intervalle $]a\ ;\ +\infty[$, ℓ est un réel.
Le problème est de savoir ce que deviennent les nombres $f(x)$ lorsque x prend des valeurs de plus en plus grandes vers $+\infty$.

1.1 Limite $+\infty$ en $+\infty$. Limite $-\infty$ en $+\infty$

• f est une fonction définie (au moins) sur $]a\ ;+\infty[$.
On dit que **f a pour limite $+\infty$ en $+\infty$** et on écrit $\lim\limits_{x\to+\infty} f(x) = +\infty$ pour signifier que, lorsque x prend des valeurs de plus en plus grandes vers $+\infty$, les nombres $f(x)$ finissent par dépasser n'importe quel réel M, aussi grand soit-il.

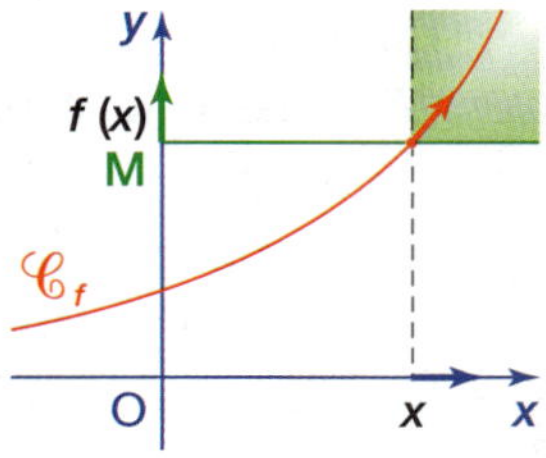

On admettra que (*voir l'exemple* 1 *ci-contre*) :

> Les fonctions $x \mapsto \sqrt{x}$, $x \mapsto x^2$, $x \mapsto x^3$ ont pour limite plus l'infini en plus l'infini.

• f est une fonction définie (au moins) sur $]a\ ;+\infty[$.
On dit que **f a pour limite $-\infty$ en $+\infty$** et on écrit $\lim\limits_{x\to+\infty} f(x) = -\infty$ pour signifier que, lorsque x prend des valeurs de plus en plus grandes vers $+\infty$, les nombres $f(x)$ deviennent très grands en valeur absolue **mais négatifs**.

EXEMPLE
La fonction $x \mapsto -x^2$ a pour limite $-\infty$ en $+\infty$.

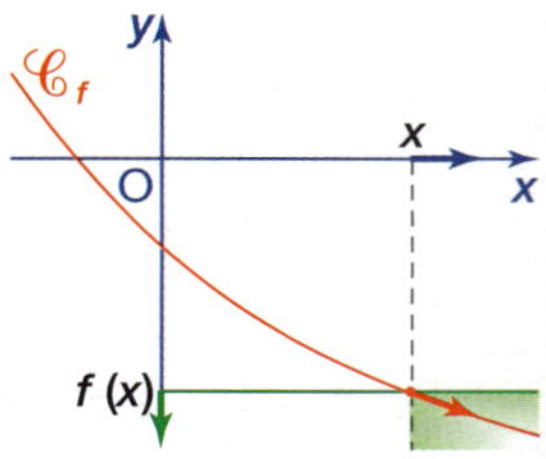

1.2 Limite réelle en $+\infty$. Asymptote horizontale

f est une fonction définie sur l'intervalle $]a\ ;+\infty[$.
On dit que **f a pour limite ℓ en $+\infty$** et on écrit $\lim\limits_{x\to+\infty} f(x) = \ell$ pour signifier que lorsque x prend des valeurs de plus en plus grandes vers $+\infty$, les nombres $f(x)$ viennent « s'accumuler » autour de ℓ. Autrement dit, les nombres $f(x)$ finissent par rester dans l'intervalle $]\ell-\alpha\ ;\ \ell+\alpha[$ aussi petit que soit α $(\alpha > 0)$.
On dit que la droite d'équation $y = \ell$ est **asymptote horizontale** à la courbe $\mathscr{C}_f$ en $+\infty$.

NOTE
Sur la figure, la distance NP se rapproche de zéro lorsque x prend des valeurs de plus en plus grandes vers plus l'infini.

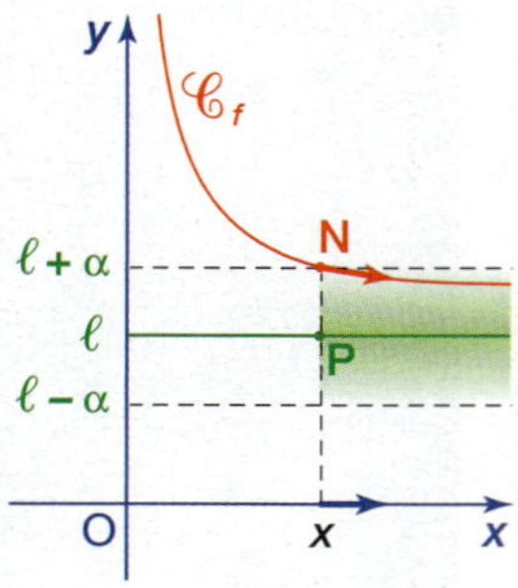

On admettra que (*voir l'exemple* 2 *ci-contre*) :

> Les fonctions $x \mapsto \dfrac{1}{x}$, $x \mapsto \dfrac{1}{\sqrt{x}}$, $x \mapsto \dfrac{1}{x^2}$ ont pour limite zéro en plus l'infini.

Pour mieux comprendre

COMMENT illustrer les définitions ci-contre ?

Exemple 1 : $\lim\limits_{x \to +\infty} f(x) = +\infty$

f est la fonction définie par $f(x) = x^2$ sur $\mathbb{R}$.

Pour $x > 1$, $x^2 > x$.

Ainsi lorsque x prend des valeurs de plus en plus grandes vers $+\infty$, les nombres x^2, qui sont supérieurs à x, prennent aussi des valeurs de plus en plus grandes vers $+\infty$. Ils finissent par dépasser n'importe quel réel M aussi grand soit-il.

En effet $x^2 > \text{M}$ dès que $x > \sqrt{\text{M}}$.

On écrit $\lim\limits_{x \to +\infty} x^2 = +\infty$.

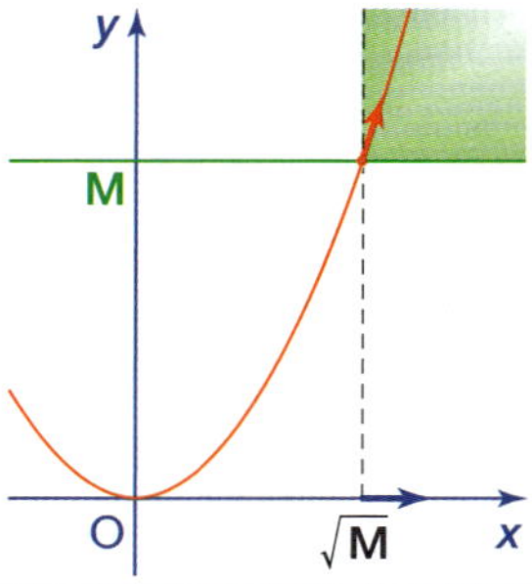

Exemple 2 : $\lim\limits_{x \to +\infty} f(x) = 0$

f est la fonction définie sur $]0 ; +\infty[$ par $f(x) = \dfrac{1}{x}$.

x	1	5	10	100	10^5	10^{20}	...
$\dfrac{1}{x}$	1	0,2	0,1	0,01	10^{-5}	10^{-20}	...

Lorsque x prend des valeurs de plus en plus grandes vers $+\infty$, les nombres $\dfrac{1}{x}$ viennent « s'accumuler » vers zéro. Dès que $x > \text{A}$, $f(x)$ est dans l'intervalle $\left]0 ; \dfrac{1}{\text{A}}\right[$. On écrit $\lim\limits_{x \to +\infty} \dfrac{1}{x} = 0$ et on dit que l'axe des abscisses est **asymptote horizontale** à la courbe représentative de f au voisinage de l'infini.

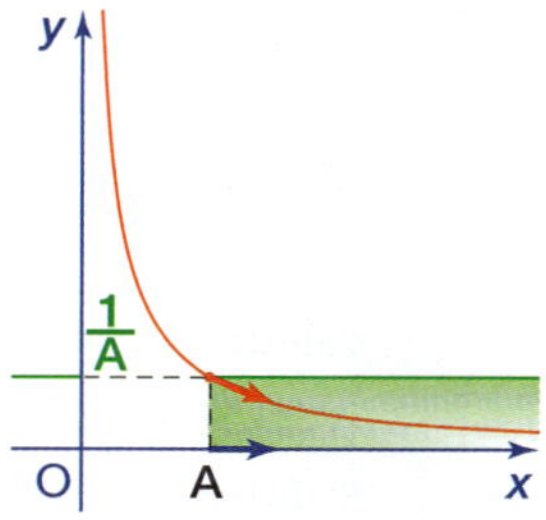

COMMENT conjecturer la limite d'une fonction en $+\infty$?

Exemple 3 :

f est la fonction $x \mapsto \dfrac{2x+1}{x-1}$. Son domaine de définition contient l'intervalle $]1 ; +\infty[$.

Intuitivement, lorsque x prend des grandes valeurs, 1 est « négligeable » devant x. On dit que l'ordre de grandeur du numérateur est $2x$. Celui du dénominateur est x. Donc, **intuitivement**, pour les grandes valeurs de x, $f(x)$ est voisin de $\dfrac{2x}{x}$, c'est-à-dire de 2. On écrit $\lim\limits_{x \to +\infty} f(x) = 2$.

Exemple 4 :

f est la fonction $x \mapsto x^2 - x$. Pour les grandes valeurs de x, **intuitivement**, « x^2 l'emporte sur x ». On dit que x^2 est le terme dominant et on écrit $f(x) = x^2\left(1 - \dfrac{1}{x}\right)$. Pour les grandes valeurs de x, $1 - \dfrac{1}{x}$ est voisin de 1 car $\dfrac{1}{x}$ est négligeable par rapport à 1. Ainsi $f(x)$ se comporte comme x^2 et on écrit $\lim\limits_{x \to +\infty} f(x) = +\infty$.

Mais les mathématiciens ne peuvent se contenter de **résultats intuitifs**, même si leur justification paraît convaincante. Ils ont démontré des théorèmes sur les limites d'une somme, d'un produit, d'un quotient (*voir page* 122) et c'est seulement avec ces théorèmes que l'on peut conclure car l'intuition est parfois trompeuse.

2 Limite d'une fonction en moins l'infini

f est une fonction définie au moins sur un intervalle $]-\infty\,;\,b[$, ℓ est un réel.
Le problème est de savoir ce que deviennent les nombres $f(x)$ lorsque x prend des valeurs négatives mais de plus en plus grandes en valeur absolue (vers $-\infty$).

2.1 Limite $+\infty$ en $-\infty$. Limite $-\infty$ en $-\infty$

• f est une fonction définie sur $]-\infty\,;\,b[$.
On dit que **f a pour limite $+\infty$ en $-\infty$** et on écrit $\lim\limits_{x \to -\infty} f(x) = +\infty$ pour signifier que, lorsque x prend des valeurs négatives de plus en plus grandes en valeur absolue (vers $-\infty$), les nombres $f(x)$ finissent par dépasser n'importe quel nombre M, aussi grand soit-il.

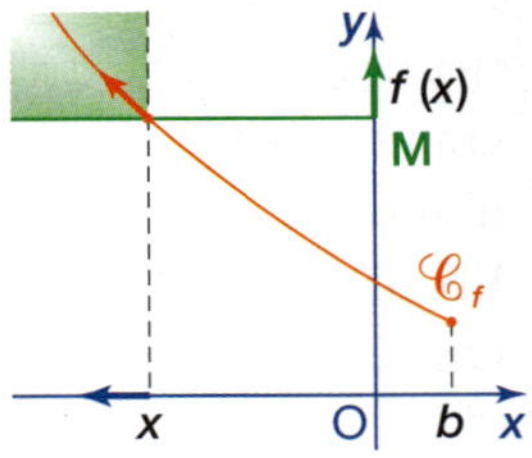

On admettra que (*voir l'exemple* 1 *ci-contre*) :

> La fonction $x \mapsto x^2$ a pour limite plus l'infini en moins l'infini.

• f est une fonction définie sur $]-\infty\,;\,b[$.
On dit que **f a pour limite $-\infty$ en $-\infty$** et on écrit $\lim\limits_{x \to -\infty} f(x) = -\infty$ pour signifier que, lorsque x prend des valeurs négatives de plus en plus grandes en valeur absolue (vers $-\infty$), les nombres $f(x)$ finissent par être inférieurs à n'importe quel nombre négatif M, aussi grand soit-il en valeur absolue.

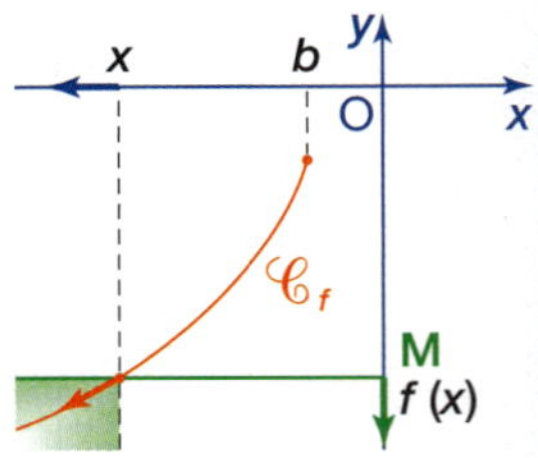

On admettra que (*voir l'exemple* 2 *ci-contre*) :

> La fonction $x \mapsto x^3$ a pour limite moins l'infini en moins l'infini.

2.2 Limite réelle en $-\infty$. Asymptote horizontale

f est une fonction définie sur $]-\infty\,;\,b[$. On dit que **f a pour limite ℓ en $-\infty$** et on écrit $\lim\limits_{x \to -\infty} f(x) = \ell$ pour signifier que, lorsque x prend des valeurs négatives de plus en plus grandes en valeur absolue (vers $-\infty$), les nombres $f(x)$ viennent « s'accumuler » autour de ℓ. Autrement dit, les nombres $f(x)$ finissent par rester dans l'intervalle $]\ell-\alpha\,;\,\ell+\alpha[$ aussi petit que soit α ($\alpha > 0$). On dit que la droite d'équation $y = \ell$ est **asymptote horizontale** à la courbe $\mathscr{C}_f$ en $-\infty$.

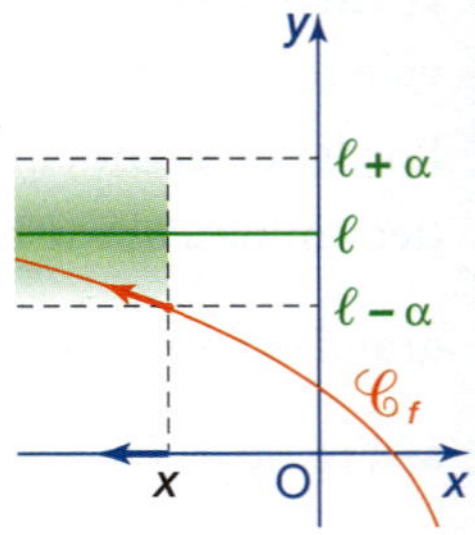

On admettra que :

> Les fonctions $x \mapsto \dfrac{1}{x}$, $x \mapsto \dfrac{1}{x^2}$ ont pour limite zéro en moins l'infini.

Pour mieux comprendre

COMMENT illustrer les définitions ci-contre ?

Exemple 1 : $\lim\limits_{x \to -\infty} f(x) = +\infty$

f est la fonction définie sur $\mathbb{R}$ par $f(x) = x^2$.
Lorsque x prend des valeurs **négatives** de plus en plus grandes en valeur absolue (vers $-\infty$), les nombres x^2 prennent des valeurs de plus en plus grandes vers $+\infty$. Ils finissent par dépasser n'importe quel réel M aussi grand soit-il.
En effet, $x^2 > M$ dès que $-x > \sqrt{M}$, soit $x < -\sqrt{M}$.
On écrit $\lim\limits_{x \to -\infty} x^2 = +\infty$.

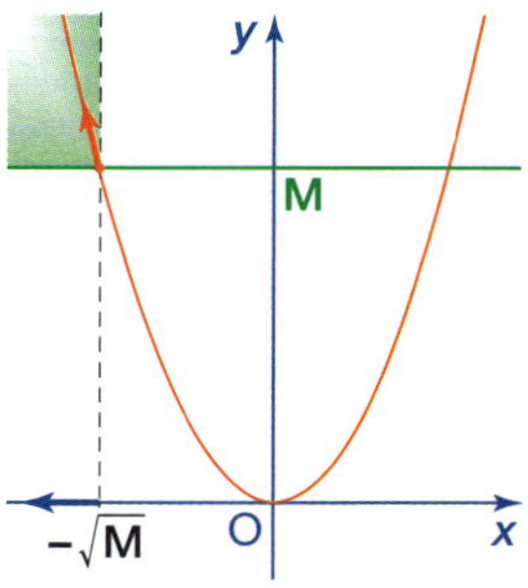

Exemple 2 : $\lim\limits_{x \to -\infty} f(x) = -\infty$

f est la fonction définie sur $]-\infty\,;0[$ par $f(x) = x^3$.
Si $x < -1$, alors $x^3 < x < -1$ et $|x^3| > |x|$.
Donc lorsque x prend des valeurs **négatives** de plus en plus grandes en valeur absolue, les nombres x^3 prennent aussi des valeurs négatives de plus en plus grandes en valeur absolue.
On écrit $\lim\limits_{x \to -\infty} x^3 = -\infty$.

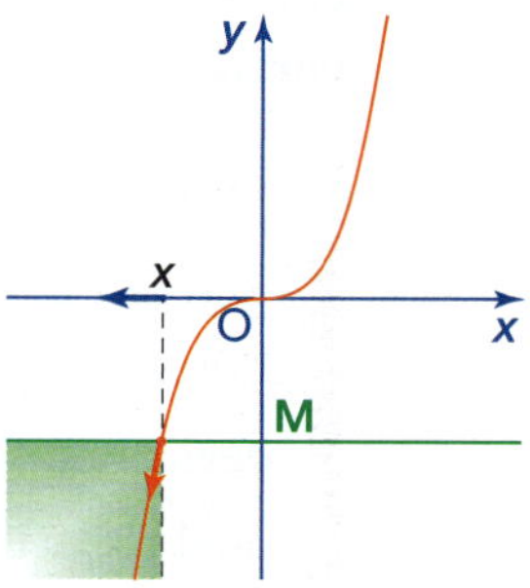

COMMENT conjecturer la limite d'une fonction en moins l'infini ?

Exemple :

f est la fonction définie sur $\mathbb{R} - \{0\}$ par :

$$f(x) = x + \frac{1}{x}.$$

Son domaine de définition contient l'intervalle $]-\infty\,;-1]$.

Intuitivement, lorsque x prend des valeurs négatives de plus en plus grandes en valeur absolue, $\frac{1}{x}$ devient « négligeable » devant x car $\frac{1}{x}$ a pour limite zéro en $-\infty$. Donc $f(x)$ se comporte comme x et $\lim\limits_{x \to -\infty} f(x) = -\infty$.

Ce résultat ne sera rigoureusement prouvé que par application des théorèmes du paragraphe 4, page 122.

3 Limite d'une fonction en un point *a*

Dans tout ce qui suit, on note D_f l'ensemble de définition d'une fonction f. On se place en un point a tel que :
- ou bien a appartient à D_f,
- ou bien a n'est pas dans D_f mais a est une borne de D_f, c'est-à-dire une extrémité d'un intervalle inclus dans D_f.

3 1 Limite infinie en *a*. Asymptote verticale

- On dit qu'une fonction f **a pour limite** $+\infty$ **en** a et on écrit $\lim\limits_{x \to a} f(x) = +\infty$, pour signifier que lorsque x prend des valeurs de plus en plus proches de a, les nombres $f(x)$ deviennent grands et finissent par dépasser n'importe quel réel M aussi grand soit-il.

On dit que la droite d'équation $x = a$ est **asymptote verticale** à la courbe $\mathscr{C}_f$.

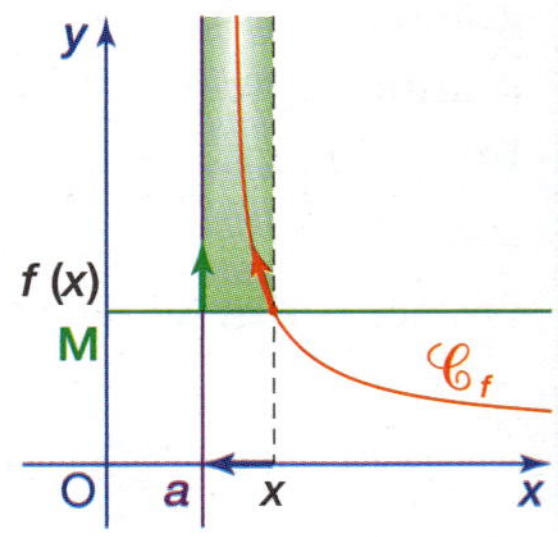

Exemple : La fonction $f : x \mapsto \dfrac{1}{\sqrt{x}}$ est définie sur $]0\,;+\infty[$.

Zéro est une borne de D_f, on peut donc étudier la limite de f en zéro.
Lorsque x prend des valeurs de plus en plus voisines de zéro, les nombres $\dfrac{1}{\sqrt{x}}$ deviennent de plus en plus grands vers $+\infty$ et finissent par dépasser n'importe quel réel M aussi grand soit-il $\left(\text{par exemple, } \dfrac{1}{\sqrt{x}} > \text{M dès que } 0 < x < \dfrac{1}{\text{M}^2}\right)$.

On écrit $\lim\limits_{x \to 0} \dfrac{1}{\sqrt{x}} = +\infty$.

L'axe des ordonnées $(x = 0)$ est **asymptote verticale** à $\mathscr{C}_f$.

- D'une manière analogue, dire que f **a pour limite** $-\infty$ **en** a signifie, que lorsque x prend des valeurs de plus en plus proches de a, les nombres $f(x)$ deviennent négatifs mais de plus en plus grands en valeur absolue. On note $\lim\limits_{x \to a} f(x) = -\infty$.

3 2 Limite finie en *a*

Dans le chapitre 3 *Dérivation*, vous avez vu le sens de l'expression « La fonction f a pour limite ℓ en zéro ». Le sens de l'expression « **f a pour limite ℓ au point a ou en a** », notée $\lim\limits_{x \to a} f(x) = \ell$, est le même. Il suffit de remplacer zéro par a.
On admettra les résultats suivants :

- Lorsque $a \geqslant 0$, $\lim\limits_{x \to a} \sqrt{x} = \sqrt{a}$.
- P est un polynôme, a un réel, $\lim\limits_{x \to a} \text{P}(x) = \text{P}(a)$.
- F est une fonction rationnelle, $a \in D_F$, $\lim\limits_{x \to a} \text{F}(x) = \text{F}(a)$.
- $\lim\limits_{x \to a} \cos x = \cos a$; $\lim\limits_{x \to a} \sin x = \sin a$.

Pour mieux comprendre

POURQUOI la fonction $x \mapsto \dfrac{1}{x}$ n'a-t-elle pas une limite en zéro ?

PARCE QUE lorsque x décrit, par exemple, l'intervalle $]-10^{-2}\,;\,10^{-2}[$, **zéro exclu**, les nombres $f(x)$ peuvent être très grands et positifs (par exemple si $x = 10^{-20}$, $f(x) = 10^{20}$) **ou** très grands et négatifs (par exemple si $x = -10^{-15}$, $f(x) = -10^{15}$). Donc les nombres $f(x)$ ne « peuvent tendre ni vers $+\infty$, ni vers $-\infty$ ». Ils ne « s'accumulent » pas non plus autour d'un réel fixe.
Mais, lorsque x prend des valeurs **positives** de plus en plus proches de zéro, les nombres $\dfrac{1}{x}$ deviennent très grands vers $+\infty$ et finissent par dépasser n'importe quel nombre M, aussi grand soit-il. De manière générale, $\dfrac{1}{x} > \mathrm{M}$ dès que $0 < x < \dfrac{1}{\mathrm{M}}$.

On écrit alors $\lim\limits_{\substack{x \to 0 \\ x > 0}} \dfrac{1}{x} = +\infty$ ou $\lim\limits_{x \to 0^+} \dfrac{1}{x} = +\infty$ et on parle de **limite à droite en zéro**.

Et, lorsque x prend des valeurs **négatives** de plus en plus proches de zéro, les nombres $\dfrac{1}{x}$ deviennent négatifs, mais infiniment grands en valeur absolue.

On écrit alors $\lim\limits_{\substack{x \to 0 \\ x < 0}} \dfrac{1}{x} = -\infty$ ou $\lim\limits_{x \to 0^-} \dfrac{1}{x} = -\infty$ et on parle de **limite à gauche en zéro**.

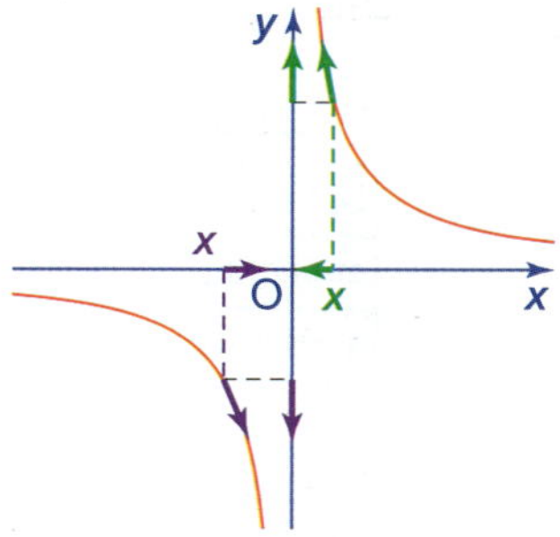

COMMENT conjecturer la limite d'une fonction rationnelle en un point où elle n'est pas définie ?

Considérons la fonction f définie sur $]-\infty\,;\,1[\,\cup\,]1\,;+\infty[$ par $f(x) = \dfrac{x+1}{x-1}$. Le réel 1 est une borne du domaine; $\lim\limits_{x \to 1}(x+1) = 2$ et $\lim\limits_{x \to 1}(x-1) = 0$. Lorsqu'on divise des nombres voisins de 2 par des nombres voisins de zéro, on obtient des nombres de plus en plus grands en valeur absolue, mais de quel signe ?
Si $(x-1) > 0$ et est proche de zéro, le quotient sera positif et grand et si $(x-1) < 0$ et est proche de zéro, le quotient sera négatif et grand en valeur absolue.

On fait alors, comme pour $x \mapsto \dfrac{1}{x}$, une étude à droite, et une à gauche.

- **Étude à droite :** On considère la restriction de f à l'intervalle $]1\,;+\infty[$. Lorsque x prend des valeurs de plus en plus proches de 1 et supérieures à 1, alors $x-1>0$ et $x-1$ est proche de 0, $x+1$ est proche de 2, donc les nombres $\dfrac{x+1}{x-1}$ restent positifs et deviennent infiniment grands.

On dit alors que **la limite à droite de f en 1 est** $+\infty$ et on écrit $\lim\limits_{x \to 1^+} f(x) = +\infty$.

- **Étude à gauche :** En considérant cette fois la restriction de f à $]-\infty\,;\,1[$, lorsque x prend des valeurs de plus en plus proches de 1, les nombres $\dfrac{x+1}{x-1}$ restent négatifs et infiniment grands en valeur absolue.

La limite à gauche de f en 1 est $-\infty$ et on écrit $\lim\limits_{x \to 1^-} f(x) = -\infty$.

La droite d'équation $x = 1$ est **asymptote verticale** à $\mathscr{C}_f$.

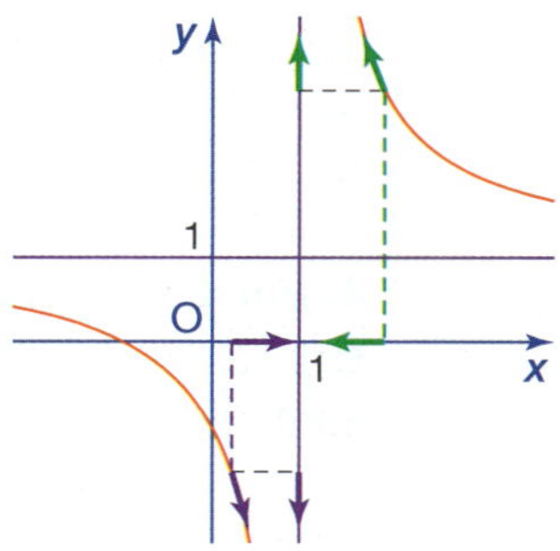

4 Théorèmes sur les limites

Les théorèmes qui suivent, présentés sous forme de tableaux, permettent de connaître les limites des fonctions $f+g$, fg, $\frac{f}{g}$ lorsqu'on connaît celle de f et celle de g.

Les limites des fonctions f et g sont prises soit en $-\infty$, soit en $+\infty$, soit en un réel a. ℓ et ℓ' sont des nombres réels. Les cases roses signalent les cas où il n'y a pas de conclusion en général, on dit qu'il s'agit de cas de **formes indéterminées**. Dans tous les autres cas, les résultats, que **nous admettrons**, sont intuitifs et faciles à retenir.

Par exemple, si $\lim\limits_{x \to 1} f(x) = +\infty$ et $\lim\limits_{x \to 1} g(x) = 3$, on conçoit fort bien que $\lim\limits_{x \to 1}(f+g)(x) = +\infty$.

1. Limite d'une somme

Si f a pour limite	ℓ	ℓ	ℓ	$+\infty$	$-\infty$	$+\infty$
et si g a pour limite	ℓ'	$+\infty$	$-\infty$	$+\infty$	$-\infty$	$-\infty$
alors $f+g$ a pour limite	$\ell+\ell'$	$+\infty$	$-\infty$	$+\infty$	$-\infty$	

2. Limite d'un produit

Si f a pour limite	ℓ	$\ell>0$	$\ell>0$	$\ell<0$	$\ell<0$	$+\infty$	$+\infty$	$-\infty$	0
et si g a pour limite	ℓ'	$+\infty$	$-\infty$	$+\infty$	$-\infty$	$+\infty$	$-\infty$	$-\infty$	$+\infty$ ou $-\infty$
alors fg a pour limite	$\ell\ell'$	$+\infty$	$-\infty$	$-\infty$	$+\infty$	$+\infty$	$-\infty$	$+\infty$	

3. Limite d'un quotient $\frac{f}{g}$

• Cas où la limite de g n'est pas nulle

Si f a pour limite	ℓ	ℓ	$+\infty$	$+\infty$	$-\infty$	$-\infty$	$+\infty$ ou $-\infty$
et si g a pour limite	$\ell' \neq 0$	$+\infty$ ou $-\infty$	$\ell'>0$	$\ell'<0$	$\ell'>0$	$\ell'<0$	$+\infty$ ou $-\infty$
alors $\frac{f}{g}$ a pour limite	$\frac{\ell}{\ell'}$	0	$+\infty$	$-\infty$	$-\infty$	$+\infty$	

• Cas où la limite de g est nulle

Si f a pour limite	$\ell>0$ ou $+\infty$	$\ell>0$ ou $+\infty$	$\ell<0$ ou $-\infty$	$\ell<0$ ou $-\infty$	0
et si g a pour limite	0 en restant positive	0 en restant négative	0 en restant positive	0 en restant négative	0
alors $\frac{f}{g}$ a pour limite	$+\infty$	$-\infty$	$-\infty$	$+\infty$	

NOTE

Ces écritures n'ont aucun sens. Ce sont des moyens mnémotechniques pour rappeler que, dans ces cas-là, il n'y a pas de conclusion générale. Ces écritures ne peuvent donc pas être utilisées dans une rédaction.

4. Formes indéterminées

Les cas de formes indéterminées nécessiteront une étude particulière chaque fois qu'ils se présenteront. Ces cas sont au nombre de quatre :

$$« \infty - \infty » ; \quad « 0 \times \infty » ; \quad « \frac{\infty}{\infty} » ; \quad « \frac{0}{0} ».$$

Pour mieux comprendre

COMMENT utiliser les théorèmes sur les limites ?

1. Limite d'une somme

• $\lim\limits_{x \to +\infty} (x^2 + x + 1) = +\infty$

car $\lim\limits_{x \to +\infty} x^2 = +\infty$ et $\lim\limits_{x \to +\infty} (x + 1) = +\infty$.

• $\lim\limits_{x \to -\infty} (x^3 + x) = -\infty$

car $\lim\limits_{x \to -\infty} x^3 = -\infty$ et $\lim\limits_{x \to -\infty} x = -\infty$.

2. limite d'un produit

• $\lim\limits_{x \to 0} (1 - x)\sqrt{x} = 0$

car $\lim\limits_{x \to 0} (1 - x) = 1$ et $\lim\limits_{x \to 0} \sqrt{x} = 0$.

• $\lim\limits_{x \to +\infty} (1 - x)\sqrt{x} = -\infty$

car $\lim\limits_{x \to +\infty} (1 - x) = -\infty$ et $\lim\limits_{x \to +\infty} \sqrt{x} = +\infty$.

3. Limite d'un quotient

• $\lim\limits_{x \to 0^+} \dfrac{2x - 3}{\sqrt{x}} = -\infty$

car $\lim\limits_{x \to 0^+} (2x - 3) = -3$,

et pour tout $x > 0$, $\sqrt{x} > 0$ et $\lim\limits_{x \to 0^+} \sqrt{x} = 0$.

• Comportement au voisinage de 1 de $\dfrac{x + 1}{x - 1}$:

$\lim\limits_{x \to 1} (x + 1) = 2$;

– si $x > 1$, $x - 1 > 0$ et $\lim\limits_{x \to 1^+} (x - 1) = 0$

donc $\lim\limits_{x \to 1^+} \dfrac{x + 1}{x - 1} = +\infty$;

– si $x < 1$, $x - 1 < 0$ et $\lim\limits_{x \to 1^-} (x - 1) = 0$

donc $\lim\limits_{x \to 1^-} \dfrac{x + 1}{x - 1} = -\infty$.

4. Exemples de formes indéterminées

• Étudions le comportement, en $+\infty$, de $f(x) = \dfrac{\sqrt{x}}{x}$.

$\lim\limits_{x \to +\infty} \sqrt{x} = +\infty$, $\lim\limits_{x \to +\infty} x = +\infty$. Nous sommes dans le cas de la forme indéterminée « $\dfrac{\infty}{\infty}$ ».

Or, $\dfrac{\sqrt{x}}{x} = \dfrac{1}{\sqrt{x}}$. Sous cette nouvelle forme de $f(x)$, l'indétermination est levée car $\lim\limits_{x \to +\infty} \dfrac{1}{\sqrt{x}} = 0$.

Donc $\lim\limits_{x \to +\infty} f(x) = 0$.

Remarque : Avec une forme indéterminée, « tout est possible » (*voir l'exercice* 9, *page* 133).

• Étudions le comportement, en $+\infty$, de $g(x) = x - \sqrt{x}$.

$\lim\limits_{x \to +\infty} x = +\infty$, $\lim\limits_{x \to +\infty} \sqrt{x} = +\infty$. Nous sommes dans le cas de la forme indéterminée « $\infty - \infty$ ».

Il n'y a pas de conclusion générale. Intuitivement, $\sqrt{x}$ est « négligeable » devant x pour les grandes valeurs de x et donc on conjecture que $\lim\limits_{x \to +\infty} g(x) = +\infty$.

Pour une étude rigoureuse, on écrit :

$$g(x) = x\left(1 - \frac{\sqrt{x}}{x}\right) = x\left(1 - \frac{1}{\sqrt{x}}\right).$$

Comme $\lim\limits_{x \to +\infty} \dfrac{1}{\sqrt{x}} = 0$, $\lim\limits_{x \to +\infty} \left(1 - \dfrac{1}{\sqrt{x}}\right) = 1$, et en utilisant le théorème sur la limite d'un produit,

$$\lim_{x \to +\infty} g(x) = +\infty.$$

5 Étude des fonctions polynômes

5 1 Limite à l'infini d'un polynôme

1. Exemple : f est la fonction définie sur $\mathbb{R}$ par $f(x) = x^3 - x^2 - 5x + 1$.

Intuitivement, et quelques calculs le confirment, pour les grandes valeurs de x, x^2 et $5x$ sont négligeables devant x^3 $\left(\text{car } \frac{x^2}{x^3} = \frac{1}{x} \text{ et } \lim_{x \to +\infty} \frac{1}{x} = 0\right)$, le terme dominant est x^3.

Pour préciser cette idée intuitive, mettons x^3 en facteur.

Nous obtenons $f(x) = x^3\left(1 - \frac{1}{x} - \frac{5}{x^2} + \frac{1}{x^3}\right)$.

Le second facteur, somme de 1 et de trois termes de limite nulle en $+\infty$, a pour limite 1 et $\lim_{x \to +\infty} x^3 = +\infty$ donc $\lim_{x \to +\infty} (x^3 - x^2 - 5x + 1) = +\infty$.

En $-\infty$, $\lim_{x \to -\infty} x^3 = -\infty$ et de la même manière, on obtient :

$$\lim_{x \to -\infty} (x^3 - x^2 - 5x + 1) = -\infty.$$

2. Cas général

Ce résultat se généralise aisément, tout polynôme pouvant s'écrire comme le produit de son monôme de plus haut degré et d'une somme de limite 1 à l'infini.

f est la fonction polynôme définie sur $\mathbb{R}$ par $f(x) = a_n x^n + a_{n-1}x^{n-1} + \ldots + a_1 x + a_0$ (avec $a_n \neq 0$). Lorsque $x \neq 0$, $f(x) = a_n x^n \left(1 + \frac{a_{n-1}}{a_n x} + \ldots + \frac{a_1}{a_n x^{n-1}} + \frac{a_0}{a_n x^n}\right)$.

Or $\lim_{x \to +\infty} \frac{a_{n-1}}{a_n x} = 0, \ldots, \lim_{x \to +\infty} \frac{a_1}{a_n x^{n-1}} = 0$, $\lim_{x \to +\infty} \frac{a_0}{a_n x^n} = 0$.

Nous obtenons $\lim_{x \to +\infty} \left(1 + \frac{a_{n-1}}{a_n x} + \ldots + \frac{a_1}{a_n x^{n-1}} + \frac{a_0}{a_n x^n}\right) = 1$ et la limite de $f(x)$ est celle de $a_n x^n$. Notez que l'on obtient le même résultat en moins l'infini.

Théorème 1

> En plus l'infini, et aussi en moins l'infini, un polynôme a même limite que son **monôme de plus haut degré**.

NOTE
Ceci n'est vrai qu'en $+\infty$ et en $-\infty$.

5 2 Exemples

- $\lim_{x \to +\infty} (5x^2 - 6x + 1) = +\infty$ car $\lim_{x \to +\infty} 5x^2 = +\infty$.
- $\lim_{x \to +\infty} (-3x^4 + x^3 - 2x + 1) = -\infty$ car $\lim_{x \to +\infty} (-3x^4) = -\infty$.
- $\lim_{x \to -\infty} (4x^3 - 2x^2 + 4) = -\infty$ car $\lim_{x \to -\infty} 4x^3 = -\infty$.

Exercices résolus

Exo 1 Étude d'une fonction polynôme de degré 3

f est la fonction définie sur $\mathbb{R}$ par $f(x) = -\frac{1}{3}x^3 + 2x^2 - 3x + 1$.

Étudiez les variations de f et tracez sa courbe représentative $\mathscr{C}_f$.

Solution commentée

f est définie sur $\mathbb{R}$.

• **Sens de variation**

f est une fonction polynôme, dérivable sur $\mathbb{R}$, et pour tout x réel, $f'(x) = -x^2 + 4x - 3$. Étudier le signe de $f'(x)$ revient à étudier le signe du trinôme $-x^2 + 4x - 3$ qui a pour racines 1 et 3.

Donc $-x^2 + 4x - 3 > 0$ lorsque x appartient à l'intervalle $]1\,;3[$.

D'où le tableau de variations :

x	$-\infty$		1		3		$+\infty$
f'		$-$	0	$+$	0	$-$	
f		↘	$-\frac{1}{3}$	↗	1	↘	

Il y a un minimum local pour $x = 1$ et ce minimum est $f(1) = -\frac{1}{3}$. De même pour $x = 3$, il y a un maximum local, $f(3) = 1$.

• **Étude aux bornes du domaine**

f est un polynôme qui, à l'infini, se comporte comme $x \mapsto -\frac{1}{3}x^3$.

Donc $\lim\limits_{-\infty} f = +\infty$ et $\lim\limits_{+\infty} f = -\infty$.

• **Tableau**

Les résultats précédents sont résumés dans le tableau ci-dessous. En pratique, on ne dresse pas un nouveau tableau mais on complète le tableau de variations au fur et à mesure.

x	$-\infty$		1		3		$+\infty$
f'		$-$	0	$+$	0	$-$	
f	$+\infty$	↘	$-\frac{1}{3}$	↗	1	↘	$-\infty$

• **Tracé de la courbe**

Pour tracer la courbe, on exploite les résultats consignés dans le tableau précédent et on améliore le tracé en calculant les coordonnées de quelques points supplémentaires.

x	-1	0	2	4
$f(x)$	$\frac{19}{3}$	1	$\frac{1}{3}$	$-\frac{1}{3}$

De plus $f'(1) = f'(3) = 0$ donc aux points d'abscisses 1 et 3, $\mathscr{C}_f$ admet une tangente horizontale.

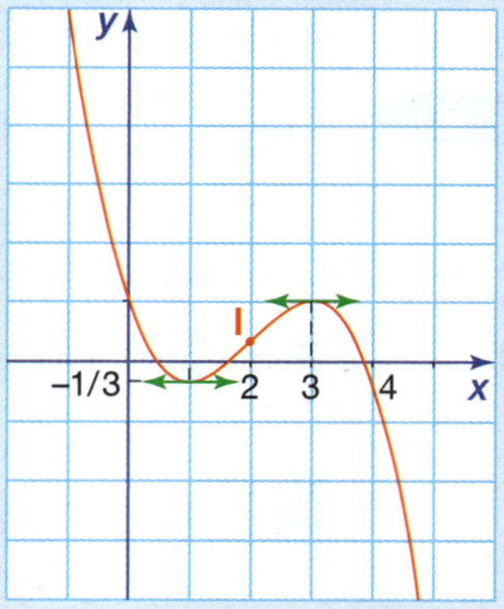

• **Remarque :** Le point I de coordonnées $\left(2\,;\frac{1}{3}\right)$ semble être un centre de symétrie de $\mathscr{C}_f$.

En effet, en développant l'expression :

$$f(2+h) + f(2-h),$$

on trouve $f(2+h) + f(2-h) = \frac{2}{3}$ (*voir chapitre* 1, *page* 27).

▶ **exercices 30 à 35**

Cours

6 Fonctions rationnelles. Asymptote oblique

6.1 Limite à l'infini d'une fonction rationnelle

1. Exemple

f est la fonction rationnelle définie sur $\mathbb{R} - \{1\}$ par $f(x) = \dfrac{x^2 - 3x + 6}{x - 1}$.

f est le quotient des deux polynômes $P(x) = x^2 - 3x + 6$ et $Q(x) = x - 1$ qui se comportent à l'infini comme leurs monômes de plus haut degré (***théorème 1***).

Comme nous l'avons fait en 5.1, lorsque $x \neq 0$, factorisons $P(x)$ et $Q(x)$:

$$f(x) = \frac{x^2\left(1 - \dfrac{3}{x} + \dfrac{6}{x^2}\right)}{x\left(1 - \dfrac{1}{x}\right)} = \frac{x\left(1 - \dfrac{3}{x} + \dfrac{6}{x^2}\right)}{1 - \dfrac{1}{x}}.$$

Or $\lim\limits_{x \to +\infty}\left(1 - \dfrac{3}{x} + \dfrac{6}{x^2}\right) = 1$ et $\lim\limits_{x \to +\infty}\left(1 - \dfrac{1}{x}\right) = 1$. Il en résulte, d'après le théorème sur la limite d'un quotient, que $\lim\limits_{x \to +\infty} f(x) = +\infty$.

On établit de même que $\lim\limits_{x \to -\infty} f(x) = -\infty$.

2. Cas général

Nous admettrons le théorème suivant, dont la démonstration dans le cas général est analogue à celle de l'exemple.

Théorème 2

En $+\infty$ et en $-\infty$, la limite de la fonction rationnelle définie par $f(x) = \dfrac{a_n x^n + \ldots + a_0}{b_p x^p + \ldots + b_0}$ $(a_n \neq 0,\ b_p \neq 0)$ est celle de $x \mapsto \dfrac{a_n x^n}{b_p x^p}$.

Remarque : Ceci n'est vrai qu'en $+\infty$ et en $-\infty$.

6.2 Asymptote oblique

Une fonction rationnelle est le quotient de deux polynômes $f = \dfrac{P}{Q}$.

Nous admettrons que, lorsque $\deg P = \deg Q + 1$, **et seulement dans ce cas**, on peut toujours écrire $f(x) = ax + b + \varphi(x)$, avec $a \neq 0$, $\lim\limits_{x \to +\infty} \varphi(x) = 0$ et $\lim\limits_{x \to -\infty} \varphi(x) = 0$. Cette décomposition de $f(x)$ est unique. Nous l'admettrons.

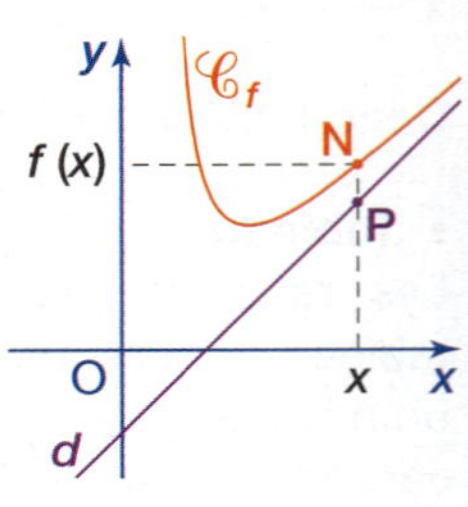

Notons d la droite d'équation $y = ax + b$ dans un repère orthonormal. Alors $|f(x) - (ax + b)| = PN = |\varphi(x)|$. La distance PN tend donc vers 0. On dit que la droite d est **asymptote oblique à** $\mathscr{C}_f$ (en $+\infty$ et en $-\infty$).

Exemple : $f(x) = \dfrac{x^2 + 1}{x - 1} = x + 1 + \dfrac{2}{x - 1}$, $\varphi(x) = \dfrac{2}{x - 1}$, $\lim\limits_{x \to +\infty} \varphi(x) = 0$ et $\lim\limits_{x \to -\infty} \varphi(x) = 0$.

La droite d d'équation $y = x + 1$ est asymptote oblique à $\mathscr{C}_f$.

NOTE

D'autres courbes que les représentations de fonctions rationnelles peuvent admettre une asymptote oblique. Par exemple, la représentation de $x \mapsto \sqrt{x^2 - 4}$ admet deux asymptotes obliques en $+\infty$ et en $-\infty$, mais ces asymptotes sont différentes.

Pour mieux comprendre

La courbe $\mathscr{C}$ PEUT-ELLE COUPER son asymptote oblique ?

OUI. Par exemple, f est la fonction définie sur $\mathbb{R} - \{0\}$ par $f(x) = x + 1 + \frac{1}{x} + \frac{1}{x^2}$. La droite d d'équation $y = x + 1$ est asymptote oblique à $\mathscr{C}_f$.

En effet, $f(x) - (x+1) = \frac{1}{x} + \frac{1}{x^2}$

et $\lim\limits_{x \to +\infty} \left(\frac{1}{x} + \frac{1}{x^2}\right) = 0$ et $\lim\limits_{x \to -\infty} \left(\frac{1}{x} + \frac{1}{x^2}\right) = 0$.

De plus, $f(x) - (x+1) = \frac{x+1}{x^2}$ et le signe de cette différence est celui de $x + 1$.

Donc si $x > -1$, $\mathscr{C}_f$ est au-dessus de d, si $x < -1$, $\mathscr{C}_f$ est en dessous de d et $\mathscr{C}_f$ coupe d en A$(-1\,;0)$.

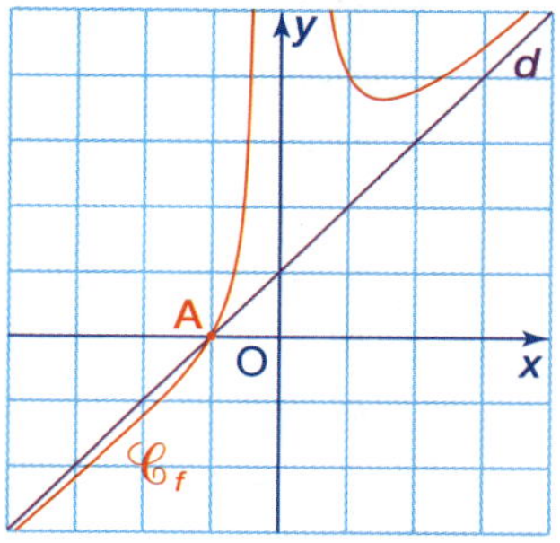

Exercices résolus

Exo 2 **Comment démontrer qu'une droite est asymptote oblique à une courbe ?**

On considère la fonction f définie sur $\mathbb{R} - \{2\}$ par $f(x) = \frac{2x^2 - 3x + 5}{x - 2}$.

1. Démontrez que la droite d d'équation $y = 2x + 1$ est asymptote oblique à la courbe $\mathscr{C}$ représentative de f dans un repère choisi.

2. Étudiez la position de $\mathscr{C}$ par rapport à d.

POINT MÉTHODE

Pour démontrer qu'une droite d d'équation $y = ax + b$ est asymptote oblique à la courbe représentative $\mathscr{C}$ d'une fonction f au voisinage de $+\infty$, on calcule $f(x) - (ax + b)$ et on démontre que $\lim\limits_{x \to +\infty} [f(x) - (ax+b)] = 0$.

On opère de même pour une asymptote oblique en $-\infty$.

Pour étudier la position de $\mathscr{C}$ par rapport à d, on étudie le signe de la différence $f(x) - (ax + b)$.

Solution commentée

1. Pour la fonction f,

$$f(x) - (2x+1) = \frac{2x^2 - 3x + 5}{x - 2} - (2x + 1) = \frac{7}{x-2}.$$

Or $\lim\limits_{x \to +\infty} \frac{7}{x-2} = 0$. Donc la droite d'équation $y = 2x + 1$ est asymptote oblique à $\mathscr{C}$ en $+\infty$. Mais aussi $\lim\limits_{x \to -\infty} \frac{7}{x-2} = 0$ donc d est aussi asymptote oblique en $-\infty$.

2. $f(x) - (2x+1) = \frac{7}{x-2}$ donc le signe de cette différence est celui de $(x - 2)$.

Si $x > 2$, $f(x) - (2x+1) > 0$ donc $\mathscr{C}$ est au-dessus de d.

Si $x < 2$, $f(x) - (2x+1) < 0$ donc $\mathscr{C}$ est en dessous de d.

▶ **exercices 52 à 56**

TD 1 La fonction trinôme du second degré

1 Généralités

On appelle **fonction trinôme du second degré** toute fonction *f*, définie sur $\mathbb{R}$, de la forme $x \mapsto ax^2 + bx + c$, $a \neq 0$. Par définition, la courbe représentative de *f* dans un repère est une parabole $\mathcal{P}$.

1. a) Étudiez, suivant le signe de *a*, les limites de *f* en $+\infty$ et en $-\infty$.

b) Calculez $f'(x)$ et étudiez, suivant le signe de *a*, les variations de *f*.

c) Dressez, suivant le signe de *a*, les tableaux de variations.

2. À l'aide des résultats précédents, justifiez chacune des affirmations suivantes :

- La parabole $\mathcal{P}$ est tournée vers le « haut » lorsque $a > 0$ et vers le « bas » lorsque $a < 0$.
- L'abscisse x_0 du sommet S de $\mathcal{P}$ est telle que $f'(x_0) = 0$.
- La droite d'équation $x = x_0$ est l'axe de symétrie de $\mathcal{P}$ (*voir chapitre* 1, *page* 27).
- Lorsque l'équation $f(x) = 0$ a deux racines distinctes x_1 et x_2, $\mathcal{P}$ coupe l'axe des abscisses aux points de coordonnées $(x_1\ ;\ 0)$ et $(x_2\ ;\ 0)$ et $x_0 = \frac{1}{2}(x_1 + x_2)$.

2 Comment tracer rapidement une parabole ?

On note $\mathcal{P}$ la parabole représentant, dans un repère choisi, la fonction $f : x \mapsto \frac{1}{2}(x^2 - 6x + 5)$.

1. Vérifiez que l'équation $f(x) = 0$ a deux racines distinctes.

2. Trouvez les coordonnées du sommet S de $\mathcal{P}$ et tracez l'axe de symétrie de $\mathcal{P}$.

3. La parabole $\mathcal{P}$ passe par le point $\left(0\ ;\ \frac{5}{2}\right)$. Pourquoi peut-on affirmer, sans calcul, qu'elle passe par le point $\left(6\ ;\ \frac{5}{2}\right)$?

4. Pourquoi $\mathcal{P}$ est-elle tournée vers le « haut » ?

5. Tous ces renseignements, et quelques points d'abscisses positives, suffisent pour tracer rapidement $\mathcal{P}$.
Tracez-la.

3 Application

En opérant comme dans le paragraphe 2, représentez chacune des fonctions suivantes.

a) $f : x \mapsto -x^2 + x - 2$. **b)** $f : x \mapsto 2x^2 + 4x + 1$.

TD 2 Fonctions homographiques

1 Généralités

On appelle **fonction homographique** toute fonction f de la forme : $x \mapsto \dfrac{ax+b}{cx+d}$, où a, b, c, d sont des réels donnés avec $c \neq 0$ et $ad - bc \neq 0$.

1. Comment se nomme la fonction f lorsque $c = 0$?

2. Expliquons pourquoi on impose $ad - bc \neq 0$. Pour cela, supposons $ad - bc = 0$.

Vérifiez qu'alors la fonction f est constante. $\left(\text{Pour tout } x \neq -\dfrac{d}{c},\ f(x) = \dfrac{a}{c}.\right)$

2 Études de quelques fonctions homographiques

1. a) Étudiez la fonction $f : x \mapsto \dfrac{3x-4}{2x-4}$, et tracez sa courbe représentative $\mathscr{C}$ dans un repère orthonormal $(\mathrm{O} ; \vec{\imath}, \vec{\jmath})$.

b) Démontrez que le point $\mathrm{I}\left(2 ; \dfrac{3}{2}\right)$ est centre de symétrie de la courbe $\mathscr{C}$.

Notez que le point I est le point d'intersection des asymptotes.

NOTE

Ce résultat est général, les courbes représentatives des fonctions homographiques sont des hyperboles.

c) Nous allons voir que $\mathscr{C}$ est une hyperbole, c'est-à-dire que l'équation de $\mathscr{C}$ dans un certain repère est $\mathrm{Y} = \dfrac{a}{\mathrm{X}}$. Considérez alors le repère $(\mathrm{I} ; \vec{\imath}, \vec{\jmath})$ dans lequel les coordonnées d'un point M quelconque seront notées $(\mathrm{X} ; \mathrm{Y})$.

Prouvez que dans ce repère, une équation de $\mathscr{C}$ est $\mathrm{Y} = \dfrac{1}{\mathrm{X}}$. $\mathscr{C}$ est donc une hyperbole.

Aide : Prouvez d'abord que si le point M a pour coordonnées $(x ; y)$ dans $(\mathrm{O} ; \vec{\imath}, \vec{\jmath})$, alors $x = \mathrm{X} + 2$, $y = \mathrm{Y} + \dfrac{3}{2}$. Voir le TD 3, chapitre 1, page 26.

2. a) Étudiez la fonction $f : x \mapsto \dfrac{3x-5}{2x+3}$, et tracez sa courbe représentative $\mathscr{C}$.

b) Démontrez que le point d'intersection des asymptotes, que vous noterez I, est le centre de symétrie de la courbe $\mathscr{C}$.

3. Reprenez la question **2.** avec la fonction $f : x \mapsto \dfrac{-x+3}{x-2}$.

3 Centre de symétrie dans le cas général

f est la fonction homographique $x \mapsto \dfrac{ax+b}{cx+d}$, $c \neq 0$, $ad - bc \neq 0$.

1. Vérifiez que $\lim\limits_{x \to +\infty} f(x) = \dfrac{a}{c}$ et que la limite à droite de f au point $-\dfrac{d}{c}$ est $+\infty$ ou $-\infty$.

Les droites d'équations $y = \dfrac{a}{c}$ et $x = -\dfrac{d}{c}$ sont donc asymptotes à $\mathscr{C}_f$.

2. Prouvez que le point I, intersection des deux asymptotes à $\mathscr{C}_f$, est le centre de symétrie de la courbe $\mathscr{C}_f$.

TD 3 Étudier une fonction

f est la fonction définie sur $\mathbb{R} - \{-1 ; 2\}$ par $f(x) = \dfrac{(x+2)^2}{(x+1)(x-2)}$.

Le but de ce TD est d'étudier et de tracer sa courbe représentative $\mathscr{C}_f$ dans un repère orthonormal $(\mathrm{O} ; \vec{\imath}, \vec{\jmath})$.

1 Quel plan pour étudier une fonction ?

À l'aide de la calculatrice ou d'un grapheur, on peut obtenir sur un intervalle ou une réunion d'intervalles la courbe $\mathscr{C}$ représentative d'une fonction.

La figure ci-dessous, obtenue avec GéoplanW, représente $\mathscr{C}_f$ restreinte à l'ensemble $[-10 ; -1[\cup]-1 ; 2[\cup]2 ; 10]$.

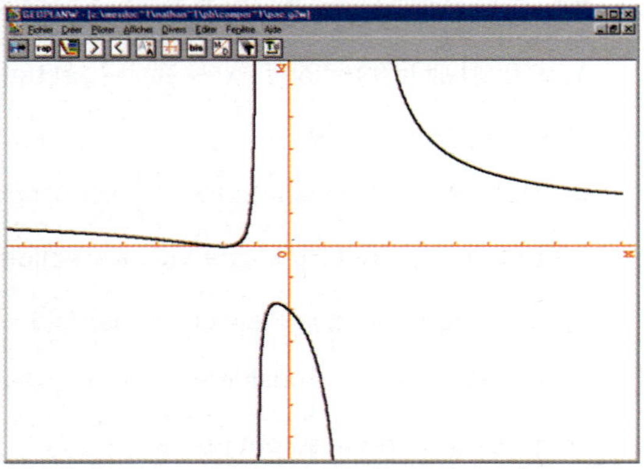

Il est évident qu'on obtient uniquement l'allure de la courbe pour un ensemble « limité » de valeurs de x. L'écran de la calculatrice et de l'ordinateur ne sont que des « fenêtres ». Des questions restent sans réponse :

- $\mathscr{C}$ a-t-elle des asymptotes ?
- $\mathscr{C}$ coupe-t-elle ses éventuelles asymptotes ?
- Pour $x > 2$, la fonction admet-elle un minimum ? etc.

D'où la nécessité d'une étude approfondie.

POINT MÉTHODE

Étudier une fonction consiste à :

1. • Préciser **l'ensemble de définition** D de la fonction lorsqu'il n'est pas donné par l'énoncé.

• Vérifier éventuellement si la fonction est **paire** ou **impaire**, ou **périodique** surtout lorsque la réponse paraît être positive et facile à obtenir.

Dans ce cas :

– **réduire l'intervalle d'étude**.

– préciser les **éléments de symétrie** de la courbe.

2. Étudier le **sens de variation** de la fonction .

Préciser les **maximums** et les **minimums** éventuels.

3. Étudier les **limites aux bornes** de l'ensemble de définition.

Préciser les éventuelles **asymptotes**.

4. Consigner tous les résultats dans le **tableau de variations** de la fonction.

1. Pourquoi l'ensemble de définition de *f* est-il $]-\infty\ ;\ -1[\ \cup\ ]-1\ ;\ 2[\ \cup\ ]2\ ;+\infty[$?

2. Calculez $f'(x)$, étudiez le sens de variation de *f*, précisez les extremums éventuels.

3. a) Étudiez, suivant les valeurs de *x*, le signe de $(x+1)(x-2)$.

b) Pourquoi $\lim\limits_{x \to -1^-} f(x) = +\infty$ et $\lim\limits_{x \to -1^+} f(x) = -\infty$?

c) Déterminez de même les limites à droite et à gauche en 2.

d) Déduisez-en les asymptotes verticales.

e) Déduisez du théorème 2 les limites en $+\infty$ et en $-\infty$ de $f(x)$ et l'équation d'une asymptote horizontale à $\mathcal{C}$.

f) Démontrez que $\mathcal{C}_f$ coupe son asymptote horizontale au point d'abscisse $-\frac{6}{5}$ et étudiez la position de $\mathcal{C}_f$ par rapport à cette asymptote horizontale.

g) Consignez les résultats précédents dans un tableau de variations.

2 Tracer la courbe représentative

POINT MÉTHODE

Pour tracer une courbe $\mathcal{C}$, il est utile de :
- tracer les éventuelles **asymptotes**,
- **placer quelques points** de $\mathcal{C}$ en calculant leurs coordonnées, en particulier les **extremums** locaux et les **intersections de** $\mathcal{C}$ **avec les axes** du repère,
- placer quelques **tangentes à** $\mathcal{C}$, en particulier les tangentes aux extremums locaux,
- mettre en évidence des **éléments de symétrie**.

- À l'aide de la méthode ci-dessus, tracez la courbe $\mathcal{C}_f$.

TD 4 Une famille de courbes

m est un réel. $\mathcal{C}_m$ est la courbe représentative de la fonction polynôme f_m définie sur $\mathbb{R}$ par $f_m(x) = x^3 - mx^2 + mx - 1$.
L'objectif est d'étudier la famille des courbes $\mathcal{C}_m$.

1 Conjecturer des résultats avec GéoplanW

NOTE
On modifie la taille de la figure avec les touches < et >.

1. Avec GéoplanW, on construit les courbes $\mathcal{C}_m$ de la manière suivante :

a) Créez la variable libre *m*, dans $[-10\ ;\ 10]$ par exemple :

Créer | Numérique ▶ | Variable réelle libre dans un intervalle

Piloter | Piloter au clavier

b) Créez la courbe $\mathcal{C}_m$ représentative de f_m :

Créer | Ligne ▶ | Courbe ▶ | Graphe d'une fonction

c) Faites afficher la valeur de *m* à l'écran :

Créer | Affichage ▶ | Scalaire déjà défini

Il reste alors à piloter le paramètre m à l'aide des touches ↑ et ↓ et à observer les « déformations » de la courbe lorsque m varie.

2. Les courbes semblent passer par deux points fixes. Lesquels ?

3. Qu'observez-vous lorsque $m = -1$? lorsque $m = 3$? lorsque m varie entre -1 et 3 ?

4. Graphiquement, quel est le nombre de solutions de l'équation $f_m(x) = 0$ suivant les valeurs de m ?

5. La courbe $\mathcal{C}_m$ admet-elle toujours une tangente horizontale ? plusieurs ? Conjecturez suivant les valeurs de m.

2 Démontrer les propriétés observées

1. Démontrons que toutes les courbes $\mathcal{C}_m$ passent par deux points fixes A et B.

a) Démontrez que $\mathcal{C}_0$ et $\mathcal{C}_1$ ont deux points communs A et B.

b) Vérifiez que toutes les courbes $\mathcal{C}_m$ passent par A et B.

2. Résolution de l'équation $f_m(x) = 0$ suivant les valeurs de m

a) Vérifiez que pour tout réel x et pour tout réel m, $f_m(x) = (x-1)[x^2 + (1-m)x + 1]$.

b) Déduisez-en, suivant les valeurs de m, le nombre de solutions de l'équation $f_m(x) = 0$.

3. Sens de variation de f_m

a) Calculez $f'_m(x)$ et trouvez le signe de $f'_m(x)$ suivant les valeurs de m.

b) Dressez un tableau de variations dans chacun des cas suivants :

$m = 0$; $m = 3$; $m \in]0\,;3[$; $m \in]-\infty\,;0[\cup]3\,;+\infty[$.

4. Étudiez les fonctions f_{-2}, f_0, f_3, f_1 et construisez dans un même repère orthonormal les courbes $\mathcal{C}_{-2}$, $\mathcal{C}_0$, $\mathcal{C}_3$, $\mathcal{C}_1$.

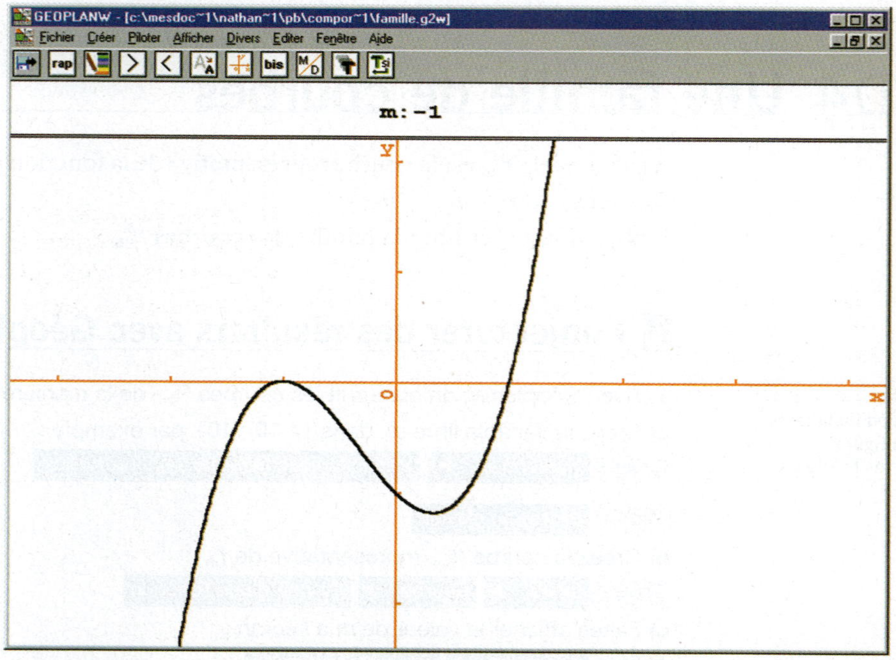

Exercices

maîtriser le cours

Pour résoudre les exercices de cette partie, il suffit d'appliquer directement un résultat du cours. L'objectif est double : mieux comprendre le cours et reconnaître dans des situations simples les conditions d'application d'un théorème.

1, 2, 3. Limite d'une fonction

Pour les exercices 1 à 4, utilisez le tableau pour trouver le domaine de définition, les limites aux bornes et le sens de variation de *f*. Construisez, ensuite une courbe correspondant au tableau.

1

x	$-\infty$		0		$+\infty$
$f'(x)$		$-$	‖	$+$	
f	2	↘	$-\infty$ ‖ $-\infty$	↗	0

2

x	$-\infty$		0		3		$+\infty$
$f'(x)$		$+$	0	$-$	0	$+$	
f	$-\infty$	↗	2	↘	0	↗	1

3

x	$-\infty$		-1		0		1		$+\infty$
$f'(x)$		$-$	‖	$+$	0	$-$	‖	$+$	
f	2	↘	$-\infty$ ‖ $-\infty$	↗	4	↘	$-\infty$ ‖ $-\infty$	↗	2

4

x	$-\infty$		-2		3		4		$+\infty$
$f'(x)$		$+$	0	$+$	0	$-$	‖	$+$	
f	0	↗	2	↗	3	↘	$-\infty$ ‖ $-\infty$	↗	4

Pour les exercices 5 et 6, composez le tableau de variations de la fonction *f* représentée.
Quelles asymptotes pouvez-vous conjecturer à partir du graphique ?

5

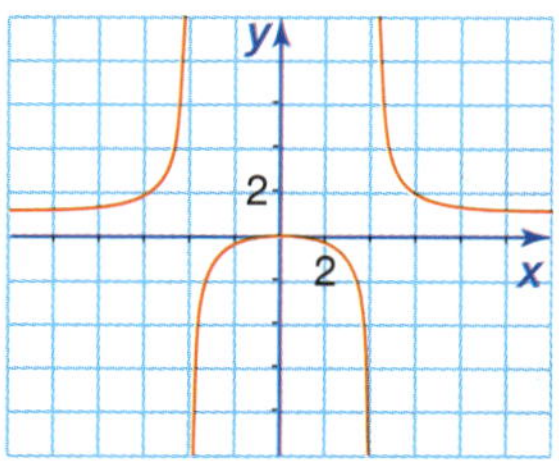

6

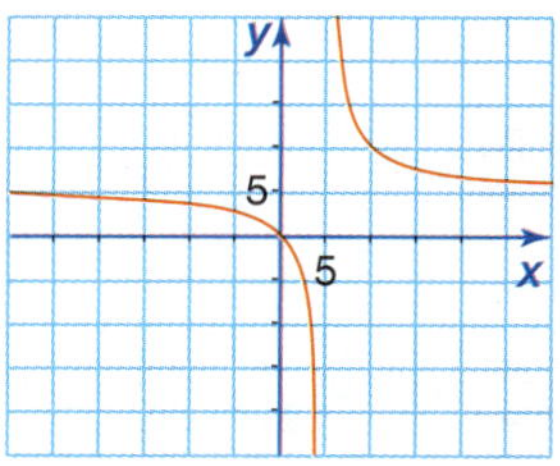

4. Théorèmes sur les limites

7 Dans chaque cas, trouvez :

$$\lim_{x \to +\infty} f(x), \ \lim_{x \to +\infty} g(x) \text{ et } \lim_{x \to +\infty} (f+g)(x).$$

a) $f(x) = 2x + 1$; $g(x) = -x$.

b) $f(x) = x^2 + 1$; $g(x) = -x^2$.

c) $f(x) = x + \frac{1}{x}$; $g(x) = -2x$.

8 Dans chaque cas, trouvez :

$$\lim_{x \to +\infty} f(x), \ \lim_{x \to +\infty} g(x) \text{ et } \lim_{x \to +\infty} (f \times g)(x).$$

a) $f(x) = x^2$; $g(x) = \frac{1}{x}$.

b) $f(x) = -\frac{1}{x^2}$; $g(x) = x$.

c) $f(x) = 5x^3 + 1$; $g(x) = \frac{2}{x^3}$.

9 Dans chaque cas, trouvez :

$$\lim_{x \to +\infty} f(x), \ \lim_{x \to +\infty} g(x) \text{ et } \lim_{x \to +\infty} \left(\frac{f}{g}\right)(x).$$

a) $f(x) = \frac{1}{x}$; $g(x) = \frac{2}{x}$.

b) $f(x) = \frac{2}{x^2}$; $g(x) = -\frac{1}{x}$.

c) $f(x) = \frac{1}{x}$; $g(x) = \frac{1}{x^2}$.

Pour les exercices 10 à 17, étudiez la limite en *a* de la fonction *f* indiquée. Il peut être nécessaire d'étudier la limite à droite et la limite à gauche en *a*.
Voir *Pour mieux comprendre*, page 121.

10 $f(x) = \frac{2x-5}{x}$, $a = 0$.

11 $f(x) = \frac{x^2-2}{x-1}$, $a = 1$.

12 $f(x) = \frac{x^3}{2x-1}$, $a = \frac{1}{2}$.

13 $f(x) = \frac{1}{x^2-1}$, $a = 1$.

14 $f(x) = \frac{3x+1}{x^2}$, $a = 0$.

15 $f(x) = \frac{x+1}{x^2+x-6}$, $a = 2$.

16 $f(x) = \frac{2x}{x^2-1}$, $a = 1$.

17 $f(x) = \frac{6x-5}{x^2-2}$, $a = \sqrt{2}$.

5. Étude des fonctions polynômes

Pour les exercices 18 à 23, étudiez la limite en $+\infty$ et en $-\infty$ de la fonction f.

18 $f(x) = 3x^2 + 1$.

19 $f(x) = -2x^2 + 3$.

20 $f(x) = x^3 + x^2 - 1$.

21 $f(x) = 10^{-3}x^3 - 5x + 10^6$.

22 $f(x) = 2 - x - x^2$.

23 $f(x) = -5x^3 + x - 2$.

Pour les exercices 24 à 29, étudiez la fonction f. Précisez l'axe de symétrie, puis tracez la courbe représentative de f. Voir le cours, § 5.2 et le TD 1, p. 128.

24 $f(x) = x^2 - 5x + 6$.

25 $f(x) = -x^2 + 2x + 3$.

26 $f(x) = \frac{1}{2}x^2 + 2x - 6$.

27 $f(x) = 2 - x - x^2$.

28 $f(x) = 2(x-1)(x-3)$.

29 $f(x) = -3x^2 + x + 10$.

Pour les exercices 30 à 35, étudiez la fonction f. Prouvez que le point I donné est le centre de symétrie de la courbe représentative de f, puis tracez cette courbe. Voir l'exercice résolu 1, p. 125.

30 $f(x) = x^3 - x + 1$; $\quad$ I(0 ; 1).

31 $f(x) = \frac{x^3}{3} - 4x - 1$; $\quad$ I(0 ; − 1).

32 $f(x) = x^3 - 3x^2 + 4$; $\quad$ I(1 ; 2).

33 $f(x) = x^3 + 3x^2 - 9x - 1$; $\quad$ I(− 1 ; 10).

34 $f(x) = -2x^3 + 1$; $\quad$ I(0 ; 1).

35 $f(x) = -x^3 - \frac{3}{2}x^2 - 1$; $\quad$ $I\left(-\frac{1}{2} ; -\frac{5}{4}\right)$.

Pour les exercices 36 et 37, vous pouvez vous reporter à la partie *Types de problèmes et raisonnements*, § 3, p. 416.

36 Détermination de fonction

1. Dans un repère orthonormal $(O ; \vec{\imath}, \vec{\jmath})$, placez les points A(− 1 ; 0), B(1 ; 4) et C(0 ; 3).
2. f est une fonction trinôme définie sur $\mathbb{R}$ par $f(x) = ax^2 + bx + c$ et $\mathscr{C}$ est sa courbe représentative dans le repère $(O ; \vec{\imath}, \vec{\jmath})$.
   a) Déterminez a, b et c pour que $\mathscr{C}$ passe par A, B et C.
   b) Étudiez la fonction f, puis construisez $\mathscr{C}$.

37 Détermination de fonction

À tout réel b, on associe la fonction polynôme définie sur $\mathbb{R}$ par $f(x) = \frac{1}{3}x^3 + bx + 2$ et on note $\mathscr{C}$ sa courbe représentative dans un repère $(O ; \vec{\imath}, \vec{\jmath})$.

1. Déterminez b pour que la tangente à $\mathscr{C}$ au point d'abscisse 1 soit parallèle à la droite d'équation $y = 2x$.
2. Étudiez la fonction f et construisez $\mathscr{C}$.

Aide : Voir l'exercice résolu 1, page 125.

6. Fonctions rationnelles Asymptote oblique

Pour les exercices 38 à 47, étudiez la limite en $+\infty$ et en $-\infty$ de la fonction f.

38 $f(x) = \frac{3x - 2}{x + 2}$.

39 $f(x) = \frac{-3x + 12}{x - 1}$.

40 $f(x) = \frac{1}{4} \times \frac{2x - 5}{x + 3}$.

41 $f(x) = \frac{6 - 2x}{x - 3}$.

42 $f(x) = \frac{x^2 + 12}{x^2 - 8}$.

43 $f(x) = \frac{-x^2}{x^2 + 5}$.

44 $f(x) = \frac{3x^2 + x - 1}{x^2 + 7}$.

45 $f(x) = \frac{10^5}{0{,}1x}$.

46 $f(x) = \frac{x^3 - x + 5}{3x^2 - 2x + 1}$.

47 $f(x) = \frac{x + 2}{x^3}$.

Pour les exercices 48 à 51, étudiez la fonction *f*. Précisez s'il y a lieu en justifiant, le centre de symétrie et les asymptotes, puis tracez la courbe représentative de *f*. Voir le TD 2, p. 129.

48 $f(x) = \dfrac{2x}{x-3}$.

49 $f(x) = \dfrac{x-10}{x-5}$.

50 $f(x) = 3 + \dfrac{1}{(x+2)}$.

51 $f(x) = \dfrac{3x+1}{1-x}$.

Pour les exercices 52 à 55, étudiez la fonction *f*. Démontrez que la droite Δ est asymptote oblique à la courbe $\mathscr{C}_f$ représentative de *f*, étudiez la position de $\mathscr{C}_f$ par rapport à Δ puis tracez la courbe représentative de *f*. Voir l'exercice résolu 2, p. 127, et le TD 3, p. 130.

52 $f(x) = x - 2 + \dfrac{3}{x}$; $\Delta : y = x - 2$.

53 $f(x) = \dfrac{x+1}{4} - \dfrac{1}{x^2}$; $\Delta : y = \dfrac{x+1}{4}$.

54 $f(x) = \dfrac{x^2+5x-1}{x}$; $\Delta : y = x + 5$.

55 $f(x) = \dfrac{3x^2-6x+2}{3x}$; $\Delta : y = x - 2$.

56 **1.** Pour chacune des fonctions suivantes, la droite Δ d'équation $y = x + 1$ est-elle asymptote oblique à leur courbe représentative ? Justifiez votre réponse.

$$f(x) = x + 1 - \frac{4}{x-1}\ ;\quad g(x) = \frac{x^2+1}{x-1}\ ;$$

$$h(x) = x + 1 + \frac{x}{x^2+1}\ ;\ k(x) = x + 1 + \frac{x}{x-1}.$$

2. Pour chacune des fonctions précédentes qui admettent Δ pour asymptote oblique :
- dites si Δ coupe sa courbe représentative,
- étudiez la position de sa courbe par rapport à Δ.

57 Associez à chacune des fonctions suivantes sa représentation graphique choisie parmi les courbes ci-dessous.

$$f(x) = \frac{x^2-1}{x}\ ;\quad g(x) = \frac{x^2-1}{x^2}\ ;\quad h(x) = \frac{x-1}{x^2}\ ;$$

$$k(x) = \frac{x-1}{x}\ ;\quad m(x) = x^2 - \frac{1}{x}\ ;\quad n(x) = x^2 - \frac{1}{x^2}.$$

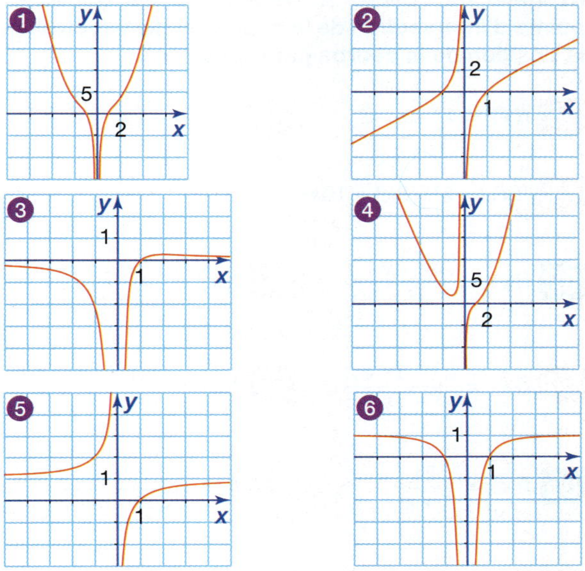

58 **Détermination de fonction**

1. Dans un repère orthonormal $(O\,;\vec{i},\vec{j})$, placez le point $A(-2\,;1)$ et construisez les droites *d* et Δ d'équations respectives $x = -1$ et $y = 2$.

2. *f* est une fonction homographique telle que $f(x) = \dfrac{ax+b}{x+c}$ et $\mathscr{C}$ sa courbe représentative dans le repère $(O\,;\vec{i},\vec{j})$.

a) Déterminez *a*, *b* et *c* pour que $\mathscr{C}$ passe par A, admette *d* pour asymptote verticale et Δ pour asymptote horizontale.

Aide : Vous pouvez vous reporter à la partie *Types de problèmes et raisonnements*, § 3, p. 416.

b) Étudiez la fonction *f* et construisez $\mathscr{C}$.

Exercices

pour progresser

Fonctions polynômes
Fonctions rationnelles

Pour les exercices 59 à 75, étudiez la fonction f et tracez sa courbe représentative dans un repère orthonormal (voir le TD 3, page 130).
Dans le cas où la courbe admet une asymptote horizontale ou oblique Δ, déterminez les éventuels points d'intersection de la courbe et de Δ et étudiez la position de la courbe par rapport à Δ.

59 $f(x) = x^3 + x - 2$.

60 $f(x) = -2x^4 + x^2 - 1$.

61 $f(x) = x^4 - 8x^3 + 16x^2 - 9$.

62 $f(x) = \dfrac{2x^2 - x + 1}{x^2 + 1}$.

63 $f(x) = \dfrac{2(x^2 - x)}{(x+1)^2}$.

64 $f(x) = \dfrac{x^2 - 3x + 2}{x^2 - 5x + 6}$.

65 $f(x) = \dfrac{1}{1 + x^2}$.

66 $f(x) = \dfrac{2x}{1 + x^2}$.

67 $f(x) = \dfrac{2x^2 + x - 1}{x^2 - x + 1}$.

68 $f(x) = \dfrac{x^2 - 4}{(x-2)^2}$.

69 $f(x) = \dfrac{(x-2)(x+3)}{(x-1)^2}$.

70 $f(x) = \dfrac{x^2 - 1}{x^2 + x + 1}$.

71 $f(x) = \dfrac{x^2 - 1}{(x-2)^2}$.

72 $f(x) = \dfrac{x^2 - 5x + 4}{x^2 - 4}$.

73 $f(x) = \dfrac{(x-1)^2}{x(x-3)}$.

74 $f(x) = x - 2 + \dfrac{1}{x}$ $(\Delta : y = x - 2)$.

75 $f(x) = 2x - 1 + \dfrac{1}{x^2}$ $(\Delta : y = 2x - 1)$.

Déterminations de fonctions

Pour les exercices 76 à 81, vous pouvez éventuellement vous reporter à la partie *Types de problèmes et raisonnements*, § 3, p. 416.

76 Existe-t-il une fonction trinôme (de degré 2) dont la courbe représentative dans un repère donné passe par les points $A(1\,;-1)$, $B(3\,;1)$ et $C(2\,;-1)$?

77 **1.** Existe-t-il une fonction polynôme du troisième degré f impaire, dont la représentation graphique $\mathscr{C}$ admet une tangente horizontale au point $A(1\,;1)$?
2. Si oui, étudiez la fonction f, puis construisez $\mathscr{C}$.

★ **78** Existe-t-il une fonction polynôme de degré 3 dont la courbe représentative dans un repère donné admet une tangente horizontale au point $A(0\,;3)$ et le point $I(1\,;2)$ comme centre de symétrie ?

79 **1.** Existe-t-il une fonction homographique f définie par $f(x) = \dfrac{ax+b}{cx+d}$ dont la représentation est une hyperbole $\mathscr{H}$:
- passant par le point $A(-1\,;6)$;
- admettant comme asymptotes les droites d'équation $y = 2$ et $x = 1$.

2. Si oui, étudiez la fonction f, puis construisez $\mathscr{H}$.

80 **1.** Existe-t-il des réels a, c et d pour que la courbe $\mathscr{H}$ représentative de la fonction $f : x \mapsto \dfrac{ax+1}{cx+d}$ passe par les points $A(1\,;0)$, $B(-1\,;-2)$, $C(2\,;4)$?
2. Si oui, étudiez la fonction f, puis construisez $\mathscr{H}$ et les tangentes en A et C.

81 Existe-t-il une fonction homographique f définie par $f(x) = \dfrac{ax+b}{cx+d}$ telle que $f(2) = 1$ et dont la courbe représentative $\mathscr{C}_f$ a pour asymptotes les droites d'équations $x = 1$ et $y = 1$?

★ **82** On considère les hyperboles $\mathscr{H}$ dont une équation dans un repère choisi est $y = \dfrac{mx+2}{x-m}$ (m réel).
Déterminez toutes les courbes $\mathscr{H}$ qui possèdent la propriété suivante : la tangente au point d'abscisse $x = 2$ est parallèle à la droite d'équation $3x + y = 0$, et le point de contact de cette tangente a une ordonnée positive.

★ **83** La courbe $\mathscr{C}$ représentative d'une fonction admet pour asymptotes les droites d et Δ ci-contre et ces droites seulement.

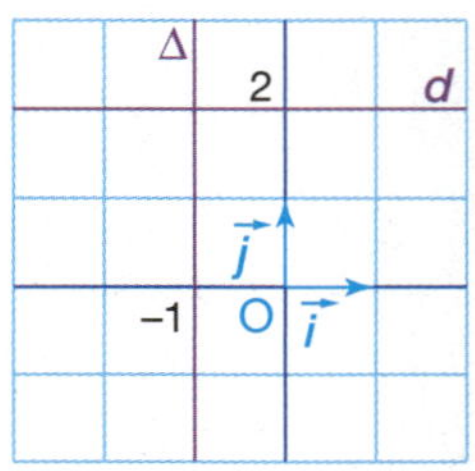

1. Parmi les fonctions suivantes, quelles sont celles qui conviennent ?

$$f(x) = \frac{2x+3}{x+1} \; ; \qquad g(x) = \frac{2x-1}{x^2-1} \; ;$$
$$h(x) = \frac{2x^2+2}{(x+1)^2} \; ; \quad k(x) = \frac{x+2}{2(x+1)} .$$

2. Parmi celles qui conviennent, quelle est celle dont la courbe représentative $\mathscr{C}$ coupe la droite d au point d'abscisse 0 ?
Peut-elle couper d en un autre point ?

★ **84** La courbe $\mathscr{C}$ représentative d'une fonction admet pour asymptotes les droites d_1, d_2 et Δ ci-dessous et ces droites seulement.

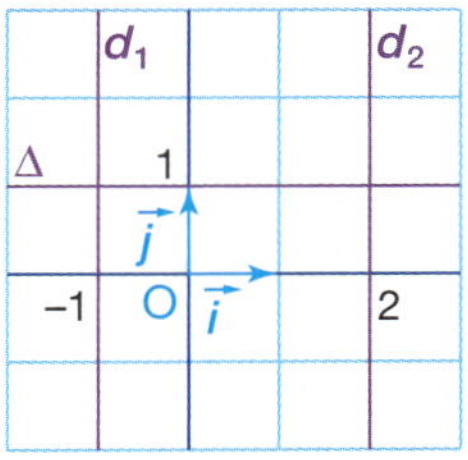

1. Parmi les fonctions suivantes, quelles sont celles qui conviennent $(b \in \mathbb{R}^*)$?
$$f(x) = \frac{x^2+bx}{x^2-x-2} \; ; \qquad g(x) = \frac{2x+b}{(x+1)(x-2)} \; ;$$
$$h(x) = \frac{1}{x+1} + \frac{b}{x-2} + 1 .$$

2. Parmi celles qui conviennent, pouvez-vous choisir le réel b afin que la courbe représentative $\mathscr{C}$:
a) coupe Δ pour $x = 1$?
b) admette en O une tangente horizontale ?

★ **85** La courbe $\mathscr{C}$ représentative d'une fonction, admet pour asymptotes les droites d et Δ ci-dessous et ces droites seulement.

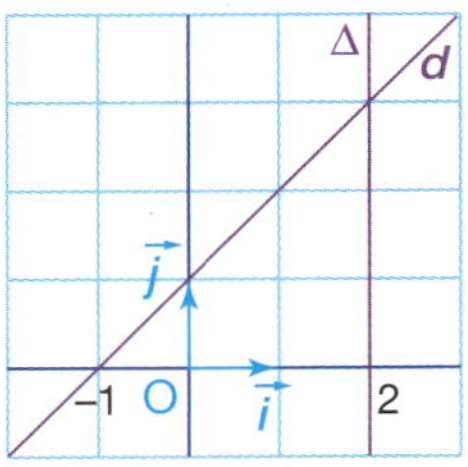

1. Parmi les fonctions suivantes, quelles sont celles qui conviennent $(b \neq 0)$?
$$f(x) = x+1+\frac{b}{x-2} \; ; \qquad g(x) = \frac{x^2-x+b}{x-2} \; ;$$
$$h(x) = x + \frac{2x+b}{x-2} \; ; \qquad k(x) = x+1+\frac{b}{(x-2)^2} .$$

2. Parmi les fonctions qui conviennent, pouvez-vous choisir le réel b afin que la courbe représentative $\mathscr{C}$:
a) coupe d ?
b) admette au point d'abscisse 0 une tangente horizontale ?

Intersections de courbes

86 **1.** Prouvez que les courbes représentatives $\mathscr{C}_f$ et $\mathscr{C}_g$ des deux fonctions définies sur $\mathbb{R} - \{1\}$ par
$f(x) = \dfrac{x^2}{x-1}$ et $g(x) = x+1+\dfrac{1}{(x-1)^2}$ ont les mêmes asymptotes (verticales et obliques).
2. Déterminez les coordonnées des éventuels points communs à $\mathscr{C}_f$ et $\mathscr{C}_g$.

87 f est la fonction définie sur $\mathbb{R}$ par :
$$f(x) = \frac{3}{2}x^3 - \frac{9}{2}x^2 + 4 .$$
On note $\mathscr{C}$ sa courbe représentative dans un repère orthonormal $(O ; \vec{i}, \vec{j})$.
1. Étudiez la fonction f.
2. Démontrez que le point $I(1 ; 1)$ est un centre de symétrie de la courbe $\mathscr{C}$.
3. Tracez la courbe $\mathscr{C}$.
4. g est la fonction définie sur $\mathbb{R}$ par :
$$g(x) = \frac{3}{2}x^2 - 6x + 4 .$$
On note $\mathscr{P}$ sa courbe représentative dans le même repère.
Étudiez la fonction g et tracez $\mathscr{P}$.
5. Déterminez les coordonnées des éventuels points d'intersection de $\mathscr{C}$ et $\mathscr{P}$.

★ **88** f est la fonction définie sur $\mathbb{R}$ par :
$$f(x) = x^3 - 3x^2 - 5x + 4 .$$
On note $\mathscr{C}$ sa courbe représentative dans un repère orthonormal $(O ; \vec{i}, \vec{j})$.
1. Étudiez la fonction f.
2. Démontrez que le point $I(1 ; -3)$ est un centre de symétrie de la courbe $\mathscr{C}$.
3. Tracez la courbe $\mathscr{C}$.
4. g est la fonction définie sur $\mathbb{R} - \{-1\}$ par :
$$g(x) = \frac{4-x}{x+1} .$$
On note $\mathscr{H}$ sa courbe représentative dans le même repère.
Étudiez la fonction g et tracez $\mathscr{H}$.
5. Vérifiez que les courbes $\mathscr{C}$ et $\mathscr{H}$ passent par le même point $A(0 ; 4)$. Déterminez alors les coordonnées de tous les points d'intersection de $\mathscr{C}$ et $\mathscr{H}$.
6. Démontrez que deux de ces points communs sont symétriques par rapport à I.
7. Démontrez que les deux courbes ont une tangente commune en A.
Note : Les deux courbes sont dites tangentes en A.

★ **89** f est la fonction définie sur $\mathbb{R}$ définie par :

$$f(x) = x^3 - 6x,$$

et g la fonction définie sur $\mathbb{R} - \{0\}$ par :

$$g(x) = 2x - \frac{16}{x}.$$

On note $\mathscr{C}$ et Γ les courbes représentatives de f et g dans le repère orthonormal $(O ; \vec{\imath}, \vec{\jmath})$.

1. Étudiez la fonction f et tracez $\mathscr{C}$.

2. a) Prouvez que la courbe Γ a une asymptote oblique d dont vous donnerez une équation.
Précisez la position de Γ par rapport à d.

b) Étudiez la fonction g et tracez Γ.

3. a) Démontrez que les deux courbes $\mathscr{C}$ et Γ ont deux points communs A et B dont vous préciserez les coordonnées.

b) Démontrez que $\mathscr{C}$ et Γ admettent en A et B une tangente commune et que ces tangentes communes sont parallèles.

Vrai ou faux ?

Pour chacune des affirmations suivantes, dites si elle est vraie ou fausse. Justifiez chaque fois votre réponse.

90 Les courbes $\mathscr{C}_f$ et $\mathscr{C}_g$ représentatives des fonctions définies par :

$$f(x) = \frac{2x^2 - x - 4}{x - 1} \quad \text{et} \quad g(x) = 2x + 1 + \frac{x}{(x-1)^2}$$

ont les mêmes asymptotes.

91 Les courbes $\mathscr{C}_f$ et $\mathscr{C}_g$ représentatives des fonctions définies par :

$$f(x) = \frac{2x^2 - x - 4}{x - 1} \quad \text{et} \quad g(x) = 2x + 1 + \frac{x}{(x-1)^2}$$

n'ont pas de point commun.

92 Les courbes $\mathscr{C}_f$ et $\mathscr{C}_g$ représentatives des fonctions définies par :

$$f(x) = \frac{2x^2 - x - 4}{x - 1} \quad \text{et} \quad g(x) = 2x + 1 + \frac{x}{(x-1)^2}$$

ont un centre de symétrie.

Résolutions d'équations, d'inéquations

93 f est la fonction polynôme définie sur $\mathbb{R}$ par :

$$f(x) = -\frac{x^3}{3} + 2x^2 - 4x + 1.$$

1. Étudiez la fonction f et tracez sa courbe représentative dans un repère choisi.

2. Prouvez que l'équation $f(x) = 0$ a une solution et une seule α dans $\mathbb{R}$. Trouvez un encadrement d'amplitude 10^{-2} de cette solution α.

3. Déduisez des questions précédentes le signe de $f(x)$ suivant les valeurs de x.

94 f est la fonction définie sur $\mathbb{R} - \{1 ; 4\}$ par :

$$f(x) = \frac{x}{(x-1)(x-4)}.$$

1. Étudiez la fonction f et tracez sa courbe représentative dans un repère choisi.

2. Discutez graphiquement selon les valeurs de m le nombre de solutions de l'équation $f(x) = m$.

★ **95** f est la fonction définie sur $\mathbb{R} - \{2\}$ par :

$$f(x) = \frac{2x^3 - 7x^2 + 3x - 3}{(x-2)^2}.$$

1. Étudiez la fonction f.

2. a) Démontrez qu'il existe des réels a, b et c tels que pour tout réel $x \neq 2$,

$$f(x) = ax + b + \frac{c}{x-2} + \frac{d}{(x-2)^2}.$$

b) Déduisez-en l'équation d'une asymptote oblique Δ à la courbe représentative $\mathscr{C}$ de la fonction f, et précisez la position de $\mathscr{C}$ par rapport à Δ.

3. Tracez $\mathscr{C}$ et Δ.

4. Déterminez graphiquement, suivant les valeurs de m, le nombre et le signe des solutions de l'équation :

$$2x^3 - (7 + m)x^2 + (3 + 4m)x - 3 - 4m = 0.$$

★ **96** L'objectif est de résoudre (graphiquement) l'inéquation $-x^2 + 7x - 4 < \dfrac{x+4}{x-1}$ [1].

1. Étudiez la fonction f définie sur $\mathbb{R}$ par :

$$f(x) = -x^2 + 7x - 4.$$

2. Tracez la courbe $\mathscr{C}$ représentative de la fonction f dans un repère orthonormal $(O ; \vec{\imath}, \vec{\jmath})$.

3. Étudiez la fonction g définie sur $\mathbb{R} - \{1\}$ par :

$$g(x) = \frac{x+4}{x-1}.$$

4. Tracez la courbe Γ représentative de la fonction g dans le même repère.

5. Trouvez, par le calcul, les solutions de l'équation :

$$-x^2 + 7x - 4 = \frac{x+4}{x-1}.$$

6. Donnez, en utilisant les questions précédentes, les solutions de l'inéquation [1].

★ 97 Paraboles

Partie 1

f_1 et f_2 sont les fonctions définies sur $\mathbb{R}$ par :

$$f_1(x) = 3x - x^2 \text{ et } f_2(x) = x^2 - x.$$

1. a) Étudiez les variations de f_1 et de f_2 et tracez leurs courbes représentatives $\mathscr{C}_1$ et $\mathscr{C}_2$ dans un même repère orthonormal $(\mathrm{O}\,;\vec{\imath},\vec{\jmath})$.

b) Calculez les coordonnées des points d'intersections de $\mathscr{C}_1$ et $\mathscr{C}_2$.

2. On note $\mathscr{C}_3$ la courbe symétrique de $\mathscr{C}_1$ par rapport à l'axe des abscisses.

a) Tracez $\mathscr{C}_3$.

b) Démontrez que $\mathscr{C}_3$ est la représentation graphique de la fonction f_3 définie par :

$$f_3(x) = x^2 - 3x.$$

Partie 2

1. $\mathscr{C}$ est la courbe représentative de f définie sur $\mathbb{R}$ par $f(x) = 2x - x^2$. Construisez $\mathscr{C}$ dans un autre repère orthonormal.

2. À tout réel x, on associe le point M de la courbe $\mathscr{C}$ d'abscisse x.

Les points I et J sont les projetés orthogonaux de M respectivement sur l'axe des abscisses et l'axe des ordonnées.

g est la fonction qui, à tout réel x, associe le réel :

$$\mathrm{MI} + \mathrm{MJ}.$$

a) Prouvez que $g(x) = |x| + |2x - x^2|$.

b) Après avoir étudié, suivant les valeurs de x, le signe de $(2x - x^2)$, déduisez-en que :

$$\begin{cases} g(x) = f_3(x) & \text{si } x \leqslant 0 \\ g(x) = f_1(x) & \text{si } 0 \leqslant x \leqslant 2 \\ g(x) = f_2(x) & \text{si } x \geqslant 2 \end{cases}$$

c) En exploitant uniquement les courbes obtenues à la partie 1, tracez la courbe Γ représentative de g.

d) Graphiquement, déterminez le nombre de points M de la courbe $\mathscr{C}$ pour lesquels :

$$\mathrm{MI} + \mathrm{MJ} = k,$$

où k est un nombre réel donné strictement positif.

e) Calculez les abscisses des points M pour lesquels $k = \frac{17}{8}$.

★ 98

f est la fonction définie sur $\mathbb{R}^*$ par $f(x) = 1 - x - \frac{1}{x}$, $\mathscr{C}$ est sa courbe représentative dans un repère $(\mathrm{O}\,;\vec{\imath},\vec{\jmath})$.

1. a) Prouvez que $\mathscr{C}$ admet une asymptote Δ d'équation $y = 1 - x$.

b) Précisez la position de $\mathscr{C}$ par rapport à Δ.

2. a) Étudiez les variations de f puis tracez Δ et $\mathscr{C}$.

b) Discutez suivant les valeurs de m le nombre de solutions de l'équation $f(x) = m$.

3. a) Lorsque la droite d'équation $y = m$ coupe $\mathscr{C}$ en deux points distincts M et N, calculez en fonction de m les coordonnées du point I milieu de $[\mathrm{MN}]$.

b) On note A et B les points de $\mathscr{C}$ pour lesquels la tangente à $\mathscr{C}$ est horizontale. Calculez les coordonnées de A et B et prouvez que A, B et I sont alignés.

★ 99

f_1 et f_2 sont deux fonctions homographiques définies par $f_1(x) = \frac{x-2}{x+1}$ et $f_2(x) = \frac{x-2}{1-x}$.

1. Étudiez les variations de f_1 et f_2 et tracez leurs courbes représentatives $\mathscr{C}_1$ et $\mathscr{C}_2$ dans un même repère orthonormal $(\mathrm{O}\,;\vec{\imath},\vec{\jmath})$.

2. a) Déduisez de la question précédente la courbe représentative de la fonction f définie sur $\mathbb{R}$ par :

$$f(x) = \frac{x-2}{|x|+1}.$$

b) La fonction f est-elle dérivable en $x = 0$?

★★ 100 Parabole asymptote

f est la fonction définie sur $\mathbb{R} - \{-1\,;1\}$ par $f(x) = \frac{x^4}{x^2-1}$ et $\mathscr{C}$ est sa courbe représentative dans un repère $(\mathrm{O}\,;\vec{\imath},\vec{\jmath})$.

1. Étudiez les limites de f en $+\infty$ et en $-\infty$.

2. a) Déterminez des nombres réels a, b, c, d et e tels que pour tout nombre réel x,

$$f(x) = ax^2 + bx + c + \frac{dx+e}{x^2-1}.$$

b) g est la fonction définie sur $\mathbb{R}$ par $g(x) = x^2 + 1$ et $\mathscr{P}$ la parabole représentative de g dans le repère $(\mathrm{O}\,;\vec{\imath},\vec{\jmath})$.

Démontrez que la fonction $(f - g)$ tend vers 0 en $+\infty$ et en $-\infty$.

La parabole $\mathscr{P}$ est dite asymptote à la courbe $\mathscr{C}$.

c) Étudiez les positions relatives de $\mathscr{C}$ et de $\mathscr{P}$ selon les valeurs de x.

d) La courbe $\mathscr{C}$ admet deux droites asymptotes. Précisez lesquelles.

3. Étudiez les variations des fonctions f et g.

Tracez $\mathscr{P}$, les deux asymptotes puis $\mathscr{C}$.

problèmes de synthèse

★★ 101 Thèmes : Courbes. Ensembles de points

f est la fonction définie sur $]-\infty\,;0[\,\cup\,]0\,;+\infty[$ par $f(x) = 1 - \frac{1}{x} - \frac{2}{x^2}$, $\mathscr{C}$ est sa courbe représentative dans un repère orthonormal $(O\,;\vec{\imath},\vec{\jmath})$.

1. a) En écrivant $f(x) = 1 - \frac{x+2}{x^2}$, trouvez la limite de f à droite en zéro et à gauche en zéro.

b) Quelles sont les limites de f en $+\infty$ et en $-\infty$?

2. Démontrez que $\mathscr{C}$ coupe l'axe des abscisses en deux points A et B dont vous préciserez les coordonnées.

3. a) Calculez $f'(x)$.

b) Étudiez les variations de f et dressez son tableau de variations.

c) Tracez la courbe $\mathscr{C}$.

4. Sur la même figure que la courbe $\mathscr{C}$, construisez la courbe représentative $\mathscr{H}$ de la fonction h définie sur $]-\infty\,;0[\,\cup\,]0\,;+\infty[$ par $h(x) = 1 - \frac{1}{2x}$.

5. a) Discutez suivant les valeurs de m le nombre de solutions de l'équation $f(x) = m$.

b) Lorsque la droite $y = m$ coupe $\mathscr{C}$ en deux points M et N distincts, calculez, en fonction de m, les coordonnées du milieu I de $[MN]$.

c) Prouvez que I est un point de $\mathscr{H}$.

★★ 102 Thème : Famille de cercles

f est la fonction définie sur $]-\infty\,;0[\,\cup\,]0\,;+\infty[$ par $f(x) = 1 - x + \frac{1}{x}$, $\mathscr{C}$ est sa courbe représentative dans un repère orthonormal $(O\,;\vec{\imath},\vec{\jmath})$.

1. a) Prouvez que $\mathscr{C}$ admet une asymptote Δ d'équation $y = 1 - x$.

b) Précisez la position de $\mathscr{C}$ par rapport à Δ.

2. a) Étudiez les variations de f et tracez Δ et $\mathscr{C}$.

b) Discutez suivant les valeurs de m le nombre de solutions de l'équation $f(x) = m$.

3. Lorsque la droite d'équation $y = m$ coupe $\mathscr{C}$ en deux points distincts M_1 et M_2 d'abscisses x_1 et x_2, on note H_1 et H_2 les points de l'axe des abscisses ayant respectivement la même abscisse x_1 et x_2 que M_1 et M_2.

a) Prouvez que x_1 et x_2 sont solutions de l'équation :

$$x^2 - (1-m)x - 1 = 0 \quad [1].$$

b) Vérifiez que :

$$H_1H_2^{\,2} = (x_2 - x_1)^2 = (x_2 + x_1)^2 - 4x_1x_2,$$

et déduisez-en $H_1H_2^{\,2}$ en fonction de m.

4. On note Γ_m le cercle de centre de diamètre $[H_1H_2]$.

a) Vérifiez que son centre a pour abscisse $\frac{1-m}{2}$ et que son rayon r est tel que $r^2 = 1 + \frac{(1-m)^2}{4}$.

b) Déduisez-en que $x^2 + y^2 - (1-m)x - 1 = 0$ est une équation de Γ_m.

5. Construisez le cercle Γ_m pour $m = 1$, $m = 2$ et $m = 3$. Que remarquez-vous ? Prouvez-le.

★★ 103 Thèmes : Hyperbole. Famille de droites

La fonction homographique f définie par $f(x) = \frac{ax+b}{cx+d}$ (avec $ad - bc \neq 0$ et $c \neq 0$) est représentée par l'hyperbole $\mathscr{H}$.

1. Trouvez des coefficients a, b, c et d pour que la courbe $\mathscr{H}$ passe par les points $A(-1\,;0)$, $B(0\,;-1)$ et $C(2\,;3)$.

2. Prouvez que $\mathscr{H}$ a un centre de symétrie.

3. Par l'origine, on mène la droite d d'équation $y = mx$ (m réel). Déterminez selon les valeurs de m le nombre de points d'intersection de d et de $\mathscr{H}$.

4. M est un point du plan (distinct de O). Est-il possible que la droite (OM) coupe $\mathscr{H}$ en un seul point ? Trouvez les coordonnées des points M qui satisfont à cette propriété et donnez-en une interprétation géométrique.

5. M′ et M′′ sont les points d'intersection de la droite d et de la courbe $\mathscr{H}$. (X ; Y) sont les coordonnées du milieu S du segment [M′M′′].
Quel est le lieu géométrique du point S ?

Pour chercher plus

★★★ 104 Prouvez que, dans un repère orthonormal, toutes les courbes $\mathscr{C}_m$ $(m \in \mathbb{R})$ d'équation $y = \frac{mx - 3m + 4}{x - m}$ ont un axe de symétrie commun.

★★★ 105 $\mathscr{C}_f$ est la courbe représentative dans un repère orthonormal de la fonction f définie sur $\mathbb{R} - \left\{\frac{1}{2}\,;2\right\}$ par $f(x) = \frac{x}{2x^2 - 5x + 2}$.

Une droite d parallèle à l'axe des abscisses coupe, en général, $\mathscr{C}_f$ en deux points M et M′ qui se projettent orthogonalement en P et P′ sur l'axe des abscisses.

Prouvez qu'il existe un point A de cet axe tel que, quelle que soit la droite d, $\overrightarrow{AP} \cdot \overrightarrow{AP'}$ est constant.

chapitre 6

Les suites

Approche historique

Un problème

Alors qu'il cherche à calculer l'aire de la région délimitée par une parabole et une droite la coupant, Archimède au IIIe siècle avant J.-C., est confronté à la suite $1, \frac{1}{4}, \frac{1}{16}, \ldots, \frac{1}{4^n}, \ldots$ *Comment voir que la somme de tous ces termes devient proche de* $\frac{4}{3}$ *lorsque n devient très grand?*

Des éléments de réflexion

François Viète (Fontenay-le-Comte, 1540 – Paris, 1603)

Quelques années avant Archimède, Euclide avait montré que $1 + \frac{1}{4} + \ldots + \frac{1}{4^n} = \frac{4}{3}\left(1 - \frac{1}{4^{n+1}}\right)$.
François Viète (Fontenay-le-Comte, 1540 - Paris, 1603) montre en 1593 qu'il suffit, dans ce résultat, de remplacer par zéro le terme $\frac{1}{4^{n+1}}$ pour obtenir la valeur vers laquelle cette somme « tend » lorsque n tend vers l'infini.
Au XVIIe siècle, l'Italien Evangelista Torricelli, le Belge Grégoire de Saint-Vincent, l'Allemand Nicolas Mercator, ou l'Anglais John Wallis représentent la suite $1, x, \ldots, x^n$ sur un dessin de manière à faire comprendre ce résultat.

On pose $BD = 1$, $DC = \frac{1}{3}$. (DE) est parallèle à (AC), (EF) à (BC), etc. Par proportionnalité :

$$\frac{BC}{BD} = \frac{AC}{ED} = \frac{AC}{FG} = \frac{DC}{DG}\ (ED = FG).$$

D'où $\frac{4/3}{1} = \frac{BC}{BD} = \frac{DC}{DG} = \frac{1}{3DG}$ et $DG = \frac{1}{4}$, puis $EF = \frac{1}{4}$, puisque $EF = DG$. On « voit » itérativement que $HI = \frac{1}{4} \times \frac{1}{4}$, etc., puis en traçant les parallèles *ad hoc*, on obtient le résultat d'Archimède,

$BD + DG + \ldots = 1 + \frac{1}{4} + \ldots \frac{1}{4^n} + \ldots = BC = \frac{4}{3}$.

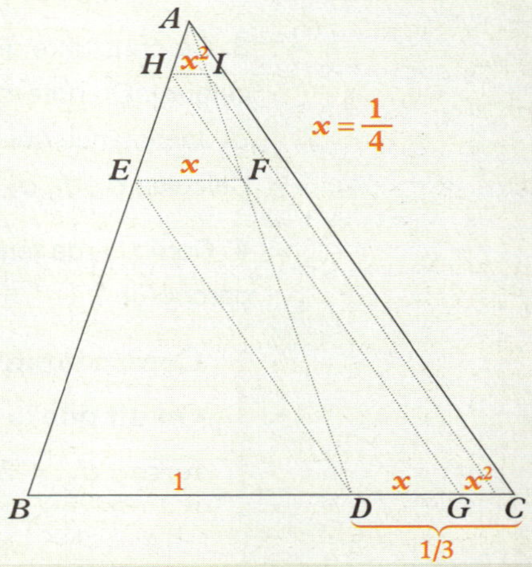

Pour prendre un bon départ

Une suite est une liste ordonnée de nombres.

• *Dans la vie courante, on utilise fréquemment de telles suites.*

Par exemple :

– pour étudier l'évolution du prix de vente d'un produit, on notera p_0 *le prix initial,* p_1 *le prix au bout d'un mois, ...,* p_n *le prix au terme de n mois.*

La suite est $p_0, p_1, p_2, p_3, \dots, p_n, \dots$*, que l'on note* (p_n) ;

– le biologiste, qui étudie l'évolution d'une population de bactéries, notera N_0 *l'effectif initial,* N_1 *l'effectif au terme de la première heure, ...,* N_p *l'effectif au terme de la p-ième heure.*

La suite est $N_0, N_1, N_2, N_3, \dots, N_p, \dots$*, que l'on note* (N_p).

• *En mathématiques, les suites considérées sont illimitées, ainsi elles pourront servir à l'étude éventuelle de toute situation concrète. En particulier, nous verrons qu'elles permettent de trouver des approximations aussi fines que l'on veut de nombres ou grandeurs inconnues.*

Activité 1 La poursuite

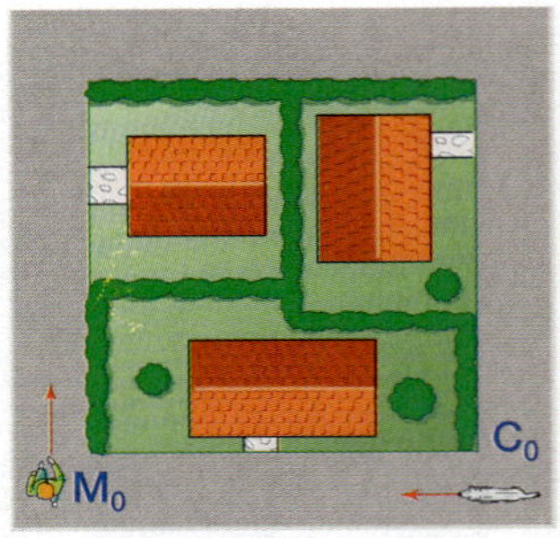

Tous les jours, un coureur à pied s'entraîne, accompagné de son chien, autour de son pâté de maisons, un carré de 250 m de côté. Il court à une vitesse constante et parcourt un côté du carré en 1 minute exactement.

Au départ, son chien se trouve à l'angle comme indiqué sur le croquis. Voyant son maître partir, il veut le rattraper (en tournant dans le même sens). Chaque minute, la distance qui les sépare est divisée par 2.

On veut indiquer sur le schéma, la position du maître et celle de son chien.

On note M_0 et C_0 leurs positions respectives au départ (instant 0), M_1 et C_1 leurs positions après une minute de course, et ainsi de suite.

1. Dessinez un carré et marquez les positions $M_0, M_1, M_2, M_3, M_4, M_5, M_6$.
Que remarquez-vous ? Où se trouve le maître après 9 minutes ?

2. Marquez les positions C_1, C_2, C_3, C_4 du chien.

3. On considère que le chien a rattrapé son maître lorsqu'il se trouve à moins de 20 cm de celui-ci. On note $d_0 = 250$ m la distance (en m) qui les sépare au départ et, par exemple, d_5 la distance qui les sépare après 5 minutes de course.
Calculez d_1, d_2, d_3, d_4, d_5.

4. Combien de temps le chien met-il pour rattraper son maître ? Quelle distance a-t-il alors parcourue ?

Commentaire : On passe donc de d_n à d_{n+1} en multipliant d_n par $\frac{1}{2}$.
On dit que la suite (d_n) est une **suite géométrique** de raison $\frac{1}{2}$ et de premier terme $d_0 = 250$.

Activité 2 En biologie

Un biologiste souhaite étudier l'évolution d'une population de bactéries.
Il a effectué les relevés suivants :

heure	10 h	10 h 20	10 h 40	11 h	11 h 20
nombre	1 000	2 100	4 000	7 900	16 000

1. Ce tableau fait apparaître une évolution « assez régulière ». Pour pratiquer des prévisions, le biologiste modélise l'évolution en affirmant que la population double toutes les 20 minutes. Pour vérifier la validité de son hypothèse, il fait un nouveau relevé à midi. Il constate que la population est alors environ de 65 000. Doit-il revoir sa modélisation ?

2. On admet donc maintenant que la population double toutes les 20 minutes.
Par quel nombre est-elle multipliée au bout d'une heure ? au bout de deux heures ?

3. a) On note p_0 la population initiale, p_1 la population à 10 h 20, et ainsi de suite.
Comment notez-vous la population à 12 h ? à 14 h ?

b) Exprimez p_n en fonction de l'entier n.

4. Il revient le lendemain à 10 heures. Estimez la population alors relevée.

Activité 3 Des grecques...

Une grecque est une figure géométrique constituée de segments consécutifs perpendiculaires.

1. Une première grecque

On construit une grecque comme l'indique la figure ci-contre. Les longueurs des segments sont indiquées en centimètres, $\ell_1 = 1$, $\ell_2 = 1$, $\ell_3 = 2$, $\ell_4 = 3$, $\ell_5 = 5$, $\ell_6 = 8$.

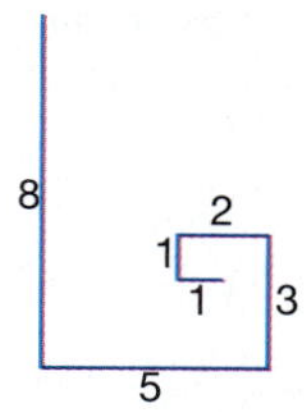

a) À partir de ℓ_2, il existe un procédé logique simple qui permet de passer au nombre suivant. Indiquez-le et précisez ℓ_7.

b) Pourquoi le calcul direct de ℓ_{100} est-il impossible ? La connaissance de ℓ_{99} permet-elle de calculer ℓ_{100} ?

c) Quelle relation lie les nombres ℓ_n, ℓ_{n+1}, ℓ_{n+2} (n étant un entier naturel non nul).

2. Une autre grecque

On construit, à l'aide d'une ficelle d'un mètre de long, la figure suivante. Chaque segment a pour mesure la moitié de la mesure du précédent. On note x_1 la longueur du premier ($x_1 = 50$ cm), x_2 celle du second, et ainsi de suite.

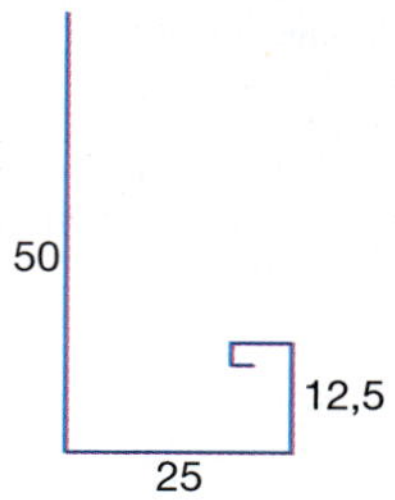

a) Calculez x_3, x_4, x_5, x_6, x_7.

b) Quel est le premier segment de longueur inférieure à 1 cm ? à 1 mm ?

c) On suppose possible de répéter indéfiniment cette construction.
Pensez-vous que la ficelle sera de longueur suffisante ?
Cette question est délicate mais l'étude mathématique des suites permet de répondre à une telle question (*voir l'exercice résolu* 5, *p.* 153).

Cours

1 Définir une suite

1.1 Définition

Fabriquer une suite (u_n), c'est associer à chaque entier naturel n un nombre réel noté u_n.

Exemple 1 : Associons à chaque entier naturel son double. On obtient une **suite infinie** de nombres réels (les entiers pairs). Le double de 0 est $u_0 = 0$, le double de 17 est $u_{17} = 34$, …, le double d'un entier quelconque n est $u_n = 2n$.

Exemple 2 : Associons à chaque entier naturel n $(n \geqslant 7)$, le nombre $v_n = \sqrt{n-7}$. On définit ainsi une suite (v_n) de nombres réels : $v_7 = 0$, $v_8 = 1$, …, $v_{2\,001} = \sqrt{1994}$, … Remarquez que cette suite n'est définie que pour $n \geqslant 7$.

Définition 1

Une **suite** est une **fonction** dont l'ensemble de définition est l'ensemble $\mathbb{N}$ des entiers naturels ou $\mathbb{N}$ privé des entiers 0, 1, 2, …, n.

NOTE
Dans l'exemple 2, la suite est notée $(v_n)_{n \geqslant 7}$.

Notation et vocabulaire : u_n se lit « u indice n » ou « $u…n$ ». On dit que **u_n est le terme d'indice n** de la suite notée, en général, u ou (u_n), parfois $(u_n)_{n \in \mathbb{N}}$.

NOTE
La suite 0 ; 1 ; 0 ; 1 ; 0 ; 1 ; 0 ; 1 ; 0… ne prend que deux valeurs 0 et 1, mais elle a une infinité de termes.

Remarque : Si $m \neq p$, même si les **nombres** u_m et u_p sont égaux, les **termes** u_m et u_p sont considérés comme distincts car $m \neq p$. **Une suite a une infinité de termes.**

1.2 Comment définir une suite ?

1. Par une définition explicite du terme d'indice n

NOTE
Dans ce cas, on peut calculer directement u_n à partir de n.

Exemples : $u_n = \dfrac{(-1)^n}{n^2}$ alors $u_{10} = \dfrac{1}{100}$; $u_n = \dfrac{3^{n+1}}{n}$ alors $u_3 = \dfrac{81}{3} = 27$.

Cas particulier important : $u_n = f(n)$, où f est une **fonction usuelle** définie sur l'ensemble des réels positifs (ou sur un intervalle $[a\ ;+\infty[$, avec $a > 0$).
L'ensemble des valeurs $f(n)$, prises par la fonction pour les valeurs entières de la variable, définit la suite (u_n) avec $u_n = f(n)$.

Exemple : Pour tout naturel n, $u_n = f(n)$ avec $f : x \mapsto 2x^2 - 1$. Alors, par exemple, $u_{17} = 2 \times 17^2 - 1 = 577$, $u_{n+1} = 2(n+1)^2 - 1 = 2n^2 + 4n + 1$.

2. Par récurrence

NOTE
Dans ce cas, on ne peut pas calculer u_n à partir de n.
Pour calculer u_n, il faut auparavant calculer tous les termes qui le précèdent.

La donnée du premier terme u_0 et d'une relation (dite de récurrence) qui permet de calculer un terme de la suite à partir du précédent, détermine, en général, une suite.

Exemple : $u_0 = 5$ et pour tout naturel n, $u_{n+1} = 3u_n - 2$.
Ces données permettent de calculer de proche en proche les termes de la suite :

$$u_1 = 3u_0 - 2 = 13\ ,\ u_2 = 3u_1 - 2 = 37\ ,\ u_3 = 3u_2 - 2 = 109\ ,\ …$$

Ici, u_{n+1} s'exprime en fonction de u_n, $u_{n+1} = f(u_n)$ où f est la fonction $x \mapsto 3x - 2$.

Lorsque f est une fonction définie sur un intervalle I, telle que pour tout x de I, **$f(x)$ est aussi dans I**, on peut définir une suite (u_n) par la donnée de u_0, **u_0 appartenant à I**, et de la relation de récurrence **$u_{n+1} = f(u_n)$**.

Pour mieux comprendre

COMMENT comprendre le sens des notations (u_n) et u_n ?

Une suite est une fonction. Au lieu de la noter f, g, h, …, l'usage est de la noter u, v, w, … Si on la note u, l'image d'un nombre x devrait être notée $u(x)$, mais pour rappeler que u « opère » sur des nombres entiers naturels, on note ces naturels m, n, p… Ainsi $u(n)$ est l'image du naturel n par la suite u. Cependant l'usage est d'écrire $u(n) = u_n$.

Exemples :

- Dire que la suite (u_n) est définie par $u_n = n^2 + 1$ signifie qu'à chaque entier naturel n est associée la somme de son carré et de 1.
  L'image de 10 est $(10)^2 + 1 = 101$, celle de $n + 1$ est donc $u_{n+1} = (n+1)^2 + 1$, celle de $3n$ est $u_{3n} = (3n)^2 + 1$ …
- Dire que la suite (u_n) est définie par la relation de récurrence $u_{n+1} = 3u_n + 2$ signifie que, le premier terme étant donné, n'importe quel autre terme est obtenu en multipliant le précédent par 3 et en ajoutant 2 au résultat obtenu.
  Ainsi, par exemple :

$$u_{15} = 3u_{14} + 2 \ ; \ u_{n+2} = 3u_{n+1} + 2 \ ;$$
$$u_{2n} = 3u_{2n-1} + 2, \ldots$$

COMMENT représenter les premiers termes d'une suite ?

- En général, une représentation graphique sur un axe horizontal est « parlante ». Par exemple, si $u_n = \left(-\frac{1}{2}\right)^n$, on obtient le schéma ci-dessous :

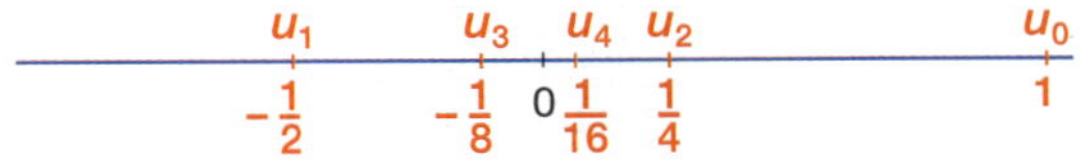

- Lorsque $u_n = f(n)$, on peut utiliser la représentation graphique de $x \mapsto f(x)$.

Exemple : La suite (u_n) est définie par $u_n = \frac{4}{n+1}$. La courbe est la représentation graphique de la fonction définie par $f(x) = \frac{4}{x+1}$. Les premiers termes de la suite se lisent sur l'axe des ordonnées.

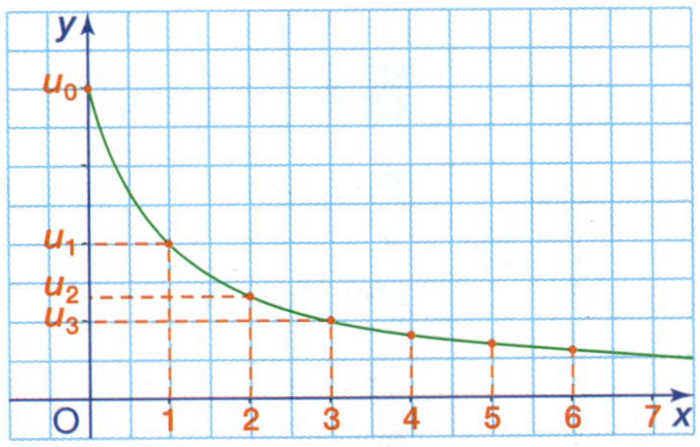

POURQUOI la donnée de u_0 et d'une relation de récurrence ne détermine-t-elle pas toujours une suite ?

PARCE QUE la fonction f peut ne pas être définie pour une certaine valeur de u_n ; ce qui revient à dire qu'un terme u_n n'est pas dans le domaine de définition de la fonction f.

Exemples :

- $u_{n+1} = \frac{1}{u_n - 1}$ et $u_0 = 2$. $u_1 = 1$ mais u_2 n'est pas défini, donc cette relation et cette valeur de u_0 ne déterminent pas une suite (u_n).
- $u_{n+1} = \sqrt{u_n - 1}$ et $u_0 = 5$. $u_1 = 2$; $u_2 = 1$; $u_3 = 0$ mais u_4 n'est pas défini, donc cette relation et cette valeur de u_0 ne déterminent pas une suite (u_n).

COMMENT utiliser la calculatrice pour calculer les premiers termes d'une suite ?

- Lorsque la suite est définie par $u_n = f(n)$, on procède comme pour les fonctions, en utilisant les tables de nombres.
  La seule différence est que vous devez mettre 1 comme valeur dans le champ ΔTbl ou Pitch.

Exemple : Pour calculer $u_n = n^5 - 4n^3 + 12n - 5$ lorsque $n = 0, 1, \ldots, 10$, on obtient les tables ci-contre.

- Lorsque la suite est définie par récurrence, le mieux est de programmer la calculatrice.
  Vous pouvez vous reporter au TD1, p. 161.
- Certaines calculatrices récentes (Casio Graph 35, TI 83 plus, …) ont des programmes intégrés qui font les calculs directement.

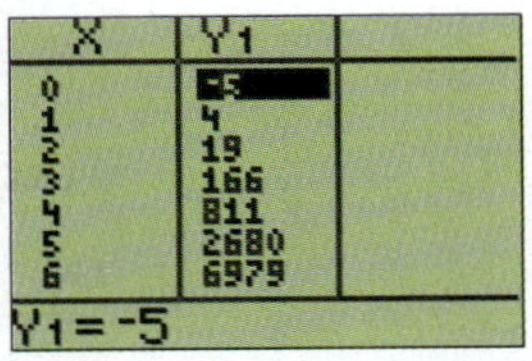

2 Suites croissantes, suites décroissantes

2.1 Définition

Définition 2

Dire qu'une suite (u_n) est **strictement croissante** signifie que pour tout naturel n,
$$\boldsymbol{u_n < u_{n+1}}$$
Dire qu'une suite (u_n) est **strictement décroissante** signifie que pour tout naturel n,
$$\boldsymbol{u_n > u_{n+1}}$$
Dire qu'une suite (u_n) est **constante** signifie que pour tout naturel n,
$$\boldsymbol{u_n = u_{n+1}}$$

On définit de même une suite croissante ou décroissante (en utilisant des inégalités au sens large : $u_n \leqslant u_{n+1}$ ou $u_n \geqslant u_{n+1}$).

Cette définition ne doit pas laisser penser que toutes les suites sont monotones : **il existe des suites non monotones.**

NOTE
Une suite croissante ou décroissante est dite **monotone**.

Exemple : La suite définie pour tout naturel n par $u_n = (-1)^n$ qui est la suite $1; -1; 1; -1; 1; -1;\ldots$ n'est ni croissante, ni décroissante.

2.2 Exemples

NOTE
Si $u_n > 0$, $u_{n+1} > 0$, alors : $\frac{u_{n+1}}{u_n} > 1$ équivaut à $u_{n+1} - u_n > 0$.

Pour étudier le sens de variation d'une suite (u_n), on compare, pour tout naturel n, u_{n+1} et u_n, soit en étudiant le signe de la différence $u_{n+1} - u_n$, soit, lorsque les u_n sont **strictement positifs**, en comparant $\frac{u_{n+1}}{u_n}$ et 1.

Exemples : • La suite (u_n) est définie par $u_n = n^2 - n - 2$.

$u_{n+1} - u_n = (n+1)^2 - (n+1) - 2 - (n^2 - n - 2) = 2n$. Or $2n > 0$ si $n \geqslant 1$.

On dit que la suite (u_n) est strictement croissante **à partir de l'indice 1**.

• La suite (u_n) est définie par $u_n = \frac{2^n}{3^n}$. Pour tout naturel n, $\frac{2^n}{3^n} \neq 0$ car $2^n \neq 0$.

$\frac{u_{n+1}}{u_n} = \frac{2^{n+1}}{3^{n+1}} \times \frac{3^n}{2^n} = \frac{2}{3}$. Or $\frac{2}{3} < 1$, donc la suite (u_n) est strictement décroissante.

2.3 Cas d'une suite définie par $u_n = f(n)$

Théorème 1

La suite (u_n) est définie par $u_n = f(n)$, avec f définie sur $[0\ ; +\infty[$.

1. **Si** f est strictement croissante, **alors** la suite (u_n) est strictement croissante.
2. **Si** f est strictement décroissante, **alors** la suite (u_n) est strictement décroissante.

NOTE
• La réciproque est fausse, voir *Pour mieux comprendre* ci-contre.
• Le théorème est encore vrai pour une fonction croissante ou décroissante.

Démonstration :

1. Pour tout entier n, f étant strictement croissante, $f(n+1) > f(n)$ et $u_{n+1} > u_n$.
2. Pour tout entier n, f étant strictement décroissante, $f(n+1) < f(n)$ et $u_{n+1} < u_n$.

Attention ! Lorsque la suite (u_n) est définie par la relation de récurrence $u_{n+1} = f(u_n)$, les variations de f et de (u_n) ne sont pas nécessairement les mêmes : f peut être croissante et (u_n) décroissante (voir le TD2, §1, p. 162).

Pour mieux comprendre

POURQUOI la réciproque du théorème 1 est-elle fausse ?

PARCE QU'il est possible de trouver une suite $u_n = f(n)$ avec (u_n) strictement croissante et f **non** strictement croissante.

Considérons la fonction définie par $f(x) = x + \sin(2\pi x)$, représentée ci-contre.

Alors, pour tout n, $f(n) = n + \sin(2\pi n) = n$ et (u_n) est strictement croissante, alors que la fonction n'est ni croissante, ni décroissante sur $[0\ ;+\infty[$.

La suite (u_n) est donc un contre-exemple de la réciproque.

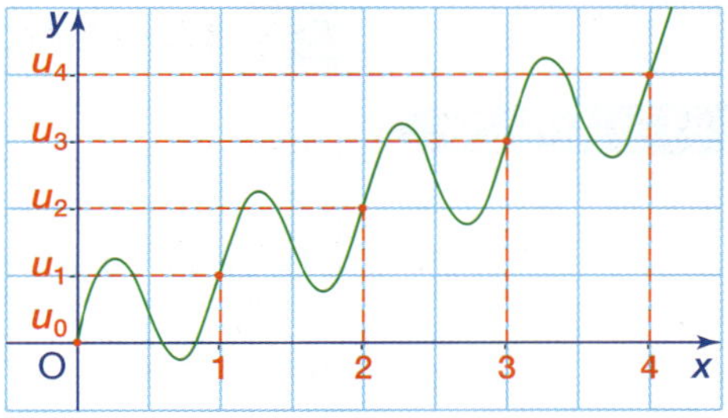

Exercices résolus

Exo 1 Comment étudier le sens de variation d'une suite ?

Étudiez le sens de variation des suites (u_n) et (v_n) suivantes.

1. $u_n = \dfrac{n}{2^n}$. **2.** $v_n = \dfrac{3n-1}{n+2}$.

POINT MÉTHODE

Pour étudier le sens de variation d'une suite, on peut :

- étudier le signe de la différence $u_{n+1} - u_n$,
- dans le cas où tous les termes de la suite sont strictement positifs, comparer le quotient $\dfrac{u_{n+1}}{u_n}$ et le réel 1,
- s'il existe une fonction f telle que, pour tout entier naturel n, $u_n = f(n)$, étudier les variations de la fonction f.

Solution commentée

1. On étudie le signe de la différence $u_{n+1} - u_n$:

$$u_{n+1} - u_n = \frac{n+1}{2^{n+1}} - \frac{n}{2^n} = \frac{n+1-2n}{2^{n+1}} = \frac{1-n}{2^{n+1}}.$$

Or, pour tout $n \geqslant 1$, $1 - n \leqslant 0$, donc $u_{n+1} - u_n \leqslant 0$.

La suite (u_n) est décroissante à partir de l'indice 1.

Remarque : Pour $n \geqslant 1$, les termes sont strictement positifs, on peut aussi utiliser la deuxième méthode :

$$\frac{u_{n+1}}{u_n} - 1 = \frac{n+1}{2^{n+1}} \times \frac{2^n}{n} - 1 = \frac{1-n}{2n}.$$

Comme dans la méthode précédente, pour tout $n \geqslant 1$, $1 - n \leqslant 0$. Donc pour tout $n \geqslant 1$, $\dfrac{u_{n+1}}{u_n} \leqslant 1$ et la suite (u_n) est décroissante à partir de l'indice 1.

2. Notons f la fonction rationnelle $x \mapsto \dfrac{3x-1}{x+2}$; f est définie sur $\mathbb{R} - \{-2\}$, donc en particulier sur $[0\ ;+\infty[$, et est dérivable sur cet intervalle.

Pour tout $x \geqslant 0$,

$$f'(x) = \frac{3(x+2) - (3x-1)}{(x+2)^2} = \frac{7}{(x+2)^2}.$$

f' est strictement positive sur $[0\ ;+\infty[$, donc f est strictement croissante sur cet intervalle.

Or pour tout n, $v_n = f(n)$. Il en résulte que (v_n) est strictement croissante.

Remarque : On peut aussi utiliser, ici, les deux autres méthodes.

▶ **exercices 11 à 20**

Cours

3 Suites arithmétiques

3 1 Définition

Définition 3

Dire qu'une suite (u_n) est **arithmétique** signifie qu'il existe un réel r tel que, pour tout naturel n, $\boldsymbol{u_{n+1} = u_n + r}$.
Le réel r est appelé la **raison** de la suite (u_n).

Autrement dit, une suite est arithmétique lorsqu'on passe d'un terme au suivant en ajoutant toujours le même nombre r.

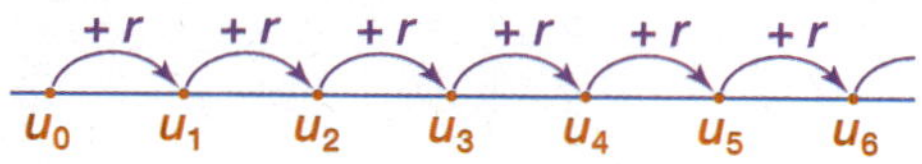

Exemples : • La plus « naturelle » des suites arithmétiques est la suite des entiers naturels 0, 1, 2, 3, 4, 5, ..., de premier terme 0 et de raison 1.
• Deux autres suites familières : la suite des nombres pairs 0, 2, 4, 6, 8, ..., et celle des nombres impairs 1, 3, 5, 7, ... Elles sont de raison 2 et de premiers termes respectifs 0 et 1.
• La suite (u_n) définie par $u_n = 5n - 2$ est une suite arithmétique de raison 5, car $u_{n+1} = 5(n+1) - 2 = 5n + 5 - 2 = u_n + 5$.

Lorsque a, b et c sont trois termes consécutifs d'une suite arithmétique, alors $b = \dfrac{a+c}{2}$.

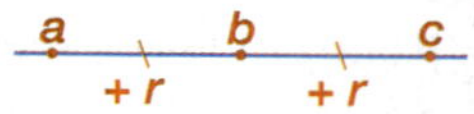

Ainsi, b est la moyenne arithmétique de a et c. On dit que a, b et c sont en **progression arithmétique**.
Ceci peut expliquer l'expression « suite arithmétique ».

3 2 Relations entre les termes

Théorème 2

(u_n) est une suite arithmétique de premier terme u_0, de raison r.
Alors pour tout entier naturel n, $\boldsymbol{u_n = u_0 + nr}$.

NOTE
Si le premier terme est u_1, alors pour tout $n \geqslant 1$, $u_n = u_1 + (n-1)r$.

Démonstration : (u_n) étant arithmétique, $u_1 = u_0 + r$, $u_2 = u_1 + r = (u_0 + r) + r = u_0 + 2r$, et ainsi de proche en proche, car lorsqu'on aura établi que pour l'entier p, $u_p = u_0 + pr$, on en déduira que $u_{p+1} = u_0 + (p+1)r$.
En effet, $u_{p+1} = u_p + r = u_0 + pr + r = u_0 + (p+1)r$. Ainsi on aboutit à $u_n = u_0 + nr$.

Exemple : (u_n) est la suite arithmétique de premier terme $u_0 = 3$ et de raison 4.
■ Alors $u_{2\,000} = 3 + 2\,000 \times 4 = 8\,003$.

Le théorème suivant donne la relation qui existe entre deux termes d'indices quelconques.

Théorème 3

(u_n) est une suite arithmétique de raison r.
Alors quels que soient les entiers naturels m et p, $\boldsymbol{u_m - u_p = (m-p)r}$.

En effet, d'après le théorème 2, $u_m = u_0 + mr$, $u_p = u_0 + pr$; d'où $u_m - u_p = mr - pr = (m-p)r$.

Pour mieux comprendre

POURQUOI la formule $u_m - u_p = (m-p)r$ est-elle intéressante ?

• Cette formule est vraie pour toutes les suites arithmétiques, que celles-ci commencent à u_0 ou u_1.

• Avec $m = n$ et $p = 0$, on retrouve la formule du théorème 1 : $u_n = u_0 + nr$.

• Elle est facile à mémoriser :
$u_m - u_p$ est égale à « $(m-p)$ fois la raison ».

• Si on connaît un seul terme d'indice quelconque et la raison, on connaît tous les termes de la suite.

Exemple :

Si $u_8 = 29$ et $r = 3$, alors :

$$u_{17} = 29 + (17-8) \times 3 = 56 .$$

• Si on connaît deux termes quelconques de la suite, on connaît la raison, et d'après ce qui précède, tous les termes de la suite (▶ **exercices 29 à 32**).

Exemple :

Si $u_{16} = 12$ et $u_{31} = -18$, alors $r = -2$.

COMMENT obtenir les premiers termes d'une suite arithmétique avec le tableur Excel ?

Le calcul des premiers termes d'une suite arithmétique peut se faire de plusieurs manières. Une des plus simples est la suivante.
Supposons que l'on souhaite obtenir les premiers termes de la suite arithmétique de raison 3 et de premier terme 5.
On tape 5 dans la case A1, puis 8 ($= 5 + 3$, le second terme) dans la case A2. On sélectionne ces deux cases. Ensuite on place le curseur sur le coin inférieur droit et en maintenant le bouton gauche de la souris enfoncé, on obtient, en faisant glisser vers le bas les termes suivants de la suite.

	A
1	5
2	8
3	11
4	14
5	17
6	20

Exercices résolus

Exo 2 **Comment démontrer qu'une suite est arithmétique ?**

Les suites (u_n) suivantes sont-elles arithmétiques ?

a) $u_n = 3n + 1$. **b)** $u_n = n^2 + 1$.

POINT MÉTHODE

Pour démontrer qu'une suite est arithmétique, on peut montrer que la différence entre deux termes consécutifs quelconques est constante, cette constante est la raison.

Solution commentée

a) Remarquons, tout d'abord, que (u_n) est définie pour tout naturel n, et donc que le premier terme est $u_0 = 3 \times 0 + 1 = 1$.
Ici, $u_{n+1} - u_n = 3(n+1) + 1 - (3n+1) = 3$.
La suite de terme général $u_n = 3n + 1$ est arithmétique, de premier terme 1 et de raison 3.

b) $u_{n+1} - u_n = (n+1)^2 + 1 - n^2 - 1$
$= n^2 + 2n + 1 - n^2 - 1 = 2n$

La différence $u_{n+1} - u_n$ n'est pas constante donc la suite n'est pas arithmétique.

▶ **exercices 21 à 24**

4 Suites géométriques

4.1 Définition

Définition 4

Dire qu'une suite (u_n) est **géométrique** signifie qu'il existe un réel q tel que pour tout naturel n, $\boldsymbol{u_{n+1} = q \times u_n}$.
Le réel q est appelé **raison** de la suite (u_n).

Autrement dit, une suite est géométrique lorsqu'on passe d'un terme au suivant en multipliant par le même nombre q.

Exemples : • La suite 1 ; 2 ; 4 ; 8 ; 16 ; 32 ; 64… des puissances successives de 2 est la suite géométrique de premier terme 1 et de raison 2.
• La suite (u_n) de terme général $u_n = (-1)^n$ est la suite géométrique de premier terme 1 et de raison -1. La liste des termes est : $1 ; -1 ; 1 ; -1 ; 1\ldots$
• La suite (u_n) définie par $u_n = 2 \times 3^n$, est une suite géométrique de raison 3 car $u_{n+1} = 2 \times 3^{n+1} = 2 \times 3^n \times 3 = 3 \times u_n$.

Lorsque a, b et c sont trois termes consécutifs d'une suite géométrique, alors $b^2 = ac$. En effet, $b = aq$ et $c = bq$, d'où $b^2 = abq = ac$. Lorsque a, b, c sont positifs et tels que $b^2 = ac$, on dit que b est la moyenne géométrique de a et c et que a, b et c sont en **progression géométrique**.
Ceci peut expliquer l'expression « suite géométrique ».

4.2 Relations entre les termes

Théorème 4

(u_n) est une suite géométrique de premier terme u_0 et de raison $q \neq 0$.
Alors pour tout naturel n, $\boldsymbol{u_n = u_0 \times q^n}$.

NOTE
Si le premier terme est u_1, alors pour tout $n \geqslant 1$, $u_n = u_1 \times q^{n-1}$.

Démonstration :
(u_n) étant géométrique, $u_1 = q \times u_0$, $u_2 = q \times u_1 = q \times (q \times u_0) = q^2 \times u_0$, et ainsi de proche en proche, car lorsqu'on aura établi que pour l'entier p, $u_p = q^p \times u_0$, on en déduira que $u_{p+1} = q^{p+1} \times u_0$.
En effet, $u_{p+1} = q \times u_p = q \times (q^p \times u_0) = q^{p+1} \times u_0$.

Exemple : (u_n) est la suite géométrique de premier terme $u_0 = 3$ et de raison $\frac{1}{4}$.
Alors $u_5 = \left(\frac{1}{4}\right)^5 \times 3 = \frac{3}{1\ 024}$.

Le théorème suivant donne la relation qui existe entre deux termes d'indices quelconques.

Théorème 5

(u_n) est une suite géométrique de raison $q \neq 0$.
Alors quels que soient les entiers naturels m et p, $\boldsymbol{u_m = q^{m-p} \times u_p}$.

Démonstration : D'après le théorème 4, $u_m = u_0 q^m$ et $u_p = u_0 q^p$.

Donc, puisque $q \neq 0$, $u_0 = \frac{u_p}{q^p}$; d'où $u_m = \frac{u_p}{q^p} q^m = q^{m-p} \times u_p$.

Un intérêt de cette formule est de pouvoir calculer directement le terme d'indice n d'une suite géométrique lorsqu'on connaît un terme et sa raison (ce terme n'étant pas nécessairement le premier) ou de calculer la raison si on connaît deux termes.

Pour mieux comprendre

COMMENT peut-on représenter graphiquement les premiers termes d'une suite géométrique ?

(u_n) est une suite géométrique de raison q.
Par définition, pour tout naturel n, $u_{n+1} = q \times u_n$.
Utilisons la **fonction linéaire $f : x \mapsto qx$** pour obtenir une représentation graphique de la suite géométrique (u_n).

La droite d'équation $y = x$ permet de « renvoyer » sur l'axe des abscisses le terme u_n afin de déterminer $u_{n+1} = f(u_n)$.
Vous pouvez voir sur le graphique le sens de variation de (u_n). Il dépend de q et du signe de u_0.

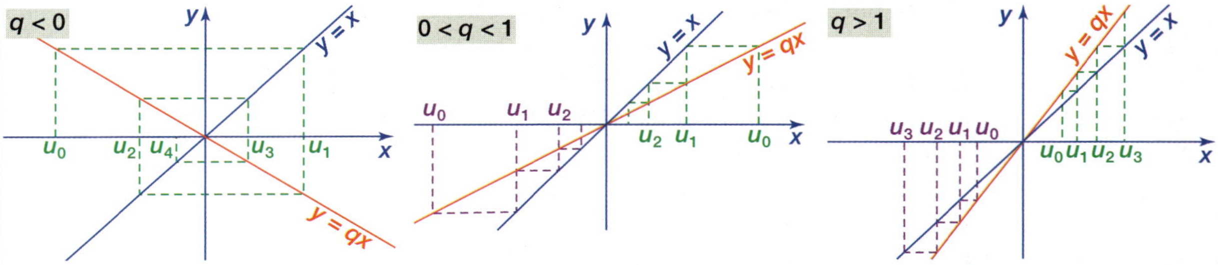

Exercices résolus

Exo 3 **Comment démontrer qu'une suite est géométrique ?**

1. Prouvez que la suite (u_n) définie par $u_n = \frac{2}{3^n}$ est géométrique.

2. La suite (v_n) est définie par $v_0 = 6$ et pour tout entier naturel n, $v_{n+1} = 3v_n + 4$. La suite (w_n) est définie par $w_n = v_n + 2$.
Prouvez que (w_n) est géométrique.

POINT MÉTHODE

Pour démontrer qu'une suite est géométrique, on cherche à écrire $u_{n+1} = q \times u_n$, le nombre q étant indépendant de n. Il suffit donc de prouver (si tous les u_n sont non nuls) que le quotient $\frac{u_{n+1}}{u_n}$ ne dépend pas de n.

Solution commentée

1. Pour tout naturel n, u_n est non nul.
Calculons alors le quotient de deux termes consécutifs quelconques :

$$\frac{u_{n+1}}{u_n} = \frac{2}{3^{n+1}} \times \frac{3^n}{2} = \frac{1}{3}.$$

La suite est géométrique de raison $\frac{1}{3}$.

2. Puisque pour tout n, $w_n = v_n + 2$, nous obtenons $w_{n+1} = v_{n+1} + 2$. En remplaçant v_{n+1} par $3v_n + 4$ dans cette égalité, nous obtenons :

$$w_{n+1} = (3v_n + 4) + 2 = 3v_n + 6 = 3(v_n + 2) = 3w_n.$$

L'égalité $w_{n+1} = 3w_n$ est vraie pour tout indice n, donc (w_n) est une suite géométrique de raison 3.

▶ **exercices 36 à 41**

5 Somme des termes consécutifs d'une suite

NOTE
La somme
$S = u_0 + u_1 + \ldots + u_{13}$
contient
$13 - 0 + 1 = 14$ termes.

Dans la pratique, il est fréquent d'avoir à faire la somme des termes consécutifs d'une suite (u_n). On note alors $S = u_m + u_{m+1} + \ldots + u_p$ une telle somme, les pointillés indiquant qu'il faut additionner tous les termes dont l'indice est compris entre m inclus et p inclus.

Le nombre de termes de la somme $S = u_m + u_{m+1} + \ldots + u_p$ est $\boldsymbol{p - m + 1}$.

5.1 Suite arithmétique

1. Cas particulier. Calculons la somme des n premiers entiers naturels non nuls :

$$S = 1 + 2 + 3 + \ldots + n$$

On écrit sur une ligne la somme des termes dans l'ordre croissant de 1 à n et sur une deuxième ligne, les termes dans l'ordre décroissant de n à 1 :

$$S = 1 + 2 + \ldots\ldots + (n-1) + n$$
$$S = n + (n-1) + \ldots\ldots + 2 + 1$$

Par addition, $2S = n(n+1)$ d'où :

La somme des n premiers entiers naturels non nuls est $\boldsymbol{\dfrac{n(n+1)}{2}}$.

2. Cas général. Calculons la somme S de $\boldsymbol{n}$ termes consécutifs d'une suite arithmétique de raison r. Notons a le premier et ℓ le dernier.

Les termes s'écrivent a, $a + r$, $\ldots$, $a + (n-1)r = \ell$ donc :

$$S = a + (a + r) + \ldots + [a + (n-1)r] = na + r\,[1 + 2 + \ldots + (n-1)]$$

Or $1 + 2 + \ldots + (n-1) = \dfrac{(n-1)n}{2}$, donc $S = n\left[a + \dfrac{(n-1)}{2}r\right] = n\left(\dfrac{a + \ell}{2}\right)$.

Théorème 6

La somme des termes consécutifs d'une suite arithmétique est égale au produit du nombre de termes par la demi-somme des termes extrêmes.

5.2 Suite géométrique

1. Cas particulier. Calculons la somme S des n premiers termes d'une suite géométrique de premier terme 1 et de raison q $(q \neq 1)$: $S = 1 + q + q^2 + \ldots + q^{n-1}$.

Alors $qS = q + q^2 + \ldots + q^{n-1} + q^n = S - 1 + q^n$. Donc $(1 - q)S = 1 - q^n$.

Or $1 - q \neq 0$, donc $S = \dfrac{1 - q^n}{1 - q}$.

Pour tout réel q, différent de 1, $\boldsymbol{1 + q + q^2 + \ldots + q^{n-1} = \dfrac{1 - q^n}{1 - q}}$.

2. Cas général. Calculons la somme S de n termes consécutifs, de premier terme a, d'une suite géométrique de raison q $(q \neq 1)$. Les autres termes s'écrivent aq, aq^2, …, aq^{n-1}, d'où $S = a(1 + q + \ldots + q^{n-1}) = a\,\dfrac{1 - q^n}{1 - q}$.

Théorème 7

La somme de n termes consécutifs, de premier terme a, d'une suite géométrique de raison q $(q \neq 1)$ est égale à $\boldsymbol{a\,\dfrac{1 - q^n}{1 - q}}$.

Pour mieux comprendre

COMMENT retenir les théorèmes 6 et 7 ?

Lorsque $u_m, u_{m+1}, \ldots, u_p$ sont les termes consécutifs d'une suite, la somme $S = u_m + \ldots + u_p$ contient $\boldsymbol{p - m + 1}$ termes.

- Si la suite est une suite **arithmétique**, alors d'après le thèorème 6 :
$$S = (\text{nombre de termes}) \times \frac{1^{\text{er}}\text{ terme} + \text{dernier terme}}{2}$$

- Si la suite est une suite **géométrique**, alors d'après le thèorème 7 :
$$S = (\text{premier terme}) \times \frac{1 - q^{\text{nombre de termes}}}{1 - q}$$

Exercices résolus

Exo 4 Utiliser la formule du théorème 6

(u_n) est une suite arithmétique de premier terme $u_0 = 2$ et de raison $r = 5$. On pose $S_n = u_3 + \ldots + u_n$ et on sait que $S_n = 6\,456$. Trouvez n.

Solution commentée

La somme S_n est de la forme $u_m + \ldots + u_p$ avec $m = 3$ et $p = n$ donc elle contient $n - 3 + 1 = (n - 2)$ termes.

Donc $S_n = (n-2) \times \dfrac{u_3 + u_n}{2}$.

Or, d'après le théorème 2, $u_3 = u_0 + 3r$ et $u_n = u_0 + nr$ donc $u_3 = 17$ et $u_n = 2 + 5n$.

Il en résulte que $S_n = (n-2)\left(\dfrac{5n+19}{2}\right)$.

On sait que $S_n = 6\,456$,

donc $(n-2)(5n+19) = 2 \times 6\,456$,

c'est-à-dire $5n^2 + 9n - 12\,950 = 0$.

$\Delta = (509)^2$ donc $n = 50$ (l'autre solution de l'équation est un nombre négatif qui ne convient pas).

▶ **exercices 55 à 59**

Exo 5 « Une grecque »

Avec une ficelle de longueur 100 cm, on construit la figure ci-contre. Chaque segment mesure la moitié de la longueur du précédent. On note $u_1 = 50$ cm la longueur du premier, u_2 celle du second et ainsi de suite. On suppose possible de continuer indéfiniment cette construction et on définit ainsi une suite (u_n) de premier terme u_1.

Calculez $S_n = u_1 + \ldots + u_n$.

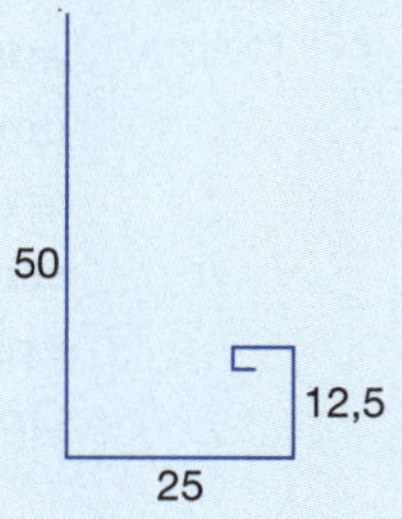

Solution commentée

Chaque segment mesure la moitié du précédent, donc $u_{n+1} = \dfrac{1}{2}u_n$ et la suite (u_n) est une suite géométrique de premier terme $u_1 = 50$ et de raison $\dfrac{1}{2}$.

Donc $S_n = u_1 \times \dfrac{1-q^n}{1-q} = 50 \times \dfrac{\left(1 - \left(\frac{1}{2}\right)^n\right)}{1 - \frac{1}{2}}$

c'est-à-dire $S_n = 100\left(1 - \dfrac{1}{2^n}\right)$.

Commentaire : Cet exercice reprend la grecque du § 2 de l'activité 3, p. 143. Vous remarquez que $S_n < 100$ car $\dfrac{1}{2^n} > 0$. On peut alors répondre à la question de l'approche : la ficelle est donc assez longue pour prolonger indéfiniment la construction.

▶ **exercices 60 à 63**

Cours

6 Convergence d'une suite

Étudier la convergence d'une suite, c'est se demander ce que **deviennent les nombres u_n** lorsque n prend des valeurs de plus en plus grandes, vers « plus l'infini ».
Plus précisément, c'est s'intéresser aux questions :
- les nombres u_n se dispersent-ils ? finissent-ils par être de plus en plus grands (éventuellement en valeur absolue) ?
- les nombres u_n finissent-ils par s'accumuler près d'un nombre fixe ℓ ?

C'est cette dernière question qui nous intéresse ici.

6.1 Étude d'un exemple

Écrivons la liste des termes de la suite (u_n) définie par $u_n = \frac{1}{n}$:

$$1 ; \frac{1}{2} ; \frac{1}{3} ; \frac{1}{4} ; \ldots ; \frac{1}{10} ; \ldots ; \frac{1}{100} ; \ldots ; \frac{1}{10^8} ; \ldots ; \frac{1}{10^{30}} ; \ldots$$

Il est clair que **les termes finissent par s'accumuler autour de zéro.**

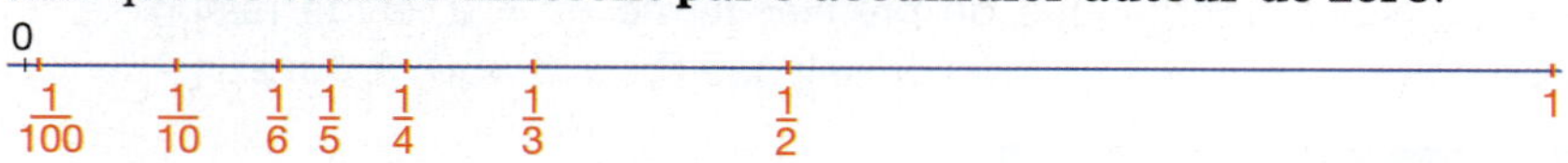

Comment traduire précisément cette idée d'accumulation ?

Une façon intuitive est de dire que les termes u_n *finissent* par être très *proches de zéro*, de plus en plus proches. Mais cette formulation est trop vague : que veut dire « finissent » ? Que signifie exactement « être proche de zéro » ?

Pour préciser, on est obligé de dire « u_n est proche de 0 à α près », (α réel, $\alpha > 0$), c'est-à-dire que u_n est dans l'intervalle $I =]-\alpha ; \alpha[$ de centre 0, de rayon α.

Prenons par exemple $\alpha = 0{,}000\,01 = 10^{-5}$, alors I contient *presque* tous les u_n, plus précisément, il contient tous les termes u_n dont l'indice n est supérieur à 10^5.

NOTE
En effet, $n > 10^5$ implique $\frac{1}{n} < 10^{-5}$ donc u_n est dans I. Les termes u_n avec $n < 10^5$ sont en dehors de I. (Leur nombre est 100 000.)

De plus il y a *accumulation vers zéro* car ce qui a été fait avec $\alpha = 10^{-5}$ peut être fait avec α quelconque, **aussi petit que l'on veut**, c'est-à-dire que tout intervalle ouvert de centre 0 contient tous les u_n sauf un nombre fini d'entre eux. Ces intervalles ouverts de centre 0 fonctionnent en quelque sorte comme des « pièges » pour les termes de la suite.

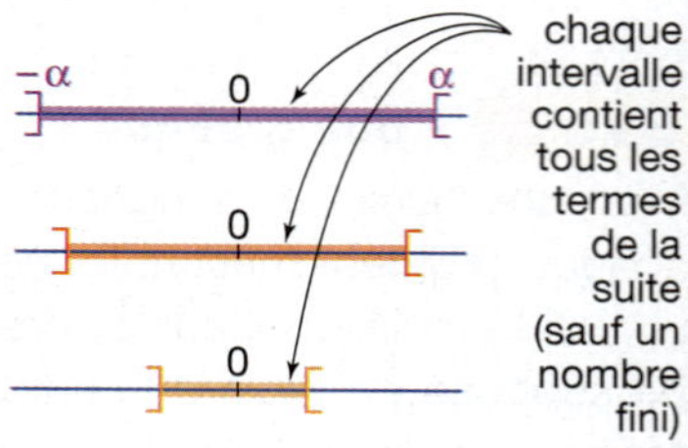

On dit alors que **la suite (u_n) a pour limite 0** quand n « tend » vers l'infini.

6.2 Cas général. Définition

Définition 5

> Dire qu'un réel ℓ est **limite** d'une suite (u_n) signifie que **tout** intervalle ouvert de centre ℓ contient **tous les termes** de la suite **à partir d'un certain indice**.

NOTE
On dit que la suite est **convergente** ou bien qu'elle **converge vers** ℓ.

Le nombre ℓ est appelé **limite de la suite** (u_n). On note $\lim\limits_{n \to +\infty} (u_n) = \ell$.
On peut dire aussi :

> Dire qu'un réel ℓ est limite d'une suite (u_n) signifie que **tout** intervalle ouvert de centre ℓ contient **tous les termes** de la suite **sauf un nombre fini d'entre eux.**

Pour mieux comprendre

UNE SUITE peut-elle avoir DEUX LIMITES ?

NON. Supposons que la suite (u_n) admette deux limites distinctes ℓ et ℓ'.
Choisissons deux intervalles **disjoints** I et I′, centrés l'un en ℓ et l'autre en ℓ'.

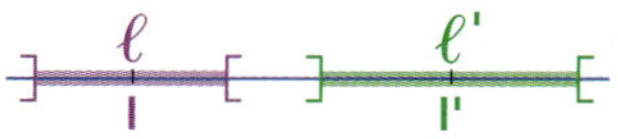

La suite ayant pour limite ℓ, l'intervalle I contient **tous les termes** de la suite **sauf un nombre fini**.
Donc, en dehors de I, il n'y a pas une infinité de termes, donc *a fortiori*, il ne peut y avoir une infinité de termes u_n dans I′.
Donc ℓ' ne peut pas être limite de la suite (u_n).
(Le raisonnement utilisé dans cette démonstration est appelé « raisonnement par l'absurde ».)

TOUTE SUITE a-t-elle une limite ?

NON. Considérons la suite (u_n) définie par $u_n = (-1)^n$.
Les valeurs prises sont 1 ; –1 ; 1 ; –1 ; 1 ; –1 ; …

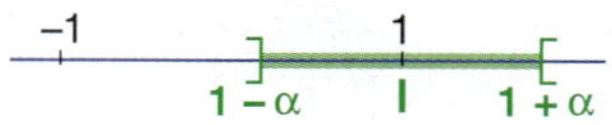

L'intervalle ouvert $I =]1-\alpha\,;\,1+\alpha[$, $0<\alpha<1$, contient une infinité de termes de la suite (ceux d'indices pairs), mais en laisse à l'extérieur une infinité (ceux d'indices impairs). Il en est de même autour de la valeur -1.
Les valeurs de cette suite s'accumulent en deux points distincts 1 et -1.
Cette suite n'a pas de limite.

POURQUOI dit-on qu'il existe différentes façons de converger vers la même limite ?

PARCE QUE, par exemple, les suites (a_n), (b_n), (c_n), et (d_n), définies pour $n \geqslant 1$ ci-après, ont même limite 0.
Cependant, elles se comportent différemment.

- $a_n = \dfrac{1}{n}$, de premiers termes :

$$1\,;\,\frac{1}{2}\,;\,\frac{1}{3}\,;\,\frac{1}{4}\,;\,\dots$$

Les a_n sont tous positifs et la suite (a_n) est décroissante :

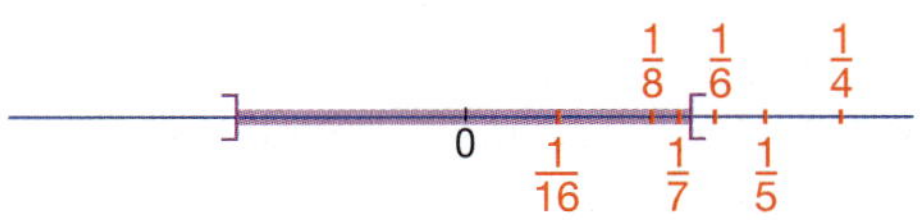

- $b_n = -\dfrac{1}{n}$, de premiers termes :

$$-1\,;\,-\frac{1}{2}\,;\,-\frac{1}{3}\,;\,-\frac{1}{4}\,;\,\dots$$

Les b_n sont tous négatifs et la suite (b_n) est croissante :

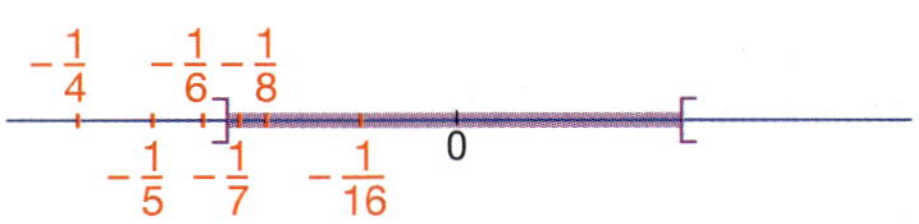

- $c_n = \dfrac{(-1)^n}{n}$, de premiers termes :

$$-1\,;\,\frac{1}{2}\,;\,-\frac{1}{3}\,;\,\frac{1}{4}\,;\,\dots$$

Les c_n se répartissent de chaque côté de 0 (la suite (c_n) n'est pas monotone) :

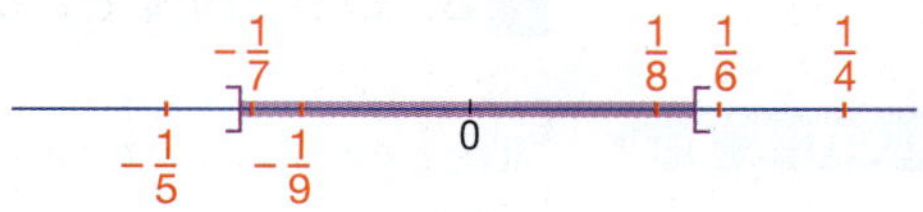

- d_n est la suite dont les éléments sont :

$$1\,;\,0\,;\,\frac{1}{2}\,;\,0\,;\,\frac{1}{3}\,;\,0\,;\,\dots\,;\,0\,;\,\frac{1}{n}\,;\,0\,;\,\frac{1}{n+1}\,\dots$$

Les d_n sont positifs ou nul et $d_n = 0$ à chaque fois que n est pair.
Les termes de la suite (d_n) **atteignent la limite** (et ce une infinité de fois) contrairement aux cas précédents. Ainsi une suite convergente peut atteindre sa limite.

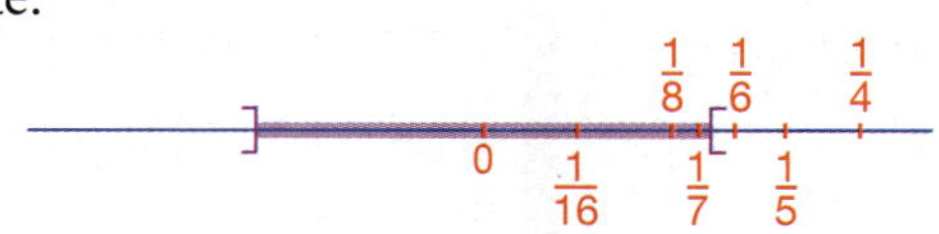

Cours

7 Théorèmes sur les limites

7.1 Cas des suites définies par $u_n = f(n)$

Théorème 8

f est une fonction définie sur un intervalle $[a\ ;+\infty[$.
(u_n) est la suite définie par $u_n = f(n)$, $n \geqslant a$.
Si la fonction f a pour limite ℓ en $+\infty$, **alors** la suite (u_n) a pour limite ℓ en $+\infty$.

Intuitivement, puisque f a pour limite ℓ en $+\infty$, lorsque les réels x prennent des valeurs de plus en plus grandes vers $+\infty$ (celles d'un intervalle $[b\ ;+\infty[$) les nombres $f(x)$ s'accumulent vers ℓ.
Il en est donc de même des nombres $u_n = f(n)$, car lorsque x décrit $[b\ ;+\infty[$, x prend nécessairement toutes les valeurs entières de cet intervalle.

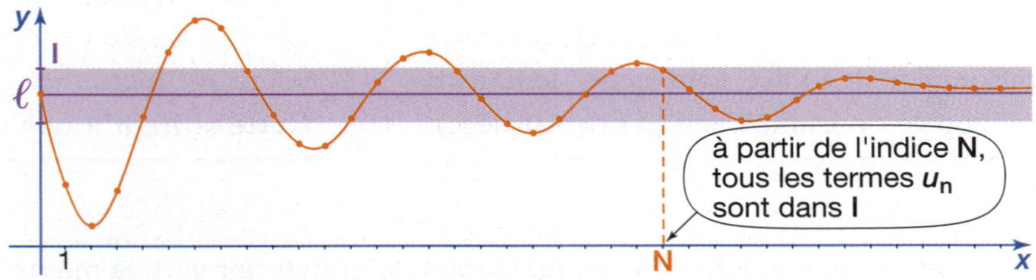

Applications : Les fonctions de référence $x \mapsto \frac{a}{x}$, $x \mapsto \frac{a}{x^2}$, $x \mapsto \frac{a}{x^3}$, …, $x \mapsto \frac{a}{\sqrt{x}}$, avec a réel, ont pour limite 0 quand x tend vers $+\infty$ (*voir le chap.* 5).

Il en résulte que :

$$\lim_{n\to+\infty} \frac{a}{n} = 0 \qquad \lim_{n\to+\infty} \frac{a}{n^p} = 0,\ p \text{ naturel},\ p \geqslant 2 \qquad \lim_{n\to+\infty} \frac{a}{\sqrt{n}} = 0$$

7.2 Limites et opérations

Théorème 9

(u_n) est une suite convergeant vers le réel a, (v_n) est une suite convergeant vers le réel b. Alors :
- la suite (w_n), définie par $w_n = u_n + v_n$, converge vers le réel $a+b$,
- la suite (s_n), définie par $s_n = u_n \times v_n$, converge vers le réel $a \times b$.

En particulier, pour tout réel k, la suite $(k \times u_n)$ converge vers $k \times a$.
- Si, de plus, (v_n) est une suite (dont **tous les termes sont non nuls**) convergeant vers le réel **non nul** b, alors, la suite (t_n) définie par $t_n = \frac{u_n}{v_n}$ converge vers le réel $\frac{a}{b}$.

NOTE
Les théorèmes sur la limite d'une somme, d'un produit, d'un quotient, énoncés pour les fonctions au chap. 5, p. 122, restent valables pour les suites.

Exemples : • La suite définie par $u_n = \frac{n+1}{n^2} = \frac{1}{n} + \frac{1}{n^2}$ converge vers 0 car les suites définies par $\frac{1}{n}$ et $\frac{1}{n^2}$ convergent toutes les deux vers 0, soit $\lim_{n\to+\infty} \frac{n+1}{n^2} = 0$.
• La suite définie par $u_n = 2 - \frac{3}{n} + \frac{4}{\sqrt{n}}$ a pour limite 2. En effet, $\lim_{n\to+\infty} \frac{-3}{n} = 0$, $\lim_{n\to+\infty} \frac{4}{\sqrt{n}} = 0$; donc d'après le théorème sur la limite d'une somme, $\lim_{n\to+\infty} u_n = 2$.

Pour mieux comprendre

POURQUOI utiliser des théorèmes sur les limites ?

PARCE QUE démontrer qu'un nombre ℓ est la limite d'une suite en utilisant l'une des deux définitions proposées est difficile.

En effet, il faut montrer, par exemple, que **tout intervalle ouvert** de centre ℓ contient tous les termes de la suite à partir d'un certain indice.

Cela signifie que pour tout nombre α, l'intervalle $]\ell - \alpha ; \ell + \alpha[$ de centre ℓ et de rayon α contient tous les termes de la suite à partir d'un certain indice.

Cela revient à montrer que l'inéquation $|u_n - \ell| < \alpha$ est vérifiée pour tous les termes de la suite à partir d'un certain indice. Il est en général difficile de résoudre une telle inéquation.

D'où l'intérêt des théorèmes qui permettent, à partir de limites connues, de déduire d'autres limites.

COMMENT appliquer le théorème 8 ? Cas des fonctions rationnelles

Nous avons vu au chapitre 5 comment trouver la limite en $+\infty$ d'une fonction rationnelle f.

On peut donc en déduire la convergence de la suite $u_n = f(n)$.

Exemple : $u_n = \dfrac{2n+3}{n+5}$. La suite (u_n) peut être définie par $u_n = f(n)$, où f est la fonction rationnelle $x \mapsto \dfrac{2x+3}{x+5}$. Alors $\lim\limits_{x \to +\infty} f(x) = 2$ (*voir p. 126*).

Donc d'après le théorème 8, $\lim\limits_{n \to +\infty} u_n = 2$.

Exercices résolus

Exo 6 Comment utiliser les théorèmes sur les limites ?

Étudiez la limite des suites (u_n) définies par :

1. $u_n = \dfrac{3n+1}{n} + \dfrac{5}{n^2}$;

2. $u_n = \dfrac{2n+1}{3n\sqrt{n}}$.

Solution commentée

1. u_n est la somme de $v_n = \dfrac{3n+1}{n}$ et de $w_n = \dfrac{5}{n^2}$.

$v_n = 3 + \dfrac{1}{n}$; or $\lim\limits_{n \to +\infty} \dfrac{1}{n} = 0$, donc $\lim\limits_{n \to +\infty} v_n = 3$.

D'autre part, $\lim\limits_{n \to +\infty} \dfrac{1}{n^2} = 0$, donc $\lim\limits_{n \to +\infty} w_n = 0$.

Les suites (v_n) et (w_n) sont convergentes.

Le théorème 9 nous permet d'affirmer que la suite (u_n) est convergente et :

$$\lim_{n \to +\infty} u_n = \lim_{n \to +\infty} v_n + \lim_{n \to +\infty} w_n = 3 + 0 = 3.$$

2. u_n est le produit de $v_n = \dfrac{2n+1}{3n}$ et de $w_n = \dfrac{1}{\sqrt{n}}$.

$v_n = f(n)$ avec $f : x \mapsto \dfrac{2x+1}{3x}$, donc d'après le théorème 8, $\lim\limits_{n \to +\infty} v_n = \dfrac{2}{3}$.

D'autre part, $\lim\limits_{n \to +\infty} \dfrac{1}{\sqrt{n}} = 0$.

Les suites (v_n) et (w_n) sont convergentes.

Le théorème 9 nous permet d'affirmer que la suite (u_n) est convergente et :

$$\lim_{n \to +\infty} u_n = \lim_{n \to +\infty} v_n \times \lim_{n \to +\infty} w_n = \frac{2}{3} \times 0 = 0.$$

► **exercices 64 à 66**

Cours

7 Théorèmes sur les limites *(suite)*

7 3 Encadrement d'une suite

Théorème 10

NOTE
Ce théorème est aussi appelé « théorème des gendarmes ».

Théorème d'encadrement : (u_n), (v_n) et (w_n) sont trois suites. Si pour tout naturel n supérieur à un entier n_0, $v_n \leqslant u_n \leqslant w_n$ et si les suites (v_n) et (w_n) convergent vers la **même limite** ℓ, alors la suite (u_n) converge vers ℓ.

Démonstration : Soit I un intervalle de centre ℓ. La suite (v_n) converge vers ℓ. Par définition, il existe un indice n_1 à partir duquel tous les termes de la suite (v_n) sont dans l'intervalle I. De même, la suite (w_n) converge vers ℓ. Il existe un indice n_2 à partir duquel tous les termes de la suite (w_n) sont dans l'intervalle I. Notons N le plus grand des deux entiers n_1 et n_2.
À partir de l'indice N, les réels v_n **et** w_n sont dans l'intervalle I, donc aussi les réels u_n qui sont toujours entre v_n et w_n. Donc la suite (u_n) converge vers ℓ.

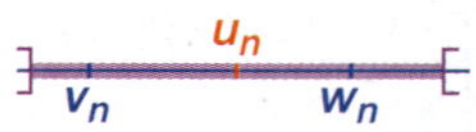

7 4 Limite d'une suite géométrique

1. Notion de limite infinie

Intuitivement, dire que la suite (u_n) tend vers $+\infty$, signifie que les termes u_n (sauf un nombre fini) finissent par dépasser n'importe quel nombre $m > 0$, aussi grand soit-il. À partir d'un certain indice, tous les termes de la suite sont représentés par des points à droite du point M, d'abscisse m.

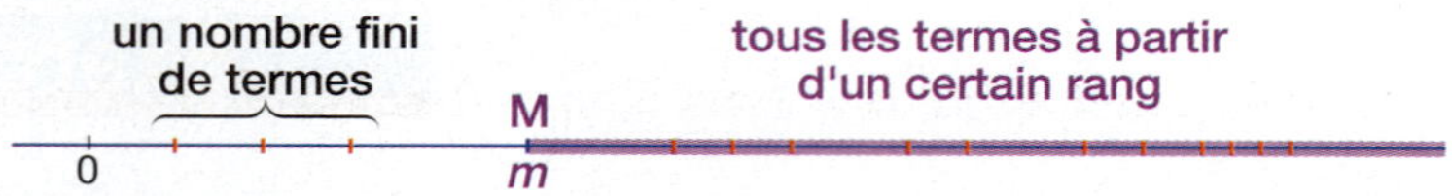

Définition 6

NOTE
On définit de même $\lim\limits_{n \to +\infty} u_n = -\infty$.

Dire qu'**une suite (u_n) a pour limite $+\infty$** signifie que tout intervalle de la forme $[m\ ;+\infty[$ contient tous les termes de la suite à partir d'un certain indice.
On écrit $\lim\limits_{n \to +\infty} u_n = +\infty$.

Exemples : La suite définie par $u_n = n^2$ a pour limite $+\infty$, car pour tout $n > 1$, $n^2 > n$. De même, les suites définies par $v_n = \sqrt{n}$, $w_n = n^3$ ont pour limite $+\infty$.

2. Limite d'une suite géométrique

(v_n) est une suite géométrique telle que $v_n = v_0 \times q^n$. D'après le théorème 9, il suffit de connaître le comportement de la suite géométrique définie par $u_n = q^n$.

Théorème 11

NOTE
Si $q < -1$, la suite géométrique (q^n) n'a pas de limite. En effet, par exemple la suite $(-2)^n$ prend des valeurs infiniment grandes, vers $+\infty$ pour n pair et vers $-\infty$ pour n impair.

- Si $-1 < q < 1$, alors $\lim\limits_{n \to +\infty} q^n = 0$.
- Si $q = 1$, alors $\lim\limits_{n \to +\infty} q^n = 1$ (q^n est la suite constante égale à 1).
- Si $q > 1$, alors $\lim\limits_{n \to +\infty} q^n = +\infty$. Les termes q^n finissent par dépasser n'importe quel réel M aussi grand soit-il.

Exemple :
La suite géométrique de terme $u_n = 3 \times \left(\frac{1}{2}\right)^n$ a pour limite 0, car $-1 < \frac{1}{2} < 1$.

Pour mieux comprendre

POURQUOI, dans le théorème 10, les suites v et w doivent-elles avoir la même limite ?

PARCE QU'une suite peut être encadrée par deux suites convergentes sans être convergente.

Exemple : $u_n = (-1)^n$.

Alors pour tout n, $-1 \leqslant u_n \leqslant 1$.

Posons, pour tout n, $v_n = -1$ et $w_n = 1$.

Ces suites, constantes, convergent respectivement vers -1 et 1. Mais nous avons vu, p. 155, que (u_n) n'a pas de limite.

COMMENT utiliser autrement le théorème d'encadrement ?

• Supposons qu'une suite (u_n) est telle que pour tout $n > 100$, $|u_n - 2| \leqslant \frac{2}{n}$. Alors nous pouvons conclure que $\lim\limits_{n \to +\infty} u_n = 2$. En effet, pour tout $n > 100$, $2 - \frac{2}{n} \leqslant u_n \leqslant 2 + \frac{2}{n}$.

Or $\lim\limits_{n \to +\infty}\left(2 - \frac{2}{n}\right) = 2$ et $\lim\limits_{n \to +\infty}\left(2 + \frac{2}{n}\right) = 2$ donc $\lim\limits_{n \to +\infty} u_n = 2$.

• **De manière générale,** si pour une suite (u_n), on sait que pour tout $n > n_0$, $|u_n - \ell| \leqslant v_n$, ℓ réel fixé, et si (v_n) converge vers 0, alors on peut affirmer que $\lim\limits_{n \to +\infty} u_n = \ell$.

En particulier si $\ell = 0$, (c'est-à-dire si $|u_n| \leqslant v_n$), alors $\lim\limits_{n \to +\infty} u_n = 0$.

Exercices résolus

Exo 7 Comment utiliser le théorème d'encadrement ?

Étudiez la limite des suites (u_n) définies par :

1. $u_n = \frac{\sin n}{\sqrt{n}}$, $n > 0$; **2.** $u_n = \frac{n + (-1)^n}{2n}$, $n > 0$; **3.** $u_n = \frac{2n - \cos n}{3n + 1}$.

POINT MÉTHODE

Pour étudier la convergence d'une suite (u_n) lorsque les théorèmes sur les opérations et le théorème 8 ne donnent pas de résultats immédiats, on peut chercher à encadrer (u_n) par deux suites de même limite.

Solution commentée

1. Pour tout naturel $n \geqslant 1$, $-1 \leqslant \sin n \leqslant 1$ et $\sqrt{n} > 0$. Donc, $\frac{-1}{\sqrt{n}} \leqslant \frac{\sin n}{\sqrt{n}} \leqslant \frac{1}{\sqrt{n}}$, or les suites définies par $v_n = \frac{-1}{\sqrt{n}}$ et $w_n = \frac{1}{\sqrt{n}}$ convergent vers 0.

D'après le théorème d'encadrement, $\lim\limits_{n \to +\infty} \frac{\sin n}{\sqrt{n}} = 0$.

2. $\frac{n-1}{2n} \leqslant u_n \leqslant \frac{n+1}{2n}$ car, pour tout naturel n, $-1 \leqslant (-1)^n \leqslant 1$.

Or $\lim\limits_{n \to +\infty} \frac{n-1}{2n} = \frac{1}{2}$ et $\lim\limits_{n \to +\infty} \frac{n+1}{2n} = \frac{1}{2}$ donc $\lim\limits_{n \to +\infty} u_n = \frac{1}{2}$.

3. $\frac{2n-1}{3n+1} \leqslant u_n \leqslant \frac{2n+1}{3n+1}$ car, pour tout naturel n, $-1 \leqslant \cos n \leqslant 1$.

Or $\lim\limits_{n \to +\infty} \frac{2n-1}{3n+1} = \frac{2}{3}$ et $\lim\limits_{n \to +\infty} \frac{2n+1}{3n+1} = \frac{2}{3}$ donc $\lim\limits_{n \to +\infty} u_n = \frac{2}{3}$.

▶ **exercices 67 à 69**

Des idées, des réflexes

Des idées à retenir

■ Une suite est une **fonction**, mais au lieu d'être définie sur des intervalles de $\mathbb{R}$, elle n'est définie que pour des entiers naturels.
La variable ici est donc un entier naturel ; l'image de l'entier n par la suite u est notée u_n au lieu de $u(n)$. La suite elle-même est notée $(u_n)_{n \in \mathbb{N}}$ ou (u_n) au lieu de u.

■ On distingue **deux types de suites** :
• Les suites pour lesquelles on peut calculer **directement** n'importe quel terme de la suite, à partir de l'indice n.
Il s'agit notamment des suites du type $\boldsymbol{u_n = f(n)}$ où f est une fonction usuelle.

Exemple : Pour tout n, $u_n = 2n^2 - n + 1$.
Alors $u_7 = 92$.

• Les suites pour lesquelles, pour obtenir un terme, il faut nécessairement **connaître les termes précédents**. Ce sont les suites définies par la donnée d'un premier terme et d'une relation de récurrence : pour tout naturel n, $\boldsymbol{u_{n+1} = f(u_n)}$.

Exemple : $u_0 = 2$ et pour tout naturel n, $u_{n+1} = u_n - 2$.

■ Dans une **suite arithmétique** (u_n), on passe d'un terme au suivant en **ajoutant** toujours le même nombre r, appelé raison de la suite : $\boldsymbol{u_{n+1} = u_n + r}$.
Deux termes quelconques u_n et u_p sont liés par la relation $\boldsymbol{u_n - u_p = (n-p)r}$.
Pour mémoriser, « $u_n - u_p$, c'est $(n-p)$ fois la raison ».

■ Dans une **suite géométrique** (u_n), on passe d'un terme au suivant en **multipliant** toujours par le même nombre q non nul, appelé raison de la suite : $\boldsymbol{u_{n+1} = q \times u_n}$.
Deux termes quelconques u_n et u_p sont liés par la relation $\boldsymbol{u_n = u_p \times q^{(n-p)}}$.
Pour mémoriser, « $\frac{u_n}{u_p}$ c'est la raison à la puissance $(n-p)$ ».

Des réflexes à avoir

■ **Pour démontrer qu'une suite (u_n) est arithmétique**, pensez à prouver que, pour tout n, la différence $\boldsymbol{u_{n+1} - u_n}$ **est constante**. C'est la raison r de la suite (▶ **exercice résolu 2, page 149**).

■ **Pour démontrer qu'une suite (u_n) est géométrique**, pensez à faire apparaître dans l'expression de u_{n+1} le facteur u_n afin d'obtenir $u_{n+1} = q \times u_n$.
q est la raison de la suite (▶ **exercice résolu 3, page 151**).

■ **Pour étudier le sens de variation d'une suite**, pensez que vous disposez de plusieurs outils. Vous pouvez :
• étudier le signe de la différence $u_{n+1} - u_n$;
• comparer le quotient $\frac{u_{n+1}}{u_n}$ et le réel 1 (lorsque les termes de la suite sont strictement positifs) ;
• lorsque la suite est du type $u_n = f(n)$, étudier le sens de variation de la fonction f car, dans ce cas, si f est monotone, alors (u_n) varie dans le même sens.

■ **Pour trouver la limite** d'une suite :
• pensez à **utiliser les suites de référence** $\frac{1}{n}$; $\frac{1}{n^2}$; $\frac{1}{n^3}$; $\frac{1}{\sqrt{n}}$ et le fait que la limite d'une somme, d'un produit, d'un quotient, c'est respectivement la somme, le produit, le quotient des limites (▶ **exercice résolu 6, page 157**) ;
• pensez aussi à faire apparaître une fonction f telle $u_n = f(n)$, car si $\lim\limits_{n \to +\infty} f(x) = \ell$, alors $\lim\limits_{n \to +\infty} u_n = \ell$;
• si ces théorèmes ne peuvent pas s'appliquer, pensez alors utiliser le **théorème d'encadrement** : encadrez u_n par v_n et w_n tels que les suites (v_n) et (w_n) aient **la même limite** (▶ **exercice résolu 7, page 159**).

Travaux dirigés

TD 1 Utilisation de la calculatrice

Le calcul du n-ième terme d'une suite définie par récurrence peut être fastidieux car, pour l'obtenir, il est nécessaire de calculer tous les termes qui le précèdent.
Si on accepte d'en avoir une valeur approchée, la calculatrice programmable est en général un bon outil.

1 Écrire le programme

NOTE
Certaines calculatrices ont des programmes intégrés permettant le calcul des termes d'une suite.

Pour écrire un programme, il faut bien définir ce que l'on veut faire, quelles sont les données, ce que l'on veut obtenir : c'est une sorte de cahier des charges.
Avant de se lancer dans l'écriture du programme, il est souvent avantageux de rédiger en français la liste des actions que le programme va effectuer. Cette liste définit une façon d'obtenir le résultat. On dit que l'on a défini un **algorithme**.
La tableau suivant donne, dans l'ordre, l'**algorithme** pour une calculatrice possédant l'instruction « tant que » (*While*), les **commentaires** de chaque étape, et un **diagramme** correspondant.

algorithme	commentaires	diagramme
Lire N Lire U Lire P	l'indice du premier terme (en général 0 ou 1) le premier terme l'indice du terme cherché	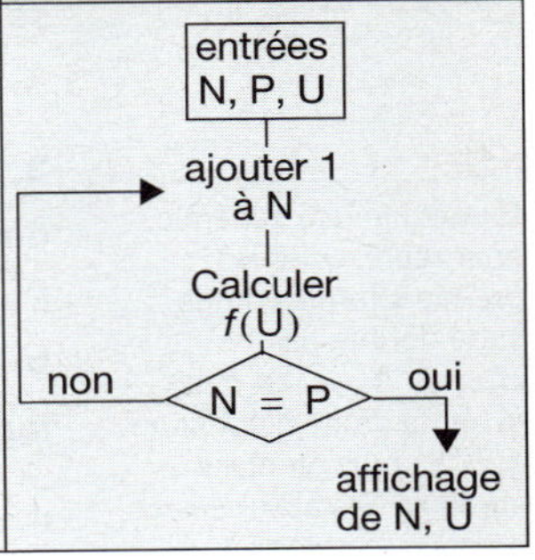
Tant que N < P N ← N + 1 U ← f(U) Fin du Tant Que	Tant que l'indice N est inférieur à l'indice P – on passe à l'indice suivant – on calcule le terme suivant Fin de la boucle	
Afficher N et U	À la fin, on doit avoir N = P. (C'est une façon de vérifier que le programme fonctionne.)	

NOTE
Dans les programmes, on remplacera $f(\mathrm{U})$ par l'expression particulière liée à la fonction qui permet de passer de u_n à u_{n+1}.

Voici les programmes correspondants :

famille TI	famille Casio	remarque
Prompt N Prompt U Prompt P	"N=" : → N "U=" : → U "P=" : → P	Pour une calculatrice n'ayant pas l'instruction While (ni For), on peut par exemple faire une boucle avec un GOTO et une étiquette (Label). Voici un algorithme possible :
While N < P N + 1 → N f(U) → U end Disp "N=", N Disp "U=", U	While N < P N + 1 → N f(U) → U Wend "P=" : P ◢ "U=" : U	Lire N, P, U Lbl Ø N ← N + 1 U ← f(U) N < P ⇒ Go to Ø Afficher P et U

2 Applications

1. La suite (u_n) est définie par $u_0 = 2$ et pour tout naturel n, $u_{n+1} = \frac{u_n + 1}{2}$.
Calculez u_9, u_{17}, u_{32}. Que pouvez-vous conjecturer ? Calculez d'autres termes pour confirmer votre conjecture. (Pour la démontrer, utilisez la suite définie par $v_n = u_n - 1$ ou reportez-vous à l'exercice 78, p. 168).

2. Faites de même avec la suite définie par $u_1 = 2$ et pour tout naturel n, $u_{n+1} = \frac{2u_n + 1}{2}$.
Que remarquez-vous ?

TD 2 Études de suites définies par récurrence

1 Avec la fonction $x \mapsto x^2$

(u_n) est la suite définie par $u_0 = \frac{3}{4}$ et, pour tout naturel n, $u_{n+1} = u_n^2$.

1. Prouvez que pour tout réel x de l'intervalle $]0\,;1[$, $0 < x^2 < x < 1$.

2. Dans un repère orthonormal $(O\,;\vec{i}, \vec{j})$ (unité de longueur 10 cm), tracez la courbe représentative $\mathscr{C}$ de la fonction $f : x \mapsto x^2$, puis tracez la droite d d'équation $y = x$.
$\mathscr{C}$ coupe d en O et I. Trouvez les coordonnées du point I.

NOTE
D'une manière générale, pour représenter les premiers termes d'une suite définie par $u_{n+1} = f(u_n)$, on trace $\mathscr{C}_f$ et la droite d'équation $y = x$, puis on place u_0 sur l'axe des abscisses et on opère comme ici.

3. a) Placez le point A de $\mathscr{C}$ d'abscisse u_0. La parallèle à l'axe des abscisses menée par ce point coupe d en un point B.
Pourquoi B a-t-il u_1 pour abscisse ?
b) Placez le point de $\mathscr{C}$ d'abscisse u_1, puis réitérez la construction pour représenter les premiers termes de la suite (u_n).

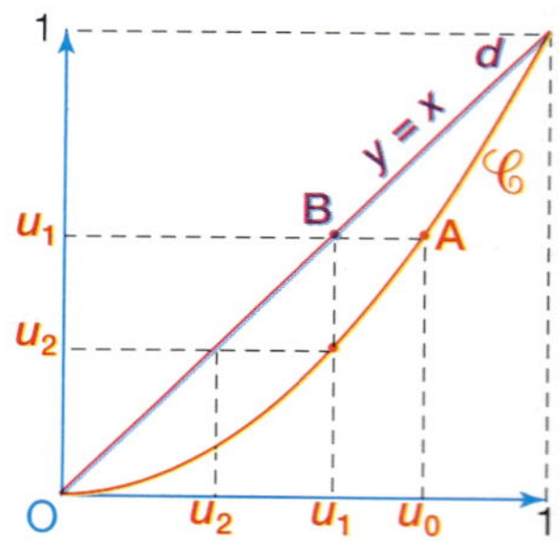

4. Cette représentation graphique vous permet-elle de prévoir le sens de variation de la suite ? sa limite éventuelle ?

5. On admet que la limite de la suite est 0.
En utilisant la question **1**, prouvez que la suite (u_n) est strictement décroissante. Comparez les sens de variation de f et de (u_n).

2 Avec la fonction affine $x \mapsto ax + b$

(u_n) est la suite définie par $u_0 = 1$ et, pour tout naturel n, $u_{n+1} = -\frac{1}{2}u_n + 3$.

1. Calculez u_1, u_2, u_3, u_4, u_5, u_6.

2. Quelle est la fonction f telle que, pour tout naturel n, $u_{n+1} = f(u_n)$?

3. Représentez graphiquement la suite (u_n) sur l'axe des abscisses. (Utilisez la méthode vue au § 1). Cette représentation graphique vous permet-elle de prévoir le sens de variation de la suite ? sa limite éventuelle ?

4. a) Prouvez que la suite (v_n) définie pour tout naturel n par $v_n = u_n - 2$ est géométrique.
b) Exprimez v_n en fonction de n. Déduisez-en la limite de (v_n), puis la limite de (u_n).

TD 3 Approximation d'une aire

Nous proposons un calcul approché d'aire par une méthode dite « méthode des rectangles ». Nous avons représenté ci-dessous, dans un repère orthonormal, la fonction $f : x \mapsto \dfrac{2}{2+x}$ sur l'intervalle $[0\ ;\ 2]$. Notons S l'aire du domaine E (l'unité d'aire est l'aire du carré de côté 1). Le but est de calculer une valeur approchée de S.

Pour calculer cette aire inhabituelle, nous allons l'encadrer de plus en plus finement par des aires que nous savons calculer, des aires de rectangles.

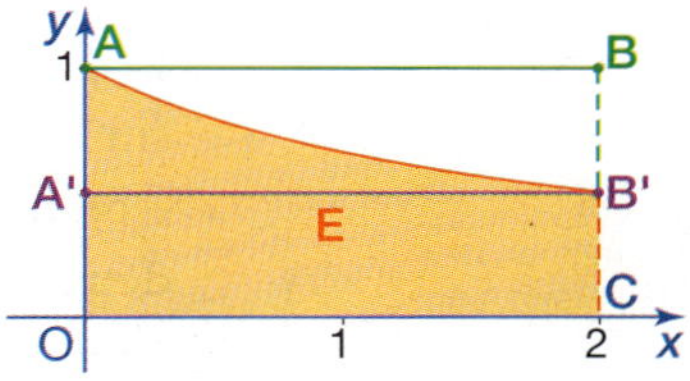

• **Première étape.** Avec les notations de la figure ci-contre, l'aire du rectangle OABC est 2, l'aire du rectangle OA′B′C est 1 ; donc $1 < S < 2$.

• **Deuxième étape.** On peut améliorer cet encadrement en découpant l'intervalle $[0\ ;\ 2]$ comme indiqué sur la deuxième figure et en évaluant l'aire des rectangles qui sont contenus dans le domaine E et l'aire de ceux qui contiennent le domaine E.

On obtient ainsi $\dfrac{1}{2} + \dfrac{2}{3} < S < 1 + \dfrac{2}{3}$.

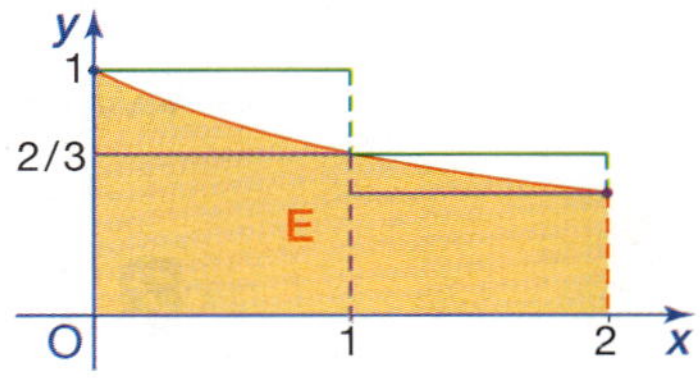

NOTE
On note S_n la somme des aires des rectangles contenant E.
On note S'_n la somme des aires des rectangles contenus dans E.

1. On peut répéter ce procédé et découper $[0\ ;\ 2]$ en quatre intervalles de même longueur.

Expliquez pourquoi on obtient :

$$S'_3 = \frac{2}{5} + \frac{1}{3} + \frac{2}{7} + \frac{1}{4} < S < \frac{1}{2} + \frac{2}{5} + \frac{1}{3} + \frac{2}{7} = S_3$$

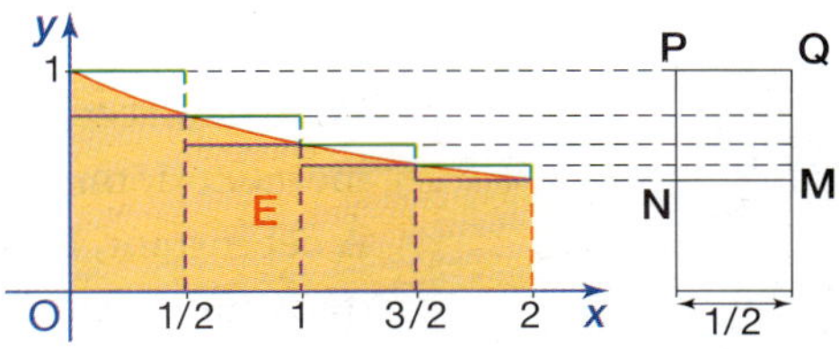

2. Expliquez pourquoi la différence $S_3 - S'_3$ (amplitude de l'encadrement) est représentée par le rectangle MNPQ ci-dessus.

Exprimez cette différence $S_3 - S'_3$ à l'aide de $f(0)$ et $f(2)$.

3. En répétant le procédé, complétez le tableau suivant jusqu'à obtenir un encadrement de S d'amplitude inférieure à 10^{-2}.

étape n	nombre d'intervalles subdivisant $[0\ ;\ 2]$	S'_n	S_n	amplitude
1	$1 = 2^0$	1	2	1
2	$2 = 2^1$	1,166 666 66	1,666 666 67	0,5
3	$4 = 2^2$	1,269 047 61	1,519 047 62	0,25
–	–	–	–	–
–	–	–	–	–
–	–	–	–	–

4. a) Que pouvez-vous dire des suites (S'_n) et (S_n) ?

b) À partir de quelle étape n, les réels S'_n et S_n vous donnent-ils un encadrement de S d'amplitude inférieure à 10^{-4} ?

c) En admettant que l'on poursuive ce procédé à l'infini, que pouvez-vous conjecturer au sujet des limites éventuelles des suites (S'_n) et (S_n) ?

TD 4 Le jeu des tours de Hanoï. Programmation

1 Règle du jeu. Exemple

On dispose de trois piquets avec socle, numérotés 1, 2 et 3, et de ***n* disques** troués qui sont deux à deux de tailles différentes. Au départ, les n disques sont empilés sur le piquet n° 1.

Le but du jeu est de déplacer ces n disques du piquet n° 1 sur un autre, par exemple sur le piquet n° 3, en respectant les règles suivantes :

– on ne déplace qu'un seul disque à la fois et le disque déplacé doit l'être sur l'un des deux autres piquets ; c'est ce que nous appellerons un **déplacement** ;

– un disque ne doit jamais être placé au-dessus d'un disque plus petit que lui.

Nous désignerons par u_n le nombre minimal de déplacements nécessaires pour résoudre le problème. Rappelons que n est le nombre de disques.

• Vérifiez que $u_1 = 1$, $u_2 = 3$, $u_3 = 7$.

2 Cas général

Pour résoudre le problème général, qui est de trouver u_n quel que soit le nombre n de disques, on peut faire le raisonnement suivant :

Pour déplacer les n disques du piquet n° 1 sur le piquet n° 3, il faudra bien, à un moment donné, déplacer le disque le plus grand du piquet n° 1 au piquet n° 3.

À cet instant, les $n-1$ autres disques seront sur le piquet n° 2 dans la position indiquée sur la figure ci-dessous.

On voit bien que le problème peut se résoudre en trois phases :

• les $n-1$ premiers disques ont été placés sur le piquet n° 2 avec un minimum de déplacements. On aboutit à la situation de la figure ci-contre ;

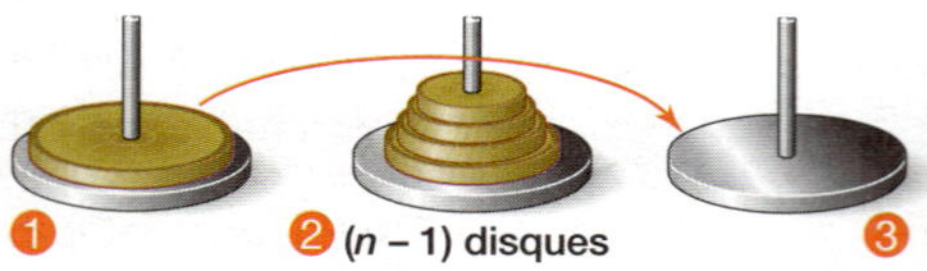

• on déplace le grand disque du piquet n° 1 vers le n° 3 ;

• les $n-1$ disques du piquet n° 2 sont empilés sur le piquet n° 3 avec un minimum de déplacements.

1. Expliquez pourquoi on obtient alors $u_n = 2u_{n-1} + 1$.

2. L'objectif est maintenant d'écrire un programme qui demande n et qui fournit u_n.

En vous inspirant du TD1, écrivez ce programme. Ici, le programme ne demande pas le premier terme, il suffit donc d'affecter 1 dans U (« 1 → U »).

3. Calculez « à la main » u_4, u_5, u_6, u_7 et vérifiez vos résultats avec votre calculatrice.

4. a) Calculez u_{30}.

b) On suppose qu'il faut 5 secondes pour déplacer un disque. Combien de temps le jeu durera-t-il avec trente disques en travaillant jour et nuit ?

5. (v_n) est la suite définie pour tout entier naturel non nul n par $v_n = u_n + 1$.

Prouvez que (v_n) est une suite géométrique.

6. Exprimez v_n, puis u_n, explicitement en fonction de n.

Exercices

maîtriser le cours

Pour résoudre les exercices de cette partie, il suffit d'appliquer directement un résultat du cours. L'objectif est double : mieux comprendre le cours et reconnaître dans des situations simples les conditions d'application d'un théorème.

1. Définir une suite

Pour les exercices 1 à 3, trouvez la fonction f telle que pour tout naturel n, $u_n = f(n)$, et calculez les termes de u_0 à u_5.

1 a) $u_n = 2n + 5$. b) $u_n = \frac{n^2 - 1}{n + 2}$.

2 a) $u_n = \sin\left[(n+1)\frac{\pi}{2}\right]$. b) $u_n = \cos\left(n\frac{\pi}{3}\right)$.

3 a) $u_n = \frac{n}{\sqrt{n+1}}$. b) $u_n = n^2 - \sqrt{n} + 1$.

Pour les exercices 4 et 5, la suite (u_n) est définie par la donnée de u_0 et d'une relation de récurrence. Trouvez la fonction f telle que pour tout n, $u_{n+1} = f(u_n)$, et calculez les termes de u_0 à u_5.

4 a) $\begin{cases} u_0 = 5 \\ u_{n+1} = \dfrac{2u_n}{u_n + 1} \end{cases}$ b) $\begin{cases} u_0 = -1 \\ u_{n+1} = (u_n + 1)^2 \end{cases}$

5 a) $\begin{cases} u_0 = 2 \\ u_{n+1} = \dfrac{u_n - 1}{u_n} \end{cases}$ b) $\begin{cases} u_0 = 1 \\ u_{n+1} = \sqrt{u_n + 1} \end{cases}$

Pour les exercices 6 à 9, la suite (u_n) est définie par la donnée explicite de u_n pour tout naturel n. Exprimez en fonction de n les termes u_{n+1}, u_{n-1}, u_{2n}, u_{2n+3}, $u_n + 1$ de la suite (u_n) en fonction de n.

6 $u_n = 3n^2 - 1$.

7 $u_n = \frac{2n - 1}{n + 1}$.

8 $u_n = \frac{n^2 + n + 1}{2n + 1}$.

9 $u_{n-2} = 1 - 2^{n+1}$, $n \geqslant 2$.

10 Complétez ce tableau de manière à obtenir des suites définies par des fonctions usuelles, et précisez ces fonctions.

n	0	1	2	3	4	5	6
$f(n)$	1	3	5		9		
$g(n)$	1	3		27		243	
$h(n)$		6		34		254	

2. Suites croissantes, suites décroissantes

Pour les exercices 11 à 18, étudiez le sens de variation de la suite (u_n).

Aide : Voir l'exercice résolu 1, page 147.

11 $u_n = \frac{3n - 2}{n + 1}$.

12 $u_n = \frac{2^{3n}}{3^{2n}}$.

13 $u_n = (n - 5)^2$.

14 $u_n = \frac{n^2 + 1}{2n}$, $n \geqslant 1$.

15 $u_n = \sin\left(n\frac{\pi}{2}\right)$.

16 $u_n = n + (-1)^n$.

17 $u_0 = 2$ et pour tout naturel n, $u_{n+1} = u_n - n$.

18 Pour tout naturel $n \geqslant 1$, $u_n = \frac{2^n}{n}$.

19 La suite (v_n) est définie par $n \geqslant 5$ et $v_n = n^2 - 10n + 26$.
Calculez $v_{n+1} - v_n$ et démontrez que la suite (v_n) est strictement croissante.

20 (u_n) est définie, pour tout naturel non nul, par :

$$u_n = 2n^3 - 30n^2 + 54n.$$

1. Étudiez les variations de la fonction f définie sur $\mathbb{R}$ par $f(x) = 2x^3 - 30x^2 + 54x$.
2. Déduisez-en que (u_n) est strictement croissante à partir de l'indice 9.

3. Suites arithmétiques

Pour les exercices 21 à 24, précisez si la suite (u_n) est arithmétique ou non.

Aide : Voir l'exercice résolu 2, page 149.

21 $u_n = 2n + 3$.

22 $u_n = n^2 - n$.

23 $u_{n+1} = \frac{3n + 1}{2}$

24 $\begin{cases} u_0 = 2 \\ u_{n+1} = -2 + u_n \end{cases}$

Pour les exercices 25 à 28, (u_n) est une suite arithmétique de raison r. Exprimez u_n en fonction de n.

25 $u_0 = 3$ et $r = 4$.

26 $u_0 = \frac{2}{3}$ et $r = -\frac{1}{6}$.

27 $u_0 = -2$ et $r = -\frac{1}{2}$.

28 $u_{12} = 0$ et $r = \frac{1}{3}$.

Pour les exercices 29 à 32, (u_n) est une suite arithmétique de raison r.

Aide : Pensez à utiliser les théorèmes 2 et 3, page 148.

29 $u_0 = 1$ et $u_{10} = 31$. Calculez r puis $u_{2\,001}$.

30 $u_0 = 5$ et $u_{100} = -45$. Calculez r puis u_{20}.

31 $u_{17} = 24$ et $u_{40} = 70$. Calculez r puis u_0.

32 $u_{10\,000} = 1$ et $u_{2\,000} = -79$. Calculez r puis $u_{3\,857}$.

33 (u_n) est la suite définie par $u_0 = 1$ et pour tout naturel n, $u_{n+1} = \frac{u_n}{1+u_n}$.

1. Calculez u_1, u_2, u_3, u_4, u_5.

2. Si $u_n \neq 0$, on pose $v_n = \frac{1}{u_n}$.

Calculez $v_0, v_1, v_2, v_3, v_4, v_5$.

3. Prouvez que la suite (v_n) est arithmétique.

Exprimez (u_n) en fonction de n.

34 Reprenez l'exercice 33 avec :

$$u_0 = \frac{1}{5} \text{ et } u_{n+1} = \frac{u_n}{1-2u_n}$$

35 (u_n) est une suite arithmétique de raison r. Déterminez son sens de variation selon le signe de r.

4. Suites géométriques

Pour les exercices 36 à 41, précisez si la suite (u_n) est géométrique ou non.

Aide : Voir l'exercice résolu 3, page 151.

36 $u_n = 5^{n+3}$.

37 $u_n = \frac{2}{3^{n+1}}$.

38 $u_n = \frac{2n+5}{3}$.

39 $u_n = 3^n + 3n$.

40 $u_0 = 2$ et pour tout naturel n, $u_{n+1} = 4u_n$.

41 $u_0 = -1$ et pour tout naturel n, $5u_{n+1} - 2u_n = 1$.

42 Les trois nombres 27, 297, 3 267 sont-ils trois termes consécutifs d'une suite géométrique ?

43 Les nombres 14, – 98 , 686, – 4 801 sont-ils des termes consécutifs d'une suite géométrique ?

Pour les exercices 44 à 49, (u_n) est une suite géométrique de raison q.

Aide : Pensez à utiliser les théorèmes 4 et 5, page 150.

44 $u_0 = 4$ et $q = 5$. Exprimez u_n en fonction de n.

45 $u_0 = \frac{1}{2}$ et $q = -2$. Exprimez u_n en fonction de n.

46 $u_4 = 8$ et $q = 2$. Calculez u_2 et u_6.

47 $u_5 = 10$ et $q = -\frac{1}{2}$. Calculez u_0 et u_{10}.

48 $u_5 = 64$, $u_7 = 256$, $q > 0$. Calculez q, puis u_{10}.

49 $u_{123} = 1\,000$, $u_{128} = \frac{125}{4}$. Calculez u_{118} et u_{133}.

50 (u_n) est la suite définie par $u_0 = 2$ et pour tout naturel n, $u_{n+1} = 2u_n + 5$.

1. Calculez u_1, u_2, u_3, u_4, u_5.

2. Pour tout naturel n, on pose $v_n = u_n + 5$.

Calculez $v_0, v_1, v_2, v_3, v_4, v_5$.

3. Prouvez que la suite (v_n) est géométrique.

Exprimez (u_n) en fonction de n.

Aide : Voir l'exercice résolu 3, page 151.

51 Reprenez l'exercice 50 avec $u_0 = 3$ et pour tout naturel n, $u_{n+1} = -\frac{1}{2}u_n + 1$ et $v_n = 3u_n - 2$.

Pour les exercices 52 à 54, donnez le sens de variation de la suite géométrique (u_n).

52 Le premier terme est -1 et la raison 5.

53 Le premier terme est -2 et la raison $\frac{1}{3}$.

54 Le premier terme est 2 et la raison $-\frac{1}{2}$.

5. Somme des termes consécutifs d'une suite

55 (u_n) est une suite arithmétique.
$u_1 + u_2 + u_3 = 9$ et $u_{10} + u_{11} = 40$.
1. Calculez u_0 et la raison r.
2. Calculez la somme $S = u_0 + u_1 + u_2 + \ldots + u_{30}$.

56 (u_n) est une suite arithmétique, $u_{10} = -12$, $u_{20} = -32$.
1. Calculez u_0 et la raison r.
2. Calculez $u_{10} + u_{20} + u_{30} + \ldots + u_{100}$.

57 **1.** Démontrez que la somme $1 + 3 + 5 + \ldots + 99$ est le carré d'un entier naturel.
2. Calculez en fonction de n, la somme des n premiers entiers naturels impairs $S = 1 + 3 + 5 + \ldots + (2n - 1)$.

58 (u_n) est une suite arithmétique de raison r, de premier terme u_1 et de n-ième terme u_n.
On note $S_n = u_1 + \ldots + u_n$.
Les questions sont indépendantes les unes des autres.
1. Calculez u_1 et S_n lorsque :
$u_n = 105$, $n = 17$ et $r = -2$.
2. Calculez u_1 et u_n lorsque :
$r = -7$, $n = 33$ et $S_n = 0$.
3. Calculez n et u_1 lorsque :
$u_n = 14$, $r = 7$ et $S_n = -1\,176$.
Aide : Voir l'exercice résolu 4, page 153.

59 Une suite arithmétique a treize termes. La somme des six premiers est -3 et celle des six derniers termes est -129.
Trouvez le premier terme et la raison.

60 (u_n) est une suite géométrique de raison $q = 3$ et $u_4 = 12$.
Calculez $u_4 + u_5 + u_6 + u_7 + u_8 + u_9$.

61 **1.** Calculez $S = \frac{1}{4} + \frac{1}{8} + \frac{1}{16} + \ldots + \frac{1}{1\,048\,576}$.
2. Calculez $S = \frac{1}{3} - \frac{1}{9} + \frac{1}{27} - \ldots - \frac{1}{6\,561}$.
3. Calculez $S = 1 + \frac{1}{10} + \frac{1}{100} + \ldots + \frac{1}{10^7}$.

62 (u_n) est une suite géométrique, $u_{10} = 25$, $u_{13} = 200$.
1. Calculez u_0 et la raison q.
2. Calculez $u_{10} + u_{12} + u_{14} + \ldots + u_{20}$.

63 Une suite géométrique (u_n) a pour raison q, pour premier terme u_1 et pour n-ième terme u_n.
On pose $S_n = u_1 + \ldots + u_n$.
Les questions suivantes sont indépendantes.
1. Calculez u_n et S_n lorsque :
$u_1 = 3$, $n = 10$ et $q = -4$.
2. Calculez u_1 et S_n lorsque :
$u_n = 295\,245$, $n = 11$ et $q = 3$.

6 et 7. Limites de suites

Pour les exercices 64 à 66, trouvez la limite éventuelle de la suite (u_n) et justifiez-le en énonçant les théorèmes utilisés.
Aide : Voir l'exercice résolu 6, page 157.

64 $u_n = \frac{5}{n^4}$, $n > 0$.

65 $u_n = \frac{1}{n} - \frac{2}{n^2} + 3$, $n > 0$.

66 $u_n = \frac{1}{n\sqrt{n}}$, $n > 0$.

Pour les exercices 67 à 69, en utilisant le théorème d'encadrement, trouvez la limite de la suite (u_n).
Aide : Voir l'exercice résolu 7, page 159.

67 $u_n = \dfrac{\sin\left(n\frac{\pi}{3}\right)}{n^2}$, $n > 0$.

68 $u_n = \dfrac{(-1)^n}{n^3}$, $n > 0$.

69 $u_n = \dfrac{n + \cos\left(n\frac{\pi}{3}\right)}{2n + 5}$.

Pour les exercices 70 à 74, étudiez la limite de la suite (u_n).

70 (u_n) est géométrique de premier terme 3 et de raison 0,5.

71 $u_n = (0{,}2)^n$.

72 $u_n = \left(\frac{1}{3}\right)^n$.

73 $u_n = \left(\frac{\sqrt{3}}{2}\right)^n$.

74 $u_n = \frac{1}{3^n} + \frac{n}{n^2 + 1}$.

75 La suite (u_n) est définie, pour tout naturel n, par $u_n = f(n)$ avec $f(x) = \frac{x + 1}{5x - 1}$.
1. Étudiez la limite de f en $+\infty$.
2. Déduisez-en la limite de la suite (u_n).

Exercices

pour apprendre à chercher

Les exercices de cette partie, de difficulté moyenne pour la plupart, ne sont pas des exercices résolus. Le questionnement veut montrer comment on peut organiser une recherche et suivre un raisonnement.

76 Une progression arithmétique

Les réels a, b, c sont trois termes consécutifs d'une suite arithmétique. Leur somme est 21 et la somme de leurs carrés est 197.

Objectif : trouver ces trois nombres.

1. Traduisons la dernière phrase de l'énoncé. Nous obtenons les deux équations à trois inconnues $a+b+c = 21$ et $a^2+b^2+c^2 = 197$.
Pour trouver trois inconnues, on préfère en général disposer de trois équations. Cependant, a, b et c sont en progression arithmétique et lorsqu'on connaît, dans le cas d'une suite arithmétique :
– ou bien deux termes ;
– ou bien un terme et la raison r,
on connaît toute la suite. On peut se ramener à deux inconnues : soit deux termes, soit un terme et la raison.
Choisissons deux termes comme inconnues. On prend a et c, car alors « a, b et c sont trois termes consécutifs » se traduit par $b = \frac{a+c}{2}$ (*voir p.* 148).

a) Écrivez alors un système qui permet de trouver les valeurs de a et c.
b) Rédigez une solution.

2. Choisissons maintenant un terme et la raison. Quel terme choisir ? Dans ce genre de situation, il est souvent commode de choisir le terme central, ici b.

a) Exprimez alors a et c en fonction de b et r.
b) Écrivez un système qui permet de trouver b et r. Déduisez-en a et c.
c) Rédigez une solution.

77 Vrai ou faux ?

Objectif : savoir si l'affirmation suivante est vraie ou fausse :
« Il n'existe pas de triangle rectangle dont les mesures des côtés sont en progression géométrique. »

1. Il est permis de ne pas avoir d'idées *a priori*. Alors, plutôt que de tâtonner, le mieux est de supposer l'existence d'un tel triangle et de chercher les conditions que cela implique, d'examiner ensuite si ces conditions sont réalisables ou non.
Notez a, b, c, les mesures des trois côtés.
Ils sont supposés être en progression géométrique : notez alors q la raison de la suite géométrique dont a, b, c sont trois termes consécutifs.

a) Pourquoi $q > 0$?
b) On suppose que c désigne l'hypoténuse.
Pourquoi $a = b$ est-il impossible ? Justifiez qu'en fait $a < b < c$.
c) Prouvez que $q^4 - q^2 - 1 = 0$.
d) Résolvez cette équation (méthode : posez $X = q^2$) et vérifiez qu'elle admet une unique solution positive. (Remarquez que cette solution ne dépend pas de la longueur des côtés).
e) Existe-t-il alors un triangle répondant à la question ?

2. Rédigez une solution.

78 Étude d'une suite définie par récurrence

La suite (u_n) est définie par :

$$u_0 = 4 \text{ et pour tout naturel n, } u_{n+1} = \frac{1}{2}u_n + 1.$$

Objectif : étudier la suite (u_n) (sens de variation, limite éventuelle).

1. Dans l'étude d'une suite définie par récurrence, il est souvent utile de représenter graphiquement les premiers termes de la suite. Cela est fait sur la figure ci-dessous. La fonction f est la fonction affine $x \mapsto \frac{1}{2}x + 1$ (voir le TD2, p. 162).
Vous remarquerez que cette figure permet de conjecturer que (u_n) converge vers 2 en décroissant. D'où l'idée d'étudier la suite (v_n) définie pour tout naturel n par $v_n = u_n - 2$.

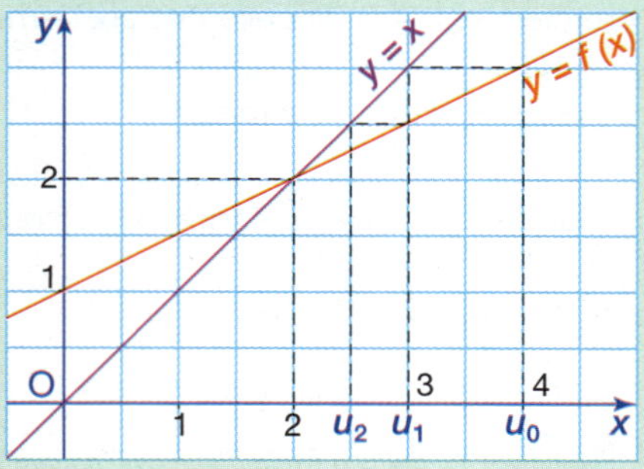

a) Calculez v_0 et prouvez que pour tout n, $v_{n+1} = \frac{1}{2}v_n$. La suite (v_n) est géométrique.
b) Exprimez v_n en fonction de n.
c) Quel est le sens de variation de (v_n) ? Déduisez-en celui de (u_n).
d) Trouvez la limite de (v_n) et déduisez-en que la suite (u_n) converge vers 2.

2. Rédigez une solution.

Commentaire : L'étude des suites définies par :

$$u_{n+1} = au_n + b = f(u_n),$$

avec $a \neq 0$ et $a \neq 1$ peut toujours se faire en passant par la suite définie par $v_n = u_n - \alpha$ où α est le réel tel que $f(\alpha) = \alpha$, c'est-à-dire l'abscisse du point d'intersection des deux droites d'équations $y = f(x)$ et $y = x$. Voir les exercices 108 et 109.

79 Disques et carrés « emboîtés »

Un cercle de rayon 2 cm est donné. On a construit un carré inscrit dans ce premier cercle, puis le cercle inscrit dans ce carré, et ainsi de suite.

On suppose que ce programme de construction peut se poursuivre indéfiniment.

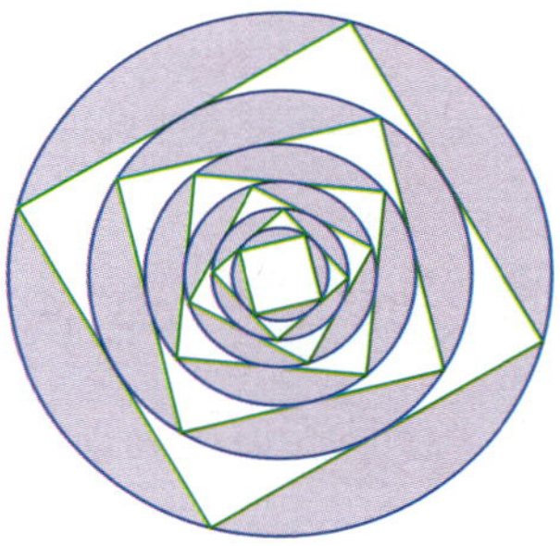

Objectifs : • étudier (monotonie et convergence) la suite des aires des disques et la suite des aires des carrés ;

• déterminer à partir de quelle étape l'aire du carré est inférieure à 1 mm².

1. Pour organiser la recherche et préciser ce que l'on veut calculer, notons d_1 l'aire en cm² du premier disque (le grand), puis $d_2, d_3, \ldots, d_n \ldots$ les aires des disques suivants. Notons $c_1, c_2, \ldots, c_n \ldots$ les aires des carrés.

a) Calculez d_1.

b) Ce calcul permet-il d'obtenir directement d_2 ?

2. Le diamètre du second cercle est le côté du premier carré, d'où l'idée de déterminer c_1 **puis** d_2.

a) Calculez c_1 et déduisez-en d_2, puis c_2.

b) Prouvez que $d_{n+1} = \frac{1}{2}d_n$ et que $c_{n+1} = \frac{1}{2}c_n$.
Quelle est la nature de ces deux suites ?

c) Le sens de variation et la convergence de ces deux suites sont clairement suggérés par la figure. Prouvez que chacune des suites est effectivement strictement décroissante et converge vers zéro.

d) Déterminez l'indice n_0 à partir duquel :

$$c_n < \frac{1}{100}.$$

3. Rédigez une solution.

80 Avec des radicaux

La suite (u_n) est définie pour tout naturel n, par $u_n = \sqrt{n+1} - \sqrt{n}$.

Objectif : étudier la suite (u_n) (sens de variation, limite éventuelle).

1. Lorsque le sens de variation n'est pas « évident », il peut être utile de le conjecturer à partir du calcul des premiers termes.

a) À l'aide de votre calculatrice, calculez $u_1, u_2, u_3, u_4, u_5, u_6$. Que conjecturez-vous pour le sens de variation de (u_n) ?

b) Calculez u_{100}, $u_{10\,000}$, $u_{100\,000}$. Quelle conjecture pouvez-vous faire sur la limite de (u_n) ?

2. Étudions le sens de variation. On va démontrer que $u_{n+1} < u_n$, pour tout n.

a) Vérifiez que cela revient à prouver que pour tout n,

$$\sqrt{n+2} + \sqrt{n} < 2\sqrt{n+1} \quad [1].$$

Pour « supprimer les radicaux », une méthode consiste à élever les deux termes de [1] au carré.

b) Prouvez, en justifiant chaque étape, que [1] équivaut successivement à :

• $(\sqrt{n+2} + \sqrt{n})^2 < (2\sqrt{n+1})^2$ [2]

• $(n+1) + \sqrt{n(n+2)} < 2(n+1)$ [3]

• $n(n+2) < (n+1)^2$ [4].

c) Prouvez que [4] est vraie pour tout n. Concluez.

Note : On peut aussi utiliser la fonction f telle que $u_n = f(n)$ et étudier ses variations sur $[0\,;+\infty[$.

3. La conjecture est que $\lim\limits_{n \to +\infty} u_n = 0$. u_n est la différence de deux termes qui tendent vers $+\infty$.
Ici, une méthode, en présence des radicaux, consiste à multiplier et à diviser par $\sqrt{n+1} + \sqrt{n}$, expression conjuguée de $\sqrt{n+1} - \sqrt{n}$.

a) Démontrez que pour tout n, $u_n = \dfrac{1}{\sqrt{n+1} + \sqrt{n}}$.

b) Déduisez-en que pour tout $n \geqslant 1$, $u_n \leqslant \dfrac{1}{2\sqrt{n}}$.

c) Pourquoi peut-on écrire que pour tout $n \geqslant 1$,

$$0 \leqslant u_n \leqslant \frac{1}{2\sqrt{n}} \;?$$

d) Quel théorème permet alors de conclure que $\lim\limits_{n \to +\infty} u_n = 0$?

4. Rédigez une solution.

81 Ligne polygonale

Deux demi-droites $[Ox)$ et $[Oy)$ font entre elles un angle géométrique aigu de mesure α.
A_0 est un point de $[Ox)$ tel que $OA_0 = 10$. A_0 se projette orthogonalement en B_0 sur $[Oy)$.
On projette ensuite B_0 en A_1 sur $[Ox)$, A_1 sur $[Oy)$, et ainsi de suite.

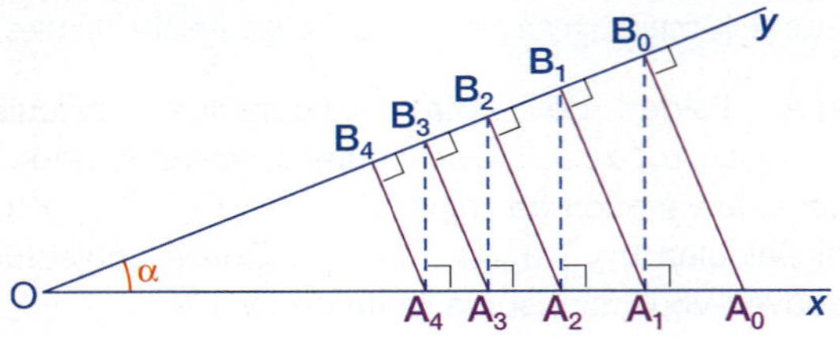

Objectif : déterminer la limite éventuelle de :

$$\ell_n = A_0B_0 + A_1B_1 + A_2B_2 + \ldots + A_nB_n.$$

1. Tirons des conséquences immédiates de la figure. On retrouve sur la figure ci-dessous deux fois l'angle α.

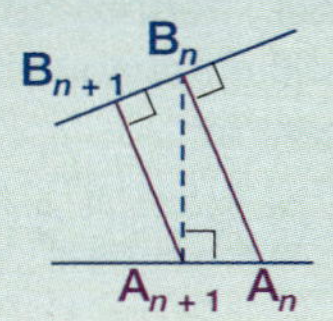

a) Précisez où, en justifiant votre réponse.

b) Déduisez-en que :

$$A_{n+1}B_n = \cos\alpha \times A_nB_n$$
$$\text{et } A_{n+1}B_{n+1} = \cos\alpha \times A_{n+1}B_n$$

2. Pour calculer ℓ_n, on pense à calculer chacun des termes de la somme. On sait que $OA_0 = 10$. Notons $u_n = A_nB_n$.

a) Démontrez que $u_0 = 10\sin\alpha$.

b) Prouvez que $A_{n+1}B_{n+1} = \cos^2\alpha \times A_nB_n$.

c) Quelle est la nature de la suite (u_n) ?

d) Exprimez u_n en fonction de n et de α.

e) Exprimez ℓ_n en fonction de n et de α. Calculez sa limite.

3. Rédigez une solution.

82 Nombres pyramidaux

On suppose que la suite des entiers naturels est écrite dans un tableau selon la disposition ci-dessous.

			1			
		2	3	4		
	5	6	7	8	9	
10	11	12	13	14	15	16

Objectif : préciser la position de 2001 dans le tableau.

1. Étudions la disposition de ces nombres pour voir comment il est possible de repérer l'un deux. Les nombres sont écrits en lignes et chaque ligne contient des cases. On peut donc repérer un nombre en disant : il est dans la ligne n et dans la p-ième case de celle-ci en partant de la gauche. (Par exemple, 14 est dans la 4e ligne et dans la 5e case en partant de 10).
Voyons comment sont disposées les cases par ligne : ligne 1, une case ; ligne 2, trois cases ; ligne 3, cinq cases. Il semble que le nombre de cases par ligne est en progression arithmétique.
Appelons donc u_n le nombre de cases de la n-ième ligne.

Que pouvez-vous dire de la suite (u_n) ? Précisez ses éléments caractéristiques.

2. Continuons nos observations. Une ligne contient des nombres **consécutifs**. Donc pour savoir si un nombre est dans la ligne n, il suffit de savoir s'il est compris entre le premier et le dernier nombre de cette ligne. On note respectivement a_n et b_n ces nombres.

a) Justifiez que $a_1 = b_1$ puis que $a_{n+1} = b_n + 1$ $(n \geqslant 1)$. Il suffit donc d'étudier la suite (b_n).
Or $b_1 = 1$, $b_2 = 4 = b_1 + 3$ car il y a trois cases dans la ligne 2.

b) Prouvez que $b_n = b_{n-1} + u_n$ et déduisez-en que $b_n = u_1 + \ldots + u_n$.

c) Démontrez alors que $b_n = n^2$ $(n \geqslant 1)$ et que $a_n = n^2 - 2n + 2$.

d) Trouvez alors la ligne n à laquelle appartient 2001, puis précisez dans quelle case de cette ligne il se trouve.

3. Rédigez une solution.

pour progresser

Calculs de termes

Pour les exercices 83 et 84, l'usage de la calculatrice est conseillé. Pour la programmation éventuelle, vous pouvez vous reporter au TD1 p. 161.

83 Pour chacune des suites suivantes, calculez les termes d'indice 0,1, 2, 3 ,10, $n-1$, $n+1$, $2n$, $2n+1$.

1. $u_n = \dfrac{n-1}{n+3}$. **2.** $u_n = n^2 - n + 1$.

84 f est définie pour $x \neq 0$ par $f(x) = x - \dfrac{1}{x}$.

1. On note (u_n) la suite définie pour tout naturel non nul par $u_n = f(n)$. Calculez u_1, u_2, u_3, u_4, u_5 .

2. On note (v_n) la suite définie par $v_0 = 2$ et pour tout naturel n, $v_{n+1} = f(v_n)$. Calculez v_1, v_2, v_3, v_4, v_5 .

85 Comprendre un programme

Le tableau ci-dessous donne l'écriture d'un programme destiné à calculer le terme général d'une suite (u_n) .

TI	Casio
Prompt P	"P=" : ? → P
0 → N	0 → N
1 → U	1 → U
While N < P	While N < P
N + 1 → N	N + 1 → N
U × N → U	U × N → U
End	Wend
Disp "P=", P	"P=" : P◢
Disp "U=", U	"U=" : U

1. Donnez la définition de cette suite.

2. Calculez les termes u_1, u_2 et u_3 .

86 Comprendre un programme

Le tableau ci-dessous donne l'écriture d'un programme qui définit deux suites (u_n) et (v_n) .

TI	Casio
Prompt P	"P=" : ? → P
0 → N	0 → N
1 → U	1 → U
While N < P	While N < P
N + 1 → N	N + 1 → N
2U + 1 → U	2U + 1 → U
U + 1 → V	U + 1 → V
End	Wend
Disp "P=", P	"P=" : P◢
Disp "U=", U	"U=" : U◢
Disp "V=", V	"V=" : V

1. Donnez la définition de ces deux suites.

2. Calculez u_n et v_n pour n allant de 1 à 4.

3. Quelle conjecture pouvez-vous faire pour la suite (v_n) ? Démontrez cette conjecture.

4. Donnez l'expression de v_n en fonction de n. Déduisez-en u_n en fonction de n.

Suites arithmétiques

Pour les exercices 87 à 89, (u_n) est une suite arithmétique.

87 $u_2 + u_3 + u_4 = 36$ et $u_9 = 48$.
Calculez u_0 et la raison r.

88 $u_5 + u_6 + u_7 = -27$ et $u_9 = -15$.
Calculez u_0 et la raison r.

89 $u_{10} + u_{12} + u_{14} = 33$ et $u_{100} = 55$.
Calculez u_0 et la raison r.

90 Trouvez trois réels a, b et c en progression arithmétique tels que $\begin{cases} a+b+c = 39 \\ a^2+b^2+c^2 = 525 \end{cases}$

Aide : Voir *Pour apprendre à chercher*, exercice 76.

91 Trouvez trois réels a, b et c en progression arithmétique tels que $\begin{cases} a+b+c = -15 \\ a^2+b^2+c^2 = 107 \end{cases}$

Aide : Voir *Pour apprendre à chercher*, exercice 76.

92 Cinq nombres a, b, c, d et e sont en progression arithmétique. Leur somme est 55, celle de leurs carrés est 665. Trouvez ces nombres.

Aide : Voir *Pour apprendre à chercher*, exercice 76.

★ **93** Trouvez les suites arithmétiques dont la raison est un entier naturel strictement supérieur à 5, dont le premier terme est dans l'intervalle $[-15 ; 2]$ et qui contiennent les termes 22, 37 et 82.

★ **94** La suite (u_n) est arithmétique de raison 3 et de premier terme $u_0 = -1$.

1. Pour tout entier naturel n, on pose $v_n = \dfrac{1}{2}u_n + 2$. Prouvez que la suite (v_n) est arithmétique.

2. Pour tout entier naturel n, on pose $w_n = 2u_n + 3v_n$. Prouvez que la suite (w_n) est arithmétique.

★ **95** Soit (u_n) la suite définie par $u_0 = \frac{1}{2}$ et pour tout naturel n, $u_{n+1} = \frac{u_n}{1+2u_n}$.

La suite (v_n) est définie par $v_n = \frac{1}{u_n} + 1$.

1. Conjecturez graphiquement le comportement de la suite (u_n).
2. Prouvez que la suite (v_n) est arithmétique ; donnez son premier terme et sa raison.
3. Exprimez v_n, puis u_n, en fonction de n.
4. Déduisez-en la limite de la suite (u_n).

★ **96** Soit (u_n) la suite définie par $u_0 = -1$ et pour tout naturel n, $u_{n+1} = \frac{4u_n}{4-u_n}$.

La suite (v_n) est définie par $v_n = \frac{3u_n+2}{u_n}$.

1. Conjecturez graphiquement le comportement de la suite (u_n).
2. Prouvez que la suite (v_n) est arithmétique ; donnez son premier terme et sa raison.
3. Exprimez v_n, puis u_n, en fonction de n.
4. Déduisez-en la limite de la suite (u_n).

★ **97** (a_n) et (p_n) sont respectivement l'aire et le périmètre du domaine en violet sur la figure ci-dessous, dans un repère orthonormal.

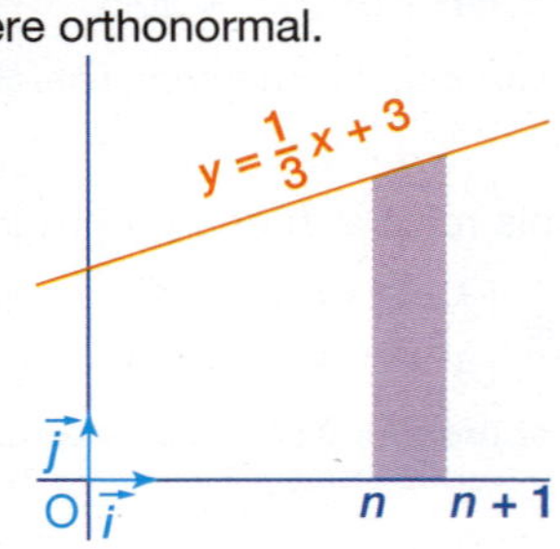

1. Calculez a_n et p_n en fonction de n.
2. Vérifiez que les suites (a_n) et (p_n) sont arithmétiques.

Suites géométriques

Pour les exercices 98 à 103, (u_n) est une suite géométrique de raison q.

98 $u_0 = 3$, $q = 5$. Calculez u_1, u_2, u_3, u_4, u_5 et u_{10}.

99 $u_0 = 2$, $q = -\frac{1}{2}$. Calculez u_1, u_2, u_3, u_4, u_5 et u_{10}.

100 $u_5 = 486$; $u_7 = 4\,374$; $q > 0$. Calculez u_0 et u_{10}.

101 $u_2 = -1{,}92$; $u_4 = -1{,}2288$; $q > 0$. Calculez u_0 et q.

102 Pour tout naturel n, $u_{n+2} = u_n + u_{n+1}$; tous ses termes sont non nuls et sa raison q est positive. Trouvez q.

103 (u_n) n'est pas constante. De plus, $u_0 = 5$ et $2u_2 = 3u_1 - u_0$. Trouvez sa raison.

★ **104** a, b et c sont en progression géométrique. De plus $a+b+c = 21$ et $2a+b-c = 27$.
Calculez a, b et c.

★ **105** (u_n) est une suite géométrique croissante dont les termes sont négatifs.

1. Que peut-on dire de sa raison ?
2. On sait que $u_1 \times u_3 = \frac{4}{9}$ et $u_1 + u_2 + u_3 = -\frac{19}{9}$.
   Calculez u_1, u_2 et u_3.
3. Calculez u_n en fonction de n.

★ **106** a, b, c dans cet ordre, sont trois termes consécutifs d'une suite arithmétique non constante ; b, c et a dans cet ordre, sont trois termes consécutifs d'une suite géométrique. De plus, $a+b+c = 18$.
Calculez a, b et c.

107 On déchire une feuille de papier de 1/10e mm d'épaisseur en deux. On superpose les deux morceaux que l'on déchire de nouveau en deux.
Quelle épaisseur de papier obtiendrait-on si on pouvait répéter l'opération trente fois ?

108 (u_n) est la suite définie par $\begin{cases} u_0 = 1 \\ u_{n+1} = \frac{1}{2}u_n + \frac{1}{4} \end{cases}$

et (v_n) est définie pour tout naturel n par $v_n = u_n - \frac{1}{2}$.

1. Conjecturez graphiquement le comportement de la suite (u_n).
2. Prouvez que la suite (v_n) est géométrique.
3. Exprimez v_n, puis u_n, en fonction de n.
4. Étudiez les variations de (v_n), puis déduisez-en celles de (u_n).
5. a) Quelle est la limite de (v_n) ?
   b) Déduisez-en celle de (u_n).

Aide : Voir *Pour apprendre à chercher*, exercice 78.

109 (u_n) est la suite définie par $u_0 = 3$ et $u_{n+1} = -\frac{1}{4}u_n + 5$ et (v_n) est définie pour tout naturel n par $v_n = u_n - 4$.

1. Conjecturez graphiquement le comportement de (u_n).

2. Prouvez que la suite (v_n) est géométrique.

3. Exprimez v_n, puis u_n, en fonction de n.

4. a) Prouvez que si n est pair, v_n est négatif, et que si n est impair, v_n est positif.

b) Déduisez-en que (u_n) n'est pas monotone.

5. a) Quelle est la limite de (v_n) ?

b) Déduisez-en celle de (u_n).

Aide : Voir *Pour apprendre à chercher*, exercice 78.

★ **110** Sur la figure ci-contre les triangles sont tous équilatéraux.

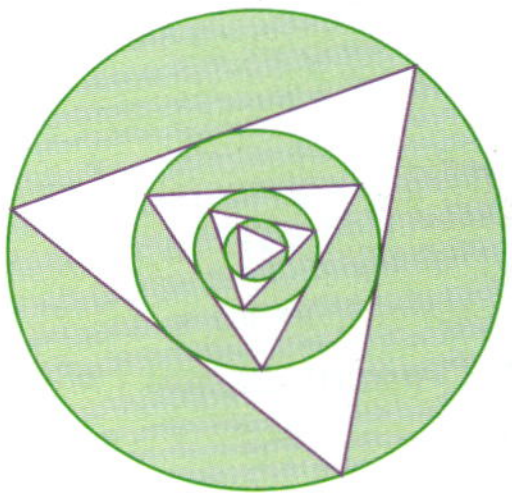

1. Prouvez que la suite des aires des disques est géométrique.

2. Prouvez que la suite des aires des triangles est géométrique.

Aide : Voir *Pour apprendre à chercher*, exercice 79.

★★ **111** Sur la figure ci-contre, tous les polygones sont réguliers.

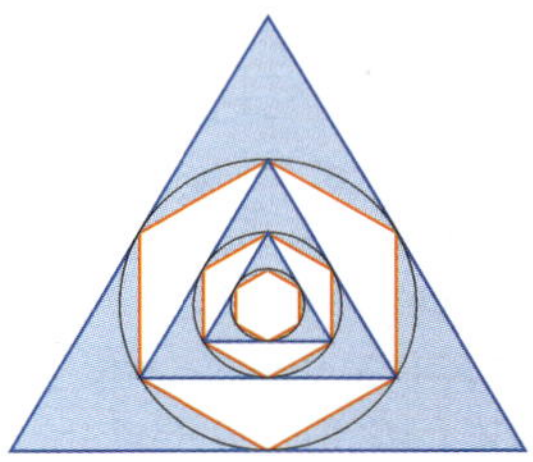

1. Prouvez que la suite des aires des triangles (t_n), ainsi que celle des aires des hexagones (h_n), sont géométriques.

2. Prouvez que la suite $t_0, h_0, t_1, h_1, t_2, h_2, \ldots$, est, elle aussi, une suite géométrique.

Aide : Voir *Pour apprendre à chercher*, exercice 79.

Vrai ou faux ?

Pour chacune des affirmations suivantes, dites si elle est vraie ou fausse. Justifiez chaque fois votre réponse.

112 Si les côtés d'un triangle rectangle ont pour mesures trois termes consécutifs d'une suite arithmétique, alors la raison de cette suite est le quart du plus grand côté de l'angle droit.

113 Si une suite géométrique de premier terme $u_0 \neq 0$ et de raison $q \neq 0$ est telle que, pour tout n non nul, $u_{n+1} = 5u_n - 6u_{n-1}$, alors $q = 3$.

Sens de variation

114 Dans chaque cas, étudiez le sens de variation de la suite (u_n) définie par :

a) $u_n = n^2 + n + 1$; **b)** $u_n = \sqrt{n+3}$.

c) $u_n = \frac{5^n}{4^{n+1}}$; **d)** $u_n = \frac{2^n}{n^2+1}$.

★ **115** Dans chaque cas, étudiez le sens de variation de la suite (u_n) définie par :

1. $u_0 = 5$ et $u_{n+1} = u_n - 2n + 1$;

2. $u_0 = -1$ et $u_{n+1} = 3u_n$;

3. $u_0 = 0$ et $u_{n+1} = 2u_n^2 + u_n - 1$;

4. $u_0 = 2$ et $u_{n+1} = \frac{1}{2}u_n$;

5. $u_0 = 3$ et $u_{n+1} = 2u_n^2 + u_n + 3$.

★ **116** La suite (u_n) est définie, pour tout naturel n, par $u_n = 2^n + 3n + 1$.

1. Calculez les termes de u_0 à u_5.
Que pouvez-vous conjecturer concernant le sens de variation de la suite (u_n) ?

2. a) Étudiez le signe de $\frac{u_{n+1}}{u_n} - 1$.

b) Déduisez-en le sens de variation de la suite (u_n).

★ **117** Reprenez l'exercice 116 avec la suite (u_n) définie, pour tout naturel n, par $u_n = \sqrt{n^2+n+2}$.
Dans la question 2, étudiez le signe de $u_{n+1}^2 - u_n^2$.

★★ **118** La suite (u_n) est définie, pour tout naturel non nul n, par $u_n = \frac{(\sqrt{2})^n}{n^2}$.

1. Calculez les termes de u_1 à u_6.
Que pouvez-vous conjecturer concernant le sens de variation de la suite (u_n) ?

2. Calculez u_7. Que constatez-vous ?

3. Étudiez le sens de variation de la suite (u_n).

Limites

Pour les exercices 119 à 122, la suite (u_n) converge vers 0 lorsque n tend vers $+\infty$.
Trouvez un indice m pour lequel les termes u_n :
1. sont dans $I =]-10^{-5} ; 10^{-5}[$ lorsque $n > m$;
2. sont dans $I =]-10^{-10} ; 10^{-10}[$ lorsque $n > m$.

119 $u_n = \frac{1}{\sqrt{n}}$, $n > 0$.

120 $u_n = \frac{1}{n+5}$.

121 $u_n = \frac{2}{n^2}$, $n > 0$.

122 $u_n = \frac{-5}{2n+1}$.

123 La population d'une ville est de 100 000 habitants en 2000. Suite à la création très proche d'un aéroport, on émet l'hypothèse que la population de cette ville va régulièrement diminuer de 20 % par an. On note u_0 la population en 2000, u_1 celle de 2001, …

1. Expliquez pourquoi $u_1 = 0{,}8\ u_0$?
2. Quelle est la nature de la suite (u_n) ?
3. À l'aide de votre calculatrice, déterminez en quelle année la population de cette ville sera inférieure, pour la première fois, à 20 000 habitants.
4. Que pouvez-vous conjecturer à propos de la population de cette ville ?

124 1. Choisissez un réel x strictement supérieur à 1 et à l'aide de votre calculatrice, calculez :

$$u_1 = \sqrt{x},\ u_2 = \sqrt{\sqrt{x}},\ u_3 = \sqrt{\sqrt{\sqrt{x}}},\ \ldots$$

Vous construisez ainsi une suite (u_n).
Que pouvez-vous conjecturer ?

2. Recommencez avec un réel x tel que $0 < x < 1$.
Que constatez-vous ?

★ **125** La suite (u_n) est définie pour tout naturel n par :

$$u_n = \frac{2n^2 - 3\sin n}{n^2 + 1}.$$

1. À l'aide de votre calculatrice, donnez une valeur approchée de u_{10}, u_{100}, $u_{1\,000}$.
Que pouvez-vous conjecturer concernant la limite éventuelle de la suite (u_n) ?
2. Prouvez que, pour tout entier naturel non nul n :
$$\frac{2n^2 - 3}{n^2 + 1} \leqslant u_n \leqslant \frac{2n^2 + 3}{n^2 + 1}.$$
3. Déduisez-en la limite de la suite (u_n).

Aide : Voir l'exercice résolu 7, p. 159.

★ **126** La suite (u_n) est définie pour tout naturel non nul n par $u_n = \dfrac{1}{n + \sqrt{1}} + \dfrac{1}{n + \sqrt{2}} + \dfrac{1}{n + \sqrt{3}} + \ldots + \dfrac{1}{n + \sqrt{n}}$.

1. Calculez u_1, u_2, u_3.
2. u_n est la somme de n termes. Quel est le plus grand ? Quel est le plus petit ?
Déduisez-en que pour tout naturel non nul n, $\dfrac{n}{n + \sqrt{n}} \leqslant u_n \leqslant \dfrac{n}{n+1}$, puis la limite de la suite (u_n).

★ **127** La suite (u_n) est définie pour tout $n \geqslant 1$ par :

$$u_n = \frac{n}{n^2 + 1} + \frac{n}{n^2 + 2} + \ldots + \frac{n}{n^2 + n}.$$

1. Calculez u_1, u_2, u_3, u_4.
2. u_n est la somme de n termes. Quel est le plus grand ? le plus petit ?
3. Déduisez-en que pour tout $n \geqslant 1$,
$$\frac{n^2}{n^2 + n} \leqslant u_n \leqslant \frac{n^2}{n^2 + 1}.$$
Quelle est alors la limite de (u_n) ?

Calculs de sommes

★ **128** 1. Calculez la somme de tous les entiers naturels multiples de 3 inférieurs à 1 000.

2. Calculez la somme de tous les entiers naturels multiples de 5 inférieurs à 9 999.
3. Calculez la somme de tous les nombres entiers naturels inférieurs à 2 154 ayant 3 pour chiffre des unités.

★ **129** La suite (u_n) est définie pour tout entier naturel n par $u_n = 3^n + 4n - 3$. On note (w_n) et (v_n) les suites définies par $v_n = 3^n$ et $w_n = 4n - 3$.

1. Démontrez que (w_n) est une suite arithmétique.
2. a) Calculez :
$$V_n = v_0 + v_1 + \ldots + v_n \text{ et } W_n = w_0 + w_1 + \ldots + w_n.$$
b) Déduisez-en, en fonction de n, $u_0 + u_1 + \ldots + u_n$.

★ **130** On considère la table ci-contre, dite table de Pythagore. Pour k entier naturel compris entre 1 et n, on note S_k la somme des nombres de la k-ième ligne et P_k la somme des nombres des cases coloriées d'une même couleur :

1	2	3		n
2	4	6		$2n$
3	6	9		$3n$
n	$2n$	$3n$		n^2

$$P_1 = 1,\ P_2 = 2 + 4 + 2,\ P_3 = 3 + 6 + 9 + 6 + 3,\ \ldots$$

1. Démontrez que $S_1 + S_2 + \ldots + S_n = (S_1)^2$.
2. a) Vérifiez que $P_k = 2k(1 + \ldots + k) - k^2$.
b) Déduisez-en que $P_k = k^3$.
3. Déduisez des questions précédentes que :
$$1^3 + 2^3 + \ldots + n^3 = \left(\frac{n(n+1)}{2}\right)^2 = (1 + 2 + \ldots + n)^2.$$

★ **131** f est la fonction polynôme $x \mapsto (x+1)^3 - x^3$.
On note $S = 1 + 2 + \ldots + n$ et $P = 1^2 + 2^2 + \ldots + n^2$.

1. Vérifiez que $f(x) = 3x^2 + 3x + 1$.
2. a) En remplaçant successivement x par 1 ; 2 ; … ; n, démontrez que :
$$f(1) + f(2) + \ldots + f(n) = (n+1)^3 - 1 = 3P + 3S + n.$$
b) Déduisez-en que $P + S = \dfrac{n(n+1)(n+2)}{3}$.
3. Calculez S en fonction de n puis démontrez que :
$$P = \frac{n(n+1)(2n+1)}{6}.$$

132 Une suite définie par $u_{n+2} = au_{n+1} + bu_n$

(u_n) est la suite définie par $u_0 = 1$, $u_1 = 2$, et pour tout naturel n, $u_{n+2} = 1{,}5u_{n+1} - 0{,}5u_n$.

1. a) Démontrez que la suite (v_n) définie par $v_n = u_{n+1} - u_n$ est une suite géométrique.

b) Exprimez v_n en fonction de n.

2. a) Exprimez u_n en fonction de n.

b) Quelle est la limite de la suite (u_n) ?

3. Déterminez le plus petit entier p tel que :

$$|u_n - 3| < 10^{-5} \text{ pour tout entier } n \geqslant p.$$

133

1. En utilisant la figure ci-contre, conjecturez la limite de la suite (u_n) définie par

$$u_n = \frac{1}{2} + \frac{1}{4} + \frac{1}{8} + \ldots + \frac{1}{2^n}.$$

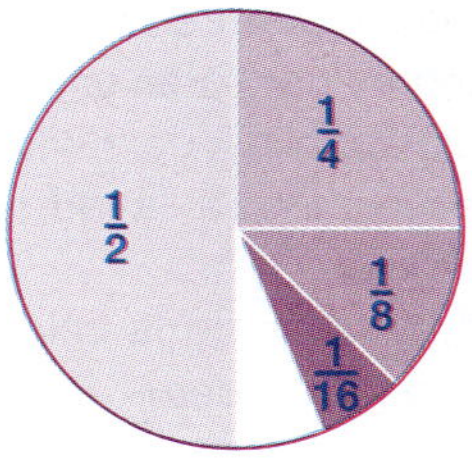

2. Exprimez u_n en fonction de n et déduisez-en la limite de la suite (u_n).

134

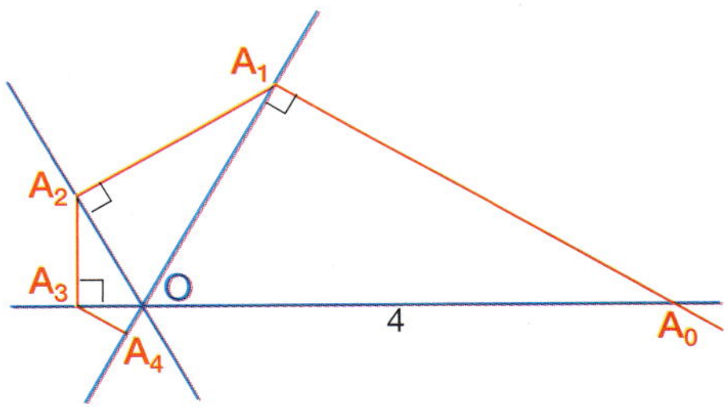

Les deux droites issues de O font des angles de $\frac{\pi}{3}$ et la mesure de OA_0 est 4.

Quelle est la limite de la suite (u_n) définie par :

$$u_n = A_0A_1 + A_1A_2 + A_2A_3 + \ldots + A_{n-1}A_n \ ?$$

Aide : Voir *Pour apprendre à chercher*, exercice 81.

135 Développement décimal périodique

On considère un nombre a dont l'écriture dans le système décimal est $a = 2{,}341\,41\,41\ldots41\ldots$, les pointillés indiquant que, dans cette écriture, la « tranche » 41 est répétée indéfiniment à partir de 2,3.

L'objectif est de démontrer que le nombre a est un nombre rationnel, c'est-à-dire le quotient de deux entiers.

Si on pose $u_0 = 2{,}3$ et $u_1 = 2{,}341$ et de manière générale $u_n = 2{,}341\,41\ldots41$ (avec n « tranches » 41), alors on conçoit que le nombre a est la limite de (u_n).

1. Vérifiez que $u_1 = u_0 + \frac{41}{10^3}$, $u_2 = u_1 + \frac{41}{10^5}$ et plus généralement, pour tout naturel $p \geqslant 1$:

$$u_p = u_{p-1} + \frac{41}{10^{2p+1}}.$$

2. Déduisez-en que pour tout naturel n,

$$u_n = 2{,}3 + 41\left[\frac{1}{10^3} + \frac{1}{10^5} + \ldots + \frac{1}{10^{2n+1}}\right].$$

3. Déduisez-en la limite de (u_n) et deux entiers p et q tels que $a = \frac{p}{q}$.

4. On considère le nombre a dont l'écriture dans le système décimal est 5,04 321 321 321...

Démontrez que a est un nombre rationnel.

Commentaires : On dit que le développement décimal de *a* est périodique. On comprend le pourquoi d'une telle qualification. On sait de plus démontrer que les nombres rationnels, et eux seuls, ont un développement décimal périodique.

136 Résolvez les équations suivantes.

1. $\frac{1}{x} + \frac{1}{x^2} + \frac{1}{x^3} + \ldots + \frac{1}{x^7} = 0.$

2. $1 - \frac{1}{2x} + \frac{1}{4x^2} - \frac{1}{8x^3} + \frac{1}{16x^4} - \frac{1}{32x^5} = 0.$

3. $27x^7 + 9x^5 + 3x^3 + x = 0.$

Applications

137 Datation au carbone 14

Le but de l'exercice est l'étude de la désintégration d'un corps radioactif : le carbone 14.

1. Soit N_0 le nombre d'atomes de carbone 14 à l'instant $t = 0$, N_1 le nombre d'atomes de carbone 14 un siècle après, N_k le nombre d'atomes de carbone 14 après k siècles (k entier). On sait que le nombre d'atomes de carbone 14 diminue très lentement au cours du temps, d'environ 1,24 % par siècle.

a) Exprimez N_1 en fonction de N_0, puis N_k en fonction de N_{k-1}.

b) Déduisez-en la nature de la suite (N_n) et exprimez N_n en fonction de N_0 et de n.

c) Donnez, en le justifiant, le sens de variation de la suite (N_n).

2. Le carbone 14 est renouvelé constamment chez les êtres vivants : à la mort de ceux-ci, l'assimilation cesse et le carbone 14 présent se désintègre.

Des archéologues ont trouvé des fragments d'os dont la teneur en carbone 14 est 40 % de celle d'un fragment d'os actuel de la même masse, pris comme témoin.

À l'aide de la calculatrice (ou d'un tableur), calculez l'âge de ces fragments. On arrondira au siècle près.

(d'après Bac)

138 Évolution d'un pourcentage

Un certain objet coûte actuellement 200 euros. Le taux d'inflation moyen est de 2,2 % par an. On suppose que l'inflation se maintiendra à ce taux annuel.

On note P_0 le prix actuel (200 €) et P_n le prix (en €) à l'année n.

1. Quel sera le taux d'augmentation du prix entre l'année actuelle (année 0) et le prix dans dix ans (année 10) ?

2. Dans combien d'années le prix dépassera-t-il 300 euros ?

★ 139

La suite (u_n) est définie par $\begin{cases} u_0 = 1 \\ u_{n+1} = \dfrac{u_n - 1}{3u_n + 1} \end{cases}$

1. Calculez u_1, u_2, u_3.

2. Représentez graphiquement la fonction f telle que $u_{n+1} = f(u_n)$ sur $\left]-2\,;\,-\frac{1}{3}\right[\cup \left]-\frac{1}{3}\,;\,2\right[$.

3. À l'aide de la représentation de f et de la droite d'équation $y = x$, construisez u_1, u_2, u_3, u_4, u_5.
Que pouvez-vous conjecturer ?

4. Démontrez que pour tout naturel n, $u_{n+3} = u_n$.

Commentaire : (u_n) est dite périodique de période 3.

★ 140

Une plaque d'isolant phonique absorbe 45 % du son qui la traverse. Combien doit-on superposer de plaques pour que l'intensité du son soit inférieure à 10 % de sa valeur initiale ?

141 Intérêts simples, intérêts composés

Une personne souhaite placer durant plusieurs années un capital de 15 000 euros. Elle hésite entre deux types de placements :

• un placement à intérêts simples à 6 % l'an : chaque année, son capital augmente d'une somme fixe égale à 6 % du capital initial, c'est-à-dire de 900 euros ;

• un placement à intérêts composés à 4 % l'an : dans ce cas, les intérêts produits sont capitalisés, et rapportent donc eux aussi 4 % l'an.

1. Quel est le placement le plus avantageux sur 7 ans ?

2. Pour chaque cas, combien d'années faut-il immobiliser la somme initiale pour voir le capital doubler ?

Conseil : Notez S_n le capital obtenu au terme de n années lorsque les intérêts sont simples ($S_0 = 15\,000$ euros), et C_n le capital obtenu au terme de n années lorsque les intérêts sont comptabilisés.

142

P_n est le P.I.B. (produit intérieur brut) de la France en milliards d'euros pour une année n.

$\dfrac{P_{n+1} - P_n}{P_n}$ est pratiquement constant et égal à 0,12.

1. Calculez P_n en fonction de n, puis P_0.

2. À partir de quelle année a-t-on $P_n \geqslant 3P_0$?

★★ 143 L'uranium 234 et le thorium 230

L'uranium 234 est un corps radioactif qui émet des radiations alpha et gamma et se transforme en se désintégrant en thorium 230. Le taux d'atomes désintégrés par l'uranium 234 est 0,02 % par siècle.

On appelle « demi-vie » d'un corps radioactif le temps nécessaire à la désintégration de la moitié de ses atomes.

1. À l'aide de la calculatrice (ou d'un tableur), déterminez la demi-vie, à un siècle près, de l'uranium 234.

2. La demi-vie du thorium 230 est de 76 000 ans.
À l'aide de la calculatrice (ou d'un tableur), déterminez le taux d'atomes désintégrés par le thorium 230 par siècle.

3. Que devient le thorium 230 après 152 000 ans ?

★★ 144 Conjecture de Collatz

a est un entier naturel non nul. (u_n) est la suite définie par $u_0 = a$ et la relation de récurrence :

si u_n est pair, $u_{n+1} = 0{,}5\, u_n$;
si u_n est impair, $u_{n+1} = 3u_n + 1$.

1. On choisit $a = 3$.

a) Calculez $u_1, u_2, u_3, \ldots, u_{10}$. Que pouvez-vous dire de cette suite à partir de $n = 5$?

b) Pour quelle valeur minimum de n obtient-on $u_n = 1$?

2. On choisit maintenant $a = 7$.

a) Vérifiez que si on calcule les termes successifs de la suite, on finit par trouver 1 (puis le cycle 4, 2, 1…).

b) Pour quelle valeur de n obtient-on $u_n = 1$ pour la première fois ?

3. Mêmes questions pour $a = 9$.

Commentaire : Si on essaie d'autres valeurs entières de a, on s'aperçoit que la suite finit par prendre la valeur 1 pour une valeur de n plus ou moins grande. Cette propriété n'a jamais été démontrée à ce jour. C'est une conjecture, appelée **conjecture de Collatz**, du nom d'un mathématicien allemand qui l'aurait formulée dans les années 1930. On l'appelle aussi quelquefois « algorithme de Syracuse » parce que ce problème a été étudié par l'université américaine de Syracuse dans les années 1960 ; mais cette étude n'a pas abouti à une démonstration. En 1998, T. Oliveira e Silva a vérifié la conjecture jusqu'à $a = 91 \times 2^{50} > 10^{17}$. Cela ne prouve pas, cependant, que la conjecture est vraie pour tout entier a.

145 Comparaison des valeurs des premiers termes des suites $(1+t)^n$ et $1+nt$

L'objectif est d'étudier pour quelles valeurs du réel t l'approximation de $(1+t)^n$ par $1+nt$ est « raisonnable ». Dans le tableau suivant, on affiche les nombres $(1+nt)$ et $(1+t)^n$ pour des valeurs entières (de 0 à 20) de n, et pour différentes valeurs de t (dans l'ordre 0,1 ; 0,02 ; 0,01 ; 0,001). Sont affichées, les valeurs exactes des nombres $(1+nt)$ et des **valeurs approchées des nombres $(1+t)^n$.**

A	B	C	D	E	F	G	H	I
	t=0,1		t=0,02		t=0,01		t=0,001	
n	1+nt	(1+t)ⁿ	1+nt	(1+t)ⁿ	1+nt	(1+t)ⁿ	1+nt	(1+t)ⁿ
0	1	1,00	1	1,00	1	1,00	1	1,000
1	1,1	1,10	1,02	1,02	1,01	1,01	1,001	1,001
2	1,2	1,21	1,04	1,04	1,02	1,02	1,002	1,002
3	1,3	1,33	1,06	1,06	1,03	1,03	1,003	1,003
4	1,4	1,46	1,08	1,08	1,04	1,04	1,004	1,004
5	1,5	1,61	1,1	1,10	1,05	1,05	1,005	1,005
6	1,6	1,77	1,12	1,13	1,06	1,06	1,006	1,006
7	1,7	1,95	1,14	1,15	1,07	1,07	1,007	1,007
8	1,8	2,14	1,16	1,17	1,08	1,08	1,008	1,008
9	1,9	2,36	1,18	1,20	1,09	1,09	1,009	1,009
10	2	2,59	1,2	1,22	1,1	1,10	1,01	1,010
11	2,1	2,85	1,22	1,24	1,11	1,12	1,011	1,011
12	2,2	3,14	1,24	1,27	1,12	1,13	1,012	1,012
13	2,3	3,45	1,26	1,29	1,13	1,14	1,013	1,013
14	2,4	3,80	1,28	1,32	1,14	1,15	1,014	1,014
15	2,5	4,18	1,3	1,35	1,15	1,16	1,015	1,015
16	2,6	4,59	1,32	1,37	1,16	1,17	1,016	1,016
17	2,7	5,05	1,34	1,40	1,17	1,18	1,017	1,017
18	2,8	5,56	1,36	1,43	1,18	1,20	1,018	1,018
19	2,9	6,12	1,38	1,46	1,19	1,21	1,019	1,019
20	3	6,73	1,4	1,49	1,2	1,22	1,02	1,020

1. Étudiez les variations de la fonction f définie sur $[-1\,;1]$ par $f(x) = (1+x)^n - (1+nx)$, $n > 1$.

2. Déduisez-en que pour t non nul de $[-1\,;1]$ et $n > 1$, $(1+t)^n$ est strictement supérieur à $1+nt$.

3. t est fixé (par exemple $t = 0{,}1$). Quelle est la nature :
a) de la suite (u_n) définie par $u_n = 1 + (n \times 0{,}1)$?
b) de la suite (v_n) définie par $v_n = (1+0{,}1)^n$?

4. À l'aide du tableau ci-contre, comparez ces deux suites, suivant les valeurs de t.
Que remarquez-vous ?

Aide : N'oubliez pas le résultat de la question 2.

5. Fixons le naturel n, par exemple prenons $n = 5$. Suivant les valeurs de t, la qualité de l'approximation de $(1+t)^5$ par $1+5t$ varie avec t.
Décrivez cette variation.

6. Représentez sur l'écran de votre calculatrice les fonctions $t \mapsto (1+t)^5$ et $t \mapsto 1+5t$ (limitez le domaine d'étude à $[-0{,}4\,;0{,}4]$). Quelle remarque faites-vous ? Pouvez-vous la justifier ?

Commentaire : $1+5t$ est une approximation affine de $(1+t)^5$, pour des « **petites** » valeurs de t. Ainsi on pourrait dire que lorsque t est « petit », cinq augmentations de t % sont presque équivalentes à une augmentation de (5t) %.

Pour un bilan

Pour chacun des exercices suivants, plusieurs des affirmations proposées peuvent être exactes. Dites lesquelles.

Q1 (u_n) est définie par $u_0 = 2$ et $u_{n+1} = \dfrac{u_n + 2}{u_n - 1}$.
a) La suite (u_n) est strictement croissante.
b) La suite (u_n) est convergente.
c) Pour tout naturel n, u_n est positif.
d) Pour tout naturel n, $u_{n+2} = u_n$.

Q2 La suite (u_n) est telle que, pour tout naturel n, $0 < |u_n - 2| < 3 \times \dfrac{1}{2^n}$.
a) Tous les termes de la suite appartiennent à $]-1\,;5[$.
b) La suite (u_n) converge vers 2.
c) La suite (u_n) converge vers -2.
d) La suite (u_n) est nécessairement géométrique.

Q3 La suite (u_n) est définie, pour tout naturel non nul n, par $u_n = \dfrac{1}{n} + \left(\dfrac{1}{2}\right)^n$.
a) La suite (u_n) est croissante.
b) La suite (u_n) est géométrique.
c) La suite (u_n) est convergente.
d) $\lim\limits_{n \to +\infty} u_n = 1$.

Q4 La suite (u_n) est définie, pour tout naturel n, par $u_n = 2^n - 3n + 4$.
a) La suite (u_n) est monotone.
b) Pour tout naturel n, u_n est un nombre entier.
c) Il existe une suite arithmétique (v_n) et une suite géométrique (w_n) telles que pour tout naturel n, $u_n = v_n + w_n$.
d) Pour tout naturel n, u_n est un nombre pair.

Q5 (u_n) est définie par $u_0 = 1$ et $u_{n+1} = \dfrac{u_n}{3 - u_n}$.
a) La suite (u_n) est convergente.
b) La suite (v_n) définie, pour tout naturel n, par $v_n = \dfrac{1}{u_n}$ est arithmétique.
c) La suite (w_n) définie, pour tout naturel n, par $w_n = v_n - \dfrac{1}{2}$ est géométrique.
d) Pour tout naturel n, $u_n = \dfrac{2}{3^n + 1}$.

problèmes de synthèse

146 **Thèmes : Suites arithmétiques. Parabole**

Dans le plan muni d'un repère orthonormal $(O ; \vec{\imath}, \vec{\jmath})$, on donne les points $A_0(1 ; 1)$ et $A_1(2 ; 2)$.
On considère la ligne brisée $A_0, A_1, \ldots, A_n$, telle que pour tout entier naturel n :
- le point A_n a pour abscisse $n+1$,
- les coefficients directeurs des droites (A_0A_1), (A_1A_2), …, (A_nA_{n+1}), …, forment une suite arithmétique de raison $\frac{1}{2}$.

1. Placez les points $A_0, A_1, A_2, A_3, A_4, A_5$.
2. On note $(x_n ; y_n)$ les coordonnées du point A_n.
Démontrez que pour tout entier naturel non nul,
$$y_n - y_{n-1} = \frac{n+1}{2}.$$
Déduisez-en que $y_n = \dfrac{n^2+3n+4}{4}$.
3. Démontrez alors que les points A_n appartiennent à une parabole $\mathcal{P}$, tracez cette parabole sur la même figure que les points $A_0, A_1, A_2, A_3, A_4, A_5$.

147 **Thèmes : Barycentres. Suites. Transformations du plan.**

$(O ; \vec{\imath}, \vec{\jmath})$ est un repère orthonormal.
k étant un réel donné, à un point M quelconque on associe le point M′ défini de la manière suivante.
On projette M en H sur l'axe des abscisses, en K sur l'axe des ordonnées, et on note M′ le barycentre de (H, k), $(K, 1-k)$.
On note T_k la transformation $M \mapsto M'$.
Dans la première partie, on donne à k une valeur particulière afin de vous familiariser avec ces transformations géométriques T_k.

Partie I On suppose $k = 2$

On note Δ la droite d'équation $y + 2x - 6 = 0$.
Cette droite coupe les axes $(O ; \vec{\imath})$ et $(O ; \vec{\jmath})$ en I et J ; M est un point quelconque de Δ.
1. Tracez Δ, puis construisez les points I′, J′, M′, images de I, J, M, par T_2.
2. Prouvez que les points I′, J′, M′, sont alignés.

Partie II

$\mathcal{P}$ est la parabole d'équation $y = x^2$, M un point quelconque de $\mathcal{P}$, d'abscisse m, avec $m \neq 0$.
1. Si $M' = T_k(M)$, démontrez que les coordonnées $(x' ; y')$ de M′ sont :
$$x' = mk \text{ et } y' = (1-k)m^2.$$
2. Existe-t-il des valeurs de k pour lesquelles le point M′ appartient à $\mathcal{P}$?
Si oui, précisez pour chacune de ces valeurs la position du point M′.

Partie III

1. Si M a pour coordonnées $(x ; y)$, démontrez que les coordonnées $(x' ; y')$ de $M' = T_k(M)$ sont :
$$x' = kx \text{ et } y' = (1-k)y.$$
2. Précisez la nature de la transformation T lorsque $k = 0$; $k = 1$; $k = \frac{1}{2}$.
3. On note A_0 le point de coordonnées $(2 ; 1)$ et on pose $A_1 = T_k(A_0)$, $A_2 = T_k(A_1)$, …, $A_n = T_k(A_{n-1})$.
Prouvez que les coordonnées $(x_n ; y_n)$ de A_n sont :
$$x_n = 2k^n \text{ et } y_n = (1-k)^n.$$
Déterminez l'ensemble des nombres k tels que chacune de ces suites a une limite réelle.
4. On pose $\overrightarrow{OS_n} = \overrightarrow{OA_0} + \overrightarrow{OA_1} + \ldots + \overrightarrow{OA_n}$ et on suppose que k appartient à l'intervalle $]0 ; 1[$.
a) Démontrez que les coordonnées $(X_n ; Y_n)$ de $\overrightarrow{OS_n}$ sont données par :
$$X_n = 2\left(\frac{1-k^{n+1}}{1-k}\right) \text{ et } Y_n = \frac{1-(1-k)^{n+1}}{k}.$$
b. Les suites (X_n) et (Y_n) ont-elles une limite ?

148 **Thèmes : Suites. Second degré**

(u_n) est une suite géometrique de premier terme $u_1 = 3$ et de raison -2.
1. Déterminez les réels p_n et q_n pour que l'équation $x^2 + p_nx + q_n = 0$ ait pour solutions u_n et u_{n+1}.
2. On note (v_n) la suite de terme général $v_n = \dfrac{p_n}{q_n}$.
Démontrez que (v_n) est une suite géométrique dont vous préciserez le premier terme et la raison.

Pour chercher plus

★★ **149** Dans un dictionnaire, on choisit une page.
La moyenne des numéros des pages restantes est 1 000,743.
Déterminez le numéro de la page choisie et le nombre de pages de ce dictionnaire.

★★★ **150** L'écriture décimale d'un nombre entier est composée de 2 001 fois le chiffre 6.
Quelle est la somme des chiffres du carré de ce nombre ?

chapitre 7

Statistique

Approche historique

Un problème

On considère une série, de moyenne inconnue C, dont on ne connaît qu'un échantillon de valeurs de taille m. On calcule la moyenne A de cet échantillon. Comment savoir si A est proche ou loin de la moyenne C ?

Des éléments de réflexion

Joseph Fourier (Auxerre, 1768 - Paris, 1830) explique pour le grand public une méthode, connue aujourd'hui sous le nom de déviation standard. Révoqué de son poste de préfet de Grenoble au début de la Restauration, Fourier fut heureux de trouver un emploi rémunéré pour faire les statistiques de la ville de Paris et du département de la Seine. Il apprit à son tour ce que l'on savait de la statistique, et l'exposa.

« Désignons par a, b, c, ... n les valeurs particulières dont on a déduit le résultat moyen (...). La valeur moyenne A est égale à la somme $a+b+c+\ldots+n$ divisée par le nombre m. On prend le carré de chacune des valeurs particulières ; puis, ajoutant ensemble tous ces carrés $a^2+b^2+c^2+\ldots+n^2$, on divisera leur somme par le nombre m, ce qui donnera un quotient B, qui représente la valeur moyenne des carrés. On retranchera de B le carré A^2 de la valeur moyenne, et l'on divisera le double du reste par le nombre m. Extrayant la racine du quotient, on trouvera une quantité que nous désignons par g, et qui sert à mesurer le degré de l'approximation.

Joseph Fourier
(Auxerre, 1768 – Paris, 1830)

Plus la valeur de g est petite, plus la moyenne calculée A est voisine de la valeur exacte que l'on cherche. »

Ainsi $g = \sqrt{\dfrac{2}{m}\left[\dfrac{a^2+b^2+\ldots+n^2}{m} - \mathrm{A}^2\right]}$.

La valeur g est un paramètre de dispersion de la série (comparable à l'écart-type, présenté dans ce chapitre). Il mesure la dispersion des valeurs de la série autour de sa moyenne.

Activité 1 Introduction aux quartiles

1 Rappels

1. Rappels

La **médiane** est le nombre qui sépare la série, ordonnée dans le sens des valeurs croissantes en deux groupes de même effectif. Rappelons comment la trouver.

1re étape : On écrit la liste de toutes les valeurs du caractère rangées par ordre croissant, chacune d'elle étant répétée autant de fois que son effectif.

2e étape : • Si l'effectif total N est un nombre impair, la médiane est le terme médian (c'est-à-dire celui de rang $\frac{N+1}{2}$). Par exemple, la médiane de la série a_1, a_2, a_3, a_4, a_5 est a_3.

• Si N est pair, la médiane est le centre de l'intervalle formé par les valeurs du caractère des termes de rang $\frac{N}{2}$ et $\frac{N}{2}+1$.

Par exemple, la médiane de la série a_1, a_2, a_3, a_4, a_5, a_6 est $\frac{a_3+a_4}{2}$.

• Lorsque N est grand, il est inutile d'écrire la liste des valeurs. À l'aide du tableau donnant les effectifs, on peut repérer la valeur dont le rang est $\frac{N}{2}$ ou $\frac{N+1}{2}$ (selon la parité de N) et déterminer ainsi la médiane.

2. Exercice

Considérons la série suivante :

valeur du caractère	4	7	10	13	16
effectif	6	5	7	4	1

NOTE
Pour le vocabulaire de la statistique, voir le lexique, page 431.

a) Calculez la moyenne de cette série.

b) Calculez la médiane de cette série.

2 Une notion nouvelle : les quartiles

Écrivons la liste des valeurs du caractère de la série précédente :

4 4 4 4 4 4 7 7 7 7 7 10 10 10 10 10 10 10 13 13 13 13 16

Les valeurs du caractère sont rangées dans l'ordre croissant et chacune d'elle est répétée autant de fois qu'elle a été observée. Cette liste est d'effectif total $N = 23$.

• La médiane m_e coupe l'effectif en deux. Il y a au moins 50 % des effectifs dont la valeur du caractère est inférieure ou égale à m_e, et 50 % au moins de cet effectif, une valeur supérieure ou égale à m_e.

Afin de mieux percevoir la répartition des termes de la série, on va faire le même partage (en deux parties de même effectif) pour les douze premiers termes et les douze derniers.

• La série des douze premiers termes s'écrit : 4 4 4 4 4 4 7 7 7 7 7 10.

Les nombres compris entre 4 et 7 conviennent (la médiane de cette série est d'ailleurs $\frac{4+7}{2} = 5{,}5$). Cependant nous conviendrons de prendre la plus petite valeur de la série qui convient, soit 4. Ce nombre est le plus petit tel qu'au moins 25 % de l'effectif aient une valeur du caractère qui lui soit inférieure ou égale.

• La série des douze derniers termes s'écrit :

10 10 10 10 10 10 10 13 13 13 13 16,

la valeur cherchée est 10. Ici, il n'y a pas d'autre choix.
Ces deux nombres s'appellent le **premier quartile**, noté Q_1, et le **troisième quartile**, noté Q_3. On peut résumer la situation par le schéma suivant :

$$\underbrace{4\ 4\ 4\ 4\ 4}_{\text{au moins 25 \%}}\ \underset{Q_1}{4}\ \underbrace{7\ 7\ 7\ 7\ 7}_{\text{au moins 25 \%}}\ \underset{m_e}{10}\ \underbrace{10\ 10\ 10\ 10\ 10\ 10}_{\text{au moins 25 \%}}\ \underset{Q_3}{10}\ 13\ 13\ 13\ 13\ 16.$$

• Dans cet exemple, $\frac{N}{4} = 5{,}75$. On dit que le premier quartile est la sixième valeur de la liste, c'est-à-dire la première valeur de la liste de rang supérieur à $\frac{N}{4}$.
$\frac{3N}{4} = 17{,}25$. On dit que le troisième quartile est la dix-huitième valeur de cette liste c'est-à-dire la première valeur de rang supérieur à $\frac{3N}{4}$.

Activité 2 Le symbole Σ (se lit « sigma »)

1 Rappels

Pour écrire une liste de p nombres, on a coutume de les nommer $a_1, a_2, \ldots, a_p$.
L'écriture a_i se lit « a indice i ». On appelle cette écriture une **écriture indicielle**.
On est amené en mathématique à écrire la somme de ces nombres, par exemple celle de $a_1, \ldots, a_5$, $S_5 = a_1 + a_2 + a_3 + a_4 + a_5$. Pour simplifier ce type d'écriture, on peut symboliser cette somme par l'écriture $S_5 = \sum_{i=1}^{5} a_i$.

La notation $\sum_{i=1}^{p} a_i$ signifie que l'on fait la somme des nombres a_i lorsque l'indice i prend toutes les valeurs entières de 1 à p : $\boldsymbol{\sum_{i=1}^{p} a_i = a_1 + a_2 + \ldots + a_p}$.

En classe de Seconde, la formule de la moyenne d'une série statistique s'écrivait :

$$\bar{x} = \frac{n_1x_1 + n_2x_2 + \ldots + n_px_p}{N} \quad \text{avec } N = n_1 + n_2 + \ldots + n_p.$$

Cette formule peut s'écrire de façon condensée par $\bar{x} = \frac{1}{N}\sum_{i=1}^{p} n_ix_i$ avec $N = \sum_{i=1}^{p} n_i$.

2 Exercices

1. Écrivez avec le symbole $\sum$ les deux sommes suivantes :

$$S_p = 1^2 + 2^2 + \ldots + p^2 \quad \text{et} \quad S = 3^1 + 3^2 + \ldots + 3^p.$$

2. Explicitez l'écriture $\sum_{i=1}^{p} a_ix^i$ et justifiez que $\sum_{i=1}^{p} (a_i + b_i) = \sum_{i=1}^{p} a_i + \sum_{i=1}^{p} b_i$.

3. Vérifiez que $\sum_{i=1}^{p} \alpha x_i = \alpha \sum_{i=1}^{p} x_i$. Déduisez-en que $\bar{x} = \sum_{i=1}^{p} (f_ix_i)$.

Rappel : $f_i = \frac{n_i}{N}$, fréquence de la valeur x_i du caractère.

Cours

1 Les quartiles

On considère une série statistique à caractère quantitatif.
Intuitivement, les quartiles sont des nombres qui partagent la série statistique en quatre parties qui ont toutes sensiblement le même nombre de termes, c'est-à-dire 25 % de l'effectif total.

1 1 Définitions

Définition 1

NOTE
Les définitions 1 sont celles données par le programme. Néanmoins, beaucoup de calculatrices considèrent les quartiles comme les médianes des deux séries obtenues après avoir partagé la série initiale par sa médiane.
Les résultats donnés par les calculatrices peuvent alors être différents de ceux donnés par la définition 1, surtout lorsque les effectifs sont faibles.

Le **premier quartile Q_1** est la plus petite valeur du caractère telle qu'au moins 25 % des termes de la série aient une valeur du caractère qui lui soit inférieure ou égale.
Le **troisième quartile Q_3** est la plus petite valeur du caractère telle qu'au moins 75 % des termes de la série aient une valeur du caractère qui lui soit inférieure ou égale.

La situation se résume ainsi :

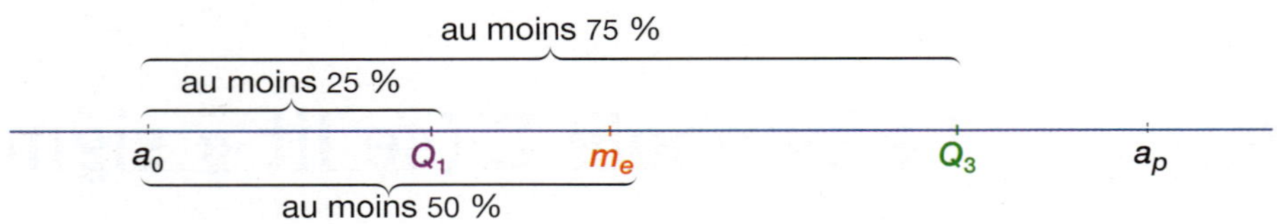

1 2 Valeurs non regroupées en classes

Dans ce cas, les définitions 1 se traduisent ainsi :

Lorsqu'on a écrit la liste par ordre croissant des valeurs du caractère, chacune d'elles **répétée autant de fois que son effectif**, alors, N étant l'effectif total :

- **si $\frac{N}{4}$ est un entier n**, le premier quartile Q_1 est le terme qui dans cette liste occupe le **rang n** et le troisième quartile Q_3 est le terme de **rang $3n$**,
- **si $\frac{N}{4}$ n'est pas un entier**, Q_1 est le terme de **rang immédiatement supérieur à $\frac{N}{4}$**, et Q_3 est le terme de **rang immédiatement supérieur à $\frac{3N}{4}$**.

Exemple : On considère la série 1, 2, 3, 4, 5, 5, 5, 6. Ici $\frac{N}{4} = 2$ donc Q_1 est le terme de rang 2, Q_3 est le terme de rang 6. Donc $Q_1 = 2$ et $Q_3 = 5$. Notons qu'ici la médiane est 4,5 donc elle n'est pas une valeur du caractère.

1 3 Valeurs regroupées par classes

Lorsque la série est donnée par classes :
- Q_1 est la valeur correspondant à la **fréquence cumulée croissante** égale à **0,25**,
- Q_3 est la valeur correspondant à la **fréquence cumulée croissante** égale à **0,75**.

Pour mieux comprendre

À QUOI SERVENT les quartiles ?

La médiane renseigne sur la répartition des effectifs : 50 % ont une valeur du caractère inférieure et 50 % supérieure. Par exemple, le salaire brut médian versé dans le secteur privé en France est de 20 389 € (INSEE). Cela signifie que la moitié de l'effectif gagne moins et l'autre moitié gagne plus. Quand l'étendue de la série est grande et les effectifs importants, une répartition plus fine consiste à partager les effectifs en quatre groupes contenant chacun 25 %, on obtient alors les quartiles. Un découpage encore plus fin, donc qui renseigne plus, consisterait à déterminer dix groupes contenant chacun 10 % de l'effectif. Les bornes de ces intervalles s'appellent les **déciles** (▶ **exercices 7 à 10**).

Exercices résolus

Exo 1 **Calculer les quartiles dans le cas d'une répartition en classes**

Le tableau ci-dessous donne la distribution des fréquences et les fréquences cumulées croissantes d'une série.

Déterminez la médiane et les quartiles de cette série graphiquement, puis par le calcul.

classe	[0 ; 2[	[2 ; 4[	[4 ; 6[	[6 ; 8[	[8 ; 10[	[10 ; 12[	[12 ; 14[
f_i	0,12	0,15	0,18	0,24	0,14	0,10	0,07
borne supérieure	2	4	6	8	10	12	14
fréquence cumulée	0,12	0,27	0,45	0,69	0,83	0,93	1

Solution commentée

Graphiquement : on construit le polygone des fréquences cumulées croissantes. On coupe la courbe par les droites d'équations $y = 0{,}25$, $y = 0{,}50$, $y = 0{,}75$. Les abscisses des points d'intersection donnent les réponses.

On lit $Q_1 \approx 3{,}5$; $m_e \approx 6{,}5$; $Q_3 \approx 9$.

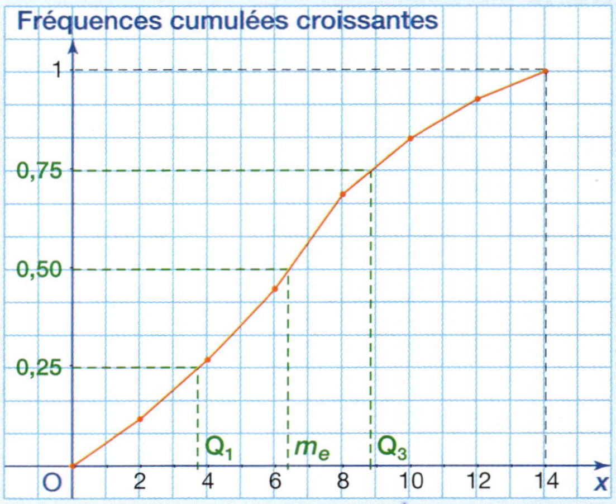

Par le calcul : On utilise l'interpolation affine.

La fréquence cumulée 0,25 se trouve dans la classe [2 ; 4[. Notons A(2 ; 0,12) et B(4 ; 0,27).

On cherche l'abscisse x_1 du point M de la droite (AB) d'ordonnée 0,25.

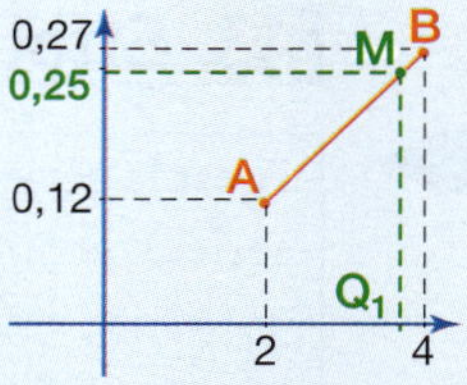

Il suffit d'écrire la colinéarité des vecteurs :

$\overrightarrow{AM}(x_1 - 2 \,;\, 0{,}25 - 0{,}12)$ et $\overrightarrow{AB}(4 - 2 \,;\, 0{,}27 - 0{,}12)$.

D'où $0{,}15(x_1 - 2) - 0{,}13 \times 2 = 0$.

On trouve $x_1 = 2 + \dfrac{0{,}26}{0{,}15}$ donc $Q_1 \approx 3{,}733$.

De la même façon, m_e se trouve dans la classe [6 ; 8[et on trouve $m_e \approx 6{,}417$.

Enfin, on calcule $Q_3 \approx 8{,}857$.

▶ **exercices 4 à 6**

2 Propriétés des quartiles

2.1 Intervalle interquartile

Définition 2

L'**intervalle interquartile** est l'intervalle $[Q_1 ; Q_3]$.
Le nombre $I = Q_3 - Q_1$ s'appelle l'**interquartile**.

NOTE
La série ayant été rangée dans l'ordre croissant, l'**étendue** est la différence entre le dernier et le premier terme.

L'intervalle interquartile (contrairement à l'étendue) élimine les valeurs extrêmes qui peuvent être douteuses, ce qui est un avantage. De plus sa détermination est rapide. Cependant il ne tient compte que de 50 % de l'effectif, ce qui entraîne une perte de l'information.

On peut ainsi résumer une série statistique par le couple (médiane ; intervalle interquartile).

2.2 Diagramme en boîtes (boîtes à moustaches ou à pattes)

NOTE
Ces diagrammes sont dus au statisticien John Wilder Tukey, 1915-2000.

NOTE
Ce diagramme, rapide à construire, permet de visualiser la dispersion d'une distribution statistique, ou d'en comparer plusieurs entre elles.

On construit un diagramme en boîtes de la façon suivante :

- les valeurs du caractère sont repérées sur un axe (vertical ou horizontal),
- on place sur cet axe le minimum et le maximum de la série, le premier quartile et le troisième quartile ainsi que la médiane,
- on construit alors un rectangle (*la boîte*) parallèlement à l'axe, dont la longueur est l'interquartile (sa largeur peut être arbitraire).

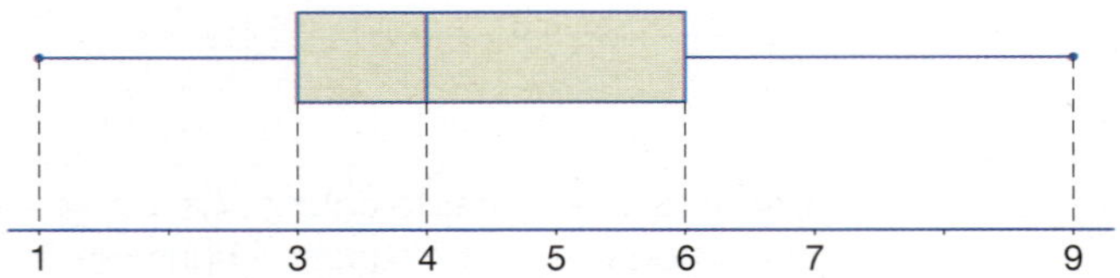

minimum = 1
$Q_1 = 3$
$m_e = 4$
$Q_3 = 6$
maximum = 9

2.3 Effet d'un changement affine

Théorème 1

A est la série statistique $(x_i ; n_i)$ de médiane m_e et de quartiles Q_1 et Q_3. B est la série statistique $(y_i ; n_i)$ de même effectif, telle que pour tout i de 1 à p, $\boldsymbol{y_i = ax_i + b}$ $(a \in \mathbb{R}^*, b \in \mathbb{R})$. On note m_e', Q_1', Q_3' la médiane et les quartiles de la série B. Alors $\boldsymbol{m_e' = am_e + b}$. En outre, pour $\boldsymbol{a > 0}$:

$$Q_1' = aQ_1 + b \quad \text{et} \quad Q_3' = aQ_3 + b.$$

Démonstration : Notons f la fonction $x \mapsto ax + b$. Alors, par hypothèse, $y_i = f(x_i)$.
Supposons $a > 0$, alors f est croissante, et donc $x_i \leqslant x_{i+1}$ implique $y_i \leqslant y_{i+1}$.
Donc dans la liste des termes de la série B, y_i occupe le même rang que x_i dans la liste des termes de A.
Le résultat découle alors directement de la définition de la médiane et des premier et troisième quartiles.

Pour mieux comprendre

COMMENT interpréter les quartiles à partir des aires des rectangles de l'histogramme ?

Sur l'histogramme d'une série continue, les droites d'équation $x = Q_1$, $x = m_e$ et $x = Q_3$ partagent l'histogramme en quatre domaines d'aires égales.

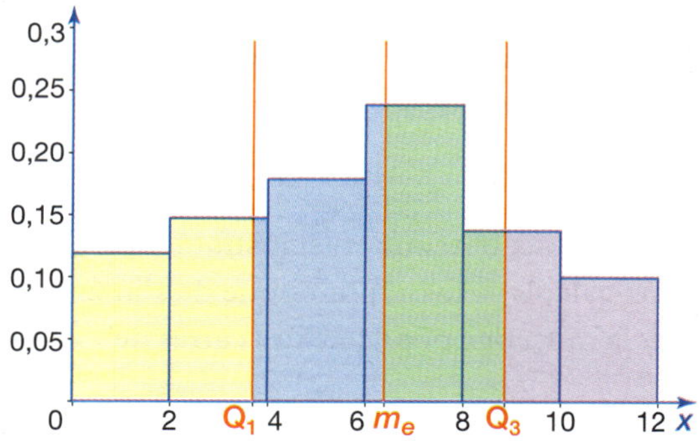

En effet, sur l'histogramme, l'aire de chaque rectangle est proportionnelle à l'effectif (ou à la fréquence) de la classe correspondante.

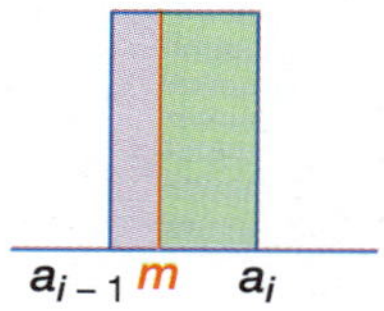

À l'intérieur de chaque classe $[a_{i-1} ; a_i[$, la répartition étant supposée uniforme, la droite d'équation $x = m$ (m dans $[a_{i-1} ; a_i[$) partage le rectangle correspondant en deux rectangles dont les aires sont proportionnelles aux effectifs contenus dans chacun des intervalles $[a_{i-1} ; m[$ et $[m ; a_i[$. Donc l'aire de l'histogramme située à gauche de la droite d'équation $x = Q_1$ représente 25 % de l'effectif. Il en est de même pour les deux autres droites.

Exercices résolus

Exo 2 Changement d'unités (utilisation du théorème 1)

Une enquête portant sur l'argent de poche mensuel en 2000 des adolescents en France et au Japon a donné les résultats suivants.

	moyenne	médiane	Q_1	Q_3	minimum	maximum
France (en €)	30	27,5	22,5	36,5	15	75
Japon (en ¥)	3 000	2 570	2 100	3 500	1 500	8 000

Sur un même graphique, dressez les diagrammes en boîtes de ces deux séries. (On estime que 1 € équivaut à 97 ¥.)

Solution commentée

Pour pouvoir faire les diagrammes sur un même graphique, il faut que les deux séries soient exprimées dans la même unité. Nous allons, par exemple, exprimer en € la série concernant le Japon.

Si x est une somme en ¥, alors la somme y correspondante en € est $y = \frac{x}{97}$.

On obtient donc pour le Japon, en €, la série (arrondie au dixième d'euro) :

Japon (en €)	30,9	26,5	21,6	36,1	15,5	82,5

D'où les diagrammes :

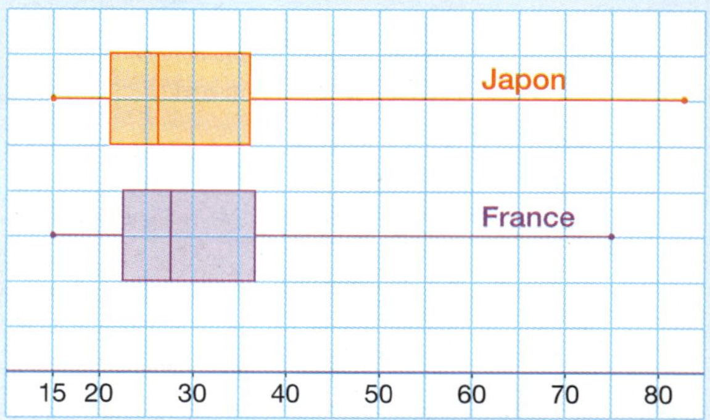

▶ exercices 11 à 15

3 Variance et écart-type

3 1 Introduction

Dans cette partie, on veut pouvoir mesurer la « dispersion » de l'ensemble des termes x_i de la série autour de sa moyenne $\overline{x}$. Pour chaque terme x_i de la série, son « éloignement » de la moyenne peut se mesurer par la distance $|x_i - \overline{x}|$. La moyenne pondérée de toutes ces distances fournit un très bon paramètre de dispersion. On l'appelle l'**écart absolu moyen**. Sa valeur est ainsi :

$$e_m = \frac{1}{N}(n_1|x_1 - \overline{x}| + n_2|x_2 - \overline{x}| + \ldots + n_p|x_p - \overline{x}|) = \frac{1}{N}\sum_{i=1}^{p} n_i|x_i - \overline{x}|.$$

Mais il n'a pas d'application dans les résultats obtenus en statistique mathématique (la valeur absolue ne se prête guère aux calculs). Aussi, plutôt que de s'intéresser à la valeur absolue de $x_i - \overline{x}$, on va évaluer la moyenne pondérée des carrés de $(x_i - \overline{x})$.

3 2 Définitions et théorème

Définition 3

On appelle **variance** d'une série statistique $(x_i\ ;\ n_i)$ le nombre :

$$V = \frac{1}{N}(n_1(x_1 - \overline{x})^2 + n_2(x_2 - \overline{x})^2 + \ldots + n_p(x_p - \overline{x})^2),$$

ou encore $V = f_1(x_1 - \overline{x})^2 + f_2(x_2 - \overline{x})^2 + \ldots + f_p(x_p - \overline{x})^2$, ce qui peut s'écrire :

$$\mathbf{V} = \frac{1}{N}\sum_{i=1}^{p} n_i(x_i - \overline{x})^2 = \sum_{i=1}^{p} f_i(x_i - \overline{x})^2$$

L'**écart-type** d'une série statistique de variance V est $s = \sqrt{V}$.

NOTE

$f_i = \frac{n_i}{N}$

f_i est la fréquence relative des x_i.

Si la série est regroupée en classes, avec l'hypothèse habituelle d'une **répartition uniforme** à l'intérieur de chaque classe, on prend pour x_i le **centre de la classe**.

Théorème 2

Si $(x_i\ ;\ n_i)$ est une série statistique de variance V, alors :

$$\mathbf{V} = \frac{1}{N}(n_1x_1^2 + n_2x_2^2 + \ldots + n_px_p^2) - \overline{x}^2 \quad \text{ou encore} \quad \mathbf{V} = \frac{1}{N}\sum_{i=1}^{p} n_ix_i^2 - \overline{x}^2$$

NOTE

Autrement dit, la variance est égale à la moyenne des carrés des x_i diminuée du carré de la moyenne.

Démonstration : En développant $(x_i - \overline{x})^2 = x_i^2 - 2x_i\overline{x} + \overline{x}^2$ et en remplaçant dans la formule de la variance, on obtient :

$$V = \frac{1}{N}(n_1x_1^2 - 2n_1x_1\overline{x} + n_1\overline{x}^2 + n_2x_2^2 - 2n_2x_2\overline{x} + n_2\overline{x}^2 + \ldots + n_px_p^2 - 2n_px_p\overline{x} + n_p\overline{x}^2)$$

$$= \frac{1}{N}(n_1x_1^2 + n_2x_2^2 + \ldots + n_px_p^2) - \frac{1}{N}[2(n_1x_1\overline{x} + n_2x_2\overline{x} + \ldots + n_px_p\overline{x})] + \frac{1}{N}(n_1\overline{x}^2 + n_2\overline{x}^2 + \ldots + n_p\overline{x}^2).$$

Calculons chaque terme :

$\frac{1}{N}(n_1x_1^2 + n_2x_2^2 + \ldots + n_px_p^2)$ est la moyenne des carrés des x_i,

$$\frac{1}{N}[2(n_1x_1\overline{x} + n_2x_2\overline{x} + \ldots + n_px_p\overline{x})] = \frac{2}{N}\overline{x}(n_1x_1 + n_2x_2 + \ldots + n_px_p) = \frac{2}{N}\overline{x}(N\overline{x}) = 2\overline{x}^2,$$

$$\frac{1}{N}(n_1\overline{x}^2 + n_2\overline{x}^2 + \ldots + n_p\overline{x}^2) = \frac{1}{N}[\overline{x}^2(n_1 + n_2 + \ldots + n_p)] = \frac{1}{N}N\overline{x}^2 = \overline{x}^2.$$

En remplaçant dans l'expression de V, on obtient $V = \frac{1}{N}(n_1x_1^2 + n_2x_2^2 + \ldots + n_px_p^2) - \overline{x}^2$.

Pour mieux comprendre

POURQUOI privilégier l'écart-type par rapport à l'écart moyen absolu ?

PARCE QUE, si on note :

$$f : a \mapsto \frac{1}{N}\sum_{i=1}^{p} n_i|x_i - a| \text{ et } g : a \mapsto \frac{1}{N}\sum_{i=1}^{p} n_i(x_i - a)^2,$$

on peut montrer que la fonction g a un minimum, qui est atteint uniquement lorsque $a = \overline{x}$ (***théorème* 3, *p.* 188**), alors que la fonction f n'atteint pas forcément son minimum lorsque $a = \overline{x}$ (▶ **exercice 32, p. 198**).

On conçoit alors que la moyenne pondérée des carrés des distances soit une mesure de la dispersion particulièrement adaptée à la moyenne.

POURQUOI l'écart-type s'exprime-t-il dans la même unité que le caractère ?

PARCE QUE, si les valeurs du caractère quantitatif d'une série statistique sont exprimées à l'aide d'une unité (de longueur, de temps, etc.), la variance V, calculée à partir des carrés de ces valeurs, s'exprime alors en unité au carré (d'aire, de « temps au carré », etc.).

Donc l'écart-type, $s = \sqrt{V}$, s'exprime dans l'unité du caractère.

À QUOI SERT l'écart-type ?

On montre dans la théorie du calcul des probabilités (et nous l'admettrons), que pour des séries statistiques de caractère continu et relativement symétriques :

- au moins 68 % de l'effectif a une valeur du caractère qui appartient à l'intervalle $[\overline{x} - s_x ; \overline{x} + s_x]$,
- au moins 75 % de l'effectif a une valeur du caractère qui appartient à l'intervalle $[\overline{x} - 2s_x ; \overline{x} + 2s_x]$,
- au moins 88 % de l'effectif a une valeur du caractère qui appartient à l'intervalle $[\overline{x} - 3s_x ; \overline{x} + 3s_x]$.

Si l'écart-type d'une série est faible, les intervalles précédents sont de faibles amplitudes.

Dans ces conditions, la moyenne est fiable et fournit un bon renseignement sur le caractère étudié.

Exercices résolus

Exo 3 Calculer une variance et un écart-type

Calculez la variance et l'écart-type de la série définie par le tableau suivant.

x_i	3	5	7	9	11	13
f_i	0,08	0,15	0,28	0,35	0,10	0,04

Solution commentée

En général, on utilise la formule du théorème 2. Nous aurons besoin de la moyenne de la série. L'ajout d'une ligne au tableau du calcul de $f_i x_i$ permet le calcul facile de leur somme qui donne la moyenne.

L'ajout d'une autre ligne calculant les $f_i x_i^2$ permet d'obtenir rapidement leur somme.

x_i	3	5	7	9	11	13	
f_i	0,08	0,15	0,28	0,35	0,10	0,04	
$f_i x_i$	0,24	0,75	1,96	3,15	1,1	0,52	somme = 7,72
$f_i x_i^2$	0,72	3,75	13,72	28,35	12,1	6,76	somme = 65,4

Le théorème 2 nous donne :

$$V = 5{,}801\,6, \text{ d'où } s \approx 2{,}409.$$

▶ **exercices 16, 20 à 22**

Cours

4 Propriétés de la variance

4.1 Propriété fondamentale

On a choisi de calculer la moyenne des carrés des écarts par rapport à la moyenne. Ce choix va se justifier par le résultat suivant.

Théorème 3

La fonction g :

$$a \mapsto \frac{1}{N}\sum_{i=1}^{p} n_i(x_i - a)^2 = \frac{1}{N}(n_1(x_1 - a)^2 + n_2(x_2 - a)^2 + \ldots + n_p(x_p - a)^2)$$

possède un minimum lorsque $a = \overline{x}$. Ce minimum est égal à V.

NOTE
La démonstration peut aussi se faire en calculant la dérivée de la fonction g. Voir l'exercice 24, page 197.

Démonstration : $(x_i - a)^2 = [(x_i - \overline{x}) + (\overline{x} - a)]^2 = (x_i - \overline{x})^2 + 2(x_i - \overline{x})(\overline{x} - a) + (\overline{x} - a)^2$.

D'où $\frac{1}{N}n_1(x_1 - a)^2 = \frac{1}{N}n_1(x_1 - \overline{x})^2 + 2\frac{1}{N}n_1(x_1 - \overline{x})(\overline{x} - a) + \frac{1}{N}n_1(\overline{x} - a)^2$

$\frac{1}{N}n_2(x_2 - a)^2 = \frac{1}{N}n_2(x_2 - \overline{x})^2 + 2n_2(x_2 - \overline{x})(\overline{x} - a) + \frac{1}{N}n_2(\overline{x} - a)^2$

....

$\frac{1}{N}n_p(x_p - a)^2 = \frac{1}{N}n_p(x_p - \overline{x})^2 + 2\frac{1}{N}n_p(x_p - \overline{x})(\overline{x} - a) + \frac{1}{N}n_p(\overline{x} - a)^2$

En ajoutant membre à membre ces égalités, on obtient pour $g(a)$:

$$V + 2(\overline{x} - a)\left(\frac{1}{N}n_1(x_1 - \overline{x}) + \frac{1}{N}n_2(x_2 - \overline{x}) + \ldots + \frac{1}{N}n_p(x_p - \overline{x})\right) + (\overline{x} - a)^2\frac{1}{N}(n_1 + n_2 + \ldots + n_p).$$

Or $\frac{1}{N}n_1(x_1 - \overline{x}) + \frac{1}{N}n_2(x_2 - \overline{x}) + \ldots + \frac{1}{N}n_p(x_p - \overline{x}) =$

$$\left(\frac{1}{N}n_1x_1 + \frac{1}{N}n_2x_2 + \ldots + \frac{1}{N}n_px_p\right) - \left(\frac{1}{N}n_1\overline{x} + \frac{1}{N}n_2\overline{x} + \ldots + \frac{1}{N}n_p\overline{x}\right) = \overline{x} - \overline{x} = 0$$

et $\frac{1}{N}(n_1 + n_2 + \ldots + n_p) = 1$.

Donc $g(a) = V + (\overline{x} - a)^2$, d'où puisque $(\overline{x} - a)^2 \geqslant 0$, $g(a) \geqslant V$ et l'égalité a lieu lorsque $a = \overline{x}$.

4.2 Effet d'un changement affine

Théorème 4

A est la série statistique $(x_i\,;\,n_i)$ de variance V_x et d'écart-type s_x. B est la série statistique $(y_i\,;\,n_i)$ de même effectif, telle que pour tout i de 1 à p, $\boldsymbol{y_i = ax_i + b}$ $(a \in \mathbb{R}^*, b \in \mathbb{R})$. On note V_y sa variance et s_y son écart-type.
Alors $\mathbf{V_y = a^2V_x}$ et donc $\boldsymbol{s_y = |a|s_x}$.

Remarque : b, qui correspond à un changement d'origine, n'influence pas l'écart-type.

Démonstration : On note $\overline{x}$ et $\overline{y}$ les moyennes respectives des séries A et B. Alors on a vu en classe de Seconde que $\overline{y} = a\overline{x} + b$. D'où :

$$V_y = \frac{1}{N}\sum_{i=1}^{p} n_i\,(y_i - \overline{y})^2 = \frac{1}{N}\sum_{i=1}^{p} n_i\,(ax_i + b - (a\overline{x} + b))^2 = \frac{1}{N}\sum_{i=1}^{p} n_i\,(a(x_i - \overline{x}))^2$$

$$= a^2\frac{1}{N}\sum_{i=1}^{p} n_i\,(x_i - \overline{x})^2 = a^2V_x.$$

Exercices résolus

Exo 4 **Augmentation des salaires**

Dans une entreprise le salaire moyen est de 1 060 €, l'écart-type est de 380 €.

1. Les salaires ont augmenté de 5 %. Que deviennent la moyenne et l'écart-type des nouveaux salaires ?

2. Même question si les salaires sont augmentés de 50 €.

3. Laquelle de ces deux situations augmente le plus la dispersion des salaires ?

Solution commentée

1. Si x est l'ancien salaire, le nouveau salaire sera $y = 1{,}05x$. La nouvelle moyenne sera donc :

$$1\ 060 \times 1{,}05 = 1\ 113.$$

L'écart-type sera de $1{,}05 \times 380 = 399$ €.

2. Si x est l'ancien salaire, le nouveau salaire sera $y = x + 50$.

La nouvelle moyenne sera donc :

$$1\ 060 + 50 = 1\ 110 \text{ €}.$$

L'écart-type sera inchangé, donc égal à 380 €.

3. On peut constater que la première situation accentue la dispersion des salaires, car l'écart-type augmente dans ce cas.

▶ **exercice 26**

Exo 5 **Caractère centré et réduit**

1. $(x_i\ ;\ n_i)$ est une série statistique de moyenne $\overline{x}$ et d'écart-type s_x. Trouvez deux réels a positif et b de telle sorte, qu'après une transformation affine $y = ax + b$, la nouvelle série $(y_i\ ;\ n_i)$ vérifie $\overline{y} = 0$ et $s_y = 1$.
On dit que la nouvelle série obtenue est **centrée et réduite.**

2. On donne les deux séries A et B suivantes :

	moyenne	écart-type	minimum	Q_1	médiane	Q_3	maximum
série A	0,314	0,015	0,27	0,303	0,314	0,326	0,352
série B	0,21	0,014	0,171	0,2	0,21	0,22	0,247

Trouvez les nouveaux paramètres des séries A′ et B′ centrées et réduites correspondant à A et B.

Solution commentée

1. On sait que $\overline{y} = a\overline{x} + b$ et d'après le théorème 4, $s_y = as_x$, d'où les relations :

$$0 = a\overline{x} + b \text{ et } 1 = as_x.$$

Ce qui donne $a = \dfrac{1}{s_x}$ et $b = -\dfrac{\overline{x}}{s_x}$.

La relation affine est $y = \dfrac{x - \overline{x}}{s_x}$.

2. Pour A, on utilise le changement affine $y_i = \dfrac{x_i - 0{,}314}{0{,}015}$ et pour B, $y_i = \dfrac{x_i - 0{,}21}{0{,}014}$.

On obtient :

	minimum	Q_1	médiane	Q_3	maximum
Série A′	− 2,933	− 0,733	0	0,8	2,533
Série B′	− 2,786	− 0,714	0	0,714	2,643

Commentaire : Ce changement de caractère permet de mieux comparer les dispersions des termes de différentes séries.

▶ **exercices 27, 46**

5 Résumés d'une série par ses paramètres

Les différents paramètres de position et de dispersion rencontrés dans ce chapitre vont permettre de rendre compte de manière simple de données nombreuses.

Le choix des paramètres pour résumer une série statistique n'est pas du ressort des mathématiques. C'est le statisticien qui décide en fonction des observations recueillies, des questions étudiées, des prévisions à faire. Une étude statistique sérieuse est toujours accompagnée de commentaires qui éclairent la démarche, justifient la méthode, les choix et soulignent les faits remarquables.

<table>
<tr><th>résumé possible d'une série statistique</th><th>conséquences graphiques</th></tr>
<tr><td>Le couple (médiane m_e ; étendue $E = a_p - a_0$) est le plus simple, mais n'indique pas comment se situent le minimum et le maximum de la série par rapport à la médiane (plus à droite ou plus à gauche).
L'étendue est un caractère de dispersion trop grossier. Un seul individu, dont la valeur du caractère est très basse ou très haute, peut modifier considérablement l'étendue ou l'intervalle $[a_0 ; a_p]$.</td><td rowspan="2">Sur le polygone des fréquences cumulées croissantes, la connaissance de certains paramètres (minimum, maximum, quartiles) permet de fixer des points .
Exemple : Si on connaît le minimum, la médiane et le maximum, on connaît trois points.
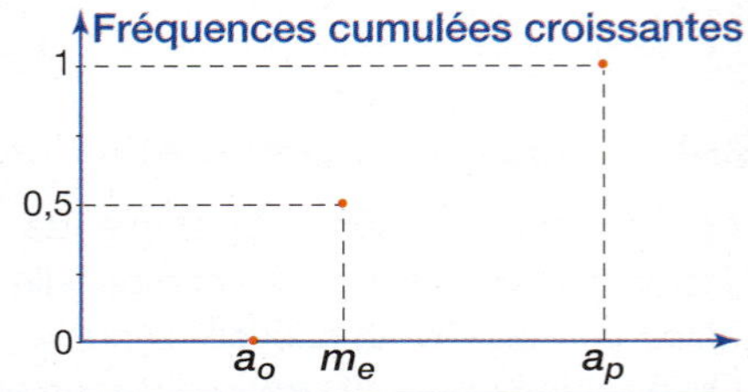</td></tr>
<tr><td>Le couple (médiane ; intervalle interquartile) est plus précis car il est insensible aux valeurs extrêmes.</td></tr>
<tr><td>L'ensemble {minimum, premier quartile, médiane, troisième quartile, maximum} permet la construction de diagramme en boîtes et donc de mieux visualiser et comparer entre elles plusieurs séries.
L'inconvénient de ces paramètres est qu'ils ne se prêtent pas aux calculs : la connaissance des paramètres de deux séries ne permet pas de calculer les paramètres du regroupement de ces séries.</td><td>Sur le polygone des fréquences cumulées croissantes, ces paramètres fixent cinq points. Mais il reste de nombreux choix pour le tracer. Le diagramme en boîtes permet une bonne visualisation de la série, et permet de faire des comparaisons rapides de plusieurs séries.
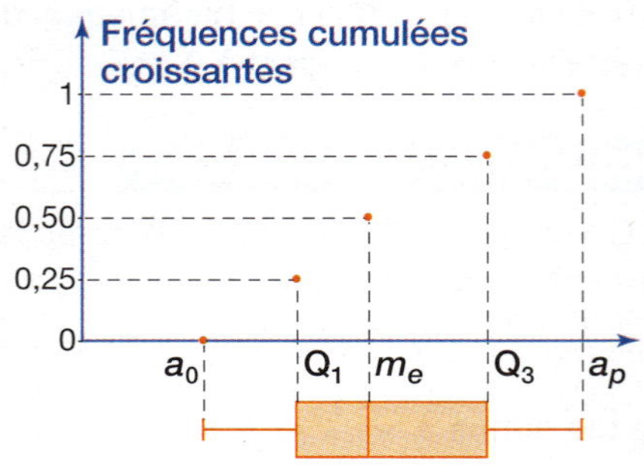</td></tr>
<tr><td>Le couple (moyenne ; écart-type) permet de faire des calculs sur des regroupements.
D'autre part les intervalles définis à l'aide de la moyenne et de l'écart-type permettent d'avoir une idée assez précise de la répartition de l'effectif.
C'est le couple préféré des statisticiens.</td><td>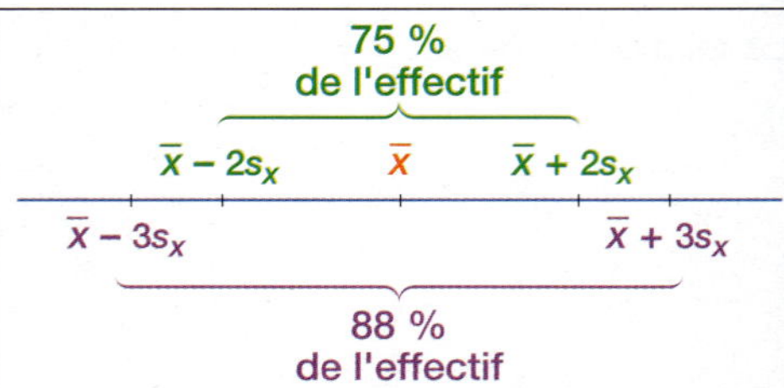</td></tr>
</table>

Pour mieux comprendre

COMMENT utiliser une calculatrice ?

	famille TI	famille Casio
se mettre en mode « statistique »	(STAT) permet d'accéder au menu. Les menus « EDIT » et « CALC » apparaissent.	(MENU) puis « STAT » (EXE) Un tableau avec des listes apparaît. (Sinon taper sur (QUIT) ou (EXIT)).
effacer les données	Dans le menu (STAT) « EDIT », taper (1) « Edit » ; amener le curseur sur le nom de la liste à effacer et taper (CLEAR) (ENTER).	Placer le curseur sur la liste à effacer puis sélectionner « DEL-A » puis « YES ».
entrer les données	Dans le menu (STAT) « EDIT », taper (1) « Edit » ; entrer les valeurs dans L1 et les effectifs (ou les fréquences) dans L 2 à l'aide des curseurs et de la touche (ENTER).	Remplir le tableau, mettre les valeurs dans « List1 » et les effectifs (ou les fréquences) dans « List2 » à l'aide des curseurs et de la touche (EXE).
afficher les résultats Attention : l'écart-type correspond à σ_x ou $x\sigma_n$ et les quartiles sont calculés comme si le caractère était discret.	Choisir le menu (STAT) « CALC » et (1) : « 1-Var Stats » Entrer L1, L2 (ENTER) Les paramètres apparaissent à l'écran : $\overline{x}$; $\sum x$; $\sum x^2$; Sx ; σx ; n ; min X ; Q_1 ; Med ; Q_3 ; max X.	Sélectionner les menus « CALC » puis « SET » et indiquer où sont les listes : à l'aide du curseur, se placer sur « 1Var Xlist » et sélectionner « List1 » ; se placer sur « 1Var Freq » et sélectionner « List2 ». Appuyer sur (EXIT) ou (QUIT), puis sélectionner « CALC » « 1VAR ». Les paramètres apparaissent à l'écran : $\overline{x}$; $\sum x$; $\sum x^2$; $x\sigma n$; $x\sigma n-1$; n ; minX ; Q1 ; Med ; Q3 ; maxX ; Mod.

COMMENT utiliser un tableur ?

Le tableur est très efficace lorsque les données sont individuelles (d'effectif 1). Il suffit de sélectionner toutes les valeurs concernées et de faire calculer les différents paramètres désirés.

Dans Excel, l'écart-type est calculé à l'aide de la fonction **ECARTYPEP** (*voir ci-dessous*).

Dans les autres cas, on donne les centres des classes ainsi que les effectifs et on fait calculer la moyenne et l'écart-type suivant le procédé décrit en page 187.

	A	B	C	D	E	F	G
1	moyenne	=MOYENNE(C1:G7)	0,551	0,450	0,215	0,016	0,760
2	écart-type	=ECARTYPEP(C1:G7)	0,522	0,210	0,500	0,393	0,399
3	minimum	=MIN(C1:G7)	0,217	0,112	0,720	0,164	0,384
4	Q_1	=QUARTILE(C1:G7;1)	0,872	0,955	0,561	0,726	0,882
5	médiane	=QUARTILE(C1:G7;2)	0,927	0,243	0,663	0,361	0,418
6	Q_3	=QUARTILE(C1:G7;3)	0,390	0,625	0,674	0,576	0,035
7	maximum	=MAX(C1:G7)	0,506	0,313	0,059	0,934	0,116

TD 1 Regroupement de deux séries

NOTE
Cette activité peut éventuellement utiliser un tableur.

Dans un entreprise de 130 salariés, la répartition des salaires nets (hors primes et hors dirigeants) est la suivante, en milliers d'euros :

classe	[1 ; 1,25[	[1,25 ; 1,5[	[1,5 ; 1,75[	[1,75 ; 2[	[2 ; 2,25[	[2,25 ; 2,5[	[2,5 ; 2,75[	[2,75 ; 3[
effectif masculin	12	21	17	10	4	3	2	1
effectif féminin	18	22	13	4	2	1	0	0

1. Pour chaque série, déterminez les fréquences cumulées croissantes et construisez les polygones sur le même graphique.

2. En vous aidant du graphique précédent, construisez un diagramme superposé en boîtes des deux séries.

3. Pour chaque série, calculez la moyenne, la moyenne des carrés et l'écart-type.

4. Étude de la série des salaires de l'ensemble des salariés

On souhaite calculer la moyenne et l'écart-type de la série des salaires de l'ensemble des salariés, sans faire le tableau du regroupement des deux séries.

a) Déduisez de la troisième question la moyenne de l'ensemble des salaires. Déduisez-en aussi la somme des carrés des salaires de la série regroupée, puis la moyenne de ces carrés.

Aide : La somme des carrés des salaires est égale à la somme des carrés des salaires des hommes augmentée de la somme des carrés des salaires des femmes.

b) Calculez l'écart-type de la série.

TD 2 Une péréquation

La moyenne de la série de notes à un examen (notes de 0 à 20) pour un groupe de candidats est 8 et l'écart-type est 2.

Pour un autre groupe, la moyenne est 11, l'écart-type 4.

On veut transformer les notes, de manière affine, de telle façon que la moyenne de chacune des deux séries soit 10 et l'écart-type 3. On autorise par ce fait d'avoir des notes exprimées en nombre décimal, arrondies à 10^{-1} près.

1. Étude de la première série

On note x l'ancienne note, y la nouvelle et $y = ax + b$ ($a \in \mathbb{R}_+^*$ et $b \in \mathbb{R}$) la transformation cherchée.

a) Exprimez alors la moyenne $\overline{y}$ de la nouvelle série en fonction de $\overline{x}$, a et b.

b) Exprimez l'écart-type de la nouvelle série en fonction de V_x, a et b.

c) Déduisez-en alors a et b.

2. Faites le même travail pour la seconde série.

3. Les limites d'une péréquation

Il faut que la nouvelle note soit dans l'intervalle de la notation. Indiquez quel est l'intervalle de validité des notes initiales pour chacune de ces deux transformations.

TD 3 « Pile ou Face » : Simulation avec Excel

Dans ce TD, on simule le lancer d'une pièce et on s'intéresse à la fréquence f_n de l'événement « Face » au cours de n lancers. L'ensemble de ces n lancers constitue un échantillon de taille n.

1 Simulation à l'aide d'Excel

1. Mise en place de la simulation

Excel possède une fonction prédéfinie « ALEA() » qui donne un nombre aléatoire au hasard dans l'intervalle [0 ; 1[. « 2*ALEA() » représente donc un nombre pris au hasard dans [0 ; 2[et en prenant sa partie entière, on obtiendra aléatoirement, soit 0, soit 1. Si on convient que 0 représente l'événement « Face » et 1 représente « Pile », la formule « =ENT(ALEA()*2) » simule ainsi le lancer d'une pièce.

NOTE
Pour « glisser/copier », sélectionnez la cellule contenant la formule à recopier puis faites apparaître dans le coin inférieur droit une petite croix noire.
En maintenant l'appui sur la souris, faites glisser le curseur dans les cases voulues.

a) Écrivez dans A1 la formule « =ENT(ALEA()*2) » et recopiez-la en faisant un « glisser/copier » jusqu'à la cellule A1000.

b) Confectionnez un compteur dans la colonne B de la façon suivante :
- tapez 1 en B1, 2 en B2,
- sélectionnez les deux cellules et effectuez un « glisser/copier » jusqu'à la cellule B1000.

Ainsi, la cellule BN contient le nombre N.

c) Dans la colonne C, on va faire afficher les fréquences f_n .
Dans C1 écrivez la formule « =NB.SI(A1:A1 ; 0)/B1 », sélectionnez la cellule et faites un glisser/copier jusqu'à C1000.
La cellule CN contient la fréquence de l'événement « Face » obtenue après N tirages.

2. Étude graphique de la fréquence f_n en fonction de n

a) Sélectionnez les deux colonnes B et C (de 1 à 1 000).
Cliquez sur l'assistant graphique  et choisissez le type de représentation « nuage de points ».
Vous obtenez ainsi une représentation graphique de f_n en fonction de n (de n = 1 à 1 000).

b) Quelle conjecture le graphique permet-il à propos de la fréquence f_n ?

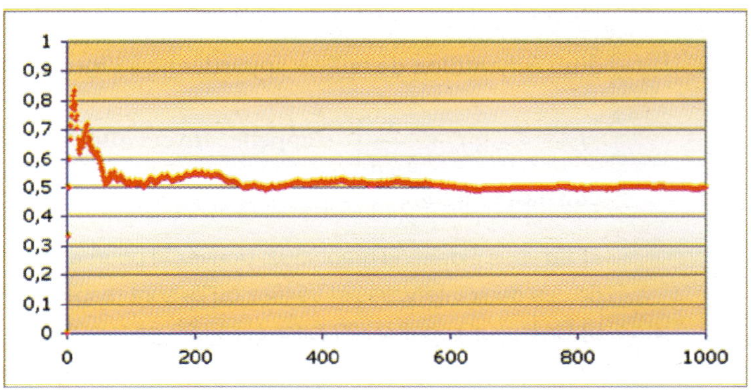

3. Notion d'intervalle de confiance

Ci-dessous, on a représenté les 100 résultats obtenus pour $n = 1\ 000$.

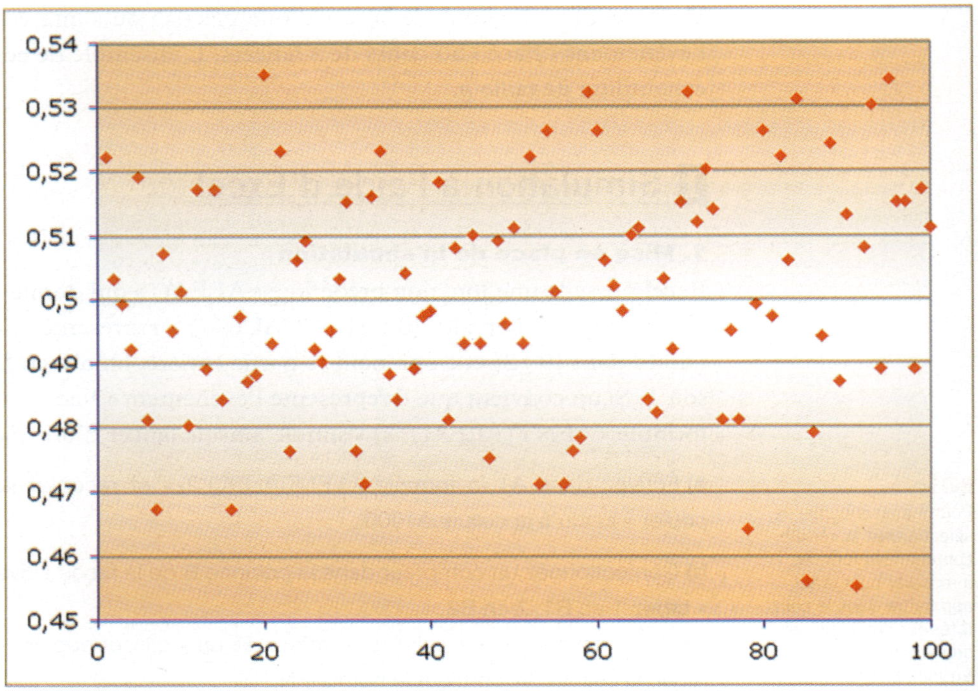

NOTE
Chaque résultat est la fréquence de « face » sur un échantillon de 1 000 lancers.

p désigne la fréquence théorique de l'événement « face ». Vous verrez au chapitre 8 qu'elle est égale à 0,5.

Si $0{,}3 < p < 0{,}7$, la théorie a démontré qu'il y a « 95 % de chances » pour qu'une fréquence f_n d'un échantillon de taille n (avec n strictement supérieur à 30) appartienne à l'intervalle $\left[p - \frac{1}{\sqrt{n}} \,;\, p + \frac{1}{\sqrt{n}}\right]$.

Or $f_n \in \left[p - \frac{1}{\sqrt{n}} \,;\, p + \frac{1}{\sqrt{n}}\right]$ équivaut à $|f_n - p| \leqslant \frac{1}{\sqrt{n}}$, soit encore $p \in \left[f_n - \frac{1}{\sqrt{n}} \,;\, f_n + \frac{1}{\sqrt{n}}\right]$.

L'intervalle $\left[f_n - \frac{1}{\sqrt{n}} \,;\, f_n + \frac{1}{\sqrt{n}}\right]$ est appelé **intervalle de confiance pour p au seuil de confiance 0,95**.

De même, la théorie a démontré qu'il y a « 99 % de chances » pour qu'une fréquence f_n d'un échantillon de taille n appartienne à l'intervalle $\left[p - \frac{3}{2\sqrt{n}} \,;\, p + \frac{3}{2\sqrt{n}}\right]$. L'intervalle $\left[f_n - \frac{3}{2\sqrt{n}} \,;\, f_n + \frac{3}{2\sqrt{n}}\right]$ s'appelle **intervalle de confiance pour p au seuil de confiance 0,99**.

a) En vous aidant du graphique, trouvez le pourcentage des fréquences appartenant à chacun de ces deux intervalles et vérifiez qu'ils sont respectivement supérieurs à 95 % et 99 %.

b) Un joueur a obtenu 700 faces sur 1 000 lancers. Qu'en pensez-vous (du joueur ou de la pièce) ?

2 Études de 100 échantillons de taille n

Le stockage des 100 fréquences obtenues puis leur traitement demandent de l'organisation et du temps. Ces tâches peuvent se programmer dans Excel à l'aide de « **macro-commandes** » (ou « macros ») écrites en Visual basic. Ce paragraphe vous propose l'utilisation de tels programmes.

1. Mise en place de l'outil. Macros

La simulation des lancers de la pièce, le stockage des fréquences obtenues et le traitement de la série ainsi obtenues sont confiés à une macro-commande, qui pour chacun des 100 échantillons (de n lancers) va stocker dans un tableau le résultat. Cette « macro » se trouve dans un classeur Excel « chap7_TD3 » que vous pouvez **télécharger sur Internet** (voir le site nathan.fr).

2. Étude d'échantillons

NOTE
Vous pouvez faire ces boîtes à moustaches vous-même ou bien utiliser la macro que vous trouverez dans le classeur « chap7_TD3 » sur la 3e feuille.

a) Téléchargez le classeur « chap7_TD3 »* et ouvrez-le dans Excel (cliquez sur « Activer les macros »).

b) Simulez trois échantillons de tailles respectives 100, 1 000 et 2 500.

Aide : Pour changer le nombre de lancers et obtenir les résultats, reportez-vous à la feuille *« présentation »* de ce classeur.

c) Construisez un diagramme en boîtes superposées des trois séries. Que constatez-vous ?

* Si vous n'avez pas la possibilité d'utiliser ce fichier, vous pouvez utiliser les données inscrites dans le tableau suivant :

N	100	1 000	2 500
moyenne	0,496 8	0,499 0	0,500 4
écart-type	0,050	0,015 48	0,008 91
minimum	0,39	0,468	0,482
Q_1	0,46	0,488 1	0,492 8
médiane	0,5	0,501	0,501 6
Q_3	0,52	0,512 4	0,506 8
maximum	0,57	0,529	0,525 2

Exercices

maîtriser le cours

Pour résoudre les exercices de cette partie, il suffit d'appliquer directement un résultat du cours. L'objectif est double : mieux comprendre le cours et reconnaître dans des situations simples les conditions d'application d'un théorème.

1. Définition des quartiles

1 Dans chacun des cas suivants, on donne l'effectif d'un échantillon d'une population. Cet échantillon est ordonné selon les valeurs croissantes du caractère étudié. Déterminez les rangs correspondant aux premier et troisième quartiles.

a) 135 personnes. **b)** 144 personnes.
c) 254 personnes. **d)** 349 personnes.

Pour les exercices 2 et 3, on donne une série $(x_i\,;\,n_i)$. Déterminez la médiane m_e et les quartiles Q_1 et Q_3.

2

x_i	0	1	2	3	4	5	6	7
n_i	3	7	11	12	14	8	3	3

3

x_i	0,1	0,2	0,3	0,4	0,5	0,6	0,7	0,8	0,9	1
n_i	10	17	21	18	15	10	8	5	4	3

Pour les exercices 4 à 6 :
1. Tracez le polygone des fréquences croissantes, estimez graphiquement les valeurs de la médiane et des deux quartiles.
2. Déterminez par le calcul la médiane et les quartiles.

4

classe	[0 ; 4[	[4 ; 8[	[8 ; 12[	[12 ; 16[	[16 ; 20[
n_i	8	15	21	12	4

5

classe	[0 ; 4[	[4 ; 8[	[8 ; 12[	[12 ; 16[	[16 ; 20[
n_i	5	10	23	14	8

6

classe	[0 ; 4[	[4 ; 8[	[8 ; 12[	[12 ; 16[	[16 ; 20[
n_i	10	15	16	11	8

Pour les exercices 7 et 8, déterminez le premier et le dernier déciles de la série proposée.

7

x_i	0	0,8	1	1,5	2	2,5	3	3,5
n_i	2	11	17	12	3	0	4	10

8

x_i	1	3	5	7	9	11	13
n_i	10	25	12	31	18	29	12

Pour les exercices 9 et 10 :
1. Déterminez graphiquement le premier et le dernier déciles de la série proposée.
2. Calculez ces valeurs.

9

classe	[0 ; 2[	[2 ; 4[	[4 ; 6[	[6 ; 8[
n_i	2	5	10	1

10

classe	[0 ; 3[	[3 ; 6[	[6 ; 9[	[9 ; 12[
n_i	4	2	0	6

2. Propriétés des quartiles

11 Faites les diagrammes en boîtes des séries données dans les exercices 2 à 6.

12 On donne les paramètres de trois séries des échantillons de même effectif.

paramètre	minimum	Q_1	médiane	Q_3	maximum
série A	4	8	10	12	16
série B	6	9	10	13	15
série C	5	7	10	12	14

1. Pour la série A, placez sur un diagramme des fréquences cumulées croissantes les renseignements donnés dans le tableau.
   Construisez un polygone possible pour les fréquences cumulées croissantes de cette série.
2. Construisez les diagrammes en boîtes des trois séries.

13 Les séries suivantes mesurent le même caractère sur des échantillons différents. Construisez le diagramme en boîtes superposées de ces séries.

paramètre	minimum	Q_1	médiane	Q_3	maximum
série A	6,2	7,5	8,2	9,7	12
série B	5,5	7,1	9,4	11	13
série C	4,3	7	9	12	14

14 Pour faire une expérience de chimie, les élèves d'une classe 1re S doivent utiliser un volume de 25 ml d'acide. La quantité exacte prélevée est donnée par le tableau suivant pour deux groupes A et B d'élèves. Construisez le diagramme en boîtes superposées des deux séries.

x_i	[21 ; 22[	[22 ; 23[	[23 ; 24[	[24 ; 25[	[25 ; 26[	[26 ; 27[	[27 ; 28[
A	1	2	5	7	8	1	1
B	0	3	5	7	8	2	0

15 On considère la série de notes (de 0 à 20) dont les paramètres sont les suivants :

moyenne	minimum	Q_1	médiane	Q_3	maximum
10	2	8	10	12	16

1. Le professeur augmente les notes de deux points. Quels seront les paramètres de la nouvelle série ?
2. Avec la même série, le professeur augmente les notes de 10 %. Déterminez les nouveaux paramètres.

3. Variance et écart-type

16 **1.** Les notes d'un élève sont 9, 10 et 11. Calculez la moyenne et l'écart-type de la série de notes.
2. Recommencez avec les notes 5, 10 et 15.

17 La moyenne d'une série est 5, la moyenne des carrés est 120. Calculez l'écart-type.

18 L'écart-type d'une série est 3, la moyenne des carrés est 25. Calculez la moyenne.

19 L'écart-type d'une série est 2, la moyenne est 10, la somme des carrés est 2 080. Calculez l'effectif.

20 Calculez l'écart-type des séries données aux exercices 2 et 3.

21 Calculez l'écart-type des séries données aux exercices 4 à 6.

22 Calculez la moyenne et l'écart-type des deux séries de l'exercice 14.

23 Dans un atelier de réparation, on a enregistré la durée de 140 interventions. Les résultats sont consignés dans le tableau suivant (en minutes).

durée	[0 ; 20[	[20 ; 40[	[40 ; 60[	[60 ; 80[
effectif	2	18	32	40
durée	[80 ; 100[	[100 ; 120[	[120 ; 140[	[140 ; 160[
effectif	29	12	6	1

1. Calculez la durée moyenne $\overline{x}$ et l'écart-type s.
2. Construisez le polygone des fréquences cumulées croissantes de la série.
3. En utilisant le diagramme précédent, estimez le pourcentage du nombre d'interventions dont la durée est dans l'intervalle $[\overline{x} - s \,;\, \overline{x} + s]$.

4. Propriétés de la variance

24 g est la fonction $a \mapsto \frac{1}{N}\sum_{i=1}^{p} n_i(x_i - a)^2$.
1. Calculez la fonction dérivée de g.
2. Étudiez ses variations.
3. Déduisez-en le résultat du théorème 3.

25 Les températures dans une ville de France, pour le mois de juin 2000, sont en moyenne de 24 °C et ont comme écart-type 4° C. Dans une ville anglaise, la moyenne a été de 68° F et l'écart-type de 18° F.
1. Comparez les moyennes et les écart-types (on rappelle que $y(°\text{F}) = 1{,}8x(°\text{C}) + 32$).
2. Que pouvez-vous en conclure ?

26 On donne les paramètres de la série des salaires, en francs, des employés d'une entreprise.

moyenne	écart-type	minimum	Q_1	médiane	Q_3	maximum
8 500	1 950	5 200	6 400	7 800	9 000	12 000

Écrivez les paramètres de la série en euros.

27 **1.** Avec la série précédente, quelles sont les valeurs des paramètres de la série de caractère centré et réduit correspondant ?
Aide : Voir l'exercice résolu 5, p. 189.
2. On convertit la série en euros. Quels sont les paramètres de la série centrée réduite correspondante ?

Note : Les valeurs centrées réduites permettent de comparer des séries étudiant des caractères qui ne sont pas exprimés dans la même unité.

pour progresser

Études de séries

28 Projection de la population par classe d'âges

Le tableau suivant donne la répartition par années et par classes d'âges de la population française en milliers de personnes (*source* INSEE).

	2000	2010	2020	2030	2040	2050
[0 ; 20[	15 390	14 923	14 435	14 169	13 823	13 457
[20 ; 60[	31 871	32 697	32 029	31 006	30 308	29 673
60 et plus	12 152	14 102	16 989	19 615	21 244	21 967
65 et plus	9 444	10 389	13 100	15 663	17 700	18 231
75 et plus	4 225	5 506	6 009	8 231	10 070	11 204
85 et plus	1 236	1 514	2 099	2 310	3 677	4 474
total	59 413	61 722	63 453	64 790	65 375	65 097

1. Calculez pour chaque série l'âge moyen de la population et l'écart-type. (On prendra pour la dernière classe 100 ans comme borne supérieure.)

2. Faites un diagramme en boîtes superposées pour les années 2000 et 2050. Que constatez-vous ?

29 Gains au Loto

Voici la liste des gains (en francs) et le nombre de gagnants enregistrés pour le mercredi 14 février 2001.

gain	2 875 240	66 450	4 310
gagnants	4	18	960

gain	220	110	24	12
gagnants	11 505	46 641	41 729	789 488

1. On veut estimer le nombre de grilles jouées. La Française des jeux indique que 58 % des mises des joueurs sont redistribuées aux gagnants. Sachant que la mise pour une grille est de 2 F, donnez une estimation du nombre de grilles enregistrées.

2. Calculez la moyenne et l'écart-type de cette série.

3. Déterminez sa médiane et ses deux quartiles.

30 Écart-type et regroupement en classes

On donne la série statistique suivante :

x_i	1,2	1,3	1,4	1,5	1,6	1,7	1,8	1,9	2	2,1	2,2	2,3	2,4	2,5	2,6
f_i	7	12	15	19	31	45	58	45	35	24	17	14	10	8	5

1. Calculez la moyenne et l'écart-type de cette série statistique.

2. a) Effectuez un regroupement en cinq classes de même amplitude.

b) Calculez la moyenne et l'écart-type de cette nouvelle série. Que constatez-vous ?

Note : Lors d'un regroupement en classes de données, on peut espérer que les différences introduites par la concentration des données au centre de chaque classe se neutralisent dans le calcul de la moyenne.
Il n'en est pas de même pour le calcul de la variance, où ces erreurs interviennent par leurs carrés.
On préconise alors d'effectuer la correction de Sheppard en remplaçant la valeur calculée de la variance, notée V_x, par $V'_x = V_x - \frac{a^2}{12}$ où a est l'amplitude de chaque classe (ce qui nécessite qu'elles aient la même amplitude).

★ 31 Écart-type et regroupement par classes

x_i	[2 ; 4[	[4 ; 6[	[6 ; 8[	[8 ; 10[
f_i	0,05	0,08	0,15	0,20
x_i	[10 ; 12[	[12 ; 14[	[14 ; 18[	[18 ; 20[
f_i	0,25	0,12	0,10	0,05

1. Déterminez les quartiles de la série.

2. Calculez la moyenne et l'écart-type.

3. On résume la série aux quatre intervalles $[2 ; Q_1[$, $[Q_1 ; m_e[$, $[m_e ; Q_3[$ et $[Q_3 ; 20]$.

a) Calculez alors la moyenne et l'écart-type de cette nouvelle série.

b) Comparez ces résultats à ceux de la deuxième question.

4. Plus généralement, une série est définie par la donnée de a_0 (son minimum), Q_1, m_e, Q_3 et a_p (son maximum).
Trouvez une formule permettant le calcul de la moyenne de la série.

★ 32 À propos de l'écart absolu moyen

On donne la série statistique suivante :

x_i	9,5	9,6	9,7	9,8	9,9	10	10,1	10,2
f_i	17	22	25	29	31	35	45	40
x_i	10,3	10,4	10,5	10,6	10,7	10,8	10,9	11
f_i	25	14	12	10	10	8	5	2

1. Calculez la moyenne et la médiane.

2. Calculez la moyenne pondérée des écarts absolus à la moyenne $e_m = \frac{1}{N}\sum n_i|x_i - \overline{x}|$.

3. Calculez la moyenne pondérée des écarts absolus à la médiane $e'_m = \frac{1}{N}\sum n_i|x_i - m_e|$.

4. Comparez e_m et e'_m.

Note : On peut remarquer sur cet exemple que $\frac{1}{N}\sum n_i|x_i - a|$ n'a pas une valeur minimale pour $a = \overline{x}$. On peut démontrer que la valeur minimale est toujours atteinte lorsque $a = m_e$.

★ **33** Une compagnie de taxis a relevé les distances *d* parcourues par ses véhicules avant qu'elle ne s'en sépare (en milliers de km.)

d	[60 ; 70[	[70 ; 80[	[80 ; 90[	[90 ; 100[	[100 ; 110[
effectif	6	10	15	21	25
d	[110 ; 120[	[120 ; 130[	[130 ; 140[	[140 ; 150[	[150 ; 160[
effectif	38	18	12	4	1

1. Calculez les fréquences cumulées croissantes. Construisez le polygone de ces fréquences.
2. Construisez à partir du graphique précédent le diagramme en boîtes de cette série.
3. Calculez pour cette série la moyenne et l'écart-type.

★ **34** Une compagnie londonienne de taxis a relevé les distances *d* parcourues par ses véhicules avant qu'elle ne s'en sépare (en milliers de miles).

d	[60 ; 70[	[70 ; 80[	[80 ; 90[	[90 ; 100[	[100 ; 110[
effectif	1	3	5	11	15
d	[110 ; 120[	[120 ; 130[	[130 ; 140[	[140 ; 150[	[150 ; 160[
effectif	20	18	12	7	2

1. Calculez les fréquences cumulées croissantes. Construisez le polygone de ces fréquences.
2. Construisez à partir du graphique précédent le diagramme en boîtes de cette série.
3. Calculez pour cette série la moyenne et l'écart-type.
4. **a)** Afin de pouvoir comparer les paramètres de cette série avec celle donné à l'exercice précédent, exprimez-les en km (1 mile = 1 609 m).
   b) Comparez alors les moyennes et les écarts-types de ces deux séries.

★ **35** On relève dans une usine le nombre de pièces fabriquées par chaque tourneur.

N	60	61	62	63	64	65	66	67	68	69	70	71
effectif	1	3	4	5	9	13	15	20	22	28	32	35
N	72	73	74	75	76	77	78	79	80	81	82	83
effectif	40	50	45	37	15	12	10	5	5	4	2	1

1. **a)** Calculez la moyenne, la médiane, les deux quartiles.
   b) Calculez l'écart-type.
2. En effectuant un regroupement en classe d'amplitude 5, calculez les nouveaux paramètres.
   Que pouvez-vous constater ?

Contrôles de qualité

★ **36** **Pièces produites par deux machines**

Dans une usine, deux machines A et B produisent des pièces identiques.
On relève les diamètres de celles-ci (en mm) pour chaque machine :

classe	[105 ; 106[	[106 ; 107[	[107 ; 108[	[108 ; 109[	[109 ; 110[
effectif A	15	20	25	35	180
effectif B	5	7	10	68	177
classe	[110 ; 111[	[111 ; 112[	[112 ; 113[	[113 ; 114[	[114 ; 115[
effectif A	200	12	8	3	2
effectif B	180	20	12	5	3

1. Calculez, pour chaque machine, la dimension moyenne des pièces fabriquées et l'écart-type.
2. On exige pour accepter les pièces fabriquées par une machine que leurs diamètres aient pour moyenne un nombre compris entre 109,5 et 110,5 et soient d'écart-type inférieur à 1,3 (on définit ainsi des seuils de tolérance). Que pensez-vous des productions de chaque machine ?
3. Calculez les quartiles et la médiane pour chaque production.
4. **a)** Établissez un diagramme superposé en boîtes pour ces deux séries.
   b) Calculez les premiers et derniers déciles de chaque production. Placez-les sur le diagramme.

★ **37** Une coopérative laitière fabrique un fromage qui doit contenir, selon les étiquettes, 50 % de matière grasse. Un organisme dont le rôle est de contrôler la qualité des produits prélève 100 fromages afin d'analyser leur taux de matière grasse.
Les résultats de l'analyse sont les suivants :

taux	[42 ; 45[	[45 ; 47,5[	[47,5 ; 50[	[50 ; 52,5[	[52,5 ; 55[
effectif	12	24	36	24	4

1. Calculez la moyenne $\overline{x}$ et l'écart-type s de cette série.
2. Déterminez par le calcul les quartiles et la médiane.
3. Une production de fromages peut être vendue sous l'appellation « 50 % de matière grasse » si les deux conditions suivantes sont remplies :
   • au moins de 80 % des fromages analysés sont dans l'intervalle $[\overline{x} - 2s\ ;\ \overline{x} + 2s]$,
   • 50 est dans l'intervalle $[\overline{x} - 2s\ ;\ \overline{x} + 2s]$.
   Que pensez-vous de la production de la coopérative précédente ?

Exercices

★ **38** Un aliment pour le bétail doit contenir 10 % d'un composant A. Pour savoir si un lot de 2 000 sacs de cet aliment est conforme, on pratique des mesures sur 100 sacs de ce lot. La moyenne des résultats en composition de A doit être comprise entre 9,5 % et 10,5 % et l'écart-type ne doit pas excéder 1,5 %.

Voici les résultats de quatre prélèvements faits sur quatre lots de 2 000 sacs.

Composition	8	8,25	8,5	8,75	9	9,25	9,50	9,75
Lot 1	2	5	7	8	10	10	15	15
Lot 2	0	0	8	10	10	10	10	10
Lot 3	0	0	0	0	0	10	10	20
Lot 4	0	0	0	0	5	20	30	30

Composition	10	10,25	10,50	10,75	11	11,25	11,5
Lot 1	15	8	3	2	0	0	0
Lot 2	10	10	10	10	2	0	0
Lot 3	20	20	10	10	0	0	0
Lot 4	15	0	0	0	0	0	0

Quelle sera la décision prise concernant chacun de ces lots ?

Coefficient de variation

On appelle coefficient de variation d'une série le nombre $C_v = \frac{s_x}{\overline{x}}$ où s_x est son écart-type et $\overline{x}$ sa moyenne.

Commentaire : Ce coefficient relativise la valeur de l'écart-type par rapport à la moyenne. Ainsi il permet de comparer entre elles des séries dont les valeurs ont des ordres de grandeur différents. En effet, si un caractère prend des valeurs très grandes par rapport à un autre, l'écart-type du premier sera certainement supérieur à celui du second, mais cela ne veut pas dire que la dispersion du premier caractère est plus grande que celle du second.

39 Comparaison de salaires

Pour les secteurs de l'alimentation et de l'électronique, la moyenne et l'écart-type des salaires sont donnés dans le tableau ci-après.

Étudiez la dispersion relative des salaires dans ces deux secteurs.

	écart-type	moyenne
alimentation	150 €	975 €
électronique	225 €	1 295 €

★ **40 Résultats aux J.O. de Sydney**

Le tableau ci-dessous donne les temps (en min, s, centièmes) réalisés par les huit finalistes respectivement pour les épreuves : 1 500 m hommes, 1 500 m femmes, 5 000 m hommes, 5 000 m femmes.

1 500 m H	1 500 m F	5 000 m H	5 000 m F
3'32''07	4'05''10	13'35''49	14'40''79
3'32''32	4'05''15	13'36''20	14'41''02
3'32''44	4'05''27	13'36''47	14'42''23
3'34''14	4'05''33	13'37''03	14'42''67
3'35''50	4'06''42	13'37''13	14'43''59
3'36''78	4'06''49	13'37''80	14'47''35
3'37''27	4'08''02	13'38''57	14'47''40
3'38''91	4'08''30	13'39''11	14'50''31

1. Pour chaque course, calculez le temps moyen des huit finalistes, ainsi que l'écart-type.

2. Comparez les coefficients de variation pour chaque course. Qu'en concluez-vous ?

★ **41** On a rassemblé, pour une ville donnée, les âges de décès des hommes et des femmes pour une année.

Hommes																
25-	65-	79-	59-	58-	77-	73-	75-	68-	66-	75-	71-	63-	89-	66-	77-	84-
84-	79-	77-	59-	60-	81-	45-	63-	75-	65-	84-	31-	67-	82-	74-	78-	86-
76-	56-	59-	56-	78-	84-	62-	48-	79-	41-	60-	41-	75-	61-	73-	76-	63-
68-	52-	68-	87-	62-	72-	52-	71-	79-	81-	80-	80-	58-	86-	75-	83-	63-
80-	59-	84-	64-	64-	79-	79-	63-	63-	79-	71-	72-	34-	43-	59-	53-	68-
65-	89-	54-	59-	59-	83-	77-	77									

Femmes																
94-	82-	63-	56-	90-	88-	72-	76-	94-	89-	67-	88-	82-	82-	61-	97-	88-
68-	89-	91-	56-	85-	77-	68-	81-	88-	45-	73-	97-	78-	83-	74-	91-	80-
76-	80-	95-	62-	98-	73-	66-	90-	71-	73-	66-	55-	53-	94-	57-	69-	62-
81-	80-	90-	81-	43-	76-	91-	88-	87-	73-	80-	87-	87-	84-	64-	78-	77-
64-	54-	81-	88-	84-	85-	74-	44-	84-	97-	54-	76-	87-	59-	80-	72-	90-
90-	70-	87														

1. Calculez pour chaque série :
   a) la moyenne et l'écart-type,
   b) la médiane et les quartiles.
2. Établissez les diagrammes superposés en boîtes des deux séries.
   (On voit sur ce diagramme que l'âge du décès des femmes est supérieur d'une dizaine d'années à celui des hommes.)
3. Calculez le coefficient de variation pour chaque série. Quelle remarque pouvez-vous faire ?

Note : Le traitement des données peut se faire sur Excel.

Divers

★ 42 Efficacité d'un médicament

On considère deux groupes de 100 personnes, on les nomme A et B. L'objet de l'étude statistique est la mesure du taux de glycémie à jeun. La norme est l'intervalle [0,7 g/l ; 1,1 g/l].

Les groupes A et B ont même moyenne 1,6 g/l et pour écart-type 0,3 g/l.

On veut tester l'efficacité d'un médicament hypoglycémiant. On donne au groupe A le médicament et au groupe B un placebo (il a la même apparence que le médicament, mais ne contient pas de produit actif).

Après un mois de traitement, les analyses sanguines effectuées sur les deux groupes sont les suivantes :

taux de glycémie	[0,8 ; 0,9[	[0,9 ; 1[	[1 ; 1,1[	[1,1 ; 1,2[	[1,2 ; 1,3[
groupe A	7	15	34	20	8
groupe B	1	1	3	15	25
taux de glycémie	[1,3 ; 1,4[	[1,4 ; 1,5[	[1,5 ; 1,6[	[1,6 ; 1,7[	[1,7 ; 1,8[
groupe A	8	7	1	0	0
groupe B	15	14	13	7	6

Calculez pour chaque groupe A et B la moyenne et l'écart-type. En comparant ces résultats, le médicament vous semble-t-il efficace ?

★ 43 Standardisation des données

La note trimestrielle en mathématiques d'un élève est 17, la moyenne des notes de la classe est 14, leur écart-type est 2. Sa note en science physique est 15, la moyenne des notes de la classe et 13, l'écart-type est 1. Dans quelle matière l'élève est-il relativement le plus fort ?

Aide : Utilisez la note standardisée $\frac{x - \bar{x}}{s_x}$. Plus ce nombre est élevé meilleur est l'élève par rapport aux autres élèves.

★ 44 Péréquation

La moyenne trimestrielle (notes de 0 à 20) d'une classe est de 8,5 ; son écart-type est 2,5. Il n'y a pas de notes supérieures à 18.

Le professeur veut faire une péréquation affine des notes afin que la moyenne soit de 10.

1. a) Proposez-lui au moins deux solutions.
   b) Quelles sont les conséquences sur les notes les plus faibles ? les plus fortes ?
   c) Pour chacune des propositions faites en a), évaluez l'écart-type.
2. Trouvez une formule permettant d'obtenir une moyenne de 10 et d'écart-type de 2.

Note : Vous pouvez vous reporter au TD2, p. 192.

★ 45 Étude des salaires annuels en 1998

De la même façon que les quartiles partagent l'effectif en intervalles contenant au moins 25 % de l'effectif total, les déciles le partagent en intervalles contenant au moins 10 % de cet effectif.

Les données statistiques portant sur des populations nombreuses utilisent cette partition en déciles de la population (les quartiles en donneraient une représentation trop imparfaite).

Le tableau suivant regroupe les résultats, en francs, pour les salaires en 1998 en France (*source INSEE*).

	salaire net hommes	salaire net femmes	ensemble
D_1	72 730	65 280	69 710
D_2	82 270	72 630	78 650
D_3	91 210	79 330	87 110
D_4	100 720	86 870	96 310
médiane	110 560	95 990	106 550
D_6	124 560	106 600	118 840
D_7	142 140	119 650	134 530
D_8	170 120	137 810	159 470
D_9	228 820	171 340	210 090
salaire moyen*	139 500	111 080	130 790

* Calculé avant le regroupement en déciles.

1. a) Calculez pour chaque série les premiers et troisièmes quartiles.
   b) On estime que le salaire minimum annuel est égal en 1998 à 63 998 F et le salaire maximum à 350 000 F. Construisez les diagrammes superposés en boîtes des salaires des hommes et des femmes.
2. Calculez les écart-types des trois séries.
3. Donnez les valeurs des paramètres des trois séries en euros (quartiles, médiane, moyenne, écart-type).

★ **46 Valeur centrée et réduite**

On veut étudier trois caractères A, B, C dans la population. On interroge 1 000 personnes et on calcule les fréquences de chacun de ces caractères dans cet échantillon. Le tableau suivant donne les paramètres de la série constituée par 100 de ces sondages.

	moyenne	écart-type	min.	Q_1	médiane	Q_3	max.
A	0,5004	0,009	0,482	0,493	0,5016	0,5068	0,5252
B	0,047	0,006	0,033	0,043	0,047	0,051	0,059
C	0,421	0,015	0,388	0,408	0,424	0,433	0,448

1. Pour chaque série, effectuez le changement de valeurs du caractère $y_i = \dfrac{x_i - \overline{x}}{s}$. Donnez les valeurs du minimum, de la médiane, des quartiles et du maximum de ces nouvelles séries.
Aide : Voir l'exercice résolu 5, p. 189.

2. À l'aide de ces nouveaux paramètres, construisez le diagramme superposé en boîtes des trois séries. Que remarquez-vous ?

Regroupements de séries

★★ **47** Deux échantillons de même effectif N ont respectivement pour moyennes 4,5 et 5 et pour écarts-types 1,2 et 1,4.

On réunit les deux échantillons et on s'intéresse à la moyenne et à l'écart-type de cette nouvelle série.

1. Calculez cette moyenne.

2. Calculez la moyenne des carrés de la première série et de la deuxième série.

3. Calculez la moyenne des carrés de la réunion des deux séries.

4. Déduisez-en l'écart-type de la réunion des deux séries.

★★ **48 Séries de même effectif**

On considère deux séries statistiques : l'une d'effectif N, de moyenne m' et d'écart-type s' ; l'autre de même effectif N, de moyenne m'' et d'écart-type s''. On appelle m la moyenne des deux séries regroupées et s son écart-type.

On sait que la moyenne m est égale à $\dfrac{m' + m''}{2}$.

Démontrez que $s^2 = \dfrac{s'^2 + s''^2}{2} + \left(\dfrac{m' - m''}{2}\right)^2$.

★★ **49 Cas général**

On considère deux séries statistiques : l'une d'effectif N', de moyenne m' et d'écart-type s' ; l'autre d'effectif N'', de moyenne m'' et d'écart-type s''. On appelle m la moyenne des deux séries regroupées et s son écart-type.

Trouvez la relation permettant de calculer s^2 en fonction de s'^2, s''^2, m' et m''.

Simulations

★ **50 Sondage d'opinion**

On veut mesurer la cote de popularité d'un personnage public dans un pays. On dispose de deux façons de procéder :

- soit on interroge la population entière (recensement ou élection),
- soit on interroge un certain nombre n de personnes (sondage sur un échantillon de taille n).

Lorsque la cote de popularité p, exprimée par un pourcentage entier avec $0 < p < 100$, est connue, on peut simuler un tel sondage en procédant ainsi :

- l'avis d'un individu est simulé par le choix d'un nombre au hasard N entre 0 et 99,
- la réponse est favorable (code 1) si $0 < N < p - 1$, défavorable sinon (code 0),
- on recommence jusqu'à obtenir n réponses. On calcule ensuite la fréquence de réponses favorables obtenues.

1. Les résultats de simulation de 100 échantillons de taille 1 000, pour différentes valeurs de p, sont rassemblés ci-après.
Faites un diagramme en boîtes superposées de ces cinq séries.

p	50 %	53 %	56 %	59 %	62 %
moyenne	0,4999	0,5283	0,563	0,5885	0,6204
écart-type	0,0153	0,0159	0,0151	0,0166	0,0153
min.	0,464	0,487	0,515	0,553	0,584
Q_1	0,488	0,518	0,5552	0,575	0,61
médiane	0,499	0,528	0,563	0,589	0,621
Q_3	0,509	0,535	0,574	0,6	0,630
max.	0,539	0,586	0,6	0,632	0,655

2. Un sondage portant sur 1 000 personnes a donné 56 % d'opinions favorables. En vous reportant au tableau ci-dessus, quelles peuvent être les valeurs de p possibles ? Quelle est la plus vraisemblable ?

Note : Comme on le constate sur cet exemple, le résultat d'un sondage ne permet pas de remonter à coup sûr à la valeur de p. C'est pourquoi on définit des intervalles, dits « fourchettes de sondage », qui déterminent un encadrement de p auquel on attribue un degré de confiance.

★ 51 Tirage de boules dans une urne

On se propose d'étudier la fréquence d'apparition d'une boule noire en prenant au hasard une boule dans une urne contenant 3 boules noires et 1 boule blanche. On recommence n fois l'expérience (la boule tirée est remise dans l'urne).

La simulation consiste dans le choix d'un nombre aléatoire 1, 2, 3 ou 4. On convient que le résultat 1 correspond à la boule blanche (code 0) ; 2, 3, 4 à une boule noire (code 1). Pour connaître la fréquence de l'événement « *la boule est noire* », il suffit de calculer la somme des codes et de diviser par le nombre d'expériences n.

1. Expliquez pourquoi la feuille de calculs à la fin de l'énoncé permet de simuler cette expérience.

2. a) Recopiez puis complétez le tableau :

n	100	1 000	2 500	10 000
fréquence				

b) Vers quelle valeur semblent se rapprocher les fréquences observées dans le tableau précédent ?
Expliquez pourquoi on pouvait prévoir le résultat à partir de la composition de l'urne.

3. Étude des fluctuations d'échantillonnage

On étudie la distribution des fréquences de 100 échantillons de taille N. Pour cela, on utilise le classeur « ch7-TD3 » **téléchargeable sur Internet** (voir le site nathan.fr).

a) Téléchargez ce fichier et adaptez-le à la simulation de cette expérience.

Remplissez le tableau ci-dessous.

N	moyenne	écart-type	min.	Q_1	médiane	Q_3	max.
1 000							
2 500							
10 000							

b) Construisez les diagrammes en boîtes superposées des trois distributions de fréquences.
Quel commentaire vous inspire ce diagramme ?

tirage d'une boule

	A	B	C	D	E
1	=ENT(ALEA()*4)+1	=SI(A1=1;0;1)	1	=B1	=D1/C1
2	=ENT(ALEA()*4)+1	=SI(A2=1;0;1)	2	=SOMME(D1+B2)	=D2/C2
3	=ENT(ALEA()*4)+1	=SI(A3=1;0;1)	3	=SOMME(D2+B3)	=D3/C3
4	=ENT(ALEA()*4)+1	=SI(A4=1;0;1)	4	=SOMME(D3+B4)	=D4/C4
5	=ENT(ALEA()*4)+1	=SI(A5=1;0;1)	5	=SOMME(D4+B5)	=D5/C5
6	=ENT(ALEA()*4)+1	=SI(A6=1;0;1)	6	=SOMME(D5+B6)	=D6/C6
7	=ENT(ALEA()*4)+1	=SI(A7=1;0;1)	7	=SOMME(D6+B7)	=D7/C7
8	=ENT(ALEA()*4)+1	=SI(A8=1;0;1)	8	=SOMME(D7+B8)	=D8/C8
9	=ENT(ALEA()*4)+1	=SI(A9=1;0;1)	9	=SOMME(D8+B9)	=D9/C9
10	=ENT(ALEA()*4)+1	=SI(A10=1;0;1)	10	=SOMME(D9+B10)	=D10/C10
11	=ENT(ALEA()*4)+1	=SI(A11=1;0;1)	11	=SOMME(D10+B11)	=D11/C11

★★ 52 Statistiques et aires

On prend un point M au hasard de coordonnées $(X\ ;\ Y)$ telles que :

$0 \leqslant X < 1$ et $0 \leqslant Y < 1$.

Le point M est à l'intérieur du carré OACB ci-contre. On veut calculer, sur un échantillon de taille n, la fréquence de l'événement E :

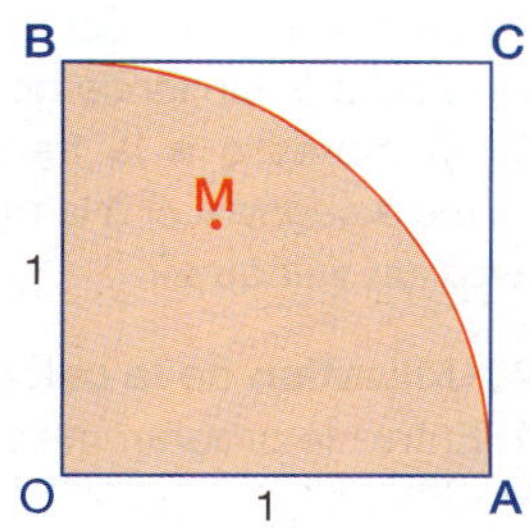

« M *est à l'intérieur du quart de cercle de centre* O *et de rayon* 1 », c'est-à-dire « M *est tel que* $X^2 + Y^2 < 1$ ».

1. Avec les moyens informatiques de votre choix (calculatrice ou Excel), écrivez un programme permettant de calculer la fréquence de l'événement E sur un nombre N d'expériences indépendantes.

2. Exécutez ce programme pour N = 100, 500, 1 000 .

3. Comparez les résultats des fréquences obtenues au nombre $\dfrac{\pi}{4}$.

Pouvez-vous expliquer intuitivement ce résultat ?

Note : Cette méthode, avec laquelle on peut obtenir des valeurs approchées de $\dfrac{\pi}{4}$, est quelquefois appelée « méthode de Monte-Carlo ».

problèmes de synthèse

53 Le lièvre et la tortue

Thèmes : Simulation. Calculatrice. Excel (macros). Diagrammes en boîtes

Une course entre le lièvre et la tortue est simulée par le lancer d'un dé équilibré : si le résultat est 6, le lièvre gagne, sinon la tortue avance d'une case.

La tortue gagne lorsqu'elle atteint la case 6 (elle a donc six cases à parcourir).

La simulation consiste en un lancer de dé, que l'on répète si le résultat est différent de 6, que l'on arrête s'il est égal à 6. On lance donc le dé au maximum six fois. On s'intéresse à la fréquence f de l'événement « *la tortue a gagné* » et à la moyenne des coups joués pour avoir un vainqueur.

A. Utilisation de la calculatrice

1. Entrez le programme suivant sur votre calculatrice.

famille Casio	famille TI
"Nb de courses" : ? → N	Disp "Nb de courses" :
0 → T : 0 → S	Input N
For 1 → J To N	0 → T : 0 → S
0 → W : 0 → K	For (J, 1, N)
While K < 6	0 → W : 0 → K
K + 1 → K	While (W – 1) * (K – 6) ≠ 0
If Int (6*Ran#) + 1 = 6	K + 1 → K
Then 1 → W : Break	If Int (6*Rand + 1) = 6
If End	1 → W
WhileEnd	End
If W = 0	If W = 0
Then T + 1 → T	T + 1 → T
IfEnd	End
S + K → S	S + K → S
Next	End
"FT=", T/N ◢	Disp "FT=", T/N,
"MOY=", S/N	"MOY=", S/N

Commentaire : Dans le programme, T compte le nombre de parties gagnées par la tortue, S compte le nombre de coups joués, K compte le nombre de coups joués dans la partie en cours, W est un test (si le lièvre gagne, W = 1, sinon W = 0).

Il permet de choisir le nombre de parties N. Il calcule la fréquence de l'événement « *la tortue a gagné* ». Il indique également le nombre moyen de coups joués, pour un échantillon de taille N.

2. Exécutez le programme pour N = **50** , N = **100** et N = **200** . Remplissez le tableau suivant.

N	fréquence	nombre moyen de coups
50		
100		
200		

B. Avec Excel

1. Téléchargez sur Internet (voir le site Nathan.fr) le fichier « lievre.xls ».

Il simule une suite de N parties indépendantes, pour lesquelles on calcule la fréquence de l'événement « *la tortue a gagné* ». On reproduit 100 fois l'échantillon de N parties. On obtient ainsi une distribution de 100 fréquences, dont on va faire une étude statistique.

2. Dans « lievre.xls », vous trouverez dans la feuille de calculs « *fréquence* », les outils permettant de calculer les paramètres demandés pour la série de 100 échantillons de taille N.

La feuille des calculs « *présentation* » vous explique comment procéder et changer la valeur de N.

a) Faites la simulation pour N = **1 000** , 2 500 et 10 000 et remplissez le tableau ci-dessous.

N	fréquence moyenne	écart-type	min.	Q_1	médiane	Q_3	max.
1 000							
2 500							
10 000							

b) Construisez les diagrammes en boîtes superposées de la distribution des fréquences de l'événement « *la tortue a gagné* » pour chaque valeur de N. Quel commentaire vous inspirent ces diagrammes ?

3. Étude du nombre moyen de coups joués

a) Utilisez la feuille de calculs « *durée moyenne* » pour remplir le tableau suivant :

N	durée moyenne	écart-type	min.	Q_1	médiane	Q_3	max.
1 000							
2 500							
10 000							

b) Construisez les diagrammes en boîtes superposées de la distribution des moyennes de coups joués pour chaque valeur de N.

Quel commentaire vous inspirent ces diagrammes ?

Probabilités

Approche historique

Un problème

On lance deux pièces de monnaie et on note pour chacune les côtés apparus « pile » P ou « face » F. Quelle est la probabilité d'obtenir « pile et face » ?

Des éléments de réflexion

Si on note seulement les résultats observables PP, PF et FF, on risque de répondre qu'il y a une chance sur trois d'obtenir PF. Or, si l'on effectue un très grand nombre de lancers, la fréquence d'apparition de la paire PF se rapproche de 0,5. Jacques Bernoulli (Bâle, 1654 - Bâle, 1705) a le premier exprimé mathématiquement que plus on fait d'expériences, plus la fréquence d'un événement se rapproche de sa probabilité de réalisation.
Dans ce cas, ces fréquences sont voisines de 0,5.
Or, dans le problème posé, le nombre de cas possibles est quatre, PP, PF, FP et FF. Puisque PP (ou FF) se réalise d'une seule façon (P sur chaque pièce ou F sur chaque pièce), mais « pile et face » de deux façons, il y donc deux cas sur quatre $\left(\frac{2}{4} = 0,5\right)$ qui réalisent « pile et face ».

Jacques Bernoulli
(Bâle, 1654 - Bâle, 1705)

Andrei Kolmogorov
(Tambov, 1903 - Moscou 1987)

Et on peut aussi convenir que ce rapport du nombre de cas favorables par le nombre de cas possibles fournit la probabilité théorique qui rend bien compte de l'expérience étudiée.
Le calcul des probabilités est devenu une théorie rigoureuse dans les années 1930 grâce au Russe Andrei Kolmogorov (Tambov, 1903 - Moscou, 1987).
Exprimée par Jacques Bernoulli, la « loi des grands nombres » est devenue un théorème de cette théorie.

Des certitudes sur les incertitudes

NOTE
En latin, dé se dit *alea*.

Le jeu de « Pile ou Face » a deux issues possibles, mais avant de lancer la pièce, nul ne peut dire avec certitude le résultat. Le jeu « lancer d'un dé » a lui six issues possibles et l'incertitude demeure aussi sur le résultat. **Ces deux jeux sont des exemples d'expériences aléatoires.**

L'étude de phénomènes aléatoires a débuté il y a trois ou quatre siècles avant de devenir, en 1930, une théorie mathématique donnant « **des certitudes sur les incertitudes** ».

1 Pourquoi la théorie des probabilités est-elle efficace ?

Un exemple permettra de comprendre.

Supposons que l'on effectue n lancers d'une pièce de monnaie équilibrée. Désignons par S_n le nombre de « Pile » obtenus, la fréquence f_n des « Pile » observés est alors $\frac{S_n}{n}$. À chaque valeur de n correspond un nombre f_n. Un théorème de probabilités affirme que les nombres f_n se rapprochent de 0,5 lorsque n augmente indéfiniment. Plus rigoureusement, la probabilité pour qu'il n'en soit pas ainsi est nulle : ce théorème est **la loi des grands nombres**. Ainsi, lorsque n est assez grand, il y a peu de chances d'avoir f_n différent de 0,5.

Or, si l'on effectue **réellement** l'expérience, ou si on la simule, on retrouve ce résultat. L'**expérience a validé la théorie**. Évidemment ce seul cas ne suffit pas pour déclarer « *bonne* » la théorie, mais bien d'autres cas, et bien moins évidents, le prouvent aussi. En retour, la théorie est si fiable, qu'il est inutile de vérifier expérimentalement la plupart des résultats qu'elle fournit.

2 Autres exemples

- Êtes-vous prêts à parier que dans votre classe au moins deux élèves fêtent leur anniversaire le même jour ? Vous risqueriez de gagner car la théorie **affirme**, et l'expérience le confirme, que dans un groupe de 30 personnes la probabilité que deux d'entre elles aient le même jour d'anniversaire est de 71 %, et qu'elle est de 97 % (quasiment une certitude) dans un groupe de 50.
- Lancer dix fois une pièce de monnaie et obtenir 10 « Pile » peut paraître quasi-impossible. Cependant la théorie **affirme**, et l'expérience le confirme, que, si on réitère 4 000 fois l'expérience « lancer dix fois la pièce », la probabilité d'obtenir 10 « Pile » est 0,98. Essayez.

3 Étude d'une expérience aléatoire

NOTE
Lorsque tout ceci est fait, on dit que l'on a modélisé l'expérience aléatoire (ou créé un modèle de cette expérience).

1. Chacun comprend qu'il faut **d'abord préciser toutes les issues possibles** de l'expérience.

2. On doit ensuite **affecter à chaque issue un nombre mesurant ses chances de réalisation**. On le choisit entre 0 et 1. Ce sera sa probabilité de réalisation. La somme de ces probabilités sera égale à 1.

Deux cas peuvent alors se présenter.

Premier cas : Il est possible de **calculer** *a priori* la probabilité de réalisation de chaque issue par un raisonnement rigoureux, qui s'appuie sur les **hypothèses explicites** des conditions de l'expérience.
C'est le cas par exemple pour un dé que l'on suppose parfait. Pour chacune des faces la probabilité d'apparition sera alors $\frac{1}{6}$. De plus, on suppose que le dé n'a pas de mémoire, c'est-à-dire que le résultat obtenu lors d'un lancer ne dépend pas des résultats précédents, et n'affectera pas le résultat des expériences suivantes. On dit que les différents lancers sont indépendants.

Deuxième cas : Aucun calcul ne peut permettre, par exemple, de prédire le résultat d'un vote, ou la proportion des différents groupes sanguins dans une population, ou encore d'obtenir la probabilité qu'une punaise lancée en l'air retombe en présentant sa pointe vers le haut.
On procède alors par **sondages** parmi les électeurs, par des recherches d'analyse sanguine **sur un échantillon représentatif**, ou par une **série expérimentale** de lancers de la punaise.
S'il y a suffisamment d'observations, **la loi des grands nombres** nous apprend que les valeurs observées auront peu de chances de s'écarter beaucoup des valeurs **théoriques inconnues**. Il devient alors possible de les considérer comme des **estimations** des valeurs théoriques.
En outre, il est possible de construire, autour d'une valeur observée, un intervalle donnant une *localisation probable* de la valeur théorique. C'est l'**intervalle de confiance**, pour un seuil de confiance voulu, dont la longueur est d'autant plus réduite que l'échantillon est plus grand. Il permet aussi d'apprécier la précision de la localisation de la valeur théorique cherchée.
Il existe cependant un risque que la vraie valeur se trouve en dehors de cet intervalle. Mais ce risque peut être mesuré : si on cherche un intervalle de confiance à 95 %, il y a aura 95 chances sur 100 que l'expérience fournisse des résultats observés conduisant à un intervalle contenant la vraie valeur, et 5 % de chances du contraire.
Ainsi, si les calculs de probabilités ne donnent pas de certitudes absolues, ils permettent d'apprécier les risques d'erreurs et contribuent à la prise de décisions plus judicieuses.

4 Un énoncé de la loi des grands nombres

Il existe plusieurs énoncés du théorème de la loi des grands nombres. Le premier est dû à Jacques Bernoulli dans « *L'art de la conjecture* » (1713). Un énoncé précis est hors de vos compétences actuelles, mais non sa signification, qui est celle-ci :
« La fréquence moyenne d'apparition d'un résultat dans une répétition d'épreuves tend vers la probabilité d'observer cette apparition dans une seule épreuve. »

Exemple : Dans le jeu de « Pile ou Face », la probabilité d'obtenir « Pile » en un seul lancer est 0,5, c'est-à-dire la limite des fréquences f_n d'apparition de « Pile » lors de n lancers, lorsque n tend vers l'infini.

Activité 1 Une expérience aléatoire

Une urne contient 10 boules, 3 blanches, 7 noires. On tire au hasard une boule de l'urne, on note sa couleur. La théorie affirme que la probabilité de tirer une boule blanche est $\frac{3}{10}$.

Nous allons vérifier ce résultat expérimentalement. On réitère n fois cette expérience. On s'intéresse à la fréquence f_n du résultat : « *la boule tirée est blanche* ». Comme vous l'avez vu lors de simulations précédentes, les f_n varient avec n, mais la loi des grands nombres (*voir l'introduction*) dit que :
« La fréquence estimée au cours de n expériences aléatoires indépendantes de la réalisation d'un événement se rapproche avec toujours plus de certitude d'une fréquence théorique appelée probabilité de cet événement à mesure que n devient grand de façon presque sûre » (Jacques Bernoulli – *L'art de la conjecture* – 1713).

1 Simulation de l'expérience

Notons U l'ensemble $\{B_1, B_2, B_3, N_1, N_2, N_3, N_4, N_5, N_6, N_7\}$ des éléments de l'urne.
Le choix d'un élément au hasard pourra être réalisé par un nombre entier aléatoire compris entre 1 et 10. Les résultats 1, 2 ou 3 donneront une boule blanche et les autres une boule noire. On réitère de façon indépendante n fois l'expérience et on calcule f_n. On étudie les f_n sur 100 échantillons.

	moyenne	écart-type	minimum	Q_1	médiane	Q_3	maximum
n = 100	0,29	0,11	0,25	0,28	0,3	0,32	0,35
n = 1 000	0,3	0,013	0,281	0,291	0,3	0,309	0,319
n = 10 000	0,299 9	0,001 5	0,291 5	0,298 1	0,3	0,301 0	0,309 2

1. Faites un diagramme superposé en boîtes des trois distributions.

NOTE
Voir le TD 3, p. 193, chapitre 7.

2. Déterminez pour chaque distribution l'intervalle de confiance à 0,95.

3. À partir du diagramme, vérifiez que 0,3 est bien une valeur vers laquelle se rapprochent les fréquences quand n devient grand.
Cette valeur théorique est la probabilité de l'événement « *la boule est blanche* ».

2 Applications

1. Si l'urne contient 2 boules blanches, 3 boules noires et 5 rouges, quelles sont, en tirant une boule au hasard de l'urne, les probabilités des événements suivants ?
a) *La boule est blanche.* **b)** *La boule est rouge.*

2. Si on lance un dé supposé parfait, quelle probabilité peut-on prévoir pour chaque résultat ?

Activité 2 Vocabulaire des ensembles

Lorsqu'on écrit les éléments d'un ensemble E, on les écrit entre deux accolades, et on n'écrit pas deux fois le même élément. Par exemple, $E = \{a, x, z, b\}$.

1 Définitions

1. Sous-ensemble ou partie de E : On appelle ainsi un ensemble A dont les éléments sont des éléments de E. On dit que A est **inclus** dans E, on note $\mathbf{A \subset E}$.
Deux sous-ensembles particuliers de E : **l'ensemble vide**, noté $\varnothing$, qui ne contient aucun élément, et E qui les contient tous.
Un sous-ensemble A ne contenant qu'un élément a s'appelle un **singleton**. Si a est cet élément, on écrit $\mathbf{A} = \{\boldsymbol{a}\}$.

2. Intersection de deux sous-ensembles A et B de E
L'intersection de A et B, notée $\mathbf{A \cap B}$, est l'ensemble formé des éléments qui appartiennent à A **et** à B.
On dit que A et B sont **disjoints** si leur intersection est l'ensemble vide.

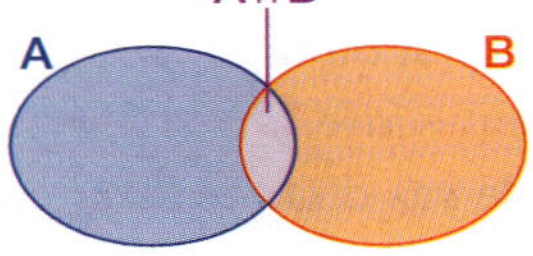

3. Réunion de deux sous-ensembles A et B de E
La réunion de A et B, notée $\mathbf{A \cup B}$, est l'ensemble formé des éléments qui appartiennent à A **ou** à B (y compris ceux qui appartiennent à A et à B).

4. Complémentaire dans E d'un sous-ensemble A
Le complémentaire dans E de A, noté $\overline{\mathbf{A}}$, est l'ensemble des éléments de E qui n'appartiennent pas à A.

5. Partition d'un ensemble
On appelle partition d'un ensemble E la donnée de sous-ensembles de E, non vides, deux à deux disjoints et dont la réunion est E.

2 Exercices

1. On considère l'ensemble $E = \{0, 1, 2, 3, 4, 5, 6, 7, 8, 9\}$.
On note A l'ensemble des chiffres pairs, B l'ensemble des nombres premiers de E, et C l'ensemble des multiples de 3 de E.
a) Écrivez les éléments des ensembles suivants :

$$A \cap B,\ A \cup B,\ A \cap C,\ A \cup C,\ B \cup C,\ \overline{A},\ B \cap C,\ \overline{A \cup B}.$$

b) A, B et C forment-ils une partition de E ?

2. Nombre d'éléments d'un ensemble fini
On note $n(A)$ le nombre d'éléments de A.
Prouvez que $\boldsymbol{n}(\mathbf{A \cup B}) = \boldsymbol{n}(\mathbf{A}) + \boldsymbol{n}(\mathbf{B}) - \boldsymbol{n}(\mathbf{A \cap B})$ et que $\boldsymbol{n}(\overline{\mathbf{A}}) = \boldsymbol{n}(\mathbf{E}) - \boldsymbol{n}(\mathbf{A})$.

Cours

1 Loi de probabilité

1 1 Définition

Dans l'introduction page 206, nous avons détaillé la façon de modéliser une expérience aléatoire : c'est en substance, préciser les issues et attribuer à chacune d'elles une probabilité.

Plus précisément, notons e_1, e_2, …, e_n, les n issues de l'expérience et E leur ensemble, $E = \{e_1, e_2, \ldots, e_n\}$.

NOTE
Voir pages 206-207 comment on attribue les nombres p_i.

> **Définir une loi de probabilité** P de l'expérience aléatoire, c'est associer à chaque issue e_i un nombre p_i, positif ou nul, de sorte que $\boldsymbol{p_1 + p_2 + \ldots + p_n = 1}$.

L'ensemble E est appelé **univers** de l'expérience. Le nombre p_i est la **probabilité** de la réalisation de l'issue e_i.

Remarque : Puisque les p_i sont positifs, chacun est inférieur à leur somme, qui est 1. Donc, pour tout i, $\boldsymbol{0 \leqslant p_i \leqslant 1}$.

Exemple : Lancer d'un dé. L'expérience a six issues possibles, sortie du 1, ou du 2, ou du 3, ou du 4, ou du 5, ou du 6.
On peut écrire $E = \{1, 2, 3, 4, 5, 6\}$.
Dans le cas d'un dé **supposé parfait**, cette hypothèse implique que chaque face a autant de chances qu'une autre d'apparaître, donc pour tout i, $p_i = \frac{1}{6}$.
Dans le cas d'un dé imparfait, l'utilisation de la **loi des grands nombres** permet de trouver une estimation de la valeur théorique de chaque p_i.

NOTE
Voir page 207.

Remarque : Lorsque les issues e_i sont des nombres, ce qui est rarement le cas, on peut définir l'**espérance** de la loi P par $E(P) = p_1 e_1 + \ldots + p_n e_n$. Mais en réalité, cette espérance est celle d'une variable aléatoire X particulière, définie par $X(e_i) = e_i$ *(voir paragraphe* 4, *page* 216).

1 2 Loi équirépartie

Lorsque tous les p_i sont égaux entre eux, on dit que la **loi est équirépartie**, ou encore que les issues sont **équiprobables**, ou encore qu'il y a **équiprobabilité**.
Dans ce cas, puisque $p_1 = p_2 = \ldots = p_n$ et que la somme des p_i est 1 :

chaque p_i est égal à $\frac{1}{n}$.

Exemple : Au jeu de « Pile ou Face », avec une pièce de monnaie supposée parfaite, on admet que les deux issues P, F sont équiprobables.
Ainsi $p(F) = \frac{1}{2}$ et $p(P) = \frac{1}{2}$.

Pour mieux comprendre

COMMENT savoir s'il y a équiprobabilité ?

• Comme il a déjà été dit, lors de la construction d'un modèle, les probabilités sont fixées *a priori*. L'équiprobabilité est donc une **hypothèse inscrite dans le modèle**, elle ne se devine pas. (Vérifier qu'une expérience concrète se déroule selon le modèle choisi n'est plus du domaine des probabilités, mais de la statistique.)

• La tradition veut que, dans les exercices, on suggère l'équiprobabilité par des expressions comme « dé *parfait* », « pièce *équilibrée* », « on tire une boule *au hasard* dans une urne ».

Dans le **cas du dé**, cela signifie que la probabilité de sortie de chaque numéro est $\frac{1}{6}$; dans le **cas de la pièce** que la probabilité de « Pile » est $\frac{1}{2}$ ainsi que celle de « Face », et dans le **cas de la boule**, que chaque boule a autant de chances qu'une autre d'être tirée. Si l'urne contient n boules numérotées de 1 à n, la probabilité de tirer la boule B_i est $\frac{1}{n}$.

L'univers est ici l'ensemble $\{B_1, B_2, \ldots, B_n\}$.

• **Mais l'équiprobabilité dépend aussi de l'univers choisi** (c'est-à-dire des questions que l'on se pose quant au résultat de l'expérience).

Exemple : Une urne contient cinq boules, trois blanches et deux noires. On tire une boule au hasard et on note sa couleur B ou N.

Si on prend $E = \{B, N\}$, les issues B et N ne sont pas équiprobables, $p(B) = \frac{3}{5}$, $p(N) = \frac{2}{5}$.

En revanche si l'on suppose les boules numérotées B_1, B_2, B_3, N_1, N_2, avec $E = \{B_1, B_2, B_3, N_1, N_2\}$, les issues sont équiprobables.

(On retrouve bien que la probabilité de tirer une boule blanche est $\frac{3}{5}$ car, comme nous le verrons § 2,

$$p(B) = p(B_1) + p(B_2) + p(B_3) = \frac{1}{5} + \frac{1}{5} + \frac{1}{5} = \frac{3}{5}.)$$

COMMENT modéliser les expériences de référence ?

1. Lancer d'un dé parfait, d'une pièce de monnaie équilibrée, tirage au hasard de boule(s) dans une urne : *voir ci-dessus*.

2. Lancer de deux pièces de monnaie équilibrées (ou plusieurs)

• La question de savoir si elles sont discernables ou pas est une fausse question pour le théoricien. Pour lui, deux pièces sont toujours supposées distinctes (d'ailleurs dans la réalité, on peut toujours les rendre distinctes). En notant P_1, F_1, P_2, F_2 leurs côtés, les issues sont $P_1P_2, P_1F_2, F_1P_2, F_1F_2$. Elles sont équiprobables.

• Si on prenait pour issues, les issues observables, PF, FF, PP, on perdrait l'équiprobabilité (voir « *L'erreur du chevalier de Méré* », exercice 29, page 228). En fait, celle de PF est 0,5, les deux autres sont 0,25.

3. Lancer de deux dés parfaits (ou plusieurs)

C'est le même cas que le précédent. On considère que les dés sont distincts et les issues sont alors tous les couples (a, b) avec $1 \leqslant a \leqslant 6$ et $1 \leqslant b \leqslant 6$.

Il y a 36 issues, elles sont équiprobables. Si on prenait pour univers l'ensemble des issues observables (il y en a 21), on perdrait l'équiprobabilité.

2 Probabilité d'un événement

2.1 Définition d'un événement

1. Exemple

Reprenons l'expérience « Lancer d'un dé » avec comme univers l'ensemble $E = \{1, 2, 3, 4, 5, 6\}$.

• On pose la question : « Le dé marquera-t-il un nombre pair ? » Pour répondre, on peut énumérer les issues qui donnent la réponse « oui ». Leur ensemble est $A = \{2, 4, 6\}$. On dit que A est l'**événement** « *sortie d'un nombre pair* » et que **A est réalisé** lorsque l'une des issues 2 ou 4 ou 6 est réalisée.

• À la question : « Le chiffre marqué sera-t-il 5? », une seule issue donne la réponse « oui ». On dit que l'événement « *sortie du nombre* 5 » est un **événement élémentaire,** il est identifié à l'ensemble $B = \{5\}$.

• Ainsi toute question relative à un résultat de l'expérience se formule en terme d'événement, et cet événement est identifié au sous-ensemble de E constitué des issues qui donnent la réponse « oui » à la question.

2. Cas général

Définition 1

> On appelle **événement** d'une expérience aléatoire tout sous-ensemble de son univers. Un **événement élémentaire** est un sous-ensemble qui ne contient qu'un seul élément.

L'univers E contient toutes les issues, donc il est réalisé à coup sûr, on dit que E est l'**événement certain**. Le sous-ensemble $\varnothing$ n'est jamais réalisé, on dit que c'est l'**événement impossible**.

2.2 Probabilité d'un événement

Notons $E = \{e_1, e_2, \ldots, e_n\}$ l'univers associé à une expérience aléatoire sur lequel a été définie une loi de probabilité $p : e_i \mapsto p_i$.

Définition 2

> **La probabilité $p(A)$** d'un événement A est la somme des probabilités affectées à chaque issue contenue dans A.

NOTATION

Par abus de notation, on note $p(e_i)$ au lieu de $p(\{e_i\})$.

Exemple : Dans l'exemple du § 2.1, la probabilité de l'événement A : « *sortie d'un nombre pair* » est $p(A) = p(e_2) + p(e_4) + p(e_6)$.

Conséquences :

1. Probabilité d'un événement élémentaire $\{e_i\}$ **:** $p_i = p(e_i)$.

2. Cas d'une loi équirépartie. Dans ce cas, chaque issue e_i a pour probabilité $p_i = \frac{1}{n}$.

Si A contient m éléments, alors $p(A) = m \times \frac{1}{n} = \frac{\text{nombre d'éléments de A}}{\text{nombre d'éléments de E}}$.

NOTE

On dit que $p(A)$ est le nombre de cas favorables divisé par le nombre de cas possibles.

3. Valeurs remarquables. Puisque $p_1 + p_2 + \ldots + p_n = 1$, $p(E) = 1$.
On pose $p(\varnothing) = 0$.

Pour mieux comprendre

COMMENT dénombrer les issues possibles et les issues favorables ?

Il existe deux techniques de base : la construction d'un arbre et le remplissage de cases.

Exemple 1 : Un seul lancer de n pièces

On lance deux pièces que l'on peut supposer numérotées 1 et 2, et on note le résultat obtenu. La situation peut être décrite par *l'arbre* ci-dessous qui donne les quatre issues PP, PF, FP, FF.

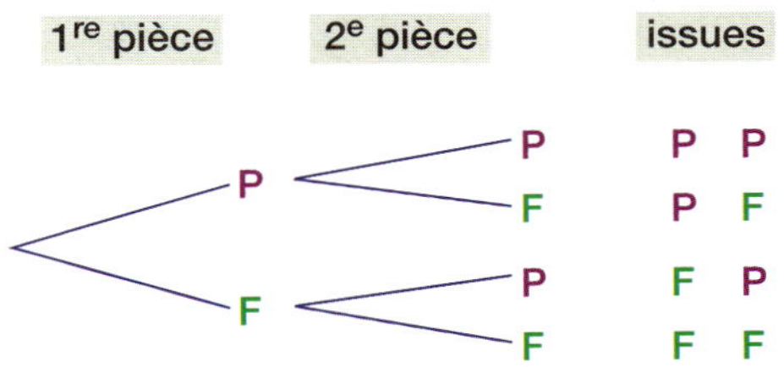

On suppose l'équiprobabilité.

Question : Quelle est la probabilité de l'événement A : « *obtenir Pile et Face* » ?

La réponse est alors 0,5 car deux issues sur quatre possibles réalisent A.

Remarques :

1. Les issues observables sont PP, PF, FF (en ne distinguant pas les pièces). Elles ne sont pas équiprobables, leurs probabilités sont, dans l'ordre, 0,25 ; 0,5 ; 0,25.

2. Dans le cas de trois pièces, on prolonge chacune des quatre branches de l'arbre précédent par deux branches. On obtient huit issues : **PPP, PPF, PFP, PFF, FPP, FPF, FFP, FFF**.

Exemple 2 : Tirages avec remise

• Une urne contient cinq boules numérotées de 1 à 5. On tire successivement trois boules avec remise : après chaque tirage, la boule est remise dans l'urne.

On note, dans l'ordre, les numéros des boules tirées, on obtient une liste de trois chiffres, pas nécessairement distincts, pris parmi 1, 2, 3, 4 ou 5.

Pour dénombrer les issues possibles, au lieu d'un arbre, on peut utiliser le « remplissage de cases ».

On remplit trois cases numérotées 1, 2, 3, chacune d'elles avec l'un des chiffres :

case 1	case 2	case 3
5 choix	5 choix	5 choix

Il y a cinq choix possibles pour la case 1, et pour chacun d'eux, cinq choix possibles pour la 2 (car la boule tirée est remise); donc 5×5 choix pour remplir 1 et 2. Et pour chacun d'eux, encore cinq choix pour la case 3, donc $5 \times 5 \times 5$ issues possibles.

• Avec la même technique, on peut traiter le **lancer de deux dés** numérotés chacun de 1 à 6. Il y a trente-six issues possibles.

case 1	case 2
6 choix	6 choix

Exemple 3 : Tirages sans remise

On fait la même expérience qu'à l'exemple 2, mais cette fois la boule tirée n'est plus replacée.

Alors, il y a cinq choix possibles pour la case 1, mais pour chacun d'eux, seulement quatre choix pour la case 2 (la boule tirée n'étant plus remise). Donc 5×4 choix pour remplir les cases 1 et 2, et pour chacun, trois choix pour la case 3 (les deux boules tirées n'ont pas été remises).

Donc $5 \times 4 \times 3$ issues possibles.

case 1	case 2	case 3
5 choix	4 choix	3 choix

On suppose que ces dernières sont équiprobables.

Question : Quelle est la probabilité de A : « *la deuxième boule tirée porte le n° 4* » ?

Une issue qui réalise A est obtenue en plaçant 4 dans la case 2, il reste alors quatre choix possibles pour la 1, et pour chacun trois choix pour la 3. Donc 4×3 issues réalisent A, d'où $p(\mathrm{A}) = \dfrac{12}{60} = \dfrac{1}{5}$.

3 Événements « A et B », « A ou B », $\bar{A}$

3 1 Définitions

NOTE
• Pour le vocabulaire des ensembles, voir l'activité 2, p. 209.
• Lorsque $A \cap B = \varnothing$, on dit que les événements A et B sont **incompatibles**.

A et B sont deux événements relatifs à une même expérience aléatoire. On appelle :

• **événement « A et B »**, l'événement qui se réalise lorsque A et B se réalisent simultanément. On lui associe le sous-ensemble $A \cap B$ de E, qui est le sous-ensemble constitué des éléments de E qui sont à la fois dans A et dans B.

• **événement « A ou B »**, l'événement qui se réalise lorsque l'un au moins des événements A ou B se réalise. On lui associe $A \cup B$, qui est le sous-ensemble constitué des éléments de E qui sont dans A ou dans B.

• **événement contraire de A**, noté $\bar{A}$, l'événement qui ne se réalise pas lorsque A se réalise. On lui associe le sous-ensemble constitué de tous les éléments de E qui ne sont pas dans A.

Remarque : $A \cap \bar{A} = \varnothing$ et $A \cup \bar{A} = E$.

Exemple : Une urne contient 10 boules numérotées de 1 à 10. On tire une boule.
Notons A l'événement « *sortie d'un nombre impair* », et B l'événement « *sortie d'un nombre strictement inférieur à 6* ». Alors, $A = \{1, 3, 5, 7, 9\}$ et $B = \{1, 2, 3, 4, 5\}$.
L'événement « A et B » est l'événement « *sortie d'un nombre impair strictement inférieur à 6* », c'est $A \cap B = \{1, 3, 5\}$.
L'événement « A ou B » est l'événement « *sortie d'un nombre impair ou strictement inférieur à 6* », c'est $A \cup B = \{1, 2, 3, 4, 5, 7, 9\}$. L'événement $\bar{A}$ est l'événement « *non sortie d'un nombre impair* », c'est $\bar{A} = \{2, 4, 6, 8, 10\}$.

3 2 Probabilités de ces événements

Théorème 1

1. Si A et B sont deux événements tels que $\mathbf{A \cap B = \varnothing}$, alors :
$$p(A \cup B) = p(A) + p(B).$$
2. Si A et B sont quelconques, $p(A \cup B) = p(A) + p(B) - p(A \cap B)$.
3. Pour tout événement A, $p(\bar{A}) = 1 - p(A)$.

Démonstration :

1. $p(A)$ est la somme des probabilités des éléments de A, $p(B)$ est la somme des probabilités des éléments de B. Puisque A et B sont disjoints, $A \cup B$ contient exactement tous les éléments de A et tous ceux de B. Donc $p(A) + p(B)$ est égal à la somme des probabilités des éléments de $A \cup B$, c'est-à-dire à $p(A \cup B)$.

2. Dans le calcul de $p(A) + p(B)$, les probabilités des éléments contenus dans $A \cap B$ sont comptabilisées deux fois, une fois dans la somme donnant $p(A)$ et une fois dans la somme donnant $p(B)$.
Donc, il faut les enlever une fois, d'où le résultat.

3. Par définition de $\bar{A}$, $A \cup \bar{A} = E$ et $A \cap \bar{A} = \varnothing$, donc $p(A) + p(\bar{A}) = p(E) = 1$.

A∩B = Ø

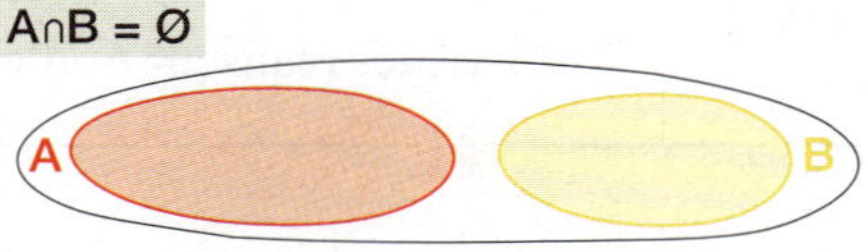

A∩B ↑ Ø

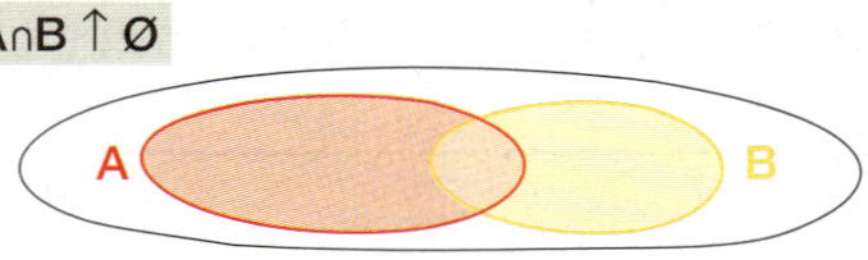

Exercices résolus

Exo 1 **Comment utiliser le théorème 1 ?**

On suppose que 100 000 boules numérotées de 1 à 100 000 sont disposées dans une urne. On tire une boule au hasard, on note son numéro x.
Quelle est la probabilité des événements suivants ?
A : « *x n'est pas un multiple de* 3 »,
B : « *x n'est pas un multiple de* 3 *ou n'est pas un multiple de* 5 ».

Solution commentée

On choisit comme univers l'ensemble des 100 000 boules. Les issues sont équiprobables par hypothèse (l'énoncé dit « *au hasard* »), chaque boule à la même chance qu'une autre d'être tirée.

• Pour trouver $p(\text{A})$, on peut dénombrer les entiers qui ne sont pas multiples de 3 ; on préfère calculer $p(\bar{\text{A}})$.
En effet $\bar{\text{A}}$ est l'événement contraire de A, c'est-à-dire « *x est un multiple de* 3 », ces multiples étant plus faciles à dénombrer que les non-multiples.
Dans l'ordre croissant, le premier multiple de 3 est 3, le dernier avant 100 000 est 99 999, donc leur nombre est $\frac{99\,999}{3}$, soit 33 333, donc $p(\bar{\text{A}}) = \frac{33\,333}{100\,000}$ et $p(\text{A}) = 1 - \frac{33\,333}{100\,000}$.

• L'événement contraire de B est $\bar{\text{B}}$: « x est un multiple de 3 et x est un multiple de 5 », donc « *x est un multiple de* 15 ». (Nous admettrons que, si a et b sont deux entiers premiers entre eux, tout multiple de a et b est multiple de ab.)

Le nombre de ces multiples est $\frac{99\,990}{15}$, soit 6 666,

donc $p(\text{B}) = 1 - \frac{6\,666}{100\,000}$.

Commentaire : Pour comprendre comment s'énonce l'événement contraire d'un événement précisé, vous pouvez vous reporter au *Vocabulaire de la logique*, § 5, *Négation d'une proposition*, p. 9.

▶ **exercices 8 et 9**

Exo 2 **Comment utiliser le théorème 1 ?**

On tire au hasard une carte dans un jeu de 32 cartes.
Calculez la probabilité des événements suivants :
A : « *tirer un as* », B : « *tirer une carte rouge* », C : « *tirer un as ou une carte rouge* », D : « *la carte tirée n'est ni un as, ni une carte rouge* ».

Solution commentée

On choisit comme ensemble E des issues l'ensemble des 32 cartes. Les issues sont équiprobables par hypothèse (l'énoncé dit « *au hasard* », chaque carte a la même chance qu'une autre d'être tirée).

• A est l'ensemble des quatre as, donc :

$$p(\text{A}) = \frac{4}{32} = \frac{1}{8}.$$

• B est l'ensemble des cartes rouges, donc :

$$p(\text{B}) = \frac{16}{32} = \frac{1}{2}.$$

• C est l'événement « A ou B », c'est-à-dire l'événement « $\text{A} \cup \text{B}$ ». On écrit alors :

$$p(\text{A} \cup \text{B}) = p(\text{A}) + p(\text{B}) - p(\text{A} \cap \text{B})$$

Et on calcule, si possible, $p(\text{A} \cap \text{B})$.

Or « $\text{A} \cap \text{B}$ » est l'événement « *la carte tirée est un as de couleur rouge* ».
Donc $\text{A} \cap \text{B} = \{$as de cœur, as de carreau$\}$
et $p(\text{A} \cap \text{B}) = \frac{2}{32} = \frac{1}{16}$.

Alors, on déduit que $p(\text{C}) = p(\text{A} \cup \text{B}) = \frac{9}{16}$.

• D est l'événement contraire de l'événement « *la carte tirée est un as ou une carte rouge* », donc D est l'événement contraire de C, $\text{D} = \bar{\text{C}}$, ainsi :

$$p(\text{D}) = 1 - p(\text{C}) = \frac{7}{16}.$$

▶ **exercices 10 à 13**

Cours

4 Variable aléatoire

4.1 Définitions

Il est fréquent que l'on associe un nombre à tout résultat d'une expérience aléatoire. La notion de variable aléatoire est la formalisation probabiliste de cette situation.

Exemple : On lance trois pièces de monnaie, que l'on peut numéroter 1, 2, 3, et on note le côté sorti pour chacune d'elles. On choisit pour univers de cette expérience l'ensemble des issues (*voir page* 213) :
E = {PPP, PPF, PFP, PFF, FPP, FPF, FFP, FFF}.
Imaginons le jeu qui consiste à gagner 1 € chaque fois que F apparaît et perdre 1 €, chaque fois que P apparaît.
La fonction X qui à chaque issue, associe le gain (positif ou négatif) correspondant, est appelé une **variable aléatoire** sur E.

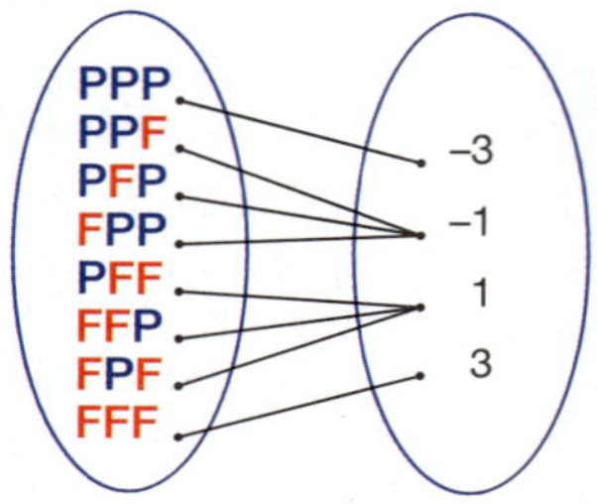

NOTE
La variable aléatoire X est représentée ci-contre.

Définition 3

E est l'univers associé à une expérience aléatoire. Toute fonction définie sur E, à valeurs dans $\mathbb{R}$, est appelée une **variable aléatoire**.

4.2 Loi de probabilité, espérance, variance

NOTE
Une variable aléatoire n'est pas une variable mais une **fonction** !
Dans la théorie des probabilités les valeurs d'une variable aléatoire sont toujours des nombres.
En général, une variable aléatoire est notée X, Y, Z, …

1. Exemple. Reprenons l'exemple précédent et cherchons, par exemple, la probabilité de l'événement « *gagner* 1 € », événement que l'on note $(X = 1)$. Cet événement est réalisé lorsque l'événement A de E, A = {PFF, FFP, FPF}, est réalisé. Or $p(A) = 3/8$. Donc la probabilité de « $X = 1$ », que l'on note $p(X = 1)$ est $3/8$.
Le tableau représente ce qu'on appelle la loi de probabilité de X.

gain x	– 3	– 1	1	3
$p(X = x)$	1/8	3/8	3/8	1/8

2. De manière générale, X est une variable aléatoire définie sur l'univers E d'une expérience aléatoire. Notons I l'ensemble des valeurs de X, $I = \{x_1, x_2, \ldots, x_m\}$, et p'_i la probabilité de l'événement « X *prend la valeur* x_i », événement noté $(X = x_i)$.
On démontre que $\boldsymbol{p'_1 + p'_2 + \ldots + p'_m = 1}$.

Définition 4

Alors la **loi de probabilité de X** est la fonction définie sur I, qui à chaque x_i associe le nombre $p(X = x_i)$.

On représente cette loi à l'aide du tableau ci-dessous.
La similitude avec le tableau d'une série statistique des fréquences des valeurs d'un caractère conduit aux définitions suivantes.

valeur x_i	x_1	x_2	…	x_m
$p(X = x_i)$	p'_1	p'_2	…	p'_m

Définition 5

- **Espérance** mathématique de X : $\mathbf{E(X) = x_1 p'_1 + \ldots + x_m p'_m}$
- **Variance** de X : $\mathbf{V(X) = [x_1 - E(X)]^2 p'_1 + \ldots + [x_m - E(X)]^2 p'_m}$
- **Écart-type** de X : $\boldsymbol{\sigma(X) = \sqrt{V(X)}}$.

NOTE
$V(X) = \sum_{i=1}^{m} p'_i x_i^2 - [E(X)]^2$

Pour mieux comprendre

COMMENT calculer $p(X = x_i)$?

X est une variable aléatoire.

● **Comprendre le sens de l'écriture $(X = x_i)$**

Cette écriture n'est pas une égalité ordinaire, mais une notation spécifique aux probabilités qui désigne un événement : l'événement « X *prend la valeur* x_i ».

● Pour calculer $p(X = x_i)$, on cherche le sous-ensemble A de E (univers de l'expérience aléatoire) qui contient les issues qui ont pour image x_i par X. Alors A est l'événement $(X = x_i)$ donc $p(A) = p(X = x_i)$ (▶ **exercice résolu 3**).

Exemple : $E = \{e_1, e_2, e_3, e_4, e_5\}$; $X(e_1) = -3$, $X(e_2) = 0$, $X(e_3) = -3$, $X(e_4) = 0$, $X(e_5) = 1$. L'ensemble des valeurs de X est $\{-3, 0, 1\}$. Calculons $p(X = 0)$. Les issues ayant pour image 0 par X sont e_2 et e_4. Donc $(X = 0) = \{e_2, e_4\}$. Si les issues de E sont équiprobables,

$$p(X = 0) = \frac{2}{5}.$$

EXISTE-T-IL un lien entre espérance mathématique et espérance de gain dans un jeu ?

L'espérance mathématique est un objet mathématique plutôt que la valeur escomptée d'un gain. On peut en effet imaginer des exemples, dans lesquels deux joueurs ont des espérances mathématiques sensiblement égales, mais où l'un deux est presque assuré de gagner en une seule partie.

On peut dire, sans vouloir préciser davantage, que lorsqu'un jeu est repété un très grand nombre de fois, ce qui n'est pas le cas en pratique, l'espérance de gain escompté est proche de l'espérance mathématique.

Exercices résolus

Exo 3 Calculer l'espérance d'une variable aléatoire

Un jeu consiste à lancer un dé supposé parfait, à gagner 2 euros si le « 1 » sort, 1 € si le « 2 » sort, et à perdre 1 € dans chacun des autres cas.
Quelle est l'espérance de la variable aléatoire X implicitement définie par le protocole ?

Solution commentée

L'ensemble des issues « lancer du dé » est l'ensemble $E = \{1, 2, 3, 4, 5, 6\}$. Par hypothèse (*dé parfait*), elles sont équiprobables.
La variable aléatoire X est définie sur E et $X(1) = 2$, $X(2) = 1$ et $X(3) = X(4) = X(5) = X(6) = -1$.
Pour calculer l'espérance de X, il faut d'abord définir sa loi de probabilité.
L'événement « $X = 1$ » n'est autre que le singleton $\{1\}$ de E (« *sortie du* 1 »), donc $p(X = 1) = \frac{1}{6}$.
De même $p(X = 2) = \frac{1}{6}$.

L'événement « $X = -1$ » n'est autre que l'événement $B = \{3, 4, 5, 6\}$ de E, donc $p(X = -1) = \frac{4}{6}$.

gain k (en €)	2	1	-1
$p(X = k)$	1/6	1/6	4/6

D'où $E(X) = 2 \times \frac{1}{6} + 1 \times \frac{1}{6} + (-1) \times \frac{4}{6} = -\frac{1}{6}$.

Commentaire : L'espérance est négative. On peut penser que, lors d'un grand nombre de parties, le joueur est perdant.

▶ **exercices 15 à 20**

Des idées, des réflexes

Des idées à retenir

Loi de probabilité

■ Chaque issue e_i d'une expérience aléatoire est affectée d'une **probabilité** p_i, et la somme de tous les p_i est égale à 1. p_i est la probabilité que l'issue e_i se réalise $(0 \leqslant p_i \leqslant 1)$.

■ Un **événement** est un sous-ensemble de E. Si ce sous-ensemble ne contient qu'un seul élément, il est **élémentaire**.

■ Un événement A est réalisé lorsque l'une des issues contenues dans A est réalisée. La probabilité de A est la somme des probabilités des issues contenues dans A.

■ **Un cas agréable : l'équiprobabilité,** les issues ont toutes la même probabilité $\frac{1}{n}$ (n est leur nombre).

■ **L'équiprobabilité** est une hypothèse relative à l'expérience. Elle est indiquée par des expressions comme « choix *au hasard* », « pièce *équilibrée* », « dé *parfait* » (ou *symétrique, homogène*...).
Mais attention, elle dépend aussi du choix de l'univers (ensemble des issues) : tirer une boule au hasard dans une urne signifie que chaque boule a autant de chances qu'une autre d'être tirée.
Mais si, éventuellement on s'intéresse à leur couleur, et si on prend comme univers l'ensemble des couleurs, il n'y a pas forcément équiprobabilité des couleurs (▶ ***Pour mieux comprendre*, page 211**).

■ Un événement A a toujours un événement contraire ou complémentaire, noté $\overline{A}$.

■ Lorsqu'on connaît $p(A)$, on connaît $p(\overline{A})$ car $\boldsymbol{p(A)+p(\overline{A}) = 1}$.

■ Lorsqu'on connaît trois des quatre nombres $p(A)$, $p(B)$, $p(A \cup B)$, $p(A \cap B)$, on connaît le quatrième, car :

$$\boldsymbol{p(A \cup B) = p(A)+p(B)-p(A \cap B)}.$$

Variable aléatoire

■ Contrairement à son nom, une variable aléatoire X liée à une expérience est une **fonction** : elle est définie sur l'ensemble E, univers de l'expérience. Ses valeurs sont des réels $x_1, x_2, \ldots, x_i, \ldots, x_m$.

■ La notation $(X = x_i)$ n'est pas une égalité, elle désigne un événement : l'événement « X *prend la valeur* x_i ».

■ La loi de probabilité de X est la fonction $x_i \mapsto p(X = x_i)$. Pour trouver $p(X = x_i)$, ▶ ***Pour mieux comprendre*, page 217**.

Des réflexes à avoir

■ Avant de commencer un exercice, pensez à bien préciser d'abord l'ensemble des issues que vous choisissez. À votre niveau, il est préférable en général, de choisir des issues équiprobables (▶ ***Pour mieux comprendre*, p. 211 et 213**).

■ Dans le cas d'équiprobabilité, pensez que pour calculer la probabilité d'un événement A, il suffit de trouver le nombre m des éléments de A, alors $p(A) = \frac{m}{n}$ (où n est le nombre d'issues possibles).

■ Pour calculer $p(C)$, pensez à voir si l'événement C peut s'écrire $A \cap B$ ou $A \cup B$, avec $p(A)$ et $p(B)$ faciles à calculer dans le contexte, en vue d'utiliser :

$$p(A \cup B) = p(A)+p(B)-p(A \cap B)$$

(▶ **exercice résolu 2, page 215**).

■ Pour calculer $p(A)$, pensez qu'il est parfois plus facile de calculer $p(\overline{A})$ (▶ **exercice résolu 1, page 215**).

Des erreurs à éviter

■ La formule $p(A) = \frac{\text{nb de cas favorables}}{\text{nb de cas possibles}}$ n'est vraie que lorsqu'il y a équiprobabilité.

■ En général, $p(A \cup B) \neq p(A)+p(B)$.

TD 1 Les anniversaires. Programmation

Le but est de calculer la probabilité que n personnes choisies au hasard aient le même jour d'anniversaire (sans tenir compte de l'année, ni du 29 février). Pour simplifier le problème, au lieu de noter le jour et le mois, par exemple 6 avril, on numérote les jours de l'année de 1 (1er janvier) à 365 (31 décembre).

Pour simplifier encore plus, on peut imaginer le modèle suivant : on numérote 365 jetons de 1 à 365, que l'on place dans une urne. Savoir le jour d'anniversaire de n personnes choisies au hasard, revient alors à tirer au hasard n jetons, successivement avec remise : on tire un jeton, on le remet dans l'urne, on fait ceci n fois.

Pour calculer la probabilité d'un événement, il est parfois plus facile de calculer celle de l'événement contraire, c'est ce que nous allons faire.

RÉPONSE
$\frac{365 \times 364}{365^2}$

1. Quelle est la probabilité que deux personnes choisies au hasard n'aient pas le même jour d'anniversaire ?

Aide : Utilisez la technique du remplissage des cases (voir *Pour mieux comprendre*, page 213).

2. a) Quelle est la probabilité pour que trois personnes choisies au hasard aient toutes les trois des dates anniversaires différentes ?

b) Quelle est alors la probabilité pour que deux personnes au moins parmi les trois aient le même jour anniversaire ?

3. A_n est l'événement : « *parmi n personnes prises au hasard, toutes les dates d'anniversaires sont différentes* ».

a) Calculez $p(A_4)$. Vérifiez que $p(A_4) = p(A_3) \times \frac{362}{365}$.

b) Justifiez la relation $p(A_{n+1}) = p(A_n) \times \frac{365-n}{365}$ [1].

c) Prouvez que les nombres $p(A_n)$ décroissent lorsque n croît.

4. Écriture d'un programme sur la calculatrice pour calculer $p(A_n)$

NOTE
Sous Excel, le calcul de $p(A_n)$ est très facile à programmer.

En partant de $p(A_1) = 1$, il suffit d'appliquer $n-1$ fois la relation [1] au sein d'une boucle For. Avec des notations évidentes, l'algorithme aisément programmable sur toute machine possédant la boucle For est écrit ci-contre. Écrivez un programme correspondant à cet algorithme.

```
Lire N
P ← 1
Pour M de 1 à N – 1 faire
  P ← P × (365 – M) / 365
Fin de faire
Afficher P
```

5. On veut calculer le nombre de personnes à partir duquel la probabilité de l'événement : « *il y a au moins deux personnes qui ont le même jour de naissance* » est supérieure à 0,5.

a) Justifiez que cela revient à trouver le plus petit entier n tel que $p(A_n) \leqslant 0,5$.

b) À l'aide de la calculatrice, répondez à la question posée.

NOTE
Utilisez une boucle Tant Que (*While*) qui, partant de P = 1, applique la relation [1] tant que P > K (K = 0,5 pour la question 5 et K = 0,05 pour la question 6).

6. Combien faut-il de personnes dans le groupe pour que la probabilité d'avoir au moins deux personnes ayant le même jour d'anniversaire soit supérieure à 0,95 ?

Remarque : Pour éviter de calculer beaucoup de valeurs de $p(A_n)$ pour résoudre les questions 5 et 6, vous pouvez facilement écrire un programme.

TD 2 Tribulations d'un ivrogne. Simulations

Un point M peut se déplacer sur un quadrillage d'un pas dans l'une des quatre directions. Les quatre déplacements possibles se font au hasard (ils sont donc équiprobables). La position de M est repérée par ses coordonnées $(x\,;\,y)$ entières dans le repère indiqué sur la figure. Au départ M est en O(0 ; 0).

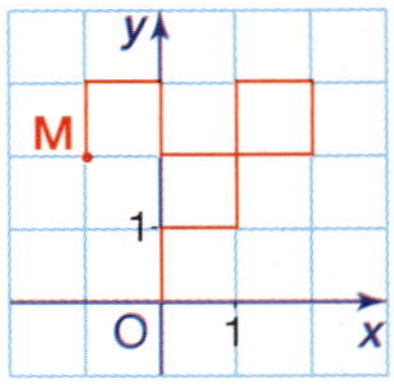

On continue les déplacements jusqu'à ce que M sorte du cercle de centre O et de rayon 10.

On appelle N le nombre de pas au bout duquel M sort du cercle pour la première fois. N est donc une variable aléatoire.

Le but de l'exercice est d'essayer, en utilisant des simulations, d'avoir une idée des probabilités des événements suivants :

A : « M *sort du cercle en moins de* 20 *pas* » (soit $N \leqslant 20$),

B : « M *sort du cercle après un nombre de pas compris entre* 21 *et* 30 » ($20 < N \leqslant 30$),

C : « M *sort du cercle en un nombre de pas compris entre* 31 *et* 40 » ($30 < N \leqslant 40$),

D : « M *sort du cercle en plus de* 40 *pas* » ($40 < N$).

1 Avec la calculatrice

L'algorithme à programmer sur votre calculatrice est écrit ci-contre.

Après avoir programmé cet algorithme, organisez-vous pour obtenir une série de 400 valeurs de N et remplissez le tableau ci-dessous :

événement	A	B	C	D
fréquence				

```
X ← 0 : Y ← 0 : N ← 0
Tant que X² + Y² < 100 Faire
N ← N + 1
Z ← Nb entier au hasard de 0 à 3
Si Z = 0 alors X ← X + 1
Si Z = 1 alors X ← X − 1
Si Z = 2 alors Y ← Y + 1
Si Z = 3 alors Y ← Y − 1
Fin de Faire
Afficher N
```

2 Avec Excel

1. Téléchargez le classeur Excel « ivrogne.xls » sur Internet (voir le site nathan.fr).

Placez-vous dans la feuille « *dessin* » de ce classeur et exécutez le programme en cliquant sur le bouton prévu.

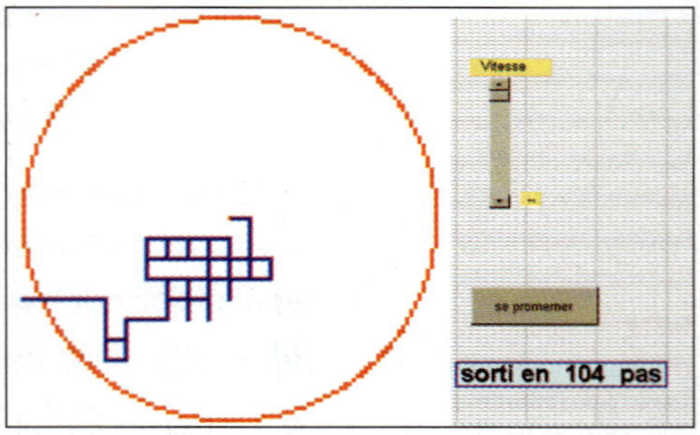

2. Placez-vous dans la feuille « *fréquences* ».

Le programme (macro-commande) installé dans cette feuille permet de faire *k* promenades du type décrit plus haut (vous pouvez choisir *k*).

La colonne A ci-après donne les nombres N correspondants aux *k* promenades. Le tableau vert en C1:G2 donne les fréquences des événements A, B, C, D au cours des *k* promenades.

NOTE
Si vous n'avez pas la possibilité de télécharger ce fichier, vous pouvez utiliser les résultats donnés dans les deux vues d'écran ci-contre.

Remplissez le tableau du § 1 avec les résultats donnés par Excel pour $k = 10\,000$.
Quelles probabilités pouvez-vous proposer pour A, B, C, D ?

	A	B	C	D	E	F	G
1	N		événement	A	B	C	D
2	45		fréquence	0,029	0,262	0,387	0,322
3	36						
4	32						
5	33		fréquence des événements A, B, C, D pour 10000 promenades				
6	38						
7	52						
8	31						
9	25						
10	36	nombre de promenades		calculer		initialiser	
11	44						

3. Placez-vous dans la feuille « *échantillon* ». La zone à droite stocke les fréquences de 100 échantillons du type de celui de la colonne A. La zone C7:G14 donne pour chaque événement les paramètres des séries des 100 fréquences.

NOTE
Souvenez-vous bien que les moyennes obtenues (1re ligne du tableau de couleur lavande) sont des fréquences sur $n = 100 \times 2\,500$
$= 250\,000$ promenades.

5	44		paramètres des 100 échantillons de 2500 promenades				
6	32						
7	44		Evénement	A	B	C	D
8	29		moyenne	0,027	0,261	0,384	0,327
9	34		écart-type	0,007	0,018	0,019	0,018
10	37		min	0,007	0,213	0,348	0,274
11	24		q1	0,022	0,251	0,370	0,315
12	33		q2 (médiane)	0,026	0,262	0,384	0,327
13	32		q3	0,031	0,271	0,396	0,339
14	41		max	0,043	0,316	0,440	0,370
15	28						
16	68						
17	34						
18	41	nombre de promenades			calculer		initialiser
19	33						

Faites fonctionner cette simulation en prenant $k = 2\,500$. Quelles estimations pouvez-vous proposer pour les probabilités des événements A, B, C, D ?

4. Dans cette question, nous allons évoquer le problème de la confiance à accorder aux estimations précédentes.

NOTE
La notion d'intervalle de confiance pour la probabilité d'un événement a été définie dans le TD 3, p. 193, du chapitre 7.

f_n est la fréquence d'un événement pour un échantillon de taille n. L'intervalle de confiance au seuil de confiance 0,95 pour la probabilité p de l'événement est $\left[f_n - \frac{1}{\sqrt{n}} \,;\, f_n + \frac{1}{\sqrt{n}}\right]$. Cette définition n'est acceptable que si $0{,}3 \leqslant p \leqslant 0{,}7$.

Ici, on a $n = 250\,000$.

a) Déterminez pour chaque événement A, B, C, D les intervalles $\left[f_n - \frac{1}{\sqrt{n}} \,;\, f_n + \frac{1}{\sqrt{n}}\right]$.

b) Quels sont les événements pour lesquels cet intervalle est inclus dans [0,3 ; 0,7] ?
(Seuls ces intervalles sont des intervalles de confiance valides.)

TD 3 Paradoxe de Condorcet

Une urne U_1 contient trois boules numérotées 1, 6, 8. Une urne U_2 contient trois boules numérotées 2, 4, 9. Une urne U_3 contient trois boules numérotées 3, 5, 7. Justine joue avec l'urne U_1, Alice avec l'urne U_2 et Mathilde avec l'urne U_3. Le jeu se joue à deux, chaque joueur prend une boule au hasard dans l'urne. Le gagnant est celui qui a le numéro le plus grand.

1. Justine joue contre Alice. Laquelle des deux a le plus de chance de gagner ? (Un tableau décrivant les couples de résultats possibles permettra de trouver le vainqueur.)
2. Alice joue contre Mathilde. Laquelle des deux a le plus de chance de gagner ?
3. Mathilde joue contre Justine. Laquelle des deux a le plus de chance de gagner ?

Commentaire : On constate qu'Alice a plus de chance de gagner contre Justine, que Justine a plus de chance de gagner contre Mathilde et que Mathilde a plus de chance de gagner contre Alice. Ce genre de situation est connu sous le nom de **paradoxe de Condorcet**. Ce sont des situations face auxquelles on ne peut pas ordonner les préférences.

TD 4 Le jeu de la roulette est-il équitable ?

L'ensemble des résultats possibles est $E = \{0, 1, ..., 36\}$. À chaque jeu, un numéro sort au hasard. On appelle « *pair* », l'événement « *le numéro est pair* ». On appelle « *impair* », l'événement « *le numéro est impair* ».
0 est considéré comme n'étant ni pair, ni impair.
On choisit de miser 10 euros sur « *pair* ».
• Si le numéro sorti est pair, on reçoit le double de sa mise ; si le numéro est impair, on perd sa mise (le croupier la prend).
• Si le 0 sort, la mise va en prison (elle est confisquée). On peut alors soit la « libérer » en récupérant la moitié de cette mise (l'autre moitié va au croupier), soit attendre le tirage suivant : cette mise sera alors récupérée si le numéro est pair, sinon on perd sa mise, même si le zéro ressort.

1. Calculez la probabilité des événements : « *pair* », « *impair* », « *le numéro est* 0 ».
2. On va s'intéresser à la stratégie du meilleur (ou moins mauvais) choix dans l'hypothèse (H) où le 0 est sorti.
Soit on récupère la moitié de la mise, donc 5 euros, soit on attend le coup suivant.
Il y a alors deux possibilités : on récupère 10 euros (gain nul) ou bien on perd la mise (gain : – 10 euros). On définit ainsi une variable aléatoire T.
a) Quelle est sa loi de probabilité ?
b) Calculez son espérance mathématique. Concluez.

3. On choisira dans l'hypothèse (H) de reprendre la moitié de la mise.

On appelle T_1 la variable aléatoire égale au gain (positif ou négatif en cas de perte) de cette partie. On mise 10 euros sur le résultat « *pair* ».

a) Déterminez la loi de probabilité de T_1.

b) Quelle est son espérance mathématique ?

c) Ce jeu est-il équitable pour le joueur ?

4. On choisit maintenant de miser 5 euros sur pair et 5 euros sur impair.

Que pensez-vous de cette stratégie ?

TD 5 Une martingale à la roulette

Les règles d'un jeu à la roulette sont celles du TD 4. (On suppose que la mise est perdue quand 0 sort.)

On propose une stratégie de jeu (ou martingale).

On mise 2 euros sur un des choix possibles (*pair* par exemple).

Si on gagne, on recommence en misant la même somme sur pair. Sinon, on mise le double (4 euros) sur le même choix.

On appelle A_1 l'événement « *gagner à la première partie* »,

A_2 l'événement « *perdre à la première partie et gagner à la deuxième* »,

A_n l'événement « *gagner pour la première fois à la n-ième partie* ».

1. Calculez $p(A_1)$ et $p(A_2)$.

2. a) Dans l'hypothèse où l'on a perdu aux parties précédentes, quelle sera la mise à la n-ième partie (on double la mise à chaque partie) ?

b) Les mises sont limitées à 200 euros par partie. À partir de quel nombre de parties consécutives perdues le joueur doit-il s'arrêter de miser ? Quelle est alors sa perte ?

Calculez la probabilité pour qu'il en soit ainsi.

3. Démontrez que, dans le cas où il a pu doubler sa mise, le joueur se procure un gain de 2 euros à chaque sortie d'un numéro pair (sauf dans le cas de sept échecs consécutifs).

4. Simulation à l'aide d'Excel

a) Copiez la formule ENT (ALEA()*37) dans une zone de 500 cases (20 lignes sur 25 colonnes par exemple) et simulez à l'aide des résultats un jeu de roulette utilisant la martingale décrite ci-dessus.

b) Déterminez le gain du joueur à l'issue de ces 500 parties. (Souvenez-vous que la sortie d'un numéro pair rapporte 2 euros, et que sa mise est limitée à 200 €).

NOTE

Lorsque le joueur ne peut plus doubler sa mise, il recommence la partie suivante avec une mise de 2 € et il poursuit la martingale.

Exercices

maîtriser le cours

Pour résoudre les exercices de cette partie, il suffit d'appliquer directement un résultat du cours. L'objectif est double : mieux comprendre le cours et reconnaître dans des situations simples les conditions d'application d'un théorème.

1. Loi de probabilité

Pour les exercices 1 à 4, définissez l'ensemble E des issues de l'expérience aléatoire décrite. Combien y a-t-il d'issues ?

1 On jette un dé cubique dont une face est numérotée 1, deux faces sont numérotées 2 et les autres faces numérotées 3. On note le numéro sorti.

2 On jette deux dés : l'un est bleu, l'autre est rouge. On note le nombre de deux chiffres ainsi formé : le chiffre des unités est donné par la face supérieure du dé rouge et le chiffre des dizaines par la face supérieure du dé bleu.

3 On lance trois pièces de monnaie numérotées 1, 2, 3. On note les côtés apparus sous la forme de triplets, par exemple PFF, P désigne « Pile » pour la pièce n° 1, F désigne « Face » de la pièce n° 2 et F « Face » de la troisième.

4 On lance trois fois de suite la même pièce de monnaie. On note dans l'ordre les côtés apparus après chaque lancer.

5 Un dé est déséquilibré. On estime que les probabilités d'apparition des faces 2, 3, 4, 5 sont égales ; que celle de la face 6 est deux fois plus petite que chacune des précédentes ; la probabilité d'obtenir la face 1 est 0,5. Donnez la loi de probabilité ainsi définie sur l'ensemble $E = \{1, 2, 3, 4, 5, 6\}$.

Aide : Quelle relation lie ces probabilités ?

6 Un dé est déséquilibré de sorte que la probabilité de sortie de chaque numéro est proportionnelle à ce numéro. Donnez la loi de probabilité ainsi définie sur $E = \{1, 2, 3, 4, 5, 6\}$.

7 On lance un dé « de quatre » dont les faces sont numérotées de 1 à 4. (Un tel dé a la forme d'un tétraèdre régulier, le numéro observé est celui de la face cachée du dé.)
On suppose le dé parfait. Donnez la loi de probabilité qui sert de modèle à cette expérience.

2 et 3. Probabilités d'événements

8 On lance deux pièces équilibrées dont l'une est truquée (elle a deux côtés « Face »).
Quel est l'ensemble E des issues possibles ? Quelle est la probabilité d'obtenir un seul « Pile » ?

9 Les faces d'un dé équilibré portent les numéros 1, 1, 1, 2, 2, 3. On le lance une fois. A, B et C sont les événements suivants :
A : « *le chiffre est* 1 », B : « *le chiffre est* 2 », C : « *le chiffre est différent de* 3 ».
Calculez les probabilités de A, B et C.

10 A et B sont deux événements d'une même expérience aléatoire tels que :
$p(\bar{A}) = 0{,}44$; $p(\bar{B}) = 0{,}63$ et $p(\overline{A \cup B}) = 0{,}32$.
Calculez $p(A \cap B)$.

11 A et B sont deux événements d'une même expérience aléatoire tels que $p(A) = 0{,}3$; $p(A \cup B) = 0{,}7$ et $p(A \cap B) = 0{,}2$. Calculez $p(\bar{B})$.

12 On considère un jeu de 32 cartes, on prend une carte au hasard.
1. a) Calculez la probabilité de chacun des événements suivants :
A : « *la carte est un cœur* » ; B : « *la carte est un roi* ».
b) Calculez les probabilités de $A \cap B$ et $A \cup B$.
Aide : Voir l'exercice résolu 2, page 215.
2. Calculez ces probabilités pour un jeu de 52 cartes.

13 Une urne contient sept boules ; trois boules sont noires, numérotées 1, 2 et 3 et quatre sont rouges, numérotées 1, 2, 3 et 4.
On prend une boule au hasard dans l'urne.

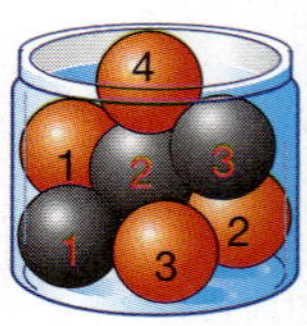

1. Calculez la probabilité des événements suivants :
A : « *la boule est noire* »,
B : « *la boule est rouge* »,
C : « *la boule a un numéro pair* ».
2. Calculez la probabilité des événements :
$A \cap B$, $A \cap C$, $B \cap C$, $A \cup B$, $A \cup C$, $B \cup C$.
Aide : Voir l'exercice résolu 2, page 215.

14 Le tableau indique les résultats d'un groupe d'élèves à un examen en fonction de leur qualité d'interne ou d'externe.

	interne	externe
reçu	158	212
collé	40	75

1. On rencontre par hasard un élève de ce groupe. Quelle est la probabilité que cet élève soit :
a) interne reçu ? **b)** externe ? **c)** collé ?
2. On rencontre par hasard un interne.
Quelle est la probabilité qu'il soit reçu ?
3. On rencontre par hasard un élève collé.
Quelle est la probabilité qu'il soit externe ?

4. Variable aléatoire

15 L'ensemble $E = \{-4\ ;-3,-2,-1,0,1,2,3,4\}$ est muni de la loi P équirépartie.
X est la variable aléatoire, définie sur E, qui à tout nombre associe son carré.
Déterminez la loi de probabilité de X.

Aide : Voir l'exercice résolu 3, page 217.

16 La loi de probabilité d'une variable aléatoire X est donnée par le tableau incomplet suivant :

x'_i	1	2	3	4	5	6
p'_i	0,15	0,20	0,25		0,15	0,05

1. Recopiez et complétez ce tableau.
2. Calculez $E(X)$ et $\sigma(X)$.

17 Chacun des mots de l'expression « par le plus grand des hasards » est écrit sur un carton et ces six cartons sont mis dans une urne. On tire au hasard l'un des cartons et on note X la variable aléatoire qui donne le nombre de lettres du mot tiré.
Donnez la loi de probabilité de X, puis calculez $E(X)$.

18 **Lancers de deux dés**

On lance deux dés équilibrés, l'un rouge et l'autre noir. Un modèle est donnée par la loi P équirépartie sur l'ensemble E des couples $(x\ ;y)$ avec $1 \leqslant x \leqslant 6$ et $1 \leqslant y \leqslant 6$.
On considère la fonction S définie sur E, qui à tout couple $(x\ ;y)$ associe $x+y$.
1. Donnez l'ensemble E′ des valeurs prises par la variable aléatoire S.
2. Recopiez le tableau représentant E ci-dessous et indiquez les images de chacun des couples.

dé noir							
	6						
	5						
	4						
	3						
	2						
	1						
		1	2	3	4	5	6
		dé rouge					

3. Définissez la loi de probabilité de S.
Quelle est la somme la plus probable ?
4. Calculez l'espérance $E(S)$ et l'écart type $\sigma(S)$.

19 Une loterie organisée par une association sportive est constituée d'un ensemble E de billets numérotés de 1 à 2 000.
Un des billets rapporte un lot de 500 euros, deux billets un lot de 150 euros et cinq billets un lot de 100 euros.
Le prix du billet est 2 euros.
On achète un billet au hasard.
G est la variable aléatoire définie sur E égale au gain algébrique procuré par le billet.
1. Justifiez que G prend les valeurs :
-2; 98; 148; 498.
2. Définissez la loi de probabilité de G.
3. Calculez l'espérance mathématique de G.
Qu'en concluez-vous ?

Aide : Voir *Pour mieux comprendre*, p. 217.

20 Les jeux de « grattage » sont des jeux de hasard. Leur principe est le même quel que soit leur nom. Le nombre de tickets émis pour une série est de 20 000. Parmi eux, un ticket gagne 200 euros, deux gagnent 100 euros, quatre gagnent 50 euros, dix gagnent 20 euros, cent gagnent 2 euros et deux cents gagnent 1 euro. Le prix du ticket est de 1 euro.
Acheter un ticket est une épreuve aléatoire consistant au tirage au hasard d'un ticket parmi 20 000.
On appelle G la variable aléatoire égale au gain algébrique (positif ou négatif) procuré.
1. Définissez la loi de probabilité de G.
2. Calculez son espérance mathématique. Le jeu est-il équitable ?

Aide : Voir *Pour mieux comprendre*, p. 217.

3. Calculez l'écart-type de G.

Exercices pour apprendre à chercher

Les exercices de cette partie, de difficulté moyenne pour la plupart, ne sont pas des exercices résolus. Le questionnement veut montrer comment on peut organiser une recherche et suivre un raisonnement.

21 Dénombrement d'ensembles non disjoints

Une enquête statistique a montré que parmi les élèves d'un lycée (E), 50 % s'intéressent à la musique (M), 45 % à la lecture (L), 60 % au sport (S). De plus 20 % s'intéressent à la musique et à la lecture, 35 % à la musique et au sport, 20 % au sport et à la lecture et enfin 7 % ont ces trois pôles d'intérêt.

On interroge un élève pris au hasard et on note F l'événement « *il ne s'intéresse à aucun de ces trois pôles* ».

Objectif : calculer $p(\mathbf{F})$.

1. • D'abord, préciser les issues et leurs probabilités. Choisir un élève au hasard, signifie, d'après la tradition, que si l'on prend pour ensemble des issues l'ensemble E des élèves, les issues sont équiprobables. Nous ferons ce choix.
• Le nombre des issues n'est pas précisé, mais l'équiprobabilité implique que la probabilité d'un événement est égale au pourcentage d'élèves qui lui appartiennent.

Précisez $p(\mathrm{M})$, $p(\mathrm{L})$, $p(\mathrm{S})$, $p(\mathrm{M} \cap \mathrm{L})$, $p(\mathrm{M} \cap \mathrm{S})$, $p(\mathrm{S} \cap \mathrm{L})$, $p(\mathrm{M} \cap \mathrm{L} \cap \mathrm{S})$. (Les notations sont évidentes.)

2. Pour y voir plus clair on peut représenter les ensembles M, L, S qui ont, deux à deux, une intersection non vide.
La partie colorée de la figure est l'ensemble de ceux qui sont dans M ou dans L ou dans S.

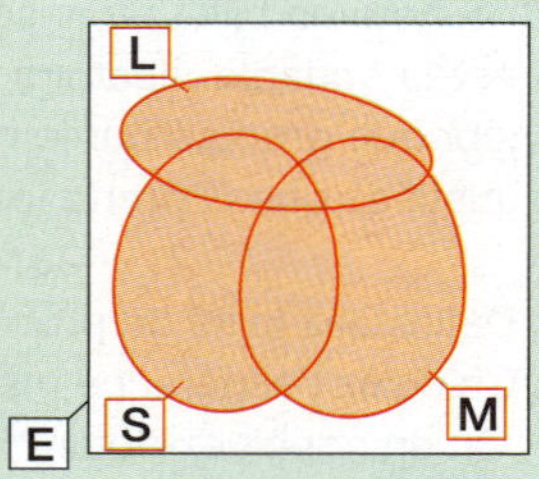

Pourquoi F est-il le complémentaire dans E de $\mathrm{M} \cup \mathrm{L} \cup \mathrm{S}$?

3. Pour calculer $p(\mathrm{F})$, il suffit donc de calculer le nombre $p(\mathrm{M} \cup \mathrm{L} \cup \mathrm{S})$, c'est-à-dire le pourcentage associé à l'ensemble $\mathrm{M} \cup \mathrm{L} \cup \mathrm{S}$.
Une **méthode systématique** consiste à décomposer $\mathrm{M} \cup \mathrm{L} \cup \mathrm{S}$ en sous-ensembles tous disjoints *(voir figure ci-contre)*.

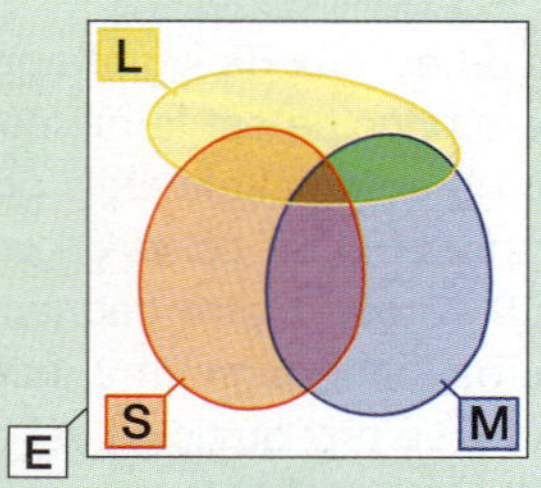

Puisqu'il n'y a pas de « recoupements », il suffit d'ajouter les pourcentages de chacun des sous-ensembles pour obtenir celui de leur réunion.
Et le plus simple est de commencer par la partie centrale en marron qui est dans $\mathrm{M} \cap \mathrm{L}$, $\mathrm{M} \cap \mathrm{S}$, $\mathrm{L} \cap \mathrm{S}$.

Trouvez $p(\mathrm{M} \cup \mathrm{S} \cup \mathrm{L})$. Déduisez-en $p(\mathrm{F})$.

4. Rédigez une solution.

22 Probabilités d'obtenir le bon code

La fermeture de sécurité d'un cartable est assurée par la composition d'un code, constitué de trois chiffres, obtenu en faisant tourner trois molettes portant les chiffres de 0 à 9.
Une personne compose au hasard un code.
On note A, B, C les événements suivants :
A : « *le code est le bon* »,
B : « *le code est formé de trois chiffres distincts* »,
C : « *le code comporte deux chiffres identiques et deux seulement* ».

Objectif : calculer $p(\mathbf{A})$, $p(\mathbf{B})$ et $p(\mathbf{C})$.

1. • **Précisons d'abord les issues et leurs probabilités.**
Un code est une liste ordonnée de trois chiffres, pas nécessairement distincts (le code 135 n'est pas le code 315, bien que les deux contiennent les mêmes chiffres). On choisit donc pour issues les triplets (a, b, c), où chaque lettre désigne un chiffre entre 0 et 9 inclus.
Chaque molette livre un chiffre au hasard : cela implique que les issues choisies sont équiprobables.
• Puisqu'il y a équiprobabilité, trouver la probabilité d'un événement revient à trouver le nombre de ses éléments.

a) Calculez le nombre des issues possibles.

Aide : Utilisez un arbre ou le remplissage des cases (voir *Pour mieux comprendre*, p. 213).

b) Calculez le nombre de codes qui réalisent B.

c) Pour calculer le nombre de codes qui réalisent C :
• Si vous placez deux chiffres identiques dans deux cases choisies, combien de choix avez-vous pour remplir l'autre case ?
• De combien de façons, pouvez-vous placer deux chiffres identiques dans deux des cases ?

d) Déduisez-en $p(\mathrm{A})$, $p(\mathrm{B})$, $p(\mathrm{C})$.

2. Rédigez une solution.

23 Lancers d'une même pièce

On lance six fois une même pièce de monnaie équilibrée, et on note dans l'ordre des lancers le côté apparu, P ou F.

Objectif : dire lequel des deux événements suivants est le plus probable :
A : « *on obtient* 3 *Pile et* 3 *Face* »
B : « *on obtient* 4 *Pile et* 2 *Face, ou* 4 *Face et* 2 *Pile* ».

1. • **Précisons d'abord les issues et leurs probabilités.** Une issue est une liste ordonnée de six lettres prises parmi P ou F, par exemple, PPFFPP.
La pièce est équilibrée, l'hypothèse est donc qu'à chaque lancer, P ou F ont autant de chances de sortir. Cela implique que les issues sont équiprobables. On peut prendre leur ensemble E comme univers avec la loi équirépartie.

Quel est le nombre des issues possibles ?

Aide : Voir *Pour mieux comprendre*, p. 213.

2. • Puisqu'il y a équiprobabilité, pour trouver $p(A)$ et $p(B)$ il suffit de trouver le nombre d'issues dans A et dans B. Il n'est pas utile d'écrire la liste de toutes les issues.
• Si vous utilisez le remplissage des cases, pensez que pour dénombrer A, il suffit de choisir trois cases dans lesquelles vous mettrez P (il y aura alors F dans les cases non choisies). Vous pouvez choisir les cases 1, 2, 3, mais aussi 1, 2, 4, ... mais aussi 2, 4, 5, ...
• L'événement B apparaît comme la réunion de deux événements C, D, incompatibles.

a) Trouvez le nombre d'issues dans A.
Déduisez-en $p(A)$.
b) Calculez $p(C)$, $p(D)$. Déduisez-en $p(B)$.

3. Concluez. Rédigez une solution.

24 Utilisation d'une variable aléatoire

Une urne contient n boules (n multiple de 6). Un tiers de ces boules portent le n° 1, un sixième, le n° 2 et la moitié, le n° 3. On effectue au hasard deux tirages successifs avec remise, c'est-à-dire qu'après le premier tirage, la boule est remise dans l'urne.

Objectif : trouver la probabilité P que la somme tirée soit impaire.

1. Essayons d'abord de préciser l'ensemble des issues. On peut être tenté de prendre comme issues les sommes possibles : $1 + 1 = 2$, $1 + 2 = 3$, $2 + 2 = 4$, $2 + 3 = 5$, $3 + 3 = 6$. Mais on ne sait pas leur attribuer une probabilité, aucune hypothèse ne permet de dire qu'elles sont équiprobables. Un peu de réflexion fait pencher pour le cas contraire.
Les boules sont tirées au hasard, cette hypothèse implique l'**équiprobabilité des tirages**. On choisit de prendre pour univers l'ensemble des tirages, c'est-à-dire des couples (a, b), a est le n° de la 1re boule tirée, b celui de la 2e.
Mais se pose la question de relier ces couples à la somme des numéros apparus. Puisque à un couple on associe un réel, on introduit la variable aléatoire X : $(a, b) \to a + b$.

a) Pourquoi peut-on obtenir $a = b$?
Prouvez qu'il y a n^2 issues.
b) Quelles sont les valeurs de X ?
Justifiez que la probabilité cherchée est celle de la réunion des événements $(X = 3)$ et $(X = 5)$.
c) Justifiez que le calcul de $p(X = 3)$ nécessite de trouver le nombre de couples (a, b) avec $a = 1$, $b = 2$ ou $a = 2$, $b = 1$.

Aide : Voir *Pour mieux comprendre*, p. 213.

d) Prouvez que ce nombre est $\frac{n^2}{9}$.
e) Déduisez-en $p(X = 3)$.
f) Calculez $p(X = 5)$. Déduisez-en la probabilité P.

2. Rédigez une solution.

25 Tirage simultané

Pour le tournage d'un spot publicitaire pour une marque de couches, le réalisateur doit choisir au hasard deux bébés dans un groupe de sept.
Ce groupe contient quatre filles.

Objectif : trouver la probabilité que les deux bébés choisis soient des filles.

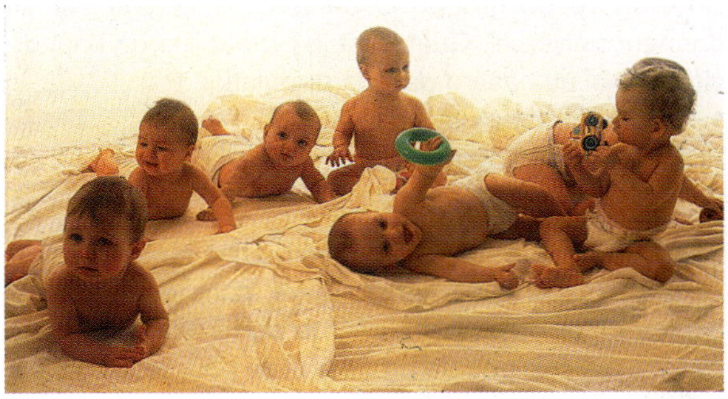

1. • **Précisons d'abord les issues.** Une issue est un groupe de deux bébés, distincts évidemment, l'ordre dans lequel ils ont été choisis n'a pas d'importance. Une issue est donc un sous-ensemble de deux bébés. En mathématiques, cela s'appelle une paire.
Pour simplifier, on peut les désigner par des lettres, et pour mieux distinguer les filles, ce qu'il faudra faire sûrement, on peut les nommer F_1, F_2, F_3, F_4, G_1, G_2, G_3.
Le choix au hasard implique l'équiprobabilité des issues.
• Reste à trouver leur nombre. Vous pouvez prendre le temps de les écrire toutes, en prenant garde que $\{F_3, G_1\}$ et $\{G_1, F_3\}$, par exemple, désignent la même issue.
• Vous pouvez aussi remarquer qu'il est facile de dénombrer les couples (voir *Pour mieux comprendre*, p. 213). Or une paire par exemple $\{F_1, G_3\}$, donne deux couples et deux seulement : (F_1, G_3) et (G_3, F_1).

a) Calculez le nombre des issues possibles.
b) Calculez le nombre de paires dont les éléments sont deux filles.

2. Concluez. Rédigez une solution.

Probabilités d'événements

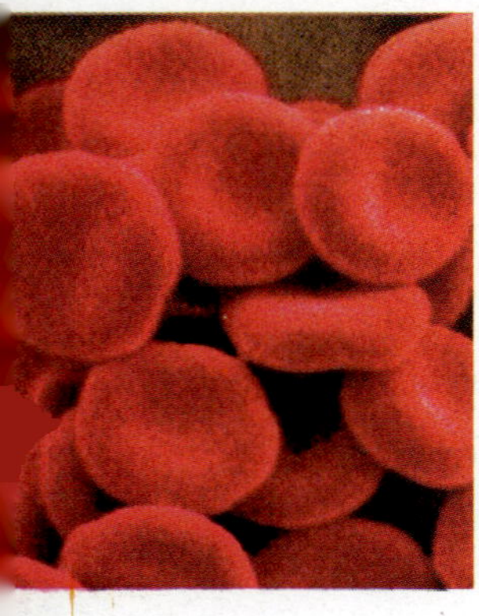

26 Histoire de Rhésus

Le sang humain est classé en quatre groupes distincts A, B, AB et O. Quel que soit le groupe, le sang, soit possède un facteur Rhésus (on note alors Rh^+), soit ne possède pas ce facteur, (on note alors Rh^-).
Parmi une population P, les groupes sont ainsi répartis :

A : 40 %, B : 10 %,
AB : 5 %, O : 45 %.

Pour chacun de ces groupes, on sait que :

	A	B	AB	O
Rh^+	82 %	81 %	83 %	80 %
Rh^-	18 %	19 %	17 %	20 %

Un individu du groupe O de Rhésus négatif est dit donneur universel. Quelle est la probabilité qu'un individu choisi au hasard dans la population P :

1. soit un donneur universel ?
2. ait un Rhésus négatif ?

27 Dans une urne, il y a quatre boules numérotées 1, 2, 3, 4. On tire l'une après l'autre, sans remise, deux boules et on note les numéros sortis sous la forme $(a\ ;\ b)$ avec a pour le premier et b pour le second.

1. Écrivez toutes les issues possibles.
2. On considère les événements A : « *la somme* $a+b$ *vaut* 5 » et B : « *la différence* $a-b$ *vaut* 1 *ou* -1 ».
Donnez la liste des issues formant les événements :
$A, B, A \cap B, A \cup B, \bar{A}, \bar{B}, \bar{A} \cap \bar{B}, \bar{A} \cup \bar{B}$.

28 On lance deux dés équilibrés dont les faces sont numérotées de 1 à 6.
Dans chacun des cas suivants indiquez si les événements A et B sont incompatibles.

1. A : « *les deux chiffres sont impairs* »,
B : « *la somme des chiffres est impaire* ».
2. A : « *les deux chiffres ont même parité* »,
B : « *la somme des deux chiffres est un multiple de* 3 ».

29 L'erreur du chevalier de Méré

Le jeu de « passe-dix » consiste à jeter trois dés, on gagne si la somme des points obtenus dépasse 10. Le chevalier de Méré constatait qu'en pratique on gagnait plus souvent avec 11 qu'avec 12.
Cela contredisait son raisonnement, que voici :
« Il y a six possibilités de marquer 11 points : $\{4, 4, 3\}$, $\{5, 3, 3\}$, $\{5, 4, 2\}$, $\{5, 5, 1\}$, $\{6, 3, 2\}$, $\{6, 4, 1\}$ et six possibilités de marquer 12 points : $\{4, 4, 4\}$, $\{5, 4, 3\}$, $\{5, 5, 2\}$, $\{6, 3, 3\}$, $\{6, 4, 2\}$, $\{6, 5, 1\}$. Donc la probabilité de marquer 11 est égale à celle de marquer 12. »

L'erreur du chevalier est de s'en tenir aux issues observables et de les croire équiprobables. Or si l'on veut des issues équiprobables, il faut distinguer les dés.

1. Vérifiez qu'en distinguant les dés, il y a, par exemple, six façons d'obtenir 5, 4 et 3.
2. Vérifiez qu'il y a vingt-cinq façons d'obtenir 12 et vingt-sept d'obtenir 11.
3. Prouvez que la probabilité d'obtenir 12 est $\frac{25}{216}$ et celle d'obtenir 11 est $\frac{27}{216}$.

Note : Le chevalier de Méré, homme de lettres et philosophe, vécut de 1607 à 1684. Personnage marquant à la cour de Louis XIV, il a acquis auprès des historiens la réputation d'un joueur impénitent... Il se trouve que son intérêt pour ces questions, ainsi que les discussions qu'il eut avec Pascal, en font un précurseur essentiel du calcul des probabilités.

30 Un relevé de caisse de magasin a fourni les renseignements suivants concernant les modes de paiement et les montants des achats :

- 80 % des achats sont payés par chèque ;
- 70 % des achats sont d'un montant inférieur à 200 euros, dont 20 % sont réglés en espèces ;
- 2 % des clients utilisent une carte de paiement qui ne permet pas de régler des achats inférieurs à 200 euros.

1. Recopiez puis complétez le tableau ci-dessous.

mode de paiement	montant M		
	$M \leqslant 200$	$M > 200$	total
espèces			
chèque			
carte			
total			

2. Calculez la probabilité de chacun des événements suivants :
A : « *l'achat dépasse* 200 *euros* »,
B : « *l'achat dépasse* 200 *euros, payé en espèces* »,
C : « *l'achat dépasse* 200 *euros ou l'achat est réglé en espèces* ».
3. Un achat est payé en espèces.
Quelle est la probabilité qu'il dépasse 200 € ?

31 Dans un lycée, trois langues vivantes et trois seulement sont enseignées : l'anglais, l'allemand et l'espagnol. Une enquête a montré que :
5,8 % des élèves n'étudient aucune langue, 43,4 % étudient l'allemand (D), 71,7 % l'anglais (A) et 50 % l'espagnol (E).
De plus 31,7 % étudient à la fois l'anglais et l'allemand, 35 % à la fois l'anglais et l'espagnol et 14,2 % à la fois l'allemand et l'espagnol.
On interroge au hasard un élève à la sortie du lycée.
Calculez les probabilités des événements suivants :
M : « *l'élève étudie au moins une langue* »,
T : « *l'élève étudie les trois langues* »,
U : « *l'élève étudie exactement une langue* ».
Aide : Voir l'exercice 21, *Pour apprendre à chercher.*

32 Une urne contient des boules rouges, des boules noires et des boules blanches. On tire une boule et on suppose qu'il y a équiprobabilité. La probabilité de tirer une boule rouge est $\frac{1}{3}$, une boule noire $\frac{1}{4}$.
1. Quelle est la probabilité de tirer une boule blanche ?
2. Sachant qu'il y a 48 boules dans l'urne, indiquez la composition exacte de l'urne.

33 Un problème de garde robe
Dans sa garde robe, Stéphane a deux pantalons, un noir et un bleu, trois chemises, une bleue, une jaune et une noire et deux vestes, une bleue et une marron.
1. Faites un arbre qui permet de dénombrer les différentes façons qu'il a de s'habiller.
2. On suppose que l'ensemble E des issues est muni de la loi équirépartie. Calculez les probabilités de chacun des événements suivants :
   A : « *il est habillé tout en bleu* »,
   B : « *il a une chemise et une veste de couleurs différentes* »,
   C : « *il ne porte ni pantalon noir, ni veste bleue* ».

34 Le code d'entrée dans un immeuble est composé, dans l'ordre, d'une lettre prise parmi A, B, C et D suivie de trois chiffres. L'expérience consiste à composer un code au hasard. E désigne l'ensemble des codes possibles et on le munit de la loi équirépartie.
1. Calculez la probabilité de composer le bon code.
2. Calculez la probabilité de composer un code dont les trois chiffres sont différents.

Aide : Voir l'exercice 22, *Pour apprendre à chercher.*

35 Trois boules de même taille portent respectivement les lettres T, I et R. On place ces boules dans une urne, et on les enlève une à une sans remise.
On note, dans l'ordre, les lettres tirées. E désigne l'ensemble des mots (ayant un sens ou pas) obtenus.
Calculez la probabilité des événements suivants :
A : « *on obtient TIR* »,
B : « *le mot commence par une consonne* ».

36 Reprendre l'exercice 35 mais en procédant à un tirage de trois boules avec remise.

37 On lance trois fois de suite une pièce équilibrée et on note, dans l'ordre, après chaque lancer, le côté apparu. On code « Pile » par 0 et « Face » par 1 et l'issue est un triplet $(x\ ;\ y\ ;\ z)$ où x, y et z prennent les valeurs 0 ou 1.

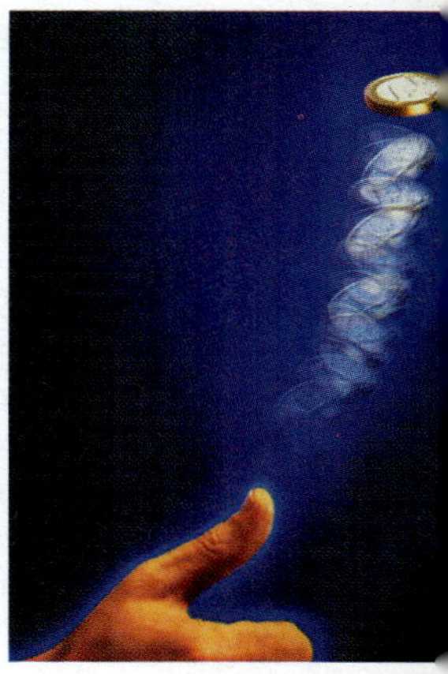

1. Quel est l'ensemble E des issues ?
2. Calculez les probabilités des événements :
   A : « $x = y = z$ »,
   B : « $x = 0$ », $A \cap B$ et $A \cup B$.

38 Tirage simultané
Un groupe de cinq personnes est constitué de deux femmes, désignées par f_1 et f_2, et de trois hommes, désignés par h_1, h_2 et h_3.
Chacun donne sa carte de visite et on place les cinq cartes dans une urne. On effectue alors un tirage simultané de deux cartes.
1. Écrivez toutes les issues possibles.
2. Calculez les probabilités des événements suivants :
   H : « *le tirage donne les cartes de deux hommes* »,
   F : « *le tirage donne les cartes de deux femmes* »,
   D : « *le tirage donne les cartes de deux personnes de sexes opposés* ».

Aide : Voir l'exercice 25, *Pour apprendre à chercher.*

39 Tirage simultané
Dans une boîte, il y a quatre jetons numérotés 1, 2, 3, 4. On tire simultanément et au hasard deux jetons. (L'ordre des jetons n'intervient pas, ainsi le tirage $\{1, 2\}$ est le même que le tirage $\{2, 1\}$.)
1. Écrivez toutes les issues possibles.
2. A désigne l'événement : « *les deux jetons sont pairs* ». Donnez la liste des issues formant A, puis $\overline{A}$.
3. B désigne l'événement : « *le total des deux jetons est pair* ».
   Donnez les liste des issues formant B, puis $\overline{B}$.

Aide : Voir l'exercice 25, *Pour apprendre à chercher.*

40 Une machine à sous au casino se compose de quatre tambours cylindriques. Sur chacun d'eux apparaît de façon aléatoire l'un des huit fruits suivants : orange, ananas, cerise, pomme, poire, raisin, abricot et banane.
Si au moins trois des quatre fruits sont identiques, le joueur gagne.
Calculez la probabilité des événements suivants : « *les quatre fruits sont identiques* », « *trois des quatre fruits sont identiques* », « *le joueur a perdu* ».

41 Chemin aléatoire

Un promeneur part de A et se rend en B en cheminant au hasard sur le quadrillage ci-contre.

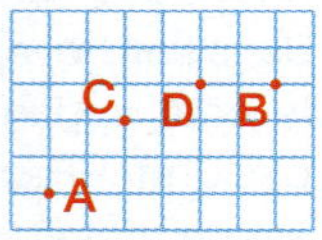

Il ne peut que monter « *m* » ou se déplacer vers la droite « *d* ».

1. Dénombrez les trajets possibles.

2. Calculez les probabilités des événements suivants : « *le promeneur passe par* C » ; « *le promeneur passe par* D » ; « *le promeneur passe par* C *et* D » ; « *le promeneur passe par* C *ou par* D » ; « *le promeneur ne passe ni par* C, *ni par* D ».

Vrai ou faux ?

Pour chacune des affirmations suivantes, dites si elle est vraie ou fausse. Justifiez chaque fois votre réponse.

42 a, b, c sont trois nombres de l'intervalle [0 ; 1], et sont, dans cet ordre, trois termes consécutifs d'une progression arithmétique. Un dé est pipé, de telle sorte que $p(1) = p(2) = a$; $p(3) = p(4) = b$ et $p(5) = p(6) = c$.
Alors $b = \frac{1}{6}$.

43 On lance dix fois de suite une pièce de monnaie considérée parfaite, et à chaque lancer, on note le résultat obtenu « Pile » ou « Face».
La probabilité d'obtenir dix « Pile » est inférieure à 0,001.

44 Si A et B sont deux événements d'une expérience aléatoire, alors $p(\bar{A} \cap \bar{B}) = 1 - p(A \cap B)$.

45 On lance deux fois un dé parfait, on note a et b les nombres obtenus dans l'ordre du lancer.
Il y a une chance sur deux que $x^2 + ax + b = 0$ ait une ou deux racines.

46 E désigne l'ensemble des anagrammes du mot « orange », ayant un sens ou non, formé en utilisant toutes les lettres de « orange ». On choisit l'un des anagrammes et on suppose les choix équiprobables.
Calculez les probabilités des événements suivants :
V : « *l'anagramme commence par une voyelle* ».
W : « *l'anagramme commence par une voyelle et la deuxième lettre est une consonne* ».

47 On choisit un entier parmi les entiers de 1 à 1 000 inclus. On suppose les choix équiprobables.
Quelle est la probabilité que cet entier soit :
1. un carré d'entier ?
2. un cube d'entier ?
3. ni un carré, ni un cube d'entier ?

★ **48** Hue Trinh achète un pantalon, une veste, et une chemise.
Elle peut choisir un pantalon en velours (45,5 €), un pantalon en flanelle (41,5 €), un pantalon en tweed (61,5 €) ou un pantalon en tergal (55 €); une veste en tweed (111 €) ou une veste en lainage (101 €); une chemise en coton (30 €) ou une chemise en soie (36 €).
Hue Trinh décide de choisir au hasard son ensemble.
Quelle est la probabilité que son achat coûte au total moins de 190 € ?

★ **49** On tire successivement au hasard deux cartes dans un jeu de 32 cartes.
1. A désigne l'événement : « *le tirage donne un roi, suivi d'un pique* ».
Calculez la probabilité de A dans chacun des cas suivants :
a) tirage avec remise ; **b)** tirage sans remise.
2. B désigne l'événement : « *le tirage donne un pique, suivi d'un roi* ». Calculez la probabilité de B dans les deux cas précédents.
Comparez avec les résultats du **1.**

★ **50** Quatre amis se rendent dans un complexe de quatre salles de cinéma. Chacun choisit au hasard un film, indépendamment des autres. On s'intéresse à leur répartition dans les salles.
Chaque répartition est équiprobable.
Calculez les probabilités des événements suivants :
A : « *ils sont dans des salles différentes* »,
B : « *au moins deux sont dans la même salle* »,
C : « *ils sont tous dans la même salle* ».

★ **51** On place au hasard trois chemises de couleurs bleue, blanche et rouge dans quatre tiroirs a, b, c, d.

Chaque répartition est équiprobable.

1. Combien y a-t-il de répartitions possibles ?

2. Calculez les probabilités des événements suivants :

A : « *toutes les chemises sont dans le tiroir a* »,

M : « *toutes les chemises sont dans le même tiroir* »,

V : « *les tiroirs b et c sont vides* ».

★ **52** On lance un dé équilibré quatre fois de suite et on considère le nombre formé par les quatre numéros pris dans l'ordre de sortie. E désigne l'ensemble des issues possibles, muni de la loi équirépartie.

Calculez les probabilités des événements suivants :

A : « *le nombre est* 4211 »,

B : « *le nombre est formé de quatre chiffres distincts* »,

C : « *le nombre est pair* »,

D : « *le nombre est multiple de* 101 ».

★ **53** Une cible est constituée de quatre cercles concentriques de rayons r, $2r$, $3r$ et $4r$.

Ces quatre cercles partagent la cible en quatre zones de couleurs rouge, jaune, bleue et grise.

Un tireur à l'arc non maladroit atteint toujours la cible, et on admet que les probabilités d'atteindre les zones R, J, B et G sont proportionnelles à leurs aires.

1. Calculez en fonction de r les aires des quatre zones.

2. Définissez la loi de probabilité P sur l'ensemble des issues $E = \{R, J, B, G\}$.

★★ **54 Le scarabée**

ABCD est un tétraèdre régulier. Un scarabée se déplace sur les arêtes de ce tétraèdre, et uniquement sur les arêtes.

Son déplacement obéit aux règles suivantes :

– le temps de parcours d'une arête est une minute ;

– à un sommet, il choisit au hasard l'une des trois arêtes ;

– le scarabée part du sommet A.

Calculez les probabilités des événements suivants :

1. « *Le scarabée repasse en* A *au bout de trois minutes* » ;

2. « *Le scarabée ne passe pas par le sommet* C *pendant les trois premières minutes* ».

Aide : Dressez un arbre.

Variables aléatoires

55 Loi uniforme

Une expérience consiste à lancer deux dés équilibrés ; les faces du premier sont numérotées de 1 à 6 ; le second a trois faces portant le nombre 0 et trois faces le nombre 6. S désigne la variable aléatoire qui, à chaque issue équiprobable d'apparition des deux faces, associe la somme des numéros.

1. Définissez la loi de probabilité de S.

2. Calculez $E(S)$.

Commentaire : La loi d'une variable aléatoire en général n'est pas équirépartie, ici celle de S l'est. On dit que la loi de S est uniforme.

56 On lance deux dés équilibrés dont les faces sont numérotées de 1 à 6.

L'ensemble E des couples $(x\,;y)$, avec $1 \leqslant x \leqslant 6$ et $1 \leqslant y \leqslant 6$, est muni de la loi équirépartie.

À chaque couple $(x\,;y)$ on associe $|x-y|$.

On définit ainsi une variable aléatoire X sur l'ensemble E.

1. Définissez la loi de probabilité de X.

2. Calculez l'espérance et la variance de X.

57 Une roue de loterie est partagée en douze secteurs égaux : six bleus, trois verts, deux jaunes et un rouge.

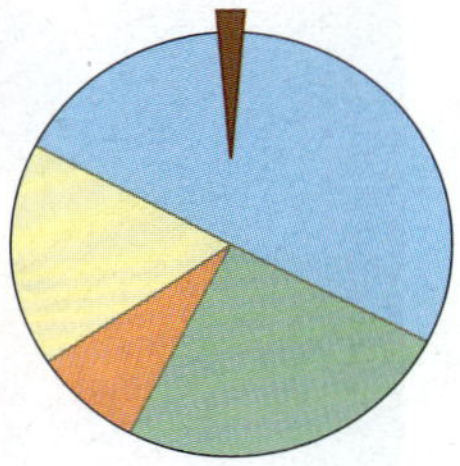

Lors d'une partie, on fait tourner rapidement la roue et un repère fixe désigne la couleur obtenue à l'arrêt.

1. L'ensemble E des couleurs est munie de la loi P telle que la probabilité d'une couleur soit proportionnelle à la mesure de son secteur.

Donnez la loi P.

2. À chaque issue, on associe le gain algébrique en euros (positif ou négatif) du joueur suivant la règle : Bleu : – 1 €, Vert : – 4 €, Jaune : 0 €, Rouge : + 12 €. Quelle est l'espérance de gain du joueur ?

3. Dans cette question s désigne la somme positive attribuée à la couleur jaune, les autres restant inchangées. Quelle valeur faut-il attribuer à s afin que le jeu paraisse équitable ?

58 Dans un jeu de domino, chaque domino est partagé en deux parties, chacune portant un numéro de 0 à 6 représenté par des points. Un double est un domino dont les deux parties portent le même numéro.

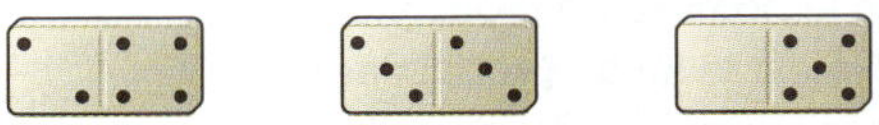

1. Prouvez que le nombre de dominos est 28.

2. Un joueur tire au hasard un domino d'un jeu.

a) Quelle est la probabilité d'obtenir un double ?

b) Quelle est la probabilité d'obtenir un domino dont la somme des deux numéros soit divisible par 3 ?

3. X est la variable aléatoire prenant la valeur -1 lorsque le joueur obtient un domino non double, et la valeur n lorsqu'il obtient le double « n et n ».

   a) Quelle est la loi de probabilité de X ?

   b) Calculez $E(X)$.

★ **59 Au cirque**

Sept chevaux pénètrent successivement, au hasard, sur la piste ; parmi eux, trois sont blancs, les autres sont noirs.

1. Quelle est la probabilité que le premier cheval apparu soit noir ?
2. On note X la variable aléatoire qui donne le rang d'entrée du premier cheval blanc.
   Définissez la loi de probabilité de X.
3. Sur un grand nombre de représentations, en moyenne, quel est le rang d'apparition du premier cheval blanc ?

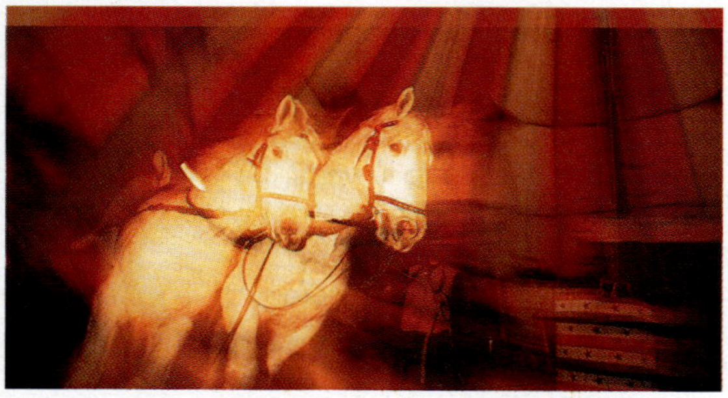

★ **60 Est-ce bien raisonnable ?**

Un élève répond au hasard à un Q.C.M qui comporte cinq questions. À chaque question, deux réponses sont proposées, dont une seule est correcte.

Le correcteur attribue quatre points pour une réponse exacte, mais enlève deux points pour une réponse fausse. Lors de la note finale, il porte 0 pour tout total négatif ou nul. Ainsi la note finale N est une variable aléatoire définie sur l'ensemble de toutes les réponses équiprobables au Q.C.M.

Quelle note moyenne peut espérer cet élève ?

★ **61** On place au hasard trois chemises de couleurs bleue, blanche et rouge dans quatre tiroirs a, b, c, d.

Chaque répartition est équiprobable.

V désigne la variable aléatoire qui à une répartition associe le nombre de tiroirs vides.

1. Quelle est la loi de probabilité de V ?
2. En moyenne combien de tiroirs restent vides lors d'un grand nombre de rangements ?

Aide : Voir l'exercice 24, *Pour apprendre à chercher* et l'exercice 51.

★★ **62** Une urne contient six boules, trois noires et trois rouges. On tire trois boules simultanément et on note leur couleur. Tous les tirages sont équiprobables. X désigne la variable aléatoire associant à chaque tirage le nombre de boules rouges obtenu.

1. Prouvez qu'il y a 20 tirages possibles.
2. Établissez la loi de probabilité de X et calculez son espérance.

★★ **63** Une urne contient $n+8$ boules : 8 boules blanches et n noires (n est un entier, $n \geqslant 2$).

Un joueur tire avec remise deux boules de l'urne et examine leurs couleurs. Pour chaque boule blanche tirée, il gagne 5 €, mais pour chaque noire tirée, il perd 10 €. On note G la variable aléatoire donnant le gain algébrique du joueur sur un tirage.

1. Quelle sont les valeurs prises par G ?
2. Définissez en fonction de n la loi de probabilité de G.
3. Calculez en fonction de n l'espérance mathématique de gain. Existe-t-il une valeur de n telle que l'espérance du gain soit nulle ?

Modélisation et simulation

64 Plusieurs modèles pour une expérience ?

On s'intéresse à trois procédures de choix de cases blanches dans la grille.

L'ensemble des cases blanches est $E = \{a, b, c, d, e\}$.

	C1	C2	C3
L1		a	
L2	b		c
L3	d	e	

1. Pour chacun des cas suivants, indiquez la loi de probabilité sur E correspondante.

   a) On choisit au hasard une case blanche.
   La loi sera notée P_1.

   b) On choisit au hasard une ligne et dans cette ligne, on choisit au hasard une case blanche.
   La loi sera notée P_2.

   c) On choisit au hasard une colonne et dans cette colonne, on choisit au hasard une case blanche.
   La loi sera notée P_3.

2. On a simulé sur des échantillons de taille n l'une des trois procédures proposées ci-dessus et obtenu le tableau des fréquences ci-dessous.
   Au vu de la distribution des fréquences, pouvez-vous deviner quelle procédure a été utilisée ?

case	a	b	c	d	e
$n = 100$	0,37	0,22	0,1	0,16	0,15
$n = 1\ 000$	0,367	0,149	0,15	0,175	0,159
$n = 10\ 000$	0,337	0,167	0,167	0,165	0,164

65 Où l'on retrouve le lièvre et la tortue

Une course entre le lièvre et la tortue est simulée par le lancer d'un dé équilibré : si le résultat est 6, le lièvre gagne, sinon la tortue avance d'une case. La tortue gagne si elle atteint la case n° 6. (Elle a donc six cases à parcourir.)

Modélisation de l'expérience aléatoire

Ici l'univers E est composé de deux issues : L « *le lièvre gagne* » et T « *la tortue gagne* ». Le but de l'exercice est de trouver la probabilité $P(L)$ ou $P(T)$ (car $P(T) + P(L) = 1$).

Choisissons l'événement T. Cet événement est réalisé lorsque les résultats de six lancers consécutifs indépendants sont différents de 6.

Il y a 6^6 façons de lancer le dé six fois de suite. Le dé étant équilibré et les lancers indépendants, il y a équiprobabilité. Il s'agit donc de dénombrer tous les résultats permettant à la tortue de gagner.

1. a) Calculez la probabilité de T.

b) Quelle est la probabilité de L ?

2. On appelle X la variable aléatoire égale au nombre de coups joués. Déterminez sa loi de probabilité et son espérance mathématique.

Commentaire : Modéliser une expérience aléatoire, c'est déterminer une loi de probabilité sur l'ensemble des issues de cette expérience. On vient donc de créer un modèle pour cette expérience aléatoire.

66 La chasse aux canards sauvages

Quatre chasseurs tirent aléatoirement, mais sans échec, sur quatre canards sauvages.

Combien de canards survivent en moyenne ?

A. On numérote les canards 1, 2, 3, 4. Chaque chasseur *a*, *b*, *c*, *d* choisit un numéro au hasard, parmi les quatre. Le résultat sera un quadruplet (x, y, z, t) de nombres pris parmi 1, 2, 3 ou 4. Les numéros absents de cette liste seront ceux des canards survivants.

On appelle X la variable aléatoire égale au nombre de canards survivants.

1. Déterminez la loi de probabilité de X.

2. Calculez son espérance mathématique.

B. Téléchargez sur internet le classeur Excel « ch8_canards.xls » (voir le site Nathan.fr).

1. Faites une simulation et remplissez les tableaux suivants avec les valeurs fournies par Excel.

nb survivants	0	1	2	3	moyenne
$n = 100$					
$n = 1\,000$					
$n = 5\,000$					

2. Comparez ces valeurs aux valeurs théoriques obtenues à la question **1**.

C. On reprend le même problème avec 10 chasseurs et 10 canards. Le résultat de la loi de probabilité de la variable aléatoire Y, égale au nombre de canards survivants, n'est pas simple. Dans ce cas, la simulation va nous permettre d'en donner une approximation.

1. Placez-vous dans la feuille « canards ».

2. Faites une simulation et complétez un tableau semblable à celui de la question **B. 1**.

3. Donnez alors une approximation de la loi de probabilité de Y.

(d'après A. Engel, *Les certitudes du hasard*)

67 Coïncidences

On lance quatre fois de suite un dé équilibré, et on considère le nombre formé par la suite des quatre résultats. On obtient ainsi un nombre de quatre chiffres. On appelle E l'ensemble des issues possibles.

N désigne le nombre 4521. T désigne la variable aléatoire qui à chaque issue de E associe le nombre de coïncidences avec le nombre N.

A. Étude statistique de la simulation

1. Téléchargez sur internet le classeur « ch8_coincidences.xls » (voir le site nathan.fr).

2. Placez-vous dans la feuille « *fréquences* ». Elle simule les fréquences des valeurs de T pour différentes valeurs de *n*.

a) Procédez à une simulation et reportez vos résultats dans un tableau.

b) Calculez, dans chaque cas, la moyenne de la série. Que représente-t-elle ?

3. Placez-vous dans la feuille « T=*ti* ». Elle simule les fréquences obtenues pour la valeur de T égale à 2 sur une série de 100 échantillons de taille *n*.

a) Faites trois lancers pour $n = 100$, 1 000, 2 500. (Vous devez à chaque fois changer la formule dans C1, voir la feuille « *présentation* ».)

Récapitulez vos résultats dans un tableau.

b) Faites un diagramme superposé en boîtes des trois séries. Que constatez-vous ?

4. Placez-vous dans la feuille « *moyenne* ». Elle simule le nombre moyen de coïncidences sur une série de 100 échantillons de taille *n*.

a) Faites trois lancers pour $n = 100$, 1 000, 2500.

Récapitulez vos résultats dans un tableau.

b) Quelle remarque pouvez-vous faire à propos des étendues et des interquartiles pour les trois distributions obtenues ?

B. Modélisation

1. Définissez la loi de T et calculez $E(T)$.

2. Comparez les résultats théoriques (loi de T et espérance) aux résultats empiriques obtenus par la simulation (fréquences et moyenne).

problèmes de synthèse

68 Thèmes : Probabilités. Second degré

Une boîte contient six boules rouges et n boules blanches. Un jeu consiste à tirer successivement, sans remise, deux boules de la boîte. Si les deux boules ont la même couleur, le joueur gagne 1 euro ; si elles sont de couleurs différentes, le joueur perd un euro.

1. Dans cette question, on suppose $n = 3$.
Calculez les probabilités d'obtenir :
a) deux boules de même couleur ;
b) deux boules de couleurs différentes.

2. Dans cette question, l'entier n est quelconque, supérieur ou égal à 2.
On note X la variable aléatoire qui à chaque tirage de deux boules associe le gain algébrique du joueur.
a) Exprimez en fonction de n les probabilités des événements $(X = 1)$ et $(X = -1)$.
b) Prouvez que l'espérance mathématique $E(X)$ est telle que $E(X) = \dfrac{n^2 - 13n + 30}{(n+6)(n+5)}$.
c) Pour quelles valeurs de n le jeu est-il équitable ?
d) Pour quelles valeurs de n est-il défavorable ?

69 Thèmes : Barycentres. Probabilités

Dans un repère orthonormal $(O ; \vec{i}, \vec{j})$, les points $A(1 ; 0)$, $B(0 ; 1)$ et $C(-1 ; 0)$ sont respectivement affectés des coefficients 1, b, c.

1. À quelle condition le barycentre G de $(A, 1)$, (B, b), (C, c) existe-t-il ? Calculez alors ses coordonnées en fonction de b et c.

2. Le couple (b, c) est obtenu de la manière suivante :
b est le résultat du premier jet d'un dé équilibré dont les faces portent les numéros $-3, -2, -1, 1, 2, 3$;
c est le résultat du second jet du même dé.
Chaque couple a la même probabilité d'apparition.
Quelle est la probabilité pour que le système de points pondérés admette un barycentre G :
a) dont l'ordonnée est égale à 1 ?
b) d'abscisse nulle ?
c) qui appartient à l'une ou l'autre des bissectrices du repère ?

70 Tous les œufs dans le même panier ?
Thèmes : Probabilités. Suites

Une fermière qui dispose de n œufs ($n \in \mathbb{N}^*$) veut les répartir de façon aléatoire dans trois corbeilles C_1, C_2 et C_3 de la manière suivante.

Elle dispose d'une roulette qui lui fournit un chiffre au hasard entre 1 et 3. Pour chaque œuf, elle actionne la roulette ; le numéro obtenu désigne la corbeille dans laquelle elle dispose l'œuf.

On note V_k l'événement : « *à la fin de la répartition, la corbeille C_k est vide* ».

1. Prouvez que $p(V_1) = p(V_2) = p(V_3) = \dfrac{2^n}{3^n}$.

2. a) Que signifie l'événement $V_1 \cap V_2$?
Déduisez-en sa probabilité.
b) Indiquez les probabilités de $V_1 \cap V_3$ et $V_2 \cap V_3$.

3. Que signifie l'événement $V_1 \cap V_2 \cap V_3$?
Déduisez-en sa probabilité.

4. On admet le résultat suivant :
La formule donnant la probabilité de la réunion de deux événements se généralise au cas de trois événements sous la forme :
$$P(A \cup B \cup C) = P(A) + P(B) + P(C) - P(A \cap B) - P(A \cap C) - P(B \cap C) + P(A \cap B \cap C).$$
Calculez, à l'aide de cette formule, $P(V_1 \cup V_2 \cup V_3)$.

5. On note M l'événement : « *chaque corbeille contient au moins un œuf* ».
a) Que signifie $\overline{M}$?
b) Déduisez-en que $P(M) = 1 - 3 \times \dfrac{2^n - 1}{3^n}$.
c) Quelle est la limite de cette probabilité lorsque n tend vers l'infini ?
Donnez une interprétation de cette limite.
d) De combien d'œufs doit disposer la fermière, afin que la probabilité que chaque corbeille contienne au moins un œuf, dépasse 0,99 ?

Aide : Utilisez la calculatrice ou un tableur pour afficher les termes de la suite. **Voir le TD 1, p. 219.**

Pour chercher plus

71 Une urne contient dix-neuf jetons numérotés de 1 à 19. On tire successivement et sans remise trois jetons. On désigne par k un entier quelconque tel que $3 \leqslant k < 17$.
A_k et B_k sont les événements tels que :
A_k : « *k est le plus petit numéro tiré* »,
B_k : « *k est le plus grand numéro tiré* ».
Pour quelle(s) valeur(s) de k, $P(A_k) = P(B_k)$?

72 Une urne contient x boules rouges et y boules noires de même taille $(0 < x < y)$. On effectue des tirages successifs sans remise de boules dans l'urne. A-t-on moins de chance d'obtenir x boules rouges en x tirages que y boules noires en y tirages ?

73 On jette n fois un dé, non truqué, dont les faces sont numérotées de 1 à 6.
Quel est le nombre minimal n_0 de jets qu'il faut effectuer afin que la probabilité d'obtenir au moins une fois l'apparition de la face 6 dépasse 0,999 9 ?

Le barycentre dans le plan

Approche historique

Un problème

Comment exprimer toutes les couleurs à partir de trois couleurs fondamentales ?

Des éléments de réflexion

Depuis la découverte par Isaac Newton (Woolsthorpe, 1642 - Kensington, 1727) du spectre des couleurs de la lumière blanche décomposée par le prisme, de nombreux savants ont essayé divers systèmes pour distinguer et décrire les couleurs.
Des peintres, notamment Eugène Delacroix (Saint-Maurice dans la Seine, 1798 - Paris, 1863), proposaient un système à partir de trois couleurs, le bleu, le rouge et le vert; le chimiste Eugène Chevreul (Angers, 1786 - Paris, 1889) inventait un système permettant de distinguer plus de dix mille couleurs.

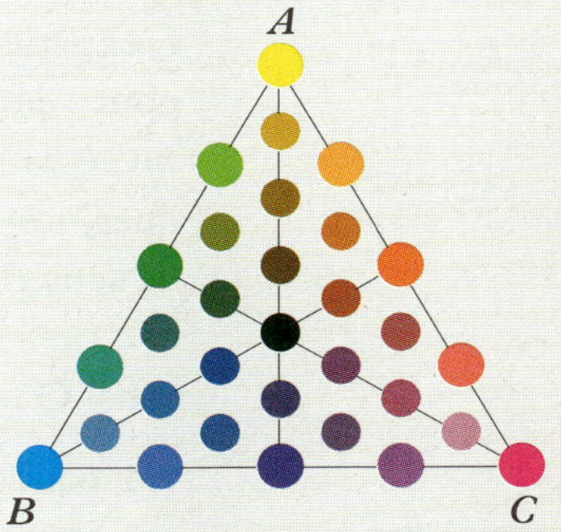

Le triangle des 31 couleurs utilisé en peinture

On pensa à mettre les trois couleurs fondamentales aux trois sommets d'un triangle ABC, et à considérer qu'un point M à l'intérieur du triangle représente une couleur.
Le problème est alors de trouver des nombres α, β, γ, tels que $\alpha\overrightarrow{MA} + \beta\overrightarrow{MB} + \gamma\overrightarrow{MC} = \vec{0}$. Ces nombres α, β, γ, représentent les proportions respectives des trois couleurs pour obtenir la couleur M. On dit que M est le barycentre des points (A, α), (B, β), (C, γ). Les nombres α, β, γ permettent de repérer M dans le triangle.
Ce sont les « masses » qu'il faut placer aux trois sommets pour que M soit le barycentre. Elles ne sont déterminées qu'à un facteur multiplicatif près.
Ce système a été inventé en 1827 par l'astronome Augustus Ferdinand Möbius (Schulpforta, 1790 – Leipzig, 1860).
L'invention du calcul barycentrique fait partie d'un mouvement qui changea la géométrie, en ce sens que l'on s'interrogea sur les divers moyens de repérer les points dans le plan ou dans l'espace, et sur les relations entre ces moyens.

Augustus Möbius
(Schulsforta, 1790 - Leipzig, 1860)

Pour prendre un bon départ

L'outil vectoriel et analytique a déjà été utilisé en classe de Seconde notamment dans les problèmes d'alignement et de parallélisme. L'un des objectifs de ce chapitre est de présenter un nouvel outil : le barycentre (barycentre vient du grec barus *qui signifie lourd, massif; le barycentre est le centre des masses). Les problèmes d'équilibre de balance, de centre d'inertie, de centre de gravité, de moyenne en statistique, sont autant de domaines où intervient l'idée de barycentre, c'est-à-dire de « point d'équilibre ».*

Activité 1 Équilibre d'une tige

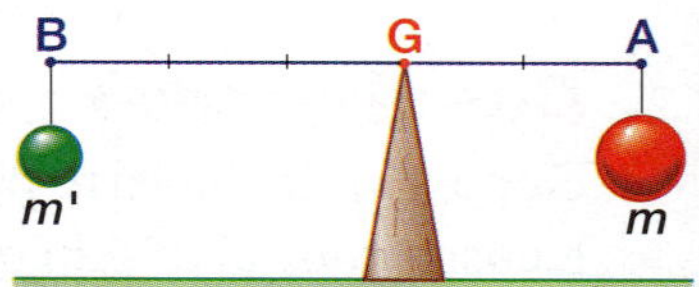

fig. 1

Sur une tige de masse négligeable, on suspend deux masses m en A et m' en B.
L'expérience montre que l'ensemble est en équilibre pour la position du pivot en G tel que $m\text{GA} = m'\text{GB}$ (*loi d'Archimède*). En mathématiques, les vecteurs $\overrightarrow{GA}$ et $\overrightarrow{GB}$ étant colinéaires mais de sens contraires, nous traduisons cette loi par l'égalité $m\overrightarrow{GA} = -m'\overrightarrow{GB}$, soit :

$$m\overrightarrow{GA} + m'\overrightarrow{GB} = \vec{0} \quad [1].$$

Ainsi G est le point d'équilibre de A et B munis des masses m et m'.

1. L'équilibre est réalisé, suivant le schéma ci-dessus (graduations régulières), lorsque $m = 18$ kg. Calculez m'.

2. Les masses sont $m = 8$ kg et $m' = 2$ kg.
a) Utilisez la relation [1] pour exprimer $\overrightarrow{GA}$ en fonction de $\overrightarrow{GB}$.

b) Démontrez alors, en utilisant la relation de Chasles $\overrightarrow{GB} = \overrightarrow{GA} + \overrightarrow{AB}$, que $\overrightarrow{AG} = \frac{1}{5}\overrightarrow{AB}$.

Placez le point G sur le segment [AB] (AB = 10 cm).

3. Indiquez des masses m et m' qui réalisent l'équilibre dans chacun des cas suivants.

a) 

b) 

4. Indiquez sur un dessin (AB = 10 cm) la position du point G réalisant l'équilibre dans chacun des cas suivants.
a) $m = 4$ kg et $m' = 6$ kg. **b)** $m = 14$ kg et $m' = 6$ kg.

Conclusion : Pour la figure 1 ci-dessus, lorsque $m = 3$ kg et $m' = 2$ kg, l'équilibre est réalisé. En mathématiques, où l'on raisonne quelle que soit la nature des phénomènes, on dit que B est affecté du coefficient 2 et A du coefficient 3 et que G est défini par $3\overrightarrow{GA} + 2\overrightarrow{GB} = \vec{0}$. Le point G est dit *barycentre* de (A, 3), (B, 2). Intuitivement le barycentre de deux points pondérés (c'est-à-dire de deux points affectés de « poids ») est le *point d'équilibre* ou *point moyen* compte tenu des coefficients.

Activité 2 Avec GéoplanW

Suivant le même principe que dans l'activité 1, l'équilibre peut être réalisé par l'action d'un contrepoids. Le point d'équilibre G est alors « extérieur » à [AB] et les vecteurs $\overrightarrow{GA}$ et $\overrightarrow{GB}$ sont de même sens. On obtient par exemple pour la situation ci-contre $4\overrightarrow{GB} - 3\overrightarrow{GA} = \vec{0}$. A est alors affecté du coefficient $a = -3$ et B du coefficient $b = 4$.

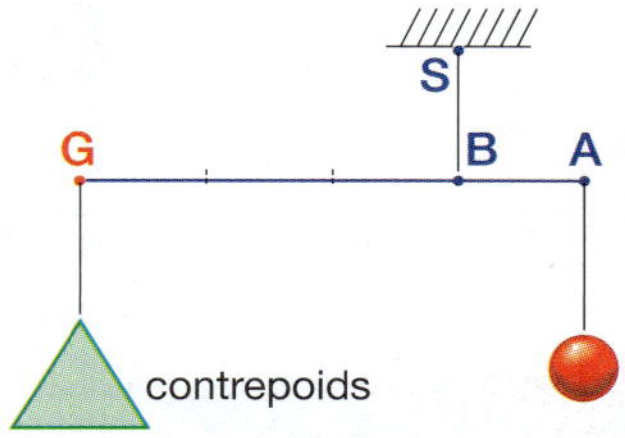

1 Construire la figure

Avec GéoplanW, on peut simuler ces situations et faire afficher G en faisant varier *a* et *b*.

a) Créez les points libres A et B en sélectionnant le menu :
Créer Point ▶ Point libre ▶ dans le plan

NOTE
Pour faire varier *a* ou *b*, appuyez sur la touche adéquate au clavier (A ou B) et utilisez les flèches ↑ et ↓.

b) Créez les variables libres *a* et *b* et faites-les afficher :
Créer Numérique ▶ Variable réelle libre puis Créer Commande ▶ Pilotage au clavier
et Créer Affichage ▶ Scalaire déjà défini

c) Créez le barycentre G de (A, *a*), (B, *b*) : Créer Point ▶ Barycentre

2 Conjecturer puis démontrer

1. a) Faites afficher le point G pour $a = b = 1$; $a = b = -1$; $a = b = 4$; $a = b = -8$.

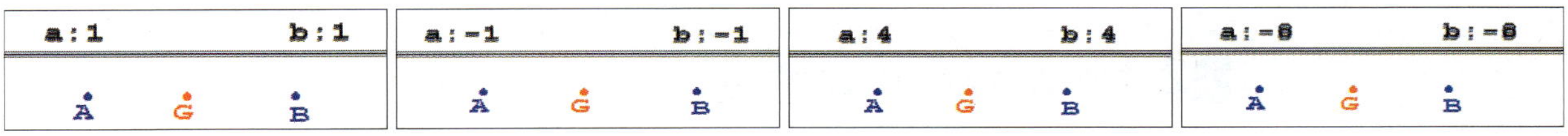

b) À chaque fois, G semble être le milieu de [AB]. On peut conjecturer que, lorsque $a = b$, G est le milieu de [AB]. Démontrez-le.

Aide : G est tel que $a\overrightarrow{GA} + b\overrightarrow{GB} = \vec{0}$.

2. a) Faites afficher G pour $a = 4$ et $b = -1$, $a = -8$ et $b = 2$; $a = 2$ et $b = -0{,}5$.

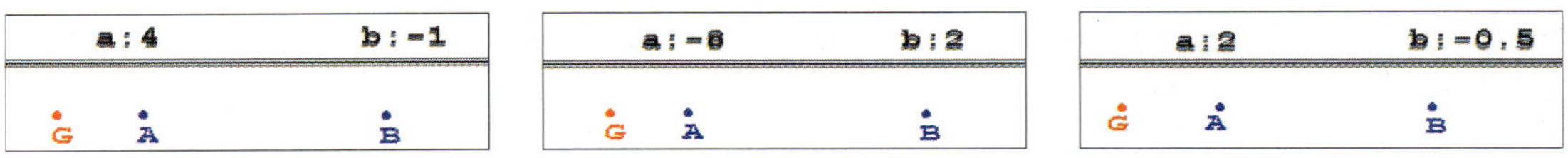

b) Les trois points G obtenus semblent occuper la même position. Justifiez-le.
Démontrez que (A, *a*), (B, *b*) et (A, *ka*), (B, *kb*), avec *k* réel et $k \neq 0$, ont le même barycentre.

3. a) Faites afficher le point G pour $a = 9$ et $b = 5$; $a = -1$ et $b = -2$; $a = 1$ et $b = -5$; $a = -2$ et $b = 7$.

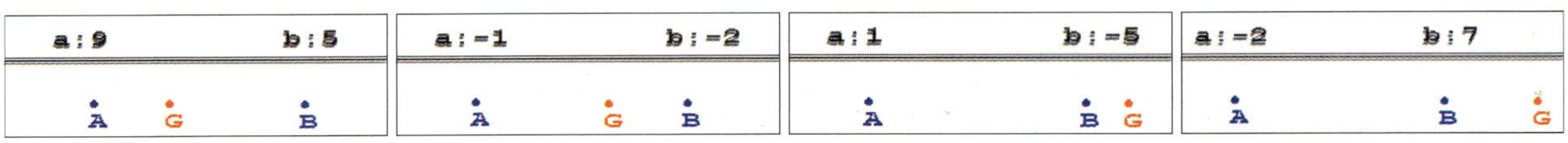

b) Que pouvez-vous conjecturer concernant un lien entre les signes de *a* et *b* et la position de G par rapport à A et B (*voir l'exercice* 71) ?

Cours

1 Vecteurs : rappels et compléments

1 1 Colinéarité

NOTE
Pour d'autres rappels, voir le lexique, p. 431.

Dire que deux vecteurs non nuls $\vec{u} = \overrightarrow{AB}$ et $\vec{v} = \overrightarrow{CD}$ sont **colinéaires,** signifie qu'ils ont la même direction, c'est-à-dire que les droites (AB) et (CD) sont parallèles.

Théorème 1

NOTE
Le vecteur nul est colinéaire à tout vecteur $\vec{u}$.

1. Relation de colinéarité : Dire que deux vecteurs $\vec{u}$ et $\vec{v}$ sont **colinéaires** équivaut à dire « Il existe un réel k tel que $\boldsymbol{\vec{u} = k\vec{v}}$ ou il existe un réel k' tel que $\boldsymbol{\vec{v} = k'\vec{u}}$ ».

2. Caractérisation analytique : Dans un repère $(O\,;\vec{\imath},\vec{\jmath})$ du plan, dire que les vecteurs $\vec{u}(X\,;Y)$ et $\vec{v}(X'\,;Y')$ sont colinéaires équivaut à dire que :

$$\mathbf{XY' - X'Y = 0}.$$

3. Parallélisme : Dire que les droites (AB) et (CD) sont **parallèles** équivaut à dire que $\boldsymbol{\overrightarrow{AB} = k\overrightarrow{CD}}$ (k réel).

4. Alignement : Dire que les points distincts A, B, C sont **alignés** équivaut à dire que $\boldsymbol{\overrightarrow{AB} = k\overrightarrow{AC}}$ (k réel).

Conséquence : La droite (AB) est l'ensemble de tous les points M tels que $\overrightarrow{AM}$ et $\overrightarrow{AB}$ sont colinéaires. Ainsi :

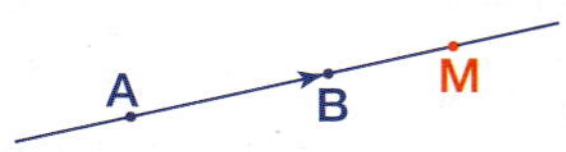

NOTE
La droite (AB) est l'ensemble des points M tels que $\overrightarrow{AM} = k\overrightarrow{AB}$, k décrivant $\mathbb{R}$.

M $\in$ **(AB)** équivaut à « Il existe un réel k tel que $\boldsymbol{\overrightarrow{AM} = k\overrightarrow{AB}}$ ».

1 2 Norme d'un vecteur

Définition 1

La **norme** du vecteur $\vec{u} = \overrightarrow{AB}$ est la longueur AB.
On note $\boldsymbol{\|\vec{u}\| = \|\overrightarrow{AB}\| = AB}$.
Un vecteur $\vec{u}$ est dit **unitaire** si sa norme est 1 (unité de longueur du plan).

Remarque : La norme ne dépend pas du représentant choisi pour $\vec{u}$.
Si $\vec{u} = \overrightarrow{AB} = \overrightarrow{CD}$ alors $\|\vec{u}\| = AB = CD$.

Conséquences :

1. $\|\overrightarrow{AB}\| = 0$ équivaut à $A = B$.

2. Pour tout réel k et tout vecteur $\vec{u}$, $\boldsymbol{\|k\vec{u}\| = |k| \times \|\vec{u}\|}$.

En effet, si $\vec{u} = \overrightarrow{AB}$ et $k\vec{u} = \overrightarrow{AC}$, alors, par définition, la longueur du vecteur $\overrightarrow{AC}$ est $k \times AB$ lorsque $k \geqslant 0$, et $(-k) \times AB$ lorsque $k < 0$, donc $AC = |k| \times AB$. D'où le résultat $\|k\vec{u}\| = |k| \times \|\vec{u}\|$.

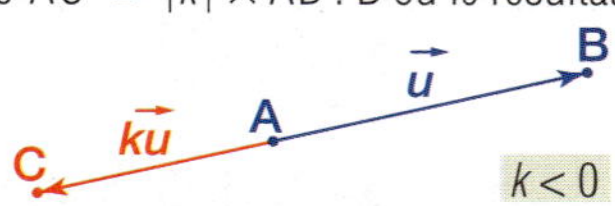

3. Dans un repère **orthonormal** $(O\,;\vec{\imath},\vec{\jmath})$ du plan, le vecteur $\vec{u}$ de coordonnées cartésiennes $(x\,;y)$ a pour norme $\boldsymbol{\|\vec{u}\| = \sqrt{x^2 + y^2}}$.

En effet, si M est tel que $\overrightarrow{OM} = \vec{u}$, le point M a pour coordonnées $(x\,;y)$, d'où $\|\vec{u}\| = OM = \sqrt{x^2 + y^2}$.

Pour mieux comprendre

POURQUOI étudier la colinéarité de deux vecteurs ?

PARCE QU'elle permet de démontrer :

- l'alignement de trois points A, B et C (▶ **exercice résolu 1**),
- le parallélisme de deux droites (AB) et (CD) (▶ **exercice résolu 2**).

Exercices résolus

Exo 1 Comment démontrer que trois points sont alignés ?

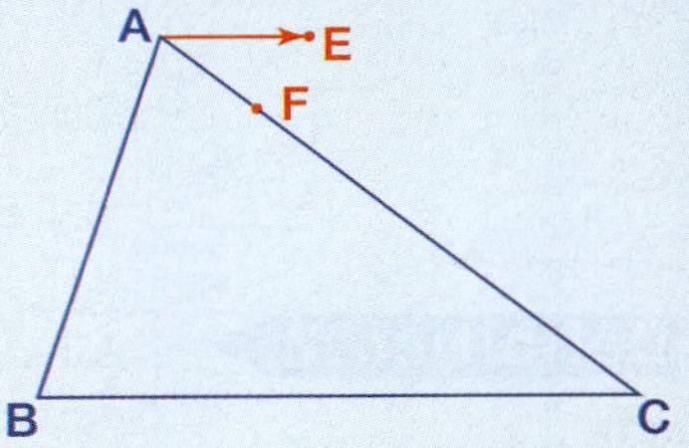

ABC est un triangle, les points E et F sont tels que $4\overrightarrow{AE} = \overrightarrow{BC}$ et $5\overrightarrow{AF} = \overrightarrow{AC}$.
Démontrez que les points B, E et F sont alignés.

POINT MÉTHODE

Pour démontrer que les points B, E, F sont alignés, il suffit d'établir une relation de colinéarité de la forme $\overrightarrow{FB} = k\overrightarrow{FE}$.

Solution commentée

L'examen de la figure montre que le vecteur $\overrightarrow{FB}$ peut s'exprimer, par exemple, en fonction des vecteurs $\overrightarrow{CB}$ et $\overrightarrow{FC}$ par $\overrightarrow{FB} = \overrightarrow{FC} + \overrightarrow{CB}$.
Or $\overrightarrow{CB} = 4\overrightarrow{EA}$ et $\overrightarrow{AC} = 5\overrightarrow{AF}$ donc $\overrightarrow{AF} + \overrightarrow{FC} = 5\overrightarrow{AF}$.

Il en résulte que $\overrightarrow{FC} = 4\overrightarrow{AF}$ et

$$\overrightarrow{FB} = 4\overrightarrow{AF} + 4\overrightarrow{EA} = 4(\overrightarrow{EA} + \overrightarrow{AF}) = 4\overrightarrow{EF}.$$

D'où le résultat.

▶ **exercices 9, 12**

Exo 2 Comment démontrer que des droites sont parallèles ?

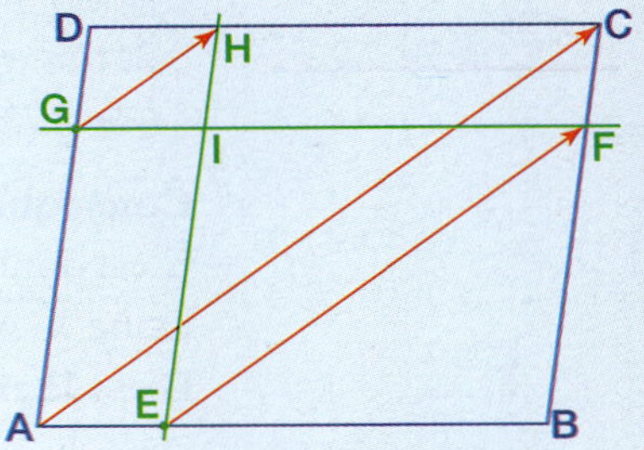

ABCD est un parallélogramme. k est un réel différent de 0 et 1 ; E et G sont les points tels que $\overrightarrow{AE} = k\overrightarrow{AB}$ et $\overrightarrow{AG} = (1-k)\overrightarrow{AD}$.
On mène par E la parallèle à (AD) qui coupe (CD) en H, et par G la parallèle à (AB) qui coupe (BC) en F.
Démontrez que les trois droites (EF), (GH) et (AC) sont parallèles.

POINT MÉTHODE

Pour démontrer que les droites (EF), (AC) et (GH) sont parallèles, il suffit de prouver que les vecteurs $\overrightarrow{EF}$, $\overrightarrow{AC}$ et $\overrightarrow{GH}$ sont colinéaires.

Solution commentée

Nous allons donner une solution analytique au problème. Pour cela, choisissons le repère $(A ; \overrightarrow{AB}, \overrightarrow{AD})$.
Ce choix est fait pour que les huit points A, B, C, D, E, F, G, H aient des coordonnées les plus simples possibles.
Ainsi $A(0 ; 0)$, $C(1 ; 1)$, $E(k ; 0)$, $G(0 ; 1-k)$, $F(1 ; 1-k)$ et $H(k ; 1)$.

Nous en déduisons les coordonnées des vecteurs $\overrightarrow{AC}$, $\overrightarrow{EF}$ et $\overrightarrow{GH}$:

$$\overrightarrow{AC}(1 ; 1), \quad \overrightarrow{EF}(1-k ; 1-k) \text{ et } \overrightarrow{GH}(k ; k).$$

Il en résulte que :

$$\overrightarrow{EF} = (1-k)\overrightarrow{AC} \text{ et } \overrightarrow{GH} = k\overrightarrow{AC}.$$

Ainsi les vecteurs $\overrightarrow{EF}$, $\overrightarrow{AC}$ et $\overrightarrow{GH}$ sont colinéaires et les droites (EF), (AC) et (GH) sont parallèles.

▶ **exercices 11, 13, 14**

2 Barycentre de deux points

2.1 Théorème d'existence et définition

Théorème 2

A et B sont deux points, α et β deux réels donnés tels que $\boldsymbol{\alpha + \beta \neq 0}$. Alors il existe un point G et un seul tel que $\boldsymbol{\alpha \overrightarrow{GA} + \beta \overrightarrow{GB} = \vec{0}}$.
Ce point G est appelé le **barycentre des points pondérés** $(\mathbf{A}, \boldsymbol{\alpha})$, $(\mathbf{B}, \boldsymbol{\beta})$.

Démonstration : $\alpha \overrightarrow{GA} + \beta \overrightarrow{GB} = \vec{0}$ équivaut successivement à $\alpha \overrightarrow{GA} + \beta(\overrightarrow{GA} + \overrightarrow{AB}) = \vec{0}$; $(\alpha + \beta)\overrightarrow{GA} + \beta \overrightarrow{AB} = \vec{0}$; $\overrightarrow{GA} = -\dfrac{\beta}{\alpha + \beta}\overrightarrow{AB}$ car $\alpha + \beta \neq 0$.

Donc chercher G tel que $\alpha \overrightarrow{GA} + \beta \overrightarrow{GB} = \vec{0}$, c'est chercher G tel que $\overrightarrow{AG} = \dfrac{\beta}{\alpha + \beta}\overrightarrow{AB}$.

Or il existe un point G unique tel que $\overrightarrow{AG} = \dfrac{\beta}{\alpha + \beta}\overrightarrow{AB}$. D'où le résultat.

Définition 2

NOTE
Au lieu de parler de points pondérés, on dit aussi que A et B sont affectés des coefficients α et β.

Ainsi, dire que G est **barycentre des points pondérés** $(\mathbf{A}, \boldsymbol{\alpha})$ **et** $(\mathbf{B}, \boldsymbol{\beta})$, signifie deux choses :

$$\boldsymbol{\alpha + \beta \neq 0} \quad \textbf{et} \quad \boldsymbol{\alpha \overrightarrow{GA} + \beta \overrightarrow{GB} = \vec{0}}.$$

Conséquence :
Le barycentre G de (A, α), (B, β) est aussi le point G tel que $\boldsymbol{\overrightarrow{AG} = \dfrac{\beta}{\alpha + \beta}\overrightarrow{AB}}$.

2.2 Homogénéité du barycentre

Si G est le barycentre de (A, α), (B, β), alors G est aussi le barycentre de $(A, k\alpha)$, $(B, k\beta)$, lorsque k est un réel **non nul**.

En effet, de l'égalité $\alpha \overrightarrow{GA} + \beta \overrightarrow{GB} = \vec{0}$, on déduit $k\alpha \overrightarrow{GA} + k\beta \overrightarrow{GB} = \vec{0}$.
De plus, $\alpha + \beta \neq 0$ et $k \neq 0$ donc $k(\alpha + \beta) \neq 0$. Donc $k\alpha + k\beta \neq 0$, ce qui prouve que G est aussi le barycentre de $(A, k\alpha)$, $(B, k\beta)$.

Conséquence : Lorsque $\alpha = \beta$ $(\alpha \neq 0)$, on dit que G est **l'isobarycentre de A et B.**
C'est donc le barycentre de $(A, 1)$, $(B, 1)$.
Donc $\overrightarrow{GA} + \overrightarrow{GB} = \vec{0}$, ce qui prouve que, lorsque $A \neq B$, **l'isobarycentre de A et B est le milieu de** $[\mathbf{AB}]$.

2.3 Réduction de $\alpha \overrightarrow{MA} + \beta \overrightarrow{MB}$ lorsque $\alpha + \beta \neq 0$

Théorème 3

NOTE
Lorsque M est en A, on obtient :
$(\alpha + \beta)\overrightarrow{AG} = \beta \overrightarrow{AB}$
donc on retrouve
$\overrightarrow{AG} = \dfrac{\beta}{\alpha + \beta}\overrightarrow{AB}$.

G est le barycentre de (A, α), (B, β).
Alors pour tout point M, $\boldsymbol{\alpha \overrightarrow{MA} + \beta \overrightarrow{MB} = (\alpha + \beta)\overrightarrow{MG}}$.

Démonstration : Pour tout point M :
$\alpha \overrightarrow{MA} + \beta \overrightarrow{MB} = \alpha \overrightarrow{MG} + \alpha \overrightarrow{GA} + \beta \overrightarrow{MG} + \beta \overrightarrow{GB} = (\alpha + \beta)\overrightarrow{MG} + \alpha \overrightarrow{GA} + \beta \overrightarrow{GB}$.
Or $\alpha \overrightarrow{GA} + \beta \overrightarrow{GB} = \vec{0}$, d'où le résultat.

Remarque : Lorsque le barycentre G est le milieu de [AB], $(A \neq B)$, c'est-à-dire l'isobarycentre de A et B, alors pour tout point M, $\boldsymbol{\overrightarrow{MA} + \overrightarrow{MB} = 2\overrightarrow{MG}}$.

Pour mieux comprendre

COMMENT caractériser, grâce au barycentre, les points d'une droite ?

- Le barycentre G des points pondérés (A, α), (B, β) est aussi le point G tel que $\overrightarrow{AG} = \dfrac{\beta}{\alpha + \beta}\overrightarrow{AB}$.

Ainsi tout barycentre de A et B est un point de la droite (AB).

- Tout point M de la droite (AB) est-il le barycentre de (A, α), (B, β) avec α et β convenablement choisis ? Oui.

En effet, si M est un point de (AB), alors il existe k tel que $\overrightarrow{AM} = k\overrightarrow{AB}$ donc $\overrightarrow{AM} = k(\overrightarrow{AM} + \overrightarrow{MB})$, soit $(1-k)\overrightarrow{AM} = k\overrightarrow{MB}$.

Il en résulte que $(1-k)\overrightarrow{MA} + k\overrightarrow{MB} = \vec{0}$.

Comme $1 - k + k \neq 0$, M est le barycentre de $(A, 1-k)$, (B, k). Ainsi, **le point M de la droite (AB) tel que $\overrightarrow{AM} = k\overrightarrow{AB}$ est barycentre de $(A, 1-k)$, (B, k).**

En conclusion, **la droite (AB) est l'ensemble des points M barycentres de $(A, 1-k)$, (B, k), k décrivant** $\mathbb{R}$ (car la droite (AB) est l'ensemble des points M tels que $\overrightarrow{AM} = k\overrightarrow{AB}$, k décrivant $\mathbb{R}$).

COMMENT exprimer une égalité vectorielle en termes de barycentre ?

- Si H est tel que $3\overrightarrow{HA} - 2\overrightarrow{HB} = \vec{0}$, alors H est le barycentre des points pondérés $(A, 3)$ et $(B, -2)$.
- Si M est le point de la droite (AB) tel que $\overrightarrow{AM} = \frac{7}{2}\overrightarrow{AB}$ alors $k = \frac{7}{2}$. Alors, d'après ce qui précède M est le barycentre de $\left(A, -\frac{5}{2}\right)$, $\left(B, \frac{7}{2}\right)$ ou, en tenant compte de l'homogénéité du barycentre, de $(A, -5)$, $(B, 7)$.

POURQUOI la condition $\alpha + \beta \neq 0$ est-elle nécessaire ?

PARCE QUE, lorsque $\alpha + \beta = 0$, c'est-à-dire $\beta = -\alpha$, la relation $\alpha\overrightarrow{GA} + \beta\overrightarrow{GB} = \vec{0}$ devient $\alpha(\overrightarrow{GA} - \overrightarrow{GB}) = \vec{0}$.

Donc $\alpha\overrightarrow{BA} = \vec{0}$, ce qui est impossible lorsque $\alpha \neq 0$ et $A \neq B$. Ainsi lorsque $A \neq B$, les points $(A, 3)$ et $(B, -3)$, par exemple, n'ont pas de barycentre.

Exercices résolus

Exo 3 Exprimer qu'un point est barycentre de deux autres

Trois points A, B, C sont disposés comme l'indique la figure ci-contre.

1. Trouvez deux réels α et β tels que A soit le barycentre des points pondérés (B, α), (C, β).
2. Construisez G, barycentre de $(A, 3)$, $(B, -2)$.

Solution commentée

1. Les vecteurs $\overrightarrow{AB}$ et $\overrightarrow{AC}$ sont colinéaires et $\overrightarrow{AC} = -2\overrightarrow{AB}$ donc $2\overrightarrow{AB} + \overrightarrow{AC} = \vec{0}$.
A est donc le barycentre de $(B, 2)$ et $(C, 1)$.

2. Dire que G est le barycentre de $(A, 3)$, $(B, -2)$ équivaut à dire que :

$$3\overrightarrow{GA} - 2\overrightarrow{GB} = \vec{0} \text{ ou } \overrightarrow{AG} = -2\overrightarrow{AB}.$$

Donc G est en C.

► **exercices 15 à 24**

3 Barycentre de trois points

3 1 Extension des définitions et propriétés

Théorème 4

A, B, C sont trois points, α, β, γ sont trois réels donnés tels que $\boldsymbol{\alpha + \beta + \gamma \neq 0}$.
1. Il existe un point G et un seul tel que $\alpha\overrightarrow{GA} + \beta\overrightarrow{GB} + \gamma\overrightarrow{GC} = \vec{0}$.
Ce point G est appelé **barycentre** des points pondérés (A, α), (B, β), (C, γ).
2. Pour tout point M, $\alpha\overrightarrow{MA} + \beta\overrightarrow{MB} + \gamma\overrightarrow{MC} = (\alpha + \beta + \gamma)\overrightarrow{MG}$.

Démonstration : Les démonstrations sont analogues à celles faites dans le cas de deux points.

1. En écrivant $\overrightarrow{GB} = \overrightarrow{GA} + \overrightarrow{AB}$ et $\overrightarrow{GC} = \overrightarrow{GA} + \overrightarrow{AC}$, $\alpha\overrightarrow{GA} + \beta\overrightarrow{GB} + \gamma\overrightarrow{GC} = \vec{0}$ équivaut à $\overrightarrow{AG} = \dfrac{\beta\overrightarrow{AB}}{\alpha + \beta + \gamma} + \dfrac{\gamma\overrightarrow{AC}}{\alpha + \beta + \gamma}$ donc à $\overrightarrow{AG} = k\vec{u}$ avec $k = \dfrac{1}{\alpha + \beta + \gamma}$ et $\vec{u} = \beta\overrightarrow{AB} + \gamma\overrightarrow{AC}$.
D'où l'existence d'un point G unique.

2. En écrivant $\overrightarrow{MA} = \overrightarrow{MG} + \overrightarrow{GA}$, $\overrightarrow{MB} = \overrightarrow{MG} + \overrightarrow{GB}$, $\overrightarrow{MC} = \overrightarrow{MG} + \overrightarrow{GC}$, on aboutit à $\alpha\overrightarrow{MA} + \beta\overrightarrow{MB} + \gamma\overrightarrow{MC} = (\alpha + \beta + \gamma)\overrightarrow{MG}$.

NOTE
Si ABC est un triangle, l'isobarycentre G est le **centre de gravité** de ABC.

Conséquences :
1. G est aussi le barycentre de $(A, k\alpha)$, $(B, k\beta)$, $(C, k\gamma)$ lorsque k est un réel **non nul**.
2. Lorsque les points A, B, C sont affectés du même coefficient non nul α, G est l'**isobarycentre** de A, B, C et $\overrightarrow{GA} + \overrightarrow{GB} + \overrightarrow{GC} = \vec{0}$.

3 2 Règle d'associativité

Théorème 5

G est le barycentre de trois points pondérés (A, α), (B, β), (C, γ).
Supposons $\alpha + \beta \neq 0$ et notons H le barycentre de (A, α), (B, β).
Alors **G est le barycentre de $(H, \alpha + \beta)$, (C, γ)**.

Démonstration : Par définition $\alpha\overrightarrow{GA} + \beta\overrightarrow{GB} + \gamma\overrightarrow{GC} = \vec{0}$. De plus pour tout point M, d'après le théorème 3, $\alpha\overrightarrow{MA} + \beta\overrightarrow{MB} = (\alpha + \beta)\overrightarrow{MH}$. Donc, en particulier si $M = G$, $\alpha\overrightarrow{GA} + \beta\overrightarrow{GB} = (\alpha + \beta)\overrightarrow{GH}$ donc $(\alpha + \beta)\overrightarrow{GH} + \gamma\overrightarrow{GC} = \vec{0}$. Il en résulte que G est le barycentre de $(H, \alpha + \beta)$, (C, γ).

Exemple : Construire le barycentre G de (A, 1), (B, 2), (C, 4)

• On note H_1 le barycentre de $(B, 2)$, $(C, 4)$ donc $\overrightarrow{BH_1} = \frac{2}{3}\overrightarrow{BC}$. On affecte H_1 du coefficient 6, et G est le barycentre de $(H_1, 6)$ et $(A, 1)$ donc G est tel que $\overrightarrow{AG} = \frac{6}{7}\overrightarrow{AH_1}$.

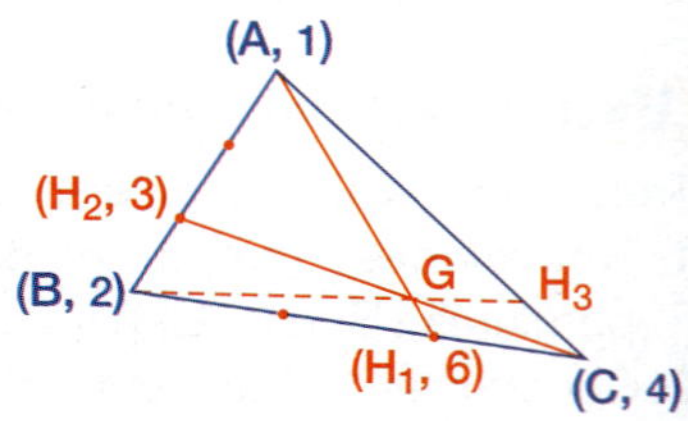

• Mais on peut faire de même avec H_2, barycentre de $(A, 1)$, $(B, 2)$ ou H_3, barycentre de $(A, 1)$, $(C, 4)$. Alors G est sur (CH_2) et sur (BH_3), donc les droites (AH_1), (CH_2) et (BH_3) sont concourantes.

Plus généralement : ABC est un triangle, G le barycentre de (A, α), (B, β), (C, γ). Si (A, α), (B, β) ainsi que (A, α), (C, γ) et (B, β), (C, γ) ont un barycentre, les droites, qui joignent un sommet au barycentre des deux autres, sont concourantes.

Pour mieux comprendre

Une CONSÉQUENCE UTILE du théorème 5

ABC est un triangle, G le barycentre de (A, α), (B, β), (C, γ).

- Si $\beta + \gamma \neq 0$, alors **(AG) coupe (BC) en un point, qui est le barycentre de** (B, β), (C, γ).

En effet, notons H ce barycentre, alors H est sur (BC). Comme G est le barycentre de (A, α), $(H, \beta + \gamma)$, G est sur (AH).
Donc H est sur (AG), d'où le résultat.

Remarque :

Si $\beta + \gamma = 0$, alors (AG) est parallèle à (BC).
En effet, dans ce cas $\gamma = -\beta$ d'où $\alpha\overrightarrow{GA} + \beta\overrightarrow{GB} - \beta\overrightarrow{GC} = \vec{0}$ $(\alpha \neq 0)$.
Donc $\alpha\overrightarrow{GA} = \beta\overrightarrow{BC}$ et (GA) est parallèle à (BC).

À QUOI SERT le théorème 5 ?

- À ramener la construction du barycentre de trois points à celle du barycentre de deux points (▶ ***exemple page ci-contre***),
- À démontrer que des droites sont concourantes (▶ **exercice résolu 4**),
- À démontrer que des points sont alignés (▶ **exercice résolu 5**).

Exercices résolus

Exo 4 Comment démontrer que des droites sont concourantes ?

ABC est un triangle, A′, B′, C′ les milieux respectifs de [BC], [CA], [AB].
Démontrez que les médianes sont concourantes.

Solution commentée

A′, milieu de [BC], est le barycentre de (B, 1), (C, 1). Donc le barycentre G de (A, 1), (B, 1), (C, 1) est, d'après le théorème d'associativité, le barycentre des points pondérés (A, 1), (A′, 2) donc G est un point de (AA′).

De même, B′ et C′ sont respectivement les barycentres de (A, 1), (C, 1) et (A, 1), (B, 1). Donc G est sur (BB′) et (CC′). Il en résulte que les médianes sont concourantes en G, isobarycentre de A, B, C.

▶ **exercices 87, 89, 91**

Exo 5 Comment démontrer que trois points sont alignés ?

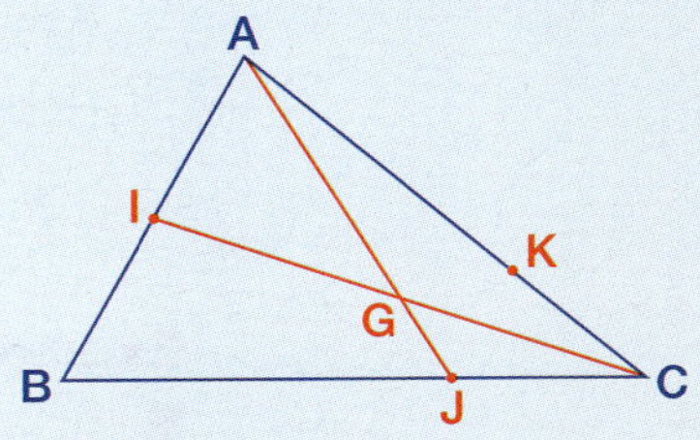

Sur la figure ci-contre, ABC est un triangle. I est le milieu de [AB], J et K sont les points tels que $\overrightarrow{JB} + 2\overrightarrow{JC} = \vec{0}$ et $\overrightarrow{KA} + 2\overrightarrow{KC} = \vec{0}$. On note G l'intersection des droites (CI) et (AJ).
Démontrez que les points B, G, K sont alignés.

Solution commentée

La construction du point G rappelle ce que l'on fait pour construire le barycentre de (A, α), (B, β), (C, γ) en utilisant le théorème d'associativité (*voir l'exemple ci-contre*).
Des égalités $\overrightarrow{JB} + 2\overrightarrow{JC} = \vec{0}$ et $\overrightarrow{KA} + 2\overrightarrow{KC} = \vec{0}$, on déduit que J est le barycentre de (B, 1), (C, 2) et K celui de (A, 1), (C, 2).
De plus I est le milieu de [AB] donc I est le barycentre de (A, 1), (B, 1).

Prouvons que G est le barycentre des points pondérés (A, 1), (B, 1), (C, 2).
Notons G′ ce barycentre.
Alors, d'après le théorème d'associativité, G′ est le barycentre de (I, 2), (C, 2) et de (A, 1), (J, 3).
Donc G′ est à l'intersection de (CI) et de (AJ), ainsi G et G′ sont confondus.
Donc G est le barycentre de (B, 1), (K, 3), d'où il résulte que B, G et K sont alignés.

▶ **exercices 41, 42**

4 Barycentre de n points

On généralise à n points, les résultats établis pour deux ou trois points.

$A_1, A_2, \ldots, A_n$ sont n points, $\alpha_1, \alpha_2, \ldots, \alpha_n$ sont n réels donnés tels que $\boldsymbol{\alpha_1 + \alpha_2 + \ldots + \alpha_n \neq 0}$.

• Il existe un point G et un seul tel que $\alpha_1\overrightarrow{GA_1} + \ldots + \alpha_n\overrightarrow{GA_n} = \vec{0}$. G est appelé **barycentre** des points pondérés $(A_1, \alpha_1), \ldots, (A_n, \alpha_n)$.

• Pour tout point M, $\alpha_1\overrightarrow{MA_1} + \ldots + \alpha_n\overrightarrow{MA_n} = (\alpha_1 + \ldots + \alpha_n)\overrightarrow{MG}$.

Conséquences :

1. G est aussi le barycentre de $(A_1, k\alpha_1), \ldots, (A_n, k\alpha_n)$ lorsque k est un réel **non nul**.

2. Lorsque les points $A_1, \ldots, A_n$ sont affectés d'un même coefficient non nul, G est appelé l'isobarycentre de $A_1, \ldots, A_n$.

3. Pour trouver le barycentre G, on peut remplacer p points, pris parmi les n points, par leur barycentre H (s'il existe) affecté de la somme non nulle de leurs coefficients.

5 Coordonnées du barycentre

Théorème 6

Dans un repère $(O ; \vec{i}, \vec{j})$ du plan, le barycentre G de n points pondérés $(n \geqslant 2)$ a pour abscisse la moyenne pondérée des abscisses de ces points, et pour ordonnée la moyenne pondérée des ordonnées de ces points. Ainsi lorsque G est le barycentre de (A, α), (B, β), (C, γ), les coordonnées $(x_G ; y_G)$ de G sont :

$$x_G = \frac{\alpha x_A + \beta x_B + \gamma x_C}{\alpha + \beta + \gamma} \quad \text{et} \quad y_G = \frac{\alpha y_A + \beta y_B + \gamma y_C}{\alpha + \beta + \gamma}$$

Démonstration : Cas $n = 3$.

G est le barycentre de (A, α), (B, β), (C, γ), $\alpha + \beta + \gamma \neq 0$. D'après le théorème 4, pour tout point M, $\alpha\overrightarrow{MA} + \beta\overrightarrow{MB} + \gamma\overrightarrow{MC} = (\alpha + \beta + \gamma)\overrightarrow{MG}$. Choisissons $M = O$, alors :

$\alpha\overrightarrow{OA} + \beta\overrightarrow{OB} + \gamma\overrightarrow{OC} = (\alpha + \beta + \gamma)\overrightarrow{OG}$ donc $\overrightarrow{OG} = \dfrac{\alpha}{\alpha + \beta + \gamma}\overrightarrow{OA} + \dfrac{\beta}{\alpha + \beta + \gamma}\overrightarrow{OB} + \dfrac{\gamma}{\alpha + \beta + \gamma}\overrightarrow{OC}$.

On en déduit que les coordonnées sont :

$$x_G = \frac{\alpha}{\alpha + \beta + \gamma}x_A + \frac{\beta}{\alpha + \beta + \gamma}x_B + \frac{\gamma}{\alpha + \beta + \gamma}x_C = \frac{\alpha x_A + \beta x_B + \gamma x_C}{\alpha + \beta + \gamma}$$, et de même pour y_G.

Exemple : A, B et C sont tels que $A(-1 ; 3)$, $B(2 ; 4)$, $C(1 ; -2)$. Le barycentre G de $(A, 1)$, $(B, 2)$ et $(C, 3)$ a pour coordonnées le couple $(x_G ; y_G)$ tel que :

$$x_G = \frac{x_A + 2x_B + 3x_C}{1 + 2 + 3} = \frac{-1 + 4 + 3}{6} = 1$$

$$y_G = \frac{y_A + 2y_B + 3y_C}{6} = \frac{3 + 8 - 6}{6} = \frac{5}{6}$$

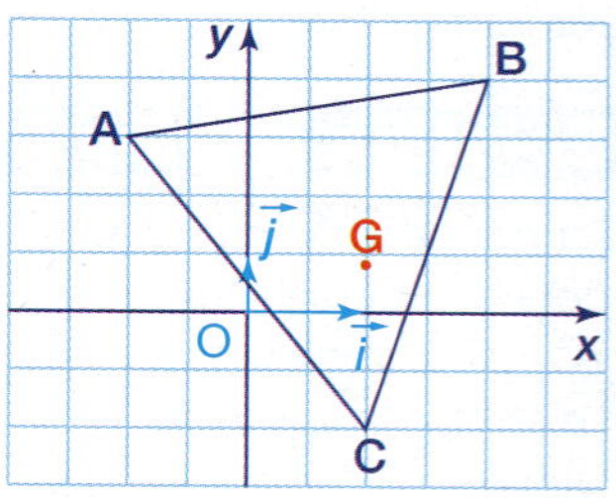

Remarque : Les formules donnant les coordonnées du milieu I d'un segment [AB], $x_I = \dfrac{x_A + x_B}{2}$ et $y_I = \dfrac{y_A + y_B}{2}$ ne sont qu'un cas particulier de celles du théorème 6 puisque I n'est autre que l'isobarycentre de A et B.

Exercices résolus

Exo 6 Construire le barycentre de quatre points pondérés

ABCD est un rectangle. Dans chacun des cas suivants, construisez G.

1. G est le barycentre de (A, 1), (B, 1), (C, 2), (D, 2).

2. G est le barycentre de (A, 1), (B, 1), (C, 1), (D, 2)

Solution commentée

Plusieurs façons sont possibles pour construire G en utilisant le théorème d'associativité : « regrouper » les points deux à deux ; remplacer trois d'entre eux par leur barycentre ; ou opérer de proche en proche à partir de deux points.

1. Il paraît ici judicieux de regrouper (A, 1), (B, 1), d'une part et (C, 2), (D, 2). En effet, le barycentre I de (A, 1), (B, 1) est le milieu de [AB] et le barycentre J de (C, 2), (D, 2) est le milieu de [CD].

Donc G est le barycentre de (I, 2), (J, 4), défini par $\overrightarrow{IG} = \frac{2}{3}\overrightarrow{IJ}$.

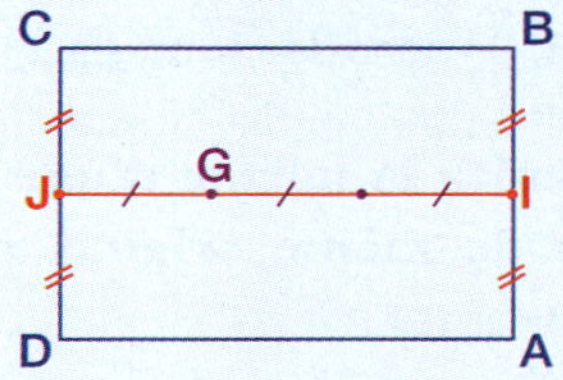

2. Cette fois, on va considérer le barycentre K de (A, 1), (B, 1), (C, 1) car on sait que K est le centre de gravité du triangle ABC.

Alors G est le barycentre de (K, 3), (D, 2), défini par $\overrightarrow{DG} = \frac{3}{5}\overrightarrow{DK}$.

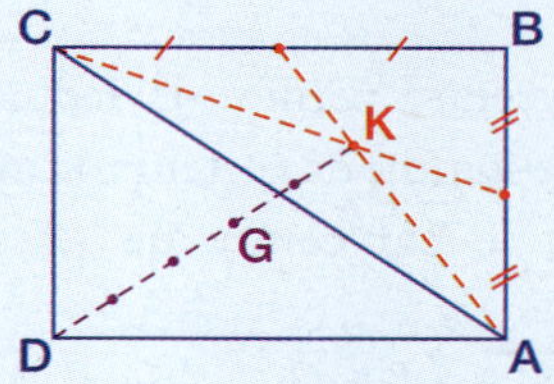

▶ **exercices 34 à 40, 47 à 51**

Exo 7 Choisir un repère pour démontrer

ABC est un triangle, G le barycentre de (A, 3), (B, 1), (C, 1). I est le milieu de [AC] et J le point tel que $\overrightarrow{AJ} = \frac{1}{3}\overrightarrow{AB}$.

Démontrez que I, G, J sont alignés.

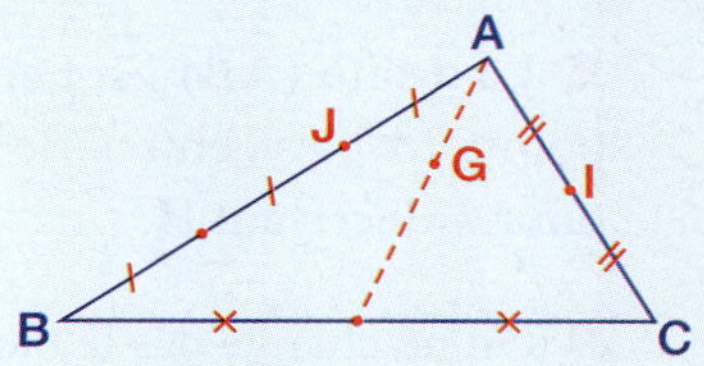

Solution commentée

Pour démontrer que I, G, J sont alignés on va choisir le repère $(A ; \overrightarrow{AB}, \overrightarrow{AC})$. Les coordonnées de B et C sont respectivement (1 ; 0) et (0 ; 1).

On déduit aisément des hypothèses que I a pour coordonnées $\left(0 ; \frac{1}{2}\right)$ et $J\left(\frac{1}{3} ; 0\right)$.

À l'aide des formules donnant les coordonnées d'un barycentre, on obtient :

$$x_G = \frac{3x_A + x_B + x_C}{5} = \frac{1}{5} \text{ et } y_G = \frac{3y_A + y_B + y_C}{5} = \frac{1}{5}.$$

Ainsi le vecteur $\overrightarrow{IJ}$ a pour coordonnées $\left(\frac{1}{3} ; -\frac{1}{2}\right)$ et le vecteur $\overrightarrow{IG}$ a pour coordonnées $\left(\frac{1}{5} ; -\frac{3}{10}\right)$.

Or $\left(\frac{1}{3}\right)\times\left(-\frac{3}{10}\right)-\left(-\frac{1}{2}\right)\times\left(\frac{1}{5}\right) = 0$, donc les vecteurs $\overrightarrow{IJ}$ et $\overrightarrow{IG}$ sont colinéaires et les points I, G, J alignés.

▶ **exercices 53 à 59**

Des idées, des réflexes

Des idées à retenir

■ Le barycentre n'existe que si **la somme des coefficients est différente de 0**.

■ Le barycentre G de (A, α), (B, β) est caractérisé par $\alpha\overrightarrow{\mathbf{GA}} + \beta\overrightarrow{\mathbf{GB}} = \vec{0}$ ou $\overrightarrow{\mathbf{AG}} = \frac{\beta}{\alpha+\beta}\overrightarrow{\mathbf{AB}}$. Donc A, G, B sont alignés.

Le barycentre G de (A, α), (B, β) et (C, γ) est caractérisé par $\alpha\overrightarrow{\mathbf{GA}} + \beta\overrightarrow{\mathbf{GB}} + \gamma\overrightarrow{\mathbf{GC}} = \vec{0}$.

■ L'isobarycentre de A et B $(A \neq B)$ est le **milieu** de [AB]. L'isobarycentre de trois points A, B, C non alignés est le **centre de gravité** du triangle ABC.

■ Le barycentre permet de réduire à un seul vecteur une somme de vecteurs de même origine.

• Si G est le barycentre de (A, α), (B, β), alors :

$$\alpha\overrightarrow{MA} + \beta\overrightarrow{MB} = (\alpha+\beta)\overrightarrow{MG}.$$

• Si G est le barycentre de (A, α), (B, β), (C, γ), alors :

$$\alpha\overrightarrow{MA} + \beta\overrightarrow{MB} + \gamma\overrightarrow{MC} = (\alpha+\beta+\gamma)\overrightarrow{MG}.$$

• Lorsque M = O (origine d'un repère), elle conduit à :

$$(\alpha+\beta+\gamma)\overrightarrow{OG} = \alpha\overrightarrow{OA} + \beta\overrightarrow{OB} + \gamma\overrightarrow{OC},$$

ce qui permet de calculer les coordonnées de G à partir de celles de A, B et C (▶ ***théorème* 6**).

■ La droite (AB) est l'ensemble de **tous** les points M barycentres de $(A, 1-k)$ et (B, k) pour k décrivant $\mathbb{R}$.

■ On ne change pas le barycentre de n points en multipliant tous les coefficients par un même nombre **non nul**.

■ Pour trouver le barycentre G de n points, on peut en remplacer plusieurs par leur barycentre affecté de la somme de leurs coefficients.
En particulier, le théorème d'associativité permet de ramener la construction du barycentre de plusieurs points à celui de deux points (▶ **exercice résolu 6, page 245**).

Des réflexes à avoir

■ **Pour démontrer que G est barycentre de (A, α), (B, β)**, pensez à prouver que :

$$\alpha\overrightarrow{GA} + \beta\overrightarrow{GB} = \vec{0}.$$

■ Inversement, pensez à interpréter une égalité vectorielle en termes de barycentre.
Ainsi, de l'égalité $3\overrightarrow{DA} - 2\overrightarrow{DB} + \overrightarrow{DC} = \vec{0}$ $(3-2+1 \neq 0)$, on peut déduire que D est le barycentre de $(A, 3)$, $(B, -2)$, $(C, 1)$.

■ Toute relation de colinéarité du type $\overrightarrow{AM} = k\overrightarrow{AB}$ permet de dire que M est le barycentre de $(A, 1-k)$, (B, k).

Exemple : Si $\overrightarrow{AM} = \frac{2}{5}\overrightarrow{AB}$, on écrit $5\overrightarrow{AM} = 2\overrightarrow{AB}$ d'où $5\overrightarrow{AM} = 2\overrightarrow{AM} + 2\overrightarrow{MB}$, $3\overrightarrow{MA} + 2\overrightarrow{MB} = \vec{0}$.
Donc M est le barycentre de $(A, 3)$, $(B, 2)$.
On peut dire aussi : $k = \frac{2}{5}$ donc M est le barycentre de $\left(A, \frac{3}{5}\right)$, $\left(B, \frac{2}{5}\right)$ donc de $(A, 3)$, $(B, 2)$.

■ **Pour calculer la norme d'une somme de vecteurs de même origine**, pensez à utiliser le barycentre.

Exemple : Si $\vec{u} = 3\overrightarrow{MA} - 2\overrightarrow{MB} - 4\overrightarrow{MC}$, alors $\|\vec{u}\| = \|-3\overrightarrow{MG}\| = 3MG$, avec G barycentre de $(A, 3)$, $(B, -2)$, $(C, -4)$.
En effet, $3\overrightarrow{MA} - 2\overrightarrow{MB} - 4\overrightarrow{MC} = -3\overrightarrow{MG}$.

■ **Pour démontrer que trois points A, B, C sont alignés,** pensez à prouver que $\overrightarrow{AC}$ est colinéaire à $\overrightarrow{AB}$ ou bien qu'un des points est barycentre des deux autres.

■ Démontrer que trois droites sont concourantes peut être fait en construisant de trois façons différentes le barycentre de trois points (▶ **exemple § 3.2, page 242**).

Des erreurs à éviter

■ Lorsque la somme des coefficients est nulle, le barycentre n'existe pas.

TD 1 Démontrer avec les vecteurs. Droite d'Euler

ABC est un triangle, O est le centre de son cercle circonscrit Γ et G son centre de gravité. A′, B′, C′ désignent les milieux respectifs de [BC], [CA] et [AB].
Ce TD comporte quatre parties.

1 Caractérisation vectorielle de l'orthocentre

On note H le point défini par $\overrightarrow{OH} = \overrightarrow{OA} + \overrightarrow{OB} + \overrightarrow{OC}$ [1].
Le but de cette partie est de démontrer que H est l'orthocentre du triangle ABC.

1. a) Prouvez à partir de [1] que $\overrightarrow{AH} = 2\overrightarrow{OA'}$.

b) Démontrez que (AH) est perpendiculaire à (BC).

2. Démontrez que (BH) est perpendiculaire à (AC). Concluez.

2 Droite d'Euler

NOTE
Lorsque ABC n'est pas un triangle équilatéral, la droite qui passe par O, G et H est appelée **droite d'Euler** du triangle ABC.

1. Prouvez que $\overrightarrow{OH} = 3\overrightarrow{OG}$ [2].

2. a) Examinons la question de savoir si O, G, H peuvent être confondus.
En utilisant [2], prouvez que si deux d'entre ces points le sont, alors le troisième est confondu avec eux. Déduisez-en que ABC est équilatéral.

b) Réciproquement, si ABC est équilatéral, vérifiez que O, G et H sont confondus.

c) Que dire des points distincts O, G et H lorsque ABC est non équilatéral ?

3 Symétriques par rapport aux milieux des côtés

Le but de cette partie est de démontrer que les symétriques de H par rapport aux milieux des côtés de ABC sont sur le cercle circonscrit Γ.

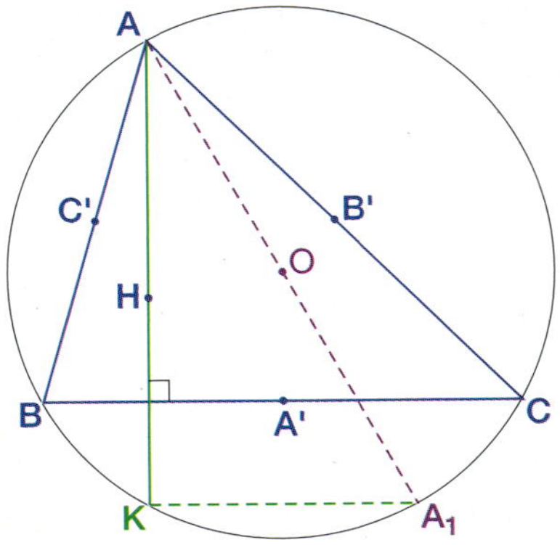

1. Pour cela, notons A_1 le point diamétralement opposé à A sur Γ et I le milieu de $[HA_1]$.

a) Justifiez les égalités $2\overrightarrow{OI} = \overrightarrow{AH} = 2\overrightarrow{OA'}$.

b) Déduisez-en que $I = A'$ et que A_1 est le symétrique de H par rapport à A′.

2. Indiquez, en les justifiant, les symétriques de H par rapport à B′ et C′. Concluez.

4 Symétriques par rapport aux côtés

Le but de cette partie est de démontrer que les symétriques de H par rapport aux côtés de ABC sont sur le cercle circonscrit Γ.

1. Pour cela, notons K l'autre point d'intersection de (AH) avec Γ.
Démontrez que K est le symétrique de H par rapport à (BC).
2. Indiquez la démarche à suivre pour les symétriques de H par rapport aux deux autres côtés. Concluez.

Commentaire : En utilisant le logiciel Cabri-Géomètre, vous pouvez visualiser la droite d'Euler et en animant l'un des sommets du triangle ABC, constater les positions des symétriques de l'orthocentre sur le cercle circonscrit Γ.

TD2 Construire le barycentre de quatre points

Le but de ce TD est de construire, par plusieurs méthodes, le barycentre de quatre points pondérés. Nous le ferons sur un exemple. ABCD est un quadrilatère quelconque. On veut construire le barycentre G des points pondérés (A, 2), (B, 1), (C, – 3), (D, 1) défini par $2\overrightarrow{GA} + \overrightarrow{GB} - 3\overrightarrow{GC} + \overrightarrow{GD} = \vec{0}$.

1 Méthode 1 : utilisation de la formule de réduction

1. Pour tout point M du plan, réduisez l'écriture de la somme $2\overrightarrow{MA} + \overrightarrow{MB} - 3\overrightarrow{MC} + \overrightarrow{MD}$.
2. Déduisez-en une expression de $\overrightarrow{AG}$ en fonction de $\overrightarrow{AB}$, $\overrightarrow{AC}$ et $\overrightarrow{AD}$.
3. Construisez alors le barycentre G.

2 Méthode 2 : utilisation du barycentre de deux points

On note I le barycentre de (A, 2), (B, 1) et J celui de (C, – 3), (D, 1).

- Placez I et J. Déduisez-en que $3\overrightarrow{GI} - 2\overrightarrow{GJ} = \vec{0}$ et construisez G.

3 Méthode 3 : utilisation du barycentre de trois points

On désigne par K le barycentre de (A, 2), (B, 1), (D, 1) et L celui de (B, 1), (D, 1).
1. Justifiez que K est le barycentre de (A, 2), (L, 2).
2. Justifiez que G est le barycentre de (K, 4), (C, – 3) et construisez alors G.

Commentaire : Remarquez l'importance du théorème d'associativité : pour construire le barycentre de n points ($n \geqslant 3$), il suffit de savoir construire le barycentre de deux points. La méthode 1 est celle qui, en pratique, demande le plus de constructions intermédiaires et donc donne le moins de précision.

TD 3 Configuration du trapèze complet

NOTE
La figure obtenue est appelée trapèze complet.

L'objectif de ce TD est de démontrer le résultat suivant :
ABC est un triangle, I le milieu de [BC]. H est un point de (AI) distinct de A, de I et du symétrique de A par rapport à I. (BH) coupe (AC) en Q, (CH) coupe (AB) en P. Alors (BC) et (PQ) sont parallèles et (AH) passe par le milieu J de [PQ].

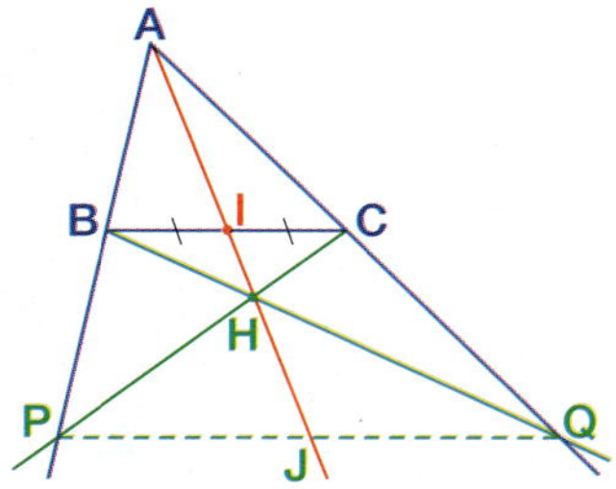

1. A, I et H sont distincts et alignés, donc il existe un réel k non nul tel que $\overrightarrow{HI} = k\overrightarrow{HA}$. Prouvez que $k \neq 1$ et que H est le barycentre de $(A, -2k)$, $(B, 1)$, $(C, 1)$.

2. Déduisez-en que P est le barycentre de $(A, -2k)$, $(B, 1)$ et Q est celui de $(A, -2k)$, $(C, 1)$.

3. a) Exprimez le vecteur $\overrightarrow{AP}$ en fonction de $\overrightarrow{AB}$ et le vecteur $\overrightarrow{AQ}$ en fonction de $\overrightarrow{AC}$.

b) Déduisez-en que $\overrightarrow{PQ}$ est colinéaire à $\overrightarrow{BC}$. Concluez.

4. a) P, situé sur la droite (AB), est un barycentre de A et B.
Prouvez que B est le barycentre de $(P, -2k+1)$, $(A, 2k)$.

b) Justifiez que H est le barycentre de $(Q, -2k+1)$, $(B, 1)$.
Prouvez alors que H est le barycentre de $(P, -2k+1)$, $(Q, -2k+1)$, $(A, 2k)$.

c) Déduisez-en que (AH) passe par le milieu J de [PQ].

Commentaire : L'alignement de A, I, H et J dans une configuration de trapèze complet est aussi étudié au chapitre 14 à l'aide d'homothéties (*voir le* TD 1, *page* 395).

TD 4 Lieu géométrique

ABC est un triangle et m un réel. À chaque réel m, on associe le point G_m barycentre de $(A, 1)$, (B, m), $(C, 1-m)$.
On va s'intéresser à l'ensemble des points G_m lorsque m décrit $\mathbb{R}$.

1 Construire la figure avec GéoplanW

Avec GéoplanW, on peut avoir une idée du « déplacement » de G_m.
On construit les différents barycentres G_m en pilotant au clavier le paramètre m de la manière suivante.

1. Créez un paramètre m (choisissez les bornes -5 et 5) :
Créer | Numérique ▶ | Variable réelle libre dans un intervalle

2. Pour le piloter au clavier à l'aide des touches ↑ et ↓, sélectionnez m dans le menu :
Piloter | Piloter au clavier

3. Créez les points A, B, C avec :
Créer | Point ▶ | Point libre ▶ | dans le plan

4. Enfin, créez le point G_m avec la commande :
Créer | Point ▶ | Barycentre

2 Conjecturer puis démontrer

1. a) Lorsque $m = 0$, G_0 semble être le milieu de [AC]. Justifiez-le.

b) Lorsque $m = -1$, $(G_{-1}C)$ et (AB) semblent parallèles. Justifiez-le.

c) Lorsque m appartient à l'intervalle [0 ; 1], G_m semble être « intérieur au triangle ABC ». Justifiez-le.

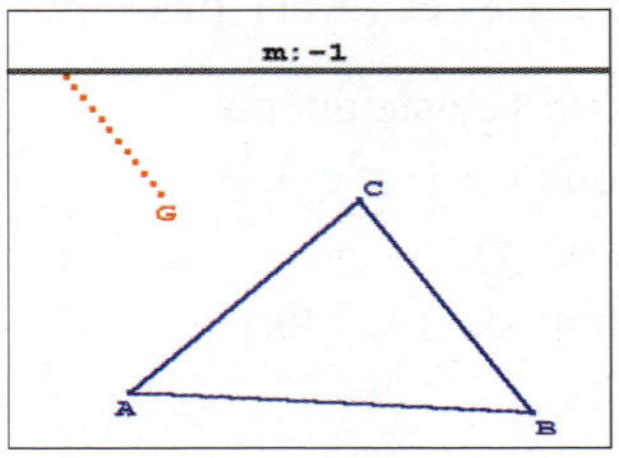

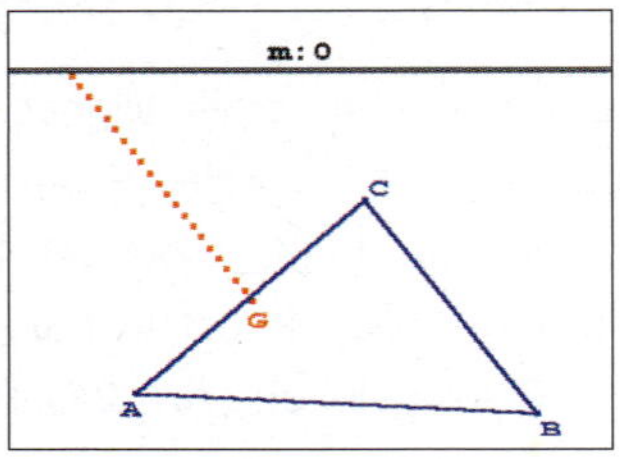

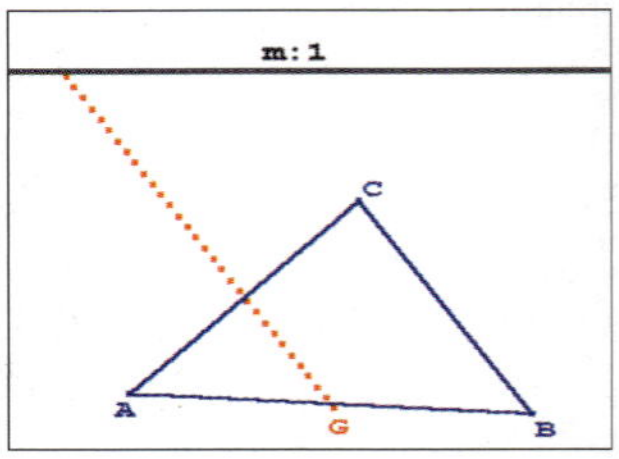

2. G_m semble se déplacer sur une droite fixe d. Pour le prouver, on va calculer les coordonnées de G_m dans le repère $(A\ ;\ \overrightarrow{AB}, \overrightarrow{AC})$.

a) Quelles sont les coordonnées de B et C ?

b) Démontrez que G_m a pour coordonnées $x = \dfrac{m}{2}$ et $y = \dfrac{1}{2} - \dfrac{m}{2}$.

c) Déduisez-en que l'ensemble d des points G_m est la droite d'équation $2x + 2y - 1 = 0$.

Aide : Voir la partie *Types de problèmes et raisonnements*, § 5, p. 420.

TD 5 Centres d'inertie

L'objectif de ce TD est la détermination du centre d'inertie de plaques que nous supposerons homogènes.

1 Principes utilisés par les physiciens

On admettra que le centre d'inertie vérifie les propriétés suivantes.

1. Exemples de base

Le centre d'inertie de n masses ponctuelles est le barycentre des n points affectés de leur masse. Le centre d'inertie d'une tige est le milieu de cette tige.
Le centre d'inertie d'une plaque triangulaire est le centre de gravité du triangle.

2. Éléments de symétrie

Si la plaque admet un centre de symétrie I, alors le centre d'inertie est en I.
Si la plaque admet un axe de symétrie Δ, alors son centre d'inertie est sur Δ.

3. Juxtaposition

Le centre d'inertie I de la plaque réunion des plaques P_1 et P_2, d'aires respectives a_1 et a_2, est le barycentre de (I_1, a_1) et (I_2, a_2) où I_1 est le centre d'inertie de P_1, I_2 celui de P_2.

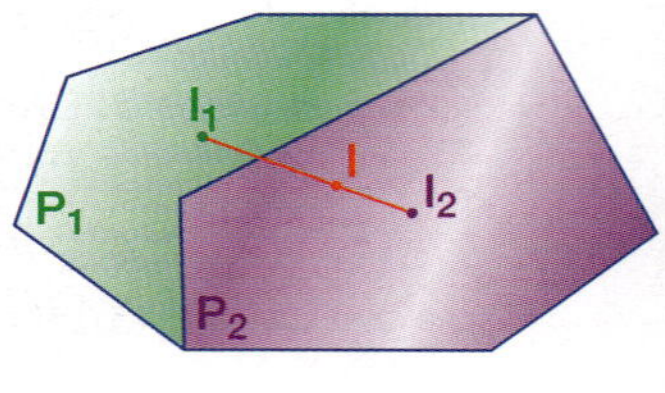

Les aires a_1 et a_2 peuvent être prises comme coefficients puisque, pour des plaques homogènes, les masses sont proportionnelles aux aires.

2 Étude d'exemples

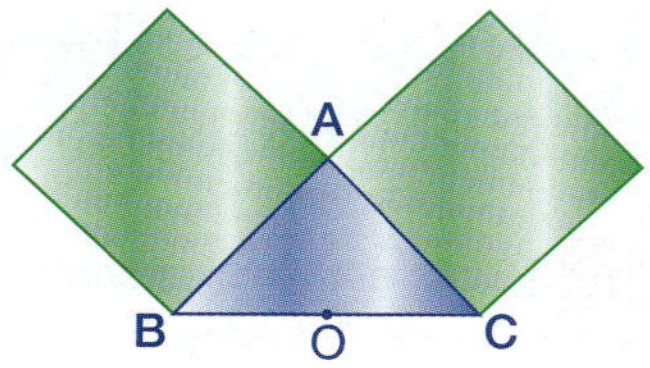

1. La plaque P est constituée par la réunion d'un triangle ABC rectangle isocèle et de deux carrés de côté 6 cm suivant le schéma ci-contre. O est le milieu de [BC].
G_1 et G_2 désignent les centres d'inertie des deux carrés, G_3 celui du triangle et I celui de la plaque P.

a) À l'aide des principes énoncés § 1, construisez G_1, G_2, G_3.

b) Pourquoi I est-il sur (OA) ?

c) Démontrez que I est le barycentre de $(G_1, 2)$, $(G_2, 2)$, $(G_3, 1)$. Construisez I.

d) Calculez la distance OI.

2. La plaque P est constituée par un triangle équilatéral ABC de côté a, de centre O privé du triangle isocèle BOC. Ω désigne le centre de gravité de OBC et I le centre d'inertie de la plaque P.

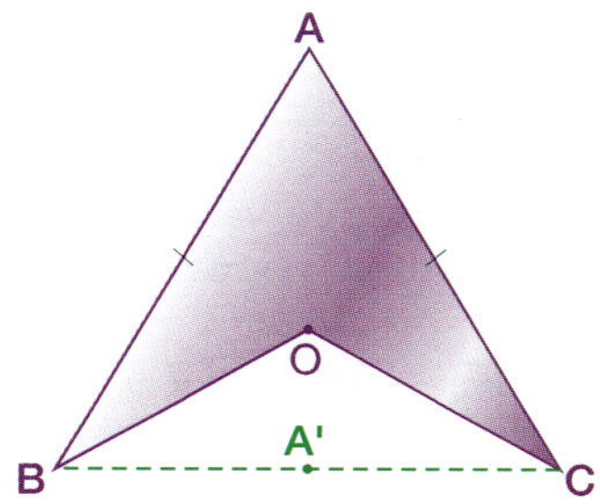

Méthode 1 : En considérant la plaque comme la juxtaposition des triangles isométriques AOB et AOC, construisez géométriquement I.

Méthode 2 : La plaque peut aussi être considérée comme la « soustraction » de la surface BOC à la surface ABC.
Une telle situation peut se ramener au principe de juxtaposition en considérant que ABC est la réunion de la plaque P et de OBC.

a) Justifiez que les aires de ABC, P et BOC sont proportionnelles à 3, 2 et 1.

b) Écrivez la relation vectorielle qui relie les vecteurs $\overrightarrow{OI}$ et $\overrightarrow{O\Omega}$.
Vérifiez alors que I est le barycentre de $(O, 3)$, $(\Omega, -1)$.

c) Calculez la distance OI en fonction de a.

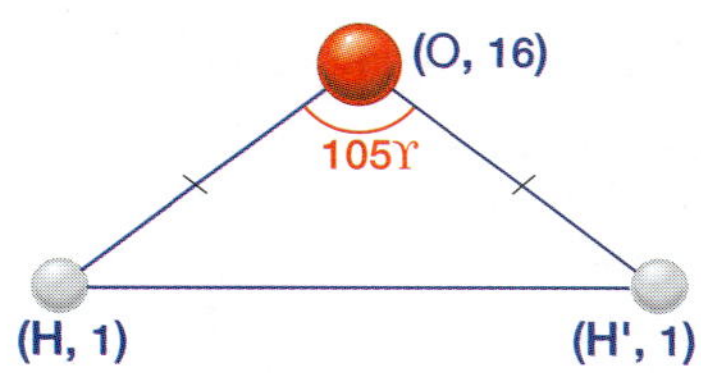

3. Une molécule d'eau (H_2O) est constituée d'un atome d'oxygène et de deux atomes d'hydrogène.
On assimile les noyaux de ces atomes à des points notés O, H, H′. Le triangle OHH′ est isocèle, la distance OH est $0{,}96 \times 10^{-10}$ m et l'angle $\widehat{HOH'}$ a une mesure proche de 105°. Les masses atomiques sont 16 pour l'oxygène et 1 pour l'hydrogène.

• Placez le centre d'inertie de la molécule d'eau. Calculez sa distance à O.

maîtriser le cours

Pour résoudre les exercices de cette partie, il suffit d'appliquer directement un résultat du cours. L'objectif est double : mieux comprendre le cours et reconnaître dans des situations simples les conditions d'application d'un théorème.

1. Vecteurs : Rappels et compléments

1 ABCD est un rectangle tel que AB = 4 cm et AD = 3 cm. On pose $\vec{u} = \overrightarrow{AB}$ et $\vec{v} = \overrightarrow{AD}$.

1. Représentez les vecteurs $\vec{u}+\vec{v}$ et $\vec{u}-\vec{v}$.

2. Calculez $\|\vec{u}+\vec{v}\|$ et $\|\vec{u}-\vec{v}\|$.

2 ABC est un triangle équilatéral de côté 4 cm. On note $\vec{u} = \overrightarrow{AB}$ et $\vec{v} = \overrightarrow{AC}$.

1. Prouvez que $\overrightarrow{CB} = \vec{u}-\vec{v}$. Déduisez-en $\|\vec{u}-\vec{v}\|$.

2. a) Placez le point D tel que $\overrightarrow{AD} = \vec{u}+\vec{v}$.

b) Quelle est la nature du quadrilatère ABDC ?

c) Déduisez-en $\|\vec{u}+\vec{v}\|$.

3 $\vec{u}$ et $\vec{v}$ sont deux vecteurs tels que $\vec{v} = -\frac{2}{5}\vec{u}$. On pose $\|\vec{u}\| = a$.
Dans chacun des cas suivants, exprimez le vecteur indiqué en fonction de $\vec{u}$, puis calculez sa norme en fonction de a.

1. $\vec{u}+\vec{v}$. **2.** $\vec{u}-\vec{v}$. **3.** $2\vec{u}-10\vec{v}$. **4.** $\frac{1}{2}\vec{u}+\frac{1}{4}\vec{v}$.

4 **1.** $\vec{u}$ et $\vec{v}$ sont deux vecteurs non nuls colinéaires de même sens.

a) Représentez le vecteur $\vec{u}+\vec{v}$.

b) Comparez $\|\vec{u}+\vec{v}\|$ avec $\|\vec{u}\|+\|\vec{v}\|$.

2. Reprenez les questions **a)** et **b)** avec $\vec{u}$ et $\vec{v}$ colinéaires de sens contraires.

Pour les exercices 5 à 7, le plan est muni d'un repère orthonormal $(O ; \vec{i}, \vec{j})$.

5 Les vecteurs $\vec{u}$ et $\vec{v}$ sont tels que :

$$\vec{u} = 3\vec{i}-2\vec{j} \text{ et } \vec{v} = 4\vec{i}+6\vec{j}.$$

1. Prouvez que $\|\vec{u}+\vec{v}\|^2 = \|\vec{u}\|^2+\|\vec{v}\|^2$.

2. Les points A et B sont tels que $\vec{u} = \overrightarrow{OA}$ et $\vec{v} = \overrightarrow{OB}$.
Quel est la nature du triangle OAB ?

Commentaire : L'égalité $\|\vec{u}+\vec{v}\|^2 = \|\vec{u}\|^2+\|\vec{v}\|^2$ n'est pas toujours vraie. Ici nous examinons une situation où l'égalité est réalisée.

6 Les points A, B et C sont tels que :

$$\overrightarrow{OA} = 4\vec{i}+2\vec{j},\ \overrightarrow{OB} = (-2-\sqrt{3})\vec{i}+(2\sqrt{3}-1)\vec{j},$$
$$\overrightarrow{OC} = (-2+\sqrt{3})\vec{i}+(-1-2\sqrt{3})\vec{j}.$$

1. Calculez la norme des vecteurs $\overrightarrow{AB}$, $\overrightarrow{AC}$ et $\overrightarrow{BC}$.

2. Déduisez-en la nature du triangle ABC.

7 On considère les deux vecteurs $\vec{u}(6 ; -2)$ et $\vec{v}\left(2 ; -\frac{2}{3}\right)$.

1. Prouvez que $\|\vec{u}+\vec{v}\| = \|\vec{u}\|+\|\vec{v}\|$.

2. Les points A et B sont tels que $\vec{u} = \overrightarrow{OA}$ et $\vec{v} = \overrightarrow{AB}$.
Justifiez que OB = OA + AB.
Qu'en déduisez-vous quant à la position de A ?

Commentaire : En général $\|\vec{u}+\vec{v}\| \leqslant \|\vec{u}\|+\|\vec{v}\|$; ici nous examinons une situation où l'égalité est réalisée.

8 A, B, C, D sont quatre points, I est le milieu de [AD], J celui de [BC].

1. Justifiez que $\overrightarrow{IJ} = \overrightarrow{IA}+\overrightarrow{AB}+\overrightarrow{BJ}$.

2. Écrivez $\overrightarrow{IJ}$ d'une autre manière et déduisez-en que $2\overrightarrow{IJ} = \overrightarrow{AB}+\overrightarrow{DC}$.

9 ABCD est un parallélogramme de centre O. I est le milieu de [AB] et J le point tel que $\overrightarrow{DJ} = \frac{1}{2}\overrightarrow{AC}$.

1. Justifiez que $\overrightarrow{OI} = -\frac{1}{2}\overrightarrow{BC}$.

2. Justifiez que $\overrightarrow{OJ} = \overrightarrow{OC}+\overrightarrow{OD} = \overrightarrow{OC}+\overrightarrow{BO} = \overrightarrow{BC}$.

3. Quel théorème vous permet de conclure que O, I et J sont alignés ? Rédigez une solution.

10 ABC est un triangle. A′, B′, C′ sont les milieux respectifs de [BC], [CA] et [AB]. M est un point quelconque. I, J et K sont les symétriques de M respectivement par rapport à A′, B′ et C′.

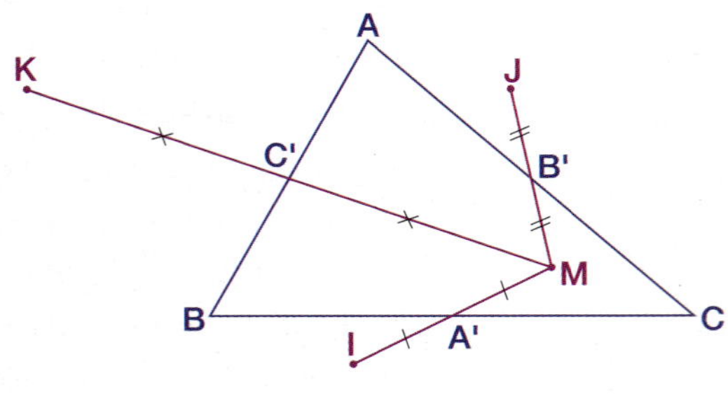

1. Démontrez que $\overrightarrow{BI} = \overrightarrow{AJ}$ et que $\overrightarrow{AK} = \overrightarrow{CI}$.

2. Prouvez que (AI), (BJ) et (CK) sont concourantes et précisez la position du point de concours.

11 ABCD est un quadrilatère quelconque. I et L sont les points tels que $\overrightarrow{AI} = x\overrightarrow{AB}$ et $\overrightarrow{AL} = x\overrightarrow{AD}$, où x est un réel de l'intervalle]0 ; 1[.
J et K sont les milieux respectifs de [BC] et [CD].

1. Justifiez que $\overrightarrow{JK} = \frac{1}{2}\overrightarrow{BD}$.

2. Utilisez la relation de Chasles $\overrightarrow{IL} = \overrightarrow{IA} + \overrightarrow{AL}$ pour prouver que $\overrightarrow{IL} = x\overrightarrow{BD}$.

3. Quel théorème vous permet de montrer le parallélisme de (IL) et de (JK) ? Rédigez une solution.

12 ABC est un triangle, E est tel que $\overrightarrow{AE} = \frac{1}{3}\overrightarrow{BC}$,

I est tel que $\overrightarrow{CI} = \frac{2}{3}\overrightarrow{CB}$ et F est tel que $\overrightarrow{AF} = \frac{1}{3}\overrightarrow{AC}$.

Démontrez que I, E et F sont alignés.

Aide : Voir l'exercice résolu 1, page 239.

13 ABCD est un parallélogramme. MNPQ est le trapèze de bases [MQ] et [NP] inscrit dans ABCD tel que $\overrightarrow{DM} = \frac{4}{5}\overrightarrow{DA}$, $\overrightarrow{AN} = \frac{3}{4}\overrightarrow{AB}$, $\overrightarrow{CQ} = \frac{2}{3}\overrightarrow{CD}$.

Il s'agit dans cet exercice de trouver le coefficient k de colinéarité tel que $\overrightarrow{BP} = k\overrightarrow{AD}$.
On considère le repère $(A ; \overrightarrow{AB}, \overrightarrow{AD})$.

1. Calculez les coordonnées des points M, N et Q dans ce repère.

2. Justifiez que P a pour coordonnées (1 ; k).

3. Déduisez-en que les vecteurs $\overrightarrow{MQ}$ et $\overrightarrow{NP}$ sont colinéaires et calculez k.

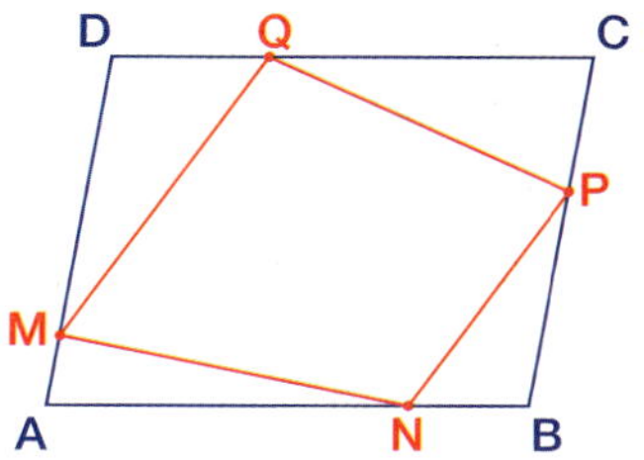

14 ABC est un triangle, I est le milieu de [AB]. J et L sont les points tels que $\overrightarrow{AJ} = \frac{2}{5}\overrightarrow{AB}$ et $\overrightarrow{AL} = 3\overrightarrow{AC}$.

La parallèle à (AC) menée par J coupe (BC) en K.
On considère le repère $(A ; \overrightarrow{AB}, \overrightarrow{AC})$.

1. Calculez les coordonnées de I, K et L.

2. Prouvez que I, K et L sont alignés.

Aide : Voir l'exercice résolu 2, p. 239.

Commentaire : Ce problème d'alignement peut être traité à l'aide du calcul barycentrique (*voir l'exercice* 94).

2. Barycentre de deux points

15 A et B sont deux points tels que AB = 6 cm.
Construisez (s'il existe) le barycentre de (A, α) et (B, β) dans chacun des cas suivants.

1. $\alpha = 4$, $\beta = 2$. **2.** $\alpha = 2$, $\beta = 1$.

3. $\alpha = 2$, $\beta = -2$. **4.** $\alpha = \frac{1}{10}$, $\beta = \frac{1}{5}$.

16 A et B sont deux points tels que AB = 9 cm.
Construisez (s'il existe) le barycentre de (A, α) et (B, β) dans chacun des cas suivants.

1. $\alpha = 4$, $\beta = 5$. **2.** $\alpha = 8$, $\beta = -5$.

3. $\alpha = -11$, $\beta = 2$. **4.** $\alpha = \frac{1}{2}$, $\beta = -\frac{1}{2}$.

5. $\alpha = -1$, $\beta = -5$. **6.** $\alpha = 0$, $\beta = 2\,001$.

17 A et B sont deux points distincts. Dans le repère $(A ; \overrightarrow{AB})$, le point G est défini par son abscisse. Dans chacun des cas suivants, trouvez deux réels α et β tels que G soit le barycentre de (A, α), (B, β).

1. $x_G = \frac{2}{5}$. **2.** $x_G = -\frac{4}{5}$. **3.** $x_G = -\frac{\sqrt{3}}{1+\sqrt{3}}$.

4. $x_G = -\frac{3}{4}$. **5.** $x_G = \sqrt{2}$. **6.** $x_G = 1$.

18 Lors d'un devoir en classe (coefficient 2), Pierre obtient 9.
À l'interrogation suivante (coefficient 1), il a 15.

1. Calculez la moyenne pondérée de Pierre.

2. Placez sur un axe les points D, I et M associés respectivement à la note du devoir, de l'interrogation et de la moyenne.

3. Trouvez une relation telle que $\alpha\overrightarrow{MD} + \beta\overrightarrow{MI} = \vec{0}$.
Que signifie-t-elle ?

Pour les exercices 19 à 22, A et B sont deux points donnés. G est défini par la condition indiquée. Trouvez deux réels α et β tels que G soit le barycentre de (A, α) et (B, β).

19 $\overrightarrow{AB} = 2\overrightarrow{GB}$.

20 $2\overrightarrow{GB} - 3\overrightarrow{AB} = \vec{0}$.

21 $2\overrightarrow{AB} + \overrightarrow{GA} - 2\overrightarrow{GB} = \vec{0}$.

22 G est le symétrique de B par rapport à A.

Exercices

Pour les exercices 23 et 24, les points A, B et C sont indiqués sur la figure. Dans chacun des cas, trouvez deux réels α et β tels que :
1. A est le barycentre de (B, α) et (C, β) ,
2. B est le barycentre de (A, α) et (C, β) ,
3. C est le barycentre de (A, α) et (B, β) .

23

24

3. Barycentre de trois points

25 ABC est un triangle. I est le milieu de [BC].

1. Justifiez que :

$$\overrightarrow{AI} = \frac{1}{2}(\overrightarrow{AB} + \overrightarrow{AC}).$$

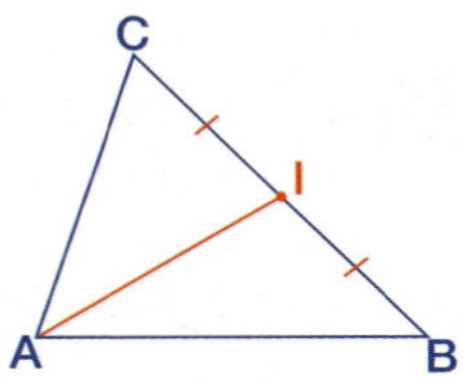

2. A est-il le barycentre de (C, 1) , (B, 1) et (I, – 2) ?

26 ABC est un triangle.

1. Construisez les points I et J tels que :

$$\overrightarrow{AI} = \overrightarrow{AB} + \frac{1}{2}\overrightarrow{AC} \quad \text{et} \quad \overrightarrow{AJ} = \frac{1}{2}\overrightarrow{AB} + \overrightarrow{AC}.$$

2. Exprimez I, puis J, comme barycentre de A, B et C munis de coefficients que vous préciserez.

27 ABC est un triangle de centre de gravité G. G′ est le symétrique de G par rapport au milieu I de [BC] .

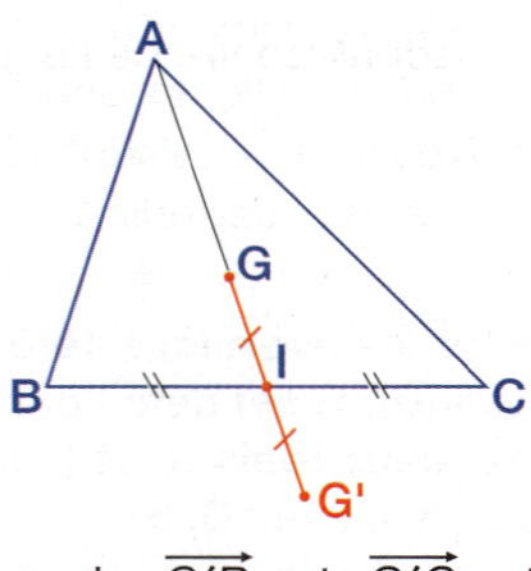

1. Prouvez que G est le milieu de [G′A] .

2. Justifiez que :
$\overrightarrow{G'G} = \overrightarrow{G'B} + \overrightarrow{G'C}$.

3. Exprimez $\overrightarrow{G'A}$ en fonction de $\overrightarrow{G'B}$ et $\overrightarrow{G'C}$ et déduisez-en que G′ est le barycentre de A, B et C affectés de coefficients que vous préciserez.

28 ABCD est un parallélogramme.

1. a) Justifiez que $\overrightarrow{DA} + \overrightarrow{DC} = \overrightarrow{DB}$.

b) Déduisez-en que D est le barycentre de A, B et C affectés de coefficients que vous préciserez.

2. De même, exprimez B comme un barycentre de A, C et D, puis C comme barycentre de A, B et D.

Pour les exercices 29 à 31, A, B, C sont trois points donnés non alignés, G est défini par la condition indiquée. Trouvez trois réels α , β , γ tels que G soit le barycentre de (A, α) , (B, β) et (C, γ) .

29 $\overrightarrow{BG} = 2\overrightarrow{BA} + \overrightarrow{GC}$.

30 $\overrightarrow{AB} + 2\overrightarrow{BG} - 3\overrightarrow{GC} = \vec{0}$.

31 $\overrightarrow{AG} = 3\overrightarrow{BA} - \overrightarrow{AC}$.

32 ABC est un triangle et G est le barycentre de (A, 1), (B, 4), (C, – 3).

1. Construisez H barycentre de (B, 4) , (C, – 3) .

2. a) Déduisez-en que G est le barycentre des points pondérés (H, 1), (A, 1) .

b) Construisez G.

33 ABC est un triangle de centre de gravité G. A′ est le milieu de [BC] et I est le barycentre de (A, – 1) , (B, 2) , (C, 2) .

1. Justifiez que I est le barycentre de (A, – 1) , (A′, 4) .

2. a) Exprimez $\overrightarrow{A'I}$ en fonction de $\overrightarrow{A'A}$.

b) Construisez I.

3. Prouvez que I est le symétrique du point G par rapport à A′ .

Dans les exercices 34 à 40, ABC est un triangle. Construisez (s'il existe) le barycentre G de (A, α) , (B, β) et (C, γ) . Pour cela, construisez d'abord un barycentre de deux points, puis utilisez la règle d'associativité.

Aide : Voir l'exercice résolu 6, page 245. Réfléchissez au regroupement le plus judicieux.

34 $\alpha = 0 , \beta = 2 , \quad \gamma = -4 .$

35 $\alpha = 1 , \beta = 0 , \quad \gamma = 2 .$

36 $\alpha = 1 , \beta = -1 , \gamma = -3 .$

37 $\alpha = 1 , \beta = 2 , \quad \gamma = 4 .$

38 $\alpha = \frac{1}{2} , \beta = -\frac{1}{3} , \gamma = -\frac{1}{6} .$

39 ABC est un triangle et G est le barycentre (A, 2), (B, 1) , (C, 2).

40 ABC est un triangle et G est le barycentre (A, 3), (B, 2) , (C, 1).

41 ABC est un triangle, I est le barycentre de (A, 2) et (B, 1), J celui de (B, 1) et (C, – 2) et G le barycentre de (A, 2), (B, 1) et (C, – 2).
Le but de l'exercice est de localiser G à l'intersection de deux droites.
1. Quel théorème permet de justifier l'alignement de A, J et G, puis celui de C, I et G ?
2. Déduisez-en que G est à l'intersection de (AJ) et de (CI). Placez G.
3. Démontrez que (BG) et (AC) sont parallèles.

42 ABC est un triangle. Les points I et J sont repérés sur la figure, dont les graduations sont régulières. G est le milieu de [CI]. Le but de l'exercice est de prouver que A, G et J sont alignés.

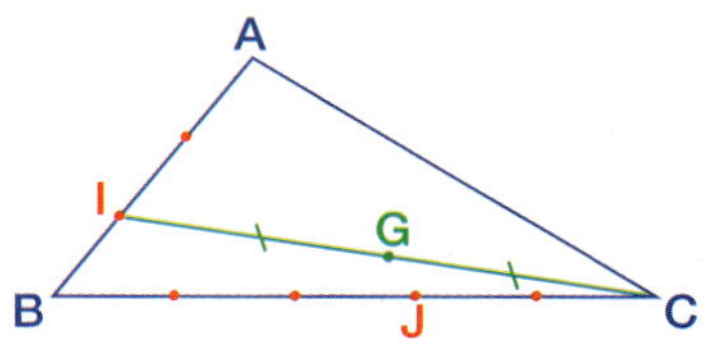

1. Exprimez I comme un barycentre de A et B, puis J comme un barycentre de B et C.
2. On note G′ le barycentre de (A, 1), (B, 2), (C, 3). Quel théorème permet de justifier que G′ est milieu de [IC] ? Déduisez-en que G = G′.
3. Démontrez que A, G, J sont alignés.

Aide : Voir l'exercice résolu 5, page 243.

43 A, B et C sont trois points donnés, M est un point quelconque du plan. On note $\vec{V}_M$ le vecteur tel que $\vec{V}_M = -\overrightarrow{MA} + \overrightarrow{MB} + 2\overrightarrow{MC}$.
1. Construisez le point G barycentre de (A, – 1), (B, 1) et (C, 2).
2. a) Quel théorème permet d'écrire $\vec{V}_M = 2\overrightarrow{MG}$?
b) Représentez alors les vecteurs $\vec{V}_A$, $\vec{V}_B$ et $\vec{V}_C$ en prenant respectivement pour origine A, B et C.

44 ABC est un triangle de centre de gravité G.
Le but de l'exercice est de déterminer l'ensemble Δ des points M du plan tels que le vecteur $\overrightarrow{MA} + \overrightarrow{MB} + \overrightarrow{MC}$ est colinéaire à $\overrightarrow{AB}$.
1. Prouvez que $\overrightarrow{MA} + \overrightarrow{MB} + \overrightarrow{MC} = 3\overrightarrow{MG}$.
2. Justifiez l'affirmation :
« Dire que M appartient à Δ équivaut à dire que $\overrightarrow{MG}$ est colinéaire à $\overrightarrow{AB}$ ».
3. Déduisez-en Δ et construisez-le.

Aide : Voir la partie *Types de problèmes et raisonnements*, § 4, p. 418.

45 ABC est un triangle. Les points I et G sont tels que $\overrightarrow{AI} = \frac{1}{3}\overrightarrow{AC}$ et $\overrightarrow{BG} = \frac{1}{3}\overrightarrow{BI}$.

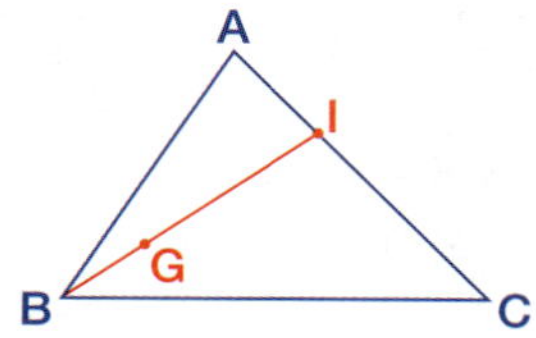

Le but de l'exercice est de prouver que G est le barycentre de (A, 2), (B, 6), (C, 1).
1. Justifiez que I est le barycentre de (A, 2), (C, 1) et réduisez la somme $2\overrightarrow{GA} + \overrightarrow{GC}$.
2. Justifiez que G est le barycentre (B, 2), (I, 1), puis que $2\overrightarrow{GB} + \overrightarrow{GI} = \vec{0}$.
3. a) Prouvez que $2\overrightarrow{GA} + 6\overrightarrow{GB} + \overrightarrow{GC} = 3\overrightarrow{GI} + 6\overrightarrow{GB}$.
b) Déduisez-en que $2\overrightarrow{GA} + 6\overrightarrow{GB} + \overrightarrow{GC} = \vec{0}$.
Concluez.

4. Barycentre de *n* points

46 ABCD est un parallélogramme de centre I.
1. Justifiez que $\overrightarrow{IA} + \overrightarrow{IB} + \overrightarrow{IC} + \overrightarrow{ID} = \vec{0}$.
2. Déduisez-en que I est l'isobarycentre de A, B, C, D.

Commentaire : Ce résultat peut être retenu. Il permet la localisation de l'isobarycentre des sommets d'un parallélogramme.

47 ABCD est un carré de côté 5 cm.
On se propose de placer le barycentre G de (A, 1), (B, 2), (C, 3) et (D, 4).
1. Construisez I barycentre de (A, 1) et (D, 4).
2. Construisez J barycentre de (B, 2) et (C, 3).
3. Quel théorème vous permet de conclure que G est l'isobarycentre de I et J ? Construisez G.

Aide : Voir l'exercice résolu 6, page 245.

Pour les exercices 48 à 50, justifiez l'existence du barycentre G, puis utilisez la règle d'associativité pour construire G.

Aide : Voir l'exercice résolu 6, page 245. Réfléchissez au regroupement le plus judicieux.

48 ABCD est un rectangle et G est le barycentre de (A, – 1), (B, 2), (C, – 1), (D, 2).

49 ABCD est un parallélogramme et G est le barycentre de (A, 2), (B, – 3), (C, 2), (D, 2).

50 ABCD est un quadrilatère et G est le barycentre de (A, – 1), (B, 3), (C, 2), (D, 2).

51 La figure suivante indique une construction du barycentre G de (A, 1), (B, 3), (C, 1) et (D, 1). Justifiez-la.

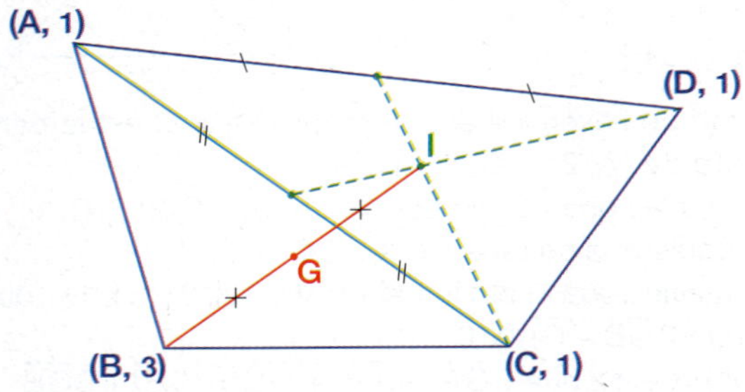

52 Reprenez l'exercice 47 avec la méthode suivante.

1. Pour tout point M du plan, réduisez la somme vectorielle $\overrightarrow{MA} + 2\overrightarrow{MB} + 3\overrightarrow{MC} + 4\overrightarrow{MD}$.

2. a) Lorsque M = A, quelle égalité obtient-on ?

b) Déduisez-en une expression de $\overrightarrow{AG}$ en fonction de $\overrightarrow{AB}$, $\overrightarrow{AC}$ et $\overrightarrow{AD}$.

3. Construisez alors le point G.

Commentaire : La comparaison des deux méthodes montre toute l'efficacité de la règle d'associativité.

5. Coordonnées du barycentre

Pour les exercices 53 à 55, A, B et C sont trois points donnés non alignés. G est défini par la condition indiquée. Exprimez G comme un barycentre de A, B et C, puis à l'aide de la formule de réduction, trouvez les coordonnées de G dans le repère indiqué.

53 $3\overrightarrow{GA} + 2\overrightarrow{GB} - 4\overrightarrow{GC} = \vec{0}$; repère $(A\ ;\ \overrightarrow{AB}, \overrightarrow{AC})$.

54 $4\overrightarrow{GA} - \overrightarrow{GB} + 3\overrightarrow{GC} = \vec{0}$; repère $(B\ ;\ \overrightarrow{BA}, \overrightarrow{BC})$.

55 $-\frac{1}{4}\overrightarrow{GA} - \frac{1}{2}\overrightarrow{GB} + \frac{7}{4}\overrightarrow{GC} = \vec{0}$; repère $(C\ ;\ \overrightarrow{CA}, \overrightarrow{CB})$.

Pour les exercices 56 à 59, le plan muni d'un repère orthonormal $(O\ ;\ \vec{\imath}, \vec{\jmath})$.

56 **1.** Placez les points A(4 ; 3) et B(– 1 ; – 2).

2. Calculez les coordonnées du point G barycentre de (A, 2) et (B, 3).

3. a) Placez C(5 ; 4).

b) Prouvez que $\overrightarrow{AC} = -\frac{1}{5}\overrightarrow{AB}$.

4. Déduisez-en deux réels α et β tels que C soit le barycentre de (A, α) et (B, β).

57 **1.** Placez les points A(1 ; 3) et B(2 ; 1).

2. Calculez les coordonnées des points M, barycentre de (A, – 1), (B, 3) et N, barycentre de (A, 2), (B, – 1).

3. a) Calculez les coordonnées du milieu I de [AB].

b) Trouvez le réel k tel que $\overrightarrow{MI} = k\overrightarrow{MN}$.

c) Déduisez-en deux réels α et β tels que I soit barycentre de (M, α) et (N, β).

58 **1.** Placez A(2 ; 1) et B(– 1 ; 4) et C(– 3 ; – 2).

2. Calculez les coordonnées du centre de gravité G du triangle ABC.

3. Calculez les coordonnées de G′ barycentre de (A, – 2), (B, 3) et (C, 1).

4. Les points O, G et G′ sont-ils alignés ?

59 **1.** Placez A(– 1 ; – 2) et B(3 ; – 4) et C(2 ; – 5).

2. G est le barycentre de (A, 3), (B, 2) et (C, – 4). Calculez les coordonnées de G.

3. Calculez les coordonnées du point I barycentre de (A, 3) et (B, 2).

4. Quel théorème permet de dire que C, I et G sont alignés ? Vérifiez-le par le calcul.

pour apprendre à chercher

Les exercices de cette partie, de difficulté moyenne pour la plupart, ne sont pas des exercices résolus. Le questionnement veut montrer comment on peut organiser une recherche et suivre un raisonnement.

60 Relations vectorielles et barycentres

[AB] est un segment. I est le milieu de [AB], G est le barycentre de (A, α) et (B, β). G′ désigne le symétrique de G par rapport à I.

Objectif : trouver deux coefficients α' et β' tels que G′ est le barycentre de (A, α') et (B, β').

1. Faisons une figure.

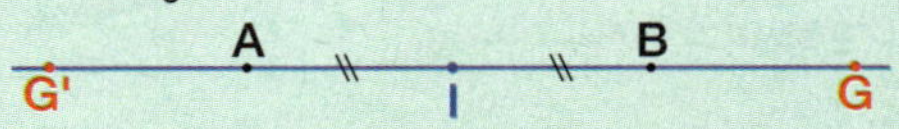

Puisqu'il s'agit d'un problème de barycentre, traduisons les hypothèses par des égalités vectorielles.

Justifiez les égalités $\alpha\overrightarrow{GA} + \beta\overrightarrow{GB} = \vec{0}$, $\overrightarrow{IA} + \overrightarrow{IB} = \vec{0}$, $\overrightarrow{IG} + \overrightarrow{IG'} = \vec{0}$.

2. Une façon de trouver les coefficients α' et β' demandés est d'établir une égalité telle que $\alpha'\overrightarrow{G'A} + \beta'\overrightarrow{G'B} = \vec{0}$.
Or, il est aisé d'exprimer $\overrightarrow{GA}$ et $\overrightarrow{GB}$ en fonction de $\overrightarrow{G'A}$ et $\overrightarrow{G'B}$, d'où l'idée d'exploiter ces expressions dans l'égalité connue $\alpha\overrightarrow{GA} + \beta\overrightarrow{GB} = \vec{0}$ [1].

a) Justifiez que $\overrightarrow{GA} = -\overrightarrow{G'B}$ et $\overrightarrow{GB} = -\overrightarrow{G'A}$.
b) Utilisez l'égalité [1] pour obtenir une relation du type cherché.
c) Concluez.

3. Rédigez une solution.

4. Une autre solution

Dans la démonstration précédente, on a utilisé l'égalité $\alpha\overrightarrow{GA} + \beta\overrightarrow{GB} = \vec{0}$. Mais nous savons aussi que G est tel que $\overrightarrow{AG} = \dfrac{\beta}{\alpha + \beta}\overrightarrow{AB}$ d'où l'idée de travailler dans le repère $(A\,;\,\overrightarrow{AB})$.

a) Quelle est l'abscisse de G dans ce repère ?
b) Prouvez alors que G′ a pour abscisse $\dfrac{\alpha}{\alpha + \beta}$.
c) Exprimez alors G′ comme un barycentre de A et B.

61 Trouver des coefficients convenables pour qu'un point soit barycentre de trois autres

On donne la figure ci-contre.

Objectif : trouver des coefficients α, β et γ pour que G soit le barycentre de (A, α), (B, β) et (C, γ).

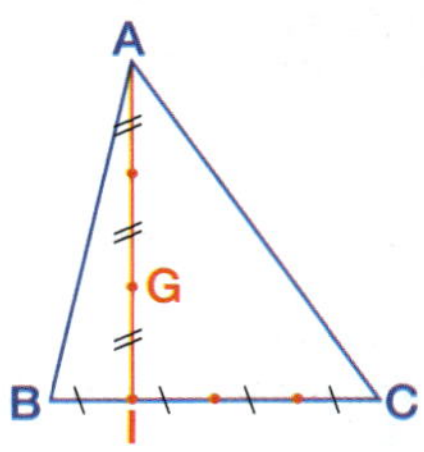

1. La figure rappelle celle que l'on fait lorsqu'on place le barycentre G de (A, α), (B, β), (C, γ) en utilisant le théorème d'associativité : on remplace (B, β), (C, γ) par leur barycentre I, alors G, sur (AI), est le barycentre des points pondérés $(I, \beta + \gamma)$, (A, α).

Prouvez que I est le barycentre de (B, 3), (C, 1).

2. Donc on peut choisir $\beta = 3$ et $\gamma = 1$, ou plus généralement $\beta = 3k$ et $\gamma = k$, $k \neq 0$.
Il reste à trouver α tel que G soit le barycentre de (I, 4) et (A, α), c'est-à-dire tel que $4\overrightarrow{GI} + \alpha\overrightarrow{GA} = \vec{0}$.

a) D'après la figure, quelle relation lie les vecteurs $\overrightarrow{GI}$ et $\overrightarrow{GA}$?
b) Déduisez-en α.

3. Rédigez une solution.

62 Préciser la position d'un point

ABC est un triangle. P et Q sont les points tels que $\overrightarrow{CP} = \dfrac{1}{3}\overrightarrow{CA}$ et $\overrightarrow{AQ} = \dfrac{1}{3}\overrightarrow{AB}$. Les droites (BP) et (CQ) se coupent en I.

Objectif : préciser la position de R, intersection de (AI) et (BC) en utilisant le barycentre.

1. Afin de répondre à l'objectif du problème, on va traduire en terme de barycentre les égalités vectorielles de l'énoncé.

a) Faites une figure soignée.
b) Prouvez que P est le barycentre de (A, 1), (C, 2) et que Q est le barycentre de (A, 2), (B, 1).

2. Il s'agit de préciser la position de R sur (BC). La réponse est facile lorsque le point I est le barycentre de (A, α), (B, β), (C, γ) avec α, β, γ connus (car alors R est le barycentre de (B, β) et (C, γ). Voir *Pour mieux comprendre*, p. 243.)
Supposons trouvés α, β, γ et exploitons les renseignements.

a) Pourquoi Q est-il le barycentre de (A, α), (B, β) ? Déduisez-en que $\alpha = 2\beta$.
b) Pourquoi P est-il le barycentre de (A, α), (C, γ) ? Déduisez-en que $\gamma = 2\alpha$.
c) Prouvez que l'on peut choisir $\alpha = 2$, $\beta = 1$, $\gamma = 4$ et vérifiez que I est bien le barycentre de (A, 2), (B, 1), (C, 4).
d) Précisez alors la position de R sur (BC) en trouvant, par exemple, le réel k tel que $\overrightarrow{BR} = k\overrightarrow{BC}$.

3. Rédigez une solution.

63 Droites concourantes

ABC est un triangle. I, J et K sont les points tels que $\overrightarrow{AI} = \frac{3}{2}\overrightarrow{AB}$, $\overrightarrow{BJ} = \frac{2}{5}\overrightarrow{BC}$ et $\overrightarrow{CK} = \overrightarrow{AC}$.

Objectif : prouver que les droites (AJ), (BK) et (CI) sont concourantes en utilisant le barycentre.

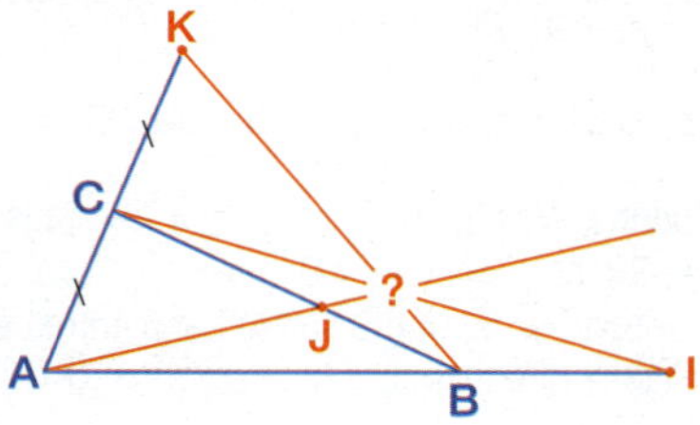

1. On sait que l'utilisation répétée de la règle d'associativité peut permettre de démontrer que trois droites sont concourantes (*voir l'exercice résolu* 4, *p.* 243).
Trouvons alors des réels α, β, γ de façon que (AJ), (BK) et (CI) passent par le barycentre G de (A, α), (B, β), (C, γ). Pour cela, il suffit que :
- I soit le barycentre de (A, α), (B, β),
- J soit le barycentre de (B, β), (C, γ),
- K soit le barycentre de (A, α), (C, γ).

a) Prouvez que le point I est le barycentre de (A, – 1), (B, 3).
b) Prouvez que J est le barycentre de (B, 3), (C, 2).
c) Prouvez que le point K est le barycentre de (A, – 1), (C, 2).
d) Notons G le barycentre de (A, – 1), (B, 3), (C, 2). Utilisez trois fois la règle d'associativité pour prouver que G appartient à chacune des droites (AJ), (BK) et (CI). Concluez.

2. Rédigez une solution.

64 Recherche d'ensemble de points

ABC est un triangle rectangle isocèle en A.

Objectif : trouver l'ensemble Δ des points M du plan tels que $\|\overrightarrow{MA} + \overrightarrow{MB} + \overrightarrow{MC}\| = 3\|\overrightarrow{MA} - \overrightarrow{MB} - \overrightarrow{MC}\|$ [1].

1. Il s'agit d'un problème de recherche d'ensembles. Vous pouvez vous reportez à la partie *Types de problèmes et raisonnements*, § 3, p. 416.
La relation [1] contient des normes de sommes vectorielles du type $\alpha\overrightarrow{MA} + \beta\overrightarrow{MB} + \gamma\overrightarrow{MC}$. On ne dispose d'aucun résultat sur la norme d'une somme.
Cependant, il est possible de réduire de telles sommes vectorielles en faisant intervenir des barycentres. Cette transformation d'écriture va permettre de résoudre le problème.

a) Réduisez la somme vectorielle $\overrightarrow{MA} + \overrightarrow{MB} + \overrightarrow{MC}$ en utilisant l'isobarycentre G de A, B, C.
b) Réduisez la somme vectorielle $\overrightarrow{MA} - \overrightarrow{MB} - \overrightarrow{MC}$ en utilisant le barycentre H des points pondérés (A, 1), (B, – 1), (C, – 1).
c) Prouvez que : « Dire que M appartient à Δ équivaut à dire que MG = MH ».
d) Quelle est la nature de Δ ?
e) Représentez Δ après avoir construit les deux points G et H.

2. Rédigez une solution.

65 Points alignés

ABC est un triangle, O est le milieu de [BC], J celui de [AC], I le point tel que $3\overrightarrow{AI} = \overrightarrow{AB}$ et K le point tel que $3\overrightarrow{KI} = -2\overrightarrow{KJ}$.

Objectif : prouver, en utilisant le barycentre, que les points A, K, O sont alignés.

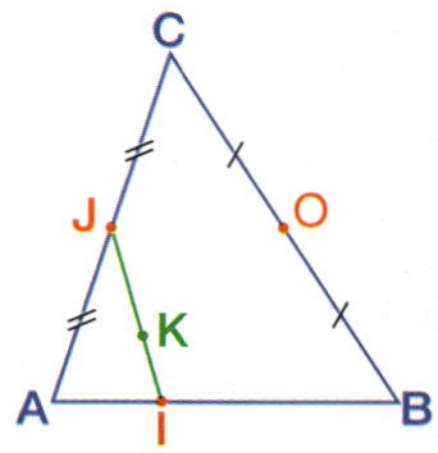

1. Puisqu'on doit utiliser le barycentre, on va traduire, en termes de barycentre, chacune des égalités vectorielles de l'énoncé.

Prouvez que :
a) K est le barycentre de (I, 3) et (J, 2),
b) I est le barycentre de (A, 2) et (B, 1),
c) J est le barycentre de (A, 1) et (C, 1).

2. Il s'agit de prouver l'alignement de A, K, O. On remarque que O est l'isobarycentre de B et C. Si on peut prouver que K est le barycentre de (A, α), (B, β), (C, γ) avec β = γ, alors l'alignement des points A, K, O pourra être démontré grâce au théorème d'associativité.

a) En utilisant les résultats de **1.** et le théorème d'associativité avec quatre points, assurez-vous que le point K est le barycentre de (A, 2), (B, 1), (A, 1), (C, 1).
b) En utilisant le théorème d'associativité, prouvez que K, A, O sont alignés.

3. Rédigez une solution.

Commentaire : Lorsqu'on définit le barycentre de *n* points, il n'est pas exclu que certains de ces points soient confondus. Rien n'interdit de parler du barycentre de (A, *a*), (A, *b*), (B, *c*), (C, *d*) qui est alors évidemment le barycentre de (A, *a* + *b*), (B, *c*), (C, *d*).
Le fait d'introduire deux fois le même point dans le système de points pondérés peut permettre des regroupements intéressants pour démontrer des propriétés de concours et d'alignement comme ce fut le cas ici avec (A, 2), (B, 1), (A, 1), (C, 1).

pour progresser

Vecteurs

66 ABCD est un parallélogramme, k est un nombre réel non nul ; I, J, K et L sont les points tels que $\overrightarrow{AI} = k\overrightarrow{AB}$, $\overrightarrow{BJ} = k\overrightarrow{BC}$, $\overrightarrow{CK} = k\overrightarrow{CD}$ et $\overrightarrow{DL} = k\overrightarrow{DA}$.
Prouvez que les droites (AC), (BD), (IK) et (JL) sont concourantes en un point dont vous préciserez la position.

★ **67** ABC est un triangle, I est le milieu de [AC], J le symétrique de B par rapport à C, et K le point tel que $\overrightarrow{AK} = \alpha\overrightarrow{AB}$.
L'objectif de l'exercice est de trouver la valeur du coefficient de colinéarité α afin que I, J et K soient alignés.

Méthode 1 : calcul vectoriel

1. Exprimez $\overrightarrow{IJ}$ et $\overrightarrow{IK}$ en fonction de $\overrightarrow{AB}$ et $\overrightarrow{AC}$.
2. Trouvez la valeur du coefficient α.

Aide : Dire que I, J, et K sont alignés équivaut à dire qu'il existe un réel k tel que $\overrightarrow{IK} = k\overrightarrow{IJ}$.

Méthode 2 : utilisation d'un repère

On choisit le repère $(A\,;\,\overrightarrow{AB}, \overrightarrow{AC})$.

1. Calculez les coordonnées de I, K et J.
2. Utilisez la condition de colinéarité de deux vecteurs pour calculer la valeur de α.

★ **68** ABCD est un parallélogramme.
M, N et P sont trois points situés respectivement sur [AB], [AD] et [CD], distincts des sommets.
La parallèle à (MN) passant par P coupe (BC) en Q.
Le but de l'exercice est de montrer que les droites (AC), (MP) et (NQ) sont concourantes.

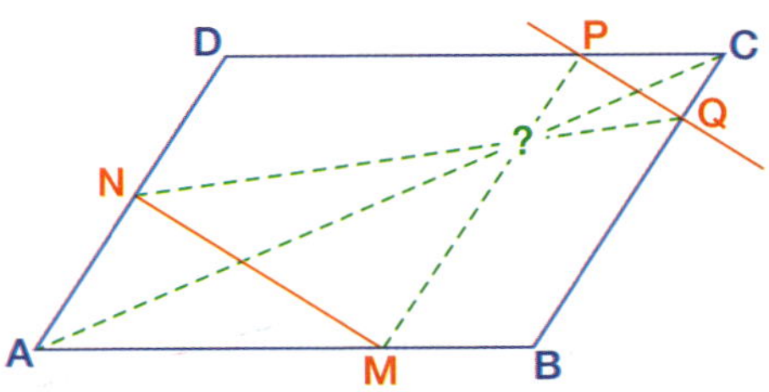

Pour cela, on considère le repère $(A\,;\,\overrightarrow{AB}, \overrightarrow{AD})$ et on note m l'abscisse de M et p celle de P, n l'ordonnée de N et q celle de Q.

1. En utilisant la colinéarité des vecteurs $\overrightarrow{MN}$ et $\overrightarrow{PQ}$, démontrez que $m(1-q)-n(1-p) = 0$ [1].
2. **a)** Trouvez une équation de la droite (AC), puis une équation de la droite (MP).
   b) Justifiez que (AC) et (MP) sont sécantes et calculez les coordonnées de leur point I d'intersection.
3. Vérifiez que I appartient à la droite (NQ). Concluez.

★ **69** Sur la figure ci-contre, ABC est un triangle et I un point de [AB] distinct de A et B et du milieu O de [AB].
Les droites (IJ) et (LM) sont parallèles à (AC), les droites (JK) et (MN) sont parallèles à (AB), et la droite (KL) est parallèle à (BC).

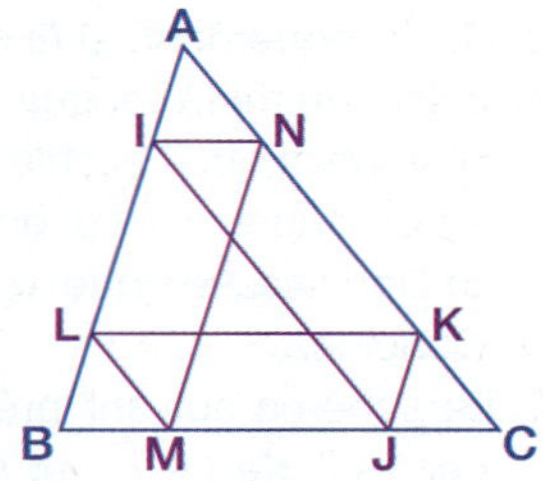

On se propose de démontrer le parallélisme de (IN) et (BC) et d'évaluer la longueur IJKLMNI.

1. **a)** Prouvez que $\overrightarrow{AI} = \overrightarrow{LB}$.
   b) Déduisez-en que I et L sont symétriques par rapport au point O.
   c) Notez I′ le point d'intersection de (AB) avec la parallèle à (BC) passant par N. Prouvez que I′ = I. Concluez.
2. Comparez la longueur de la ligne brisée fermée IJKLMNI au périmètre de ABC.

Barycentres de deux points

70 Pour chacune des figures ci-dessous, trouvez des réels α et β tels que :
a) A est le barycentre de (B, α), (C, β),
b) B est le barycentre de (A, α), (C, β),
c) C est le barycentre de (A, α), (B, β),

fig. 1

fig. 2

fig. 3

71 **Caractérisation barycentrique d'un segment**

A et B sont deux points distincts.
L'objectif de cet exercice est de prouver que [AB] est l'ensemble des barycentres de A et B affectés de coefficients de même signe et d'en tirer quelques conséquences.

1. Si G est le barycentre de (A, α) et (B, β), $\alpha + \beta \neq 0$, G est alors tel que $\overrightarrow{AG} = \dfrac{\beta}{\alpha+\beta}\overrightarrow{AB}$.
   On suppose que α et β sont de même signe.
   a) Prouvez que $0 \leqslant \dfrac{\beta}{\alpha+\beta} \leqslant 1$.
   b) Déduisez-en que G appartient à [AB].

2. Réciproquement, si G est un point de $[AB]$, alors il existe un réel k tel que $\overrightarrow{AG} = k\overrightarrow{AB}$ avec $0 \leqslant k \leqslant 1$.

a) Vérifiez que G est le barycentre de (A, α), (B, β) en calculant α et β en fonction de k.

b) Déduisez-en que α et β sont de même signe. Concluez.

3. Le schéma suivant précise la localisation du barycentre G de (A, α) et (B, β) sur la droite (AB). Justifiez ces résultats.

72 Construction : méthode du parallélogramme

$[AB]$ est un segment. α et β sont deux réels tels que $\alpha + \beta \neq 0$. On effectue la construction suivante :
P est un point extérieur à la droite (AB), on construit Q tel que $\overrightarrow{PQ} = \alpha\overrightarrow{PA}$ puis S tel que $\overrightarrow{PS} = \beta\overrightarrow{PB}$, enfin R tel que PQRS est un parallélogramme.
Il s'agit de montrer que l'intersection de (AB) et (PR) est G, barycentre de (A, α), (B, β).

1. a) Justifiez que $(\alpha + \beta)\overrightarrow{PG} = \alpha\overrightarrow{PA} + \beta\overrightarrow{PB}$.

b) Déduisez-en que $\overrightarrow{PR}$ et $\overrightarrow{PG}$ sont colinéaires.

c) Concluez.

2. Application

Construisez G dans les cas suivants :

a) $\alpha = -3$, $\beta = 2$. b) $\alpha = \frac{3}{2}$, $\beta = -2$.

c) $\alpha = 1$; $\beta = 4$.

Commentaire : Cette technique de construction n'a pas d'intérêt pratique si l'on recherche la précision d'une figure, car chaque tracé des droites augmente l'imprécision.

73

ABC est un triangle.

1. Le point M est défini par $\overrightarrow{AM} = \frac{1}{3}\overrightarrow{AB} + \frac{2}{3}\overrightarrow{AC}$.

a) Démontrez que M est un point de (BC).

b) Déduisez-en deux réels α et β tels que M est le barycentre de (B, α) et (C, β).

2. Le point N est tel que $\overrightarrow{BN} = -\frac{5}{4}\overrightarrow{BC}$.

Trouvez les réels α et β tels que N soit le barycentre de (B, α) et (C, β) avec $\alpha + \beta = 1$.

74

$[AB]$ est un segment. C est le barycentre de $(A, -1)$ et $(B, 4)$, P est le barycentre de $\left(A, \frac{1}{3}\right)$ et (B, β), $\beta \neq -\frac{1}{3}$.
Déterminez β dans chacun des cas suivants.

1. P et C sont confondus. 2. $\overrightarrow{PC} = 2\overrightarrow{AB}$.

75

Dans un repère $(O ; \vec{\imath}, \vec{\jmath})$, on donne les points $A(2 ; 4)$ et $C(6 ; 0)$. B′ est le milieu de $[AC]$ et K celui de $[OB']$.

1. Calculez les coordonnées de B′ et K.
2. I est le point de coordonnées $(2 ; 0)$.
   Trouvez des réels a et b tels que K est le barycentre de (A, a) et (I, b).
3. Calculez les coordonnées de J, barycentre de $(A, 1)$ et $(O, 2)$.
4. Démontrez que (IJ) et (AC) sont parallèles.

Barycentres de n points $(n > 2)$

76

ABC est un triangle.
Construisez le barycentre G de (A, α), (B, β) et (C, γ) dans chacun des cas suivants.

1. $\alpha = 3$, $\beta = -1$, $\gamma = -1$.
2. $\alpha = \frac{1}{3}$, $\beta = -\frac{1}{2}$, $\gamma = \frac{5}{6}$.
3. $\alpha = -3$, $\beta = 2$, $\gamma = 5$.
4. $\alpha = \frac{1}{3}$, $\beta = \frac{1}{6}$, $\gamma = \frac{1}{2}$.

77

ABCD est un rectangle, construisez le barycentre G de (A, a), (B, b), (C, c) et (D, d) dans chacun des cas suivants.

1. $a = \frac{1}{5}$, $b = \frac{1}{5}$, $c = \frac{2}{5}$, $d = \frac{1}{5}$.
2. $a = -2$, $b = 3$, $c = 1$, $d = 1$.
3. $a = -3$, $b = 2$, $c = 2$, $d = -3$.
4. $a = -\frac{1}{8}$, $b = \frac{3}{8}$, $c = \frac{1}{4}$, $d = \frac{1}{2}$.

Pour les exercices 78 à 81, trouvez trois réels α, β et γ tels que G soit barycentre de (A, α), (B, β) et (C, γ). Vous pouvez vous reporter à l'exercice 61, *Pour apprendre à chercher.*

78

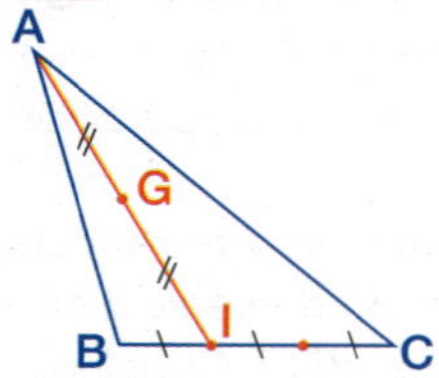

79

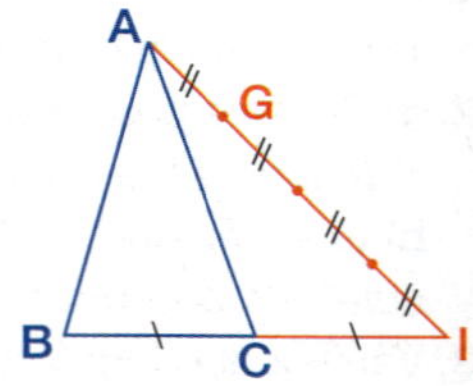

★ **80**

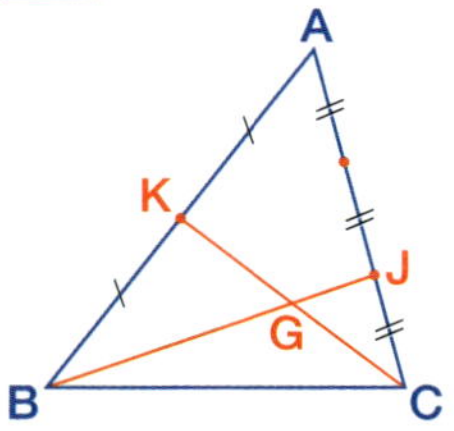

★ **81**

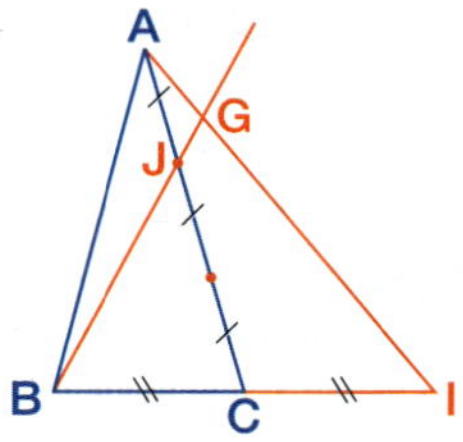

★ **82** ABCD est un trapèze rectangle de bases [AB] et [CD] tel que $\overrightarrow{CD} = -\frac{3}{4}\overrightarrow{AB}$. I et J désignent les milieux respectifs de [AC] et [BD].

1. Construisez le point G isobarycentre de A, B, C et D.

2. Démontrez que $\overrightarrow{IG} = \frac{1}{16}\overrightarrow{AB}$.

Vrai ou faux ?

Pour chacune des affirmations suivantes, dites si elle est vraie ou fausse. Justifiez chaque fois votre réponse.

83 [AB] est un segment.
Le point C symétrique de B par rapport à A est le barycentre de (A, 1) et (B, – 2).

84 [AB] est un segment. C est le barycentre de (A, 2) et (B, – 1), D est le barycentre de (A, 1) et (B, – 2). Alors [CD] et [AB] ont même milieu.

85 ABCD est un quadrilatère convexe, O l'intersection des diagonales. O est l'isobarycentre de A, B, C, D équivaut à ABCD est un parallélogramme.

86 ABC est un triangle, I le milieu de [BC].
Alors le barycentre de (A, 2), (B, 1) et (C, 1) est le milieu du segment [AI].

Applications

87 ABC est un triangle. Les points I, J et K sont repérés sur les côtés de la figure ci-après; les graduations sont régulières. Le but de l'exercice est de prouver que les droites (AI), (BJ) et (CK) sont concourantes.

1. Exprimez I comme barycentre de B et C, J comme barycentre de C et A, K comme barycentre de A et B. Marquez les coefficients sur le dessin.

2. Quel barycentre G de A, B et C est-il judicieux d'introduire ?

3. Utilisez le théorème d'associativité avec les barycentres I, J et K pour prouver que G appartient à (AI), (BJ) et (CK). Concluez.

Aide : Voir l'exercice 63, *Pour apprendre à chercher*.

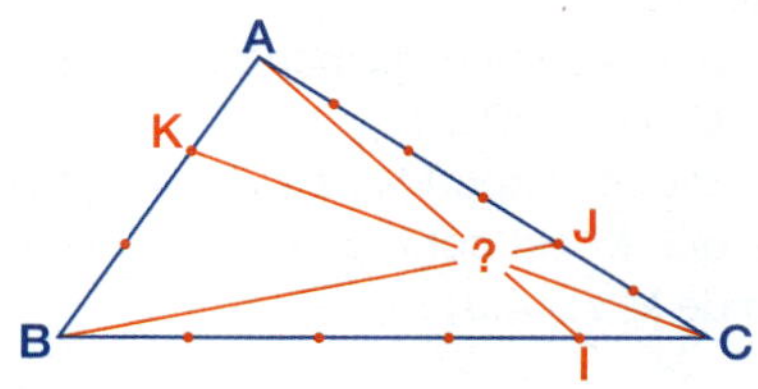

88 Triangles de même centre de gravité

ABC et A′B′C′ sont deux triangles ayant pour centres de gravité G et G′.

1. Justifiez que $\overrightarrow{AA'} + \overrightarrow{BB'} + \overrightarrow{CC'} = 3\overrightarrow{GG'}$.

Aide : $\overrightarrow{AA'} = \overrightarrow{AG} + \overrightarrow{GG'} + \overrightarrow{G'A'}$.

2. Déduisez-en une condition nécessaire et suffisante pour que les triangles ABC et A′B′C′ aient même centre de gravité.

Aide : Voir *Le vocabulaire de la logique*, **p. 7** et *Types de problèmes et raisonnements*, **§ 2, p. 415.**

3. Application : ABC est un triangle, k un réel non nul. A′, B′ et C′ sont les points tels que $\overrightarrow{BA'} = k\overrightarrow{BC}$, $\overrightarrow{CB'} = k\overrightarrow{CA}$ et $\overrightarrow{AC'} = k\overrightarrow{AB}$.

a) Prouvez que les triangles ABC et A′B′C′ ont même centre de gravité.

b) Faites une figure lorsque $k = \frac{1}{2}$.

★ **89** ABC est un triangle. K désigne le milieu de [AB], I et J sont les points tels que :

$$\overrightarrow{BI} = \frac{1}{4}\overrightarrow{BC} \text{ et } \overrightarrow{CJ} = \frac{3}{4}\overrightarrow{CA}.$$

1. Construisez le point G barycentre des points pondérés (A, 3), (B, 3) et (C, 1).

2. a) Pourquoi I est-il barycentre de (B, 3) et (C, 1) ?

b) Pourquoi J est-il barycentre de (A, 3) et (C, 1) ?

Aide : Voir l'exercice résolu 4, p. 243, et l'exercice 63, *Pour apprendre à chercher.*

3. a) Justifiez que le point G est à l'intersection des droites (AI) et (BJ).

b) Déduisez-en que les droites (AI), (BJ) et (CK) sont concourantes.

★ **90** ABCD est un quadrilatère. I est le milieu de [AC] et J celui de [BD]. Les points K et L sont tels que $\overrightarrow{KA} = -2\overrightarrow{KB}$ et $\overrightarrow{LC} = -2\overrightarrow{LD}$, M est le milieu du segment [LK].
Le but de l'exercice est de démontrer que les points M, I et J sont alignés et de préciser la position du point M sur la droite (IJ).

1. a) Justifiez l'existence du barycentre G de (A, 1), (B, 2), (C, 1) et (D, 2).
b) Prouvez que G appartient à (KL) et à (IJ).

2. Justifiez que M est confondu avec G et indiquez la position de M sur (IJ).

★ **91** ABCD est un quadrilatère quelconque. I, J, K, L, M et N désignent les milieux respectifs de [AB], [BC], [CD], [DA], [AC] et [BD].
Le but de l'exercice est de démontrer que les segments [IK], [JL] et [MN] ont même milieu.

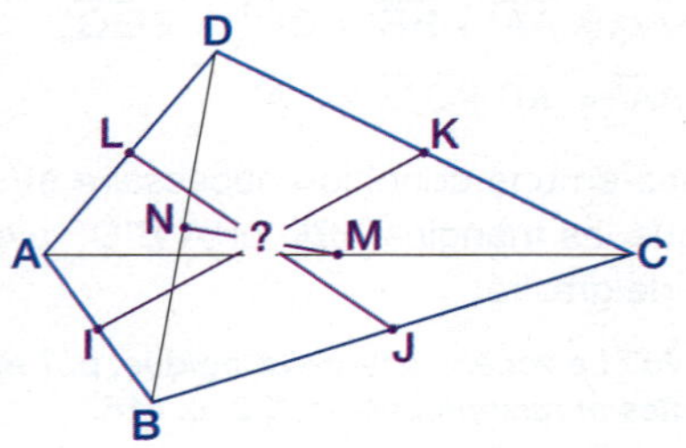

1. Prouvez que le milieu O de [IK] est l'isobarycentre de A, B, C et D.

2. Démontrez que O est aussi le milieu de [JL] et de [MN]. Concluez.

★ **92** ABC est un triangle. I et G sont les points tels que $\overrightarrow{AI} = -2\overrightarrow{AB}$ et $\overrightarrow{CG} = \frac{1}{5}\overrightarrow{CI}$.

1. Exprimez I comme un barycentre de A et B.

2. Exprimez G comme un barycentre de C et I.

3. Utilisez la règle d'associativité pour prouver que G est le barycentre de (A, 3), (B, – 2) et (C, 4).

4. On appelle J le barycentre de (A, 3) et (C, 4). Prouvez que J est à l'intersection de (BG) et (AC).

★ **93** G est le barycentre de (A, α), (B, β) et A′, B′, G′ sont les projetés respectifs de A, B, G sur la droite *d* parallèlement à la droite Δ.
On se propose de démontrer que G′ est le barycentre de (A′, α), (B′, β).
Pour cela, choisissons le repère $(A' ; \vec{i}, \vec{j})$ comme l'indique la figure ci-après et notons (0 ; *a*) les coordonnées de A et (*b* ; *c*) celles de B.

1. a) Calculez les coordonnées de G et celles de B′ en fonction de *a*, *b*, *c*, α, β.
b) Déduisez-en celles de G′.

2. Vérifiez alors que le point G′ est le barycentre de (A′, α), (B′, β).

Note : De manière générale, on démontre que la projection sur une droite *d* suivant une direction Δ conserve le barycentre.

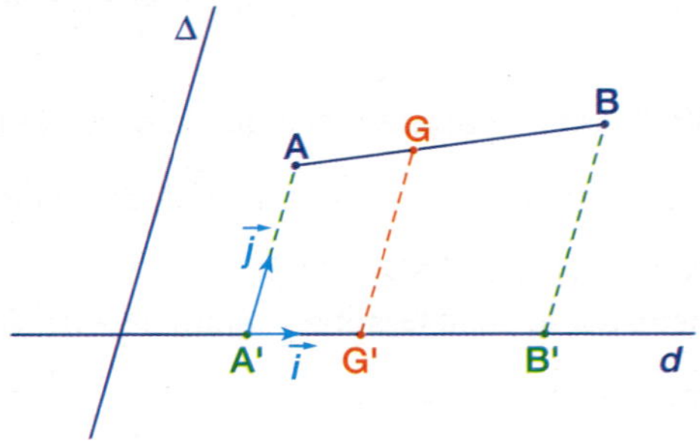

★ **94** ABC est un triangle, I est le milieu de [AB]. J et L sont les points tels que $\overrightarrow{AJ} = \frac{2}{5}\overrightarrow{AB}$ et $\overrightarrow{AL} = 3\overrightarrow{AC}$. La parallèle à (AC) menée par J coupe (BC) en K.
Le but de l'exercice est de démontrer que les points I, K et L sont alignés.

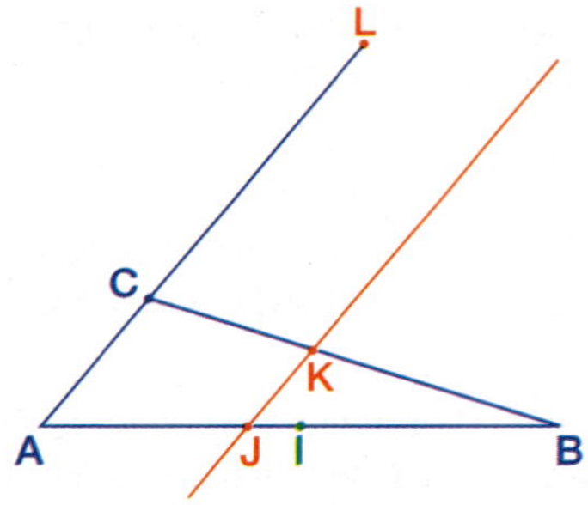

1. Prouvez que K est le barycentre de (B, 2), (C, 3).
Aide : Voir l'exercice 93.

2. Démontrez que B est le barycentre de (I, 4), (A, – 2) et C est le barycentre de (A, 2), (L, 1).

3. a) Prouvez que le barycentre de (I, 4), (A, – 2), (A, 2), (L, 1) est le point K.
b) Déduisez-en que K s'exprime comme un barycentre de I et L. Concluez.

★ **95** ABC est un triangle. J et D sont tels que $\overrightarrow{CJ} = \frac{1}{5}\overrightarrow{CB}$ et $\overrightarrow{AD} = \frac{5}{3}\overrightarrow{AJ}$.

1. Trouvez α, β, γ tels que D soit le barycentre de (A, α), (B, β), (C, γ).

2. La droite (CD) coupe (AB) en L. Pourquoi ?
Déduisez de la question précédente le réel *k* tel que $\overrightarrow{AL} = k\overrightarrow{AB}$.

96 ABC est un triangle, M et N sont les points tels que $\overrightarrow{AM} = k\overrightarrow{AB}$ et $\overrightarrow{BN} = k\overrightarrow{BC}$ où k est un réel différent de 0 et de 1. On note I le milieu de [AB], J celui de [BC] et G celui de [MN].
Il s'agit de démontrer que G, I et J sont alignés.

1. Exprimez M comme barycentre de A et B.
2. Exprimez N comme barycentre de B et C.
3. a) Prouvez que le barycentre de $(A, 1-k)$, (B, k), $(B, 1-k)$, (C, k) est le point G.
b) Déduisez-en que G est le barycentre de $(I, 1-k)$ et (J, k). Concluez.

Ensembles de points

Pour les problèmes d'ensembles de points, vous pouvez vous reporter à la partie *Types de problèmes et raisonnements*, § 3, p. 416 et à l'exercice 64, *Pour apprendre à chercher*.

97 [AB] est un segment de longueur 5 cm, on se propose de trouver l'ensemble Γ des points M tels que $\|2\overrightarrow{MA} + 3\overrightarrow{MB}\| = 10$.

1. Utilisez le barycentre G de $(A, 2)$ et $(B, 3)$ pour réduire la somme $2\overrightarrow{MA} + 3\overrightarrow{MB}$.
2. Justifiez l'affirmation : « Dire que M appartient à Γ équivaut à dire que $MG = 2$ ».
3. Déduisez-en la nature de Γ. Construisez Γ.

98 [AB] est un segment de longueur 6 cm.
G est le barycentre de $(A, 4)$ et $(B, -1)$, M est un point quelconque du plan.

1. Réduisez la somme vectorielle $\vec{V} = 4\overrightarrow{MA} - \overrightarrow{MB}$.
2. Où placer M afin que $\vec{V} = \vec{0}$?
3. Où placer M afin que $\vec{V} = -5\overrightarrow{AB}$?

99 ABC est un triangle rectangle isocèle en A tel que $AB = 4$ cm. On se propose de trouver l'ensemble Γ des points M du plan tels que :
$$\|-\overrightarrow{MA} + \overrightarrow{MB} + 2\overrightarrow{MC}\| = 4.$$

1. Utilisez le barycentre G de $(A, -1)$, $(B, 1)$ et $(C, 2)$ pour réduire la somme $-\overrightarrow{MA} + \overrightarrow{MB} + 2\overrightarrow{MC}$.
2. Prouvez que : « Dire que M appartient à Γ équivaut à dire que $MG = 2$ ».
3. Déduisez-en la nature de Γ.
4. Placez G puis construisez Γ.

100 ABCD est un rectangle de centre O. On se propose de trouver l'ensemble Δ des points M du plan tels que $\overrightarrow{MA} + \overrightarrow{MB} + \overrightarrow{MC} + \overrightarrow{MD}$ soit colinéaire à $\overrightarrow{AB}$.

1. Réduisez la somme $\overrightarrow{MA} + \overrightarrow{MB} + \overrightarrow{MC} + \overrightarrow{MD}$ en utilisant l'isobarycentre O de A, B, C, D.
2. Prouvez que : « Dire que M appartient à Δ équivaut à dire que $\overrightarrow{OM}$ est colinéaire à $\overrightarrow{AB}$ ».
3. Déduisez-en la nature de Δ ; construisez Δ.

101 ABC est un triangle équilatéral de côté 5 cm.

1. Construisez G, barycentre de $(A, 1)$, $(B, -1)$ et $(C, 1)$, et prouvez que ABCG est un parallélogramme.
2. a) Utilisez la question précédente pour trouver l'ensemble Γ des points M du plan tels que $\|\overrightarrow{MA} - \overrightarrow{MB} + \overrightarrow{MC}\| = \frac{5\sqrt{3}}{2}$.
b) Vérifiez que le milieu de [AC] appartient à Γ. Tracez Γ.

102 ABCD est un rectangle. Le but de l'exercice est de trouver l'ensemble Γ des points M du plan tels que $\|\overrightarrow{MA} + \overrightarrow{MB} + \overrightarrow{MC} + \overrightarrow{MD}\| = \|\overrightarrow{MA} - \overrightarrow{MB} - \overrightarrow{MC} + \overrightarrow{MD}\|$.

1. Prouvez que pour tout point M,
$$\overrightarrow{MA} - \overrightarrow{MB} - \overrightarrow{MC} + \overrightarrow{MD} = -2\overrightarrow{AB}.$$
2. Réduisez la somme $\overrightarrow{MA} + \overrightarrow{MB} + \overrightarrow{MC} + \overrightarrow{MD}$.
3. a) Déduisez-en que l'ensemble Γ est un cercle dont vous préciserez le centre et le rayon.
b) Justifiez que les milieux de [BC] et [AD] sont sur Γ. Tracez Γ.

103 ABC est un triangle rectangle en A. I est le milieu de [BC], Γ est le cercle de centre A passant par I. G est le point de Γ diamétralement opposé à I.

1. Prouvez que le point G est le barycentre de $(A, 4)$, $(B, -1)$, $(C, -1)$.
2. Trouvez deux réels a et b tels que A est le barycentre de $(G, 2)$, (C, a), (B, b).
3. Quel est l'ensemble des points M du plan tels que :
$$\|2\overrightarrow{MG} + \overrightarrow{MB} + \overrightarrow{MC}\| = 2\|\overrightarrow{BC}\| \text{ ?}$$

Centres d'inertie

Les exercices 104 à 108 portent sur les centres d'inertie. Vous pouvez vous reporter au TD5, p. 250.

104 Pour chacune des plaques homogènes suivantes construisez le centre d'inertie. (Les carrés sont identiques.)

a) **b)** **c)**

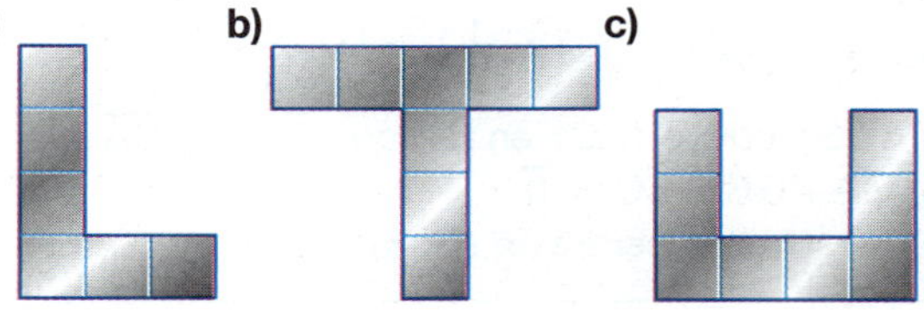

★ **105** **1.** Calculez les coordonnées du centre d'inertie de la plaque homogène représentée sur le dessin. Le repère utilisé est indiqué.

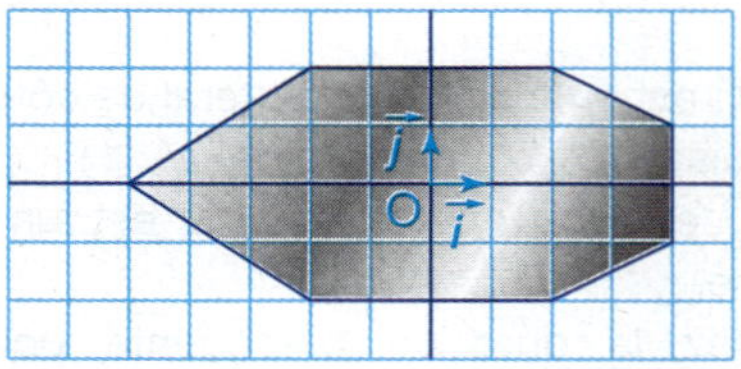

2. Retrouvez le résultat de la question **1.** par une interprétation géométrique.

★ **106** Une plaque homogène P est constituée par un carré OABC de côté 8 cm dont on a retiré le carré BIJK de côté 4 cm comme l'indique la figure.
Trouvez la position du centre d'inertie de la plaque par deux méthodes.

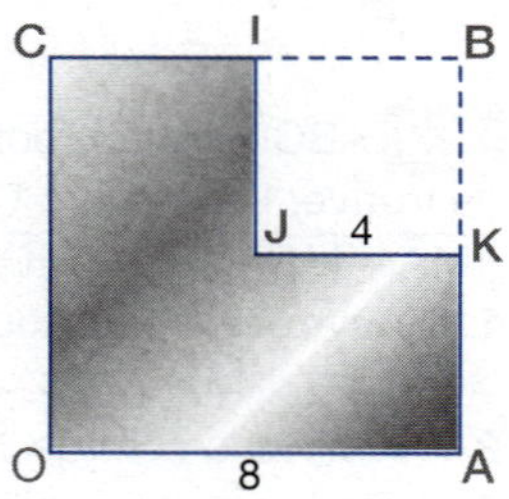

★ **107** Une plaque homogène P est un disque de centre O et de rayon R, évidé d'un disque de centre O′ et de rayon $\frac{R}{4}$ suivant le schéma ci-contre.
Trouvez la position du centre d'inertie de P.

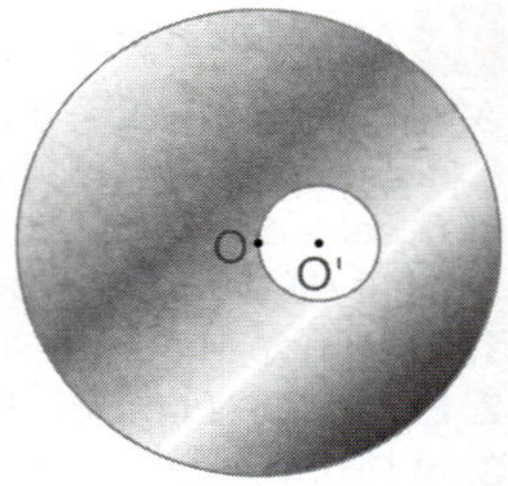

★★ **108** **Problème d'équilibrage**

Une rondelle a la forme d'un disque évidé suivant le schéma ci-contre pour lequel $OP = 3OO'$.

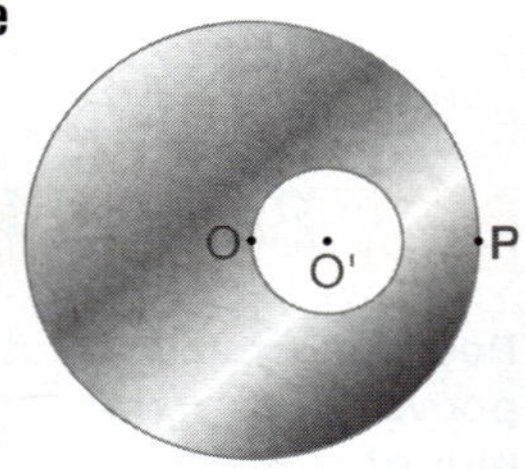

1. Trouvez la position du centre d'inertie I de la rondelle évidée.

2. On note M la masse de la rondelle évidée.
Quelle masse ponctuelle *m* doit-on placer en P afin que l'ensemble constitué de la rondelle et du point « massique » P ait O pour centre d'inertie.

Pour un bilan

Pour chacun des exercices suivants, plusieurs des affirmations proposées peuvent être exactes. Dites lesquelles.

Q1 ABCD est un rectangle, on pose $\vec{u} = \overrightarrow{AB}$ et $\vec{v} = \overrightarrow{AD}$.
a) $\|\vec{u}+\vec{v}\| = \|\vec{u}-\vec{v}\|$.
b) $\|\vec{u}\|^2 + \|\vec{v}\|^2 = \|\vec{u}-\vec{v}\|^2$.
c) $\|\vec{u}+\vec{v}\| + \|\vec{u}-\vec{v}\| = 2\|\vec{u}\|$.

Q2 G est le barycentre de (A, α), (B, β) et (C, γ) avec α, β, γ de même signe.
a) Il existe des coefficients réels α', β', γ' tels que $\alpha'+\beta'+\gamma' = 1$ et G est le barycentre de (A, α'), (B, β') et (C, γ').
b) G est tel que $\overrightarrow{CG} = \frac{\alpha}{\alpha+\beta+\gamma}\overrightarrow{CA} + \frac{\beta}{\alpha+\beta+\gamma}\overrightarrow{CB}$.
c) G est intérieur au triangle ABC.

Q3 ABC est un triangle isocèle en A de hauteur [AH]. G est le barycentre de $\left(A, \frac{1}{3}\right)$ et $\left(H, \frac{2}{3}\right)$.
a) (BG) coupe (AC) en I tel que $\overrightarrow{CI} = \frac{1}{3}\overrightarrow{CA}$.
b) $\overrightarrow{GA} + \overrightarrow{GB} + \overrightarrow{GC} = \vec{0}$.
c) A est le barycentre de (G, 3), (B, 1) et (C, 1).

Q4 ABC est un triangle. G est le barycentre de (A, – 7), (B, 3) et (C, 5).
a) G est localisé dans le secteur angulaire défini par $\widehat{BAC}$, mais extérieur au triangle ABC.
b) La droite (BG) coupe la droite (AC) au barycentre de (A, – 7) et (C, 5).
c) B est le barycentre de (A, – 7), (C, 5) et (G, 1).

Q5 ABC est un triangle. G est le barycentre de (A, 1), (B, 2) et (C, 3).
a) (AG) coupe (BC) en I tel que $5\overrightarrow{BI} = 2\overrightarrow{BC}$.
b) Le point d'intersection de (BG) avec (AC) est le point J tel que $\overrightarrow{GB} + 2\overrightarrow{GJ} = \vec{0}$.
c) (CG) coupe (AB) au milieu du segment [AB].

Q6 ABC est un triangle. I, J et K sont tels que :
$-3\overrightarrow{IB} + 4\overrightarrow{IC} = \vec{0}$, $3\overrightarrow{AJ} = 2\overrightarrow{AC}$, $2\overrightarrow{KA} = 3\overrightarrow{KB}$.
a) $\overrightarrow{IC} = 3\overrightarrow{BC}$.
b) J est le barycentre de (A, 3) et (C, 2).
c) Les droites (AI), (BJ) et (CK) sont concourantes au barycentre de (A, 2), (B, – 3) et (C, 4).

problèmes de synthèse

109 Thèmes : Barycentres. Analytique. Calcul vectoriel

ABCD est un rectangle de centre O, λ et μ sont deux réels appartenant à l'intervalle $]0\,;1[$. On note I et J les points tels que $\overrightarrow{AI} = \lambda\overrightarrow{AB}$ et $\overrightarrow{DJ} = \mu\overrightarrow{DI}$.
Le but du problème est de trouver à quelle condition portant sur λ et μ, les points A, J, C, sont alignés.
On propose diverses méthodes.

1. Solution barycentrique

a) Démontrez que I est le barycentre des points pondérés $(A, 1-\lambda)$, (B, λ).

b) De la même manière, prouvez que J peut être considéré comme le barycentre de (D, α), (I, β), où α et β seront exprimés en fonction de μ.

c) Déduisez-en que « A, J, C, sont alignés » équivaut à « $\lambda\mu = 1-\mu$ ».

2. Solution analytique

Le plan est muni d'un repère orthonormal $(A\,;\vec{\imath},\vec{\jmath})$ dans lequel B et D ont respectivement pour coordonnées $(b\,;0)$ et $(0\,;d)$.

a) Calculez les coordonnées de I, puis celles de J.

b) Déduisez-en une condition nécessaire et suffisante portant sur λ et μ, pour que les points A, J, C soient alignés.

110 Thèmes : Barycentres. Lieux géométriques. Suites de points. Limites

ABC est un triangle isocèle en A, de hauteur [AH], tel que AH = BC = 4 (unité : 1 cm).

1. Placez le point G barycentre des points pondérés $(A, 2)$, $(B, 1)$, $(C, 1)$.

2. M désigne un point quelconque.

a) Prouvez que le vecteur $\vec{V} = 2\overrightarrow{MA} - \overrightarrow{MB} - \overrightarrow{MC}$ est un vecteur de norme 8.

b) Trouvez l'ensemble $\mathscr{E}_1$ des points M du plan tels que $\|2\overrightarrow{MA} + \overrightarrow{MB} + \overrightarrow{MC}\| = \|\vec{V}\|$. Tracez $\mathscr{E}_1$.

3. On considère les points pondérés $(A, 2)$, (B, n) et (C, n) où n est un entier naturel fixé.

a) Démontrez que le barycentre G_n de ces points existe. Placez G_0, G_1 et G_2.

b) Prouvez que G_n appartient au segment [AH].

c) Calculez la distance AG_n en fonction de n. Quelle est la limite de AG_n quand n tend vers $+\infty$? Précisez la position limite du point G_n quand n tend vers $+\infty$.

d) $\mathscr{E}_n$ est l'ensemble des points M du plan tels que $\|2\overrightarrow{MA} + n\overrightarrow{MB} + n\overrightarrow{MC}\| = n\|\vec{V}\|$.
Prouvez que $\mathscr{E}_n$ est un cercle qui passe par A. Précisez son centre et son rayon noté R_n.
Construisez $\mathscr{E}_2$.

111 Thèmes : Centre du cercle inscrit. Orthocentre. Barycentres

ABC est un triangle. On note :

$$BC = a,\ CA = b \text{ et } AB = c.$$

L'objectif de ce problème est de trouver des réels α, β, γ affectés aux points A, B et C tels que le centre I du cercle inscrit, ou l'orthocentre H de ABC, soit barycentre des sommets.

A. Centre du cercle inscrit, point de concours des bissectrices

A′ est le pied de la bissectrice de $\widehat{BAC}$. A′ est donc équidistant des côtés de l'angle (propriété caractéristique des points de la bissectrice). On note d cette distance, et h la longueur de la hauteur issue de A.

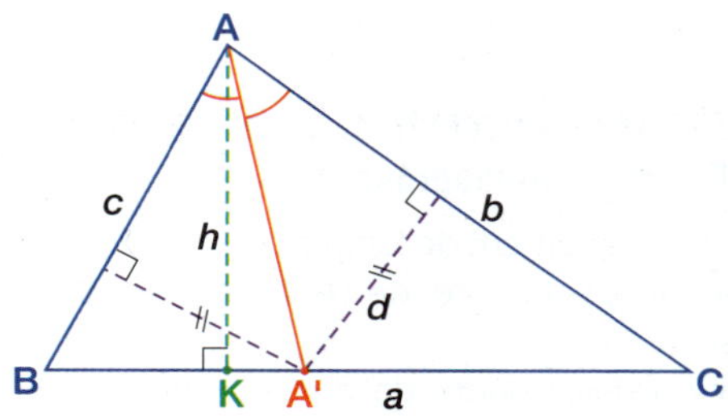

1. a) Exprimez les aires des triangles AA′B et AA′C de deux façons différentes.

b) Déduisez-en que $\dfrac{A'B}{A'C} = \dfrac{c}{b}$.

2. Prouvez que A′ est le barycentre de (B, b), (C, c).

3. B′ et C′ sont les pieds des bissectrices de $\widehat{ABC}$ et de $\widehat{ACB}$. Exprimez B′ comme barycentre de C et A d'une part, et C′ comme barycentre de A et B d'autre part.

4. Démontrez que le point I est le barycentre de (A, a), (B, b) et (C, c).

B. Orthocentre, point de concours des hauteurs

Pour la démonstration, on se place uniquement dans le cas où les angles de ABC sont tous aigus.

1. a) Prouvez que $\dfrac{KB}{KC} = \dfrac{\tan\widehat{C}}{\tan\widehat{B}}$.

b) Justifiez que K, pied de la hauteur issue de A, est le barycentre de $(B, \tan\widehat{B})$, $(C, \tan\widehat{C})$.

2. Donnez des résultats analogues pour les pieds L et M des hauteurs issues de B et C.

3. Prouvez par une méthode analogue à celle de la partie **A** que l'orthocentre est le barycentre de $(A, \tan\widehat{A})$, $(B, \tan\widehat{B})$ et $(C, \tan\widehat{C})$.

Note : Ce résultat reste valable dans le cas de tout triangle, non rectangle.

112 Thèmes : Lieux géométriques. Analytique

ABC est un triangle. À tout réel m, on associe le point G_m barycentre de $(A, 2)$, (B, m), $(C, -m)$.
On note O le milieu de [BC].

1. Démontrez que, lorsque m décrit $\mathbb{R}$, le lieu de G_m est une droite Δ que vous préciserez.

2. a) Construisez G_2 et G_{-2}.

b) On suppose m différent de -2 et 2. Soit G_m un point de Δ distinct de A, G_2 et G_{-2}.
Démontrez que la droite (BG_m) coupe (AC) en un point noté I et que (CG_m) coupe (AB) en un point noté J.

3. Dans le repère $(A ; \overrightarrow{AB}, \overrightarrow{AC})$, calculez en fonction de m les coordonnées de I et J.
Déduisez-en que les points O, I, J sont alignés.

113 Thèmes : Barycentres. Équations, inéquations. Fonctions homographiques

[AB] est un segment de longueur 5 cm. Le point G est le barycentre, s'il existe, de $(A, 2-m)$ et $(B, 3m-1)$, où m est un réel.

1. Pour quelles valeurs de m, le point G existe-t-il ?
Justifiez qu'alors $\overrightarrow{AG} = \dfrac{3m-1}{2m+1}\overrightarrow{AB}$.
On note f la fonction $m \mapsto \dfrac{3m-1}{2m+1}$.

2. Trouvez deux réels a et b tels que pour tout réel m tel que $m \neq -\dfrac{1}{2}$,

$$f(m) = a + \frac{b}{2m+1}.$$

3. Trouvez m pour que G soit confondu avec le milieu I du segment [AB].

4. Utilisez la représentation graphique de f pour trouver l'ensemble des valeurs de m telles que G appartient au segment [AB].

5. On note J le symétrique de I par rapport à B.
Peut-on trouver une valeur de m telle que G soit confondu avec J ?

6. Précisez les limites de f lorsque m tend vers $-\dfrac{1}{2}$ avec $m < -\dfrac{1}{2}$; avec $m > -\dfrac{1}{2}$.

b) Quelle interprétation faites-vous de ce résultat pour la position du point G sur la droite (AB) ?

7. Représentez l'ensemble décrit par le point G lorsque m décrit l'intervalle [0 ; 2].

114 Thèmes : Centres d'inertie. Étude de fonction. Lieux géométriques.

A. On note f la fonction définie sur $\mathbb{R}$ par $f(x) = \dfrac{3}{2}x^2 - 6x + 8$ et $\mathscr{C}_f$ sa courbe représentative dans un repère orthonormal choisi.
Étudiez les variations de f et tracez $\mathscr{C}_f$.

B. Dans un repère orthonormal $(O ; \vec{i}, \vec{j})$, on donne $A(4 ; 0)$ et $C(0 ; 4)$. À tout réel m de l'intervalle $I = [0 ; 8]$, on associe les points M et N de coordonnées respectives $(4 ; m)$ et $(0 ; 8-m)$ et on note G_1 et G_2 les centres de gravité des triangles AMN et OAN.

1. a) Quels sont les lieux géométriques de M et N lorsque m décrit I ?

b) Démontrez que G_1 est fixe et que G_2 décrit un segment lorsque m décrit I.

2. Calculez, en fonction de m, les aires des triangles AMN et OAN.

3. On suppose que OAMN est une plaque homogène de centre d'inertie G.

a) Calculez en fonction de m les coordonnées de G.

b) Vérifiez que G est un point de $\mathscr{C}_f$ et déduisez-en l'ensemble des points G lorsque m décrit I.

Pour chercher plus

115 ABC est un triangle. Les droites (AB), (BC) et (AC) déterminent sept régions du plans, frontières non comprises.
M est le barycentre de (A, α), (B, β) et (C, γ).

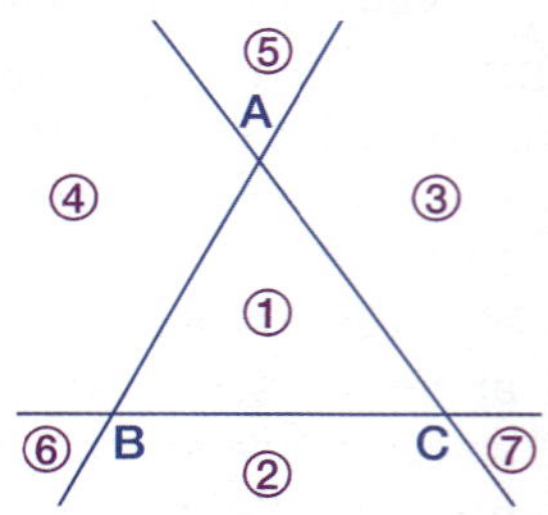

Pour chacune de ces sept régions, déterminez les conditions sur α, β et γ pour que le point M soit localisé dans cette région.

116 ABC est un triangle. On note $\mathscr{E}_1$ l'ensemble des barycentres de (A, a), (B, b) et (C, c) avec a, b, c positifs, $a+b+c \neq 0$, $a \geqslant b$ et $a \geqslant c$.
On note $\mathscr{E}_2$ l'ensemble des points M intérieurs au triangle ABC (frontières comprises) tels que $MA \leqslant MB$ et $MA \leqslant MC$.
Prouvez que « $\mathscr{E}_1 = \mathscr{E}_2$ » équivaut à « ABC est équilatéral ».

Angles orientés. Repérage polaire

Approche historique

Un problème

Comment mesurer la notion de tours autour d'un point?

Des éléments de réflexion

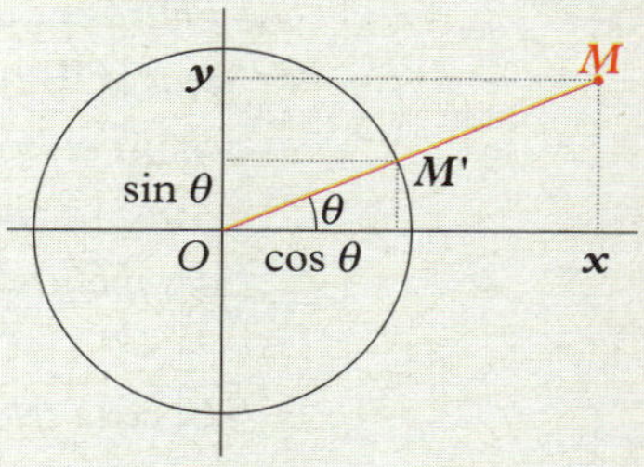

Si l'on veut représenter un point M dans le plan, une fois adopté un repère orthonormal d'origine O, on voit que l'on peut prendre les coordonnées du point M', intersection de la droite OM avec le cercle de centre O et de rayon un, ainsi que la longueur OM.

À partir du XVe siècle, notamment avec Regiomontanus (ou Johann Müller, Königsberg, 1436 - Rome, 1473), on s'habitua à manipuler les coordonnées des points M' situés dans le premier quadrant, donc à utiliser le sinus et le cosinus d'un angle aigu et sachant que $\cos^2\theta + \sin^2\theta = 1$. Ce n'est pourtant qu'avec Euler, au milieu du XVIIIe siècle, que s'imposèrent les fonctions sinus et cosinus, considérées comme des fonctions périodiques de période 2π, et ayant donc un signe.

L'usage du cercle trigonométrique complet s'est alors lentement imposé, et par cet usage est née la notion d'angle orienté étudiée dans ce chapitre.

On prit conscience du fait suivant : des mesures d'angles comprises entre 0 et 180°, ou entre $-180°$ et 0, indiquent la position de M mais n'indiquent pas le nombre de tours (ni le sens de parcours) que M a effectués pour atteindre sa position.

Il fallut donc, et cela rejoignait les indications nouvelles apportées par les fonctions trigonométriques, définir des mesures d'angles positives supérieures à 180° (et négatives inférieures à $-180°$).

Jean-Robert Argand (Genève, 1768 - Paris, 1822) montre en 1806 que le repérage polaire, avec l'angle orienté, permet non seulement de calculer les tours, mais de faire des rotations un outil analytique de démonstration.

Regiomontanus (Königsberg, 1436 - Rome, 1473)

Pour prendre un bon départ

Il n'existe pas de relation de Chasles pour les angles géométriques :
si $\widehat{AOB}$ *et* $\widehat{BOC}$ *sont deux angles géométriques, il n'est pas vrai, en général, que* $\widehat{AOB} + \widehat{BOC} = \widehat{AOC}$. *En effet, plusieurs cas de figure sont possibles, comme le montrent les quatre cas ci-dessous.*
L'égalité $\widehat{AOB} + \widehat{BOC} = \widehat{AOC}$ *n'est vraie que pour les figures 1 et 4.*

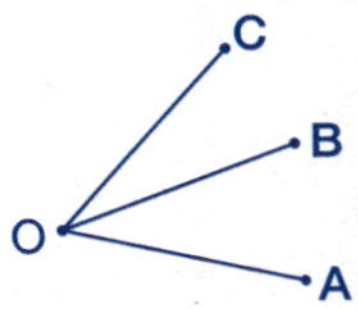

fig. 1

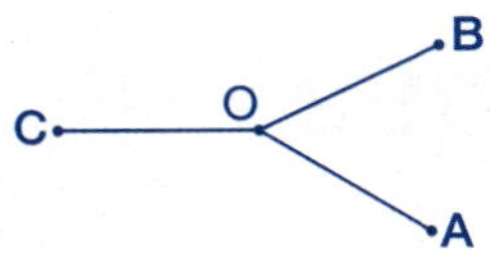

fig. 2

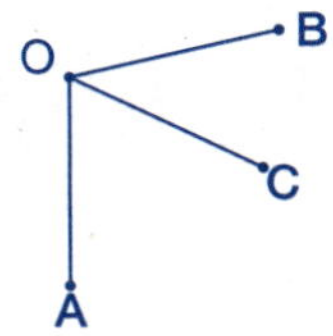

fig. 3

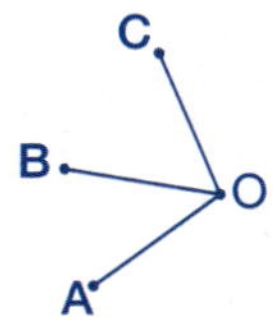

fig. 4

Pourtant, dans tous les cas de figure, si on fait tourner [OA) *pour l'amener sur* [OB), *puis* [OB) *sur* [OC), *cela revient à amener* [OA) *sur* [OC). *Et cela, quels que soient le sens choisi et le nombre de tours effectués.*
Ainsi, à chaque couple $(\overrightarrow{OA}, \overrightarrow{OB})$, $(\overrightarrow{OB}, \overrightarrow{OC})$, $(\overrightarrow{OA}, \overrightarrow{OC})$, *on va attribuer des mesures,* α, β *et* γ, *telles que* $\gamma = \alpha + \beta$, *ce que l'on écrira*

$$(\overrightarrow{OA}, \overrightarrow{OB}) + (\overrightarrow{OB}, \overrightarrow{OC}) = (\overrightarrow{OA}, \overrightarrow{OC}).$$

Et cette relation sera valable dans tous les cas de figure.

Activité Angles orientés et mesures

1 Rappels

- Un **cercle trigonométrique** est un cercle de rayon 1 orienté dans le sens indiqué (sens positif). Sa longueur est 2π.
- La longueur d'un arc de cercle de rayon R, intercepté par un angle au centre $\widehat{AOM}$ de mesure α radians, est $\ell = \mathbf{R}\boldsymbol{\alpha}$.

Ainsi sur un cercle trigonométrique, si $\widehat{AOM}$ mesure α radians, alors la longueur de l'arc associé est $\ell = \alpha$.

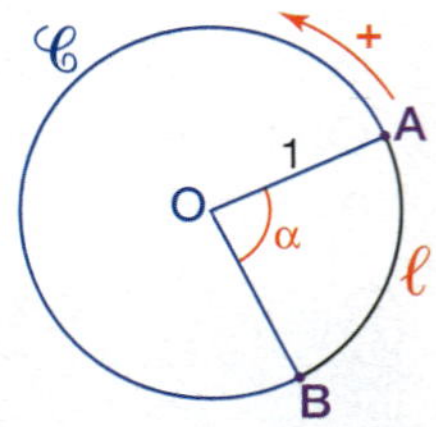

2 Mesures positives

NOTE
$\overrightarrow{OA}$ et $\overrightarrow{OB}$ sont donc deux vecteurs unitaires.

1. $\mathscr{C}$ est un cercle trigonométrique de centre O ; A et B sont deux points de $\mathscr{C}$. Lorsqu'on fait tourner $\overrightarrow{OA}$ dans le **sens direct** pour l'amener sur $\overrightarrow{OB}$, le point A parcourt un arc de cercle de longueur ℓ.
On convient de dire que ℓ est une mesure de l'angle orienté $(\overrightarrow{OA}, \overrightarrow{OB})$ et on écrit $(\overrightarrow{OA}, \overrightarrow{OB}) = \ell$ ($\overrightarrow{OA}$ est écrit en premier pour indiquer que l'on part de A).

NOTE
Lorsque $\ell < \pi$, ℓ est aussi une mesure de $\widehat{AOB}$.

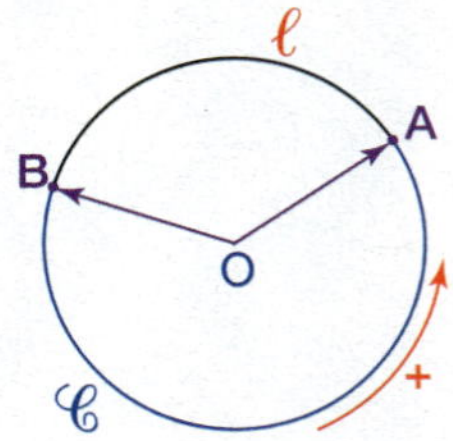

- Dans chaque cas, placez sur un cercle trigonométrique quatre points K, L, M et N tels que :

a) $(\overrightarrow{OK}, \overrightarrow{OL}) = \frac{\pi}{4}$; $(\overrightarrow{OK}, \overrightarrow{OM}) = \frac{\pi}{2}$; $(\overrightarrow{OM}, \overrightarrow{ON}) = \frac{2\pi}{3}$;
b) $(\overrightarrow{OK}, \overrightarrow{OL}) = \frac{7\pi}{6}$; $(\overrightarrow{OK}, \overrightarrow{OM}) = \frac{3\pi}{2}$; $(\overrightarrow{OM}, \overrightarrow{ON}) = \frac{5\pi}{3}$.

2. Après avoir fait tourner $\overrightarrow{OA}$ dans le **sens direct** pour l'amener sur $\overrightarrow{OB}$ une première fois, on peut faire un tour de plus, toujours dans le sens direct. A parcourt alors un trajet de longueur $\ell + 2\pi$. On dit alors que $\ell + 2\pi$ est une mesure de l'angle $(\overrightarrow{OA}, \overrightarrow{OB})$. On écrit $(\overrightarrow{OA}, \overrightarrow{OB}) = \ell + 2\pi$.
Après être arrivé en B une première fois, si on effectue k tours de cercle, toujours dans le sens direct, A parcourt un trajet de longueur $\ell + k \times 2\pi$, ce nombre est aussi une mesure de $(\overrightarrow{OA}, \overrightarrow{OB})$.

• Placez des points K, L, M et N tels que :

$$(\overrightarrow{OK}, \overrightarrow{OL}) = \frac{\pi}{3} + 2\pi \ ; \ (\overrightarrow{OK}, \overrightarrow{OM}) = \frac{5\pi}{6} + 4\pi \ ; \ (\overrightarrow{OL}, \overrightarrow{ON}) = \frac{27\pi}{4}.$$

3 Mesures négatives

Mais pour amener $\overrightarrow{OA}$ sur $\overrightarrow{OB}$, on peut aussi partir dans le **sens indirect**. Alors, lorsque A arrive en B pour la première fois, le trajet parcouru a pour longueur $2\pi - \ell$. Pour indiquer le sens **indirect**, on convient de le compter **négativement**, et de dire qu'une mesure de $(\overrightarrow{OA}, \overrightarrow{OB})$ est $-(2\pi - \ell)$, c'est-à-dire $\ell - 2\pi$. En effectuant k' tours dans le sens indirect, comptés négativement, on obtient pour mesure de $(\overrightarrow{OA}, \overrightarrow{OB})$ le réel $\ell - 2k'\pi$.

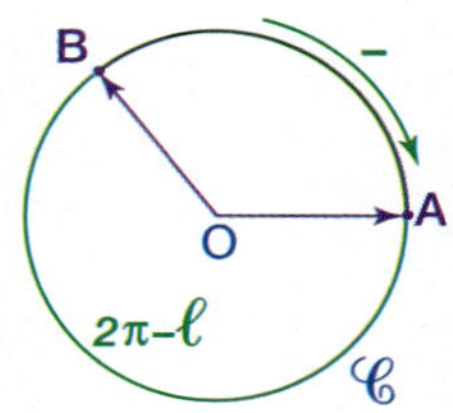

• Placez des points K, L, M et N tels que :

$$(\overrightarrow{OK}, \overrightarrow{OL}) = \frac{5\pi}{3} - 2\pi \ ; \ (\overrightarrow{OK}, \overrightarrow{OM}) = \frac{7\pi}{6} - 4\pi \ ; \ (\overrightarrow{OL}, \overrightarrow{ON}) = -\frac{23\pi}{4}.$$

4 Ensemble de mesures

Nous avons vu que les mesures positives sont $\ell + 2k\pi \ (k \geqslant 0)$ et les mesures négatives sont $\ell - 2k'\pi \ (k' > 0)$.
Mais en posant $k' = -k$, $\ell - 2k'\pi$ est de la forme $\ell + 2k\pi$ avec $k < 0$. Donc **toute mesure de $(\overrightarrow{OA}, \overrightarrow{OB})$ est de la forme $\ell + 2k\pi \ (k \in \mathbb{Z})$.**

• Le point P est tel que $(\overrightarrow{OA}, \overrightarrow{OP}) = \frac{3\pi}{4}$. Indiquez parmi les mesures suivantes celles associées à $(\overrightarrow{OA}, \overrightarrow{OP})$: $-\frac{5\pi}{4}$; $\frac{11\pi}{4}$; $-\frac{11\pi}{4}$; $-\frac{13\pi}{4}$; $\frac{27\pi}{4}$; $\frac{2\,001\pi}{4}$.

• Si x et y sont deux mesures de $(\overrightarrow{OA}, \overrightarrow{OB})$, vérifiez que $x - y$ est un multiple de 2π.
Donc **si on connaît *une* mesure x de $(\overrightarrow{OA}, \overrightarrow{OB})$, on connaît toutes ses mesures.**

Conclusion : **1.** Pour repérer un point M sur un cercle trigonométrique $\mathscr{C}$, il suffit :
• de se donner un point A de $\mathscr{C}$ appelé origine du repérage,
• de connaître **une mesure** de l'angle de vecteurs $(\overrightarrow{OA}, \overrightarrow{OM})$.
2. Pour tout réel x, il existe un point M et un seul de $\mathscr{C}$ tel que $(\overrightarrow{OA}, \overrightarrow{OM})$ a pour mesure x. En effet, si on se donne le réel x alors on parcourt depuis A un arc géométrique de longueur :
• x dans le sens direct si x est positif,
• $|x|$ dans le sens indirect si x est négatif.
Ainsi le point M, extrémité du trajet, est tel que $(\overrightarrow{OA}, \overrightarrow{OM}) = x$.

Cours

1 Angles orientés

1.1 Le plan orienté

NOTE
Dans la suite du chapitre, le plan sera orienté.

Sur un cercle, deux sens de parcours sont possibles, l'un est dit direct, l'autre indirect. Par convention, le sens indiqué par la flèche rouge est le sens direct pour tous les cercles du plan. On dit alors que **le plan est orienté**.

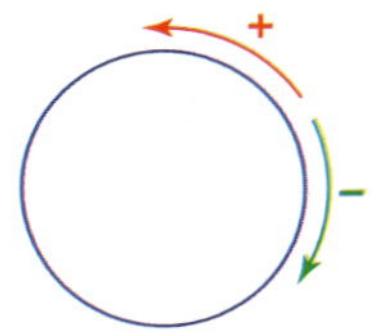

1.2 Angle orienté d'un couple de vecteurs non nuls

1. Définition des mesures

$\vec{u} = \overrightarrow{OM}$ et $\vec{v} = \overrightarrow{ON}$ sont deux vecteurs non nuls représentés à partir d'un point O. Les demi-droites [OM) et [ON) coupent le cercle trigonométrique $\mathscr{C}$ de centre O en A et B. Au couple $(\overrightarrow{OA}, \overrightarrow{OB})$, on associe une famille de nombres de la forme $\boldsymbol{\ell + 2k\pi}$, $\boldsymbol{k} \in \mathbb{Z}$, où ℓ est la longueur ($\ell \geqslant 0$) de l'arc de cercle $\widehat{AB}$, parcouru de A vers B dans le sens direct.

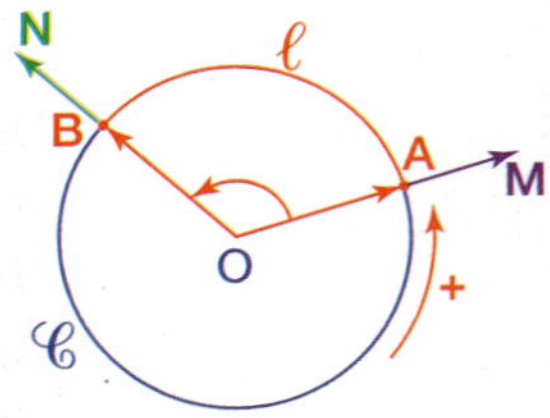

Par définition, chacun de ces nombres est une **mesure en radians de l'angle orienté de vecteurs** $(\vec{u}, \vec{v})$.

NOTE
On dit que les mesures en radians $(\vec{u}, \vec{v})$ sont définies à $2k\pi$ près ou modulo 2π.

- L'usage est de noter $(\vec{u}, \vec{v})$ un angle de vecteurs au lieu de $(\widehat{\vec{u}, \vec{v}})$ et aussi de confondre un angle avec l'une de ses mesures. On écrit $(\vec{u}, \vec{v}) = \frac{\pi}{3}$ ou $(\vec{u}, \vec{v}) = \frac{\pi}{3}$ [mod 2π].
- Si x est une mesure, toute autre mesure s'écrit $\boldsymbol{y = x + 2k\pi}$, avec $k \in \mathbb{Z}$.

  En effet, $x = \ell + 2k_1\pi$, $y = \ell + 2k_2\pi$ donc $y - x = (k_2 - k_1)2\pi$ et $y = x + 2k\pi$ avec $k = k_2 - k_1$.

2. Mesure principale

NOTE
Ce résultat sera utilisé dans le chapitre 12.

1. Parmi toutes les mesures $\ell + 2k\pi$, il en est une et une seule dans l'intervalle $I =]-\pi\,;\,\pi]$. Cette mesure est appelée **mesure principale** de $(\vec{u}, \vec{v})$.
2. La valeur absolue de la mesure principale de $(\vec{u}, \vec{v})$ est égale à la mesure en radians de l'angle géométrique formé par $\vec{u}$ et $\vec{v}$.

1. En effet, dans le cas de la figure 1, la mesure principale est ℓ. Dans le cas de la figure 2, la mesure principale est $\ell - 2\pi$, car avec $\pi < \ell < 2\pi$, on obtient $-\pi < \ell - 2\pi < 0$.
2. Dans le cas de la figure 1, l'angle géométrique $\widehat{AOB}$ a pour mesure ℓ, qui est la mesure principale de $(\vec{u}, \vec{v})$. Dans le cas de la figure 2, $\widehat{AOB}$ a pour mesure $2\pi - \ell$. Or $2\pi - \ell = |\ell - 2\pi|$ et $\ell - 2\pi$ est la mesure principale de $(\vec{u}, \vec{v})$.

NOTE
Voir l'activité *Angles orientés et mesures*, page 268, § 1.

$0 \leqslant \ell \leqslant \pi$

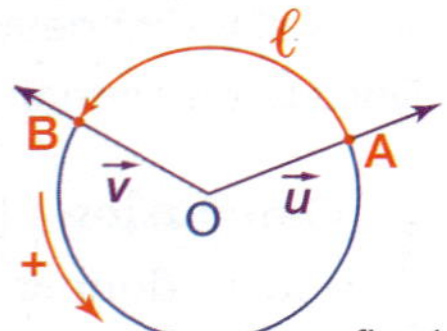

fig. 1

$\pi < \ell < 2\pi$

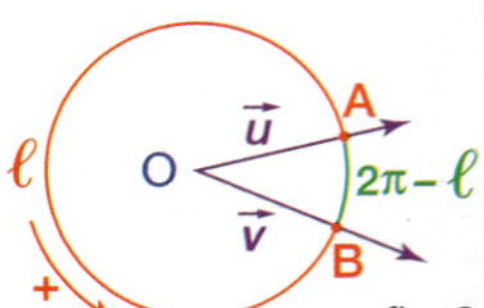

fig. 2

3. Angle orienté et rotation

Définition 1

O est un point fixé et α un réel. La **rotation** de centre O et d'angle α, mesuré en radians, est la transformation, notée $R_{(O\,;\,\alpha)}$, du plan orienté telle que O est invariant et pour tout point $M \neq O$, d'image M', $\mathbf{OM = OM'}$ et $(\overrightarrow{\mathbf{OM}}, \overrightarrow{\mathbf{OM'}}) = \boldsymbol{\alpha}$.

Pour mieux comprendre

COMMENT trouver une mesure de $(\vec{u}, \vec{v})$ à partir de leur angle géométrique ?

1. $\overrightarrow{AB}$ et $\overrightarrow{AC}$ forment l'angle géométrique $\widehat{BAC}$, et on sait que $\widehat{BAC} = \alpha$.

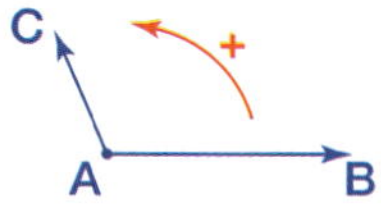

Calcul de $(\overrightarrow{AB}, \overrightarrow{AC})$: La mesure principale de $(\overrightarrow{AB}, \overrightarrow{AC})$ est alors α ou $-\alpha$. Or, dans le cas de la figure, pour amener [AB) sur [AC) en tournant de cet angle géométrique α, il faut tourner dans le sens direct, donc $(\overrightarrow{AB}, \overrightarrow{AC}) = +\alpha$.
De même, $(\overrightarrow{AC}, \overrightarrow{AB}) = -\alpha$.

2. Dans le cas de deux vecteurs d'origines différentes, $\overrightarrow{AB}$ et $\overrightarrow{CD}$, on trace, par exemple, un vecteur $\overrightarrow{AE}$, colinéaire à $\overrightarrow{CD}$ et de même sens.
Alors, $(\overrightarrow{AB}, \overrightarrow{CD}) = (\overrightarrow{AB}, \overrightarrow{AE})$ et on est ramené au cas précédent.

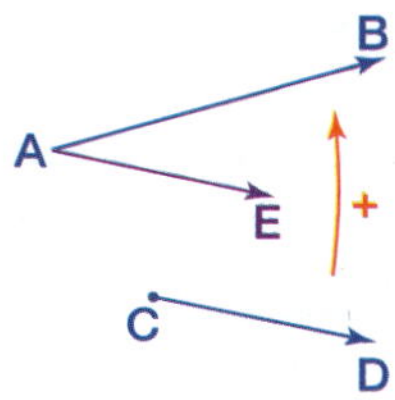

Exemple : ABC, ci-dessous, est un triangle équilatéral.

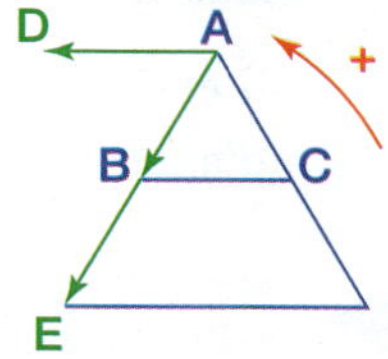

• Alors, d'après 1 :
$$(\overrightarrow{AB}, \overrightarrow{AC}) = +\frac{\pi}{3} \text{ et } (\overrightarrow{AC}, \overrightarrow{AB}) = -\frac{\pi}{3}.$$

• **Calcul de $(\overrightarrow{BC}, \overrightarrow{AB})$.** On trace $\overrightarrow{BE} = \overrightarrow{AB}$.
Alors $(\overrightarrow{BC}, \overrightarrow{AB}) = (\overrightarrow{BC}, \overrightarrow{BE})$.

Or $\widehat{EBC} = \pi - \frac{\pi}{3} = \frac{2\pi}{3}$. Donc, compte-tenu de l'orientation, d'après 1, $(\overrightarrow{BC}, \overrightarrow{BE}) = -\frac{2\pi}{3}$.

• **Calcul de $(\overrightarrow{AB}, \overrightarrow{CB})$.** On trace $\overrightarrow{AD} = \overrightarrow{CB}$.
Alors $(\overrightarrow{AB}, \overrightarrow{CB}) = (\overrightarrow{AB}, \overrightarrow{AD}) = -\frac{\pi}{3}$.

Exercices résolus

Exo 1 Comment déterminer une mesure principale ?

L'angle orienté de vecteurs $(\vec{u}, \vec{v})$ est tel que $(\vec{u}, \vec{v}) = 2\,001$ rad.
Trouvez sa mesure principale.

POINT MÉTHODE

Si θ désigne la mesure principale, alors il existe un entier k tel que $\theta = 2\,001 + 2k\pi$. Il suffit de calculer k à partir de l'encadrement de θ :
$$-\pi < 2\,001 + 2k\pi \leqslant \pi.$$

Solution commentée

Calculons k. La condition sur la mesure principale est $-\pi < \theta \leqslant \pi$.
Elle s'écrit $-\pi < 2\,001 + 2k\pi < \pi$,
d'où $-\pi - 2\,001 < 2k\pi \leqslant \pi - 2\,001$
soit $\dfrac{-\pi - 2\,001}{2\pi} < k \leqslant \dfrac{\pi - 2\,001}{2\pi}$.

Or $\dfrac{-\pi - 2\,001}{2\pi} = -318{,}96\ldots$

et $\dfrac{\pi - 2\,001}{2\pi} = -317{,}96\ldots$ donc $k = -318$.

D'où $\theta = 2001 + 2k\pi = 2\,001 - 318 \times 2\pi$,
soit $\theta = 2\,001 - 636\pi$ donc $\theta \approx 2{,}95$ rad.

▶ exercice 6

Cours

2 Propriétés des angles orientés

2.1 Angles et colinéarité

$\vec{u}$ et $\vec{v}$ sont deux vecteurs non nuls, l'angle $(\vec{u}, \vec{v})$ permet de traduire leur colinéarité car, d'après la définition des mesures d'un angle orienté :

$$(\vec{u}, \vec{u}) = 0 \text{ et } (-\vec{u}, \vec{u}) = (\vec{u}, -\vec{u}) = \pi .$$

Théorème 1

> Dire que $\vec{u}$ et $\vec{v}$ sont **colinéaires de même sens** équivaut à dire que $\boldsymbol{(\vec{u}, \vec{v}) = 0}$.
> Dire que $\vec{u}$ et $\vec{v}$ sont **colinéaires de sens contraires** équivaut à dire que $(\vec{u}, \vec{v}) = \pi$.

2.2 Relation de Chasles

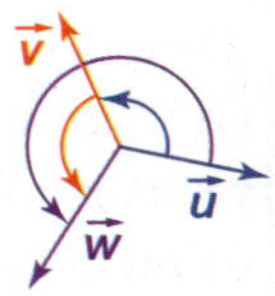

1. Nous admettons le résultat suivant, appelé **relation de Chasles**.

Théorème 2

> Pour tous vecteurs non nuls $\vec{u}, \vec{v}, \vec{w}$: $\boldsymbol{(\vec{u}, \vec{v}) + (\vec{v}, \vec{w}) = (\vec{u}, \vec{w})}$.

Selon la relation de Chasles, en additionnant n'importe quelles mesures de $(\vec{u}, \vec{v})$ et de $(\vec{v}, \vec{w})$, nous obtenons une mesure de $(\vec{u}, \vec{w})$. Réciproquement, toute mesure de $(\vec{u}, \vec{w})$ peut s'écrire comme la somme d'une mesure de $(\vec{u}, \vec{v})$ et d'une mesure de $(\vec{v}, \vec{w})$.

Exemple : Sur la figure ci-contre :

$(\overrightarrow{BA}, \overrightarrow{CD}) = (\overrightarrow{BA}, \overrightarrow{BC}) + (\overrightarrow{BC}, \overrightarrow{CD})$,

donc $(\overrightarrow{BA}, \overrightarrow{CD}) = -\dfrac{3\pi}{4} + \dfrac{\pi}{3} = -\dfrac{5\pi}{12}$.

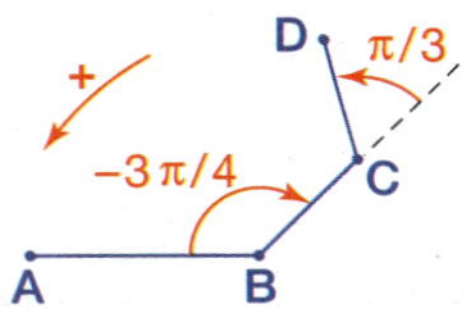

2. Conséquences

> Pour tous vecteurs non nuls $\vec{u}$ et $\vec{v}$:
> • $(\vec{v}, \vec{u}) = -(\vec{u}, \vec{v})$ [1]
> • $(\vec{u}, -v) = (\vec{u}, \vec{v}) + \pi$ [2]
> • $(-\vec{u}, \vec{v}) = (\vec{u}, \vec{v}) + \pi$ [3]
> • $(-\vec{u}, -\vec{v}) = (\vec{u}, \vec{v})$ [4]

Remarque : Les figures ci-dessous illustrent ces résultats et permettent de les retrouver.

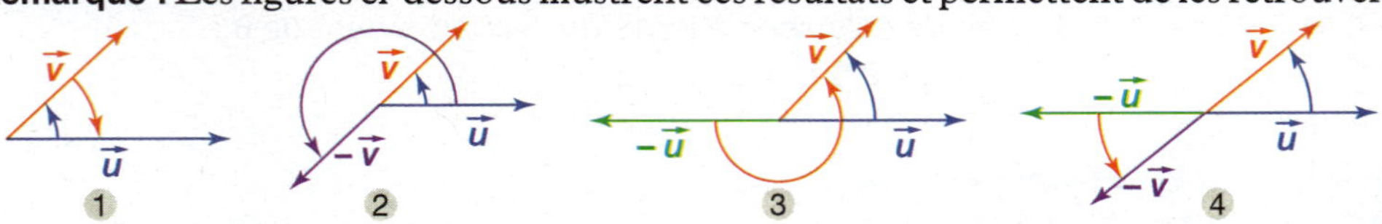

Démonstration : • $(\vec{u}, \vec{u}) = 0$; or d'après la relation de Chasles $(\vec{u}, \vec{u}) = (\vec{u}, \vec{v}) + (\vec{v}, \vec{u})$
donc $(\vec{u}, \vec{v}) + (\vec{v}, \vec{u}) = 0$ soit $(\vec{v}, \vec{u}) = -(\vec{u}, \vec{v})$ [1].

• De même : $(\vec{u}, -\vec{v}) = (\vec{u}, \vec{v}) + (\vec{v}, -\vec{v})$; or $(\vec{v}, -\vec{v}) = \pi$ donc $(\vec{u}, -\vec{v}) = (\vec{u}, \vec{v}) + \pi$ [2],
$(-\vec{u}, \vec{v}) = (-\vec{u}, \vec{u}) + (\vec{u}, \vec{v})$; or $(-\vec{u}, \vec{u}) = \pi$ donc $(-\vec{u}, \vec{v}) = \pi + (\vec{u}, \vec{v})$ [3].

• D'après la relation de Chasles $(-\vec{u}, -\vec{v}) = (-\vec{u}, \vec{u}) + (\vec{u}, \vec{v}) + (\vec{v}, -\vec{v})$.
Donc $(-\vec{u}, -\vec{v}) = \pi + (\vec{u}, \vec{v}) + \pi = (\vec{u}, \vec{v}) + 2\pi$. Ainsi $(\vec{u}, \vec{v}) + 2\pi$ est une mesure de $(-\vec{u}, -\vec{v})$, et donc $(\vec{u}, \vec{v}) + 2\pi + 2k\pi$, $k \in \mathbb{Z}$, est aussi une mesure.
Avec $k = -1$, on voit que $(\vec{u}, \vec{v})$ est une mesure de $(-\vec{u}, -\vec{v})$, donc $(-\vec{u}, -\vec{v}) = (\vec{u}, \vec{v})$ [4].

Pour mieux comprendre

COMMENT agissent les transformations usuelles sur des angles orientés ?

Nous savons que les translations, les rotations et les réflexions conservent les angles géométriques, c'est-à-dire qu'un angle géométrique et son image ont même mesure.

Pour les angles orientés :

- les translations et les rotations conservent les mesures des angles orientés :

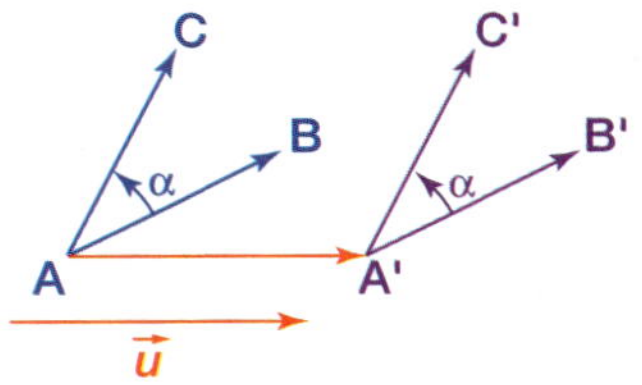

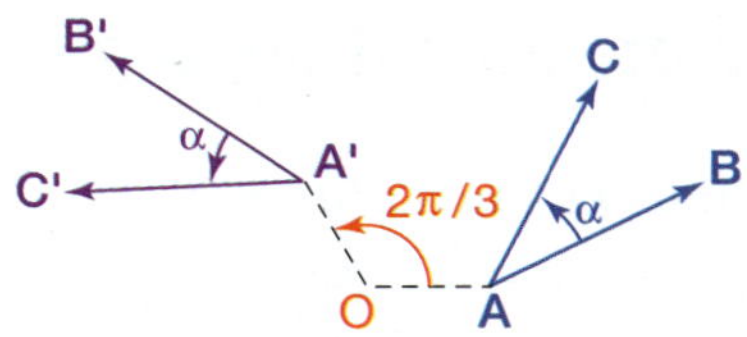

- une réflexion change la mesure d'un angle orienté en son opposée :

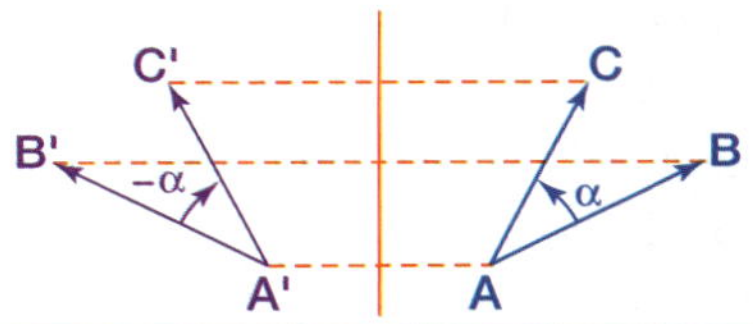

À QUOI SERT le théorème 1 ?

Il permet de :

- démontrer que des droites (AB) et (CD) sont parallèles. Par exemple en prouvant que $(\overrightarrow{AB}, \overrightarrow{CD}) = 0$ ou π (▶ **exercice résolu 2**) ;
- démontrer que des points A, B, C, distincts, sont alignés. Par exemple, en prouvant que $(\overrightarrow{AB}, \overrightarrow{AC}) = 0$ ou π.

Exercices résolus

Exo 2 **Comment démontrer que deux droites sont parallèles ?**

La ligne brisée ABCDE est construite suivant la figure ci-contre.

1. Indiquez une mesure de $(\overrightarrow{AB}, \overrightarrow{BC})$, $(\overrightarrow{BC}, \overrightarrow{CD})$, $(\overrightarrow{CD}, \overrightarrow{DE})$.

2. Calculez une mesure de $(\overrightarrow{AB}, \overrightarrow{DE})$.
Déduisez-en que (AB) et (DE) sont parallèles, puis que $\overrightarrow{AB} = -3\overrightarrow{DE}$.

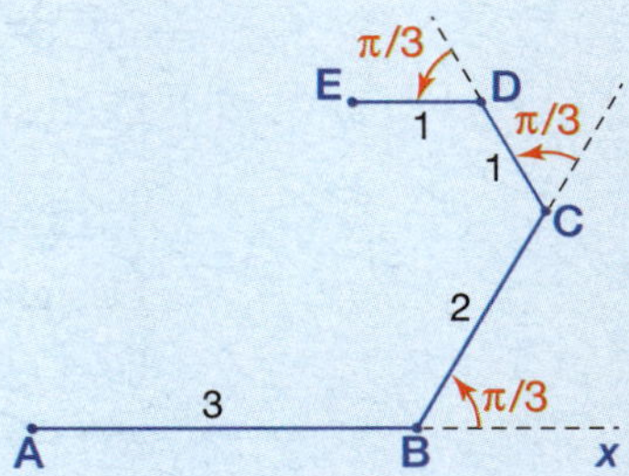

Solution commentée

1. L'angle géométrique formé par $\overrightarrow{AB}$ et $\overrightarrow{BC}$ est l'angle $\widehat{CBx}$ dont la mesure est $\frac{\pi}{3}$.

Donc $(\overrightarrow{AB}, \overrightarrow{BC}) = +\frac{\pi}{3}$.

De même, $(\overrightarrow{BC}, \overrightarrow{CD}) = +\frac{\pi}{3}$ et $(\overrightarrow{CD}, \overrightarrow{DE}) = +\frac{\pi}{3}$.

2. Pour calculer $(\overrightarrow{AB}, \overrightarrow{DE})$, compte tenu des renseignements précédents, on pense à utiliser la relation de Chasles.

On écrit alors :

$(\overrightarrow{AB}, \overrightarrow{DE}) = (\overrightarrow{AB}, \overrightarrow{BC}) + (\overrightarrow{BC}, \overrightarrow{CD}) + (\overrightarrow{CD}, \overrightarrow{DE})$.

D'où $(\overrightarrow{AB}, \overrightarrow{DE}) = \pi$.

Cette égalité prouve que $\overrightarrow{AB}$ et $\overrightarrow{DE}$ sont colinéaires et de sens contraires, donc que les droites (AB) et (DE) sont parallèles. De plus il existe k, $k < 0$, tel que $\overrightarrow{AB} = k\overrightarrow{DE}$. Les indications de longueurs portées sur la figure conduisent à $k = -3$.

▶ **exercices 18, 19, 20**

Cours

3 Lignes trigonométriques

3.1 Repère orthonormal direct

Définition 2

Un repère orthonormal $(O\ ;\vec{\imath},\vec{\jmath})$ du plan est dit **direct** lorsque $(\vec{\imath},\vec{\jmath}) = \frac{\pi}{2}$, **indirect** lorsque $(\vec{\imath},\vec{\jmath}) = -\frac{\pi}{2}$.

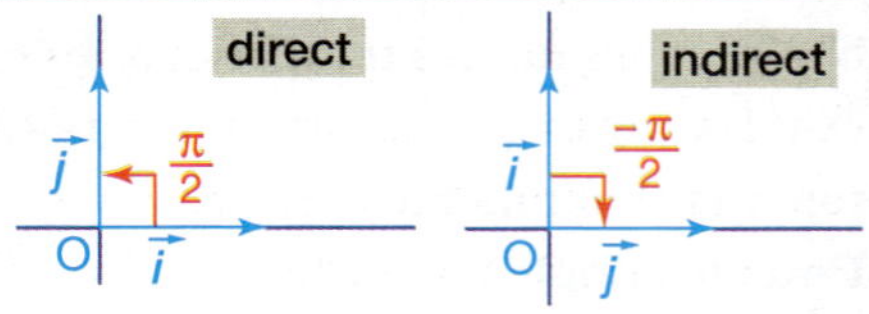

3.2 Cosinus et sinus d'un angle de vecteurs

1. Rappels : cosinus et sinus d'un réel x

$\mathscr{C}$ est un cercle trigonométrique de centre O. A et B sont deux points de $\mathscr{C}$ tels que le repère $(O\ ;\overrightarrow{OA},\overrightarrow{OB})$ est un repère orthonormal direct. Notons $\overrightarrow{OA} = \vec{\imath}$ et $\overrightarrow{OB} = \vec{\jmath}$.

À tout réel x correspond un point unique M de $\mathscr{C}$ tel que x soit une mesure en radians de $(\vec{\imath},\overrightarrow{OM})$.

Par définition, $\cos x$ est l'abscisse de M et $\sin x$ est l'ordonnée de M dans le repère $(O\ ;\vec{\imath},\vec{\jmath})$.

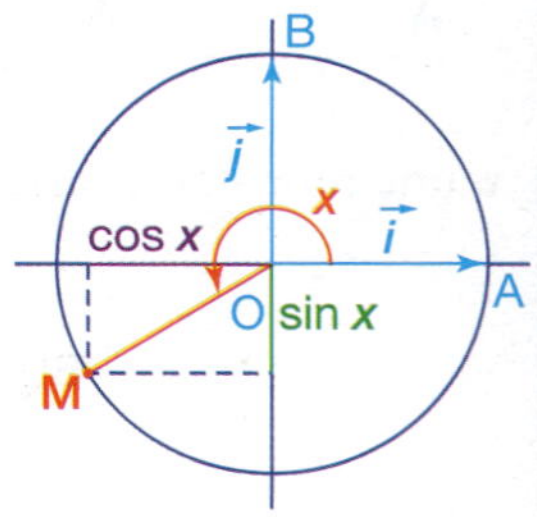

2. Cosinus et sinus d'un angle orienté $(\vec{u},\vec{v})$

Si x désigne une mesure en radians d'un angle orienté $(\vec{u},\vec{v})$, alors toute autre mesure est du type $x + 2k\pi$, avec k entier relatif. Donc x et $x + 2k\pi$ sont associés au même point M, d'où $\cos(x + 2k\pi) = \cos x$ et $\sin(x + 2k\pi) = \sin x$.

D'où la définition suivante :

Définition 3

Le **cosinus** (respectivement le **sinus**) d'un angle orienté $(\vec{u},\vec{v})$ est le cosinus (respectivement le sinus) de l'une quelconque de ses mesures en radians.

Le cosinus de l'angle $(\vec{u},\vec{v})$ se note $\mathbf{cos}(\vec{u},\vec{v})$ et le sinus, $\mathbf{sin}(\vec{u},\vec{v})$.

3. Lien entre $\cos(\vec{u},\vec{v})$ et $\cos(\widehat{AOB})$ lorsque $\vec{u} = \overrightarrow{OA}$ et $\vec{v} = \overrightarrow{OB}$

Désignons par α la mesure principale de l'angle orienté $(\vec{u},\vec{v})$ et par θ la mesure en radians de l'angle géométrique associé à $\widehat{AOB}$.

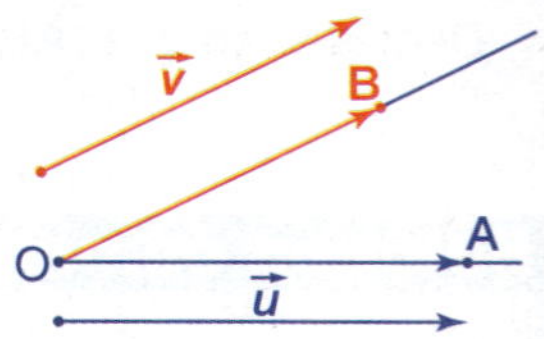

Nous savons (*voir p.* 270) que $\theta = |\alpha|$. D'où :

- lorsque $\alpha \geqslant 0, \theta = |\alpha| = \alpha$ donc $\cos\theta = \cos\alpha$,
- lorsque $\alpha \leqslant 0, \theta = |\alpha| = -\alpha$ donc $\cos\theta = \cos(-\alpha) = \cos\alpha$.

NOTE
L'égalité entre $\cos(\vec{u},\vec{v})$ et $\cos(\widehat{AOB})$ sera utilisée dans le chapitre 12.

Ainsi, l'angle orienté de vecteurs $(\vec{u},\vec{v})$ et l'angle géométrique formé par ces deux vecteurs **ont le même cosinus**.

Remarque : $(\vec{u},\vec{v})$ et $\widehat{AOB}$ n'ont **pas toujours le même sinus**.

- si $\alpha \geqslant 0$, $\theta = |\alpha| = \alpha$ donc $\sin\theta = \sin\alpha$;
- si $\alpha \leqslant 0$, $\theta = |\alpha| = -\alpha$ donc $\sin\theta = \sin(-\alpha) = -\sin\alpha$.

Les sinus de $(\vec{u},\vec{v})$ et de $\widehat{AOB}$ peuvent donc être égaux ou opposés !

COMMENT établir ou retrouver les lignes trigonométriques d'angles associés ?

Nous appellerons **angles associés** à un angle orienté de mesure x les angles orientés dont une mesure est $-x$, $\pi - x$, $\pi + x$, $\frac{\pi}{2} - x$. Leurs lignes trigonométriques peuvent être obtenues, en utilisant le repérage sur un cercle trigonométrique, puis en utilisant des symétries centrales ou axiales.

x est un réel quelconque et M le point associé à x sur $\mathscr{C}$.

1. Le point M′ associé à $-x$ est le **symétrique de M par rapport à l'axe des abscisses**. M et M′ ont la même abscisse et des ordonnées opposées. Ainsi :

$$[1]\begin{cases}\cos(-x) = \cos x\\ \sin(-x) = -\sin x\end{cases}$$

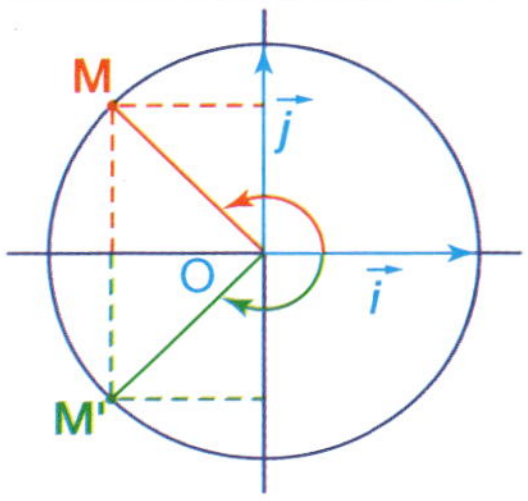

2. Le point M′ associé à $\pi - x$ est le **symétrique de M par rapport à l'axe des ordonnées**. M et M′ ont des abscisses opposées et la même ordonnée. Ainsi :

$$[2]\begin{cases}\cos(\pi - x) = -\cos x\\ \sin(\pi - x) = \sin x\end{cases}$$

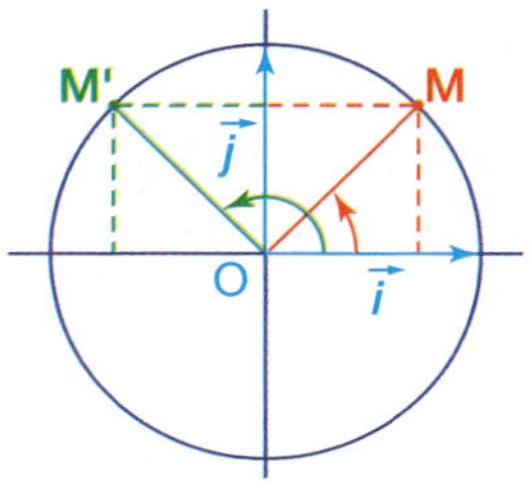

3. Le point M′ associé à $\pi + x$ est le **symétrique de M par rapport à l'origine O**. M et M′ ont des abscisses et des ordonnées opposées. Ainsi :

$$[3]\begin{cases}\cos(\pi + x) = -\cos x\\ \sin(\pi + x) = -\sin x\end{cases}$$

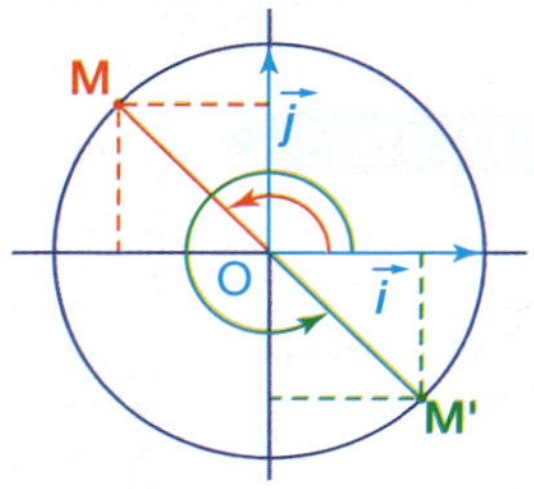

4. Le point M′ associé à $\frac{\pi}{2} - x$ est le **symétrique de M par rapport à la droite Δ d'équation $y = x$**. Ainsi :

- l'abscisse de M′ est l'ordonnée de M,
- l'ordonnée de M′ est l'abscisse de M.

$$[4]\begin{cases}\cos\left(\frac{\pi}{2} - x\right) = \sin x\\ \sin\left(\frac{\pi}{2} - x\right) = \cos x\end{cases}$$

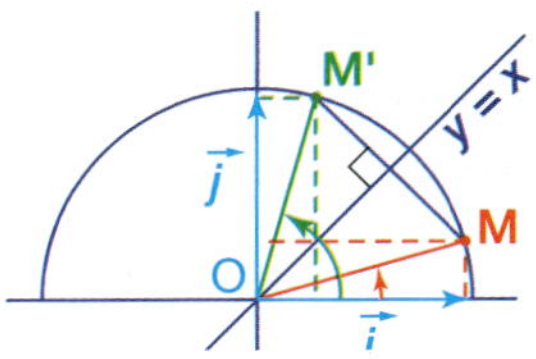

5. Conséquence : Le point M″ associé à $\frac{\pi}{2} + x$ est le symétrique de M′, associé à $\frac{\pi}{2} - x$, par rapport à l'axe des ordonnées. M′ et M″ ont des abscisses opposées et la même ordonnée. D'où :

$\cos\left(\frac{\pi}{2} + x\right) = -\cos\left(\frac{\pi}{2} - x\right)$ et $\sin\left(\frac{\pi}{2} + x\right) = \sin\left(\frac{\pi}{2} - x\right)$.

D'après [4], $$[5]\begin{cases}\cos\left(\frac{\pi}{2} + x\right) = -\sin x\\ \sin\left(\frac{\pi}{2} + x\right) = \cos x\end{cases}$$

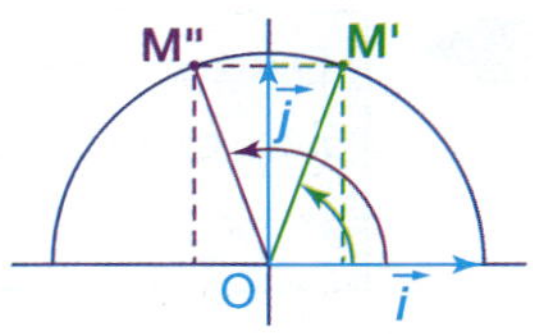

Exemple : Nous savons que $\cos\frac{\pi}{6} = \frac{\sqrt{3}}{2}$ et $\sin\frac{\pi}{6} = \frac{1}{2}$ d'où les valeurs remarquables des cosinus et sinus des angles associés.

x	$\pi/6$	$-\pi/6$	$5\pi/6$	$7\pi/6$	$\pi/3$	$2\pi/3$
cosinus	$\sqrt{3}/2$	$\sqrt{3}/2$	$-\sqrt{3}/2$	$-\sqrt{3}/2$	$1/2$	$-1/2$
sinus	$1/2$	$-1/2$	$1/2$	$-1/2$	$\sqrt{3}/2$	$\sqrt{3}/2$

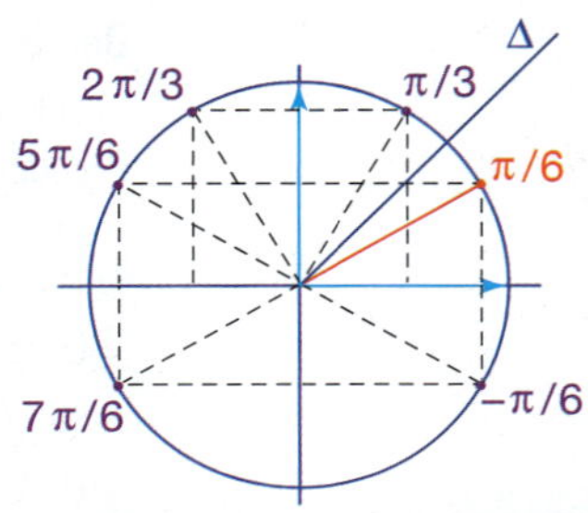

4 Repérage. Coordonnées polaires

4 1 Coordonnées polaires d'un point

$(O\,;\vec{\imath},\vec{\jmath}\,)$ est un repère orthonormal direct. Si M est un point distinct de O, alors M est repéré par l'angle $\theta = (\vec{\imath}, \overrightarrow{OM})$ et par sa distance à O, $OM = r$.
Réciproquement, la donnée d'un couple $(r\,;\theta)$, avec $r > 0$ et θ réel quelconque, détermine un point M et un seul tel que $OM = r$ et $(\vec{\imath}, \overrightarrow{OM}) = \theta$.
Pour l'obtenir, traçons une demi-droite [OA) telle que $(\vec{\imath}, \overrightarrow{OA}) = \theta$ puis sur la demi-droite [OA), plaçons M tel que $OM = r$.

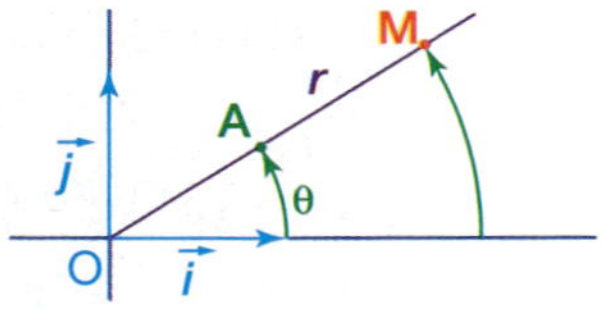

Définition 4

Pour tout point M distinct de l'origine O, un couple $(r\,;\theta)$ tel que $\boldsymbol{r = OM}$ et $\boldsymbol{\theta = (\vec{\imath}, \overrightarrow{OM})}$ est un couple de **coordonnées polaires** de M. On note $M(r\,;\theta)$.

NOTE
Si M est un point du cercle trigonométrique tel que $(\vec{\imath}, \overrightarrow{OM}) = x$, alors les coordonnées polaires de M sont $(1\,;x)$.

Exemple :

Sur la figure ci-contre, A est tel que :

$$OA = \sqrt{2} \text{ et } (\vec{\imath}, \overrightarrow{OA}) = \frac{\pi}{4}$$

donc les coordonnées polaires de A sont $\left(\sqrt{2}\,;\frac{\pi}{4}\right)$.

De même, $B\left(2\,;-\frac{2\pi}{3}\right)$.

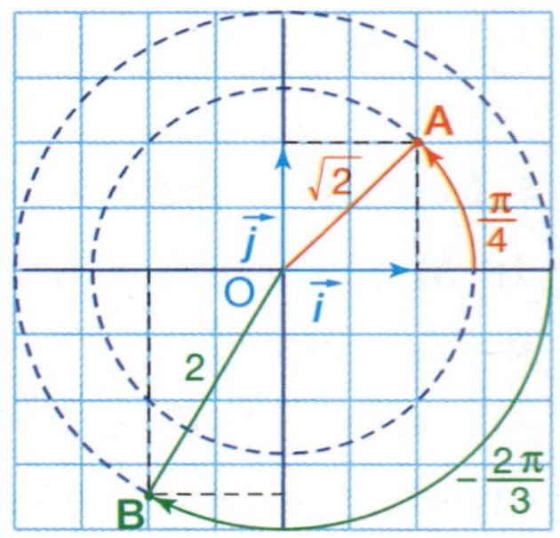

4 2 Lien entre repérages cartésien et polaire

Théorème 3

Dans un repère orthonormal direct $(O\,;\vec{\imath},\vec{\jmath}\,)$, un point M $(M \neq O)$ a pour coordonnées cartésiennes $(x\,;y)$ et pour coordonnées polaires $(r\,;\theta)$. Alors :

$$\boldsymbol{r = \sqrt{x^2+y^2}} \;;\quad \boldsymbol{x = r\cos\theta} \;;\quad \boldsymbol{y = r\sin\theta}.$$

Démonstration :

Traçons le cercle trigonométrique $\mathscr{C}$ de centre O. La demi-droite [OM) coupe $\mathscr{C}$ en N.
Alors $\overrightarrow{OM}$ et $\overrightarrow{ON}$ sont colinéaires et de même sens et donc, puisque $OM = r$ et $ON = 1$, nous obtenons $\overrightarrow{OM} = r\overrightarrow{ON}$.
Or les coordonnées cartésiennes de N sont $(\cos\theta\,;\sin\theta)$, car N est sur $\mathscr{C}$ et $(\vec{\imath}, \overrightarrow{ON}) = (\vec{\imath}, \overrightarrow{OM}) = \theta$.
Donc celles de M sont $(r\cos\theta\,;r\sin\theta)$.
Par ailleurs, $OM^2 = x^2 + y^2 = r^2$ d'où le résultat.

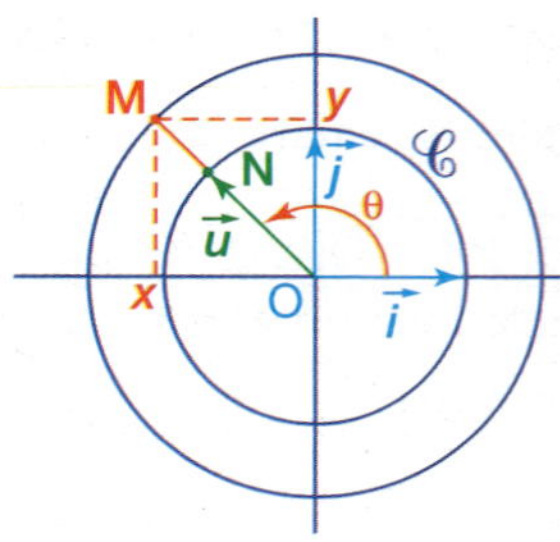

Pour mieux comprendre

PEUT-ON appliquer aux coordonnées polaires les règles de calculs des coordonnées cartésiennes ?
NON, en général.

• Par exemple, les coordonnées polaires d'une somme $\vec{u} + \vec{v}$ ne sont pas les sommes des coordonnées polaires de $\vec{u}$ et $\vec{v}$.

Exemple : Sur la figure ci-contre, $\overrightarrow{OM} = \overrightarrow{OA} + \overrightarrow{OB}$.

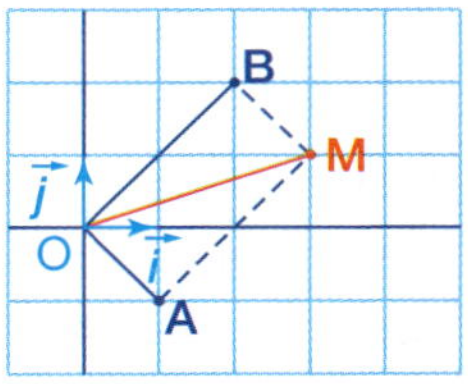

A et B ont respectivement pour coordonnées polaires $\left(\sqrt{2}\,;-\frac{\pi}{4}\right)$ et $\left(2\sqrt{2}\,;\frac{\pi}{4}\right)$.

Mais il est clair que M n'a pas pour coordonnées polaires $(3\sqrt{2}\,;0)$. Ce sont les coordonnées cartésiennes qui se prêtent aux calcul additifs.

Ainsi A(1 ; – 1), B(2 ; 2) et M(3 ; 1).

• Mais les coordonnées polaires ont des avantages. Vous en découvrirez certains l'an prochain.

Exemple : M′ est l'image de M par la rotation R de centre O et d'angle α.

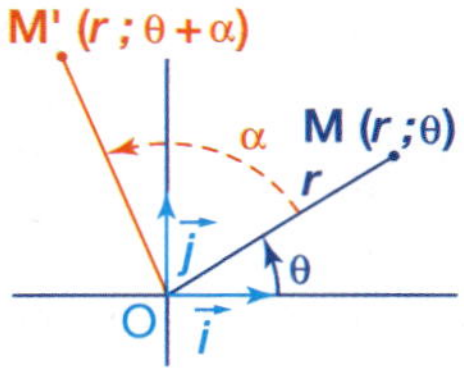

Alors $OM' = OM$ et $(\overrightarrow{OM}, \overrightarrow{OM'}) = \alpha$.

Si M a pour coordonnées polaires $(r\,;\theta)$ et $M'(r'\,;\theta')$, alors $r = r'$ et $\theta' = \theta + \alpha$.

Exercices résolus

Exo 3 **Comment passer du repérage polaire au cartésien et vice versa ?**

$(O\,;\vec{i},\vec{j})$ est un repère orthonormal direct.

1. Donnez les coordonnées cartésiennes des points de coordonnées polaires suivants :

$$A\left(2\,;\frac{5\pi}{6}\right),\quad B\left(\sqrt{2}\,;\frac{\pi}{4}\right),\quad C\left(1\,;-\frac{\pi}{2}\right).$$

2. Donnez des coordonnées polaires pour les points de coordonnées cartésiennes suivants :

$$N\left(-\frac{1}{2}\,;-\frac{\sqrt{3}}{2}\right),\qquad P(\sqrt{2}\,;-\sqrt{2}).$$

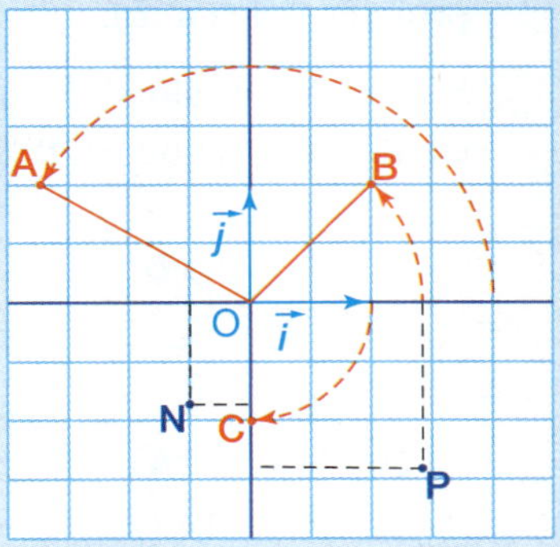

Solution commentée

1. Les coordonnées cartésiennes de A sont définies par les relations :

$$\begin{cases} x_A = r\cos\theta = 2\times\left(-\frac{\sqrt{3}}{2}\right) = -\sqrt{3} \\ y_A = r\sin\theta = 2\times\frac{1}{2} = 1 \end{cases}$$

Ainsi $A(-\sqrt{3}\,;1)$. De même, B(1 ; 1) et C(0 ; – 1).

2. Des coordonnées polaires de N sont définies par :

• $r = \sqrt{x_N^2 + y_N^2} = \sqrt{\frac{1}{4}+\frac{3}{4}} = 1$;

• θ est tel que :

$$\begin{cases} \cos\theta = \frac{x_N}{r} = -\frac{1}{2} \\ \sin\theta = \frac{y_N}{r} = -\frac{\sqrt{3}}{2}. \end{cases}$$

Nous reconnaissons des valeurs remarquables pour le sinus et le cosinus, et nous en déduisons $\theta = -\frac{2\pi}{3}$.

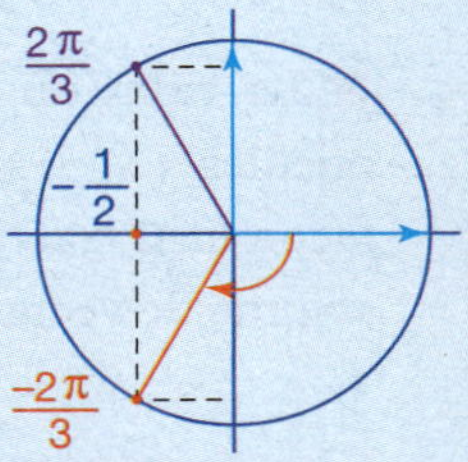

Ainsi $N\left(1\,;-\frac{2\pi}{3}\right)$.

De même, $P\left(2\,;-\frac{\pi}{4}\right)$ (valeurs exactes).

Commentaire : Il est important de connaître ou de savoir retrouver rapidement les valeurs des lignes trigonométriques remarquables à partir du cercle trigonométrique.

▶ **exercices 39 à 49**

Des idées, des réflexes

Des idées à retenir

Angles orientés

■ **Un angle orienté de vecteurs possède une infinité de mesures ;** deux de ces mesures diffèrent d'un multiple entier de 2π.

Si x est une mesure, tout autre mesure s'écrit $x + 2k\pi \quad (k \in \mathbb{Z})$.

Exemple : $-\frac{2\pi}{3}$ et $\frac{16\pi}{3}$ sont deux mesures d'un même angle orienté $(\vec{u}, \vec{v})$ car $\frac{16\pi}{3} - \left(-\frac{2\pi}{3}\right) = 6\pi$.

■ Dans la notation $(\vec{u}, \vec{v}) = x$ (modulo 2π), l'angle orienté est confondu avec l'une quelconque de ses mesures (x).

■ La **mesure principale** de $(\vec{u}, \vec{v})$ appartient à l'intervalle $]-\pi\ ;\ \pi]$.

■ La mesure de l'angle géométrique associé à $\vec{u}$ et $\vec{v}$ est égale à la valeur absolue de la mesure principale de $(\vec{u}, \vec{v})$.

Si $\theta = \widehat{AOB}$, alors $(\vec{u}, \vec{v})$ a pour mesure principale θ (*fig. 1*) ou $-\theta$ (*fig. 2*).

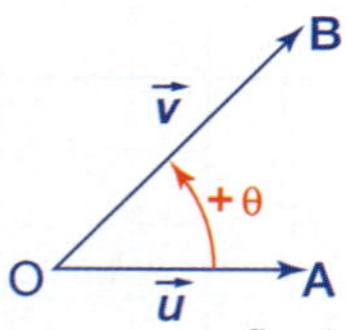

fig. 1

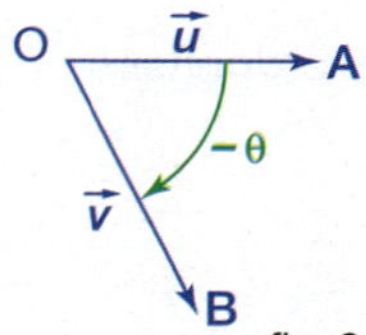

fig. 2

■ La **relation de Chasles** pour les angles orientés $(\vec{u}, \vec{v}) + (\vec{v}, \vec{w}) = (\vec{u}, \vec{w})$ s'utilise de façon analogue à la relation de Chasles sur la somme de vecteurs.

Coordonnées polaires

■ Dans un repère orthonormal direct $(O\ ;\ \vec{i}, \vec{j})$, le lien entre les coordonnées cartésiennes $(x\ ;\ y)$ et les coordonnées polaires $(r\ ;\ \theta)$ d'un point M, est donné par $\boldsymbol{x = r\cos\theta}$ et $\boldsymbol{y = r\sin\theta}$ avec $OM = r$ et $(\vec{i}, \overrightarrow{OM}) = \theta$.

Des réflexes à avoir

Mesure principale

■ Pour déterminer la mesure principale θ d'un angle orienté de mesure donnée x, cherchez l'entier k_0 de $\mathbb{Z}$ tel que :

$$-\pi < x + 2k_0 \leqslant \pi, \text{ alors } \theta = x + 2k_0\pi$$

(▶ **exercice résolu 1, page 271).**

■ Dans certains cas, l'utilisation de la division euclidienne des entiers facilite le calcul de la mesure principale θ.

Exemple : $\frac{25\pi}{3} = \frac{(3 \times 8 + 1)\pi}{3} = 8\pi + \frac{\pi}{3}$.

Donc $\theta = \frac{\pi}{3}$.

Lignes trigonométriques

■ Pour retrouver les formules d'un angle associé à un angle de mesure x, pensez, si vous ne les connaissez pas par cœur, à utiliser un cercle trigonométrique et des symétries évidentes (▶ ***Pour mieux comprendre*, p. 275).**

Exemple : $\cos(\pi - x)$ et $\sin(\pi - x)$

Repérez les points associés à x et $\pi - x$ et déduisez-en :

$$\begin{cases} \cos(\pi - x) = -\cos x \\ \sin(\pi - x) = \sin x. \end{cases}$$

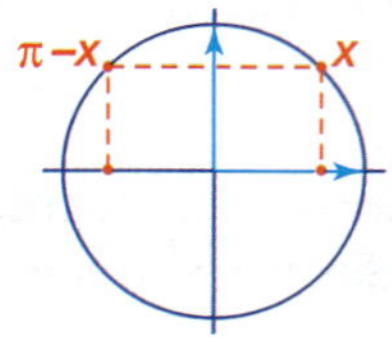

■ Les nombres a et b sont deux réels donnés dans l'intervalle $[-1\ ;\ 1]$ tels que $a^2 + b^2 = 1$. Pour trouver un réel θ tel que $\cos\theta = a$ et $\sin\theta = b$, pensez à utiliser un cercle trigonométrique et retenez qu'il n'existe qu'une seule valeur θ de $]-\pi\ ;\ \pi]$ telle que $\cos\theta = a$ et $\sin\theta = b$.

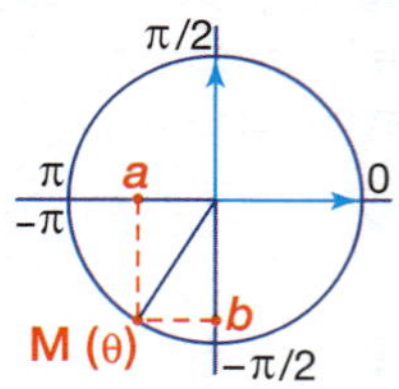

Des erreurs à éviter

■ L'unité à utiliser pour les mesures d'angles orientés est le **radian**. Veillez à travailler en mode « rad » sur vos calculatrices.

TD 1 Optique et angles orientés

Rappelons la loi de réflexion utilisée en optique : un rayon lumineux se réfléchit sur un miroir plan, symétriquement à la normale, au point d'incidence.

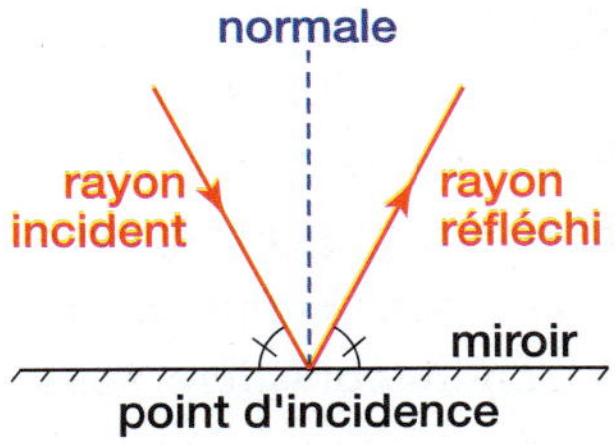

L'étude qui va suivre permet d'évaluer l'angle orienté entre le rayon incident et le rayon réfléchi lors de la réflexion sur un miroir « à deux pans ».

La figure ci-dessous illustre le phénomène. Nous supposerons la représentation dans le plan orienté. Le miroir est représenté par AOB et une mesure de l'angle entre les deux pans est $(\overrightarrow{OA}, \overrightarrow{OB}) = m$.
L'angle d'incidence a pour mesure $(\overrightarrow{IA}, \overrightarrow{IS}) = i$.

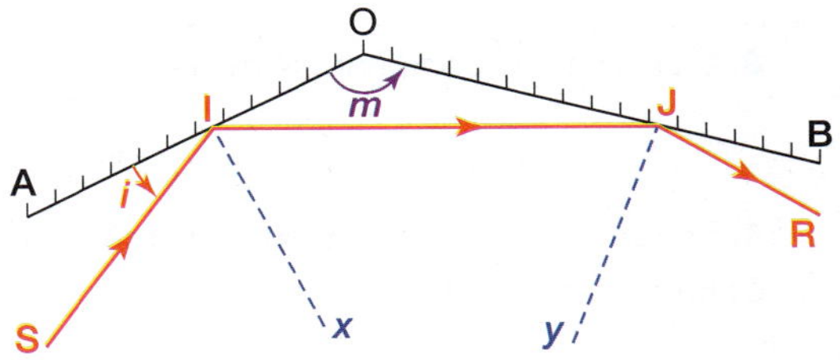

1. En utilisant la symétrie axiale d'axe (Ix), prouvez que $(\overrightarrow{IS}, \overrightarrow{IJ}) = \pi - 2i$.

2. En utilisant la symétrie axiale d'axe (Jy), prouvez que $(\overrightarrow{JI}, \overrightarrow{JR}) = \pi - 2(\overrightarrow{JO}, \overrightarrow{JI})$.

3. En écrivant que $(\overrightarrow{JO}, \overrightarrow{JI}) = (\overrightarrow{JO}, \overrightarrow{OI}) + (\overrightarrow{OI}, \overrightarrow{JI})$, déduisez que :

$$(\overrightarrow{JO}, \overrightarrow{JI}) = \pi - m - i.$$

4. Déduisez de ce qui précède une mesure de $(\overrightarrow{SI}, \overrightarrow{JR})$. Cet angle dépend-il de l'angle d'incidence i ?
L'angle $(\overrightarrow{SI}, \overrightarrow{JR})$ est appelé **angle de la déviation.**

5. a) Dans le cas d'un miroir à deux pans perpendiculaires, quel est l'angle de la déviation ?
b) Précisez alors la position des rayons incident et réfléchi.
Représentez cette situation sur une figure.

6. a) Dans le cas d'un miroir à deux pans tel que $m = \frac{3\pi}{4}$, quelle sera la position des rayons ?
b) Représentez cette situation sur une figure.

TD 2 Dix heures dix

Il est habituel chez les horlogers de présenter les montres et les pendules affichant approximativement l'heure « dix heures dix ».

Le but de l'exercice est de déterminer l'heure exacte correspondante, sachant que les deux aiguilles sont disposées symétriquement par rapport à l'axe indiquant midi.

Pour cela, nous supposerons que le rayon du cadran est $r = 1$ et nous considérerons le plan muni du repère orthonormal direct $(O ; \vec{i}, \vec{j})$ indiqué ci-contre.

Les points M et H sont les traces sur le cadran de l'axe de la grande aiguille et de celui de la petite aiguille.

1. Indiquez les vitesses angulaires en rad/h des points M et H.

2. Notons $\theta_M = (\vec{j}, \overrightarrow{OM})$ et $\theta_H = (\vec{j}, \overrightarrow{OH})$.
Justifiez qu'à l'instant t, $0 \leqslant t \leqslant 12$, exprimé en heures :

$$\theta_M = -2\pi t \text{ (modulo } 2\pi) \text{ et } \theta_H = -\frac{\pi}{6}t \text{ (modulo } 2\pi).$$

3. En utilisant la condition de symétrie, démontrez qu'il existe un entier k tel que :

$$-2\pi t = \frac{\pi}{6}t + 2k\pi \quad [1]$$

4. En remarquant que l'instant t cherché est compris entre 10 et 11, encadrez k.
Déduisez-en sa valeur.

5. Déterminez alors, en utilisant la relation [1], la valeur exacte de t.
Indiquez, à une seconde près, l'heure de l'événement.

TD 3 Équations trigonométriques

1. Équation $\cos x = a$, a réel donné

a) On suppose $|a| > 1$.
Prouvez que l'équation n'a pas de solution.

b) On suppose $-1 \leqslant a \leqslant 1$.

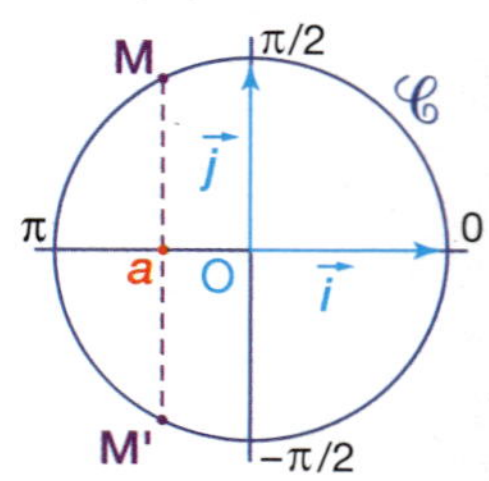

- Placez sur la figure le point $P(a ; 0)$ et les points M et M′ sur $\mathscr{C}$ (éventuellement confondus) d'abscisse a.

M est le point tel qu'une mesure de $(\vec{i}, \overrightarrow{OM})$, notée θ, est comprise entre 0 et π.

- Prouvez alors que $(\vec{i}, \overrightarrow{OM'}) = -\theta$.
- Déduisez-en que les solutions de l'équation $\cos x = a$ sont les réels $x = \theta + 2k\pi$ ou $x = -\theta + 2k'\pi$ $(k \in \mathbb{Z} ; k' \in \mathbb{Z})$.

c) Résolvez dans $\mathbb{R}$ les équations suivantes :

- $\cos x = \frac{\sqrt{2}}{2}$; $\cos x = \frac{1}{2}$; $2\cos x + \sqrt{3} = 0$; $\cos x = 0{,}8$;
- $\cos 3x = \frac{\sqrt{2}}{2}$; $\cos 4x = \frac{1}{2}$.

2. Équation $\sin x = b$, b réel donné

a) En procédant comme en **1.**, prouvez que l'équation n'a pas de solution lorsque $|b| > 1$, et que, dans le cas contraire, les solutions sont les nombres $x = \theta + 2k\pi$, $x = \pi - \theta + 2k'\pi$, où θ désigne un nombre entre $-\frac{\pi}{2}$ et $\frac{\pi}{2}$ tel que $\sin\theta = b$.

b) Résolvez dans $\mathbb{R}$ les équations :

- $\sin x = \frac{\sqrt{2}}{2}$; $\sin x = \frac{1}{2}$; $2\sin x + \sqrt{2} = 0$; $\sin x = -0{,}7$;
- $\sin 3x = \frac{1}{2}$; $\sin 4x = \frac{\sqrt{3}}{2}$.

3. Réels ayant même cosinus ; réels ayant même sinus

a) En utilisant le cercle trigonométrique, prouvez que :
« Les réels x et y ont même cosinus, c'est-à-dire sont tels que $\cos x = \cos y$ » **équivaut à** « $x = y + 2k\pi$, $k \in \mathbb{Z}$, ou $x = -y + 2k'\pi$, $k' \in \mathbb{Z}$ ».

b) Prouvez que : « Les réels x et y ont même sinus, c'est-à-dire sont tels que $\sin x = \sin y$ » **équivaut à** « $x = y + 2k\pi$, $k \in \mathbb{Z}$, ou $x = \pi - y + 2k'\pi$, $k' \in \mathbb{Z}$ ».

c) Applications. Résolvez dans $\mathbb{R}$ les équations :
$\sin 2x = \sin\left(x + \frac{\pi}{4}\right)$; $\cos\left(3x + \frac{\pi}{6}\right) = \cos\left(x - \frac{\pi}{3}\right)$.

Conclusion : Les résultats de cette étude peuvent être résumés ainsi :

L'équation :
$\boldsymbol{\cos x = \cos\theta}$
équivaut dans $\mathbb{R}$ à :
$\boldsymbol{x = \theta + 2k\pi}$
ou $\boldsymbol{x = -\theta + 2k'\pi}$
(k et k' entiers relatifs).

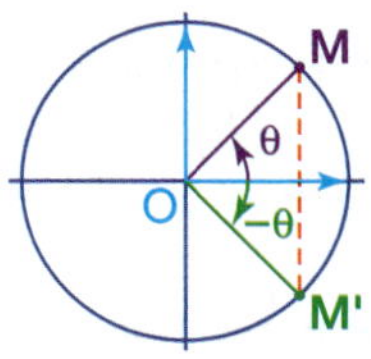

L'équation :
$\boldsymbol{\sin x = \sin\theta}$
équivaut dans $\mathbb{R}$ à :
$\boldsymbol{x = \theta + 2k\pi}$
ou $\boldsymbol{x = \pi - \theta + 2k'\pi}$
(k et k' entiers relatifs).

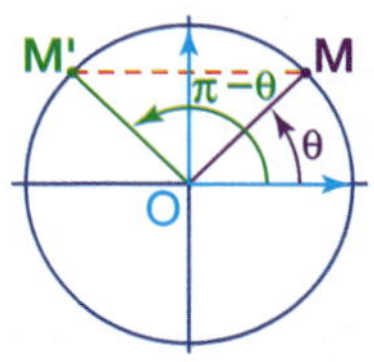

4. Équations du type $\cos(u(x)) = \sin(v(x))$.

POINT MÉTHODE

Pour résoudre une équation $\cos u = \sin v$, en général, on se ramène à une équation $\cos u = \cos V$, en écrivant que $\sin v = \cos\left(\frac{\pi}{2} - v\right)$ [ou à une équation $\sin U = \sin v$ en écrivant que $\cos u = \sin\left(\frac{\pi}{2} - u\right)$].

Résolvez les équations :

a) $\cos\left(x - \frac{\pi}{4}\right) = \sin 3x$; **b)** $\sin\left(2x + \frac{\pi}{6}\right) = \cos\left(x + \frac{\pi}{3}\right)$.

TD 4 Deux constructions pour le même ensemble

L'objectif de ce TD est de construire deux ensembles de points et de démontrer, en utilisant les coordonnées polaires et cartésiennes, qu'il s'agit du même ensemble.

1 L'ellipse du jardinier

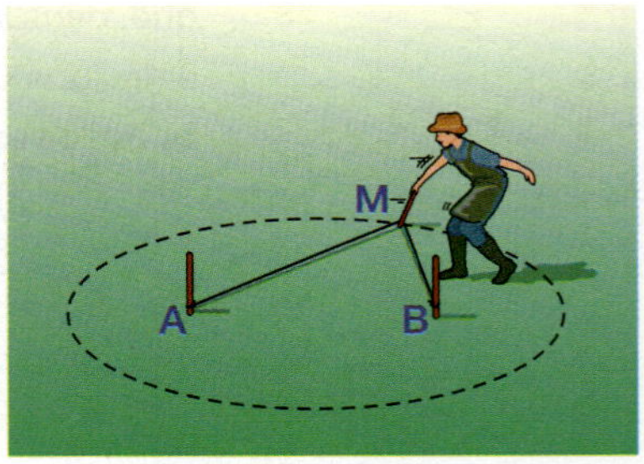

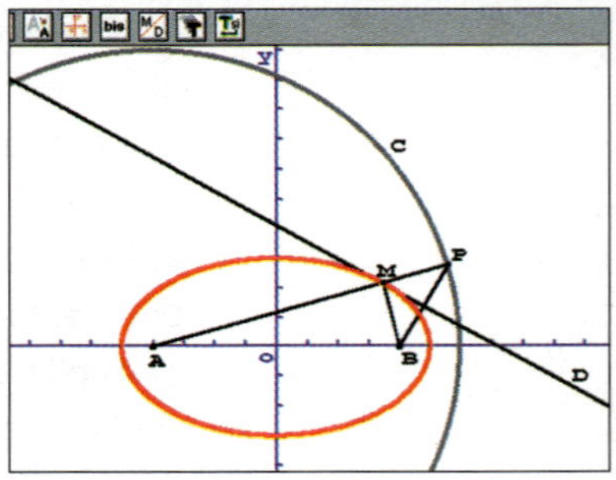

Un jardinier fixe les deux extrémités d'une corde de longueur $2a$ à deux points fixes A et B ($2a > AB$). Il tend la corde, obtient un point M qu'il déplace en conservant la corde tendue (donc $MA + MB = 2a$).
L'ensemble décrit par M est une **ellipse**.
Dans un repère orthonormal $(O\,;\,\vec{i}, \vec{j})$, on place les points $A(-4\,;\,0)$ et $B(4\,;\,0)$.
Il s'agit de construire l'ensemble $\mathscr{E}$ des points M tels que $MA + MB = 10$.
On construit le cercle $\mathscr{C}$ de centre A et de rayon 10. P est un point de $\mathscr{C}$, la médiatrice d du segment [BP] coupe (AP) en M. Il est évident que $MA + MB = MA + MP = 10$.
Lorsque P se déplace sur $\mathscr{C}$, on obtient le lieu de M tracé en rouge sur la figure ci-contre. On note $(x\,;\,y)$ les coordonnées cartésiennes du point M.

NOTE
On peut visualiser ce lieu à l'aide d'un logiciel de géométrie.

1. a) Prouvez que $MA^2 - MB^2 = 16x$ et que $MA^2 + MB^2 = 2(x^2 + y^2 + 16)$ [1].

b) En tenant compte de $MA + MB = 10$, déduisez-en que $MA - MB = \frac{8}{5}x$.

c) Vérifiez alors que $MA = 5 + \frac{4}{5}x$ et $MB = 5 - \frac{4}{5}x$.

d) En remplaçant MA et MB dans [1], déduisez-en que $\frac{x^2}{25} + \frac{y^2}{9} = 1$ [2].

2. Réciproquement, tout point $M(x\,;\,y)$ tel que $\frac{x^2}{25} + \frac{y^2}{9} = 1$ est-il un point de $\mathscr{E}$?

a) En écrivant $\frac{y^2}{9} = 1 - \frac{x^2}{25}$, prouvez que $x^2 \leqslant 25$ ou $-5 \leqslant x \leqslant 5$.

b) Après avoir calculé MA^2 et MB^2 en fonction de x et y, démontrez que $MA^2 = \left(5 + \frac{4}{5}x\right)^2$ et $MB^2 = \left(5 - \frac{4}{5}x\right)^2$.

c) En tenant compte de la question **2.a)**, déduisez-en que $MA = 5 + \frac{4}{5}x$ et $MB = 5 - \frac{4}{5}x$.
Prouvez alors que $MA + MB = 10$.

Conclusion : L'ensemble $\mathscr{E}$ des points M tels que $MA + MB = 10$ est la courbe d'équation $\frac{x^2}{25} + \frac{y^2}{9} = 1$.

2 Une autre construction

NOTE
On peut visualiser ce lieu à l'aide d'un logiciel de géométrie.

Dans un repère orthonormal direct $(O ; \vec{\imath}, \vec{\jmath})$, on construit les cercles $\mathscr{C}_1$ et $\mathscr{C}_2$ de centre O et de rayons respectifs 5 et 3.
P est un point quelconque de $\mathscr{C}_1$. Le segment [OP] coupe $\mathscr{C}_2$ en Q. La perpendiculaire à (Ox) passant par P coupe la perpendiculaire à (Oy) passant par Q en M.

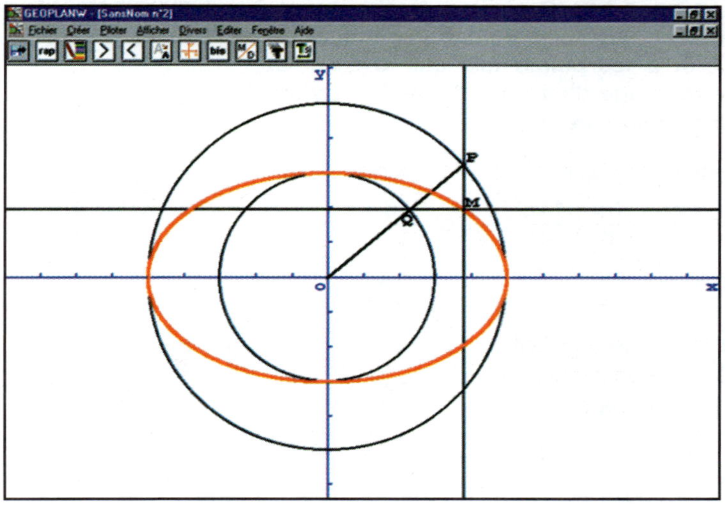

Montrons que le lieu $\mathscr{L}$ du point M lorsque P décrit $\mathscr{C}_1$ est l'ellipse construite au §1.
Pour cela, on va définir le point mobile P du cercle $\mathscr{C}_1$ par ses coordonnées polaires en posant $(\vec{\imath}, \overrightarrow{OP}) = \theta$.

1. a) Quelles sont les coordonnées polaires de P ? de Q ?

b) Déduisez-en leurs coordonnées cartésiennes.

2. a) Vérifiez que les coordonnées cartésiennes $(x ; y)$ de M sont :

$$x = 5\cos\theta \text{ et } y = 3\sin\theta.$$

b) Prouvez que les coordonnées cartésiennes de M sont telles que $\frac{x^2}{25} + \frac{y^2}{9} = 1$.

3. Réciproquement, tout point M de $\mathscr{E}$ peut-il être obtenu par la construction décrite ci-dessus ?
Notons M un point de coordonnées $(x ; y)$ telles que $\frac{x^2}{25} + \frac{y^2}{9} = 1$.

a) Prouvez que $-1 \leqslant \frac{x}{5} \leqslant 1$ et $-1 \leqslant \frac{y}{3} \leqslant 1$.

b) Utilisez le cercle trigonométrique pour démontrer qu'il existe un unique réel θ de $]-\pi ; \pi]$ tel que $x = 5\cos\theta$ et $y = 3\sin\theta$.

c) Justifiez alors que le point M peut être obtenu selon la construction indiquée ci-dessus. Concluez.

Exercices

maîtriser le cours

Pour résoudre les exercices de cette partie, il suffit d'appliquer directement un résultat du cours. L'objectif est double : mieux comprendre le cours et reconnaître dans des situations simples les conditions d'application d'un théorème.

1. Angles orientés

Pour les exercices 1 à 6, $(O\,;\vec{\imath},\vec{\jmath})$ est un repère orthonormal direct, $\mathscr{C}$ le cercle trigonométrique de centre O, A et B les points tels que $\overrightarrow{OA}=\vec{\imath}$ et $\overrightarrow{OB}=\vec{\jmath}$. Le repérage d'un point M de $\mathscr{C}$ est alors défini par une mesure de $(\overrightarrow{OA},\overrightarrow{OM})$.

1 Placez les points M, N, P, Q et R repérés respectivement par : $\frac{\pi}{3}$; $-\frac{5\pi}{6}$; $\frac{11\pi}{4}$; $\frac{7\pi}{2}$ et $\frac{17\pi}{3}$.

2 Utilisez les renseignements portés sur la figure pour indiquer les réels de $[0\,;2\pi]$ repérant les points M, N et P.

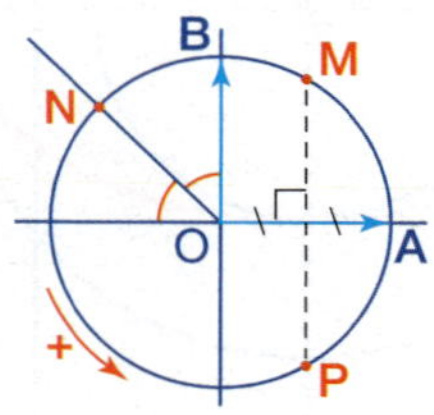

3 Utilisez les renseignements portés sur la figure pour indiquer les réels de $[-\pi\,;\pi]$ repérant les points M, N, P.

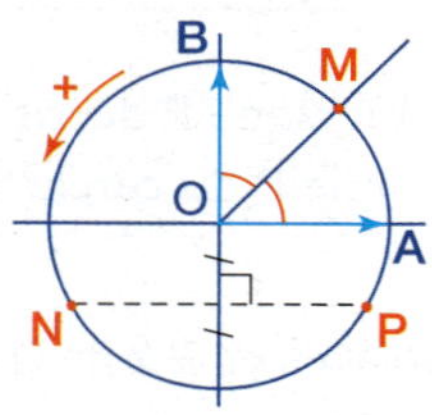

4 Sur le cercle trigonométrique $\mathscr{C}$, coloriez l'arc décrit par le point M de $\mathscr{C}$ lorsqu'une mesure *x* de $(\vec{\imath},\overrightarrow{OM})$ décrit l'intervalle indiqué.

1. $\left[-\frac{\pi}{4}\,;\frac{5\pi}{4}\right]$. **2.** $\left[\frac{4\pi}{3}\,;\frac{13\pi}{6}\right]$. **3.** $\left[-\frac{7\pi}{6}\,;\frac{5\pi}{6}\right]$.

5 Vérifiez que dans chaque cas, les réels *x* et *y* sont deux mesures du même angle orienté.

1. $x=\frac{\pi}{2}$, $y=-\frac{3\pi}{2}$. **2.** $x=-\frac{5\pi}{4}$, $y=\frac{11\pi}{4}$.

3. $x=-\frac{5\pi}{12}$, $y=\frac{67}{12}\pi$. **4.** $x=2$, $y=2(1+7\pi)$.

6 Dans chaque cas, trouvez la mesure principale de l'angle orienté de mesure α donnée.

1. $\alpha=\frac{7\pi}{2}$. **2.** $\alpha=-\frac{4\pi}{3}$. **3.** $\alpha=\frac{35\pi}{6}$.

4. $\alpha=-\frac{21\pi}{4}$. **5.** $\alpha=\frac{202\pi}{3}$. **6.** $\alpha=-18$.

Aide : Voir l'exercice résolu 1, page 271.

Pour les exercices 7 à 14, le plan est orienté. Les polygones utilisés sont des polygones convexes réguliers inscrits dans un cercle trigonométrique.

Aide : Voir *Pour mieux comprendre*, page 271.

7 ABCDE est un pentagone. Indiquez la mesure principale de chacun des angles suivants :
$(\overrightarrow{OA},\overrightarrow{OB})$; $(\overrightarrow{OA},\overrightarrow{OC})$;
$(\overrightarrow{OA},\overrightarrow{OD})$; $(\overrightarrow{OA},\overrightarrow{OE})$.

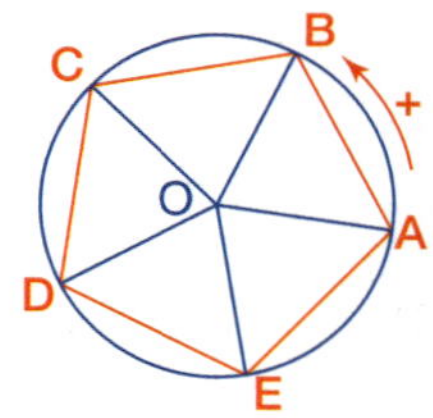

8 ABCDEF est un hexagone. Indiquez la mesure principale de chacun des angles suivants :
$(\overrightarrow{OA},\overrightarrow{OB})$; $(\overrightarrow{AB},\overrightarrow{AO})$;
$(\overrightarrow{AB},\overrightarrow{AF})$; $(\overrightarrow{AE},\overrightarrow{AF})$;
$(\overrightarrow{AB},\overrightarrow{DE})$; $(\overrightarrow{OA},\overrightarrow{OE})$;
$(\overrightarrow{AB},\overrightarrow{DC})$; $(\overrightarrow{AB},\overrightarrow{CD})$;
$(\overrightarrow{BC},\overrightarrow{BF})$.

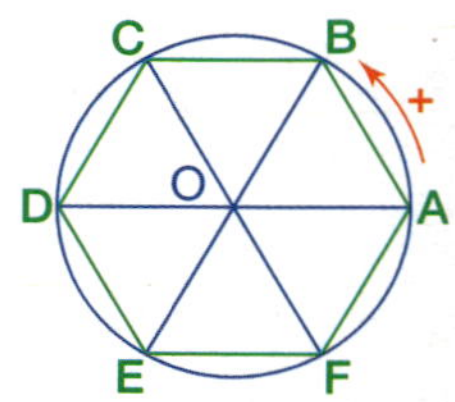

9 À patir de la figure ci-contre, pour chacun des angles orientés suivants :
- trouvez la mesure de l'angle géométrique associé ;
- donnez sa mesure principale.

a) $(\overrightarrow{OA},\overrightarrow{OC})$. **b)** $(\overrightarrow{OA},\overrightarrow{OD})$.
c) $(\overrightarrow{CB},\overrightarrow{OC})$. **d)** $(\overrightarrow{OB},\overrightarrow{DO})$.
e) $(\overrightarrow{BA},\overrightarrow{CB})$. **f)** $(\overrightarrow{DC},\overrightarrow{BC})$.

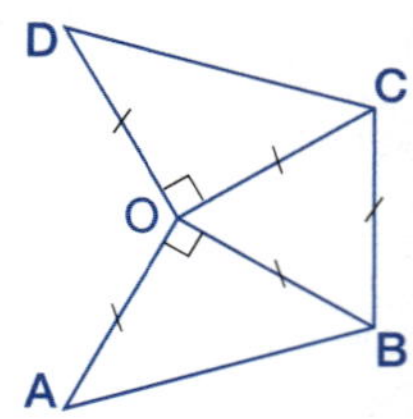

10 Sur la figure, ABC est un triangle équilatéral et EHA est rectangle isocèle en H. Trouvez la mesure principale de chacun des angles orientés suivants.

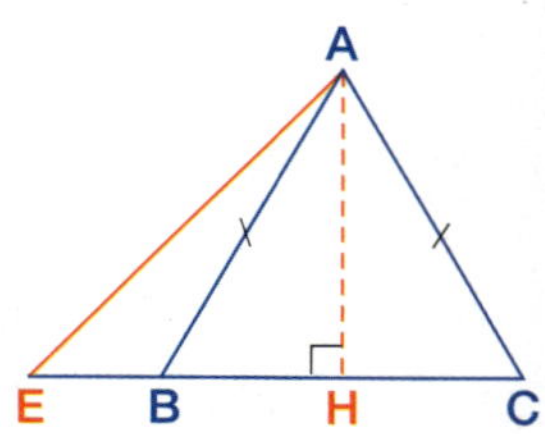

a) $(\overrightarrow{AB},\overrightarrow{AC})$. **b)** $(\overrightarrow{BA},\overrightarrow{CB})$. **c)** $(\overrightarrow{AH},\overrightarrow{EB})$.
d) $(\overrightarrow{EA},\overrightarrow{EC})$. **e)** $(\overrightarrow{EA},\overrightarrow{CH})$. **f)** $(\overrightarrow{AC},\overrightarrow{AE})$.

11 Sur la figure ci-après, ABCD est un trapèze rectangle de bases [AB] et [CD].
Trouvez la mesure principale de chacun des angles orientés suivants.

a) $(\overrightarrow{DC}, \overrightarrow{BA})$.
b) $(\overrightarrow{AD}, \overrightarrow{AC})$.
c) $(\overrightarrow{BC}, \overrightarrow{BA})$.
d) $(\overrightarrow{BA}, \overrightarrow{AD})$.
e) $(\overrightarrow{BC}, \overrightarrow{AD})$.

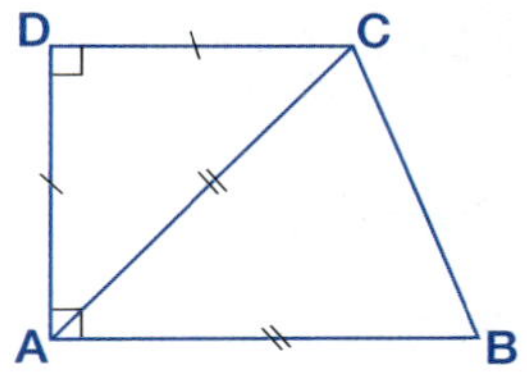

12 A et B sont deux points donnés distincts.

1. Placez le point C tel que :

$$(\overrightarrow{AB}, \overrightarrow{AC}) = -\frac{\pi}{3} \text{ et } (\overrightarrow{BA}, \overrightarrow{BC}) = \frac{\pi}{6}.$$

2. Quelle est la nature du triangle ABC ?

13 **1.** Sur un cercle trigonométrique de centre O, associé au repère orthonormal direct $(O ; \overrightarrow{OA}, \overrightarrow{OB})$, placez les points M et N tels que :

$$(\overrightarrow{OA}, \overrightarrow{OM}) = \frac{\pi}{3} \text{ et } (\overrightarrow{OA}, \overrightarrow{ON}) = -\frac{\pi}{6}.$$

2. Démontrez que le triangle OMN est rectangle isocèle.

14 A et B sont deux points donnés distincts.
Dans chacun des cas, placez le point C vérifiant les conditions indiquées, et trouvez la mesure principale de l'angle orienté $(\overrightarrow{CA}, \overrightarrow{CB})$.

1. $(\overrightarrow{AB}, \overrightarrow{AC}) = \frac{\pi}{4}$ et $(\overrightarrow{BA}, \overrightarrow{BC}) = -\frac{\pi}{6}$.

2. $(\overrightarrow{AB}, \overrightarrow{AC}) = -\frac{\pi}{3}$ et $(\overrightarrow{BA}, \overrightarrow{BC}) = \frac{\pi}{2}$.

2. Propriétés des angles orientés

15 Une mesure de l'angle orienté $(\vec{u}, \vec{v})$ est fixée.
Donnez dans chaque cas une mesure de chacun des angles orientés indiqués.

1. $(\vec{u}, \vec{v}) = \frac{\pi}{2}$.

a) $(-\vec{u}, -\vec{v})$. **b)** $(-\vec{u}, \vec{v})$.
c) $(2\vec{u}, 3\vec{v})$. **d)** $(\vec{v}, \vec{u})$.

2. $(\vec{u}, \vec{v}) = -\frac{\pi}{6}$.

a) $(\vec{v}, 2\vec{u})$. **b)** $(\vec{v}, -3\vec{u})$.
c) $(-3\vec{u}, 2\vec{v})$. **d)** $(-\vec{v}, -\vec{u})$.

3. $(\vec{u}, \vec{v}) = \alpha$.

a) $(3\vec{u}, -2\vec{v})$. **b)** $(-2\vec{v}, \vec{u})$.
c) $(5\vec{v}, 4\vec{u})$. **d)** $(-5\vec{u}, -6\vec{v})$.

16 ABC est un triangle rectangle en A tel que :

$$(\overrightarrow{CA}, \overrightarrow{CB}) = \frac{\pi}{5}.$$

1. Justifiez l'égalité :

$$(\overrightarrow{BA}, \overrightarrow{CB}) = (\overrightarrow{AB}, \overrightarrow{AC}) + (\overrightarrow{CA}, \overrightarrow{CB}).$$

2. Calculez la mesure principale de $(\overrightarrow{BA}, \overrightarrow{CB})$.

17 Sur la figure, (AB) et (DE) sont parallèles.

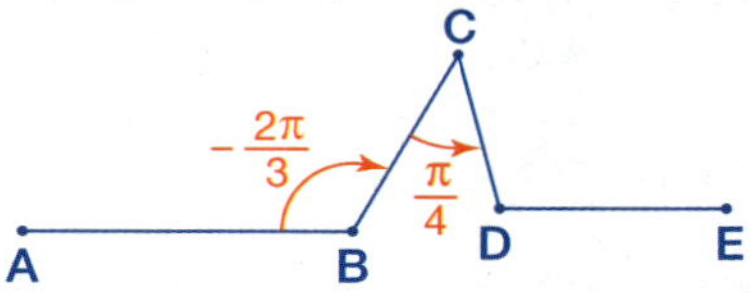

1. Justifiez l'égalité :

$$(\overrightarrow{DE}, \overrightarrow{DC}) = (\overrightarrow{DE}, \overrightarrow{BA}) + (\overrightarrow{BA}, \overrightarrow{BC}) + (\overrightarrow{BC}, \overrightarrow{DC}).$$

2. Déduisez-en la mesure principale de $(\overrightarrow{DE}, \overrightarrow{DC})$.

18 **1.** Construisez une ligne brisée ABCDE telle que :
AB = 4 ; BC = 3 ; CD = 2 ; DE = 2 (en cm) ;

$$(\overrightarrow{BA}, \overrightarrow{BC}) = -\frac{5\pi}{6} ; (\overrightarrow{CB}, \overrightarrow{CD}) = -\frac{\pi}{2} ; (\overrightarrow{DC}, \overrightarrow{DE}) = \frac{\pi}{3}.$$

2. a) Justifiez l'égalité :

$$(\overrightarrow{AB}, \overrightarrow{DE}) = (\overrightarrow{AB}, \overrightarrow{BC}) + (\overrightarrow{BC}, \overrightarrow{CD}) + (\overrightarrow{CD}, \overrightarrow{DE}).$$

b) Déduisez-en une mesure de $(\overrightarrow{AB}, \overrightarrow{DE})$.

3. Justifiez la colinéarité de $\overrightarrow{AB}$ et $\overrightarrow{DE}$ et déduisez-en k tel que $\overrightarrow{DE} = k\overrightarrow{AB}$.

Aide : Voir l'exercice résolu 2, p. 273.

19 AOI est un triangle équilatéral et $(\overrightarrow{AO}, \overrightarrow{AI}) = \frac{\pi}{3}$.
Les triangles OIJ et IBA sont rectangles isocèles tels que $(\overrightarrow{OI}, \overrightarrow{OJ}) = (\overrightarrow{IB}, \overrightarrow{IA}) = \frac{\pi}{2}$. Le but de l'exercice est de calculer $(\overrightarrow{AJ}, \overrightarrow{AB})$ et d'en tirer une conséquence.

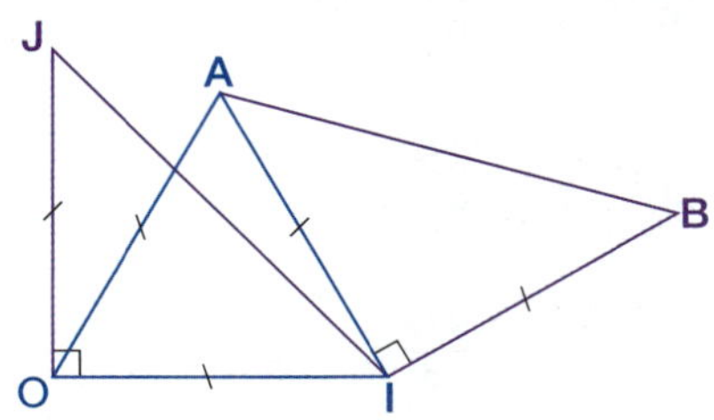

1. a) Justifiez l'égalité :

$$(\overrightarrow{AJ}, \overrightarrow{AB}) = (\overrightarrow{AJ}, \overrightarrow{AO}) + (\overrightarrow{AO}, \overrightarrow{AI}) + (\overrightarrow{AI}, \overrightarrow{AB}).$$

b) Calculez la mesure de chacun des angles géométriques $\widehat{JAO}$, $\widehat{OAI}$, $\widehat{IAB}$.

c) Déduisez-en une mesure de :

$$(\overrightarrow{AJ}, \overrightarrow{AO}) ; (\overrightarrow{AO}, \overrightarrow{AI}) ; (\overrightarrow{AI}, \overrightarrow{AB}).$$

2. a) Déduisez-en une mesure de $(\overrightarrow{AJ}, \overrightarrow{AB})$.

b) Que pouvez-vous dire des points A, B, J ?

Aide : Voir l'exercice résolu 2, page 273.

20 On considère la figure ci-dessous.
Le but de l'exercice est de démontrer que les points A, I et C sont alignés en utilisant les angles orientés.

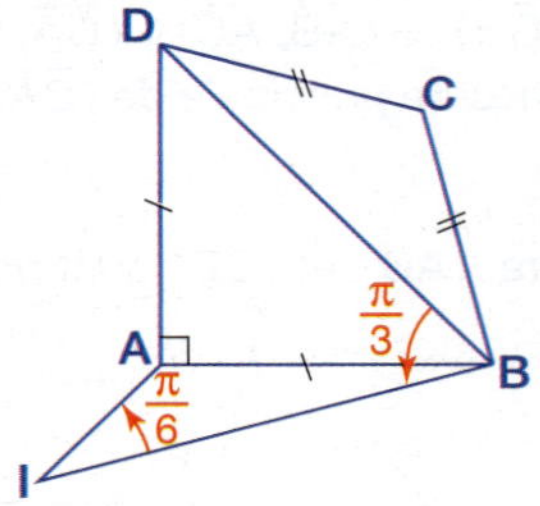

1. a) Prouvez que (AC) est la médiatrice de [BD].
b) Justifiez que (AC) est la bissectrice de $\widehat{BAD}$ et déduisez-en la mesure principale de $(\overrightarrow{AB}, \overrightarrow{AC})$.
2. a) Calculez la mesure de chacun des angles géométriques $\widehat{ABI}$ et $\widehat{IAB}$.
b) Déduisez-en la mesure principale de $(\overrightarrow{AI}, \overrightarrow{AB})$.
3. En utilisant la relation de Chasles et les résultats des questions précédentes, calculez une mesure de $(\overrightarrow{AI}, \overrightarrow{AC})$.
Concluez.
Aide : Voir l'exercice résolu 2, page 273.

3. Lignes trigonométriques

Pour les exercices 21 à 23, trouvez les valeurs exactes du cosinus et du sinus des réels donnés, sans utiliser la calculatrice.
Vous pouvez commencer par placer les points correspondants sur un cercle trigonométrique.

21 $\frac{\pi}{6}$; $\frac{5\pi}{6}$; $\frac{7\pi}{6}$; $\frac{11\pi}{6}$; $\frac{13\pi}{6}$.

22 $\frac{\pi}{4}$; $\frac{9\pi}{4}$; $\frac{5\pi}{4}$; $\frac{81\pi}{4}$; $-\frac{108\pi}{4}$.

23 $\frac{4\pi}{3}$; $\frac{\pi}{3}$; $\frac{71\pi}{3}$; $\frac{97\pi}{3}$; $-\frac{54\pi}{3}$.

Pour les exercices 24 à 28, $\mathscr{C}$ est le cercle trigonométrique associé au repère orthonormal direct $(O ; \overrightarrow{OA}, \overrightarrow{OB})$. M est un point de $\mathscr{C}$. On pose $(\overrightarrow{OA}, \overrightarrow{OM}) = x$.

24 **1.** Placez sur $\mathscr{C}$ les points repérés par :
$$\pi - x,\ \pi + x,\ 2\pi - x.$$
2. Simplifiez l'expression :
$$f(x) = \cos x + \cos(\pi - x) + \cos(\pi + x) + \cos(2\pi - x).$$

25 **1.** Placez sur $\mathscr{C}$ les points repérés par :
$$\frac{\pi}{2} + x,\ \pi + x,\ \frac{\pi}{2} - x.$$
2. Simplifiez l'expression :
$$g(x) = \sin x + \sin\left(\frac{\pi}{2} + x\right) + \sin(\pi + x) + \sin\left(\frac{\pi}{2} - x\right).$$

26 **1.** Placez sur $\mathscr{C}$ les points repérés par :
$$\frac{5\pi}{2} - x,\ 3\pi + x,\ 5\pi - x,\ x - \frac{\pi}{2}.$$
2. Simplifiez l'expression :
$$\sin\left(\frac{5\pi}{2} - x\right) + \sin(3\pi + x) + \cos(5\pi - x) + \cos\left(x - \frac{\pi}{2}\right).$$

27 **1.** Placez sur $\mathscr{C}$ le point M tel que :
$$\cos x = \frac{3}{5} \text{ avec } x \in \left[-\frac{\pi}{2} ; 0\right].$$
2. Calculez :
$\sin x$, $\sin\left(\frac{\pi}{2} - x\right)$, $\cos\left(\frac{\pi}{2} - x\right)$, $\cos(\pi - x)$, $\sin(\pi - x)$.
3. Calculez $\tan x$, $\tan\left(\frac{\pi}{2} - x\right)$, $\tan(\pi - x)$.

28 **1.** Placez sur $\mathscr{C}$ le point M tel que :
$$\sin x = \frac{1}{3} \text{ avec } x \in \left[\frac{\pi}{2} ; \pi\right].$$
2. Calculez :
$$\cos x,\ \cos\left(\frac{\pi}{2} + x\right),\ \sin\left(\frac{\pi}{2} + x\right),$$
$$\cos(\pi + x),\ \sin(\pi + x).$$
3. Calculez $\tan x$, $\tan\left(\frac{\pi}{2} + x\right)$, $\tan(\pi + x)$.

29 Sur la figure ci-dessous, M, N, P et Q sont des points du cercle trigonométrique.
On pose $(\overrightarrow{OA}, \overrightarrow{OM}) = x$.

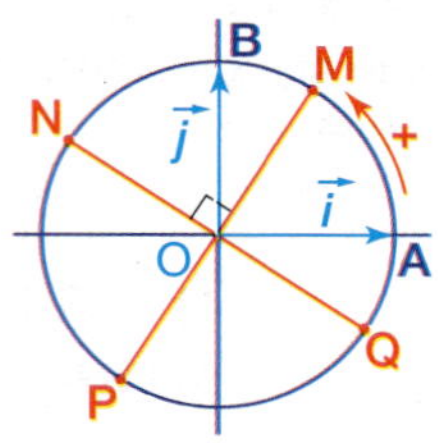

1. Par quels réels N, P et Q sont-ils repérés ?
2. Par le calcul et des considérations de symétrie, simplifiez les écritures suivantes :
a) $\cos x + \cos\left(x + \frac{\pi}{2}\right) + \cos(x + \pi) + \cos\left(x + \frac{3\pi}{2}\right)$;
b) $\sin x + \sin\left(x + \frac{\pi}{2}\right) + \sin(x + \pi) + \sin\left(x + \frac{3\pi}{2}\right)$.

Pour les exercices 30 et 31, exprimez en fonction de cos*x* ou de sin*x* les réels donnés.

30 $\sin(3\pi + x)$, $\cos(3\pi + x)$, $\sin(4\pi - x)$, $\cos(4\pi - x)$, $\sin(5\pi + x)$, $\cos(5\pi - x)$.

31 $\sin\left(\frac{\pi}{2} + x\right)$, $\cos\left(\frac{\pi}{2} + x\right)$, $\sin\left(\frac{5\pi}{2} + x\right)$, $\cos\left(\frac{5\pi}{2} + x\right)$, $\sin\left(\frac{3\pi}{2} - x\right)$, $\cos\left(\frac{3\pi}{2} - x\right)$.

32 Simplifiez les expressions suivantes :

$A = \cos(\pi - x) + \cos(-x) + \sin(\pi + x) + \cos\left(\frac{\pi}{2} - x\right)$;

$B = \sin(\pi + x) + \cos\left(x + \frac{\pi}{2}\right) + \cos(\pi - x) + \sin\left(x + \frac{\pi}{2}\right)$;

$C = \sin\left(x - \frac{\pi}{2}\right) - \cos(x + \pi) + \cos\left(x - \frac{\pi}{2}\right) + \sin(x - \pi)$.

Dans les exercices 33 à 36, $\mathscr{C}$ est le cercle trigonométrique associé au repère orthonormal direct $(O ; \overrightarrow{OA}, \overrightarrow{OB})$.

33 **1. a)** Pourquoi existe-t-il sur $\mathscr{C}$ deux points M et N tels que $\cos(\overrightarrow{OA}, \overrightarrow{OM}) = \frac{1}{2}$ et $\cos(\overrightarrow{OA}, \overrightarrow{ON}) = \frac{1}{2}$? Placez ces points.

b) Donnez la mesure principale des angles orientés $(\overrightarrow{OA}, \overrightarrow{OM})$ et $(\overrightarrow{OA}, \overrightarrow{ON})$.

2. Déduisez-en tous les réels x tels que $\cos x = \frac{1}{2}$.

34 Reprenez les questions de l'exercice 33 dans chacun des cas suivants.

a) $\cos(\overrightarrow{OA}, \overrightarrow{OM}) = \cos(\overrightarrow{OA}, \overrightarrow{ON}) = -\frac{\sqrt{2}}{2}$.

b) $\sin(\overrightarrow{OA}, \overrightarrow{OM}) = \sin(\overrightarrow{OA}, \overrightarrow{ON}) = \frac{\sqrt{3}}{2}$.

35 **1. a)** Sur le cercle $\mathscr{C}$, placez les points M tels que $\cos(\overrightarrow{OA}, \overrightarrow{OM}) = \frac{\sqrt{3}}{2}$.

b) Déduisez-en les réels x de l'intervalle $[0 ; 2\pi]$ tels que $\cos x = \frac{\sqrt{3}}{2}$.

2. Reprenez la question **1** avec $\cos(\overrightarrow{OA}, \overrightarrow{OM}) = -\frac{1}{2}$.

36 **1. a)** Sur le cercle $\mathscr{C}$, placez les points M tels que $\sin(\overrightarrow{OA}, \overrightarrow{OM}) = -\frac{\sqrt{2}}{2}$.

b) Déduisez-en les réels x de l'intervalle $[-\pi ; \pi]$ tels que $\sin x = -\frac{\sqrt{2}}{2}$.

2. Reprenez la question 1 avec $\sin(\overrightarrow{OA}, \overrightarrow{OM}) = \frac{\sqrt{3}}{2}$.

Pour les exercices 37 et 38, un intervalle I est précisé à chaque fois. Donnez, à l'aide de la calculatrice, une valeur approchée à 10^{-3} près des réels *x* de I solutions de l'équation proposée.

37 **1.** $I = [0 ; \pi]$. **a)** $\cos x = 0{,}2$. **b)** $\cos x = -0{,}7$.

2. $I = \left[-\frac{\pi}{2} ; \frac{\pi}{2}\right]$. **a)** $\sin x = -0{,}6$. **b)** $\sin x = 0{,}4$.

38 **1.** $I = [-\pi ; \pi]$. **a)** $\cos x = \frac{2}{5}$. **b)** $\sin x = \frac{1}{3}$.

2. $I = [0 ; 2\pi]$. **a)** $\cos x = -\frac{3}{7}$. **b)** $\sin x = \frac{5}{6}$.

4. Repérage. Coordonnées polaires

Les repères $(O ; \vec{i}, \vec{j})$ utilisés sont orthonormaux directs. Pour le repérage polaire l'écriture $A\left(2 ; \frac{\pi}{3}\right)$ signifiera que $r = OA = 2$ et que $(\vec{i}, \overrightarrow{OA}) = \frac{\pi}{3}$.

Aide : Voir l'exercice résolu 3, page 277.

39 Placez les points suivants définis par leurs coordonnées polaires.

$A(1 ; 0)$, $B\left(1 ; \frac{\pi}{2}\right)$, $C(1 ; \pi)$, $D\left(1 ; \frac{3\pi}{2}\right)$,

$E\left(2 ; \frac{5\pi}{6}\right)$, $F\left(2 ; \frac{7\pi}{6}\right)$, $G\left(3 ; -\frac{3\pi}{4}\right)$, $H\left(3 ; -\frac{\pi}{4}\right)$.

40 **1. a)** Placez les points suivants définis par leurs coordonnées polaires.

$M\left(1 ; \frac{\pi}{3}\right)$, $N\left(2 ; \frac{\pi}{3}\right)$, $P\left(3 ; \frac{\pi}{3}\right)$, $Q\left(4 ; \frac{\pi}{3}\right)$.

b) Justifiez que M, N, P et Q sont alignés sur une demi-droite d'origine O.

2. a) On donne les points suivants, définis par leurs coordonnées polaires :

$R\left(1 ; \frac{\pi}{4}\right)$, $S\left(\sqrt{2} ; \frac{5\pi}{4}\right)$, $T\left(2 ; \frac{\pi}{4}\right)$, $U\left(2\sqrt{2} ; \frac{5\pi}{4}\right)$.

b) Justifiez que R, S, T et U sont alignés sur une droite passant par O.

41 Indiquez les coordonnées polaires $(r\ ;\ \theta)$ $(\theta \in [0\ ;\ 2\pi[)$ de chacun des points repérés sur la figure ci-dessous.

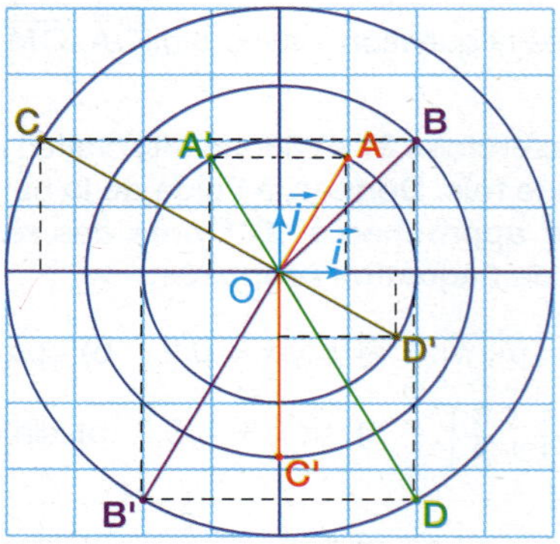

42 Les points M et N sont définis par :

$$\overrightarrow{OM} = \frac{\sqrt{3}}{2}\vec{i} - \frac{1}{2}\vec{j} \text{ et } \overrightarrow{ON} = 3\vec{i} + 3\vec{j}.$$

1. Donnez leurs coordonnées cartésiennes et déduisez-en OM et ON.

2. Trouvez la mesure principale de $(\vec{i}, \overrightarrow{OM})$ et $(\vec{i}, \overrightarrow{ON})$.

3. Déduisez-en la mesure principale des angles orientés $(\vec{j}, \overrightarrow{OM})$ et $(\vec{j}, \overrightarrow{ON})$.

43 Chacun des points suivants est défini par ses coordonnées cartésiennes $(x\ ;\ y)$. Trouvez ses coordonnées polaires $(r\ ;\ \theta)$, θ appartenant à $]-\pi\ ;\ \pi]$.

$A(-1\ ;\ 1)$, $B(\sqrt{3}\ ;\ 1)$, $C(-1\ ;\ \sqrt{3})$, $D(0\ ;\ -4)$

$E(3\ ;\ 0)$, $F(-2\ ;\ 2)$, $G\left(\frac{3\sqrt{3}}{2}\ ;\ -\frac{3}{2}\right)$, $H\left(-\frac{1}{2}\ ;\ -\frac{\sqrt{3}}{2}\right)$.

44 Chacun des points suivants est défini par ses coordonnées cartésiennes $(x\ ;\ y)$. Trouvez ses coordonnées polaires $(r\ ;\ \theta)$, θ appartenant à $]-\pi\ ;\ \pi]$.

1. $A(\sqrt{2}\ ;\ -\sqrt{6})$, $B(-2\sqrt{2}\ ;\ 2\sqrt{2})$, $C\left(\frac{\sqrt{3}}{4}\ ;\ \frac{1}{4}\right)$.

2. $D(-3\ ;\ 0)$, $E\left(0\ ;\ -\frac{3}{4}\right)$, $F\left(\frac{3}{2}\ ;\ -\frac{\sqrt{3}}{2}\right)$.

3. $G\left(-\frac{1}{2}\ ;\ -\frac{1}{2}\right)$, $H(-2\sqrt{3}\ ;\ 2)$, $I\left(-\frac{1}{2\sqrt{3}}\ ;\ -\frac{1}{2}\right)$.

45 Les points M et N sont définis par :

$$\overrightarrow{OM} = 2\vec{i} + 3\vec{j} \text{ et } \overrightarrow{ON} = -4\vec{i} + 2\vec{j}.$$

α et β désignent les mesures principales des angles $(\vec{i}, \overrightarrow{OM})$ et $(\vec{i}, \overrightarrow{ON})$.

1. À l'aide de la calculatrice, déterminez une valeur approchée à 10^{-3} près de α et β.

2. Déduisez-en une valeur approchée de la mesure principale de $(\overrightarrow{OM}, \overrightarrow{ON})$. Indiquez la précision.

46 Trouvez les coordonnées cartésiennes $(x\ ;\ y)$ des points suivants définis par leurs coordonnées polaires. (On donnera les valeurs exactes des coordonnées cartésiennes.)

$A(1\ ;\ 0)$, $B\left(2\ ;\ \frac{\pi}{2}\right)$, $C(3\ ;\ \pi)$,

$D\left(4\ ;\ \frac{3\pi}{2}\right)$, $E\left(2\sqrt{2}\ ;\ -\frac{\pi}{4}\right)$, $F\left(2\ ;\ \frac{\pi}{6}\right)$,

$G\left(\frac{1}{2}\ ;\ \frac{5\pi}{6}\right)$, $H\left(3\ ;\ \frac{\pi}{4}\right)$, $I\left(\sqrt{2}\ ;\ -\frac{3\pi}{4}\right)$,

$J\left(\frac{3}{4}\ ;\ 20\pi\right)$, $K\left(2\ ;\ \frac{\pi}{3}\right)$, $L\left(4\ ;\ \frac{5\pi}{6}\right)$,

$M\left(\frac{1}{4}\ ;\ -\frac{3\pi}{4}\right)$, $N(3\ ;\ 5\pi)$, $P\left(2\ ;\ \frac{2\pi}{3}\right)$.

47 Pour chacune des questions suivantes, M est défini par ses coordonnées polaires. Trouvez dans chaque cas les réels x et y tels que $\overrightarrow{OM} = x\vec{i} + y\vec{j}$.

1. $M\left(3\ ;\ \frac{5\pi}{6}\right)$. **2.** $M\left(\frac{1}{2}\ ;\ -\frac{\pi}{4}\right)$.

3. $M\left(\sqrt{3}\ ;\ \frac{7\pi}{3}\right)$. **4.** $M\left(1\ ;\ \frac{17\pi}{6}\right)$.

48 A, B et C sont trois points de coordonnées polaires respectives $(r\ ;\ 0)$, $\left(r\ ;\ \frac{2\pi}{3}\right)$ et $\left(r\ ;\ \frac{4\pi}{3}\right)$ avec $r > 0$.

1. Justifiez que $OA = OB = OC$ et calculez une mesure de chacun des angles orientés :

$$(\overrightarrow{OA}, \overrightarrow{OB}),\ (\overrightarrow{OB}, \overrightarrow{OC}) \text{ et } (\overrightarrow{OC}, \overrightarrow{OA}).$$

2. Déduisez-en que la rotation de centre O et d'angle $\frac{2\pi}{3}$ transforme A en B, B en C et C en A.

3. a) Démontrez que ABC est un triangle équilatéral.

b) I est le milieu de [BC]. Justifiez que $OI = \frac{r}{2}$.

Déduisez-en le côté de ABC en fonction de r.

49 M est le point de coordonnées polaires $(r\ ;\ \theta)$.

La rotation de centre O et d'angle $\frac{\pi}{2}$ transforme M en N, N en P et P en Q.

1. a) Quel résultat du cours permet d'affirmer que :

$$(\vec{i}, \overrightarrow{ON}) = \theta + \frac{\pi}{2}\ ?$$

b) Déduisez-en les coordonnées polaires de N.

2. De même, indiquez celles de P et Q.

3. Quelle est la nature de MNPQ ?

pour apprendre à chercher

Les exercices de cette partie, de difficulté moyenne pour la plupart, ne sont pas des exercices résolus. Le questionnement veut montrer comment on peut organiser une recherche et suivre un raisonnement.

50 Angles orientés et parallélisme

Dans le plan orienté on considère la figure ci-dessous où ABFG est un parallélogramme tel que $(\overrightarrow{AB}, \overrightarrow{AG}) = \frac{\pi}{6}$, AGH est un triangle équilatéral direct, c'est-à-dire tel que $(\overrightarrow{AG}, \overrightarrow{AH}) = \frac{\pi}{3}$ et CDEF est un parallélogramme tel que $(\overrightarrow{FG}, \overrightarrow{FC}) = \frac{\pi}{2}$.

Objectif : démontrer que les droites (AH) et (DE) sont parallèles.

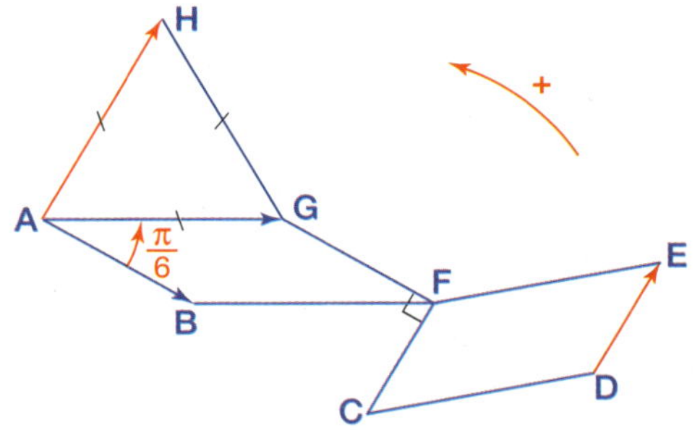

1. Tirons des conséquences immédiates des hypothèses et de la figure. La présence du triangle équilatéral et de parallélogrammes permet de calculer la mesure de certains angles géométriques.

a) Trouvez les mesures des angles de AGH et AGFB.

b) Reproduisez la figure ci-dessus et portez-y ces mesures.

2. Une façon de prouver le parallélisme de (AH) et (DE) est de montrer que $\overrightarrow{DE}$ et $\overrightarrow{AH}$ sont colinéaires en calculant une mesure de $(\overrightarrow{AH}, \overrightarrow{DE})$.
Les mesures déduites des hypothèses incitent à utiliser la relation de Chasles.

a) Justifiez l'égalité :
$(\overrightarrow{AH}, \overrightarrow{DE}) = (\overrightarrow{AH}, \overrightarrow{AG}) + (\overrightarrow{AG}, \overrightarrow{AB}) + (\overrightarrow{AB}, \overrightarrow{DE})$.

b) Justifiez les égalités :
$(\overrightarrow{AB}, \overrightarrow{DE}) = (\overrightarrow{GF}, \overrightarrow{DE}) = (\overrightarrow{GF}, \overrightarrow{CF}) = (\overrightarrow{FG}, \overrightarrow{FC})$.

c) Déduisez-en $(\overrightarrow{AH}, \overrightarrow{DE})$ et concluez.

3. **Rédigez une solution.**

51 Segments isométriques et orthogonaux

Dans le plan orienté, OAB et OA′B′ sont deux triangles rectangles isocèles tels que :

$$(\overrightarrow{OA}, \overrightarrow{OB}) = (\overrightarrow{OA'}, \overrightarrow{OB'}) = \frac{\pi}{2}.$$

Objectif : démontrer que AA′ = BB′ et que les droites (AA′) et (BB′) sont perpendiculaires.

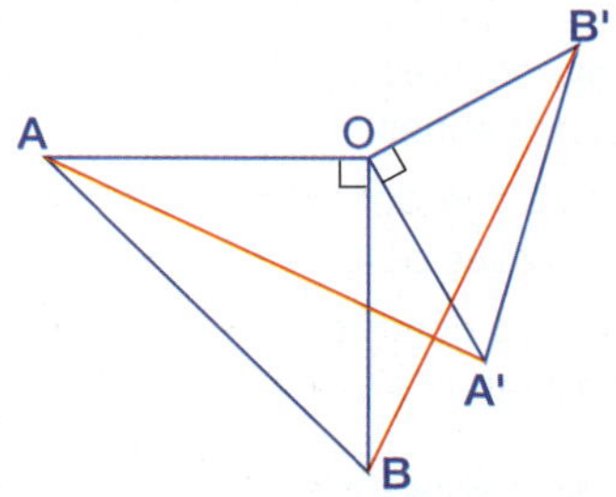

1. Un triangle rectangle isocèle est une figure clé d'une rotation ; la présence de tels triangles peut suggérer l'emploi d'une rotation d'angle $\frac{\pi}{2}$ ou $-\frac{\pi}{2}$.

a) D'après les hypothèses, quelle rotation R semble jouer un rôle essentiel ?

b) Indiquez les points qui se correspondent par R.

2. Il s'agit de prouver que deux segments ont même longueur et sont perpendiculaires. On vient d'envisager des rotations possibles ; de plus on sait qu'une rotation conserve les distances et que par une rotation de $\pm\frac{\pi}{2}$, un segment et son image sont orthogonaux.

a) Quelle est l'image du segment [AA′] par R ?

b) En utilisant les propriétés de R, terminez la démonstration.

3. **Rédigez une solution.**

52 Calcul des coordonnées

$(O ; \vec{i}, \vec{j})$ est un repère orthonormal direct ; A est le point de coordonnées polaires $\left(2 ; \frac{\pi}{3}\right)$.

OABC est le carré tel que $(\overrightarrow{OA}, \overrightarrow{OC}) = -\frac{\pi}{2}$.

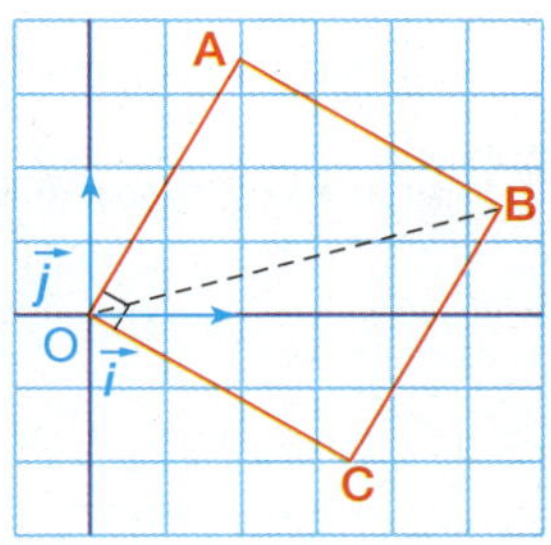

Objectif : calculer les valeurs exactes de $\cos\frac{\pi}{12}$ et $\sin\frac{\pi}{12}$. Pour cela :

- calculer les coordonnées cartésiennes de C, puis celles de B à partir de $\overrightarrow{OB} = \overrightarrow{OA} + \overrightarrow{OC}$;
- calculer les coordonnées polaires de B.

1. Les coordonnées cartésiennes de C ne sont pas immédiates à trouver. La donnée des coordonnées polaires de A ainsi que les hypothèses sur OABC suggèrent de calculer d'abord les coordonnées polaires de C.

a) Pour calculer $(\vec{i}, \overrightarrow{OC})$, utilisez la relation de Chasles $(\vec{i}, \overrightarrow{OC}) = (\vec{i}, \overrightarrow{OA}) + (\overrightarrow{OA}, \overrightarrow{OC})$. Déduisez-en les coordonnées polaires de C, puis calculez ses coordonnées cartésiennes.

b) Calculez les coordonnées cartésiennes de A, puis déduisez-en celles de B.

c) En procédant comme dans **a)**, calculez les coordonnées polaires $(r\,;\,\theta)$ de B.

2. Vous connaissez maintenant les valeurs exactes de x_B, y_B, r et θ. Or vous savez exprimer x_B et y_B en fonction de r, $\cos\theta$ et $\sin\theta$.

a) Écrivez les deux relations que vous obtenez ici.

b) Déduisez-en les valeurs exactes des réels $\cos\frac{\pi}{12}$ et $\sin\frac{\pi}{12}$.

3. **Rédigez une solution.**

53 Coordonnées polaires et trigonométrie

$(O\,;\,\vec{i}, \vec{j})$ est un repère orthonormal direct. La rotation R de centre O et d'angle $\frac{2\pi}{3}$ transforme le point A de coordonnées polaires $(1\,;\,\alpha)$ en B et le point B en C.

Objectif : démontrer que $\overrightarrow{OA} + \overrightarrow{OB} + \overrightarrow{OC} = \vec{0}$; en déduire que :

$$\begin{cases} \cos\alpha + \cos\left(\alpha + \frac{2\pi}{3}\right) + \cos\left(\alpha + \frac{4\pi}{3}\right) = 0 \\ \sin\alpha + \sin\left(\alpha + \frac{2\pi}{3}\right) + \sin\left(\alpha + \frac{4\pi}{3}\right) = 0 \end{cases}$$

1. Faisons une figure pour mieux « voir » et mieux calculer.

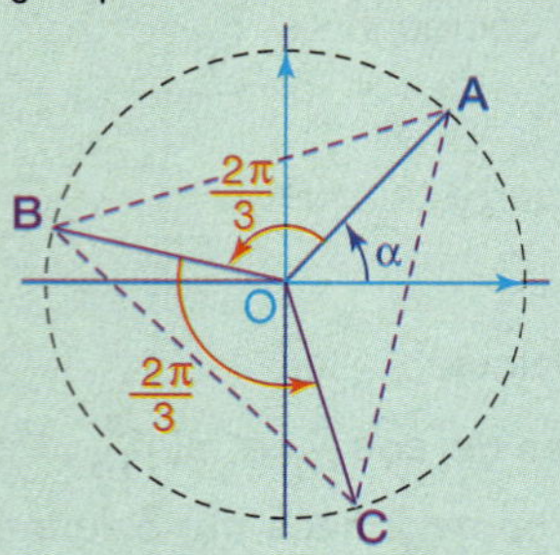

Puisque $R(A) = B$ on pourra facilement connaître les coordonnées polaires de B, puis celles de C car $R(B) = C$.

L'égalité vectorielle demandée caractérise le centre de gravité de ABC. Il s'agit donc de démontrer que O est le centre de gravité de ABC. Or le triangle ABC semble équilatéral et O en est un point remarquable.

a) Quelle est l'image de C par la rotation R ? Démontrez en utilisant les images de A, B et C par R que le triangle ABC est équilatéral.

b) Prouvez alors que O en est le centre de gravité et donc que $\overrightarrow{OA} + \overrightarrow{OB} + \overrightarrow{OC} = \vec{0}$.

2. Il s'agit alors de déduire des égalités numériques d'une égalité vectorielle, donc on pense aux coordonnées cartésiennes. Puisque $\overrightarrow{OA} + \overrightarrow{OB} + \overrightarrow{OC}$ est le vecteur nul, ses coordonnées cartésiennes seront nulles, d'où leur calcul.

a) Calculez les coordonnées polaires de B et C.

b) Calculez en fonction de α les coordonnées cartésiennes de A, B et C.

c) Déduisez-en celles de $\overrightarrow{OA} + \overrightarrow{OB} + \overrightarrow{OC}$. Concluez.

3. **Rédigez une solution.**

54 Calcul de sommes

U et V sont les sommes définies par :

$$U = \cos\frac{\pi}{8} + \cos\frac{3\pi}{8} + \cos\frac{5\pi}{8} + \cos\frac{7\pi}{8}$$

$$V = \sin\frac{\pi}{8} - \sin\frac{3\pi}{8} + \sin\frac{5\pi}{8} - \sin\frac{7\pi}{8}$$

Objectif : calculer les valeurs exactes de U et V.

1. Vous ne connaissez pas les valeurs exactes des termes des sommes U et V.

Cependant un examen attentif des nombres $\frac{\pi}{8}$, $\frac{3\pi}{8}$, $\frac{5\pi}{8}$ et $\frac{7\pi}{8}$ montre que ce sont des multiples de $\frac{\pi}{8}$. On pense alors à utiliser les angles associés à $\frac{\pi}{8}$ ou plus généralement des angles associés deux à deux.

a) On remarque que l'on passe d'un nombre à l'autre en ajoutant un même nombre. Quel est ce nombre ?

b) Pouvez-vous regrouper ces nombres deux à deux de façon à obtenir des angles associés ?

Aide : Voir *Pour mieux comprendre*, p. 275.

c) Déduisez-en les valeurs de U et V.

2. **Rédigez une solution.**

Note : Si vous n'arrivez pas à associer judicieusement les nombres, pensez à utiliser le cercle trigonométrique. La figure et ses symétries vous guideront dans cette étape.

55 Repérage sur un cercle et trigonométrie

$(O\,;\vec{\imath},\vec{\jmath})$ est un repère orthonormal direct, $\mathscr{C}$ le cercle trigonométrique de centre O et M un point de $\mathscr{C}$ de coordonnées polaires $(1\,;x)$.

Objectif : placer sur le cercle $\mathscr{C}$ les points M tels que $4x = \frac{2\pi}{3} + 2k\pi$ et N tels que $4x = -\frac{2\pi}{3} + 2k\pi$; en déduire les solutions dans $I = \left[-\frac{\pi}{2}\,;\pi\right]$ de l'équation $\cos 4x = -\frac{1}{2}$ [1].

1. On sait placer un point $M(1\,;x)$ lorsqu'on dispose d'une relation du type $x = \theta + k \times 2\pi$, avec $k \in \mathbb{Z}$. Ici $4x = \frac{2\pi}{3} + k \times 2\pi$, c'est-à-dire $x = \frac{\pi}{6} + \frac{k}{4} \times 2\pi$.
On remarque que x n'est pas de la forme $\frac{\pi}{6} + k \times 2\pi$, $k \in \mathbb{Z}$, car $\frac{k}{4}$ n'est pas entier en général.

a) Placez les points M_0, M_1, M_2, M_3 de $\mathscr{C}$ obtenus en donnant à k les valeurs successives 0, 1, 2, 3.
b) Lorsque $k = 4$, que pouvez-vous dire de M_4 ?
Justifiez alors l'affirmation : « Il existe quatre points de $\mathscr{C}$ de coordonnées polaires $(1\,;x)$ pour lesquels $4x = \frac{2\pi}{3} + 2k\pi$. »
c) De la même manière, démontrez qu'il existe quatre points N_0, N_1, N_2, N_3 de $\mathscr{C}$ de coordonnées polaires $(1\,;x)$ tels que $4x = -\frac{2\pi}{3} + 2k\pi$.
Placez-les.

2. On sait que $\cos X = -\frac{1}{2}$ équivaut à $X = \frac{2\pi}{3} + 2k\pi$, $k \in \mathbb{Z}$, ou $X = -\frac{2\pi}{3} + 2k\pi$, $k \in \mathbb{Z}$. Les réels x tels que $\cos 4x = -\frac{1}{2}$ sont donc les réels x repérant sur $\mathscr{C}$ les huit points trouvés précédemment. Parmi ceux-ci, il faut choisir ceux qui conviennent.

a) Donnez les solutions de [1] dans $\mathbb{R}$.
b) Dessinez sur $\mathscr{C}$ l'arc dont les points sont repérés par des réels de $\left[-\frac{\pi}{2}\,;\pi\right]$. Parmi les huit points trouvés en **1**, quels sont ceux qui sont sur cet arc ?
c) Déduisez-en les solutions de [1] dans I.

3. Rédigez une solution.

56 Trigonométrie : inéquations

Dans chacun des cas suivants, un intervalle I est donné.

1. $I = [-\pi\,;\pi]$. **2.** $I = \left[-\frac{\pi}{2}\,;\frac{\pi}{2}\right]$.

3. $I = [0\,;2\pi]$.

Objectif : trouver les réels x de l'intervalle I tels que :

$$-\frac{1}{2} \leqslant \sin x \leqslant \frac{\sqrt{2}}{2}.$$

1. Il s'agit de résoudre dans I les inéquations :

$$-\frac{1}{2} \leqslant \sin x \text{ et } \sin x \leqslant \frac{\sqrt{2}}{2}$$

et d'en prendre les solutions communes.
Exploitons la représentation de la fonction sinus ou le repérage sur un cercle trigonométrique.
L'utilisation de la représentation graphique de la fonction sinus, dans un repère orthonormal, sur l'intervalle donné favorise la résolution.
Ainsi **sur l'intervalle $I = [-\pi\,;\pi]$**, il s'agit de trouver l'abscisse des points de la courbe situés au-dessus de la droite d d'équation $y = -\frac{1}{2}$ et au-dessous de la droite d' d'équation $y = \frac{\sqrt{2}}{2}$, c'est-à-dire entre d et d'.

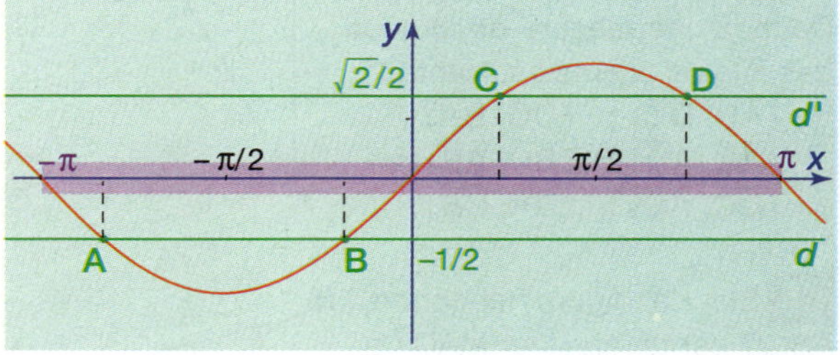

Utilisez les valeurs remarquables pour trouver les abscisses des points A, B, C et D.
Concluez puis rédigez une solution.

2. De même pour l'intervalle $I = \left[-\frac{\pi}{2}\,;\frac{\pi}{2}\right]$, démontrez que l'ensemble des solutions est un intervalle que vous préciserez.

3. Enfin pour l'intervalle $I = [0\,;2\pi]$, démontrez que l'ensemble des solutions est la réunion de trois intervalles que vous préciserez.

Exercices

pour progresser

Angles orientés

57 Sur la figure ci-contre, ABCDEFGH est un octogone régulier inscrit dans un cercle trigonométrique.

Donnez la mesure principale de chacun des huits angles orientés suivants :

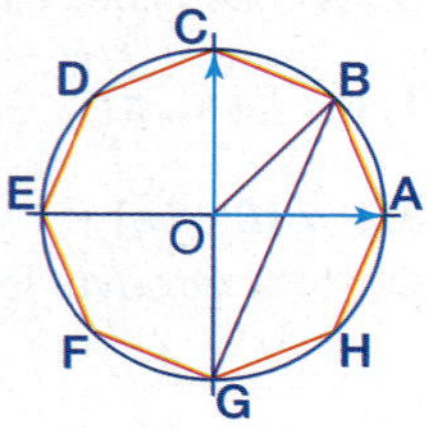

$(\overrightarrow{OA}, \overrightarrow{OB})$; $(\overrightarrow{OB}, \overrightarrow{OG})$;
$(\overrightarrow{BC}, \overrightarrow{BG})$; $(\overrightarrow{BG}, \overrightarrow{CG})$; $(\overrightarrow{CB}, \overrightarrow{FG})$;
$(\overrightarrow{AB}, \overrightarrow{AF})$; $(\overrightarrow{BG}, \overrightarrow{BD})$; $(\overrightarrow{CD}, \overrightarrow{FG})$.

58 Sur la figure ci-contre, ABCDEFG est un heptagone régulier de centre O. On note $\alpha = \dfrac{2\pi}{7}$.

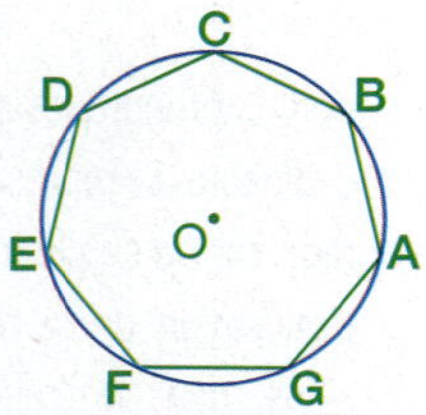

1. Indiquez les images de chacun des sommets par les rotations suivantes :

   $R(O\,;\,\alpha)$, $R(O\,;\,-2\alpha)$, $R(O\,;\,3\alpha)$, $R(O\,;\,4\alpha)$.

2. Prouvez que les deux rotations $R(O\,;\,3\alpha)$ et $R(O\,;\,-4\alpha)$ sont égales. En est-il de même pour les rotations $R(O\,;\,1\,000\alpha)$ et $R(O\,;\,2\alpha)$?

59 Sur la figure ci-contre, ABCD est un trapèze rectangle.

Donnez une mesure de chacun des angles orientés suivants :

$(\overrightarrow{AD}, \overrightarrow{DC})$; $(\overrightarrow{DC}, \overrightarrow{BA})$;
$(\overrightarrow{AC}, \overrightarrow{AD})$; $(\overrightarrow{BC}, \overrightarrow{AB})$;
$(\overrightarrow{DC}, \overrightarrow{AC})$; $(\overrightarrow{DA}, \overrightarrow{CB})$.

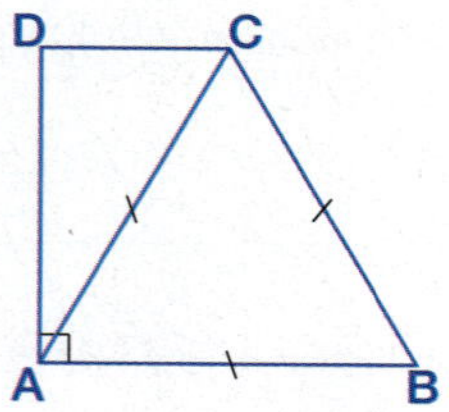

60 Sur la figure ci-contre, ABCD est un carré et MAC un triangle équilatéral. Donnez une mesure des angles $(\overrightarrow{MA}, \overrightarrow{MC})$, $(\overrightarrow{AD}, \overrightarrow{AM})$, $(\overrightarrow{CM}, \overrightarrow{CD})$ et $(\overrightarrow{DC}, \overrightarrow{DA})$. Quelle est la somme de ces mesures ?

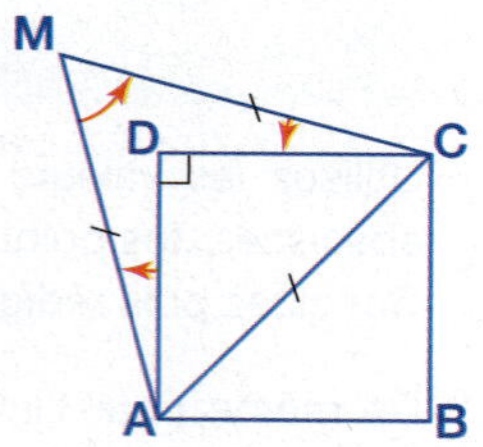

61 ABC est un triangle. Démontrez que :

$$(\overrightarrow{AB}, \overrightarrow{AC}) + (\overrightarrow{BC}, \overrightarrow{BA}) + (\overrightarrow{CA}, \overrightarrow{CB}) = \pi.$$

62 ABCD est un quadrilatère. Démontrez, en utilisant la relation de Chasles, que :

$$(\overrightarrow{AB}, \overrightarrow{AD}) + (\overrightarrow{BC}, \overrightarrow{BA}) + (\overrightarrow{CD}, \overrightarrow{CB}) + (\overrightarrow{DA}, \overrightarrow{DC}) = 0.$$

63 **Une permutation bien pratique...**

$\vec{u}$, $\vec{v}$, $\vec{u'}$, $\vec{v'}$ sont quatre vecteurs non nuls tels que $(\vec{u}, \vec{v}) = (\vec{u'}, \vec{v'})$. Démontrez que $(\vec{u}, \vec{u'}) = (\vec{v}, \vec{v'})$.

★ **64** ABCD est un parallélogramme. On pose $(\overrightarrow{AB}, \overrightarrow{AD}) = \alpha$.

1. Utilisez des égalités de vecteurs et des relations entre mesures d'angles orientés pour calculer en fonction de α : $(\overrightarrow{BC}, \overrightarrow{BA})$, $(\overrightarrow{CD}, \overrightarrow{CB})$, $(\overrightarrow{DA}, \overrightarrow{DC})$.
2. O désigne le centre du parallélogramme.
   Retrouvez les résultats précédents en utilisant la symétrie de centre O.

   Aide : La symétrie s_O n'est autre que la rotation $R(O\,;\,\pi)$.

★ **65** Dans le plan orienté, A, B, C et D sont quatre points d'un cercle de centre O tels que les droites (AB) et (CD) sont parallèles.

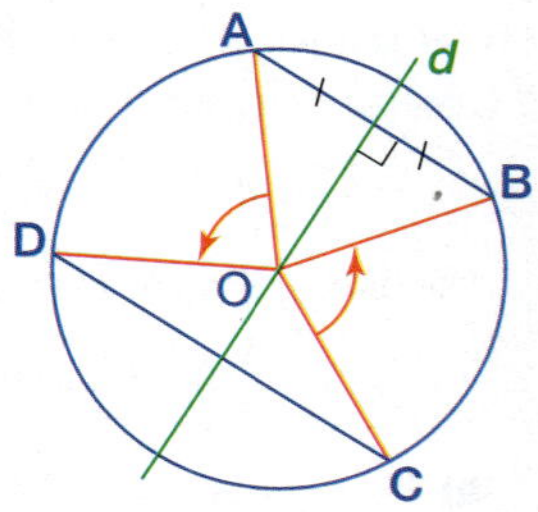

On note d la médiatrice de [AB]. Il s'agit d'établir les égalités :

$(\overrightarrow{OA}, \overrightarrow{OD}) = (\overrightarrow{OC}, \overrightarrow{OB})$ et $(\overrightarrow{OA}, \overrightarrow{OC}) = (\overrightarrow{OD}, \overrightarrow{OB})$.

1. Démontrez que la réflexion s_d échange les points A et B, ainsi que les points C et D.
2. En utilisant cette réflexion, démontrez les égalités demandées.
3. Dans le cas où $(\overrightarrow{OA}, \overrightarrow{OD}) = \dfrac{\pi}{3}$, précisez la nature du triangle BOC.
4. Dans le cas où $(\overrightarrow{OA}, \overrightarrow{OD}) = \dfrac{\pi}{2}$, précisez la nature du triangle BOC. ABCD est-il alors un carré ?

★ **66** Dans le plan orienté, ACD est un triangle équilatéral avec $(\overrightarrow{AC}, \overrightarrow{AD}) = \dfrac{\pi}{3}$, ABC et DEA sont des triangles rectangles isocèles extérieurs à ACD.

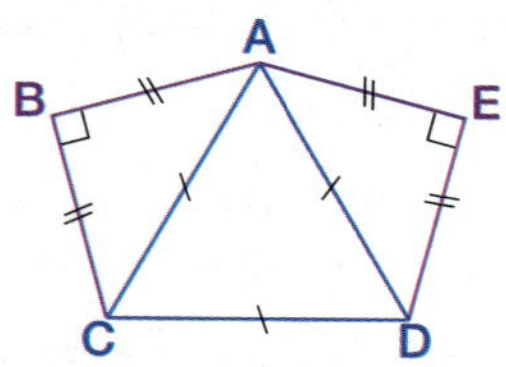

Le but de l'exercice est de démontrer, par les angles orientés, que les droites (CD) et (BE) sont parallèles.

1. a) Calculez la mesure de chacun des angles géométriques $\widehat{BAE}$ et $\widehat{BCD}$.

   b) Déduisez-en une mesure des angles orientés $(\overrightarrow{BC}, \overrightarrow{CD})$ et $(\overrightarrow{BE}, \overrightarrow{BA})$.

2. a) Vérifiez que :
   $(\overrightarrow{BE}, \overrightarrow{CD}) = (\overrightarrow{BE}, \overrightarrow{BA}) + (\overrightarrow{BA}, \overrightarrow{BC}) + (\overrightarrow{BC}, \overrightarrow{CD})$.

   b) Déduisez-en que les droites (BE) et (CD) sont parallèles.

67 Dans le plan orienté, OMNP est un parallélogramme de centre I et r est la rotation de centre O et d'angle θ.
M', N', P' sont les images par r des points M, N, P.
Le but de l'exercice est de trouver une mesure de l'angle $(\overrightarrow{MN}, \overrightarrow{M'N'})$.

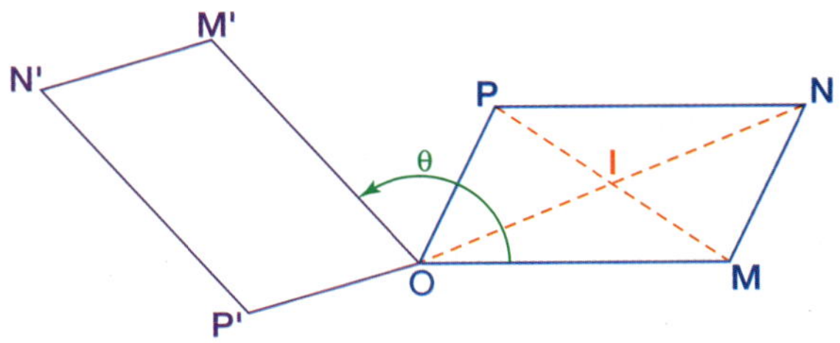

1. a) Pourquoi le point I' image de I par r est-il le milieu de $[ON']$ et $[M'P']$?
   b) Pourquoi $OM'N'P'$ est-il un parallélogramme ?
2. a) Démontrez que $(\overrightarrow{MN}, \overrightarrow{M'N'}) = (\overrightarrow{OP}, \overrightarrow{OP'})$.
   b) Déduisez-en une mesure de $(\overrightarrow{MN}, \overrightarrow{M'N'})$.

68 OAB et OCD sont deux triangles rectangles isocèles en O tels que $(\overrightarrow{OA}, \overrightarrow{OB}) = (\overrightarrow{OC}, \overrightarrow{OD}) = \frac{\pi}{2}$ et $(\overrightarrow{OB}, \overrightarrow{OC}) = \frac{\pi}{4}$. Il s'agit de démontrer que (AB) et (OD) sont perpendiculaires.

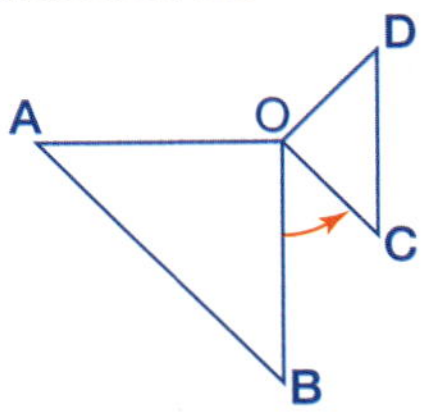

Solution 1 : Calculez une mesure de $(\overrightarrow{AB}, \overrightarrow{OD})$. Concluez.
Solution 2 : Prouvez que le milieu I de $[AB]$, O et D sont alignés. Concluez.

Lignes trigonométriques

69 ABCD est un rectangle de centre O tel que :

$$(\overrightarrow{AB}, \overrightarrow{AD}) = \frac{\pi}{2} \text{ et } (\overrightarrow{AB}, \overrightarrow{AC}) = \frac{\pi}{3}.$$

On pose $AB = a$ (où a est un réel positif donné).

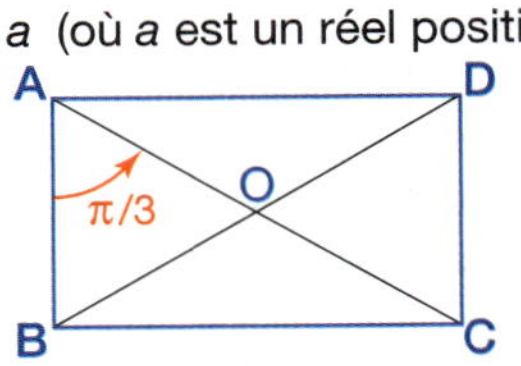

1. Quelle est la nature du triangle OAB ?
2. Calculez en fonction de a les longueurs OA, AC, AD.
3. Indiquez la mesure en radians de chacun des angles géométriques $\widehat{BAC}$, $\widehat{DAC}$, $\widehat{AOD}$ puis une mesure de chacun des angles orientés correspondants $(\overrightarrow{AB}, \overrightarrow{AC})$, $(\overrightarrow{AD}, \overrightarrow{AC})$, $(\overrightarrow{OA}, \overrightarrow{OD})$.
4. Indiquez les valeurs du sinus et du cosinus de chaque angle géométrique, puis celles de chaque angle orienté correspondant.

70 Dans chacun des cas suivants, calculez $\cos x$ ou $\sin x$, puis $\tan x$.

1. $\sin x = -\frac{1}{4}$; $x \in \left]-\frac{\pi}{2} ; 0\right[$.
2. $\cos x = \frac{3}{5}$; $x \in \left]\frac{3\pi}{2} ; 2\pi\right[$.
3. $\cos x = -\frac{1}{3}$; $x \in \left]\frac{\pi}{2} ; \pi\right[$.
4. $\sin x = \frac{\sqrt{7}}{4}$; $x \in \left]2\pi ; \frac{5\pi}{2}\right[$.

71 La valeur exacte de $\cos\frac{2\pi}{5}$ est $\frac{\sqrt{5}-1}{4}$.

1. Calculez la valeur exacte de $\sin\frac{2\pi}{5}$.
2. Déduisez-en les valeurs du cosinus et du sinus des réels suivants :

$$\frac{3\pi}{5} ; \frac{7\pi}{5} ; \frac{\pi}{10} ; \frac{9\pi}{10}.$$

Aide : Pensez aux angles associés.

Pour les exercices 72 à 75, la fonction *f* proposée est définie sur ℝ. Dans chaque cas, prouvez que pour tout réel *x*, *f*(*x*) vérifie la relation indiquée.

72 $f(x) = 3(\cos x)^2 - 5\cos x + 7$; $f(-x) = f(x)$.

73 $f(x) = 2(\sin x)^2 - 3\sin x + 2$; $f(\pi - x) = f(x)$.

74 $f(x) = (\cos x)^2 + \sin x \cos x + 2(\sin x)^2 + 1$; $f(\pi + x) = f(x)$

75 $f(x) = (\sin x)^3 + (\cos x)^3 - \sin x - \cos x$; $f\left(\frac{\pi}{2} - x\right) = f(x)$.

Pour les exercices 76 à 78, résolvez les équations et les inéquations dans l'intervalle I indiqué en utilisant le repérage sur le cercle trigonométrique.

Aide : Voir le TD3 page 280 et l'exercice 56, *Pour apprendre à chercher*.

★ **76** **1.** $I = [0 ; 2\pi]$. **a)** $2\sin x + 1 = 0$. **b)** $2\sin x + 1 < 0$.

2. $I = \left[\frac{\pi}{2} ; \frac{3\pi}{2}\right]$. **a)** $\sqrt{2}\cos x - 1 = 0$. **b)** $\sqrt{2}\cos x - 1 > 0$.

3. $I = [-\pi ; \pi]$. **a)** $2\sin x - \sqrt{3} = 0$. **b)** $2\sin x - \sqrt{3} \leqslant 0$.

★★ **77** $I = [0 ; 2\pi]$. **a)** $2\sin\left(x + \frac{\pi}{4}\right) - 1 = 0$.

b) $2\sin\left(x + \frac{\pi}{4}\right) - 1 > 0$.

Aide : Posez $X = x + \frac{\pi}{4}$ et remarquez que $X \in \left[\frac{\pi}{4} ; \frac{9\pi}{4}\right]$.

★★ **78** $I = [-\pi ; \pi]$.

a) $1 - \sqrt{2}\cos\left(\frac{\pi}{3} - x\right) = 0$. **b)** $1 - \sqrt{2}\cos\left(\frac{\pi}{3} - x\right) < 0$.

Aide : Posez $X = \frac{\pi}{3} - x$ et remarquez que $X \in \left[-\frac{2\pi}{3} ; \frac{4\pi}{3}\right]$.

Vrai ou faux ?

Pour chacune des affirmations suivantes, dites si elle est vraie ou fausse. Justifiez chaque fois votre réponse.

79 Les réels $\frac{2001\pi}{4}$ et $-\frac{7\pi}{4}$ sont repérés par un même point sur un cercle trigonométrique.

80 A, B et C sont trois points distincts deux à deux. Si $(\overrightarrow{BA}, \overrightarrow{AC}) = 0$, alors A, B et C sont alignés dans cet ordre.

81 Il existe des réels x tels que $2\cos x - 3 = 0$.

82 Il n'existe que deux réels x de l'intervalle $[0 ; 4\pi]$ tels que $\cos x = 0{,}6$ et $\sin x = 0{,}8$.

83 Les points de coordonnées polaires $\left(5 ; -\frac{\pi}{6}\right)$ et $\left(5 ; \frac{41}{6}\pi\right)$ sont confondus.

84 Les points $A\left(1 ; \frac{\pi}{3}\right)$, $B\left(2 ; \frac{7\pi}{3}\right)$, $C\left(4 ; -\frac{2\pi}{3}\right)$ repérés par leurs coordonnées polaires, sont alignés.

85 Dans le repère orthonormal direct $(O ; \vec{\imath}, \vec{\jmath})$, le point M de coordonnées polaires $\left(\sqrt{2} ; -\frac{3\pi}{4}\right)$ vérifie $\overrightarrow{OM} = -\vec{\imath} - \vec{\jmath}$.

Repérage polaire

Les repères $(O ; \vec{\imath}, \vec{\jmath})$ utilisés sont orthonormaux directs.

86 Sur la figure ci-dessous M et N sont tels que :

$$OM = 3 \text{ et } ON = 4,$$

$$(\vec{\imath}, \overrightarrow{OM}) = \frac{\pi}{3} \text{ et } (\vec{\imath}, \overrightarrow{ON}) = -\frac{\pi}{4}.$$

De plus, $\overrightarrow{OA} = -\vec{\imath} - 2\vec{\jmath}$, $\overrightarrow{OB} = -2\vec{\imath} + 2\vec{\jmath}$.

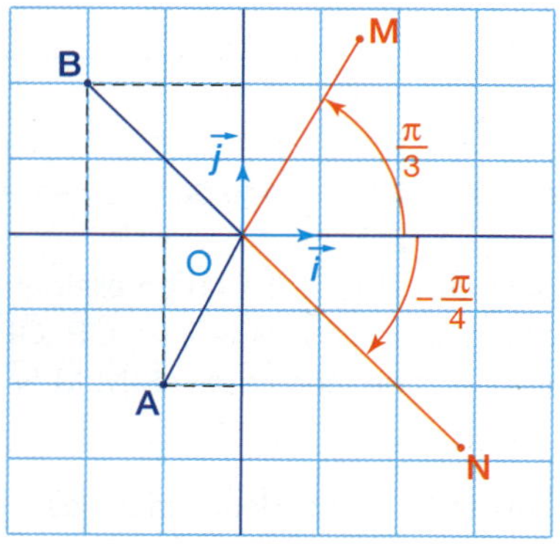

1. Quelles sont les coordonnées polaires de M et N ? Calculez leurs coordonnées cartésiennes.
2. Indiquez les coordonnées polaires de B. Déduisez-en que O, B et N sont alignés.
3. Utilisez les coordonnées cartésiennes de A et M pour prouver que O, A et M ne sont pas alignés.

87 Les points A et B ont pour coordonnées cartésiennes respectives $(\sqrt{3} ; 1)$ et $(-1 ; \sqrt{3})$.

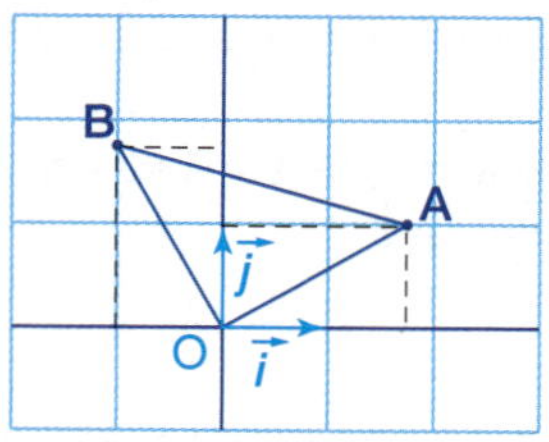

1. Calculez les coordonnées polaires de A et B.
2. Utilisez la relation de Chasles pour calculer une mesure de $(\overrightarrow{OA}, \overrightarrow{OB})$.
3. Déduisez-en la nature du triangle AOB.

★ **88** Les points A et M sont disposés comme indiqué sur la figure ci-après.
1. Calculez les coordonnées cartésiennes de A.
2. B est le point tel que $\overrightarrow{AM} = \overrightarrow{OB}$. Calculez $(\vec{\imath}, \overrightarrow{OB})$, en utilisant la relation de Chasles.

3. Calculez les coordonnées polaires de B.

4. Déduisez-en les coordonnées cartésiennes de M.

Aide : Voir l'exercice 52, *Pour apprendre à chercher.*

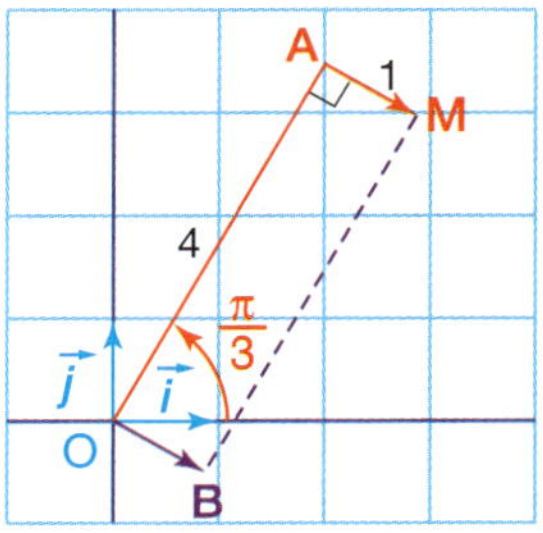

★ **89** On donne les points A de coordonnées cartésiennes $\left(\frac{3}{2}\ ;\ \frac{3\sqrt{3}}{2}\right)$ et M tel que $AM = \sqrt{2}$ et $(\overrightarrow{AO}, \overrightarrow{AM}) = \frac{5\pi}{12}$.

1. Calculez les coordonnées polaires de A.
2. Prouvez que $(\vec{i}, \overrightarrow{AM}) = -\frac{\pi}{4}$.
3. Calculez les coordonnées polaires du point B tel que $\overrightarrow{OB} = \overrightarrow{AM}$ et déduisez-en les coordonnées cartésiennes de M.

Aide : Voir l'exercice 52, *Pour apprendre à chercher.*

★ **90 Angle polaire et rotation**

$(O\ ;\ \vec{i}, \vec{j})$ est un repère orthonormal direct du plan orienté, le point A a pour coordonnées $(4\ ;\ 3)$. On note r la rotation de centre O et d'angle $\frac{\pi}{2}$, et B l'image de A par r.

1. a) Construisez A, puis B.

   b) On note $(\rho\ ;\ \theta)$ les coordonnées polaires de A. Vérifiez que $\rho = 5$ et que $\cos\theta = \frac{4}{5}$ et $\sin\theta = \frac{3}{5}$.

   c) Pourquoi $\left(5\ ;\ \theta + \frac{\pi}{2}\right)$ sont-elles les coordonnées polaires de B ?

2. a) Déduisez de la question précédente les valeurs de $\cos\left(\theta + \frac{\pi}{2}\right)$ et $\sin\left(\theta + \frac{\pi}{2}\right)$.

   b) Quelles sont les coordonnées cartésiennes du point B ?

   c) Quelles sont les coordonnées cartésiennes de C tel que OACB est un carré ?

★ **91** Sur la figure ci-après, les rayons des arcs sont des entiers successifs. On note $(r_i\ ;\ \theta_i)$ les coordonnées polaires de A_i avec $0 \leqslant i \leqslant 7$.

1. Donnez les coordonnées polaires $(r_0\ ;\ \theta_0)$ de A_0 avec θ_0 dans $[0\ ;\ 2\pi[$. Faites de même pour chacun des autres points.
2. Démontrez que la longueur ℓ de la ligne fermée $A_0A_1A_2A_3A_4A_5A_6A_7A_0$ peut s'exprimer sous la forme :
$$\ell = \frac{\pi}{2}[r_0 + r_2 + r_4 + r_6] + 2(r_6 - r_0).$$
3. Prouvez que l'aire $\mathscr{A}$ du domaine limité par cette ligne s'exprime sous la forme :
$$\mathscr{A} = \frac{\pi}{4}[r_0^2 + r_2^2 + r_4^2 + r_6^2].$$
4. Calculez les valeurs numériques de ℓ et $\mathscr{A}$.

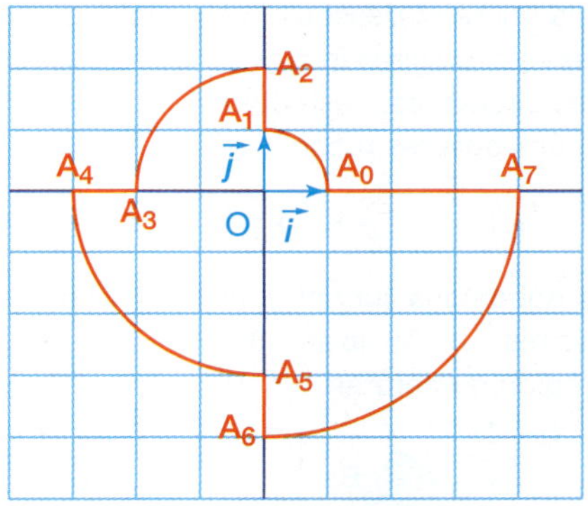

★ **92** La rotation $R\left(O\ ;\ \frac{\pi}{2}\right)$ transforme le point A de coordonnées polaires $(r\ ;\ \theta)$ en A′ de coordonnées polaires $(r'\ ;\ \theta')$.

1. Quelles relations existe-t-il entre r' et r, puis entre θ' et θ ?
2. Les coordonnées cartésiennes de A sont $(x\ ;\ y)$, celles de A′ sont $(x'\ ;\ y')$.

   a) Écrivez x et y en fonction de r et θ.

   b) Écrivez x' et y' en fonction de r' et θ'.

   c) Déduisez-en alors que $x' = -y$ et $y' = x$.

3. a) Placez les points M, N et P de coordonnées cartésiennes respectives $(3\ ;\ 1)$, $(-2\ ;\ -2)$, $(1\ ;\ 3)$.

   b) Calculez les coordonnées cartésiennes de M′, N′, P′, images de M, N, P par R. Placez M′, N′, P′.

★ **93** Reprenez l'exercice précédent en considérant la rotation $R\left(O\ ;\ -\frac{\pi}{2}\right)$. Quelles expressions de x' et y' en fonction de x et y obtenez-vous ? Ce résultat était-il prévisible ?

★ **94** 1. Placez les points suivants définis par leurs coordonnées polaires :

$A_0(1\ ;\ 0)$, $A_1\left(1\ ;\ \frac{\pi}{3}\right)$, $A_2\left(2\ ;\ \frac{\pi}{3}\right)$, $A_3\left(2\ ;\ \frac{2\pi}{3}\right)$,

$A_4\left(3\ ;\ \frac{2\pi}{3}\right)$, $A_5(3\ ;\ \pi)$, $A_6(4\ ;\ \pi)$, $A_7\left(4\ ;\ \frac{4\pi}{3}\right)$,

$A_8\left(5\ ;\ \frac{4\pi}{3}\right)$, $A_9\left(5\ ;\ \frac{5\pi}{3}\right)$, $A_{10}\left(6\ ;\ \frac{5\pi}{3}\right)$, $A_{11}(6\ ;\ 0)$.

2. Les arcs $\overset{\frown}{A_0A_1}$, $\overset{\frown}{A_2A_3}$, $\overset{\frown}{A_4A_5}$, $\overset{\frown}{A_6A_7}$, $\overset{\frown}{A_8A_9}$, $\overset{\frown}{A_{10}A_{11}}$ et les segments $[A_1A_2]$, $[A_3A_4]$, $[A_5A_6]$, $[A_7A_8]$, $[A_9A_{10}]$ et $[A_{11}A_0]$ définissent une ligne fermée.
On note ℓ sa longueur et $\mathscr{A}$ l'aire du domaine qu'elle délimite.
Calculez ℓ et $\mathscr{A}$.

★ **95** Sur la figure ci-dessous, les régions du plan sont des secteurs circulaires (privés de O) ou des parties de couronnes circulaires. Les points A, B, C et D ont pour coordonnées polaires respectives :

$$\left(1\ ;\ \frac{\pi}{3}\right),\ \left(2\ ;\ \frac{2\pi}{3}\right),\ \left(4\ ;\ \frac{5\pi}{4}\right),\ \left(3\ ;\ \frac{11\pi}{6}\right).$$

À quelles conditions sur r et θ un point M de coordonnées polaires $(r\ ;\ \theta)$ (avec $\theta \in [0\ ;\ 2\pi[$) est-il situé dans la région numérotée 1 ? 2 ? 3 ? 4 ? 5 ?

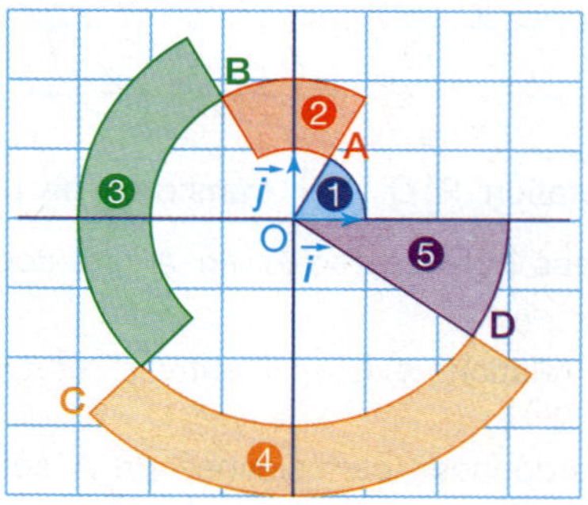

★ **96** Les points M_k sont définis par leurs coordonnées polaires $\left(1\ ;\ \frac{2k\pi}{5}\right)$, avec k entier relatif.
L'objectif de cet exercice est de démontrer que les points de cette suite constituent un pentagone régulier.
1. Placez les points M_0, M_1, M_2, M_3, M_4.
2. Prouvez que, pour tout entier k, $M_{k+5} = M_k$.
3. Déduisez-en que l'ensemble des points M_k n'est constitué que des cinq points M_0, M_1, M_2, M_3, M_4.
4. Prouvez que la rotation R de centre O et d'angle $\frac{2\pi}{5}$ est telle que :

$$M_0 \mapsto M_1\ ,\ M_1 \mapsto M_2\ ,\ M_2 \mapsto M_3\ ,$$
$$M_3 \mapsto M_4\ ,\ M_4 \mapsto M_0\ .$$

Déduisez-en que :

$$M_0M_1 = M_1M_2 = M_2M_3 = M_3M_4 = M_4M_0\ .$$

Concluez.

Commentaire : Cette propriété se généralise au cas de la suite de points M_k de coordonnées polaires $\left(r\ ;\ \frac{2k\pi}{n}\right)$ (n entier, $n > 2$). Les points de cette suite constituent un polygone régulier à n côtés inscrit dans le cercle centré en O et de rayon r.

Équations et inéquations trigonométriques

Les exercices de cette rubrique ne sont pas explicitement exigibles par le programme. Pour les résoudre, reportez-vous au TD 3 page 280 et aux exercices 55 et 56, *Pour apprendre à chercher*.

★★ **97** Dans le plan orienté, $(O\ ;\ \vec{\imath}, \vec{\jmath})$ est un repère orthonormal direct, $\mathscr{C}$ est le cercle trigonométrique de centre O et M est un point de $\mathscr{C}$ de coordonnées polaires $(1\ ;\ x)$.
Pour chacun des cas suivants, placez les points M sur $\mathscr{C}$ en tenant compte de la relation donnée.

1. $3x = \frac{\pi}{2} + 2k\pi$.

2. $4x - \frac{\pi}{3} = x + 2k\pi$.

3. $2x = \frac{2\pi}{3} + 2k\pi$.

4. $4x = \frac{\pi}{2} + 2k\pi$.

★★ **98** Résolvez chacune des équations et inéquations suivantes dans l'intervalle I donné.

1. $I = [0\ ;\ \pi]$.

a) $\sin\left(2x - \frac{\pi}{4}\right) = \frac{1}{2}$.

b) $\sin\left(2x - \frac{\pi}{4}\right) \leqslant \frac{1}{2}$.

2. $I = [0\ ;\ 2\pi]$.

a) $\cos\left(2x - \frac{\pi}{5}\right) = \frac{1}{2}$.

b) $\cos\left(2x - \frac{\pi}{5}\right) \geqslant \frac{1}{2}$.

3. $I = [-\pi\ ;\ \pi]$. $\sin 3x = \sin\left(2x + \frac{\pi}{2}\right)$.

★★ **99** Résolvez chacune des équations suivantes dans l'intervalle I donné.

1. $I = [-\pi\ ;\ \pi]$: $\sin\left(2x - \frac{\pi}{6}\right) = \cos\left(x + \frac{\pi}{4}\right)$.

Aide : $\cos\theta = \sin\left(\frac{\pi}{2} - \theta\right)$ ou $\sin\theta = \cos\left(\frac{\pi}{2} - \theta\right)$.

2. $I = \left[0\ ;\ \frac{\pi}{2}\right]$: $\cos x = \sin\left(x + \frac{\pi}{4}\right)$

3. $I = [-\pi\ ;\ \pi]$: $\sin 3x = \cos 2x$.

100 Résolvez dans $\mathbb{R}$ les équations suivantes :

1. $\cos 2x = \cos\left(x + \frac{\pi}{4}\right)$.

2. $\cos\left(3x + \frac{\pi}{6}\right) = \cos\left(x - \frac{\pi}{3}\right)$.

3. $\sin 2x = \sin\left(x - \frac{\pi}{4}\right)$. 4. $\sin\left(x - \frac{\pi}{6}\right) = \sin\left(3x + \frac{\pi}{3}\right)$.

5. $\sin\left(\frac{\pi}{4} - \frac{x}{3}\right) = \sin x$. 6. $\cos\left(x + \frac{\pi}{3}\right) = \sin 2x$.

101 Résolvez dans $[0 ; 2\pi[$ les inéquations suivantes :

1. $\cos\left(2x - \frac{\pi}{5}\right) \geqslant -\frac{1}{2}$.

2. $\cos\left(2x + \frac{\pi}{3}\right) \leqslant -\frac{\sqrt{2}}{2}$.

3. $\frac{1}{2} \leqslant \cos\left(2x - \frac{\pi}{3}\right) \leqslant \frac{\sqrt{3}}{2}$. 4. $\sin\left(\frac{\pi}{4} + \frac{x}{3}\right) \leqslant \frac{\sqrt{3}}{2}$.

5. $-\frac{\sqrt{3}}{2} \leqslant \sin 2x \leqslant -\frac{1}{2}$. 6. $\sin 3x \leqslant \frac{1}{2}$.

Pour un bilan

Pour chacun des exercices suivants, plusieurs des affirmations proposées peuvent être exactes. Dites lesquelles.

Q1 Dans repère orthonormal direct $(O ; \vec{i}, \vec{j})$, on donne les points $A(2 ; 0)$, $B(-2 ; 0)$, $C(0 ; 2)$, $D(-2 ; 2)$ et $E(1 ; \sqrt{3})$.

a) Le triangle OEA est équilatéral.

b) $(\overrightarrow{OE}, \overrightarrow{DC}) = \frac{\pi}{3}$.

c) $(\overrightarrow{AE}, \overrightarrow{OD}) = -\frac{\pi}{9}$.

Q2 ABC est un triangle isocèle en A tel que $(\overrightarrow{AB}, \overrightarrow{AC}) = \alpha$ avec $-\pi < \alpha < -\frac{\pi}{2}$.

a) $(\overrightarrow{BA}, \overrightarrow{AC}) = -\alpha$.

b) $(\overrightarrow{BA}, \overrightarrow{BC}) = \frac{1}{2}(\alpha - \pi)$.

c) $(\overrightarrow{CB}, \overrightarrow{CA}) = \frac{\pi}{2} + \frac{\alpha}{2}$.

Q3 **a)** L'équation $\cos x = \frac{3}{5}$ admet deux solutions dans l'ensemble $\mathbb{R}$.

b) L'équation $\cos x = \frac{3}{5}$ n'admet aucune solution dans l'intervalle $\left[\frac{\pi}{2} ; \frac{3\pi}{2}\right]$.

c) L'équation $\cos x = \frac{3}{5}$ admet une seule solution dans l'intervalle $\left[\frac{\pi}{3} ; \frac{4\pi}{3}\right]$.

Q4 Le système de deux inéquations $-1 < \cos x \leqslant \frac{1}{2}$ admet pour solutions :

a) dans $]-\pi ; \pi]$, les nombres x tels que :

$$-\pi < x \leqslant -\frac{\pi}{3} \quad \text{ou} \quad \frac{\pi}{3} \leqslant x < \pi ;$$

b) dans $[0 ; 2\pi]$, les nombres x tel que $\frac{\pi}{3} \leqslant x \leqslant \frac{5\pi}{3}$;

c) dans $\left[-\frac{\pi}{3} ; \frac{\pi}{3}\right]$, uniquement $-\frac{\pi}{3}$ et $\frac{\pi}{3}$.

Q5 Dans un repère orthonormal direct $(O ; \vec{i}, \vec{j})$, A a pour coordonnées polaires $\left(2 ; \frac{\pi}{6}\right)$ et B est défini par $AB = \sqrt{3}$ et $(\overrightarrow{OA}, \overrightarrow{AB}) = \frac{\pi}{3}$.

a) Le vecteur $\overrightarrow{AB}$ est colinéaire au vecteur $\vec{j}$.

b) Les coordonnées cartésiennes de B sont $(\sqrt{3} ; 1 + \sqrt{3})$.

c) Des coordonnées polaires de B sont $\left(2 + \sqrt{3} ; \frac{\pi}{4}\right)$.

Q6 Dans un repère orthonormal direct $(O ; \vec{i}, \vec{j})$, les coordonnées cartésiennes de A et B sont respectivement $(4\sqrt{3} ; -4)$ et $(3 ; 3\sqrt{3})$.

a) A et B ont pour coordonnées polaires respectives $\left(8 ; -\frac{\pi}{3}\right)$ et $\left(4\sqrt{3} ; \frac{\pi}{3}\right)$.

b) $(\overrightarrow{OA}, \overrightarrow{OB}) = \frac{\pi}{2}$.

c) Le triangle OAB est rectangle en O.

problèmes de synthèse

★ **102** **Autour d'une spirale**
Thèmes : Rotations. Alignement. Longueurs d'arcs. Équation du second degré. Suites

L'objectif du problème est de construire, et d'étudier les propriétés d'une spirale obtenue à partir d'un carré.

A. Construction

Dans un repère orthonormal direct $(O ; \vec{\imath}, \vec{\jmath})$ le carré OABC est défini par les coordonnées des points :

$$A(-1 ; 0),\ B(-1 ; -1),\ C(0 ; -1).$$

Les rotations d'angle $\frac{\pi}{2}$ et de centres respectifs O, A, B, C sont notées r_O, r_A, r_B, r_C.

1. Placez le point $M_0 = C$, puis M_1, M_2, M_3, M_4 tels que :

$$r_O(M_0) = M_1,\quad r_A(M_1) = M_2,$$
$$r_B(M_2) = M_3,\quad r_C(M_3) = M_4.$$

2. Continuez le processus avec M_5, M_6, M_7, M_8, etc., avec : $r_O(M_4) = M_5$, $r_A(M_5) = M_6$,
$r_B(M_6) = M_7$, $r_C(M_7) = M_8$.

B. Des alignements

1. Démontrez que les vecteurs $\overrightarrow{OM_0}$ et $\overrightarrow{OM_4}$ sont colinéaires et de même sens.

Justifiez qu'il en est de même pour les vecteurs $\overrightarrow{OM_0}$, $\overrightarrow{OM_4}$, $\overrightarrow{OM_8}$, $\overrightarrow{OM_{12}}$ ...

2. Énoncez un résultat analogue à partir des points :

M_1, M_5, M_9 ... ; M_2, M_6, M_{10} ... ; M_3, M_7, M_{11} ...

3. Sur quelles demi-droites se trouvent M_{20} ? M_{2001} ?

C. Calculs de longueurs de segments

1. Démontrez que $M_0M_4 = 4$.

2. Démontrez en utilisant les rotations que :

$$M_0M_4 = M_1M_5 = M_2M_6 = M_3M_7 = \ldots$$

Ainsi pour tout entier k, M_kM_{k+4} est constant.

D. Calculs de longueurs d'arcs

La spirale est formée des arcs de cercles consécutifs $\overset{\frown}{M_0M_1}$, $\overset{\frown}{M_1M_2}$, ..., $\overset{\frown}{M_{n-1}M_n}$. On note L_n la longueur de trajet de M_0 à M_n.

1. a) Calculez L_9.

b) Démontrez que $L_n = \frac{\pi}{2}[1 + 2 + \ldots + n]$.

2. Exprimez L_n en fonction de n.

3. Peut-on trouver un point M_n sur la spirale tel que la longueur L_n soit égale à la distance parcourue en neuf tours du cercle trigonométrique ?

★ **103** **Thèmes : Configurations. Angles orientés. Orthogonalité**

Dans le plan orienté, ABCD est un quadrilatère inscrit dans un cercle, dont les diagonales se coupent en I et vérifient $(\overrightarrow{AC}, \overrightarrow{BD}) = \frac{\pi}{2}$. J désigne le milieu de [CD].

La droite (IJ) coupe (AB) en H.

Le but du problème est de démontrer que les droites (AB) et (IJ) sont perpendiculaires en évaluant l'angle orienté $(\overrightarrow{AB}, \overrightarrow{IJ})$. On note θ une mesure de $(\overrightarrow{AB}, \overrightarrow{AC})$.

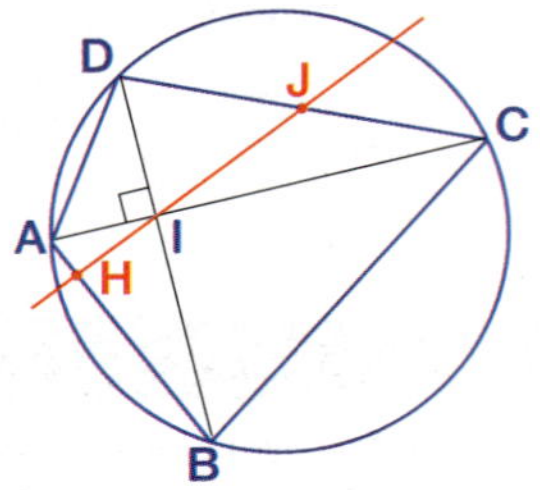

1. En utilisant la relation de Chasles, démontrez que :

$$(\overrightarrow{AB}, \overrightarrow{IJ}) = \theta + (\overrightarrow{IC}, \overrightarrow{IJ}) \quad [1].$$

2. On se propose d'exprimer une mesure de $(\overrightarrow{IC}, \overrightarrow{IJ})$ en fonction de θ.

a) Quelle est la nature du triangle DIJ ?

b) Exprimez une mesure de l'angle orienté $(\overrightarrow{DI}, \overrightarrow{DC})$ en fonction de θ.

c) Déduisez-en une mesure de l'angle orienté $(\overrightarrow{IC}, \overrightarrow{IJ})$ en fonction de θ.

d) Concluez en utilisant [1].

Pour chercher plus

★★★ **104** Sur un cercle trigonométrique les points A et B sont repérés par $\frac{\pi}{3}$ et $\frac{3\pi}{4}$.

Déterminez les points M du cercle tels que le triangle ABM soit isocèle.

★★★ **105** Dans un repère orthonormal direct $(O ; \vec{\imath}, \vec{\jmath})$, on considère la suite des points M_n ($n \in \mathbb{N}$) dont les coordonnées polaires sont $(r_n ; \theta_n)$ avec $r_n = \frac{8}{2^n}$ et $\theta_n = n\frac{\pi}{2}$.

Exprimez en fonction de n la longueur L_n de la ligne brisée $M_0M_1M_2 \ldots M_n$.

★★★ **106** α, β et γ sont trois réels de $[0 ; \pi]$.

Démontrez que l'égalité :

$$(1 + \cos\alpha)(1 + \cos\beta)(1 + \cos\gamma) = (1 - \cos\alpha)(1 - \cos\beta)(1 - \cos\gamma)$$

implique l'égalité :

$$(1 + \cos\alpha)(1 + \cos\beta)(1 + \cos\gamma) = \sin\alpha\sin\beta\sin\gamma.$$

Vecteurs et repérage dans l'espace

Approche historique

Un problème

Est-il possible de faire des calculs dans l'espace, comme on le fait dans un repère du plan ?

Des éléments de réflexion

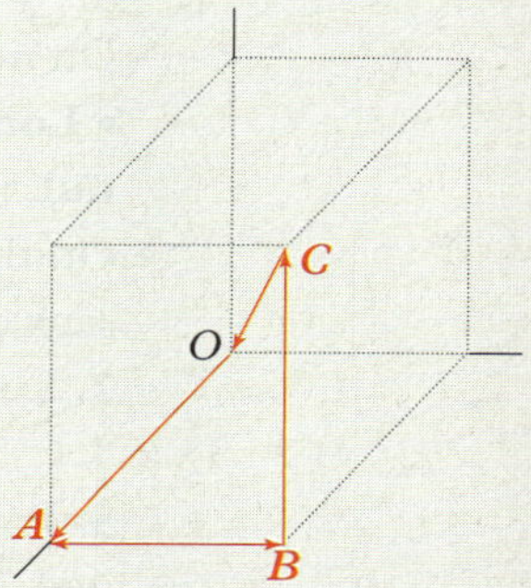

Dans l'espace, on ne peut pas adopter la notion de tours autour d'un point, comme Argand, puis Augustin-Louis Cauchy (Paris, 1789 - Paris, 1857), avaient su l'exploiter pour monter un calcul géométrique dans le plan. Cependant, Caspar Wessel (Vestby au bord du fjord d'Oslo, 1745 - Copenhague, 1818) inventait en 1799 un calcul basé sur ce que l'on peut appeler la formule de la chaîne, ou aussi formule de Michel Chasles (Epernon, 1793 - Paris, 1880). Elle s'écrit avec quatre points O, A, B, C et D : $OA + AB + BC + CO = 0$.
On a plus tard adopté la notation vectorielle $\overrightarrow{OA} + \overrightarrow{AB} + \overrightarrow{BC} + \overrightarrow{CO} = \vec{0}$.
Cette formule vaut aussi bien dans le plan que dans l'espace. Elle est une façon de calculer sur la représentation cartésienne à partir d'un trièdre orthonormé, comme la figure le montre bien.
Wessel n'a guère été lu, quoique son mémoire ait été publié dans les Mémoires de l'Académie de Copenhague, pas plus d'ailleurs que Argand dont il n'existe plus aucun exemplaire de l'édition originale de son texte en 1806, mais seulement le frontispice avec la dédicace à Gergonne.

Mais Argand fut commenté dans le Journal de Mathématiques pures et appliquées, dirigé par Joseph-Diez Gergonne (Nancy, 1771 - Montpellier, 1859), premier journal liant les professeurs de mathématiques des lycées.
Il permettait de calibrer les notions destinées à l'enseignement, dont beaucoup sont restées utilisées jusqu'à aujourd'hui.
Des étudiants aussi publièrent dans ce journal, comme Niels Abel (île de Finnoy, 1802 - Arendal, 1829) ou Evariste Galois (Bourg-la-Reine, 1811 - Paris, 1832) deux génies mathématiciens de l'ère romantique.

Michel Chasles
(Epernon, 1793 - Paris, 1880)

1 Vecteurs de l'espace

1.1 Définitions et règles de calcul

La notion de vecteur vue en géométrie plane se généralise sans difficultés à l'espace.

1. À tout couple de points (A, B) de l'espace, on associe le vecteur $\overrightarrow{AB}$.

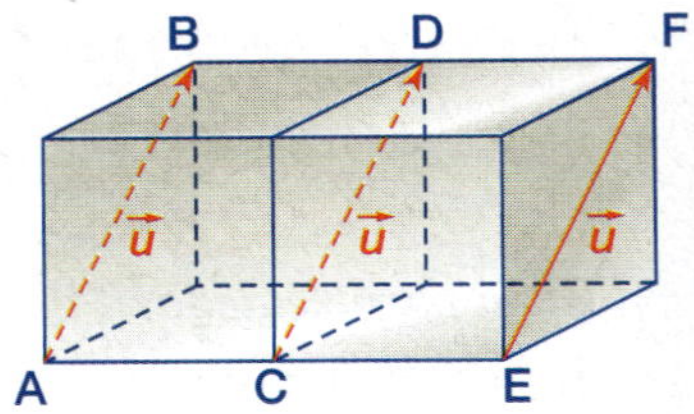

• **Lorsque $A \neq B$**, le vecteur $\overrightarrow{AB}$ a :
- pour **direction** celle de la droite (AB) ;
- pour **sens** celui de A vers B ;
- pour **longueur** ou **norme** la distance AB.

On note $\|\overrightarrow{AB}\| = AB$.

• **Lorsque $A = B$**, le vecteur $\overrightarrow{AA}$ est le **vecteur nul**, noté $\vec{0}$.

On dit que des vecteurs non nuls sont **égaux** lorsqu'ils ont même direction, même sens et même longueur. On note $\vec{u} = \overrightarrow{AB} = \overrightarrow{CD} = \overrightarrow{EF}$ (*voir la figure*).

2. Lorsque les quatre points A, B, C et D ne sont pas alignés :

$\overrightarrow{AB} = \overrightarrow{CD}$ équivaut à « ABDC est un parallélogramme ».

3. Pour tout point A de l'espace, pour tout vecteur $\vec{u}$, il existe un unique point C tel que $\overrightarrow{AC} = \vec{u}$.

4. Les règles de calcul, y compris la relation de Chasles, sont les mêmes qu'avec les vecteurs du plan (*voir chapitre* 9, *page* 238).

1.2 Vecteurs colinéaires, parallélisme, alignement

La colinéarité de deux vecteurs de l'espace se définit comme en géométrie plane, et comme dans le plan, on démontre les résultats suivants :

Définition 1

Dire que les vecteurs non nuls $\overrightarrow{AB}$ et $\overrightarrow{CD}$ sont **colinéaires** signifie que les droites (AB) et (CD) sont parallèles.

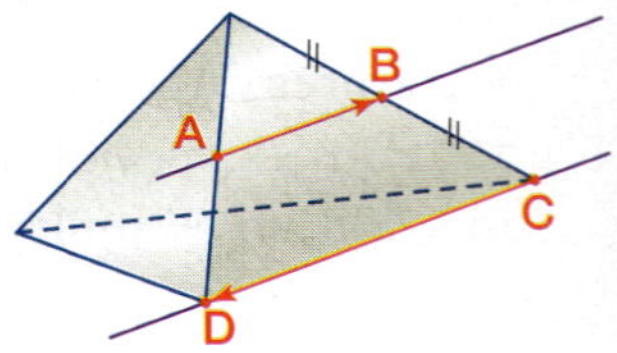

Cela signifie qu'ils ont la même direction.

Par convention, le vecteur nul est colinéaire à tout vecteur $\vec{u}$.

Théorème 1

• Dire que les vecteurs $\vec{u}$ et $\vec{v}$ sont **colinéaires** équivaut à dire qu'il existe un nombre réel k tel que $\boldsymbol{\vec{v} = k\vec{u}}$ ou un réel k' tel que $\boldsymbol{\vec{u} = k'\vec{v}}$.

• Dire que les points A, B, C distincts sont **alignés** équivaut à dire que les vecteurs $\overrightarrow{AB}$ et $\overrightarrow{AC}$ sont colinéaires, donc à dire qu'il existe un nombre réel k non nul tel que $\overrightarrow{AB} = k\overrightarrow{AC}$.

Comme dans le plan nous disposons du théorème suivant :

Théorème 2

A et B sont deux points distincts de l'espace. La droite (AB) est l'ensemble des points M tels que $\overrightarrow{AM}$ et $\overrightarrow{AB}$ sont colinéaires, c'est-à-dire des points M tels que $\boldsymbol{\overrightarrow{AM} = x\overrightarrow{AB}}$, ***x* étant un réel quelconque.**

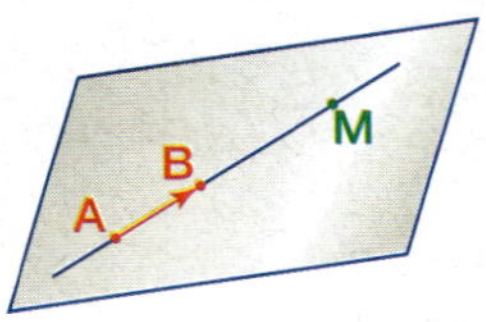

Pour mieux comprendre

À QUOI SERT la colinéarité de deux vecteurs de l'espace ?

- À démontrer que deux droites sont parallèles ou non ;
- À démontrer que trois points sont alignés ou non (▶ **exercice résolu 2**).

Exercices résolus

Exo 1 Comment utiliser les règles de calcul ?

ABCDEFGH est un cube. I est le milieu de l'arête [FG].

1. Trouvez le point M tel que $\overrightarrow{AB}+\overrightarrow{AE}+\overrightarrow{FI}=\overrightarrow{AM}$ [1].

2. Démontrez que $\overrightarrow{AB}+\overrightarrow{CF}=\overrightarrow{AF}+\overrightarrow{CB}$ [2].

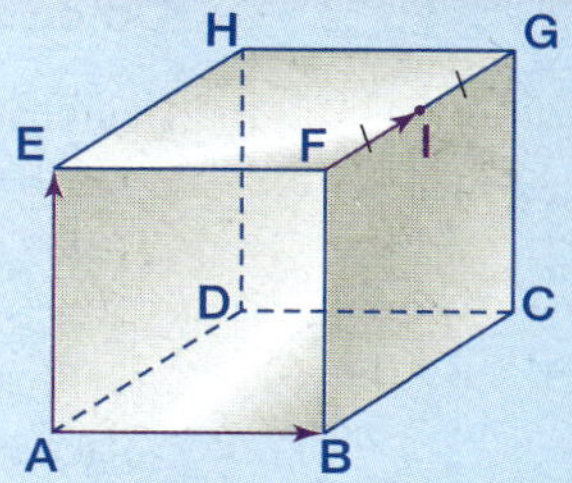

Solution commentée

1. Lorsqu'on connaît un point A et un vecteur $\vec{u}$, alors on sait placer le point M tel que $\overrightarrow{AM}=\vec{u}$. D'où l'idée de trouver un seul vecteur égal à $\overrightarrow{AB}+\overrightarrow{AE}+\overrightarrow{FI}$.

ABFE est un carré, on reconnaît dans la somme $\overrightarrow{AB}+\overrightarrow{AE}$ la configuration du parallélogramme :
$\overrightarrow{AB}+\overrightarrow{AE}=\overrightarrow{AF}$, d'où $\overrightarrow{AB}+\overrightarrow{AE}+\overrightarrow{FI}=\overrightarrow{AF}+\overrightarrow{FI}$.
Enfin, en utilisant la relation de Chasles, l'équation [1] devient $\overrightarrow{AI}=\overrightarrow{AM}$, d'où $M=I$.

2. Pour démontrer une égalité, une méthode consiste à partir de l'un des membres et de retrouver l'autre en utilisant les règles de calcul sur les vecteurs.
Il semble naturel de décomposer le vecteur $\overrightarrow{AB}$ pour faire apparaître le vecteur $\overrightarrow{AF}$.
La relation de Chasles donne $\overrightarrow{AB}=\overrightarrow{AF}+\overrightarrow{FB}$ soit :
$$\overrightarrow{AB}+\overrightarrow{CF}=\overrightarrow{AF}+\overrightarrow{FB}+\overrightarrow{CF}=\overrightarrow{AF}+(\overrightarrow{CF}+\overrightarrow{FB}).$$
Et, en utilisant une nouvelle fois la relation de Chasles, on obtient $\overrightarrow{AB}+\overrightarrow{CF}=\overrightarrow{AF}+\overrightarrow{CB}$.

Remarque : Cette égalité [2] est vraie quels que soient les points A, B, C et F de l'espace.

▶ **exercices 1 à 5, 8 à 10**

Exo 2 Comment démontrer que des points sont alignés ?

ABCDIJKL est un parallélépipède. G est le centre de gravité du triangle BIK. Démontrez que les points D, G et J sont alignés.

POINT MÉTHODE
Une façon de prouver que trois points J, D et G sont alignés consiste à prouver que les vecteurs $\overrightarrow{JD}$ et $\overrightarrow{JG}$ sont colinéaires.

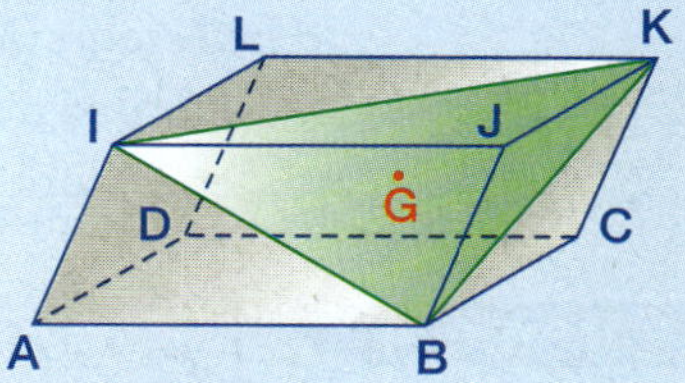

Solution commentée

Par hypothèse, G est le centre de gravité du triangle BIK donc $\overrightarrow{GB}+\overrightarrow{GI}+\overrightarrow{GK}=\vec{0}$.
On cherche à faire apparaître le vecteur $\overrightarrow{JG}$ grâce à la relation de Chasles :
$$\overrightarrow{GJ}+\overrightarrow{JB}+\overrightarrow{GJ}+\overrightarrow{JI}+\overrightarrow{GJ}+\overrightarrow{JK}=\vec{0},$$
d'où $3\overrightarrow{GJ}+\overrightarrow{JB}+\overrightarrow{JI}+\overrightarrow{JK}=\vec{0}$.
Donc $3\overrightarrow{GJ}+\overrightarrow{JB}+\overrightarrow{BA}+\overrightarrow{AD}=\vec{0}$ et $3\overrightarrow{GJ}+\overrightarrow{JD}=\vec{0}$.
Il en résulte que $\overrightarrow{JD}=3\overrightarrow{JG}$, donc les points J, D et G sont alignés.

Remarque : Une solution utilisant les coordonnées est proposée dans l'exercice résolu 5, p. 305.

▶ **exercices 6, 7**

2 Vecteurs coplanaires

2 1 Caractérisation vectorielle d'un plan de l'espace

Théorème 3

A, B et C sont trois points non alignés.
Le plan (ABC) est l'ensemble des points M définis par $\overrightarrow{AM} = x\overrightarrow{AB} + y\overrightarrow{AC}$, **$x$ et y étant des réels quelconques.**

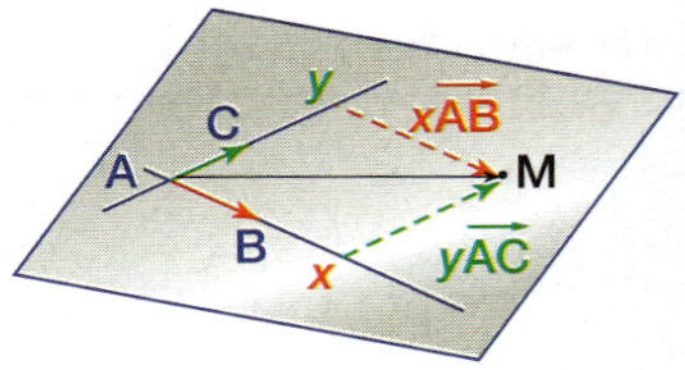

NOTE
D'une manière générale, un plan est déterminé par un point et deux vecteurs $\vec{u}$ et $\vec{v}$ non colinéaires, qui sont des vecteurs directeurs.

Vocabulaire : On dit que $\overrightarrow{AB}$ et $\overrightarrow{AC}$ dirigent le plan (ABC).
On dit aussi que $\overrightarrow{AB}$ et $\overrightarrow{AC}$ sont des **vecteurs directeurs** du plan (ABC).

Démonstration :

- A, B et C étant non alignés, les vecteurs $\overrightarrow{AB}$ et $\overrightarrow{AC}$ ne sont pas colinéaires, donc $(A\,;\,\overrightarrow{AB},\,\overrightarrow{AC})$ est un repère du plan (ABC).
Donc si M est dans ce plan, il existe un couple $(x\,;\,y)$ de réels tel que $\overrightarrow{AM} = x\overrightarrow{AB} + y\overrightarrow{AC}$.
- Réciproquement, prouvons maintenant que tout point M de l'espace défini par $\overrightarrow{AM} = x\overrightarrow{AB} + y\overrightarrow{AC}$ est dans le plan (ABC).
Puisque $(A\,;\,\overrightarrow{AB},\,\overrightarrow{AC})$ est un repère du plan (ABC), il existe dans ce plan un point N de coordonnées $(x\,;\,y)$ tel que $\overrightarrow{AN} = x\overrightarrow{AB} + y\overrightarrow{AC}$ d'où $\overrightarrow{AM} = \overrightarrow{AN}$ et M = N.
Le point M est bien dans le plan (ABC).

2 2 Vecteurs coplanaires

Définition 2

Dire que les vecteurs $\vec{u}$, $\vec{v}$, $\vec{w}$ sont **coplanaires** signifie que, lorsqu'on choisit un point O quelconque, le point O et les points A, B, et C définis par $\overrightarrow{OA} = \vec{u}$, $\overrightarrow{OB} = \vec{v}$, $\overrightarrow{OC} = \vec{w}$ sont dans un même plan.

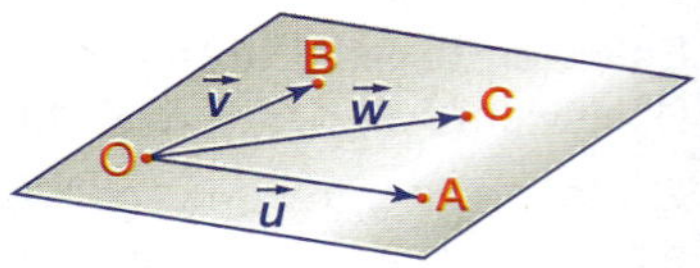

NOTE
La définition se généralise aisément au cas d'un nombre quelconque de vecteurs.

Remarque : Si les vecteurs non nuls $\vec{u}$ et $\vec{v}$ sont colinéaires, les points O, A et B sont alignés. Il existe au moins un plan qui contient la droite (OA) et le point C, alors les vecteurs $\vec{u}$, $\vec{v}$ et $\vec{w}$ sont coplanaires.
Donc si deux vecteurs parmi les trois vecteurs $\vec{u}$, $\vec{v}$ et $\vec{w}$ sont colinéaires, alors $\vec{u}$, $\vec{v}$ et $\vec{w}$ sont **nécessairement** coplanaires.

Théorème 4

$\vec{u}$, $\vec{v}$, $\vec{w}$ sont trois vecteurs tels que $\vec{u}$ et $\vec{v}$ ne sont pas colinéaires.
Dire que les vecteurs $\vec{u}$, $\vec{v}$, $\vec{w}$ sont **coplanaires** équivaut à dire qu'il existe des réels a et b tels que $\vec{w} = a\vec{u} + b\vec{v}$.

Démonstration :

Choisissons un point O et considérons les points A, B et C tels que $\overrightarrow{OA} = \vec{u}$, $\overrightarrow{OB} = \vec{v}$ et $\overrightarrow{OC} = \vec{w}$.
Puisque $\vec{u}$ et $\vec{v}$ ne sont pas colinéaires, ce sont des vecteurs directeurs du plan (OAB).
Par définition, « $\vec{u}$, $\vec{v}$ et $\vec{w}$ sont coplanaires » signifie que C appartient au plan (OAB).
Or, d'après le théorème 3, cette appartenance équivaut à « il existe des réels a et b tels que $\overrightarrow{OC} = a\overrightarrow{OA} + b\overrightarrow{OB}$ », soit encore $\vec{w} = a\vec{u} + b\vec{v}$.

Pour mieux comprendre

COMMENT démontrer qu'une droite est parallèle à un plan ?

• Point de vue ponctuel

Pour démontrer qu'une droite d est parallèle au plan P, on peut démontrer que d est parallèle à une droite d' du plan P.

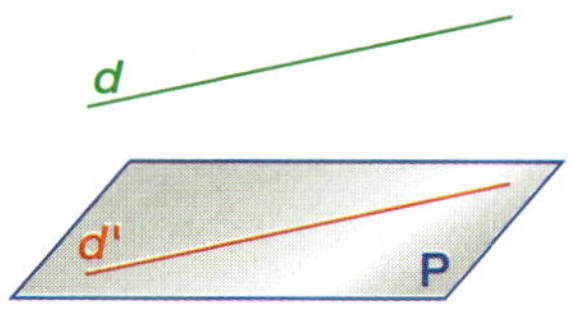

• Traduction en termes de vecteurs

Pour démontrer qu'une droite d est parallèle au plan P, on peut démontrer que le plan P contient deux points A et B tels que $\overrightarrow{AB} = \vec{u}$, où $\vec{u}$ est un vecteur directeur de la droite d.

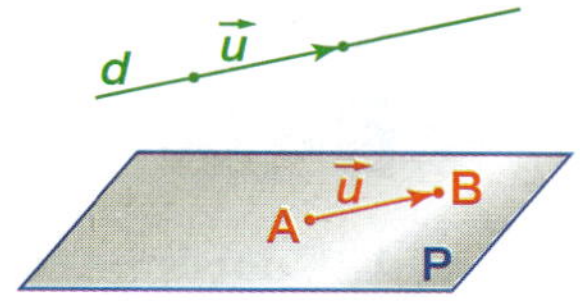

COMMENT démontrer que deux plans sont parallèles ?

• Point de vue ponctuel

Pour démontrer que deux plans sont parallèles, on peut démontrer que deux droites sécantes de l'un, sont parallèles à deux droites sécantes de l'autre.

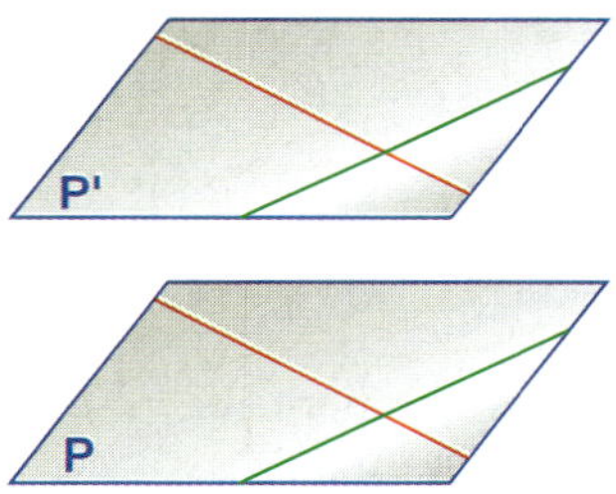

• Traduction en termes de vecteurs

Pour démontrer que deux plans sont parallèles, on peut démontrer que deux vecteurs non colinéaires de l'un, $\overrightarrow{AB}$ et $\overrightarrow{AC}$, et deux vecteurs non colinéaires de l'autre, $\overrightarrow{A'B'}$ et $\overrightarrow{A'C'}$, sont coplanaires.

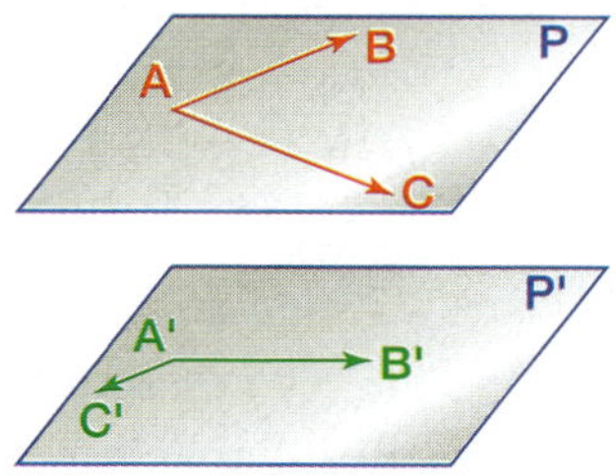

Exercices résolus

Exo 3 Démontrer que des vecteurs sont coplanaires

ABCDEFGH est un cube. I est le milieu de [EB] et J le milieu de [FG].
Démontrez que les vecteurs $\overrightarrow{EF}$, $\overrightarrow{BG}$ et $\overrightarrow{IJ}$ sont coplanaires.

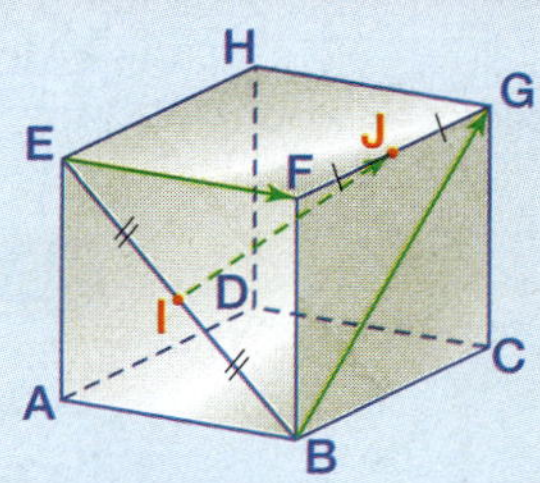

Solution commentée

L'observation de la figure ne permet pas d'espérer la colinéarité de deux de ces trois vecteurs. Essayons donc d'exprimer $\overrightarrow{IJ}$ en fonction de $\overrightarrow{EF}$ et de $\overrightarrow{BG}$ (qui sont non colinéaires, car (EF) et (BG) sont orthogonales). Pour cela utilisons la relation de Chasles. Par exemple, $\overrightarrow{IJ} = \overrightarrow{IE} + \overrightarrow{EF} + \overrightarrow{FJ}$ [1] et $\overrightarrow{IJ} = \overrightarrow{IB} + \overrightarrow{BG} + \overrightarrow{GJ}$ [2]. En tenant compte des hypothèses, $\overrightarrow{IE} + \overrightarrow{IB} = \vec{0}$ et $\overrightarrow{FJ} + \overrightarrow{GJ} = \vec{0}$, il semble naturel d'additionner membre à membre [1] et [2].

On obtient $2\overrightarrow{IJ} = (\overrightarrow{IE} + \overrightarrow{IB}) + \overrightarrow{EF} + \overrightarrow{BG} + (\overrightarrow{FJ} + \overrightarrow{GJ})$.

Soit $2\overrightarrow{IJ} = \overrightarrow{EF} + \overrightarrow{BG}$ et $\overrightarrow{IJ} = \frac{1}{2}\overrightarrow{EF} + \frac{1}{2}\overrightarrow{BG}$ ce qui nous permet d'affirmer que les vecteurs $\overrightarrow{EF}$, $\overrightarrow{BG}$ et $\overrightarrow{IJ}$ sont bien coplanaires.

▶ exercices 16 à 18

Cours

3 Repérage dans l'espace

3.1 Repère de l'espace

NOTE

Le repère $(O ; \vec{i}, \vec{j}, \vec{k})$ est différent du repère $(O ; \vec{i}, \vec{k}, \vec{j})$.

Choisir un repère de l'espace, c'est se donner un point O, appelé origine du repère, et un triplet $(\vec{i}, \vec{j}, \vec{k})$ de vecteurs **non coplanaires**. On note $(O ; \vec{i}, \vec{j}, \vec{k})$ ce repère.

Remarque : Le triplet $(\vec{i}, \vec{j}, \vec{k})$ est appelé **base** des vecteurs de l'espace.

3.2 Coordonnées

1. Coordonnées d'un point

Théorème 5

NOTE

On dit que l'espace est de dimension 3.

$(O ; \vec{i}, \vec{j}, \vec{k})$ est un repère de l'espace.
Pour tout point M de l'espace, il existe un **unique** triplet $(x ; y ; z)$ de nombres réels tels que $\overrightarrow{OM} = x\vec{i} + y\vec{j} + z\vec{k}$.

Démonstration : $\vec{i}$, $\vec{j}$, $\vec{k}$ sont non coplanaires donc le plan $(O ; \vec{i}, \vec{j})$ et la droite passant par M et dirigée par $\vec{k}$ ne sont pas parallèles. Soit M′ leur point d'intersection, M′ est dans le plan $(O ; \vec{i}, \vec{j})$ donc il existe deux réels x et y tels que $\overrightarrow{OM'} = x\vec{i} + y\vec{j}$.
Les vecteurs $\overrightarrow{M'M}$ et $\vec{k}$ sont colinéaires, donc il existe un réel z tel que $\overrightarrow{M'M} = z\vec{k}$.
D'après la relation de Chasles, $\overrightarrow{OM} = \overrightarrow{OM'} + \overrightarrow{M'M}$ d'où $\overrightarrow{OM} = x\vec{i} + y\vec{j} + z\vec{k}$. Nous admettrons l'unicité de cette écriture.

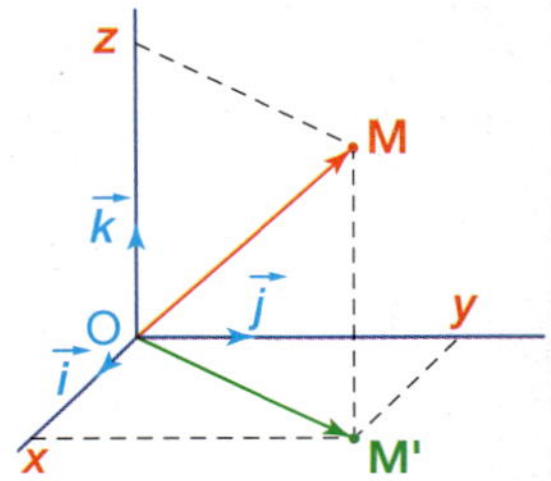

$(x ; y ; z)$ sont les **coordonnées** du point M dans le repère $(O ; \vec{i}, \vec{j}, \vec{k})$.
x est l'**abscisse**, y l'**ordonnée** et z la **cote** du point M dans ce repère.

2. Coordonnées d'un vecteur

Définition 3

NOTE

Comme dans le plan, on note parfois les coordonnées en colonne :

$\vec{u}\begin{pmatrix} x \\ y \\ z \end{pmatrix}$

$(O ; \vec{i}, \vec{j}, \vec{k})$ est un repère. Au vecteur $\vec{u}$ associons le point M tel que $\overrightarrow{OM} = \vec{u}$.
Par définition, les **coordonnées** de $\vec{u}$ sont les coordonnées $(x ; y ; z)$ de M.
Ainsi tout vecteur $\vec{u}$ s'écrit de manière unique $\vec{u} = x\vec{i} + y\vec{j} + z\vec{k}$.

3.3 Calculs sur les coordonnées

Tous les résultats de la géométrie plane concernant les coordonnées s'étendent à l'espace par l'adjonction d'une troisième coordonnée.
Dans un repère $(O ; \vec{i}, \vec{j}, \vec{k})$ donné, si les vecteurs $\vec{u}$ et $\vec{v}$ ont pour coordonnées $\vec{u}(x ; y ; z)$ et $\vec{v}(x' ; y' ; z')$, alors :

- pour tout réel k, le vecteur $k\vec{u}$ a pour coordonnées $(kx ; ky ; kz)$,
- le vecteur $\vec{u} + \vec{v}$ a pour coordonnées $(x + x' ; y + y' ; z + z')$.

Si A et B ont pour coordonnées $A(x ; y ; z)$ et $B(x' ; y' ; z')$, alors :

- le vecteur $\overrightarrow{AB}$ a pour coordonnées $(x' - x ; y' - y ; z' - z)$,
- le **milieu** M du segment [AB] a pour coordonnées $\left(\frac{x + x'}{2} ; \frac{y + y'}{2} ; \frac{z + z'}{2}\right)$.

Pour mieux comprendre

COMMENT reconnaître analytiquement la colinéarité de deux vecteurs de l'espace ?

Un repère étant donné, « les vecteurs non nuls $\vec{u}(x\,;y\,;z)$ et $\vec{v}(x'\,;y'\,;z')$ sont colinéaires » signifie qu'il existe un réel k tel que $x = kx'$, $y = ky'$ et $z = kz'$.

Cela signifie donc que le tableau ci-dessous est un tableau de proportionnalité.

x	y	z
x'	y'	z'

($\times k$)

(▶ **exercices 29 à 32**)

Exercices résolus

Exo 4 Calculs dans un repère

Un repère $(O\,;\vec{i}, \vec{j}, \vec{k})$ étant donné, on considère les points $A(1\,;2\,;-3)$, $B(-1\,;3\,;3)$ et $C(4\,;-1\,;2)$. D est le point tel que ABCD est un parallélogramme. Calculez les coordonnées de D, puis celles du centre I de ce parallélogramme.

Solution commentée

Dire que ABCD est un parallélogramme signifie que $\overrightarrow{AB} = \overrightarrow{DC}$. Les coordonnées de $\overrightarrow{AB}$ sont $(-2\,;1\,;6)$ et si $(x\,;y\,;z)$ sont les coordonnées de D, alors celles de $\overrightarrow{DC}$ sont $(4-x\,;-1-y\,;2-z)$.
Il en résulte que $4-x = -2$; $-1-y = 1$ et $2-z = 6$. Les coordonnées de D sont $(6\,;-2\,;-4)$.

• Le centre I du parallélogramme est le milieu de [AC] ; ses coordonnées sont donc $\left(\dfrac{1+4}{2}\,;\dfrac{2-1}{2}\,;\dfrac{-3+2}{2}\right)$ ou $\left(\dfrac{5}{2}\,;\dfrac{1}{2}\,;-\dfrac{1}{2}\right)$.

▶ **exercices 19, 26**

Exo 5 Comment démontrer que des points sont alignés ?

ABCDIJKL est parallélépipède. G est le centre de gravité du triangle BIK. Démontrez analytiquement, en choisissant un repère, que les points D, G et J sont alignés.

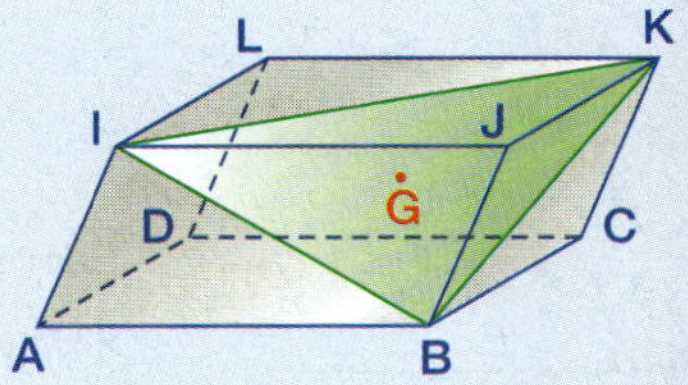

POINT MÉTHODE
On choisit le repère de façon que les coordonnées des points de la figure soient simples à calculer.

Solution commentée

On choisit, par exemple, le repère $(A\,;\overrightarrow{AB}, \overrightarrow{AD}, \overrightarrow{AI})$. Les points D et J ont pour coordonnées $D(0\,;1\,;0)$ et $J(1\,;0\,;1)$.
Par hypothèse, le point G est le centre de gravité du triangle BIK donc $\overrightarrow{GB} + \overrightarrow{GI} + \overrightarrow{GK} = \vec{0}$.

Comme on cherche les coordonnées de $\overrightarrow{AG}$, on va utiliser la relation de Chasles pour écrire $\overrightarrow{GA} + \overrightarrow{AB} + \overrightarrow{GA} + \overrightarrow{AI} + \overrightarrow{GA} + \overrightarrow{AK} = \vec{0}$.

Donc $\overrightarrow{AG} = \dfrac{1}{3}(\overrightarrow{AB} + \overrightarrow{AI} + \overrightarrow{AK})$ et les coordonnées de G sont $\left(\dfrac{1+0+1}{3}\,;\dfrac{0+0+1}{3}\,;\dfrac{0+1+1}{3}\right)$, c'est-à-dire $\left(\dfrac{2}{3}\,;\dfrac{1}{3}\,;\dfrac{2}{3}\right)$. En revenant aux vecteurs, on trouve $\overrightarrow{DG}\left(\dfrac{2}{3}\,;-\dfrac{2}{3}\,;\dfrac{2}{3}\right)$ et $\overrightarrow{DJ}(1\,;-1\,;1)$, d'où $\overrightarrow{DG} = \dfrac{2}{3}\overrightarrow{DJ}$.

Les vecteurs $\overrightarrow{DG}$ et $\overrightarrow{DJ}$ sont colinéaires, donc les points D, G et J sont alignés.

▶ **exercices 27, 28**

Cours

4 Distance dans l'espace

4 1 Repère orthonormal

On considère les points O, I, J et K de l'espace. On note $\overrightarrow{OI} = \vec{\imath}$, $\overrightarrow{OJ} = \vec{\jmath}$, $\overrightarrow{OK} = \vec{k}$.

Définition 4

Dire que le repère $(O ; \vec{\imath}, \vec{\jmath}, \vec{k})$ est **orthonormal** signifie que :

- les droites (OI), (OJ) et (OK) sont deux à deux orthogonales,
- la longueur de chacun des vecteurs $\vec{\imath}$, $\vec{\jmath}$, $\vec{k}$ est égale à l'unité de longueur choisie dans l'espace, soit $\|\vec{\imath}\| = \|\vec{\jmath}\| = \|\vec{k}\| = 1$.

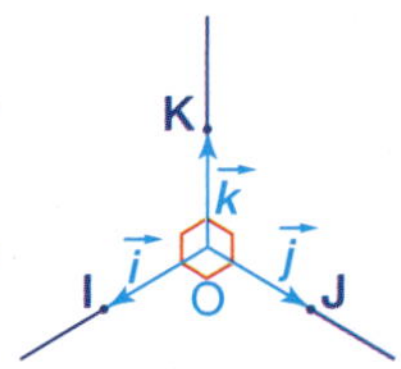

4 2 Norme d'un vecteur. Distance

Théorème 6

Dans un repère orthonormal :

1. Le vecteur $\vec{u}$ de coordonnées $(a ; b ; c)$ a pour norme $\|\vec{u}\| = \sqrt{a^2 + b^2 + c^2}$.

2. Si les points A et B ont pour coordonnées $(x_A ; y_A ; z_A)$ et $(x_B ; y_B ; z_B)$, alors

$$AB = \sqrt{(x_B - x_A)^2 + (y_B - y_A)^2 + (z_B - z_A)^2}.$$

Démonstration :

1. Notons $(O ; \vec{\imath}, \vec{\jmath}, \vec{k})$ le repère orthonormal considéré et M le point tel que $\overrightarrow{OM} = \vec{u}$, alors $\overrightarrow{OM} = a\vec{\imath} + b\vec{\jmath} + c\vec{k}$ (*voir définition* 3).

Notons N le point du plan $(O ; \vec{\imath}, \vec{\jmath})$ tel que $\overrightarrow{ON} = a\vec{\imath} + b\vec{\jmath}$ et $\overrightarrow{NM} = c\vec{k}$.

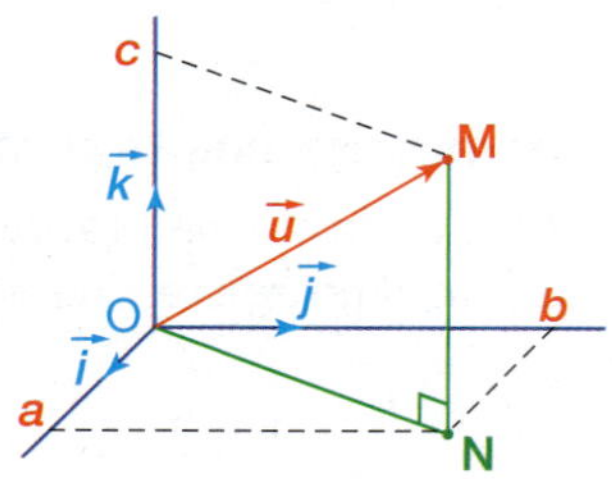

Il en résulte $ON^2 = a^2 + b^2$ et $NM^2 = c^2$.

Le repère étant orthonormal, la droite $(O ; \vec{k})$ et la droite (NM) sont perpendiculaires au plan $(O ; \vec{\imath}, \vec{\jmath})$ et le triangle OMN est rectangle en N.

Ceci se traduit par $OM^2 = ON^2 + NM^2 = a^2 + b^2 + c^2$ et donc $OM^2 = \|\vec{u}\|^2$.

2. $AB = \|\overrightarrow{AB}\|$. Or le vecteur $\overrightarrow{AB}$ a pour coordonnées $(x_B - x_A ; y_B - y_A ; z_B - z_A)$.

Alors, d'après la partie 1 de ce théorème, $AB = \sqrt{(x_B - x_A)^2 + (y_B - y_A)^2 + (z_B - z_A)^2}$.

NOTE

Le repère de l'espace $(O ; \vec{\imath}, \vec{\jmath}, \vec{k})$ étant orthonormal, $(O ; \vec{\imath}, \vec{\jmath})$ est un repère orthonormal.

Exemples : Un repère orthonormal $(O ; \vec{\imath}, \vec{\jmath}, \vec{k})$ est donné.

- Le vecteur $\vec{u} = 3\vec{\imath} - 2\vec{\jmath} + \vec{k}$ a pour norme $\|\vec{u}\| = \sqrt{3^2 + (-2)^2 + 1^2} = \sqrt{14}$.
- Le segment [AB], avec A(4 ; – 1 ; 3) et B(2 ; 3 ; – 2) a pour longueur :

$$AB = \sqrt{(2-4)^2 + (3+1)^2 + (-2-3)^2} = \sqrt{45} = 3\sqrt{5}.$$

Exo 6 Calculs dans un repère

Dans un repère orthonormal $(O\,;\vec{\imath},\vec{\jmath},\vec{k})$, on considère les points $A(2\,;3\,;2)$, $B(-2\,;-1\,;2)$, $C(-2\,;3\,;-2)$ et $D\left(\frac{1}{3}\,;\frac{2}{3}\,;-\frac{1}{3}\right)$.

1. Calculez les distances AB, AC, AD, BC, BD et CD.

2. Précisez la nature des faces du tétraèdre ABCD.

Solution commentée

1. • $AB^2 = (-2-2)^2+(-1-3)^2+(2-2)^2 = 32$,
soit $AB = 4\sqrt{2}$;

• $AC^2 = (-2-2)^2+(3-3)^2+(-2-2)^2 = 32$,
soit $AC = 4\sqrt{2}$;

• $AD^2 = \left(\frac{1}{3}-2\right)^2+\left(\frac{2}{3}-3\right)^2+\left(-\frac{1}{3}-2\right)^2$

$= \frac{25}{9}+\frac{49}{9}+\frac{49}{9} = \frac{123}{9}$

soit $AD = \frac{\sqrt{123}}{3}$;

• $BC^2 = (-2+2)^2+(3+1)^2+(-2-2)^2 = 32$,
soit $BC = 4\sqrt{2}$;

• $BD^2 = \left(\frac{1}{3}+2\right)^2+\left(\frac{2}{3}+1\right)^2+\left(-\frac{1}{3}-2\right)^2$

$= \frac{49}{9}+\frac{25}{9}+\frac{49}{9} = \frac{123}{9}$

soit $BD = \frac{\sqrt{123}}{3}$;

• $CD^2 = \left(\frac{1}{3}+2\right)^2+\left(\frac{2}{3}-3\right)^2+\left(-\frac{1}{3}+2\right)^2$

$= \frac{49}{9}+\frac{49}{9}+\frac{25}{9} = \frac{123}{9}$

soit $CD = \frac{\sqrt{123}}{3}$.

2. $AB = AC = BC$, le triangle ABC est équilatéral.
$AD = BD$ et $BD \neq AB$, le triangle ABD est isocèle et non rectangle car $AD^2+BD^2 \neq AB^2$.
De même, les triangles ACD et BCD sont isocèles.
De plus, les triangles ABD, ACD et BCD sont isométriques.

▶ **exercices 39 à 43**

Exo 7 Équation d'une sphère centrée en l'origine

Dans un repère orthonormal $(O\,;\vec{\imath},\vec{\jmath},\vec{k})$, on considère le point A de coordonnées $(1\,;2\,;-4)$.

1. Déterminez une équation de la sphère S de centre O et de rayon 5.

2. Déterminez une équation de la sphère S′ de centre O contenant le point A.

POINT MÉTHODE

Pour trouver l'équation d'une sphère, on peut utiliser la définition suivante : la sphère S de centre O et de rayon R est l'ensemble des points M de l'espace tels que $OM^2 = R^2$.

Solution commentée

1. La sphère S de centre O et de rayon 5 est l'ensemble des points de l'espace situé à la distance 5 du point O. Dire qu'un point M de coordonnées $(x\,;y\,;z)$ appartient à S équivaut à dire que $OM = 5$, c'est-à-dire $OM^2 = x^2+y^2+z^2 = 25$.
$\boldsymbol{x^2+y^2+z^2 = 25}$ est une équation de la sphère S.

2. La sphère S′ a pour rayon OA. Calculons OA^2 :

$OA^2 = 1^2+2^2+(-4)^2 = 21$.

Dire que $M(x\,;y\,;z)$ appartient à S′ équivaut à dire que $OM^2 = 21$, donc $\boldsymbol{x^2+y^2+z^2 = 21}$ est une équation de la sphère S′.

▶ **exercices 49, 50**

Cours

5 Le barycentre dans l'espace

La définition du barycentre de points pondérés du plan s'étend immédiatement à des points de l'espace. Dans le cas de deux ou trois points, la définition du barycentre est celle donnée dans le chapitre 9. En particulier si A, B, C sont dans un plan P, alors leur barycentre est situé dans ce plan P. Intéressons-nous donc à la notion de barycentre d'un système de **quatre points de l'espace**.

Définition 5

Le barycentre G de quatre points pondérés (A, α), (B, β), (C, γ), (D, δ) avec $\alpha + \beta + \gamma + \delta \neq 0$ est l'unique point G tel que $\alpha\overrightarrow{GA} + \beta\overrightarrow{GB} + \gamma\overrightarrow{GC} + \delta\overrightarrow{GD} = \vec{0}$.

La démonstration de l'existence et de l'unicité du point G est tout à fait analogue à celle donnée dans le cas de trois points, la seule différence est qu'il y a un point de plus. Les démonstrations des théorèmes qui suivent sont aussi analogues à celles des théorèmes correspondants du chapitre 9.

Théorème 7

G est le barycentre des quatre points pondérés (A, α), (B, β), (C, γ), (D, δ).
Pour tout point M de l'espace :

$$\alpha\overrightarrow{MA} + \beta\overrightarrow{MB} + \gamma\overrightarrow{MC} + \delta\overrightarrow{MD} = (\alpha + \beta + \gamma + \delta)\overrightarrow{MG}.$$

NOTE
Dire que G est le barycentre de (A, α), (B, β), (C, γ), (D, δ) sous-entend $\alpha + \beta + \gamma + \delta \neq 0$.

Le théorème suivant est appelé parfois **règle d'associativité**.

Théorème 8

G est le barycentre des quatre points pondérés (A, α), (B, β), (C, γ), (D, δ).
Si trois d'entre eux, par exemple (A, α), (B, β), (C, γ), ont un barycentre H, $(\alpha + \beta + \gamma \neq 0)$, alors G est le barycentre de $(H, \alpha + \beta + \gamma)$ et (D, δ).

Remarque : Si (A, α) et (B, β) ont un barycentre H et (C, γ) et (D, δ) ont un barycentre K, alors G est le barycentre de $(H, \alpha + \beta)$ et $(K, \gamma + \delta)$ si $\alpha + \beta + \gamma + \delta \neq 0$.

NOTE
G est appelé le **centre de gravité du tétraèdre ABCD**.

Exemple : ABCD est un tétraèdre, G est l'isobarycentre des points A, B, C, D. Pour situer G, remplaçons par exemple $(A, 1)$, $(B, 1)$, $(C, 1)$ par leur isobarycentre G′.
G′ est le centre de gravité du triangle ABC.
D'après le théorème 8, G est le barycentre de $(G', 3)$, $(D, 1)$ donc G est défini par :

$$\overrightarrow{G'G} = \frac{1}{4}\overrightarrow{G'D}.$$

G appartient donc au segment [G′D], appelé **médiane** issue de D du tétraèdre. G est situé précisément au quart de cette médiane à partir de G′.

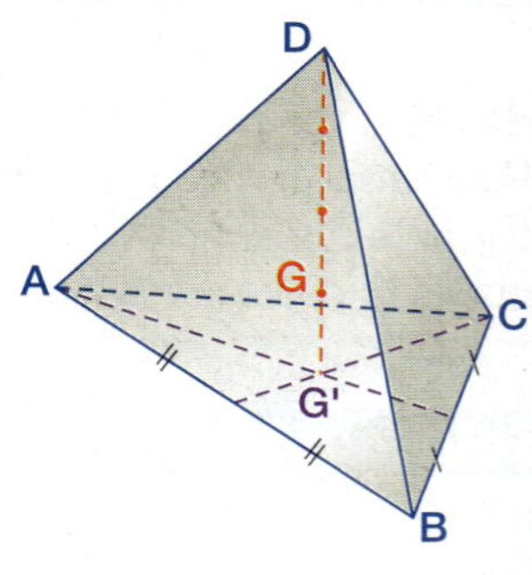

Remarque : En remplaçant chacun des trois autres systèmes de trois points pondérés par leur isobarycentre, on démontre que G est sur les trois autres médianes du tétraèdre.
Les quatre médianes sont donc concourantes en G.

Pour mieux comprendre

À QUOI SERT le barycentre dans l'espace ?

- À démontrer que des points sont alignés (▶ **exercice résolu 8**),
- À démontrer que des points sont dans un même plan (▶ **exercice résolu 9**),
- À démontrer que des droites sont concourantes.

Exercices résolus

Exo 8 Démontrer que des points de l'espace sont alignés

ABCD est un tétraèdre de centre de gravité G. I est le milieu [AD], J celui de [BC]. Démontrez que I, J et G sont alignés.

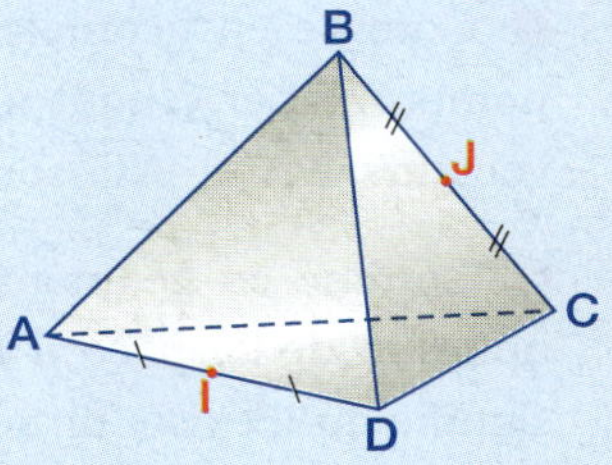

POINT MÉTHODE

Pour prouver que trois points I, J, G sont alignés, on peut prouver que G, par exemple, est le barycentre de (I, α) et (J, β).

Solution commentée

Par hypothèse, G est le barycentre de $(A, 1)$, $(B, 1)$, $(C, 1)$, $(D, 1)$. Or I est le milieu de [AD] donc I est le barycentre de $(A, 1)$ et $(D, 1)$. De même, J est le barycentre de $(B, 1)$ et $(C, 1)$. Donc, d'après le théorème d'associativité, G est le barycentre de $(I, 2)$ et $(J, 2)$, ainsi les points I, J et G sont alignés, et G est le milieu de [IJ].

Commentaire : Les trois segments joignant les milieux de deux arêtes opposées d'un tétraèdre, appelés bimédianes, se coupent en leur milieu, qui est le centre de gravité du tétraèdre.

▶ **exercices 60, 104, 105**

Exo 9 Démontrer que des points de l'espace sont coplanaires

ABCDEFHG est un cube. Démontrez que le point K défini par $2\overrightarrow{AK} = \overrightarrow{CB} + \overrightarrow{CA} + 3\overrightarrow{AG}$ appartient au plan (BCG). Construisez K.

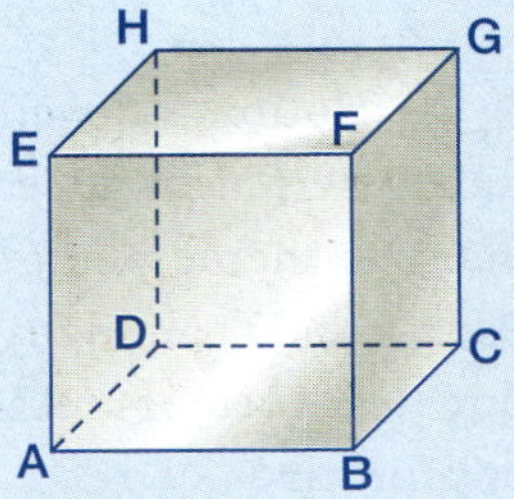

POINT MÉTHODE

Pour prouver qu'un point K appartient à un plan (BCG), il suffit de prouver que K est le barycentre de (B, α), (C, β), (G, γ).

Solution commentée

- Pour prouver que K est un point du plan (BCG), on cherche une relation liant $\overrightarrow{KB}$, $\overrightarrow{KC}$ et $\overrightarrow{KG}$.

$2\overrightarrow{AK} - \overrightarrow{CB} - \overrightarrow{CA} - 3\overrightarrow{AG} = \vec{0}$ s'écrit, en utilisant la relation de Chasles :

$$2\overrightarrow{AK} - \overrightarrow{CK} - \overrightarrow{KB} - \overrightarrow{CK} - \overrightarrow{KA} - 3\overrightarrow{AK} - 3\overrightarrow{KG} = \vec{0}$$

ou $\overrightarrow{KB} - 2\overrightarrow{KC} + 3\overrightarrow{KG} = \vec{0}$.

La somme $1 + (-2) + 3$ étant non nulle, K est le barycentre $(B, 1)$, $(C, -2)$, $(G, 3)$, donc K appartient bien au plan (BCG).

- Pour construire K, on peut commencer par construire le barycentre (partiel) H de $(G, 3)$ et $(C, -2)$. $3\overrightarrow{HG} - 2\overrightarrow{HC} = \vec{0}$ s'écrit $\overrightarrow{GH} = 2\overrightarrow{CG}$, d'où la construction de H. Il reste à construire K barycentre de $(B, 1)$ et $(H, 1)$, c'est-à-dire le milieu de [BH].

▶ **exercice 105**

Des idées, des réflexes

Des idées à retenir

■ Les vecteurs de l'espace, c'est

« comme les vecteurs du plan » :

- même définition de l'égalité,
- même façon de les additionner,
- même façon de les multiplier par un réel,
- mêmes règles de calcul.

Vecteurs colinéaires

■ Comme en géométrie plane, la droite (AB) est l'ensemble des points M tels que $\overrightarrow{\mathbf{AM}} = x\overrightarrow{\mathbf{AB}}$, x réel quelconque.

■ Comme en géométrie plane, dire que les points A, B et C sont **alignés** signifie que les vecteurs $\overrightarrow{AB}$ et $\overrightarrow{AC}$ sont **colinéaires**.

■ Comme en géométrie plane, des vecteurs non nuls de l'espace $\vec{u}$ et $\vec{v}$ sont **colinéaires** signifie qu'il existe un réel k tel que $\vec{u} = k\vec{v}$.

Vecteurs coplanaires

■ Le plan (ABC) est l'ensemble des points M tels que $\overrightarrow{\mathbf{AM}} = x\overrightarrow{\mathbf{AB}} + y\overrightarrow{\mathbf{AC}}$, x et y réels quelconques.

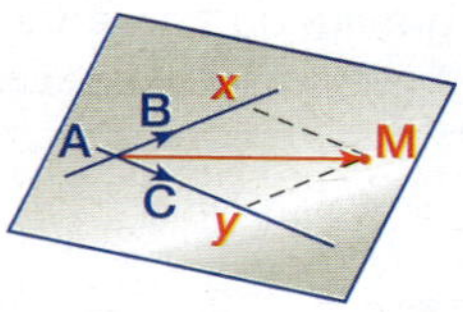

■ La notion nouvelle de vecteurs coplanaires sert à montrer que des points sont dans un même plan, car dire que les points A, B, C et D sont dans un même plan signifie que les vecteurs $\overrightarrow{\mathbf{AB}}$, $\overrightarrow{\mathbf{AC}}$ et $\overrightarrow{\mathbf{AD}}$ sont **coplanaires**.

■ Et pour démontrer que des vecteurs $\vec{u}$, $\vec{v}$, $\vec{w}$ sont coplanaires, il suffit de prouver que deux d'entre eux sont colinéaires ou, sinon, si $\vec{u}$ et $\vec{v}$ ne sont pas colinéaires, qu'il existe deux réels a et b tels que :

$$\vec{w} = a\vec{u} + b\vec{v}.$$

Cette notion sert aussi dans les problèmes de parallélisme (▶ **exercice résolu 3, page 303**).

Repérage dans l'espace

■ Un point O et trois vecteurs $\vec{\imath}$, $\vec{\jmath}$ et $\vec{k}$ non coplanaires constituent un **repère de l'espace**, noté $(\mathrm{O}\ ;\ \vec{\imath}, \vec{\jmath}, \vec{k})$.

■ Dans l'espace, **dans un repère orthonormal**, si $\vec{u}$ a pour coordonnées $(x\ ;\ y\ ;\ z)$, alors :

$$\|\vec{u}\|^2 = x^2 + y^2 + z^2.$$

Des réflexes à avoir

■ Comme en géométrie plane, pour démontrer des égalités, pensez à la **relation de Chasles**.

■ Pensez que vous disposez d'un outil nouveau, les **« vecteurs coplanaires »** :

- pour démontrer que des points sont dans un même plan ;
- pour démontrer qu'une droite d est parallèle à un plan P ;
- pour démontrer que deux plans sont parallèles.

■ Pensez que **l'utilisation d'un repère** peut vous permettre de résoudre un problème, de débloquer une situation. En particulier avec un cube, un tétraèdre, on dispose de repères « naturels » (▶ **exercice résolu 5, page 305**).

■ Pour trouver le **barycentre de quatre points** de l'espace, on peut remplacer deux (ou trois) d'entre eux par leur barycentre affecté de la somme de leurs coefficients.

Des erreurs à éviter

■ Pour traiter des problèmes de **distances**, il ne faut pas choisir un repère quelconque, mais impérativement un **repère orthonormal**.

■ Dire que deux droites de l'espace ont des vecteurs directeurs non colinéaires ne suffit pas pour affirmer qu'elles sont sécantes : il faut de plus prouver qu'elles sont **dans un même plan**.

TD 1 Équations de plans parallèles à un plan de de coordonnées $x = k$, $y = k$, $z = k$

$(O\ ;\vec{i}, \vec{j}, \vec{k})$ est un repère de l'espace. L'objectif est d'étudier l'ensemble $\mathscr{E}$ des points $M(x\ ;y\ ;z)$ de l'espace dont la cote z est égale à 3.

1. Choisissez cinq points de $\mathscr{E}$ et représentez-les dans le repère $(O\ ;\vec{i}, \vec{j}, \vec{k})$.

2. $I(0\ ;0\ ;3)$ est un point de $\mathscr{E}$. On note $M(x\ ;y\ ;z)$ un autre point de $\mathscr{E}$.

a) Déterminez les coordonnées du vecteur $\overrightarrow{IM}$.

b) Démontrez que le point M est dans le plan P passant par I, dirigé par les vecteurs $\vec{i}$ et $\vec{j}$.

3. Réciproquement, on note $M(x\ ;y\ ;z)$ un point du plan P.

a) Traduisez vectoriellement l'appartenance de M à P.

b) En utilisant l'égalité $\overrightarrow{OM} = \overrightarrow{OI} + \overrightarrow{IM}$, démontrez que le point M est bien dans l'ensemble $\mathscr{E}$.

L'ensemble $\mathscr{E}$ est un plan. On dit que **ce plan a pour équation $z = 3$**.

4. Démontrez que les plans $\mathscr{E}$ et $(O\ ;\vec{i}, \vec{j})$ sont parallèles.

> **Conclusion :** L'ensemble des points $M(x\ ;y\ ;z)$ de cote 3 est donc le plan P. On dit que **ce plan a pour équation** $z = 3$. Ce plan est parallèle au plan de coordonnées $(O\ ;\vec{i}, \vec{j})$.

5. a) Trouvez, sans calcul, une équation du plan parallèle au plan $(O\ ;\vec{i}, \vec{j})$ passant par le point $A(2\ ;1\ ;-2)$.

b) Trouvez, sans calcul, une équation du plan :

- parallèle au plan $(O\ ;\vec{i}, \vec{k})$ passant par le point $B(0\ ;1\ ;-2)$,
- parallèle au plan $(O\ ;\vec{j}, \vec{k})$ passant par le point $C(2\ ;0\ ;5)$.

6. On considère les points $G(3\ ;0\ ;0)$, $H(0\ ;2\ ;0)$ et $I(0\ ;0\ ;3)$.

Placez ces points dans le repère $(O\ ;\vec{i}, \vec{j}, \vec{k})$. Les points O, G, H et I sont les sommets d'un parallélépipède OGJHIKLM.

Trouvez les coordonnées des quatre autres sommets et donnez les équations des six plans contenant les faces.

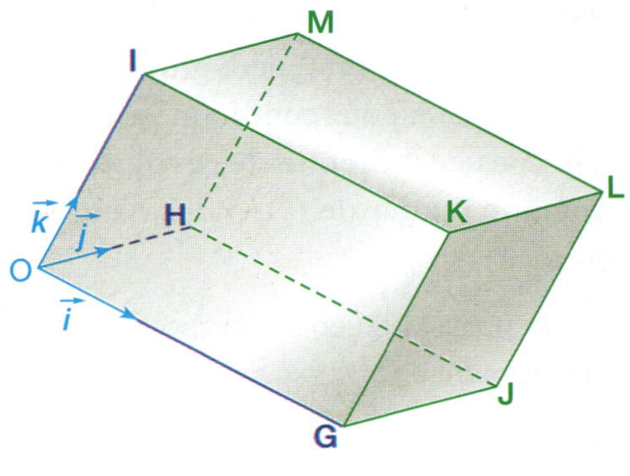

7. a) Quels sont les points de la figure précédente dont les coordonnées sont telles que $x = 3$ et $y = 2$?

b) Décrivez l'ensemble des points de l'espace dont les coordonnées sont telles que $x = \frac{3}{2}$ et $y = 1$.

TD 2 Équation d'un cylindre, d'un cône

1 Équation d'un cylindre

$(O ; \vec{i}, \vec{j}, \vec{k})$ est un repère orthonormal de l'espace.
Le point A a pour coordonnées $(0 ; 0 ; 7)$.
On considère le **cylindre de révolution** engendré par la rotation autour de (OA) du rectangle OABC avec $AB = 3$.
Un point M du cylindre se projette orthogonalement en H sur le segment [OA] et $MH = 3$.

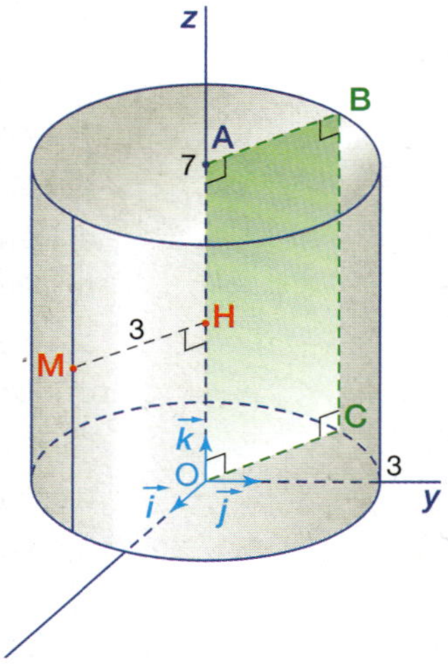

1. On note $(x ; y ; z)$ les coordonnées du point M. Donnez les coordonnées du point H.
Prouvez que les coordonnées de M sont telles que $x^2 + y^2 = 9$ et $0 \leqslant z \leqslant 7$.

2. Réciproquement, $M(x ; y ; z)$ est un point de l'espace dont les coordonnées sont telles que $x^2 + y^2 = 9$ et $0 \leqslant z \leqslant 7$. Démontrez que $MH = 3$. Déduisez-en que M est sur le cylindre.

Conclusion : Le cylindre droit a pour équation $x^2 + y^2 = 9$ (avec $0 \leqslant z \leqslant 7$).

3. Déterminez, parmi les points suivants, ceux qui sont sur le cylindre :

$$D(3 ; 0 ; 3), \ E(\sqrt{3} ; \sqrt{6} ; 4) \text{ et } F(1 ; 3 ; 1).$$

4. Caractérisez analytiquement le cylindre d'axe $(O ; \vec{j})$, de bases les cercles de rayon 2, de centres respectifs O et $B(0 ; 10 ; 0)$; puis le cylindre d'axe $(O ; \vec{i})$, de bases les cercles de rayon $\sqrt{5}$, de centres respectifs O et $C(20 ; 0 ; 0)$.

5. Décrivez l'ensemble des points $M(x ; y ; z)$ dont les coordonnées sont telles que :

$$x^2 + y^2 = 25 \quad \text{et} \quad -5 \leqslant z \leqslant 4.$$

2 Équation d'un cône

$(O ; \vec{i}, \vec{j}, \vec{k})$ est un repère orthonormal de l'espace.
Le point A a pour coordonnées $(0 ; 0 ; 5)$.
On considère le **cône de révolution** engendré par la rotation autour de (OA) du triangle rectangle OAK avec $AK = 2$.

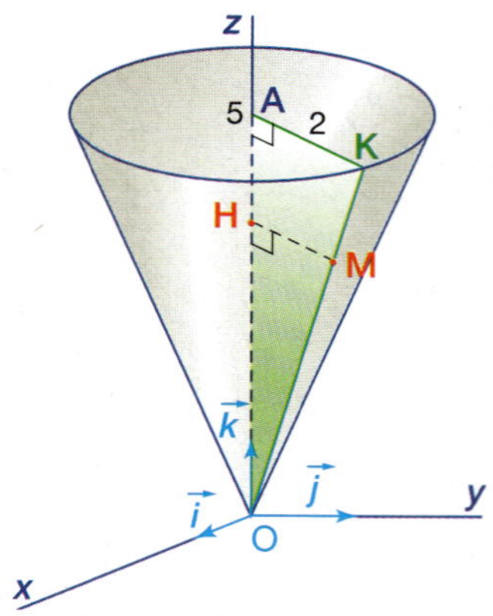

1. Un point M du cône, distinct de O, se projette orthogonalement en H sur le segment [OA].

a) Prouvez que $\dfrac{MH}{OH} = \dfrac{2}{5}$, puis que $MH^2 = \dfrac{4}{25}OH^2$.

b) Traduisez l'égalité précédente à l'aide des coordonnées $(x ; y ; z)$ de M.

Démontrez que si $M(x ; y ; z)$ appartient au cône (y compris le sommet O), alors ses coordonnées sont telles que $x^2 + y^2 - \dfrac{4}{25}z^2 = 0$ et $0 \leqslant z \leqslant 5$.

2. Réciproquement, M est un point de l'espace dont les coordonnées $(x\ ;\ y\ ;\ z)$ vérifient :

$$x^2 + y^2 - \frac{4}{25}z^2 = 0 \text{ et } 0 \leqslant z \leqslant 5.$$

a) Avec les notations précédentes, démontrez que, si $z \neq 0$, $\frac{\text{MH}}{\text{OH}} = \frac{2}{5}$.

b) Déduisez-en que M est sur le cône (ne pas oublier le cas $z = 0$).

> **Conclusion :** Le cône a pour équation $x^2 + y^2 - \frac{4}{25}z^2 = 0$ (avec $0 \leqslant z \leqslant 5$).

3. Déterminez, parmi les points suivants, ceux qui sont sur le cône :

$$Q(2\ ;\ 0\ ;\ 5),\ R(-2\ ;\ 1\ ;\ 5),\ S(1\ ;\ 1\ ;\ 3) \text{ et } T(2\ ;\ 2\sqrt{3}\ ;\ 10).$$

4. Déterminez une équation du cône de révolution de sommet O, d'axe $(O\ ;\ \vec{\imath})$, de base le cercle de centre $B(4\ ;\ 0\ ;\ 0)$ et de rayon 3.

TD 3 Sections planes d'un cube

L'objectif est de visualiser, avec le logiciel GéospacW, les différentes sections d'un cube par un plan. Ce plan est défini par une droite (fixe) et un point (variable) dont on maîtrisera les déplacements au clavier.

1. $(O\ ;\ \vec{\imath}, \vec{\jmath}, \vec{k})$ est un repère **orthonormal** de l'espace (accessible avec la touche).
Créez les points $A(2\ ;\ -2\ ;\ -2)$, $B(2\ ;\ 2\ ;\ -2)$, $C(-2\ ;\ 2\ ;\ -2)$, $D(-2\ ;\ -2\ ;\ -2)$, $E(2\ ;\ -2\ ;\ 2)$, $F(2\ ;\ 2\ ;\ 2)$, $G(-2\ ;\ 2\ ;\ 2)$ et $H(-2\ ;\ -2\ ;\ 2)$ à l'aide du menu déroulant ci-dessous, et de la touche bis :

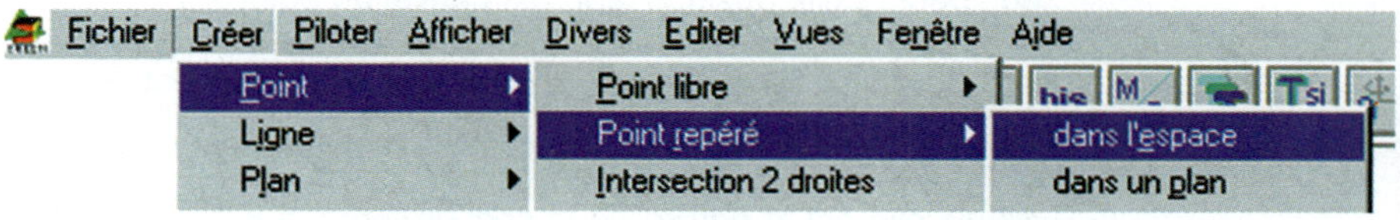

Nous noterons ce menu : Créer | Point ▶ | Point repéré ▶ | dans l'espace

2. Vérifiez, par exemple, que les vecteurs $\overrightarrow{AB}$, $\overrightarrow{AD}$ et $\overrightarrow{AE}$ sont de même norme et ont des directions orthogonales.

3. Créez le cube (polyèdre) ABCDEFGH, à l'aide de :
Créer | Solide ▶ | Polyèdre convexe ▶ | défini par ses sommets

4. Créez le milieu I du segment [EF] et le milieu J de [FG] : Créer | Point ▶ | Milieu

5. a) Justifiez l'affirmation suivante : « Quel que soit le réel c, le point K de coordonnées $(2\ ;\ 2\ ;\ c)$ est sur la droite (BF). »

b) Définissez le réel c : Créer | Numérique ▶ | Variable réelle libre dans un intervalle
Ici, c variera de -6 à $+6$ (choix que l'on pourra modifier ensuite) et ces variations seront maîtrisées avec les touches ↑ et ↓.

Il est intéressant de demander l'affichage des valeurs prises par le réel *c*. Pour cela, on utilise le menu suivant :

Créer | Affichage ▶ | Variable numérique déjà définie

6. Créez maintenant le point K de coordonnées (2 ; 2 ; *c*).

7. Déplacez le point K (avec les touches ↑ et ↓) et observez. Quelle est la position de K pour $c = 0$? pour $c = 2$? pour $c = -2$, pour $c = 6$, pour $c = -6$?

Remarque : Si le point K sort de votre écran, utilisez la touche [<].

8. Construisez la section du plan (IJK) avec le cube en utilisant le menu :

Créer | Ligne ▶ | Polygone convexe ▶ | Section d'un polyèdre par un plan

Donnez un nom à cette section, par exemple S1.

Vous devez obtenir des figures « voisines » de celles ci-dessous pour $c = 4$ (*à gauche*) et $c = -3$ (*à droite*).

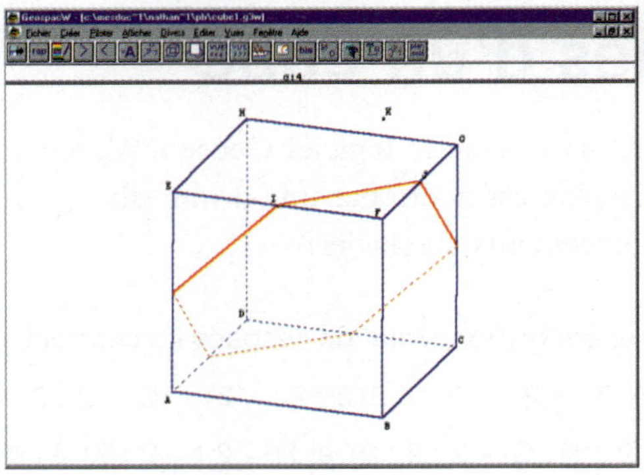

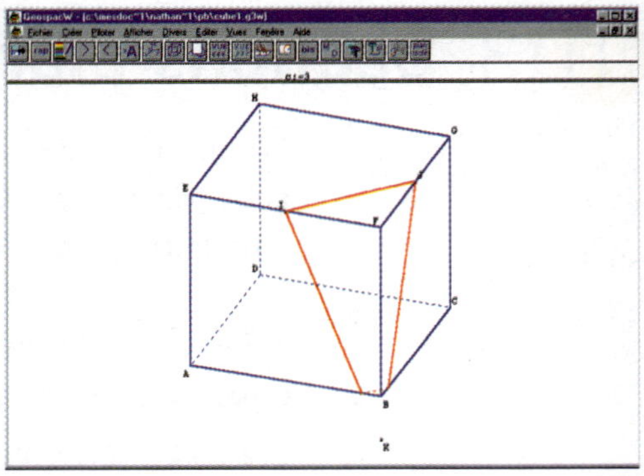

9. Quel est le nombre maximum de côtés de la section ? Peut-on obtenir un pentagone ? Si oui, pour quelle position (approximative) du point K ?

10. Quelle est la nature exacte de la section pour $c = 4$ (comme ci-dessus) ? Démontrez-le.
AIDE : Si on note IJLMNP le polygone, commencez par prouver que $\overrightarrow{KF} = \frac{1}{2}\overrightarrow{FB} = \overrightarrow{EP} = \overrightarrow{GL}$.

11. Quelle est la nature de la section lorsque K est le symétrique de F par rapport à B ? Démontrez-le.

Exercices

maîtriser le cours

Pour résoudre les exercices de cette partie, il suffit d'appliquer directement un résultat du cours. L'objectif est double : mieux comprendre le cours et reconnaître dans des situations simples les conditions d'application d'un théorème.

1. Vecteurs de l'espace

Pour les exercices 1 à 3, ABCDEFGH est un cube. I est le milieu de l'arête [EF] et J celui de l'arête [FG].

Aide : Voir l'exercice résolu 1, page 301.

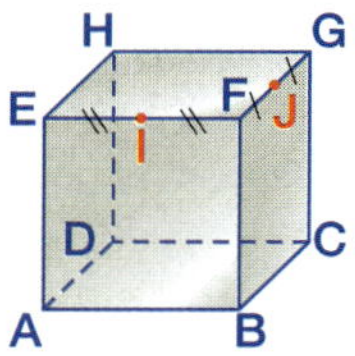

1 Dans chaque cas, dites si le point défini par l'égalité vectorielle est confondu avec un sommet du cube. Si oui, précisez lequel.

a) $\overrightarrow{AM} = \overrightarrow{AB} + \overrightarrow{DH}$. **b)** $\overrightarrow{AN} = \overrightarrow{AE} + \overrightarrow{AB} + \overrightarrow{AD}$.

c) $\overrightarrow{AP} = \overrightarrow{FE} + \overrightarrow{DG}$. **d)** $\overrightarrow{AQ} = \overrightarrow{AG} + \overrightarrow{BF}$.

e) $\overrightarrow{AR} = \frac{1}{2}(\overrightarrow{AG} + \overrightarrow{HB})$.

2 Dans chaque cas, donnez le vecteur d'origine A défini par l'égalité vectorielle.

1. $\overrightarrow{AB} + \overrightarrow{AE} + \overrightarrow{FJ}$.

2. $\overrightarrow{AE} + \overrightarrow{BC} + \overrightarrow{HJ}$.

3. $\overrightarrow{AD} + \overrightarrow{DC} + \overrightarrow{CF} + \overrightarrow{GH} + \overrightarrow{EI}$.

3 Exprimez les sommes suivantes à l'aide d'un seul vecteur (éventuellement multiplié par un réel) en utilisant uniquement les points de la figure.

1. $\overrightarrow{AJ} + \overrightarrow{BA}$. **2.** $\overrightarrow{BF} + \overrightarrow{EC}$.

3. $\overrightarrow{AE} + \overrightarrow{AF}$. **4.** $\frac{1}{2}\overrightarrow{EG} + \overrightarrow{JF}$.

Pour les exercices 4 à 7, ABCDEFGH est un parallélépipède.

Aide : Voir les exercices résolus 1 et 2, p. 301.

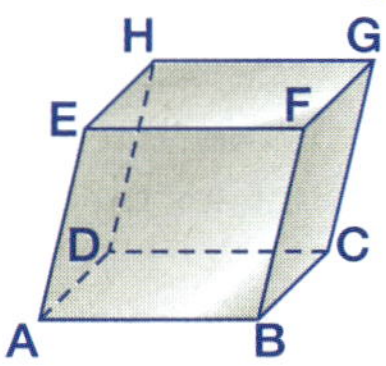

4 Démontrez les égalités suivantes.

1. $\overrightarrow{EA} + \overrightarrow{EF} + \overrightarrow{BE} = \vec{0}$. **2.** $\overrightarrow{ED} + \overrightarrow{CF} = \vec{0}$.

3. $\overrightarrow{CD} + \overrightarrow{CG} + \overrightarrow{EB} = \vec{0}$. **4.** $\overrightarrow{FE} + \overrightarrow{FB} + \overrightarrow{FG} = \overrightarrow{FD}$.

5 Situez les points P, Q et R tels que :

$$\overrightarrow{AP} = \overrightarrow{AB} + \frac{1}{2}\overrightarrow{AD} + \frac{1}{2}\overrightarrow{AE} ;$$

$$\overrightarrow{AQ} = \frac{1}{2}\overrightarrow{AB} + \frac{1}{2}\overrightarrow{AD} + \overrightarrow{AE} ;$$

$$\overrightarrow{CR} = -\overrightarrow{AB} - \frac{1}{2}\overrightarrow{AD} + \frac{1}{2}\overrightarrow{AE}.$$

6 Trouvez un vecteur égal à $\overrightarrow{DC} + \overrightarrow{BD} + \overrightarrow{BF}$ et démontrez que ce vecteur est colinéaire à $\overrightarrow{AH}$.

7 Trouvez un vecteur égal à $\overrightarrow{FE} + \overrightarrow{FG} + \overrightarrow{FB}$ et démontrez que ce vecteur est colinéaire à $\overrightarrow{DF}$.

Pour les exercices 8 à 11, ABCD est un tétraèdre. Le point I est le milieu de [AB], J de milieu de [CD], O le milieu de [IJ].

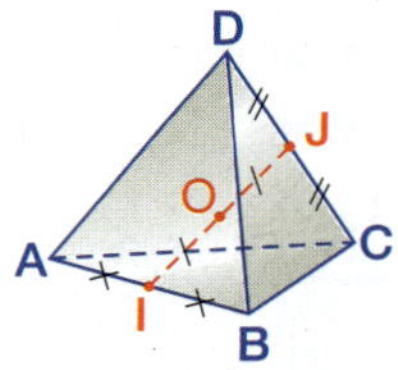

8 Complétez : $\overrightarrow{AB} + \overrightarrow{CD} = \overrightarrow{AD} + \ldots + \overrightarrow{CD}$.
Déduisez-en que $\overrightarrow{AB} + \overrightarrow{CD} = \overrightarrow{AD} + \overrightarrow{CB}$.

9 Simplifiez chacune des sommes $\overrightarrow{AI} + \overrightarrow{IJ} + \overrightarrow{JC}$ et $\overrightarrow{BI} + \overrightarrow{IJ} + \overrightarrow{JD}$.

Déduisez-en que $\overrightarrow{AC} + \overrightarrow{BD} = 2\overrightarrow{IJ}$.

Note : Les résultats des exercices 8 et 9 sont encore vrais en géométrie plane.

10 Pourquoi $\overrightarrow{OA} + \overrightarrow{OB} = 2\overrightarrow{OI}$ et $\overrightarrow{OC} + \overrightarrow{OD} = 2\overrightarrow{OJ}$?
Déduisez-en que $\overrightarrow{OA} + \overrightarrow{OB} + \overrightarrow{OC} + \overrightarrow{OD} = \vec{0}$.

11 K est le milieu de [AD] et L le milieu de [BC].
Justifiez les égalités $\overrightarrow{IK} = \frac{1}{2}\overrightarrow{BD}$ et $\overrightarrow{LJ} = \frac{1}{2}\overrightarrow{BD}$.
Déduisez-en que IKJL est un parallélogramme.

12 G est le centre de gravité du triangle BCD. G est donc le point tel que $\overrightarrow{GB} + \overrightarrow{GC} + \overrightarrow{GD} = \vec{0}$.
Démontrez que $\overrightarrow{GA} + \overrightarrow{GB} + \overrightarrow{GC} = \overrightarrow{DA}$.

2. Vecteurs coplanaires

13 A, B, C sont trois points distincts de l'espace.
Les vecteurs $\overrightarrow{AB}$, $\overrightarrow{AC}$, $\overrightarrow{BC}$ sont-ils coplanaires ?

14 A, B, C sont trois points distincts de l'espace.
E est le point tel que $\overrightarrow{BE} = 4\overrightarrow{BC}$ et F le point tel que $\overrightarrow{AF} = \frac{1}{2}\overrightarrow{AE}$. Les points A, B, C, E, F sont-ils coplanaires ?

15 ABCDEFGH est le cube de l'exercice 1.
1. Le point J appartient-il au plan (ABI) ?
2. Les vecteurs $\overrightarrow{AB}$, $\overrightarrow{AI}$ et $\overrightarrow{AJ}$ sont-ils coplanaires ?

16 ABCD est un tétraèdre.
M est le point tel que $\overrightarrow{AM} = \overrightarrow{AD} + \frac{1}{2}\overrightarrow{AB} + \overrightarrow{DC}$.
1. Exprimez $\overrightarrow{AM}$ en fonction de $\overrightarrow{AB}$ et de $\overrightarrow{BC}$.
2. Déduisez-en que M appartient au plan (ABC).
Aide : Voir l'exercice résolu 3, page 303.

17 Sur le cube ABCDEFGH ci-dessous, M est tel que $\overrightarrow{EM} = \frac{1}{3}\overrightarrow{EH}$ et N est tel que $\overrightarrow{AN} = \frac{1}{3}\overrightarrow{AB}$.

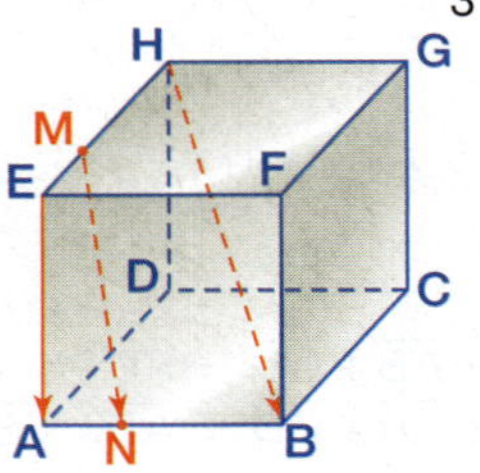

1. Démontrez que $\overrightarrow{MN} = \overrightarrow{EA} + \frac{1}{3}\overrightarrow{DB}$.
2. Les vecteurs $\overrightarrow{EA}$, $\overrightarrow{MN}$ et $\overrightarrow{HB}$ sont-ils coplanaires ?
Aide : Voir l'exercice résolu 3, page 303.

18 ABCDEFGH est un cube, I est le milieu de [AB], J celui de [BC], K celui de [CG], L celui de [AE]. On note M le point tel que $3\overrightarrow{EM} = 2\overrightarrow{EI}$.

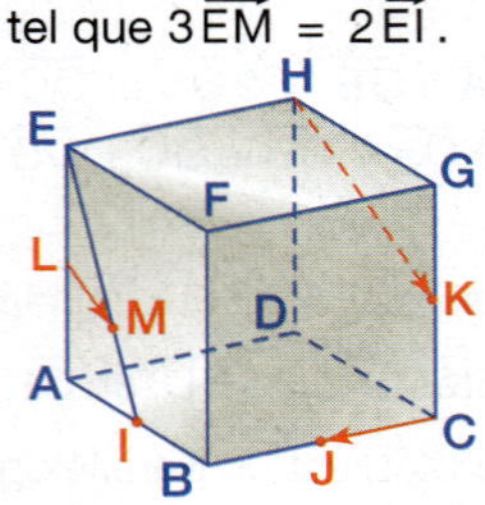

1. Prouvez que le point M est le centre de gravité du triangle AEB.
2. Les vecteurs $\overrightarrow{LM}$, $\overrightarrow{CJ}$ et $\overrightarrow{HK}$ sont-ils coplanaires ?
Aide : Voir l'exercice résolu 3, page 303.

3. Repérage dans l'espace

Un repère $(O\,;\vec{\imath}\,,\vec{\jmath}\,,\vec{k})$ de l'espace est donné.
Pour les exercices 19 à 21, on considère les points suivants :

A(3 ; 5 ; 2), B(2 ; – 1 ; 3),
C(0 ; – 2 ; 2), D(– 2 ; 5 ; 1),
E(3 ; 9 ; 2) et F(8 ; 13 ; 3).

19 **a)** Trouvez les coordonnées des milieux des segments [AB], [CD] et [EF].
b) Trouvez les coordonnées des trois vecteurs $\overrightarrow{AB}$, $\overrightarrow{CD}$ et $\overrightarrow{EF}$.
Aide : Voir l'exercice résolu 4, page 305.

20 Trouvez les coordonnées du point K tel que ABCK est un parallélogramme.
Aide : Voir l'exercice résolu 4, page 305.

21 **1.** Trouvez les coordonnées du vecteur $\vec{u} = 3\overrightarrow{AB} + 2\overrightarrow{CD}$.
2. Trouvez les coordonnées du vecteur :
$$\vec{v} = 2\overrightarrow{AB} - \frac{1}{2}\overrightarrow{CD} + 3\overrightarrow{EF}.$$

22 On connaît les coordonnées de quatre sommets du parallélépipède ABCDEFGH ci-dessous :
A(2 ; – 1 ; – 1), B(1 ; 3 ; – 1),
C(– 3 ; 2 ; 0) et E(3 ; – 1 ; 3).
Calculez les coordonnées des quatre autres sommets.

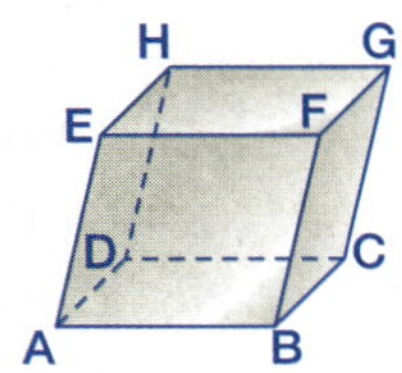

Aide : Voir l'exercice résolu 4, page 305.

23 On donne les trois points A(3 ; 0 ; – 1), B(– 2 ; 3 ; 2) et C(1 ; 2 ; – 2).
1. Calculez les coordonnées du milieu I de [AB].
2. Calculez les coordonnées du symétrique D de I par rapport à C.
3. Calculez les coordonnées du point M tel que :
$$\overrightarrow{BM} = \overrightarrow{AB} + 3\overrightarrow{AC}.$$
4. Calculez les coordonnées du point N tel que :
$$\overrightarrow{NA} = 2\overrightarrow{NC}.$$
Aide : Voir l'exercice résolu 4, page 305.

Pour les exercices 24 et 25, Δ est la droite passant par le point A et dirigée par le vecteur $\vec{u}$ indiqués sur la figure donnée.

1. Trouvez les coordonnées de A et de $\vec{u}$.

2. Indiquez, parmi les points B, C, D proposés, ceux qui appartiennent à Δ.

Aide : Pensez au théorème 1.

24 B(3 ; 1 ; 6), C(– 1 ; 0 ; 3) et D(7 ; – 1 ; 12).

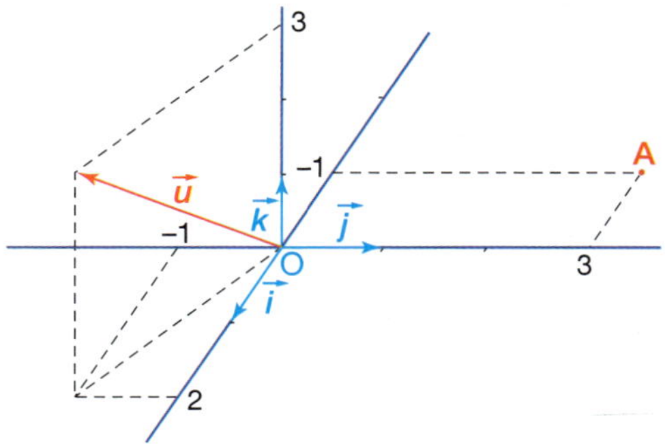

25 B(5 ; 2 ; 4), C(6 ; 4 ; 6), D(0 ; – 8 ; – 8).

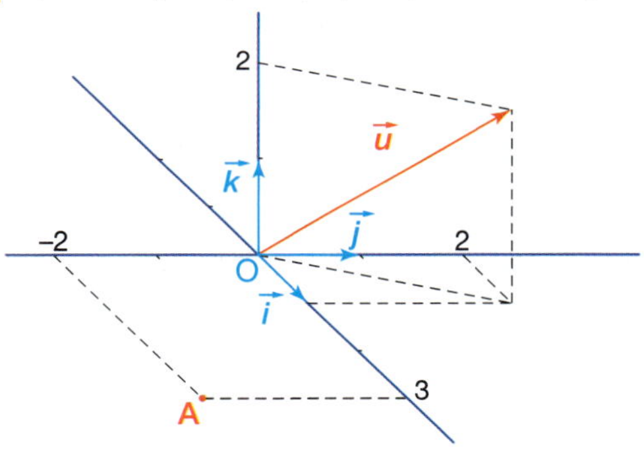

26 On donne les points A(2 ; 3 ; – 2) et B(5 ; – 1 ; 0). Dans chacun des cas suivants, trouvez, lorsque cela est possible, les coordonnées d'un point M(x ; y ; z) satisfaisant l'égalité.

1. $\overrightarrow{MA} = 2\overrightarrow{AB}$.
2. $\overrightarrow{MA} = \overrightarrow{MB}$.
3. $3\overrightarrow{BA} + \overrightarrow{MB} = \vec{0}$.
4. $\overrightarrow{MA} - \overrightarrow{MB} = \overrightarrow{AB}$.

Aide : Voir l'exercice résolu 4, page 305.

27 Dans chacun des cas suivants, dites si les trois points A, B et C sont alignés.

1. A(3 ; – 1 ; 2), B(0 ; 2 ; 4) et C(2 ; 0 ; – 3).
2. A(– 4 ; 1 ; 3), B(– 2 ; 0 ; 5) et C(0 ; – 1 ; 7).
3. A(1 ; – 1 ; 0), B(1 ; – 1 ; 4) et C(1 ; – 1 ; – 3).

Aide : Voir l'exercice résolu 5, page 305.

28 On donne les points A(2 ; 3 ; 0), B(3 ; 2 ; 1) et M(a ; b ; 2). Existe-t-il des valeurs de a et b pour lesquelles A, B et M sont alignés ?

Aide : Voir l'exercice résolu 5, page 305.

29 On donne les points A(4 ; 3 ; – 1), B(0 ; – 3 ; 5), C(2 ; 1 ; 1) et D(4 ; 4 ; – 1).
Les vecteurs $\overrightarrow{AB}$ et $\overrightarrow{CD}$ sont-ils colinéaires ?

30 On donne les points A(4 ; 3 ; – 1), B(0 ; – 3 ; 5), C(2 ; 1 ; 1) et D(4 ; 4 ; – 1).
Les droites (AC) et (BD) sont-elles parallèles ?

31 a est un nombre réel donné. Les vecteurs $\vec{u}(2 ; a ; 5)$ et $\vec{v}(1 ; -2 ; a)$ sont-ils colinéaires ?

32 Trouvez les réels a et b tels que les vecteurs $\vec{u}(2 ; a ; 5)$ et $\vec{v}(1 ; -2 ; b)$ soient colinéaires.

33 On donne les points A(5 ; 2 ; 1), B(7 ; 3 ; 1), C(– 1 ; 4 ; 5) et D(– 3 ; 3 ; 5).
Démontrez que ABCD est un parallélogramme.

34 Démontrez que les points A(3 ; 2 ; 0), B(– 2 ; 5 ; 1), C(5 ; – 4 ; 6) et D(0 ; – 1 ; 7) sont les sommets d'un parallélogramme.

35 La droite passant par A(5 ; – 2 ; 3), dirigée par le vecteur $\vec{u}(2 ; -1 ; 3)$ et la droite passant par B(0 ; 2 ; – 1), dirigée par le vecteur $\vec{v}(-4 ; 2 ; -6)$ sont-elles parallèles ?

36 Expliquez pourquoi la droite passant par le point A(7 ; – 1 ; 3), et dirigée par le vecteur $\vec{u} = 2\vec{i} - \vec{j}$ est parallèle au plan $(O ; \vec{i}, \vec{j})$.

37 On donne les vecteurs $\vec{u}(-1 ; 3 ; 2)$, $\vec{v}(4 ; 0 ; 2)$ et $\vec{w}(-7 ; 9 ; 4)$.

1. Calculez $3\vec{u} - \vec{v} - \vec{w}$.
2. Ces trois vecteurs sont-ils coplanaires ?

38 On donne les points A(– 2 ; 3 ; 5), B(0 ; – 1 ; 2) et C(6 ; – 11 ; – 11).

1. Calculez les coordonnées du vecteur :
$$3\overrightarrow{OA} - 2\overrightarrow{OB} + \overrightarrow{OC}.$$
2. Les points O, A, B et C sont-ils dans un même plan ?

4. Distance dans l'espace

Pour chacun des exercices de cette rubrique, un repère orthonormal $(O ; \vec{i}, \vec{j}, \vec{k})$ est donné.

39 Calculez la norme des vecteurs $\vec{u}(2 ; -2 ; 3)$, $\vec{v}(5 ; -3 ; 1)$ et $\vec{w}(4 ; 1 ; -2)$.

40 Calculez la norme des vecteurs $\vec{u} = 2\vec{i} - 3\vec{j}$, $\vec{v} = \vec{i} + 5\vec{k}$ et $\vec{w} = \sqrt{2}\vec{i} - \sqrt{3}\vec{j} + \vec{k}$.

41 On donne les points $A(1 ; 3 ; -1)$, $B(3 ; 6 ; -2)$ et $C(0 ; 4 ; 0)$.
Le triangle ABC est-il rectangle ?

42 On donne les points $A(1 ; 3 ; -2)$, $B(2 ; -1 ; 0)$ et $C(6 ; -3 ; -1)$.
Le triangle ABC est-il isocèle ? équilatéral ?

43 On donne les points $A(5 ; 1 ; 3)$, $B(5 ; -3 ; -1)$, $C(1 ; 1 ; -1)$ et $D(1 ; -3 ; 3)$. Calculez les distances AB, AC, AD, BC, BD et CD. Quelle est la nature du tétraèdre ABCD ?

44 On donne les deux points $A(5 ; 2 ; -1)$ et $B(3 ; 0 ; 1)$.
Indiquez, parmi les points suivants, ceux qui appartiennent au plan médiateur du segment [AB] :

$C(-2 ; 5 ; -2)$, $D(1 ; 1 ; -3)$ et $E(3 ; 2 ; 1)$.

45 a est un nombre réel. On donne les vecteurs $\vec{u}(a ; 3 ; 3)$ et $\vec{v}(5 ; -1 ; 2)$. Trouvez les valeurs de a pour lesquelles :
1. $\|\vec{u}\| = 5$; **2.** $\|\vec{u}\| = \|\vec{v}\|$; **3.** $\|\vec{u} + \vec{v}\| = \sqrt{30}$.

46 On donne les points $A(1 ; 0 ; -1)$, $B(-2 ; 2 ; -1)$, $C(-5 ; 0 ; -1)$ et $D(-2 ; -2 ; -1)$.
Démontrez que ABCD est un parallélogramme.
Est-ce un losange ? Est-ce un carré ?

47 On donne les points $A\left(8 ; -\frac{11}{2} ; 2\right)$, $B\left(8 ; \frac{9}{2} ; \frac{19}{2}\right)$, $C\left(-2 ; 9 ; \frac{7}{2}\right)$ et $D(-2 ; -1 ; -4)$.
Démontrez que ABCD est un parallélogramme.
Est-ce un rectangle ? Est-ce un carré ?

48 On donne les deux points $A(1 ; 1 ; \sqrt{2})$ et $B(\sqrt{2} ; -\sqrt{2} ; 0)$. C est le symétrique de A par rapport au point O.
Démontrez que le triangle ABC est rectangle et isocèle.

49 On donne les points $A(2 ; 3 ; -1)$, $B(2 ; 8 ; -1)$, $C(7 ; 3 ; -1)$, $D(2 ; -1 ; 2)$ et $E(5 ; 3 ; 3)$. Démontrez que B, C, D et E sont sur une même sphère de centre A.

Aide : Voir l'exercice résolu 7, page 307.

50 Parmi les points suivants, quels sont ceux qui appartiennent à la sphère S de centre O et de rayon 7 ?

$A(-5 ; 3 ; 3)$, $B(2\sqrt{2} ; 5 ; -4)$, $C(6 ; 3 ; 2)$, $D(-1 ; 2\sqrt{3} ; 6)$, $E(4 ; 4 ; -4)$, $F(2\sqrt{5} ; -5 ; 2)$, $G(5 ; 0 ; -5)$ et $H(-3 ; 6 ; -2)$.

Pour ceux qui n'appartiennent pas à la sphère, précisez s'ils sont à l'intérieur ou à l'extérieur de la sphère.

Aide : Voir l'exercice résolu 7, page 307.

5. Le barycentre dans l'espace

51 ABCD est un tétraèdre. Placez, après avoir montré son existence :
1. le barycentre K de (A, 1) et (B, 2) ;
2. le barycentre L de (C, 2) et (D, 1) ;
3. le barycentre M de (A, 1), (B, 2), (C, 2) et (D, 1).

52 ABCD est un tétraèdre. Placez, après avoir montré son existence :
1. le barycentre I de (A, 1) et (B, – 2) ;
2. le barycentre J de (A, 1), (B, – 2) et (C, – 1) ;
3. le barycentre N de (A, 1), (B, – 2), (C, – 1), (D, 1).

53 Les points A et B ont pour coordonnées respectives $(-1 ; 2 ; 0)$ et $(5 ; -2 ; 1)$ dans le repère $(O ; \vec{i}, \vec{j}, \vec{k})$.
Trouvez les coordonnées :
1. du barycentre K de (A, 2) et (B, 3) ;
2. du barycentre L de (A, – 1), (B, – 1) et (O, – 2).

54 En utilisant les informations de la figure ci-dessous, trouvez quatre nombres a, b, c et d tels que :
- K est le barycentre de (A, a), (D, d) ;
- I est le barycentre de (B, b), (C, c) ;
- G est le barycentre de (A, a), (B, b), (C, c), (D, d).

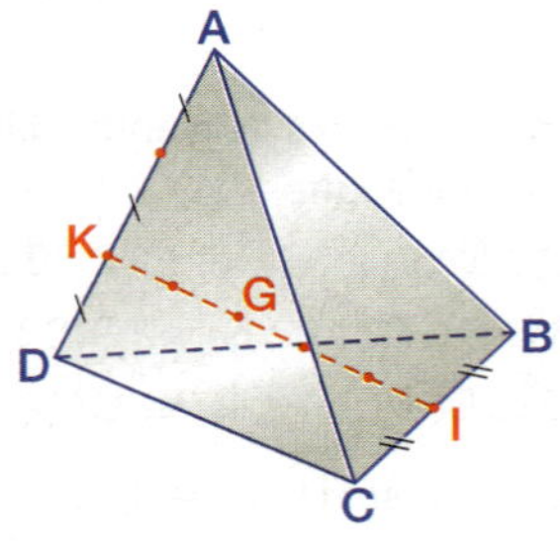

pour apprendre à chercher

Les exercices de cette partie, de difficulté moyenne pour la plupart, ne sont pas des exercices résolus. Le questionnement veut montrer comment on peut organiser une recherche et suivre un raisonnement.

55 Démontrer que des points sont coplanaires

Dans un repère $(O\,;\vec{\imath},\vec{\jmath},\vec{k})$, on donne les points :

$A(2\,;0\,;1)$, $B(1\,;-2\,;1)$, $C(5\,;5\,;0)$,
$D(-3\,;-5\,;6)$ et $E(3\,;1\,;2)$.

Objectif : démontrer que les points A, B, C et D appartiennent à un même plan P ; déterminer si le point E appartient au plan P.

1. Il n'est pas utile, ici, de faire une figure : le seul intérêt d'une représentation plane serait de faire apparaître un alignement, mais des points peuvent paraître alignés sans l'être.
La donnée des coordonnées nous invite à un traitement analytique du problème.
Il s'agit de savoir si les points A, B, C, D sont dans un même plan.
Pour cela, on regarde si parmi les vecteurs $\overrightarrow{AB}$, $\overrightarrow{AC}$ et $\overrightarrow{AD}$, deux d'entre eux ne sont pas colinéaires.

a) Calculez les coordonnées de $\overrightarrow{AB}$, $\overrightarrow{AC}$ et $\overrightarrow{AD}$.
b) Déduisez-en que $\overrightarrow{AB}$ et $\overrightarrow{AC}$, par exemple, ne sont pas colinéaires.

2. D'après le théorème 4, savoir si le point D appartient au plan (ABC) revient à savoir s'il existe deux nombres réels a et b tels que $\overrightarrow{AD} = a\overrightarrow{AB} + b\overrightarrow{AC}$.

a) Traduisez cette égalité avec les coordonnées et vérifiez que vous obtenez le système de trois équations à deux inconnues a et b suivant :

$$\begin{cases} -a+3b = -5 \\ -2a+5b = -5 \\ -b = 5 \end{cases}$$

b) Pour résoudre un tel système, choisissez judicieusement deux des trois équations et résolvez ce système de deux équations. Les réels a et b trouvés sont-ils solutions de la troisième équation ? Concluez.
c) Faites de même avec le point E.

3. **Rédigez une solution.**

56 Démontrer que deux droites sont sécantes

Un repère $(O\,;\vec{\imath},\vec{\jmath},\vec{k})$ est donné.
On considère les points $A(3\,;-1\,;1)$, $B(3\,;-3\,;-1)$, et les vecteurs $\vec{u}(1\,;0\,;-2)$ et $\vec{v}(2\,;1\,;-3)$.
d est la droite passant par A et dirigée par $\vec{u}$ et d' la droite passant par B et dirigée par $\vec{v}$.

Objectif : prouver que les droites d et d' sont sécantes, puis trouver les coordonnées de leur point commun I.

1. Il n'est pas utile, ici, de faire une figure car deux droites de l'espace dont les représentations se « coupent » ne sont pas nécessairement dans un même plan…
Il s'agit de démontrer que deux droites de l'espace sont sécantes, donc de démontrer qu'elles sont non parallèles **et** coplanaires. La donnée des coordonnées nous invite à un traitement analytique du problème.

a) Démontrez que $\vec{u}$ et $\vec{v}$ ne sont pas colinéaires.
b) Que pouvez-vous en déduire pour d et d' ?

2. Il reste à prouver que les droites d et d' sont coplanaires.
La droite d et le point B déterminent un plan P car B n'est pas sur d.

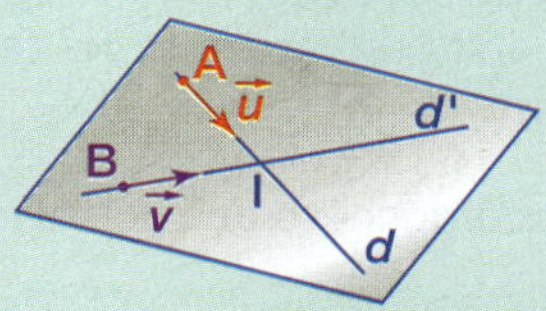

Alors pour prouver que d et d' sont coplanaires, il suffit de démontrer que les vecteurs $\overrightarrow{AB}$, $\vec{u}$ et $\vec{v}$ sont coplanaires.

a) Justifiez, en citant le théorème adéquat, que le problème revient à prouver qu'il existe deux réels a et b tels que $\overrightarrow{AB} = a\vec{u} + b\vec{v}$.
b) Traduisez cette égalité avec les coordonnées. (Vous obtenez un système de trois équations à deux inconnues.)
c) Choisissez deux des trois équations et résolvez ce système de deux équations.
Les réels a et b trouvés sont-ils solutions de la troisième équation ? Concluez.

3. Il reste à calculer les coordonnées de $I(x\,;y\,;z)$, point d'intersection de d et d'. Pour cela on traduit vectoriellement le fait que I est sur d et sur d'.

a) Justifiez l'existence de réels k et k' tels que $\overrightarrow{AI} = k\vec{u}$ et $\overrightarrow{BI} = k'\vec{v}$.
b) Traduisez ces égalités avec les coordonnées et déduisez-en k, k' et les coordonnées de I.

4. **Rédigez une solution.**

57 Parallélisme dans l'espace

ABCDEFGH est un cube.

I est le point de l'arête [CD] tel que $\overrightarrow{DI} = \dfrac{1}{4}\overrightarrow{DC}$ et J le point de l'arête [BC] tel que $\overrightarrow{BJ} = \dfrac{3}{4}\overrightarrow{BC}$.

Objectif : démontrer que la droite (HI) est parallèle au plan (EGJ).

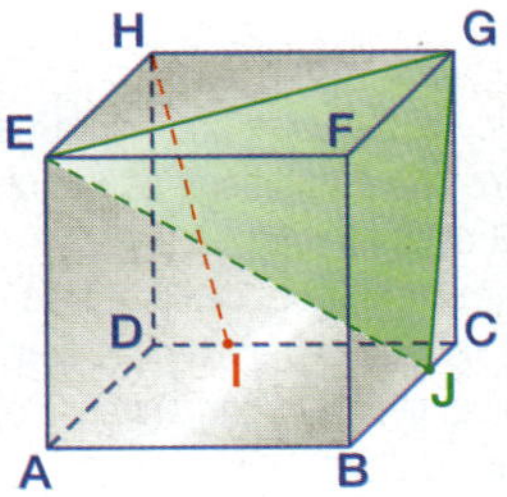

1. La figure ne fait pas apparaître une droite du plan (EGJ) parallèle à (HI). (Si une droite du plan (EGJ) est parallèle à (HI), alors on peut affirmer aussitôt le parallélisme de (EGJ) et (HI), malheureusement...)
Envisageons donc un traitement analytique du problème. On choisit pour repère de l'espace $(A ; \overrightarrow{AB}, \overrightarrow{AD}, \overrightarrow{AE})$ car ce repère permet d'attribuer facilement des coordonnées aux points de la figure.

Trouvez les coordonnées des points H, I, J, E, G.

2. Pour prouver que (HI) est parallèle à (EGJ), par l'outil vectoriel, il suffit de prouver, par exemple, que les vecteurs $\overrightarrow{HI}$, $\overrightarrow{EG}$ et $\overrightarrow{EJ}$ sont coplanaires (*voir* Pour mieux comprendre *et l'exercice résolu* 3, *page* 303).

a) Démontrez que cela revient à prouver l'existence de deux réels x et y tels que $\overrightarrow{HI} = x\overrightarrow{EG} + y\overrightarrow{EJ}$.

b) Traduisez cette égalité vectorielle avec les coordonnées. (Vous obtenez un système de trois équations à deux inconnues x et y.)

c) Choisissez deux des trois équations et résolvez le système obtenu. Le couple solution vérifie-t-il la troisième équation ?

3. Rédigez une solution.

4. Autre solution.
Dans la démonstration précédente, n'ayant pas trouvé dans le plan (EGJ) une droite parallèle à (HI), nous avons opté pour un traitement analytique. L'étude de la **section du cube** par le plan (EGJ) permet de faire apparaître une telle droite.
Les plans (EFG) et (ABC) sont parallèles : le plan (EGJ) coupe donc ces deux plans suivant deux droites parallèles.

a) Construisez l'intersection du plan (EGJ) et de la face (ABC). On note K le point de cette intersection et du segment [AB].

b) Pourquoi peut-on affirmer que $\overrightarrow{AK} = \frac{1}{4}\overrightarrow{AB}$?

c) Démontrez que $\overrightarrow{EK} = \overrightarrow{HI}$.
Que peut-on en déduire pour les droites (HI) et (EK) ? pour la droite (HI) et le plan (EGJ) ?

58 Section plane d'un cube

ABCDEFGH est un cube. M est un point de l'arête [AE], N de [EF] et P de [FG] comme l'indique la figure ci-dessous.

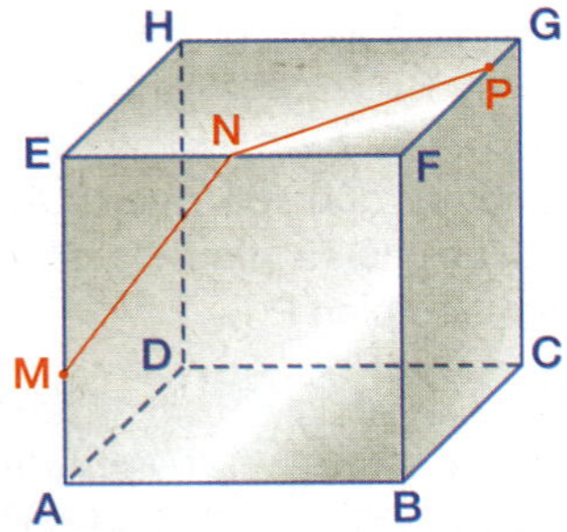

Objectif : trouver la section du cube par le plan (MNP).

1. Il s'agit de trouver l'intersection de (MNP) avec les faces du cube. Mais par laquelle commencer ? On sait que lorsque le plan (MNP) coupe deux faces opposées (qui sont dans des plans parallèles), les segments obtenus sont parallèles.

a) Quelle est la face du cube dont l'intersection avec (MNP) est parallèle à [MN] ?

b) Quelle est la face du cube dont l'intersection avec (MNP) est parallèle à [NP] ?

c) Par quelles faces pouvez-vous donc choisir de commencer la construction ?

2. Commençons, par exemple, par chercher l'intersection avec (CDHG). Pour trouver cette intersection, il suffit donc de trouver un seul point commun à ces deux plans. Cherchons alors un point commun à (MNP) et à (CDHG).

a) Pourquoi le point d'intersection de (PN) et de (HG) convient-il ? Notez Q ce point.

b) Tracez la parallèle à (MN) passant par Q. Cette parallèle coupe (CG) en R et (DC) en S.
Déterminez l'éventuelle intersection de (MNP) avec la face (CDHG).

3. a) Pourquoi la parallèle à (NP) passant par S permet-elle de déterminer l'intersection du plan (MNP) et de la face (ABCD) ? Elle coupe [AB] en T.

b) Quelles sont les intersections du plan (MNP) avec les faces (BCGF) et (ADEH) ?

59 Un calcul de distance

ABCDE est une pyramide de sommet E de base carrée. (BE) est perpendiculaire au plan (ABCD), $EB = 4\sqrt{2}$ et $AB = 4$. M est un point du segment [DE] tel que $3\overrightarrow{DM} = \overrightarrow{DE}$. M se projette orthogonalement en P sur (ABC) et P se projette orthogonalement en H sur [AB].

Objectif : calculer la distance MH.

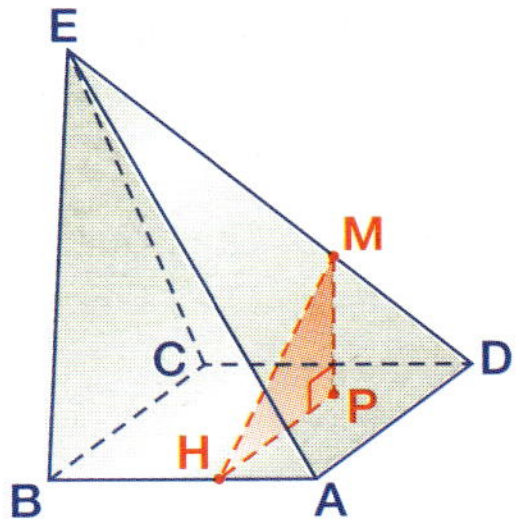

1. Les diverses orthogonalités et égalités de mesures de la figure ci-dessus nous invitent à un traitement analytique de cet exercice.
Un repère orthonormal qui se présente assez naturellement est $(B\ ;\ \vec{i}, \vec{j}, \vec{k})$ tel que :

$$\overrightarrow{BA} = 4\vec{i},\ \overrightarrow{BC} = 4\vec{j} \text{ et } \overrightarrow{BE} = 4\sqrt{2}\vec{k}.$$

a) Donnez les coordonnées des points D et E dans ce repère.
b) Déterminez les coordonnées du point M.

2. P étant le projeté orthogonal de M sur (ABC), ses coordonnées se déduisent aisément de celles du point M.
De même, les coordonnées de H se déduisent de celles de P.

a) Déterminez les coordonnées de P et H.
b) Calculez la distance MH.

3. Rédigez une solution.

60 Barycentre et alignement

ABCD est un tétraèdre, a est un réel.

I et J sont les milieux respectifs de $[AB]$ et $[CD]$. E et F sont les points définis par $\overrightarrow{AE} = a\overrightarrow{AD}$ et $\overrightarrow{BF} = a\overrightarrow{BC}$. H est le milieu de $[EF]$.

Objectif : démontrer, avec le barycentre, que I, J et H sont alignés.

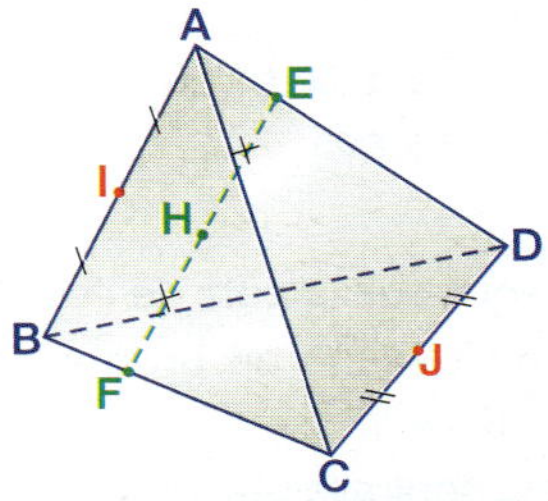

1. Il s'agit de montrer que des points de l'espace sont alignés. Les hypothèses caractérisant les points de la figure font apparaître des milieux (isobarycentres) et des égalités vectorielles qui nous invitent à utiliser l'outil barycentre. Il suffit donc (*voir le point méthode de l'exercice résolu* 8, *p.* 309) de prouver, par exemple, que H est un barycentre de I et J.

a) Vérifiez que le point E est le barycentre de $(A, 1-a)$, (D, a) et que le point F est le barycentre de $(B, 1-a)$, (C, a).

b) En utilisant la règle d'associativité, prouvez que H est le barycentre de $(A, 1-a)$, $(B, 1-a)$, (C, a), (D, a).

c) Déduisez-en que I, J et H sont alignés.

2. Rédigez une solution.

Exercices

pour progresser

Vecteurs : colinéarité, coplanarité

61 A, B et C sont trois points non alignés de l'espace. D et E sont deux points tels que :

$$3\overrightarrow{AD} = 2\overrightarrow{AB} \text{ et } \overrightarrow{AE} = 3\overrightarrow{CE}.$$

1. Démontrez que les points A, B, C, D et E sont dans un même plan.

2. Démontrez que le milieu I de $[CD]$, le milieu J de $[BE]$ et A sont alignés.

62 A, B et C sont trois points de l'espace.

1. Démontrez qu'il existe un unique point M tel que $\overrightarrow{MA} + \overrightarrow{MB} - \overrightarrow{MC} = \vec{0}$.

2. a) Si A, B et C sont alignés, que dire de M ?

b) Si A, B et C ne sont pas alignés, que dire du quadrilatère ACBM ?

63 ABCD est un tétraèdre.
Dans chacun des cas suivants, précisez dans quel plan se trouve le point M.

1. $\overrightarrow{MA} + 2\overrightarrow{MB} - \overrightarrow{MC} = \vec{0}$.

2. $\overrightarrow{AM} + \overrightarrow{BM} - \overrightarrow{DM} = \vec{0}$.

3. $\overrightarrow{MB} + 2\overrightarrow{MC} = \overrightarrow{MD}$.

64 ABCD est un tétraèdre et k un nombre réel non nul, différent de 1.
On considère les points I, J, K et L définis par $\overrightarrow{AI} = k\overrightarrow{AB}$, $\overrightarrow{AJ} = k\overrightarrow{AD}$, $\overrightarrow{CK} = k\overrightarrow{CD}$ et $\overrightarrow{CL} = k\overrightarrow{CB}$.

1. En prouvant d'abord que $\overrightarrow{IJ} = k\overrightarrow{BD} = \overrightarrow{LK}$, démontrez que les quatre points I, J, K et L sont dans un même plan.

2. Quelle est la nature du quadrilatère IJKL ?

65 ABCD est un tétraèdre. K est le centre de gravité du triangle BCD.

On considère le point G tel que $\overrightarrow{AG} = \frac{3}{4}\overrightarrow{AK}$.

Démontrez que $\overrightarrow{GA} + \overrightarrow{GB} + \overrightarrow{GC} + \overrightarrow{GD} = \vec{0}$.

★ **66** ABCD est un tétraèdre. On note E, F et G les symétriques de A par rapport aux milieux, respectivement, des arêtes $[BC]$, $[CD]$ et $[DB]$.

1. Démontrez que $\overrightarrow{AC} = \overrightarrow{DF}$ et $\overrightarrow{AC} = \overrightarrow{BE}$.

2. Déduisez-en que les segments $[DE]$ et $[FB]$ ont même milieu.

3. Démontrez que les droites (BF), (DE) et (CG) sont concourantes.

Vrai ou faux ?

Pour chacune des affirmations suivantes, dites si elle est vraie ou fausse. Justifiez chaque fois votre réponse.

67 ABC est un triangle. Quel que soit le point D de l'espace, les trois vecteurs $\overrightarrow{DA}$, $\overrightarrow{DB}$ et $\overrightarrow{DC}$ sont coplanaires.

68 ABCD est un tétraèdre. I est le point tel que $2\overrightarrow{IA} = \overrightarrow{DA} + \overrightarrow{BC} + \overrightarrow{CA}$.
Alors, le point I appartient à une arête du tétraèdre.

69 Si les vecteurs $\overrightarrow{AB}$, $\overrightarrow{AC}$ et $\overrightarrow{AD}$ sont deux à deux non colinéaires, alors ils ne sont pas coplanaires.

★ **70** ABCD est un tétraèdre. E est le symétrique de A par rapport à C ; F et G sont les points tels que EBCF et FDAG sont des parallélogrammes.

1. Démontrez que $\overrightarrow{DG} = \overrightarrow{DA} + \overrightarrow{DE} + \overrightarrow{BC}$.

2. Déduisez-en que $\overrightarrow{DG} = 2\overrightarrow{DC} + \overrightarrow{BC}$ puis que les points B, C, D et G sont dans un même plan.

★ **71** ABCDEFGH est un cube. I est le centre de la face ABFE et J celui de la face BCGF.

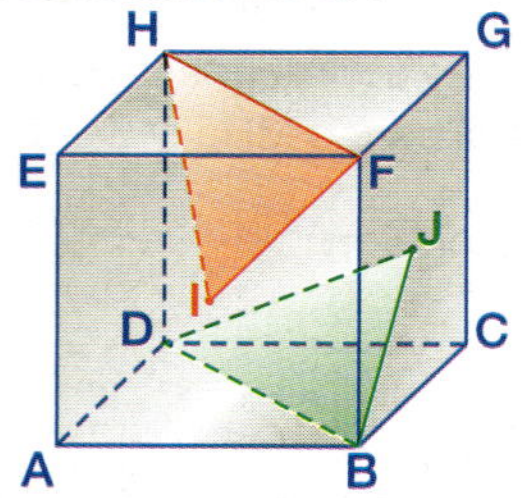

1. Démontrez que A est dans (IFH) et G dans (BJD).

2. Dessinez la section du cube par ces deux plans.

Aide : Voir *Pour apprendre à chercher*, exercice 58.

3. Démontrez que les plans (IFH) et (BJD) sont parallèles.

Repères et coordonnées

Pour les exercices 72 à 85, un repère $(O ; \vec{i}, \vec{j}, \vec{k})$ est donné.

72 Trouvez les coordonnées d'un point $M(x ; y ; z)$ tel que les points :

$$A(2 ; -1 ; 3),\ B(5 ; 2 ; 0),\ C(-2 ; -2 ; -2)$$

et M soient les sommets d'un parallélogramme.

Aide : Envisagez plusieurs cas.

73 On donne les points $A(2\,;0\,;1)$, $B(1\,;2\,;1)$, $C(8\,;-4\,;1)$ et $D(1\,;12\,;-3)$.
Ces points appartiennent-ils à un même plan ?

Aide : Voir *Pour apprendre à chercher*, exercice 55.

74 On donne les trois vecteurs $\vec{u}(0\,;-1\,;1)$, $\vec{v}(-2\,;-1\,;3)$ et $\vec{w}(-1\,;-1\,;-1)$.
On pose $\overrightarrow{AB}=\vec{u}$, $\overrightarrow{AC}=\vec{v}$, $\overrightarrow{AD}=\vec{w}$.
$(A\,;\overrightarrow{AB}, \overrightarrow{AC}, \overrightarrow{AD})$ est-il un repère de l'espace ?

75 **1.** Démontrez que les points $A(3\,;2\,;1)$, $B(1\,;2\,;0)$ et $C(3\,;1\,;-2)$ ne sont pas alignés.
2. Pour quelle valeur de m le point $M(m\,;1\,;3)$ appartient-il au plan (ABC) ?

76 On donne les trois vecteurs $\vec{u}(3\,;-2\,;2)$, $\vec{v}(1\,;-1\,;3)$ et $\vec{w}(a\,;2\,;-1)$.
Trouvez le réel a tel que $\vec{u}$, $\vec{v}$ et $\vec{w}$ soient coplanaires.

77 Quelle relation lie x et y pour que les quatre points $A(3\,;2\,;1)$, $B(1\,;2\,;0)$, $C(3\,;1\,;-2)$ et $D(x\,;y\,;3)$ soient dans un même plan ?

78 On donne les points :
$A(2\,;1\,;3)$, $B(-1\,;0\,;5)$, $C(1\,;1\,;1)$, $D(1\,;0\,;1)$ et $E(4\,;-2\,;1)$.
1. Démontrez que A, B et C définissent un plan.
2. La droite (DE) est-elle parallèle au plan (ABC) ?

79 On donne la droite d passant par le point $A(2\,;3\,;-2)$, dirigée par le vecteur $\vec{u}(1\,;-1\,;2)$ et la droite d' passant par $B(5\,;-2\,;1)$, dirigée par le vecteur $\vec{v}(-2\,;2\,;-4)$.
1. Démontrez que d et d' sont parallèles.
2. Sont-elles confondues ?

★ **80** On donne les deux points $A(2\,;-1\,;3)$ et $B(1\,;2\,;2)$.
1. Démontrez que la droite (AB) n'est pas parallèle au plan $(O\,;\vec{i}, \vec{j})$.
2. Trouvez les coordonnées du point d'intersection de la droite (AB) et du plan $(O\,;\vec{i}, \vec{j})$.

★ **81** On donne la droite d passant par $A(2\,;0\,;5)$, de vecteur directeur $\vec{u}(2\,;5\,;-1)$ et la droite d' passant par $B(2\,;2\,;-1)$, de vecteur directeur $\vec{v}(1\,;2\,;1)$.
d et d' sont-elles sécantes ? Si oui, en quel point ?

Aide : Voir *Pour apprendre à chercher*, exercice 56.

★ **82** On donne la droite d passant par $A(0\,;2\,;3)$, dirigée par le vecteur $\vec{u}(1\,;1\,;1)$ et la droite d' passant par $B(2\,;0\,;-1)$ et $C(4\,;-2\,;2)$.
Les droites d et (BC) sont-elles sécantes ?

Aide : Voir *Pour apprendre à chercher*, exercice 56.

★★ **83** **1.** Placez les points $A(5\,;0\,;0)$, $B(0\,;3\,;0)$, $C(0\,;0\,;4)$, $D(3\,;0\,;0)$, $E(0\,;6\,;0)$ et $F(0\,;0\,;6)$.
2. Trouvez graphiquement l'intersection des plans (ABC) et (DEF).

Aide : Dessinez les triangles ABC et DEF.

3. d est la droite commune aux deux plans. Calculez les coordonnées des points d'intersection de la droite d avec les plans $(O\,;\vec{i}, \vec{j})$ et $(O\,;\vec{i}, \vec{k})$.
4. Pourquoi les droites d, (CB) et (EF) sont-elles concourantes ? Calculez les coordonnées de leur point d'intersection.

★★ **84** **Un ensemble de points**

On considère l'ensemble $\mathscr{E}$ des points M de l'espace dont les coordonnées $(x\,;y\,;z)$ sont telles que :
$$x-2y+3z-5=0.$$
1. Vérifiez que les points $A(7\,;1\,;0)$, $B(5\,;0\,;0)$ et $C(2\,;0\,;1)$ appartiennent à l'ensemble $\mathscr{E}$.
2. Démontrez que les points A, B et C déterminent un plan noté P.
3. a) Démontrez que $\overrightarrow{BM}$ a pour coordonnées $(2y-3z\,;y\,;z)$.
b) Déduisez-en $\overrightarrow{BM}=y\overrightarrow{BA}+z\overrightarrow{BC}$.
c) Que pouvez-vous en déduire ?
4. Réciproquement, démontrez que les coordonnées $(x\,;y\,;z)$ d'un point quelconque M du plan P vérifient l'équation $x-2y+3z-5=0$.
Quel est l'ensemble $\mathscr{E}$?

★★ **85** On donne les points :
$A(1\,;-1\,;2)$, $B(3\,;1\,;4)$, $C(0\,;2\,;2)$, $D(0\,;1\,;-4)$ et $E(0\,;3\,;2)$.
1. Démontrez que C, D et E déterminent un plan.
2. La droite (AB) coupe-t-elle le plan (CDE) ?
3. La droite (AC) coupe-t-elle le plan (BDE) ?
4. Trouvez l'intersection des plans (ABC) et (CDE).

★★ **86** ABCD est un tétraèdre. I est le milieu de [AB], J est le milieu de [CD] et O celui de [IJ].
1. Faites une figure.
2. Expliquez pourquoi le point O n'appartient pas au plan (ABC). Qu'en déduisez-vous pour les vecteurs $\overrightarrow{OA}$, $\overrightarrow{OB}$ et $\overrightarrow{OC}$?
3. Trouvez les coordonnées de tous les points de la figure dans le repère $(O\,;\overrightarrow{OA}, \overrightarrow{OB}, \overrightarrow{OC})$.

Les exercices 87 à 89 peuvent être traités en introduisant un repère (voir *Pour apprendre à chercher,* exercice 57).

★ **87** ABCDEFGH est un cube, I, J et K sont les milieux respectifs de [AB], [EF] et [HG].
Prouvez que la droite (HI) est parallèle au plan (JKC).

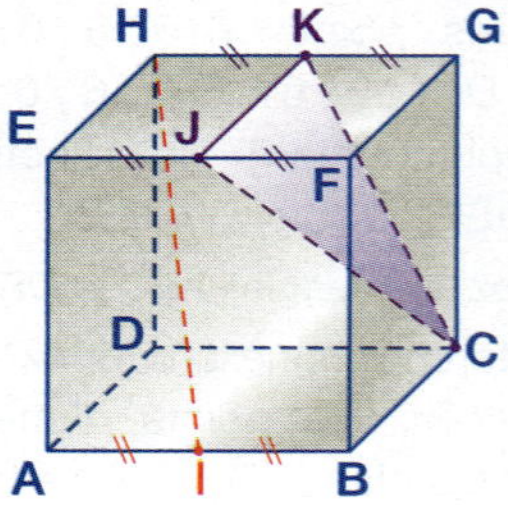

★ **88** ABCDEF est un prisme. I, J, K et L sont les milieux respectifs des arêtes [BC], [AD], [BE] et [CF].
Prouvez que la droite (IJ) est parallèle au plan (DKL).

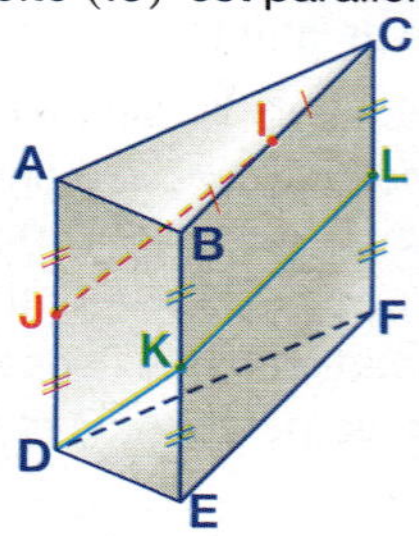

★★ **89** Deux carrés ABCD et ADEF sont situés dans deux plans perpendiculaires. k est un réel de $[0\,;1]$. Les points M et N sont tels que $\overrightarrow{AM} = k\overrightarrow{AE}$ et $\overrightarrow{BN} = k\overrightarrow{BD}$.

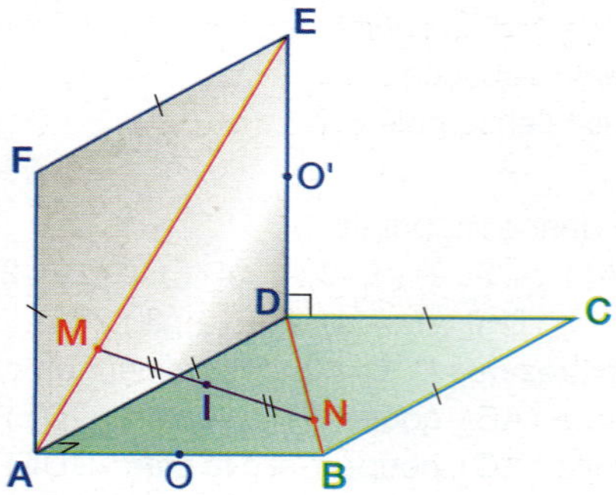

1. Démontrez que $\overrightarrow{MN} = (1-k)\overrightarrow{AB} - k\overrightarrow{AF}$.

2. Déduisez-en que, quel que soit k appartenant à l'intervalle $[0\,;1]$, la droite (MN) est parallèle à un plan fixe que vous préciserez.

3. a) On note I le milieu de [MN], O le milieu de [AB] et O′ le milieu de [ED]. Démontrez que :

$$2\overrightarrow{OI} = \overrightarrow{AM} + \overrightarrow{BN} \quad \text{et} \quad 2\overrightarrow{O'I} = \overrightarrow{EM} + \overrightarrow{DN}.$$

b) Déduisez-en que $\overrightarrow{OI}$ et $\overrightarrow{O'I}$ sont colinéaires et que I appartient à une droite fixe que vous préciserez.

Calculs de distances

Pour tous les exercices de cette rubrique utilisant des coordonnées, un repère orthonormal $(O\,;\vec{\imath}, \vec{\jmath}, \vec{k})$ est donné.

90 Trouvez sur l'axe des abscisses un point C équidistant des points A(2 ; – 1 ; 3) et B(0 ; 5 ; – 1).

91 c est un nombre réel. On considère les points A(3 ; 1 ; – 3), B(– 1 ; 5 ; – 3) et C(–1 ; 1 ; c).
Démontrez que, quel que soit c, le triangle ABC est isocèle.
Peut-il être équilatéral ?

Note : L'utilisation d'un logiciel de géométrie dans l'espace permet de conjecturer et de vérifier le résultat de cet exercice. En vous inspirant éventuellement du TD 3, page 313, « créez » le réel c (dans l'intervalle [– 10 ; 10] par exemple), les points A, B et C, puis demandez l'affichage de la longueur des trois segments et de la variable c, tout ceci avec deux décimales. Faites varier c avec les touches ↑ et ↓.

Vrai ou faux ?

Pour chacune des affirmations suivantes, dites si elle est vraie ou fausse. Justifiez chaque fois votre réponse.

92 Les points A(5 ; 1 ; 3), B(2 ; $-\sqrt{5}$; – 2), C(3 ; – 3 ; 3) et D($2 + 2\sqrt{3}$; –1 ; 0) sont équidistants du point K(2 ; 0 ; 1).

93 Les points C(4 ; 0 ; 0), D(0 ; – 2 ; 0), E(1 ; 2 ; 6), F(5 ; 1 ; 1) appartiennent au plan médiateur du segment d'extrémités A(4 ; – 2 ; 2) et B(2 ; 2 ; 0).

94 La sphère de centre O, de rayon 3 et la sphère de centre A(3 ; – 1 ; 2), de rayon 1 n'ont aucun point commun.

★ **95** On donne les points :
A(2 ; 1 ; 0), B(–1 ; 3 ; 0) et C(– 1 ; – 1 ; 0).

1. Démontrez que le triangle ABC est isocèle.

2. Trouvez les coordonnées du point D tel que ABCD soit un losange.

96 On donne les points :

$A(2\,;1\,;0)$ et $B(-1\,;4\,;2)$.

1. Trouvez un point équidistant de A et B.
2. Trouvez le réel c tel que le point $C(1\,;1\,;c)$ soit équidistant de A et B.
3. M est un point de coordonnées $(x\,;y\,;z)$. Démontrez que « M est un point du plan médiateur de [AB] » équivaut à $3x-3y-2z+8=0$.

Note : Voir la partie *Types de problèmes et raisonnements*, page 415, *Comment démontrer une équivalence*.

97 On donne les quatre points $A(0\,;2\,;-1)$, $B(2\,;5\,;0)$, $C(-1\,;4\,;2)$ et $D\left(-\frac{1}{3}\,;\frac{1}{3}\,;\frac{7}{3}\right)$.

1. Calculez les distances AB, BC, CD et DA.
2. La figure ABCD est-elle un losange ?
3. Trouvez les coordonnées du milieu I de [AC] et du milieu J de [BD]. Concluez.

98 On donne les points :

$A(0\,;-1\,;7)$, $B(3\,;-4\,;7)$,
$C(3\,;-1\,;4)$ et $D(1\,;-3\,;5)$.

1. Vérifiez que le triangle ABD est rectangle isocèle.
2. Démontrez que ADC et CDB sont aussi des triangles rectangles isocèles.
3. Trouvez les coordonnées de quatre points qui, avec les points A, B, C et D, constituent les huit sommets d'un cube.

99 Distance d'un point à une droite

On donne les points $A(2\,;3\,;0)$, $B(2\,;3\,;6)$ et $M(4\,;-1\,;2)$. L'objectif de cet exercice est de calculer la distance de M à la droite (AB).

1. Démontrez que tout point K de la droite (AB) a des coordonnées de la forme $(2\,;3\,;z)$.
2. Exprimez MK^2 en fonction de z.
3. Pour quelle valeur de z la distance MK est-elle minimale ?
4. Exprimez alors la distance MK de M à la droite (AB).

100 Distance d'un point à une droite

On considère la droite d passant par le point $A(2\,;1\,;-3)$ dirigée par le vecteur $\vec{u}(0\,;-1\,;1)$ et le point $B(5\,;0\,;-2)$.

1. Démontrez que le point B n'appartient pas à d. L'objectif est de calculer la distance de B à d.
2. M est un point de d et k le réel tel que $\overrightarrow{AM}=k\vec{u}$. Exprimez les coordonnées $(x\,;y\,;z)$ du point M en fonction de k.
3. Calculez la distance BM^2 en fonction du réel k.
4. Déterminez le réel k pour lequel le réel BM est minimal (BM est alors la distance de B à d).
5. On suppose dans cette question que M est le point pour lequel la distance BM est minimale.
   a) Démontrez que AMB est rectangle en M.
   b) Déduisez-en que les droites (BM) et d sont perpendiculaires (M est le projeté orthogonal de B sur la droite d).

Note : L'utilisation du logiciel GéospacW permet de conjecturer et de vérifier le résultat de cet exercice. Après avoir créé A, $\vec{u}$, B, d et M (libre sur d), demandez l'affichage de la longueur du segment [BM] et les coordonnées de M. Saisissez le point M et déplacez-le sur d. Observez les variations simultanées et conjecturez.

101 Distance et volume d'une pyramide

$(O\,;\vec{i},\vec{j},\vec{k})$ est un repère orthonormal, m et n sont deux nombres réels positifs.

On considère les points $A(\sqrt{3}\,;3\,;0)$, $B(0\,;6\,;0)$, $M(0\,;6\,;m)$ et $N(0\,;0\,;n)$.

Trouvez m et n pour que le triangle MAN soit rectangle en A et le solide AOBMN ait pour volume $5\sqrt{3}$.

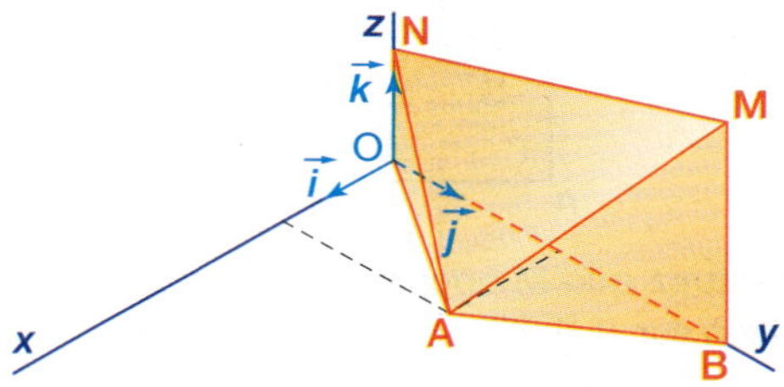

102 Des propriétés du cube

ABCDEFGH est un cube de côté a, I, J, K, L sont les milieux respectifs de [EH], [BF], [BC], [DH].

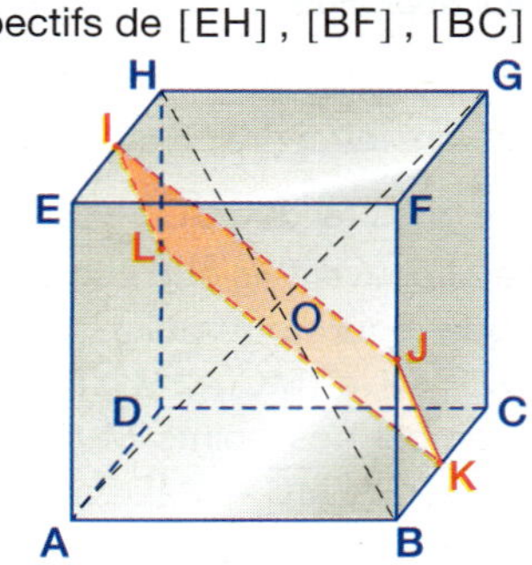

1. Prouvez que IJKL est un parallélogramme dont les diagonales se coupent en O, centre du cube.
2. Calculez la longueur des diagonales de IJKL. Quelle est la nature du quadrilatère IJKL ?
3. Prouvez que l'angle aigu formé par ces deux diagonales a pour mesure $\frac{\pi}{3}$.

Aide : Voir *Pour apprendre à chercher*, exercice 59.

Barycentres

103 Dans un repère, on donne les points A(– 4 ; – 1 ; 2), B(– 2 ; 1; 0), C(6 ; 3 ; – 5).
Trouvez les coordonnées du centre de gravité G du triangle ABC.

★ **104** ABCD est un tétraèdre. Les points E et F sont définis par $\overrightarrow{BE} = \frac{1}{4}\overrightarrow{BC}$ et $\overrightarrow{AF} = \frac{2}{3}\overrightarrow{AD}$.

1. Prouvez que le barycentre G de (A, 1), (B, 3), (C, 1), (D, 2) existe et est situé sur le segment [EF].
2. Précisez sa position sur ce segment.

★ **105** ABCDEFGH est un cube. I, J, K et L sont les milieux respectifs de [AE], [BG], [EG] et [AB].
M est le barycentre de (A, 1), (B, 1), (G, 1), (E, 1).

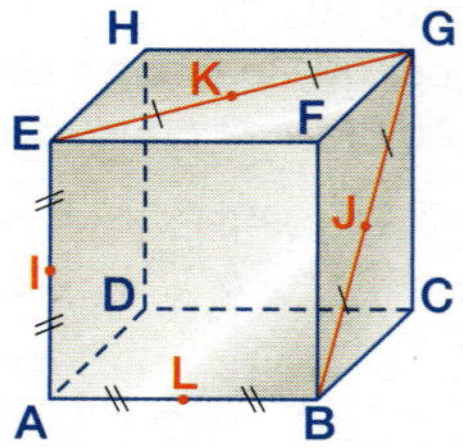

1. Démontrez que M appartient à [IJ] et précisez sa position sur [IJ].
2. Prouvez que M appartient à [KL] et précisez sa position sur [KL].
3. Déduisez-en que les points I, J, K et L sont coplanaires et précisez la nature du quadrilatère ILJK.

Aide : Voir *Pour apprendre à chercher*, exercice 60.

★ **106** ABCD est un tétraèdre. I est le point tel que $\overrightarrow{IA} = 2\overrightarrow{IB}$ et J le point tel que $\overrightarrow{JC} = 2\overrightarrow{JD}$.

1. Les points I et J peuvent-ils être confondus ?
2. Démontrez que pour tout point M de l'espace, $\overrightarrow{MA} - 2\overrightarrow{MB} = -\overrightarrow{MI}$ et $\overrightarrow{MC} - 2\overrightarrow{MD} = -\overrightarrow{MJ}$.
3. Trouvez l'ensemble des points M de l'espace tels que $\|\overrightarrow{MA} - 2\overrightarrow{MD}\| = \|\overrightarrow{MC} - 2\overrightarrow{MD}\|$.

★ **107** ABCD est un tétraèdre, G est le centre de gravité de triangle BCD.

1. M est un point de l'espace.
Écrivez plus simplement le vecteur :
$$\overrightarrow{MB} + \overrightarrow{MC} + \overrightarrow{MD}.$$
2. Trouvez l'ensemble des points M de l'espace tels que $\|\overrightarrow{MB} + \overrightarrow{MC} + \overrightarrow{MD}\| = \|3\overrightarrow{MA} - \overrightarrow{MB} - \overrightarrow{MC} - \overrightarrow{MD}\|$.

Sections planes de solides

Pour les exercices 108 à 110, reproduisez avec soin le tétraèdre ABCD et les points concernés.

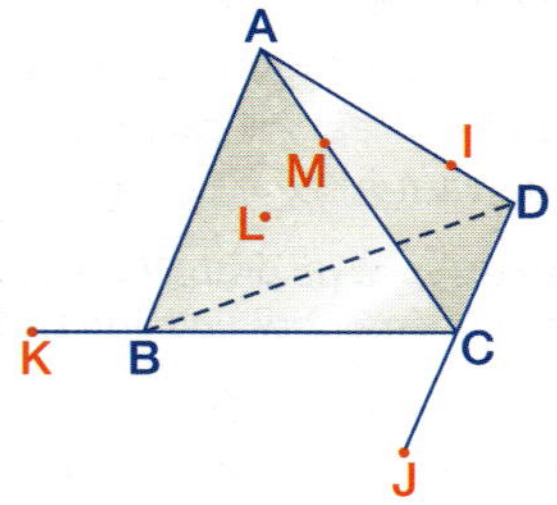

108 M est un point de l'arête [AC].
Trouvez l'intersection du tétraèdre avec le plan parallèle au plan (BCD) qui passe par M.

109 I est un point de l'arête [AD]. J est un point de (CD) et K un point de (BC).
Trouvez l'intersection du tétraèdre avec le plan (IJK).

★ **110** L est un point de la face (ABD).
Trouvez l'intersection du tétraèdre avec le plan (KJL).

Aide : Vous pouvez éventuellement utiliser l'intersection du plan (ABD) et de la droite (KJ).

★ **111** ABCDEFGH est un cube et M est le point tel que $\overrightarrow{DM} = \frac{1}{3}\overrightarrow{DE}$.

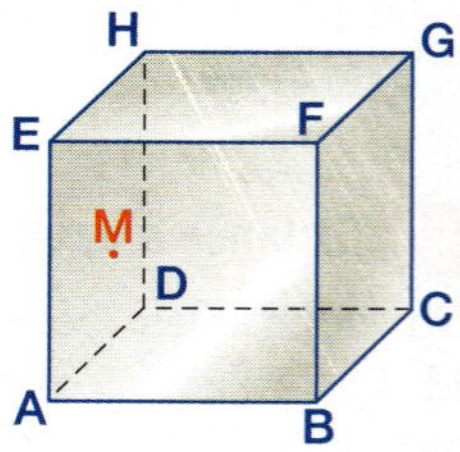

1. Représentez la section S du cube par le plan (AMG). Quelle est la nature de cette section ?

Aide : Voir *Pour apprendre à chercher*, exercice 58.

2. On suppose qu'une arête du cube mesure 5 cm. Dessinez en vraie grandeur la section S.

★ **112** ABCDEFGH est un cube. Le point I est le milieu de l'arête [AB]. On note P le plan (HFI).

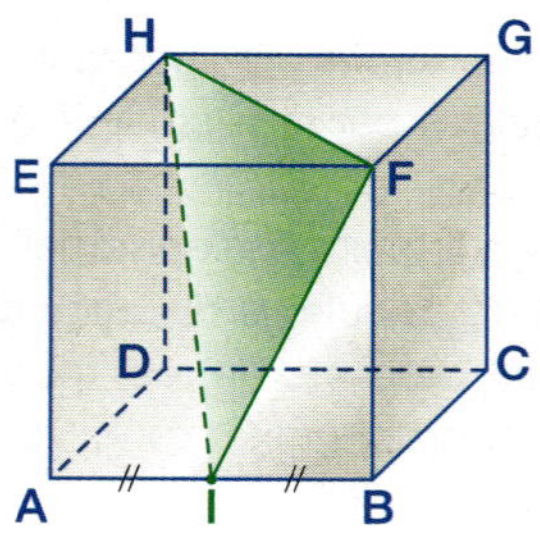

1. Construisez la section du cube par le plan P.
Vérifiez que la section est un trapèze.
2. M est un point de $[BF]$. Par M, on mène le plan Q parallèle à P.
Construisez la section du cube par le plan Q.

★ 113 Section pentagonale d'un cube

ABCDEFGH est un cube d'arête a. M, N et P sont les points définis par :

$$\overrightarrow{GM} = \frac{1}{4}\overrightarrow{GH},\ \overrightarrow{EN} = \frac{1}{4}\overrightarrow{EF},\ \overrightarrow{BP} = \frac{1}{4}\overrightarrow{BA}.$$

I et J sont les milieux respectifs de $[AB]$ et $[HG]$.

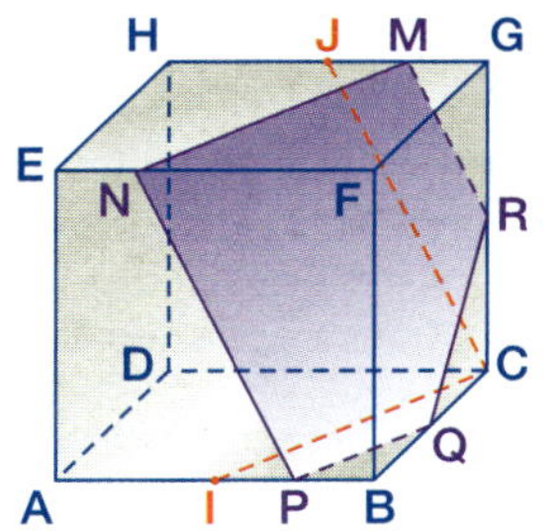

1. Démontrez que $\overrightarrow{MN} = \overrightarrow{CI}$ et $\overrightarrow{NP} = \overrightarrow{JC}$.
2. Démontrez que la section du cube par le plan (MNP) est un pentagone dont les sommets Q et R sont les milieux respectifs de $[CB]$ et $[CG]$.
3. Calculez en fonction de a les longueurs des côtés du pentagone MNPQR.
Prouvez que $\overrightarrow{PM} = 2\overrightarrow{QR}$ et $PM = a\sqrt{2}$.
4. Calculez les angles du pentagone.

Aide : Voir *Pour apprendre à chercher*, exercices 58 et 59.

★ 114

ABCDEFGH est un cube.

1. Placez les points I, J et K définis par :

$$\overrightarrow{AI} = \frac{1}{3}\overrightarrow{AB},\ \overrightarrow{GJ} = \frac{2}{3}\overrightarrow{GF} \text{ et } \overrightarrow{HK} = \frac{1}{3}\overrightarrow{HE}.$$

2. Trouvez le point d'intersection L du plan (IJK) avec l'arête $[AD]$, et le point d'intersection M du plan (IJK) avec l'arête $[BF]$.

Aide : Voir *Pour apprendre à chercher*, exercice 58.

★★ 115 Un calcul de volume

ABCDEFGH est un cube d'arête 10 cm. On considère les points I, J et K définis par :

$$\overrightarrow{BI} = \frac{1}{5}\overrightarrow{BF},\ \overrightarrow{GJ} = \frac{2}{5}\overrightarrow{GF},\ \overrightarrow{EK} = \frac{1}{5}\overrightarrow{EH}.$$

Le plan (IJK) partage le cube en deux solides. Calculez le volume de la partie dont C est un sommet.

Pour un bilan

Pour chacun des exercices suivants, plusieurs des affirmations proposées peuvent être exactes. Dites lesquelles.

Q1 OABC est un tétraèdre.
On note $\overrightarrow{AO} = \vec{u}$, $\overrightarrow{BC} = \vec{v}$, $\overrightarrow{CA} = \vec{w}$.

a) Le plan $(B\,;\vec{u}, \vec{w})$ coupe le plan (OBC) suivant une droite parallèle à (OAC).
b) $\vec{u}$, $\vec{v}$ et $\vec{w}$ sont coplanaires.
c) Les plans $(A\,;\vec{u}, \vec{v})$ et $(B\,;\vec{u}, \vec{w})$ sont parallèles.
d) Si $\overrightarrow{AM} = \vec{u}+\vec{v}+\vec{w}$, alors le quadrilatère AMOB est un parallélogramme.

Q2 $(O\,;\vec{i}, \vec{j}, \vec{k})$ est un repère. On donne les points $A(3\,;0\,;0)$, $B(1\,;1\,;0)$ et $C(0\,;2\,;1)$. M est défini par $\overrightarrow{OM} = 3\overrightarrow{OA} - \overrightarrow{OB} - \overrightarrow{OC}$.

a) A, B et C sont alignés.
b) Le point M appartient au plan (ABC).
c) Il existe deux réels x et y tels que $\overrightarrow{OA} = x\overrightarrow{OB} + y\overrightarrow{OC}$.
d) O, M, B et C sont coplanaires.

Q3 $(O\,;\vec{i}, \vec{j}, \vec{k})$ est un repère. On donne les points $A(1\,;-2\,;1)$, $B(2\,;-4\,;4)$, $C(2\,;-3\,;3)$ et les vecteurs $\vec{u} = \vec{i}-\vec{j}+2\vec{k}$ et $\vec{v} = \vec{j}-\vec{k}$.

a) $\overrightarrow{AB} = \vec{u}-\vec{v}$.
b) C est un point du plan $(A\,;\vec{u}, \vec{v})$.
c) La droite $(A, \vec{u})$ rencontre la droite $(B, \vec{v})$ en C.
d) Le plan (ABC) est dirigé par les vecteurs $\vec{u}$ et $\vec{v}$.

Q4 ABCD est un tétraèdre, G son centre de gravité. I est le milieu de $[BC]$, J celui de $[AI]$, K celui de $[JD]$.

a) J est le barycentre du système $(A, 2)$, $(B, 1)$, $(C, 1)$.
b) G, J et D sont alignés.
c) $2\overrightarrow{DA} + \overrightarrow{DB} + \overrightarrow{DC} = 4\overrightarrow{DJ}$.
d) K est le barycentre de $(A, 2)$, $(B, 1)$, $(C, 1)$, $(D, 4)$.

Q5 ABCD est un tétraèdre régulier. (AO) est orthogonale au plan (BCD). G est le centre de gravité du tétraèdre ABCD et I est le milieu de $[BC]$.

a) G est un point de $[OA]$.
b) Les droites joignant les milieux de deux arêtes opposées se coupent sur (OA).
c) $\overrightarrow{OI}$, $\overrightarrow{DG}$ et $\overrightarrow{AB}+\overrightarrow{AC}+\overrightarrow{AD}$ sont coplanaires.
d) Le plan (BGD) coupe $[AC]$ en son milieu.

problèmes de synthèse

116 Thèmes : Lieu d'un point. Sphère. Distance

Dans un repère orthonormal $(O ; \vec{\imath}, \vec{\jmath}, \vec{k})$, on donne les points $A(2 ; -1 ; 2)$ et $B(-2 ; 1 ; -2)$.

À tout point $M(x ; y ; z)$, on associe le réel :

$$f(M) = MA^2 + MB^2.$$

1. Exprimez $f(M)$ en fonction de x, y et z.

2. Démontrez que l'ensemble des points M tels que $f(M) = 18$ est réduit à un point.
Que représente ce point pour le segment [AB] ?

3. Démontrez que l'ensemble des points M tel que $f(M) = 30$ est une sphère de centre O dont vous préciserez le rayon.

4. Démontrez que, sous réserve d'une condition sur le réel k, l'ensemble des points M tels que $f(M) = k$ est une sphère de centre O.

Aide : Voir *Types de problèmes et raisonnements*, p. 415.

★ **117 Thèmes : Distance minimale. Perpendiculaire commune. Barycentre**

Deux carrés, de côté 1, ABCD et ADEF sont situés dans deux plans perpendiculaires. k est un réel de l'intervalle $[0 ; 1]$. Les points M et N sont tels que $\overrightarrow{AM} = k\overrightarrow{AE}$ et $\overrightarrow{DN} = k\overrightarrow{DB}$. On note $\mathcal{R}$ le repère orthonormal $(D ; \overrightarrow{DA}, \overrightarrow{DC}, \overrightarrow{DE})$.

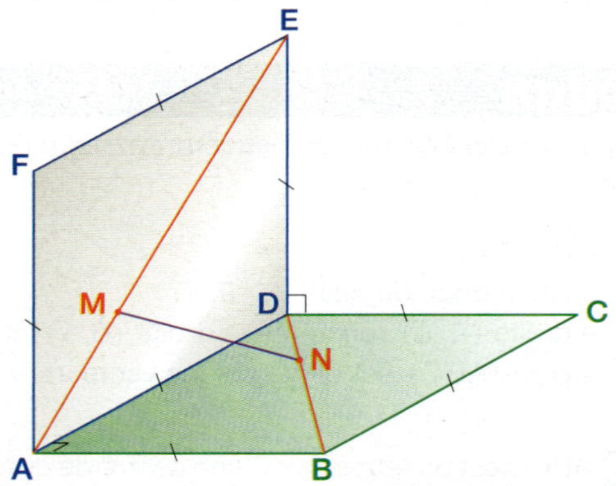

1. a) Démontrez que $\overrightarrow{DM} = (1-k)\overrightarrow{DA} + k\overrightarrow{DE}$ et que $\overrightarrow{MN} = (2k-1)\overrightarrow{DA} + k\overrightarrow{DC} - k\overrightarrow{DE}$.

b) Déduisez-en les coordonnées de M, N et du vecteur $\overrightarrow{MN}$ dans le repère $\mathcal{R}$.

2. a) Calculez MN^2 en fonction de k.

b) Pour quelle valeur k_0 de k la distance MN est-elle minimale ?

3. On note I le milieu [AD], J celui de [EB] et O celui de [MN].

a) Démontrez que $\overrightarrow{IO} = k\overrightarrow{IJ}$.

b) Déduisez-en que l'ensemble des points O lorsque k décrit l'intervalle $[0 ; 1]$ est un segment que vous préciserez.

c) Pourquoi O est-il le barycentre de $(A, 1-k)$, (B, k), $(D, 1-k)$, (E, k) ?

★★ **118 Thèmes : Sections d'une pyramide. Calculs d'aires. Fonction définie par morceaux. Tangente commune**

ABCD est un carré de centre O et de côté 5. Sur la perpendiculaire en A au plan (ABC), on prend le point E tel que $AE = 5$. M est un point du segment [AC]. P est le plan perpendiculaire à (AC) passant par M.

1. Si M appartient à [AO], quelle est la nature de la section de la pyramide ABCDE et du plan P ?

2. Si M appartient à [OC], quelle est la nature de la section de la pyramide ABCDE et du plan P ?

3. On pose $AM = x$. Exprimez, en fonction de x, l'aire de la section pour M appartenant à [AO], puis pour M appartenant à [OC].

4. Étudiez et représentez graphiquement les variations de l'aire de la section pour x appartenant à $\left[0 ; \frac{5\sqrt{2}}{2}\right]$, puis pour x appartenant à $\left[\frac{5\sqrt{2}}{2} ; 5\right]$.

5. Démontrez que les deux courbes obtenues ont une tangente commune au point d'abscisse $\frac{5\sqrt{2}}{2}$.

Pour chercher plus

★★★ **119 Sphère et plan tangent**

Un repère orthonormal $(O ; \vec{\imath}, \vec{\jmath}, \vec{k})$ est donné. On considère les points $A(3 ; 0 ; 0)$, $B(2 ; 0 ; 1)$, $C(0 ; -1 ; 2)$.

Démontrez que la sphère de centre O et de rayon $\sqrt{3}$ et le plan (ABC) ont un unique point commun D dont vous déterminerez les coordonnées.

★★★ **120 « Pythagore » en 3D ?**

OABC est un tétraèdre dont les faces OAB, OAC et OBC sont des triangles rectangles en O.

Démontrez que le carré de l'aire du triangle ABC est égal à la somme des carrés des aires des trois autres faces.

★★★ **121 Tétraèdre régulier inscrit dans une sphère**

ABCD est un tétraèdre régulier inscrit dans la sphère de centre O et de rayon 2, donc $\overrightarrow{OA} + \overrightarrow{OB} + \overrightarrow{OC} + \overrightarrow{OD} = \vec{0}$.

Prouvez que quel que soit le point M de la sphère, $MA^2 + MB^2 + MC^2 + MD^2$ a une valeur (à calculer) indépendante de la position de M sur la sphère. Déduisez-en la longueur de l'arête du tétraèdre ABCD.

Produit scalaire

Approche historique

Un problème

Soit une poulie F *attachée à une corde* CF *de longueur fixe; un plomb* D *est suspendu par la corde* BFD *qui passe sur la poulie. On suppose que la poulie et les cordes n'ont aucune pesanteur. Pour quelle position de* F *l'équilibre est-il atteint?*

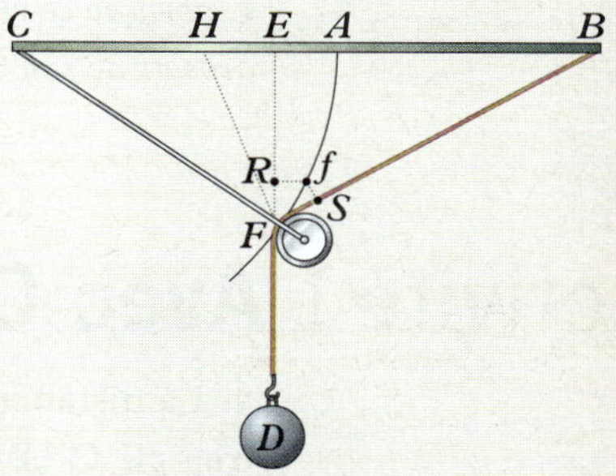

Des éléments de réflexion

Guillaume de l'Hôpital, qui pose ce problème en 1696, le résout à partir d'un principe de mécanique selon lequel l'équilibre est atteint lorsque le centre de gravité d'un système est le plus bas possible.

Ici, ce centre est le point D et le calcul du minimum de la distance DE, exprimée à partir de $x = \text{CE}$, entraîne que l'équilibre a lieu lorsque les deux angles BFC et DFC sont égaux.

Mais un autre principe de mécanique peut être utilisé, celui qui assure que l'équilibre est atteint lorsque le travail des forces agissant sur le système est nul pour tout petit déplacement du système.

C'est Lazare Carnot (Nolay, 1753 - Magdeburg, 1823) qui a utilisé la notion de travail, avant même que ne soit identifiée la notion de vecteur, afin de bénéficier des propriétés de la projection et du fait que le travail d'une force qui effectue un déplacement orthogonal à sa direction est nul.

Ici, F se déplace sur un cercle $\mathscr{C}$ centré en C.

Lors d'un déplacement sur $\mathscr{C}$, le travail de la force agissant selon FC est nul (orthogonalité de la tangente et du rayon de $\mathscr{C}$). La somme des travaux des tensions de la corde selon FB ou FD doit alors être nulle. Ces tensions étant égales en intensité (principe de la poulie), à l'équilibre, l'angle de FB avec la tangente à $\mathscr{C}$ est égal à l'angle de FD avec cette même tangente. On retrouve le résultat de L'Hôpital.

Lazare Carnot
(Nolay, 1753 - Magdebourg, 1823)

Pour prendre un bon départ

Les vecteurs sont des objets mathématiques qui se prêtent aux calculs : on peut les additionner, les multiplier par un nombre, leur attribuer des coordonnées, …
Et vous l'avez vu en classe de Seconde, ce calcul vectoriel est un outil performant, parce que simplificateur, dans les problèmes de parallélisme par exemple (simplificateur aussi parce qu'avec lui, il n'est plus nécessaire d'envisager plusieurs cas de figures dans certains problèmes).
On a donc voulu aussi que le calcul vectoriel simplifie l'étude d'autres questions qui intéressent la géométrie : orthogonalité, distances, angles, … Et pour cela, on a défini une nouvelle opération entre vecteurs, appelée « produit scalaire », dont le résultat est un nombre.
(Une grandeur scalaire est une grandeur déterminée par un nombre.)
L'objet de ce chapitre, et du suivant, est d'étudier ce produit scalaire et de montrer quelques aspects de son utilité.

Activité 1 Avec Cabri-géomètre

1. La distance et l'orthogonalité sont liées par le théorème de Pythagore : en effet, le triangle OAB est rectangle en A si et seulement si $OB^2 - OA^2 - AB^2 = 0$ [1].
On pose $\overrightarrow{OA} = \vec{u}$, $\overrightarrow{AB} = \vec{v}$. Vérifiez que l'égalité [1] s'écrit :

$$\|\vec{u} + \vec{v}\|^2 - \|\vec{u}\|^2 - \|\vec{v}\|^2 = 0\,.$$

La nullité du nombre $\Delta = \|\vec{u} + \vec{v}\|^2 - \|\vec{u}\|^2 - \|\vec{v}\|^2$ traduit l'orthogonalité de $\vec{u}$ et $\vec{v}$.

2. Relation entre Δ et l'angle de vecteurs $(\vec{u}, \vec{v})$
À tout couple de vecteurs $\vec{u}$ et $\vec{v}$, on associe le nombre Δ. Ce nombre renseigne-t-il sur l'angle de vecteurs $(\vec{u}, \vec{v})$?
Avec Cabri-géomètre, on a réalisé la figure suivante : l'un des vecteurs $\overrightarrow{OA} = \vec{u}$ est fixé, et le vecteur $\overrightarrow{OC} = \vec{v}$ tourne autour du point O. C décrit le cercle de centre O, de rayon 3 et $\overrightarrow{OB} = \vec{u} + \vec{v}$. Remarquons que $\vec{v} = \overrightarrow{AB}$.
La courbe rouge représente les variations de l'expression :

$$\Delta = OB^2 - OA^2 - OC^2 = OB^2 - OA^2 - AB^2,$$

en fonction de l'angle $\widehat{AOC}$ mesuré en radians.

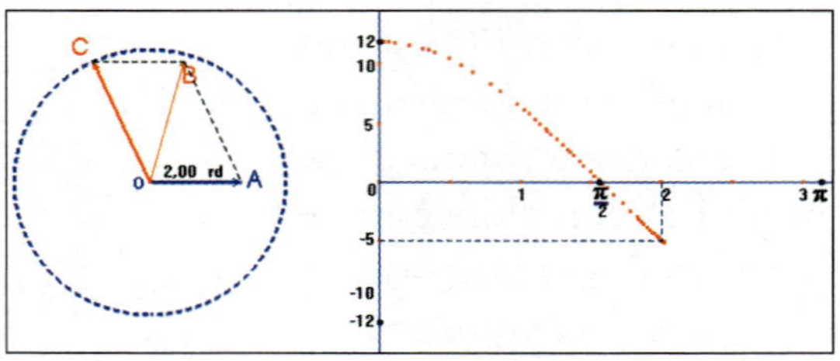

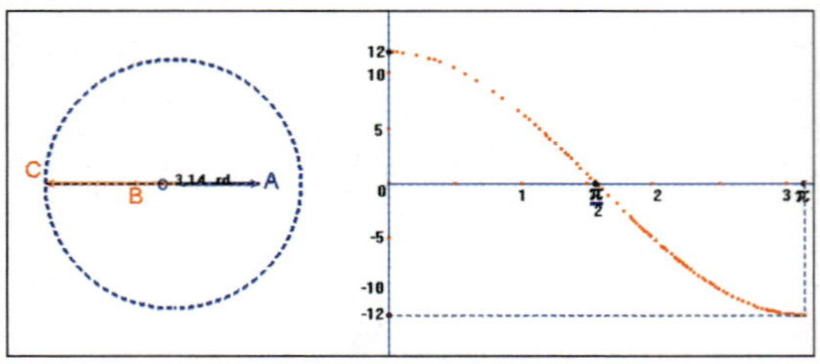

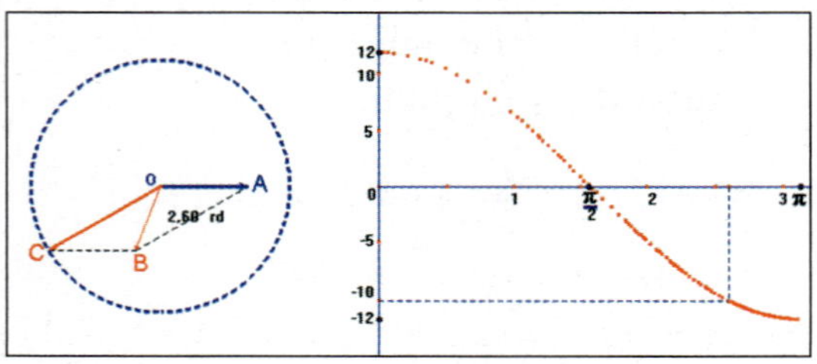

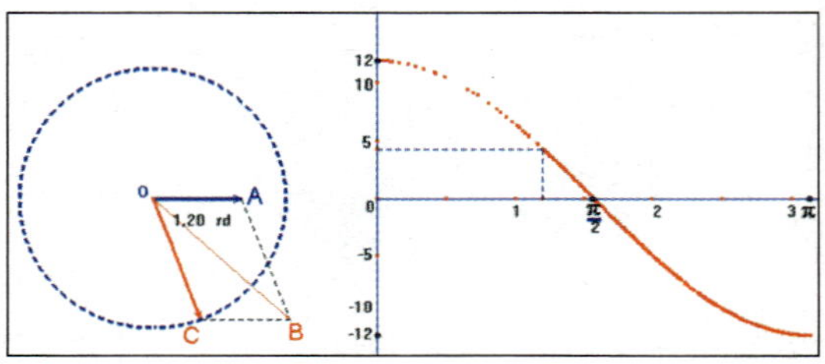

a) Décrivez en fonction de l'angle $(\vec{u}, \vec{v})$ les vecteurs $\vec{v}$ pour lesquels Δ est maximal ; Δ est minimal ; Δ est nul.

b) Décrivez en fonction de l'angle $(\vec{u}, \vec{v})$ les vecteurs $\vec{v}$ pour lesquels $\Delta > 0$; $\Delta < 0$.

c) À quel type de courbe, vue en Seconde, la courbe obtenue vous fait-elle penser ?

Activité 2 Sur un exemple, les expressions de Δ

ABC est un triangle équilatéral et $AB = 3$. I est le milieu de [BC] , J celui de [AB] , K celui de [AC] .

On pose $\vec{u} = \overrightarrow{BA}$, $\vec{v} = \overrightarrow{BC}$, $\widehat{ABC} = \alpha$.

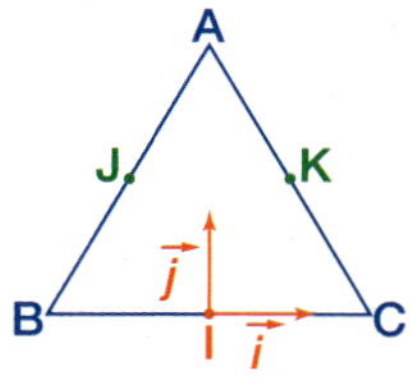

1. Calculez le nombre Δ associé aux vecteurs $\vec{u}$ et $\vec{v}$.

2. Calculez $\|\vec{u}\| \times \|\vec{v}\| \times \cos(\vec{u}, \vec{v})$.

3. Dans le repère orthonormal $(I ; \vec{i}, \vec{j})$ représenté sur la figure, on note $(x ; y)$ les coordonnées de $\vec{u}$ et $(x' ; y')$ celles de $\vec{v}$. Calculez $xx' + yy'$.

4. I est le projeté orthogonal de A sur (BC). Calculez $BC \times BI$.

> **Conclusion : Les nombres $\frac{\Delta}{2}$, $\|\vec{u}\| \times \|\vec{v}\| \times \cos(\vec{u}, \vec{v})$, $xx' + yy'$, $BC \times BI$ sont égaux. Chacun de ces nombres exprime le produit scalaire des vecteurs $\overrightarrow{BA}$ et $\overrightarrow{BC}$. Ce produit sera noté $\overrightarrow{BA} \cdot \overrightarrow{BC}$.**
> **Dans l'ensemble des vecteurs, le produit scalaire consiste à associer un nombre à tout couple de vecteurs $\vec{u}$ et $\vec{v}$.**

Activité 3 Une utilisation en physique

Les physiciens ont certainement utilisé les vecteurs avant les mathématiciens pour se représenter des forces. Ils utilisaient notamment le « produit » de deux vecteurs pour mesurer le travail d'une force (exprimé en joules).

Imaginons que l'on tire avec une force $\vec{F}$ un chariot pour le déplacer horizontalement de M_0 en M_1 . Deux cas se présentent suivant la direction de $\vec{F}$:

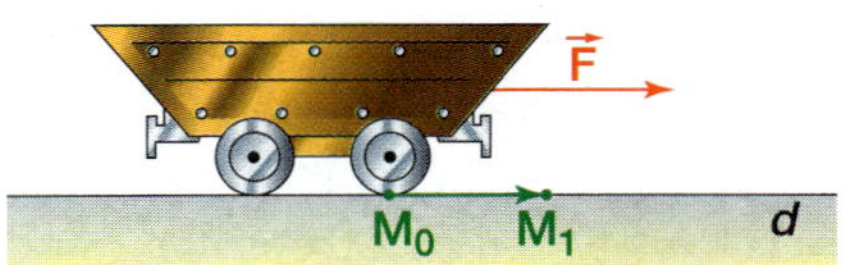

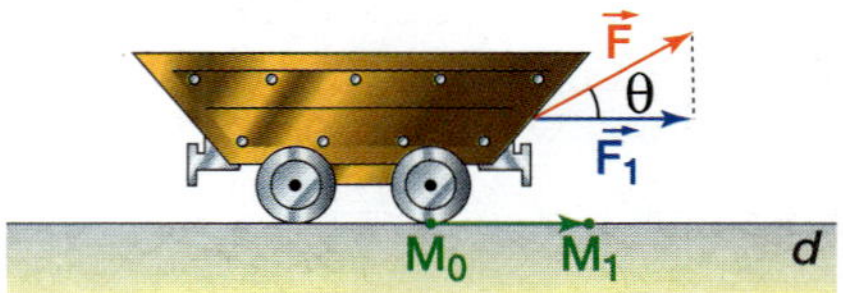

Le physicien estime que, lors de ce déplacement, la force $\vec{F}$ effectue un travail W :

– qui, dans le premier cas, est égal à $\|\vec{F}\| \times \|\overrightarrow{M_0M_1}\|$;

– et, dans le second cas, est égal à $\|\vec{F_1}\| \times \|\overrightarrow{M_0M_1}\|$. Or $\|\vec{F_1}\| = \|\vec{F}\| \times \cos\theta$ donc $W = \|\vec{F}\| \times \|\overrightarrow{M_0M_1}\| \times \cos\theta$.

Autrement dit, W est le produit scalaire des vecteurs $\vec{F}$ et $\overrightarrow{M_0M_1}$.

1. Pour quelle(s) valeur(s) de θ le travail W est-il nul ? positif ? négatif ?

2. On veut déplacer le chariot de 10 mètres avec une force F telle que $\theta = \frac{\pi}{4}$. Quelle intensité maximum exprimée en newtons doit-on donner à la force $\vec{F}$ pour que $W \leqslant 2\,500$ joules ?

Cours

1 Définition et expressions du produit scalaire

1.1 Définition

Le produit scalaire du vecteur $\vec{u}$ par le vecteur $\vec{v}$ est un nombre réel. Ce nombre, noté $\vec{u} \cdot \vec{v}$ se lit « $\vec{u}$ scalaire $\vec{v}$ ».

Par définition, $$\vec{u} \cdot \vec{v} = \frac{1}{2}[\|\vec{u}+\vec{v}\|^2 - \|\vec{u}\|^2 - \|\vec{v}\|^2]$$

Convention d'écriture : On note $\vec{u}^{\,2}$ le produit scalaire $\vec{u} \cdot \vec{u}$. Ainsi, $\vec{u} \cdot \vec{u} = \vec{u}^{\,2}$.

Remarque : Lorsque $\vec{u} = \vec{0}$ ou $\vec{v} = \vec{0}$, on obtient $\vec{u} \cdot \vec{v} = 0$.

1.2 Autres expressions du produit scalaire

1. Dans un repère orthonormal

Théorème 1

Si dans un repère orthonormal, $\vec{u}$ et $\vec{v}$ ont pour coordonnées respectives $(x\,;y)$ et $(x'\,;y')$ alors $\vec{u} \cdot \vec{v} = xx' + yy'$.

NOTE
L'hypothèse que le repère est orthonormal est essentielle.
$\|\vec{u}\|^2 = x^2 + y^2$ n'est vraie que dans un tel repère.

Démonstration : Dans ces conditions, $\|\vec{u}\|^2 = x^2 + y^2$ et $\|\vec{v}\|^2 = x'^2 + y'^2$.
Le vecteur $\vec{u} + \vec{v}$ a pour coordonnées $(x + x'\,;y + y')$
donc $\|\vec{u} + \vec{v}\|^2 = (x + x')^2 + (y + y')^2 = x^2 + x'^2 + y^2 + y'^2 + 2(xx' + yy')$.
Ainsi, en calculant $\vec{u} \cdot \vec{v} = \frac{1}{2}[\|\vec{u} + \vec{v}\|^2 - (\|\vec{u}\|^2 - \|\vec{v}\|^2)]$,
on obtient $\vec{u} \cdot \vec{v} = \frac{1}{2}[x^2 + x'^2 + y^2 + y'^2 + 2(xx' + yy') - x^2 - y^2 - x'^2 - y'^2] = xx' + yy'$.

2. En fonction de la norme et de l'angle $(\vec{u}, \vec{v})$

Théorème 2

Si $\vec{u}$ et $\vec{v}$ sont deux vecteurs non nuls, alors $\vec{u} \cdot \vec{v} = \|\vec{u}\| \times \|\vec{v}\| \times \cos(\vec{u}, \vec{v})$.

NOTE
$\vec{u}$ et $\vec{v}$ sont deux vecteurs non nuls pour que $(\vec{u}, \vec{v})$ soit défini.

Démonstration : Posons $\vec{u} = \overrightarrow{OA}$ et $\vec{v} = \overrightarrow{OB}$ et choisissons un repère orthonormal direct $(O\,;\vec{i}, \vec{j})$ tel que $\vec{i}$ et $\overrightarrow{OA}$ soient colinéaires et de même sens.
Alors, les coordonnées x et y de $\overrightarrow{OA}$ sont $x = OA = \|\vec{u}\|$ et $y = 0$.
Les coordonnées $(x'\,;y')$ de $\overrightarrow{OB}$ sont :
$$x' = \|\vec{v}\|\cos(\vec{i}, \vec{v}) \text{ et } y' = \|\vec{v}\|\sin(\vec{i}, \vec{v}).$$
Or $(\vec{i}, \vec{v}) = (\vec{u}, \vec{v})$ car $\vec{i}$ et $\vec{u}$ sont colinéaires et de même sens. Donc :
$$x' = \|\vec{v}\|\cos(\vec{u}, \vec{v}) \text{ et } y' = \|\vec{v}\|\sin(\vec{u}, \vec{v}).$$
D'où $\vec{u} \cdot \vec{v} = xx' + yy' = xx' = \|\vec{u}\| \times \|\vec{v}\| \times \cos(\vec{u}, \vec{v})$.

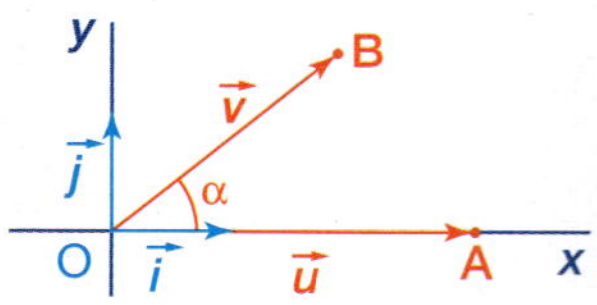

NOTE
Voir chapitre 10, page 276, théorème 3.

Autre énoncé du théorème 2 : Notons α la **mesure de l'angle géométrique** associé à $\vec{u}$ et $\vec{v}$. Alors $\cos\alpha = \cos(\vec{u}, \vec{v})$ (*voir chapitre* 10, *page* 274), donc :
$$\vec{u} \cdot \vec{v} = \|\vec{u}\| \times \|\vec{v}\| \times \cos\alpha$$

3. Cas particulier de deux vecteurs colinéaires

- Si les vecteurs $\vec{u}$ et $\vec{v}$ sont colinéaires et de même sens, alors $\vec{u} \cdot \vec{v} = \|\vec{u}\| \times \|\vec{v}\|$.
- Si les vecteurs $\vec{u}$ et $\vec{v}$ sont colinéaires et de sens contraires, alors $\vec{u} \cdot \vec{v} = -\|\vec{u}\| \times \|\vec{v}\|$.

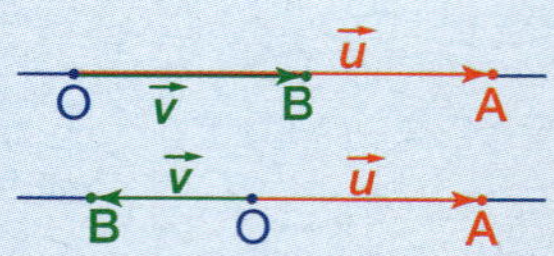

NOTE
En effet, dans le premier cas, $(\vec{u}, \vec{v}) = 0$ et donc $\cos(\vec{u}, \vec{v}) = 1$.
Dans le deuxième cas, $(\vec{u}, \vec{v}) = \pi$ et donc $\cos(\vec{u}, \vec{v}) = -1$.

Pour mieux comprendre

Pourquoi le produit scalaire peut-il avoir plusieurs définitions ?

Parce que chacune des quatre expressions de ce produit, données par la définition 1 et les théorèmes 1, 2 et 3 (*page* 334), peut être prise comme définition. En effet, à partir de l'une d'entre elles, on peut démontrer les trois autres. Vous pourrez donc trouver ailleurs une autre définition.

Si l'expression $2(\vec{u} \cdot \vec{v}) = ||\vec{u} + \vec{v}||^2 - ||\vec{u}||^2 - ||\vec{v}||^2$ a été choisie ici, c'est qu'elle permet un exposé simple, rapide et rigoureux.

En fait vous devez retenir surtout qu'il existe quatre expressions du produit scalaire et qu'**aucune n'est privilégiée**.

Exercices résolus

Exo 1 Utiliser les diverses expressions du produit scalaire

Pour chacune des figures suivantes, calculez $\vec{u} \cdot \vec{v}$ en choisissant l'expression du produit scalaire qui semble la mieux adaptée.

1
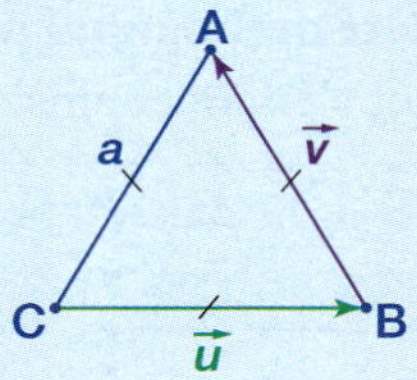

2
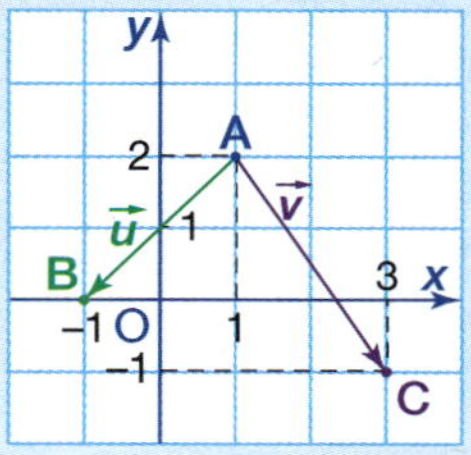

3
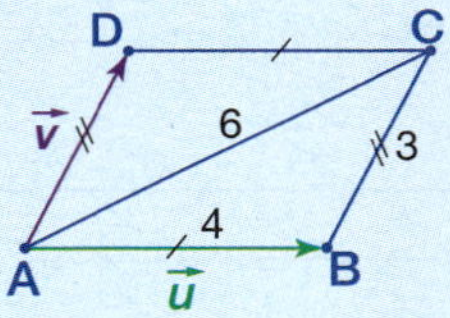

4
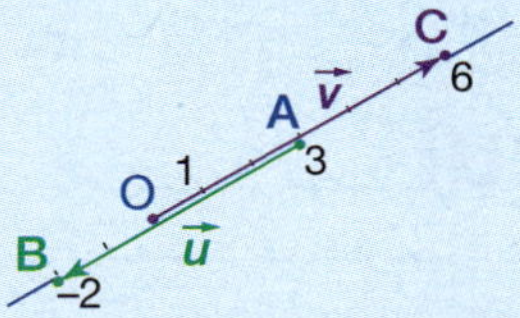

Solution commentée

1. Il s'agit de calculer $\overrightarrow{CB} \cdot \overrightarrow{BA}$. ABC étant équilatéral, on connaît les normes de $\overrightarrow{CB}$ et $\overrightarrow{BA}$. Il reste à déterminer une mesure de l'angle géométrique associé à ces vecteurs.

L'une des façons de faire consiste à représenter les vecteurs $\overrightarrow{CB}$ et $\overrightarrow{BA}$ à partir d'une même origine. On construit D tel que $\overrightarrow{BD} = \overrightarrow{CB}$.

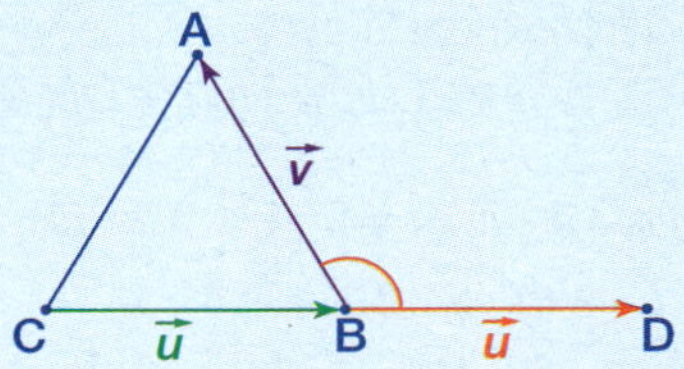

Ainsi $\widehat{DBA}$, de mesure $\frac{2\pi}{3}$, est l'angle associé à $\overrightarrow{CB}$ et $\overrightarrow{BA}$.

Donc $\overrightarrow{CB} \cdot \overrightarrow{BA} = a \times a \times \cos\frac{2\pi}{3} = -\frac{a^2}{2}$.

2. Les vecteurs $\overrightarrow{AB}$ et $\overrightarrow{AC}$ sont définis par leurs coordonnées.

$\overrightarrow{AB}$ a pour coordonnées $(-2\ ;\ -2)$ et $\overrightarrow{AC}$ a pour coordonnées $(2\ ;\ -3)$ donc :

$$\overrightarrow{AB} \cdot \overrightarrow{AC} = (-2) \times (2) + (-2) \times (-3) = 2.$$

3. Le vecteur $\overrightarrow{AC}$ est égal à $\vec{u} + \vec{v}$ donc, d'après la définition, $\vec{u} \cdot \vec{v} = \frac{1}{2}(||\vec{u} + \vec{v}||^2 - ||\vec{u}||^2 - ||\vec{v}||^2)$, et on obtient :

$$\overrightarrow{AB} \cdot \overrightarrow{AD} = \frac{1}{2}[AC^2 - AB^2 - AD^2]$$
$$= \frac{1}{2}[36 - 16 - 9] = \frac{11}{2}.$$

4. Les points O, A, B, C sont alignés et les vecteurs $\overrightarrow{AB}$ et $\overrightarrow{OC}$ sont colinéaires et de sens contraires donc $\overrightarrow{AB} \cdot \overrightarrow{OC} = -AB \times OC = -5 \times 6 = -30$.

▶ **exercices 4 à 9, 12, 13**

Cours

2 Projection orthogonale et produit scalaire

Théorème 3

$\overrightarrow{AB}$ et $\overrightarrow{CD}$ sont deux vecteurs, C et D se projettent orthogonalement en C′ et D′ sur la droite (AB).
Alors :

$$\overrightarrow{AB} \cdot \overrightarrow{CD} = \overrightarrow{AB} \cdot \overrightarrow{C'D'}.$$

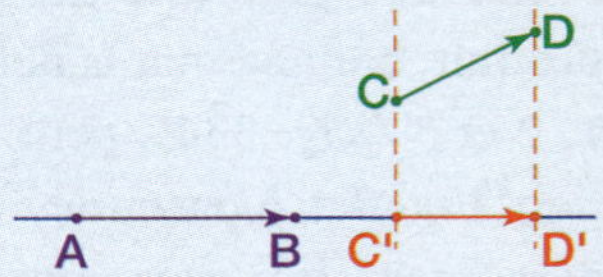

Démonstration : Choisissons un repère orthonormal $(A ; \vec{i}, \vec{j})$ tel que $\vec{i}$ et $\overrightarrow{AB}$ sont colinéaires.

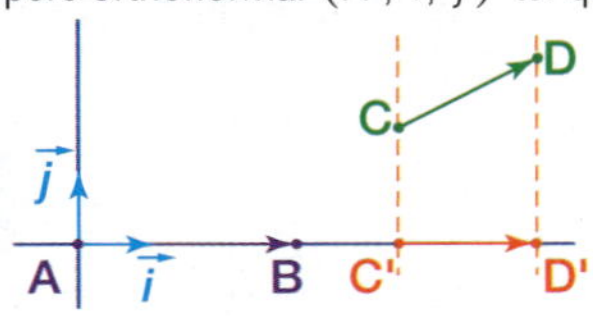

Alors les coordonnées de $\overrightarrow{AB}$ sont $(x_B ; 0)$, celles de $\overrightarrow{CD}$ sont $(x_D - x_C ; y_D - y_C)$, et celles de $\overrightarrow{C'D'}$ sont $(x_D - x_C ; 0)$, car $x_{D'} = x_D$, $x_{C'} = x_C$ et $y_{D'} = y_{C'} = 0$.
Donc $\overrightarrow{AB} \cdot \overrightarrow{CD} = x_B(x_D - x_C)$ et $\overrightarrow{AB} \cdot \overrightarrow{C'D'} = x_B(x_D - x_C)$, d'où le résultat.

NOTE
On utilise les notations habituelles des coordonnées des points.

Autre énoncé du théorème 3 : On dit que $\overrightarrow{C'D'}$ est le **projeté orthogonal** de $\overrightarrow{CD}$ sur $\overrightarrow{AB}$ (en fait sur la droite (AB)). Alors, le théorème 3 peut s'énoncer ainsi :

Pour calculer le produit scalaire $\overrightarrow{AB} \cdot \overrightarrow{CD}$, on peut remplacer $\overrightarrow{CD}$ par son projeté orthogonal sur $\overrightarrow{AB}$.

3 Règles de calcul

Théorème 4

Quels que soient les vecteurs $\vec{u}$, $\vec{v}$, $\vec{w}$ et les réels a et b :
1. $\vec{u} \cdot \vec{v} = \vec{v} \cdot \vec{u}$ **2.** $\vec{u} \cdot (\vec{v} + \vec{w}) = \vec{u} \cdot \vec{v} + \vec{u} \cdot \vec{w}$ **3.** $(a\vec{u}) \cdot (b\vec{v}) = ab(\vec{u} \cdot \vec{v})$

NOTE
1. et 2. impliquent : $(\vec{u} + \vec{v}) \cdot \vec{w} = \vec{u} \cdot \vec{w} + \vec{v} \cdot \vec{w}$.

Démonstration : Choisissons un repère orthonormal $(O ; \vec{i}, \vec{j})$ et notons $(x ; y)$, $(x' ; y')$, $(x'' ; y'')$ les coordonnées respectives de $\vec{u}$, $\vec{v}$ et $\vec{w}$.

1. $\vec{u} \cdot \vec{v} = xx' + yy'$ et $\vec{v} \cdot \vec{u} = x'x + y'y$, d'où l'égalité.

2. $\vec{v} + \vec{w}$ a pour coordonnées $(x' + x'' ; y' + y'')$
donc $\vec{u} \cdot (\vec{v} + \vec{w}) = x(x' + x'') + y(y' + y'') = (xx' + yy') + (xx'' + yy'')$
$= \vec{u} \cdot \vec{v} + \vec{u} \cdot \vec{w}$

3. $a\vec{u}$ a pour coordonnées $(ax ; ay)$ et $b\vec{v}$ a pour coordonnées $(bx' ; by')$
donc $(a\vec{u}) \cdot (b\vec{v}) = ax \times bx' + ay \times by' = ab(xx' + yy')$ d'où $(a\vec{u}) \cdot (b\vec{v}) = ab(\vec{u} \cdot \vec{v})$.

Exemples : • $3\vec{u} \cdot (2\vec{v} + \vec{w}) = (3\vec{u}) \cdot (2\vec{v}) + 3\vec{u} \cdot \vec{w} = 6\vec{u} \cdot \vec{v} + 3\vec{u} \cdot \vec{w}$.

• $(\vec{u} - 3\vec{v}) \cdot (-2\vec{u} + \vec{w}) = -2\vec{u}^2 + \vec{u} \cdot \vec{w} + (-3\vec{v}) \cdot (-2\vec{u}) - 3\vec{v} \cdot \vec{w}$
$= -2\vec{u}^2 + \vec{u} \cdot \vec{w} + 6\vec{u} \cdot \vec{v} - 3\vec{v} \cdot \vec{w}$.

Conséquences :

1. $(-\vec{u}) \cdot \vec{v} = -(\vec{u} \cdot \vec{v})$, d'après la règle 3 avec $a = -1$, $b = 1$.
Donc $\overrightarrow{AB} \cdot \overrightarrow{CD} = -(\overrightarrow{BA} \cdot \overrightarrow{CD}) = -(\overrightarrow{AB} \cdot \overrightarrow{DC}) = \overrightarrow{BA} \cdot \overrightarrow{DC}$.

2. $(\vec{u} + \vec{v}) \cdot (\vec{u'} + \vec{v'}) = \vec{u} \cdot \vec{u'} + \vec{u} \cdot \vec{v'} + \vec{v} \cdot \vec{u'} + \vec{v} \cdot \vec{v'}$ (d'après les règles 2 et 1).

Pour mieux comprendre

POURQUOI utiliser l'égalité $\overrightarrow{AB} \cdot \overrightarrow{CD} = \overrightarrow{AB} \cdot \overrightarrow{C'D'}$?

PARCE QU'elle sert parfois à calculer plus facilement des produits scalaires. En effet, il faut noter que $\overrightarrow{AB}$ et $\overrightarrow{C'D'}$ sont colinéaires, et donc que le calcul de $\overrightarrow{AB} \cdot \overrightarrow{C'D'}$ est facilité. (En effet, $\overrightarrow{AB} \cdot \overrightarrow{C'D'}$ est égal à $AB \times C'D'$, ou à $-AB \times C'D'$.)

Exemple : Sur la figure ci-après, les points C et E d'une part, et D et F d'autre part, se projettent orthogonalement en I et J sur *d*.

Donc d'après le théorème 3 :

$$\overrightarrow{AB} \cdot \overrightarrow{CD} = \overrightarrow{AB} \cdot \overrightarrow{EF} = \overrightarrow{AB} \cdot \overrightarrow{IJ}.$$

Or les vecteurs $\overrightarrow{AB}$ et $\overrightarrow{IJ}$ sont colinéaires et de même sens donc $\overrightarrow{AB} \cdot \overrightarrow{IJ} = AB \times IJ = 6$.

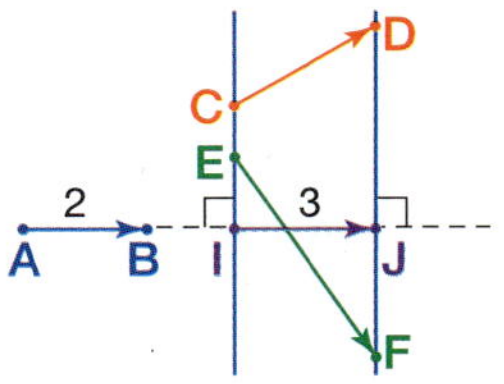

Vous remarquez, que n'ayant **aucun autre renseignement** sur $\overrightarrow{CD}$ (ou $\overrightarrow{EF}$), on peut tout de même calculer $\overrightarrow{AB} \cdot \overrightarrow{CD}$.

▶ **exercices 7, 8, 10, 11**

Quelle est l'UTILITÉ de ces règles de calcul ?

● C'est essentiellement grâce à elles que le produit scalaire est un outil mathématique performant.

En effet, elles se « combinent » bien avec les règles du calcul vectoriel déjà établies.

En particulier, pour calculer un produit $\vec{u} \cdot \vec{u'}$, il sera souvent commode d'écrire $\vec{u'} = \vec{v} + \vec{w}$ grâce à la **relation de Chasles**, et de calculer alors $\vec{u} \cdot \vec{v}$ et $\vec{u} \cdot \vec{w}$, puis d'en faire la somme (▶ **exercice résolu 2**).

● Cependant, il faut être prudent : des ressemblances entre les règles de calcul du produit scalaire et les règles de calcul sur les nombres réels ne doivent pas laisser croire qu'on calcule sur les vecteurs comme sur les nombres.

Ainsi, par exemple, il est possible que $\vec{u} \cdot \vec{v} = 0$ même si $\vec{u} \neq \vec{0}$ et $\vec{v} \neq \vec{0}$.

De même l'égalité $\vec{u} \cdot \vec{v} = \vec{u} \cdot \vec{w}$ n'implique pas que $\vec{v} = \vec{w}$ ($\vec{u} \neq \vec{0}$) (*voir le théorème 3 ci-contre*).

Exercices résolus

Exo 2 Comment utiliser les règles de calcul ?

ABCD est un parallélogramme tel que $AB = 5$, $AD = 2$ et $\widehat{DAB} = 60°$.
Calculez $\overrightarrow{AB} \cdot \overrightarrow{AC}$.

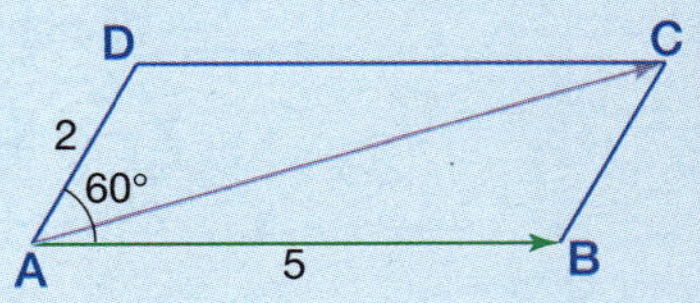

Solution commentée

On connaît AB, mais on ne connaît ni AC, ni $\widehat{BAC}$. Un calcul direct de $\overrightarrow{AB} \cdot \overrightarrow{AC}$ par simple application d'un théorème est donc impossible (et le recours à un repère semble conduire à une solution longue).

Mais, puisque ABCD est un parallélogramme, $\overrightarrow{AC} = \overrightarrow{AB} + \overrightarrow{AD}$, donc :

$$\overrightarrow{AB} \cdot \overrightarrow{AC} = \overrightarrow{AB} \cdot (\overrightarrow{AB} + \overrightarrow{AD}).$$

D'après les règles de calcul,

$$\overrightarrow{AB} \cdot \overrightarrow{AC} = \overrightarrow{AB} \cdot \overrightarrow{AB} + \overrightarrow{AB} \cdot \overrightarrow{AD}.$$

Or $\overrightarrow{AB} \cdot \overrightarrow{AB} = AB \times AB = 25$ ($\overrightarrow{AB}$ et $\overrightarrow{AB}$ sont des vecteurs colinéaires de même sens) et :

$$\overrightarrow{AB} \cdot \overrightarrow{AD} = AB \times AD \times \cos 60° = 5 \times 2 \times \frac{1}{2} = 5.$$

D'où $\overrightarrow{AB} \cdot \overrightarrow{AC} = 30$.

▶ **exercices 27 et 39**

Cours

4 Applications

4.1 Produit scalaire et distance

Nous avons vu (§ 1.2, *p.* 332) que, lorsque $\vec{u}$ et $\vec{v}$ sont colinéaires et de même sens, $\vec{u} \cdot \vec{v} = ||\vec{u}|| \times ||\vec{v}||$. Lorsque $\vec{v} = \vec{u}$, nous obtenons donc $\vec{u} \cdot \vec{u} = ||\vec{u}|| \times ||\vec{u}|| = ||\vec{u}||^2$.
Par convention, nous avons posé $\vec{u} \cdot \vec{u} = \vec{u}^2$, donc $\boldsymbol{\vec{u} \cdot \vec{u} = \vec{u}^2 = ||\vec{u}||^2}$.
Ainsi la notation $\overrightarrow{AB}^2$ désigne le nombre $\overrightarrow{AB} \cdot \overrightarrow{AB}$, c'est-à-dire AB^2. On écrit donc :

$$\boldsymbol{\overrightarrow{AB}^2 = \overrightarrow{AB} \cdot \overrightarrow{AB} = AB^2}$$

Conséquences : quelques produits scalaires remarquables
$||\vec{u} + \vec{v}||^2 = (\vec{u} + \vec{v}) \cdot (\vec{u} + \vec{v}) = (\vec{u} + \vec{v})^2$ et, d'après les règles de calculs sur le produit scalaire, on obtient $\boldsymbol{||\vec{u} + \vec{v}||^2 = \vec{u}^2 + \vec{u} \cdot \vec{v} + \vec{v} \cdot \vec{u} + \vec{v}^2 = \vec{u}^2 + 2\vec{u} \cdot \vec{v} + \vec{v}^2}$.
De même $\boldsymbol{||\vec{u} - \vec{v}||^2 = \vec{u}^2 - 2\vec{u} \cdot \vec{v} + \vec{v}^2}$
et $\boldsymbol{(\vec{u} + \vec{v}) \cdot (\vec{u} - \vec{v}) = \vec{u}^2 - \vec{v}^2 = ||\vec{u}||^2 - ||\vec{v}||^2}$.

Exemples : • La notation $(\overrightarrow{AB} + \overrightarrow{AC})^2$ désigne le nombre $(\overrightarrow{AB} + \overrightarrow{AC}) \cdot (\overrightarrow{AB} + \overrightarrow{AC})$, c'est-à-dire $AB^2 + 2\overrightarrow{AB} \cdot \overrightarrow{AC} + AC^2$.
• Le produit scalaire $(\overrightarrow{AB} + \overrightarrow{AC}) \cdot (\overrightarrow{AB} - \overrightarrow{AC})$ est égal à $AB^2 - AC^2$.

4.2 Produit scalaire et orthogonalité

Définition 1

$\vec{u}$ et $\vec{v}$ sont deux vecteurs non nuls. Dire que $\vec{u}$ et $\vec{v}$ sont **orthogonaux** signifie que, si $\vec{u} = \overrightarrow{AB}$ et $\vec{v} = \overrightarrow{CD}$, alors les droites (AB) et (CD) sont perpendiculaires.

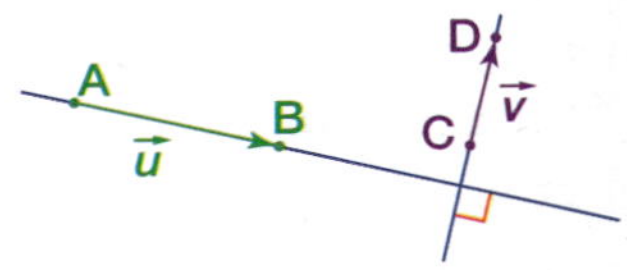

Par convention, le vecteur nul est orthogonal à tout autre vecteur.

Théorème 5

Dire que deux vecteurs $\vec{u}$ et $\vec{v}$ sont **orthogonaux** équivaut à dire que $\boldsymbol{\vec{u} \cdot \vec{v} = 0}$.

Donc dire que (AB) et (CD) sont deux droites **perpendiculaires** équivaut à dire que $\boldsymbol{\overrightarrow{AB} \cdot \overrightarrow{CD} = 0}$.

Démonstration : • Si $\vec{u} = \vec{0}$ ou $\vec{v} = \vec{0}$, le résultat est immédiat.
• Supposons $\vec{u}$ et $\vec{v}$ non nuls, $\vec{u} \cdot \vec{v} = ||\vec{u}|| \times ||\vec{v}|| \times \cos(\vec{u}, \vec{v})$.
Or $||\vec{u}|| \neq 0$ et $||\vec{v}|| \neq 0$ donc $\vec{u} \cdot \vec{v} = 0$ équivaut à $\cos(\vec{u}, \vec{v}) = 0$ donc à $(\vec{u}, \vec{v}) = \frac{\pi}{2} + k\pi$ $(k \in \mathbb{Z})$ et $\vec{u}$ et $\vec{v}$ sont orthogonaux.

Conséquence : Dans un repère orthonormal, le produit scalaire de deux vecteurs $\vec{u}(x\,;y)$ et $\vec{v}(x'\,;y')$ est $xx' + yy'$, donc :

$\vec{u}$ et $\vec{v}$ sont **orthogonaux** équivaut à $\boldsymbol{xx' + yy' = 0}$.

Remarque : Si dans un repère orthonormal, $\vec{u}$ a pour coordonnées $(x\,;y)$, alors :

$$\boldsymbol{x = \vec{u} \cdot \vec{\imath}} \quad \text{et} \quad \boldsymbol{y = \vec{u} \cdot \vec{\jmath}}.$$

En effet, $\vec{u} = x\vec{\imath} + y\vec{\jmath}$, d'où $\vec{u} \cdot \vec{\imath} = (x\vec{\imath} + y\vec{\jmath}) \cdot \vec{\imath} = x(\vec{\imath} \cdot \vec{\imath}) + y(\vec{\jmath} \cdot \vec{\imath})$.
Or $\vec{\imath} \cdot \vec{\imath} = 1$ et $\vec{\imath} \cdot \vec{\jmath} = 0$ (car $\vec{\imath}$ et $\vec{\jmath}$ sont orthogonaux), d'où le résultat.
En calculant $\vec{u} \cdot \vec{\jmath}$, on trouve $y = \vec{u} \cdot \vec{\jmath}$.

Pour mieux comprendre

COMMENT appliquer les produits scalaires remarquables ?

Exemple : Nous avons vu que :

$$\|\vec{u}+\vec{v}\|^2 = \vec{u}^2 + 2\vec{u}\cdot\vec{v} + \vec{v}^2$$

et que $$\|\vec{u}-\vec{v}\|^2 = \vec{u}^2 - 2\vec{u}\cdot\vec{v} + \vec{v}^2.$$

D'où, par addition :

$$\|\vec{u}+\vec{v}\|^2 + \|\vec{u}-\vec{v}\|^2 = 2(\vec{u}^2+\vec{v}^2).$$

Or, dans un parallélogramme ABCD, en posant $\overrightarrow{AD} = \vec{u}$ et $\overrightarrow{AB} = \vec{v}$, nous obtenons $\vec{u}+\vec{v} = \overrightarrow{AC}$ et $\vec{u}-\vec{v} = \overrightarrow{BD}$.

Donc $AC^2 + BD^2 = 2(AD^2 + AB^2)$
$= AD^2 + BC^2 + AB^2 + DC^2$.

La somme des carrés des diagonales est égale à la somme des carrés des quatre côtés.

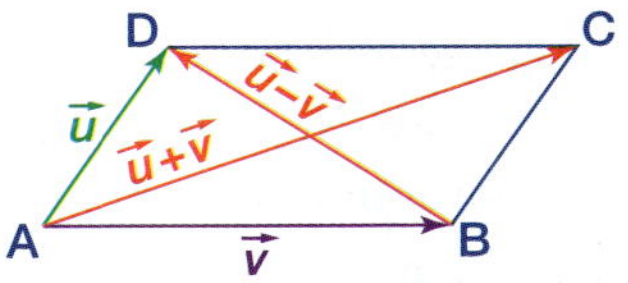

Exercices résolus

Exo 3 **Comment utiliser le produit scalaire pour démontrer que deux droites sont perpendiculaires ?**

ABCD est un carré de côté a, I et J les milieux respectifs de [AB] et [BC].
Démontrez que (DJ) et (CI) sont deux droites perpendiculaires.

POINT MÉTHODE

Pour démontrer que deux droites (AB) et (CD) sont perpendiculaires, il suffit de prouver que $\overrightarrow{AB}\cdot\overrightarrow{CD} = 0$.

Solution commentée

Solution avec un repère orthonormal

Lorsqu'une figure présente des angles droits, l'utilisation d'un repère orthonormal conduit parfois à une solution rapide.

ABCD est un carré, on choisit pour repère orthonormal $(A\,;\vec{\imath},\vec{\jmath})$ tel que B a pour coordonnées $(a\,;0)$ et $D(0\,;a)$.

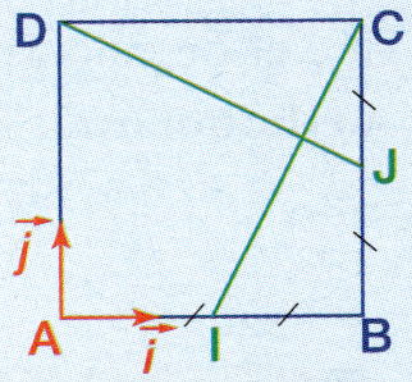

Donc les coordonnées de I et J sont respectivement :

$$\left(\frac{a}{2}\,;0\right) \text{ et } \left(a\,;\frac{a}{2}\right).$$

D'où $\overrightarrow{CI}$ a pour coordonnées $\left(-\frac{a}{2}\,;-a\right)$ et $\overrightarrow{DJ}$ $\left(a\,;-\frac{a}{2}\right)$ donc $\overrightarrow{CI}\cdot\overrightarrow{DJ} = -\frac{a^2}{2}+\frac{a^2}{2} = 0$ et les droites (CI) et (DJ) sont perpendiculaires.

Solution avec la relation de Chasles et les règles de calcul du produit scalaire

On va utiliser la relation de Chasles pour calculer $\overrightarrow{CI}\cdot\overrightarrow{DJ}$ en faisant apparaître des vecteurs qui permettent d'utiliser les hypothèses, à savoir l'orthogonalité de certains vecteurs de la figure (orthogonalité qui conduit à des produits scalaires nuls).

On peut écrire $\overrightarrow{CI}\cdot\overrightarrow{DJ} = (\overrightarrow{CB}+\overrightarrow{BI})\cdot(\overrightarrow{DC}+\overrightarrow{CJ})$.

D'après la règle 2 :

$$\overrightarrow{CI}\cdot\overrightarrow{DJ} = \overrightarrow{CB}\cdot\overrightarrow{DC} + \overrightarrow{CB}\cdot\overrightarrow{CJ} + \overrightarrow{BI}\cdot\overrightarrow{DC} + \overrightarrow{BI}\cdot\overrightarrow{CJ}.$$

Or $\overrightarrow{CB}\cdot\overrightarrow{DC} = 0$ et $\overrightarrow{BI}\cdot\overrightarrow{CJ} = 0$, donc :

$$\overrightarrow{CI}\cdot\overrightarrow{DJ} = \overrightarrow{CB}\cdot\overrightarrow{CJ} + \overrightarrow{BI}\cdot\overrightarrow{DC}.$$

Les vecteurs $\overrightarrow{CB}$ et $\overrightarrow{CJ}$ sont colinéaires et de même sens donc $\overrightarrow{CB}\cdot\overrightarrow{CJ} = CB\times CJ = \frac{a^2}{2}$.

Les vecteurs $\overrightarrow{BI}$ et $\overrightarrow{DC}$ sont colinéaires de sens contraires donc $\overrightarrow{BI}\cdot\overrightarrow{DC} = -BI\times DC = -\frac{a^2}{2}$.

Donc $\overrightarrow{CI}\cdot\overrightarrow{DJ} = 0$ et les droites (CI) et (DJ) sont perpendiculaires.

▶ **exercices 37, 66, 67**

Des idées, des réflexes

Des idées à retenir

■ Le produit scalaire $\vec{u} \cdot \vec{v}$ est un nombre réel qui peut se calculer de quatre manières :

• $\vec{u} \cdot \vec{v} = \frac{1}{2}[\|\vec{u} + \vec{v}\|^2 - \|\vec{u}\|^2 - \|\vec{v}\|^2]$;

• $\vec{u} \cdot \vec{v} = \|\vec{u}\| \times \|\vec{v}\| \cos(\vec{u}, \vec{v}) = \|\vec{u}\| \times \|\vec{v}\| \cos\alpha$

α étant l'angle géométrique associé à $\vec{u}$ et $\vec{v}$;

• $\vec{u} \cdot \vec{v} = xx' + yy'$ si dans un repère orthonormal, les coordonnées de $\vec{u}$ sont $(x\,;y)$ et celles de $\vec{v}$ $(x'\,;y')$;

• si $\vec{u} = \overrightarrow{AB}$ et $\vec{v} = \overrightarrow{CD}$ et si $\overrightarrow{C'D'}$ est le projeté orthogonal de $\overrightarrow{CD}$ sur (AB), alors $\vec{u} \cdot \vec{v} = \overrightarrow{AB} \cdot \overrightarrow{C'D'}$.

■ Le cas « $\vec{u}$ et $\vec{v}$ colinéaires » est particulièrement simple :

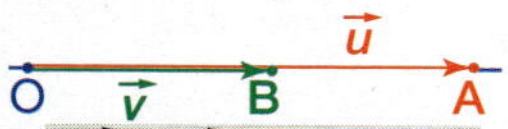

$\overrightarrow{OA} \cdot \overrightarrow{OB} = OA \times OB$

$\overrightarrow{OA} \cdot \overrightarrow{OB} = -OA \times OB$

■ On ne change pas le produit scalaire de deux vecteurs en remplaçant l'un par son projeté orthogonal sur l'autre.

■ Trois règles de calcul et trois seulement :

$$\vec{u} \cdot \vec{v} = \vec{v} \cdot \vec{u}\,;$$

$$\vec{u} \cdot (\vec{v} + \vec{w}) = \vec{u} \cdot \vec{v} + \vec{u} \cdot \vec{w}\,;$$

$$(a\vec{u}) \cdot (b\vec{v}) = (ab)(\vec{u} \cdot \vec{v}) \text{ (}a\text{ et }b\text{ réels).}$$

■ Le produit scalaire sert à :

• montrer que des droites sont perpendiculaires : $(AB) \perp (CD)$ équivaut à $\overrightarrow{AB} \cdot \overrightarrow{CD} = 0$,

• calculer des distances : $AB^2 = \overrightarrow{AB} \cdot \overrightarrow{AB}$,

• calculer le cosinus d'un angle géométrique : $\|\vec{u}\| \times \|\vec{v}\| \times \cos\alpha = \vec{u} \cdot \vec{v}$.

Exemple : ABCD est le rectangle ci-dessous.

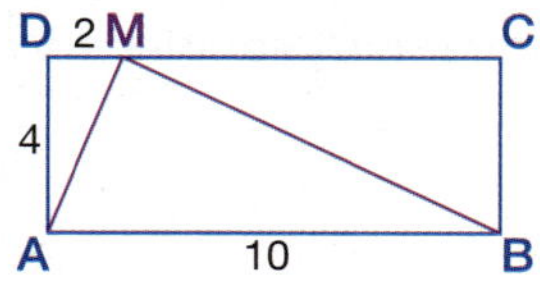

Pour calculer $\overrightarrow{MA} \cdot \overrightarrow{MB}$, on profite du fait que $\overrightarrow{AB} \cdot \overrightarrow{AD} = 0$, $\overrightarrow{CB} \cdot \overrightarrow{CD} = 0$..., en écrivant $\overrightarrow{MA} = \overrightarrow{MD} + \overrightarrow{DA}$ et $\overrightarrow{MB} = \overrightarrow{MC} + \overrightarrow{CB}$, d'où :

$\overrightarrow{MA} \cdot \overrightarrow{MB} = (\overrightarrow{MD} + \overrightarrow{DA}) \cdot (\overrightarrow{MC} + \overrightarrow{CB}) =$

$\overrightarrow{MD} \cdot \overrightarrow{MC} + \overrightarrow{MD} \cdot \overrightarrow{CB} + \overrightarrow{DA} \cdot \overrightarrow{MC} + \overrightarrow{DA} \cdot \overrightarrow{CB}$.

Or $\overrightarrow{MD} \cdot \overrightarrow{CB} = 0$, $\overrightarrow{DA} \cdot \overrightarrow{MC} = 0$,

$\overrightarrow{MD} \cdot \overrightarrow{MC} = -16$ et $\overrightarrow{DA} \cdot \overrightarrow{CB} = 4 \times 4 = 16$,

d'où $\overrightarrow{MA} \cdot \overrightarrow{MB} = 0$.

■ **Pour calculer une distance,** pensez à la possibilité de calculer AB^2 par $\overrightarrow{AB} \cdot \overrightarrow{AB}$.

■ Pour calculer une distance BC telle que $\overrightarrow{BC} = \overrightarrow{BA} + \overrightarrow{AC}$, pensez à la possibilité de calculer BC^2 par $BC^2 = (\overrightarrow{BA} + \overrightarrow{AC})^2$, soit : $BC^2 = BA^2 + 2\overrightarrow{BA} \cdot \overrightarrow{AC} + AC^2$.

■ N'oubliez pas la possibilité de remplacer l'un des vecteurs par son projeté orthogonal sur l'autre.

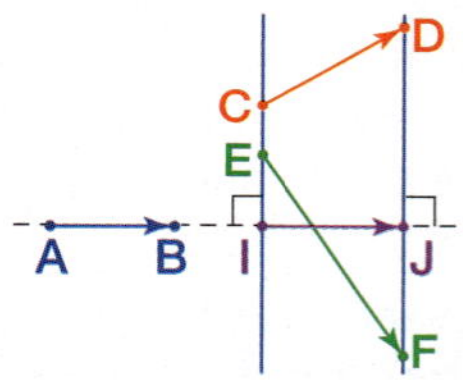

Exemple : $\overrightarrow{AB} \cdot \overrightarrow{CD} = \overrightarrow{AB} \cdot \overrightarrow{EF} = \overrightarrow{AB} \cdot \overrightarrow{IJ}$.

■ N'oubliez pas que **l'utilisation d'un repère** peut être utile pour démontrer. Ce repère étant, dans les problèmes d'orthogonalité et de calculs de distances, nécessairement **orthonormal.**

Des réflexes à avoir

■ **Pour calculer le produit scalaire de deux vecteurs,** lorsque les formules usuelles ne s'appliquent pas directement, n'hésitez pas à bien décomposer l'un des vecteurs (ou les deux) par la **relation de Chasles.** Essayez de faire apparaître des produits scalaires dont **la nullité est connue dans le contexte.**

Des erreurs à éviter

■ Ne pas utiliser un repère **non orthonormal** avec le produit scalaire.

■ $\vec{u} \cdot \vec{v} = \vec{u} \cdot \vec{w}$ n'implique pas $\vec{v} = \vec{w}$ mais implique $\vec{u} \cdot (\vec{v} - \vec{w}) = 0$, donc $\vec{u}$ et $\vec{v} - \vec{w}$ sont orthogonaux.

TD 1 Calculs de distances et d'angles

1 Dans un carré, un angle invariant

ABCD est un carré de côté a, le point I est le milieu du segment $[DA]$. Le but de ce paragraphe est de démontrer que l'angle $\theta = \widehat{ACI}$ est le même dans tous les carrés, c'est-à-dire qu'il ne dépend pas de la longueur du côté. Pour cela on calcule d'abord $\cos\theta$ à l'aide du produit scalaire.

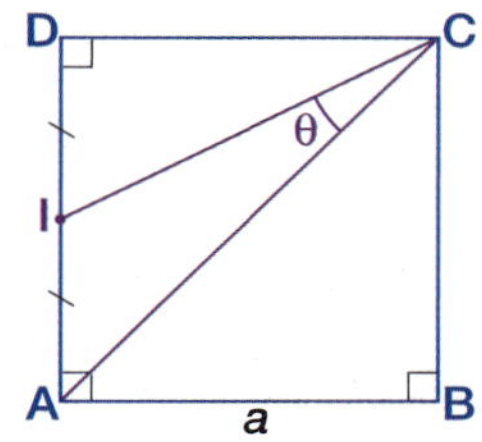

1. Démontrez que $\overrightarrow{CI} \cdot \overrightarrow{CA} = \left(\frac{a^2}{2}\sqrt{10}\right) \times \cos\theta$.

2. a) Démontrez que $\overrightarrow{CI} = \frac{1}{2}(\overrightarrow{CA} + \overrightarrow{CD})$.

b) Déduisez-en que $\overrightarrow{CI} \cdot \overrightarrow{CA} = \frac{3}{2}a^2$.

3. Concluez et donnez une valeur approchée de θ en degrés, tronquée au centième.

2 Angle de deux droites

Dans un repère orthonormal $(O ; \vec{\imath}, \vec{\jmath})$, on donne les droites d et d' d'équations respectives $y = x - 1$ et $y = -2x + 3$. On se propose de trouver l'angle aigu, noté α, formé par ces deux droites.

1. Tracez ces droites dans le repère $(O ; \vec{\imath}, \vec{\jmath})$.

2. a) On note $\vec{u}(1 ; 1)$ et $\vec{v}(1 ; -2)$.
Pourquoi ces vecteurs sont-ils des vecteurs directeurs respectivement de d et d' ?

b) Calculez $\cos(\vec{u}, \vec{v})$ et déduisez en $\cos\alpha$, puis une valeur approchée de α.

TD 2 Caractérisation d'un triangle rectangle

1 Plusieurs écritures d'un même produit scalaire

ABC est un triangle, H est le projeté orthogonal de A sur (BC) et I le milieu de $[BC]$.
Le but de cet exercice est de calculer de plusieurs manières le produit scalaire $\overrightarrow{AB} \cdot \overrightarrow{AC}$. Les méthodes utilisées seront fréquemment exploitées dans la partie *Exercices*.

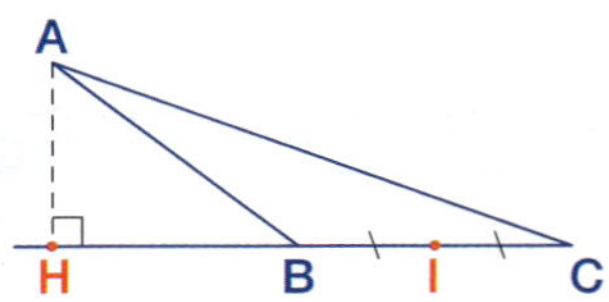

1. En écrivant $\overrightarrow{AB} = \overrightarrow{AH} + \overrightarrow{HB}$ et $\overrightarrow{AC} = \overrightarrow{AH} + \overrightarrow{HC}$, démontrez que :

$$\overrightarrow{AB} \cdot \overrightarrow{AC} = \overrightarrow{AH}^2 + \overrightarrow{HB} \cdot \overrightarrow{HC} \quad [1]$$

2. a) Démontrez que $\overrightarrow{AB} \cdot \overrightarrow{AC} = \overrightarrow{AB}^2 + \overrightarrow{AB} \cdot \overrightarrow{BC}$.

b) En écrivant $\overrightarrow{AC} = \overrightarrow{AB} + \overrightarrow{BC}$, démontrez que $\overrightarrow{AB} \cdot \overrightarrow{AC} = \overrightarrow{AB}^2 - \overrightarrow{BH} \cdot \overrightarrow{BC}$ [2].

c) Démontrez de même que $\overrightarrow{AB} \cdot \overrightarrow{AC} = \overrightarrow{AC}^2 - \overrightarrow{CH} \cdot \overrightarrow{CB}$ [3].

3) En écrivant $\overrightarrow{AB} = \overrightarrow{AI} + \overrightarrow{IB}$ et $\overrightarrow{AC} = \overrightarrow{AI} + \overrightarrow{IC}$, prouvez que $\overrightarrow{AB} \cdot \overrightarrow{AC} = AI^2 - IB^2$ [4].

2 Caractérisation d'un triangle rectangle

1. Dire que le triangle ABC est rectangle en A, équivaut à dire que $\overrightarrow{AB} \cdot \overrightarrow{AC} = 0$.
Déduisez alors du §1 les résultats suivants :
Dire que ABC est un triangle rectangle en A, équivaut à dire que :

$$\overrightarrow{BC} \cdot \overrightarrow{BH} = BA^2 \text{ ou } \overrightarrow{CB} \cdot \overrightarrow{CH} = CA^2 \text{ ou } \overrightarrow{HB} \cdot \overrightarrow{HC} = -HA^2 \text{ ou } IA = IB = IC,$$

où I est le milieu du segment [BC].

2. Application. ABC est un triangle rectangle en A.

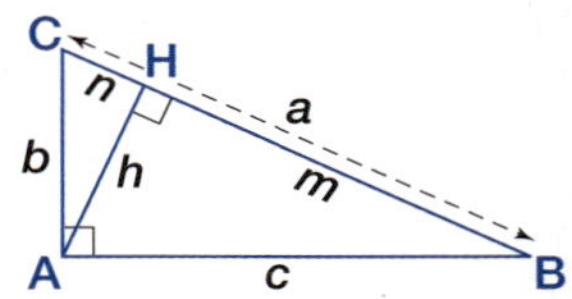

a) En utilisant les notations portées sur la figure ci-contre, déduisez de la question précédente que :

$$c^2 = am \; ; \; b^2 = an \; ; \; h^2 = mn.$$

b) On donne $n = 3$ et $h = \sqrt{3}$. Calculez a, b, c.

TD3 Lieu géométrique et produit scalaire

$\mathscr{C}$ est un cercle de centre O et de rayon r, H un point donné tel que $OH = 2r$, d la perpendiculaire à (OH) passant par H. Un point mobile M décrit d. On mène de M les droites tangentes en B et C au cercle $\mathscr{C}$. La droite (OM) coupe (BC) en N. L'objectif est de trouver le lieu de N lorsque M décrit d.

1 Conjecturer le lieu à l'aide d'un logiciel (Cabri-géomètre)

1. À l'aide du logiciel Cabri-géomètre, on a tracé la figure 1 ci-après. N est l'intersection de (BC) et de (OM) et I est celle de (BC) et de (OH).
L'examen de la figure montre que les angles $\widehat{ONI}$, $\widehat{ONC}$, $\widehat{ONB}$ sont droits (car (OM) est la médiatrice de [BC]).

NOTE
Si vous ne disposez pas de logiciel, choisissez plusieurs positions de M et construisez les points N et I associés.

2. En sélectionnant le menu « Trace » comme indiqué ci-dessous, affichez la **trace** de [BC] puis déplacez M sur d (*fig. 2*).
Que pouvez-vous dire de la position de I ?

3. Revenez à la figure 1. En sélectionnant le menu « Lieu » comme indiqué ci-dessous, faites afficher le **lieu** de N en déplaçant M sur d (*fig. 3*).
Qu'observez-vous ?

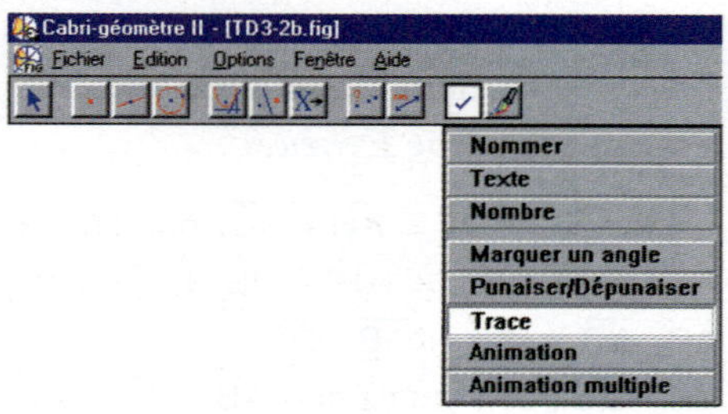

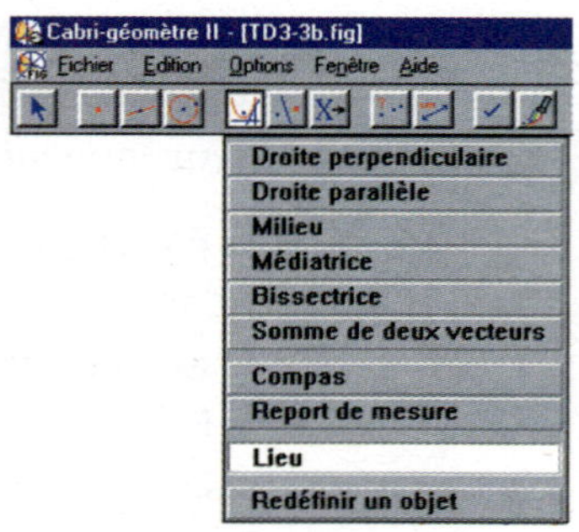

D'après les figures 2 et 3 ci-dessous, il semble que :

- le point I soit fixe, c'est-à-dire que sa position soit indépendante du point M ;
- N décrit le cercle de diamètre [OI] .

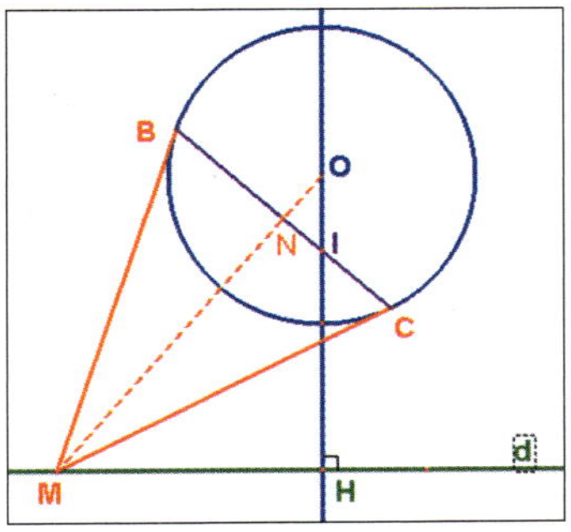

figure 1

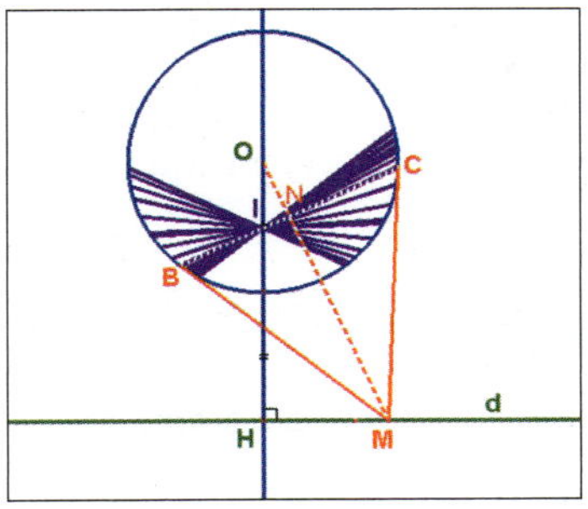

figure 2

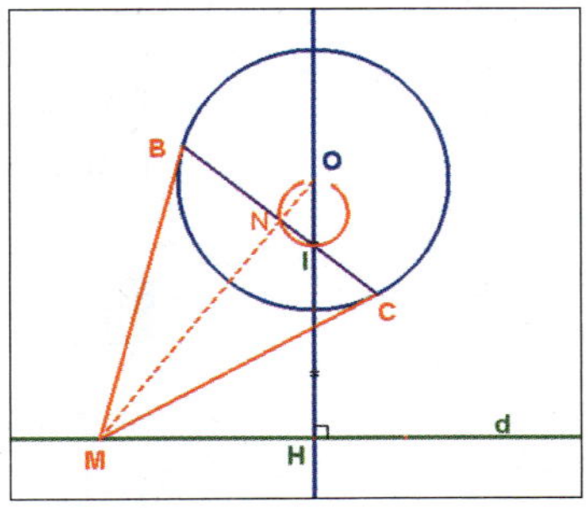

figure 3

2 Démontrer la conjecture

Démontrons d'abord que I est un point fixe de la figure. Le point I est sur la droite fixe (OH) . Pour prouver que I est fixe sur cette droite, il suffit de prouver que $\overrightarrow{OI}$ et $\overrightarrow{OH}$ sont de même sens et que la longueur OI est constante. Or OH est constante, on s'intéresse alors au produit scalaire $\overrightarrow{OI} \cdot \overrightarrow{OH}$.

1. Démontrez que :

$$\overrightarrow{OI} \cdot \overrightarrow{OH} = \overrightarrow{OM} \cdot \overrightarrow{OI} = \overrightarrow{OM} \cdot \overrightarrow{ON} = \overrightarrow{OM} \cdot \overrightarrow{OC} = OC^2 = r^2$$

2. Déduisez-en que :

a) I est un point fixe du segment [OH] ;

b) I est intérieur au cercle $\mathscr{C}$;

c) N est un point du cercle $\mathscr{C}'$ de diamètre [OI] .

3 Étude réciproque

Il reste à répondre à la question suivante : Tout point N de $\mathscr{C}'$ est-il l'associé ou l'image d'un point M de *d* ?

1. a) Faites une figure en dessinant uniquement les éléments fixes de la figure, à savoir $\mathscr{C}$, *d*, I, H et $\mathscr{C}'$.

b) Pourquoi $\mathscr{C}'$ est-il intérieur à $\mathscr{C}$?

2. N est un point de $\mathscr{C}'$ distinct de O. Tracez (NI) qui coupe $\mathscr{C}$ en B et C, menez les tangentes en B et C au cercle $\mathscr{C}$. Elles se coupent en M. Il s'agit de prouver que M est sur *d*. Pour cela, on note K le projeté orthogonal de M sur (OH) .

a) Démontrez que H = K .

Aide : Utilisez les résultats de la question 1 de l'étude directe, § 2.

b) Examinez le cas où N est en O. Déduisez-en le lieu de N.

TD 4 Ensemble de points et produit scalaire

A et B sont deux points donnés et O est le milieu de $[AB]$. On pose $AB = 2d$. À tout point M du plan on associe un nombre réel que l'on note $f(M)$. On définit ainsi une **fonction du plan dans $\mathbb{R}$**, $M \mapsto f(M)$. On fixe un nombre réel k, le but est de trouver l'ensemble de tous les points M tels que $f(M) = k$. On note $\mathscr{L}_k$ cet ensemble.

1 Étude de la fonction f : $M \mapsto \overrightarrow{AB} \cdot \overrightarrow{AM}$

Ici, $f(M) = \overrightarrow{AB} \cdot \overrightarrow{AM}$ et $\mathscr{L}_k$ est l'ensemble des points M tels que $\overrightarrow{AB} \cdot \overrightarrow{AM} = k$.

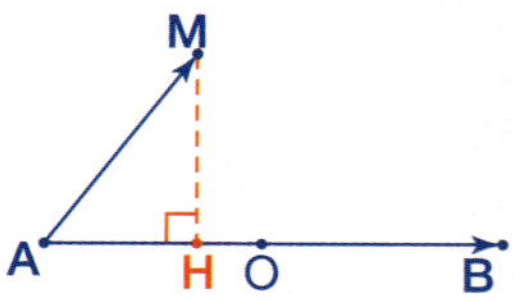

1. Prenons M dans $\mathscr{L}_k$ et notons H le projeté orthogonal de M sur la droite (AB).

a) Justifiez les égalités $\overrightarrow{AB} \cdot \overrightarrow{AM} = \overrightarrow{AB} \cdot \overrightarrow{AH} = k$.

b) Déduisez-en que H est dans $\mathscr{L}_k$ et que $AH = \dfrac{|k|}{2d}$.

c) Précisez, suivant le signe de k, la position de H sur la droite (AB).

d) Déduisez de la question précédente que M est un point d'une droite fixe Δ à préciser.

2. Dans la question précédente, on a prouvé que si M est dans $\mathscr{L}_k$, alors M est sur Δ.
Pour conclure que $\mathscr{L}_k = \Delta$, il est nécessaire de répondre à la question : Tout point de Δ est-il un point de $\mathscr{L}_k$?

a) Prouvez que si N est sur Δ, alors $\overrightarrow{AB} \cdot \overrightarrow{AN} = k$.

b) Concluez.

2 Étude de la fonction f : $M \mapsto \overrightarrow{MA} \cdot \overrightarrow{MB}$

On cherche $\mathscr{L}_k$ ensemble des points M tels que $\overrightarrow{MA} \cdot \overrightarrow{MB} = k$.

1. Démontrez que trouver l'ensemble des points M tels que $\overrightarrow{MA} \cdot \overrightarrow{MB} = k$ revient à trouver l'ensemble des points M tels que $MO^2 - d^2 = k$ [1].
Aide : $\overrightarrow{MA} = \overrightarrow{MO} + \overrightarrow{OA}$, $\overrightarrow{MB} = \overrightarrow{MO} + \overrightarrow{OB}$.

2. En utilisant la relation [1] et en suivant la démarche du § 1, trouvez l'ensemble $\mathscr{L}_k$.
Aide : Discuter selon le signe de $k + d^2$.

3. Dessinez cet ensemble lorsque $AB = 6$ et $k = 16$.

Commentaires : Pour l'étude du relief de certaines régions terrestres, on fait apparaître sur une même ligne, dessinée sur la carte, les points de même altitude. Ainsi à chaque point M d'une carte plane, on associe un réel $f(M)$ qui indique l'altitude en ce point. Pour une altitude donnée k, tous les points M pour lesquels $f(M) = k$ sont les points d'une ligne $\mathscr{L}_k$ (ligne des points d'altitude k).

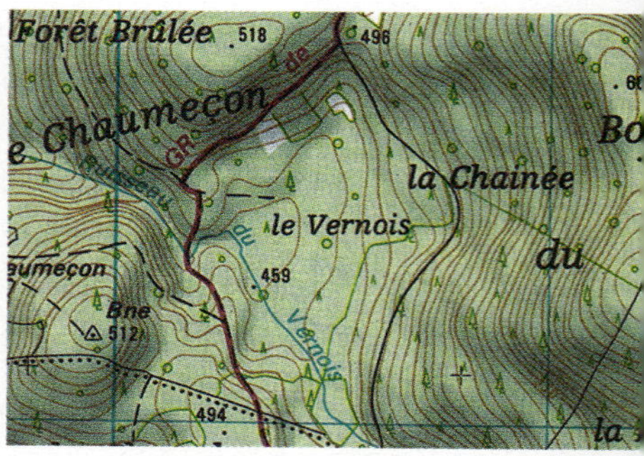

Une telle ligne est appelée **ligne de niveau k** de la fonction f.

Exercices

maîtriser le cours

Pour résoudre les exercices de cette partie, il suffit d'appliquer directement un résultat du cours. L'objectif est double : mieux comprendre le cours et reconnaître dans des situations simples les conditions d'application d'un théorème.

Les coordonnées qui figurent dans les énoncés, sont toujours relatives à un repère orthonormal $(O ; \vec{i}, \vec{j})$.

1. et 2. Les expressions du produit scalaire

1 Dans chacun des cas suivants, calculez $\vec{u} \cdot \vec{v}$.

a) $\vec{u}$ a pour coordonnées $(2 ; 3)$ et $\vec{v}$ $(-1 ; 5)$.

b) $\|\vec{u}\| = 1$; $\|\vec{v}\| = 2$; $(\vec{u}, \vec{v})$ a pour mesure $\frac{2\pi}{3}$.

c) $\|\vec{u}\| = 2$; $\|\vec{v}\| = 3$ et $\|\vec{u} + \vec{v}\| = 3$.

d) $\|\vec{u}\| = 1$; $\|\vec{v}\| = 3$ et $(\vec{u}, \vec{v})$ a pour mesure 0.

e) $\|\vec{u}\| = 2$; $\|\vec{v}\| = 3$ et $(\vec{u}, \vec{v})$ a pour mesure π.

f) $\vec{u} = 2\vec{i} - 3\vec{j}$ et $\vec{v} = -\vec{i} + 2\vec{j}$.

2 On note α une mesure en radians de l'angle $(\vec{u}, \vec{v})$. Dans chacun des cas suivants, calculez $\vec{u} \cdot \vec{v}$.

a) $\|\vec{u}\| = \sqrt{2}$; $\|\vec{v}\| = 2$ et $\alpha = \frac{\pi}{4}$.

b) $\|\vec{u}\| = 3$; $\|\vec{v}\| = 2$ et $\alpha = \frac{5\pi}{6}$.

c) $\vec{u}$ et $\vec{v}$ ont pour norme 1 et $\alpha = -\frac{2\pi}{3}$.

d) $\vec{u}$ a pour coordonnées $(3 ; 4)$; $\vec{v}$ a pour norme 1 et $\alpha = \frac{\pi}{3}$.

3 L'unité choisie est le côté *a* d'un carré du quadrillage. Calculez en fonction de *a*, le produit scalaire $\vec{u} \cdot \vec{v}$ dans chacun des cas suivants.

Aide : Utilisez le théorème 3, p. 334.

a)

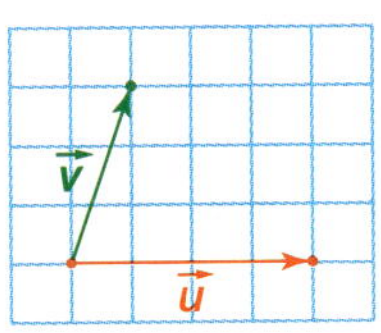

b)

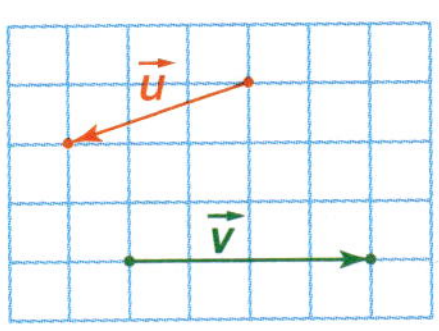

c)

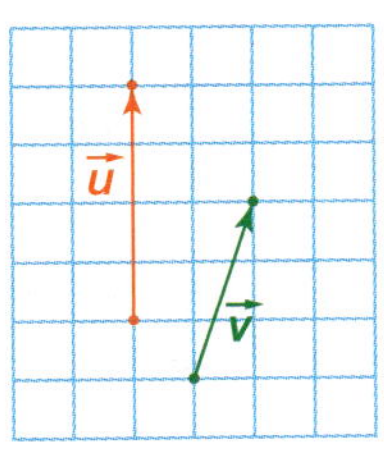

d)

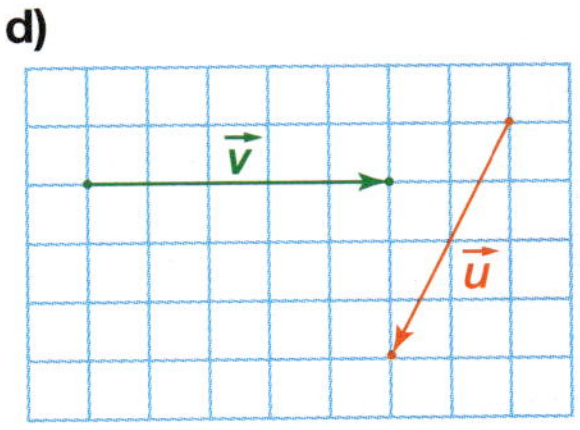

4 La figure ci-contre représente un hexagone régulier ABCDEF inscrit dans un cercle de centre O et de rayon 1.
Calculez :

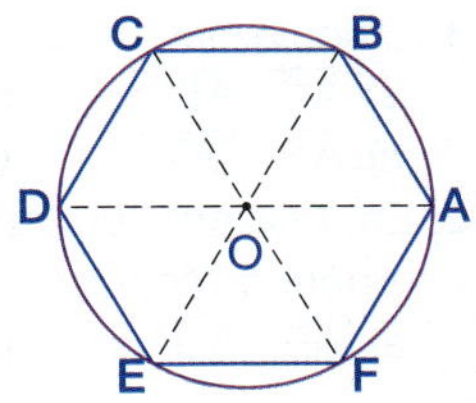

a) $\overrightarrow{OA} \cdot \overrightarrow{OB}$; **b)** $\overrightarrow{OA} \cdot \overrightarrow{OC}$;
c) $\overrightarrow{OC} \cdot \overrightarrow{CD}$; **d)** $\overrightarrow{AB} \cdot \overrightarrow{DE}$;
e) $\overrightarrow{AD} \cdot \overrightarrow{OE}$; **f)** $\overrightarrow{DC} \cdot \overrightarrow{DF}$;
g) $\overrightarrow{OC} \cdot \overrightarrow{DB}$.

5 Sur la figure ci-contre, on a tracé deux cercles de centre O et de rayons respectifs 2 et 3.

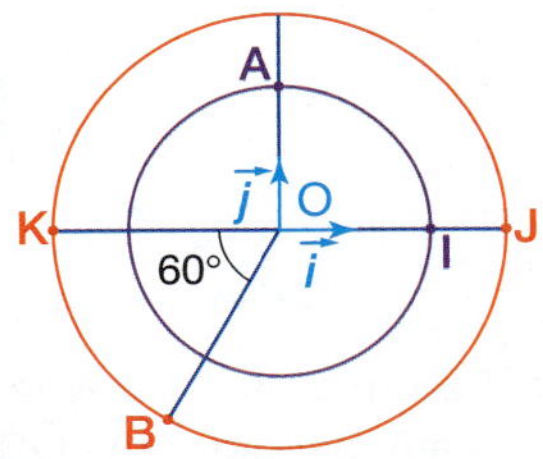

1. Calculez les produits scalaires suivants :
a) $\overrightarrow{OI} \cdot \overrightarrow{OJ}$; **b)** $\overrightarrow{OI} \cdot \overrightarrow{OK}$;
c) $\overrightarrow{OI} \cdot \overrightarrow{OB}$; **d)** $\overrightarrow{OB} \cdot \overrightarrow{OA}$.

2. En utilisant les coordonnées des points dans le repère orthonormal $(O ; \vec{i}, \vec{j})$, calculez :
a) $\overrightarrow{OB} \cdot \overrightarrow{AI}$; **b)** $\overrightarrow{IA} \cdot \overrightarrow{IJ}$; **c)** $\overrightarrow{BK} \cdot \overrightarrow{BA}$.

6 **1.** En utilisant les renseignements portés sur la figure ci-contre, calculez les produits scalaires suivants :

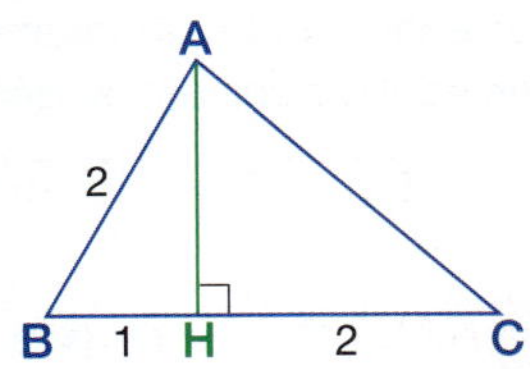

a) $\overrightarrow{BH} \cdot \overrightarrow{BC}$;
b) $\overrightarrow{CH} \cdot \overrightarrow{BH}$;
c) $\overrightarrow{HA} \cdot \overrightarrow{HB}$.

2. En utilisant le théorème 3, déduisez-en que :
$$\overrightarrow{BA} \cdot \overrightarrow{BC} = 3 \text{ et } \overrightarrow{CA} \cdot \overrightarrow{BH} = -2.$$

7 ABC est un triangle équilatéral de côté 4, et H le projeté orthogonal de B sur (AC).
Calculez les produits scalaires suivants :
a) $\overrightarrow{BA} \cdot \overrightarrow{BC}$; **b)** $\overrightarrow{AH} \cdot \overrightarrow{AB}$; **c)** $\overrightarrow{BH} \cdot \overrightarrow{BC}$.

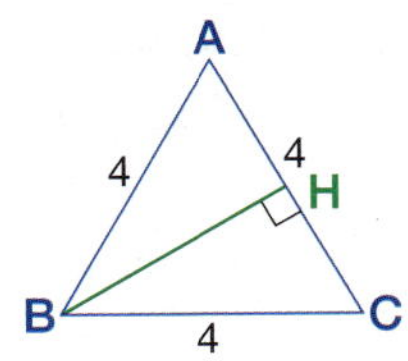

8 ABCD est un losange de centre O tel que OA $= 4$ et OD $= 3$.

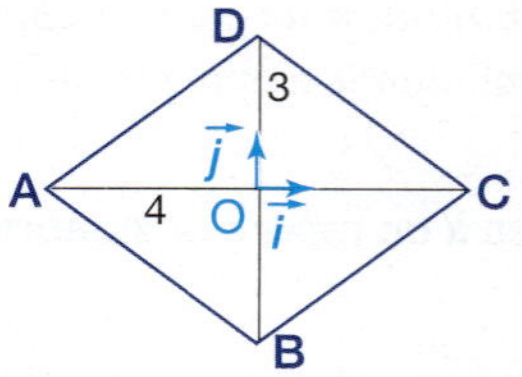

1. Calculez les produits scalaires suivants :

a) $\overrightarrow{AC} \cdot \overrightarrow{AD}$; **b)** $\overrightarrow{BO} \cdot \overrightarrow{BC}$;

c) $\overrightarrow{AB} \cdot \overrightarrow{DC}$; **d)** $\overrightarrow{BC} \cdot \overrightarrow{BD}$.

2. En utilisant les coordonnées des points dans le repère orthonormal $(O ; \vec{i}, \vec{j})$, calculez :

a) $\overrightarrow{AB} \cdot \overrightarrow{AD}$; **b)** $\overrightarrow{OC} \cdot \overrightarrow{BA}$; **c)** $\overrightarrow{AD} \cdot \overrightarrow{DC}$.

9 Un point A de $[Ox)$ se projette orthogonalement en A′ sur $[Oy)$ et un point B de $[Oy)$ se projette orthogonalement en B′ sur $[Ox)$.

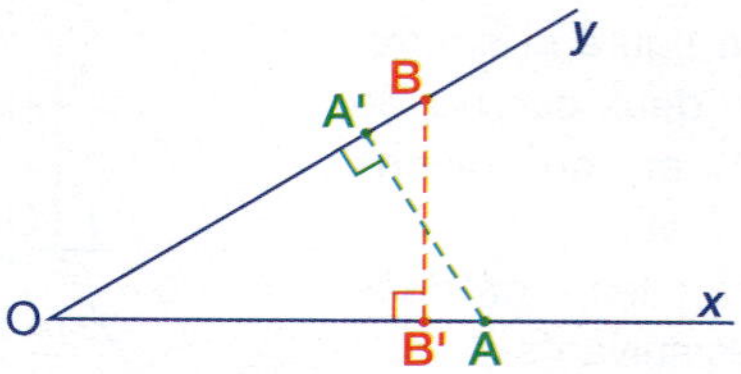

1. Pourquoi le théorème 3 du cours vous permet-il d'affirmer que $\overrightarrow{OA} \cdot \overrightarrow{OB'} = \overrightarrow{OA} \cdot \overrightarrow{OB}$?

2. Pourquoi $\overrightarrow{OA} \cdot \overrightarrow{OB'} = \overrightarrow{OA'} \cdot \overrightarrow{OB}$?

10 A et B sont deux points donnés, Δ est la médiatrice de [AB], H le milieu de [AB].
M un point quelconque de Δ.
En énonçant les théorèmes qui permettent de justifier les égalités suivantes, démontrez que :

$$\overrightarrow{AB} \cdot \overrightarrow{AM} = \overrightarrow{AB} \cdot \overrightarrow{AH} = AB \times AH = \frac{1}{2}AB^2.$$

11 A et B sont deux points donnés, d est la droite perpendiculaire en B à (AB) et M un point de d.

1. En énonçant le théorème qui permet de justifier l'égalité suivante, démontrez que $\overrightarrow{AM} \cdot \overrightarrow{AB} = AB^2$.

2. Réciproquement si un point M est tel que $\overrightarrow{AM} \cdot \overrightarrow{AB} = AB^2$, prouvez que M est un point de d.

12 Pour chacune des sept figures suivantes, calculez $\overrightarrow{AB} \cdot \overrightarrow{AC}$.

Aide : Voir l'exercice résolu 1, page 333.

❶

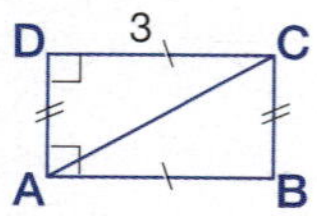

❷

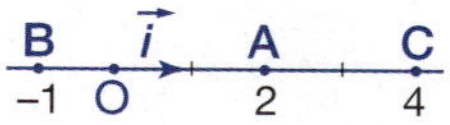

❸

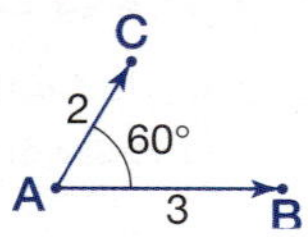

❹

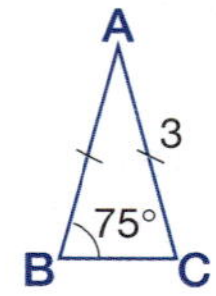

❺

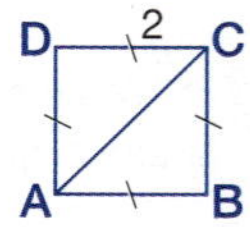

❻

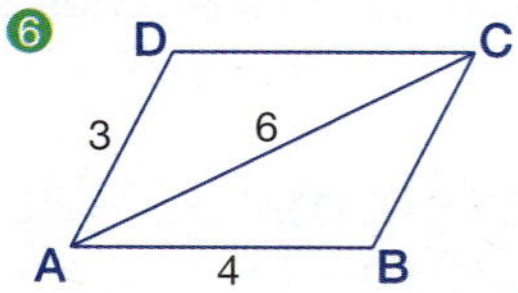

❼

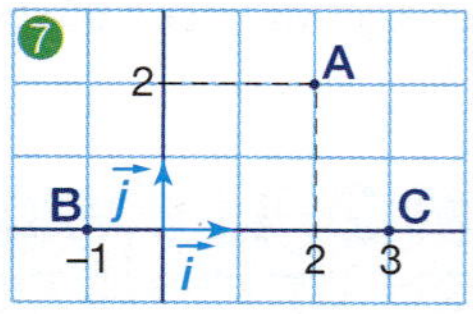

13 À chacune des figures ci-dessous, associez, parmi les égalités suivantes, celle qui donne le bon résultat du calcul de $\overrightarrow{AB} \cdot \overrightarrow{AC}$.

a) $\overrightarrow{AB} \cdot \overrightarrow{AC} = AB \times AC$.

b) $\overrightarrow{AB} \cdot \overrightarrow{AC} = AB^2$.

c) $\overrightarrow{AB} \cdot \overrightarrow{AC} = -AB^2$.

d) $\overrightarrow{AB} \cdot \overrightarrow{AC} = \frac{1}{2}AB^2$.

e) $\overrightarrow{AB} \cdot \overrightarrow{AC} = 0$.

❶

❷

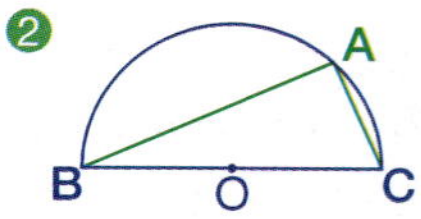

❸

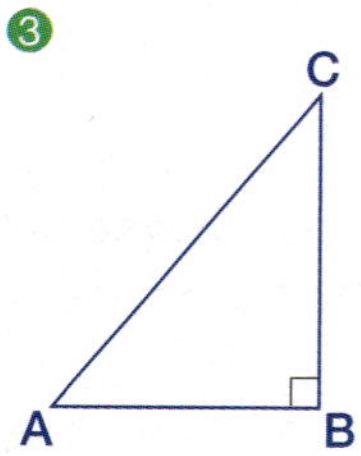

❹

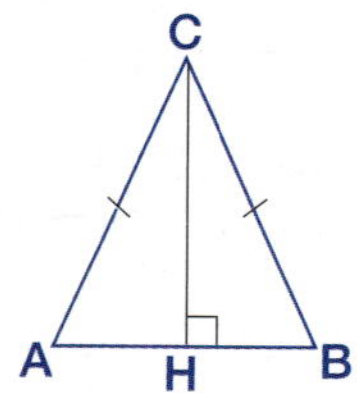

❺

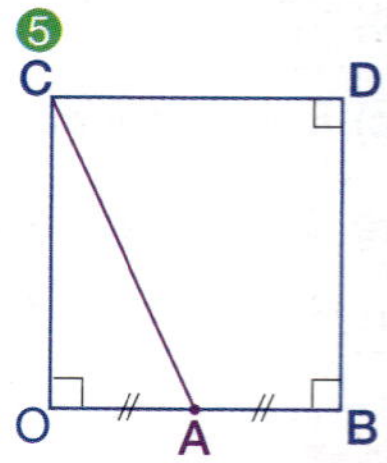

14 La droite d d'équation $y = 2x + 3$ coupe l'axe des ordonnées en A et l'axe des abscisses en B et la droite d' d'équation $y = -x + 3$ coupe l'axe des abscisses en C.

1. Calculez les coordonnées de A, B, C.

2. Déduisez-en $\overrightarrow{AB} \cdot \overrightarrow{AC}$.

15 A, B, C sont trois points tels que AB $= \sqrt{3}$; AC $= 2$ et $\overrightarrow{AB} \cdot \overrightarrow{AC} = \sqrt{6}$.
Calculez la mesure de $\widehat{BAC}$.

16 A, B, C sont trois points tels que AB $= 4$, $\overrightarrow{AB} \cdot \overrightarrow{AC} = 3$ et $\widehat{BAC} = \frac{\pi}{3}$. Calculez AC.

17 A, B, C sont trois points tels que AB $= 2$, $\overrightarrow{AB} \cdot \overrightarrow{AC} = -1$ et $\overrightarrow{AB}$ et $\overrightarrow{AC}$ sont colinéaires.
Calculez AC.

18 On donne les trois points $A(4\,;1)$, $B(0\,;5)$, $C(-2\,;\,-1)$.

1. Calculez AB, AC, BC.
Déduisez-en la nature du triangle ABC.

2. a) Calculez $\overrightarrow{AB}\cdot\overrightarrow{AC}$.

b) Déduisez-en que $\cos\widehat{BAC} = \dfrac{1}{\sqrt{5}}$ et une mesure, à un degré près, de $\widehat{BAC}$.

19 Dans chacun des cas suivants, trouvez une mesure en radians de l'angle géométrique associé à l'angle $(\vec{u}, \vec{v})$.

a) $\|\vec{u}\| = 5$; $\|\vec{v}\| = 6$; $\vec{u}\cdot\vec{v} = 15$.

b) $\|\vec{u}\| = 3$; $\|\vec{v}\| = 2$; $\vec{u}\cdot\vec{v} = -3\sqrt{3}$.

c) $\|\vec{u}\| = \sqrt{3}$; $\|\vec{v}\| = 2\sqrt{3}$; $\vec{u}\cdot\vec{v} = -3$.

d) $\|\vec{u}\| = 2$; $\|\vec{v}\| = 6$; $\vec{u}\cdot\vec{v} = -12$.

20 ABC est un triangle, H le projeté orthogonal de C sur (AB).
On donne $AB = 6$, $AC = 4$ et $\overrightarrow{AB}\cdot\overrightarrow{AC} = -12$.

1. Quel théorème permet d'affirmer que :
$$\overrightarrow{AB}\cdot\overrightarrow{AC} = \overrightarrow{AB}\cdot\overrightarrow{AH} \ ?$$

2. Déduisez-en que $\overrightarrow{AB}$ et $\overrightarrow{AH}$ sont deux vecteurs colinéaires et de sens contraires en énonçant les théorèmes qui vous permettent de le justifier.

3. Déduisez-en que $AH = 2$ et construisez le triangle ABC lorsque l'unité choisie est le centimètre.

21 Le point I est un point du segment $[AB]$. On donne $AB = 4$ et $AI = 3$. d est la droite perpendiculaire à (AB) en I.
C est un point tel que $AC = 5$ et $\overrightarrow{AB}\cdot\overrightarrow{AC} = 12$.

1. a) Démontrez que C est un point de d.

b) Justifiez que C est un point du cercle $\mathscr{C}$ de centre A et de rayon 5.

2. a) Combien y-a-t-il de points C tels que :
$$\overrightarrow{AB}\cdot\overrightarrow{AC} = 12 \text{ et } AC = 5 \ ?$$

b) Calculez $\cos\widehat{BAC}$ dans chaque cas.

Aide : Voir le TD 1, page 339.

3. Règles de calcul

22 Deux vecteurs $\vec{u}$ et $\vec{v}$ ont pour normes respectives 4 et 6. Leur produit scalaire est égal à 8. Calculez :

a) $\vec{u}\cdot(\vec{u}+\vec{v})$; **b)** $2\vec{u}\cdot(-4\vec{v})$;

c) $(\vec{u}+\vec{v})\cdot(\vec{u}-\vec{v})$; **d)** $(\vec{u}+\vec{v})^2$;

e) $(\vec{u}-\vec{v})^2$; **f)** $(2\vec{u}-3\vec{v})\cdot(3\vec{u}-2\vec{v})$.

23 Le vecteur $\vec{u}$ a pour coordonnées $(2\,;-1)$ et $\vec{v}$ a pour coordonnées $(3\,;6)$.
Calculez :

a) $\vec{u}\cdot\vec{v}$; **b)** $\vec{u}^2$;

c) $(3\vec{u}+\vec{v})\cdot(\vec{u}+\vec{v})$; **d)** $(\vec{u}-2\vec{v})\cdot(2\vec{u}-\vec{v})$.

24 On donne $\|\vec{u}\| = 3$; $\|\vec{v}\| = 2$ et $\|\vec{u}+\vec{v}\| = 3$.

1. Calculez $\vec{u}\cdot\vec{v}$.

2. Calculez $(\vec{u}-\vec{v})^2$ et déduisez-en $\|\vec{u}-\vec{v}\|$.

25 On donne $\vec{u}(3\,;\,-2)$ et $\vec{v}(-1\,;4)$.

1. Calculez $(\vec{u}+\vec{v})^2$ et déduisez-en $\|\vec{u}+\vec{v}\|$.

2. Calculez $(\vec{u}-\vec{v})^2$ et déduisez-en $\|\vec{u}-\vec{v}\|$.

26 En utilisant les renseignements portés sur la figure ci-contre, calculez les produits scalaires suivants :

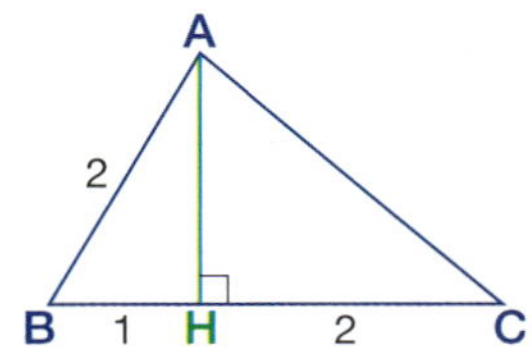

a) $(\overrightarrow{AB}+\overrightarrow{AH})\cdot\overrightarrow{AB}$;

b) $(\overrightarrow{AH}+\overrightarrow{HC})\cdot\overrightarrow{AB}$;

c) $(\overrightarrow{AH}+\overrightarrow{HB})\cdot(\overrightarrow{AH}+\overrightarrow{HC})$.

27 ABC est un triangle rectangle en A, $AC = 4$, $AB = 3$, $\widehat{CAH} = 30°$. H et K sont les projetés orthogonaux de C et B sur d.

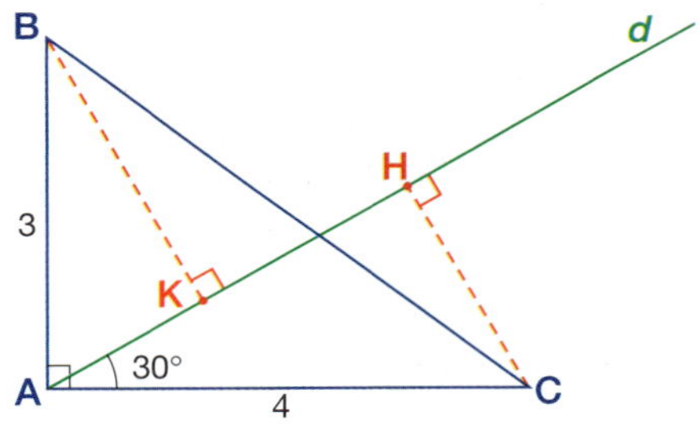

Calculez les produits scalaires suivants :

a) $\overrightarrow{BA}\cdot\overrightarrow{BC}$; **b)** $\overrightarrow{AB}\cdot\overrightarrow{AH}$;

c) $\overrightarrow{AC}\cdot\overrightarrow{AK}$; **d)** $\overrightarrow{AB}\cdot(\overrightarrow{CA}+\overrightarrow{AH})$;

e) $\overrightarrow{AC}\cdot(\overrightarrow{BA}+\overrightarrow{AK})$; **f)** $\overrightarrow{KB}\cdot\overrightarrow{HC}$.

28 ABCD est un trapèze rectangle en A et D, O est le milieu de $[AD]$. On note $AB = a$, $DC = b$, $AD = c$.

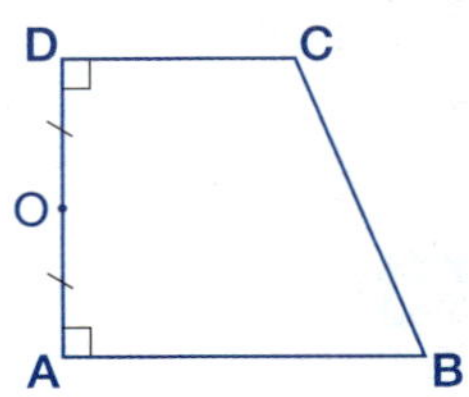

1. Pourquoi $\overrightarrow{AB}\cdot\overrightarrow{DC} = ab$ et $\overrightarrow{OA}\cdot\overrightarrow{OD} = -\dfrac{c^2}{4}$?

2. En écrivant $\overrightarrow{OC} = \overrightarrow{OD}+\overrightarrow{DC}$ et $\overrightarrow{OB} = \overrightarrow{OA}+\overrightarrow{AB}$, démontrez que $\overrightarrow{OB}\cdot\overrightarrow{OC} = ab - \dfrac{c^2}{4}$.

29 ABCD est un carré de côté a, I et J sont les milieux respectifs de [AD] et [DC]. On note α la mesure en degrés de l'angle $\widehat{IBJ}$.

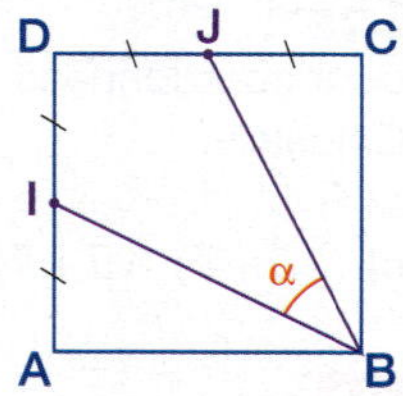

1. a) Vérifiez que :
$$BI = BJ = \frac{a\sqrt{5}}{2}.$$
b) Déduisez-en que $\overrightarrow{BI} \cdot \overrightarrow{BJ} = \frac{5}{4}a^2 \cos\alpha$.

2. a) Exprimez $\overrightarrow{BI}$ et $\overrightarrow{BJ}$ en fonction de $\overrightarrow{AB}$ et $\overrightarrow{AD}$.
b) Déduisez-en que $\overrightarrow{BI} \cdot \overrightarrow{BJ} = a^2$ et déterminez α à un degré près.

30 ABCD est un rectangle, I est un point de [DC] défini comme l'indique la figure ci-dessous.

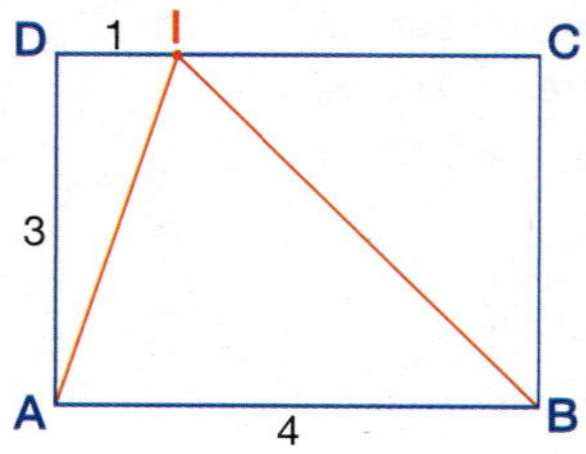

1. Démontrez que :
$$(\overrightarrow{ID} + \overrightarrow{DA}) \cdot (\overrightarrow{IC} + \overrightarrow{CB}) = \overrightarrow{ID} \cdot \overrightarrow{IC} + DA^2.$$
2. Déduisez-en que :
$$\overrightarrow{IA} \cdot \overrightarrow{IB} = 6 \text{ et } \cos \widehat{AIB} = \frac{1}{\sqrt{5}}.$$

4. Applications

31 On donne A(– 4 ; 1), B(– 1 ; 2) et C(1 ; – 4).
1. Calculez $\overrightarrow{BA} \cdot \overrightarrow{BC}$.
2. Déduisez-en la nature du triangle ABC.

32 $\vec{u}$ et $\vec{v}$ sont deux vecteurs orthogonaux de normes respectives 1 et 2. Calculez :
a) $2\vec{u} \cdot (\vec{u} - 3\vec{v})$; **b)** $(\vec{u} + \vec{v})^2$; **c)** $(\vec{u} - 2\vec{v})^2 - (\vec{u} + 3\vec{v})^2$.

33 $(O ; \vec{\imath}, \vec{\jmath})$ est un repère orthonormal.
1. Calculez $(2\vec{\imath} - \vec{\jmath}) \cdot (\vec{\imath} + \vec{\jmath})$.
2. On donne $\vec{u} \cdot \vec{\imath} = 3$, $\vec{u} \cdot \vec{\jmath} = 2$; $\vec{v} \cdot \vec{\imath} = 1$ et $\vec{v} \cdot \vec{\jmath} = 5$. Quelles sont les coordonnées de $\vec{u}$ et $\vec{v}$?

34 Dans chacun des cas suivants, calculez $\vec{u} \cdot \vec{v}$ en fonction de m et déterminez le réel m pour que $\vec{u}$ et $\vec{v}$ soient orthogonaux.
a) $\vec{u}(-5 ; 2)$; $\vec{v}(m ; -2)$.
b) $\vec{u}(m ; 3 - m)$; $\vec{v}(2 ; -m)$.
c) $\vec{u}(m - 4 ; 2m + 1)$; $\vec{v}(2m ; 3 - m)$.

35 On donne les points $A\left(\frac{5}{2} ; 0\right)$, $B\left(\frac{1}{2} ; \frac{3}{2}\right)$ et C(3 ; 3). La droite d menée par C perpendiculaire à (AB) coupe l'axe des abscisses en I.
1. Faites une figure.
2. Calculez l'abscisse x de I.

36 On donne les points A(0 ; 1) et B(5 ; 4). M est un point de coordonnées (m ; 0) avec m réel.
1. Calculez $\overrightarrow{MA} \cdot \overrightarrow{MB}$ en fonction de m.
2. Déduisez-en les valeurs de m pour lesquelles le triangle AMB est rectangle en M.

37 On donne les points A(2 ; 2), B(– 3 ; – 3) et C(2 ; – 3). Le point B se projette orthogonalement en H sur l'axe des abscisses et le point A se projette orthogonalement en K sur l'axe des ordonnées.
Démontrez que les droites (OC) et (HK) sont perpendiculaires.
Aide : Voir l'exercice résolu 3, page 337.

38 On donne les trois points A(1 ; 3), B(– 1 ; 1), C(3 ; – 2).
1. Calculez BC, puis $\overrightarrow{AB} \cdot \overrightarrow{BC}$.
2. On note H le projeté orthogonal de A sur (BC).
a) Pourquoi $\overrightarrow{BA} \cdot \overrightarrow{BC} = \overrightarrow{BH} \cdot \overrightarrow{BC}$?
b) Pourquoi H est-il un point du segment [BC] ?
c) Déduisez-en BH et HC.

39 ABCD est un parallélogramme tel que :
$$AB = 4,\ AD = 2 \text{ et } \widehat{BAD} = 60°.$$
1. Démontrez que :
$$(\overrightarrow{AB} + \overrightarrow{AD})^2 = 28 \text{ et } (\overrightarrow{AB} - \overrightarrow{AD})^2 = 12.$$
2. Déduisez-en les longueurs AC et BD et une mesure de l'angle $\widehat{BAC}$.
Aide : Voir l'exercice résolu 2, page 335.

40 ABCD est un rectangle tel que AB = 4 et AD = 3. On note A′ et C′ les projetés orthogonaux de A et C sur [BD].

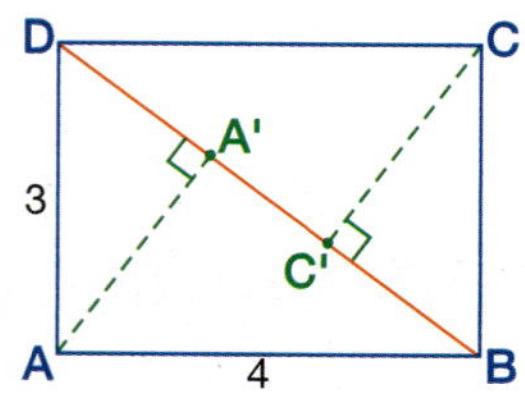

1. Pourquoi $\overrightarrow{AC} \cdot \overrightarrow{BD} = \overrightarrow{A'C'} \cdot \overrightarrow{BD}$?
2. a) Pourquoi $\overrightarrow{AC} = \overrightarrow{AB} + \overrightarrow{AD}$ et $\overrightarrow{BD} = \overrightarrow{AD} - \overrightarrow{AB}$?
b) Déduisez-en que $AD^2 - AB^2 = \overrightarrow{AC} \cdot \overrightarrow{BD}$.
3. Déduisez des questions **1** et **2** que $A'C' = \frac{7}{5}$.

pour apprendre à chercher

Les exercices de cette partie, de difficulté moyenne pour la plupart, ne sont pas des exercices résolus.
Le questionnement veut montrer comment on peut organiser une recherche et suivre un raisonnement.

41 Démontrer l'orthogonalité de deux droites

ABCD est un carré de côté a, M un point du segment $[BD]$, P et Q sont les projetés orthogonaux de M respectivement sur les droites (AB) et (AD).

Objectif : démontrer, sans utiliser de repère, que les droites (PQ) et (CM) sont perpendiculaires.

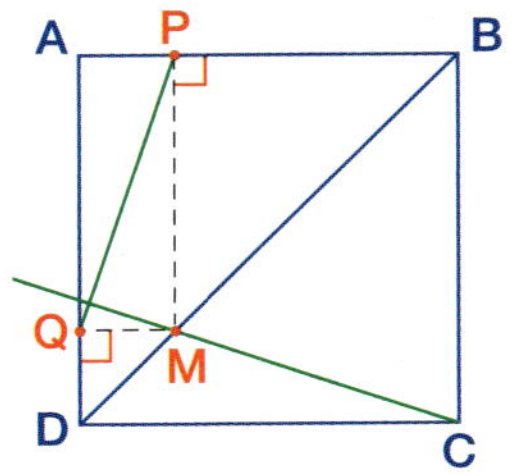

1. Tirons quelques conséquences de la figure et des hypothèses.

a) Quelle est la nature des triangles MPB et MQD ?
b) Pourquoi $AQ = MP = PB$
et $AP = QM = QD$?

2. Pour démontrer que (CM) et (QP) sont deux droites perpendiculaires, on peut penser à prouver que $\overrightarrow{PQ} \cdot \overrightarrow{CM} = 0$. Mais aucune formule ne permet de calculer directement ce produit scalaire. D'où l'idée de décomposer chaque vecteur, ou seulement l'un d'eux, afin d'exploiter la présence de vecteurs orthogonaux (comme par exemple $\overrightarrow{AQ}$ et $\overrightarrow{CD}$ ...) et la projection orthogonale (par exemple $\overrightarrow{CM}$ se projette sur (AD) en $\overrightarrow{DQ}$).

a) Pourquoi $\overrightarrow{PQ} = \overrightarrow{AQ} - \overrightarrow{AP}$?
Déduisez-en que $\overrightarrow{PQ} \cdot \overrightarrow{CM} = \overrightarrow{AQ} \cdot \overrightarrow{CM} - \overrightarrow{AP} \cdot \overrightarrow{CM}$.
b) Prouvez que :
$\overrightarrow{AQ} \cdot \overrightarrow{CM} = \overrightarrow{AQ} \cdot \overrightarrow{DQ} = -AQ \times DQ$
et $\overrightarrow{AP} \cdot \overrightarrow{CM} = -BP \times AP$.
c) Concluez.

3. Rédigez une solution.

42 Démontrer l'orthogonalité de deux droites en choisissant un repère

L'énoncé est celui de l'exercice 41.

Objectif : choisir un repère orthonormal pour démontrer que (CM) et (PQ) sont perpendiculaires.

Note : Lorsque la solution géométrique vous semble difficile, une solution analytique peut être intéressante, surtout lorsque la figure présente des angles droits.

1. **Choisissons un repère orthonormal.**
Le carré ABCD permet de créer plusieurs repères. Il s'agit donc de bien choisir le repère afin de pouvoir exprimer facilement les coordonnées des points. Ici les calculs vont dépendre de M qui est un point du **segment** $[BD]$. D'où l'idée de choisir un repère pour lequel la droite (BD) a une équation simple. Ainsi compte tenu de toutes ces remarques, on choisit le repère $(D\,;\vec{i},\vec{j})$ pour lequel C a pour coordonnées $(a\,;0)$ et $A(0\,;a)$.

Prouvez que $y = x$ est une équation de la droite (BD) dans ce repère.

2. Il s'agit de démontrer que les droites (CM) et (PQ) sont perpendiculaires. Or $\overrightarrow{CM}$ et $\overrightarrow{PQ}$ sont deux vecteurs directeurs de ces droites, donc on pense à prouver que $\overrightarrow{CM} \cdot \overrightarrow{PQ} = 0$. Mais, pour l'instant, on ne connaît pas les coordonnées de M, P, Q... Par hypothèse M est un point **quelconque** de $[BD]$. Donc ses coordonnées ne se calculent pas en fonction de celles de A, B, C, D.
Prenons alors l'initiative d'introduire les coordonnées $(m\,;n)$ de M, avec m, n réels.

a) Vérifiez que m appartient à l'intervalle $[0\,;a]$ et que, nécessairement, $m = n$.
b) Déduisez-en, en fonction de a et m, les coordonnées de P et Q.

3. **Terminez la démonstration, rédigez une solution.**

43 Vecteurs orthogonaux à un vecteur donné

Dans un repère orthonormal $(O\,;\vec{i},\vec{j})$, on donne le vecteur $\vec{u}$ non nul de coordonnées $(a\,;b)$.

Objectif : **démontrer l'affirmation suivante :**
Dire que « $\vec{n}$ est orthogonal à $\vec{u}$ » équivaut à dire que « Il existe un réel k tel que les coordonnées de $\vec{n}$ sont $(-kb\,;ka)$ ».

Application : **trouver les vecteurs $\vec{n}$ de norme 1, orthogonaux à $\vec{u}$ de coordonnées $(2\,;-3)$.**

1. Il s'agit de démontrer une équivalence. Nous allons procéder en « deux temps » (voir *Types de problèmes et raisonnements*, page 415) :
Nous allons prouver d'abord que si $\vec{n}$ est orthogonal à $\vec{u}$, alors il existe un réel k tel que les coordonnées de $\vec{n}$ sont $(-kb\,;ka)$.
Puis, réciproquement, nous prouverons que si $\vec{n}$ a pour coordonnées $(-kb\,;ka)$, alors $\vec{n}$ est orthogonal à $\vec{u}$.

a) Par hypothèse, le vecteur $\vec{n}(x\,;y)$ est orthogonal à $\vec{u}(a\,;b)$ donc $ax + by = 0$.

• Si $a = 0$, démontrez que $y = 0$ et déduisez-en que $\vec{n}$ a pour coordonnées $(x\ ;\ 0)$ ou $(-kb\ ;\ 0)$ en posant $x = -kb$.

• Si $a \neq 0$, calculez x en fonction de y et déduisez-en que $\vec{n}$ a pour coordonnées $\left(-\dfrac{b}{a}y\ ;\ y\right)$ c'est-à-dire $(-bk\ ;\ ak)$ avec $y = ka$.

b) Vérifiez maintenant que si $\vec{n}$ a pour coordonnées $(-bk\ ;\ ka)$, alors $\vec{n}$ est orthogonal à $\vec{u}$.

2. Application

De la première partie, on déduit donc que si $\vec{u}$ a pour coordonnées $(a\ ;\ b)$, alors le vecteur $\vec{w}(-b\ ;\ a)$ est orthogonal à $\vec{u}$ et tout vecteur $\vec{w}$ orthogonal à $\vec{u}$ est de la forme $k\vec{w}$ avec k réel.
Il s'agit dans cette question de trouver les vecteurs $\vec{n}$ de norme 1.

a) Démontrez que $\vec{n} = k\vec{w}$ avec $\vec{w} = 3\vec{i} + 2\vec{j}$.
b) Déduisez-en que $\|\vec{n}\| = |k| \times \|\vec{w}\|$.
c) Calculez $\|\vec{w}\|$ et déduisez-en les réels k pour lesquels $\|\vec{n}\| = 1$. Concluez.

3. Rédigez une solution.

44 Relation d'Euler. Application

A, B, C, D sont quatre points quelconques.

Objectif : prouver que :

$$\overrightarrow{DC}\cdot\overrightarrow{AB} + \overrightarrow{DA}\cdot\overrightarrow{BC} + \overrightarrow{DB}\cdot\overrightarrow{CA} = 0 \quad [1],$$

puis en déduire que les trois hauteurs d'un triangle sont concourantes.

1. Ce qui surprend, c'est l'absence totale d'hypothèses (aucun renseignement sur les vecteurs). Donc, deux possibilités seulement : soit transformer le premier membre pour arriver à 0, soit utiliser un repère orthonormal, ce que nous allons faire. Et ici, il n'y aura pas de calculs de coordonnées. Comme les points sont quelconques, il suffit de dire que les coordonnées de A sont $(a_1\ ;\ a_2)$, celles de $B(b_1\ ;\ b_2)$, … dans **un** repère orthonormal.
Mais on peut faciliter les calculs en prenant l'un des quatre points comme origine et l'un des trois autres sur l'axe des abscisses.
L'examen de l'égalité $\overrightarrow{DC}\cdot\overrightarrow{AB} + \overrightarrow{DA}\cdot\overrightarrow{BC} + \overrightarrow{DB}\cdot\overrightarrow{CA} = 0$ suggère de prendre l'origine en D. Ensuite, on peut choisir A sur $[Dx)$, d'où $A(a\ ;\ 0)$. Enfin, on note $(x\ ;\ y)$ et $(x'\ ;\ y')$ les coordonnées respectives de B et C.

a) Calculez les trois produits scalaires $\overrightarrow{DC}\cdot\overrightarrow{AB}$, $\overrightarrow{DA}\cdot\overrightarrow{BC}$ et $\overrightarrow{DB}\cdot\overrightarrow{CA}$.
b) Démontrez l'égalité.

2. Il reste à en déduire que les hauteurs d'un triangle sont concourantes.

Faisons une figure. On dessine ABC et les hauteurs issues de B et C qui se coupent en H. Pour démontrer que les trois hauteurs sont concourantes, il suffit de démontrer que (AH) et (BC) sont perpendiculaires.

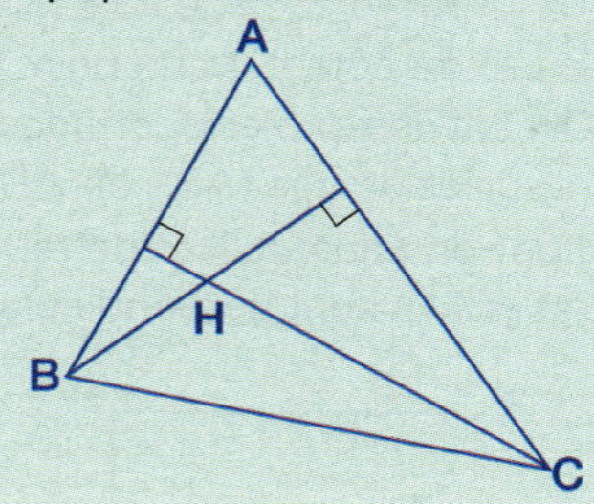

En utilisant l'égalité [1], démontrez que (AH) et (BC) sont perpendiculaires. Concluez.

3. Rédigez une solution.

Prolongement : Une solution vectorielle demande un choix judicieux des relations de Chasles qui vont permettre de transformer le premier membre de la relation. On peut penser à décomposer $\overrightarrow{AB}$, $\overrightarrow{BC}$ et $\overrightarrow{CA}$ en faisant intervenir D.
On peut aussi remarquer que $\overrightarrow{AB} + \overrightarrow{BC} + \overrightarrow{CA} = \vec{0}$ et ainsi remplacer $\overrightarrow{AB}$ par $\overrightarrow{AC} + \overrightarrow{CB}$.
a) En choisissant cette deuxième proposition, démontrez que le premier membre de l'égalité s'écrit :

$$\overrightarrow{AC}\cdot(\overrightarrow{DC} - \overrightarrow{DB}) + \overrightarrow{BC}\cdot(\overrightarrow{DA} - \overrightarrow{DC})$$

b) Concluez.

45 Condition nécessaire et suffisante. Diagonales perpendiculaires

A, B, C, D sont quatre points quelconques.

Objectif : démontrer que :

$$AB^2 - BC^2 + CD^2 - AD^2 = 2(\overrightarrow{AC}\cdot\overrightarrow{DB}),$$

puis déduire une condition nécessaire et suffisante pour que les diagonales d'un quadrilatère soient perpendiculaires.

1. Nous ne disposons d'aucune hypothèse sur les quatre points. Dans ce cas, il est toujours possible de se placer dans un repère orthonormal car il n'y a aucun calcul à faire pour les coordonnées des points (*voir l'exercice* 44).
Cependant, ici, l'écriture $AB^2 - BC^2$ peut également suggérer une solution vectorielle. En effet,

$$\|\vec{u}\|^2 - \|\vec{v}\|^2 = (\vec{u} + \vec{v})\cdot(\vec{u} - \vec{v}).$$

On peut ainsi transformer l'écriture du premier membre de l'égalité.

a) Démontrez que $AB^2 - BC^2 = \overrightarrow{AC}\cdot(\overrightarrow{AB} + \overrightarrow{CB})$ et que $CD^2 - AD^2 = \overrightarrow{CA}\cdot(\overrightarrow{CD} + \overrightarrow{AD})$.
b) Déduisez-en l'égalité.

2. Il s'agit de trouver une condition nécessaire et suffisante (donc une proposition équivalente) pour que les diagonales (AC) et (BD) du quadrilatère ABCD soient perpendiculaires (*voir* Le vocabulaire de la logique, *page* 7).

a) Traduisez vectoriellement : « Les diagonales (AC) et (BD) sont perpendiculaires ».

b) Compte tenu de la question **1**, donnez une condition nécessaire et suffisante pour que les diagonales du quadrilatère ABCD soient perpendiculaires.

3. Rédigez une solution.

Prolongement : Au lieu de partir du premier membre de l'égalité, on pouvait aussi penser à transformer $2(\overrightarrow{AC}\cdot\overrightarrow{DB})$ en écrivant $2(\overrightarrow{AC}\cdot\overrightarrow{DB}) = 2(\overrightarrow{AD}\cdot\overrightarrow{DB}) + 2(\overrightarrow{DC}\cdot\overrightarrow{DB})$ [1], puis en démontrant par la définition 1 que :

$$2(\overrightarrow{AD}\cdot\overrightarrow{DB}) = AB^2 - AD^2 - BD^2$$

et que $$2(\overrightarrow{CD}\cdot\overrightarrow{DB}) = CB^2 - CD^2 - DB^2.$$

En reportant ces deux derniers résultats dans [1], on obtient le résultat cherché.

Vous pouvez rédiger une solution en justifiant correctement chacune des étapes décrites ci-dessus.

46 Trouver un lieu géométrique par l'analytique

A, B, H sont trois points alignés dans cet ordre, $AB = 4$ et $BH = 1$. Δ est la droite perpendiculaire à (AB) en H et M un point variable de Δ, distinct de H. La droite d menée par A et perpendiculaire à (MA) coupe en N la droite d' menée par B et perpendiculaire à (MB).

Objectif : trouver le lieu de N lorsque M décrit Δ privé de H, en choisissant convenablement un repère orthonormal.

1. Faisons une figure, traçons en bleu et vert les éléments fixes et en rouge les éléments mobiles.

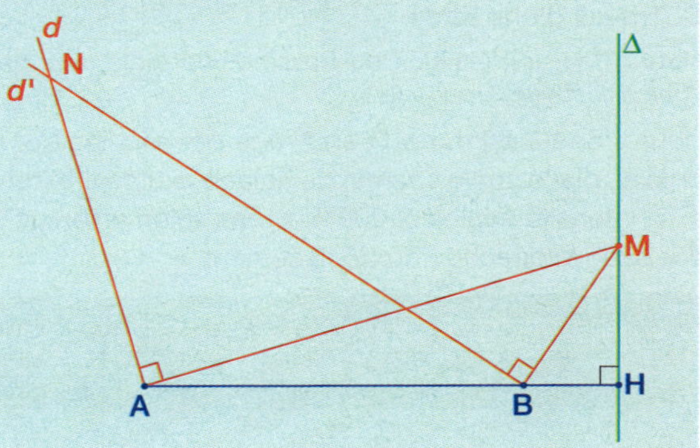

a) Prenez plusieurs points M sur Δ et construisez, chaque fois, soigneusement, le point N associé.

b) Quelle conjecture pouvez-vous faire concernant le lieu de N ?

Remarque : si vous disposez d'un logiciel de géométrie, vous pouvez chercher une conjecture à l'aide de l'ordinateur.

2. On choisit un repère orthonormal fixe qui permet de trouver une équation simple pour la droite Δ.
On choisit donc un repère orthonormal fixe $(H\,;\,\vec{\imath},\vec{\jmath})$ tel que $x_B = -1$ ($\vec{\imath}$ est colinéaire à $\overrightarrow{AB}$).

a) Quelles sont les coordonnées de A, B, H ?

b) Trouvez une équation de la droite Δ.

3. Pour trouver l'ensemble des points N, on va chercher les coordonnées $(x\,;\,y)$ de N. Ces coordonnées dépendent de celles de M.
Par hypothèse M est un point variable de Δ, distinct de H, son abscisse est donc égale à 0 et son ordonnée prend n'importe quelle valeur non nulle.
Notons m cette ordonnée avec m réel non nul.

a) En traduisant l'orthogonalité des vecteurs $\overrightarrow{BM}$ et $\overrightarrow{BN}$, puis celle de $\overrightarrow{AM}$ et $\overrightarrow{AN}$, démontrez que les coordonnées $(x\,;\,y)$ de N sont telles que :

$$x + my + 1 = 0 \text{ et } 5x + my + 25 = 0.$$

b) Déduisez-en, en fonction de m, les coordonnées de N. Démontrez alors que N est un point d'une droite Δ' fixe dont vous donnerez une équation.

c) Ainsi le lieu de N est inclus dans la droite Δ'. Il reste désormais à répondre à la question suivante : Le point N décrit-il toute la droite Δ' ?

En utilisant l'égalité $y = \dfrac{5}{m}$ et la fonction $m \mapsto \dfrac{5}{m}$, prouvez que lorsque m décrit $\mathbb{R}^*$, y décrit aussi $\mathbb{R}^*$.

Aide : voir la partie *Types de problèmes et raisonnements*, § 5, page 420.

4. Rédigez une solution.

Exercices

pour progresser

Distances et angles

47 ABCD est un carré de côté a, I le point tel que $\overrightarrow{DI} = \frac{1}{4}\overrightarrow{DC}$.

1. Démontrez que $\overrightarrow{IA} \cdot \overrightarrow{IB} = \frac{13}{16}a^2$.

2. En calculant $\overrightarrow{IA} \cdot \overrightarrow{IB}$ d'une autre manière, donnez, à un degré près par excès, une mesure de l'angle $\widehat{AIB}$.

48 ABC est un triangle, H son orthocentre.

1. Démontrez que $AB^2 = AH^2 + HB^2 + 2\overrightarrow{AH} \cdot \overrightarrow{HB}$
et que $AC^2 = AH^2 + HC^2 + 2\overrightarrow{AH} \cdot \overrightarrow{HC}$.

2. Déduisez-en que $AB^2 - AC^2 = HB^2 - HC^2$.

49 **Puissance d'un point par rapport à un cercle**

$\mathscr{C}$ est un cercle de centre O et de rayon R et M un point non situé sur $\mathscr{C}$. Deux droites issues de M coupent $\mathscr{C}$ respectivement en A et B, et en C et D. L'objectif est d'établir que $\overrightarrow{MA} \cdot \overrightarrow{MB} = \overrightarrow{MC} \cdot \overrightarrow{MD}$. On note A′ le point diamétralement opposé à A sur le cercle $\mathscr{C}$.

1. Faites deux figures, suivant que M est à l'intérieur ou à l'extérieur de $\mathscr{C}$.

2. Démontrez que $\overrightarrow{MA} \cdot \overrightarrow{MB} = \overrightarrow{MA} \cdot \overrightarrow{MA'}$.

3. a) En utilisant la relation de Chasles, démontrez que :
$$\overrightarrow{MA} \cdot \overrightarrow{MA'} = MO^2 - R^2$$

b) Déduisez-en que $\overrightarrow{MA} \cdot \overrightarrow{MB} = \overrightarrow{MC} \cdot \overrightarrow{MD}$.

Note : On montre ainsi que le produit scalaire $\overrightarrow{MA} \cdot \overrightarrow{MB}$ est indépendant de la sécante issue de M, il ne dépend que de la distance de M à O. Le réel $MO^2 - R^2$ (qui est nul lorsque M est un point de $\mathscr{C}$) est appelé *puissance de* M *par rapport à* $\mathscr{C}$. Il est positif lorsque M est à l'extérieur de $\mathscr{C}$ et négatif lorsque M est à l'intérieur.

50 ABC est un triangle, I est le milieu de [BC] et H le projeté orthogonal de A sur [BC].

1. Démontrez que :
$$AC^2 - AB^2 = (\overrightarrow{AC} + \overrightarrow{AB}) \cdot (\overrightarrow{AC} - \overrightarrow{AB}) = 2\overrightarrow{AI} \cdot \overrightarrow{BC}.$$

2. Déduisez-en que $AC^2 - AB^2 = 2\overrightarrow{HI} \cdot \overrightarrow{BC}$.

★ **51** ABC est un triangle tel que $AB = 5$, $AC = 6$ et $\overrightarrow{AB} \cdot \overrightarrow{AC} = 15$.

1. Calculez une mesure de l'angle $\widehat{BAC}$.

2. a) Calculez $(\overrightarrow{BA} + \overrightarrow{AC})^2$.

b) Déduisez-en BC.

3. a) Vérifiez que pour tous vecteurs $\vec{u}$ et $\vec{v}$:
$$\|\vec{u} - \vec{v}\|^2 = \|\vec{u}\|^2 + \|\vec{v}\|^2 - 2\vec{u} \cdot \vec{v}.$$

b) Utilisez cette relation pour calculer les produits scalaires $\overrightarrow{CA} \cdot \overrightarrow{CB}$ et $\overrightarrow{BA} \cdot \overrightarrow{BC}$.

c) Donnez, à un degré près, la mesure des angles $\widehat{ABC}$ et $\widehat{ACB}$.

4. H est le projeté orthogonal de A sur (BC).

a) Prouvez que H est un point du segment [BC].

b) Calculez AH et l'aire du triangle ABC.

★ **52** Le but de l'exercice est de calculer AD.

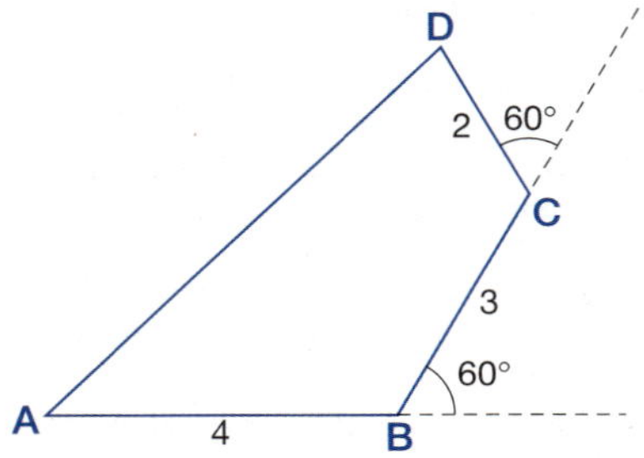

1. Développez $(\overrightarrow{AB} + \overrightarrow{BC} + \overrightarrow{CD})^2$.

2. Calculez AD.

★ **53** **En physique**

A. Intensité d'une résultante

Le point O est soumis à deux forces $\vec{F_1}$ et $\vec{F_2}$ concourantes en O. L'intensité de $\vec{F_1}$ est 300 newtons, celle de $\vec{F_2}$, 200 newtons et l'angle $\widehat{AOB}$ mesure 50°.

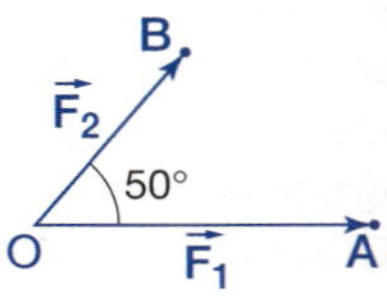

Par définition, la résultante des forces est le vecteur $\vec{R} = \vec{F_1} + \vec{F_2}$.

Calculez l'intensité de la résultante à un newton près.

B. Travail d'une force

Note : Pour la définition du travail d'une force, reportez-vous à l'activité 3, page 321.

Pour tirer sur 50 m de O en A une péniche légère, un cheval, placé sur le chemin de halage exerce une force $\vec{F}$ d'intensité égale à 2 000 newtons selon un angle de 45° avec la direction du déplacement.

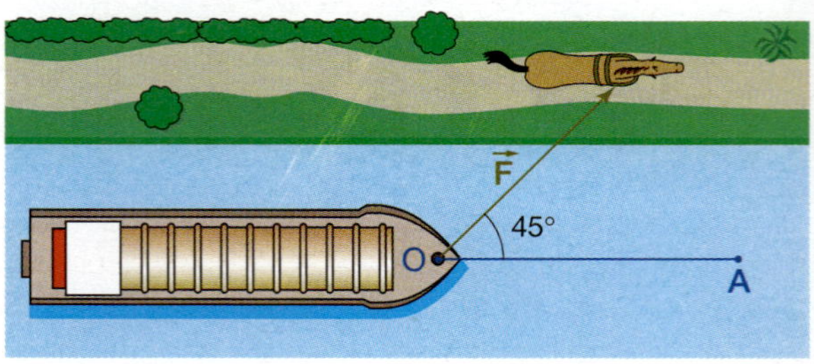

1. Quel est le travail W de la force ?

2. Si la péniche est tirée par un bateau, suivant l'axe du déplacement, quelle est l'intensité de la force qu'il faut exercer pour obtenir le même travail ?

★ **54** Deux vecteurs $\vec{u}$ et $\vec{v}$ de normes respectives 2 et 3 ont un produit scalaire égal à -4.

1. a) Calculez $(\vec{u} + \vec{v})^2$ et déduisez-en $\|\vec{u} + \vec{v}\|$.

b) Calculez $\|2\vec{u} - \vec{v}\|$.

2. a) Calculez, en fonction du réel x, $(x\vec{u} - \vec{v})^2$.

b) Déduisez-en les réels x pour lesquels :

$$\|x\vec{u} - \vec{v}\| = \sqrt{6}.$$

★ **55** **1.** A, B, C sont trois points alignés dans cet ordre. O est un point pris sur la perpendiculaire en A à la droite (AB). Démontrez que :

$$\overrightarrow{OB} \cdot \overrightarrow{OC} = OA^2 + \overrightarrow{AB} \cdot \overrightarrow{AC}$$

2. Dans le cas de la figure ci-dessous, calculez l'angle α.

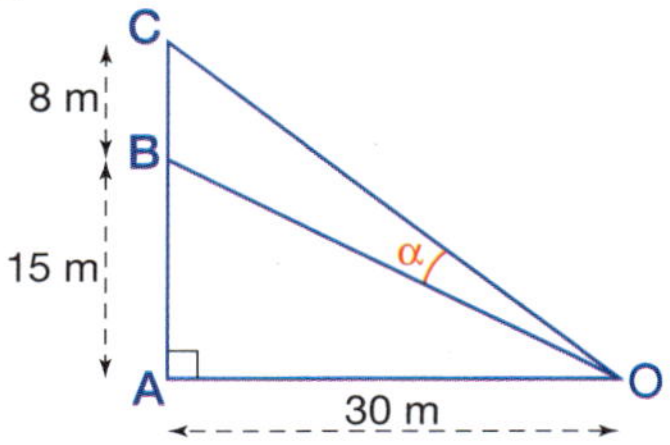

★ **56** **Un angle constant dans un cube**

ABCDEFGH est un cube d'arête a. L'objectif de cet exercice est de prouver que l'angle α, formé par les diagonales [AG] et [EC], est indépendant de l'arête du cube.

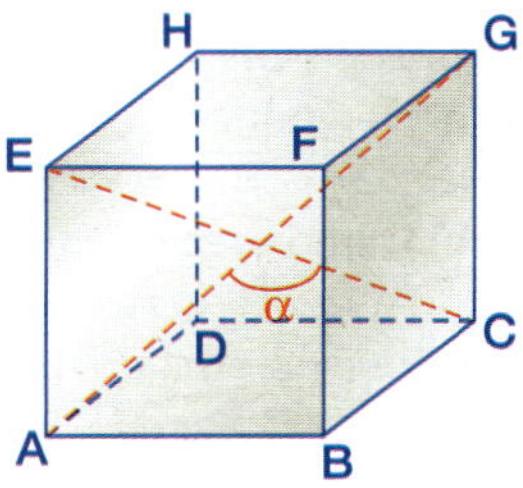

1. a étant fixé, dessinez en vraie grandeur le quadrilatère ACGE.

2. Prouvez que α est indépendant de l'arête du cube.

Pour les exercices 57 à 59, vous pouvez vous reporter à l'exercice 43, *Pour apprendre à chercher*.

57 On note $\vec{u}$ le vecteur de coordonnées $(-1 ; 3)$.

1. Trouvez un vecteur $\vec{n}$ orthogonal à $\vec{u}$.

2. Trouvez les vecteurs $\vec{w}$ orthogonaux à $\vec{u}$ tels que $\|\vec{w}\| = 2$.

★ **58** Dans un repère orthonormal $(O ; \vec{i}, \vec{j})$, on donne le point A de coordonnées $(3 ; 1)$. On note B et C les points tels que les triangles BOA et COA soient rectangles et isocèles en O. Le but de l'exercice est de trouver les coordonnées des points B et C.

1. On note $\vec{u} = \overrightarrow{OA}$. Démontrez que, trouver les coordonnées de B et C, revient à trouver les vecteurs $\vec{n}$ de norme $\sqrt{10}$ orthogonaux à $\vec{u}$.

2. a) Trouvez ces vecteurs $\vec{n}$.

b) Déduisez-en les coordonnées de B et C.

★★ **59** Dans un repère orthonormal $(O ; \vec{i}, \vec{j})$, on donne le point A de coordonnées $(3 ; 4)$. Sur la perpendiculaire en A à (OA), on prend les points B et C symétriques par rapport à A tels que le triangle BOC soit équilatéral. Le but de l'exercice est de trouver les coordonnées de B et C.

1. a) Calculez OA et démontrez que $AB = \dfrac{5\sqrt{3}}{3}$.

b) Déduisez-en que, trouver les coordonnées de B et C, revient à trouver les vecteurs $\vec{n}$ de norme $\dfrac{5\sqrt{3}}{3}$ orthogonaux à $\overrightarrow{OA}$.

2. a) Trouvez les vecteurs $\vec{n}$.

b) Déduisez-en les coordonnées de B et C.

★★ **60** Dans un repère orthonormal $(O ; \vec{i}, \vec{j})$, d et d' sont deux droites d'équations respectives $y = \dfrac{3}{2}x + 3$ et $y = -2x + 10$. La droite d coupe l'axe des ordonnées en B, d' coupe l'axe des abscisses en C et d et d' se coupent en A.

1. Faites une figure.

2. Donnez une mesure α de l'angle $\widehat{BAC}$.

★★ **61** Dans un repère orthonormal direct $(O ; \vec{i}, \vec{j})$, les points A, B, C sont disposés comme l'indique la figure ci-contre.

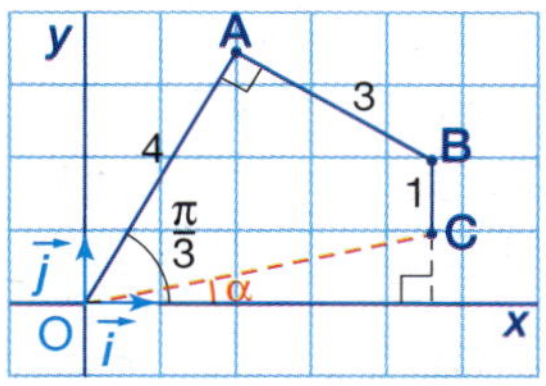

1. Calculez les coordonnées des points A, B, C.

2. Déduisez-en une mesure approchée de l'angle α.

Vrai ou faux ?

Pour chacune des affirmations suivantes, dites si elle est vraie ou fausse. Justifiez chaque fois votre réponse.

★ **62** Si deux vecteurs sont colinéaires, leur produit scalaire est égal au produit de leurs normes.

★ **63** Dire que deux vecteurs $\vec{u}$ et $\vec{v}$ sont de même norme équivaut à dire que $(\vec{u} + \vec{v})$ et $(\vec{u} - \vec{v})$ sont orthogonaux.

★ **64** Dire que deux vecteurs non nuls $\vec{u}$ et $\vec{v}$ sont orthogonaux équivaut à dire que $(\vec{u} + \vec{v})$ et $(\vec{u} - \vec{v})$ ont la même norme.

★★ **65** Dire que la valeur absolue d'un produit scalaire de deux vecteurs est égale au produit des normes de ces vecteurs équivaut à dire que ces vecteurs sont colinéaires.

Démontrer avec le produit scalaire

Pour ces exercices, vous pouvez vous reporter aux exercices *Pour apprendre à chercher*.

★ **66** ABC est un triangle rectangle en A, H est le projeté orthogonal de A sur (BC) et I est le milieu de [BC]. On projette orthogonalement H en J sur la droite (AB) et en K sur la droite (AC).

1. a) Démontrez que $\overrightarrow{AB} \cdot \overrightarrow{JK} + \overrightarrow{AC} \cdot \overrightarrow{JK} = 2\overrightarrow{AI} \cdot \overrightarrow{JK}$.

Aide : $\vec{u} \cdot \vec{w} + \vec{v} \cdot \vec{w} = (\vec{u} + \vec{v}) \cdot \vec{w}$.

b) Démontrez que $\overrightarrow{AB} \cdot \overrightarrow{JK} = \overrightarrow{AB} \cdot \overrightarrow{HA}$
et que $\overrightarrow{AC} \cdot \overrightarrow{JK} = \overrightarrow{AC} \cdot \overrightarrow{AH}$.

2. Déduisez des questions précédentes que les droites (AI) et (JK) sont perpendiculaires.

Aide : Voir l'exercice résolu 3, page 337.

★ **67** $\widehat{xOy}$ est un angle droit, A, B, C et D sont quatre points disposés comme l'indique la figure. I est le milieu de [AD].

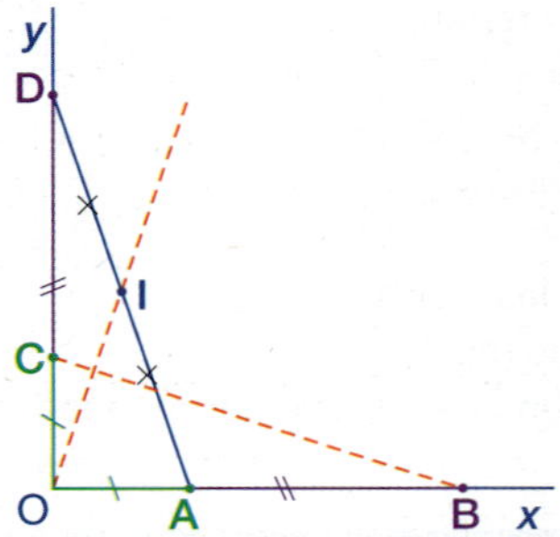

L'objectif est de démontrer que les droites (BC) et (OI) sont perpendiculaires.

A. *Solution analytique*

On choisit le repère orthonormal $(O ; \vec{i}, \vec{j})$ tel que $A(a ; 0)$, $a > 0$ et $D(0 ; b)$, $b > 0$.

1. Placez ce repère sur une figure.

2. Calculez, en fonction de *a* et *b*, les coordonnées des points B, C, I.

3. Déduisez-en que les droites (OI) et (BC) sont perpendiculaires.

B. *Solution géométrique*

1. a) Justifiez que $2\overrightarrow{OI} = \overrightarrow{OA} + \overrightarrow{OD}$.

b) Déduisez-en que :

$$2\overrightarrow{OI} \cdot \overrightarrow{CB} = \overrightarrow{OA} \cdot \overrightarrow{OB} - \overrightarrow{OC} \cdot \overrightarrow{OD}.$$

2. Démontrez alors que les droites (OI) et (BC) sont perpendiculaires.

Aide : Voir l'exercice résolu 3, page 337.

★ **68 La médiane de l'un est hauteur de l'autre**

ABC est un triangle quelconque, BAE et CAF sont deux triangles rectangles isocèles disposés comme l'indique la figure ci-dessous. On note $AB = c$, $AC = b$ et $\widehat{BAC} = \alpha$.

1. Calculez $\overrightarrow{AE} \cdot \overrightarrow{AC}$ et $\overrightarrow{AB} \cdot \overrightarrow{AF}$ en fonction de *b*, *c* et α.

2. On note I le milieu de [BC]. En utilisant les résultats précédents, démontrez que (AI) et (EF) sont deux droites perpendiculaires.

Aide : $2\overrightarrow{AI} = \overrightarrow{AB} + \overrightarrow{AC}$ et $\overrightarrow{EF} = \overrightarrow{AF} - \overrightarrow{AE}$.

Note : On démontre de même que la médiane issue de A dans le triangle EAF est hauteur du triangle ABC.

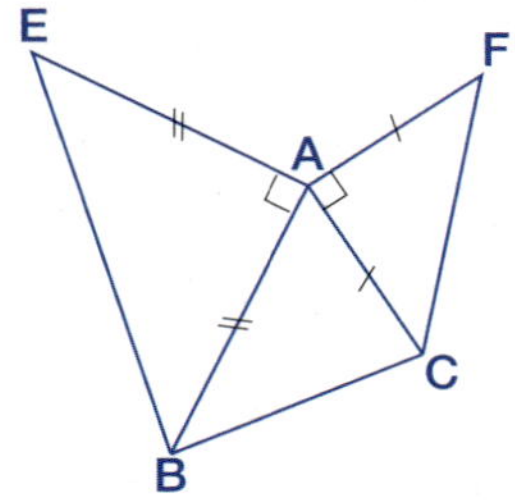

★ **69** ABC est un triangle isocèle en A, O est le milieu de [BC], H le projeté orthogonal de O sur (AC) et I le milieu de [OH].

1. a) Démontrez que :

$$2\overrightarrow{AI} \cdot \overrightarrow{BH} = \overrightarrow{AO} \cdot \overrightarrow{CH} + \overrightarrow{AH} \cdot \overrightarrow{BC} + \overrightarrow{AH} \cdot \overrightarrow{CH}.$$

b) Démontrez que :

$$\overrightarrow{AO} \cdot \overrightarrow{CH} = \overrightarrow{AH} \cdot \overrightarrow{CH} \text{ et } \overrightarrow{AH} \cdot \overrightarrow{BC} = 2\overrightarrow{AH} \cdot \overrightarrow{HC}.$$

2. Déduisez-en que les droites (BH) et (AI) sont perpendiculaires.

★ **70 Un alignement surprenant**

a, *b*, *c* sont trois réels non nuls et $b \neq c$. Dans un repère orthonormal $(O ; \vec{i}, \vec{j})$, on donne $A(0 ; a)$ $B(b ; 0)$ et $C(c ; 0)$. On note H l'orthocentre du triangle ABC, *d* la perpendiculaire en B à (BC) et *d'* la perpendiculaire en C à (BC). On mène par O la perpendiculaire à (AB) qui rencontre *d* en P et la perpendiculaire à (AC) qui rencontre *d'* en Q.

1. a) Démontrez que l'ordonnée de H est $-\dfrac{bc}{a}$.

Aide : $\overrightarrow{BH} \cdot \overrightarrow{AC} = 0$.

b) Calculez les ordonnées des points P et Q en fonction de *a*, *b*, *c*.

2. Déduisez des questions précédentes que les points P, Q et H sont alignés.

★ **71 La droite d'Euler dans un triangle**

A. Questions préliminaires

Les deux questions sont indépendantes.

1. A, B, C sont trois points distincts non alignés. Démontrez que le seul vecteur $\vec{u}$ tel que $\vec{u} \cdot \overrightarrow{AB} = 0$ et $\vec{u} \cdot \overrightarrow{BC} = 0$ est le vecteur nul.

2. OBC est un triangle isocèle en O. Démontrez que :

$$(\overrightarrow{OB} + \overrightarrow{OC}) \cdot \overrightarrow{BC} = 0 \quad [1]$$

B. ABC est un triangle, $\mathscr{C}$ son cercle circonscrit de centre O, H son orthocentre et G son centre de gravité.

1. a) En utilisant la relation [1] et $\overrightarrow{HO}+\overrightarrow{OA}=\overrightarrow{HA}$, démontrez que :

$$(\overrightarrow{HO}+\overrightarrow{OA}+\overrightarrow{OB}+\overrightarrow{OC})\cdot\overrightarrow{BC}=0.$$

b. Démontrez que même que :

$$(\overrightarrow{HO}+\overrightarrow{OA}+\overrightarrow{OB}+\overrightarrow{OC})\cdot\overrightarrow{AB}=0.$$

c) En utilisant **A.1**, déduisez-en que :

$$\overrightarrow{OH}=\overrightarrow{OA}+\overrightarrow{OB}+\overrightarrow{OC}.$$

2. a) En tenant compte de $\overrightarrow{GA}+\overrightarrow{GB}+\overrightarrow{GC}=\vec{0}$, démontrez que :

$$\overrightarrow{OA}+\overrightarrow{OB}+\overrightarrow{OC}=3\overrightarrow{OG}.$$

b) Déduisez des questions précédentes que O, H et G sont trois points alignés. Cette droite est appelée **droite d'Euler** du triangle ABC.

★★ 72 Optimisation

Le but de l'exercice est de démontrer le résultat suivant : « Parmi tous les triangles inscrits dans un cercle, ceux dont la somme des carrés des côtés est maximale sont les triangles équilatéraux ».

ABC est un triangle, G son centre de gravité, $\mathscr{C}$ son cercle circonscrit de centre O et de rayon R.

1. a) Démontrez que pour tout point M :

$$MA^2=MG^2+GA^2-2\overrightarrow{GM}\cdot\overrightarrow{GA}.$$

b) Exprimez MB^2 et MC^2 de la même manière.

c) Déduisez-en que, pour tout point M :

$$MA^2+MB^2+MC^2=3MG^2+GA^2+GB^2+GC^2 \quad [1].$$

2. a) Que devient la relation [1] dans chacun des cas suivants ?

M est en A; M est en B; M est en C; M est en O.

b) Déduisez-en que :

$$AB^2+AC^2+BC^2=3(GA^2+GB^2+GC^2)$$

et $\quad GA^2+GB^2+GC^2=3(R^2-OG^2)$.

3. a) De la question précédente, déduisez que :

$$AB^2+AC^2+BC^2=9(R^2-OG^2) \text{ avec } OG<R.$$

b) Démontrez que si G est distinct de O, alors :

$$AB^2+AC^2+BC^2<9R^2.$$

c) Démontrez que $AB^2+AC^2+BC^2$ est maximal si et seulement si G est en O (ou ABC est équilatéral).

★★ 73

d et Δ sont deux droites sécantes en A, B et B′ deux points quelconques de d et C et C′ deux points quelconques de Δ.

M et N sont les milieux respectifs de [BC′] et [B′C].

H et H′ sont les orthocentres respectifs des triangles ABC et AB′C′.

Le but de l'exercice est de démontrer que les droites (MN) et (HH′) sont perpendiculaires.

1. Démontrez que $\overrightarrow{BB'}-\overrightarrow{CC'}=2\overrightarrow{MN}$.

Aide : Décomposez $\overrightarrow{BB'}$ et $\overrightarrow{CC'}$ par la relation de Chasles en faisant apparaître le vecteur $\overrightarrow{MN}$.

2. a) Démontrez que $\overrightarrow{HH'}\cdot\overrightarrow{CC'}=\overrightarrow{BB'}\cdot\overrightarrow{CC'}$.

b) Démontrez que $\overrightarrow{HH'}\cdot\overrightarrow{BB'}=\overrightarrow{CC'}\cdot\overrightarrow{BB'}$.

3. Déduisez des deux questions précédentes que les droites (MN) et (HH′) sont perpendiculaires.

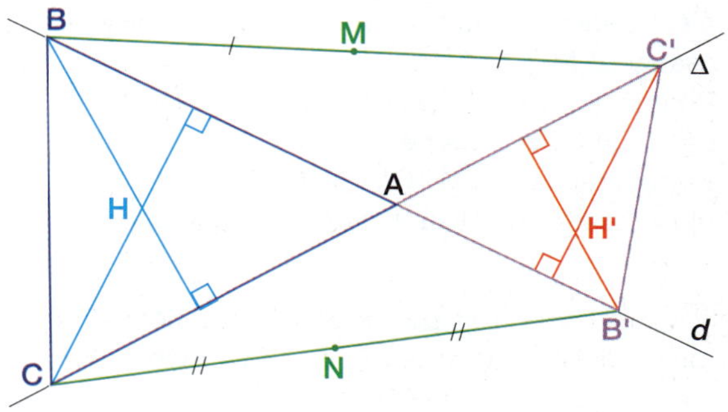

Vrai ou faux ?

Pour chacune des affirmations suivantes, dites si elle est vraie ou fausse. Justifiez chaque fois votre réponse.

★ 74 Si A, B, C sont trois points non alignés, il existe un point M unique, distinct de B, tel que $\overrightarrow{MA}\cdot\overrightarrow{MB}=0$ et $\overrightarrow{MB}\cdot\overrightarrow{BC}=0$.

★★ 75 « ABC est un triangle isocèle en A » équivaut à $\overrightarrow{BC}\cdot\overrightarrow{BA}=\dfrac{BC^2}{2}$.

★★ 76 Si A, B, C sont trois points tels que $\overrightarrow{AB}\cdot\overrightarrow{AC}<0$, il n'existe pas de point M dans le plan tel que l'on ait à la fois $\overrightarrow{AB}\cdot\overrightarrow{CM}=0$ et $\overrightarrow{MA}\cdot\overrightarrow{MB}=0$.

Lieux géométriques

Note : Pour ces exercices, vous pouvez vous reporter à la partie *Types de problèmes et raisonnements*, § 4, p. 418.

77 On donne une droite d et un point O extérieur à d qui se projette orthogonalement en H sur d. À tout point M variable sur d, on associe le point M′ tel que O, M, M′ sont alignés et $\overrightarrow{OM}\cdot\overrightarrow{OM'}=OH^2$.

1. a) Vérifiez que $\overrightarrow{OM}\cdot\overrightarrow{OH}=OH^2$.

b) Déduisez-en que M′ est le projeté orthogonal de H sur (OM).

2. Le but de cette question est de trouver le lieu $\mathscr{L}$ de M′ lorsque M décrit d.

a) Démontrez que M′ appartient à un cercle fixe $\mathscr{C}$ que vous préciserez. On prouve ainsi que $\mathscr{L}$ est inclus dans $\mathscr{C}$.

b) Réciproquement, il reste à répondre à la question suivante : Tout point M′ de $\mathscr{C}$ est-il un point de $\mathscr{L}$, c'est-à-dire existe-t-il M de *d*, tel que M′ soit associé à M ?
Prenez un point M′ quelconque de $\mathscr{C}$ distinct de O. La droite (OM′) coupe *d* en M.
Démontrez que $\overrightarrow{OM} \cdot \overrightarrow{OM'} = OH^2$.

c) Déduisez-en le lieu $\mathscr{L}$ de M′ lorsque M décrit *d*.

★ **78** A, B, H sont trois points alignés distincts et H est un point distinct du milieu O de [AB]. On note *d* la perpendiculaire en H à (AB).
M est un point variable de *d*, distinct de H. On trace par A la perpendiculaire à (AM) et par B la perpendiculaire à (BM). Ces droites se coupent en N. Le but de l'exercice est de trouver le lieu $\mathscr{L}$ de N lorsque M décrit *d*, privé de H.

1. On note K le projeté orthogonal de N sur (AB).

a) Démontrez que :
$$\overrightarrow{BN} \cdot \overrightarrow{BA} = \overrightarrow{BN} \cdot \overrightarrow{MA} = \overrightarrow{BA} \cdot \overrightarrow{MA}.$$

b) Déduisez-en que $\overrightarrow{BK} \cdot \overrightarrow{BA} = \overrightarrow{BA} \cdot \overrightarrow{HA}$ et que $\overrightarrow{KA} = \overrightarrow{BH}$.

c) Démontrez alors que H et K sont symétriques par rapport au milieu O de [AB] et que N est un point de la droite fixe Δ perpendiculaire en K à (AB).
On prouve ainsi que le lieu $\mathscr{L}$ de N est inclus dans Δ.

2. Réciproquement, il reste à répondre à la question suivante : Étant donné un point N de Δ, existe-t-il un point M de *d*, tel que N soit associé à M ?

a) Refaites une figure en plaçant uniquement les éléments fixes, à savoir A, B, H, K, *d* et Δ.

b) N est un point quelconque de Δ distinct de K, les perpendiculaires en A et B à (AN) et (BN) se coupent en M′. En vous aidant des questions **1.a)** et **1.b)**, démontrez que M′ est un point de *d*.

c) Lorsque N est en K, peut-on lui associer un point M ? Déduisez alors le lieu $\mathscr{L}$ de N.

Note : Cet exercice donne une solution géométrique de l'exercice 46, *Pour apprendre à chercher.*

★ **79** ABC est un triangle quelconque donné et Δ une droite variable passant par A distincte de (AB) et (AC). Les points B et C se projettent orthogonalement sur Δ, respectivement en B′ et C′. B′ se projette orthogonalement en P sur (AC) et C′ se projette orthogonalement en Q sur (AB). Enfin les droites (B′P) et (C′Q) se coupent en M.

1. Quels sont les éléments fixes de la figure ? les éléments mobiles ?

2. a) Justifiez que $\overrightarrow{AB} \cdot \overrightarrow{C'M} = 0$, puis en utilisant $\overrightarrow{C'M} = \overrightarrow{AM} - \overrightarrow{AC'}$, déduisez-en que :
$$\overrightarrow{AB} \cdot \overrightarrow{AM} = \overrightarrow{AB} \cdot \overrightarrow{AC'}$$
puis que $$\overrightarrow{AB} \cdot \overrightarrow{AM} = \overrightarrow{AB'} \cdot \overrightarrow{AC'}.$$
Démontrez de même que $\overrightarrow{AC} \cdot \overrightarrow{AM} = \overrightarrow{AC'} \cdot \overrightarrow{AB'}$.

b) Déduisez de la question précédente que les droites (AM) et (BC) sont perpendiculaires.

3. Sur quelle ligne fixe se déplace le point M lorsque Δ varie ?

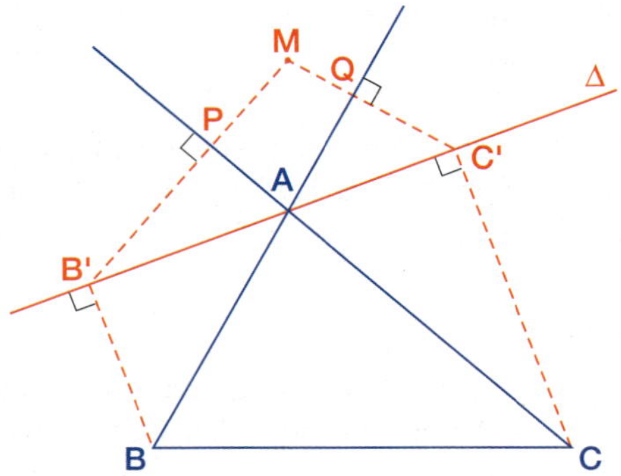

★★ **80** $\mathscr{C}$ est un cercle de centre O et de rayon R et A un point donné tel que OA = 2R. Une droite *d*, variable passant par A, distincte de (OA), coupe $\mathscr{C}$ en B et C. Les tangentes menées par B et C au cercle $\mathscr{C}$ se coupent en M. La droite (OM) coupe (BC) en I et M se projette orthogonalement en H sur (OA).

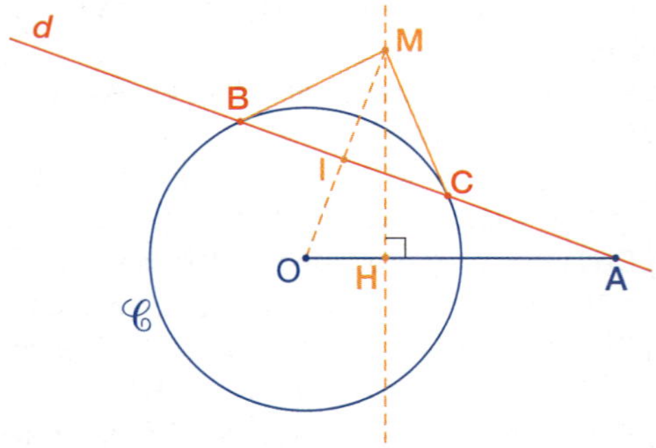

1. Quelles sont les éléments fixes de la figure ? les éléments mobiles ?

2. Démontrez que (OM) est la médiatrice de [BC].

3. a) Démontrez que :
$$\overrightarrow{OH} \cdot \overrightarrow{OA} = \overrightarrow{OM} \cdot \overrightarrow{OA} = \overrightarrow{OM} \cdot \overrightarrow{OI}.$$

b) Démontrez que $\overrightarrow{OM} \cdot \overrightarrow{OI} = \overrightarrow{OM} \cdot \overrightarrow{OB} = OB^2$.

c) Déduisez-en $\overrightarrow{OH} \cdot \overrightarrow{OA} = R^2$ et que H est un point fixe que vous préciserez.

d) Déduisez de la question précédente que M appartient à une droite fixe Δ lorsque *d* pivote autour de A.

4. On se propose dans cette question de trouver le lieu $\mathscr{L}$ de M lorsque *d* pivote autour de A. De la question précédente on déduit que $\mathscr{L}$ est inclus dans Δ.

D'où la question suivante :
Si M est un point quelconque de Δ, peut-on mener de M deux droites tangentes en B et C au cercle $\mathscr{C}$ telles que (BC) passe par A ?

a) Pourquoi M n'est-il pas intérieur au cercle $\mathscr{C}$?

b) On note E et F les intersections de Δ et de $\mathscr{C}$.
Prenez M sur Δ, extérieur à $\mathscr{C}$, tracez par M les droites tangentes en B et C à $\mathscr{C}$.
Pourquoi (BC) n'est-elle pas parallèle à (OA) ?

c) La droite (BC) coupe (OA) en A′. En utilisant la question 3, démontrez que :
$$\overrightarrow{OH} \cdot \overrightarrow{OA'} = R^2 \text{ et } A = A'.$$
Démontrez que $\overrightarrow{OE} \cdot \overrightarrow{OA} = \overrightarrow{OH} \cdot \overrightarrow{OA} = R^2$.

d) Déduisez des questions précédentes le lieu $\mathscr{L}$ de M lorsque d pivote autour de A.

Ensembles de points

Note : Pour ces exercices, vous pouvez vous reporter à la partie *Types de problèmes et raisonnements*, § 3, p. 416.

81 Dans un repère orthonormal $(O ; \vec{\imath}, \vec{\jmath})$, on donne les points A(3 ; 2) et B(0 ; 6). On note M(x ; y) un point quelconque.

1. Calculez les produits scalaires $\overrightarrow{OA} \cdot \overrightarrow{OM}$ et $\overrightarrow{OB} \cdot \overrightarrow{OM}$ en fonction de x et y.

2. a) Prouvez que l'ensemble Δ_1 des points M tels que $\overrightarrow{OA} \cdot \overrightarrow{OM} = 18$ est une droite que vous construirez.

b) Prouvez que l'ensemble Δ_2 des points tels que $\overrightarrow{OB} \cdot \overrightarrow{OM} = 18$ est une droite que vous construirez.

3. a) Démontrez qu'il existe un seul point C, dont vous préciserez les coordonnées, tel que :
$$\overrightarrow{OA} \cdot \overrightarrow{OC} = \overrightarrow{OB} \cdot \overrightarrow{OC} = 18.$$

b) Démontrez que les droites (OC) et (AB) sont perpendiculaires.

82 Dans un repère orthonormal $(O ; \vec{\imath}, \vec{\jmath})$, A a pour coordonnées (– 3 ; 1) et B a pour coordonnées (1 ; 5). On note M un point quelconque de coordonnées (x ; y).

1. Démontrez que $MA^2 - MB^2 = 8x + 8y - 16$.

2. Construisez l'ensemble des points M tels que $MA^2 - MB^2 = -8$.

★ **83** ABCD est un carré de côté 2 et de centre O. On note I le milieu de [AB].

1. Démontrez que l'ensemble des points M tels que $\overrightarrow{AB} \cdot \overrightarrow{AM} = 2$ est la droite (OI).

2. a) Démontrez que $\overrightarrow{MA} \cdot \overrightarrow{MB} = MI^2 - 1$.

b) Déduisez-en que l'ensemble des points M tels que $\overrightarrow{MA} \cdot \overrightarrow{MB} = 4$ est le cercle de centre I passant par C.

Note : Vous pouvez vous reporter au TD 4, page 342.

★ **84** ABCD est un carré de côté 2, I est le milieu de [AB].

1. a) Démontrez que pour tout point M :
$$MA^2 - MB^2 = (\overrightarrow{MA} + \overrightarrow{MB}) \cdot (\overrightarrow{MA} - \overrightarrow{MB}) = 2\overrightarrow{IM} \cdot \overrightarrow{AB}.$$

b) Déduisez-en que l'ensemble des points M tels que $MA^2 - MB^2 = 4$ est l'ensemble des points M tels que $\overrightarrow{IM} \cdot \overrightarrow{AB} = 2$.

2. Démontrez alors que l'ensemble des points M tels que $MA^2 - MB^2 = 4$ est la droite (BC).

Pour un bilan

Pour chacun des exercices suivants, plusieurs des affirmations proposées peuvent être exactes. Dites lesquelles.

Q1 $\vec{u}$ et $\vec{v}$ sont deux vecteurs tels que $\|\vec{u}\|^2 = \|\vec{v}\|^2$.

a) $\vec{u} = \vec{v}$.

b) $\|\vec{u}\| = \|\vec{v}\|$.

c) $\vec{u} + \vec{v}$ et $\vec{u} - \vec{v}$ sont orthogonaux.

Q2 A, B, C sont trois points non alignés ; AB = 1, AC = 2 et $\overrightarrow{AB} \cdot \overrightarrow{AC} = k$.

a) $k \in [-2 ; 2]$.

b) $k \in]-2 ; 2[$.

c) $k > 0$.

d) $BC^2 = 5 - 2k$.

Q3 $\vec{u}$, $\vec{v}$, $\vec{w}$ sont non nuls tels que $\vec{u} \cdot \vec{v} = \vec{u} \cdot \vec{w}$.

a) $\vec{v} = \vec{w}$.

b) $\vec{u}$ est orthogonal à $(\vec{v} - \vec{w})$.

c) $\vec{v}$ et $\vec{w}$ sont colinéaires.

Q4 ABC est un triangle tel que AB = 3 ; AC = 4 ; BC = 6, O est le milieu de [BC] et H le projeté orthogonal de A sur (BC).

a) $AO = 2\sqrt{2}$.

b) $\overrightarrow{AB} \cdot \overrightarrow{AC} < 12$.

c) $\overrightarrow{OH} \cdot \overrightarrow{CB} = \dfrac{7}{2}$.

d) H appartient à [BC].

problèmes de synthèse

85 Thèmes : Hyperbole. Produit scalaire

Dans un repère orthonormal $(O\,;\vec{\imath},\vec{\jmath})$, on note $\mathscr{H}$ l'hyperbole représentative de la fonction $f : x \mapsto \frac{1}{x}$.

M_1, M_2 et M_3 sont trois points de $\mathscr{H}$ d'abscisses respectives x_1, x_2 et x_3 telles que $0 < x_1 < x_2$ et $x_3 < 0$.

1. Construisez $\mathscr{H}$ et placez M_1, M_2, M_3.

2. On note H, de coordonnées $(x\,;y)$, l'orthocentre du triangle $M_1M_2M_3$.

Le but de l'exercice est de démontrer que H est sur l'hyperbole $\mathscr{H}$. Pour cela, on calcule d'abord les coordonnées de H en fonction de x_1, x_2, x_3.

a) Démontrez que le vecteur $\overrightarrow{M_1M_3}$ est colinéaire au vecteur $\vec{u}(x_1x_3\,;-1)$.

b) En remarquant que $\vec{u}\cdot\overrightarrow{M_2H} = 0$, démontrez que x et y vérifient :

$$(x_1x_3)x - y = x_1x_2x_3 - \frac{1}{x_2}.$$

c) De manière analogue, démontrez que x et y vérifient :

$$(x_2x_1)x - y = x_1x_2x_3 - \frac{1}{x_3}.$$

3. a) Déduisez-en les coordonnées de H en fonction de x_1, x_2 et x_3.

b) Démontrez que H est un point de $\mathscr{H}$.

★ **86 Thèmes : Parallélogramme. Losange. Équation du second degré**

ABCD est un parallélogramme, A′ le symétrique de A par rapport à B, B′ le symétrique de B par rapport à C, C′ celui de C par rapport à D et D′ celui de D par rapport à A.

1. a) Démontrez que $\overrightarrow{D'A'} = \overrightarrow{C'B'}$.

b) Déduisez-en la nature du quadrilatère A′B′C′D′.

2. On note $\widehat{BAD} = \alpha$, $AB = a$, $BC = b$. Le but de la question est de savoir à quelles conditions, portant sur a, b, α, le parallélogramme A′B′C′D′ est un losange.

a) Démontrez que :

$$A'B'^2 = (\overrightarrow{A'B} + \overrightarrow{BB'})^2 = a^2 + 4b^2 - 4ab\cos\alpha.$$

De la même manière, à partir de la relation $\overrightarrow{B'C'} = \overrightarrow{B'C} + \overrightarrow{CC'}$, calculez $B'C'^2$ en fonction de a, b, α.

b) On pose $\frac{b}{a} = X$. Démontrez que « A′B′C′D′ est un losange » équivaut à :

$$3X^2 - 8(\cos\alpha)X - 3 = 0.$$

c) On fixe $\alpha = \frac{\pi}{4}$. Choisissez a et b pour que A′B′C′D′ soit un losange. Faites la figure.

(d'après IUFM Antilles-Guyanne)

★ **87 Thèmes : Produit scalaire. Aire. Suite géométrique**

A. ABC est un triangle équilatéral de côté a et λ un réel de l'intervalle $]0\,;1[$. On note A_1 et C_1 les points tels que $\overrightarrow{AA_1} = \lambda\overrightarrow{AB}$ et $\overrightarrow{CC_1} = \lambda\overrightarrow{CA}$.

1. a) Vérifiez que $AA_1 = \lambda a$ et $AC_1 = (1-\lambda)a$.

b) Calculez $\overrightarrow{AA_1}\cdot\overrightarrow{AC_1}$ en fonction de λ et a.

c) Déduisez-en $\overrightarrow{A_1A}\cdot\overrightarrow{A_1C_1}$ en fonction de λ et a.

2. Comment choisir λ pour que (A_1C_1) soit perpendiculaire à (AB) ?

B. On note $\mathscr{T}$ le triangle équilatéral ABC et $\mathscr{T}_1$ le triangle $A_1B_1C_1$ obtenu de la manière suivante :

$$\overrightarrow{AA_1} = \frac{1}{3}\overrightarrow{AB}\,;\ \overrightarrow{CC_1} = \frac{1}{3}\overrightarrow{CA} \text{ et } \overrightarrow{BB_1} = \frac{1}{3}\overrightarrow{BC}.$$

1. a) Démontrez que $A_1C_1 = \frac{a\sqrt{3}}{3}$ et que $A_1B_1C_1$ est équilatéral.

b) On note s l'aire de ABC et s_1 l'aire de $A_1B_1C_1$.

Démontrez que $s_1 = \frac{1}{3}s$.

2. On construit $\mathscr{T}_2$ à partir de $\mathscr{T}_1$ suivant le procédé qui a permis de construire $\mathscr{T}_1$ à partir de $\mathscr{T}$. En réitérant cette opération, on obtient une suite $\mathscr{T}, \mathscr{T}_1, \mathscr{T}_2, \dots, \mathscr{T}_n, \dots$ de triangles équilatéraux d'aires respectives $s, s_1, \dots, s_n$.

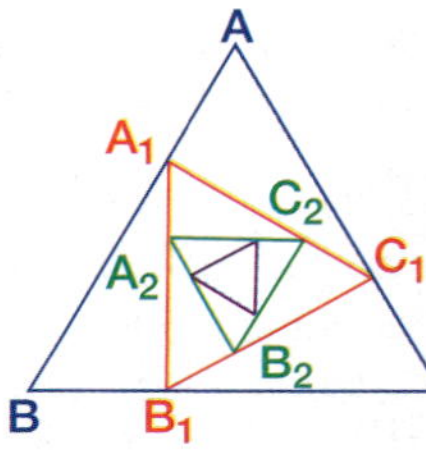

a) Calculez s_n en fonction de a et n.

b) Combien de fois faut-il réitérer la construction pour obtenir un triangle dont l'aire est inférieure à $10^{-3}\,s$?

Pour chercher plus

★★★ **88** OASB est un parallélogramme, $\mathscr{C}$ un cercle passant par O qui coupe (OA), (OB), (OS) respectivement en A′, B′, S′.

Prouvez que $\overrightarrow{OA}\cdot\overrightarrow{OA'} + \overrightarrow{OB}\cdot\overrightarrow{OB'} = \overrightarrow{OS}\cdot\overrightarrow{OS'}$.

★★★ **89** [AB] est un diamètre donné d'un cercle $\mathscr{C}$ de centre O. À tout point M de $\mathscr{C}$ distinct de A, on associe M′ tel que $\overrightarrow{AM}\cdot\overrightarrow{AM'} = AB^2$ et A, M, M′ alignés. Quel est le lieu $\mathscr{L}$ de M′ lorsque M décrit $\mathscr{C}$ privé de A ?

★★★ **90** ABC est un triangle et Δ une droite. On note A′, B′, C′ les projetés orthogonaux de A, B, C sur Δ. La perpendiculaire à (AC) passant par B′ coupe en O la perpendiculaire à (AB) passant par C′.

Démontrez que (BC) est perpendiculaire à (OA′).

chapitre 13

Applications du produit scalaire

Approche historique

Un problème

Comment donner un sens mathématique à l'idée d'éloignement relatif d'un point M *quelconque de trois points distincts* A, B *et* C *dans le plan ?*

Des éléments de réflexion

C'est encore Lazare Carnot qui, après Leibniz, s'intéressa vers 1800 aux seules propriétés métriques des figures géométriques. Il avait dû fuir Paris, renversé par le coup d'Etat de septembre 1797, et occupait sa retraite forcée en Bavière à résoudre des problèmes qui lui plaisaient.
Il interprétait alors les points remarquables dans les triangles comme fournissant le minimum de certaines fonctions. Ainsi, le minimum de la fonction $AM^2 + BM^2 + CM^2$ est-il atteint lorsque M occupe le centre de gravité G du triangle ABC.
Les lignes de niveau de cette fonction sont les cercles centrés en G, ce que l'emploi du produit scalaire permet de trouver facilement.
Et si l'on a deux points seulement, A et B, c'est le milieu du segment [AB] qui intervient à travers la relation de la médiane expliquée dans ce chapitre.
Celle-ci s'exprimait depuis longtemps sous le nom d'identité du parallélogramme ou identité d'Apollonius en l'honneur du géomètre grec : la somme des carrés des longueurs des quatre côtés d'un parallélogramme est égale à la somme des carrés des longueurs des deux diagonales :

$$AB^2 + BC^2 + CD^2 + DA^2 = AC^2 + DB^2.$$

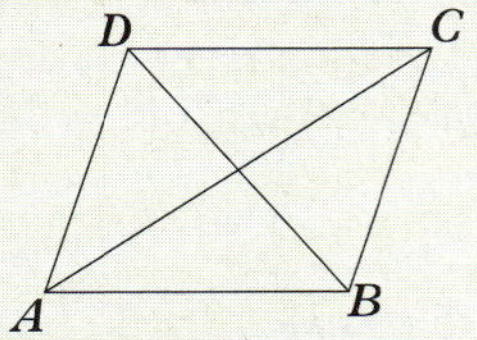

En 1935, John von Neumann (Budapest, 1903 - Princeton, 1957) et Pascual Jordan (Hanovre, 1902 - Hambourg, 1980) ont montré réciproquement que, de cette relation métrique, on peut construire le produit scalaire et la notion d'angle droit.

John von Neumann (Budapest, 1903 – Princeton, 1957)

Cours

1 Relations métriques dans un triangle

ABC est un triangle, selon l'usage, on note $AB = c$, $BC = a$, $CA = b$, S l'aire du triangle, $\widehat{A} = \widehat{BAC}$, $\widehat{B} = \widehat{CBA}$ et $\widehat{C} = \widehat{ACB}$.

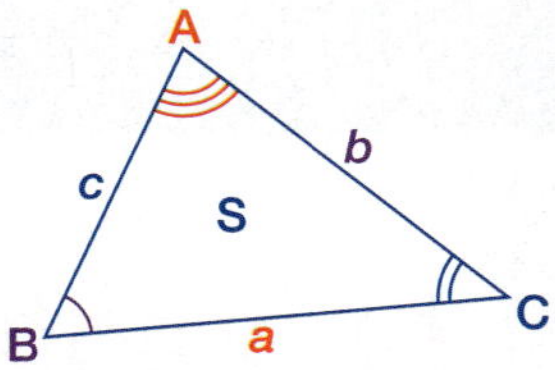

1 1 La relation d'Al Kashi

Théorème 1

Avec les notations usuelles, $a^2 = b^2 + c^2 - 2bc\cos\widehat{A}$.

NOTE
On obtient de même
$b^2 = c^2 + a^2 - 2ac\cos\widehat{B}$
et
$c^2 = a^2 + b^2 - 2ab\cos\widehat{C}$.

Démonstration : $\overrightarrow{BC} = \overrightarrow{AC} - \overrightarrow{AB}$ donc $BC^2 = (\overrightarrow{AC} - \overrightarrow{AB})^2 = AC^2 + AB^2 - 2\overrightarrow{AC}\cdot\overrightarrow{AB}$.
Or $AC^2 = b^2$, $AB^2 = c^2$ et $\overrightarrow{AC}\cdot\overrightarrow{AB} = AC \times AB \times \cos\widehat{A} = bc\cos\widehat{A}$.
Il en résulte que $a^2 = b^2 + c^2 - 2bc\cos\widehat{A}$.

1 2 Le théorème de la médiane

Théorème 2

ABC est un triangle, I est le milieu de [BC]. Alors :

$$AB^2 + AC^2 = 2AI^2 + \frac{BC^2}{2}$$

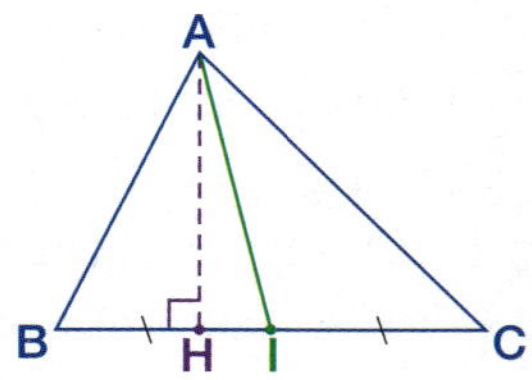

NOTE
Par soustraction,
$AB^2 - AC^2 = 4\overrightarrow{AI}\cdot\overrightarrow{IB}$
$= 2\overrightarrow{AI}\cdot\overrightarrow{CB}$.
Or $\overrightarrow{AI}\cdot\overrightarrow{CB} = \overrightarrow{HI}\cdot\overrightarrow{CB}$
(*théorème* 3, *chap.* 12)
donc :
$\mathbf{AB^2 - AC^2 = 2\overrightarrow{BC}\cdot\overrightarrow{IH}}$.

Démonstration : $\overrightarrow{AB} = \overrightarrow{AI} + \overrightarrow{IB}$ et $\overrightarrow{AC} = \overrightarrow{AI} + \overrightarrow{IC} = \overrightarrow{AI} - \overrightarrow{IB}$;
donc $AB^2 = (\overrightarrow{AI} + \overrightarrow{IB})^2 = AI^2 + IB^2 + 2\overrightarrow{AI}\cdot\overrightarrow{IB}$ et $AC^2 = (\overrightarrow{AI} - \overrightarrow{IB})^2 = AI^2 + IB^2 - 2\overrightarrow{AI}\cdot\overrightarrow{IB}$.
Par addition, il en résulte que : $AB^2 + AC^2 = 2AI^2 + 2IB^2 = 2AI^2 + \frac{BC^2}{2}$, car $IB = \frac{BC}{2}$.

1 3 Autres relations dans un triangle

Théorème 3

Avec les notations usuelles, $S = \frac{1}{2}bc\sin\widehat{A}$.

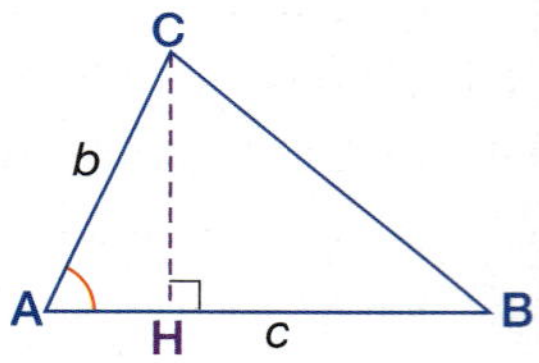

NOTE
Si ABC est rectangle en A, alors $\widehat{A} = \frac{\pi}{2}$ et les théorèmes 1 et 3 donnent :
$a^2 = b^2 + c^2$
et $S = \frac{1}{2}bc$.
On retrouve le théorème de Pythagore et l'aire d'un triangle rectangle.

Démonstration : On sait que $S = \frac{1}{2}AB \times CH$.

Lorsque l'angle $\widehat{A}$ est aigu, $CH = CA\sin\widehat{A}$ et lorsque l'angle $\widehat{A}$ est obtus, $CH = CA\sin(\pi - \widehat{A}) = CA\sin\widehat{A}$. Ainsi, dans les deux cas de figures, $S = \frac{1}{2}AB \times AC\sin\widehat{A}$ ou $S = \frac{1}{2}bc\sin\widehat{A}$.

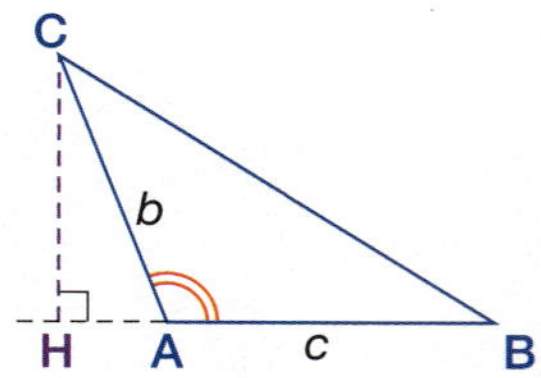

Conséquence :

D'après le théorème 3, $2S = bc\sin\widehat{A} = ca\sin\widehat{B} = ab\sin\widehat{C}$.

En multipliant 2S par $\frac{1}{abc}$, on obtient $\frac{2S}{abc} = \frac{\sin\widehat{A}}{a} = \frac{\sin\widehat{B}}{b} = \frac{\sin\widehat{C}}{c}$.

Or les sinus des angles d'un triangle sont différents de zéro, donc :

$$\frac{a}{\sin\widehat{A}} = \frac{b}{\sin\widehat{B}} = \frac{c}{\sin\widehat{C}}$$

Pour mieux comprendre

À QUOI SERVENT les relations métriques dans un triangle ?

- À calculer les mesures des angles $\widehat{A}, \widehat{B}, \widehat{C}$ lorsqu'on connaît les longueurs a, b, c (▶ **exercice résolu 1**) ;
- À calculer les longueurs de tous les côtés et les mesures de tous les angles, à partir de certaines d'entre elles (▶ **exercice résolu 2**) ;
- À calculer les longueurs des hauteurs et des médianes (▶ **exercice résolu 1**).

Exercices résolus

Exo 1 Calculer dans un triangle

ABC est un triangle tel que, avec les notations usuelles :

$$a = 32 \; ; b = 28 \; ; c = 20 .$$

Trouvez une mesure de $\widehat{A}, \widehat{B}, \widehat{C}$ et calculez les longueurs de la médiane et de la hauteur issues de A.

Solution commentée

Calcul des angles

$a^2 = b^2 + c^2 - 2bc\cos\widehat{A}$

donc $32^2 = 28^2 + 20^2 - 2 \times 28 \times 20\cos\widehat{A}$

et $\cos\widehat{A} = \frac{1}{7}$.

Or $0 < \widehat{A} < \pi$, donc 82° est une mesure approchée de $\widehat{A}$ à un degré près.

De même, à partir de $b^2 = c^2 + a^2 - 2ac\cos\widehat{B}$, on trouve $\cos\widehat{B} = \frac{1}{2}$ donc $\widehat{B} = 60°$.

On déduit aisément $\widehat{C}$.

Calcul de la hauteur

On pose $AH = h$.

De $\frac{1}{2}bc\sin\widehat{A} = \frac{1}{2}ah$,

on tire $h = \frac{bc}{a}\sin\widehat{A}$.

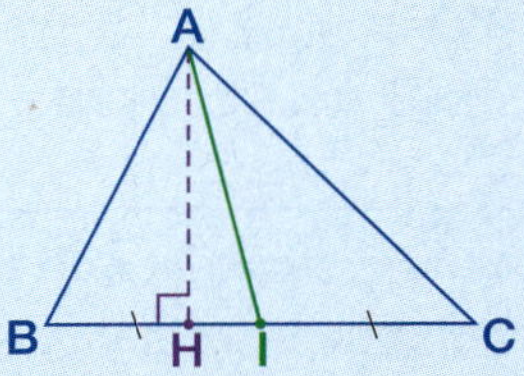

Donc pour obtenir h, il faut calculer $\sin\widehat{A}$.

Or $\sin^2\widehat{A} = 1 - \cos^2\widehat{A} = 1 - \frac{1}{49} = \frac{48}{49}$.

De plus $0 < \widehat{A} < \pi$, donc $\sin\widehat{A} > 0$.

Il en résulte que :

$$\sin\widehat{A} = \frac{4\sqrt{3}}{7} \text{ et } h = \frac{28 \times 20}{32} \times \frac{4\sqrt{3}}{7} = 10\sqrt{3}.$$

Calcul de la médiane

On note I le milieu de $[BC]$ et on pose $AI = m$.

D'après le théorème de la médiane :

$$b^2 + c^2 = 2m^2 + \frac{a^2}{2} \text{ donc } m^2 = \frac{b^2 + c^2}{2} - \frac{a^2}{4}$$

d'où $m^2 = \frac{28^2 + 20^2}{2} - \frac{32^2}{4} = 16 \times 21$ et $m = 4\sqrt{21}$.

▶ **exercices 1, 2, 4, 6, 7**

Exo 2 Calculer dans un triangle

ABC est un triangle tel que $a = 4$, $\widehat{B} = 75°$, $\widehat{C} = 45°$. Calculez b et c.

Solution commentée

On connaît un côté a, et deux angles. On veut en déduire, par le calcul, les éléments « manquants » du triangle, c'est-à-dire $\widehat{A}$, b et c.

La donnée de $\widehat{B}$ et $\widehat{C}$ permet d'écrire :

$$\widehat{A} = 180° - (75° + 45°) = 60°.$$

La formule $\frac{a}{\sin\widehat{A}} = \frac{b}{\sin\widehat{B}} = \frac{c}{\sin\widehat{C}}$ permet d'écrire :

$$\frac{4}{\sin 60°} = \frac{b}{\sin 75°} = \frac{c}{\sin 45°}$$

avec $\sin 60° = \frac{\sqrt{3}}{2}$ et $\sin 45° = \frac{\sqrt{2}}{2}$.

Donc $c = 4 \times \frac{\sqrt{2}}{2} \times \frac{2}{\sqrt{3}} = \frac{4\sqrt{6}}{3} \approx 3{,}27$

et $b = \frac{8\sqrt{3}}{3}\sin 75° \approx 4{,}46$.

▶ **exercices 1, 2, 10**

Cours

2 Droite et produit scalaire

2 1 Équation d'une droite dans un repère quelconque

Théorème 4

NOTE

• Le théorème 4 permet d'avoir une seule écriture pour une équation d'une droite.
• Pour une démonstration, voir l'exercice 11.

Dans un repère ***quelconque*** :
• Toute droite a une équation de la forme $\boldsymbol{ax + by + c = 0}$ et alors le vecteur $\vec{u}(-b\,;a)$ est un vecteur directeur.
• Réciproquement, l'ensemble des points $M(x\,;y)$ tels que $ax + by + c = 0$, avec $(a\,;b) \neq (0\,;0)$, est une droite dirigée par le vecteur $\vec{u}(-b\,;a)$.

2 2 Vecteur normal et équation de droite

Définition 1

NOTE

• Autrement dit, si $\vec{n} = \overrightarrow{CD}$, les droites d et (CD) sont perpendiculaires.
• Si $\vec{n}$ est normal à d, pour tout $k \neq 0$, $k\vec{n}$ est normal à d.

Dire qu'un vecteur $\vec{n}$ est **normal** à une droite signifie que $\vec{n} \neq \vec{0}$ et que la direction de $\vec{n}$ est orthogonale à celle de d.

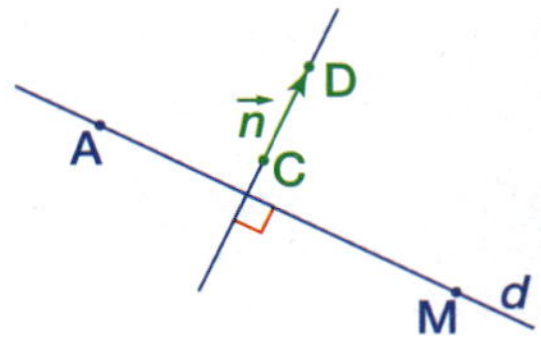

Ainsi un vecteur normal à d est orthogonal à tout vecteur directeur $\overrightarrow{AM}$ de d. Il en résulte que, si A est un point fixe de d, alors :

d est l'ensemble des points M tels que $\overrightarrow{AM} \cdot \vec{n} = 0$ ou $\overrightarrow{AM} \cdot \overrightarrow{CD} = 0$.

Théorème 5

Dans un **repère orthonormal**, si une droite d a une équation de la forme $ax + by + c = 0$, $(a\,;b) \neq (0\,;0)$, alors le vecteur $\vec{n}(a\,;b)$ est normal à d.

Démonstration : En effet, d'après le théorème 4, le vecteur $\vec{u}(-b\,;a)$ est un vecteur directeur de d.
Or $\vec{n} \cdot \vec{u} = a \times (-b) + ba = 0$ donc $\vec{n}$ et $\vec{u}$ sont orthogonaux et $\vec{n}$ est normal à d.

Théorème 6

Dans un **repère orthonormal**, si un vecteur $\vec{n}$, **non nul**, de coordonnées $(a\,;b)$ est normal à d, alors d a une équation de la forme $ax + by + c = 0$.

Démonstration : D'après la définition 1, d est l'ensemble des points $M(x\,;y)$ tels que $\overrightarrow{AM} \cdot \vec{n} = 0$ avec $A(x_0\,;y_0)$, point quelconque de d. Or $\overrightarrow{AM} \cdot \vec{n} = 0$ se traduit par $(x - x_0)a + (y - y_0)b = 0$, ou $ax + by - ax_0 - by_0 = 0$, de la forme $ax + by + c = 0$ avec $c = -ax_0 - by_0$.

2 3 Droites perpendiculaires

Théorème 7

NOTE

Si d et d' ont pour équations réduites $y = mx + p$ et $y = m'x + p'$, l'orthogonalité de ces droites se traduit par $mm' = -1$.

Dans un **repère orthonormal**, les droites d et d' ont pour équations respectives $ax + by + c = 0$ et $a'x + b'y + c' = 0$.
Dire que d et d' sont **perpendiculaires** équivaut à dire que $\boldsymbol{aa' + bb' = 0}$.

Démonstration : En effet le vecteur $\vec{n}(a\,;b)$ est normal à d et le vecteur $\vec{n'}(a'\,;b')$ est normal à d'.
Donc dire que d et d' sont perpendiculaires équivaut à dire que $\vec{n} \cdot \vec{n'} = 0$, c'est-à-dire $aa' + bb' = 0$.

Pour mieux comprendre

COMMENT utiliser les théorèmes 4, 5 et 6 ?

- **Le théorème 6 :** Si on connaît un vecteur normal à d, alors on connaît une « partie » de son équation (▶ **exercice résolu 3**).

Exemple : Si $\vec{n}(2\ ;\ 3)$ est normal à d, alors une équation de d est de la forme : $2x+3y+c=0$. En général, on trouve ensuite c à partir des coordonnées d'un point de la droite.

- **Les théorèmes 4 et 5 :** Il faut d'abord bien comprendre ceci : si deux droites d et d' sont perpendiculaires, **tout** vecteur directeur de l'une est un vecteur normal de l'autre.

Avec la figure ci-dessous, si $\vec{u}$ dirige d alors $\vec{u}$ est normal à d' et si $\vec{n}$ dirige d', alors $\vec{n}$ est normal à d. Donc ces théorèmes permettent de trouver les droites d' perpendiculaires à une droite donnée.

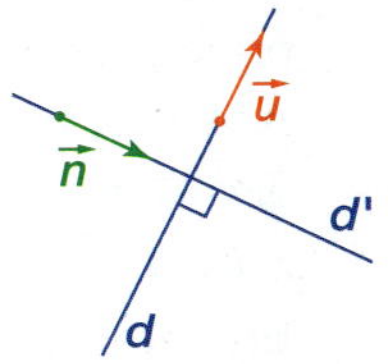

Exemple : d a pour équation $3x-4y-5=0$ donc $\vec{u}(4\ ;\ 3)$ est un vecteur directeur de d (***théorème 4***), donc est un vecteur normal à toute droite d' perpendiculaire à d (***théorème 5***). Ainsi d' a une équation de la forme $4x+3y+c=0$ (***théorème 6***).

Exercices résolus

Exo 3 **Trouver des équations de droites**

Dans un repère orthonormal $(O\ ;\ \vec{i}, \vec{j})$, on donne les deux points $A(0\ ;\ 3)$ et $B(4\ ;\ -1)$.
Trouvez une équation de la médiatrice Δ de $[AB]$ et une équation de la hauteur d issue de O dans le triangle OAB.

Solution commentée

La médiatrice de $[AB]$ et la hauteur issue de O sont deux droites perpendiculaires à $[AB]$, donc elles sont parallèles.

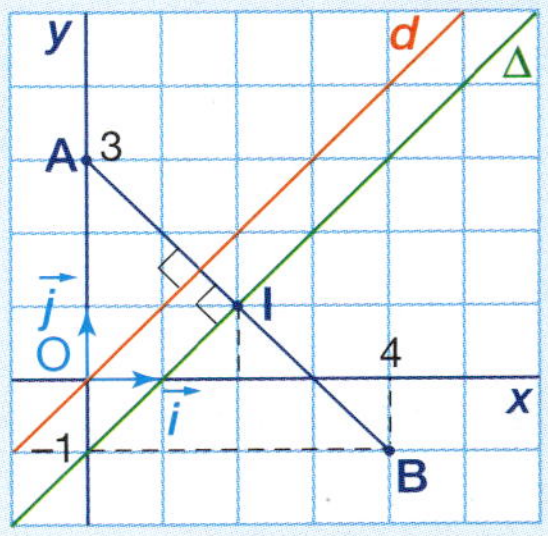

Il en résulte que le vecteur $\overrightarrow{AB}(4\ ;-4)$ est un vecteur normal à d et Δ, donc $\vec{n}(1\ ;-1)$ est aussi normal à d et Δ.
Ces deux droites ont donc une équation de la forme :

$$x-y+c=0.$$

- La droite d passe par O donc $c=0$, et $x-y=0$ est une équation de d.
- La droite Δ passe par I, milieu de $[AB]$, dont les coordonnées sont $(2\ ;\ 1)$.

Donc $2-1+c=0$ et $c=-1$.
Il en résulte que $x-y-1=0$ est une équation de Δ.

▶ **exercices 12 à 24**

Cours

3 Cercle et produit scalaire

3 1 Caractérisation du cercle de diamètre [AB]

Théorème 8

Le cercle de diamètre [AB] est l'ensemble des points M tels que $\overrightarrow{\mathbf{MA}} \cdot \overrightarrow{\mathbf{MB}} = \mathbf{0}$.

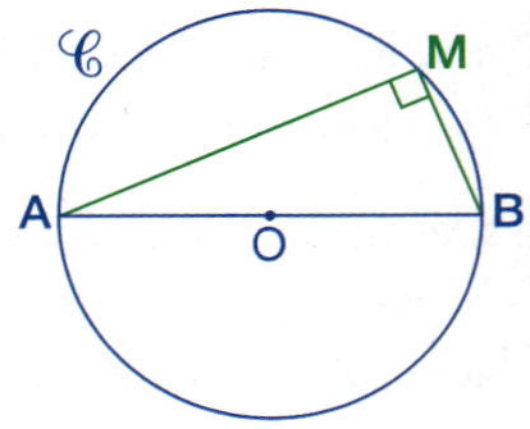

En effet notons 𝒞 le cercle de diamètre [AB]. Le cercle 𝒞, privé des points A et B, est l'ensemble des points M tels que AMB est un triangle rectangle en M, donc c'est l'ensemble des points M tels que les vecteurs $\overrightarrow{MA}$ et $\overrightarrow{MB}$ sont non nuls et $\overrightarrow{MA} \cdot \overrightarrow{MB} = 0$.

En outre, si M est en A ou B, $\overrightarrow{MA} = \vec{0}$ ou $\overrightarrow{MB} = \vec{0}$ donc $\overrightarrow{MA} \cdot \overrightarrow{MB} = 0$.

3 2 Équation d'un cercle en repère orthonormal

1. Le cercle 𝒞 a pour centre I $(x_0\ ;\ y_0)$ et pour rayon R

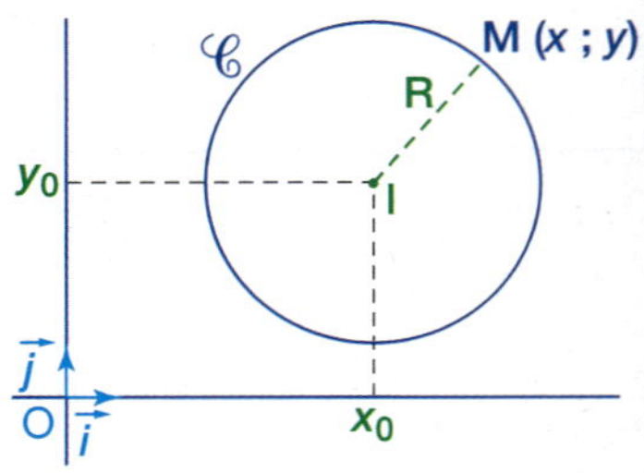

Le cercle 𝒞 est l'ensemble des points M $(x\ ;\ y)$ tels que IM = R, c'est-à-dire, puisque $\text{IM} \geqslant 0$ et $\text{R} \geqslant 0$, tels que $\text{IM}^2 = \text{R}^2$.

Le vecteur $\overrightarrow{IM}$ a pour coordonnées $(x - x_0\ ;\ y - y_0)$ donc $\text{IM}^2 = (x - x_0)^2 + (y - y_0)^2$.

Le cercle 𝒞 est donc l'ensemble des points M$(x\ ;\ y)$ tels que :

$$\boldsymbol{(x - x_0)^2 + (y - y_0)^2 = \mathbf{R}^2}$$

On dit que $(x - x_0)^2 + (y - y_0)^2 = \text{R}^2$ est une **équation du cercle** 𝒞 dont le centre a pour coordonnées $(x_0\ ;\ y_0)$ et dont le rayon est R.

Exemple : $(x + 3)^2 + (y - 1)^2 = 5$ est une équation du cercle 𝒞 de centre I(– 3 ; 1) et de rayon $\sqrt{5}$.

2. Le cercle 𝒞 a pour diamètre [AB]

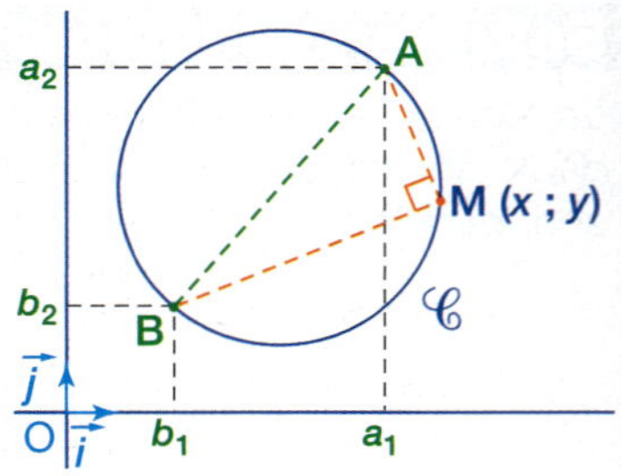

Le cercle 𝒞 de diamètre [AB] est l'ensemble des points M$(x\ ;\ y)$ tels que $\overrightarrow{MA} \cdot \overrightarrow{MB} = 0$.

Notons $(a_1\ ;\ a_2)$ et $(b_1\ ;\ b_2)$ les coordonnées respectives de A et B. Le vecteur $\overrightarrow{MA}$ a pour coordonnées $(a_1 - x\ ;\ a_2 - y)$ et $\overrightarrow{MB}$ a pour coordonnées $(b_1 - x\ ;\ b_2 - y)$ donc :

$$\overrightarrow{MA} \cdot \overrightarrow{MB} = (a_1 - x)(b_1 - x) + (a_2 - y)(b_2 - y)$$
$$= x^2 + y^2 - (a_1 + b_1)x - (a_2 + b_2)y + a_1 b_1 + a_2 b_2 = 0.$$

Une équation de 𝒞 est donc :

$$\boldsymbol{x^2 + y^2 - (a_1 + b_1)x - (a_2 + b_2)y + a_1 b_1 + a_2 b_2 = 0}$$

de la forme $x^2 + y^2 + ax + by + c = 0$.

Remarque : Tout cercle a une équation de la forme $x^2 + y^2 + ax + by + c = 0$ mais toute équation de cette forme n'est pas nécessairement celle d'un cercle (*voir l'exercice résolu* 5 *ci-contre*).

Exo 4 **Comment trouver une équation d'un cercle ?**

On se place dans un repère orthonormal $(O ; \vec{i}, \vec{j})$.

1. Trouvez une équation du cercle $\mathscr{C}$ de centre $I(1 ; 2)$ passant par le point de coordonnées $J(3 ; -2)$.
2. Trouvez une équation du cercle $\mathscr{C}'$ passant par les trois points O, $A(4 ; 0)$ et $B(0 ; 2)$.

Solution commentée

1. On connaît le centre I de $\mathscr{C}$. Il reste à trouver le rayon. Comme $\mathscr{C}$ passe par J, le rayon est IJ. Or $\overrightarrow{IJ}$ a pour coordonnées $(2 ; -4)$ donc $IJ^2 = 4 + 16 = 20$.
Ainsi une équation de $\mathscr{C}$ est $(x-1)^2 + (y-2)^2 = 20$.

2. Le triangle BOA est rectangle en O (*voir figure*). $\mathscr{C}'$ est donc le cercle de diamètre [AB], c'est donc l'ensemble des points $M(x ; y)$ tels que $\overrightarrow{MA} \cdot \overrightarrow{MB} = 0$.
Les vecteurs $\overrightarrow{MA}$ et $\overrightarrow{MB}$ ont pour coordonnées respectives $(4-x ; -y)$ et $(-x ; 2-y)$.

Donc :

$$\overrightarrow{MA} \cdot \overrightarrow{MB} = -x(4-x) - y(2-y) = x^2 + y^2 - 4x - 2y$$

Il en résulte que :

$$x^2 + y^2 - 4x - 2y = 0$$

est une équation de $\mathscr{C}'$.

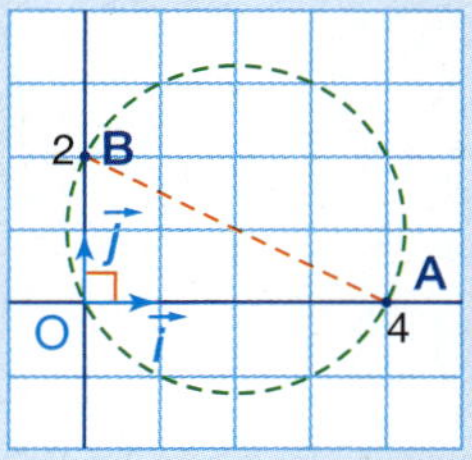

▶ exercices 25 à 27, 31

Exo 5 **Comment savoir si $x^2 + y^2 + ax + by + c = 0$ est une équation d'un cercle ?**

Dans un repère orthonormal $(O ; \vec{i}, \vec{j})$, on considère l'ensemble $\mathscr{C}_1$ des points $M(x ; y)$ tels que $x^2 + y^2 - 2x + y + 1 = 0$.

1. L'ensemble $\mathscr{C}_1$ est-il un cercle ? Si oui, déterminez les coordonnées du centre et le rayon.
2. Reprenez la question **1.** pour les ensembles suivants, d'équations :
$$x^2 + y^2 - 2x + 4y + 5 = 0 \text{ et } x^2 + y^2 - 2x + y + 2 = 0.$$

POINT MÉTHODE

Pour savoir si l'équation $x^2 + y^2 + ax + by + c = 0$ est celle d'un cercle, on écrit cette équation sous la forme $(x - x_0)^2 + (y - y_0)^2 = k$.
Lorsque k est positif, l'ensemble cherché est le cercle de centre $I(x_0 ; y_0)$ et de rayon $\sqrt{k}$.

Solution commentée

1. $x^2 - 2x$ est le début du développement de $(x-1)^2$, on écrit donc $x^2 - 2x = (x-1)^2 - 1$.

De même $y^2 + y = \left(y + \frac{1}{2}\right)^2 - \frac{1}{4}$. Donc l'équation s'écrit $(x-1)^2 + \left(y + \frac{1}{2}\right)^2 - 1 - \frac{1}{4} + 1 = 0$,

c'est-à-dire $(x-1)^2 + \left(y + \frac{1}{2}\right)^2 = \frac{1}{4}$.

$\mathscr{C}_1$ est le cercle de centre $I\left(1 ; -\frac{1}{2}\right)$ et de rayon $\frac{1}{2}$.

2. $x^2 - 2x$ s'écrit $(x-1)^2 - 1$ et $y^2 + 4y$ s'écrit $(y+2)^2 - 4$, donc l'équation $x^2 + y^2 - 2x + 4y + 5 = 0$ s'écrit $(x-1)^2 + (y+2)^2 - 1 - 4 + 5 = 0$, c'est-à-dire $(x-1)^2 + (y+2)^2 = 0$. L'ensemble cherché se réduit au point de coordonnées $(1 ; -2)$.

De même, $x^2 + y^2 - 2x + y + 2 = 0$ s'écrit $(x-1)^2 + \left(y + \frac{1}{2}\right)^2 = -\frac{3}{4}$. Le premier membre de l'égalité est positif, donc il n'existe aucun point M dont les coordonnées vérifient la relation.
On dit que **l'ensemble des points M est vide.**

▶ exercices 28, 29

4 Trigonométrie

4.1 Formules d'addition

Théorème 9

Quels que soient les réels a et b :

1. $\cos(a - b) = \cos a \cos b + \sin a \sin b$ **2.** $\cos(a + b) = \cos a \cos b - \sin a \sin b$

3. $\sin(a - b) = \sin a \cos b - \cos a \sin b$ **4.** $\sin(a + b) = \sin a \cos b + \cos a \sin b$.

Démonstration : Relation 1 : Choisissons un cercle trigonométrique $\mathscr{C}$ de centre O, muni d'un repère orthonormal direct $(O\,;\vec{i}, \vec{j})$. A et B sont les points de $\mathscr{C}$ tels que, en radians, $(\vec{i}, \overrightarrow{OA}) = a$ et $(\vec{i}, \overrightarrow{OB}) = b$.

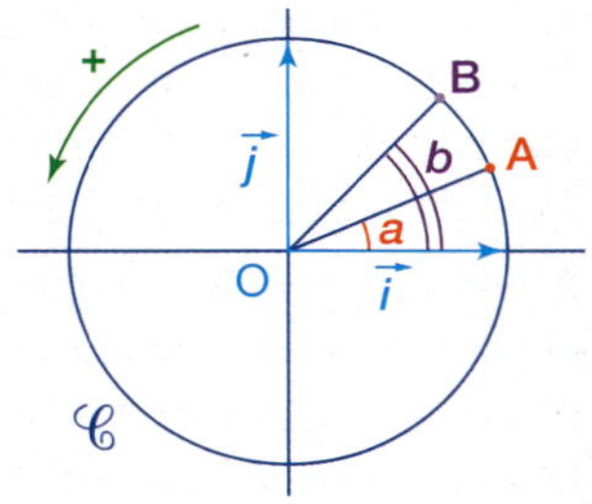

Alors, $\overrightarrow{OA}$ a pour coordonnées $(\cos a\,;\sin a)$ et $\overrightarrow{OB}(\cos b\,;\sin b)$.

Par ailleurs, d'après la relation de Chasles pour les angles orientés :

$$(\overrightarrow{OA}, \overrightarrow{OB}) = (\overrightarrow{OA}, \vec{i}) + (\vec{i}, \overrightarrow{OB}).$$

Or $(\overrightarrow{OA}, \vec{i}) = -(\vec{i}, \overrightarrow{OA})$ donc $(\overrightarrow{OA}, \overrightarrow{OB}) = b - a$.

Exprimons alors de deux manières le produit scalaire $\overrightarrow{OA}\cdot\overrightarrow{OB}$:

$$\overrightarrow{OA}\cdot\overrightarrow{OB} = \cos a \cos b + \sin a \sin b$$

$$\overrightarrow{OA}\cdot\overrightarrow{OB} = OA \times OB \times \cos(\overrightarrow{OA}, \overrightarrow{OB}) = \cos(b - a) = \cos(a - b), \text{ car } OA = OB = 1.$$

Il en résulte que $\cos(a - b) = \cos a \cos b + \sin a \sin b$.

Relation 2 : On utilise $\cos(-x) = \cos x$ et $\sin(-x) = -\sin x$.

En écrivant $a + b = a - (-b)$, on obtient :

$$\cos(a + b) = \cos(a - (-b)) = \cos a \cos(-b) + \sin a \sin(-b)$$
$$= \cos a \cos b - \sin a \sin b.$$

NOTE

$\sin x = \cos\left(\frac{\pi}{2} - x\right)$

$\cos x = \sin\left(\frac{\pi}{2} - x\right)$

Relation 3 : $\sin(a - b) = \cos\left(\frac{\pi}{2} - (a - b)\right) = \cos\left[\left(\frac{\pi}{2} - a\right) + b\right]$

donc $\sin(a - b) = \cos\left(\frac{\pi}{2} - a\right)\cos b - \sin\left(\frac{\pi}{2} - a\right)\sin b$

$$= \sin a \cos b - \cos a \sin b.$$

Relation 4 : En écrivant $a + b = a - (-b)$, on obtient :

$$\sin(a + b) = \sin(a - (-b)) = \sin a \cos(-b) - \cos a \sin(-b)$$
$$= \sin a \cos b + \cos a \sin b.$$

4.2 Formules de duplication

NOTE

***Duplication* :**
Exprimer le double d'une quantité en fonction de cette quantité.

En remplaçant b par a dans les formules donnant $\cos(a + b)$ et $\sin(a + b)$, on obtient les formules de duplication suivantes. Pour tout réel a,

$$\mathbf{\cos 2a = \cos^2 a - \sin^2 a} \quad \text{et} \quad \mathbf{\sin 2a = 2 \sin a \cos a}$$

En utilisant l'égalité $\cos^2 a + \sin^2 a = 1$, on obtient aussi :

$$\mathbf{\cos 2a = 2\cos^2 a - 1} \quad \text{et} \quad \mathbf{\cos 2a = 1 - 2\sin^2 a}$$

Ce qui permet d'écrire les formules de linéarisation suivantes.
Pour tout réel a,

$$\mathbf{\cos^2 a = \frac{1 + \cos 2a}{2}} \quad \text{et} \quad \mathbf{\sin^2 a = \frac{1 - \cos 2a}{2}}$$

Exo 6 Simplifier une expression et démontrer une égalité

1. Simplifiez l'écriture de $F(x) = \cos 5x \cos 3x + \sin 5x \sin 3x$.

2. Démontrez que, pour tout réel x, $\cos x + \sin x = \sqrt{2}\cos\left(x - \frac{\pi}{4}\right)$.

3. Démontrez que, pour tout réel a,

$$1 + \cos a + \sin a = 2\cos\frac{a}{2}\left(\cos\frac{a}{2} + \sin\frac{a}{2}\right).$$

POINT MÉTHODE

Pour démontrer une égalité, il suffit de transformer l'un des membres de l'égalité afin de retrouver l'autre.

Solution commentée

1. On reconnaît une expression de la forme $\cos a \cos b + \sin a \sin b$ avec $a = 5x$ et $b = 3x$.
Donc $F(x) = \cos(a - b) = \cos(5x - 3x) = \cos 2x$.

2. On part de $\cos\left(x - \frac{\pi}{4}\right)$ car on connaît $\cos(a - b)$.

$$\sqrt{2}\cos\left(x - \frac{\pi}{4}\right) = \sqrt{2}\left(\cos x \cos\frac{\pi}{4} + \sin x \sin\frac{\pi}{4}\right)$$
$$= \sqrt{2}\left[\frac{\sqrt{2}}{2}\cos x + \frac{\sqrt{2}}{2}\sin x\right]$$
$$= \cos x + \sin x.$$

3. Les formules de duplication permettent, connaissant les lignes trigonométriques de x, de calculer celles de $2x$. Donc si on fait jouer à a le rôle de $2x$, on sait exprimer $\cos a$ et $\sin a$ en fonction de $\cos\frac{a}{2}$ et $\sin\frac{a}{2}$. On obtient :

$$\cos a = 2\cos^2\frac{a}{2} - 1 \text{ et } \sin a = 2\sin\frac{a}{2}\cos\frac{a}{2}.$$

Donc $1 + \cos a + \sin a = 2\cos^2\frac{a}{2} + 2\sin\frac{a}{2}\cos\frac{a}{2}$.

$$= 2\cos\frac{a}{2}\left(\cos\frac{a}{2} + \sin\frac{a}{2}\right)$$

▶ exercices 42 à 46

Exo 7 Lignes trigonométriques de $\frac{7\pi}{12}$ et $\frac{\pi}{8}$

1. En remarquant que $\frac{7\pi}{12} = \frac{\pi}{3} + \frac{\pi}{4}$, calculez $\cos\frac{7\pi}{12}$ et $\sin\frac{7\pi}{12}$.

2. En remarquant que $2 \times \frac{\pi}{8} = \frac{\pi}{4}$, calculez $\cos\frac{\pi}{8}$ et $\sin\frac{\pi}{8}$.

Solution commentée

1. $\cos\frac{7\pi}{12} = \cos\left(\frac{\pi}{3} + \frac{\pi}{4}\right) = \cos\frac{\pi}{3}\cos\frac{\pi}{4} - \sin\frac{\pi}{3}\sin\frac{\pi}{4}$

$$= \frac{1}{2} \times \frac{\sqrt{2}}{2} - \frac{\sqrt{3}}{2} \times \frac{\sqrt{2}}{2} = \frac{\sqrt{2}}{4}(1 - \sqrt{3}).$$

De même, $\sin\frac{7\pi}{12} = \frac{\sqrt{2}}{4}(\sqrt{3} + 1)$.

2. Si $x = \frac{\pi}{8}$, alors $2x = \frac{\pi}{4}$. On utilise les formules de linéarisation pour calculer $\cos\frac{\pi}{8}$ et $\sin\frac{\pi}{8}$.

$\cos^2\frac{\pi}{8} = \dfrac{1 + \cos\frac{\pi}{4}}{2} = \dfrac{1 + \frac{\sqrt{2}}{2}}{2} = \dfrac{2 + \sqrt{2}}{4}$. De même

$\sin^2\frac{\pi}{8} = \dfrac{1 - \cos\frac{\pi}{4}}{2} = \dfrac{2 - \sqrt{2}}{4}$. Or $\frac{\pi}{8}$ est un réel de l'intervalle $\left]0\,;\frac{\pi}{2}\right[$, donc $\cos\frac{\pi}{8} > 0$ et $\sin\frac{\pi}{8} > 0$.

D'où $\cos\frac{\pi}{8} = \dfrac{\sqrt{2 + \sqrt{2}}}{2}$ et $\sin\frac{\pi}{8} = \dfrac{\sqrt{2 - \sqrt{2}}}{2}$.

▶ exercices 37 à 41

Des idées, des réflexes

Des idées à retenir

Relations métriques dans un triangle

■ Dans un triangle, **si on connaît** :

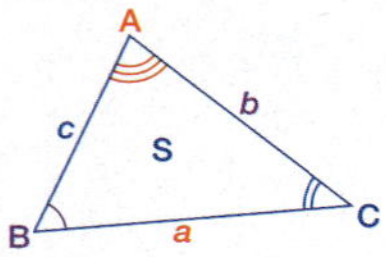

• soit les trois côtés a, b, c ;
• soit deux côtés et l'angle compris entre les deux côtés;
• soit deux angles et un côté « commun » à ces angles (par exemple $\widehat{\mathrm{B}}$, $\widehat{\mathrm{C}}$ et a) ;

alors on sait calculer dans le triangle les **éléments manquants** à l'aide du théorème d'Al Kashi et de la relation :

$$\frac{a}{\sin\widehat{\mathrm{A}}} = \frac{b}{\sin\widehat{\mathrm{B}}} = \frac{c}{\sin\widehat{\mathrm{C}}}.$$

■ Le théorème de la médiane ainsi que les diverses expressions de l'aire permettent le calcul des médianes et des hauteurs.

Équations de droites

Dans un repère quelconque $(\mathrm{O}; \vec{\imath}, \vec{\jmath})$:

■ Les équations de droites sont de la forme $ax + by + c = 0$, où $(a ; b) \neq (0 ; 0)$.

■ Le vecteur $\vec{u}(-b ; a)$ est un vecteur directeur de la droite d'équation $ax + by + c = 0$.

■ Si d et d' sont deux droites d'équations

$$ax + by + c = 0 \text{ et } a'x + b'y + c' = 0,$$

alors d est parallèle à d' équivaut à :

$$ab' - a'b = 0.$$

Dans un repère orthonormal $(\mathrm{O}; \vec{\imath}, \vec{\jmath})$:

■ Le vecteur $\vec{n}(a ; b)$ est un vecteur normal à la droite d'équation $ax + by + c = 0$.

■ Si le vecteur $\vec{n}$ non nul de coordonnées $(a ; b)$ est normal à d, alors d a une équation de la forme $ax + by + c = 0$.

■ Dire que deux droites d et d' d'équations

$$ax + by + c = 0 \text{ et } a'x + b'y + c' = 0$$

sont perpendiculaires, c'est dire que leurs vecteurs directeurs respectifs $\vec{u}(-b ; a)$ et $\vec{u'}(-b' ; a')$ sont orthogonaux, donc c'est dire que $aa' + bb' = 0$.

Des réflexes à avoir

■ Pensez que si une droite Δ est perpendiculaire à une droite d d'équation $ax + by + c = 0$, alors le vecteur $\vec{n}(a ; b)$ est un vecteur directeur de Δ et le vecteur $\vec{u}(-b ; a)$ est un vecteur normal à Δ.

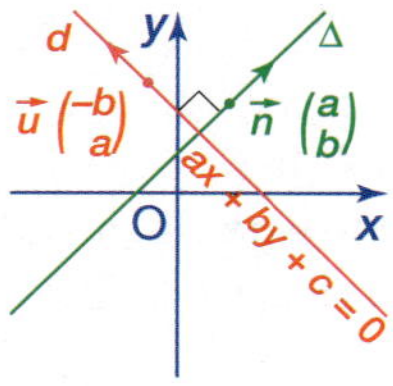

■ Lorsque vous connaissez un vecteur $\vec{n}(a ; b)$ normal à une droite d, pensez alors qu'une équation de d est de la forme $ax + by + c = 0$.

■ Pensez que si un cercle $\mathscr{C}$ a pour centre le point I $(x_0 ; y_0)$ et pour rayon R, alors $(x - x_0)^2 + (y - y_0)^2 = \mathrm{R}^2$ est une équation du cercle $\mathscr{C}$.

■ Réciproquement, pensez que si un ensemble de points M de coordonnées $(x ; y)$ a pour équation $(x - x_0)^2 + (y - y_0)^2 = \mathrm{R}^2$, cet ensemble est le cercle de centre I $(x_0 ; y_0)$ et de rayon R.

■ Pour savoir si l'équation :

$$x^2 + y^2 + ax + by + c = 0 \quad [1]$$

est celle d'un cercle, pensez à écrire cette équation sous la forme $(x - x_0)^2 + (y - y_0)^2 = \mathrm{K}$ et à voir si $\mathrm{K} > 0$ (▶ **exercice résolu 5, page 363).**
Si K est positif, alors [1] est l'équation du cercle de centre I $(x_0 ; y_0)$ et de rayon $\sqrt{\mathrm{K}}$.

Des erreurs à éviter

■ Ne pas utiliser un repère **non orthonormal** pour calculer des distances, pour prouver l'orthogonalité de deux droites ou chercher l'équation d'un cercle.

Travaux dirigés

TD 1 À propos des aires

1 La formule de Héron

On connaît les mesures des trois côtés d'un triangle ABC et on se propose de calculer l'aire du triangle. Avec les notations usuelles, l'aire S est égale à $\frac{1}{2}bc\sin\widehat{A}$.
Pour obtenir S en fonction de a, b, c, il faut donc calculer $\sin\widehat{A}$ en fonction de a, b, c.

1. a) D'après le théorème d'Al Kashi, $a^2 = b^2 + c^2 - 2bc\cos\widehat{A}$.
Déduisez-en que $(4b^2c^2)\sin^2\widehat{A} = 4b^2c^2 - (b^2 + c^2 - a^2)^2$.
b) On note $2p$ le périmètre du triangle ABC donc $2p = a + b + c$.
Démontrez que $(b^2c^2)\sin^2\widehat{A} = 4p(p-a)(p-b)(p-c)$.

2. Déduisez-en que $\mathbf{S = \sqrt{p(p-a)(p-b)(p-c)}}$.

NOTE
Héron d'Alexandrie, fin du Ier siècle après J.-C. Ses travaux mathématiques concernent avant tout la géométrie et ses applications pratiques. On sait maintenant que la formule dite de Héron est due à Archimède.

Commentaires : Cette formule est appelée **formule de Héron**. Elle présente un intérêt opératoire pratique. Les « jaugeurs », lors d'une compétition de voile, vérifient l'aire d'une voile triangulaire à l'aide de cette formule. De même, on utilise cette formule pour mesurer l'aire d'une parcelle de terrain lorsqu'on connaît la longueur des côtés et des diagonales (mesures réelles ou mesures cadastrales).

2 Aire d'un triangle et cercle circonscrit

On note $\mathscr{C}$ le cercle de centre O et de rayon R circonscrit au triangle ABC.

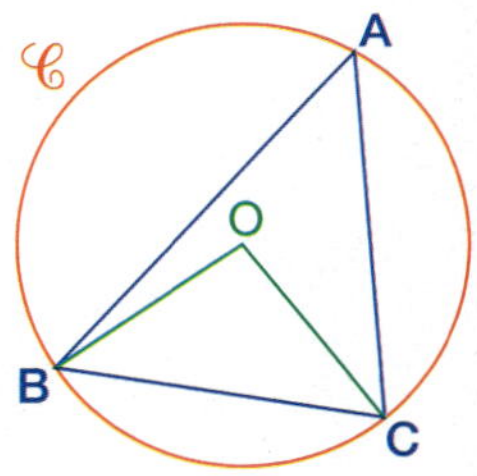

1. Lorsque l'angle $\widehat{BAC}$ est aigu, d'après le théorème de l'angle inscrit et de l'angle au centre, on sait que $\widehat{BAC} = \frac{1}{2}\widehat{BOC}$. Démontrez que $\frac{a}{2} = R\sin\widehat{A}$.

2. Lorsque l'angle $\widehat{BAC}$ est obtus, on sait que $\widehat{BAC} = \pi - \frac{1}{2}\widehat{BOC}$. Démontrez que $\frac{a}{2} = R\sin\widehat{A}$.

3. Déduisez-en que :

$$\frac{a}{\sin\widehat{A}} = \frac{b}{\sin\widehat{B}} = \frac{c}{\sin\widehat{C}} = 2R \text{ et } S = \frac{abc}{4R}.$$

3 Aire d'un triangle et cercle inscrit

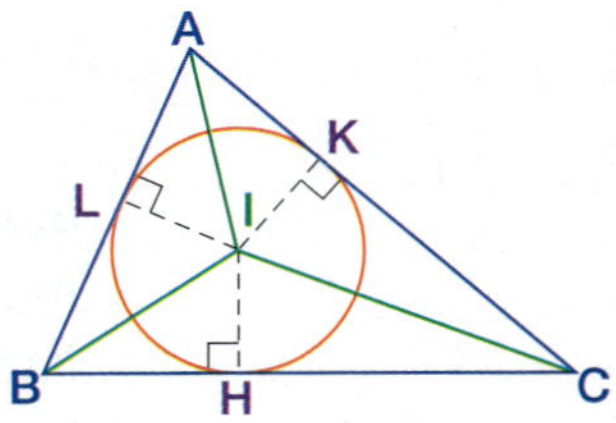

On note r le rayon du cercle de centre I inscrit dans le triangle ABC et on pose $2p = a + b + c$. En remarquant que :

aire (ABC) = aire (BIC) + aire (CIA) + aire (AIB),

démontrez que $S = pr$.

4 Application

On donne $a = 6$, $b = 5$, $c = 4$.
Calculez l'aire de ABC, ainsi que les rayons des cercles inscrit et circonscrit.

TD 2 Longueur d'une bissectrice

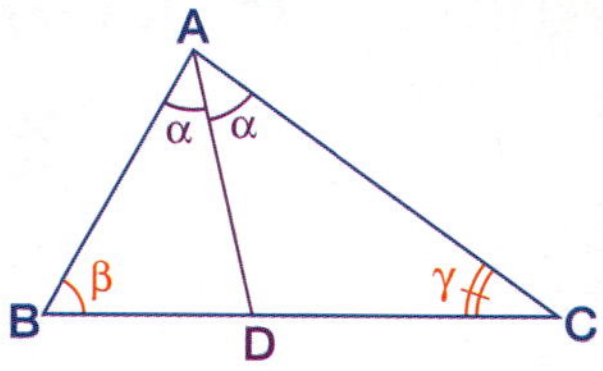

ABC est un triangle, la bissectrice de l'angle $\widehat{A}$ coupe (BC) en D. On note $AB = c$, $AC = b$, $BC = a$ et α, β, γ les mesures respectives de $\widehat{BAD}$, $\widehat{ABC}$ et $\widehat{ACB}$.

1. a) Justifiez les égalités suivantes :

$$\frac{BD}{\sin\alpha} = \frac{AD}{\sin\beta} = \frac{c}{\sin\widehat{BDA}} \quad \text{et} \quad \frac{DC}{\sin\alpha} = \frac{AD}{\sin\gamma} = \frac{b}{\sin\widehat{ADC}}.$$

b) Déduisez-en que $\frac{DB}{DC} = \frac{c}{b}$ et $b\overrightarrow{DB} + c\overrightarrow{DC} = \vec{0}$.

2. a) Déduisez de la première question que D est le barycentre de (B, b) et (C, c).

b) Démontrez que $b\overrightarrow{AB} + c\overrightarrow{AC} = (b+c)\overrightarrow{AD}$.

c) Déduisez-en que $(b+c)^2AD^2 = 2b^2c^2(1+\cos\widehat{A})$ [1].

3. Démontrez à partir de la relation [1] que $AD = \frac{2bc}{b+c}\cos\frac{\widehat{A}}{2}$.

4. Application. Calculez AD lorsque $b = 2{,}4$; $c = 3{,}2$ et $\widehat{A} = \frac{\pi}{3}$.

TD 3 Distance d'un point à une droite

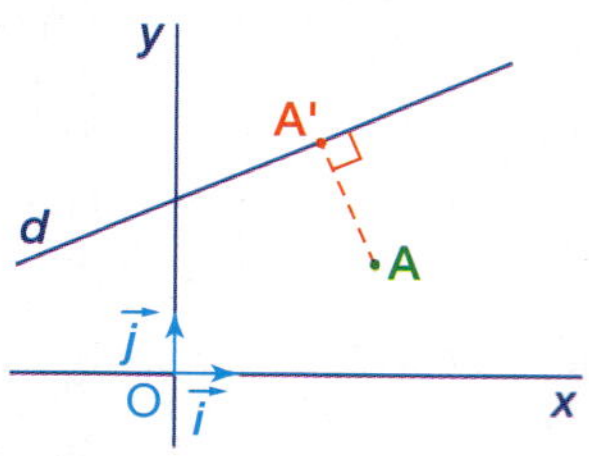

Dans un repère orthonormal $(O ; \vec{\imath}, \vec{\jmath})$, une droite d a pour équation $ax + by + c = 0$, $(a ; b) \neq (0 ; 0)$.
A est un point de coordonnées $(\alpha ; \beta)$ et A′ le projeté orthogonal de A sur d.
On se propose de calculer la distance AA′ en fonction de a, b, c, α et β.

1. Le vecteur $\vec{n}$ de coordonnées $(a ; b)$ est normal à d.
Démontrez que $|\vec{n} \cdot \overrightarrow{AA'}| = \|\vec{n}\| \times AA' = \sqrt{a^2+b^2} \times AA'$.

2. A′ est un point de d. Si on note ses coordonnées $(x ; y)$, alors $ax + by + c = 0$.
Calculez les coordonnées de $\overrightarrow{AA'}$ et démontrez que :

$$|\vec{n} \cdot \overrightarrow{AA'}| = |-a\alpha - b\beta - c| \quad \text{et} \quad AA' = \frac{|a\alpha + b\beta + c|}{\sqrt{a^2+b^2}}.$$

3. Applications

À la question précédente, on a obtenu une formule permettant de calculer directement la distance d'un point donné à une droite donnée. Voici deux applications de cette formule.
Le repère choisi $(O ; \vec{\imath}, \vec{\jmath})$ est un repère orthonormal.

a) Une droite d a pour équation $3x + 4y - 12 = 0$.
Trouvez une équation du cercle $\mathscr{C}$ de centre $A(5 ; 3)$ tangent à d.

b) La droite d, d'équation $x + \sqrt{3}y - 2 = 0$, est-elle tangente au cercle $\mathscr{C}$ de centre O et de rayon 1 ?

TD 4 Construction d'un pentagone régulier

Le but de ce TD est de construire à la règle et au compas un pentagone régulier. Dans un pentagone régulier, les angles au centre ont pour mesure $\frac{2\pi}{5}$. La construction nécessite de connaître $\cos\frac{2\pi}{5}$ et $\sin\frac{2\pi}{5}$. C'est ce que nous allons faire dans le paragraphe 1.

1 Préliminaires

ABC est un triangle isocèle en A, l'angle $\widehat{A}$ a pour mesure $\frac{\pi}{5}$, $BC = 1$. La bissectrice de l'angle $\widehat{ABC}$ coupe le segment [AC] en D.

1. Faites une figure puis démontrez que les triangles BAC et CBD sont des triangles semblables et que $BC^2 = AB \times CD$ (*voir le lexique, p.* 431).

2. On pose $AB = x$. Démontrez que $x(x-1) = 1$. Déduisez-en x.

3. a) En projetant orthogonalement A en H sur (BC), démontrez que $\overrightarrow{BA} \cdot \overrightarrow{BC} = \frac{1}{2}$.

b) En calculant $\overrightarrow{BA} \cdot \overrightarrow{BC}$ autrement, déduisez-en que $\cos\frac{2\pi}{5} = \frac{\sqrt{5}-1}{4}$.

c) À l'aide des formules de duplication, démontrez que $\cos\frac{4\pi}{5} = \frac{-1-\sqrt{5}}{4}$.

2 Construction d'un pentagone régulier

$\mathscr{C}$ est un cercle de centre O et de rayon R. [OA] et [OA′] sont deux rayons perpendiculaires. Le point P est tel que $4\overrightarrow{OP} = -\overrightarrow{OA}$ et Q est le milieu de [OA′].
$\mathscr{C}'$ est le cercle de centre P passant par Q. Il coupe la droite (OA) en I et J.
Les tangentes en I et J à $\mathscr{C}'$ recoupent $\mathscr{C}$ en quatre points tels que ABCDE est un pentagone régulier.

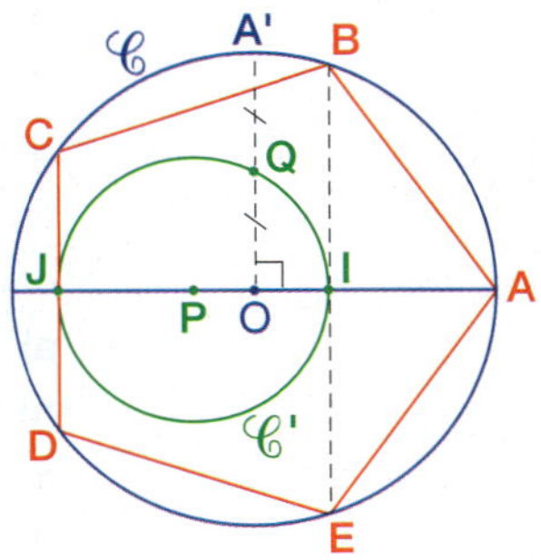

1. Pour le prouver, pourquoi suffit-il de démontrer que $\widehat{AOB} = \frac{2\pi}{5}$ et $\widehat{AOC} = \frac{4\pi}{5}$?

2. a) Calculez PQ en fonction de R et déduisez-en que $OI = \frac{R}{4}(\sqrt{5}-1)$.

b) Démontrez que $\overrightarrow{OA} \cdot \overrightarrow{OB} = \overrightarrow{OI} \cdot \overrightarrow{OA}$ et déduisez-en, en exprimant le produit scalaire $\overrightarrow{OA} \cdot \overrightarrow{OB}$ d'une autre manière, $\cos\widehat{AOB}$.

3. a) En exprimant $\overrightarrow{OA} \cdot \overrightarrow{OC}$ de deux manières, calculez $\cos\widehat{AOC}$.

b) Déduisez-en que ABCDE est un pentagone régulier.

TD 5 Famille de droites et lieu géométrique

1 Deux familles de droites

À un réel donné m, on associe, dans un repère orthonormal $(O\ ;\ \vec{\imath}, \vec{\jmath})$, la droite D_m d'équation $(m-1)x + my - m - 2 = 0$.

Par exemple, lorsque $m = 2$, on obtient la droite D_2 d'équation $x + 2y - 4 = 0$.

On dit que l'ensemble des droites D_m est une **famille de droites dépendant de *m***.

1. Pourquoi le vecteur $\vec{u}_m$ de coordonnées $(m-1\ ;\ m)$ est-il un vecteur non nul normal à la droite D_m ?

2. a) Dans le repère $(O\ ;\ \vec{\imath}, \vec{\jmath})$, construisez D_0, D_1 et D_2.

b) Quelle conjecture pouvez-vous faire concernant ces droites ? Prouvez-le.

c) Démontrez que toutes les droites D_m passent par un point fixe A.

3. Au réel m, on associe cette fois la droite Δ_m d'équation :

$$mx + (1-m)y - m = 0.$$

a) Pourquoi le vecteur $\vec{v}_m$ de coordonnées $(m\ ;\ 1-m)$ est-il un vecteur non nul normal à la droite Δ_m ?

b) Sur la figure de la question **2.**, construisez Δ_0, Δ_1 et Δ_2. Quelle conjecture pouvez-vous faire concernant ces droites ?

c) Démontrez que toutes les droites Δ_m passent par un point fixe B.

2 Lieu de M, intersection de D_m et Δ_m

1. Quelle particularité semblent présenter D_2 et Δ_2 ? Pourquoi ?

2. Démontrez que pour une valeur m_0 donnée, les droites D_{m_0} et Δ_{m_0} sont perpendiculaires.

3. À l'aide de GéoplanW, on a tracé D_m et Δ_m et noté M leur point d'intersection.

Si on demande d'afficher (suivant les variations de m) la trace de M, on obtient la figure ci-contre.

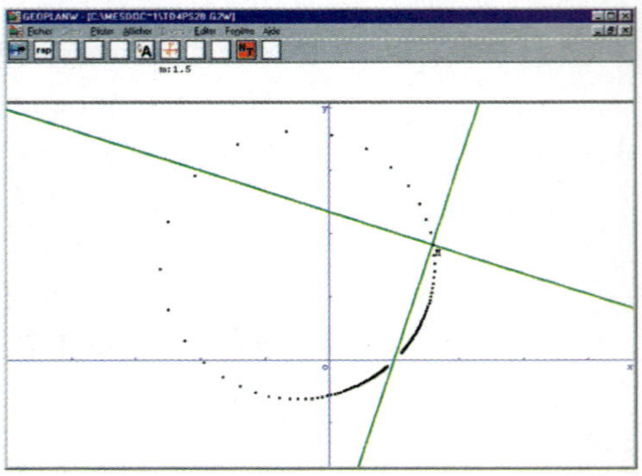

a) Placez A et B sur cette figure.

b) Quelle est la droite D_m ? la droite Δ_m ?

4. a) Pourquoi M appartient-il au cercle $\mathscr{C}$ de diamètre $[AB]$?

b) Donnez une équation de ce cercle $\mathscr{C}$.

Commentaire : On a démontré que M est un point du cercle $\mathscr{C}$ de diamètre $[AB]$, mais on n'a pas démontré que tout point du cercle $\mathscr{C}$ est l'intersection de deux droites D_m et Δ_m. On ne peut donc pas en conclure que le lieu de M est le cercle $\mathscr{C}$, mais seulement que ce lieu est inclus dans $\mathscr{C}$. Pour prouver que ce lieu est $\mathscr{C}$, il faut prouver que, pour tout point M de $\mathscr{C}$, il existe un réel m tel que M est l'intersection de D_m et Δ_m.

Exercices

maîtriser le cours

Pour résoudre les exercices de cette partie, il suffit d'appliquer directement un résultat du cours. L'objectif est double : mieux comprendre le cours et reconnaître dans des situations simples les conditions d'application d'un théorème.

1. Relations métriques dans un triangle

1 ABC est un triangle. Dans chacun des cas suivants, calculez les longueurs des côtés et les mesures des angles manquants.

1. $AB = 8$; $AC = 3$; $\widehat{BAC} = 60°$.

2. $AC = 6\sqrt{2}$; $\widehat{BAC} = 105°$; $\widehat{ACB} = 45°$.

3. $AB = 48$; $AC = 43$; $BC = 35$.

Aide : Voir les exercices résolus 1 et 2, page 359.

2 ABC est un triangle. Calculez les trois angles de ce triangle, dans chacun des cas suivants.

1. $BC = 32$; $AC = 28$; $AB = 20$.

2. $BC = 42$; $AC = 38$; $AB = 32$.

Aide : Voir les exercices résolus 1 et 2, page 359.

3 Dans le cas de la figure ci-contre, calculez :

1. l'aire du triangle ABC ;

2. le périmètre du triangle ABC.

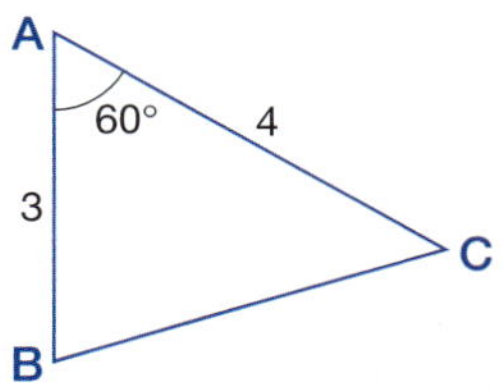

4 Dans le cas de la figure ci-contre, calculez :

1. la longueur de la médiane AI ;

2. la longueur des deux autres médianes.

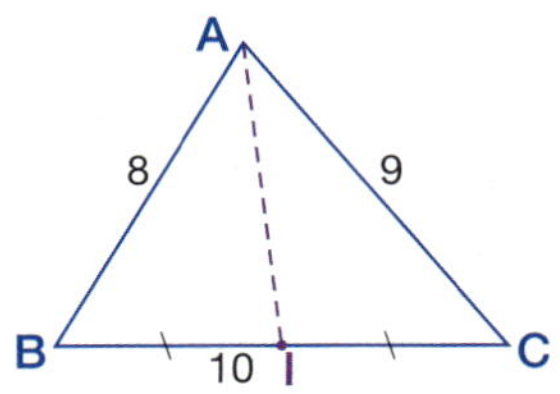

5 L'aire d'un triangle ABC est $5\sqrt{3}$, $AB = 4$ et $\widehat{BAC} = 60°$.

1. Calculez AC.

2. Démontrez que $BC = \sqrt{21}$.

6 ABC est un triangle tel que $AB = 6$; $AC = 4$ et $\overrightarrow{AB} \cdot \overrightarrow{AC} = -12\sqrt{3}$.

L'unité choisie est le centimètre.

1. Trouvez, en radians, une mesure de l'angle $\widehat{BAC}$.

2. Trouvez, en cm^2, l'aire du triangle ABC.

7 ABC est un triangle, I le milieu de [BC] et H le projeté orthogonal de A sur [BC], $AB = 4$, $AC = 6$, $BC = 8$.

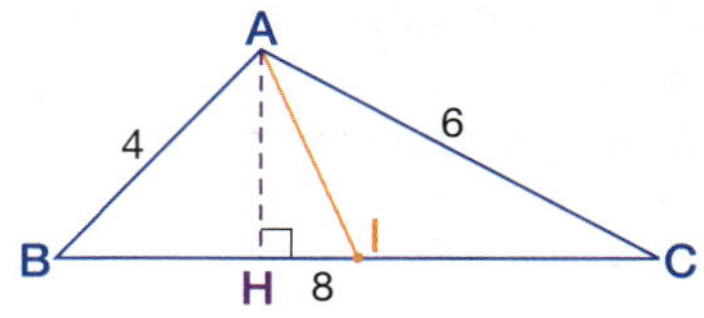

1. Quel théorème permet de calculer AI ? Faites ce calcul.

2. Quel théorème permet de calculer $\cos\widehat{BAC}$? Faites ce calcul. Déduisez-en $\sin\widehat{BAC}$.

3. a) Calculez l'aire de ABC.

b) Déduisez-en que $AH = \frac{3}{4}\sqrt{15}$.

8 **1. a)** En précisant le théorème utilisé, calculez $\cos\widehat{BAC}$.

b) Déduisez-en $\sin\widehat{BAC}$.

2. Quelle est l'aire du triangle ABC ?

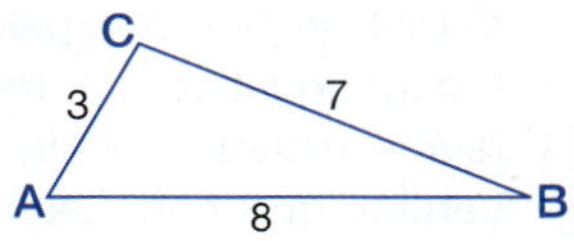

9 ABCD est un parallélogramme tel que $AB = 7$, $AD = 3$ et $AC = 8$.

1. a) Démontrez que $\overrightarrow{AB} \cdot \overrightarrow{AD} = 3$.

b) En calculant $\overrightarrow{AB} \cdot \overrightarrow{AD}$ d'une autre manière, trouvez $\cos\widehat{BAD}$ et déduisez-en que $\sin\widehat{BAD} = \frac{4\sqrt{3}}{7}$.

2. a) Calculez l'aire du triangle BAD en précisant le théorème utilisé.

b) Déduisez-en l'aire du parallélogramme ABCD.

10 Un bassin piscicole, implanté sur une côte, a la forme d'un quadrilatère comme l'indique la figure ci-dessous. $AD + DC + CB = \ell$ représente la longueur de filet nécessaire pour clore le bassin.

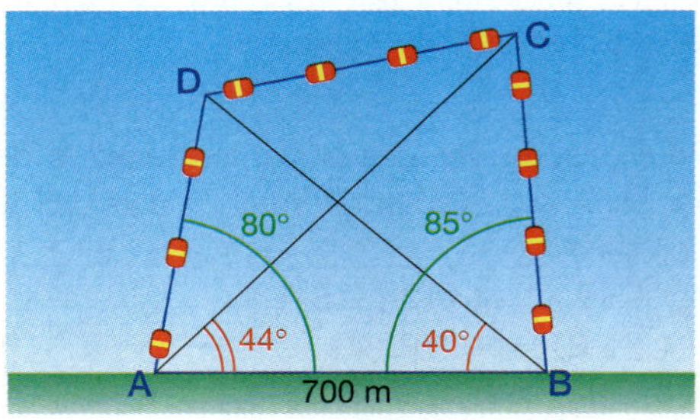

1. a) Calculez $\widehat{ADB}$.
   b) Déduisez-en AD et DB.

Aide : Voir l'exercice résolu 2, page 359.

2. a) De la même manière, en utilisant pour le triangle ABC les renseignements portés sur la figure, calculez BC.
   b) À l'aide du théorème d'Al Kashi, déduisez-en la longueur DC.
   c) Déduisez-en la longueur ℓ de filet nécessaire pour clore le bassin.
3. Calculez en m^2 l'aire du bassin.

2. Droite et produit scalaire

Les coordonnées et les équations, dans ces exercices, sont toujours relatives à un repère orthonormal.

11 Démonstration du théorème 4

1. Première partie du théorème

a) Une droite d non parallèle à l'axe des ordonnées a pour équation $y = mx + p$ et pour vecteur directeur le vecteur $\vec{u}(1 ; m)$.

Vérifiez que cette équation s'écrit sous la forme $ax + by + c = 0$ en exprimant a, b et c en fonction de m et p.

Vérifiez que $\vec{u}$ a pour coordonnées $(-b ; a)$.

b) Faites de même avec une droite d'équation $x = k$, parallèle à l'axe des ordonnées.

2. Deuxième partie du théorème

a) Supposons $b \neq 0$.

• Démontrez que $ax + by + c = 0$ s'écrit sous la forme $y = mx + p$ en précisant m et p en fonction de a, b, c.

• Démontrez que le vecteur $\vec{u}\left(1 ; -\frac{a}{b}\right)$ est vecteur directeur de cette droite.

• Déduisez-en que le vecteur $\vec{v}(-b ; a)$ est aussi un vecteur directeur.

b) Supposons $b = 0$, donc $a \neq 0$.

• Vérifiez que $ax + by + c = 0$ équivaut à $x = -\frac{c}{a}$.

• Vérifiez que cette droite est dirigée par le vecteur $\vec{u}(0 ; 1)$, donc aussi par le vecteur $(0 ; a)$, c'est-à-dire $(-b ; a)$ car $b = 0$.

12 Pour chacun des cas suivants, tracez la droite d passant par A et de vecteur normal $\vec{u}$, puis donnez une équation de d.

a) $A(1 ; -1)$ et $\vec{u}(2 ; -3)$.
b) $A(-1 ; -2)$ et $\vec{u}(0 ; 2)$.
c) $A(-3 ; 2)$ et $\vec{u}(3 ; 0)$.

13 d est la droite d'équation $3x - y + 5 = 0$.

1. Trouvez un vecteur normal à d.
2. Trouvez une équation de la droite Δ passant par $A(1 ; 2)$ et perpendiculaire à d.

14 Reprenez les questions de l'exercice 13 dans chacun des cas suivants.

a) $d : y = 2x - 3$ et $A(0 ; 3)$.
b) $d : y = 3$ et $A(-1 ; 3)$.
c) $d : x + 4y - 7 = 0$ et $A(-1 ; -1)$.
d) $d : x - y - \sqrt{2} = 0$ et $A(\sqrt{2} ; 1)$.
e) $d : 2x - y + 4 = 0$ et $A(0 ; 4)$.

15 Pour chacune des droites représentées ci-dessous, définissez un vecteur normal et trouvez une équation de la droite passant par O et qui lui est perpendiculaire.

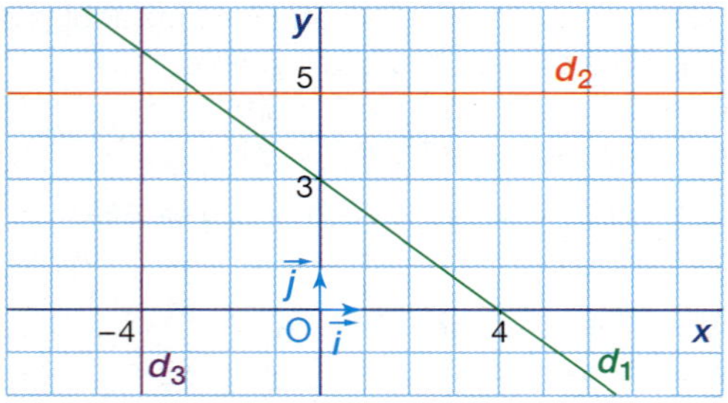

16 Trouvez une équation de d_1, d_2, d_3 admettant respectivement pour vecteur normal $\vec{n_1}, \vec{n_2}$ et $\vec{n_3}$ et passant par le point O.

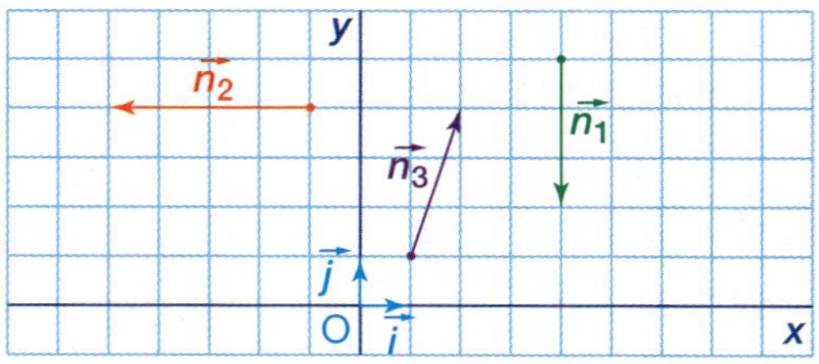

17 Dans chacun des cas suivants, dites si les droites d et d' sont perpendiculaires.

a) $d : x - 2y + 4 = 0$, $d' : 6x + 3y - 7 = 0$.
b) $d : y = -2x + 5$, $d' : x - 2y + 1 = 0$.
c) $d : (1 + \sqrt{2})x - y + 3 = 0$, $d' : (\sqrt{2} - 1)x + y = 0$.

18 d est la droite passant par $I(-1 ; 1)$ et de vecteur directeur $\vec{u}(1 ; 2)$.

1. Trouvez une équation de la droite Δ passant par $A(2 ; 1)$ et parallèle à d.
2. Trouvez une équation de la droite Δ' passant par $A(2 ; 1)$ et perpendiculaire à d.

19 Dans le cas de la figure ci-dessous :

1. Trouvez une équation de la droite Δ passant par A et parallèle à la droite (IJ) ;

2. Trouvez une équation de la droite Δ' passant par A et perpendiculaire à (IJ).

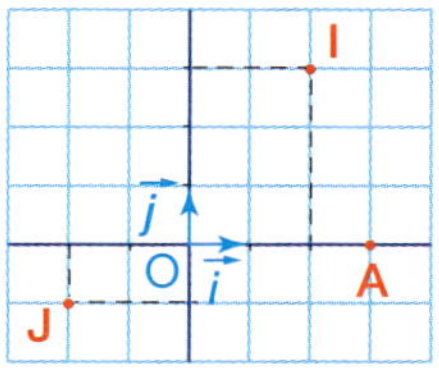

20 d est la droite passant par $I(-1 ; 1)$ et de vecteur normal $\vec{n}(2 ; -1)$.

1. Trouvez une équation de la droite Δ passant par $A(3 ; 5)$ et parallèle à d.

2. Trouvez une équation de la droite Δ' passant par $A(3 ; 5)$ et perpendiculaire à d.

21 On donne les points $A(1 ; 2)$ et $B(-1 ; 3)$.
Trouvez une équation de la médiatrice de $[AB]$.

22 On donne les trois points $A(-1 ; 0)$, $B(5 ; 0)$ et $C(1 ; 4)$.

1. Trouvez une équation de la hauteur issue de A et de la hauteur issue de C dans le triangle ABC.

2. Déduisez-en les coordonnées de l'orthocentre H du triangle ABC.

23 Dans le cas de la figure ci-dessous :

1. Trouvez une équation de la médiatrice de $[AB]$ et de la médiatrice de $[BC]$;

2. Déduisez-en les coordonnées du centre du cercle circonscrit au triangle ABC.

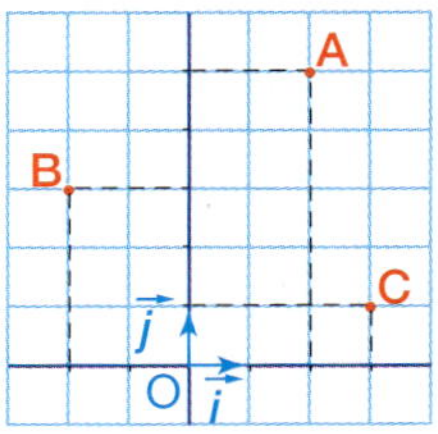

24 La droite d a pour équation $3x + 4y - 12 = 0$.

1. a) Trouvez une équation de la droite Δ passant par O et perpendiculaire à d.

b) Déduisez-en les coordonnées du point d'intersection de ces deux droites.

2. Utilisez les résultats précédents pour trouver les coordonnées du point O′ image de O dans la réflexion d'axe d.

3. Cercle et produit scalaire

Les coordonnées et les équations, dans ces exercices, sont toujours relatives à un repère orthonormal $(O ; \vec{\imath}, \vec{\jmath})$.

25 Trouvez une équation du cercle :

1. de centre O et de rayon $\sqrt{2}$,

2. de centre $A(1 ; -3)$ et de rayon 2,

3. de centre $A(-1 ; 1)$ et passant par O,

4. de centre $A(-1 ; 1)$ et passant par $B(3 ; 2)$.

26 Trouvez une équation du cercle de centre :

1. $I(3 ; 2)$ et tangent à l'axe des ordonnées,

2. $I(-2 ; -3)$ et tangent à l'axe des abscisses.

27 Trouvez une équation du cercle :

1. de diamètre $[OA]$ avec A de coordonnées $(0 ; 2)$,

2. de diamètre $[AB]$ avec $A(0 ; 1)$ et $B(3 ; 0)$,

3. de diamètre $[AB]$ avec $A(2 ; 1)$ et $B(-4 ; -1)$.

28 **1.** Démontrez que l'ensemble des points $M(x ; y)$ tels que $x^2 + y^2 - 2x - 2y - 2 = 0$ est un cercle.
Précisez le rayon et les coordonnées du centre.

2. Reprenez la question précédente, lorsque l'ensemble des points $M(x ; y)$ est tel que :

a) $x^2 + y^2 - 3x - 4y + 4 = 0$;

b) $(x - 1)(x - 3) + (y - 1)(y + 2) = 0$;

c) $2x^2 + 2y^2 - 4x - 6y + 1 = 0$;

d) $9x^2 + 9y^2 - 6x - 18y = 26$;

e) $3x^2 + 3y^2 - 7x - 8y = 0$.

Aide : Voir l'exercice résolu 5, page 363.

29 Dites pourquoi les équations suivantes ne sont pas celles d'un cercle.

a) $3x^2 + y^2 = 4$.

b) $(x - 1)^2 + (y + 1)^2 + 4 = 0$.

c) $x^2 + y^2 - 2x - 4y + 7 = 0$.

Aide : Voir l'exercice résolu 5, page 363.

30 **1.** Construisez le cercle $\mathscr{C}$ d'équation :

$$x^2 + y^2 - 2x - 2y - 8 = 0.$$

2. Ce cercle coupe l'axe des abscisses en A et B et l'axe des ordonnées en C et D.
Trouvez les coordonnées de ces quatre points.

31 On donne les points $I(3 ; 2)$ et $A(1 ; 5)$.

1. Trouvez une équation du cercle $\mathscr{C}$ de centre I passant par A.

2. Trouvez une équation de la droite tangente à $\mathscr{C}$ en A.

32 Attribuez l'une des équations suivantes à chacun des cercles de la figure ci-dessous.

a) $x^2 + y^2 - 4 = 0$.

b) $x^2 + y^2 - 2x + 2y = 0$.

c) $x^2 + y^2 - 2x - 4 = 0$.

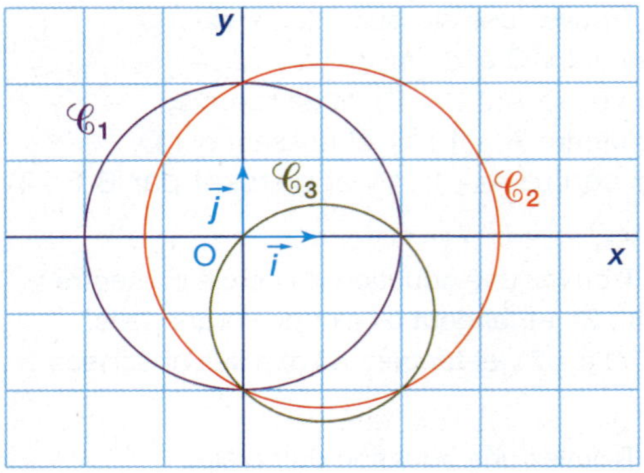

33 **1.** Dans un repère orthonormal $(O ; \vec{i}, \vec{j})$, placez A de coordonnées $(3 ; 0)$ et construisez la droite d d'équation $x + y - 8 = 0$.

2. On note H le projeté orthogonal de A sur d et K l'intersection de d et de l'axe des abscisses.

a) Démontrez que le triangle AHK est rectangle et isocèle et calculez AH.

b) Déduisez-en une équation du cercle $\mathscr{C}$ de centre A tangent à la droite d.

34 Le cercle $\mathscr{C}$ a pour équation $x^2 + y^2 - 6x - 2y = 0$.

1. a) Vérifiez que A de coordonnées $(2 ; 4)$ est un point de $\mathscr{C}$.

b) Construisez $\mathscr{C}$, A et la droite d tangente en A à $\mathscr{C}$.

2. Trouvez une équation de la droite d.

35 On donne les points $A(2 ; 3)$ et $B(-1 ; 1)$ et la droite d d'équation $y = 1$.

1. a) Placez A et B et construisez la droite d.

b) Construisez le cercle $\mathscr{C}$ passant par A et B et dont le centre I est un point de d.

2. a) Trouvez une équation de la médiatrice de $[AB]$.

b) Déduisez-en les coordonnées de I, puis une équation du cercle $\mathscr{C}$.

36 On donne les points $I(1 ; 0)$ et $A(0 ; 2)$. On note d la droite d'équation $y = x$ et $\mathscr{C}$ le cercle de centre I passant par A.

1. Construisez d et le cercle $\mathscr{C}$.

2. a) Trouvez une équation du cercle $\mathscr{C}$.

b) Calculez les coordonnées des points d'intersection de $\mathscr{C}$ et d (s'ils existent).

4. Trigonométrie

37 **1.** Vérifiez que $\frac{5\pi}{12} = \frac{\pi}{6} + \frac{\pi}{4}$.

2. Calculez $\cos\frac{5\pi}{12}$ et $\sin\frac{5\pi}{12}$.

38 **1.** Vérifiez que $\frac{11\pi}{12} = \frac{2\pi}{3} + \frac{\pi}{4}$.

2. Calculez $\cos\frac{11\pi}{12}$ et $\sin\frac{11\pi}{12}$.

39 **1.** En utilisant $\cos\frac{\pi}{6} = \frac{\sqrt{3}}{2}$, calculez $\cos^2\frac{\pi}{12}$.

2. Déduisez-en $\cos\frac{\pi}{12}$ et $\sin\frac{\pi}{12}$.

40 Calculez $\cos 2x$ dans chacun des cas suivants.

a) $\cos x = -\frac{\sqrt{3}}{3}$. **b)** $\cos x = \frac{3}{5}$. **c)** $\sin x = -\frac{1}{3}$.

41 Calculez $\sin 2x$ dans chacun des cas suivants.

a) $\sin x = \frac{1}{3}$ et $x \in \left[0 ; \frac{\pi}{2}\right]$.

b) $\sin x = -\frac{3}{5}$ et $x \in \left[\frac{\pi}{2} ; \frac{3\pi}{2}\right]$.

c) $\cos x = -\frac{4}{5}$ et $x \in [-\pi ; 0]$.

42 Réduisez les expressions suivantes :

$A(x) = \cos 7x \sin 6x - \sin 7x \cos 6x$.

$B(x) = \cos x \cos 2x - \sin x \sin 2x$.

$C(x) = \cos 3x \sin 2x + \cos 2x \sin 3x$.

43 Exprimez chacune des expressions suivantes en fonction de $\sin x$ et $\cos x$.

a) $2\cos\left(x - \frac{\pi}{3}\right)$. **b)** $\sqrt{2}\cos\left(x + \frac{\pi}{4}\right)$. **c)** $\sqrt{2}\sin\left(x - \frac{\pi}{4}\right)$.

44 Démontrez les égalités suivantes.

a) $(\cos x - \sin x)^2 = 1 - \sin 2x$.

b) $\cos x + \cos\left(x + \frac{2\pi}{3}\right) + \cos\left(x + \frac{4\pi}{3}\right) = 0$.

c) $\sin\left(\frac{\pi}{3} + x\right) - \sin\left(\frac{\pi}{3} - x\right) = \sin x$.

45 x est un réel de l'intervalle $\left]0 ; \frac{\pi}{2}\right[$.

1. Réduisez l'écriture de l'expression :

$\sin 3x \cos x - \sin x \cos 3x$.

2. Déduisez-en que $\frac{\sin 3x}{\sin x} - \frac{\cos 3x}{\cos x} = 2$.

46 Démontrez les égalités suivantes.

a) $1 + 2\cos x + \cos 2x = 2\cos x(1 + \cos x)$.

b) $1 + 2\sin x - \cos 2x = 2\sin x(1 + \sin x)$.

pour apprendre à chercher

Les exercices de cette partie, de difficulté moyenne pour la plupart, ne sont pas des exercices résolus. Le questionnement veut montrer comment on peut organiser une recherche et suivre un raisonnement.

47 Calcul d'aire et de périmètre

ABCD est un quadrilatère convexe tel que :

$$AB = 50\text{ m},\ BC = 30\text{ m},$$
$$\widehat{ABC} = 120°,\ \widehat{BCD} = 45° \text{ et } \widehat{BAD} = 135°.$$

Objectif : calculer le périmètre et l'aire de ABCD.

1. Une figure peut être utile pour guider les calculs. Ici une figure approximative est bien suffisante : l'important est de bien y noter les données.

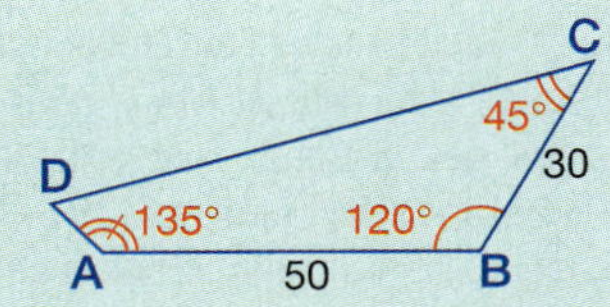

Tirons des conséquences de l'examen de la figure. Dans un quadrilatère convexe, la somme des angles est 360°. On peut donc calculer la mesure de $\widehat{ADC}$.

Calculez $\widehat{ADC}$.

2. Pour calculer le périmètre de ABCD, il suffit de calculer AD et DC. Le calcul direct n'est pas possible. D'où l'idée de tracer [AC] et [BD] pour pouvoir utiliser les relations métriques dans des triangles.
Dans le triangle ABC, les données permettent de calculer AC, puis les autres éléments de ce triangle.

a) Démontrez que AC = 70 m.
b) Démontrez que :
$$\sin\widehat{BCA} = \frac{5\sqrt{3}}{14} \text{ et } \sin\widehat{BAC} = \frac{3\sqrt{3}}{14}.$$
c) Déduisez-en une valeur approchée des angles $\widehat{DCA}$, $\widehat{DAC}$, $\widehat{ADC}$.
d) Calculez des valeurs approchées, au décimètre près, de DC et DA puis concluez.

3. Rédigez une solution.

48 Équation d'un cercle passant par trois points

Dans un repère orthonormal $(O ; \vec{i}, \vec{j})$, on donne les points A(4 ; 1), B(0 ; 6) et C(– 2 ; 1).

Objectif : trouver une équation du cercle $\mathscr{C}$ circonscrit au triangle ABC.

1. Faisons d'abord une figure soignée en plaçant les points dans le repère et en construisant le cercle $\mathscr{C}$.
En effet, il est toujours intéressant, avant de se « lancer » dans des calculs, de faire une figure : ses particularités peuvent vous guider.
Pour construire $\mathscr{C}$, il suffit de construire son centre I, car $\mathscr{C}$ passe par A, B et C.

a) Placez A, B, C. Pour construire I, pourquoi choisir, de préférence, la médiatrice de [AC], puis l'une ou l'autre des médiatrices de [AB] ou [BC] ?
b) Construisez I, puis le cercle $\mathscr{C}$.

2. Pour trouver une équation de $\mathscr{C}$, une façon de faire consiste à chercher les coordonnées de centre I puis le rayon, qui est IA ou IB ou IC.
L'abscisse de I est connue donc il reste à calculer son ordonnée. Une façon de faire est de dire que I est sur la médiatrice de [AB], c'est-à-dire que I vérifie $\vec{IJ} \cdot \vec{AB} = 0$, où J est le milieu de [AB].

a) Quelle est l'abscisse de I ?
b) Quelles sont les coordonnées de J ?
c) Trouvez l'ordonnée du point I en écrivant que $\vec{IJ} \cdot \vec{AB} = 0$.
d) Déduisez-en une équation de $\mathscr{C}$.

3. Rédigez une solution.

49 Une famille de cercles

Dans un repère orthonormal $(O ; \vec{i}, \vec{j})$, on donne les points A(3 ; 2) et B(– 1 ; 4). On note $\mathscr{E}$ la famille des cercles qui passent par A et B.

Objectif : trouver une équation d'un cercle quelconque de $\mathscr{E}$.

1. Il s'agit de trouver une équation d'un cercle quelconque qui passe par A et B. Faisons une figure pour avoir une idée de ses particularités.

a) Placez les points A et B dans le repère $(O ; \vec{i}, \vec{j})$.
b) Dessinez un cercle quelconque de la famille.
c) Où se trouvent nécessairement les centres des cercles ? Représentez cet ensemble Δ.

2. Pour trouver une équation d'un cercle, il suffit de connaître son centre et son rayon. Or, lorsqu'on connaît le centre M d'un cercle de $\mathscr{E}$, on peut en déduire une équation du cercle $\mathscr{C}$ correspondant, car il passe par A et B. De plus, M est sur Δ et tout point M de Δ est le centre d'un cercle de $\mathscr{E}$. Donc l'abscisse de M peut être n'importe quel réel m.

a) Trouvez une équation de la droite Δ. Quelle est l'ordonnée d'un point M de Δ d'abscisse m ?
b) Démontrez que le cercle $\mathscr{C}_m$ de centre M a pour équation :
$$x^2 + y^2 - 2mx - 2(2m + 1)y + 14m - 9 = 0$$
c) Pourquoi en prenant $m = 1$, obtient-on le cercle de diamètre [AB] ?

3. Rédigez une solution.

Commentaire : Le cercle $\mathscr{C}_m$ que l'on vient de trouver est un élément quelconque de la famille $\mathscr{E}$. Son équation dépend de m et chaque fois que l'on fixe une valeur m, on trouve un cercle de la famille des cercles passant par les deux points A et B.

50 Caractérisation d'un triangle

Objectif : caractériser, par une relation entre les longueurs de leurs côtés, les triangles dont deux médianes sont perpendiculaires.

Note : Vous pouvez vous reporter au § 2 de la partie *Types de problèmes et raisonnements*, p. 415.

1. Le problème paraît difficile car l'énoncé ne donne pas la relation à trouver. Puisqu'il s'agit de médianes, on peut penser que le théorème de la médiane sera utile.
Alors on peut procéder ainsi :

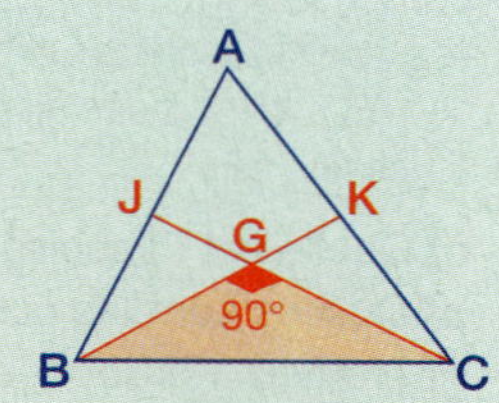

- on suppose que dans un triangle ABC, les médianes (BK) et (CJ) sont perpendiculaires en G (on peut se contenter d'une figure approximative) ;
- à partir de cette hypothèse, on cherche à obtenir des relations entre AB, AC et BC.

Une des conséquences de l'hypothèse est que :

$$BC^2 = BG^2 + GC^2.$$

a) Justifiez que $BG^2 = \frac{4}{9}BK^2$ et que $GC^2 = \frac{4}{9}CJ^2$.

b) En utilisant le théorème de la médiane, exprimez GB^2 et GC^2 en fonction de deux côtés, puis déduisez-en que $AB^2 + AC^2 = 5BC^2$.

2. Donc si le triangle ABC a ses deux médianes (BK) et (CJ) perpendiculaires, alors $AB^2 + AC^2 = 5BC^2$. Mais cette relation caractérise-t-elle de tels triangles ? Autrement dit : si $AB^2 + AC^2 = 5BC^2$, les deux médianes (BK) et (CJ) sont-elles perpendiculaires ?

a) Démontrez que si I est le milieu de $[BC]$:

$$\overrightarrow{GB} \cdot \overrightarrow{GC} = GI^2 - IC^2 = \frac{1}{36}(4IA^2 - 9BC^2).$$

b) Vérifiez que $4IA^2 = 2AB^2 + 2AC^2 - BC^2$.

c) Déduisez-en, en tenant compte de l'hypothèse, que $\overrightarrow{GB} \cdot \overrightarrow{GC} = 0$. Concluez.

3. Rédigez une solution.

Note : L'exercice 71, page 379, propose une solution par équivalence.

51 Trouver analytiquement un ensemble de points

Dans un repère orthonormal $(O ; \vec{i}, \vec{j})$, on donne les points $A(-3 ; -1)$ et $B(5 ; 3)$.

Objectif : trouver l'ensemble $\mathscr{E}$ des points M de coordonnées $(x ; y)$ tels que les vecteurs $2\overrightarrow{MA} + \overrightarrow{MB}$ et $\overrightarrow{MA} + 2\overrightarrow{MB}$ sont orthogonaux.

Note : Vous pouvez vous reporter au § 3 de la partie *Types de problèmes et raisonnements*, p. 416.

1. Il s'agit de trouver l'ensemble $\mathscr{E}$ des points M tels que les vecteur $2\overrightarrow{MA} + \overrightarrow{MB}$ et $\overrightarrow{MA} + 2\overrightarrow{MB}$ sont orthogonaux. Mais dire que ces vecteurs sont orthogonaux équivaut à dire que $(2\overrightarrow{MA} + \overrightarrow{MB}) \cdot (\overrightarrow{MA} + 2\overrightarrow{MB}) = 0$. Puisqu'on travaille dans un repère orthonormal, une solution analytique s'impose.

a) Calculez en fonction de x et y les coordonnées des vecteurs $2\overrightarrow{MA} + \overrightarrow{MB}$ et $\overrightarrow{MA} + 2\overrightarrow{MB}$.

b) Démontrez que $\mathscr{E}$ est l'ensemble des points $M(x ; y)$ tels que :

$$x^2 + y^2 - 2x - 2y - \frac{2}{9} = 0.$$

c) Déduisez-en que $\mathscr{E}$ est un cercle dont vous préciserez le rayon et les coordonnées du centre. Construisez $\mathscr{E}$.

2. Rédigez une solution.

Commentaire : On a procédé ici par équivalences. On dit que $M(x ; y)$ est un point de $\mathscr{E}$ équivaut à :

$(2\overrightarrow{MA} + \overrightarrow{MB}) \cdot (\overrightarrow{MA} + 2\overrightarrow{MB}) = 0$,
qui est équivalent à $x^2 + y^2 - 2x - 2y - \frac{2}{9} = 0$.

3. Autre solution : Une solution vectorielle est envisageable en utilisant les acquis sur le barycentre.
En effet, notons I le barycentre de $(A, 2)$, $(B, 1)$ et J le barycentre de $(A, 1)$, $(B, 2)$.

Utilisez les propriétés du barycentre pour démontrer que $\mathscr{E}$ est l'ensemble des points M tels que :

$$\overrightarrow{MI} \cdot \overrightarrow{MJ} = 0,$$

c'est-à-dire le cercle de diamètre $[IJ]$.

pour progresser

Les coordonnées qui figurent dans les énoncés sont toujours relatives à un repère orthonormal.

Relations métriques dans un triangle

52 ABC est un triangle tel que BC = 6 cm, AC = 5 cm et $\widehat{ABC} = 45°$.

1. a) Démontrez que $\sin\widehat{BAC} = \dfrac{3\sqrt{2}}{5}$.

b) Déduisez-en les deux valeurs possibles de $\cos\widehat{BAC}$.

2. Pour chacune des valeurs trouvées :

a) donnez une mesure approchée de $\widehat{ACB}$;

b) calculez AB.

53 Un exemple de triangulation : Calcul de la distance entre deux points

Imaginons qu'on ait déterminé avec précision deux points, A et B, distants de 40 m, placés sur les tours de Notre-Dame de Paris. On va voir pourquoi on peut, pour mesurer la distance entre deux points P et Q de la capitale, se borner à mesurer les angles $\alpha_1 = \widehat{ABP}$, $\alpha_2 = \widehat{APB}$, $\alpha_3 = \widehat{APQ}$ et $\alpha_4 = \widehat{AQP}$.

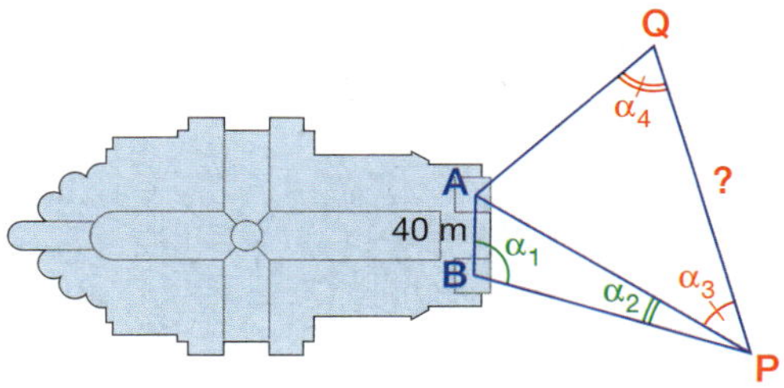

1. a) Démontrez que :

$$AP = \frac{\sin\alpha_1}{\sin\alpha_2}AB \quad \text{et} \quad PQ = \frac{\sin(\alpha_3 + \alpha_4)}{\sin\alpha_4}AP.$$

b) Déduisez-en que $PQ = \dfrac{\sin\alpha_1 \sin(\alpha_3 + \alpha_4)}{\sin\alpha_2 \sin\alpha_4}AB$.

Aide : Voir l'exercice résolu 2, page 359.

2. Application. Les données suivantes correspondent approximativement au cas où P est situé sur la Tour Eiffel et Q sur la Tour Montparnasse.

En degrés :

$\alpha_1 = 108°$, $\alpha_2 = 0{,}6°$, $\alpha_3 = 31{,}5°$, $\alpha_4 = 109°$.

Calculez la distance PQ, arrondie au mètre.

54 Un champ est représenté ci-contre. Calculez :

1. le périmètre de ce champ,

2. l'aire de ce champ.

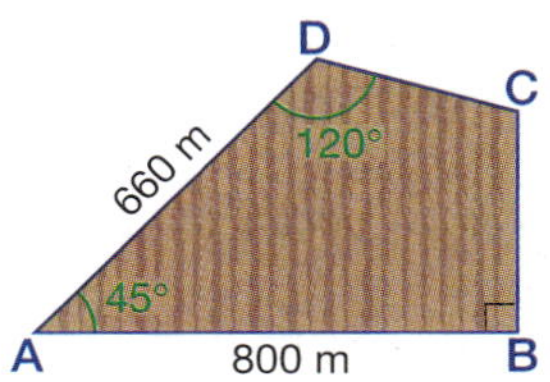

Aide : Voir l'exercice 47, *Pour apprendre à chercher*.

55 La pièce d'un appartement est représentée ci-dessous. Calculez le périmètre et l'aire de la pièce.

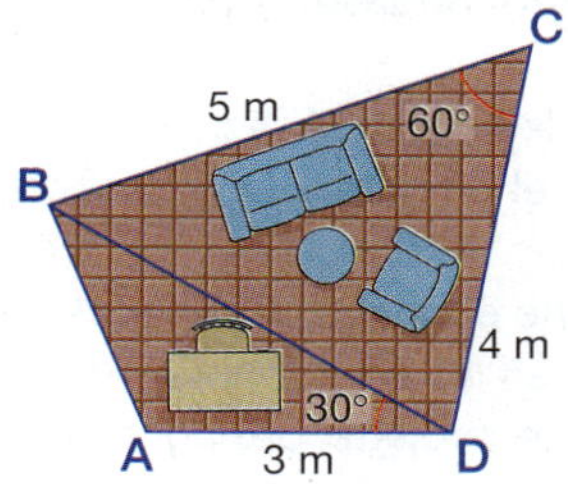

★ **56** Un triangle ABC est tel que AB = 13, AC = 14, BC = 15. On note H le projeté orthogonal de B sur la droite (AC).

1. Démontrez que $\sin\widehat{B} = \dfrac{56}{65}$.

2. Déduisez-en l'aire du triangle ABC, ainsi que les longueurs BH, AH et HC.

3. Prolongement.

a) Retrouvez l'aire du triangle ABC par la formule de Héron.

b) Démontrez que pour le triangle ABC, le rayon du cercle circonscrit et le rayon du cercle inscrit sont des nombres rationnels.

Aide : Voir le TD 1, page 367.

★★ **57** Dans le cas de la figure ci-dessous, on note :

- α la mesure en degrés de $\widehat{BCA}$;
- s_1 = aire(ACFG) + aire(BCKL) ;
- s_2 = aire(ABDE) + aire (ABC).

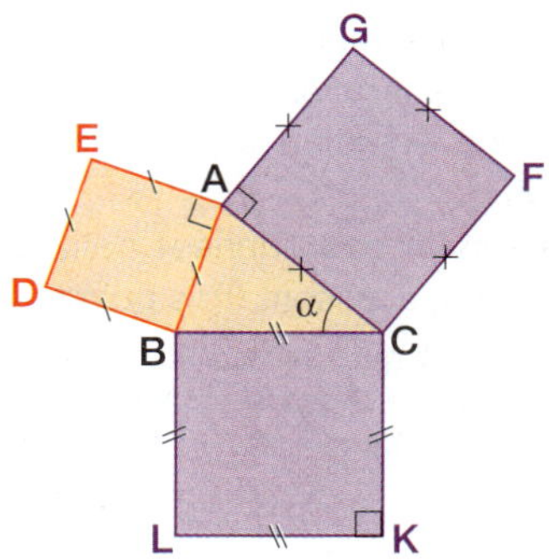

Prouvez que les propositions (P) et (Q) suivantes sont équivalentes :

(P) : $s_1 = s_2$ (Q) : $\tan\alpha = 4$.

Note : Vous pouvez vous reporter au § 2 de la partie *Types de problèmes et raisonnements*, page 415.

Droites et cercles

Les coordonnées et les équations, dans ces exercices, sont toujours relatives à un repère orthonormal.

58 On donne les points A(8 ; 0) et B(0 ; 6), I est le milieu de [AB] et on note H le projeté orthogonal de O sur [AB].

1. **a)** Trouvez une équation des droites (AB) et (OH).
b) Déduisez-en les coordonnées de H.
2. Le point H se projette orthogonalement en E sur l'axe des abscisses et en F sur l'axe des ordonnées. Démontrez que les droites (OI) et (EF) sont perpendiculaires.

59 On donne les points A(3 ; 1) et B(– 3 ; 3).

1. **a)** Trouvez une équation de la médiatrice de [AB], puis de celle de [OB].
b) Déduisez-en les coordonnées du point I centre du cercle $\mathscr{C}$ circonscrit au triangle OAB.
2. **a)** Trouvez une équation du cercle $\mathscr{C}$.
b) Trouvez une équation de la tangente en B au cercle $\mathscr{C}$.

★ **60 Une droite particulière du triangle**

On donne les points A(6 ; 0), B(0 ; 6) et C(– 2 ; 0).

1. **a)** Placez A, B, C dans un repère orthonormal et construisez le cercle $\mathscr{C}$ circonscrit au triangle ABC.
b) Trouvez une équation du cercle $\mathscr{C}$.

Aide : Vous pouvez vous reporter à l'exercice 48, *Pour apprendre à chercher.*

2. On note M le point de $\mathscr{C}$, distinct de B, de même ordonnée que B.
Le point M se projette orthogonalement en I sur (AC), en J sur (AB), en K sur (CB).
a) Calculez l'abscisse du point M.
b) Trouvez une équation des droites (AB), (BC), (MJ) et (MK).
c) Déduisez-en les coordonnées de I, J, K.
3. Démontrez que I, J, K sont trois points alignés.

Note : Lorsque M est quelconque sur $\mathscr{C}$, les points I, J, K sont encore alignés. La droite (IJ) est appelée « droite de Simson de M pour le triangle ABC ».

Robert Simson
(Kirktonhall, 1687 – Glasgow, 1768)
Écossais, de formation médicale, Robert Simson se tourne vers la géométrie.
Passionné par l'Antiquité, Robert Simson est plus soucieux de « découvrir » les mathématiques et explique Euclide dans un ouvrage qui eut un tel succès qu'il fut publié vingt-quatre fois dans sa version anglaise, sans compter les traductions.

★ **61 Une propriété de l'orthocentre d'un triangle**

$\mathscr{C}$ est le cercle d'équation $x^2 + y^2 - 2x - 2y - 8 = 0$.

1. **a)** Calculez les coordonnées du centre I et le rayon du cercle $\mathscr{C}$.
b) Construisez le cercle $\mathscr{C}$.
2. Le cercle $\mathscr{C}$ coupe l'axe des abscisses en A et B et l'axe des ordonnées en C et D. (L'ordonnée de D est négative.)
a) Calculez les coordonnées des points A, B, C, D.
b) Démontrez que l'image de D par la réflexion d'axe (AB) est l'orthocentre du triangle ABC.

Note : D'une manière générale, si ABC est un triangle inscrit dans un cercle, les symétriques de l'orthocentre H par rapport aux trois côtés du triangle sont des points du cercle $\mathscr{C}$.

★ **62 Tangentes à un cercle, de direction donnée**

$\mathscr{C}$ est le cercle d'équation $x^2 + y^2 - 6x - 2y - 15 = 0$ et Δ la droite d'équation $4x + 3y = 0$.

1. **a)** Construisez le cercle $\mathscr{C}$ et la droite Δ.
b) Construisez, en justifiant votre construction, les tangentes Δ_1 et Δ_2 au cercle $\mathscr{C}$ parallèles à Δ.
2. **a)** Trouvez une équation de la droite d, passant par le centre de $\mathscr{C}$ et perpendiculaire à Δ.
b) Démontrez que d coupe $\mathscr{C}$ aux points A et B de coordonnées respectives (7 ; 4) et (– 1 ; – 2).
c) Déduisez-en une équation de la droite Δ_1 et une équation de Δ_2.

★ **63 Ensembles de points**

Dans un repère orthonormal $(O ; \vec{\imath}, \vec{\jmath})$, on donne les points A(3 ; 0) et B(0 ; 3).

1. Trouvez une équation de l'ensemble $\mathscr{E}_1$ des points M(*x* ; *y*) tels que :
$$MO^2 + 2MA^2 = 36.$$
2. Trouvez une équation de l'ensemble $\mathscr{E}_2$ des points M(*x* ; *y*) tels que :
$$MB^2 - MA^2 = 36.$$
3. Construisez $\mathscr{E}_1$ et $\mathscr{E}_2$ et trouvez les coordonnées des points communs à ces deux ensembles.

★ **64 Conjectures**

On considère le cercle $\mathscr{C}$ d'équation :
$$x^2 + y^2 - 4x + 4y - 2 = 0$$
et la droite d d'équation $x + 3y - 6 = 0$.

1. Construisez $\mathscr{C}$ et d.
2. Parmi les conjectures suivantes, dites celles qui sont vraies ou fausses. Justifiez chaque fois votre réponse.
a) Le cercle $\mathscr{C}$ passe par les points A(3 ; 1) et B(1 ; – 5).
b) La droite d est tangente au cercle $\mathscr{C}$.

c) La tangente issue de B à $\mathscr{C}$ est parallèle à d.

Vrai ou faux ?

Pour chacune des affirmations suivantes, dites si elle est vraie ou fausse. Justifiez chaque fois votre réponse.

65 Il existe un point M et un seul dont les coordonnées $(x\ ;\ y)$ sont telles que $x^2 + y^2 + 4x - 6y + 13 = 0$.

66 L'ensemble $\mathscr{E}$ des points $M(x\ ;\ y)$ tels que $2x^2 + 2y^2 + 4x + y + \frac{17}{8} = 0$ est l'ensemble vide.

★ **67** Il existe un cercle et un seul passant par les points $A(4\ ;\ 1)$, $B(2\ ;\ 2)$, $C(1\ ;\ 0)$, $D(3\ ;\ -1)$.

★ **68** L'équation $x^2 + y^2 + ax + by + c = 0$ avec $c < 0$ est toujours l'équation d'un cercle.

★ **69** La somme des carrés de deux côtés d'un triangle est strictement supérieure à la moitié du carré du troisième côté.

Déterminations d'ensembles

Pour ces exercices, vous pouvez vous reporter au §3 de la partie *Types de problèmes et raisonnements*, p. 416.
Tous les repères considérés sont orthonormaux.

★★ **70** Les points A et B ont pour coordonnées respectives $(2\ ;\ 1)$ et $(-1\ ;\ 4)$. Pour tout point M de coordonnées $(x\ ;\ y)$, on pose $h(M) = 2MA^2 + MB^2$.

1. Démontrez que $h(M) = 3(x^2 + y^2 - 2x - 4y + 9)$.

2. On note $\mathscr{L}_k$ l'ensemble des points M tels que $h(M) = k$, où k est un réel donné.

a) Démontrez que $\mathscr{L}_{27}$ est un cercle dont vous préciserez le centre et le rayon.

b) Démontrez que $\mathscr{L}_{12}$ est réduit à un point dont vous préciserez les coordonnées.

c) Démontrez que $\mathscr{L}_9$ est l'ensemble vide.

3. Plus généralement, démontrez que :

- si $k < 12$, $\mathscr{L}_k$ est l'ensemble vide ;
- si $k > 12$, $\mathscr{L}_k$ est un cercle dont vous préciserez le rayon en fonction de k et les coordonnées du centre.

★★ **71** **Caractérisation d'un triangle**

Note : Cet exercice reprend l'exercice 50, page 376, et donne une solution par équivalence.

ABC est un triangle quelconque, G son centre de gravité, I, J, K sont les milieux respectifs de [BC], [CA], [AB]. On note $BC = a$, $CA = b$, $AB = c$.

1. a) En utilisant le théorème de la médiane, vérifiez que :

$$BJ^2 = \frac{1}{2}\left(a^2 + c^2 - \frac{b^2}{2}\right) \text{ et } CK^2 = \frac{1}{2}\left(a^2 + b^2 - \frac{c^2}{2}\right).$$

b) Déduisez-en BG^2 et CG^2 en fonction de a, b, c.

2. Démontrez que « Les médianes (BJ) et (CK) sont perpendiculaires » équivaut à $5a^2 = b^2 + c^2$.

★★ **72** **Étude de la fonction f : $M \mapsto MA^2 + MB^2$**

A et B sont deux points donnés et O est le milieu de [AB]. On pose $AB = d$. Le but de l'exercice est de trouver l'ensemble $\mathscr{L}_k$ des points M tels que $MA^2 + MB^2 = k$, où k est un réel donné.

1. Démontrez que $\mathscr{L}_k$ est l'ensemble des points M tels que $OM^2 = \frac{2k - d^2}{4}$.

2. Discutez, selon le signe de $2k - d^2$, la nature de l'ensemble $\mathscr{L}_k$.

3. Dessinez cet ensemble lorsque $d = 6$ et $k = 24$.

★★ **73** **Lieu géométrique et théorème de la médiane**

$\mathscr{C}$ est un cercle de centre O et de rayon R. A est un point donné tel que $OA = \frac{R}{2}$. Un angle droit $\widehat{xAy}$ pivote autour de A, les côtés de l'angle coupent $\mathscr{C}$ en M et N. Le but de l'exercice est de trouver le lieu $\mathscr{L}$ du point I milieu de [MN].

1. Construisez plusieurs points en déplaçant l'angle $\widehat{xAy}$. Quelle semble être la nature de ce lieu ?

2. On note J le milieu de [OA].

a) Démontrez que $IO^2 + IA^2 = 2IJ^2 + \frac{R^2}{8}$.

b) Démontrez que $IO^2 = R^2 - IN^2 = R^2 - IA^2$.

c) Déduisez-en que I appartient au cercle $\mathscr{C}'$ de centre J et de rayon $\frac{R\sqrt{7}}{4}$.

Ainsi le lieu $\mathscr{L}$ de I est inclus dans $\mathscr{C}'$.

3. Réciproquement, il reste à savoir si $\mathscr{L}$ « remplit » $\mathscr{C}'$. Autrement dit, si I est un point de $\mathscr{C}'$, peut-on trouver une corde [MN] de $\mathscr{C}$, de milieu I, telle que $\widehat{MAN} = 90°$?

a) Démontrez que le cercle $\mathscr{C}'$ est intérieur à $\mathscr{C}$.

b) Prenez un point I quelconque sur $\mathscr{C}'$, tracez par I la perpendiculaire à (OI) qui coupe $\mathscr{C}$ en M et N.

- Démontrez que I est le milieu de [MN].
- En tenant compte de $IO^2 + IA^2 = R^2$, démontrez que $IM = IN = IA$. Déduisez-en que l'angle $\widehat{MAN}$ est droit. Quel est le lieu $\mathscr{L}$?

74 ★★ **Un lieu géométrique en analytique**

On donne les points A(6 ; 0) et B(0 ; 3). On se propose de trouver le lieu géométrique $\mathcal{L}_k$ des points M dont la somme des carrés des distances aux trois sommets du triangle OAB est une constante k.

1. Justifiez que $\mathcal{L}_k$ est l'ensemble des points M tels que $MO^2 + MA^2 + MB^2 = k$.

2. On note $(x; y)$ les coordonnées de M. Démontrez l'affirmation suivante : « Dire que M est un point de $\mathcal{L}_k$ équivaut à dire que $x^2 + y^2 - 4x - 2y + 15 = \dfrac{k}{3}$. »

3. Discutez suivant le réel k la nature de $\mathcal{L}_k$.

Formules d'addition et de duplication

75 a et b sont deux réels de l'intervalle $\left[0 ; \dfrac{\pi}{2}\right]$ tels que $\cos a = \dfrac{3}{5}$ et $\sin b = \dfrac{1}{2}$.

1. Calculez $\sin a$ et $\cos b$.

2. Déduisez-en $\cos(a+b)$ et $\sin(a-b)$.

76 En utilisant les formules de duplication, factorisez les expressions suivantes :

$A(x) = 1 - \cos 2x + \sin x$; $B(x) = 1 - \cos 2x + \sin 2x$.

77 a et b sont deux réels de l'intervalle $\left[0 ; \dfrac{\pi}{2}\right]$ tels que $\sin a = \dfrac{1}{2}$ et $\sin b = \dfrac{\sqrt{6}-\sqrt{2}}{4}$.

1. Calculez $\cos a$ et vérifiez que $\cos b = \dfrac{\sqrt{6}+\sqrt{2}}{4}$.

2. a) Calculez $\cos(a+b)$ et $\sin(a+b)$.

b) Déduisez-en $(a+b)$ puis b.

78 a est un réel de $\left[0 ; \dfrac{\pi}{2}\right]$ tel que $\cos a = \dfrac{\sqrt{2+\sqrt{3}}}{2}$.

1. Calculez $\cos 2a$.

2. a) À quel intervalle appartient $2a$?

b) Déduisez-en a, en justifiant votre réponse.

79 x est un réel de l'intervalle $\left]0 ; \dfrac{\pi}{2}\right[$.

1. Démontrez que $\dfrac{1-\cos 2x}{\sin 2x} = \tan x$.

2. Déduisez-en les valeurs exactes de $\tan\dfrac{\pi}{8}$ et $\tan\dfrac{\pi}{12}$.

80 Démontrez les égalités suivantes.

a) $4\cos^2 x + 2\sin^2 x = 3 + \cos 2x$.

b) $\cos^4 x - \sin^4 x = \cos^2 x - \sin^2 x = \cos 2x$.

c) $\sin(a+b)\cos(a-b) + \cos(a+b)\sin(a-b) = \sin 2a$.

81 ABC est un triangle tel que AB = 4, AC = 6, BC = 5.

1. Calculez $\cos\widehat{B}$ et $\cos\widehat{C}$.

2. Déduisez-en $\cos 2\widehat{C}$ et démontrez que $\widehat{B} = 2\widehat{C}$.

82 Trois carrés de côté a sont disposés comme l'indique la figure ci-dessous. α et β sont les mesures en radians de $\widehat{BAE}$ et $\widehat{CBE}$.

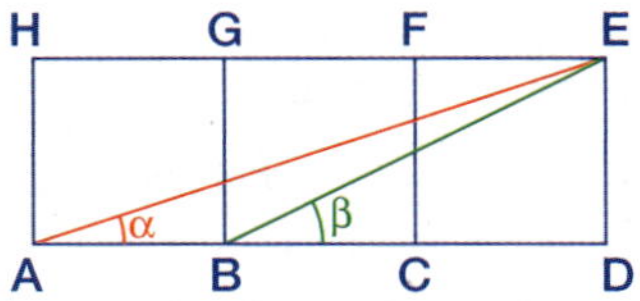

1. Calculez $\cos\alpha$, $\sin\alpha$, $\cos\beta$, $\sin\beta$.

2. Déduisez-en que $\alpha + \beta = \dfrac{\pi}{4}$.

83 **Calculs dans un tétraèdre**

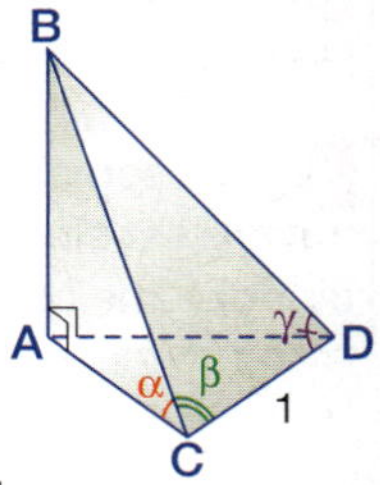

ABCD est un tétraèdre tel que la droite (AB) est orthogonale au plan (ACD) et CD = 1.

On note $\widehat{ACB} = \alpha$, $\widehat{BCD} = \beta$ et $\widehat{CDB} = \gamma$.

1. a) Démontrez que $BC = \dfrac{\sin\gamma}{\sin(\beta+\gamma)}$.

b) Déduisez-en que $AB = \dfrac{\sin\alpha\sin\gamma}{\sin(\beta+\gamma)}$.

2. Calculez la valeur exacte de la longueur AB lorsque $\alpha = \beta = \dfrac{\pi}{4}$ et $\gamma = \dfrac{\pi}{3}$.

84 ★ a est un réel de l'intervalle $\left]0 ; \dfrac{\pi}{4}\right[$.

1. a) Démontrez que $(\cos a + \sin a)^2 = 1 + \sin 2a$.

b) Déduisez-en que $\dfrac{1+\sin 2a}{\cos 2a} = \dfrac{\cos a + \sin a}{\cos a - \sin a}$.

2. Sans calculer $\cos\dfrac{\pi}{8}$ et $\cos\dfrac{\pi}{12}$, déduisez de la question précédente que :

$$\frac{\cos\frac{\pi}{8} + \sin\frac{\pi}{8}}{\cos\frac{\pi}{8} - \sin\frac{\pi}{8}} = 1 + \sqrt{2} \text{ et } \frac{\cos\frac{\pi}{12} + \sin\frac{\pi}{12}}{\cos\frac{\pi}{12} - \sin\frac{\pi}{12}} = \sqrt{3}.$$

85 ★ **1. a)** Démontrez que :

$$8\sin x\cos x\cos 2x\cos 4x = \sin 8x \quad [1].$$

b) Démontrez que $\sin\dfrac{8\pi}{7} = -\sin\dfrac{\pi}{7}$.

c) Déduisez-en que :

$$\cos\frac{\pi}{7}\cos\frac{2\pi}{7}\cos\frac{4\pi}{7} = -\frac{1}{8}.$$

2. Démontrez de la même manière que :

$$\cos\frac{\pi}{9}\cos\frac{2\pi}{9}\cos\frac{4\pi}{9} = \frac{1}{8}.$$

Vrai ou faux ?

Pour chacune des affirmations suivantes, dites si elle est vraie ou fausse. Justifiez chaque fois votre réponse.

86 L'équation $\cos 2x = 2\cos^2 x$ n'a pas de solution.

★ **87** L'équation $\sin 2x = 2\sin x$ est équivalente à $\cos x = 1$.

★★ **88** La fonction f définie sur $\mathbb{R}$ par :

$$f(x) = \cos^2 x + \cos^2\left(x + \frac{2\pi}{3}\right) + \cos^2\left(x + \frac{4\pi}{3}\right)$$

est une fonction constante.

★ **89 Le carré et l'octogone**

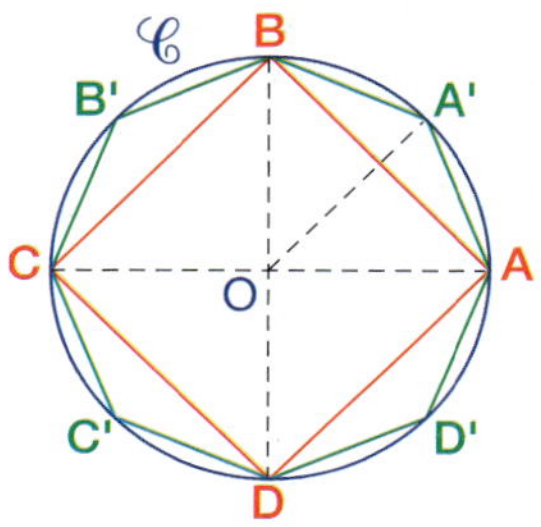

Comme l'indique la figure ci-contre, on a inscrit dans un cercle 𝒞 de centre O et de rayon R un carré ABCD et un octogone AA′BB′CC′DD′ régulier.

1. a) Calculez en radians la mesure de $\widehat{AOA'}$.

b) Démontrez que $AA' = R\sqrt{2-\sqrt{2}}$.

2. Dans un polygône régulier, on appelle **apothème** la distance h du centre O du cercle circonscrit à un côté du polygône.

a) Calculez l'aire du triangle AOA′.

b) Déduisez-en que l'apothème de l'octogone est égal à $h = \frac{R}{2}\sqrt{2+\sqrt{2}}$.

3. Des résultats précédents, déduisez $\cos\frac{\pi}{8}$ et $\sin\frac{\pi}{8}$.

★ **90 Triangle et cercle inscrit**

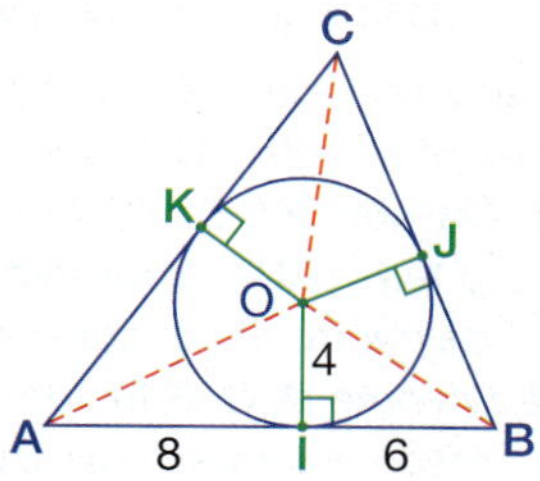

Comme l'indique la figure ci-contre, ABC est un triangle, le cercle 𝒞 de centre O et de rayon 4 est le cercle inscrit tangent en I à (AB) ; IA = 8 et IB = 6.

1. a) Calculez :

$$\sin\frac{\widehat{A}}{2} \quad \text{et} \quad \cos\frac{\widehat{A}}{2}.$$

b) Déduisez-en que $\sin\widehat{A} = \frac{4}{5}$ et $\cos\widehat{A} = \frac{3}{5}$.

2. De la même manière, calculez $\cos\widehat{B}$ et $\sin\widehat{B}$.

3. a) Démontrez que :

$$\cos\widehat{C} = -\cos(\widehat{A}+\widehat{B}) \text{ et } \sin\widehat{C} = \sin(\widehat{A}+\widehat{B}).$$

b) Déduisez-en $\cos\widehat{C}$ et $\sin\widehat{C}$.

c) Déduisez-en les valeurs exactes de CA et CB.

★★ **91** ABC est un triangle, on note α, β, γ les mesures en radians des angles $\widehat{A}$, $\widehat{B}$ et $\widehat{C}$ et on pose $a = BC$, $b = CA$, $c = AB$.

1. a) Vérifiez que $\overrightarrow{AB}\cdot\overrightarrow{AC} + \overrightarrow{BA}\cdot\overrightarrow{BC} = AB^2$.

b) Déduisez-en que $c = a\cos\beta + b\cos\alpha$ [1].

2. Dans cette question, on suppose que $\beta = 2\alpha$.

a) Démontrez que $0 < \alpha < \frac{\pi}{3}$.

b) Démontrez que $\cos\alpha = \frac{b}{2a}$.

Aide : $\frac{a}{\sin\alpha} = \frac{b}{\sin\beta} = \frac{c}{\sin\gamma}$.

c) Déduisez que $b^2 - a^2 = ac$.

Pour un bilan

Pour chacun des exercices suivants, plusieurs des affirmations proposées peuvent être exactes. Dites lesquelles.

Q1 ABC est un triangle tel que AB = AC = 1

a) $BC = 2\sin\frac{\widehat{A}}{2}$. **b)** $BC = \sqrt{2+2\cos\widehat{A}}$.

c) $BC = \sqrt{2-2\cos\widehat{A}}$. **d)** $BC = \frac{\sin\widehat{A}}{\sin\widehat{B}}$.

Q2 𝒞 est le cercle d'équation $x^2+y^2-2x-2y+1 = 0$.

a) 𝒞 a pour rayon $\sqrt{2}$.

b) 𝒞 est tangent à l'axe des abscisses.

c) 𝒞 est tangent à l'axe des ordonnées.

Q3 On pose $a = \frac{\sqrt{5}+1}{2}$, la droite d d'équation $ax+y-1 = 0$ a pour vecteur normal le vecteur $\vec{v}$ de coordonnées :

a) $(1\ ;\ a)$; **b)** $\left(1\ ;\ \frac{1}{a}\right)$; **c)** $(1+a\ ;\ a)$.

Q4 d est la droite d'équation $x+y-2 = 0$.

a) d est perpendiculaire à la droite $y = x$.

b) d est tangente au cercle d'équation $x^2+y^2 = 2$.

c) d coupe le cercle d'équation $x^2+y^2-x = 0$.

problèmes de synthèse

★ **92 Le cercle d'Euler.**
Thèmes : Droites. Cercles. Centre de gravité

Dans un repère orthonormal $(\Omega ; \vec{i}, \vec{j})$, on donne les points $A(6 ; 0)$, $B(0 ; 6)$, $C(-3 ; 0)$.

1. On note A′, B′, C′ les milieux respectifs de [BC], [CA], [AB]. Déterminez une équation du cercle $\mathscr{C}'$ de centre O′ circonscrit au triangle A′B′C′.

2. On note P, Q, R les projetés orthogonaux de A, B, C respectivement sur [BC], [CA], [AB].
Démontrez que P, Q, R sont trois points de $\mathscr{C}'$.

3. On note H l'orthocentre du triangle ABC et I, J, K les milieux respectifs de [HA], [HB] et [HC]. Vérifiez que I, J, K sont des points de $\mathscr{C}'$.

4. On note O le centre du cercle $\mathscr{C}$ circonscrit au triangle ABC et G le centre de gravité de ABC. Démontrez que les points O′, H, O, G sont alignés.

Note : Dans tout triangle, les milieux des côtés, les « pieds » des hauteurs et les milieux des segments joignant l'orthocentre aux sommets sont situés sur un même cercle appelé « **cercle d'Euler** » ou « cercle des **neuf points du triangle** ».

★★ **93 Thèmes : Formules de duplication. Équation du second degré. Axes de symétrie d'une figure**

$(O ; \vec{i}, \vec{j})$ est un repère orthonormal direct, ABCDE est un pentagone régulier disposé comme l'indique la figure ci-dessous.

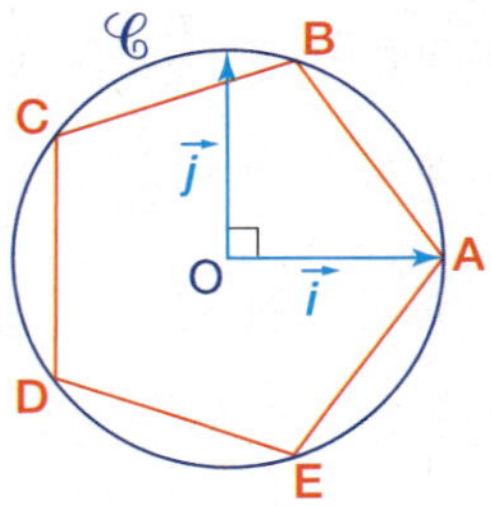

1. Démontrez que (OA) et (OB) sont des axes de symétrie du pentagone.

2. Démontrez que $\overrightarrow{OB} + \overrightarrow{OE}$ et $\overrightarrow{OC} + \overrightarrow{OD}$ sont des vecteurs colinéaires à $\overrightarrow{OA}$.

3. a) Déduisez des questions précédentes que $\overrightarrow{OA} + \overrightarrow{OB} + \overrightarrow{OC} + \overrightarrow{OD} + \overrightarrow{OE}$ est colinéaire à la fois à $\overrightarrow{OA}$ et $\overrightarrow{OB}$.

b) Déduisez-en que :

$$\overrightarrow{OA} + \overrightarrow{OB} + \overrightarrow{OC} + \overrightarrow{OD} + \overrightarrow{OE} = \vec{0}.$$

c) Calculez les coordonnées du vecteur $\overrightarrow{OA} + \overrightarrow{OB} + \overrightarrow{OC} + \overrightarrow{OD} + \overrightarrow{OE}$ dans le repère $(O ; \vec{i}, \vec{j})$.

4. a) Déduisez-en que $1 + 2\cos\frac{2\pi}{5} + 2\cos\frac{4\pi}{5} = 0$.

b) On pose $\cos\frac{2\pi}{5} = x$.

Démontrez que x est solution de l'équation $4x^2 + 2x - 1 = 0$. Déduisez-en $\cos\frac{2\pi}{5}$.

★★ **94 Thèmes : Hyperbole. Dérivation**

Dans un repère orthonormal $(O ; \vec{i}, \vec{j})$, on note $\mathscr{H}$ l'hyperbole représentative de la fonction $f : x \mapsto \frac{1}{x}$.

On note A et B deux points de $\mathscr{H}$ d'abscisses respectives x_1 et x_2 tels que $0 < x_1 < x_2$. La droite perpendiculaire en A à (AB) coupe $\mathscr{H}$ en C d'abscisse x_3.

Le but de l'exercice est de démontrer que la tangente en A à $\mathscr{H}$ est perpendiculaire à (BC).

1. Démontrez que $x_1^2 x_2 x_3 + 1 = 0$.

2. a) Trouvez une équation de la droite d, tangente au point A à $\mathscr{H}$.

b) Démontrez que d et (BC) sont perpendiculaires.

★★ **95 Thèmes : Ensembles de points. Barycentre**

A et B sont tels que AB = 4 ; G est le barycentre de (A, 1) et (B, 3).

1. a) Placez A et B et construisez G.

b) Démontrez que pour tout point M :

$$\overrightarrow{MA} + 3\overrightarrow{MB} = 4\overrightarrow{MG}.$$

2. On note f la fonction qui à tout point M associe le réel $f(M) = (\overrightarrow{MA} + 3\overrightarrow{MB}) \cdot \overrightarrow{AB}$ et H le projeté orthogonal de M sur (AB).

a) Démontrez que $f(M) = 4\overrightarrow{AB} \cdot \overrightarrow{HG}$.

b) Quel est l'ensemble des points M tels que $f(M) = -16$? Quel est l'ensemble des points M tels que $f(M) = 48$?

c) Déduisez-en l'ensemble des points M tels que :

$$-16 \leqslant f(M) \leqslant 48.$$

Pour chercher plus

★★★ **96** Dans un repère orthonormal $(O ; \vec{i}, \vec{j})$, la droite d d'équation $2x + y - 6 = 0$ coupe les axes de coordonnées en A et B. Un point M décrit d.
Prouvez que les tangentes en O aux cercles circonscrits aux triangles OAM et OBM sont perpendiculaires.

★★★ **97** Dans un repère orthonormal $(O ; \vec{i}, \vec{j})$, démontrez que l'ensemble des points $M(x ; y)$ équidistants de l'axe des abscisses et de la droite d'équation $y = x$ a pour équation $|x - y| = \sqrt{2}|y|$.
Construisez cet ensemble et interprétez le résultat.

★★★ **98** α est un réel de l'intervalle $I =]0 ; 2\pi[$.
Démontrez que, lorsque α décrit I, la droite d'équation $x\cos\alpha + y\sin\alpha - 1 = 0$ reste tangente à un cercle fixe que vous préciserez.

chapitre 14

Homothéties et translations

Approche historique

Un problème

Comment, à partir d'un point fixé, agrandir ou réduire une figure tout en conservant les proportions ?

Des éléments de réflexion

René Descartes
(La Haye, en Touraine, 1596 – Stockholm 1650)

L'homothétie est la transformation qui permet une telle construction.
La figure essentielle de l'homothétie est celle qui rend compte du théorème, dit de Thalès en France.
Cette figure, présente dans les *Éléments* d'Euclide, est utilisée par Descartes (1596, La Haye en Touraine - 1650, Stockholm) dans sa *Géométrie* de 1637. Il explique le fonctionnement de la méthode des coordonnées, en association avec le théorème dit de Pythagore. Et l'on voit que l'homothétie joint une propriété de parallélisme à une relation métrique.
Pourtant l'homothétie ne fut pas reconnue avant le XIXe siècle comme méritant une étude en elle-même, et en tant que transformation géométrique.
Et ce n'est pas par l'homothétie que furent d'abord trouvées certaines propriétés spectaculaires du triangle, comme la droite d'Euler, ou le cercle du même nom. Aujourd'hui, on reconnaît que l'homothétie conduit naturellement à ces propriétés et l'interprétation de tels résultats est ce qui a conduit à cette reconnaissance.
L'invention du cercle d'Euler, ou « cercle des neuf points », est due à Claude Julien Brianchon (Sèvres, 1783 - Versailles, 1864) dans un article de 1808. Ce cercle est l'image du cercle circonscrit à ABC, de centre O, par l'homothétie de rapport 1/2, ayant comme centre l'orthocentre H du triangle ABC. Il passe par les trois milieux des trois côtés, mais aussi par les pieds des hauteurs, et enfin par les milieux des segments joignant l'orthocentre aux trois sommets.

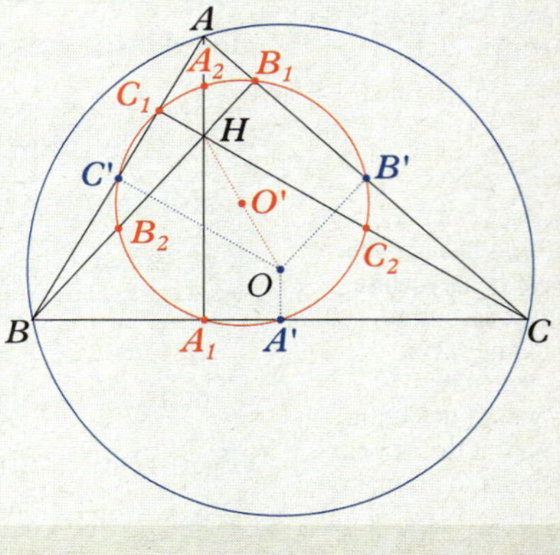

Cours

1 Homothéties dans le plan

1.1 Définition

Définition 1

NOTE
- Le rapport k est TOUJOURS non nul. Nous supposons donc toujours $k \neq 0$.
- Si $k = 1$, alors $h(M) = M$. Un point quelconque est sa propre image.

O est un point donné du plan et k un **réel non nul**. On appelle **homothétie** h de centre O et de rapport k, notée $h(O, k)$, la transformation qui, à tout point M du plan associe le point M' tel que :

$$\overrightarrow{OM'} = k\overrightarrow{OM}$$

Le point M' est l'image de M par cette homothétie ou M' est l'**homothétique** de M.

On note $M' = h(M)$ ou $M \overset{h}{\mapsto} M'$.

Conséquences : Si M' est l'image de M par $h(O, k)$, alors :
- O, M, M' sont trois points alignés et $OM' = |k|OM$,
- le point O a pour image lui-même. (On dit que O est invariant.)

En effet de l'égalité $\overrightarrow{OM'} = k\overrightarrow{OM}$, on déduit que :
- les vecteurs $\overrightarrow{OM}$ et $\overrightarrow{O'M}$ sont colinéaires, donc que O, M, M' sont alignés ;
- $\|\overrightarrow{OM'}\| = |k| \times \|\overrightarrow{OM}\|$ (*voir chapitre* 9, *page* 238, § 1.2) donc $OM' = |k|OM$.

De plus si $O' = h(O)$, alors $\overrightarrow{OO'} = k\overrightarrow{OO} = \vec{0}$ donc $O = O'$.

1.2 Propriété fondamentale

Théorème 1

h est une homothétie de centre O et de rapport k. A et B sont deux points quelconques, A' et B' leurs images par h, alors $\overrightarrow{A'B'} = k\overrightarrow{AB}$.

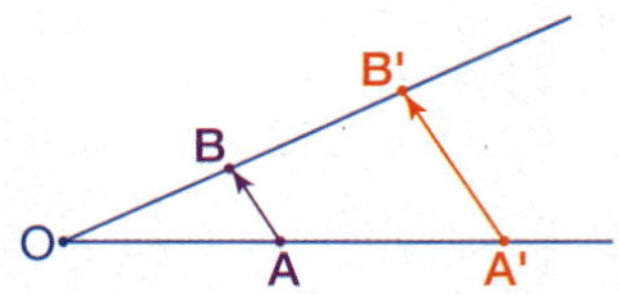

Démonstration : En effet $h(A) = A'$, $h(B) = B'$ donc $\overrightarrow{OA'} = k\overrightarrow{OA}$ et $\overrightarrow{OB'} = k\overrightarrow{OB}$.
Or $\overrightarrow{A'B'} = \overrightarrow{OB'} - \overrightarrow{OA'}$ donc $\overrightarrow{A'B'} = k(\overrightarrow{OB} - \overrightarrow{OA}) = k\overrightarrow{AB}$.

Conséquences : Les notations sont celles du théorème 1.

1. Puisque $k \neq 0$, si $A \neq B$, alors $A' \neq B'$. En outre $(A'B')$ est parallèle à (AB).
2. Pour tous points A et B, $A'B' = |k| \times AB$.

NOTE
Cette égalité se déduit directement de $\overrightarrow{A'B'} = k\overrightarrow{AB}$ par passage aux normes.

Ceci étant vrai quels que soient les points A et B, on dit que **l'homothétie multiplie les distances par $|k|$**.

3. Si le point G est le barycentre de (A, a) et (B, b), alors son image G' par h est le barycentre de (A', a) et (B', b).

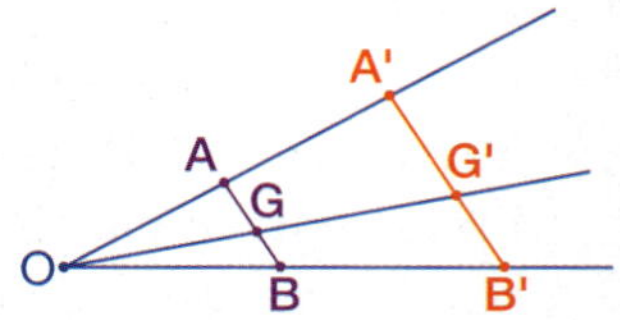

NOTE
On dit que **l'homothétie conserve le barycentre**. On peut démontrer de la même façon que la translation conserve le barycentre. Nous l'admettrons pour les autres transformations du plan.

En effet $a\overrightarrow{GA} + b\overrightarrow{GB} = \vec{0}$. Or d'après le théorème 1, $\overrightarrow{G'A'} = k\overrightarrow{GA}$ et $\overrightarrow{G'B'} = k\overrightarrow{GB}$
donc $a\overrightarrow{G'A'} + b\overrightarrow{G'B'} = k(a\overrightarrow{GA} + b\overrightarrow{GB}) = \vec{0}$. Ceci prouve que G' est le barycentre de (A', a), (B', b).

Il en résulte que **l'homothétie conserve le barycentre de n points**, car le théorème d'associativité permet d'obtenir le barycentre de n points à partir de celui de deux points.

Pour mieux comprendre

COMMENT d'une homothétie passer à une égalité entre vecteurs, et réciproquement ?

- Traduire vectoriellement que N′ est l'image de N par $h(\mathrm{I}, -2)$.

D'après la définition 1,

$$\overrightarrow{\mathrm{IN'}} = -2\overrightarrow{\mathrm{IN}}$$

centre image rapport centre point

- Traduire en termes d'homothétie l'égalité $\overrightarrow{\mathrm{AC}} = k\overrightarrow{\mathrm{AB}}$ $(k \neq 0)$.

Notons h l'homothétie de centre A, de rapport k et posons $h(\mathrm{B}) = \mathrm{B'}$. Alors $\overrightarrow{\mathrm{AB'}} = k\overrightarrow{\mathrm{AB}}$, d'où B′ = C. Ainsi de $\overrightarrow{\mathrm{AC}} = k\overrightarrow{\mathrm{AB}}$, on peut déduire que C est l'image de B par l'homothétie $h(\mathrm{A}, k)$.

EXEMPLE :

Voici l'image d'une lettre par l'homothétie de centre O et de rapport $-\frac{1}{2}$.

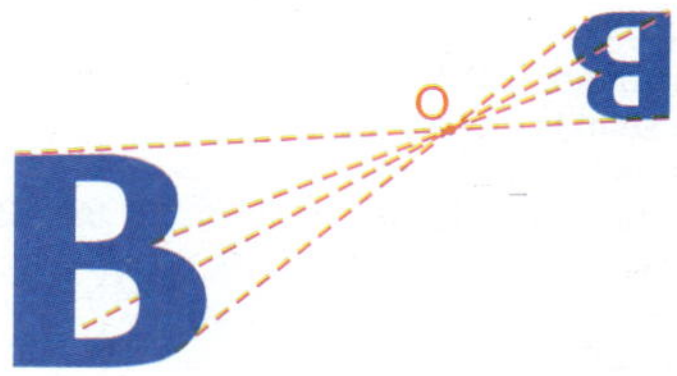

POURQUOI existe-t-il une homothétie h de centre A telle que h(B) = C lorsque A, B, C sont trois points distincts et alignés?

PARCE QUE l'alignement des points distincts A, B, C peut se traduire par $\overrightarrow{\mathrm{AC}} = k\overrightarrow{\mathrm{AB}}$, avec $k \neq 0$. Nous avons vu ci-dessus que C est alors l'image de B par $h(\mathrm{A}, k)$. De plus cette homothétie est **unique**, car le nombre k est unique.

- Dans la pratique, il sera donc légitime d'utiliser cette homothétie sans être obligé de justifier son existence.

On l'appellera **l'homothétie de centre A « qui transforme B en C ».**

Exercices résolus

Exo 1 Une façon de construire l'image d'un point

O, A, A′ sont trois points distincts alignés. On note h l'homothétie de centre O qui transforme A en A′.

Construisez l'image M′ d'un point M par h dans chacun des cas suivants.

1. M n'appartient pas à la droite (OA).

2. M est un point de (OA) distinct de O et A.

Solution commentée

1. M n'est pas un point de (OA)

M′ = h(M) donc le point M′ est un point de la droite (OM). D'après la propriété fondamentale, $\overrightarrow{\mathrm{A'M'}} = k\overrightarrow{\mathrm{AM}}$ et, d'après la conséquence 1 du théorème 1, les vecteurs $\overrightarrow{\mathrm{AM}}$ et $\overrightarrow{\mathrm{A'M'}}$ sont colinéaires. Donc M′ est un point de la parallèle à (AM) menée par A′.

D'où la construction ci-contre.

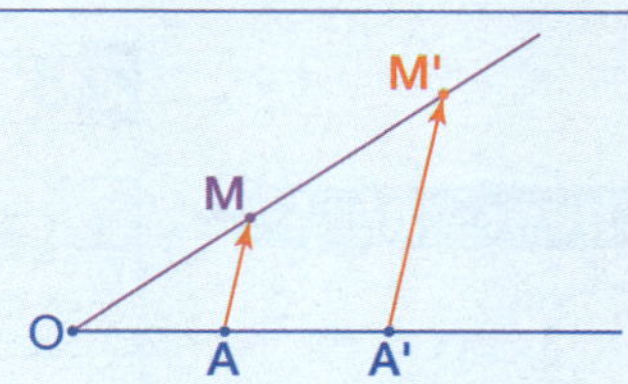

2. M est un point de la droite (OA)

Le point M′ est un point de la droite (OA). Pour obtenir M′, on considère un point P n'appartenant à (OA) ; on construit P′ puis en traçant par P′ la parallèle à (PM), on obtient M′ sur la droite (OA).

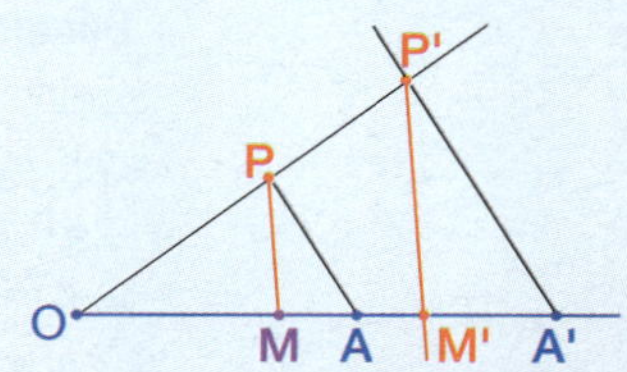

▶ **exercices 1, 6, 7, 8, 20**

2 Image d'une droite, d'un segment, d'un cercle

2.1 Image d'une droite, d'un segment

Théorème 2

Par une homothétie, l'image d'une droite d est une droite d' **parallèle à d**.

RAPPEL
Une droite (CD) est l'ensemble de **tous** les points M barycentres de $(C, 1-\alpha)$, (D, α), α décrivant $\mathbb{R}$ (*voir le chapitre* 9, *page* 241).

Démonstration :

Choisissons sur d deux points A et B ($A \neq B$) d'images respectives A′ et B′ par h. Alors $A' \neq B'$ et $(A'B')$ est parallèle à (AB).

d est l'ensemble de tous les points M barycentres de $(A, 1-\alpha)$, (B, α) avec α décrivant $\mathbb{R}$. Notons $\mathscr{E}$ l'ensemble image de d par h, c'est-à-dire l'ensemble de **tous** les points $M' = h(M)$. Puisque h conserve le barycentre, $\mathscr{E}$ est l'ensemble de **tous** les points M′ barycentres de $(A', 1-\alpha)$, (B', α), α décrivant $\mathbb{R}$.

Donc $\mathscr{E}$ est la droite $(A'B')$.

Si O est un point de d, alors d' est la droite parallèle à d passant par $O = h(O)$, donc $d = d'$.

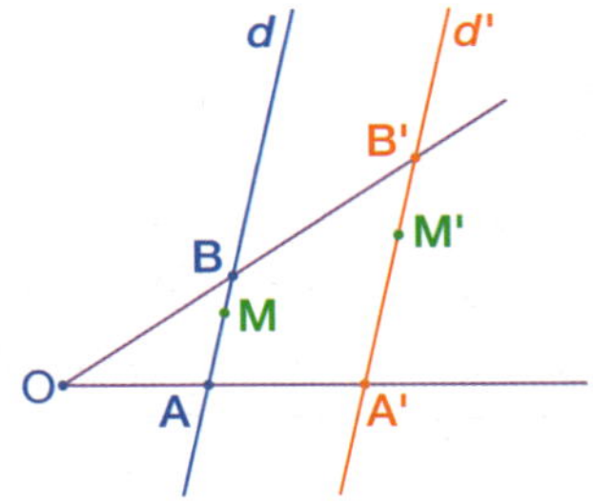

De la même façon, en utilisant le fait qu'un segment [AB] est l'ensemble de tous les barycentres de $(A, 1-\alpha)$, (B, α), α décrivant [0 ; 1], on démontre que :

Théorème 3

Par une homothétie h, l'image d'un segment [AB] est le segment [A′B′] tel que $A' = h(A)$ et $B' = h(B)$.

2.2 Triangles homothétiques

VOCABULAIRE
Les triangles ABC et AMN sont appelés triangles homothétiques de sommet commun A. Ces triangles sont une figure clé de l'homothétie.

ABC et AMN sont deux triangles tels que M est un point de (AB), N un point de (AC) et la droite (MN) est parallèle à la droite (AC).
L'homothétie h de centre A qui transforme B en M transforme aussi C en N.

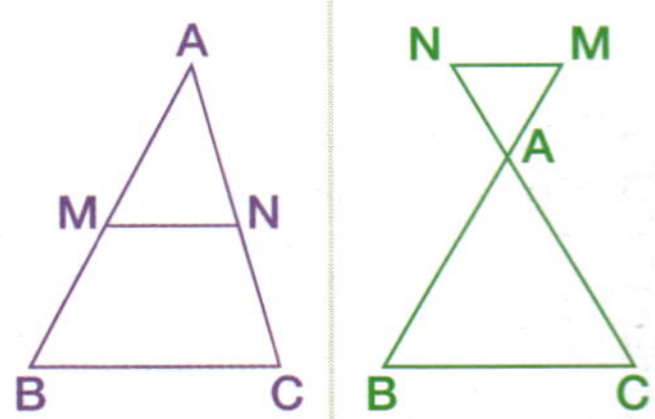

En effet l'homothétie h qui transforme B en M transforme la droite (BC) en la droite passant par M et parallèle à (BC), donc l'image de C est un point de cette droite. Et cette image est sur (AC) : c'est donc le point N.

2.3 Image d'un cercle

Théorème 4

L'image d'un cercle $\mathscr{C}$ de centre I et de rayon r par une homothétie h de rapport k est le cercle $\mathscr{C}'$ de centre $I' = h(I)$ et de rayon $r' = |k|r$.

Démonstration : • Pour tout M de $\mathscr{C}$, $IM = r$. Donc si $M' = h(M)$, alors $I'M' = |k| \times IM = |k|r$. M′ est sur le cercle $\mathscr{C}'$ de centre I′ et de rayon $|k|r$.

• Réciproquement, si N′ est un point de $\mathscr{C}'$, existe-t-il un point N sur $\mathscr{C}$ tel que $h(N) = N'$? Notons N le point tel que $\overrightarrow{I'N'} = k\overrightarrow{IN}$, alors $h(N) = N'$ et N est sur $\mathscr{C}$ car $I'N' = |k| \times IN$ et donc $IN = r$.

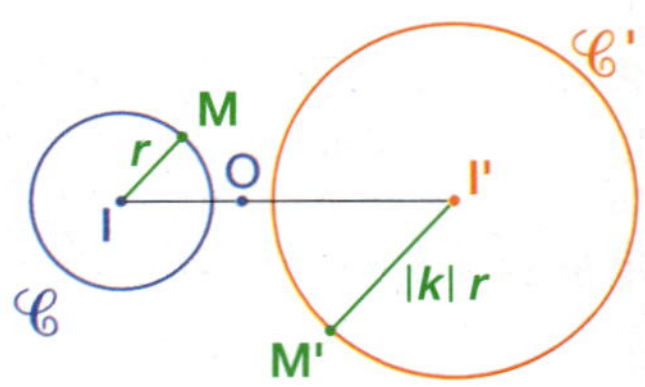

Pour mieux comprendre

COMMENT utiliser le théorème 2 ?

- Si on connaît les images A′ et B′ de deux points distincts A et B d'une droite d, alors l'image de d est la droite (A′B′).
- Si on connaît l'image A′ d'un point A d'une droite d, alors l'image de d est la droite d' passant par A′ et parallèle à d.
- Mais réciproquement, si une droite d' passe par le point A′, image de A, et si l'on sait que d' est parallèle à d, alors on peut dire que d' est l'image de d (▶ **exercice résolu 2**).

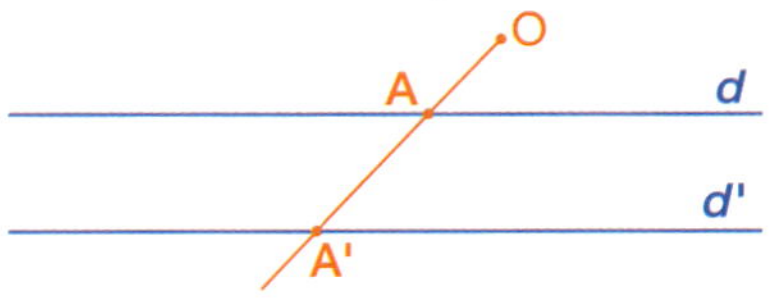

COMMENT relier l'homothétie et le théorème de Thalès ?

Les triangles homothétiques de sommet A, ABC et AMN, forment une configuration de Thalès, avec la condition essentielle « (MN) est parallèle à (BC) ».
L'homothétie h de centre A qui transforme M en B, transforme N en C. Donc si $\overrightarrow{AB} = k\overrightarrow{AM}$, alors $\overrightarrow{AC} = k\overrightarrow{AN}$, d'où $AB = |k|AM$ et $AC = |k|AN$ et donc $\frac{AB}{AM} = \frac{AC}{AN}$.
On retrouve la conclusion du théorème de Thalès.
En outre, on obtient aussi $\overrightarrow{BC} = k\overrightarrow{MN}$, d'où :

$$\frac{AB}{AM} = \frac{BC}{MN}.$$

Exercices résolus

Exo 2 Comment trouver l'image d'un point ?

B est le milieu d'un segment [AO] et C celui de [BO]. M est un point n'appartenant pas à (AB).
On trace par B la parallèle d à (AM) et par C la parallèle Δ à (BM).
Ces droites se coupent en N.
Pourquoi le point N est-il l'image de M par l'homothétie h de centre O et de rapport $\frac{1}{2}$?

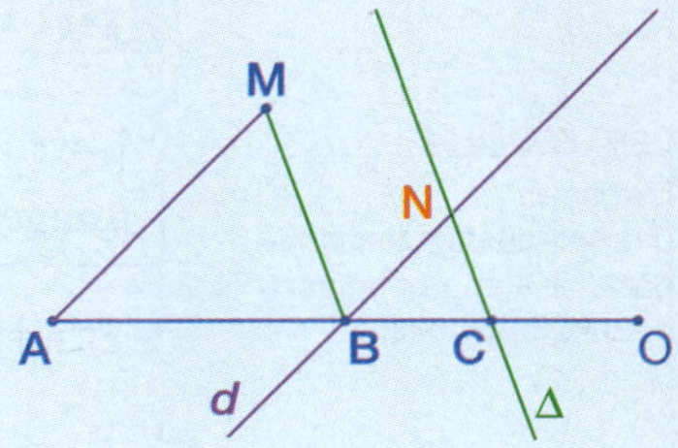

POINT MÉTHODE

Pour trouver l'image M′ d'un point M, on peut situer M à l'intersection de deux lignes.
Alors M′ est **dans** l'intersection des deux lignes images.

Solution commentée

B est le milieu de [OA] et C celui de [OB] donc :

$$h(A) = B \text{ et } h(B) = C,$$

car $\overrightarrow{OB} = \frac{1}{2}\overrightarrow{OA}$ et $\overrightarrow{OC} = \frac{1}{2}\overrightarrow{OB}$.

L'image par h de la droite (AM) est donc la droite d, car c'est la parallèle à (AM) passant par B.

De même l'image de (BM) est la droite Δ.
Or M est l'intersection de (AM) et (BM), donc son image est l'intersection de d et Δ, c'est-à-dire N. (Il en résulte que les points M, N, O sont alignés.)

▶ **exercices 13, 14, 22, 23, 27**

Cours

3 Effets de l'homothétie

3 1 Distance, aire

NOTE
Si $|k| > 1$, la figure transformée est agrandie ; si $0 < |k| < 1$, la figure est réduite.

Une homothétie h de rapport k multiplie les distances par $|k|$ et les aires par k^2 .

Nous avons vu que l'homothétie multiplie les distances par $|k|$. Nous admettrons qu'elle multiplie les aires par k^2 .

3 2 Conservation du milieu

Si les deux points A et B ont pour images A′ et B′ par h, le milieu I de [AB] a pour image I′ milieu de [A′B′] .

En effet, nous savons que l'homothétie conserve le barycentre, donc en particulier l'isobarycentre, c'est-à-dire le milieu d'un segment.

3 3 Conservation de l'alignement

Lorsque trois points A, B, C sont alignés, leurs images respectives A′ , B′ , C′ par h sont aussi trois points alignés.

En effet, l'image de la droite d passant par A, B, C est une droite d' et A′ , B′ , C′ sont sur d' .

3 4 Conservation du parallélisme

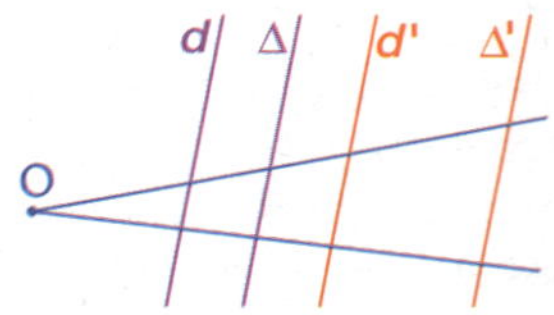

CONSÉQUENCE
L'image d'un **parallélogramme** par une homothétie est un **parallélogramme**.

Lorsque deux droites d et Δ sont parallèles, leurs images d' et Δ' par h sont aussi des droites parallèles.

En effet, d et d' , d'une part, et Δ et Δ' , d'autre part, sont parallèles. Donc d' et Δ' sont parallèles.

3 5 Conservation des angles orientés (résultat admis)

Dans le plan orienté, si trois points A, B, C deux à deux distincts ont pour images A′ , B′ , C′ par h, alors $(\overrightarrow{\mathbf{A'B'}}, \overrightarrow{\mathbf{A'C'}}) = (\overrightarrow{\mathbf{AB}}, \overrightarrow{\mathbf{AC}})$ et $\widehat{\mathrm{BAC}} = \widehat{\mathrm{B'A'C'}}$.

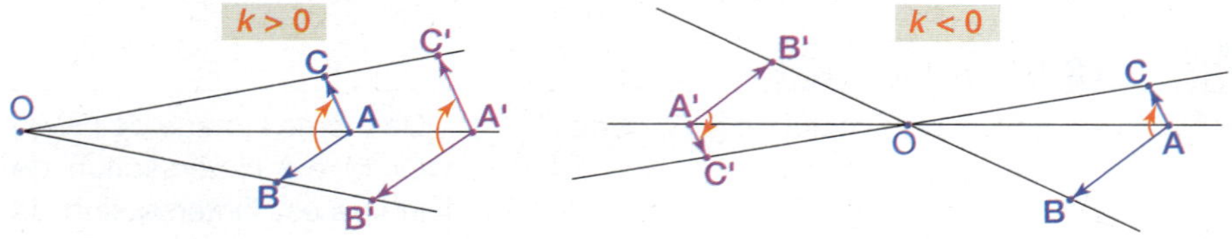

Conséquences : Les images de deux droites perpendiculaires sont deux droites perpendiculaires. **L'homothétie conserve l'orthogonalité.**
L'image d'un **rectangle** est un **rectangle**.

Pour mieux comprendre

À QUOI SERVENT les propriétés de conservation de l'homothétie ?

Elles peuvent servir :

- À construire l'image d'une figure (▶ **exercice résolu 3**) ;
- À montrer l'alignement de trois points ;
- À montrer que des droites sont parallèles, concourantes, perpendiculaires ;
- À comparer des aires (▶ **exercice résolu 4**).

Exercices résolus

Exo 3 Construire l'image d'un rectangle

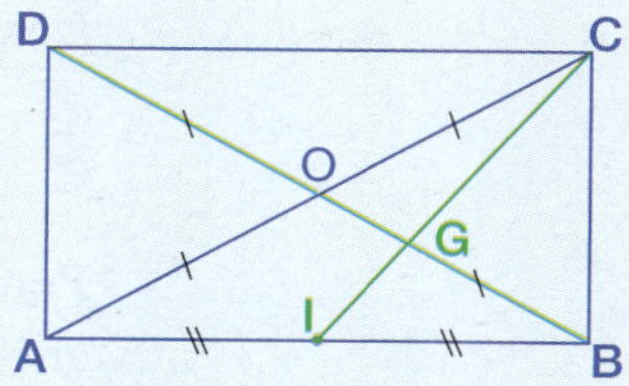

ABCD est un rectangle de centre O, I le milieu de [AB] et G l'intersection de (IC) et de (DB). On note h l'homothétie de centre G et de rapport $-\frac{1}{2}$.

Construisez l'image du rectangle ABCD.

Solution commentée

Il faut construire, *a priori*, les images des points A, B, C, D, mais trois points suffisent, car on sait que l'image du rectangle ABCD est un rectangle. L'image d'un point M par h est le point N tel que $\overrightarrow{GN} = -\frac{1}{2}\overrightarrow{GM}$.

Le point O est le centre du rectangle donc O est le milieu de [AC]. Comme I est le milieu de [AB], G est le centre de gravité de ACB. Il en résulte que $\overrightarrow{GO} = -\frac{1}{2}\overrightarrow{GB}$ et $\overrightarrow{GI} = -\frac{1}{2}\overrightarrow{GC}$ donc $h(B) = O$ et $h(C) = I$.

En traçant la médiane [AK], $h(A) = K$.

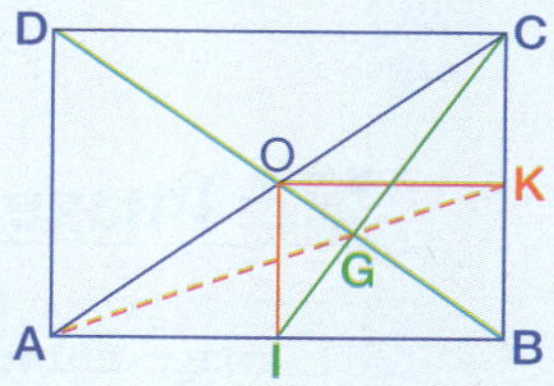

L'image du rectangle ABCD est donc le rectangle KOIB (et $h(D) = B$).

▶ **exercice 22**

Exo 4 Comparer des aires

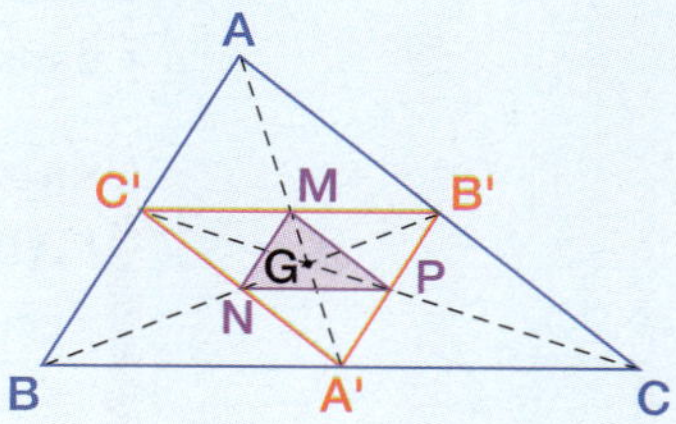

ABC est un triangle de centre de gravité G. A′, B′, C′ sont les milieux respectifs de [BC], [CA], [AB]. h est l'homothétie de centre G telle que $h(A) = A'$ et on note $M = h(A')$, $N = h(B')$, $P = h(C')$.
Comparez les aires s et S des triangles MNP et ABC.

Solution commentée

L'homothétie h de centre G qui transforme A en A′ a pour rapport $-\frac{1}{2}$ (car $\overrightarrow{GA'} = -\frac{1}{2}\overrightarrow{GA}$), et $h(B) = B'$ et $h(C) = C'$. Donc l'image du triangle ABC est le triangle A′B′C′. Par hypothèse, A′B′C′ a pour image MNP. (On peut montrer que M, N, P, sont les milieux des côtés de A′B′C′.)

Notons s' l'aire de A′B′C′. Comme l'homothétie multiplie les aires par k^2, on obtient $S = 4s'$ et $s' = 4s$ donc $S = 16s$.

▶ **exercices 25, 28**

4 Translations et homothéties dans l'espace

4 1 Définitions et conséquences

Les définitions sont les mêmes que dans le plan, à ceci près que l'**on associe une image à tout point M de l'espace**.

Exemples :

La translation $t_{\overrightarrow{AB}}$ associe à tout point M le point M′ tel que :
$\overrightarrow{MM'} = \overrightarrow{AB}$.
Ainsi,
$D \mapsto C$; $E \mapsto F$; $H \mapsto G$.

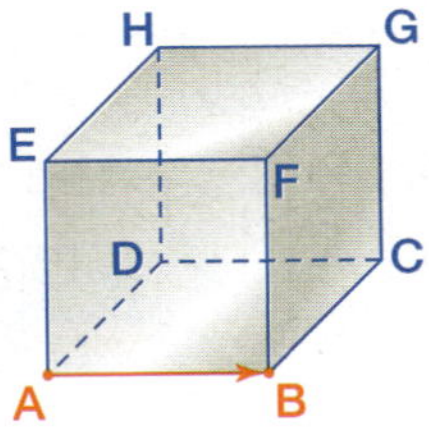

L'homothétie $h\left(A, \frac{1}{2}\right)$ associe à tout point M le point M′ tel que :
$\overrightarrow{AM'} = \frac{1}{2}\overrightarrow{AM}$.
Ainsi par $h\left(A, \frac{1}{2}\right)$:
$B \mapsto B'$; $C \mapsto C'$; $D \mapsto D'$.

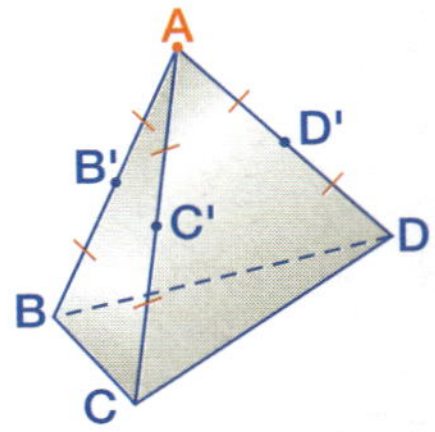

Pour la translation, tous les résultats connus dans le plan et déjà appris dans les classes antérieures restent valables dans l'espace.
De même, pour l'homothétie, tous les résultats énoncés dans les pages précédentes dans le cas du plan, sont encore vrais dans l'espace.
Le seul point nouveau concerne les volumes : **la translation conserve les volumes** et **l'homothétie les multiplie par $|k|^3$** (k est le rapport de l'homothétie).

4 2 Image d'une droite

L'image d'une droite d par une translation ou une homothétie est la droite d' **parallèle à d** et passant par l'image de l'un quelconque de ses points.

La justification de ces résultats est donnée sur la page ci-contre (voir *Pour mieux comprendre*). Notez que :
- dans le cas de **la translation de vecteur $\vec{u}$**, si $\vec{u}$ est un vecteur directeur de la droite d, alors $d' = d$,
- dans le cas d'une **homothétie de centre O**, si d passe par O, alors $d' = d$.

Exemples :

ABCDEFGH est un cube, O et O′ sont respectivement les centres des faces ABCD et ADHE.
- L'image de (HC) par la **translation** t de vecteur $\overrightarrow{AB}$ est dans le plan défini par H et les vecteurs $\overrightarrow{HC}$ et $\overrightarrow{DC} = \overrightarrow{AB}$, c'est-à-dire dans le plan (HDCG).
Or $t(H) = G$ donc l'image de (HC) est la parallèle à (HC) passant par G.
- L'image de (HC) par l'**homothétie** $h\left(A, \frac{1}{2}\right)$ est dans le plan (AHC).
Or $h(C) = O$ et $h(H) = O'$ donc l'image de (HC) est (OO′).

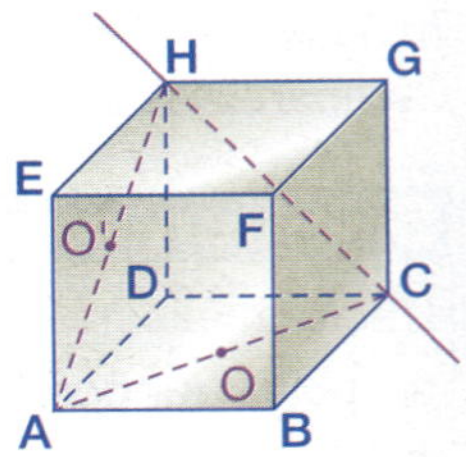

Pour mieux comprendre

Pourquoi l'image d'une droite est-elle une droite parallèle ?
Parce qu'on peut se ramener au cas du plan.

Translation t de vecteur $\vec{u}$

Si la direction de d n'est pas celle de $\vec{u}$, alors A, $\vec{u}$ et $\vec{v}$, vecteur directeur de d, définissent un unique plan P.
Si un point M de d a pour image M′ par t, alors $\overrightarrow{MM'} = \vec{u}$. Donc M étant dans P, M′ l'est aussi.
Toutes les images de **tous** les points de d sont dans le plan P.

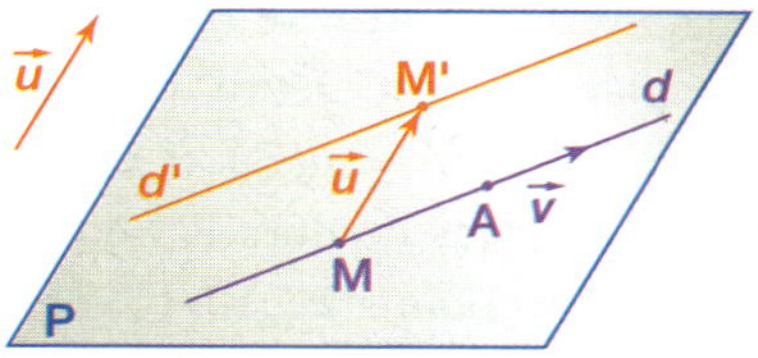

Et on sait alors que l'ensemble de ces images est une droite d' parallèle à d.

Homothétie h de centre O

Si O n'est pas un point de d, alors O et d définissent un unique plan P. Si M est un point de d, d'image M′ par h, alors $\overrightarrow{OM'} = k\overrightarrow{OM}$. Donc M étant dans P, M′ l'est aussi.
Toutes les images de **tous** les points de d sont dans le plan P.

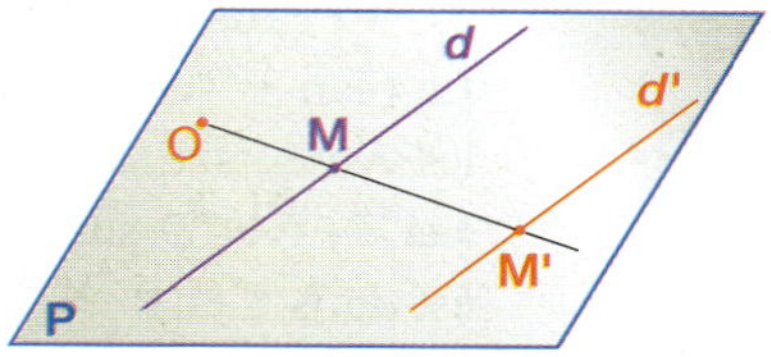

Et on sait alors que l'ensemble de ces images est une droite d' parallèle à d.

Exercices résolus

Exo 5 Démontrer que trois points sont alignés

ABCDEFGH est un cube, M un point du segment [AC].
Démontrez que les symétriques de H par rapport aux milieux des segments [BA], [BC] et [BM] sont trois points alignés.

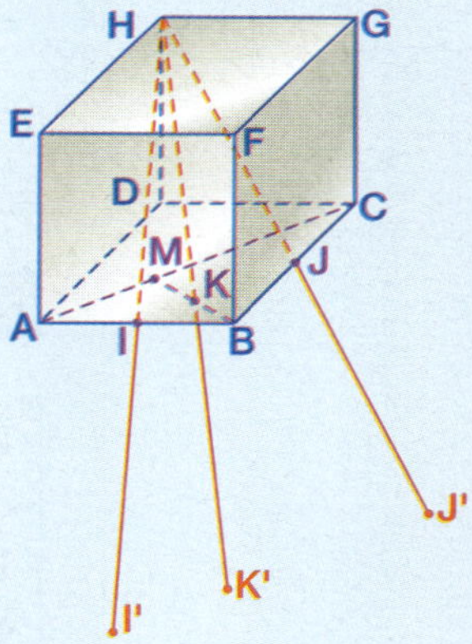

POINT MÉTHODE

Pour démontrer que trois points sont alignés, on peut démontrer qu'ils sont les images par une homothétie ou une translation de trois points alignés.

Solution commentée

Notons I, J, K les milieux respectifs de [BA], [BC] et [BM] et I′, J′, K′ les symétriques de H par rapport à I, J, K.
Par hypothèse I, J, K sont les milieux des segments [HI′], [HJ′] et [HK′].
Donc $\overrightarrow{HI'} = 2\overrightarrow{HI}$, $\overrightarrow{HJ'} = 2\overrightarrow{HJ}$ et $\overrightarrow{HK'} = 2\overrightarrow{HK}$.
Notons h l'homothétie de centre H et de rapport 2, alors $h(\mathrm{I}) = \mathrm{I}'$, $h(\mathrm{J}) = \mathrm{J}'$ et $h(\mathrm{K}) = \mathrm{K}'$.
Il suffit donc de prouver l'alignement de I, J, K pour que I′, J′, K′ soient alignés.
Dans le plan (ABCD), l'homothétie h' de centre B et de rapport $\frac{1}{2}$ est telle que :

$h'(\mathrm{A}) = \mathrm{I}$, $h'(\mathrm{M}) = \mathrm{K}$ et $h'(\mathrm{C}) = \mathrm{J}$.

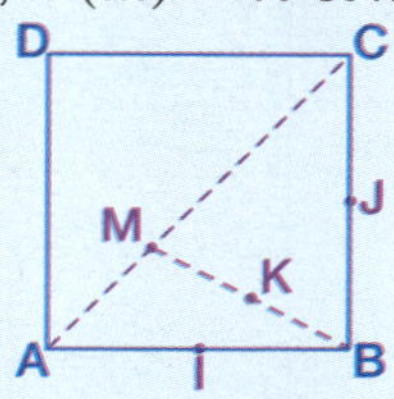

Comme les points A, M, C sont alignés, il en est de même de I, J, K.
Donc I′, J′, K′ sont trois points alignés.

▶ **exercices 26, 45**

Cours

5 Image d'un plan, d'un cercle

NOTE
Les résultats énoncés dans cette page sont ADMIS.

5.1 Image d'un plan

L'image d'un plan P par une translation ou une homothétie est le plan P′ **parallèle à P** et passant par l'image d'un quelconque de ses points.

NOTE
L'image du plan (ABC) est le plan (A′B′C′).

Le plan P est défini par trois points A, B, C, non alignés. On pose $\overrightarrow{AB} = \vec{v}$ et $\overrightarrow{AC} = \vec{w}$ et, dans chaque cas, on note A′, B′, C′ les images de A, B, C.

Translation t de vecteur $\vec{u}$

Le plan P′ est défini par $A' = t(A)$ et les vecteurs $\vec{v}$ et $\vec{w}$:
- si $\vec{u}$, $\vec{v}$ et $\vec{w}$ sont coplanaires, alors A′ est dans P et P′ = P,
- sinon, A′ n'est pas dans P ; P et P′ sont deux plans parallèles et distincts.

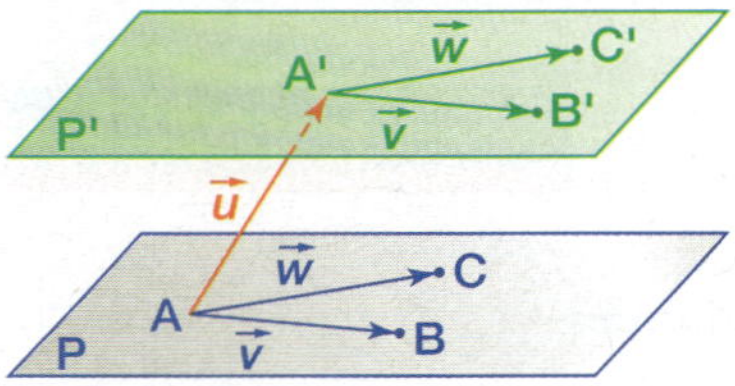

Homothétie $h(O, k)$

Le plan P′ est défini par les points $A' = h(A)$, $B' = h(B)$ et $C' = h(C)$:
- si O est dans P, alors P′ = P,
- sinon, les points A′, B′, C′ ne sont pas dans P ; P et P′ sont deux plans parallèles et distincts.

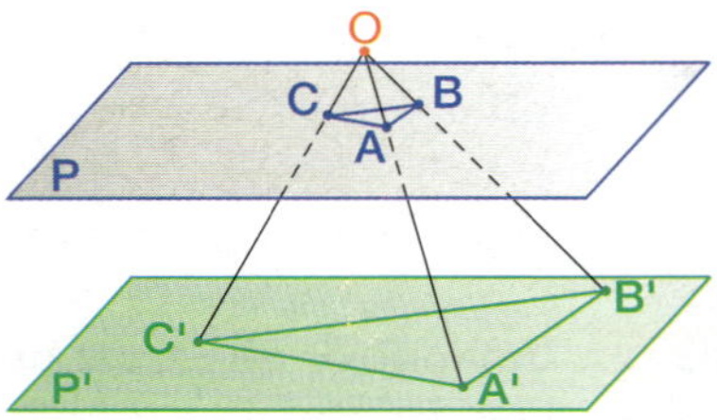

5.2 Image d'un cercle

L'image par la translation $t_{\vec{u}}$ ou par l'homothétie $h(O, k)$ d'un cercle $\mathscr{C}$ de centre I et de rayon r, inclus dans un plan P, est un cercle de centre I′, image de I, inclus dans P′, image de P.
Son rayon est r dans le cas de $t_{\vec{u}}$ et $|k|r$ dans le cas de h.

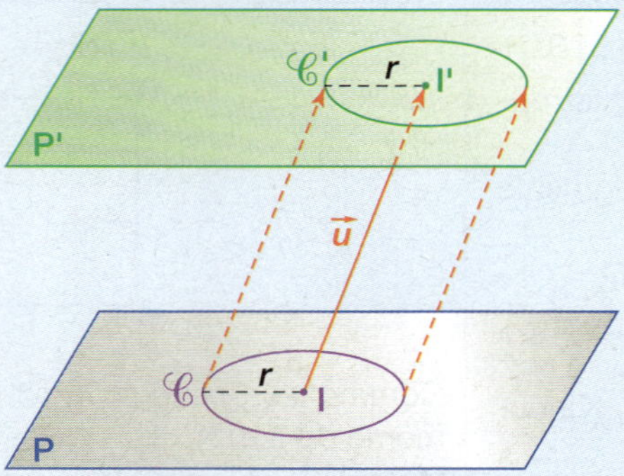

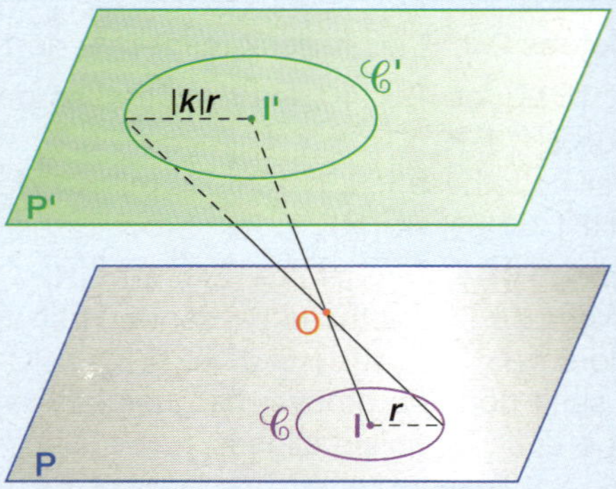

Exercices résolus

Exo 6 **Image d'un plan par une translation**

Dans un repère $(O\,;\vec{i},\vec{j},\vec{k})$, on donne les points $A(1\,;-1\,;0)$, $B(0\,;-1\,;-1)$, $C(0\,;0\,;2)$ et le vecteur $\vec{u} = 2\vec{i}-\vec{j}-\vec{k}$. On note P le plan défini par A, B, C et t la translation de vecteur $\vec{u}$.
Quelle est l'image de P par la translation t ?

Solution commentée

Les points A, B, C définissent un plan P car les vecteurs $\overrightarrow{AB} = -\vec{i}-\vec{k}$ et $\overrightarrow{AC} = -\vec{i}+\vec{j}+2\vec{k}$ ne sont pas colinéaires. Nous savons que l'image de P par t est un plan distinct de P si les vecteurs $\vec{u}$, $\overrightarrow{AB}$ et $\overrightarrow{AC}$ ne sont pas coplanaires.

Or $\overrightarrow{AB}+\overrightarrow{AC} = -2\vec{i}+\vec{j}+\vec{k} = -\vec{u}$. Donc $\vec{u}$, $\overrightarrow{AB}$ et $\overrightarrow{AC}$ sont coplanaires et l'image de P est le plan P lui-même.

▶ **exercices 29, 30, 32, 59**

Exo 7 **Image d'un plan par une homothétie**

ABC est un triangle, A′, B′, C′ sont les milieux respectifs de [BC], [CA], [AB]. O est un point extérieur au plan (ABC) et D, E, F sont les symétriques de O par rapport à A′, B′, C′.
Démontrez que les plans (ABC) et (DEF) sont parallèles.

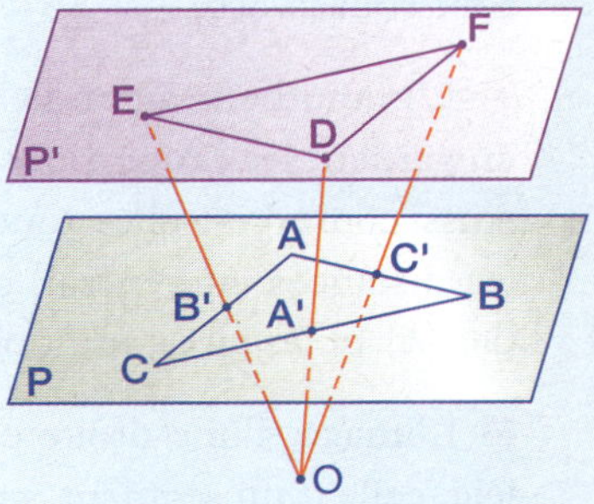

POINT MÉTHODE

Une façon de démontrer que deux plans sont parallèles est de prouver que l'un est l'image de l'autre par une homothétie ou une translation.

Solution commentée

Par hypothèse, A′, B′, C′ sont les milieux respectifs des segments [OD], [OE] et [OF], donc si on note h l'homothétie de centre O et de rapport 2, alors $h(A') = D$, $h(B') = E$ et $h(C') = F$.

Donc l'image du plan (ABC) par h est le plan (DEF). Il en résulte que ces plans sont parallèles.

▶ **exercices 31, 60**

Exo 8 **Image d'un cercle par une translation**

ABCDEFGH est un cube, I est le centre de ABCD et O celui de EFGH.
$\mathscr{C}$ est le cercle circonscrit au carré ABCD.
Construisez l'image de $\mathscr{C}$ par la translation t de vecteur $\overrightarrow{AO}$.

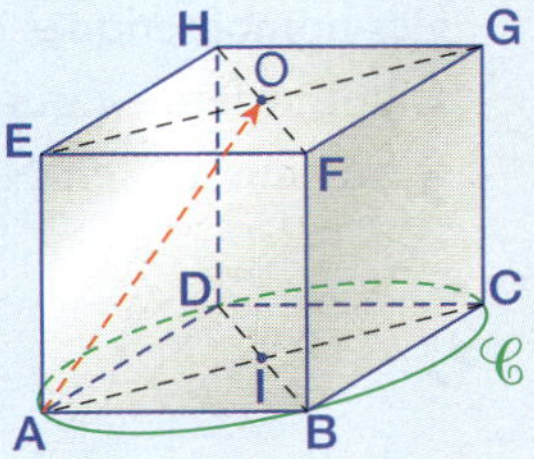

Solution commentée

$\mathscr{C}$ est le cercle du plan (ABCD) de centre I et de rayon AI.
Donc l'image de $\mathscr{C}$ est le cercle $\mathscr{C}'$, du plan image de (ABCD) de centre $t(I)$ et de rayon AI.
Or $t(A) = O$ donc l'image de (ABCD) est le plan parallèle à (ABCD) passant par O, c'est-à-dire le plan (EFGH).
Cherchons $t(I)$, qui est dans le plan (AOI), c'est-à-dire dans (ACGE). Or, dans le rectangle ACGE, $\overrightarrow{AI} = \overrightarrow{OG}$ donc $\overrightarrow{AO} = \overrightarrow{IG}$ et $G = t(I)$.

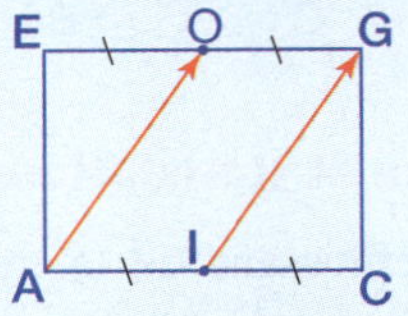

L'image de $\mathscr{C}$ est le cercle du plan (EFGH), de centre G et de rayon OG = AI.

▶ **exercices 33, 34, 62**

Des idées à retenir

Homothéties dans le plan

Notation : h est une homothétie de centre O de rapport k. A′ désigne l'image de A, B′ celle de B, M′ celle de M, …

■ Le centre de l'homothétie, un point et son image sont alignés (car $\overrightarrow{OM'} = k\overrightarrow{OM}$).

■ Relation fondamentale : $\mathbf{\overrightarrow{A'B'} = k\overrightarrow{AB}}$.

■ Il en résulte une relation entre longueurs : $A'B' = |k|AB$. Donc aussi $C'D' = |k|CD$ et si $C \neq D$, $\frac{A'B'}{C'D'} = \frac{AB}{CD}$: les proportions sont conservées.

■ L'homothétie agrandit ou réduit une figure en gardant les proportions.
Aussi conserve-t-elle « tout » (*voir* *p.* 388), sauf les distances en général, qui sont multipliées par $|k|$ et les aires, multipliées par k^2.

■ L'image d'une droite est une droite parallèle, celle d'un segment, un segment parallèle, celle d'un cercle $\mathscr{C}$, de centre I de rayon R, un cercle $\mathscr{C}'$. Le centre de $\mathscr{C}'$ est I′, son rayon $|k| \times R$ (ce qui n'est pas étonnant, puisque h multiplie les distances par $|k|$).

■ Les **figures clés** de l'homothétie sont les triangles des configurations de Thalès (dits triangles homothétiques de sommet commun A).
L'homothétie h qui transforme B en M, transforme aussi C en N.

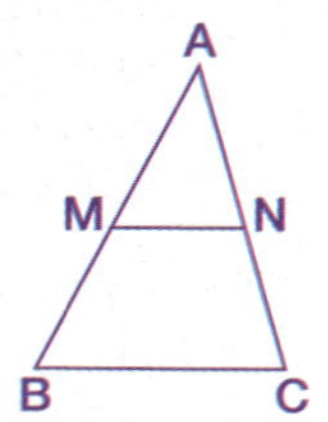

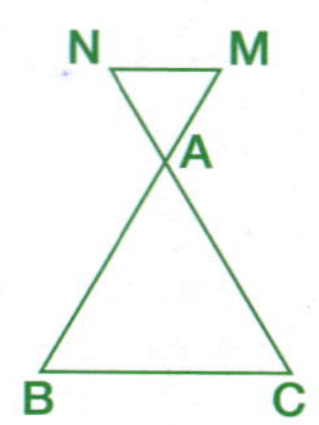

Homothéties et translations de l'espace

■ Elles se définissent de la même façon que dans le plan, gardent les mêmes propriétés et transforment les droites en des droites parallèles, des cercles en cercles, etc.

■ Elles opèrent aussi sur des plans, il faut donc savoir que l'image d'un plan est un plan parallèle. Pour trouver l'image d'un plan, il suffit de trouver l'image de trois de ses points, non alignés.

■ La translation conserve les volumes, mais l'homothétie multiplie les volumes par $|k|^3$.

Des réflexes à avoir

■ **Pour chercher l'image M′ d'un point M,** pensez à la méthode usuelle :
• situez M à l'intersection de deux lignes,
• alors, M′ est dans l'intersection des deux lignes images (▶ **exercice résolu 2, page 387**).

■ **Pour démontrer que trois points sont alignés**, pensez à utiliser l'une des deux propriétés suivantes :
• un point quelconque A, son image A′ par une homothétie de centre O et O sont alignés,
• les trois points images de trois points alignés sont alignés.

■ Pensez à repérer des figures clés.

Exemple : Sur la figure ci-contre, les triangles OAB et OA′B′ avec (AB) // (A′B′), suggèrent l'emploi de l'homothétie h de centre O telle que $h(A) = A'$. Le rapport k est le nombre tel que $\overrightarrow{OA'} = k\overrightarrow{OA}$.

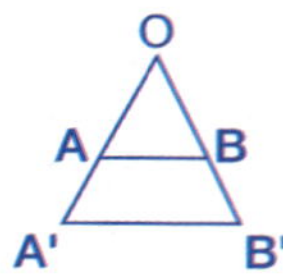

■ Pensez que l'homothétie peut servir à prouver :
• que deux droites sont perpendiculaires ou parallèles (comme images de deux droites perpendiculaires ou parallèles),
• que trois droites sont concourantes (comme images de trois droites concourantes),
• que trois points sont alignés.

Des erreurs à éviter

■ Il faut multiplier les longueurs par $|k|$ et non par k, car une longueur est toujours positive.
De même, il faut multiplier les volumes par $|k|^3$.

TD 1 Segments homothétiques

Étant donné deux segments [AB] et [A′B′], existe-t-il des homothéties qui transforment [AB] en [A′B′] ? Si oui, lesquelles ?

1 Résolution du problème

1. On suppose (AB) et (A′B′) non parallèles.
Expliquez pourquoi il n'existe pas d'homothétie transformant [AB] en [A′B′].

2. On suppose (AB) et (A′B′) parallèles distinctes, $A \neq A'$ et $AB \neq A'B'$.
(AA′) et (BB′) sont sécantes en O et (AB′) et (A′B) sont sécantes en I.

a) Des triangles homothétiques apparaissent. On connaît déjà deux homothéties h_1 et h_2 qui transforment [AB] en [A′B′]. Précisez-les.

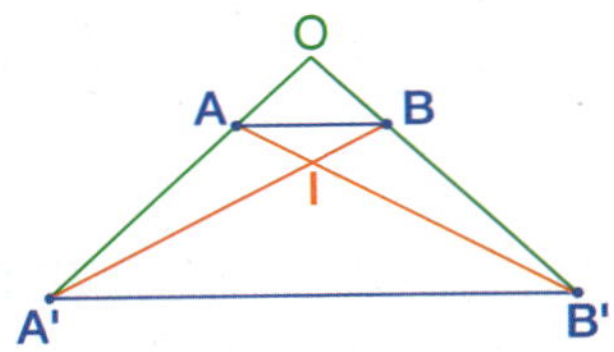

b) La question est de savoir s'il en existe d'autres.
Supposons qu'une homothétie h transforme le segment [AB] en [A′B′].
Après avoir justifié que $h(A) = A'$, ou bien $h(A) = B'$, prouvez que $h = h_1$ ou $h = h_2$.
Concluez.

3. Résolvez le problème posé lorsque $\overrightarrow{A'B'} = \overrightarrow{AB}$, $A \neq A'$.

2 Application : une propriété du trapèze

NOTE
Cette figure est aussi une **figure clé** de l'homothétie.

ABB′A′ est un trapèze, (AB) et (A′B′) sont parallèles. Les droites (AA′) et (BB′) se coupent en O et les droites (AB′) et (A′B) en I.

- En utilisant une propriété des homothéties, démontrez que le milieu E de [AB], le milieu F de [A′B′] et les points O et I sont alignés.

TD 2 Lieux géométriques avec l'homothétie

NOTE
Voir la partie *Types de problèmes et raisonnements*, § 4, p. 418.

$\mathscr{C}$ est un cercle de centre O, A et B sont deux points donnés de $\mathscr{C}$. Un point M décrit $\mathscr{C}$ en restant distinct de A et B. I est le milieu de [AB] et G le centre de gravité du triangle ABM.
Le but de l'exercice est de trouver le lieu $\mathscr{L}$ de G lorsque M décrit $\mathscr{C}$ privé de A et B.

1 Conjecturer le lieu

NOTE
Avec un logiciel de géométrie, vous pouvez faire afficher le lieu à l'écran.

Le cercle $\mathscr{C}$ de centre O et les points A, B et I sont les éléments fixes de la figure. Pour conjecturer le lieu $\mathscr{L}$, vous pouvez choisir plusieurs points sur $\mathscr{C}$ et construire les points G correspondants. Vous devriez obtenir des points non alignés qui semblent situés un cercle ou une partie d'un cercle.

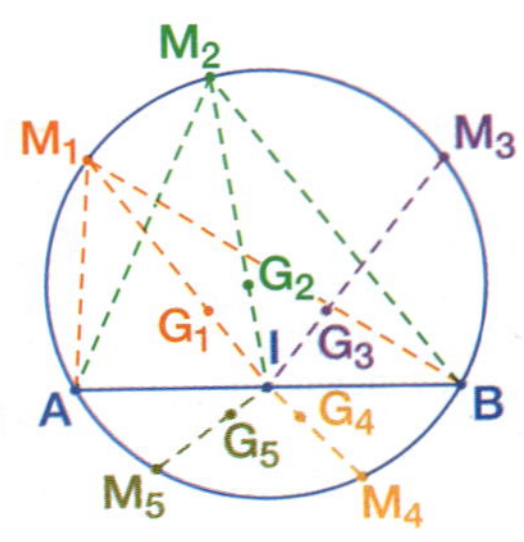

2 Démontrer la conjecture

Cherchons des relations entre G, M et les points fixes. Les points I, G, M étant alignés, on peut penser à utiliser une homothétie.

1. Démontrez que G est l'image de M par une homothétie h de centre I dont vous préciserez le rapport. Donc h ne dépend que des éléments donnés.

2. Chercher le lieu $\mathscr{L}$ de G, c'est donc chercher l'image de $\mathscr{C}$ privé de A et B par h.
Or on sait que l'image de $\mathscr{C}$ est un cercle $\mathscr{C}'$. Donc $\mathscr{L}$ est le cercle $\mathscr{C}'$ image de $\mathscr{C}$, privé des images de A et B.
Précisez $h(O)$ et construisez $\mathscr{L}$.

Commentaire : Il n'est pas nécessaire d'envisager l'étude réciproque lorsqu'on parvient à démontrer que le point, dont on cherche le lieu, est l'image par une transformation usuelle d'un point M qui « se déplace ». Vous pouvez vous reporter à la partie *Types de problèmes et raisonnements*, § 4, page 419.

TD3 Lieux géométriques et transformations

1 Avec la rotation dans le plan

Dans le plan orienté, $\mathscr{C}$ est un cercle de centre O et A un point distinct de O n'appartenant pas à $\mathscr{C}$. Un point M décrit $\mathscr{C}$ et on note MNP le triangle équilatéral direct de centre de gravité A. Ainsi, le triangle MNP est tel que $(\overrightarrow{MN}, \overrightarrow{MP}) = \frac{\pi}{3}$.

Le but de l'exercice est de trouver les lieux $\mathscr{L}_1$ de N et $\mathscr{L}_2$ de P lorsque M décrit $\mathscr{C}$.
Le cercle $\mathscr{C}$ de centre O et le point A sont les éléments fixes de la figure.
Le triangle équilatéral MNP suggère l'emploi d'une rotation dont le centre peut être M, N, P ou A. Or seul A est fixe.
On va donc considérer la rotation r de centre A et d'angle $\frac{2\pi}{3}$.

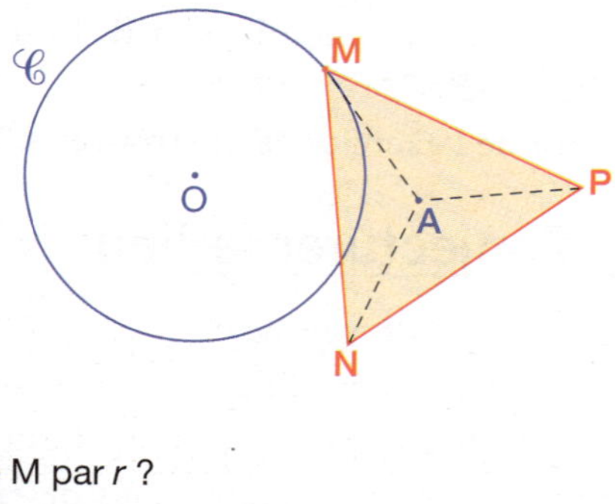

NOTE
Ici, on n'a pas besoin de faire une réciproque. Vous pouvez vous reporter à la partie *Types de problèmes et raisonnements*, p. 419.

1. a) Quelle est l'image de M par r ?
b) Déduisez-en le lieu $\mathscr{L}_1$ de N. Construisez $\mathscr{L}_1$.

2. Déduisez-en $\mathscr{L}_2$, puis construisez $\mathscr{L}_2$.

2 Avec la translation dans l'espace

Sur la figure ci-dessous, $[Ox)$, $[Oy)$ et $[Oz)$ sont deux à deux orthogonales. A est un point de $[Oz)$ et $[At)$ est la demi-droite d'origine A parallèle à $[Ox)$. Un point M décrit $[At)$ et N est le point de $[Oy)$ tel que $AM = ON$. On note I le milieu de $[MN]$, M′ et I′ sont les projetés orthogonaux de M et I sur (xOy).
Le but de l'exercice est de trouver le lieu $\mathscr{L}$ de I lorsque M décrit $[At)$. Les trois demi-droites $[Ox)$, $[Oy)$, $[Oz)$, A et $[At)$ sont les éléments fixes de la figure.

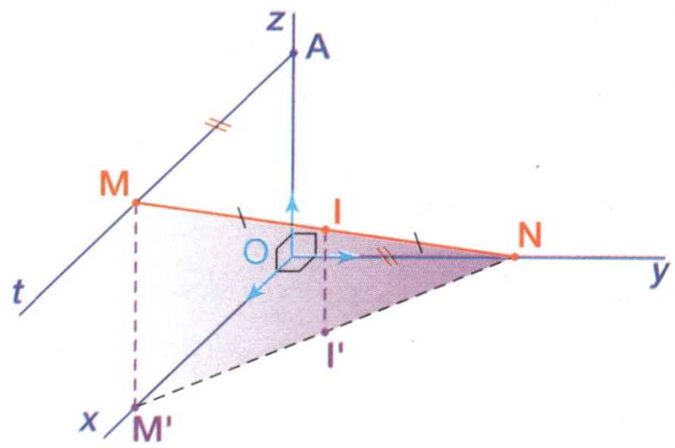

1. a) Pourquoi M′ est-il sur [Ox) ? Déduisez-en que $\overrightarrow{M'M} = \overrightarrow{OA}$.

b) Pourquoi I′, M′ et N sont-ils alignés ?

c) Quelle relation lie $\overrightarrow{M'M}$ et $\overrightarrow{I'I}$?

d) Déduisez de **a)** et **c)** que I est l'image de I′ par une translation dont vous préciserez le vecteur.

2. a) Démontrez que I′ est sur la bissectrice de $\widehat{M'ON}$ et déduisez-en que I′ décrit une demi-droite, que vous préciserez, lorsque M décrit $[At)$.

b) Déduisez-en le lieu $\mathscr{L}$ de I lorsque M décrit $[At)$.

TD 4 Problèmes de construction

1 Présentation sur un exemple

d et d' sont des droites sécantes et I est un point extérieur à d et à d'.
On se propose de construire un point A sur d et un point A′ sur d' de sorte que I soit le milieu de $[AA']$.

1. Première étape : analyse

NOTE
On peut se contenter d'une figure approximative.

On suppose que la construction est effectivement réalisée. Puis on étudie la figure pour voir où sont nécessairement situés les points qui permettront de construire la figure.
En général, on essaie de montrer que ces points sont à l'intersection de deux lignes connues.
Ainsi, par exemple, A′ est sur d' qui est donnée. Peut-on trouver une autre ligne de la figure sur laquelle A′ doit être ?

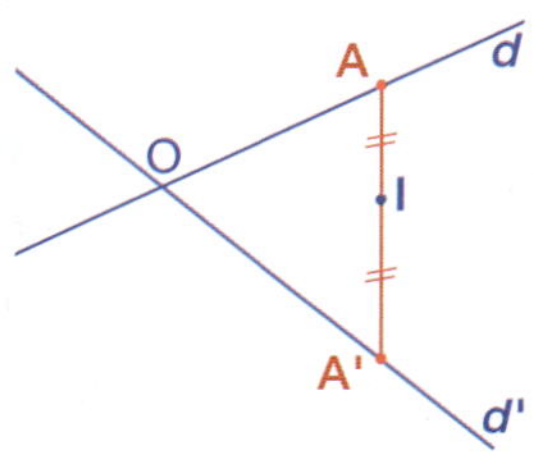

Pour répondre à cette question, observez que A′ est l'image de A par l'homothétie h de centre I, de rapport -1 (c'est-à-dire la symétrie centrale de centre I). Or A est sur d, donc A′ est aussi sur la droite d_1, image de d par h.

2. Deuxième étape : synthèse

Dans cette partie, on indique la façon de construire la figure voulue, en justifiant cette construction, c'est-à-dire en montrant qu'on obtient bien le résultat désiré.

a) On trace la droite d_1, image de d par h. Cette droite coupe d' en un point A′.

Justifiez le fait que d_1 et d' sont bien sécantes.

b) La droite (A′I) coupe d en un point A ; alors I est le milieu du segment [AA′].

Justifiez ces affirmations.

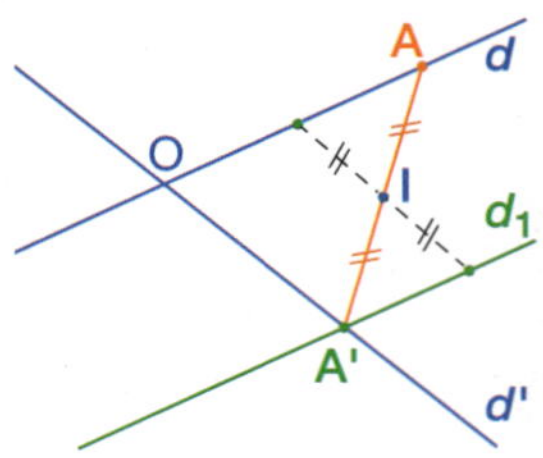

2 Avec une translation

$\mathscr{C}$ est un cercle de centre O, A est un point de ce cercle, et B est le point tel que : $\overrightarrow{OB} = \frac{3}{2}\overrightarrow{OA}$. On note d la perpendiculaire à (OA) menée par B.

• Construisez un point M sur d et un point N sur $\mathscr{C}$ de sorte que le quadrilatère OAMN soit un parallélogramme.

Aide : N est l'image de M par la translation de vecteur fixe $\overrightarrow{AO}$.

3 Avec une homothétie

ABC est un triangle « acutangle », c'est-à-dire un triangle dont les trois angles sont aigus. Le but de l'exercice est de construire un carré IJKL, intérieur au triangle tel que I et J sont des points de [BC], K un point de [AC] et L un point de [AB]

1. Analyse

On suppose, comme au §1, que la figure est réalisée. Il apparaît des triangles homothétiques, qui suggèrent l'emploi d'une homothétie.

On note h l'homothétie de centre A, qui transforme L en B.

a) Quelle est l'image de K ? Celles de I et de J ?

b) Déduisez-en alors BEDC, image du carré LIJK par h.

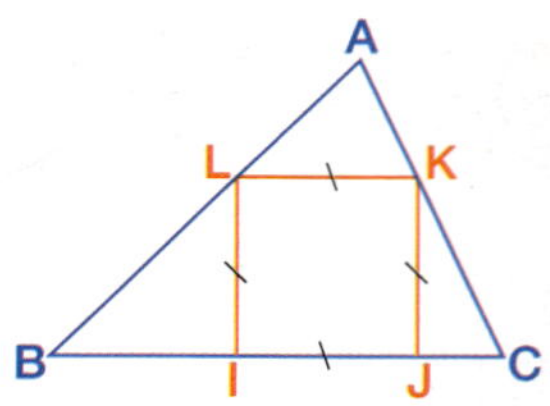

2. Synthèse

Revenons alors au triangle acutangle ABC.

a) Faites une figure et construisez le carré BEDC pour lequel les points A et D sont de part et d'autre de la droite (BC).

b) La droite (AE) coupe [BC] en I, et la droite (AD) coupe (BC) en J. La perpendiculaire en I à (BC) coupe (AB) en L et la perpendiculaire en J à (BC) coupe (AC) en K.

Justifiez que IJKL est un carré qui répond au problème.

maîtriser le cours

Pour résoudre les exercices de cette partie, il suffit d'appliquer directement un résultat du cours. L'objectif est double : mieux comprendre le cours et reconnaître dans des situations simples les conditions d'application d'un théorème.

1. Homothéties dans le plan

1 Traduisez chacune des affirmations suivantes par une égalité vectorielle.

a) B est l'image de A par l'homothétie de centre I et de rapport -2.

b) P a pour image M par l'homothétie de centre R et de rapport 3.

c) M′ est l'homothétique de M par l'homothétie de centre I et de rapport $\frac{1}{3}$.

d) I et J sont les images respectives de A et B par une homothétie de rapport -3.

2 A, B, C sont trois points tels que $\overrightarrow{BA} = 4\overrightarrow{BC}$.

1. a) Justifiez l'affirmation suivante : « A est l'image de C par l'homothétie de centre B et de rapport 4 ».

b) Déduisez-en que C est l'image de A par l'homothétie $h\left(B, \frac{1}{4}\right)$.

2. a) Vérifiez que $3\overrightarrow{CB} = -\overrightarrow{CA}$.

b) Est-il vrai que A est l'image de B par l'homothétie de centre C et de rapport -3 ?

3 Pour chacune des figures suivantes, dites s'il existe une homothétie h de centre O qui transforme A en B. Lorsque h existe, précisez son rapport.

①

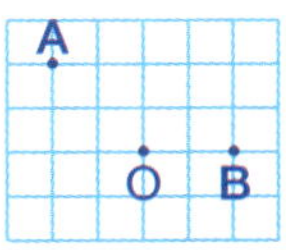

②

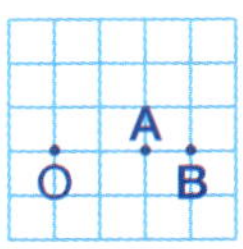

③

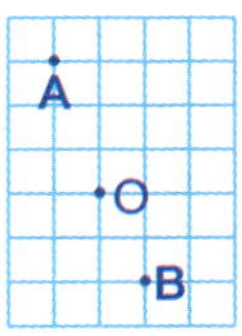

4 Pour chacune des quatre figures suivantes, précisez le rapport de l'homothétie h de centre G qui transforme B en D.

①

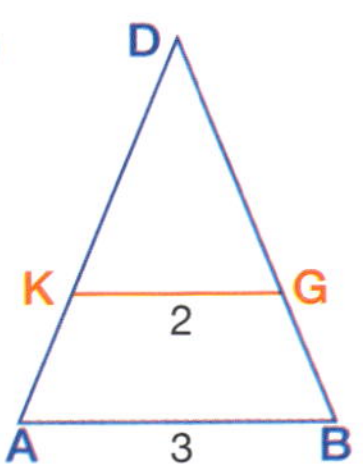

②

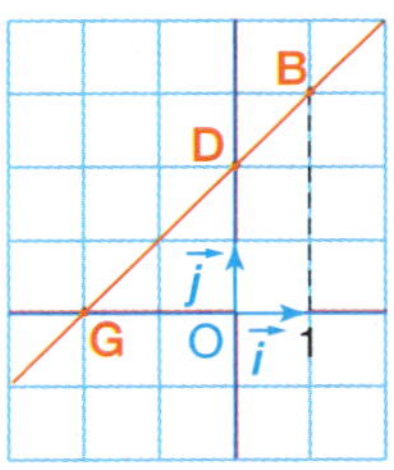

③

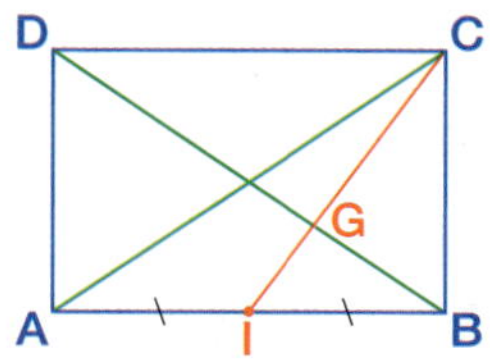

④

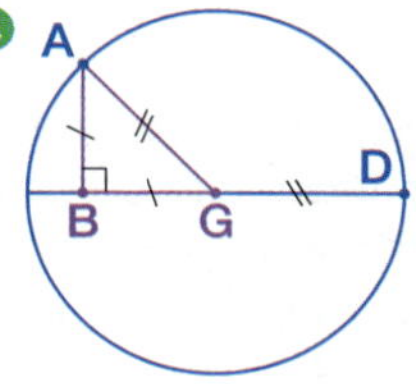

5 Sur la figure ci-dessous, les droites d_1 et d_2 sont parallèles. Quel est le rapport k de l'homothétie h de centre O qui transforme M en N ?

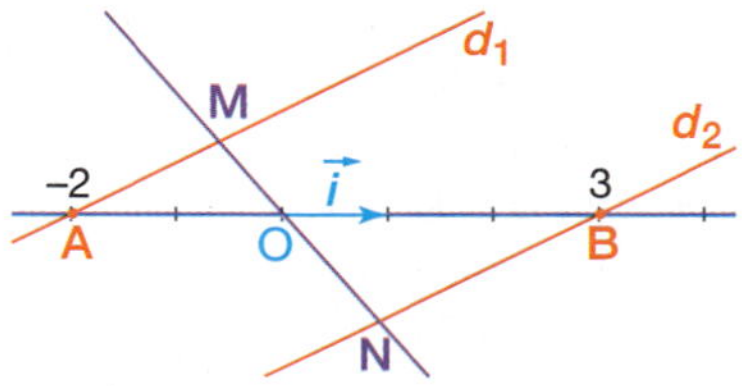

6 ABC est un triangle et O un point du segment [AC]. Construisez l'image de B par l'homothétie h de centre O telle que $h(A) = C$.

Aide : Voir l'exercice résolu 1, p. 385.

7 ABCD est un parallélogramme de centre O et A′ est le point tel que $\overrightarrow{OA'} = -2\overrightarrow{OA}$.
Construisez les images des points B, C, D par l'homothétie de centre O qui transforme A en A′.

Aide : Voir l'exercice résolu 1, p. 385.

8 ABCD est un parallélogramme et I le point tel que $\overrightarrow{AI} = \frac{1}{3}\overrightarrow{AD}$. Construisez les images des points B, C, D par l'homothétie h de centre I qui transforme A en D.

Aide : Voir l'exercice résolu 1, page 385.

9 $(O ; \vec{i}, \vec{j})$ est un repère. On donne $A(1 ; 2)$ et $B(-3 ; -2)$.

1. a) Traduisez par une égalité vectorielle l'affirmation suivante :
« A′ est l'image de A par l'homothétie de centre B et de rapport 2. »

b) Déduisez-en les coordonnées du point A′.

2. a) Traduisez par une égalité vectorielle l'affirmation suivante :
« B est l'image de A par l'homothétie de centre I et de rapport -2 ».

b) Déduisez-en les coordonnées du point I.

2. Image d'une droite, d'un segment, d'un cercle

Pour les exercices 10 à 12, $(O\ ;\ \vec{\imath}, \vec{\jmath})$ est un repère du plan.

10 d est la droite d'équation $2x - y + 3 = 0$. Elle coupe l'axe des ordonnées en A. On note h l'homothétie de centre O et de rapport -2.

1. Trouvez les coordonnées de $A' = h(A)$.

2. Déduisez-en une équation de la droite d' image de la droite d par h.

11 Deux droites d et d' ont pour équations respectives $x - y + 3 = 0$ et $x - y - 2 = 0$ et coupent respectivement l'axe des ordonnées en A et B.

1. Vérifiez que d et d' sont parallèles et trouvez les coordonnées de A et B.

2. h est l'homothétie de centre O telle que $h(A) = B$.

a) Pourquoi d' est-elle l'image de d par h ?

b) Quel est le rapport de cette homothétie ?

12 Le point A a pour coordonnées $(3\ ;\ -1)$. On note h l'homothétie de centre A et de rapport $-\dfrac{1}{2}$.

1. Trouvez les coordonnées du point $O' = h(O)$. Placez ce point.

2. a) Construisez les droites d et Δ images respectives de l'axe $(O\ ;\ \vec{\imath})$ et de l'axe $(O\ ;\ \vec{\jmath})$ par h.

b) Trouvez une équation pour chacune de ces droites.

13 Sur la figure ci-dessous, (AB) est parallèle à (A'B') et (BC) parallèle à (B'C').

On note h l'homothétie de centre O qui transforme le point A en A'.

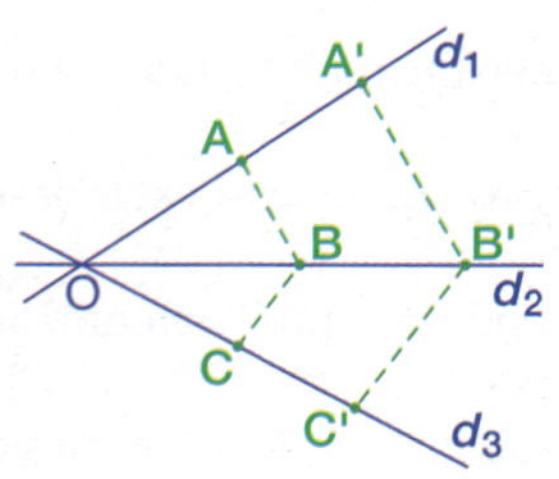

1. Quel théorème permet d'affirmer que $h(B) = B'$, puis que $h(C) = C'$?

2. Déduisez-en que les droites (AC) et (A'C') sont parallèles.

14 ABCD est un parallélogramme. On note h l'homothétie de centre I qui transforme B en D.

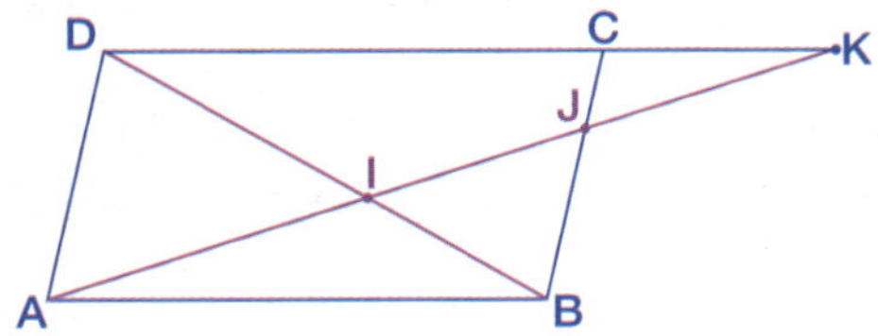

1. a) Pourquoi le théorème 2 vous permet-il d'affirmer que l'image de (AB) est la droite (DC) ?

b) Déduisez-en que $h(A) = K$.

Aide : Voir l'exercice résolu 2, p. 387.

2. a) Quelle est l'image de la droite (BC) par h ?

b) Déduisez-en que $h(J) = A$.

3. On note k le rapport de l'homothétie h. Déduisez des questions précédentes que :

$$\overrightarrow{IA} = k\overrightarrow{IJ} \text{ et } \overrightarrow{IK} = k\overrightarrow{IA},$$

puis que $IA^2 = IJ \times IK$.

15 ABCD est un trapèze tel que $\overrightarrow{AB} = 3\overrightarrow{DC}$, O est l'intersection de ses diagonales. On note h l'homothétie de centre O qui transforme A en C.

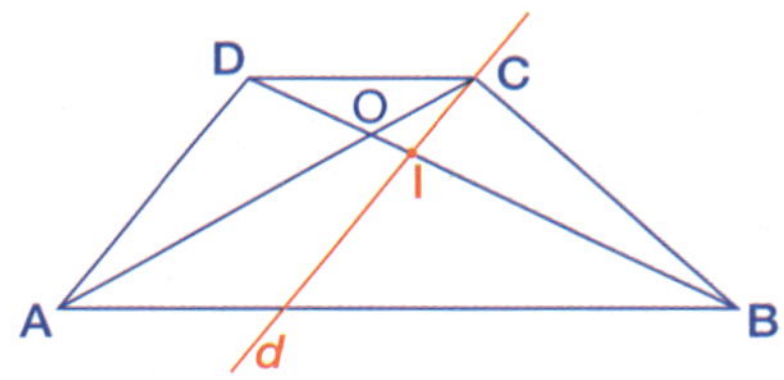

1. a) Pourquoi la droite (AB) a-t-elle pour image la droite (DC) par h ? Précisez $h(B)$.

b) Pourquoi le rapport de l'homothétie h est-il $-\dfrac{1}{3}$?

2. La droite d, parallèle à (AD), coupe (DB) en I.

a) Pourquoi d est-elle l'image de (AD) par h ?

b) Déduisez-en que $h(D) = I$.

3. On note Δ la droite passant par D parallèle à (BC). Elle coupe (AC) en J.

a) En reprenant le raisonnement de la question précédente, démontrez que $h(C) = J$.

b) Déduisez-en que $\overrightarrow{IJ} = \dfrac{1}{3}\overrightarrow{CD}$.

16 Dans un repère orthonormal $(O\ ;\ \vec{\imath}, \vec{\jmath})$, $\mathscr{C}$ est le cercle de centre A $(2\ ;\ 3)$ et de rayon 2. On note h l'homothétie de centre O et de rapport $-\dfrac{1}{2}$.

1. Construisez le cercle $\mathscr{C}'$ image de $\mathscr{C}$ par h.

2. Trouvez une équation du cercle $\mathscr{C}'$.

17 Reprenez les questions de l'exercice 16 dans le cas suivant : h est l'homothétie de centre O et de rapport 2 et $\mathscr{C}$ est le cercle d'équation $x^2 + y^2 = 1$.

18 Dans un repère orthonormal $(O ; \vec{\imath}, \vec{\jmath})$, on donne les cercles $\mathscr{C}$ et $\mathscr{C}'$ d'équations respectives $x^2 + y^2 = 4$ et $x^2 + y^2 - 6x + 8 = 0$.

1. a) Construisez les cercles $\mathscr{C}$ et $\mathscr{C}'$.

b) Vérifiez que ces cercles sont tangents.

2. On note I le point de coordonnées $(2 ; 0)$.
Démontrez que $\mathscr{C}'$ est l'image de $\mathscr{C}$ par une homothétie h de centre I dont vous préciserez le rapport.

19 G est le centre de gravité de ABC. Reproduisez la figure ci-contre, puis construisez l'image de $\mathscr{C}$ par l'homothétie de centre G qui transforme A en le milieu de [BC].

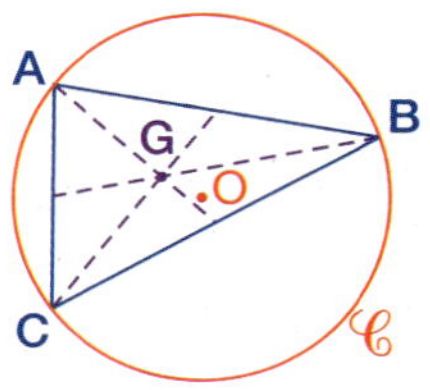

20 Sur la figure ci-dessous, la droite d est tangente en B à $\mathscr{C}$. On note h l'homothétie de centre A qui transforme I en I'.

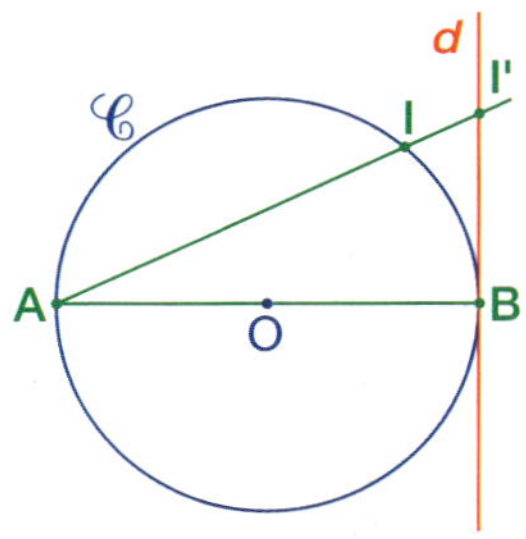

1. Construisez $O' = h(O)$.
Aide : Voir l'exercice résolu 1, p. 385.

2. Construisez le cercle $\mathscr{C}'$ image de $\mathscr{C}$ par h, puis la droite d' image de d.

21 On donne deux points O et O' tels que OO' = 8 cm, I est le point du segment [OO'] tel que OI = 2 cm. $\mathscr{C}$ et $\mathscr{C}'$ sont les cercles de centres respectifs O et O' passant par I.
Une droite d passant par I, distincte de (OO'), coupe $\mathscr{C}$ en M et $\mathscr{C}'$ en M'.
On note h l'homothétie de centre I et de rapport -3.

1. a) Pourquoi $\mathscr{C}'$ est-il l'image de $\mathscr{C}$ par h ?

b) Pourquoi $h(M) = M'$?
Aide : Voir l'exercice résolu 2, p. 387.

2. Une droite Δ, distincte de d et de (OO'), passant par I, coupe $\mathscr{C}$ en N et $\mathscr{C}'$ en N'.
Pourquoi les droites (MN) et (M'N') sont-elles parallèles ?

3. Effets de l'homothétie

22 Dans chacun des cas suivants, construisez l'image du carré ABCD par l'homothétie h de centre O qui transforme D en D'.
Aide : Voir l'exercice résolu 3, page 389.

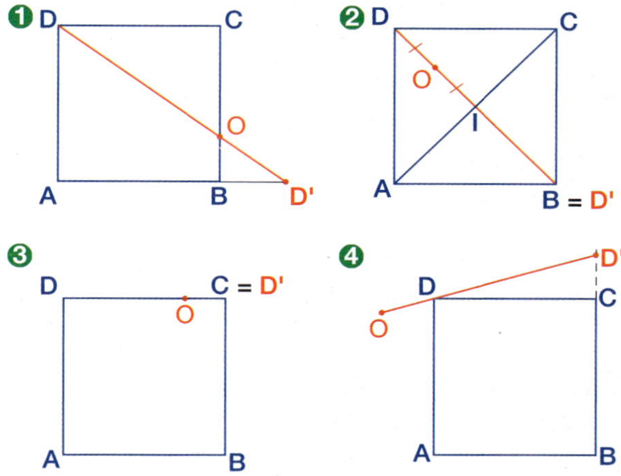

23 Deux carrés ABCD et BEFG de côtés respectifs 3 et 2 sont disposés comme l'indique la figure ci-dessous.

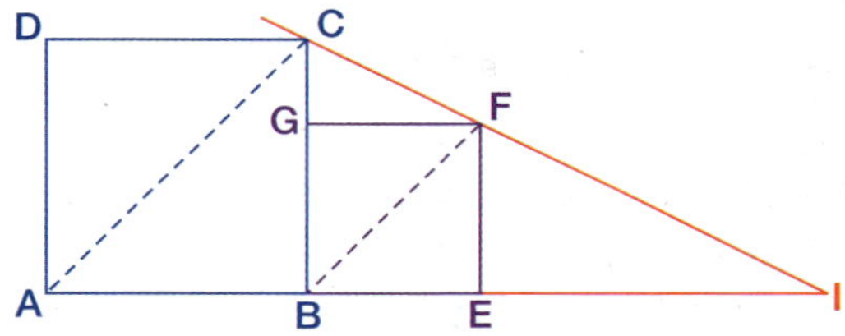

1. a) Calculez $\widehat{BAC}$ et $\widehat{EBF}$.

b) Déduisez-en que les droites (AC) et (BF) sont parallèles.

2. h est l'homothétie de centre I qui transforme A en B.

a) Quel théorème vous permet d'affirmer que $h(C) = F$? Démontrez-le.

b) Pourquoi le rapport de l'homothétie h est-il $\frac{2}{3}$?
Aide : Voir l'exercice résolu 2, p. 387.

3. Pourquoi D, G, I sont-ils alignés ?

24 $\mathscr{C}$ est un cercle de rayon 3, son image par une homothétie h est un cercle $\mathscr{C}'$ dont l'aire est quatre fois celle de $\mathscr{C}$. Que peut-on dire du rapport de h ?

25 ABC est un triangle, M est le point tel que $\overrightarrow{AM} = \frac{1}{3}\overrightarrow{AB}$.
La parallèle à (AC) menée par M coupe (BC) en N et la parallèle à (AB) menée par N coupe (AC) en P.

h est l'homothétie de centre B qui transforme A en M.

1. a) Quel est le rapport k de cette homothétie ?

b) Quelle est l'image de C par h ?

2. a) Démontrez que $\overrightarrow{CN} = \frac{1}{3}\overrightarrow{CB}$.

b) Déduisez-en que aire (NPC) $= \frac{1}{4}$ aire (MBN).

Aide : Voir l'exercice résolu 4, p. 389.

26 ABCD est un parallélogramme et I est le point tel que $\overrightarrow{CI} = \frac{1}{3}\overrightarrow{DC}$. On note h l'homothétie de centre I qui transforme D en C.

1. a) Quel est le rapport k de cette homothétie ?

b) Construisez E tel que $h(E) = B$.

2. M est le milieu de [DE] et N celui de [CB].
Pourquoi les points M, N, I sont-ils alignés ?

27 ABCD est un trapèze et I est le point tel que $\overrightarrow{AI} = \frac{1}{4}\overrightarrow{AB}$. h est l'homothétie de centre O qui transforme A en C.

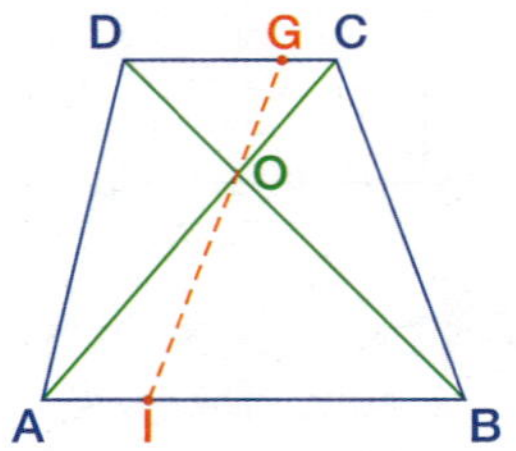

1. Pourquoi $h(I) = G$?

Aide : Voir l'exercice résolu 2, p. 387.

2. Pourquoi G est-il le barycentre de (C, 3) et (D, 1) ?

28 ABCD est un trapèze d'aire 16 tel que $\overrightarrow{AB} = 3\overrightarrow{DC}$.

On note x l'aire du triangle DIC.

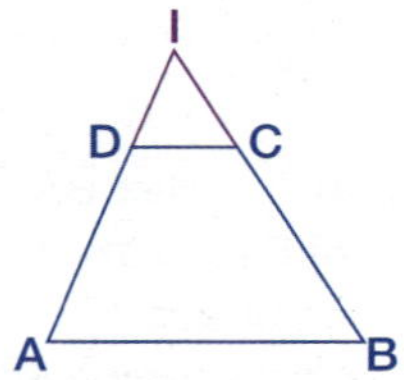

1. Démontrez que :

$$x = \frac{1}{9}(x + 16).$$

2. Déduisez-en l'aire de DIC.

Aide : Voir l'exercice résolu 4, p. 389.

4 et 5. Translations et homothéties dans l'espace

29 ABCDEFGH est un cube, I le milieu de [AB] et J celui de [BC].

1. Quelle est l'image du plan (DCG) par la translation de vecteur $\overrightarrow{EI}$?

2. Quelle est l'image de la droite (EG) par la translation du vecteur $\overrightarrow{IJ}$?

3. Quelle est l'image de la droite (HF) par la translation du vecteur $\overrightarrow{IJ}$?

30 ABC est un triangle équilatéral situé dans un plan P et O est un point extérieur à P. Les droites (OA), (OB) et (OC) coupent un plan P′ parallèle à P respectivement en A′, B′, C′.
Quelle est la nature du triangle A′B′C′ ?

31 $(O ; \vec{\imath}, \vec{\jmath}, \vec{k})$ est un repère orthonormal, on donne les points A(3 ; 0 ; 0) et B(1 ; 1 ; 3).

1. On note h l'homothétie de centre A et de rapport 2.

a) Traduisez par une égalité vectorielle l'affirmation suivante : « B′ est l'image de B par h ».

b) Déduisez-en les coordonnées de B′.

2. Quelles sont les coordonnées du point O′, image de O par la translation de vecteur $\overrightarrow{AB}$?

32 Dans un repère orthonormal $(O ; \vec{\imath}, \vec{\jmath}, \vec{k})$, on donne le point A de coordonnées (0 ; 1 ; 3).
On note h l'homothétie de centre A et de rapport -2.

1. Démontrez que le point O′ tel que $h(O) = O'$ a pour coordonnées (0 ; 3 ; 9).

2. a) Déduisez-en une équation du plan P′ image du plan $(O ; \vec{\imath}, \vec{\jmath})$ par h.

b) Pourquoi le plan passant par O et de vecteurs directeurs $\vec{\jmath}$ et $\vec{k}$ est-il sa propre image par h ?

33 Un cylindre de révolution a pour hauteur 6 cm. Le rayon du cercle $\mathscr{C}$ de base est 3 cm, (OO′) est l'axe du cylindre.
On note h l'homothétie de centre O′ et de rapport $\frac{2}{3}$.

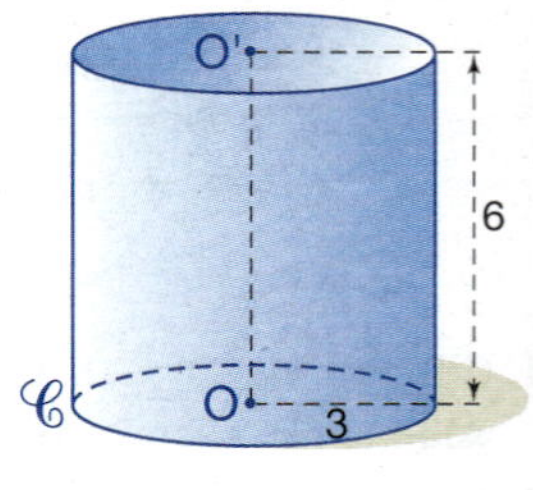

1. Précisez le cercle $\mathscr{C}'$ image de $\mathscr{C}$ par h.

2. On ôte du cylindre le tronc de cône de bases $\mathscr{C}$ et $\mathscr{C}'$. Quel est le volume du solide restant ?

34 Dans un repère orthonormal $(O ; \vec{\imath}, \vec{\jmath}, \vec{k})$, on donne les points A(3 ; 3 ; 0) et I(0 ; 0 ; 6). On note h l'homothétie de centre I et de rapport $\frac{1}{3}$ et $\mathscr{C}$ le cercle de centre A passant par O inclus dans le plan $(O ; \vec{\imath}, \vec{\jmath})$.

1. On note $A' = h(A)$. Démontrez que A′ a pour coordonnées (1 ; 1 ; 4).

2. $\mathscr{C}'$ est l'image de $\mathscr{C}$ par h.

a) Pourquoi $\mathscr{C}'$ est-il inclus dans le plan P d'équation $z = 4$?

b) Pourquoi le cercle $\mathscr{C}'$ a-t-il pour rayon $\sqrt{2}$?

pour apprendre à chercher

Les exercices de cette partie, de difficulté moyenne pour la plupart, ne sont pas des exercices résolus. Le questionnement veut montrer comment on peut organiser une recherche et suivre un raisonnement.

35 Démontrer que des droites sont concourantes

Sur la figure ci-dessous, ABCD et MNPQ sont deux carrés tels que les côtés sont parallèles deux à deux.

Objectif : démontrer que les droites (AM), (BN), (CP), (DQ) sont concourantes.

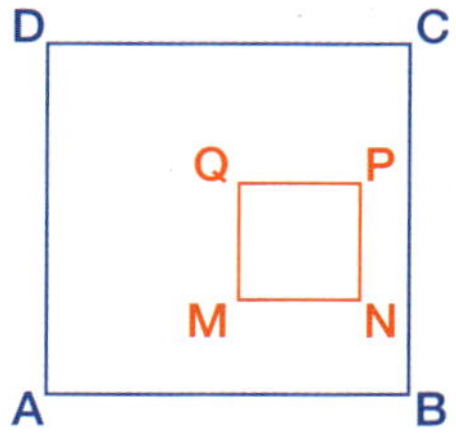

1. Examinons la figure pour en tirer des conséquences. Le « petit carré » est une réduction du grand, on peut penser qu'ils sont homothétiques.
Ici, il s'agit de prouver que quatre droites sont concourantes. Un façon de faire consiste à prouver que deux d'entre elles passent par le point de concours des deux autres.

Tracez, par exemple, (DQ) et (AM). Notez O leur point d'intersection.

2. La présence des triangles homothétiques ODA et OQM, et la remarque faite en **1.**, incitent à utiliser l'homothétie h de centre O qui transforme A en M.
Pour prouver que (PC) passe par O, il suffit alors de montrer que $h(\mathrm{C}) = \mathrm{P}$. Pour cela, une méthode assez générale est donnée à l'exercice résolu 2, p. 387.

a) Posez $\mathrm{C}' = h(\mathrm{C})$. Pourquoi C′ est-il sur la parallèle à (DC) qui passe par Q ?
b) Pourquoi C′ est-il sur (OC) ? Concluez.
c) Prouvez que O, N, B sont alignés.

3. Rédigez une solution.

Commentaire : Une solution analytique est possible : on choisit pour repère $(\mathrm{A}\,;\,\overrightarrow{\mathrm{AB}}, \overrightarrow{\mathrm{AD}})$, on attribue des coordonnées arbitraires $(a\,;\,b)$ au point M. À partir de là, on calcule les coordonnées des autres points, on écrit les équations des quatre droites, on prouve qu'elles ont un point commun (et un seul). Mais si la stratégie est facile à trouver, les calculs sont longs.

36 Démontrer que deux droites sont parallèles

ABCD est un quadrilatère convexe, les diagonales [AC] et [BD] se coupent en O. La parallèle à (DC) passant par O coupe (AD) en I, la parallèle à (BC) passant par O coupe (AB) en J.

Objectif : démontrer que les droites (IJ) et (BD) sont parallèles.

1. Analysons la figure pour en tirer des conséquences. Par hypothèse, (OI) est parallèle à (DC) et (OJ) est parallèle à (CB). L'examen de la figure montre alors des triangles homothétiques, de sommet commun A, qui peuvent inciter à utiliser une homothétie de centre A.

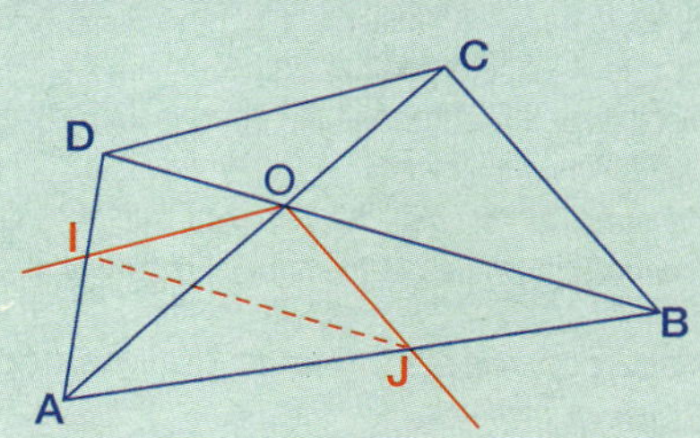

a) Donnez les deux paires de triangles homothétiques.
b) Quelle(s) homothétie(s) pouvez-vous alors utiliser ?

2. Il s'agit de démontrer que deux droites sont parallèles. Si on utilise une homothétie h, une façon de faire est de prouver que l'une est l'image de l'autre par h.

a) En utilisant, par exemple, l'homothétie h de centre A qui transforme O en C, prouvez que l'image par h de la droite (IJ) est la droite (BD).
b) Concluez.

3. Rédigez une solution.

37 Droite passant par un point fixe

$\mathscr{C}$ et $\mathscr{C}'$ sont deux cercles de centres respectifs O et O′, de rayons r et r' (avec $r \neq r'$) et tangents extérieurement en un point I. Une droite d qui passe par A, donné, coupe $\mathscr{C}$ en M et N. La droite (MI) recoupe $\mathscr{C}'$ en M′ et (NI) recoupe $\mathscr{C}'$ en N′.

Objectif : prouver que la droite (M′N′) passe par un point fixe lorsque la droite d pivote autour de A.

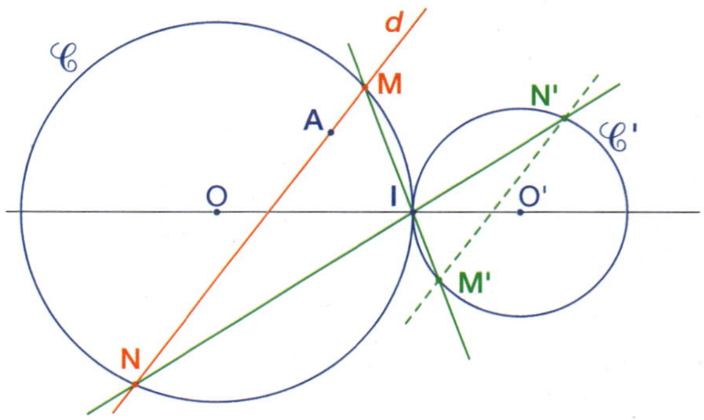

1. Examinons la figure pour en tirer des conséquences et, éventuellement, conjecturer la position du point fixe. IMN et IM′N′ semblent homothétiques de sommet commun I. La droite (M′N′) serait-elle l'image de (MN) par une homothétie h de centre I ? Admettons que ce soit vrai, voyons s'il en résulte des conséquences intéressantes.
La position du point fixe dépend certainement de celle de A, qui est fixe et à la base de la construction. Or A est sur (MN) donc $h(A) = A'$ est sur (M′N′). Il est raisonnable de penser que A′ est le point cherché.
Il reste à trouver l'homothétie h, dont le centre est I, qui transforme (MN) en (M′N′).
Or M et N sont sur $\mathscr{C}$; M′ et N′ sont sur $\mathscr{C}'$. On pense alors à l'homothétie h de centre I qui transforme $\mathscr{C}$ en $\mathscr{C}'$.

a) Précisez son rapport. (Notez qu'il ne dépend pas de la droite d).
b) Précisez $h(M)$ et $h(N)$.
Aide : Voir l'exercice résolu 2, p. 387.
c) On pose $h(A) = A'$.
Prouvez que A′ est fixe et concluez.

2. Rédigez une solution.

**Remarque importante : Comment faire si on n'a pas remarqué que IMN et IM′N′ sont homothétiques ? On peut alors tracer une autre droite d_1 passant par A, puis tracer $(M'_1N'_1)$, qui coupe (M′N′) en A′. A′ est nécessairement le point cherché.
On peut alors noter que I, A et A′ semblent alignés, ce qui fait penser à une homothétie de centre I.**

38 Démontrer une égalité vectorielle

Sur la figure ci-dessous, Δ_1 et Δ_2 sont parallèles.
M est un point quelconque de Δ_1, la droite (AM) coupe Δ_2 en P et la droite (BM) coupe Δ_2 en Q.

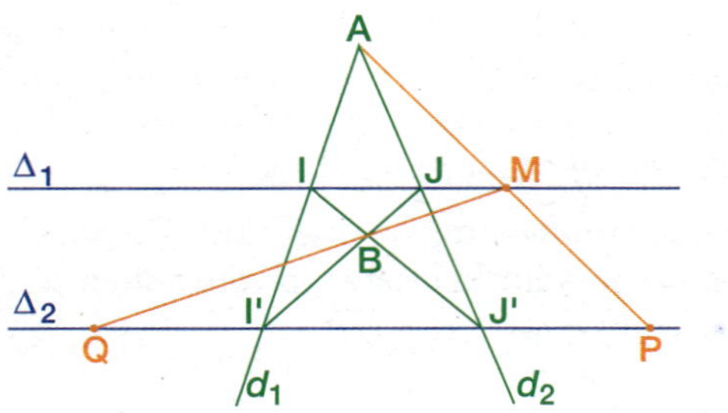

Objectif : démontrer que $\overrightarrow{I'Q} = -\overrightarrow{J'P}$.

1. L'examen de la figure montre la présence de triangles homothétiques (cinq paires), certains de sommet A (associés à des homothéties de centre A) et d'autres de sommet B (associés à des homothéties de centre B).

Indiquez les cinq paires de triangles homothétiques de la figure.

2. Il s'agit de prouver que $\overrightarrow{I'Q} = -\overrightarrow{J'P}$. Directement cela semble ardu. Une façon de faire consiste à les comparer à un même vecteur, d'autant que les remarques faites plus haut amènent à penser que $\overrightarrow{J'P}$ se déduit de $\overrightarrow{JM}$ par une homothétie de centre A, et que $\overrightarrow{I'Q}$ se déduit aussi de $\overrightarrow{JM}$ par une homothétie de centre B. Alors :

a) Notez h_1 l'homothétie de centre A qui transforme J en J′, et k_1 son rapport.
Pourquoi $\overrightarrow{J'P} = k_1\overrightarrow{JM}$?
b) Notez h_2 l'homothétie de centre B qui transforme J en I′ et k_2 son rapport.
Pourquoi $\overrightarrow{I'Q} = k_2\overrightarrow{JM}$?

3. Pour conclure, il suffit de prouver que $k_1 = -k_2$. Ce n'est pas insurmontable, si on remarque que toutes les hypothèses n'ont pas été utilisées. En particulier, le fait que AIJ et AI′J′ sont homothétiques, ainsi que BIJ et B′I′J′.

a) Pourquoi $\overrightarrow{I'J'} = k_1\overrightarrow{IJ}$?
b) Pourquoi $\overrightarrow{I'J'} = -k_2\overrightarrow{IJ}$? Concluez.

4. Rédigez une solution.

39 Chercher un lieu géométrique

$\mathscr{C}$ est un cercle de centre O, [AB] un diamètre. Le point I est tel que $\overrightarrow{AI} = -\overrightarrow{AO}$. M est un point de $\mathscr{C}$, M ≠ A et M ≠ B, M′ est le point diamétralement opposé à M et N est l'intersection de (IM) et (BM′).

Objectif : trouver le lieu de N lorsque M décrit $\mathscr{C}$ privé de A et B.

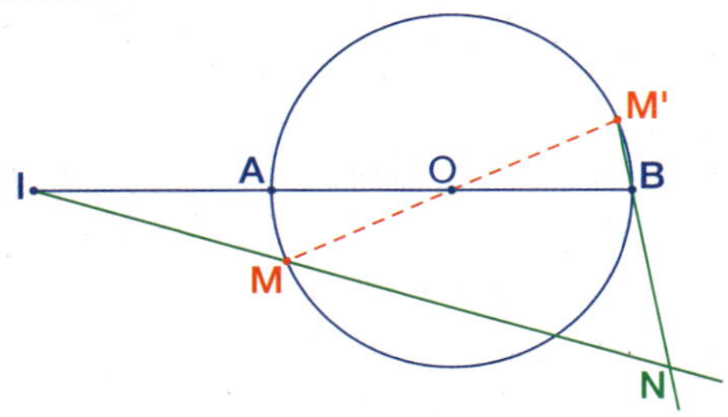

1. Vous pouvez vous reporter à la partie *Types de problèmes et raisonnements*, § 4, p. 418. Il faut d'abord repérer les points fixes remarquables et les points mobiles :
- I, A, O, B sont fixes,
- M, M′, N sont mobiles : M décrit $\mathscr{C}$, privé de A et B (donc M′ aussi). N dépend de M.

Cherchons des liens entre M, N et les points fixes de la figure.

a) [AB] et [MM′] sont deux diamètres de $\mathscr{C}$.
Quelle conséquence pour le quadrilatère (AMBM′) ?
Déduisez-en que (AM) et (BN) sont parallèles.
b) Les triangles IAM et IBN sont donc homothétiques de sommet I.

Déduisez-en que N est l'image de M par une homothétie h. Précisez le centre de h et son rapport. (Notez qu'ils ne dépendent pas de M.)

2. Ainsi chaque point N, associé à un point M, est l'image de M par une homothétie fixe. Le lieu de N qui, par définition, est l'ensemble de tous les points N associés à tous les points M du cercle $\mathscr{C}$ privé de A et B, est donc l'image par h du cercle $\mathscr{C}$ privé de A et B.

Précisez cette image.

3. Rédigez une solution.

40 Démontrer avec l'homothétie dans l'espace

ABCD est un tétraèdre. I, J, K sont les milieux respectifs de [BC], [CD] et [BD], G est le centre de gravité du triangle BCD.
On note L, M et N les symétriques de A respectivement par rapport à I, J, K.
Objectif : comparer les volumes des tétraèdres ABCD et ALMN.

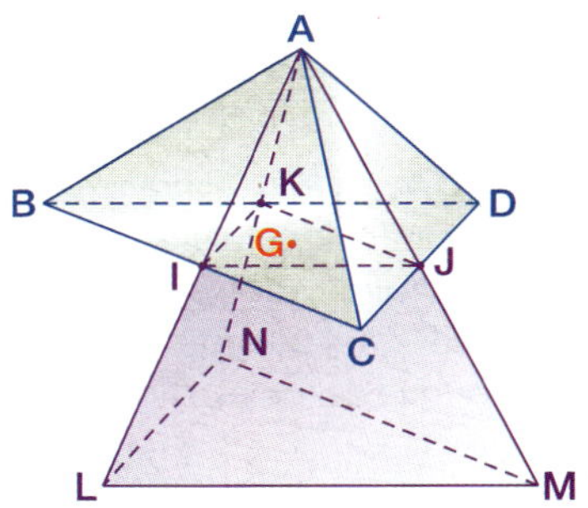

1. Il s'agit de comparer les volumes de deux tétraèdres. Or on sait qu'une homothétie de rapport k multiplie les volumes par $|k|^3$. La figure suggère que ALMN est l'image de AIJK par une homothétie h. Prouvons-le.

a) Par hypothèse, L, M et N sont les symétriques de A par rapport à I, J, K.
Traduisez vectoriellement cette hypothèse.
b) Déduisez-en l'existence d'une homothétie h de centre A telle que $h(\mathrm{I}) = \mathrm{L}$, $h(\mathrm{J}) = \mathrm{M}$ et $h(\mathrm{K}) = \mathrm{N}$. Précisez son rapport.
c) Comparez alors les volumes de AIJK et ALMN.

2. Il reste désormais à comparer les volumes de ABCD et AIJK. Or ces tétraèdres ont la hauteur issue de A en commun. Donc il suffit de comparer les aires des triangles BCD et IJK.

a) Quel est le rapport de l'homothétie h' de centre G qui transforme BCD en JKI ?
b) Quelle relation lie les aires de BCD et IJK ?
c) Déduisez-en alors une relation liant les volumes des tétraèdres ABCD et ALMN.

3. Rédigez une solution.

41 Problème d'existence

Dans un repère orthonormal $(\mathrm{O} ; \vec{\imath}, \vec{\jmath})$, les cercles $\mathscr{C}$ et $\mathscr{C}'$ ont pour équations respectives :

$$x^2 + y^2 - 8x - 4y + 16 = 0$$
$$\text{et } x^2 + y^2 - 14x + 2y + 41 = 0.$$

Objectif : déterminer s'il existe des homothéties qui transforment $\mathscr{C}$ en $\mathscr{C}'$. Si oui, les préciser.

Note : Vous pouvez vous reporter à la partie *Type de problèmes et raisonnements*, § 3, p. 416.

1. Supposons donc qu'il existe au moins une homothétie h qui transforme $\mathscr{C}$ en $\mathscr{C}'$ et voyons ce que l'on peut en dire. Si on note A et B les centres respectifs de $\mathscr{C}$ et $\mathscr{C}'$, r et r' leurs rayons, alors on sait que $h(\mathrm{A}) = \mathrm{B}$ et $r' = |k|r$.

a) Calculez les coordonnées de A et B, puis précisez les rayons r et r'.
b) Construisez $\mathscr{C}$ et $\mathscr{C}'$ dans $(\mathrm{O} ; \vec{\imath}, \vec{\jmath})$.
c) Déduisez-en que $|k| = \dfrac{3}{2}$ et donc que deux valeurs de k sont possibles, $k_1 = \dfrac{3}{2}$ et $k_2 = -\dfrac{3}{2}$.

2. On voit que deux homothéties sont possibles. Notons alors h_1 celle de rapport k_1 et de centre I_1 et h_2 celle de rapport k_2 et de centre I_2.

a) Vérifiez que I_1 est le barycentre de $(\mathrm{A}, -3)$, $(\mathrm{B}, 2)$, et I_2 le barycentre de $(\mathrm{A}, 3)$, $(\mathrm{B}, 2)$.
b) Construisez I_1 et I_2 sur la figure.

3. Donc s'il existe deux homothéties qui répondent à la question, ce sont nécessairement h_1 et h_2. Mais logiquement rien n'assure qu'elles conviennent.

a) Démontrez que l'image de $\mathscr{C}$ par h_1 ou h_2 est bien le cercle $\mathscr{C}'$.
b) Concluez.

4. Rédigez une solution.

Exercices pour progresser

Homothéties dans le plan

42 Sur une droite graduée de repère $(O\,;\vec{\imath})$, on donne A et B d'abscisses respectives 2 et -4.
On note h, si elle existe, l'homothétie de rapport k telle que $h(B) = O$ et $h(O) = A$.

1. a) Pourquoi $\overrightarrow{OA} = k\overrightarrow{BO}$?

b) Déduisez-en k.

2. a) Vérifiez que si h existe, son centre I doit vérifier simultanément $\overrightarrow{IO} = \frac{1}{2}\overrightarrow{IB}$ et $\overrightarrow{IA} = \frac{1}{2}\overrightarrow{IO}$.

b) Démontrez qu'il existe un point I unique et trouvez son abscisse.

43 Sur la figure, A′ est le milieu de [BC] et M un point de [AA′]. (MI) est parallèle à (AB) et (MJ) à (AC). En utilisant une homothétie de centre A′, démontrez que A′ est le milieu de [IJ].

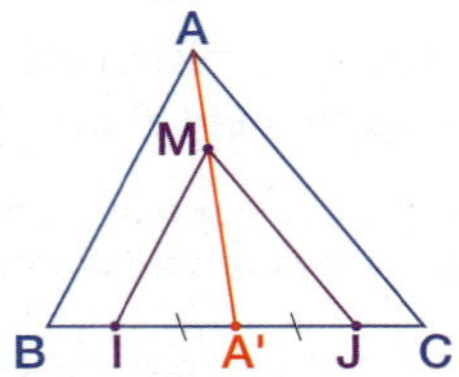

Aide : Voir l'exercice 38, *Pour apprendre à chercher*.

44 ABCD est un quadrilatère convexe, les diagonales [BD] et [AC] se coupent en O. La parallèle à (BC) menée par A coupe (DB) en E et la parallèle à (AD) menée par B coupe (AC) en F.

1. On note h_1 l'homothétie de centre O, de rapport k_1, telle que $h_1(A) = F$.

a) Démontrez que $h_1(D) = B$.

b) Déduisez-en que $\overrightarrow{OF} = k_1\overrightarrow{OA}$ et $\overrightarrow{OB} = k_1\overrightarrow{OD}$.

2. On note h_2 l'homothétie de centre O, de rapport k_2, telle que $h_2(C) = A$.

a) Démontrez que $h_2(B) = E$.

b) Déduisez-en que $\overrightarrow{OE} = k_2\overrightarrow{OB}$ et $\overrightarrow{OA} = k_2\overrightarrow{OC}$.

3. a) Des questions précédentes, déduisez que :
$$\overrightarrow{OE} = k_1k_2\overrightarrow{OD} \text{ et } \overrightarrow{OF} = k_1k_2\overrightarrow{OC}.$$

b) Démontrez que (DC) et (EF) sont parallèles.

Aide : Voir l'exercice 36, *Pour apprendre à chercher*.

★ **45** ABCD est un trapèze, O est l'intersection de ses diagonales. M est un point « extérieur » au trapèze.
La parallèle à (AM) menée par C coupe la parallèle à (BM) menée par D en N. On note h l'homothétie de centre O telle que $h(A) = C$.
Démontrez, en utilisant l'homothétie h, que les points O, M, N sont alignés.

★ **46** ABC est un triangle, G son centre de gravité, A′ le milieu de [BC] et B′ celui de [AC]. La parallèle à (BB′), menée par A′, coupe la parallèle à (AA′), menée par B′, en I.
Démontrez que les points C, I, G sont alignés.

★ **47 Points alignés**

AEF est un triangle, B est le milieu de [AE], C celui de [AF], $\mathscr{C}$ le cercle de centre O circonscrit au triangle ABC. On note D le point diamétralement opposé à A sur $\mathscr{C}$. Le point D se projette orthogonalement en H sur [EF] et O se projette orthogonalement en A′ sur (BC). On note h l'homothétie de centre A et de rapport 2.
Le but de l'exercice est de prouver que les points A, A′ et H sont alignés.

1. Précisez $h(O)$, $h(B)$, $h(C)$.

2. a) Quelle est l'image de la droite (OA′) par h ?

b) Concluez.

★ **48** O et O′ sont deux points tels que OO′ = 6, I est le point de [OO′] tel que OI = 4. On note $\mathscr{C}$ et $\mathscr{C}'$ les cercles de centres respectifs O et O′ passant par I.
Une droite d passant par I, distincte de (OO′), coupe $\mathscr{C}$ en M et $\mathscr{C}'$ en N.

1. a) Quelle est l'image de $\mathscr{C}$ par l'homothétie h de centre I et de rapport $-\frac{1}{2}$?

b) Déduisez-en que (OM) et (O′N) sont deux droites parallèles.

Aide : Voir l'exercice 37, *Pour apprendre à chercher*.

2. On note N′ le point diamétralement opposé à N sur le cercle $\mathscr{C}'$. La droite (MN′) coupe (OO′) en A.

a) Précisez le réel k, tel que $\overrightarrow{AO} = k\overrightarrow{AO'}$.

b) Déduisez-en que le point A est fixe lorsque d pivote autour de I.

c) Vérifiez que le point A est le barycentre de (O, -1) et (O′, 2).

★★ **49 Droites concourantes**

ABC est un triangle, A′, B′, C′ sont les milieux respectifs de [BC], [CA], [AB]. M est un point quelconque.
On trace par A la parallèle d_1 à (MA′), par B la parallèle d_2 à (MB′) et par C la parallèle d_3 à (MC′).
On note G le centre de gravité du triangle ABC et h l'homothétie de centre G et de rapport -2.

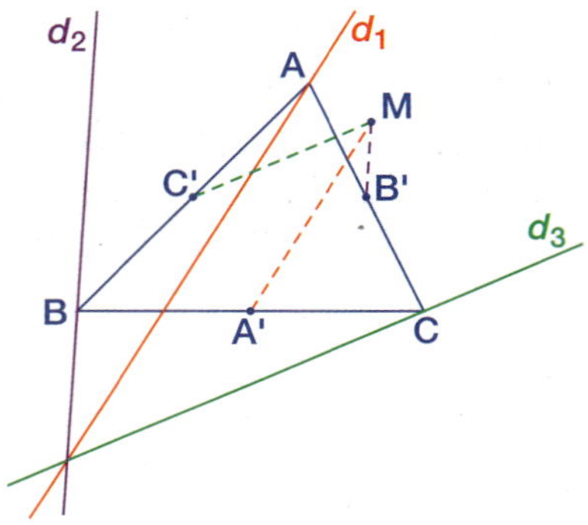

1. a) Pourquoi d_1 est-elle l'image de (MA') par h ?
   b) Quelles sont les images de (MB') et (MC') ?
2. Déduisez-en que les droites d_1, d_2, d_3 sont concourantes en M′ et que G, M, M′ sont alignés.
   Aide : Voir l'exercice 35, *Pour apprendre à chercher*.
3. **Application : droite d'Euler d'un triangle**
   Le cercle $\mathscr{C}$ de centre O est circonscrit au triangle ABC. On prend le point M en O.
   a) Démontrez que l'image de (OA') par h est la hauteur issue de A dans le triangle ABC.
   b) Déduisez-en que lorsque M est en O, le point M′ est l'orthocentre H du triangle ABC.
   c) Déduisez-en que O, H, G sont alignés. (Ils sont sur une droite, appelée **droite d'Euler** de ABC.)

Géométrie analytique

Pour les exercices de 50 à 53, on suppose qu'un repère $(O ; \vec{\imath}, \vec{\jmath})$ orthonormal a été choisi.

50 $\mathscr{C}$ a pour équation $x^2 + y^2 - 6x - 2y + 6 = 0$. Dans chacun des cas suivants, trouvez une équation du cercle $\mathscr{C}'$, image de $\mathscr{C}$ par la transformation T indiquée.
1. T est la translation de vecteur $\vec{u} = \vec{\imath} + 2\vec{\jmath}$.
2. T est la symétrie de centre O.
3. T est la réflexion dont l'axe a pour équation $y = -1$.
4. T est l'homothétie de centre O et de rapport -2.

51 On note h l'homothétie de centre I $(2 ; -1)$ et de rapport $-\dfrac{3}{2}$.
1. $\mathscr{C}$ est le cercle de centre O passant par I.
   Construisez le cercle $\mathscr{C}'$, image de $\mathscr{C}$ par h, et trouvez une équation de $\mathscr{C}'$.
2. d est la droite d'équation $x - 3y + 5 = 0$.
   Construisez la droite d', image de d par h, et trouvez une équation de d'.

52 En exploitant les renseignements portés sur la figure ci-contre trouvez, dans chaque cas, une équation de $\mathscr{C}'$, image de $\mathscr{C}$ par la transformation indiquée.

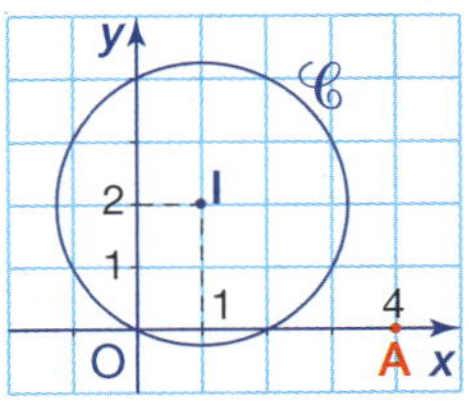

1. L'homothétie de centre A et de rapport $-\dfrac{1}{2}$.
2. La réflexion d'axe (AI).
3. La translation de vecteur $\overrightarrow{IA}$.

★ **53** La droite d a pour équation $x - 2y + 6 = 0$ et le point A a pour coordonnées $(-2 ; 0)$.
h est une homothétie de rapport 2 dont le centre I a pour coordonnées $(x ; y)$. Le but de l'exercice est de trouver les coordonnées de I sous certaines conditions.
1. Construisez d et placez A.
2. On suppose que h transforme d en une droite d' passant par A et laisse invariant l'axe $(O ; \vec{\jmath})$.
   a) Construisez d' et trouvez une équation de d'.
   b) Les droites d et d' coupent l'axe $(O ; \vec{\jmath})$ respectivement en B et B′. Prouvez que $\overrightarrow{IB'} = 2\overrightarrow{IB}$.
   c) Déduisez-en les coordonnées de I.

Reconnaître des transformations

54 On note T la transformation du plan qui à tout point M associe $M' = T(M)$. A et B sont donnés. Précisez la nature de T dans chacun des cas suivants.
1. $\overrightarrow{AM'} = 3\overrightarrow{BM}$.
2. M′ est le centre de gravité du triangle AMB.
3. AMBM′ est un parallélogramme.

55 A et B sont deux points donnés, on note f la transformation du plan qui à tout point M associe M′ tel que $\overrightarrow{MM'} = 2\overrightarrow{MA} + \overrightarrow{MB}$.
On note G le barycentre de $(A, 2)$ et $(B, 1)$.
1. Construisez le point G. Prouvez que $\overrightarrow{GM'} = -2\overrightarrow{GM}$.
2. Déduisez-en la nature de f.

★ **56** ABC est un triangle de centre de gravité G.
1. f est la transformation qui à tout point M du plan associe M′ tel que $\overrightarrow{MM'} = \overrightarrow{MA} + \overrightarrow{MB} + \overrightarrow{MC}$.
   a) Démontrez que $\overrightarrow{GM'} = -2\overrightarrow{GM}$.
   b) Déduisez-en la nature de f.
2. g est la transformation qui à tout point M du plan associe M′ tel que $\overrightarrow{MM'} = 2\overrightarrow{MA} - \overrightarrow{MB} - \overrightarrow{MC}$.
   D est tel que ABDC est un parallélogramme.
   a) Démontrez que $2\overrightarrow{MA} - \overrightarrow{MB} - \overrightarrow{MC} = \overrightarrow{DA}$.
   b) Déduisez-en que g est une translation dont vous préciserez le vecteur.

★★ **57** Dans un repère orthonormal $(O ; \vec{\imath}, \vec{\jmath})$, les cercles $\mathscr{C}$ et $\mathscr{C}'$ ont pour équations respectivement :
$x^2 + y^2 - 6x + 8y = 0$ et $x^2 + y^2 - 12x - 6y + 41 = 0$.
Trouvez les coordonnées des centres des homothéties qui transforment $\mathscr{C}$ en $\mathscr{C}'$.
Aide : Voir l'exercice 41, *Pour apprendre à chercher*.

★★ **58** ABC est un triangle, O le milieu de [BC].
On note f la transformation qui à tout point M du plan associe $M' = f(M)$ de la manière suivante :
- N est le milieu de [AM],
- M′ est le milieu de [ON].

1. a) Construisez un triangle ABC et placez O.
b) Placez sur la figure $A' = f(A)$.
2. On note G le centre de gravité du triangle ABC.
a) Démontrez que $f(G) = G$.
b) Construisez $B' = f(B)$ et démontrez que B, G, B′ sont trois points alignés.
3. a) Démontrez pour tout point M, $2\overrightarrow{GM'} = \overrightarrow{GO} + \overrightarrow{GN}$ et que $2\overrightarrow{GN} = \overrightarrow{GA} + \overrightarrow{GM}$.
b) Déduisez-en que $4\overrightarrow{GM'} = \overrightarrow{GM}$ et que f est une homothétie de centre G et de rapport $\frac{1}{4}$.

Homothéties et translations dans l'espace

Pour les exercices 59 à 62, on suppose qu'un repère orthonormal $(O\,;\vec{\imath},\vec{\jmath},\vec{k})$ a été choisi.

59 On note $\vec{u}$ le vecteur $\vec{\imath} + 2\vec{\jmath} + 3\vec{k}$ et t la translation du vecteur $\vec{u}$.
1. Pourquoi le plan P′ d'équation $y = 2$ est-il l'image par t du plan passant par O et de vecteurs directeurs $\vec{\imath}$ et $\vec{k}$?
2. Trouvez une équation de Q′, image par t du plan Q, passant par O, et de vecteurs directeurs $\vec{\imath}$ et $\vec{\jmath}$.

Aide : Voir l'exercice résolu 6, page 393.

60 On donne les points $A(3\,;0,0)$, $B(0\,;3\,;0)$ et $C(0\,;0\,;3)$.
On note h l'homothétie de centre O est de rapport $\frac{1}{3}$.
Pourquoi l'image du triangle ABC par h est-il un triangle équilatéral ?

Aide : Voir l'exercice résolu 7, p. 393.

★ **61** Le point A a pour coordonnées $(0\,;2\,;4)$ et H est le projeté orthogonal de A sur l'axe $(O\,;\vec{k})$. P est le plan orthogonal à l'axe $(O\,;\vec{k})$ en H et $\mathscr{C}$ le cercle inclus dans P de centre A passant par H.
On note h l'homothétie de centre O et de rapport $\frac{1}{2}$.
1. Calculez les coordonnées du point H, puis celles de $A' = h(A)$ et $H' = h(H)$.
2. Démontrez que l'image de $\mathscr{C}$ est le cercle $\mathscr{C}'$, ensemble des points $M(x\,;y\,;z)$ tels que $z = 2$ et $x^2 + (y-1)^2 = 1$.

★ **62** On donne le point $A(1\,;2\,;4)$ et on note $\mathscr{C}$ le cercle de centre A, de rayon 2, inclus dans le plan P d'équation $z = 4$.
1. Pourquoi le cercle $\mathscr{C}$ est-il l'ensemble des points M de coordonnées $(x\,;y\,;z)$ tels que $z = 4$ et $x^2 + y^2 - 2x - 4y + 1 = 0$?
2. Trouvez une équation de $\mathscr{C}'$ image de $\mathscr{C}$ par :
a) la translation t de vecteur $\vec{\imath} + \vec{\jmath}$,
b) l'homothétie de centre O et de rapport $\frac{1}{2}$.

★★ **63** ABCD est un tétraèdre de centre de gravité G. On note A′, B′, C′, D′ les centres de gravité respectifs des faces BCD, ACD, ABD et ABC.

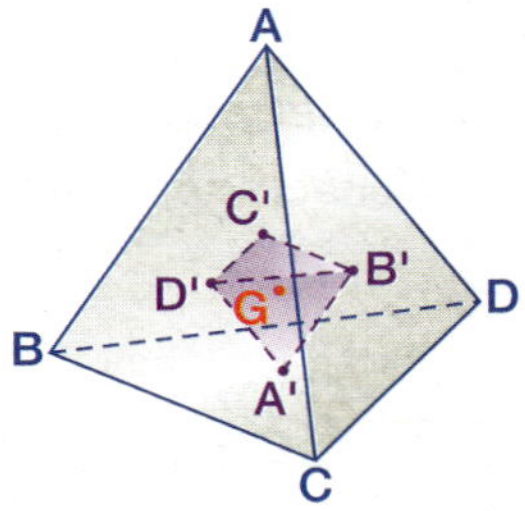

1. a) Prouvez que G est le barycentre de (A, 1) et (A′, 3).
b) Déduisez-en que $\overrightarrow{GA'} = -\frac{1}{3}\overrightarrow{GA}$.
2. Déduisez-en que le tétraèdre A′B′C′D′ est l'image du tétraèdre ABCD par une homothétie que vous préciserez.

★★ **64** ABCD est un tétraèdre, I, J, K sont les milieux respectifs de [BC], [CD] et [DB].
On note h l'homothétie de centre A et de rapport 2 et $A_1 = h(I)$, $A_2 = h(J)$, $A_3 = h(K)$.
1. Démontrez que les plans (BCD) et $(A_1A_2A_3)$ sont parallèles.
2. Démontrez que les triangles BCD et $A_1A_2A_3$ sont isométriques (*voir le lexique, p.* 431).

Aires et volumes

65 ABC est un triangle de centre de gravité G, I est le milieu de [AG]. La parallèle à [BC] menée par I coupe (AB) en M et (AC) en N. La parallèle à [BC] menée par G coupe (AB) en P et (AC) en Q.
Démontrez que aire (MNPQ) = 3 aire (AMN),
et que aire (PQCB) = 5 aire (AMN).

Aide : Pensez à des homothéties de centre A.

★ **66** ABC est un triangle, k un réel de l'intervalle $]0\,;1[$, M le point tel que $\overrightarrow{AM} = k\overrightarrow{AB}$.
La parallèle à (AC) menée par M coupe (BC) en N et la parallèle à (AB) menée par N coupe (AC) en P.

h_1 est l'homothétie de centre B telle que $h_1(A) = M$ et h_2 l'homothétie de centre C telle que $h_2(B) = N$.

1. Calculez en fonction de k les rapports des homothéties h_1 et h_2.

2. Déduisez-en que aire (NPC) $= \left(\frac{k}{1-k}\right)^2$ aire (BMN).

★★ **67** Les quatre faces du tétraèdre régulier ABCD sont des triangles équilatéraux de côté a. On note A′, B′, C′, D′ les centres de gravité des triangles respectifs BCD, CDA, DAB et ABC et G le centre de gravité du tétraèdre ABCD.

1. Démontrez que $\overrightarrow{GA'} = -\frac{1}{3}\overrightarrow{GA}$.

2. a) h est l'homothétie de centre G et de rapport $-\frac{1}{3}$. Précisez $h(A)$, $h(B)$, $h(C)$, $h(D)$.

b) Déduisez-en que A′B′C′D′ est un tétraèdre régulier.

c) Calculez le volume de ABCD en fonction de a et déduisez-en celui de A′B′C′D′.

Aide : Voir l'exercice 40, *Pour apprendre à chercher*.

★★ **68** Un cône de révolution de sommet S a pour base un cercle $\mathscr{C}$ de centre O et de rayon r. Un plan parallèle au plan de base coupe le cône suivant un cercle $\mathscr{C}'$ de centre O′ et de rayon r'. On note d la distance OO′.
Démontrez que le volume du tronc de cône limité par les cercles $\mathscr{C}$ et $\mathscr{C}'$ est égal à $\frac{\pi}{3}d(r^2 + rr' + r'^2)$.

Aide : Voir l'exercice 40, *Pour apprendre à chercher*.

Vrai ou faux ?

Pour chacune des affirmations suivantes, dites si elle est vraie ou fausse. Justifiez chaque fois votre réponse.

★ **69** Il est impossible qu'une homothétie de rapport $k \neq 1$ soit une rotation.

★ **70** Il existe une seule homothétie transformant le cercle $\mathscr{C}$ d'équation $(x-1)^2 + (y+2)^2 = 4$ en le cercle $\mathscr{C}'$ d'équation $x^2 + y^2 - 2x + 4y - 4 = 0$.

★ **71** Dans l'espace une homothétie h de rapport k transforme un tétraèdre ABCD en un tétraèdre A′B′C′D′.
Il existe deux valeurs de k et deux seulement pour lesquelles les deux tétraèdres ont même volume.

★ **72** ABCDEFGH est un cube.
Il existe une homothétie de centre F, transformant le plan (EBG) en le plan (AHC).

Les autres transformations du plan

Dans cette rubrique, on utilise les transformations du plan vues en Seconde (translations, symétries, rotations).

Pour les exercices 73 et 74, on suppose qu'un repère $(O\,;\vec{\imath},\vec{\jmath})$ orthonormal a été choisi.

73 On donne le vecteur $\vec{u} = -\vec{\imath} + 4\vec{\jmath}$ et on note $t_{\vec{u}}$ la translation de vecteur $\vec{u}$.
Dans chacun des cas suivants, trouvez une équation de la droite d' image de d par $t_{\vec{u}}$.

1. d a pour équation $2x - y + 5 = 0$.

2. d est la droite (AB) avec A(2 ; − 5) et B(5 ; − 3).

3. d a pour équation $4x + y - 2 = 0$.

74 On donne le point S de coordonnées $\left(-\frac{1}{2}\,;1\right)$ et on note s la symétrie de centre S.

1. Dans chacun des cas suivants, trouvez une équation de la droite d' image de d par s.

a) d a pour équation $x + 2y - 1 = 0$.

b) d a pour équation $4x + y + 1 = 0$.

2. Un point M a pour coordonnées $(x\,;y)$.
Calculez, en fonction de x et y, les coordonnées de M′, image de M par s.

75 AOB et COD sont deux triangles rectangles isocèles en O tels que $(\overrightarrow{OA}, \overrightarrow{OB}) = (\overrightarrow{OC}, \overrightarrow{OD}) = \frac{\pi}{2}$. On note r la rotation de centre O et d'angle $\frac{\pi}{2}$.

1. a) Construisez E tel que $r(D) = E$.

b) Déduisez-en que AD = BE et que les droites (AD) et (BE) sont perpendiculaires.

2. On note O′ le milieu de [CB] et d la droite (OO′). Déduisez de la question **1.** que d est à la fois médiane du triangle COB et hauteur du triangle DOA.

76 Dans le plan orienté, on considère la figure ci-contre.
h est l'homothétie de centre B et de rapport 2 et r la rotation de centre A et d'angle $\frac{\pi}{2}$.

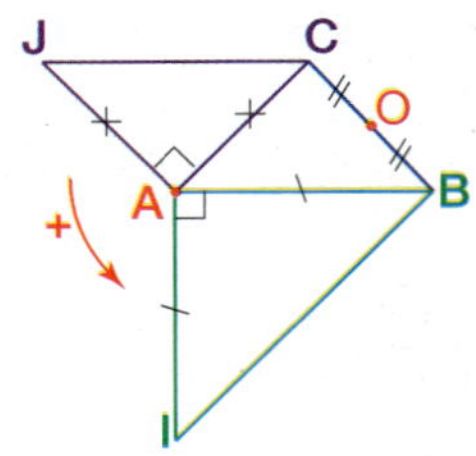

1. Construisez $D = h(A)$.

2. Démontrez, en utilisant r, que CD = JI et que (CD) et (JI) sont deux droites perpendiculaires.

3. Déduisez-en que IJ = 2AO et que (OA) et (IJ) sont perpendiculaires.

★ **77** On considère la figure ci-dessous, BCDE est un carré. On note t la translation de vecteur $\overrightarrow{DC}$.
En utilisant t, démontrez que les droites (AA′), (DI) et (EJ) sont concourantes.

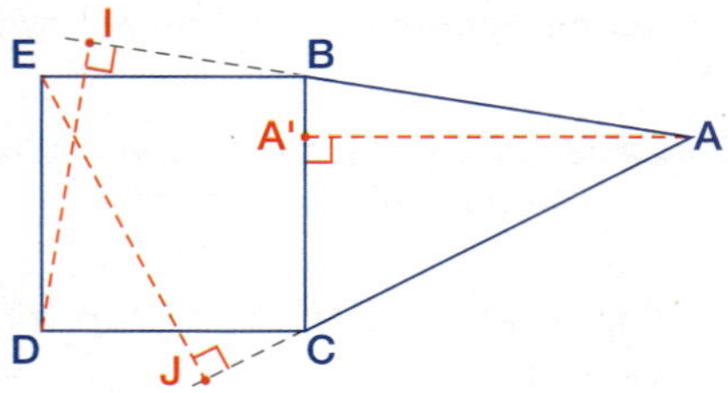

Lieux géométriques avec l'homothétie

Pour les problèmes de lieux géométriques, vous pouvez vous reporter à la partie *Types de problèmes et raisonnements*, § 4, page 418.

78 On donne une droite d et deux points A et B n'appartenant pas à d. À tout point M de d, on associe le point G centre de gravité du triangle AMB.
Quel est le lieu de G lorsque M décrit d ?

79 $\mathscr{C}$ est un cercle de centre O et A et B sont deux points donnés de $\mathscr{C}$. M est un point de $\mathscr{C}$ distinct de A et B. On note G le centre de gravité du triangle AMB et I le milieu de [AM].
1. Quel est le lieu de I quand M décrit $\mathscr{C}$ privé de A et B ?
2. Quel est le lieu de G quand M décrit $\mathscr{C}$ privé de A et B ?

80 On donne une droite d et deux points A et B disposés comme l'indique la figure ci-contre.

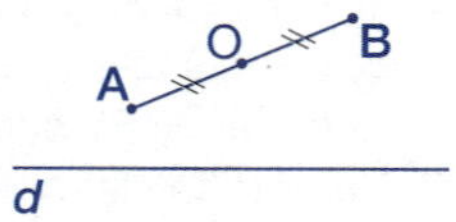

On note O le milieu de [AB].
À tout point M de la droite d, on associe le point G barycentre de (A, 1), (B, 1), (M, 2).
1. a) Pour un point M de d, construisez G.
b. Démontrez que $\overrightarrow{OM} = 2\overrightarrow{OG}$.
2. Déduisez-en le lieu de G lorsque M décrit d.

81 $\mathscr{C}$ est un cercle de centre O et de rayon R, A est un point donné de $\mathscr{C}$, I est le milieu de [OA]. M est un point de $\mathscr{C}$ distinct de A, N le symétrique de A par rapport à M. On note P l'intersection des droites (NI) et (OM).
1. Quel est le lieu $\mathscr{C}_1$ de N lorsque M décrit $\mathscr{C}$?
2. Quel est le lieu $\mathscr{C}_2$ de P lorsque M décrit $\mathscr{C}$?
3. Construisez $\mathscr{C}, \mathscr{C}_1, \mathscr{C}_2$ sur une même figure.

★ **82** Dans un repère orthonormal $(O ; \vec{i}, \vec{j})$, on note les points A et B de coordonnées respectives (3 ; 0) et (– 3 ; 0). Le point M(x ; y) est un point quelconque, H est le projeté orthogonal de M sur l'axe des abscisses et G le centre de gravité du triangle MAB.
1. On suppose dans cette question que H a pour coordonnées (1 ; 0).
a) Trouvez une équation du lieu de M.
b) Déduisez-en une équation du lieu de G.
2. On suppose dans cette question que l'aire du triangle MAB est égale à 12.
a) Démontrez que le lieu de M est constitué de deux droites dont vous préciserez les équations.
b) Déduisez-en le lieu de G.

★★ **83** $\mathscr{C}$ et $\mathscr{C}'$ sont deux cercles de centres O et de rayons respectifs 4 et 3.
A est un point fixe de $\mathscr{C}'$. M est un point mobile de $\mathscr{C}'$ distinct de A. La perpendiculaire à (AM) passant par A coupe $\mathscr{C}$ en I et J. On note G le centre de gravité du triangle IMJ.

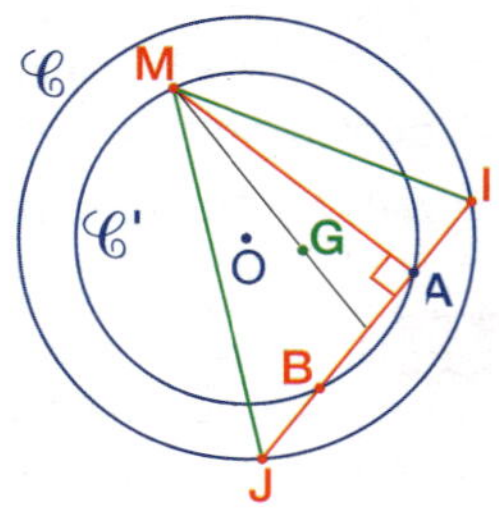

1. Quels sont, *a priori*, les éléments mobiles de la figure ?
2. a) Démontrez que [IJ] et [AB] ont même milieu.
b) Déduisez-en que G est un point fixe lorsque M décrit $\mathscr{C}'$ et que $2\overrightarrow{GO} + \overrightarrow{GA} = \vec{0}$.
3. a) Quel est le lieu géométrique du milieu de [IJ] lorsque M décrit $\mathscr{C}'$ privé de A ?
b) On note K le milieu de [MI], L le milieu de [MJ] et C le milieu de [OA].
Démontrez que le lieu de L est le cercle de centre C et de rayon 2. Quel est le lieu de K ?

Lieux géométriques avec les autres transformations

84 Dans un plan orienté, on donne un cercle $\mathscr{C}$ de centre O, une droite d extérieure à $\mathscr{C}$ et un point A fixe de d. À tout point M de $\mathscr{C}$, on associe le point N tel que le triangle AMN soit équilatéral avec $(\overrightarrow{AN}, \overrightarrow{AM}) = \frac{\pi}{3}$.
1. Quel est le lieu géométrique $\mathscr{L}_1$ de N lorsque M décrit $\mathscr{C}$? Construisez $\mathscr{L}_1$.
2. Quel est le lieu géométrique $\mathscr{L}_2$ de P, projeté orthogonal de M sur (AN) ? Construisez $\mathscr{L}_2$.

★ **85** Sur la figure ci-dessous, la droite d et les points O et O′ sont fixes. À tout point M de d, on associe le point N, intersection autre que M des cercles $\mathscr{C}$ et $\mathscr{C}'$ de centres O et O′ passant par M.
Quel est le lieu de N lorsque M décrit la droite d ?

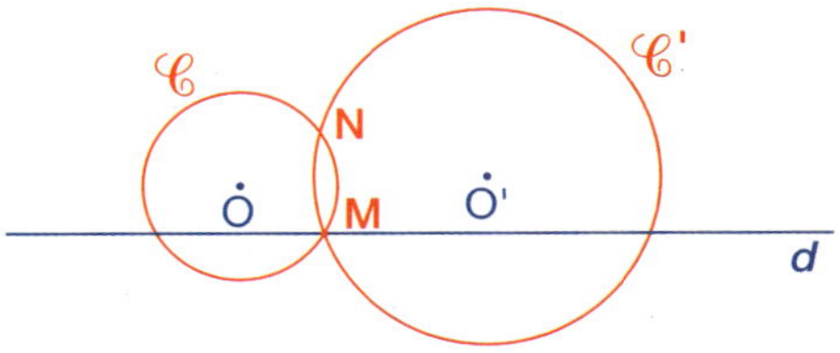

★ **86** Dans un plan orienté, O est un point donné et r est la rotation de centre O et d'angle $\frac{\pi}{2}$.
Dans chacun des cas suivants, trouvez le lieu de M.
1. $M' = r(M)$ est tel que $MM' = 6$.
2. $M' = r(M)$ décrit une droite Δ ne passant pas par O.

★ **87** Dans un repère orthonormal $(O ; \vec{\imath}, \vec{\jmath})$, on donne le cercle $\mathscr{C}$ d'équation $x^2 + y^2 - 2x - 4y + 4 = 0$ et les points $A(-1 ; 0)$ et $B(3 ; 0)$. M est un point quelconque de $\mathscr{C}$.
1. Tracez $\mathscr{C}$ et placez A et B.
2. N est le point tel que MANB est un parallélogramme.
a) Démontrez que la droite (MN) passe par un point fixe I dont vous préciserez les coordonnées.
Aide : Voir l'exercice 37, *Pour apprendre à chercher*.
b) Construisez le lieu de N lorsque M décrit $\mathscr{C}$ et trouvez une équation de ce lieu.
3. P est le point tel que MABP est un parallélogramme. Quel est le lieu de P lorsque M décrit $\mathscr{C}$? Trouvez une équation de ce lieu.

★★ **88** On donne deux points A et B tels que AB = 8 cm. C est le point de [AB] tel que AC = 2 cm. $\mathscr{C}$ est le cercle de centre O et de diamètre [CB]. Une droite variable d, passant par A coupe $\mathscr{C}$ en I et J. On note M le milieu de [IJ] et G le centre de gravité du triangle BIJ.
1. Démontrez que, lorsque d pivote autour de A, le lieu de M est un arc de cercle.
2. Déduisez-en le lieu de G.

Lieux dans l'espace

89 La droite d est orthogonale au plan P en un point O. A et B sont deux points de P tels que O n'appartient pas à la droite (AB). Un point M décrit d, I est le milieu de [MA] et G le centre de gravité du triangle AMB.
1. Quel est le lieu de I lorsque M décrit d ?
2. Quel est le lieu de G lorsque M décrit d ?

★★ **90** $\mathscr{C}$ est un cercle de centre O et de rayon R d'un plan P et A est un point donné intérieur à $\mathscr{C}$. Sur la perpendiculaire Δ en A au plan P, on prend un point S tel que AS = 3R. Une droite d, incluse dans P et passant par A, coupe $\mathscr{C}$ en I et J. On note M le milieu de [IJ] et G le centre de gravité du triangle SIJ.
1. Prouvez que le lieu de M lorsque d pivote autour de A est le cercle $\mathscr{C}'$ de diamètre [OA] inclus dans P.
2. a) Vérifiez que $\overrightarrow{SG} = \frac{2}{3}\overrightarrow{SM}$.
b) Quel est le lieu de G lorsque d pivote autour de A ?

★★ **91** Deux carrés ABCD et ABEF sont situés dans deux plans perpendiculaires. S est un point quelconque du segment [AE]. On note O le milieu du segment [DC] et G le centre de gravité du triangle SDC.
Démontrez que le lieu de G est un segment que vous préciserez.

Constructions

Vous pouvez vous reporter au TD4, p. 397.

★ **92** Sur la figure ci-contre, d et d' sont parallèles. Le but de l'exercice est de construire un triangle AMM′ rectangle isocèle en A, tel que M est sur d et M′ sur d'.

1. Supposez la figure faite. Pourquoi M′ est-il aussi sur d_1, image de d par la rotation de centre A et d'angle $-\frac{\pi}{2}$?

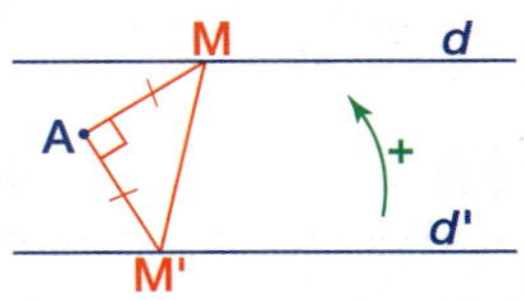

2. Reprenez la figure initiale et tracez d_1. Indiquez alors une construction d'un triangle AMM′ répondant aux conditions exigées par l'énoncé. Justifiez-le.
3. Combien y a-t-il de triangles satisfaisant aux conditions initiales ?

★ **93** On donne trois points A′, B′, C′, non alignés.
Le but de l'exercice est de construire un triangle ABC tel que A′ est le milieu de [BC], B′ celui de [AC], C′ celui de [AB].
1. Supposez la figure faite.
a) Pourquoi A′B′C′ et ABC ont-ils le même centre de gravité G ?
b) Pourquoi A est-il l'image de A′ par l'homothétie h de centre G de rapport -2 ?
Précisez alors $h(B')$, $h(C')$.

2. Sur une autre figure, tracez un triangle A′B′C′ .
   a) Indiquez comment construire un triangle ABC satisfaisant aux conditions exigées par l'énoncé (Justifiez que le triangle obtenu satisfait effectivement à ces conditions).
   b) Combien y a-t-il de triangles ABC possibles ?

★ **94** d_1, d_2, d_3 sont trois droites parallèles du plan orienté.

1. I est un point de d_1 . Trouvez M sur d_2 et N sur d_3 tels que IMN soit un triangle équilatéral direct.
2. Trouvez les points A de d_1 , B de d_2 , C de d_3 tels que ABC soit un triangle équilatéral direct. Combien y a-t-il de solutions au problème ?

★ **95** d_1 et d_2 sont deux droites sécantes en O et A et B sont deux points disposés comme l'indique la figure ci-contre. Construisez C sur d_2 et D sur d_1 tels que ABCD soit un parallélogramme.

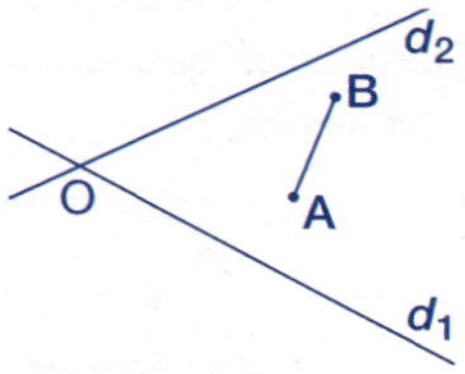

★ **96 Un problème pour le dessinateur**

d et d' sont deux droites sécantes en O. Le point O n'est pas sur la feuille et le dessinateur a besoin de la droite (OA) . Pour cela :

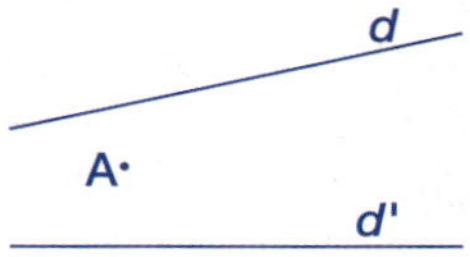

– il trace une droite ne passant pas par A, qui coupe d en C et d' en B ;
– il trace une parallèle à (BC) , qui coupe d en C′ et d' en B′ , puis trace le triangle ABC ;
– il mène par C′ la parallèle à (AC) , et par B′ la parallèle à (AB) . Ces deux droites se coupent en A′ .

Le dessinateur affirme alors que (AA′) est la droite cherchée. Justifiez cette affirmation.

★★ **97** Deux droites d et d' sont sécantes en O, A est un point disposé comme l'indique la figure ci-contre.
Construisez un cercle $\mathscr{C}$ passant par A et tangent à d et d' .
Combien y a-t-il de solutions au problème ?

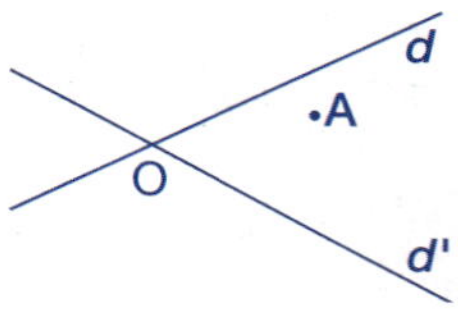

Pour un bilan

Pour chacun des exercices suivants, plusieurs des affirmations proposées peuvent être exactes. Dites lesquelles.

Q1 ABCD est un parallélogramme, A est le milieu de [DE] . h est une homothétie qui, si elle existe, est telle que $h(\text{E}) = \text{C}$ et l'image de (AD) est (BC) et l'image de (DC) est (AB) .
a) h n'existe pas.
b) Le centre O de h est l'intersection de (DB) et (EC) .
c) Le rapport de h est $-\dfrac{1}{2}$.
d) Il existe plusieurs homothéties h.

Q2 ABC est un triangle de centre de gravité G. T est la transformation qui a tout point M associe M′ tel que $\overrightarrow{\text{MM}'} = \overrightarrow{\text{MA}} + \overrightarrow{\text{MB}} + \overrightarrow{\text{MC}}$.
a) $\overrightarrow{\text{GM}'} = -2\overrightarrow{\text{GM}}$.
b) Si M décrit [AC] , M′ décrit le segment [BD] tel que BCAD est un parallélogramme.
c) M′ est l'image de M par une translation.

Q3 $\mathscr{C}$ et $\mathscr{C}'$ sont deux cercles de même rayon, tangents extérieurement en A.
a) Il existe une homothétie et une seule transformant le cercle $\mathscr{C}$ en $\mathscr{C}'$.
b) Il existe une translation transformant $\mathscr{C}$ en $\mathscr{C}'$.
c) La tangente commune à $\mathscr{C}$ et $\mathscr{C}'$ en A est l'ensemble des centres des rotations transformant $\mathscr{C}$ en $\mathscr{C}'$.
d) Il existe deux quarts de tours et deux seulement transformant $\mathscr{C}$ en $\mathscr{C}'$.

Q4 A est un point donné, k est un réel.
T est une transformation qui à tout point M, associe M′ tel que $\overrightarrow{\text{AM}'} = (k+2)\overrightarrow{\text{AM}}$.
a) Il existe une valeur de k pour laquelle tout point M a pour image A.
b) T est une homothétie sauf pour $k = -2$.
c) T est une translation pour une certaine valeur de k.
d) T est une symétrie centrale pour une certaine valeur du réel k.

problèmes de synthèse

★ **98** **Thèmes : Rectangle d'Or. Calcul algébrique.**

Un rectangle de longueur L et de largeur ℓ $(L > \ell)$ est un rectangle d'or lorsque $L = \frac{\sqrt{5}+1}{2}\ell$.

A. Construction à la règle et au compas

EFGH est un carré, I le milieu de [HG]. Le cercle de centre I et de rayon IF coupe la droite (HG) en K tel que G soit entre I et K. On note N le quatrième sommet du rectangle HKNE.

Démontrez que HKNE est un rectangle d'or.

B. ABCD est un rectangle d'or (AB > AD) et h est une homothétie de centre A et de rapport k tel que $0 < k < 1$. On note $M = h(C)$.

1. a) Lorsque M est donné, construisez les points $I = h(B)$ et $J = h(D)$.

b) Pourquoi AIMJ est-il un rectangle d'or ?

2. a) Démontrez que $IB = (1-k)AB$.

b) La droite (MI) coupe (DC) en K.

Démontrez que « IKCB est un carré » équivaut à :

$$1-k = \frac{2}{1+\sqrt{5}}.$$

c) Déduisez-en que « IKCB est un carré » équivaut à :

$$k = \frac{3-\sqrt{5}}{2}.$$

3. Dans cette question, on suppose que $k = \frac{3-\sqrt{5}}{2}$.

a) Démontrez que DKMJ est aussi un carré.

b) Déduisez-en que AIKD est un rectangle d'Or.

★★ **99** **Thèmes : Symétrie axiale. Fonctions**

Un billard a la forme d'un rectangle ABCD avec BC > AB. Une boule est lancée de A de façon qu'elle rencontre successivement [BC] en E [CD] en F, [DA] en G puis recoupe [AE] en H. À chaque fois, l'angle de réflexion est égal à l'angle d'incidence.

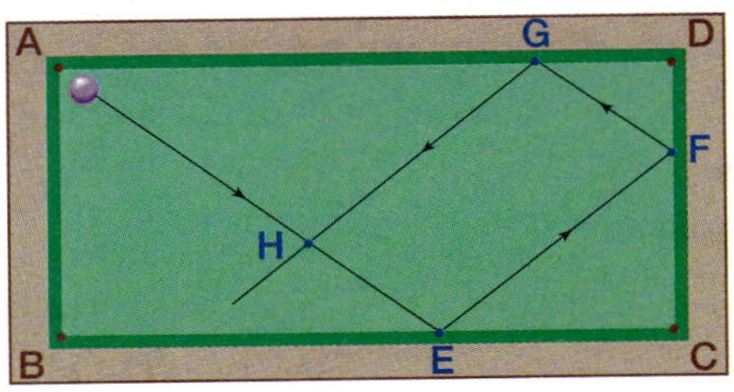

1. a) Démontrez que (EF) passe par un point fixe A′.

b) Démontrez de même que (FG) passe par un point fixe B′ et (GH) par un point fixe C′.

2. On suppose que AB = 6 et BC = 8 et on pose $BE = x$.

a) Démontrez que « F est un point de [CD] » équivaut à « x appartient à l'intervalle [4 ; 8] ».

b) Démontrez que EFGH est un parallélogramme.

c) Démontrez que l'aire $f(x)$ du quadrilatère EFGH est égale à $24\left(-x+12-\frac{32}{x}\right)$.

3. a) Étudiez les variations de f lorsque x décrit l'intervalle [4 ; 8].

b) Construisez la courbe représentative de f dans un repère orthonormal $(O ; \vec{\imath}, \vec{\jmath})$.

c) Pour quelle valeur de x l'aire de EFGH est-elle maximale ?

★★ **100** **Thèmes : Vecteurs. Rotations. Analytique**

Dans un repère orthonormal direct $(O ; \vec{\imath}, \vec{\jmath})$ (unité graphique sur chaque axe : 4 cm), on donne les points A(1 ; 0), B(0 ; 1) et C(1 ; 1).

M est un point du segment [OA] et r est la rotation de centre C et d'angle $-\frac{\pi}{2}$. On note $N = r(M)$.

1. Démontrez que le lieu de N est un segment que vous préciserez lorsque M décrit le segment [OA].

On pose $\overrightarrow{AM} = k\overrightarrow{AO}$ avec k appartenant à l'intervalle [0 ; 1] et on note $O' = r(O)$.

2. a) Démontrez que $\overrightarrow{BN} = k\overrightarrow{BO'} = k\overrightarrow{OB}$.

b) Calculez les coordonnées de M et N en fonction du réel k.

3. I est le centre du carré OACB et J le milieu de [MN].

a) Calculez les coordonnées de I et celles de J.

b) Déduisez-en que $\overrightarrow{IJ} = k\overrightarrow{IB}$ puis que le lieu de J est un segment lorsque k varie [0 ; 1].

4. On note P le quatrième sommet du rectangle OMPN.

a) À l'aide d'une homothétie, trouvez le lieu de P lorsque M décrit [OA].

b) Démontrez que la droite passant par P, perpendiculaire à (MN), passe par un point fixe.

Pour chercher plus

★★★ **101** A, B, C sont trois points donnés, T est la transformation qui à tout point M associe M′ tel que $\overrightarrow{MM'} = a\overrightarrow{MA} + \overrightarrow{MB} + \overrightarrow{MC}$.

Discutez la nature de T suivant les valeurs du réel a.

★★★ **102** Dans un repère orthonormal direct $(O ; \vec{\imath}, \vec{\jmath})$, on donne le cercle $\mathscr{C}$ de centre O et de rayon 1, le point A de coordonnées (3 ; 1) et une droite variable d d'équation $y = m$ (m réel).

Construisez un triangle direct ABC, rectangle isocèle en A, tel que B appartienne à $\mathscr{C}$ et C à d. Discutez suivant les valeurs de m le nombre de solutions.

*Le but, modeste, de ces pages, qui font suite aux pages du début **Le Vocabulaire de la logique**, est de montrer les différents types de problèmes rencontrés à ce niveau, ainsi que les types de raisonnements pour les résoudre.*

1 Démontrer une implication

1 1 Démonstration par implications successives

NOTE
Voir « *L'implication* » dans *Le Vocabulaire de la logique*, page 6.

Exemple

Démontrer que si les réels x et y sont tels que $0 < x < 2$, $0 < y < 2$, alors $\frac{1}{x} + \frac{1}{y} > 1$.

Une solution : La fonction $x \mapsto \frac{1}{x}$ est strictement décroissante sur $]0 ; +\infty[$.

Les inégalités $0 < x < 2$ et $0 < y < 2$, impliquent $\frac{1}{x} > \frac{1}{2}$ et $\frac{1}{y} > \frac{1}{2}$.

En ajoutant membre à membre ces inégalités, on obtient $\frac{1}{x} + \frac{1}{y} > 1$.

NOTE
Dans ce type de démonstration, on applique successivement le résultat suivant : si P implique P_1, et si P_1 implique P_2, alors P implique P_2.

L'**organigramme** d'une démonstration par implications successives est :
$\mathbf{H} \Rightarrow P_1 \Rightarrow P_2 \Rightarrow \ldots \Rightarrow P_n \Rightarrow (\mathbf{C})$ où chaque proposition P_i se déduit des propositions précédentes ou d'une partie d'entre elles.

1 2 Démonstration par transformation de la conclusion

1. Explications

Au lieu de démontrer que (H) implique (C), on remplace la conclusion (C) par une proposition (C') qui lui est équivalente, surtout lorsque les équivalences entre (C) et (C') sont faciles à justifier, parce que connues.
Puis on démontre que (H) implique (C'). L'**organigramme** d'une telle démonstration est $\mathbf{H} \Rightarrow (C') \Leftrightarrow (\mathbf{C})$.
Il peut y avoir plusieurs équivalences successives pour aller de (C) à (C').

2. Exemple

Démontrer que pour tout réel $x \geqslant 0$, tout réel $y \geqslant 0$, $2\sqrt{xy} \leqslant x + y$.
De l'hypothèse (H), « x et y sont des réels positifs », on ne peut déduire grand-chose sinon que $\sqrt{xy}$ existe et est positif. On remplace alors la conclusion (C), c'est-à-dire « $2\sqrt{xy} \leqslant x + y$ », par une proposition équivalente.

Une solution : (C) est équivalente à (C') : $4xy \leqslant (x+y)^2$ (car on sait que dans l'ensemble des réels positifs, « $a \leqslant b$ » équivaut à « $a^2 \leqslant b^2$ »). Donc, démontrer (C) revient à démontrer (C'), donc à démontrer (C_1) : $4xy \leqslant x^2 + y^2 + 2xy$, donc (C_2) : $0 \leqslant (x-y)^2$. (Il est clair que (C') équivaut à (C_1) qui équivaut à (C_2).)
Or (C_2) est vraie car tout carré est positif. Donc (C) est vraie.

Remarque : Ici nous n'avons pas eu à prouver que (H) implique (C_2), car (C_2) est vraie quels que soient x et y. Mais (H), qui est « $x \geqslant 0$ et $y \geqslant 0$ » a été utilisée pour prouver que (C') : « $4xy \leqslant (x+y)^2$ » équivaut à « $2\sqrt{xy} \leqslant x + y$ ».

3. En géométrie, dans la recherche d'une solution, il est fréquent pour « trouver une piste » de transformer la conclusion en une conclusion équivalente.

Exemple : $\mathscr{C}$ est un cercle de centre O, de diamètre [AB], M est un point de $\mathscr{C}$, $M \neq A$, $M \neq B$. R est un point de [AB], $R \neq A$, $R \neq B$. La perpendiculaire en R à (AB) coupe (AM) en P et (BM) en Q. On note I le point d'intersection de (BP) et (AQ).
On veut démontrer que I est sur le cercle $\mathscr{C}$.
Comment démontrer qu'un point est sur un cercle de diamètre [AB] ? On se souvient que « I appartient à ce cercle » équivaut à « L'angle $\widehat{AIB}$ est droit » ($I \neq A$, $I \neq B$). On cherchera donc à prouver que $\widehat{AIB} = 90°$, ou encore, ce qui est équivalent à prouver que $(AI) \perp (IB)$. (Et ceci est vrai car (BI) est une hauteur du triangle AQB, car elle passe par P, et P est l'orthocentre de AQB.)

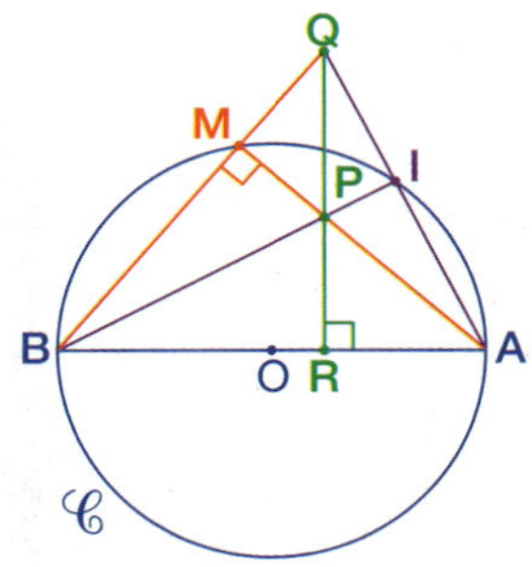

4. Une erreur à éviter

Attention à une pas commettre d'erreur en rédigeant, « lorsqu'on part de la conclusion ». Voici un **type d'erreur** assez fréquent.

Rédaction erronée de l'exercice précédent : « Si I est sur le cercle, alors $\widehat{BIA} = 90°$, donc $(BI) \perp (AQ)$. Or, dans le triangle ABQ, P est l'orthocentre, donc (BI) qui passe par P est une hauteur, donc, il est vrai que $(BI) \perp (AQ)$, donc I est sur le cercle. »
Ce raisonnement ne prouve rien : il suppose, au départ « Si I est sur le cercle » pour conclure « donc I est sur le cercle ». (Comment pourrait-il en être autrement ? Si l'on prend pour hypothèse ce que l'on doit démontrer, il n'y a même plus besoin de le démontrer.)

Une rédaction correcte dans son articulation logique pourrait être celle-ci :

1. Démontrer que I est sur le cercle $\mathscr{C}$ de diamètre [AB] revient à démontrer que l'angle $\widehat{BIA}$ est droit, ou encore que $(BI) \perp (AQ)$. C'est ce que nous allons faire.

2. La deuxième étape consisterait à justifier $(BI) \perp (AQ)$ en prouvant que (BI) est une hauteur de ABQ.

2 Démontrer une équivalence

2.1 Deux méthodes

NOTE
Voir « *L'équivalence* », dans *Le Vocabulaire de la logique*, page 7.

Pour démontrer l'équivalence de (P) et (Q), on peut opérer de deux façons.

Première façon : On démontre que (P) implique (Q) et que (Q) implique (P).
On est alors amené à démontrer deux implications (*voir le paragraphe* 1).

NOTE
L'ordre des démonstrations n'a évidemment pas d'importance.

Deuxième façon : par équivalences successives
On démontre successivement que « (P) équivaut à (P_1) », que « (P_1) équivaut à (P_2) », … jusqu'à « (P_n) équivaut à (Q) ».
Nous allons mettre en œuvre ces deux façons sur un même exemple.

Remarque : Lorsqu'on démontre que deux propositions sont équivalentes, on ne démontre pas qu'elles sont vraies, mais on démontre que si l'une est vraie l'autre aussi, et que si l'une est fausse, l'autre aussi.

Exemple : a et b sont deux réels quelconques.

Démontrer que « $a^2 = b^2$ » équivaut à « $a = b$ ou $a = -b$ ».

Première façon : On démontre que (P) « $a^2 = b^2$ » implique (Q) « $a = b$ ou $a = -b$ », puis on démontre que (Q) implique (P).

1. Supposons donc $a^2 = b^2$. On déduit $a^2 - b^2 = 0$, c'est-à-dire, $(a-b)(a+b) = 0$. Donc, $a-b = 0$ ou $a+b = 0$, c'est-à-dire « $a = b$ ou $a = -b$ ». Ainsi (P) implique (Q).

2. Supposons alors $a = b$ ou $a = -b$, et prouvons que $a^2 = b^2$. De $a = b$ on déduit $a^2 = b^2$, et de $a = -b$, on déduit aussi $a^2 = b^2$, donc (Q) implique (P).

3. En conclusion, (P) et (Q) sont équivalentes.

Deuxième façon : par équivalences successives

« $a^2 = b^2$ » équivaut successivement à $a^2 - b^2 = 0$, et à $(a-b)(a+b) = 0$. Or $(a-b)(a+b) = 0$, équivaut à $a-b = 0$ ou $a+b = 0$, donc $a = b$ ou $a = -b$.

2.2 Quelle méthode utiliser ?

1. On utilise plutôt la méthode par équivalences successives lorsque les équivalences intermédiaires sont bien connues, parce que déjà prouvées antérieurement sous formes de théorèmes ou bien énoncées comme règles, et donc qu'il n'y a pas lieu de les démontrer.

2. Sinon, il est préférable, en cas de doute de procéder en deux étapes, comme dans la première façon.

3 Problèmes de détermination d'ensembles

3.1 Explications. Exemple

Dans ces problèmes **la conclusion n'est pas connue**, contrairement aux problèmes cités dans les deux paragraphes précédents.

Énoncé : $\vec{u}$ et $\vec{v}$ sont deux vecteurs du plan qui dans un repère ont pour coordonnées $(4 ; 3m)$ et $(-5 ; 2m^2)$, m réel.

Quel est l'ensemble des réels m tels que $\vec{u}$ et $\vec{v}$ sont colinéaires ?

Du point de vue logique, il y a deux méthodes possibles. Mais quelle que soit la méthode choisie, il est bon de donner un nom à l'ensemble cherché, et surtout de bien dégager la relation d'appartenance d'un élément à cet ensemble. Ici, si l'on note $\mathscr{E}$ l'ensemble cherché, la relation d'appartenance à $\mathscr{E}$ est : « m est dans $\mathscr{E}$ » équivaut à « Les vecteurs $\vec{u}$ et $\vec{v}$ sont colinéaires ».

1. Première méthode, en deux étapes

• **Première étape. On suppose que m est élément de $\mathscr{E}$.**

À partir de cette hypothèse, on cherche par implications une partie $\mathscr{E}'$ de $\mathbb{R}$, la plus petite possible, dans laquelle doit nécessairement se trouver m.

NOTE
$\vec{u}(x\ ;\ y)$, $\vec{v}(x'\ ;\ y')$ sont colinéaires équivaut à $xy' - x'y = 0$.

Ici, puisque m est dans $\mathscr{E}$, $\vec{u}$ et $\vec{v}$ sont colinéaires, donc $4 \times 2m^2 - (3m)(-5) = 0$, donc $8m^2 + 15m = 0$, $m(8m + 15) = 0$, donc $m = 0$ ou $m = -\dfrac{15}{8}$.

Conclusion de cette première étape : si m est dans $\mathscr{E}$, c'est-à-dire si $\vec{u}$ et $\vec{v}$ sont colinéaires, alors nécessairement $m = 0$ ou $m = -\dfrac{15}{8}$, c'est-à-dire que m est dans l'ensemble $\mathscr{E}' = \left\{0\ ; -\dfrac{15}{8}\right\}$.

• **Deuxième étape**.
Il faut comprendre qu'à ce stade du raisonnement, **rien ne permet de conclure que les nombres 0 et $-\dfrac{15}{8}$ conviennent**. On vient **seulement** de prouver que « m est dans $\mathscr{E}$ » implique « m est dans $\mathscr{E}'$ ». Il est indispensable alors d'étudier la réciproque : si m est dans $\mathscr{E}'$, m est-il dans $\mathscr{E}$? Autrement dit, si $m = 0$ ou $m = -\dfrac{15}{8}$, les vecteurs $\vec{u}$ et $\vec{v}$ sont-ils colinéaires ? Il est facile de vérifier que oui.

• **Conclusion :** L'ensemble des réels m pour lesquels $\vec{u}$ et $\vec{v}$ sont colinéaires est l'ensemble $\left\{0\ ; -\dfrac{15}{8}\right\}$.

La personne qui s'arrête à la première étape et conclut que l'ensemble cherché est $\left\{0\ ; -\dfrac{15}{8}\right\}$, donne une bonne réponse, mais sans l'avoir prouvée, puisqu'elle n'aura fait qu'une partie du raisonnement. Pour vous convaincre que l'étude de la réciproque peut changer la réponse, voyez l'exemple du § 3.3, page 418.

2. Deuxième méthode : par équivalences successives à partir de la relation d'appartenance de l'ensemble cherché.
Ainsi, dans cet exemple, on peut dire : « m appartient à $\mathscr{E}$ » équivaut à « $\vec{u}$ et $\vec{v}$ sont colinéaires », ce qui équivaut successivement à « $4 \times 2m^2 - (3m)(-5) = 0$ », et à « $m = 0$ ou $m = -\dfrac{15}{8}$ ». $\mathscr{E}$ est donc $\left\{0\ ; -\dfrac{15}{8}\right\}$.

NOTE
Voir le § 2.2, page 416.

3. Quelle méthode utiliser ?
Il est clair que dans cet exemple, la deuxième façon est plus « naturelle » puisque le Cours donne l'équivalence suivante : « $\vec{u}(x\ ;\ y)$ et $\vec{v}(x'\ ;\ y')$ colinéaires » équivaut à « $xy' - yx' = 0$ ». Néanmoins, il faut connaître la première, parfois « plus facile à démarrer », mais ne pas oublier alors la réciproque.

3.2 Des déterminations d'ensembles cachées

Parfois le mot ensemble n'est pas prononcé dans l'énoncé de la question. Ainsi, l'énoncé précédent en § 3.1, peut être formulé de la manière suivante : « Pour quelles valeurs de m, les vecteurs $\vec{u}$ et $\vec{v}$ sont-ils colinéaires ? » ou « Trouvez les valeurs de m pour lesquelles $\vec{u}$ et $\vec{v}$ sont colinéaires », ou « Comment choisir m de sorte que… ».
Ces questions reviennent à celle-ci :
« Quel est l'ensemble des réels m tels que $\vec{u}$ et $\vec{v}$ sont colinéaires ? »

3.3 Cas des équations, des inéquations, des systèmes

Résoudre une équation, une inéquation, un système, c'est déterminer un ensemble : l'ensemble des solutions. Le cas des équations du premier ou du second degré, par exemple, est bien connu. Mais pour résoudre d'autres équations, les méthodes à suivre, en général, sont celles qui ont été données en 3.1.

Exemple : Résoudre l'équation $\sqrt{x^2+1} = 2x$. On note $\mathcal{S}$ l'ensemble des solutions.

1. Première méthode, en deux étapes

On suppose qu'un réel x_0 est dans $\mathcal{S}$, c'est-à-dire $\sqrt{x_0^2+1} = 2x_0$. On en déduit successivement que $x_0^2 + 1 = 4x_0^2$, donc que $x_0 = \sqrt{\frac{1}{3}}$ ou $x_0 = -\sqrt{\frac{1}{3}}$.

• **Conclusion : si** x_0 est solution, **alors** $x_0 = \sqrt{\frac{1}{3}}$ ou $x_0 = -\sqrt{\frac{1}{3}}$. Mais, logiquement, rien ne permet d'affirmer que ces deux nombres sont effectivement solutions. D'où la deuxième étape dans laquelle on cherche à savoir si $\sqrt{\frac{1}{3}}$ et $-\sqrt{\frac{1}{3}}$ sont solutions. On montre que $\sqrt{\frac{1}{3}}$ est solution tandis que $-\sqrt{\frac{1}{3}}$ ne l'est pas. Vous voyez ainsi la nécessité de l'étude réciproque lorsqu'on choisit cette façon de résoudre le problème.

2. Deuxième méthode : par équivalences successives

Ici, il est aussi possible de résoudre par équivalences, à condition de savoir que « $\sqrt{a} = b$ » équivaut à « $b \geqslant 0$ » **et** « $a = b^2$ » (de savoir ou d'avoir démontré auparavant cette équivalence). Alors on raisonne ainsi :

« $\sqrt{x^2+1} = 2x$ » équivaut à « $2x \geqslant 0$ et $x^2 + 1 = 4x^2$ », donc à « $x \geqslant 0$ et $3x^2 = 1$ ».

Or « $x \geqslant 0$ et $3x^2 = 1$ » équivaut à « $x \geqslant 0$ et $x = \sqrt{\frac{1}{3}}$ ».

Donc l'ensemble des solutions est $\mathcal{S} = \left\{\sqrt{\frac{1}{3}}\right\}$.

4 Problèmes de lieux géométriques

4.1 Explications. Exemples

Vous savez que la médiatrice d'un segment [AB] est l'ensemble des points M équidistants de A et de B, c'est-à-dire tels que $MA = MB$. On dit aussi que la médiatrice de [AB] est le **lieu géométrique** des points M équidistants de A et de B.
De même, plutôt que de dire que le cercle de centre O et de rayon 5 est l'ensemble des points M dont la distance à O est 5, on peut dire que le cercle de centre O, de rayon 5, est le lieu géométrique des points M tels que $OM = 5$.
Un lieu géométrique est un ensemble de points (donc une partie du plan si on est en géométrie plane, ou de l'espace si on est en géométrie de l'espace). Chercher un lieu géométrique, c'est chercher à déterminer un ensemble de points (voir § 3).

42 Lieu géométrique lié à une configuration mobile

1. Présentation d'un tel problème de lieu

On donne une figure et on suppose qu'un point M de cette figure se déplace sur une **ligne fixe** $\mathscr{L}$. Alors un autre point N, associé à M, bouge aussi, et le problème consiste à chercher quelle est la **ligne fixe** $\mathscr{L}'$ décrite par le point N. Cette ligne $\mathscr{L}'$ est appelée **lieu géométrique des points N, ou du point N**, lorsque M décrit $\mathscr{L}$.
Si on note f la fonction : $M \mapsto N = f(M)$, **chercher le lieu géométrique de N** c'est chercher l'ensemble de tous les points $f(M)$, c'est donc **chercher l'image par *f* de** $\mathscr{L}$.

Exemple : [AB] est un segment donné de longueur ℓ, M est un point de [AB]. Dans le demi-plan P_1, on construit le triangle rectangle isocèle ANM. Quel est le lieu géométrique de N lorsque M décrit [AB] ?

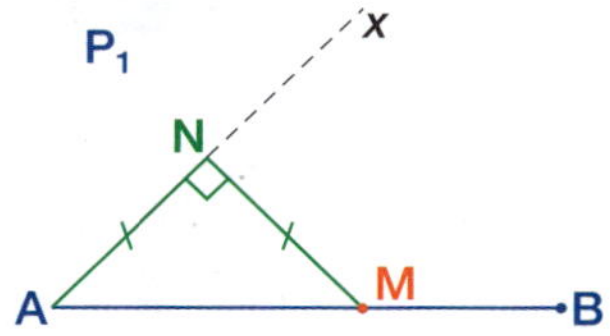

2. Comment résoudre un tel problème de lieu ?

a) Étude directe

On cherche sur quelle ligne fixe se trouve le point N dont on cherche le lieu. Notons $\mathscr{L}_1$ cette ligne. Pour mener à bien cette recherche, il est conseillé de bien **distinguer les éléments fixes des éléments variables**, puis de **chercher les liens entre éléments fixes et éléments variables**.

b) Étude réciproque

On pose la question de savoir si tout point N de $\mathscr{L}_1$ est associé à M, autrement dit si N décrit toute la ligne $\mathscr{L}_1$.
Cette ligne $\mathscr{L}_1$ n'est pas toujours décrite entièrement, comme le montre l'exemple étudié. Il est donc nécessaire de procéder à l'étude réciproque, en général.

Exemple (suite) : A et B sont fixes. AMN est rectangle et isocèle, donc $\widehat{MAN} = 45°$. Donc N est sur la demi-droite fixe $[Ax)$. Le lieu $\mathscr{L}'$ est inclus dans $\mathscr{L}_1 = [Ax)$.

Exemple (fin) :

$AN = \frac{\sqrt{2}}{2}AM$. La longueur AM varie de 0 à 1, donc AN varie de 0 à $\frac{\sqrt{2}}{2}$. N ne décrit donc que le segment [AC] de $[Ax)$, avec $AC = \frac{\sqrt{2}}{2}$.

3. Cas où l'étude de réciproque est inutile

Lorsqu'on peut prouver que la fonction $f : M \mapsto N$ est une transformation connue alors, en général, on peut connaître facilement $f(\mathscr{L})$, dont nous avons dit que c'est le lieu cherché.

Exemple : [BC] est un segment fixe, *d* une droite fixe parallèle à (BC). À chaque point M de *d*, on associe le point N tel que BMCN est un parallélogramme, quel est le lieu géométrique de N lorsque M décrit la droite *d* ?
Une solution : Les éléments fixes sont B, C, le segment [BC] et la droite *d*. Les points M et N sont variables. On cherche à lier les points variables à des éléments fixes de la figure.

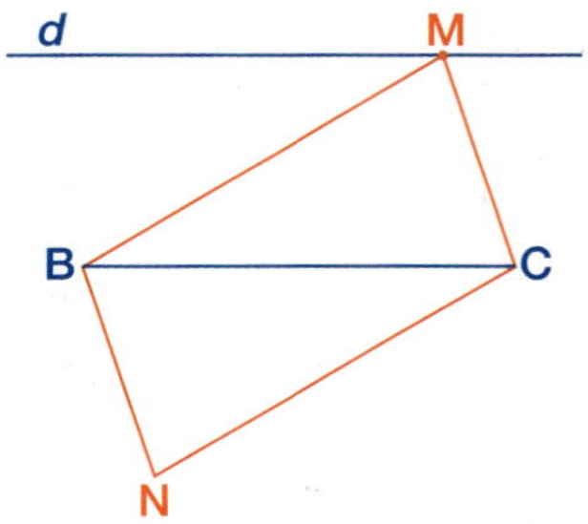

Puisque BMCN est parallélogramme, la diagonale (variable) [MN] coupe la diagonale (fixe) [BC] au milieu fixe de [BC]. Notons O ce milieu. Il en résulte que N est l'image de M par la symétrie centrale de centre O ; $s_O : M \mapsto N$. Donc lorsque M décrit d, N décrit la droite d' image de d par cette symétrie centrale.
Le lieu de N est donc cette droite d'.

> Il n'est pas nécessaire d'envisager l'étude réciproque lorsque l'on parvient à démontrer que le point N, dont on cherche le lieu, est l'image par une transformation **fixe** du point M qui « bouge ».

43 D'autres types de problèmes de lieux

Tous les problèmes de lieux ne sont pas des problèmes liés à une configuration mobile.

Exemple : [AB] est un segment de longueur 12. Quel est l'ensemble, ou quel est le lieu géométrique des points M tels que l'aire du triangle AMB est égale à 6 ?

Une solution : Appelons $\mathscr{E}$ le lieu cherché, et notons M un point de ce lieu. Alors, l'aire de AMB est égale à 6. Donc si on note MH la hauteur issue de M, $MH = 1$. Il en résulte que M est sur une droite d parallèle à (AB), telle que la distance entre (AB) et d est égale à 1. Mais il y a deux droites d et d' parallèles à (AB) et telles que la distance entre elles et (AB) est égale à 1. Donc M est sur d, ou sur d'.

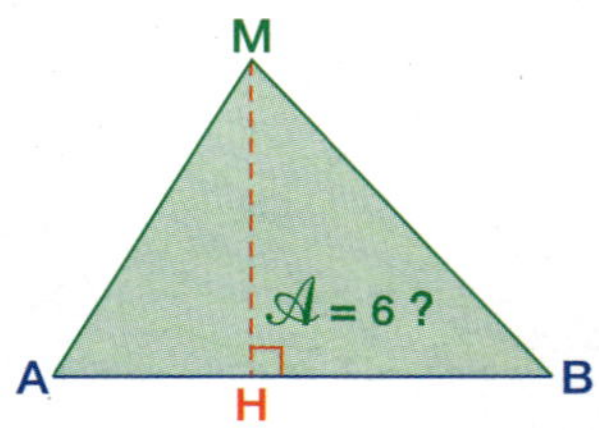

Ayant raisonné de la sorte, du point de vue logique une réciproque s'impose (même si elle paraît évidente), réciproque qui s'énonce : « Si M est sur d ou sur d', le triangle ABM a-t-il une aire égale à 6 ? » Il est immédiat de vérifier que oui.
Le lieu de M est donc la réunion des droites d et d'.

5 Problèmes de lieux en géométrie analytique

Énoncé : On trace la parabole $\mathscr{P}$ qui dans un repère donné a pour équation $y = x^2$. M est un point variable de $\mathscr{P}$ d'abscisse m. On note H le projeté orthogonal de M sur l'axe (Ox), K celui de M sur l'axe (Oy) et I le milieu de [HK]. Quel est le lieu géométrique des points I lorsque M décrit la parabole $\mathscr{P}$?

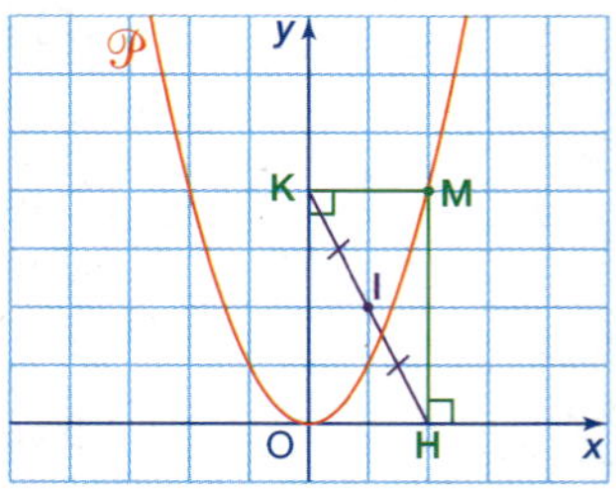

Une solution :

• On cherche d'abord les coordonnées de I. Celles de M sont $(m\ ;\ m^2)$ (m par hypothèse, et ordonnée m^2 puisque M est sur $\mathscr{P}$). Il en résulte, vu la définition de H et de K, que celles de H sont $(m\ ;\ 0)$, celles de $K(0\ ;\ m^2)$, donc celles de I sont $\left(\frac{m}{2}\ ;\ \frac{m^2}{2}\right)$.

• Notons $\mathscr{E}$ l'ensemble des points I (ou lieu de I) lorsque M décrit $\mathscr{P}$. Dans ce genre de problème, à notre niveau, $\mathscr{E}$ est en général caractérisé par une équation $\mathbf{Y} = \boldsymbol{g}(\mathbf{X})$

indépendante de m. Pour obtenir cette équation, en général, on cherche une relation entre les coordonnées $(x_I ; y_I)$ de I, indépendante de m.

C'est facile ici, car $x_I = \frac{m}{2}$, $m = 2x_I$ donc $y_I = \frac{m^2}{2} = \frac{4x_I^2}{2} = 2x_I^2$.

(On a exprimé m en fonction de x_I et dans y_I, on a remplacé m par cette expression.)

Donc I est sur la **courbe fixe** $\mathscr{C}$ d'équation $Y = 2X^2$. $\mathscr{C}$ est une parabole.

• Mais logiquement, à cette étape de la détermination du lieu, rien ne permet d'affirmer que I décrit toute la courbe $\mathscr{C}$. Il est **indispensable** de répondre à la question : « Le point I décrit-il toute la courbe $\mathscr{C}$, ou seulement une partie, et si oui, laquelle ? » En général, on résout de la manière suivante.

Puisque x_I est fonction de m, ici $x_I = \frac{m}{2}$, on détermine d'abord l'ensemble D décrit par m, puis l'ensemble D_I décrit par x_I lorsque m décrit D. Le lieu de I est alors la restriction de la courbe $\mathscr{C}$ à cet ensemble D_I.

Ici, puisque M décrit la parabole $\mathscr{P}$, son abscisse m décrit $\mathbb{R}$ (car la fonction $x \mapsto x^2$ est définie sur $\mathbb{R}$). Ici $D = \mathbb{R}$. Mais lorsque m décrit $\mathbb{R}$, $x_I = \frac{m}{2}$ décrit aussi $\mathbb{R}$. Ici $D_I = \mathbb{R}$. Donc I décrit toute la courbe $\mathscr{C}$. Le lieu géométrique de I est la courbe $\mathscr{C}$.

Là encore, la personne qui répondrait avant cette étape : « Le lieu de I est la parabole d'équation $Y = 2X^2$ » donnerait une réponse juste mais non prouvée. Il arrive que le lieu ne soit pas toute une courbe comme le montre l'exemple suivant.

Exemple : Supposons que dans un problème, les coordonnées d'un point I sont $X_I = \sin m$, $Y_I = \cos^2 m + 2$, m réel, et que l'énoncé demande le lieu des points I lorsque m décrit $\mathbb{R}$. On peut prouver que I appartient à la parabole d'équation $Y = -X^2 + 3$, mais que lorsque m décrit $\mathbb{R}$, le point I ne décrit que la partie de la parabole restreinte à $[-1 ; 1]$, car $X_I = \sin m$ décrit $[-1 ; 1]$

6 Problèmes d'existence

6.1 Exemples de tels problèmes

1. Un repère du plan étant choisi, existe-t-il une parabole d'équation $y = ax^2 + bx + c$, qui passe par les points $A(1 ; 0)$, $B(0 ; 1)$, $C(3 ; 2)$ et $D(5 ; 3)$?

2. Existe-t-il un polynôme de degré 3 qui prend la valeur 1 en 0, la valeur 2 en 1, et la valeur -1 en 2 et en 4 ?

6.2 Résolution

Si l'on ne sait pas répondre directement, on peut procéder de deux façons.

1. Première façon

• On suppose l'existence d'un objet qui possède la propriété imposée, puis à partir de cette hypothèse, on déduit d'autres conditions qui permettent de le préciser mieux.

Ainsi, pour la question 1, on dira :
Supposons qu'une courbe d'équation $y = ax^2 + bx + c$ passe par les points donnés, alors, nécessairement, a, b, c sont liés par les relations…
De ces relations, on déduira l'ensemble des valeurs possibles pour a, b, c.
• Lorsque cet ensemble n'est pas vide, donc lorsqu'on a trouvé un objet possible, il faut étudier la réciproque : prouver que l'objet trouvé convient.

2. Deuxième façon

On procède par équivalences : « Dire qu'il existe un objet conforme aux conditions imposées », équivaut à dire que « … ».
Dans notre exemple, on dira : « L'existence d'une parabole telle que… » équivaut à dire « Il existe des réels a, b, c… » et on poursuivra par équivalences successives, lorsque cela est possible.

Une solution du problème 1 : Dire que la parabole $\mathcal{P}$ d'équation $y = ax^2 + bx + c$, passe par A équivaut à $0 = a + b + c$, passe par B équivaut à $1 = c$, passe par C équivaut à $2 = 9a + 3b + c$, passe par D équivaut à $3 = 25a + 5b + c$.
Donc l'existence de la parabole $\mathcal{P}$ qui passe par A, B, C, D, équivaut à : il existe trois nombres a, b, c, tels que :

$$\begin{cases} a + b + c = 0 & [1] \\ c = 1 & [2] \\ 9a + 3b + c = 2 & [3] \\ 25a + 5b + c = 3 & [4] \end{cases}$$

NOTE

$25 \times \frac{2}{3} + 5 \times \left(-\frac{5}{3}\right) + 1 = \frac{28}{3}$.

Puisque $c = 1$, [1] et [3] s'écrivent $a + b = -1$ et $9a + 3b = 1$. Par une méthode habituelle, on déduit $a = \frac{2}{3}$, $b = -\frac{5}{3}$. Mais alors $25a + 5b + c \neq 3$. Donc il n'existe pas de tels nombres a, b, c et par suite pas de parabole répondant à la question.

7 Raisonnement par l'absurde

Explications

Pour démontrer une implication « (H) implique (C) », le raisonnement par l'absurde consiste à garder l'hypothèse (H) et à **rajouter l'hypothèse supplémentaire : (non C).** Puis à partir de (H) et de (non C), de déduire une contradiction. Il en résulte alors que (H) implique (C).

Exemple : Démontrer que si n^2 est un entier pair, alors n est un entier pair.
Raisonnons par l'absurde, gardons l'hypothèse (H) : « n^2 est pair » et supposons que (non C) est vraie, c'est-à-dire que n n'est pas pair. Alors, on peut écrire, $n = 2p + 1$, avec p entier, donc $n^2 = 4p^2 + 4p + 1$. Cette égalité prouve que n^2 n'est pas pair.
C'est une contradiction. Donc (H) implique (C).

Remarque : Après avoir fait ce raisonnement, on remarque, dans cet exemple, que l'on a prouvé : « non C » implique « non H », ce qui revient à dire que « H implique C ». On dit alors qu'on a « démontré la contraposée » (voir *Le vocabulaire de la logique*, p. 10).

Chapitre 1
Généralités sur les fonctions

6 **a)** x doit être non nul : $D_f = \mathbb{R} - \{0\}$.
b) $x(x-1) = 0$ lorsque $x = 0$ ou $x = 1$.
Donc $D_g = \mathbb{R} - \{0\,;1\}$.
c) x^2+1 n'est jamais nul : $D_h = \mathbb{R}$.

10 **1.** $D_f = D_g = \mathbb{R} - \{0\}$ car x ne doit pas être nul. Donc $D_{f+g} = \mathbb{R} - \{0\}$.
2. $(f+g)(x) = 3x+2$ pour x dans $\mathbb{R} - \{0\}$.

22 $(f \circ g)(x) = \dfrac{2}{x} + 3$; $(g \circ f)(x) = \dfrac{1}{2x+3}$;

$D_f = \mathbb{R}$; $D_g = \mathbb{R} - \{0\}$; $D_{f \circ g} = \mathbb{R} - \{0\}$, car x doit être dans D_g et $D_f = \mathbb{R}$.

Pour $D_{g \circ f}$, $f(x)$ existe toujours mais il faut que $f(x)$ appartienne à D_g, c'est-à-dire $2x+3 \neq 0$.

Donc $D_{g \circ f} = \mathbb{R} - \left\{-\dfrac{3}{2}\right\}$.

36 **1.** $x = 1$.

2. $A(1\,;-2)$, donc $\begin{cases} x = 1 + X \\ y = -2 + Y \end{cases}$

3. En remplaçant dans l'équation, on trouve, après simplifications, $Y = X^2 = g(X)$.
g est paire, donc le nouvel axe des ordonnées (d'équation $x = 1$ dans l'ancien repère) est bien axe de symétrie pour $\mathscr{C}$.

43 La vérification revient à montrer qu'il existe p et q tels que pour tout réel x : $(x^2+px+q)^2 = x^4+6x^3+7x^2-6x+1$. Après développement du premier membre et identification des coefficients, on aboutit au système :

$$\begin{cases} 2p = 6 \\ p + 2q = 7 \\ 2pq = -6 \\ q^2 = 1 \end{cases}$$

qui a pour solutions $p = 3$ et $q = -1$.
Le polynôme donné est donc le carré de x^2+3x-1.

50 **1.** Le résultat dans B1 utilise le contenu de A4 et le contenu de A4 s'obtient à partir de A2. C'est donc dans A2 que la valeur de x sera rentrée.
2. a) La fonction h qui passe de A2 à A4 est $h : x \mapsto x^2+1$ (A2 joue le rôle de x).
La fonction g passe de A4 à B2 est $g : x \mapsto \sqrt{x}$.
b) $f = g \circ h$.
c) $h(x) = x^2+1$; $g(x) = \sqrt{x}$; $f(x) = \sqrt{x^2+1}$.

Pour un bilan

Q1 a), c) et d) **Q2** a) et d)
Q3 b) **Q4** a) et c)

Chapitre 2
Équations et inéquations du second degré

1 **a)** $(x-2)^2-3$. **b)** $\left(x+\dfrac{1}{2}\right)^2 - \dfrac{25}{4}$.
c) $-[(x-1)^2-5]$. **d)** $(x+3)^2-9$.
e) $-3\left[\left(x-\dfrac{1}{6}\right)^2 - \dfrac{49}{36}\right]$. **f)** x^2+1.

16 • $2^2 - 5\times 2 + 6 = 0$.

• $S = -\dfrac{b}{a} = 5$ et $P = \dfrac{c}{a} = 6$
donc $2 \times x_2 = 6$ et $x_2 = 3$.

24 $\Delta = 1$. Le trinôme a deux racines qui sont 1 et 2. Le trinôme doit être strictement positif, c'est-à-dire du signe de a (ici $a = 1$). Donc les solutions sont tous les réels extérieurs à l'intervalle des racines : $\mathscr{S} =]-\infty\,;1[\cup]2\,;+\infty[$.

34 La courbe ne coupe pas l'axe des abscisses, donc $\Delta < 0$; la courbe est une parabole tournée vers le bas, donc $a < 0$.

40 **a)** On cherche les solutions de $f(x) > 0$. Les solutions sont les abscisses des points de la parabole qui sont au-dessus de l'axe des abscisses : $\mathscr{S} =]-1\,;2[$.
b) On cherche les solutions de $f(x) \leqslant 0$, or la courbe est entièrement sous l'axe des abscisses. Pour tout x, $f(x) \leqslant 0$, donc $\mathscr{S} = \mathbb{R}$.

75 Le polynôme est partiellement factorisé donc cela suggère de chercher un facteur commun. Dans les deux premiers termes, on met 3 en facteur.
$3(x^2-4) + (x-2)(x+3) = 0$ qui équivaut à
$3(x-2)(x+2) + (x-2)(x+3) = 0$
qui équivaut à $(x-2)(4x+9) = 0$:

$$\mathscr{S} = \left\{2\,;-\frac{9}{4}\right\}.$$

81 On étudie le signe du premier membre à l'aide d'un tableau de signes.
Le numérateur a deux racines -1 et $-\dfrac{3}{2}$.
Le dénominateur s'annule pour $x = 1$ et $x = -2$.

x		-2		$-\frac{3}{2}$		-1		1	
$2x^2+5x+3$	+		+	0	−	0	+		+
x^2+x-2	+	0	−		−		−	0	+
quotient	+	‖	−	0	+	0	−	‖	+

$\mathscr{S} =]-\infty\,;-2[\cup \left]-\dfrac{3}{2}\,;-1\right[\cup]1\,;+\infty[$.

97 $\begin{cases} 4 - x = (x-2)^2 \\ x - 2 \geqslant 0 \end{cases} \Leftrightarrow \begin{cases} x^2 - 3x = 0 \\ x - 2 = 0 \end{cases}$

$x^2 - 3x = 0$ donne $x = 0$ ou $x = 3$. Mais seul $x = 3$ vérifie $x - 2 \geqslant 0$. Donc $\mathscr{S} = \{3\}$.

Pour un bilan

Q1 a), c) et d) **Q2** a) et b)
Q3 b)

Chapitre 3
Dérivation

6 $t(h) = \dfrac{f(a+h)-f(a)}{h} = 6a^2 - 6 + 6ah + 2h^2$
donc $\lim\limits_{h \to 0} t(h) = 6a^2 - 6$.
Ainsi f est dérivable en a et $f'(a) = 6a^2 - 6$.

11 **1.** La tangente au point d'abscisse -3 passe par les points de coordonnées $(-3\,;-1)$ et $(-2\,;1)$. Une équation de cette tangente est donc $y = 2x+5$.
La tangente au point d'abscisse 2 passe par les points de coordonnées $(2\,;2)$ et $(3\,;1)$. Une équation de cette tangente est donc $y = -x+4$.
2. L'approximation affine locale de $f(a+h)$ est $g(a+h)$, où g est la fonction affine représentée par la tangente à $\mathscr{C}_f$ au point d'abscisse a.
Ainsi • $f(-3+h) \approx 2(-3+h)+5 = 2h-1$;
• $f(2+h) \approx -(2+h)+4 = -h+2$.

15 $t(h) = \dfrac{f(-1+h)-f(-1)}{h} = \dfrac{1}{-1+h}$.
Donc $\lim\limits_{h \to 0} t(h) = -1$.
Ainsi f est dérivable en -1 et $f'(-1) = -1$.
Au point d'abscisse -1, la tangente a pour équation $y = f'(-1)(x-(-1)) + f(-1)$, c'est-à-dire $y = -x-1$.

25 Au point d'abscisse a, la tangente a pour coefficient directeur $g'(a)$. Donc elle est horizontale si et seulement si $g'(a) = 0$.
Or $g'(x) = 0$ équivaut à $-x^2+4x+8 = 0$, donc $x = 2+2\sqrt{3}$ ou $x = 2-2\sqrt{3}$.
Cette courbe admet donc deux tangentes horizontales.

36 $f(x) = u(7x-2)$ où $u(x) = x^2$.
u est dérivable sur $\mathbb{R}$, $u'(x) = 2x$, donc (théorème 10) f est dérivable sur $\mathbb{R}$ et pour tout x de $\mathbb{R}$, $f'(x) = 7 \times u'(7x-2) = 14(7x-2)$.

61 $f = \dfrac{1}{v}$ avec $v(x) = u(2x-3)$, où u est la fonction $u : x \mapsto \sqrt{x}$.

u est dérivable sur $]0\,;+\infty[$ et $u' : x \mapsto \dfrac{1}{2\sqrt{x}}$

donc, v est dérivable sur $J = \left]\dfrac{3}{2}\,;+\infty\right[$ et

$v'(x) = 2u'(2x-3) = \dfrac{1}{\sqrt{2x-3}}$.

• D'après le théorème 7, puisque v ne s'annule pas sur J, f est dérivable sur J et :

$$f'(x) = \frac{-v'(x)}{[v(x)]^2} = -\frac{1}{(2x-3)\sqrt{2x-3}}$$

75 $f = u + v$, où $u(x) = x$ et $v(x) = \cos x$.
u et v sont dérivables sur $\mathbb{R}$ donc f aussi et $f'(x) = u'(x) + v'(x) = 1 - \sin x$.

Au point d'abscisse $\dfrac{\pi}{2}$, la tangente a pour équation $y = f'\left(\dfrac{\pi}{2}\right)\left(x - \dfrac{\pi}{2}\right) + f\left(\dfrac{\pi}{2}\right)$, $y = \dfrac{\pi}{2}$.

95 • $f = u + v$ où $u(x) = ax + b$ et $v(x) = -\dfrac{6}{x}$.

• u et v sont dérivables sur $\mathbb{R}^*$, donc f aussi et $f'(x) = a + \dfrac{6}{x^2}$.
• $\mathscr{C}_f$ passe par $A(2\,;0) \Leftrightarrow f(2) = 0 \Leftrightarrow 2a + b - 3 = 0$.
• Au point $A(2\,;0)$, la tangente a pour équation

$y = \left(a + \dfrac{3}{2}\right)x + b - 6$.

Donc elle a pour équation $y = x - 2$, si et seulement si $a + \dfrac{3}{2} = 1$ et $b - 6 = -2$.

a et b sont tels que $2a + b - 3 = 0$, $a + \frac{3}{2} = 1$ et $b - 6 = -2$, ce qui conduit à $a = -\frac{1}{2}$ et $b = 4$.

Donc $f(x) = -\frac{1}{2}x + 4 - \frac{6}{x}$.

105 $f = u + v$ où $u(x) = x - 1$ et $v(x) = \frac{2}{x}$.
u et v sont dérivables sur $\mathbb{R}^*$ donc f aussi et $f'(x) = 1 - \frac{2}{x^2}$. Il s'ensuit que :

$f'(x) \geqslant 0 \Leftrightarrow x^2 - 2 \geqslant 0$

$\Leftrightarrow x \leqslant -\sqrt{2}$ ou $x \geqslant \sqrt{2}$

$f'(x) < 0 \Leftrightarrow -\sqrt{2} < x < 0$ ou $0 < x < \sqrt{2}$.

Pour un bilan

Q 1 a) et b) **Q 2** a), b) et c)
Q 3 a), b) et c) **Q 4** a), b) et c)

Chapitre 4
Applications de la dérivation

11 f est une fonction polynôme donc dérivable sur $\mathbb{R}$ et pour tout x de $\mathbb{R}$, $f'(x) = 8x^3 - 27$.

Donc $f'(x) \geqslant 0$ équivaut à $x \geqslant \frac{3}{2}$.

D'où les variations de f :

x	$-\infty$		$3/2$		$+\infty$
f'		$-$	0	$+$	
f		↘	$-187/11$	↗	

17 $D_f = \mathbb{R} - \{0\}$.

• $f = u + v$ où $u : x \mapsto x - 3$ et $v : x \mapsto \frac{2}{x}$.

u et v sont dérivables sur $\mathbb{R}^*$ donc f aussi et

$f'(x) = 1 - \frac{2}{x^2}$. Donc $f'(x) \geqslant 0$ équivaut $x^2 \geqslant 2$

c'est-à-dire $x \leqslant -\sqrt{2}$ ou $x \geqslant \sqrt{2}$.

D'où les variations de f :

x	$-\infty$		$-\sqrt{2}$		0		$\sqrt{2}$		$+\infty$
f'		$+$	0	$-$	‖	$-$	0	$+$	
f		↗	$-2\sqrt{2}-3$	↘	‖	↘	$2\sqrt{2}-3$	↗	

31 **4.** $f = \frac{u}{v}$ où $u(x) = x$ et $v(x) = x^2 + 3x + 1$.

u et v sont dérivables sur $\mathbb{R}$ et v ne s'annule pas sur $[0\,;3]$ donc f est dérivable sur $[0\,;3]$ et $f' = \frac{u'v - uv'}{v^2} = \frac{(1-x)(1+x)}{(x^2+3x+1)^2}$.

• Ainsi $f'(x)$ est du signe de $1 - x$ sur $[0\,;3]$, d'où les variations de f :

x	0		1		3
f'		$+$	0	$-$	
f	0	↗	$1/5$	↘	$3/19$

• 0 et $\frac{3}{19}$ sont des minimums locaux atteint respectivement en 0 et en 3. $\frac{1}{5}$ est un maximum local atteint en 1.

38 **1.** $f : x \mapsto x^4 + 4x^3 - 8x^2 + 2$ est dérivable sur $\mathbb{R}$ (polynôme),

et $f'(x) = 4x(x^2 + 3x - 4) = 4x(x-1)(x+4)$.

D'où les variations de f :

x	$-\infty$		-4		0		1		$+\infty$
f'		$-$	0	$+$	0	$-$	0	$+$	
f		↘	-126	↗	2	↘	-1	↗	

f est strictement croissante sur $[0\,;1]$ et dérivable, alors, comme $f(0) \times f(1) < 0$, l'équation $f(x) = 0$ admet une unique solution x_0 dans $[0\,;1]$.

2. $0{,}62 \leqslant x_0 \leqslant 0{,}63$.

58 $f = u + v$ où $u(x) = \frac{x}{2}$ et $v(x) = \cos x$.

u et v sont dérivables $I = [0\,;2\pi]$ donc f aussi et $f'(x) = \frac{1}{2} - \sin x$.

Alors $f'(x) \geqslant 0 \Leftrightarrow \sin x \leqslant \frac{1}{2}$ et $x \in I$.

Ce qui équivaut à $x \in \left[0\,;\frac{\pi}{6}\right] \cup \left[\frac{5\pi}{6}\,;2\pi\right]$. (On peut s'aider d'un cercle trigonométrique.)

D'où les variations de f :

x	0		$\pi/6$		$5\pi/6$		2π
f'		$+$	0	$-$	0	$+$	
f	1	↗	$f(\pi/6)$	↘	$f(5\pi/6)$	↗	π

$f\left(\frac{\pi}{6}\right) = \frac{\pi}{12} + \frac{\sqrt{3}}{2}$ et $f\left(\frac{5\pi}{6}\right) = \frac{5\pi}{12} - \frac{\sqrt{3}}{2}$.

62 **2.** f est dérivable sur $\mathbb{R}$ (polynôme) et $f'(x) = 6x^2 - 18x + 12 = 6(x-1)(x-2)$.

D'où les variations de f :

x	$-\infty$	0		1		2		6	$+\infty$
f'			$+$	0	$-$	0	$+$		
f		1	↗	6	↘	5	↗	181	

D'après ce tableau si x est dans $[0\,;6]$, alors $1 \leqslant f(x) \leqslant 181$.

Pour un bilan

Q 1 c) **Q 2** a)
Q 3 b) et c) **Q 4** aucune

Chapitre 5
Comportements asymptotiques Études de fonctions

5

x		-4		0		4	
f'	$+$	‖	$+$	0	$-$	‖	$-$
f	↗ $+\infty$	‖	$-\infty$ ↗		↘ $-\infty$	‖	$+\infty$ ↘

On peut conjecturer que $\mathscr{C}_f$ admet des asymptotes verticales d'équations $x = 4$ et $x = -4$ et une asymptote horizontale d'équation $y = a$ (avec $0 \leqslant a \leqslant 1$).

11 $\lim\limits_{x \to 1}(x^2 - 2) = -1$, $\lim\limits_{x \to 1}(x - 1) = 0$.

Donc $\lim\limits_{x \to 1^-} f(x) = +\infty$ et $\lim\limits_{x \to 1^+} f(x) = -\infty$.

18 Si $x \neq 0$, $f(x) = x^2\left(3 + \frac{1}{x^2}\right)$; $\lim\limits_{x \to \infty} \frac{1}{x^2} = 0$, donc

$\lim\limits_{x \to \infty}\left(3 + \frac{1}{x^2}\right) = 3$ et $\lim\limits_{x \to +\infty} f(x) = \lim\limits_{x \to -\infty} f(x) = +\infty$.

24 f est définie et dérivable sur $\mathbb{R}$ et pour tout x, $f'(x) = 2x - 5$. Donc $f'(x) \geqslant 0 \Leftrightarrow x > \frac{5}{2}$.

x	$-\infty$		$5/2$		$+\infty$
f'		$-$	0	$+$	
f	$+\infty$	↘	$-1/4$	↗	$+\infty$

$\mathscr{C}_f$ est une parabole d'axe de symétrie d'équation $x = \frac{5}{2}$; le sommet est $S\left(\frac{5}{2}\,;-\frac{1}{4}\right)$.

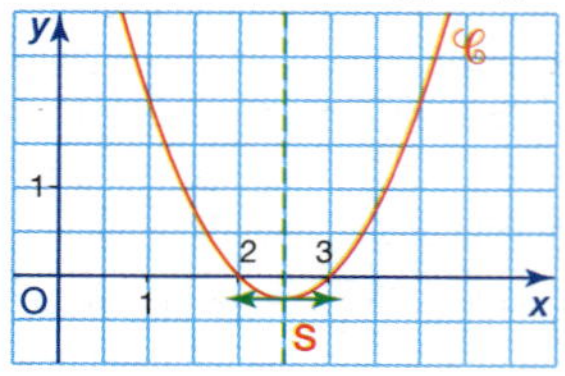

30 • f est définie et dérivable sur $\mathbb{R}$ et :

$$f'(x) = 3x^2 - 1 = 3\left(x - \frac{\sqrt{3}}{3}\right)\left(x + \frac{\sqrt{3}}{3}\right).$$

Donc $f'(x) \leqslant 0 \Leftrightarrow x \in \left[-\frac{\sqrt{3}}{3}\,;\frac{\sqrt{3}}{3}\right]$.

• Pour tout h,

$f(h) + f(-h) = h^3 - h + 1 + (-h^3 - h + 1) = 2$.

Le point $I(0\,;1)$ est centre de symétrie de $\mathscr{C}_f$.

• $\lim\limits_{x \to -\infty} f(x) = \lim\limits_{x \to -\infty} x^3 = -\infty$

et $\lim\limits_{x \to +\infty} f(x) = \lim\limits_{x \to +\infty} x^3 = +\infty$.

$1 + \frac{2\sqrt{3}}{9} \approx 1{,}385$ et $1 - \frac{2\sqrt{3}}{9} \approx 0{,}615$.

x	$-\infty$		$-\frac{\sqrt{3}}{3}$		0		$\frac{\sqrt{3}}{3}$		$+\infty$
f'		$+$	0		$-$		0	$+$	
f	$-\infty$	↗	$1 + \frac{2\sqrt{3}}{9}$	↘	1	↘	$1 - \frac{2\sqrt{3}}{9}$	↗	$+\infty$

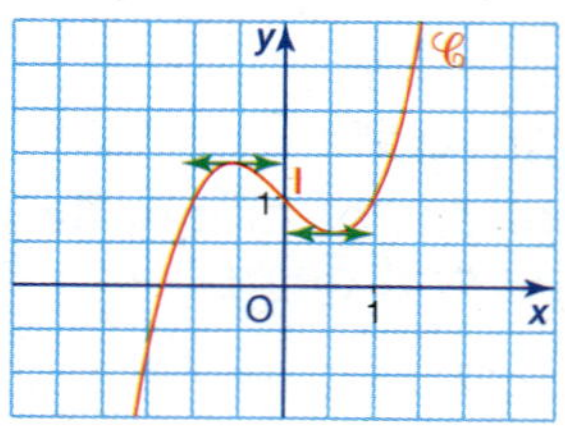

38 Si $x \neq 0$, $f(x) = \dfrac{3 - \frac{2}{x}}{1 + \frac{2}{x}}$ et $\lim\limits_{x \to \infty} \dfrac{2}{x} = 0$

donc $\lim\limits_{x \to +\infty} f(x) = \lim\limits_{x \to -\infty} f(x) = 3$.

47 Si $x \neq 0$, $f(x) = \dfrac{1 + \frac{2}{x}}{x^2}$;

$\lim\limits_{x \to \infty} x^2 = +\infty$ et $\lim\limits_{x \to \infty}\left(1 + \dfrac{2}{x}\right) = 1$.

Donc $\lim\limits_{x \to +\infty} f(x) = \lim\limits_{x \to -\infty} f(x) = 0$.

48 f est dérivable sur $\mathbb{R} - \{3\}$ et pour $x \neq 3$, $f'(x) = \dfrac{-6}{(x-3)^2} < 0$. f est décroissante sur chacun des intervalles $]-\infty\,;3[$ et $]3\,;+\infty[$.

$\lim\limits_{x \to 3^-} 2x = 6$; $\lim\limits_{x \to 3^-} (x-3) = 0^-$

donc $\lim\limits_{x \to 3^-} \dfrac{2x}{x-3} = -\infty$.

De même $\lim\limits_{x \to 3^+} \dfrac{2x}{x-3} = +\infty$.

Pour $x \neq 0$, $f(x) = \dfrac{2}{1 - \frac{3}{x}}$,

donc $\lim\limits_{x \to +\infty} f(x) = \lim\limits_{x \to -\infty} f(x) = 2$.

La courbe $\mathscr{C}_f$ admet deux asymptotes : une horizontale d'équation $y = 2$ et une verticale d'équation $x = 3$.

x	$-\infty$	3	$+\infty$
f'	$-$	‖	$-$
f	$2 \searrow -\infty$	‖	$+\infty \searrow 2$

Pour tout réel non nul h,

$f(3+h) + f(3-h) = \dfrac{6+2h}{h} + \dfrac{6-2h}{-h} = 4$.

Le point $\mathrm{I}(3\,;2)$ est centre de symétrie de $\mathscr{C}_f$, c'est le point de concours des asymptotes.

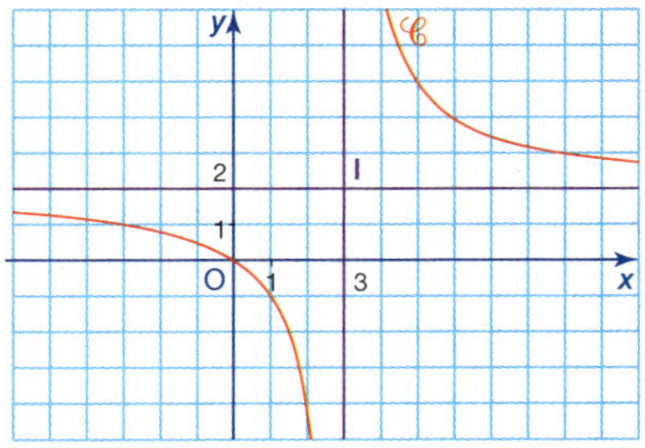

52 f est définie et dérivable sur $\mathbb{R}^*$.

• Pour tout $x \neq 0$, $f'(x) = 1 - \dfrac{3}{x^2} = \dfrac{x^2 - 3}{x^2}$.

Donc $f'(x) \leqslant 0 \Leftrightarrow x \in [-\sqrt{3}\,;\sqrt{3}]$.

• $\lim\limits_{x \to 0^-} \dfrac{3}{x} = -\infty$ et $\lim\limits_{x \to 0^+} \dfrac{3}{x} = +\infty$.

Donc $\lim\limits_{x \to 0^-} f(x) = -\infty$ et $\lim\limits_{x \to 0^+} f(x) = +\infty$: l'axe des ordonnées est asymptote verticale à $\mathscr{C}_f$.

• $\lim\limits_{x \to \infty} \dfrac{3}{x} = 0$

donc $\lim\limits_{x \to -\infty} f(x) = -\infty$ et $\lim\limits_{x \to +\infty} f(x) = +\infty$.

• $f(x) - (x-2) = \dfrac{3}{x}$ donc $\lim\limits_{x \to \infty} [f(x) - (x-2)] = 0$.

La droite Δ d'équation $y = x - 2$ est donc asymptote oblique à $\mathscr{C}_f$.

$f(x) - (x-2) = \dfrac{3}{x}$, du signe de x, donc si $x > 0$, $\mathscr{C}_f$ est au-dessus de Δ et si $x < 0$, $\mathscr{C}_f$ est au-dessous de Δ.

x	$-\infty$	$-\sqrt{3}$		0		$\sqrt{3}$	$+\infty$
f'	$+$	0	$-$	‖	$-$	0	$+$
f	$-\infty \nearrow$	$-2\sqrt{3}-2$	$\searrow -\infty$	‖	$+\infty \searrow$	$2\sqrt{3}-2$	$\nearrow +\infty$

Pour tout h non nul,

$f(0+h) + f(0-h) = h - 2 + \dfrac{3}{h} - h - 2 - \dfrac{3}{h} = -4$:

le point $\mathrm{I}(0\,;-2)$ est centre de symétrie de $\mathscr{C}_f$.

I est le point de concours des asymptotes.

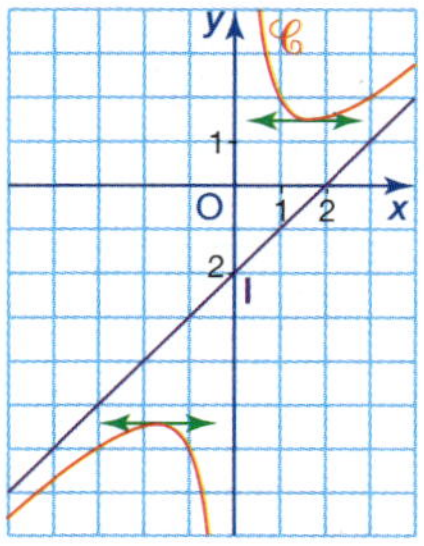

62 f est définie et dérivable sur $\mathbb{R}$.

• Pour tout x réel, $f'(x) = \dfrac{x^2 + 2x - 1}{(x^2+1)^2}$, du signe de $x^2 + x - 1$.

• Si $x \neq 0$, $f(x) = \dfrac{2 - \frac{1}{x} + \frac{1}{x^2}}{1 + \frac{1}{x^2}}$ donc $\lim\limits_{x \to \infty} f(x) = 2$,

la droite Δ d'équation $y = 2$ est asymptote horizontale à $\mathscr{C}_f$.

$f(x) - 2 = -\dfrac{x+1}{x^2+1}$ donc :

$f(x) - 2 \geqslant 0 \Leftrightarrow x + 1 \leqslant 0 \Leftrightarrow x \leqslant -1$.

$\mathscr{C}_f$ coupe Δ au point $\mathrm{A}(-1\,;2)$, si $x < -1$, $\mathscr{C}_f$ est au-dessous de Δ et si $x > -1$, $\mathscr{C}_f$ est en dessous de Δ.

x	$-\infty$	$-\sqrt{2}-1$		$\sqrt{2}-1$	$+\infty$
f'	$+$	0	$-$	0	$+$
f	$2 \nearrow$	$\dfrac{3+\sqrt{2}}{2}$	$\searrow$	$\dfrac{3-\sqrt{2}}{2}$	$\nearrow 2$

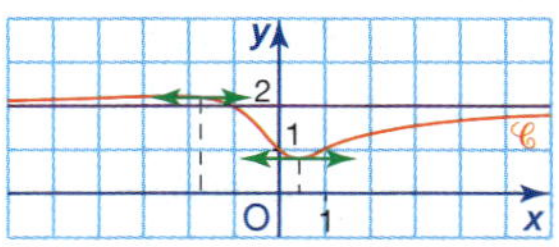

66 f est définie et dérivable sur $\mathbb{R}$ et : $f'(x) = \dfrac{-2(x^2-1)}{(x^2+1)^2}$; $f'(x) \geqslant 0 \Leftrightarrow x \in [-1\,;1]$.

• Si $x \neq 0$, $f(x) = \dfrac{\frac{2}{x}}{1 + \frac{1}{x}}$, $\lim\limits_{x \to \infty} f(x) = 0$ donc l'axe $(\mathrm{O}\,;\vec{i})$ est asymptote horizontale à $\mathscr{C}_f$.

• Pour tout x réel, $f(-x) = -f(x)$: f est impaire, $\mathscr{C}_f$ est symétrique par rapport à O.

x	$-\infty$	-1		1	$+\infty$
f'	$-$	0	$+$	0	$-$
f	$0 \searrow$	-1	$\nearrow$	1	$\searrow 0$

$f(x)$ est du signe de x, donc $\mathscr{C}_f$ est en dessous de son asymptote horizontale si $x < 0$ et au-dessus si $x > 0$.

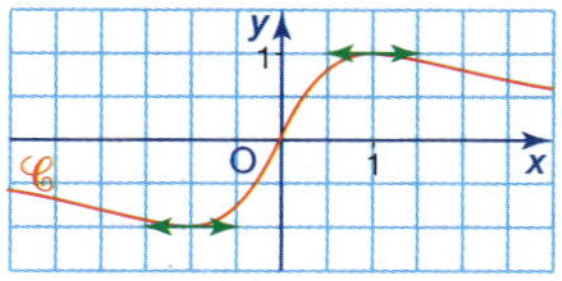

Chapitre 6
Les suites

6 $u_{n+1} = 3(n+1)^2 - 1 = 3n^2 + 6n + 2$.

$u_{2n} = 3(2n)^2 - 1 = 3(4n^2) - 1 = 12n^2 - 1$.

$u_{2n+3} = 3(2n+3)^2 - 1 = 12n^2 + 36n + 26$.

$u_n + 1 = 3n^2 - 1 + 1 = 3n^2$.

11 $u_n = f(n)$ avec $f : x \mapsto \dfrac{3x-2}{x+1}$ sur $]-1\,;+\infty[$.

f est dérivable sur $]-1\,;+\infty[$ et pour tout $x > -1$, $f'(x) = \dfrac{5}{(x+1)^2} > 0$. Donc f est strictement croissante : la suite (u_n) est strictement croissante.

21 $u_{n+1} - u_n = 2(n+1) + 3 - (2n+3) = 2$.

La suite (u_n) est arithmétique de raison 2 et de premier terme $u_0 = 3$.

28 $u_n = u_n - u_{12} = (n-12)r = \dfrac{1}{3}n - 4$.

29 $u_{10} - u_0 = 10r \Leftrightarrow 30 = 10r \Leftrightarrow r = 3$.

$u_{2001} = 3 \times 2\,001 + u_0 = 6\,004$.

33 **1.** $u_1 = \dfrac{u_0}{1 + u_0} = \dfrac{1}{1+1} = \dfrac{1}{2}$.

$u_2 = \dfrac{1/2}{1 + 1/2} = \dfrac{1/2}{3/2} = \dfrac{1}{3}$.

$u_3 = \dfrac{1}{4}$; $u_4 = \dfrac{1}{5}$; $u_5 = \dfrac{1}{6}$.

2. $v_0 = \dfrac{1}{1} = 1$; $v_1 = \dfrac{1}{1/2} = 2$; $v_2 = 3$;

$v_3 = 4$; $v_4 = 5$; $v_5 = 6$.

3. $v_{n+1} - v_n = \dfrac{1}{u_{n+1}} - \dfrac{1}{u_n} = \dfrac{1 + u_n}{u_n} - \dfrac{1}{u_n} = 1$.

La suite (v_n) est arithmétique de raison 1 et de premier terme $v_0 = 1$, soit $v_n = n + 1$ et $u_n = \dfrac{1}{n+1}$.

46 $u_2 = u_4 \times 2^{(2-4)} = 8 \times \frac{1}{4} = 2$.

$u_6 = u_4 \times 2^{(6-4)} = 8 \times 4 = 32$.

50 **1.** $u_1 = 2 \times u_0 + 5 = 2 \times 2 + 5 = 9$.

$u_2 = 2 \times u_1 + 5 = 2 \times 9 + 5 = 23$.

$u_3 = 51$. $u_4 = 107$. $u_5 = 219$.

2. $v_0 = u_0 + 5 = 7$. $v_1 = u_1 + 5 = 14$.

$v_2 = u_2 + 5 = 28$. $v_3 = u_3 + 5 = 56$.

$v_4 = u_4 + 5 = 112$. $v_5 = u_4 + 5 = 224$.

3. Pour tout naturel n,

$$\frac{v_{n+1}}{v_n} = \frac{u_{n+1}+5}{u_n+5} = \frac{2u_n+5+5}{u_n+5} = \frac{2(u_n+5)}{u_n+5} = 2.$$

La suite (v_n) est géométrique de raison 2 et de premier terme $v_0 = 7$.

Pour tout entier naturel n, $v_n = 7 \times 2^n$ et $u_n = 7 \times 2^n - 5$.

55 **1.** $\begin{cases} u_1 + u_2 + u_3 = 9 \\ u_{10} + u_{11} = 40 \end{cases}$

$\Leftrightarrow \begin{cases} (u_0 + r) + (u_0 + 2r) + (u_0 + 3r) = 9 \\ (u_0 + 10r) + (u_0 + 11r) = 40 \end{cases}$

$\Leftrightarrow \begin{cases} u_0 + 2r = 3 \\ 2u_0 + 21r = 40 \end{cases} \Leftrightarrow \begin{cases} r = 2 \\ u_0 = -1 \end{cases}$

2. $S = (30 - 0 + 1) \times \frac{u_0 + u_{30}}{2} = 899$.

68 Pour tout naturel n, $-1 \leqslant (-1)^n \leqslant 1$

donc $-\frac{1}{n^3} \leqslant \frac{(-1)^n}{n^3} \leqslant \frac{1}{n^3}$; $\lim\limits_{n \to +\infty} \left(\frac{1}{n^3}\right) = 0$ et

$\lim\limits_{n \to +\infty} \left(\frac{-1}{n^3}\right) = 0$ donc $\lim\limits_{n \to +\infty} \frac{(-1)^n}{n^3} = 0$.

75 **1.** Si $x \neq 0$, $f(x) = \dfrac{1 + \frac{1}{x}}{5\left(1 - \frac{1}{5x}\right)}$

$\lim\limits_{x \to +\infty} \frac{1}{x} = \lim\limits_{x \to +\infty} \frac{1}{5x} = 0$ donc $\lim\limits_{x \to +\infty} f(x) = \frac{1}{5}$.

2. $\lim\limits_{n \to +\infty} u_n = \lim\limits_{x \to +\infty} f(x) = \frac{1}{5}$.

87 u_3 est la moyenne arithmétique de u_2 et u_4.

$u_2 + u_4 = u_3 \times 2$ et $u_2 + u_3 + u_4 = 3u_3 = 36$ donc $u_3 = 12$.

$u_9 - u_3 = (9-3)r$ soit $48 - 12 = 6r$ et $r = 6$.

$u_0 = u_3 - 3r = 12 - 18 = -6$.

100 $u_7 = u_5 \times q^{(7-5)}$ donc $q^2 = \frac{4374}{486} = 9$.

D'autre part, $q > 0$ donc $q = 3$.

$u_0 = \frac{u_5}{q^5} = \frac{486}{3^5} = 2$;

$u_{10} = u_0 \times q^{10} = 2 \times 3^{10} = 118\,098$.

Pour un bilan

Q1 c) et d) **Q2** a) et b)

Q3 c) **Q4** b) et c)

Q5 a), c) et d)

Chapitre 7 Statistique

2 L'effectif total est 61, le rang de la médiane est $\frac{(61+1)}{2}$ et $\frac{N}{4} = 15,25$. Donc Q_1 est le terme de rang 16 et Q_3 de rang 46. D'où $Q_1 = 2$, $m_e = 3$, $Q_3 = 4$.

4 **a)** Le tableau des fréquences cumulées croissantes est le suivant :

borne	0	4	8	12	16	20
fréq.	0	0,133	0,383	0,733	0,933	1

Le polygone des fréquences croissantes est :

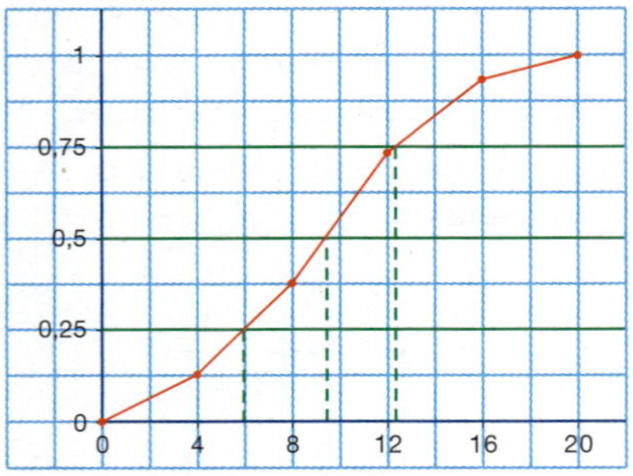

La lecture des abscisses des points d'ordonnées 0,25 ; 0,5 et 0,75 donne une approximation de Q_1, m_e et Q_3 et on obtient $Q_1 \approx 6$, $m_e = 9$, $Q_3 \approx 12$.

b) Q_1 est entre 4 et 8 et on a :

$$Q_1 = \frac{8-4}{0,383 - 0,133}(0,25 - 0,133) + 4 = 5,872.$$

De la même façon,

$$m_e = 9,33 \text{ et } Q_3 = 12,33.$$

9 **1.** On procède comme pour l'exercice 4.

borne	0	2	4	6	8
fréq.	0	0,111 1	0,388 9	0,944 4	1

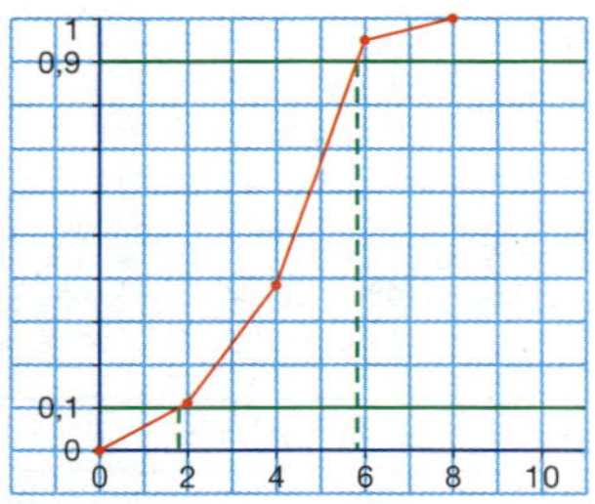

La lecture graphique des abscisses de points d'ordonnées 0,1 et 0,9 donne $D_1 \approx 2$ et $D_9 \approx 6$.

2. $D_1 = \frac{2}{0,111\,1} \times (0,1) = 1,8$.

$D_9 = \frac{2}{0,944\,44 - 0,388\,89} \times (0,9 - 0,388\,89) + 4 = 5,84$.

15 **1.** On utilise le changement $y = x + 2$.

D'où les nouveaux paramètres (dans l'ordre) :

12 ; 4 ; 10 ; 12 ; 14 ; 18.

2. On utilise le changement $y = 1,1x$.

D'où les nouveaux paramètres (dans l'ordre) :

2,2 ; 8,8 ; 11 ; 13,2 ; 17,6.

16 **1.** On peut utiliser la calculatrice, ou encore compléter le tableau suivant.

x_i	9	10	11
x_i^2	81	100	121

D'où $\bar{x} = 10$, $s = 0,816\,5$.

2. De même :

x_i	5	10	15
x_i^2	25	100	225

D'où $\bar{x} = 10$, $s = 4,082\,5$.

22 Les deux séries ont 25 pour effectif.

groupe A							
x_i	21,5	22,5	23,5	24,5	25,5	26,5	27,5
n_i	1	2	5	7	8	1	1
$n_i x_i$	21,5	45	117,5	171,5	204	26,5	27,5
$n_i x_i^2$	462,25	1012,5	2761,3	4201,8	5202	702,25	756,25

D'où $\bar{x} = 24,54$, $\overline{x^2} = 603,93$ et $s = 1,310\,9$.

groupe B							
x_i	21,5	22,5	23,5	24,5	25,5	26,5	27,5
n_i	0	3	5	7	8	2	0
$n_i x_i$	0	67,5	117,5	171,5	204	53	0
$n_i x_i^2$	0	1518,8	2761,3	4201,8	5202	1404,5	0

D'où $\bar{x} = 25,54$, $\overline{x^2} = 603,53$ et $s = 1,148\,2$.

Chapitre 8 Probabilités

6 Notons k le coefficient de proportionnalité, alors $p(1) = k$, $p(2) = 2k$, …, $p(6) = 6k$.

Or $\sum\limits_{n=1}^{6} p(n) = 1$ donc $21k = 1$ soit $k = \frac{1}{21}$.

D'où le tableau de la loi p :

issue	1	2	3	4	5	6
probabilité	$\frac{1}{21}$	$\frac{2}{21}$	$\frac{1}{7}$	$\frac{4}{21}$	$\frac{5}{21}$	$\frac{2}{7}$

12 L'ensemble E des 32 cartes est muni est de la loi équirépartie.

1. a) $p(A) = \frac{8}{32} = \frac{1}{4}$; $p(B) = \frac{4}{32} = \frac{1}{8}$.

b) $A \cap B$: « *la carte est le roi de cœur* » donc $p(A \cap B) = \frac{1}{32}$.

$A \cup B$: « *la carte est un cœur ou un roi* » donc $p(A \cup B) = p(A) + p(B) - p(A \cap B) = \frac{11}{32}$.

2. Pour un jeu de 52 cartes, $p(A) = \frac{1}{4}$, $p(B) = \frac{1}{13}$, $p(A \cap B) = \frac{1}{52}$, $p(A \cup B) = \frac{4}{13}$.

19 L'univers E est muni de la loi équirépartie.

1. Le gain algébrique (en €) correspond à « valeur du lot » – « prix du billet ». Ainsi G prend les valeurs -2, 98, 148 et 498.

2. « $G = 98$ » signifie qu'on a acheté l'un des cinq billets gagnant un lot de 100 € donc :

$$p(G = 98) = \frac{5}{2\,000} = \frac{1}{400}.$$

De même, $p(G = 148) = \frac{1}{1000}$, $p(G = 498) = \frac{1}{2\,000}$, $p(G = -2) = \frac{249}{250}$.

3. $E(G) = \sum p[G = g] \times g$ soit $E(G) = -1{,}35$ €.
L'espérance est négative donc l'achat d'un billet est « défavorable » à l'acheteur.

34 Chaque code de E est équiprobable.
1. A : « *le bon code est composé* » ;
$$p(A) = \frac{1}{4 \times 10 \times 10 \times 10} = \frac{1}{4\,000}.$$
2. B : « *le code composé contient trois chiffres différents* ».
$$p(B) = \frac{4 \times 10 \times 9 \times 8}{4 \times 10 \times 10 \times 10} = 0{,}72$$

38 **1.** Les issues possibles sont les paires de deux cartes de visite prises parmi cinq :
$\{f_1, f_2\}$; $\{f_1, h_1\}$; $\{f_1, h_2\}$; $\{f_1, h_3\}$; $\{f_2, h_1\}$; $\{f_2, h_2\}$; $\{f_2, h_3\}$; $\{h_1, h_2\}$; $\{h_1, h_3\}$; $\{h_2, h_3\}$.
Remarque : Dans une paire, les deux éléments sont distincts et l'ordre ne compte pas ; on peut déterminer leur nombre en remarquant que deux couples correspondent à une paire donnée.
Notons N le nombre de couples d'éléments distincts et n le nombre de paires associées, nous avons la relation $N = 2n$.
Dans notre cas, $N = 5 \times 4 = 20$, ainsi $n = 10$.
2. Chaque tirage d'une paire de cartes de visite est équiprobable, d'où :
$p(H) = \frac{3}{10}$, $p(F) = \frac{1}{10}$ et $p(D) = \frac{6}{10} = \frac{3}{5}$.

59 **1.** Une issue est une liste de sept chevaux ordonnée suivant leur rang d'entrée sur la piste. Chaque issue est équiprobable et le nombre d'issues possibles est $n = 7 \times 6 \times 5 \times 4 \times 3 \times 2 \times 1$.
Notons F : « *le premier cheval apparu est noir* ».
Nombre d'issues favorables :
$$n' = 4 \times 6 \times 5 \times 4 \times 3 \times 2 \times 1.$$
Ainsi $p(F) = \frac{n'}{n} = \frac{4}{7}$.
2. X prend les valeurs 1, 2, 3, 4, 5.
$$p(X = 1) = \frac{3 \times 6 \times 5 \times 4 \times 3 \times 2 \times 1}{7 \times 6 \times 5 \times 4 \times 3 \times 2 \times 1} = \frac{3}{7} ;$$
$$p(X = 2) = \frac{4 \times 3 \times 5 \times 4 \times 3 \times 2 \times 1}{7 \times 6 \times 5 \times 4 \times 3 \times 2 \times 1} = \frac{2}{7} ;$$
$$p(X = 3) = \frac{4 \times 3 \times 3 \times 4 \times 3 \times 2 \times 1}{7 \times 6 \times 5 \times 4 \times 3 \times 2 \times 1} = \frac{6}{35} ;$$
$$p(X = 4) = \frac{4 \times 3 \times 2 \times 3 \times 3 \times 2 \times 1}{7 \times 6 \times 5 \times 4 \times 3 \times 2 \times 1} = \frac{3}{35} ;$$
$$p(X = 5) = \frac{4 \times 3 \times 2 \times 1 \times 3 \times 2 \times 1}{7 \times 6 \times 5 \times 4 \times 3 \times 2 \times 1} = \frac{1}{35}.$$
D'où le tableau de la loi de X :

rang d'entrée k	1	2	3	4	5
$p(X = k)$	$\frac{3}{7}$	$\frac{2}{7}$	$\frac{6}{35}$	$\frac{3}{35}$	$\frac{1}{35}$

3. Le « rang moyen » d'entrée du premier cheval blanc lors d'un grand nombre de représentations correspond à l'espérance mathématique de X.
$$E(X) = \sum_{k=1}^{5} p(X = k) \times k = 2.$$

Chapitre 9
Le barycentre dans le plan

13 $N\left(\frac{3}{4} ; 0\right)$; $M\left(0 ; \frac{1}{5}\right)$; $Q\left(\frac{1}{3} ; 1\right)$.

2. P est tel que $\overrightarrow{BP} = k\overrightarrow{AD}$, d'où $\overrightarrow{BA} + \overrightarrow{AP} = k\overrightarrow{AD}$, $\overrightarrow{AP} = \overrightarrow{AB} + k\overrightarrow{AD}$, ainsi $P(1 ; k)$.
3. Les bases (MQ) et (NP) du trapèze MNPQ sont parallèles donc $\overrightarrow{MQ}$ et $\overrightarrow{NP}$ sont colinéaires. Or $\overrightarrow{MQ}\left(\frac{1}{3} ; \frac{4}{5}\right)$ et $\overrightarrow{NP}\left(\frac{1}{4} ; k\right)$. La condition de colinéarité de ces vecteurs s'écrit $\frac{1}{3}k - \frac{1}{4} \times \frac{4}{5} = 0$ d'où $k = \frac{3}{5}$.

27 **1.** G est au tiers de la médiane [AI] donc $\overrightarrow{GA} = -2\overrightarrow{GI}$.
G′ est tel que $\overrightarrow{GG'} = 2\overrightarrow{GI}$. D'où $\overrightarrow{GA} = -\overrightarrow{GG'}$, ainsi G est milieu de [G′A].
2. I est le milieu de [G′G] et [BC], donc G′BGC est un parallélogramme d'où $\overrightarrow{G'G} = \overrightarrow{G'B} + \overrightarrow{G'C}$.
3. G est milieu de [G′A] donc $\overrightarrow{G'A} = 2\overrightarrow{G'G}$ soit $\overrightarrow{G'A} = 2(\overrightarrow{G'B} + \overrightarrow{G'C})$.
Ainsi $\overrightarrow{G'A} - 2\overrightarrow{G'B} - 2\overrightarrow{G'C} = \vec{0}$ donc G′ est le barycentre de (A, 1), (B, − 2), (C, − 2).

42 **1.** I est le barycentre de (A, 1), (B, 2).
J est celui de (B, 2), (C, 3).
2. G′ est le barycentre de (A, 1), (B, 2), (C, 3). D'après le théorème 5, G′ est le barycentre de (I, 3), (C, 3). Ainsi G′ est l'isobarycentre de I et C donc le milieu de [IC], d'où G′ = G.
3. G est le barycentre de (A, 1), (B, 2), (C, 3). Comme $2 + 3 \neq 0$, (AG) coupe (BC) au point barycentre de (B, 2), (C, 3), c'est-à-dire en J (conséquence de la règle d'associativité). Ainsi A, G et J sont alignés.

44 **1.** G est l'isobarycentre de A, B et C donc pour tout point M, $\overrightarrow{MA} + \overrightarrow{MB} + \overrightarrow{MC} = 3\overrightarrow{MG}$.
2. $M \in \Delta \Leftrightarrow \overrightarrow{MA} + \overrightarrow{MB} + \overrightarrow{MC}$ colinéaire à $\overrightarrow{AB}$
$\Leftrightarrow 3\overrightarrow{MG}$ colinéaire à $\overrightarrow{AB}$
$\Leftrightarrow \overrightarrow{GM}$ colinéaire à $\overrightarrow{AB}$
3. Δ est la droite passant par G et de vecteur directeur $\overrightarrow{AB}$.

69 **1. a)** AIJK et KJBL sont des parallélogrammes : $\overrightarrow{AI} = \overrightarrow{KJ}$ et $\overrightarrow{KJ} = \overrightarrow{LB}$, $\overrightarrow{AI} = \overrightarrow{LB}$.
b) $\overrightarrow{AO} + \overrightarrow{OI} = \overrightarrow{LO} + \overrightarrow{OB}$ soit $\overrightarrow{OI} = \overrightarrow{LO} + \overrightarrow{OB} + \overrightarrow{OA}$.
Comme O est milieu de [AB], $\overrightarrow{OA} + \overrightarrow{OB} = \vec{0}$ d'où $\overrightarrow{LO} = \overrightarrow{OI}$. Ainsi I est le symétrique de L par rapport à O.
c) De même, ALMN et NMBI′ sont des parallélogrammes d'où $\overrightarrow{AL} = \overrightarrow{I'B}$. I′ est le symétrique de L par rapport à O d'où I′ = I.
Ainsi (IN) est parallèle à (BC).
2. Utilisons les égalités de longueurs dans les parallélogrammes IJKA, JKLB, KLMC, LMCK, MNAL, NIBM.
$$\ell = IJ + JK + KL + LM + MN + NI$$
$$= AK + BL + CM + KC + LA + MB$$
$$= (AK + KC) + (CM + MB) + (BL + LA).$$
Or $K \in [AC]$, $M \in [CB]$ et $L \in [BA]$ donc $\ell = AC + CB + BA$. Ainsi ℓ est égal au périmètre de ABC.

80 **1.** K est le barycentre de (A, 1), (B, 1).
J est celui de (A, 1), (C, 2).
Notons G′ le barycentre de (A, 1), (B, 1), (C, 2). D'après le théorème d'associativité, G′ est le barycentre de (B, 1), (J, 3) et aussi celui de (C, 2), (K, 2) d'où $G' \in (BJ)$ et $G' \in (CK)$. Ainsi G′ est à l'intersection de (BJ) et (CK), donc G′ = G et G est le barycentre de (A, 1), (B, 1), (C, 2).

91 **1.** I est le barycentre de (A, 1), (B, 1), K celui de (C, 1), (D, 1).
L'isobarycentre G de A, B, C, D est le barycentre de (A, 1), (B, 1), (C, 1), (D, 1). D'après le théorème 5, G est le barycentre de (I, 2), (K, 2). Ainsi G est le milieu de [IK], donc G = O.
2. De même, utilisons les barycentres partiels, J et L, puis M et N. L'isobarycentre O de A, B, C, D est milieu de [JL] et [MN]. Ainsi [IK], [JL] et [MN] ont même milieu (l'isobarycentre de A, B, C, D).

101 **1.** Soit J le milieu de [AC], J est le barycentre de (A, 1), (C, 1).
D'après la règle d'associativité, G est le barycentre de (J, 2), (B, − 1), d'où $\overrightarrow{JG} = -\overrightarrow{JB}$.
Ainsi J est le milieu de [BG]. [AC] et [BG] ont même milieu J, donc ABCG est un parallélogramme. D'où la construction ci-après.
Note : Comme BA = BC, ABCG est un losange.
2. a) Par réduction de la somme vectorielle,
$$\overrightarrow{MA} - \overrightarrow{MB} + \overrightarrow{MC} = \overrightarrow{MG}.$$
Ainsi, $M \in \Gamma \Leftrightarrow \|\overrightarrow{MA} - \overrightarrow{MB} + \overrightarrow{MC}\| = \frac{5\sqrt{3}}{2}$
$$\Leftrightarrow \|\overrightarrow{MG}\| = \frac{5\sqrt{3}}{2} \Leftrightarrow MG = \frac{5\sqrt{3}}{2}.$$
Γ est le cercle de centre G et de rayon $r = \frac{5\sqrt{3}}{2}$.
b) [GJ] est une hauteur du triangle équilatéral GAC de côté 5, donc $GJ = \frac{5\sqrt{3}}{2}$. Ainsi $J \in \Gamma$.

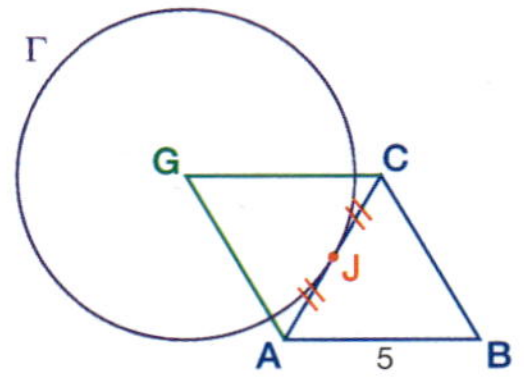

107 Le centre d'inertie I de la plaque évidée P est sur l'axe de symétrie (OO′). La réunion de la plaque P et du disque $D'\left(O', \frac{R}{4}\right)$ est le disque D(O, R) ; d'après le principe de juxtaposition, O est le barycentre de (I, a), (O′, a'). Les coefficients sont les aires $a = \pi R^2 - \pi\frac{R^2}{16} = \frac{15\pi R^2}{16}$ et $a' = \pi\frac{R^2}{16}$. Par homogénéité, O est le barycentre de (I, 15), (O′, 1).
Pour tout point M, $15\overrightarrow{MI} + \overrightarrow{MO'} = 16\overrightarrow{MO}$.
Pour M = I, $\overrightarrow{IO'} = 16\overrightarrow{IO}$ soit $16\overrightarrow{IO} - \overrightarrow{IO'} = \vec{0}$, ainsi I est le barycentre du (O,16), (O′, − 1) d'où $\overrightarrow{OI} = -\frac{1}{15}\overrightarrow{OO'}$.

Pour un bilan

Q1 a) et b)
Q2 a), b) et c)
Q3 b)
Q4 a) et b)
Q5 b)
Q6 c)

Chapitre 10 Angles orientés et repérage polaire

10 a) $(\overrightarrow{AB}, \overrightarrow{AC}) = +\frac{\pi}{3}$. b) $(\overrightarrow{BA}, \overrightarrow{CB}) = +\frac{2\pi}{3}$.
c) $(\overrightarrow{AH}, \overrightarrow{EB}) = +\frac{\pi}{2}$. d) $(\overrightarrow{EA}, \overrightarrow{EC}) = -\frac{\pi}{4}$.
e) $(\overrightarrow{EA}, \overrightarrow{CH}) = +\frac{3\pi}{4}$. f) $(\overrightarrow{AC}, \overrightarrow{AE}) = -\frac{5\pi}{12}$.

17 1. D'après la relation de Chasles :
$(\overrightarrow{DE}, \overrightarrow{DC}) = (\overrightarrow{DE}, \overrightarrow{BA}) + (\overrightarrow{BA}, \overrightarrow{BC}) + (\overrightarrow{BC}, \overrightarrow{DC})$.
2. $(\overrightarrow{DE}, \overrightarrow{BA}) = \pi$; $(\overrightarrow{BC}, \overrightarrow{DC}) = (\overrightarrow{CB}, \overrightarrow{CD}) = \frac{\pi}{4}$; $(\overrightarrow{BA}, \overrightarrow{BC}) = -\frac{2\pi}{3}$; $(\overrightarrow{DE}, \overrightarrow{DC}) = \frac{7\pi}{12}$.
$\frac{7\pi}{12} \in]-\pi ; \pi]$, c'est la mesure principale.

27 1.

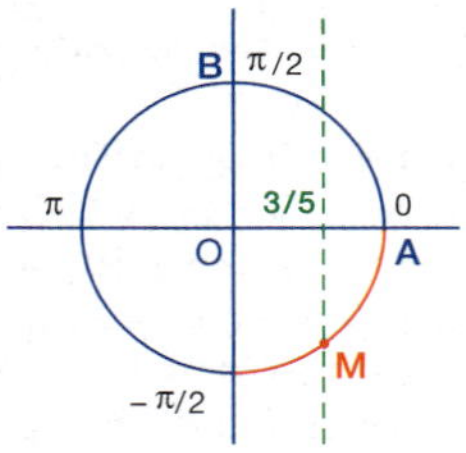

2. $\sin^2 x = 1 - \cos^2 x = 1 - \frac{9}{25} = \frac{16}{25}$.
$x \in \left[-\frac{\pi}{2} ; 0\right]$, $\sin x \leqslant 0$ donc $\sin x = -\frac{4}{5}$.
Par les formules sur les angles associés :
$\sin\left(\frac{\pi}{2} - x\right) = \frac{3}{5}$; $\cos\left(\frac{\pi}{2} - x\right) = -\frac{4}{5}$;
$\cos(\pi - x) = -\frac{3}{5}$; $\sin(\pi - x) = -\frac{4}{5}$.
3. Lorsque $\cos x \neq 0$, $\tan x = \frac{\sin x}{\cos x}$.
Ainsi $\tan x = \frac{\sin x}{\cos x} = -\frac{4}{3}$; de même :
$\tan\left(\frac{\pi}{2} - x\right) = -\frac{3}{4}$; $\tan(\pi - x) = \frac{4}{3}$.

42 1. Les coordonnées cartésiennes des points sont $M\left(\frac{\sqrt{3}}{2} ; -\frac{1}{2}\right)$ et $N(3 ; 3)$. D'où $OM = \sqrt{x_M^2 + y_M^2} = 1$ et $ON = \sqrt{18} = 3\sqrt{2}$.
2. M est sur le cercle trigonométrique associé au repère : $x_M = \cos(\vec{i}, \overrightarrow{OM}) = \frac{\sqrt{3}}{2}$ et $y_M = \sin(\vec{i}, \overrightarrow{OM}) = \frac{-1}{2}$ d'où $(\vec{i}, \overrightarrow{OM}) = -\frac{\pi}{6}$.
Notons $\theta = (\vec{i}, \overrightarrow{ON})$ et $r = ON = 3\sqrt{2}$; θ est tel que $\cos\theta = \frac{x_N}{r} = \frac{1}{\sqrt{2}}$ et $\sin\theta = \frac{y_N}{r} = \frac{1}{\sqrt{2}}$.
D'où $(\vec{i}, \overrightarrow{ON}) = \frac{\pi}{4}$.
3. D'après la relation de Chasles,
$(\vec{j}, \overrightarrow{OM}) = (\vec{j} + \vec{i}) + (\vec{i}, \overrightarrow{OM}) = -\frac{\pi}{2} - \frac{\pi}{6} = -\frac{2\pi}{3}$.
De même, $(\vec{j}, \overrightarrow{ON}) = -\frac{\pi}{2} + \frac{\pi}{4} = -\frac{\pi}{4}$.

61 Si $T = (\overrightarrow{AB}, \overrightarrow{AC}) + (\overrightarrow{BC}, \overrightarrow{BA}) + (\overrightarrow{CA}, \overrightarrow{CB})$,
$T = (\overrightarrow{AB}, \overrightarrow{AC}) + (\overrightarrow{CA}, \overrightarrow{CB}) + (\overrightarrow{BC}, \overrightarrow{BA})$.
Or $(\overrightarrow{CA}, \overrightarrow{CB}) = (\overrightarrow{AC}, \overrightarrow{BC})$ donc
$T = (\overrightarrow{AB}, \overrightarrow{AC}) + (\overrightarrow{AC}, \overrightarrow{BC}) + (\overrightarrow{BC}, \overrightarrow{BA})$
$= (\overrightarrow{AB}, \overrightarrow{BA}) = \pi$.

66 1. a) $\widehat{BAE} = \widehat{BAC} + \widehat{CAD} + \widehat{DAE} = \frac{5\pi}{6}$.
$\widehat{BCD} = \widehat{BCA} + \widehat{ACD} = \frac{\pi}{4} + \frac{\pi}{3} = \frac{7\pi}{12}$.
b) $(\overrightarrow{BC}, \overrightarrow{CD}) = \pi + (\overrightarrow{CB}, \overrightarrow{CD}) = \pi - \frac{7\pi}{12} = \frac{5\pi}{12}$.
Dans le triangle ABE isocèle en A,
$\widehat{ABE} = \frac{1}{2}[\pi - \widehat{BAE}] = \frac{\pi}{12}$ d'où $(\overrightarrow{BE}, \overrightarrow{BA}) = \frac{\pi}{12}$.
2. a) D'après la relation de Chasles,
$(\overrightarrow{BE}, \overrightarrow{CD}) = (\overrightarrow{BE}, \overrightarrow{BA}) + (\overrightarrow{BA}, \overrightarrow{BC}) + (\overrightarrow{BC}, \overrightarrow{CD})$.
b) $(\overrightarrow{BE}, \overrightarrow{CD}) = \frac{\pi}{12} - \frac{\pi}{2} + \frac{5\pi}{12} = 0$. $\overrightarrow{BE}$ et $\overrightarrow{CD}$ sont colinéaires donc (BE) et (CD) sont parallèles.

77 a) Dans ℝ :
$2\sin\left(x + \frac{\pi}{4}\right) - 1 = 0 \Leftrightarrow \sin\left(x + \frac{\pi}{4}\right) = \sin\frac{\pi}{6}$.
$\Leftrightarrow x + \frac{\pi}{4} = \frac{\pi}{6} + 2k\pi$ ou $x + \frac{\pi}{4} = \pi - \frac{\pi}{6} + 2k'\pi$
$\Leftrightarrow x = -\frac{\pi}{12} + 2k\pi$ ou $x = \frac{7\pi}{12} + 2k'\pi$ (k, k' entiers).
Ainsi, dans $I = [0 ; 2\pi]$, $\mathcal{S} = \left\{7\frac{\pi}{12} ; \frac{23\pi}{12}\right\}$.
b) L'inéquation s'écrit $\sin\left(x + \frac{\pi}{4}\right) > \frac{1}{2}$.
On pose $X = x + \frac{\pi}{4}$.
$0 \leqslant x \leqslant 2\pi \Leftrightarrow \frac{\pi}{4} \leqslant x + \frac{\pi}{4} \leqslant 2\pi + \frac{\pi}{4}$
donc $x \in [0 ; 2\pi] \Leftrightarrow X \in \left[\frac{\pi}{4} ; \frac{9\pi}{4}\right]$.
Pour $X \in \left[\frac{\pi}{4} ; \frac{9\pi}{4}\right]$, $\sin X > \frac{1}{2}$ équivaut à $\frac{\pi}{4} \leqslant X < \frac{5\pi}{6}$ ou $\frac{13}{6}\pi < X \leqslant \frac{9\pi}{4}$.

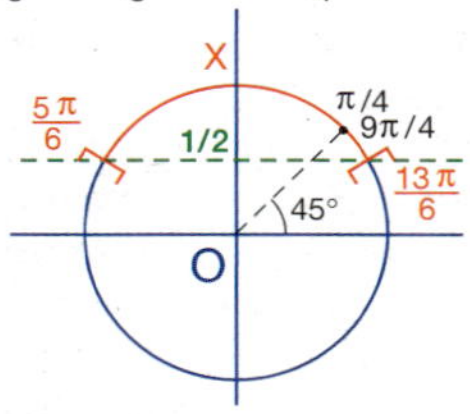

D'où $\frac{\pi}{4} \leqslant x + \frac{\pi}{4} < \frac{5\pi}{6}$ ou $\frac{13\pi}{6} < x + \frac{\pi}{4} \leqslant \frac{9\pi}{4}$
donc $0 \leqslant x < \frac{7\pi}{12}$ ou $\frac{23\pi}{12} < x \leqslant 2\pi$.
Ainsi dans I, $\mathcal{S} = \left[0 ; \frac{7\pi}{12}\right[\cup \left]\frac{23\pi}{12} ; 2\pi\right]$.

89 1. Des coordonnées polaires $(r ; \theta)$ de A sont telles que $r = \sqrt{x_A^2 + y_A^2} = \sqrt{\frac{9}{4} + \frac{27}{4}} = 3$ et $\cos\theta = \frac{x_A}{r} = \frac{1}{2}$, $\sin\theta = \frac{y_A}{r} = \frac{\sqrt{3}}{2}$ d'où $\theta = \frac{\pi}{3}$.
2. $(\vec{i}, \overrightarrow{AM}) = (\vec{i}, \overrightarrow{AO}) + (\overrightarrow{AO}, \overrightarrow{AM})$
$= \pi + (\vec{i}, \overrightarrow{OA}) + (\overrightarrow{AO}, \overrightarrow{AM})$
$= \pi + \frac{\pi}{3} + \frac{5\pi}{12} = \frac{7\pi}{4}$ (modulo 2π).
Or $\frac{7\pi}{4} = -\frac{\pi}{4} + 2\pi$ donc $(\vec{i}, \overrightarrow{AM}) = -\frac{\pi}{4}$.
3. B est tel que $\overrightarrow{OB} = \overrightarrow{AM}$. Des coordonnées polaires $(r' ; \theta')$ de B sont telles que :
$r' = OB = AM = \sqrt{2}$
et $\theta' = (\vec{i}, \overrightarrow{OB}) = (\vec{i}, \overrightarrow{AM}) = -\frac{\pi}{4}$.
D'où les coordonnées cartésiennes de B :
$x_B = r'\cos\theta' = 1$ et $y_B = r'\sin\theta' = -1$.
Le quadrilatère OBMA est un parallélogramme, ainsi M est tel que $\overrightarrow{OM} = \overrightarrow{OA} + \overrightarrow{OB}$.
Ses coordonnées cartésiennes $(x_M ; y_M)$ sont telles que $\begin{cases} x_M = x_A + x_B = \frac{5}{2} \\ y_M = y_A + y_B = \frac{3\sqrt{3}}{2} - 1 \end{cases}$

98 1. a) Dans ℝ :
$\sin\left(2x - \frac{\pi}{4}\right) = \frac{1}{2} \Leftrightarrow \sin\left(2x - \frac{\pi}{4}\right) = \sin\frac{\pi}{6}$
$\Leftrightarrow 2x - \frac{\pi}{4} = \frac{\pi}{6} + 2k\pi$ ou $2x - \frac{\pi}{4} = \pi - \frac{\pi}{6} + 2k'\pi$.
$\Leftrightarrow x = \frac{5\pi}{24} + k\pi$ ou $x = \frac{13\pi}{24} + k'\pi$ (k, k' entier).
Dans l'intervalle $I = [0 ; \pi]$: $\mathcal{S} = \left\{\frac{5\pi}{24} ; \frac{13\pi}{24}\right\}$.
b) Dans I, l'inéquation s'écrit $\sin\left(2x - \frac{\pi}{4}\right) \leqslant \frac{1}{2}$.
On pose $X = 2x - \frac{\pi}{4}$.
$0 \leqslant x \leqslant \pi \Leftrightarrow 0 - \frac{\pi}{4} \leqslant 2x - \frac{\pi}{4} \leqslant 2\pi - \frac{\pi}{4}$
donc $x \in [0 ; \pi] \Leftrightarrow X \in \left[-\frac{\pi}{4} ; \frac{7\pi}{4}\right]$.
Dans $\left[-\frac{\pi}{4} ; \frac{7\pi}{4}\right]$, $\sin X \leqslant \frac{1}{2}$ équivaut à $-\frac{\pi}{4} \leqslant X \leqslant \frac{\pi}{6}$ ou $\frac{5\pi}{6} \leqslant X \leqslant \frac{7\pi}{4}$.
Donc $-\frac{\pi}{4} \leqslant 2x - \frac{\pi}{4} \leqslant \frac{\pi}{6}$ ou $\frac{5\pi}{6} \leqslant 2x - \frac{\pi}{4} \leqslant \frac{7\pi}{4}$
soit $0 \leqslant x \leqslant \frac{5\pi}{24}$ ou $\frac{13\pi}{24} \leqslant x \leqslant \pi$.
Dans l'intervalle I, $\mathcal{S} = \left[0 ; \frac{5\pi}{24}\right] \cup \left[\frac{13\pi}{24} ; \pi\right]$.
2. Dans $[0 ; 2\pi]$, de même :
a) $\mathcal{S} = \left\{\frac{4\pi}{15} ; \frac{14\pi}{15} ; \frac{19\pi}{15} ; \frac{29\pi}{15}\right\}$;
b) $\mathcal{S} = \left[0 ; \frac{4\pi}{15}\right] \cup \left[\frac{14\pi}{15} ; \frac{19\pi}{15}\right] \cup \left[\frac{29\pi}{15} ; 2\pi\right]$.
3. Dans $[-\pi ; \pi]$, $\mathcal{S} = \left\{-\frac{7\pi}{10} ; -\frac{3\pi}{10} ; \frac{\pi}{10} ; \frac{\pi}{2} ; \frac{9\pi}{10}\right\}$.

Pour un bilan

Q1 a)
Q2 c)
Q3 b)
Q4 a) et c)
Q5 a) et b)
Q6 b) et c)

Chapitre 11 Vecteurs et repérage dans l'espace

2 1. $(\overrightarrow{AB} + \overrightarrow{AE}) + \overrightarrow{AF} = \overrightarrow{AF} + \overrightarrow{FJ} = \overrightarrow{AJ}$.
2. $\overrightarrow{AE} + \overrightarrow{BC} + \overrightarrow{HJ} = \overrightarrow{AE} + \overrightarrow{EH} + \overrightarrow{HJ} = \overrightarrow{AJ}$.
3. $(\overrightarrow{AD} + \overrightarrow{DC} + \overrightarrow{CF}) + \overrightarrow{GH} + \overrightarrow{EI}$
$= \overrightarrow{AF} + \overrightarrow{FE} + \overrightarrow{EI} = \overrightarrow{AI}$.

9 $\overrightarrow{AC} + \overrightarrow{BD} = (\overrightarrow{AI} + \overrightarrow{IJ} + \overrightarrow{JC}) + (\overrightarrow{BI} + \overrightarrow{IJ} + \overrightarrow{JD})$
$= (\overrightarrow{AI} + \overrightarrow{BI}) + 2\overrightarrow{IJ} + (\overrightarrow{JC} + \overrightarrow{JD})$
$= 2\overrightarrow{IJ}$.

11 I et K sont les milieux de deux côtés du triangle ABD. D'après le théorème des milieux, $\overrightarrow{IK} = \frac{1}{2}\overrightarrow{BD}$. De même, dans BCD, $\overrightarrow{LJ} = \frac{1}{2}\overrightarrow{BD}$.
Il en résulte $\overrightarrow{IK} = \overrightarrow{LJ}$ et IKJL est un parallélogramme.

16 1. $\overrightarrow{AM} = \overrightarrow{AD} + \frac{1}{2}\overrightarrow{AB} + \overrightarrow{DC}$
$= \overrightarrow{AB} + \overrightarrow{BD} + \frac{1}{2}\overrightarrow{AB} + \overrightarrow{DC}$
$= \frac{3}{2}\overrightarrow{AB} + \overrightarrow{BC}$.
2. Les vecteurs $\overrightarrow{AM}$, $\overrightarrow{AB}$ et $\overrightarrow{BC}$ sont, d'après l'égalité obtenue en **1.**, coplanaires. D'après la définition 2, M appartient au plan (ABC).

23 1. $I\left(\frac{3-2}{2} ; \frac{0+3}{2} ; \frac{-1+2}{2}\right) = \left(\frac{1}{2} ; \frac{3}{2} ; \frac{1}{2}\right)$.
2. C(1 ; 2 ; – 2) est le milieu de [DI] avec D(x ; y ; z) :
$1 = \frac{x + \frac{1}{2}}{2}$; $2 = \frac{y + \frac{3}{2}}{2}$; $-2 = \frac{z + \frac{1}{2}}{2}$;
d'où $x = \frac{3}{2}$; $y = \frac{5}{2}$; $z = -\frac{9}{2}$.
Donc $D\left(\frac{3}{2} ; \frac{5}{2} ; -\frac{9}{2}\right)$.

3. $\overrightarrow{AB}(-5\,;3\,;3)$, $\overrightarrow{AC}(-2\,;2\,;-1)$,
$\overrightarrow{AB}+3\overrightarrow{AC}(-11\,;9\,;0)$,
$\overrightarrow{BM}(x+2\,;y-3\,;z-2)$.

Donc $\begin{cases} x+2=-11 \\ y-3=9 \\ z-2=0 \end{cases}$ et $M(-13\,;12\,;2)$.

4. $\overrightarrow{NA}(3-x\,;-y\,;-1-z)$,
$\overrightarrow{NC}(1-x\,;2-y\,;-2-z)$.

$\begin{cases} 3-x=2(1-x) \\ -y=2(2-y) \\ -1-z=2(-2-z) \end{cases}$ d'où $\begin{cases} x=-1 \\ y=4 \\ z=-3 \end{cases}$

et $N(-1\,;4\,;-3)$.

41 $AB^2=(3-1)^2+(6-3)^2+(-2+1)^2=14$.
$AC^2=(0-1)^2+(4-3)^2+(0+1)^2=3$.
$BC^2=(0-3)^2+(4-6)^2+(0+2)^2=17$.
$BC^2=AB^2+AC^2$ donc, d'après la réciproque du théorème de Pythagore, ABC est un triangle rectangle en A.

49 $AB^2=(2-2)^2+(8-3)^2+(-1+1)^2=25$.
$AC^2=(7-2)^2+(3-3)^2+(-1+1)^2=25$.
$AD^2=(2-2)^2+(-1-3)^2+(2+1)^2=25$.
$AE^2=(5-2)^2+(3-3)^2+(3+1)^2=25$.
$AB=AC=AD=AE=5$. B, C, D et E appartiennent à la sphère de centre A et de rayon 5.

53 **1.** $2+3\neq 0$ d'où l'existence de K.
$(2\overrightarrow{KA}+3\overrightarrow{KB}=\vec{0})\Leftrightarrow 5\overrightarrow{KA}+3\overrightarrow{AB}=\vec{0}$
$\Leftrightarrow \overrightarrow{AK}=\frac{3}{5}\overrightarrow{AB}$.
$\overrightarrow{AK}(x+1\,;y-2\,;z)$, $\overrightarrow{AB}(6\,;-4\,;1)$
d'où $x+1=\frac{18}{5}$, $y-2=-\frac{12}{5}$, $z=\frac{3}{5}$
et $K\left(\frac{13}{5}\,;-\frac{2}{5}\,;\frac{3}{5}\right)$.
2. $-1-1-2\neq 0$ d'où l'existence de L. Soit I le barycentre de (A, -1), (B, -1) (qui existe car $-1-1\neq 0$).
I est le milieu de [AB], d'où $I\left(3\,;0\,;\frac{1}{2}\right)$.
L est, d'après la règle d'associativité, le barycentre de (I, -2), (O, -2) donc L est le milieu de [OI] et $L\left(\frac{3}{2}\,;0\,;\frac{1}{4}\right)$.

70 Par hypothèse $\overrightarrow{AG}=\overrightarrow{DF}$ et $\overrightarrow{EF}=\overrightarrow{BC}$.
1. $\overrightarrow{DG}=\overrightarrow{DA}+\overrightarrow{AG}=\overrightarrow{DA}+\overrightarrow{DF}$
$=\overrightarrow{DA}+\overrightarrow{DE}+\overrightarrow{EF}=\overrightarrow{DA}+\overrightarrow{DE}+\overrightarrow{BC}$
2. C est le milieu de [AE] donc $\overrightarrow{DA}+\overrightarrow{DE}=2\overrightarrow{DC}$ d'où $\overrightarrow{DG}=2\overrightarrow{DC}+\overrightarrow{BC}$.
Les vecteurs $\overrightarrow{DG}$ $\overrightarrow{DC}$ et $\overrightarrow{BC}$ sont coplanaires.
Les points B, C, D et G sont dans un même plan.

78 **1.** $\overrightarrow{AB}(-3\,;-1\,;2)$ et $\overrightarrow{AC}(-1\,;0\,;-2)$ ne sont pas colinéaires car leurs coordonnées ne sont pas proportionnelles. Les points A, B et C ne sont donc pas alignés et définissent un plan.
2. Dire que la droite (DE) est parallèle au plan (ABC) équivaut à dire que les vecteurs $\overrightarrow{DE}$, $\overrightarrow{AB}$ et $\overrightarrow{AC}$ sont coplanaires.

$\overrightarrow{DE}=a\overrightarrow{AB}+b\overrightarrow{AC} \Leftrightarrow \begin{cases} -3a-b=3 \\ -a=-2 \\ 2a-2b=0 \end{cases}$

Le système formé des deux dernières équations admet $a=2$, $b=2$ comme solutions mais la première équation n'admet pas ces solutions. Les vecteurs $\overrightarrow{DE}$, $\overrightarrow{AB}$ et $\overrightarrow{AC}$ ne sont pas coplanaires et la droite (DE) n'est pas parallèle au plan (ABC).

112 **1.** Un plan coupe deux plans parallèles suivant deux droites parallèles : le plan (HIF) coupe les plans (ABC) et (EFG) suivant deux droites parallèles (HF) et (IJ), J étant un point de [AD] (milieu de [AD]). La section cherchée est le quadrilatère IJHF. Par construction c'est un trapèze.
2. En utilisant la propriété énoncée en 1 :

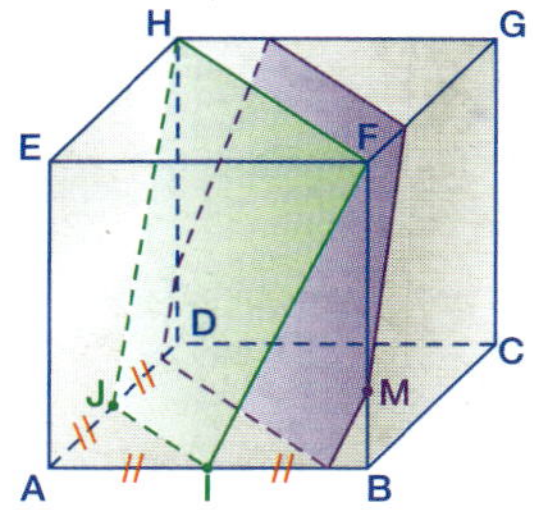

Pour un bilan

Q1 a) et d)
Q2 b)
Q3 toutes
Q4 a), c) et d)
Q5 toutes

Chapitre 12
Produit scalaire

1 **a)** $\vec{u}\cdot\vec{v}=2\times(-1)+3\times 5=13$.
b) $\vec{u}\cdot\vec{v}=\|\vec{u}\|\times\|\vec{v}\|\times\cos\frac{2\pi}{3}=-1$
c) $\vec{u}\cdot\vec{v}=\frac{1}{2}(\|\vec{u}+\vec{v}\|^2-\|\vec{u}\|^2-\|\vec{v}\|^2)=-2$.
d) $\vec{u}\cdot\vec{v}=1\times 3\times\cos 0=3$.
e) $\vec{u}\cdot\vec{v}=2\times 3\times\cos\pi=-6$.
f) $\vec{u}\cdot\vec{v}=2\times(-1)+(-3)(2)=-8$.

6 **1. a)** $\overrightarrow{BH}\cdot\overrightarrow{BC}=+BH\times BC=3$.
b) $\overrightarrow{CH}\cdot\overrightarrow{BH}=-CH\times BH=-2$.
c) $\overrightarrow{HA}\cdot\overrightarrow{HB}=0$.
2. $\overrightarrow{BA}\cdot\overrightarrow{BC}=\overrightarrow{BH}\cdot\overrightarrow{BC}=3$;
$\overrightarrow{CA}\cdot\overrightarrow{BH}=\overrightarrow{CH}\cdot\overrightarrow{BH}=-2$.

18 **1.** $\overrightarrow{AB}$ a pour coordonnées $(-4\,;4)$, $\overrightarrow{AC}(-6\,;-2)$, $\overrightarrow{BC}(-2\,;-6)$. Donc $AB=4\sqrt{2}$, $AC=2\sqrt{10}$ et $BC=2\sqrt{10}$.
Le triangle ABC est isocèle en C.
2. a) $\overrightarrow{AB}\cdot\overrightarrow{AC}=24-8=16$.
b) $\overrightarrow{AB}\cdot\overrightarrow{AC}=AB\times AC\times\cos\widehat{BAC}$
donc $16=4\sqrt{2}\times 2\sqrt{10}\times\cos\widehat{BAC}$
et $\cos\widehat{BAC}=\frac{1}{\sqrt{5}}$.
À un degré près, $\widehat{BAC}$ a pour mesure 63°.

23 **a)** $\vec{u}\cdot\vec{v}=0$. **b)** $\vec{u}^2=5$.
c) $(3\vec{u}+\vec{v})\cdot(\vec{u}+\vec{v})=3\vec{u}^2+\vec{v}^2+4\vec{u}\cdot\vec{v}$
$=15+45=60$.
d) $(\vec{u}-2\vec{v})\cdot(2\vec{u}-\vec{v})=2\vec{u}^2+2\vec{v}^2-5\vec{u}\cdot\vec{v}$
$=10+90=100$.

26 On remarque que $\overrightarrow{AH}^2=AB^2-BH^2=3$.
a) $(\overrightarrow{AB}+\overrightarrow{AH})\cdot\overrightarrow{AB}=\overrightarrow{AB}^2+\overrightarrow{AH}\cdot\overrightarrow{AB}$
$=\overrightarrow{AB}^2+\overrightarrow{AH}^2=4+3=7$.
b) $(\overrightarrow{AH}+\overrightarrow{HC})\cdot\overrightarrow{AB}=\overrightarrow{AH}\cdot\overrightarrow{AB}+\overrightarrow{HC}\cdot\overrightarrow{AB}$
$=3-2=1$.
c) $(\overrightarrow{AH}+\overrightarrow{HB})\cdot(\overrightarrow{AH}+\overrightarrow{HC})=$
$\overrightarrow{AH}^2+\overrightarrow{AH}.\overrightarrow{HB}+\overrightarrow{AH}.\overrightarrow{HC}+\overrightarrow{HB}\cdot\overrightarrow{HC}=3-2=1$.

34 **a)** $\vec{u}\cdot\vec{v}=-5m-4$ et $\vec{u}\cdot\vec{v}=0\Leftrightarrow m=-\frac{4}{5}$.
b) $\vec{u}\cdot\vec{v}=2m-3m+m^2=m^2-m=m(m-1)$
donc $\vec{u}\cdot\vec{v}=0\Leftrightarrow m=1$ ou $m=0$.
c) $\vec{u}\cdot\vec{v}=2m(m-4)+(3-m)(2m+1)=3(1-m)$.
Donc $\vec{u}\cdot\vec{v}=0\Leftrightarrow m=1$.

50 $AC^2-AB^2=(\overrightarrow{AC}+\overrightarrow{AB})\cdot(\overrightarrow{AC}-\overrightarrow{AB})$
$=2\overrightarrow{AI}\cdot\overrightarrow{BC}$,
car $\overrightarrow{AC}+\overrightarrow{AB}=2\overrightarrow{AI}$ et $\overrightarrow{AC}-\overrightarrow{AB}=\overrightarrow{BC}$.
2. Or $\overrightarrow{AI}\cdot\overrightarrow{BC}=\overrightarrow{HI}\cdot\overrightarrow{BC}$ car H est le projeté orthogonal de A sur [BC], d'où le résultat.

55 **1.** $\overrightarrow{OB}\cdot\overrightarrow{OC}=(\overrightarrow{OA}+\overrightarrow{AB})\cdot\overrightarrow{OC}$
$=\overrightarrow{OA}\cdot\overrightarrow{OC}+\overrightarrow{AB}\cdot\overrightarrow{OC}$
$=OA^2+\overrightarrow{AB}\cdot\overrightarrow{AC}$,
car A est le projeté orthogonal de C sur (OA) et A celui de O sur (AC).
2) $OA^2=900$; $\overrightarrow{AB}\cdot\overrightarrow{AC}=15\times 23$;
$OB^2=15^2+30^2=15^2(1+4)=5\times 15^2$
donc $OB=15\sqrt{5}$.
$OC^2=30^2+23^2=900+529=1\,429$
donc $OC=\sqrt{1\,429}$.
$\overrightarrow{OB}\cdot\overrightarrow{OC}=OA^2+\overrightarrow{AB}\cdot\overrightarrow{AC}=OB\times OC\times\cos\alpha$
d'où $900+345=15\sqrt{5}\sqrt{1\,429}\cos\alpha=1\,245$.
Donc $\cos\alpha=\frac{83}{\sqrt{7\,145}}$ et α a pour mesure 11° à un degré près.

57 **1.** $\vec{n}$ a pour coordonnées $(x\,;y)$.
$\vec{n}$ est orthogonal à $\vec{u}$ équivaut à $-x+3y=0$ ou $x=3y$. Donc le vecteur $\vec{n}(3y\,;y)$ est orthogonal à $\vec{u}$. En particulier le vecteur $\vec{n}_0(3\,;1)$ est orthogonal à $\vec{u}$.
2. Dire que $\|\vec{w}\|=2$ équivaut à dire que $\|\vec{w}\|^2=\vec{w}\cdot\vec{w}=4$ donc $10y^2=4$ soit $y^2=\frac{2}{5}$ et $y=\sqrt{\frac{2}{5}}$ ou $y=-\sqrt{\frac{2}{5}}$.

Pour un bilan

Q1 b) et c)
Q2 a), b) et d)
Q3 b)
Q4 b), c) et d)

Chapitre 13
Applications du produit scalaire

1 **1.** $BC^2=AB^2+AC^2-2AB\times AC\times\cos\widehat{BAC}$
donc $BC^2=64+9-48\times\frac{1}{2}=49$ et $BC=7$.

• $\cos\widehat{ABC}=\frac{AB^2+BC^2-AC^2}{2AB\times BC}=\frac{64+49-9}{2\times 8\times 7}$
$=\frac{104}{112}=\frac{13}{14}=0{,}928\,57$

d'où $\widehat{ABC}=22°$ (à un degré près) et $\widehat{ACB}=98°$.

2. • On a directement $\widehat{ABC} = 30°$.

$\frac{6\sqrt{2}}{\sin 30°} = \frac{6\sqrt{2}}{1/2} = \frac{AB}{\sin 45°} = \frac{BC}{\sin 105°}$

soit $AB = 2 \times 6\sqrt{2} \times \frac{\sqrt{2}}{2} = 12$;

• $BC = 6\sqrt{2} \times \sin 105 \approx 8{,}19$.

3. De même : • $\cos \widehat{ABC} = \frac{1}{2}$, donc $\widehat{ABC} = 60°$;

• $\cos \widehat{ACB} = \frac{11}{43}$, donc $\widehat{ACB} \approx 75°$.

6 **1.** $\overrightarrow{AB} \cdot \overrightarrow{AC} = AB \times AC \times \cos \widehat{BAC}$
soit $-12\sqrt{3} = 24 \cos \widehat{BAC}$.

D'où $\cos \widehat{BAC} = -\frac{\sqrt{3}}{2}$ et $\widehat{BAC} = \frac{5\pi}{6}$.

2. $\sin \widehat{BAC} = \frac{1}{2}$ d'où $S = \frac{1}{2} \times 6 \times 4 \times \frac{1}{2} = 6$.

9 **1. a)** $\overrightarrow{AB} \cdot \overrightarrow{AD} = \frac{1}{2}[AC^2 - AB^2 - AD^2] = 3$.

b) $\overrightarrow{AB} \cdot \overrightarrow{AD} = AB \times AD \times \cos \widehat{BAD}$
soit $\cos \widehat{BAD} = \frac{1}{7}$; $\sin^2 \widehat{BAD} = \frac{48}{49}$

donc $\sin \widehat{BAD} = \frac{4\sqrt{3}}{7}$ car $\widehat{BAD} \in [0 ; \pi]$.

2. a) D'après le théorème 3,

$$S = \frac{1}{2} AB \times AD \times \sin \widehat{BAD}$$

soit $S = \frac{1}{2} \times 7 \times 3 \times \frac{4\sqrt{3}}{7} = 6\sqrt{3}$.

13 **1.** $\vec{v}(3 ; -1)$ est un vecteur normal à d.

2. C'est donc un vecteur directeur de Δ.
$-b = 3$, $a = -1$ donc $-x - 3y + c = 0$ est une équation de Δ. Or $A(1 ; 2) \in \Delta$ donc $-6 - 1 + c = 0$ soit $c = 7$ et $-x - 3y + 7 = 0$ est une équation de Δ.

21 $I(0 ; 2{,}5)$ est le milieu de $[AB]$. $\overrightarrow{AB}(-2 ; 1)$ est un vecteur normal de la médiatrice qui a pour équation $-2x + y - \frac{5}{2} = 0$.

25 **1.** $(x-0)^2 + (y-0)^2 = (\sqrt{2})^2$
soit $x^2 + y^2 - 2 = 0$.
2. $(x-1)^2 + (y+3)^2 = 4$.
3. $(x+1)^2 + (y+4)^2 = 2$.
4. $(x+1)^2 + (y-1)^2 = 2$.
5. $(x+1)^2 + (y-1)^2 = (3+1)^2 + (2-1)^2 = 17$.

32 **a)** $x^2 + y^2 - 4 = 0$ est l'équation d'un cercle de centre O donc de $\mathscr{C}_1$ (le rayon est bien $r = 2$).
b)
$x^2 + y^2 - 2x + 2y = 0 \Leftrightarrow (x-1)^2 + (y+1)^2 = 2$.
Le cercle est centré en $I(1 ; -1)$, c'est $\mathscr{C}_3$.
c) $x^2 + y^2 - 2x - 4 = 0 \Leftrightarrow (x-1)^2 + y^2 = 3$.
Le cercle est centré en $I(1 ; 0)$, c'est $\mathscr{C}_2$.

34 **1. a)** $2^2 + 4^2 - (6 \times 2) - (2 \times 4) =$
$4 + 16 - 12 - 8 = 0$,
A appartient bien au cercle.
2. La tangente d passe par $A(2 ; 4)$ et admet $\overrightarrow{IA}(-1 ; 3)$ comme vecteur normal d'où :

$$d : -x + 3y - 10 = 0.$$

39 **1.** $\cos\frac{\pi}{6} = 2\cos^2\frac{\pi}{12} - 1$

d'où $\cos^2\frac{\pi}{12} = \frac{1}{2}\left(1 + \cos\frac{\pi}{6}\right) = \frac{(\sqrt{3}+1)^2}{8}$.

2. $\frac{\pi}{12} \in \left[0 ; \frac{\pi}{2}\right[$ donc $\cos\frac{\pi}{12} > 0$ et $\sin\frac{\pi}{12} > 0$.

$\cos\frac{\pi}{12} = \frac{\sqrt{3}+1}{2\sqrt{2}} = \frac{\sqrt{2}(\sqrt{3}+1)}{4}$;

$\sin^2\frac{\pi}{12} = 1 - \frac{2+\sqrt{3}}{4} = \frac{(\sqrt{3}-1)^2}{8}$

donc $\sin\frac{\pi}{12} = \frac{\sqrt{3}-1}{2\sqrt{2}} = \frac{\sqrt{2}(\sqrt{3}-1)}{4}$.

41 $\sin 2x = 2 \sin x \cos x$.

a) $\sin x = \frac{1}{3}$, $x \in \left[0 ; \frac{\pi}{2}\right]$ donc $\cos^2 x = \frac{8}{9}$;

$\cos x = \frac{2\sqrt{3}}{3}$ et $\sin 2x = \frac{4\sqrt{3}}{9}$.

c) $\cos x = -\frac{4}{5}$ et $x \in [-\pi ; 0]$ donc $\sin x \leq 0$.

$\sin^2 x = 1 - \left(-\frac{4}{5}\right)^2 = \frac{9}{25}$ soit $\sin x = -\frac{3}{5}$;

$\sin 2x = 2\left(-\frac{3}{5}\right)\left(-\frac{4}{5}\right) = \frac{24}{25}$.

Pour un bilan

Q 1 **a), c) et d)** **Q 2** **b) et c)**
Q 3 **b) et c)** **Q 4** **a) et b)**

Chapitre 14 Translations et homothéties

1 **a)** $\overrightarrow{IB} = -2\overrightarrow{IA}$. **b)** $\overrightarrow{RM} = 3\overrightarrow{RP}$.
c) $\overrightarrow{IM'} = \frac{1}{3}\overrightarrow{IM}$. **d)** $\overrightarrow{IJ} = -3\overrightarrow{AB}$.

4 ❶ $h(G, -2)$. ❷ $h\left(G, \frac{2}{3}\right)$.

❸ $h(G, -2)$. ❹ $h(G, -\sqrt{2})$.

7 L'homothétie conserve le parallélisme, d'où la construction.

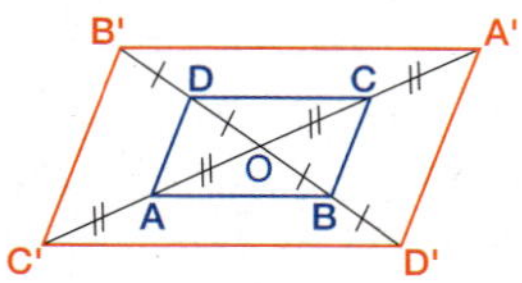

12 **1.** h est l'homothétie de centre A et de rapport $-\frac{1}{2}$ et $h(O) = O'$ donc $\overrightarrow{AO'} = -\frac{1}{2}\overrightarrow{AO}$;

c'est-à-dire $2\overrightarrow{AO} + 2\overrightarrow{OO'} = -\overrightarrow{AO}$,
soit $\overrightarrow{OO'} = \frac{3}{2}\overrightarrow{OA}$. Donc $O'\left(\frac{9}{2} ; -\frac{3}{2}\right)$.
2. L'image de l'axe des abscisses est la droite parallèle à cet axe et passant par O′ donc c'est la droite $y = -\frac{3}{2}$. De même, celle de l'axe des ordonnées est la droite $x = 4{,}5$.

16 **1.** Notons $h(A) = A'$, $\overrightarrow{OA'} = -\frac{1}{2}\overrightarrow{OA}$ donc A′ a pour coordonnées $\left(-1 ; -\frac{3}{2}\right)$ et $\mathscr{C}'$ a pour centre A′ et pour rayon 1.
2. Son équation est alors :

$$(x+1)^2 + \left(y + \frac{3}{2}\right)^2 = 1.$$

32 **1.** $h(O) = O'$ donc $\overrightarrow{AO'} = -2\overrightarrow{AO}$ ou $\overrightarrow{OO'} = 3\overrightarrow{OA}$, O′ a pour coordonnées $(0 ; 3 ; 9)$.
2. a) L'image du plan $(O ; \vec{\imath}, \vec{\jmath})$ par h est un plan parallèle passant par O′, image de O par h. Son équation est $z = 9$.
b) Le point O′ image de O est un point du plan $(O ; \vec{\jmath}, \vec{k})$. Donc l'image du plan $(O ; \vec{\jmath}, \vec{k})$ est le plan qui lui est parallèle et qui passe par O′. Il est donc sa propre image.

51 **1.** Notons $h(O) = J$. L'image de $\mathscr{C}$ est le cercle $\mathscr{C}'$ de centre J tel que $\overrightarrow{IJ} = -\frac{3}{2}\overrightarrow{IO}$ et de rayon $r' = \left|-\frac{3}{2}\right| r = \frac{3}{2}IO$. Or $IO = \sqrt{5}$ donc $r' = \frac{3\sqrt{5}}{2}$. $\overrightarrow{OJ} = \frac{5}{2}\overrightarrow{OI}$ donc J a pour coordonnées $\left(5 ; -\frac{5}{2}\right)$.

$\mathscr{C}'$ a pour équation :

$$(x-5)^2 + \left(y + \frac{5}{2}\right)^2 = \frac{45}{4}.$$

2. L'image de d est une droite d' parallèle à d, donc d' a une équation de la forme :

$$x - 3y + \alpha = 0 \quad [1].$$

Or le point $A(1 ; 2)$ est un point de d, donc $A' = h(A)$ est sur d'. A′ est défini par $\overrightarrow{IA'} = -\frac{3}{2}\overrightarrow{IA}$ donc $\overrightarrow{OA'} = \frac{5}{2}\overrightarrow{OI} - \frac{3}{2}\overrightarrow{OA}$ et A′ a pour coordonnées $\left(\frac{7}{2} ; -\frac{11}{2}\right)$. En remplaçant dans [1], $\frac{7}{2} + \frac{33}{2} + \alpha = 0$ donc $\alpha = -20$.

Et d' a pour équation $x - 3y - 20 = 0$.

60 $AB = AC = BC = 3\sqrt{2}$ donc ABC est équilatéral. Les images de A, B, C par h sont A′, B′, C′ de coordonnées respectives $(1 ; 0 ; 0)$, $(0 ; 1 ; 0)$ et $(0 ; 0 ; 1)$.
Donc A′B′C′ est un triangle équilatéral.

64 **1.** I, J, K sont trois points du plan (BCD) et $(A_1A_2A_3)$ est l'image du plan (BCD) donc $(A_1A_2A_3)$ est parallèle au plan (BCD).
2. $\overrightarrow{A_1A_3} = 2\overrightarrow{IK}$, or $2\overrightarrow{IK} = \overrightarrow{CD}$ car par l'homothétie de centre B et de rapport 2, $h(I) = C$ et $h(K) = D$. Donc $\overrightarrow{A_1A_3} = \overrightarrow{CD}$ et $A_1A_3 = CD$.
On démontre de même que $A_1A_2 = BD$ et $A_2A_3 = CB$, d'où le résultat.

78 Le point O milieu de [AB] est fixe et $\overrightarrow{OG} = \frac{1}{3}\overrightarrow{OM}$.
Donc G est l'image de M par $h\left(O, \frac{1}{3}\right)$ et l'ensemble des points G est la droite d', image de d par h.

95 La translation t de vecteur $\overrightarrow{AB}$ transforme D en C et d_1 en Δ ($\Delta // d_1$).
Donc C est l'intersection de Δ et d_2. On déduit D tel que $\overrightarrow{CD} = \overrightarrow{BA}$.

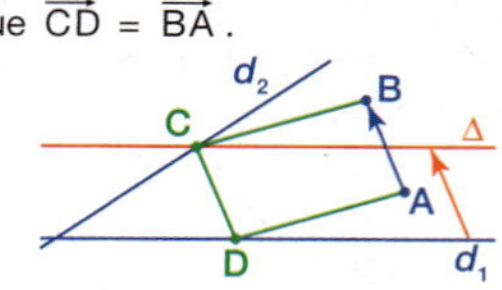

Pour un bilan

Q 1 **b) et c)** **Q 2** **a)**
Q 3 **toutes** **Q 4** **a), b) et c)**

STATISTIQUE

Médiane

• Lorsque la série est donnée par les valeurs de caractère non regroupées en classes, la médiane est la valeur du terme de rang $\frac{n+1}{2}$ si n est impair et la valeur égale à la demi-somme des valeurs des termes de rang $\frac{n}{2}$ et $\frac{n}{2}+1$ si n est pair.

• Lorsque les valeurs de caractère sont regroupées en classes, on peut tracer la courbe des fréquences cumulées croissantes.
Pour trouver en abscisse la valeur de la médiane, on coupe par la droite d'équation $y = 0{,}5$.

Moyenne

• La moyenne de n nombres $x_1, \ldots, x_n$ est le nombre $\overline{x}$ défini par :

$$\overline{x} = \frac{x_1 + x_2 + \ldots + x_n}{n}$$

• Si n_1 nombres sont égaux à x_1, n_2 à x_2, …, n_p à x_p alors :

$$\overline{x} = \frac{n_1x_1 + n_2x_2 + \ldots + n_px_p}{n}$$

avec $n_1 + n_2 + \ldots + n_p = n$.

• $\frac{n_1}{n}, \frac{n_2}{n}, \ldots, \frac{n_p}{n}$ sont les fréquences f_1, f_2, …, f_p associées à x_1, …, x_p et $\overline{x} = f_1x_1 + \ldots + f_px_p$.

Vocabulaire

• L'ensemble de personnes et d'objets sur lequel porte une enquête statistique est une **population**.

• Chaque personne ou chaque objet est un **individu** de cette population.

• Une particularité d'une population que l'on veut étudier est un **caractère**.
Un caractère est **qualitatif** s'il n'est pas mesurable.
Un caractère est **quantitatif** lorsqu'on peut le mesurer en associant un nombre à chaque individu.

• L'**étendue** d'une série statistique est la différence entre la plus grande valeur du caractère et la plus petite.
Elle traduit la **dispersion** de la série.

• L'**effectif** d'une classe est le nombre d'individus correspondant à cette classe.

• La **fréquence** d'une classe est le quotient de l'effectif de cette classe par l'effectif total.

GÉOMÉTRIE

Triangles isométriques

• Dire que deux triangles sont **isométriques** signifie que leurs **côtés** sont **deux à deux de même longueur**.

• Si deux triangles ont un angle égal compris entre deux côtés égaux deux à deux, alors ils sont isométriques.

• Si deux triangles ont un côté égal adjacent à deux angles égaux deux à deux, alors ils sont isométriques.

Triangles semblables

• Dire que deux triangles sont **semblables** signifie que leurs **angles** sont **égaux deux à deux**.

• Si deux triangles sont semblables, alors les côtés opposés aux angles égaux sont proportionnels.

• Si deux triangles ont leurs côtés proportionnels, alors ils sont semblables.

• Si deux triangles ont un angle égal compris entre deux côtés respectivement proportionnels, alors ils sont semblables.

Vecteurs

Coordonnées

• Dire que $\vec{u}$ a pour coordonnées $(x\,;y)$ dans un repère $(O\,;\vec{\imath},\vec{\jmath})$ équivaut à dire que $\vec{u} = x\vec{\imath} + y\vec{\jmath}$.

• $\vec{u}(x\,;y)$ et $\vec{v}(x'\,;y')$ sont deux vecteurs et k un réel.
$\vec{u} = \vec{v}$ équivaut à $x = x'$ et $y = y'$.
$\vec{u}+\vec{v}$ a pour coordonnées :

$$(x+x'\,;y+y').$$

$k\vec{u}$ a pour coordonnées $(kx\,;ky)$.

• $A(x_A\,;y_A)$ et $B(x_B\,;y_B)$ sont deux points.
$\overrightarrow{AB}$ a pour coordonnées :

$$(x_B - x_A\,;y_B - y_A).$$

Différence, somme de deux vecteurs

• La somme de deux vecteurs $\vec{u}$ et $\vec{v}$ est le vecteur, noté $\vec{u}+\vec{v}$, défini ainsi : A étant un point quelconque, on place B tel que $\overrightarrow{AB} = \vec{u}$, puis C tel que $\overrightarrow{BC} = \vec{v}$, alors $\overrightarrow{AC} = \vec{u}+\vec{v}$.

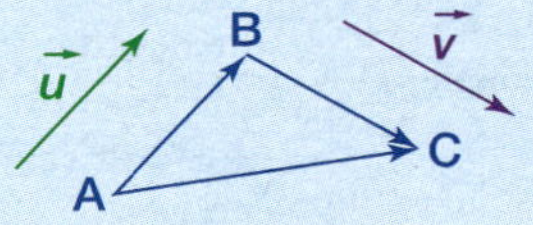

L'égalité $\overrightarrow{AB} + \overrightarrow{BC} = \overrightarrow{AC}$ est appelée **relation de Chasles**.

• La **différence** $\vec{u}-\vec{v}$ s'obtient en ajoutant à $\vec{u}$ l'opposé de $\vec{v}$.

Égalité

• Deux vecteurs sont égaux lorsqu'ils ont même direction, même sens, même longueur.

• Dire que $\overrightarrow{AB} = \overrightarrow{CD}$ équivaut à dire que ABDC est un parallélogramme.

Parallélisme, alignement

• Dire que deux droites (AB) et (CD) sont parallèles équivaut à dire qu'il existe un réel k non nul tel que $\overrightarrow{CD} = k\overrightarrow{AB}$.

• Dire que trois points distincts A, B, C sont alignés équivaut à dire qu'il existe un réel k non nul tel que $\overrightarrow{AC} = k\overrightarrow{AB}$.

Produit d'un vecteur par un réel

$\vec{u}$ est un vecteur non nul, et k un réel non nul. Le produit du vecteur $\vec{u}$ par le réel k est le vecteur $k\vec{u}$ tel que :

• $k\vec{u}$ et $\vec{u}$ ont même direction,

• lorsque $k > 0$, $\vec{u}$ et $k\vec{u}$ ont le même sens,

• lorsque $k < 0$, $\vec{u}$ et $k\vec{u}$ sont de sens contraires,

• si $\overrightarrow{AB} = \vec{u}$ et $\overrightarrow{AC} = k\vec{u}$, alors :

$$AC = |k|AB.$$

Si $k = 0$ ou $\vec{u} = 0$, on pose $k\vec{u} = \vec{0}$.

Règles de calcul

• $k\vec{u} = \vec{0}$ équivaut à $k = 0$ ou $\vec{u} = \vec{0}$.

• Pour tous réels k, k' et tous vecteurs $\vec{u}$ et $\vec{v}$:

$$k(\vec{u}+\vec{v}) = k\vec{u}+k\vec{v}$$
$$(k+k')\vec{u} = k\vec{u}+k'\vec{u}$$
$$k(k'\vec{u}) = (kk')\vec{u}$$
$$1\cdot\vec{u} = \vec{u}.$$

Traductions vectorielles

• O est le milieu de [AB] :

$$\overrightarrow{OA} + \overrightarrow{OB} = \vec{0}\,;\ \overrightarrow{AO} = \frac{1}{2}\overrightarrow{AB}$$
$$\overrightarrow{MA} + \overrightarrow{MB} = 2\overrightarrow{MO}$$

• G est le centre de gravité du triangle AMB : $\overrightarrow{GA} + \overrightarrow{GB} + \overrightarrow{GM} = \vec{0}$

$$\overrightarrow{GO} = -\frac{1}{2}\overrightarrow{GM}$$
$$\overrightarrow{OG} = \frac{1}{3}\overrightarrow{OM}.$$

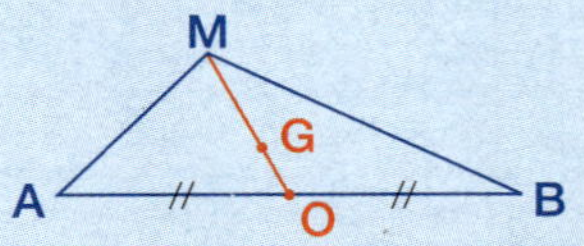

Index

Crédits photographiques

Couverture : Archives Nathan. Page 11 : Roger-Viollet. Page 39 : (BG) AKG Paris ; (HD) J.-L. Charm Hoa-Qui. Page 57 : AKG Paris. Page 87 : Cosmos/ SPL. Page 89 : AKG Paris. Page 115 : AKG Paris. Page 179 : J. Hiegel/Giraudon. Page 199 : W. Buss/Hoa-Qui. Page 200 : (droite) A. Pretty/Allsport- P. Roy/Hoa-Qui. Page 202 : Stockshooter/Hoa-Qui. Page 204 : AKG Paris. Page 205 : (HD) AKG Par Page 219 : Young-Wolff/Getty One Stone. Page 223 : SDP. Page 227 : ZEFA/Hoa-Qui. Page 228 229 : Myles/Getty One Stone. Page 231 : ZEFA/Hoa-Qui. Page 232 : Weinberg/Getty One Stone. Page 267 : DR. Page 299 : Roger-Viollet. Page 329 : AKG Paris. Page 342 : IGN-Paris 2000. Page 3 383 : Roger-Viollet. Plat 1 : de gauche à droite et de haut en bas : Archives Nathan – Rue des Archives Paris – Roger-Viollet – Rue des Archives – Archives Nathan – Rue des Archives – Archives Nathan – R Paris. Plat 4 : de gauche à droite et de haut en bas : AFP – Tschaen - Rue des Archives – IMAPRESS Rue des Archives – AKG Paris – AKG Paris – AKG Paris – Rue des Archives – AKG Paris

Édition : Alice Fragonard
Graphiques et schémas : Laurent Blondel
Iconographie : Martine Perrin-Jacquet
Conception de la maquette : François Lecardonnel
Couverture : Denis Hoch
Composition et photogravure : Desk

N° de projet 10088632 (II) 68 (CABL 80) Août 2001
Imprimé en Italie par Vincenzo Bona